Tous nos ouvrages sont disponibles aux

Éditions Decoopman
Ferrières
30440 Saint-Laurent-le-Minier
Tel : +33 (0)4.67.73.90.95
web : www.decoopman.com
e.mail : livres@decoopman.com

Olivier Lacaux
Jean Castanier

I.S.B.N. 978-2-36965-038-6

Dépot légal : 1er trimestre 2015

Ouvrages parus
dans la même collection :

- *Organes de transmission* - René Champly
- *Catéchisme des chauffeurs* - Collectif
- *Des mécanismes élémentaires* - L.E. Loche
- *Traité pratique des engrenages* - L. Wève
- *Distribution de la vapeur* - M. Castelnau
- *Fabriquer des moteurs Stirling* - A. Ross
- *Moteurs* - Tome 1 et 2 - Max de Nansouty
- *Moteurs & Gazogènes* – L. Letombe
- *L'Artillerie moderne de monde industriel)* – L. Huard
- *La Marine de guerre de monde industriel)* – L. Huard
- *Locomotive & Chemin de Fer* – L. Figuier
- *Engrenages & Transmissions* – G. Franche
- *La machine locomotive* – E. Sauvage
- *Gouvernails à vapeur FARCOT* – J. Farcot
- *Les bateaux à vapeur* – L. Figuier
- *Les Locomobiles* – L. Figuier
- *La machine à vapeur T1* – E. Sauvage
- *La machine à vapeur T2* – E. Sauvage
- *Manuel du moteur Stirling pour le modéliste* – D. Lyonnet
- *Les chemins de fer* – A. Guillemin
- *Tiroirs et distributeurs de vapeur* – A. Madamet
- *La Marine de guerre – A. Sauvaire–Jourdan*
- *L'A.B.C. du Chauffeur* – H. Mathieu
- *La navigation sous–marine* – G.L. Pesce
- *Histoire de la machine à vapeur* – R.H. Thurston
- *Les paquebots à grande vitesse* – M. Dumoulin
- *Les Moteurs* – H. de Graffigny
- *Les Torpilles* – E. Hennebert
- *507 Mouvements mécaniques* – H. Brown
- *Les Machines* – E. Collignon
- *La Vapeur* – A. Guillemin

MOTEURS

À EXPLOSION – À EAU
À AIR – À VENT

par

MAX DE NANSOUTY

Ingénieur des Arts et Manufactures

1910

642 figures dans le texte

MOTEURS AUTRES QUE LA MACHINE À VAPEUR[1] ET LE MOTEUR ÉLECTRIQUE[2]

Dans le tome I de cette nouvelle édition des *Merveilles de la Science*, nous avons parlé tout d'abord de la force motrice produite au moyen de ces deux admirables organes, que créa et perfectionna sans cesse le siècle dernier: la chaudière à vapeur, et la machine à vapeur.

Nous avons vu, en suivant le plan logique qu'adopta, dès l'origine, l'éminent vulgarisateur Louis Figuier, comment se relièrent les uns aux autres les progrès de construction qui devaient donner au moteur à vapeur les aptitudes nécessaires pour modifier entièrement l'industrie en général, les transports, la navigation.

Puis, dès lors que cette conquête de la Science fut assurée, dès lors que l'on se sentit en possession de la théorie de la vaporisation et de ses applications pratiques, les esprits chercheurs se demandèrent s'il ne serait pas possible, aussi utilement, plus utilement peut-être dans certains cas, d'obtenir les mêmes résultats d'asservissement de l'énergie par d'autres moyens connexes.

C'est ainsi que se créa une technique considérable et féconde des *moteurs thermiques autres que les machines à vapeur*, dont le moteur à gaz est le type, des moteurs hydrauliques, dont la *turbine hydraulique* est le modèle rénové, et des *aéro-moteurs* qui ont fait récemment reprendre une place industrielle aux *moulins à vent* du passé dont les grandes voiles semblaient avoir été à tout jamais carguées.

Le fonctionnement de ces moteurs lorsqu'il s'agit de répartir, de distribuer, de transporter l'énergie, se trouve complété par l'emploi de la machine dynamo-électrique à laquelle le principe de réversibilité permet de jouer aussi le rôle de moteur. Nous n'y reviendrons pas, ayant traité ce sujet en détail dans notre tome II.

Dans notre tome III des *Merveilles de la Science*, que nous présentons maintenant à nos lecteurs, nous allons exposer brièvement l'historique et, avec plus de détails, l'état actuel des divers producteurs de force motrice que nous venons d'énumérer.

Pour ce qui concerne notamment les *moteurs à gaz, à pétrole, à essence, à alcool,* nous ne trouverons que peu de chose dans l'oeuvre ancienne de Louis Figuier ; car lorsque ce remarquable écrivain scientifique posa sa plume instructive et attrayante, ces grandes innovations dans la captation de l'énergie n'en étaient qu'à leur début.

1 *Merveilles de la Science.* — Chaudières et machines à vapeur. — Tome I.

2 *Merveilles de la Science.* — Électricité. — Tome I.

Mais nous ferons, comme il le souhaitait dans des lignes que notre Préface générale a reproduites, la continuation de son clair système d'exposition. Le lecteur n'en sera que plus charmé, croyons-nous, en voyant combien la fondation de cette partie de « l'édifice scientifique » était judicieusement établie : nous n'avons pas, suivant le langage des constructeurs, à la reprendre en sous-oeuvre, notre tâche consiste à construire solidement au-dessus.

Le moteur à gaz est l'innovation principale.

M. Alfred Picard, Membre de l'Institut, qui a bien voulu présenter à nos lecteurs, dès le début, la nouvelle édition des *Merveilles de la Science*, a tracé de sa main magistrale, dans son admirable *Bilan d'un siècle*, la genèse du moteur à gaz.

> « Les inconvénients du foyer intérieur, dit-il, tiennent surtout à l'emploi d'un combustible solide bridé en morceaux sur une grille. On conçoit la possibilité de supprimer la grille et de faire pénétrer dans le cylindre un combustible assez divisé pour s'unir intimement à l'oxygène de l'air et pour donner une réaction presque instantanée.
>
> Trois types nouveaux de machines ont ainsi pris naissance : le moteur à poussière de charbon (combustible solide); le moteur à pétrole, ou à essence (combustible liquide), le moteur à gaz d'éclairage ou à gaz pauvre (combustible gazeux).
>
> Les moteurs à gaz occupent la première place au point de vue chronologique.
>
> Le programme de ces moteurs est le suivant : pas de chaudière, pas de foyer, pas « de flamme ». L'énergie est libérée, la force motrice est rendue disponible, par l'explosion brusque dans un cylindre d'un mélange gazeux ».

Fig. 1. – Philippe Lebon.

Philippe Lebon, l'illustre promoteur français du gaz d'éclairage et de ses applications, avait entrevu, avec une véritable prescience, cette conséquence technique de son oeuvre principalement lumineuse. Il en fit mention dans un brevet d'invention qui lui fut délivré en 1801. L'entrée dans la pratique et le mérite des premières créations de moteurs à gaz aptes à jouer un rôle industriel était réservé à un autre ingénieur, Lenoir, dont les travaux datent de 1860, et à Hugon, qui suivit la même voie d'une façon heureuse en 1862.

Les Expositions universelles ont, en quelque sorte, jalonné ce progrès. En 1878, un moteur à gaz de quatre chevaux de puissance était considéré comme important. En 1889, les moteurs à gaz de quarante à cinquante chevaux étaient remarqués, mais ils n'étonnaient plus les spécialistes : on regarda cependant avec une attention particulière un moteur à gaz de cent chevaux. En 1900, le progrès avait fait un pas de géant. On vit fonctionner avec précision et élégance un gros moteur à gaz pauvre de six cents chevaux, étudié par Delamarre-Deboutteville pour utiliser, en vue de la production de la force motrice, les gaz jusqu'alors perdus des hauts fourneaux : on a été plus loin encore, comme puissance, depuis lors.

Fig. 2. — Moteur à gaz, premier type (1860).

Le moteur à pétrole, à gazoline, à essence, à pétrole lampant, a été collatéralement avec le moteur à gaz, une acquisition de premier ordre pour la production de la force motrice, et cette acquisition est, elle aussi, relativement toute récente.

Ce genre de moteur ne prit une forme utilisable qu'en 1872, époque à laquelle Brayton en fit breveter aux États-Unis le premier spécimen. Un appareil figura à l'Exposition universelle de 1878 : c'était le seul dans son genre et il fut simplement mentionné comme « honorable tentative » dans le Rapport du jury.

Depuis, quel chemin parcouru ! C'est ce petit moteur qui devait fournir la possibilité pratique de l'automobilisme, du canot automobile, de l'automotrice sur rails prenant sa place à côté de la locomotive, du ballon dirigeable, de l'aéroplane !

Les moteurs légers à essence de pétrole sont passés, avec une étonnante rapidité, de 20 kilogrammes par cheval de puissance développée à 7 kilogrammes, puis à 2 kilogrammes.

On a vu un homme vigoureux porter sur son épaule un moteur de 60 chevaux de force, et un « coltineur », accoutumé à manier des sacs de farine, promener de la même façon sur un certain espace, un moteur de 100 chevaux.

Ces machines sont évidemment, comme nous venons de le dire, la condition de possibilité essentielle de la locomotion mécanique sous ses diverses formes. Mais elles sont précieuses aussi pour l'industrie proprement dite en lui fournissant la force motrice d'une façon tout à la fois énergique et discrète. On construit non seulement des moteurs à essence de pétrole, mais encore des moteurs à pétrole lampant tel qu'il sert pour l'éclairage. Un type spécial, à combustion, utilise avec une égale facilité, les combustibles solides, liquides ou gazeux et cela, avec un rendement mécanique considérable.

Fig. 3. — Moteur à gaz pauvre Gardner.

La locomobile à essence, ou à pétrole, parait devoir rendre de grands services, notamment à l'agriculture, pour cette double raison qu'elle est inexplosible et qu'elle nécessite un approvisionnement modéré en combustible et en eau. On peut se demander quel rôle joue cette eau dans une machine qui n'a pas de vapeur d'eau à produire ? Il s'agit de l'eau de réfrigération des organes moteurs, lesquels s'échauffent au cours de leur laborieux va-et-vient. Il faut donc toujours de l'eau même pour la locomobile à pétrole.

Mais on peut ménager cette eau en la refroidissant par d'ingénieuses dispositions accessoires, en tête desquelles viennent les radiateurs à ailettes. Les ailettes en métal dont sont garnis les cylindres offrent au contact et à la circulation de l'air une surface considérable, condition excellente pour la condensation : on augmente aisément leur action en soufflant sur elles, au moyen de petits ventilateurs mécaniques, de l'air constamment brassé et renouvelé.

Depuis l'avènement de la machine à vapeur, rien n'a été aussi utile et aussi effectif que l'étude des moteurs à pétrole, auxquels se joindront les moteurs à alcool, car au point de vue mécanique, cette seconde partie du problème se trouve d'ores et déjà résolue.

Fig. 4. – Moteur à gaz pauvre, à double effet, à quatre temps, à deux cylindres jumelés, Sœst.

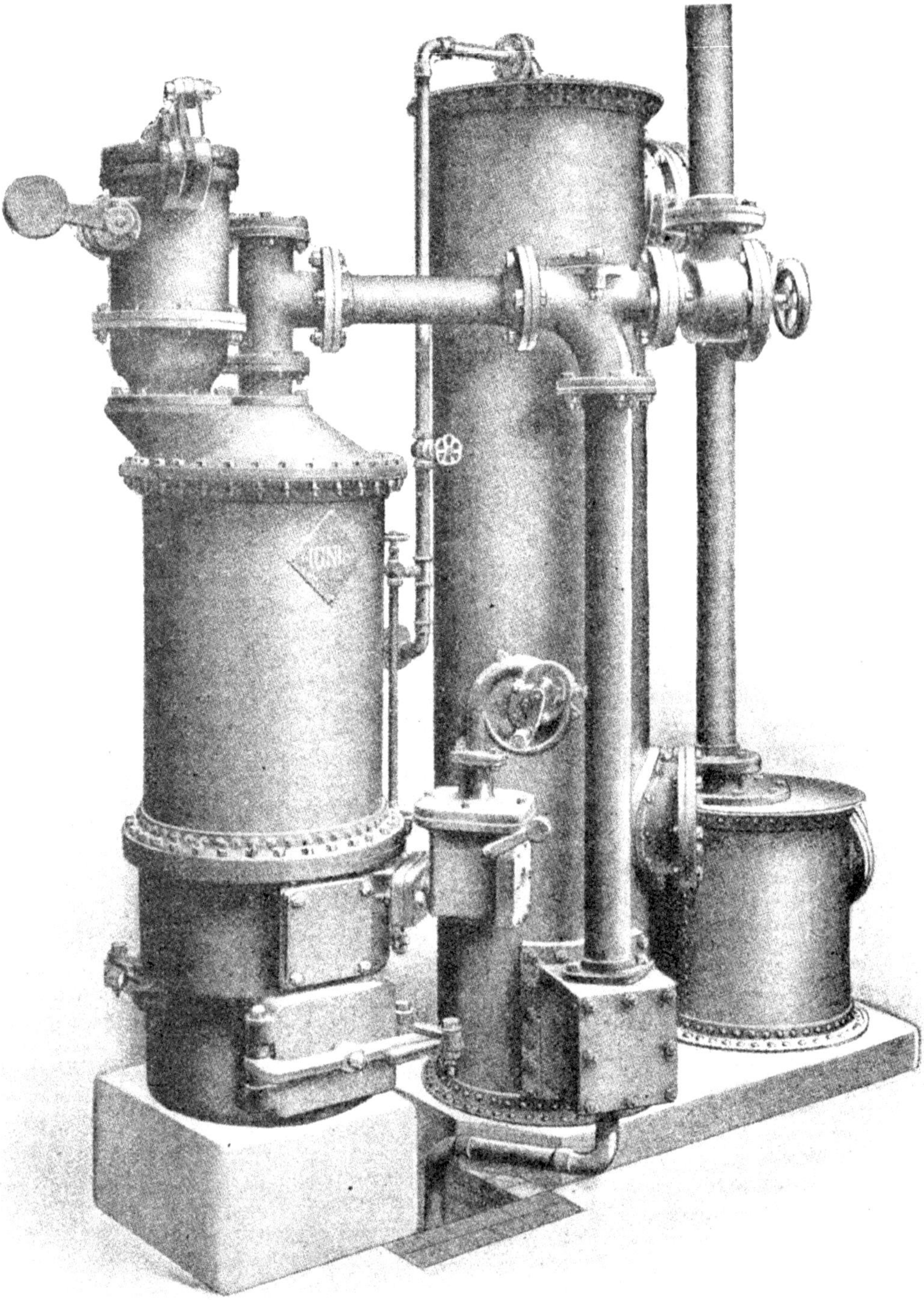

Fig. 5. — Gazogène à aspiration Niel.

En constituant avec ces moteurs et avec la machine dynamo-électrique, dont la création et le perfectionnement ont été connexes, ce que l'on nomme les groupes électrogènes, on dispose, dans les conditions les plus favorables, de la production du courant électrique. Le programme « force et lumière » se trouve rempli, car la force produite en un point peut aller travailler à distance grâce à de souples canalisations de fils, ou bien s'y répandre lumineusement.

Fig. 6. — Moteur d'aviation Gnôme, actionnant une hélice d'aéroplane.

A côté du progrès industriel et mécanique des moteurs dont nous venons de parler, le moteur hydraulique, qui paraissait naguère encore démodé, a repris cependant sa place et son importance, et cela d'une façon brillante.

Certes le règne des anciennes roues hydrauliques, que créèrent les beaux travaux de Morin, de Poncelet, d'Aubusson, de Bélanger, de Sagebien, etc., est sensiblement fini. Elles ont été supplantées par les turbines hydrauliques, organe essentiel et triomphant de l'utilisation de la houille blanche, et tout un avenir nouveau est apparu.

Tandis que le rendement des meilleures machines à vapeur atteint seulement 15 %, et celui des moteurs à gaz les plus perfectionnés 30 à 34 %, les *turbines hydrauliques modernes*, placées dans de bonnes conditions, qui ne sont assurément pas toujours réalisables, atteignent 80 à 90 %. Ces beaux et utiles appareils ont à compter avec les crues des rivières, avec les gelées, avec les intempéries. Ils n'en sont pas moins

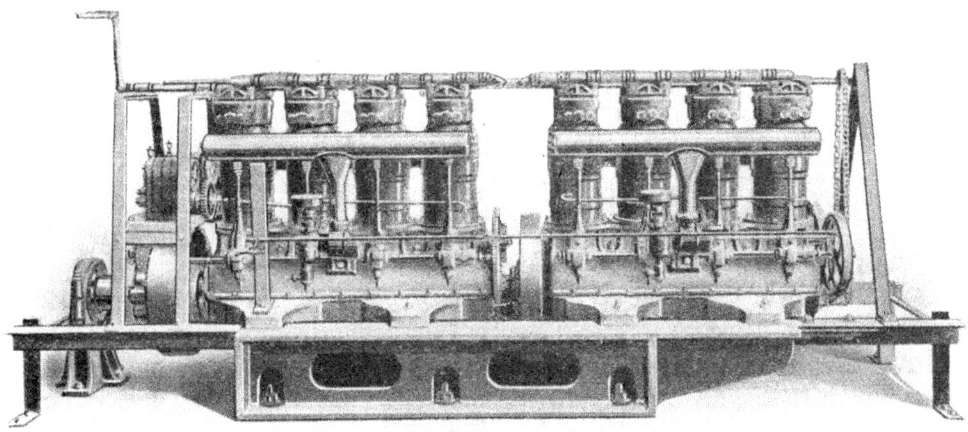

Fig. 7. — Moteur de 100 chevaux en tandem, pour bateaux, Panhard-Levassor.

des organes producteurs de force motrice de premier ordre auxquels, d'ailleurs, la machine à vapeur et le moteur à gaz, par une conciliation logique, savent apporter, dans la plupart des cas, un concours utile, ou un secours précieux dans les moments particulièrement difficiles.

Dans les turbines, l'eau, au lieu d'agir par son choc et par son poids, agit par sa réaction sur des surfaces fixées invariablement à l'appareil et le long desquelles elle se meut. Le principe de cet excellent moteur était connu depuis longtemps. Mais il fallait attendre l'époque où des Ingénieurs de haut mérite le dotèrent des améliorations nécessaires pour que son rendement devint comparable à celui des roues en dessus et des roues de côté, appareils consacrés par l'usage, fort bien étudiés dans leur genre, et qui se présentaient dans des conditions techniques remarquables à la concurrence des appareils qui devaient leur succéder.

Fig. 8. — L'aéroplane R. Esnault-Pelterie, muni de son moteur.

Nous examinerons, avec le soin voulu, au cours de ce volume des *Merveilles de la Science*, l'état actuel et le progrès des turbines hydrauliques, auxquelles nous avons déjà rendu hommage dans notre Tome consacré à l'Électricité et à ses applications. Nous les verrons, sous leurs formes perfectionnées, s'appliquer aussi bien aux chutes d'eau élevées de la *houille blanche* qu'aux petites et familiales chutes d'eau de la *houille verte*. Conçues pour recevoir la masse liquide sur toute leur circonférence, elles peuvent avoir un fort débit sous des dimensions restreintes: c'est là un des éléments de leur succès mérité et qui s'accroît constamment. Grâce aux dispositions adoptées et qui sont extrêmement ingénieuses, les variations de débit et celles des niveaux d'amont et d'aval n'altèrent le rendement que dans une faible mesure: la grande vitesse de rotation permet, de plus, de simplifier et d'alléger les organes destinés à transmettre le travail. Enfin, et cela est un point capital, l'influence destructive des crues et des gelées est bien moins redoutable pour les turbines hydrauliques que pour les anciennes roues hydrauliques, lesquelles fonctionnaient presque entièrement en dehors de l'eau.

La turbine hydraulique est l'instrument que le progrès attendait pour l'utilisation proprement dite des grandes masses d'eau qui doivent être nécessairement mises en oeuvre dans l'aménagement logique des forces naturelles.

En effet, d'une façon générale, le cheval-hydraulique coûte d'autant moins à aménager industriellement et à transporter à distance qu'il est dû à une chute plus élevée et qu'il est produit en plus grande quantité à la fois. Les dépenses des

Fig. 9. — Roue d'une turbine de 2.200 chevaux, Piccard-Pictet.

canalisations de toutes sortes, ainsi que celles des turbines, décroissent, comme on le conçoit aisément, avec la quantité d'eau employée, c'est-à-dire, pour une même puissance, en raison directe de la hauteur de la chute utilisée. Lorsque les circonstances locales sont favorables, avec de hautes chutes, et dans une installation importante, les frais de premier établissement peuvent s'abaisser à 100 francs par cheval ; ensuite il n'y a plus à se préoccuper que de l'entretien.

Le problème capital pour utiliser de la meilleure façon une grande installation hydraulique consiste à s'adresser aux procédés les plus divers pour que cette utilisation soit aussi complète que possible et, autant que possible, continue. L'exploitant est naturellement conduit, s'il ne s'occupe pas exclusivement de fabrications continues, comme, par exemple, celle des produits électro-métallurgiques, à rechercher des emplois variés et complémentaires pouvant s'accommoder de tous les « restes d'heures » laissés disponibles par la fabrication principale. Cela sort à la vérité des traditions anciennes. Avec la machine à vapeur on était porté à se spécialiser : la machine, quand elle était endormie, ne consommait plus de charbon, et il y avait souvent intérêt à la laisser dormir. Mais lorsqu'il s'agit de force hydraulique, comme l'eau ne coûte rien, dès lors que l'on peut compter sur un débit constant, il y a intérêt, au contraire, à faire tourner la turbine aussi constamment que possible. On verra ainsi, n'en doutons pas, se grouper dans bien des usines des industries disparates ; ce groupement sera très favorable au personnel ouvrier, car il permettra l'utilisation d'aptitudes variées au lieu d'obliger les travailleurs à faire uniformément toujours la même besogne régionale ou locale. Le problème général sera ainsi retourné. On se disait précédemment : « Je veux fabriquer tel produit, combien me faudra-t-il de force motrice à vapeur ? » A l'avenir on se dira : « J'ai telle somme de force motrice hydraulique, comment puis-je l'utiliser complètement ? »

Nous n'aurons garde d'omettre dans notre examen des moteurs les moulins à vent.

Peut-être quelques-uns de nos lecteurs s'en étonneront-ils tout d'abord, en considérant que la machine à vapeur, par la concentration de la mouture du blé dans de puissantes minoteries, a limité singulièrement le rôle du vieux moteur qui, en utilisant « les courants d'air », avant que l'on eût imaginé d'utiliser « les courants d'eau », rendit pendant si longtemps de très grands services.

Nous les rassurerons, au point de vue technique, en disant que c'est du moulin à vent perfectionné sous la forme d'aéromoteur que nous voulons les entretenir.

Au cours du XIXe siècle, on est arrivé à construire des appareils vraiment dignes du nom de moteurs et capables d'utiliser, avec un rendement appréciable, la force capricieuse du vent.

Légers, simples, présentant les facilités voulues de manœuvre et d'orientation, munis d'un mécanisme de réglage automatique, les aéromoteurs apportent utilement leur concours au labeur général.

Au lieu de grandes ailes classiques, on les munit de turbines atmosphériques à petites ailes qui s'orientent automatiquement et s'effacent ou s'arrêtent lorsque vitesse du vent devient anormale.

De plus, on utilise la force motrice produite, et que l'on peut recueillir d'une façon suffisante, au moins un jour sur trois, en moyenne, dans beaucoup de régions, pour faire tourner des machines dynamos et charger des batteries d'accumulateurs électriques dont on se sert ensuite pour faire économiquement de l'éclairage. M. Henri Bresson, dans une étude statistique à ce sujet, estime que les 8 000 anciens moulins à vent qui existaient en France avant 1850, et qui ont presque entièrement disparu, pourraient avec un bon outillage « aéromoteur » fournir près de 150.000 chevaux de force : cela n'est véritablement pas à dédaigner si l'on considère le peu de dépense du fonctionnement dès lors que les frais d'installation ont été faits.

Fig. 10. — Un moulin de 6 chevaux pour travaux agricoles, en Amérique.

Dans ce volume qui, joint aux précédents, donnera l'ensemble des moyens de production de la force motrice, nous aurons à examiner ses principaux moyens d'utilisation.

Ils ont des points communs quelque soit le moteur employé ; cependant chaque système a son outillage spécial qui a été fort étudié et dans lequel il y a à relever des particularités instructives. Sans négliger l'historique des efforts techniques qui ont servi de base à la création de cet outillage, nous répondrons, croyons-nous, au désir de nos lecteurs en donnant toujours finalement les formes les plus actuelles, les plus réelles, celles qui ont fait leurs preuves dans la pratique, et que l'on peut voir fonctionner. Il y a eu assurément des tentatives intéressantes faites par les inventeurs pour pousser sur certains points le progrès plus loin encore que ne le montrent les types de moteurs usuels: les nombreux brevets d'invention qui ont été pris, et que l'on prend chaque jour, attestent d'une vaillante et louable persistance en vue de réaliser encore des perfectionnements. On ne les appréciera que mieux, par la suite, en pouvant s'appuyer, pour en estimer le mérite, sur les chiffres et les résultats précis que nous nous sommes efforcé de réunir et de mettre en évidence.

La caractéristique de cet effort considérable des mécaniciens a été le désir de subdivision de l'énergie, de la force, que les appareils à vapeur ne permettaient pas d'asservir autrement que par de gros groupements. Certes les moteurs à gaz, par exemple, se prêtent bien, comme nous le verrons, au groupement d'énormes puissances mais, en même temps, ils sont, pour peu qu'on le veuille, les producteurs de la petite force motrice si précieuse lorsqu'elle est mise entre des mains laborieuses et intelligentes. On dispose donc ainsi « des deux extrêmes » dans la production de l'énergie, et cela avec la possibilité de toutes les adaptations intermédiaires.

Nous y voyons une condition précieuse de possibilité pour l'évolution du progrès industriel. Car, dès que, sortant de la conception pure d'une invention mécanique, on entre dans la période de réalisation, les forces du praticien, de l'ouvrier, deviennent insuffisantes: la force mécanique doit intervenir pour dominer la matière et elle s'impose. Il ne sera pas toujours nécessaire de disposer de vastes ateliers mais le petit atelier dans lequel naîtra le progrès, sous une quelconque de ses formes, devra posséder toute la force motrice nécessaire pour répondre aux efforts relativement considérables qu'on lui demandera. C'est là que le moteur à gaz, à essence, à pétrole, nous montrera combien il répond parfaitement aux espérances de ses promoteurs: nous en verrons au cours de ce volume d'innombrables et instructifs exemples.

Chapitre I

MOTEURS À GAZ

HISTORIQUE - MOTEUR PRIMITIF LENOIR. — AVANTAGES DU MOTEUR A GAZ. — TRANSFORMATIONS DU MOTEUR A GAZ. THÉORIE DU MOTEUR A GAZ : CYCLE À QUATRE TEMPS DU MOTEUR À SIMPLE EFFET. CYCLE À QUATRE TEMPS DU MOTEUR À DOUBLE EFFET. — CYCLE À DEUX TEMPS. MOTEUR A GAZ OTTO: HORIZONTAL, VERTICAL. CONSIDÉRATIONS GÉNÉRALES SUR LES MOTEURS A GAZ. SOURCES D'ALIMENTATION: GAZ DE VILLE. — GAZ PAUVRE: DE GAZOGÈNES, DE HAUTS FOURNEAUX.

Historique C'est en 1860 que fut présenté par l'inventeur Lenoir le premier moteur à gaz industriel, comme étant un appareil pouvant se substituer à la machine à vapeur pour la production des petites forces. Depuis, comme nous allons le voir au cours de ce livre, le moteur à gaz a pris un tel développement et a reçu des perfectionnements si importants, que non seulement on peut l'utiliser pour la production de grandes puissances mais que, de plus, on obtient par l'utilisation du gaz pauvre l'énergie à un prix de revient très réduit.

Avant l'apparition du moteur à gaz industriel, bien des tentatives avaient été faites pour utiliser pratiquement l'expansion des gaz.

Dès l'année 1660, l'illustre mécanicien hollandais Huyghens, qui s'était rendu en France sur les instances de Colbert, cherchait à créer un moteur puissant et d'un emploi universel en utilisant les effets mécaniques intenses produits par l'inflammation de la poudre.

Dans un cylindre parcouru par un piston, Huyghens enfermait une certaine quantité de poudre à canon qu'il enflammait au moyen d'une mèche d'amadou allumée. Comme la poudre donne, en brûlant, environ huit mille fois son volume de gaz, sa subite transformation pouvait produire une action mécanique d'une considérable intensité. C'était l'effet de la mine ou de la pièce d'artillerie transporté heureusement dans le domaine de la Mécanique industrielle.

L'idée du cylindre parcouru par un piston mobile était, d'ailleurs, à elle seule, un trait de génie. Elle ne devait pas périr : l'invention de Huyghens est encore aujourd'hui le principe essentiel des machines à vapeur à mouvement alternatif.

Malheureusement, l'état de la Science rudimentaire de cette époque ne permettait pas de mettre à profit l'expansion subite des gaz pour obtenir une action motrice. Comment enflammer la poudre à canon dans un cylindre sans communication avec l'extérieur ? A cette époque, l'électricité était à peine connue de nom. Il fallut donc renoncer à ce système.

L'immortel Denis Papin, ami et collaborateur de Huyghens, avait été extrêmement frappé des effets de cet appareil et il s'appliqua, longtemps, mais sans succès, à le perfectionner.

Fig. 11. – Lenoir.

C'est alors, que par un autre trait de génie, Denis Papin, tout en conservant le cylindre et le piston mobile de Huyghens, remplaça la poudre à canon par la vapeur d'eau. Ainsi fut créée, vers 1690, la première machine à vapeur.

Il est bien intéressant de remarquer que le moteur à gaz présenté en 1860 n'est, en somme, que la restauration, faite à deux siècles d'intervalle, de l'idée primitive de Huyghens. En effet, le physicien hollandais enfermait, dans un cylindre, de la poudre à canon qu'il enflammait ; les gaz ainsi produits, dilatés par la chaleur, constituaient l'agent moteur. Dans le moteur à gaz, on enferme dans un semblable cylindre une autre espèce de combustible: le gaz d'éclairage, « poudre à canon particulière », assouplie par la Science, rendue essentiellement mobile et transportable et se prêtant merveilleusement, par sa forme physique, aux emplois que Huyghens avait rêvés pour son agent moteur.

En outre, au lieu d'enflammer ce combustible par une mèche d'amadou, moyen fort rudimentaire employé par Huyghens, on fait usage, dans le moteur à gaz, du plus subtil des artifices imaginés par les physiciens de nos jours et c'est généralement grâce à l'étincelle électrique produite par une bobine de Rhumkorff, ou par une petite machine magnéto-électrique qu'on enflamme le mélange gazeux.

Avant la réalisation du moteur à gaz Lenoir, Philippe Lebon, le créateur de l'industrie du gaz en France avait, en 1800, conçu la première idée pratique de l'application de la force expansive d'un mélange détonant formé de gaz d'éclairage et d'air, et avait combiné un appareil qui « chauffe, éclaire avec économie et offre, avec plusieurs produits précieux, une force motrice applicable à toute espèce d'industrie ».

Cependant, en 1791, John Barber avait conçu, en Angleterre, une machine motrice fonctionnant au moyen de l'inflammation de l'hydrogène avec introduction d'eau dans le cylindre. L'eau et l'hydrogène étaient introduits par le fonctionnement d'une pompe

Deux autres inventeurs anglais, Mead et Robert Street, firent aussi des essais sur un moteur où le gaz était produit par des huiles légères en « laissant tomber sur le fond du cylindre de l'huile de pétrole, de térébenthine ou autres matières analogues pouvant se réduire en vapeur ».

En 1823, Samuel Brown essaya d'appliquer une machine motrice qui fonctionnait par le vide, le mélange détonant étant constitué par de l'air saturé de vapeurs inflammables émises par des liquides volatils : alcool, essence de térébenthine et autres hydrocarbures.

De 1826 à 1841, de nombreux essais furent effectués et des moteurs créés dont certains fonctionnaient par l'inflammation d'un mélange détonant comportant de l'hydrogène.

En 1843, Selligne créa aux Batignolles, alors dans la banlieue de Paris, une usine pour produire le gaz à l'eau et proposa l'hydrogène extrait de l'eau par son procédé pour produire une force motrice qu'il voulait utiliser pour actionner des bateaux. En 1845, Reynolds combina un moteur à gaz comportant un réservoir d'alimentation dans lequel était contenu un mélange d'air et d'hydrogène comprimés.

De cette époque à l'année 1860, un certain nombre d'inventeurs, parmi lesquels Degrand et Hugon, effectuèrent des essais fort intéressants, certes, mais qui n'étaient que des tentatives n'ayant aucun résultat pratique et qui n'étaient pas encore utilisables industriellement. C'est à ce moment que Lenoir présenta son moteur à gaz dont l'apparition fit une profonde sensation dans le monde industriel.

Ce premier type de moteur à gaz, utilisable pour effectuer un travail suivi, quoique n'ayant pas justifié toutes les espérances de son inventeur, n'en reste pas moins la première solution pratique de ce genre de moteur et a été le point de départ des très importants perfectionnements apportés à ces appareils qui sont aujourd'hui d'un emploi si répandu.

Moteur à gaz primitif Lenoir

(Fig. 12.) Le moteur primitif de Lenoir offre une grande ressemblance avec une machine à vapeur horizontale. Comme dans celle-ci, son cylindre est placé horizontalement sur un massif de maçonnerie et dans ce cylindre se meut un piston, alternativement en avant et en arrière, dont la tige est guidée par des glissières et reste solidaire d'une bielle qui provoque la rotation de l'arbre du moteur, par l'intermédiaire d'une manivelle. La distribution comporte deux tiroirs dont l'un est destiné à recevoir le mélange d'air et de gaz d'éclairage et dont l'autre sert à donner issue aux produits de la combustion de ce gaz.

Quand le mélange, constitué par 95 parties d'air et 5 parties de gaz, a pénétré dans le cylindre, le tiroir se ferme et intercepte toute communication avec l'extérieur. A ce moment, une étincelle électrique éclate à l'intérieur du cylindre et enflamme le mélange détonant. Cette étincelle est produite par une bobine de Ruhmkorff mise en action, au moment opportun, par une sorte de distributeur actionné par le mouvement de rotation de la machine elle-même.

Une dilatation considérable, résultant de la chaleur dégagée par la combustion du mélange détonant, provoque l'expansion des gaz qui remplissent le cylindre et qui, appuyant sur une face du piston, le poussent dans un certain sens, ce qui imprime un mouvement de rotation à l'arbre moteur. Quand le piston est arrivé à l'extrémité de sa course, les produits de la combustion peuvent s'échapper au-dehors par le second tiroir et comme une nouvelle quantité de gaz et d'air ont été introduits dans le cylindre par le premier tiroir, sur la face opposée du piston une nouvelle étincelle électrique enflamme ce nouveau mélange et le piston effectue une nouvelle course. La continuité de ces effets successifs détermine le mouvement de rotation de l'arbre du moteur.

On voit que les dispositions données aux organes du moteur à gaz Lenoir sont semblables à celles qui sont prises pour assurer le fonctionnement des organes d'un moteur à vapeur ordinaire, mais l'agent moteur diffère et la vapeur est remplacée ici par un mélange d'air et de gaz, enflammé par une étincelle électrique et dilaté par la chaleur ainsi produite.

Pour provoquer l'inflammation du gaz aux deux extrémités de la course du piston, un distributeur D, dont nous avons parlé plus haut, est placé concentriquement à l'arbre du moteur et sa touche T participe au mouvement de rotation de cet arbre. Le courant électrique fourni par une pile P (Fig. 12.) traverse le circuit primaire d'une bobine de Ruhmkorff E et produit, par induction dans le circuit secondaire, un courant d'une tension suffisante pour provoquer une étincelle entre les extrémités des conducteurs. De ces deux conducteurs l'un aboutit à la masse métallique du cylindre

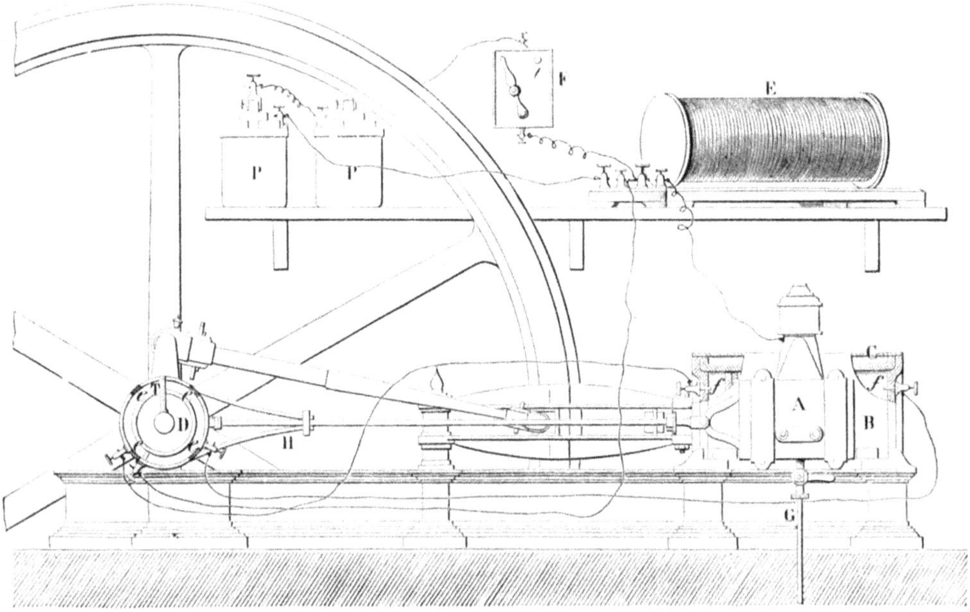

Fig. 12. – Moteur à gaz primitif de Lenoir.

de la machine, l'autre est relié à la couronne intérieure du distributeur métallique D. De la couronne extérieure de ce distributeur partent deux autres fils aboutissant aux bornes *f*, *f*, montées dans les fonds du cylindre et appelées *inflammateurs*. Le circuit de la bobine se trouve ainsi fermé par l'intermédiaire du distributeur D et de la touche T qui frotte sur les deux couronnes. Pour obtenir, dans le cylindre, la succession d'étincelles qui doivent enflammer le mélange, il suffit d'interrompre et de refermer le circuit. Pour cela, les couronnes métalliques constituant le distributeur D sont interrompues sur leur pourtour où frotte la touche T, par une série d'encoches *e*, *e*. Quand la touche T mise en mouvement par la rotation de l'arbre rencontre un des vides *e* du distributeur, le courant se trouve momentanément interrompu ; quand cette touche rencontrera de nouveau le rebord métallique de la couronne, le courant sera rétabli et envoyé à un des *inflammateurs* avant ou arrière, suivant la partie de la couronne où s'effectue le frottement. La touche est orientée sur l'arbre de façon qu'au moment de la rupture du courant, le piston métallique ait atteint une extrémité de sa course. Comme la masse de ce piston représente une extrémité du circuit secondaire de la bobine et que l'inflammateur *f*, devant lequel il se présente, forme l'extrémité du second conducteur, une étincelle jaillit entre la borne qui dépasse à l'intérieur du cylindre et le piston. Le mélange de gaz et d'air qui a été introduit dans le cylindre B par la manœuvre du tiroir A s'enflamme et provoque une course du piston inverse de celle qu'il vient d'effectuer.

Le gaz d'éclairage arrive par le tuyau G muni d'un robinet que l'on ouvre avant de mettre la machine en mouvement.

Pour mettre le moteur en route, on place la manette du commutateur F sur le plot de contact *t*, puis on tourne à la main le volant jusqu'à ce que la touche T ayant d'abord rencontré une encoche, puis rétabli le courant, provoque une première étincelle qui enflammera le mélange et poussera le piston dans un certain sens. Automatiquement, l'inflammation se produira alors à chaque extrémité de course, et le moteur aura un fonctionnement régulier.

Comme il se produit dans le cylindre un échauffement considérable à chaque inflammation du mélange, on a le soin de faire circuler un courant d'eau froide dans une double enveloppe *c* dont le cylindre B est entouré.

Ce courant d'eau froide a été ultérieurement fort ingénieusement réalisé. Un récipient contenant de l'eau froide communique par un petit conduit avec l'enveloppe entourant le cylindre. L'eau circule autour de ce cylindre, s'échauffe et, étant ainsi rendue plus légère, retourne au récipient par suite de la différence de densité. Il s'établit ainsi une circulation continue de la même eau qui, tour à tour, s'échauffe, en traversant l'enveloppe du cylindre et en le refroidissant, puis se refroidit dans le récipient.

Un excentrique H manœuvre le tiroir A, de façon à régler l'introduction du gaz dans des proportions convenables et à rejeter à l'air libre les produits de la combustion quand l'effet mécanique a été effectué sur le piston.

Il convient de remarquer qu'aucun mélange intime n'est préparé d'avance entre l'air et le gaz de manière à constituer un mélange détonant, dans le sens que les chimistes attachent à ce mot. On fait arriver dans le cylindre plein d'air des veines de gaz qui brûlent simultanément, dès leur entrée dans le cylindre, en produisant une série de petites explosions. C'est cette particularité qui a fait donner au mélange gazeux le nom de *mélange tonnant*, nom généralement employé aujourd'hui.

Telles sont les dispositions principales du moteur à gaz Lenoir. Ce moteur consommait près de trois mètres cubes de gaz pour produire, pendant une heure, un cheval. Ce premier modèle possédait évidemment des imperfections auxquelles on remédia plus tard, mais il semble que tel qu'il fut conçu, il avait résolu, par un certain côté, le problème des machines à air chaud dont la solution, longtemps cherchée, n'avait été qu'imparfaitement fournie par la machine à air chaud d'Ericsson.

La machine à vapeur, en effet, qui avait fait tant de prodiges et excité une si juste admiration depuis le commencement du XIXe siècle, paraissait être au-dessous des besoins économiques, vers la moitié de ce siècle, et comme on considérait que le moteur à vapeur était alors arrivé à sa limite de perfection, de tous les côtés c'était une émulation générale pour réformer la production de l'énergie mécanique et détrôner entièrement l'antique machine à vapeur.

Un moment, l'électricité avait paru devoir prendre la place de la vapeur, mais les connaissances électriques de cette époque ne permirent pas de réaliser les merveilleux moteurs électriques que nous possédons aujourd'hui, et l'on abandonna l'idée de substituer l'électricité à la vapeur pour produire de l'énergie, devant l'insignifiance des effets mécaniques développés, à ce moment, par l'électromagnétisme.

On songea ensuite à utiliser les machines à vapeurs combinées dans lesquelles, au lieu de perdre, en la rejetant dans l'air, la vapeur sortant du cylindre, on emploie cette vapeur, encore chaude, à volatiliser de l'éther dont la vapeur produit une action mécanique qui vient s'ajouter à l'effet de la vapeur d'eau. Cette tentative n'a laissé, en définitive, rien de sérieux dans la pratique. Seules, les machines à air chaud ont quelque peu survécu et ne sont employées, d'ailleurs, que pour produire des puissances très réduites, dans des cas tout spéciaux.

Le moteur à gaz est venu résoudre le problème dont la solution était si recherchée et il s'affirme aujourd'hui comme un concurrent très remarquable de la Machine à vapeur.

Avantages du moteur à gaz

L'avantage essentiel du moteur à gaz réside dans la suppression de tout foyer. De nombreux avantages découlent, en effet, de la suppression de la chaudière et du foyer, organes qui paraissaient indissolublement liés à l'emploi d'un moteur. Supprimer la chaudière à vapeur dans une usine, c'est évidemment simplifier, dans une très large mesure, le service mécanique de cette usine. En outre, en admettant que le moteur à gaz puisse accidentellement éclater, ce qui ne se produit pour ainsi dire jamais, les effets résultant de cette explosion sont hors de proportion avec les dégâts considérables qu'occasionne, presque toujours, la rupture d'une chaudière à vapeur.

Dans l'explosion d'un moteur à gaz, tout se réduirait, en somme, à la fracture du cylindre, ce qui ne saurait occasionner que des accidents locaux, tandis qu'on sait que lorsqu'un générateur éclate, on voit se produire des phénomènes de projection mécanique d'une violence effroyable, et dont on peut se faire une idée en considérant la quantité prodigieuse de vapeur qui doit s'élancer en un instant de l'énorme volume d'eau accumulé dans la chaudière. Il convient de reconnaître, toutefois que, comme nous l'avons longuement expliqué dans le cours du Tome Ier de cet ouvrage, l'emploi des chaudières multitubulaires a diminué dans des proportions heureusement considérables le danger d'explosion des générateurs à vapeur.

Un avantage non contestable de l'adoption du moteur à gaz consiste dans le peu d'encombrement que nécessite son installation. On n'a plus à s'occuper, en effet, de l'emplacement toujours important qu'exige l'établissement de vastes foyers et de cheminées, aussi bien que de l'emmagasinement du combustible. Si cette considération est quelquefois d'une importance secondaire pour les grands ateliers et les usines occupant un vaste emplacement, il n'en est pas de même pour les industries moins importantes, qui sont cependant fort nombreuses et qui ne peuvent disposer, au coeur même des cités, que d'espaces nécessairement réduits.

Une autre conséquence de la suppression de la chaudière et du foyer, c'est la disparition de la fumée, cet ennemi tant poursuivi, surtout dans les usines installées au milieu des villes.

La simplicité de mise en marche d'un moteur à gaz constitue aussi une qualité essentielle. Pour distribuer l'énergie dans un atelier mécanique, pour mettre immédiatement en action les machines et les outils, il suffit de tourner un robinet qui admet dans la machine le gaz d'éclairage provenant d'une conduite située dans

Fig. 13. – Moteur à gaz de 60 chevaux du système Niel.

la rue, dans le cas d'emploi du gaz de ville. On n'a pas, de ce fait, à s'inquiéter de cet agent moteur ; il circule sous le pavé, il est à notre porte ; il entre ou s'arrête à notre commandement. En outre, au moyen du compteur, le volume qui est dépensé est aussitôt enregistré.

Ajoutons que cet agent moteur si commode, si peu embarrassant pour la mise en train du travail, n'est pas plus gênant une fois le travail accompli. Après avoir exercé son action mécanique, il disparaît sans laisser de traces, sans occasionner d'encombrement ou d'embarras.

En résumé, avec le moteur à gaz, aucune chaudière, aucun foyer, aucun approvisionnement de combustible à faire, pas de temps à perdre pour la mise en train et, en outre, aucune dépense de combustible pendant l'arrêt de l'appareil.

Le moteur à gaz a donné, en dehors des avantages précédents, une solution avantageuse du problème de la distribution des petites forces à domicile.

La machine à vapeur, qui rend tant de services dans les grandes usines, ne peut seconder le travail du petit industriel, de l'ouvrier à domicile.

On a essayé de mettre à la disposition des petites industries et des ateliers n'employant qu'un faible personnel, un agent moteur susceptible d'être fractionné. On a songé à utiliser l'air comprimé et à établir dans les voies des quartiers de Paris où se trouvent de nombreux petits industriels, des conduites métalliques destinées à recevoir l'air comprimé.

Des prises, faites par un tuyau sur ces conduites principales, auraient introduit chez chaque fabricant, et aux divers étages de chaque maison, un certain volume d'air comprimé représentant l'énergie nécessaire pour actionner les divers outils. Ce projet était séduisant, mais on a reculé devant la difficulté d'une canalisation spéciale et bien difficile à rendre étanche, car l'air comprimé tendrait à fuir par les plus faibles fissures des jonctions des tuyaux de conduite.

Il a encore été question, dans les grandes villes où le mode de distribution des eaux potables permet de les élever au plus haut des maisons, d'utiliser la pression de ces colonnes d'eau à créer de petites forces que l'on mettrait à la disposition des ateliers. Mais ici encore, il s'agissait d'une canalisation particulière difficile à établir ; de plus, en raison de là différence des niveaux, on ne pouvait alimenter tous les lieux sous une même pression.

Ces difficultés de canalisation qui ont empêché l'exécution des projets intéressants que nous venons de rappeler, ne s'appliquent pas à l'immense et multiple réseau qui, sous le pavé des rues, distribue le gaz dans tous les points des villes et à toutes les hauteurs. Il est donc certain qu'ainsi se trouve résolu, par l'emploi du moteur à gaz, le problème de la distribution de la force motrice à domicile. Toutes les industries qui, à Paris ou dans les grandes villes, se trouveraient bien de remplacer par un petit moteur le travail manuel ; tous les établissements qui ont besoin d'un moteur d'une certaine puissance, mais qui ne l'emploient que pendant un temps réduit, à certains moments déterminés, et qui ne peuvent dès lors recourir à l'office trop dispendieux de la vapeur ; enfin beaucoup d'industries spéciales qui n'ont point aujourd'hui recours à la Machine à vapeur, en raison des prescriptions sévères auxquelles les Règlements d'administration soumettent ces appareils, trouveront dans le moteur à gaz un auxiliaire précieux.

Depuis l'apparition du moteur à gaz, l'électricité est venue aussi fournir une solution fort élégante de cet intéressant problème, par la facile distribution et l'opportune utilisation de l'énergie électrique fournie par des usines centrales.

Le premier moteur industriel à gaz Lenoir suscita un grand enthousiasme qui dépassa même, un instant, les limites raisonnables. On parlait, en effet, de faire de ce genre de moteur, un « moteur universel », applicable immédiatement aux chemins de fer, aux locomobiles, et même à la navigation aérienne. Il n'est pas sans intérêt, aujourd'hui où le problème de la navigation aérienne, par le plus léger ou le plus lourd que l'air, est résolu, en principe, et où les prouesses des dirigeables et des aéroplanes étonnent le Monde, de rappeler comment on entendait procéder pour appliquer les moteurs à gaz d'éclairage à la navigation aérienne et aux quelques autres applications que nous avons citées.

> « Dans l'application de la machine à gaz à l'aérostation, écrivait M. Abadie-Dutemps, alors élève à l'École Centrale, on n'aurait plus, comme dans divers projets d'aérostats mus à l'aide d'une machine à vapeur, à emporter des appareils d'un poids considérable. La provision de gaz combustible produirait, en se consumant, une perte de force ascensionnelle qui serait compensée par du lest et la réduction en vapeur de la petite quantité d'eau qui entoure le cylindre ; de plus on aurait toute sécurité au sujet de l'inflammation de l'aérostat tant à craindre avec le foyer d'une machine à vapeur emportée.
>
> « L'emploi du moteur à gaz, joint à celui des pièces très légères, aujourd'hui en acier, plus tard en aluminium, permettrait, à égalité de force motrice de réduire de beaucoup les dimensions de l'aérostat, et par suite d'augmenter sa vitesse, de façon à pouvoir effectuer toutes les manœuvres nécessaires pour atteindre la couche d'air où règne un vent favorable. Enfin, en enduisant le taffetas de façon à le rendre presque complètement imperméable, on arrivera, je crois, à faire faire un grand pas à cette belle question qui, reléguée parmi les chimères par quelques savants et beaucoup trop discréditée par les essais infructueux d'un grand nombre d'inventeurs qui ignorent souvent les premiers principes de Physique et de Mécanique, arrivera probablement à une solution complète par l'emploi de moteurs plus puissants que ceux que nous connaissons aujourd'hui. »

On voit que ces intéressantes prévisions, qui datent déjà de fort loin, se sont aujourd'hui réalisées, sauf en ce qui concerne l'emploi du moteur à gaz, puisant son combustible dans l'aérostat même. Les moteurs des ballons dirigeables en effet, qui sont, comme les moteurs à gaz, des moteurs à explosion, comportent une réserve spéciale de combustible, sous forme d'essence de pétrole, contenue dans un réservoir métallique emporté par l'aérostat.

Pour remplacer par des machines à gaz, les machines à vapeur installées à bord des bateaux, on avait projeté de préparer, à bord, le gaz inflammable destiné à alimenter le moteur. On devait prendre, dans ce cas, le gaz hydrogène pur, qui développe en brûlant, une quantité de chaleur bien supérieure à celle qui est produite par la combustion du gaz d'éclairage et que l'on peut obtenir sur le pont d'un navire, sans autres matières premières que de l'acide sulfurique et de la ferraille, sans autres appareils que quelques tonneaux défoncés pour la production et le lavage du gaz.

Pour les locomotives, on n'aurait pas préparé le gaz pendant le fonctionnement des machines; on se serait servi du gaz d'éclairage comprimé à 12 ou 15 atmosphères. On avait même conçu l'espoir de rendre inutile l'énorme poids des locomotives, qui est aujourd'hui indispensable pour assurer l'adhérence du convoi sur les rails et la progression des roues. On croyait qu'en distribuant cinq ou six appareils moteurs sur toute l'étendue du convoi, afin de répartir uniformément la charge, on obtiendrait une adhérence suffisante pour éviter la rotation des roues sur place et assurer leur progression.

En ce qui concerne les locomobiles, les idées étaient un peu plus précises. On faisait remarquer que la difficulté de manier une chaudière à vapeur, l'appréhension des incendies, l'obligation de débarrasser les chaudières des incrustations terreuses résultant de l'évaporation de l'eau, enfin la difficulté de transporter, à travers les sentiers et les chemins vicinaux, cette machine nécessairement lourde quand elle est puissante, empêchaient trop souvent les cultivateurs d'avoir recours à la locomobile. Toutes ces difficultés disparaissaient, évidemment, avec le moteur à gaz, et quand on objectait qu'il était malaisé de se procurer du gaz d'éclairage en pleine campagne, on répondait qu'il était très facile de faire à la ville prochaine un approvisionnement de gaz comprimé.

D'ailleurs, Lenoir ajoutait que l'on pourrait, dans ce cas, remplacer le gaz par des huiles volatiles ou des carbures d'hydrogène liquides, que l'on pouvait trouver à bas prix dans le commerce et qui, réduits en vapeur, rempliraient l'office du gaz. Une fois la machine en fonctionnement, la chaleur en excès dégagée par la combustion, que l'on est obligé de réduire par un courant d'eau froide, suffirait à volatiliser ces carbures d'hydrogène liquides pour envoyer leur vapeur se brûler dans le cylindre. D'après Lenoir, l'appareil servant à alimenter de vapeur inflammable une machine de la force de quatre chevaux, devait tenir dans un chapeau.

Transformation du moteur à gaz

Il n'est pas sans intérêt, nous semble-t-il, quand on a été les témoins émerveillés du prodigieux développement pris par l'industrie des moteurs à gaz, à essence et à pétrole, dont les applications à l'automobilisme, pour ces deux derniers types, ont justifié en peu d'années, les plus optimistes prévisions, de connaître les projets, les réalisations et les espoirs des précurseurs, de ces vaillants pionniers qui ont péniblement, par leur labeur et leur intelligence, préparé les ingénieuses solutions que nous avons vues éclore et qu'ils avaient, pour la plupart, entrevues et même réalisées dans leur principe.

Le moteur à gaz Lenoir, tout en fournissant la solution fort intéressante d'un problème posé depuis longtemps, possédait, nous l'avons dit, des imperfections.

En outre de la dépense considérable de 3 mètres cubes de gaz par cheval et par heure, la température du moteur, par suite de la combustion produite à l'intérieur, était très élevée. Le graissage était défectueux et les joints du piston ne pouvaient être réalisés avec une étanchéité suffisante pour empêcher les gaz, portés à une température d'environ 280 degrés, de s'échapper.

On chercha donc, après Lenoir, à améliorer le moteur à gaz, et successivement une série d'inventeurs y apportèrent des perfectionnements appréciables.

Hugon réalisa un moteur dans lequel l'agent moteur était non seulement produit par la combustion du gaz admis dans le cylindre, mais encore par la volatilisation d'une quantité d'eau déterminée, injectée dans ce cylindre, qui se transformait en vapeur au contact des parois portées à une haute température. L'expansion de la vapeur s'ajoutait ainsi à l'expansion du gaz produite par la combustion du mélange. Cette disposition permit d'améliorer le rendement du moteur à gaz, qui ne consommait que 2 mètres cubes 500 de combustible. En outre, la température des produits de la combustion était moins élevée et ne dépassait pas 180 degrés.

Un autre constructeur, Ravel, établit un moteur à cylindre vertical oscillant ; mais par suite des ébranlements et des vibrations considérables produits par l'explosion du mélange tonnant, les organes avaient un fonctionnement irrégulier. Ravel construisit alors un moteur horizontal dans lequel le gaz était introduit dans une capacité de mélange, à travers une plaque portant une série de petits trous ayant pour but de diviser ce gaz. Une certaine quantité d'air, aspirée par suite du mouvement du tiroir, se mélangeait dans la capacité spéciale avec le gaz, et ce mélange pénétrait, à son tour, dans une seconde capacité à travers une autre plaque perforée. De là, il était introduit dans le cylindre où se produisait l'inflammation, qui s'effectuait au moyen d'une flamme provenant d'un bec Bunsen.

Successivement, quelques autres constructeurs et, entre autres, Bernier, Forest, combinèrent des moteurs dont nous parlerons plus loin ; mais ce fut un constructeur de Cologne, Otto, qui apporta au moteur à gaz une modification radicale qui donna à cette machine l'extension si importante qu'elle a prise depuis.

Le principe du moteur Otto consiste à comprimer le mélange gazeux avant de l'enflammer et à obtenir, par ce procédé, un rendement bien supérieur.

Le moteur Otto est donc, ainsi que nous le verrons dans la classification des moteurs à gaz, un moteur à explosion avec compression, tandis que le moteur primitif Lenoir et les quelques autres que nous avons cités sont des moteurs à explosion sans compression.

Dans le moteur Otto, un piston se meut dans un cylindre et aspire, pendant toute sa course, le mélange d'air et de gaz. Dans la course inverse, ce mélange est comprimé par le piston dans une capacité faisant suite au cylindre. Le mélange comprimé est alors enflammé et l'explosion se produit. Le piston est de nouveau repoussé dans le même sens que pour l'aspiration, et à mesure qu'il avance, comme il laisse derrière lui, dans le cylindre, un volume de plus en plus grand, les gaz peuvent se détendre et agir progressivement sur le piston pendant toute sa course. Enfin, en effectuant une quatrième course dans le même sens que la deuxième, le piston refoule à l'air libre les produits de l'explosion, dont une partie, cependant, se trouve conservée dans la chambre de compression.

Fig. 14. – Otto.

Le fonctionnement du moteur Otto est donc à quatre temps: 1° aspiration du mélange tonnant ; 2° compression de ce mélange ; 3° explosion et détente des gaz ; 4° échappement des produits de la combustion.

C'est ce que l'on nomme le cycle à quatre temps qui, appliqué pour la première fois par Otto, permit de réduire la consommation de gaz à moins d'un mètre cube par cheval et par heure et assura à son moteur un succès considérable.

Le cycle à quatre temps appliqué à des moteurs présentés par Otto en 1878 avait été, en 1862, indiqué théoriquement par Beau de Rochas, dans un mémoire scientifique où il préconisait une forte pression initiale du mélange tonnant, et une prolongation aussi grande que possible de la détente des gaz produits par la combustion.

C'est pour cette raison que le cycle à quatre temps est appelé couramment « cycle Beau de Rochas ».

Avant de construire les moteurs industriels qui, en 1878, produisirent une si grande impression, Otto avait, en 1864, avec de Langen, établi déjà un moteur à simple effet dont le cylindre avait une grande longueur par rapport à son diamètre et dont la consommation était de deux mètres cubes de gaz par heure et par cheval. Le mécanisme compliqué que nécessitait ce moteur était un obstacle sérieux à son bon fonctionnement, ce qui explique son peu de succès comparé à celui du moteur réalisé par la suite et dont nous examinerons la marche.

Nous allons, auparavant, analyser en détail les diverses phases du cycle à quatre temps, ce qui nous permettra de comprendre aisément, par la suite, le fonctionnement de la généralité des moteurs à gaz.

Cycle à quatre temps de moteur à simple effet

Nous supposons un cylindre A, de moteur à gaz, dans lequel se meut un piston B. Deux soupapes placées à une extrémité du cylindre peuvent permettre l'une, C, l'admission des gaz dans ce cylindre, l'autre, D, l'échappement des produits de la combustion. Ces deux soupapes sont mues par un mécanisme actionné par une came, de façon que leur ouverture et leur fermeture corresponde à la position convenable du piston pendant ses diverses courses dans le cylindre. Nous ne nous occuperons pas, pour le moment, de la façon dont le mélange tonnant s'effectue, ni de la manière dont l'inflammation se produit.

Nous nous bornerons à examiner les diverses phases du cycle à quatre temps, ainsi nommé parce que pour que le cycle de fonctionnement du moteur soit complet, il est nécessaire que le piston effectue quatre courses simples ; chacune de ces courses constitue un temps, pendant lequel les organes ont une fonction spéciale différente des trois autres ainsi que nous allons le voir.

Premier temps (Fig. 15). — Le piston B ayant atteint l'extrémité de sa course vers la droite, commence à progresser vers la gauche. A ce moment, le mécanisme actionnant la soupape d'admission C, disposé judicieusement par rapport à l'arbre moteur sur lequel la tige du piston est fixée, provoque l'ouverture de cette soupape d'admission. Le piston B aspire donc, pendant sa première course vers la gauche, du mélange tonnant, qui pénètre dans le cylindre par l'orifice que découvre la soupape soulevée sur son siège.

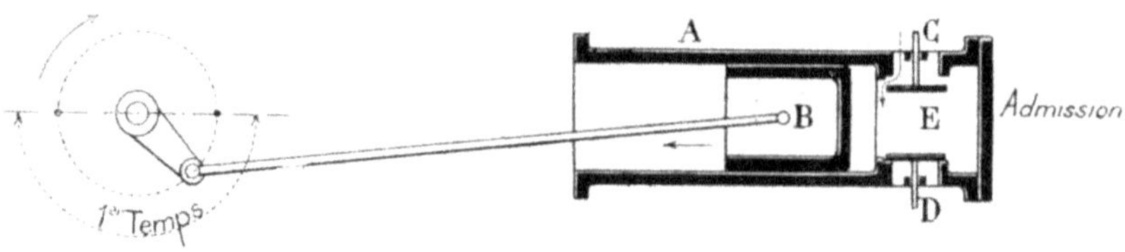

Fig. 15. — Cycle à quatre temps de moteur à simple effet : 1er temps.

Quand le piston a atteint l'extrémité de sa course dans le sens de la flèche, le cylindre se trouve rempli, derrière le piston, de mélange gazeux.

Pendant toute cette course, la soupape d'échappement D est restée appliquée sur son siège par l'action d'un organe, un ressort par exemple, d'une puissance suffisante pour l'empêcher de se soulever quand le piston aspire.

Deuxième temps (Fig. 16). — La deuxième course simple du piston s'effectue vers la droite. Dès le commencement de cette course, la soupape d'aspiration, qui était ouverte, se trouve appliquée sur son siège ; la soupape d'échappement continue à rester fermée. Pendant que le piston effectue sa course, il refoule le mélange gazeux admis dans la phase précédente et contenu dans le cylindre. Comme ce mélange ne peut s'échapper, puisque tous les orifices sont fermés, il se trouve fortement comprimé vers l'arrière du cylindre et, lorsque le piston est parvenu à l'extrémité de sa course, le mélange gazeux est contenu tout entier dans la capacité arrière, appelée chambre à combustion ou chambre de compression, et possède une pression qui peut atteindre dans certains moteurs 10 kilogrammes par centimètre carré. A ce moment, se produit l'inflammation du mélange.

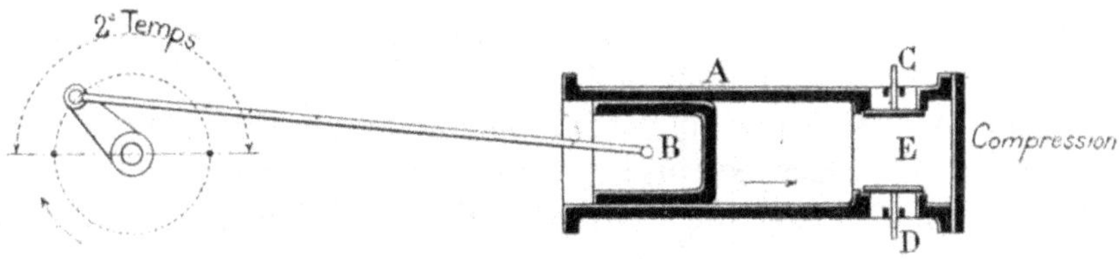

Fig. 16. — Cycle à quatre temps de moteur à simple effet : 2e temps.

Troisième temps (Fig. 17). Cette inflammation détermine l'explosion du mélange tonnant. Il se produit une élévation considérable de température et de pression dans la chambre de combustion. Sous l'action de cette pression, le piston est vivement repoussé vers la gauche et effectue une troisième course simple. Cette course est la course effective de travail pendant laquelle le piston transmet à l'arbre moteur et au lourd volant qui y est claveté, sa force vive qui permettra à la machine d'effectuer le travail pour lequel elle est établie, et au piston de faire, sans nouvelle dépense de gaz,

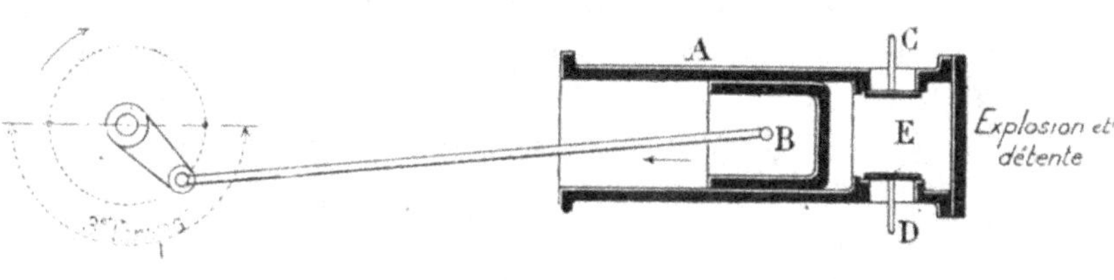

Fig. 17. – Cycle à quatre temps de moteur à simple effet : 3e temps.

trois courses simples pour atteindre la phase où se produira une nouvelle explosion.

Pendant la troisième course du piston les gaz brûlés dans le cylindre occupent, au fur et à mesure que le piston progresse, un volume de plus en plus grand. Leur pression diminue donc progressivement ; ils se détendent. Le piston, violemment actionné au début de cette course, se trouve ainsi poussé avec une pression de plus en plus faible, et comme le mécanisme qui commande la soupape d'échappement est disposé pour provoquer l'ouverture de cette soupape avant la fin de la course du piston, les gaz peuvent commencer à s'échapper avant que le piston ait atteint le bout de sa course et il arrive ainsi à son point mort sans choc.

Quatrième temps (Fig. 18). Dans sa quatrième course, le piston revient vers la droite. La soupape d'échappement, ouverte avant la fin de la troisième course, reste ouverte pendant toute la durée de la quatrième course. Les produits de la combustion sont refoulés par le piston dans le conduit d'échappement. A la fin de la course du piston, la soupape d'échappement se ferme, puis la soupape d'admission s'ouvre et le piston va recommencer, vers la gauche, une course qui sera le premier temps d'un autre cycle.

En résumé, le cycle à quatre temps comporte : 1° l'admission ; 2° la compression ;

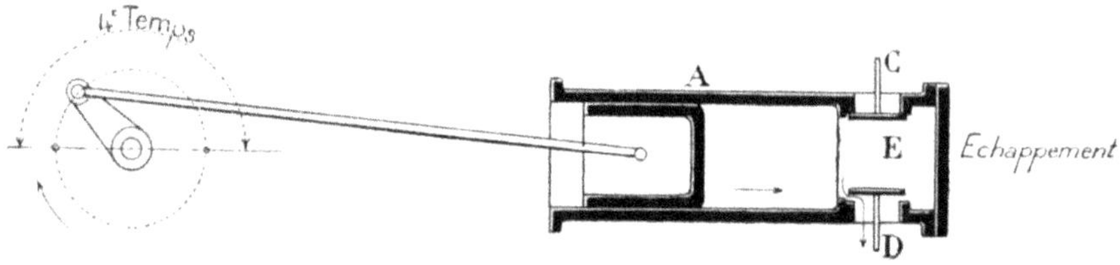

Fig. 18. – Cycle à quatre temps de moteur à simple effet : 4e temps.

3° l'explosion ; 4° l'échappement. Dans un moteur dont le fonctionnement est à quatre temps, il ne se produit donc qu'une explosion du mélange tonnant par quatre courses du piston, c'est-à-dire pour deux tours de l'arbre qui porte le volant. C'est pour cela que les volants des moteurs à gaz ont une masse considérable par rapport aux dimensions des autres organes de la machine. Ils peuvent ainsi emmagasiner la force vive provenant de l'action sur le piston, pendant une des courses, du mélange gazeux enflammé, et maintenir régulier le fonctionnement de la machine pendant les trois autres courses du piston ne produisant aucun travail moteur.

Cycle à quatre temps de moteur à double effet

Le cycle à quatre temps que nous venons d'analyser s'applique à un moteur à gaz à simple effet, dans lequel, ainsi que nous venons de le dire, il ne se produit qu'une explosion pour deux tours de l'arbre moteur.

Dans les moteurs à double effet, il se produit deux explosions pour deux tours de l'arbre et à dimensions de cylindre égales, un moteur à double effet développe une puissance double de celle d'un moteur à simple effet.

Le cycle à quatre temps d'un moteur à double effet peut être considéré comme la combinaison de deux cycles à quatre temps de deux moteurs à simple effet dont les manivelles seraient décalées, sur l'arbre, d'un demi-tour, soit 180 degrés.

Voici, pour les diverses phases, l'analyse du fonctionnement des organes.

Nous supposons, comme précédemment, un cylindre de moteur à gaz A, dans lequel se meut un piston B, dont la tige est solidaire d'une manivelle calée sur l'arbre moteur qui porte le volant.

Deux soupapes sont disposées à chaque extrémité du cylindre. Deux des soupapes C et E sont les soupapes d'admission ; les deux autres D et F sont les soupapes d'échappement. Chaque paire de soupapes placée à chaque bout du cylindre aura, en principe, par rapport à la face du piston tournée vers elle, un fonctionnement identique à celui des soupapes du moteur à simple effet par rapport au piston, fonctionnement que nous venons d'examiner, mais les deux phases à quatre temps ainsi réalisées s'enchevêtrent et se complètent pour déterminer deux explosions successives pendant une double rotation de l'arbre.

Premier temps (Fig. 19). — Supposons le piston à son extrémité de course vers la droite et commençant à progresser vers la gauche en allant vers l'avant du cylindre. La soupape d'échappement D est fermée et la soupape d'admission C vient de s'ouvrir. Les deux soupapes d'avant E et F sont appliquées sur leur siège. Voyons, pour ce premier temps, le rôle joué par chacune des faces du piston. Pendant cette première course du piston, la face arrière, tournée vers les soupapes C et D, aspire par l'orifice ouvert de la soupape C du mélange gazeux qui est introduit dans le cylindre.

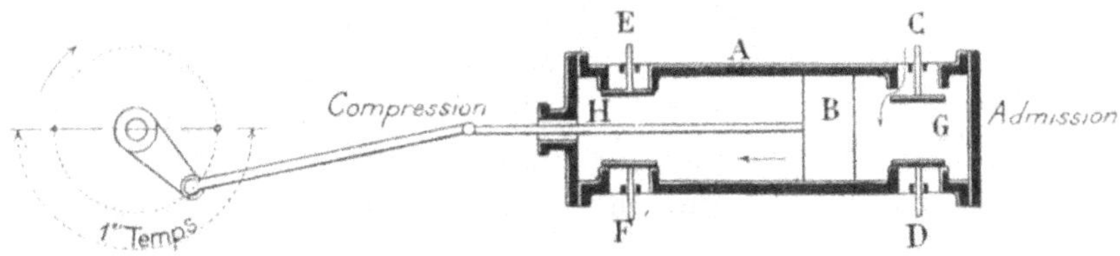

Fig. 19. — Cycle à quatre temps de moteur à double effet : 1er temps.

La face avant, tournée du côté des soupapes E et F qui restent fermées, comprime, pendant cette même course, vers l'extrémité avant du cylindre, le mélange gazeux précédemment admis de ce côté. Quand le piston arrive à bout de course vers l'avant, le cylindre contient donc, derrière le piston, du mélange gazeux à la pression atmosphérique et devant lui, dans la chambre de combustion avant H, du mélange gazeux comprimé. Donc, pendant le premier temps, il y a aspiration derrière le piston et compression en avant.

Deuxième temps (Fig. 20). — L'inflammation du mélange tonnant se produit à l'avant du cylindre et sous l'impulsion donnée au piston par la combustion et la pression des gaz, ce piston effectue une course vers l'arrière.

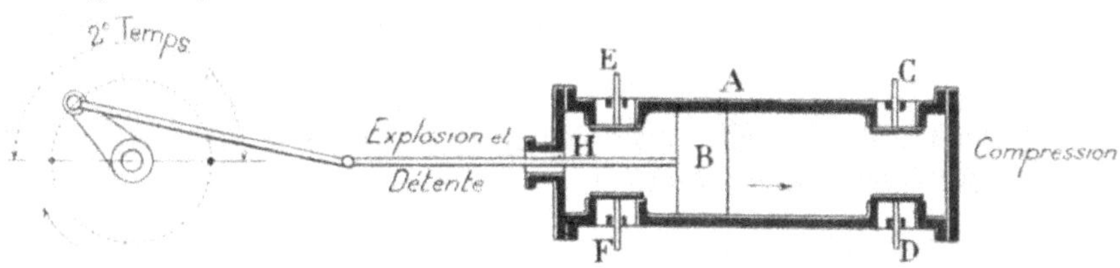

Fig. 20. — Cycle à quatre temps de moteur à double effet : 2e temps.

Les deux soupapes E et F restent fermées pendant la plus grande partie de cette course ; les gaz se détendent en avant à mesure que le volume du cylindre augmente par suite de la progression du piston et la soupape d'échappement F s'ouvre quelques instants avant la fin de course du piston.

A l'arrière du piston, la soupape d'aspiration C ayant été fermée à la fin de la course précédente du piston et la soupape d'échappement D restant appliquée sur son siège, le mélange admis à l'arrière du cylindre pendant le premier temps est comprimé dans la chambre de combustion arrière. En résumé, pendant le deuxième temps, il y a compression derrière le piston et explosion à l'avant.

Troisième temps (Fig. 21). — L'inflammation du mélange gazeux se produit à l'arrière du cylindre ; le piston est poussé sur sa face arrière et progresse vers l'avant. A l'arrière du piston, la détente des gaz se produit jusqu'à ce que, vers la fin de course du piston, la soupape d'échappement D s'ouvre. A l'avant du piston, les produits de la combustion provenant de l'explosion de la précédente phase sont rejetés dans le conduit d'échappement par l'orifice découvert par le soulèvement de la soupape F. Le troisième temps est donc caractérisé par l'explosion à l'arrière et l'échappement à l'avant.

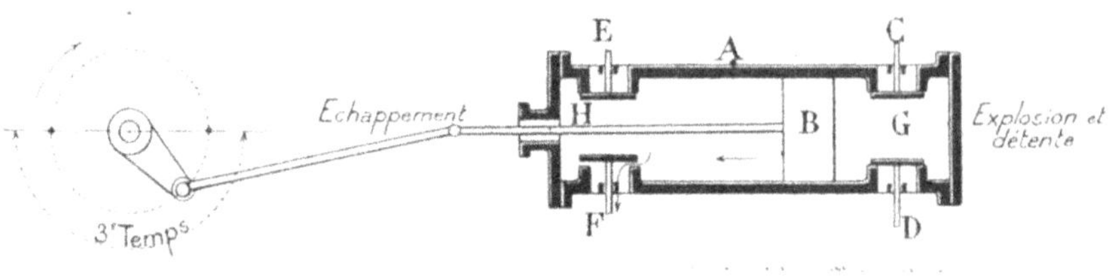

Fig. 21. — Cycle à quatre temps de moteur à double effet : 3e temps.

Quatrième temps (Fig. 22). — Par suite de la force vive emmagasinée par le volant, le piston effectue une quatrième course et se déplace vers l'arrière du cylindre. La face arrière du piston refoule, pendant toute cette course les produits de la combustion provenant de la phase précédente, dans le conduit d'échappement arrière par l'orifice ouvert de la soupape d'échappement D. A l'avant, le piston aspire du mélange gazeux par l'orifice de la soupape d'aspiration E qui s'est ouverte dès le commencement de cette quatrième course.

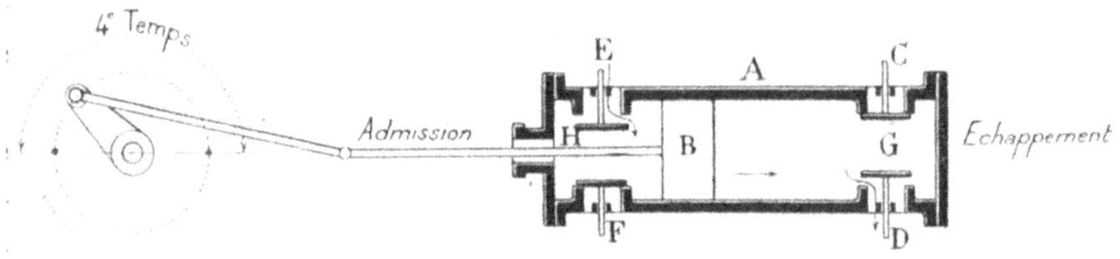

Fig. 22. — Cycle à quatre temps de moteur à double effet : 4e temps.

Le quatrième temps comporte en résumé, l'échappement à l'arrière et l'admission du mélange gazeux à l'avant du cylindre.

Le cycle se trouve ainsi complété et le piston recommençant sa course vers l'avant, les mêmes phénomènes que nous venons d'examiner se reproduisent successivement dans le même ordre.

On remarquera que dans le cycle à quatre temps d'un moteur à double effet, pour chacune des faces du piston les phases se succèdent dans l'ordre que nous avons indiqué précédemment pour le moteur à simple effet, savoir : admission, compression, explosion, échappement, mais le premier temps d'une des faces correspond au deuxième temps de l'autre et par suite le quatrième temps de la même face correspond au premier temps de la seconde. On voit que le décalage entre les deux faces est d'une phase, c'est-à-dire d'un demi-tour, puisque les quatre phases, qui constituent le cycle complet, s'effectuent pendant que l'arbre tourne de deux tours.

Nous verrons plus loin, dans la description des moteurs, que ceux-ci peuvent être disposés de façons fort diverses, soit en tandem, soit à cylindres jumeaux opposés ou parallèles. Le cycle à quatre temps pour chacun des cylindres considéré isolément est toujours le même que le cycle précédent, l'enchevêtrement des cycles seul diffère suivant les types des moteurs et exige un calage approprié des manivelles actionnant les pistons des divers cylindres.

Nous indiquerons d'ailleurs à leur place les particularités de chacun de ces moteurs.

Cycle à deux temps

Les moteurs dont le fonctionnement est à quatre temps sont, nous l'avons dit, les plus répandus. Il existe cependant un certain nombre de moteurs à gaz dont le cycle est à deux temps, et parmi lesquels les moteurs Benz, Koerting, Oechelhaueser se distinguent par leur conception et par leur bon fonctionnement. En principe, dans le cycle à deux temps, le premier temps comporte l'aspiration et la compression, le second temps, l'explosion et l'échappement, mais des dispositions spéciales sont prises pour pouvoir réaliser deux à deux ces fonctions différentes pendant une même course de piston.

En général, le mélange gazeux, au lieu d'être aspiré directement par le piston, est fourni par une pompe adjointe au moteur. L'échappement est également réalisé en dehors de l'action du piston. C'est le mélange gazeux admis dans le cylindre qui doit chasser les produits de la combustion ; mais, pour éviter que le gaz frais se mélange avec les gaz brûlés, ce qui pourrait occasionner une explosion prématurée, une admission d'air s'effectue dans le cylindre. Cet air refoule, balaie, en quelque sorte, les gaz brûlés avant que les gaz frais soient admis. Dans les moteurs fonctionnant à deux temps on a donc, pour chaque tour de l'arbre, l'admission du gaz, la compression, l'explosion et l'échappement.

Nous allons analyser en détail chacune des deux phases en supposant qu'un cylindre de moteur à gaz A, dans lequel se meut un piston B, soit disposé pour fonctionner à deux temps et porte à cet effet, aux extrémités du cylindre, des soupapes C et D qui permettront d'admettre dans le cylindre du gaz et de l'air pour balayer les produits de la combustion. A ce moteur sont adjointes deux pompes dont les pistons peuvent être calés sur une même tige reliée à l'arbre du moteur par une manivelle.

Au milieu de la longueur du cylindre est placé un conduit d'échappement E par lequel seront rejetés les gaz brûlés.

Premier temps (Fig. 23 et 24). — Supposons le piston B à l'extrémité de sa course vers l'avant. La soupape d'arrière D est ouverte.

Par cette soupape arrive d'abord de l'air envoyé par la pompe à air, qui refoule dans le conduit E les gaz brûlés qui restent encore dans le cylindre.

Puis, le mélange tonnant fourni par la pompe à gaz est introduit par cette soupape à l'arrière du cylindre pendant que le piston commence sa course vers l'arrière, par suite

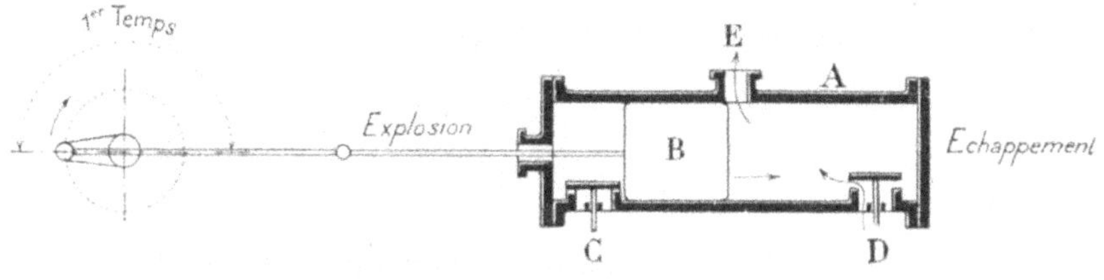

Fig. 23. — Cycle à deux temps ; 1er temps : 1ere phase

de l'explosion du gaz qui était comprimé à l'avant. Quand le piston, en progressant, recouvre complètement l'orifice du conduit d'échappement E, le mélange gazeux introduit à l'arrière se trouve comprimé, la soupape D étant, à ce moment, fermée, et cette compression se continue jusqu'à la fin de la course du piston vers l'arrière.

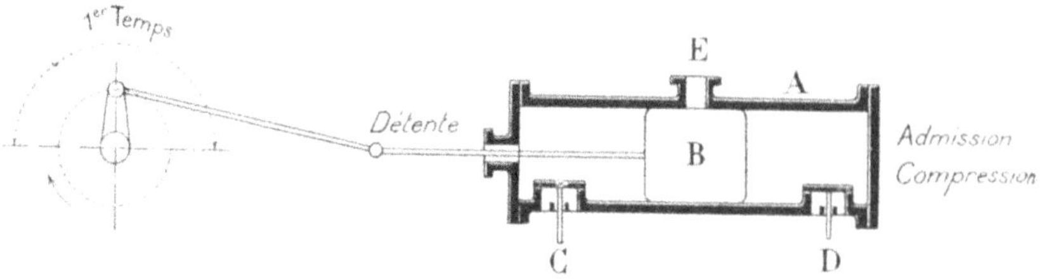

Fig. 24. — Cycle à deux temps ; 1er temps : 2e phase

Du côté de la face avant du piston, où s'est produite l'explosion, la détente du gaz s'effectue jusqu'au moment où cette face arrivant au droit du conduit d'échappement E commence à le découvrir. Les gaz brûlés s'échappent alors par ce conduit, dont l'orifice est complètement dégagé quand le piston a terminé sa course vers l'arrière.

Vers la fin de la course du piston, la soupape d'avant C s'ouvre et un courant d'air est envoyé par la pompe à air dans le cylindre pour chasser ce qui reste des gaz brûlés.

Deuxième temps (Fig. 25 et 26). — L'inflammation du mélange gazeux comprimé par la face arrière du piston se produit, provoquant l'explosion du mélange. Le piston est pressé sur sa face arrière et progresse vers l'avant. La détente des gaz a lieu à l'arrière du piston jusqu'à ce que celui-ci ait découvert le conduit d'échappement ; les gaz sont alors évacués par ce conduit et balayés, en fin de course, par l'air qui pénètre dans le cylindre par l'orifice de la soupape D qui est soulevée.

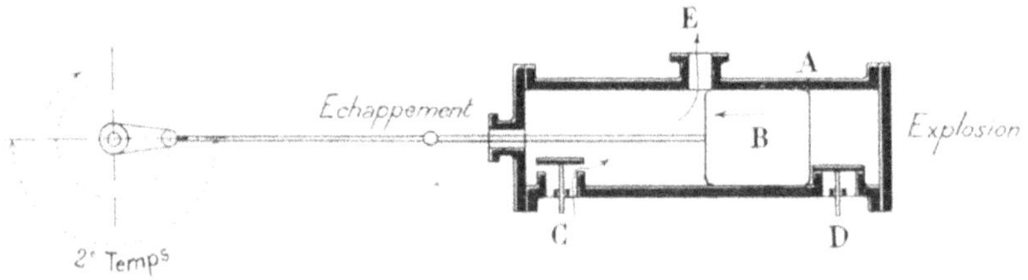

Fig. 25. — Cycle à deux temps ; 2e temps : 1ere phase

Pendant cette course, la face avant du piston comprime le mélange gazeux qui a été introduit à l'avant du cylindre et à la fin de la course le piston se trouve à la position initiale que nous avons choisie, c'est-à-dire que l'explosion va se produire à l'avant et

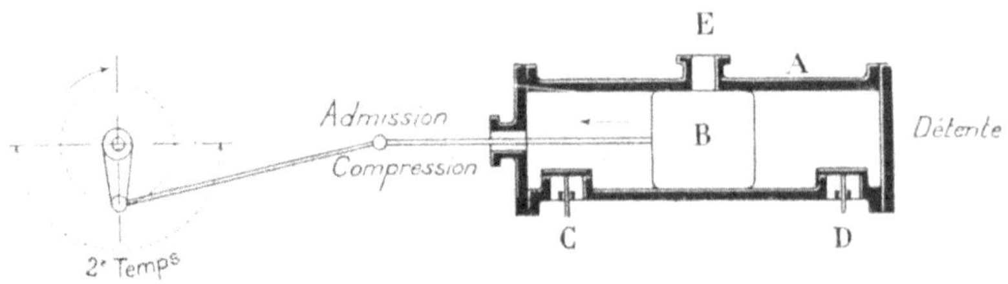

Fig. 26. — Cycle à deux temps ; 2e temps : 2e phase

que le fonctionnement des organes recommencera pour un nouveau tour de l'arbre d'une manière identique à celle que nous venons d'indiquer.

On remarquera que pour le cycle à deux temps, comme pour le cycle à quatre temps, on a successivement, par rapport à chaque face du piston, l'admission du mélange gazeux, la compression, l'explosion et l'échappement.

La disposition du moteur à deux temps que nous venons d'examiner et que nous avons représentée schématiquement est celle du moteur Koerting. Les divers moteurs à deux temps ont des dispositions qui diffèrent entre elles, mais le principe du fonctionnement du moteur est le même et nous indiquerons ultérieurement les particularités qui distinguent les divers systèmes.

Moteur horizontal Otto

(Fig. 27 à 34). Nous allons, maintenant que nous connaissons la théorie du moteur à gaz, décrire le moteur Otto, qui fut le premier moteur industriel basé sur le cycle à quatre temps. Cela nous permettra de nous familiariser avec les divers organes qui constituent un moteur à gaz, organes que nous examinerons ensuite en détail en indiquant les formes que leur ont données les divers constructeurs et les fonctions qu'ils doivent remplir.

Le moteur Otto peut être horizontal ou vertical.

Le moteur horizontal se compose d'un cylindre C dans lequel l'admission et l'allumage du mélange tonnant formé d'air et de gaz s'effectuent par la manœuvre d'un tiroir actionné par un arbre auxiliaire de distribution D. Cet arbre reçoit son mouvement de l'arbre moteur de la machine par l'intermédiaire de roues d'engrenages coniques, et sa vitesse de rotation est deux fois plus petite que celle de l'arbre du moteur.

Sur cet arbre se trouve clavetée une came qui commande, par l'intermédiaire d'un levier, la manœuvre d'une soupape *e*, disposée sur le conduit d'échappement. Une roue d'engrenage conique, également fixée sur l'arbre de distribution D, actionne le régulateur à force centrifuge. L'écartement plus ou moins grand des boules du régulateur qui se produit par suite de la vitesse plus ou moins grande de l'arbre du moteur, provoque la montée ou la descente de son manchon. Ce manchon déplace, par l'intermédiaire d'un levier, une came *g* solidaire d'une douille qui participe au mouvement de rotation de l'arbre auxiliaire de distribution, tout en conservant la possibilité de se déplacer longitudinalement le long de cet arbre.

La came *g* commande la soupape d'admission G (Fig. 29) qui permet d'admettre le gaz dans le tiroir à distribution.

Quand le moteur tourne à sa vitesse normale, la position occupée sur l'arbre de distribution par la came *g* est telle que la soupape d'admission se trouve soulevée par la came pendant le mouvement de rotation de cet arbre. Quand la vitesse du moteur augmente, la douille portant la came *g* est déplacée sous l'action du régulateur, et la came ne rencontre plus le levier qui commande la soupape d'admission ; l'introduction du gaz dans le cylindre ne se fait plus et le moteur se trouve ainsi ramené à sa vitesse normale. La sensibilité du régulateur permet de maintenir la régularité de la vitesse du moteur.

Examinons les diverses phases de fonctionnement du moteur.

Pendant sa première course en avant, c'est-à-dire du côté de l'arbre moteur, le piston qui se meut dans le cylindre aspire un mélange d'air et de gaz qui est introduit dans une capacité placée à l'arrière du cylindre C (Fig. 30) par un canal *l* (Fig. 27) pratiqué dans le fond de ce cylindre. L'air est amené par le tuyau *a* d'un récipient placé au-dessous du cylindre et le gaz pénètre, quand le robinet *g'* (Fig. 29) est ouvert, par les orifices *d*, dans le canal *jj'* (Fig. 27) où s'effectue le mélange de gaz et d'air.

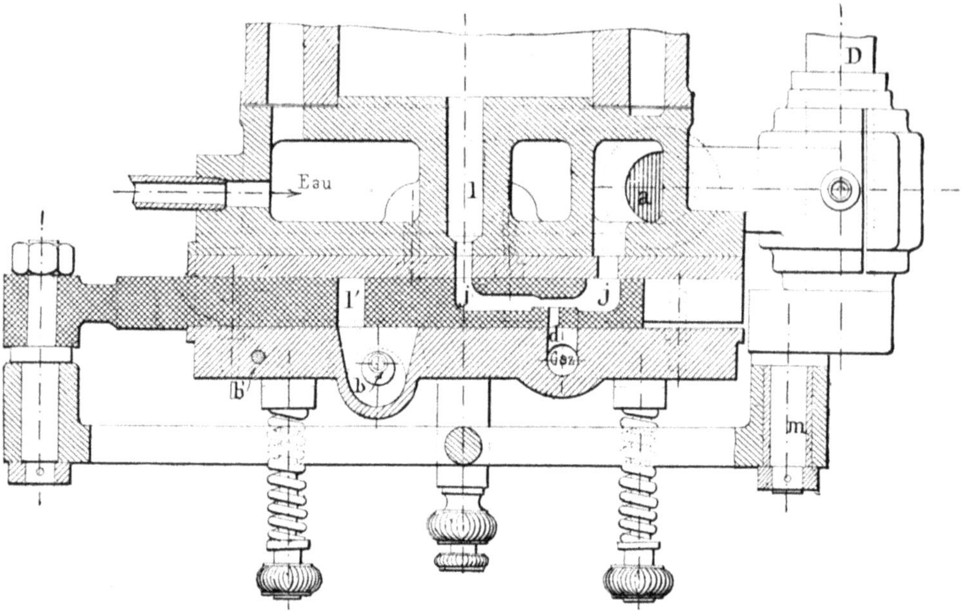

Fig. 27. – Coupe du brûleur et des tuyaux d'échappement du moteur Otto.

L'introduction du mélange tonnant cesse lorsque le piston a atteint l'extrémité de sa première course vers l'avant, qui correspond au premier temps du cycle que nous avons analysé plus haut.

Quand le piston effectue sa première course vers l'arrière, qui correspond au second temps, tous les orifices se trouvent fermés, de sorte qu'il comprime dans la capacité arrière du cylindre le mélange gazeux précédemment admis.

A l'extrémité de sa course arrière, l'inflammation du mélange comprimé se produit grâce à la présence de deux brûleurs dont l'un *b'* (Fig. 27) est fixe et l'autre est mobile. Le brûleur mobile est constitué par une cavité *l'* pratiquée dans le tiroir ; dans cette cavité débouche un conduit *b* dans lequel circule le gaz. Le gaz qui remplit la chambre *l'* s'enflamme quand elle passe devant le brûleur fixe *b'*, par suite du déplacement du tiroir, et quand cette flamme, transportée par le tiroir dans son mouvement alternatif se trouve en face de l'orifice du canal *l*, elle provoque l'inflammation du mélange explosif. Il n'y a plus aucune communication directe entre le brûleur fixe *b'* et le canal *l*, de sorte que l'extinction du bec allumé par le gaz comprimé contenu dans le cylindre ne peut se produire et l'inflammation a toujours lieu d'une façon certaine.

L'explosion du mélange tonnant projette en avant le piston, qui effectue, dans ce sens, une autre course qui correspond au troisième temps. C'est la course motrice. L'impulsion donnée au volant calé sur l'arbre du moteur qui est actionné par le piston par l'intermédiaire d'une bielle, permet à ce piston de revenir en arrière, effectuant ainsi le quatrième temps du cycle. La soupape d'échappement qui a commencé à s'ouvrir à la fin de la course précédente sous l'action de la came *e*, permet aux produits de l'explosion d'être évacués à l'air libre pendant toute la marche arrière du piston.

Fig. 28.

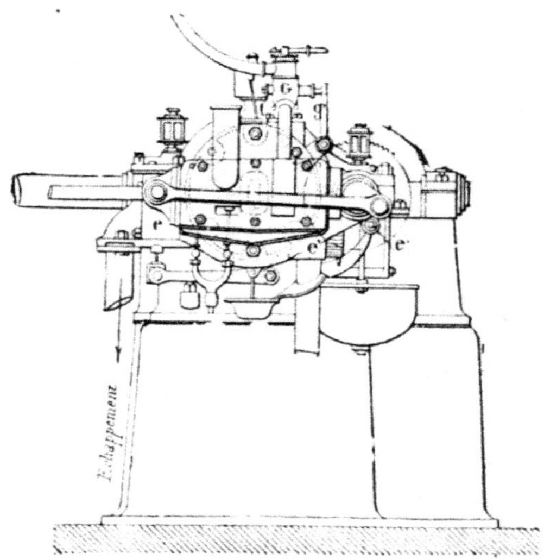

Fig. 29.

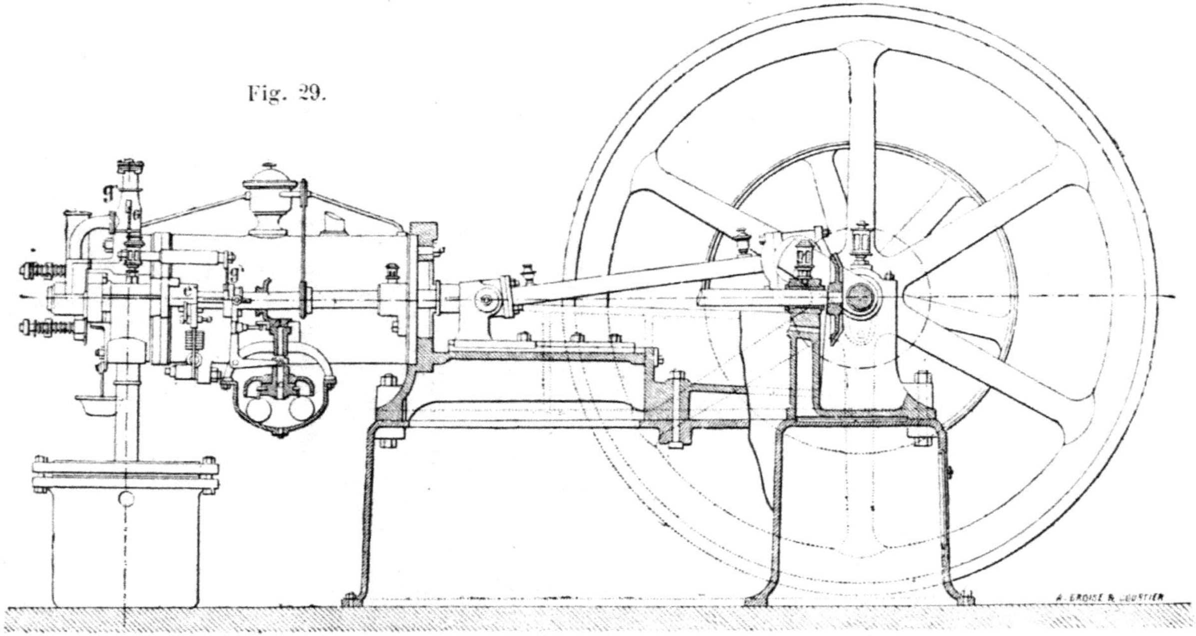

Organes d'inflammation extérieure du gaz d'admission dans le cylindre, de compression et d'expulsion. Circulation d'eau autour du cylindre, pour son refroidissement.

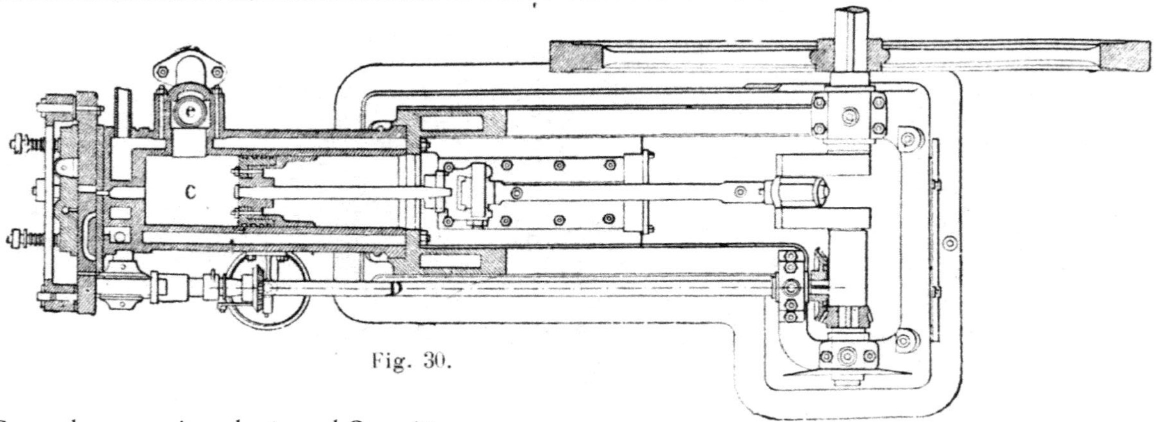

Fig. 30.

Fig. 28. 29. 30. – Coupe du moteur à gaz horizontal Otto, 1er type.

Quand le piston reprend sa course vers l'avant, un nouveau cycle semblable au précédent recommence, et ainsi de suite. On voit qu'il ne peut se produire, au maximum, qu'une seule explosion pendant que l'arbre effectue une rotation de deux tours.

En résumé, voici quel est le fonctionnement des différents organes du moteur pour assurer sa marche régulière.

L'air aspiré par le conduit *a* (Fig. 27) pénètre dans le canal *j*, pratiqué dans le tiroir. Le gaz est introduit dans ce même canal par une série de petits trous, *d*, dans une direction perpendiculaire à celle de l'air. Il en résulte un brassage, qui provoque le mélange intime de l'air et du gaz. Le mélange se rend dans le canal *l* qui débouche dans la chambre de compression ménagée à l'arrière du cylindre. Le tiroir fait ainsi office de distributeur ; il remplit aussi celui d'allumeur, ainsi que nous venons de le voir, par l'intermédiaire de la chambre *l'*, sans cesse alimentée de gaz pur, au moyen de différents petits canaux aboutissant à un conduit de gaz *b*. Quand le tiroir se déplace, le gaz contenu dans la chambre s'enflamme au contact du brûleur permanent *b'*, qui est placé au centre d'une cheminée, et on obtient ainsi, en quelque sorte, un brûleur mobile. Le tiroir, dans son excursion, transporte la flamme de *b'* en *l*.

Pour éviter que la flamme du brûleur mobile ne soit soufflée par les gaz comprimés à l'arrière du cylindre lorsque la chambre *l'* vient en face de la lumière *l*, cette chambre est mise, au préalable, en communication avec le conduit *l'* par une série de petits canaux qui permettent au mélange comprimé de pénétrer progressivement dans la chambre *l'*. Il s'établit un équilibre de pression, entre la chambre *l* et l'intérieur du cylindre, et le gaz de la chambre *l'*, continuant de brûler dans un espace clos, augmentent même de pression et sont violemment projetés vers l'intérieur du cylindre dès que cette chambre arrive en face de l'orifice *l*. L'allumage se trouve ainsi assuré, et cela d'autant mieux que le bec brûleur fixe *b'*, ne peut être soufflé par suite de

Fig. 31. — Vue d'un moteur à gaz horizontal Otto. Type primitif.

son isolement du canal d'inflammation *l'* et que celui-ci ne contient que du mélange gazeux pur provenant du conduit d'admission.

Cette ingénieuse réalisation a permis à Otto de résoudre, le premier, le problème difficile consistant à enflammer du gaz comprimé à une forte pression, à l'aide d'une flamme brûlant au-dehors, c'est-à-dire à la pression atmosphérique. Cette remarquable solution a largement contribué au succès du moteur Otto.

Le cylindre du moteur comporte une enveloppe extérieure laissant entre elle et le cylindre proprement dit un espace libre dans lequel circule un courant d'eau de refroidissement. Cette eau arrive froide par un conduit et sort par un second conduit après avoir absorbé une certaine quantité de chaleur abandonnée par les parois du cylindre.

La figure 31 représente la vue d'ensemble d'un moteur Otto horizontal à un seul cylindre comportant les organes dont nous venons d'indiquer le fonctionnement.

Le régulateur à boules qui commande le mouvement de la soupape d'admission est placé dans un capot protecteur, supporté par un double bras en fonte.

Moteur vertical Otto

Les organes essentiels qui constituent le moteur horizontal Otto se retrouvent avec des fonctions identiques dans le moteur vertical.

Ce moteur a, sur le moteur horizontal, l'avantage d'être moins encombrant.

Dans le moteur vertical Otto, la circulation d'eau de refroidissement est non seulement établie autour du cylindre, mais encore autour de la plupart des autres organes, disposition éminemment favorable à leur conservation et à leur bon fonctionnement.

Le régulateur diffère sensiblement du régulateur du moteur horizontal dont nous avons examiné la fonction.

Le régulateur (Fig. 33) du moteur vertical est du type à *pendule d'inertie.*

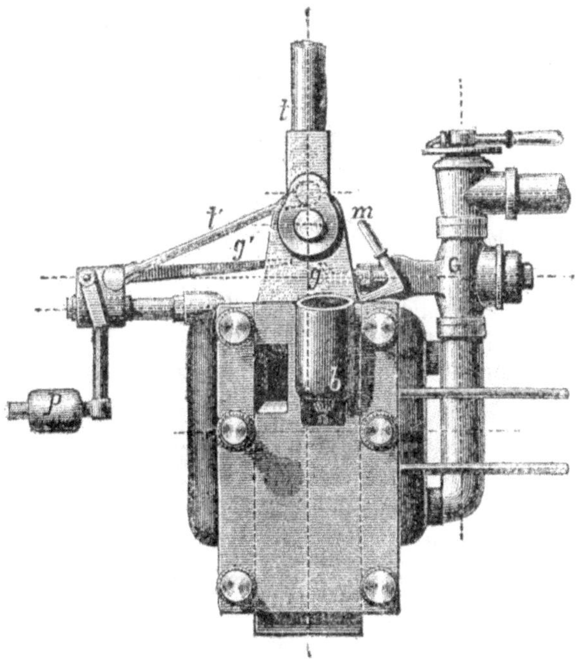

Fig. 33. – Régulateur à gaz Otto.

Il se compose d'un pendule formé d'un contrepoids *p*, fixé en bout d'une tige clavetée sur un axe traversant une sorte de manchon et pouvant osciller. Sur cet axe est fixé un bras *g'*, qui se trouve ainsi rendu solidaire du mouvement du pendule *p*. L'extrémité du bras *g'* se présente, pendant la marche normale du moteur, en face de la tige *g* terminant la soupape d'admission G. Le manchon portant l'axe d'oscillation du pendule, peut se déplacer sur un guide cylindrique fixé sur le côté du tiroir, par suite du mouvement alternatif de la bielle du tiroir *t*, à laquelle ce manchon est relié par une petite bielle *t'*.

Pendant la marche de la machine, l'amplitude de l'oscillation du poids *p* est évidemment d'autant plus grande que la vitesse de la machine est plus considérable. Il arrive donc que lorsque la vitesse s'accélère, le poids *p* restant en arrière, le bras *g'* ne se relève pas assez tôt pour rencontrer pendant son déplacement transversal le cran terminant la tige *g* de la soupape d'admission.

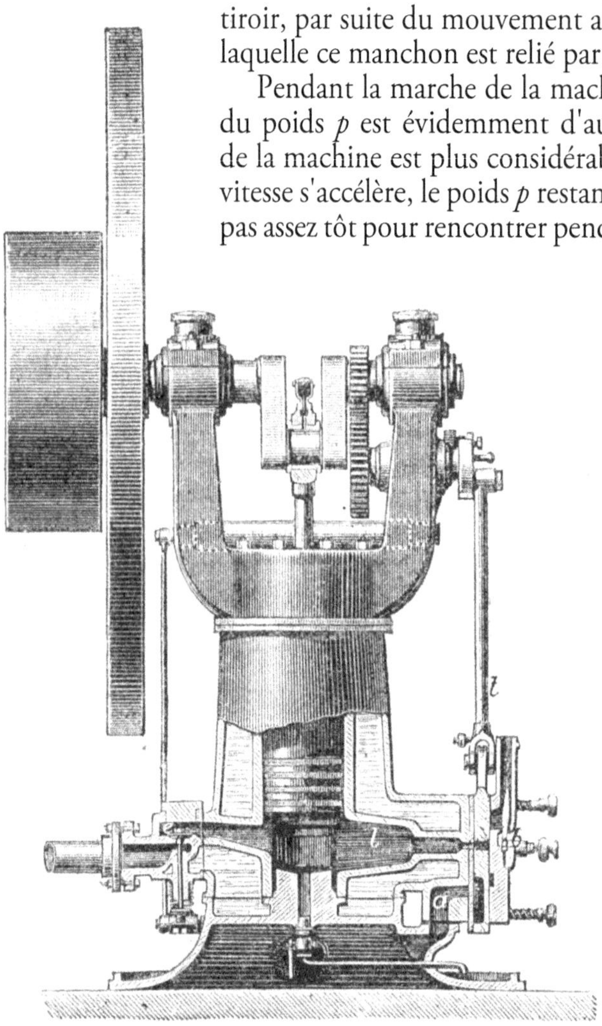

Fig. 32. — Moteur vertical Otto. Type primitif.

Lorsque la vitesse de la machine est normale, le pendule occupe une position telle que l'extrémité de la tige *g'* vient buter contre la tige *g* de la soupape d'admission G. Pour mettre le moteur en marche, on ouvre la soupape d'admission en relevant à la main le levier *m*.

Le moteur Otto représenté par la figure 34 est un moteur horizontal à deux cylindres, construit pour la production de la lumière électrique. Ce moteur à deux cylindres diffère peu dans ses détails du moteur à un cylindre. Cependant pour les premiers moteurs Otto industriels de 50 à 60 chevaux, la distribution par tiroir a été remplacée par une distribution à soupapes, car les dimensions des orifices de passage de l'air et du gaz auraient nécessité des tiroirs trop volumineux. Le tiroir, toutefois, a été conservé pour l'allumage dans ces premiers moteurs. La Compagnie française de moteurs à gaz qui construit, en France, le moteur Otto, avait présenté à l'Exposition universelle de Paris en 1889, un moteur de 100 chevaux comportant quatre cylindres. La mise en marche de ce moteur s'effectuait au moyen d'un treuil qui se débrayait automatiquement dès que l'explosion se produisait. Ce treuil actionnait l'arbre moteur du côté opposé au volant et recevait son mouvement d'un petit moteur auxiliaire de deux chevaux.

L'emploi de quatre cylindres se justifiait par la régularité de marche qui en résultait et par la difficulté de faire fonctionner industriellement des moteurs à gaz ayant un seul cylindre de trop grand diamètre, car dans les moteurs à gaz, le graissage, l'étanchéité des joints, les phénomènes de dilatation et de déformation de la fonte qui se produisent par suite de la température élevée, jouent un rôle plus important que dans les machines à vapeur et sont d'autant plus considérables que les cylindres et les pistons ont un plus grand diamètre.

Depuis cette époque, on a construit, ainsi que nous le verrons ultérieurement, des moteurs à gaz d'une puissance de plus de 1.000 chevaux, ne comportant qu'un cylindre et dont le fonctionnement ne laisse rien à désirer.

Moteurs à gaz rotatifs

Il est un autre genre de moteur à gaz encore à l'étude aujourd'hui, mais qui pourrait, dans l'avenir, occuper une place importante parmi les moteurs alimentés par du gaz, du pétrole, de l'alcool : nous voulons parler du moteur à gaz rotatif, c'est-à-dire de la turbine à gaz.

Ce moteur ne comporte plus de piston ayant un mouvement alternatif de va-et-vient ; il pourrait permettre, comme le moteur électrique et la turbine à vapeur, d'actionner directement l'arbre moteur sans avoir recours aux organes intermédiaires : bielles et manivelles, et cela, en évitant le point mort à chaque extrémité de la course du piston, comme cela se produit pour les machines à mouvement alternatif.

On peut dire que cette évolution des moteurs à gaz est probable, en raisonnant par analogie, pour l'avenir des moteurs à gaz, comme on pourrait le faire en considérant l'évolution des machines à vapeur. Les machines à vapeur à mouvement alternatif, pourtant si bien étudiées et qui sont des merveilles de mécanique se sont, malgré tout, et jusqu'à maintenant, pour des emplois tout spéciaux, il est vrai, transformées en machines rotatives, en turbines à vapeur dont le fonctionnement donne toute satisfaction, et dont l'établissement permet la suppression d'organes multiples en même temps qu'il rend le mouvement régulier et exempt de chocs.

Cette turbine à vapeur, ainsi que nous l'avons dit par ailleurs, dans le Tome I de cet ouvrage, est de création relativement récente. Il est au moins curieux de constater que la première tentative présentée comme devant fournir industriellement un travail déterminé, était néanmoins considérée comme une simple originalité, une machine de démonstration, une machine de laboratoire. Aujourd'hui c'est par milliers que l'on compte les turbines employées dans l'industrie et dans les grands paquebots, comme dans les grandes stations centrales électriques : elles fournissent sous un volume réduit des puissances considérables.

Est-ce à dire que les turbines à vapeur vont, à bref délai, remplacer complètement les anciennes machines à vapeur à pistons, qui ont exigé tant d'efforts et dont le fonctionnement est absolument remarquable ?

Assurément non. Mais elles se feront certainement dans les moteurs à vapeur une belle place.

Or, bien que le principe des moteurs à gaz diffère quelque peu de celui des moteurs à vapeur, on peut logiquement considérer que l'évolution des premiers peut être similaire à celle des seconds, et cela d'autant mieux que nous savons que le moteur à gaz à mouvement alternatif s'est taillé un large domaine sur celui du moteur à vapeur qu'il parvient souvent à remplacer.

L'avenir du moteur à gaz rotatif intéresse surtout l'automobilisme, car son emploi permettrait, par la commande directe de l'essieu moteur, la suppression possible de la chaîne ou des trains d'engrenages compliqués. C'est pour ces raisons que l'on s'occupe beaucoup de la turbine à gaz qui est peut-être le moteur à gaz de l'avenir.

Déjà de nombreux brevets ont été pris dans cet ordre d'idées ; mais il n'est pas à notre connaissance que l'on soit nettement sorti de la période expérimentale qui marque toujours les débuts de toute évolution scientifique et industrielle.

On a successivement proposé le moteur Gauthier et Wehrlé, le moteur épicycloïdal, les moteurs Bentz, Vernet, Auriol, Chaudun, Gardner-Sanderson. Quelques-uns parmi ces moteurs rotatifs fonctionnent à volonté soit à la vapeur, soit au gaz tonnant. On leur apportera certainement, par la suite, des perfectionnements semblables à ceux qui ont amené les moteurs à gaz à mouvement alternatif à leur haut degré de rendement actuel, et la turbine à gaz industrielle sera alors réalisée.

Parmi les divers moteurs que nous venons de citer, le moteur Gardner-Sanderson constitue un bon type de turbo-moteur. On provoque l'explosion dans des capacités placées au centre de l'appareil et formant comme une sorte de chambre de combustion. Les gaz brûlés dans cette capacité se détendent et sortent de la chambre en venant frapper contre des aubes courbes disposées sur la périphérie d'une roue solidaire de l'arbre moteur.

Sous la pression exercée par ce gaz contre les palettes courbes, la roue est sollicitée à tourner et son mouvement de rotation, transmis ainsi directement à l'arbre, se trouve dirigé dans le sens opposé à la direction des conduits. Les gaz utilisés sortent ensuite de la roue à sa périphérie. Pour constituer le mélange tonnant, l'air et le gaz sont fournis avec la pression qui leur convient par deux réservoirs dans lesquels ils sont comprimés. Le mélange est introduit, nécessairement, dans les capacités centrales, au nombre de quatre, dans lesquelles doit se produire l'explosion. Par suite de la rotation de la machine, ces capacités formant chambre de combustion se ferment successivement en emprisonnant le mélange. A ce moment, une étincelle électrique, provoquée par la manœuvre automatique d'un mécanisme spécial, se produit et enflamme, pour chaque capacité successivement intéressée, le mélange qui y est contenu.

Pour un tour de la roue motrice, il se produira donc quatre inflammations du mélange et, par conséquent, quatre explosions fournissant chacune une certaine quantité de gaz agissant sur les aubes de la roue pour la mettre en mouvement.

Il est bien évident que les inconvénients qui ont provoqué les hésitations au début de la création de la turbine à vapeur, la difficulté de réaliser des joints bien étanches et la vitesse excessive du moteur, contribuent à retarder l'essor des moteurs rotatifs à gaz, mais il ne parait pas douteux qu'on arrivera, comme pour les turbo-moteurs à vapeur, à surmonter ces difficultés.

Considérations générales sur les moteurs à gaz

Il est aisé de se rendre compte, d'après la description que nous venons de faire d'un moteur à gaz et d'après les conditions de fonctionnement des organes que nous a indiquées l'analyse des cycles à quatre et à deux temps, que le moteur à gaz demande à être construit de la façon la plus parfaite possible, pour pouvoir en obtenir une marche régulière et économique.

Il importe que tous les organes qui constituent ce moteur, tout en étant établis le plus simplement possible, répondent d'une façon tout à fait sûre aux fonctions qu'ils doivent remplir. Ces organes seront robustes, sans être inutilement lourds ; ils seront façonnés avec toute la précision désirable, dans des matériaux de première qualité.

Il faut, en effet, considérer que le moteur à gaz, du fait de sa constitution même, est soumis pendant sa marche à une succession de chocs qu'on ne rencontre pas, par exemple, dans le moteur à vapeur. En outre, la température est toujours élevée dans le cylindre d'un moteur à gaz, ce qui nécessite un système de refroidissement d'un

Fig. 34. – Moteur horizontal Otto, à deux cylindres, de 50 chevaux. Type primitif.

fonctionnement bien régulier et efficace, et un graissage bien compris. Ce graissage devra nécessairement s'effectuer avec de l'huile spéciale employée pour les hautes températures: c'est de l'huile minérale qui doit, dans ce cas, remplacer l'huile de graissage habituellement utilisée, car celle-ci, sous l'action de la chaleur, formerait sur la périphérie du piston et sur les parois du cylindre un cambouis qui nuirait à la bonne marche du moteur et n'assurerait pas un graissage convenable. Les joints du piston, des soupapes ou des tiroirs doivent être d'une étanchéité parfaite, car les pressions développées par l'explosion du mélange tonnant dans les cylindres sont généralement considérables et dépassent 25 kilogrammes par centimètre carré. Ces organes doivent être particulièrement précis pour éviter toute déperdition de gaz qui entraînerait une dépense inutile.

Le volant, nous l'avons dit, doit avoir une masse considérable, surtout dans les moteurs à quatre temps, pour permettre d'assurer la régularité du fonctionnement pendant les quatre courses du piston dont une seule est motrice.

L'allumage doit s'effectuer d'une façon sûre, au moment opportun. C'est là une condition essentielle à remplir pour obtenir une bonne marche de la machine. Des dispositifs appropriés ont été, nous le verrons par ailleurs, établis pour réaliser cette condition.

La *distribution* doit aussi, on le comprend, être judicieusement réglée pour obtenir dans les diverses phases du cycle que nous avons examinées, l'admission et l'échappement des gaz au moment déterminé et pour réaliser la compression nécessaire au fonctionnement économique du moteur. Le *degré de compression* peut, dans une certaine mesure, être contrôlé lors de la mise en marche du moteur.

Pour effectuer cette mise en marche, on agit généralement sur le volant, en provoquant sa rotation. Avant que l'explosion se produise, la compression doit avoir lieu et la pression à l'intérieur du cylindre, augmentant derrière le piston au fur et à mesure qu'il avance, le mouvement de rotation donné au volant doit demander, pour s'effectuer, un effort de plus en plus grand jusqu'à la fin de course de ce piston. Quand le moteur est d'une faible puissance, on peut manœuvrer le volant à la main et on sent alors, vers l'extrémité de la course du piston une résistance élastique formée par le matelas de mélange gazeux comprimé. Il faut, d'un effort brusque exercé sur le volant, amener le piston à sa position arrière extrême pour laquelle l'explosion se produira. Si cette résistance rencontrée dans la manœuvre du volant était peu sensible ou paraissait constante, c'est que des fuites de gaz existeraient soit entre les segments du piston et les parois du cylindre, soit entre la couronne d'appui des soupapes, qui lors de la compression doivent être fermées, et le siège sur lequel elles reposent.

Le *régulateur* joue aussi un rôle très important dans le fonctionnement du moteur à gaz. Il doit être sensible de façon que l'allure du moteur reste constamment régulière, ce qui est de toute importance quand le moteur à gaz est utilisé pour produire l'éclairage électrique, par exemple. Le régulateur doit aussi pouvoir permettre de faire varier la vitesse du moteur pendant sa marche.

C'est en s'attachant, de plus en plus, à réaliser toutes ces conditions essentielles dans l'établissement des organes de moteurs à gaz, que l'on est parvenu à rendre la consommation de ces machines fort économique et que l'on a pu, en outre, augmenter leur puissance.

La consommation de gaz des moteurs a, en effet, diminué dans de notables proportions depuis le moteur primitif de Lenoir qui dépensait 3 mètres cubes de gaz par cheval et par heure. Cette consommation, réduite peu de temps après, par l'apparition du moteur Otto, à 2 mètres cubes, puis à 1 mètre cube par cheval-heure, a successivement été portée à 800 et 600 litres d'une façon courante, et aujourd'hui, les bons moteurs à gaz auxquels on apporte, dans la construction, tous les soins et toute la précision désirables, ne consomment que de 400 à 500 litres de gaz par cheval et par heure. Bien mieux, cette construction a été poussée à un degré de perfection tel que les moteurs peuvent fonctionner en étant alimentés avec du gaz pauvre, c'est-à-dire non plus avec du gaz d'éclairage qui, tel qu'il est fourni par les Compagnies d'éclairage, est épuré et possède un pouvoir calorifique élevé et qui coûte assez cher, mais avec des gaz provenant de gazogènes spéciaux, installés dans l'usine même, à proximité du moteur, et même avec des gaz de haut fourneaux, gaz dont le prix de revient est pour ainsi dire nul, puisque avant cette utilisation industrielle ils étaient rejetés dans l'atmosphère.

L'emploi du gaz pauvre et la combinaison ingénieuse des organes dans les moteurs à gaz ont ainsi permis de réduire le prix du cheval-heure à quelques centimes.

C'est surtout pour cette raison que le moteur à gaz est devenu, ainsi que nous l'avons dit, un si important concurrent de la machine à vapeur.

De plus, la puissance des moteurs à gaz a pu atteindre à la suite de successives transformations, des chiffres fort élevés, ce qui paraissait pour ainsi dire impossible à réaliser au début de la fabrication des moteurs à gaz industriels.

A l'Exposition universelle de Paris de 1878, un moteur à gaz de quatre chevaux était considéré comme une merveille. A l'Exposition de 1889, les moteurs à gaz ayant fait leurs preuves industrielles avaient des puissances de 50 et même de 100 chevaux. A l'Exposition universelle de Paris de 1900 figurèrent des moteurs de près de 1.000 chevaux, et aujourd'hui on construit des moteurs à gaz pauvres dont la puissance peut dépasser 3.000 chevaux.

On voit quels prodigieux progrès ont été réalisés dans cette branche industrielle de premier ordre.

Sources d'alimentation

Les moteurs à explosion peuvent être alimentés par des combustibles divers : le gaz, le pétrole ou l'essence, l'alcool, le gaz acétylène.

Nous examinerons, à leur place respective, dans le cours de ce livre, ces divers combustibles; nous ne nous occuperons, pour le moment, que du gaz ou plutôt des différentes sortes de gaz employées pour actionner les moteurs. Le gaz servant à alimenter les moteurs peut être, comme nous l'avons dit plus haut, du gaz d'éclairage de ville, du gaz de gazogènes, ou du gaz de hauts fourneaux. Indiquons ce qui caractérise chacune de ces sortes de gaz.

Gaz d'éclairage

Ce gaz est, on le sait, obtenu en distillant la houille en vase clos. Le gaz traverse une série d'appareils qui ont pour fonction de l'épurer et dans lesquels il se débarrasse d'un grand nombre de précieux sous-produits dont le principal est le goudron, qui sont d'une très grande utilité industrielle.

Le gaz ainsi produit a un pouvoir calorifique pouvant varier de 5.100 à 5.800 calories. Ce pouvoir calorifique ne peut pas être considéré comme constant, même quand le gaz est produit par la même usine et fabriqué avec la même qualité de charbon. On a constaté, en effet, que la composition du gaz d'éclairage pouvait facilement varier même quand les conditions de fabrication restent identiques. Il est donc nécessaire de mesurer le pouvoir calorifique du gaz, à l'aide d'un calorimètre, quand on veut étudier le rendement d'un moteur et lorsqu'on veut comparer les résultats obtenus sur plusieurs moteurs fonctionnant en des lieux différents avec du gaz de ville.

Fig. 35. – Moteur à gaz pauvre de 1 000 chevaux, système Letombe.

Le gaz d'éclairage s'enflamme rapidement, ce qui contribue à augmenter la puissance d'explosion dans le cylindre. Son seul inconvénient est son prix de revient encore trop élevé. Pour les moteurs de petite puissance, son emploi est néanmoins avantageux comparé à la dépense exigée par une machine à vapeur. Pour les grandes puissances, il est indispensable de remplacer le gaz d'éclairage par un gaz plus économique : le *gaz pauvre.*

Le gaz pauvre est ainsi nommé parce qu'il est moins riche que le gaz d'éclairage en hydrogène et en hydrocarbures. Son pouvoir calorifique est, par conséquent, inférieur à celui du gaz de ville.

Le gaz pauvre est produit soit par les gazogènes divers que nous décrirons plus loin, soit par les hauts fourneaux.

Gaz de gazogènes

Les gaz produits par les gazogènes établis spécialement dans ce but en vue d'alimenter un ou plusieurs moteurs, s'obtiennent de diverses façons. Dans certains types de gazogènes, on porte à l'incandescence de l'anthracite ou du charbon maigre et même du charbon de bois. On fait arriver, sur le combustible incandescent, de la vapeur d'eau qui donne lieu à la formation de gaz contenant de l'oxyde de carbone et de l'hydrogène, dont le pouvoir calorifique, tout en étant inférieur à celui du gaz d'éclairage, est cependant assez élevé pour actionner économiquement les moteurs à gaz. Cette sorte de gaz ainsi obtenu est appelé gaz à l'eau. Dans d'autres types de gazogènes on emploie des combustibles de catégorie inférieure, comme les lignites, les débris de toutes sortes : débris de bois, copeaux et sciures, tannées, tourteaux, etc. On conçoit que malgré la diminution du pouvoir calorifique du gaz ainsi obtenu, son prix de revient est si faible que son emploi est très avantageux pour la production de la force motrice.

Fig. 36. – Installation de deux gazogènes Pierson, pour deux moteurs de 90 chevaux.

Le pouvoir calorifique des gaz de gazogènes, bien inférieur à celui du gaz d'éclairage, peut atteindre 1.200 à 1.400 calories par mètre cube. Pour compenser la différence de température provenant de la qualité du gaz pauvre par rapport au gaz de ville, on établit les moteurs qui l'utilisent de façon que la compression soit poussée à un degré plus élevé. On récupère ainsi une bonne partie de la différence des calories existant entre les deux sortes de gaz, ce qui a une importance essentielle pour assurer l'inflammation du mélange tonnant. Ce mélange comporte un volume d'air 5 à 6 fois moindre que celui qui entre dans la composition du mélange tonnant constitué avec du gaz d'éclairage.

Gaz des hauts fourneaux

Le gaz provenant des hauts fourneaux a un pouvoir calorifique encore inférieur à celui des gaz produits par les gazogènes. Ce pouvoir calorifique atteint 900 à 1.100 calories par mètre cube.

L'idée d'utiliser les gaz de hauts fourneaux est venue de la nécessité où se sont trouvées les grandes usines métallurgiques d'abaisser le prix de revient de la fonte, pour soutenir la concurrence redoutable que ces grands ateliers de production se font entre eux. Avant même de penser à utiliser la chaleur de ces gaz, on recueillait, dans les usines employant la houille, le goudron et les produits ammoniacaux que ces gaz entraînaient au-dehors, et quand les hauts fourneaux étaient alimentés avec du coke on pouvait recueillir des iodures, des chlorures et des sulfates de sodium, de potassium, d'ammonium.

Il y avait, néanmoins, malgré ces récupérations avantageuses, une grande quantité de chaleur perdue par suite de l'échappement du gaz à l'air libre, par le gueulard, à la partie supérieure des hauts fourneaux.

Fig. 37. – Moteur à gaz pauvre à admission variable de 40 chevaux, système Sœst.

Ces gaz furent d'abord destinés à être bridés dans des foyers spéciaux de chaudières pour produire de la vapeur destinée à actionner un moteur. On s'en servit aussi pour produire de l'air chaud destiné à mettre en oeuvre des souffleries: mais la meilleure utilisation qu'on en ait faite consiste en leur emploi connue source d'énergie pour les moteurs.

Il est admis que dans la fabrication de la fonte par les hauts fourneaux, on peut utiliser, pour chaque kilogramme de fonte produit, une quantité de chaleur atteignant 4.000 calories, lesquelles, même employées d'une façon peu avantageuse, peuvent fournir une puissance d'un cheval.

Les gaz s'échappant des hauts fourneaux et qu'on utilise pour produire la force motrice, contiennent une grande quantité de poussière entraînée avec eux au-dehors. Cette poussière, se déposant sur toutes les parois des organes des appareils, constitue une sorte de couche non conductrice qui empêche la chaleur des gaz de se communiquer aux divers organes et d'être utilisée.

Cet inconvénient, fort sérieux a, pendant longtemps, arrêté l'extension des moteurs utilisant les gaz qui sortent des hauts fourneaux.

Aujourd'hui, on procède au lavage des gaz qui sortent des hauts fourneaux. Ce lavage préalable avant l'utilisation dans un moteur, permet au gaz de se débarrasser des produits ammoniacaux et du goudron qu'il contient et aussi des poussières qu'il a entraînées.

On peut, après cette opération, admettre le gaz dans un cylindre de moteur sans avoir à craindre ni un encrassement rapide ni la détérioration des soupapes.

Les gaz provenant des hauts fourneaux diffèrent, pour une même installation et même pour un même haut fourneau, suivant l'allure de l'appareil et suivant la qualité de fonte produite. De ce fait, ils peuvent varier comme valeur de pouvoir calorifique, et c'est cette irrégularité de rendement qui constitue le seul inconvénient du gaz de haut fourneau lequel permet, d'autre part, d'obtenir l'énergie à un prix très modique.

Chapitre II

ALLUMAGE.

ALLUMAGE: PAR TRANSPORTS DE FLAMME: Koerting, Blancher ; — PAR TUBES À INCANDESCENCE: Guillou; — À FERMETURE AUTOMATIQUE: Tangye. DISPOSITION DES CONDUITS DE GAZ POUR BRULEURS. ALLUMAGE ÉLECTRIQUE: BOUGIES D'ALLUMAGE: Japy, Presta. MAGNÉTOS: Sims Bosch. ALLUMEUR. COMMANDES D'ALLUMAGES: Bosch, Duplex. AUTO-ALLUMAGE PAR COMPRESSION.

Allumage

L'inflammation du mélange tonnant d'un moteur à gaz peut s'effectuer de manières diverses.

Il peut être produit soit par un *transport de flamme* fait par la manœuvre de l'organe d'allumage, soit par l'intermédiaire d'un tube incandescent, et il peut aussi être provoqué par l'étincelle électrique: c'est alors l'allumage électrique réalisé, lui-même, de plusieurs façons. Examinons ces diverses sortes d'allumage.

Allumage par transport de flamme

Cette manière de provoquer l'inflammation du mélange gazeux, est celle qui a été appliquée au premier moteur à gaz industriel Otto que nous avons décrit. Nous avons indiqué, dans cette description, comment le mouvement du tiroir, mû par l'arbre du moteur, permettait de présenter successivement soit devant un bec brûleur fixe, soit devant l'orifice d'un canal débouchant à l'extrémité du cylindre, une petite capacité contenant du gaz lequel, enflammé au contact du brûleur, venait, lorsqu'il se présentait devant l'orifice communiquant avec le cylindre, enflammer le mélange qui y était contenu.

Le mélange gazeux se trouve, au moment où l'inflammation doit se produire, comprimé dans la chambre de combustion, et pour cela on a dû établir des dispositions spéciales pour éviter que le bec brûleur soit éteint par le mélange gazeux comprimé.

Ces dispositions, relativement compliquées, sont indispensables pour assurer l'allumage, à chaque cycle, ce qui ne pourrait évidemment se produire si le bec était éteint accidentellement, soufflé, pour ainsi dire, par le mélange gazeux du cylindre. C'est la nécessité de recourir à ces dispositifs spéciaux pour assurer la sécurité de l'allumage qui a fait tomber en discrédit l'allumage par transport de flamme, aujourd'hui généralement remplacé par l'allumage au moyen de tubes à incandescence et par l'allumage électrique.

On sait que dans le moteur Otto, le dispositif pris pour empêcher le soufflage du bec consiste à pratiquer sur la glace du cylindre où glisse le tiroir, à proximité du canal d'inflammation, et sur ce tiroir même, une série de petits trous qui permettent d'établir progressivement la communication entre le cylindre et la capacité du tiroir dans laquelle se trouve le gaz enflammé.

L'orifice du conduit qui débouche dans le cylindre est ensuite découvert, la pression étant à ce moment équilibrée. On évite ainsi l'éventualité d'un brusque afflux de gaz qui pourrait éteindre la flamme du bec brûleur.

Transport de flamme Koerting

(Fig. 38.) Dans les premiers moteurs à gaz Koerting, l'allumage par transport de flamme a été ingénieusement réalisé.

Dans le fond du cylindre A est ménagé un conduit B qui débouche à l'extérieur. Des canaux transversaux C sont ménagés dans ce conduit à l'intérieur du cylindre.

Un ajutage D portant, au centre, un trou conique, est placé dans le canal B et peut se mouvoir dans ce logement. L'orifice de petit diamètre est tourné vers l'intérieur du cylindre ; l'orifice évasé se présente en face d'un tampon E également mobile dans le guide cylindrique B et commandé par un mécanisme spécial.

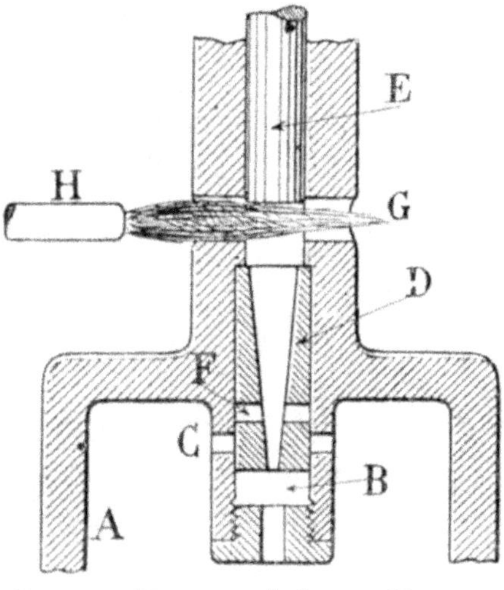

Fig. 38. – Transport de flamme Koerting.

L'ajutage conique D porte des évents F, placés vers le petit orifice, et le conduit B communique avec l'atmosphère par des ouvertures G pratiquées sur le pourtour du bossage dont le conduit occupe le centre.

Un brûleur H disposé sur le bossage produit une flamme permanente qui peut pénétrer dans ces ouvertures G et enflammer le mélange gazeux contenu dans l'ajutage conique. Ce mélange est le même que celui qui est dans le cylindre et qui, lors de la période de compression, est passé, par l'orifice réduit, dans l'ajutage divergent en diminuant progressivement de pression. Toutefois, l'inflammation du mélange dans l'ajutage ne peut pas se propager jusqu'au cylindre, parce que la zone de combustion n'atteint que le point pour lequel la vitesse du gaz qui sort du cylindre et la vitesse, en sens inverse, de propagation de la flamme, sont les mêmes.

En ce point, la combustion s'arrête et le mélange gazeux, placé au-delà, ne peut être enflammé intempestivement.

Donc, pendant toute la période de compression, la zone de combustion du gaz est circonscrite vers l'extrémité extérieure de l'ajutage conique.

Vers la fin de la période de compression, la rotation d'une came provoque le déplacement du tampon E vers l'ajutage, et l'extrémité de ce tampon, pénétrant dans la partie évasée de cet ajutage, enferme dans le canal intérieur une certaine quantité de gaz enflammé. En même temps, le tampon continuant sa course fait progresser l'ajutage dans son guide cylindrique B, et lorsque les évents F se présentent, par suite de cet avancement, en face des ouvertures C qui débouchent dans l'intérieur du cylindre, la flamme enfermée dans l'ajutage communique le feu au mélange gazeux comprimé dans le cylindre et l'explosion se produit.

Les organes restent dans la même position jusqu'à la période de compression suivante. A ce moment, la came actionnant le tampon E le ramène à sa position initiale et l'ajutage est refoulé contre sa butée par la pression des gaz contenus dans le cylindre qui s'exerce sur lui, une faible quantité de ces gaz venant, à nouveau, se répandre avec une pression diminuée dans le canal de l'ajutage pour s'enflammer et provoquer une nouvelle explosion.

Transport de flamme Blancher

Un autre dispositif, dû à M. Blancher, permet le transport de flamme par des moyens très simples. La tige du piston B porte une cavité centrale E qui débouche par une ouverture F à la périphérie de cette tige et qui se prolonge par une sorte d'ajutage qui va en s'élargissant et qui aboutit à une autre capacité C communiquant avec l'extérieur par une ouverture D. Quand le piston effectue sa course de compression, tant qu'il n'a pas atteint l'extrémité de sa course, la tige du piston ne peut faire communiquer avec l'extérieur le mélange gazeux contenu dans le cylindre ; l'ouverture D, en effet, débouche dans l'intérieur du cylindre, ou bien est obturée par le presse-étoupe. A la fin de la course du piston, quand la compression s'est effectuée et que l'explosion doit avoir lieu, l'orifice D se présente devant une flamme qui peut être produite par une lampe quelconque. Le mélange gazeux comprimé à l'arrière du cylindre passe par l'ouverture F dans la capacité E, puis, de là, dans la capacité C par l'ajutage divergent. Comme le trou de cet ajutage est très petit, le gaz se détend progressivement en arrivant dans la capacité C, perd sa vitesse et s'enflamme sans risquer de souffler la flamme du brûleur. Le mélange gazeux comprimé dans le cylindre s'enflamme et l'explosion se produit. Le piston effectue alors une nouvelle course en sens inverse, et l'ouverture D est obturée par le presse-étoupe.

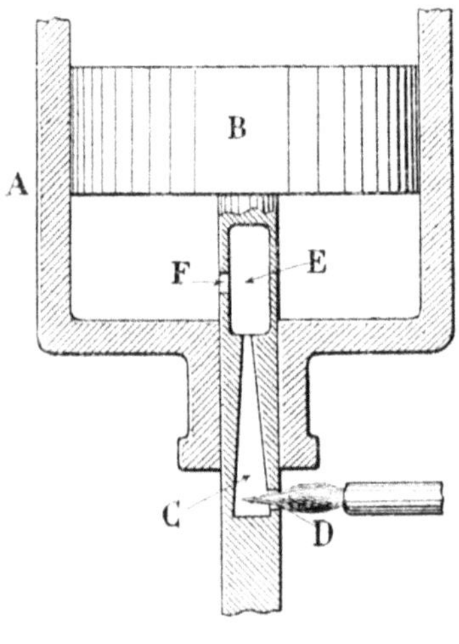

Fig. 39. — Transport de flamme Blancher.

Allumage par tube à incandescence

L'allumage par transport de flamme a été remplacé avantageusement par l'allumage par *tube à incandescence.* Ce procédé d'allumage consiste à disposer dans le fond du cylindre, du côté où doit se produire l'explosion, un tube à parois minces, fermé à une extrémité et débouchant dans le cylindre à l'autre bout. Un brûleur chauffe les parois extérieures du tube et porte à l'incandescence une partie de sa longueur. Quand le mélange tonnant comprimé dans le fond du cylindre atteint, en circulant à l'intérieur du tube, cette partie incandescente, l'inflammation de ce mélange se produit, et l'explosion a lieu. Les tubes incandescents peuvent être faits soit en métal, fer ou platine, soit en porcelaine.

On les fabrique, de préférence, en porcelaine, pour leur permettre une durée plus prolongée, les tubes en platine étant rapidement recouverts d'un oxyde, mauvais conducteur de la chaleur, et les tubes en fer se trouvant facilement mis hors d'usage par suite du contact permanent de la flamme qui les maintient constamment à l'état incandescent.

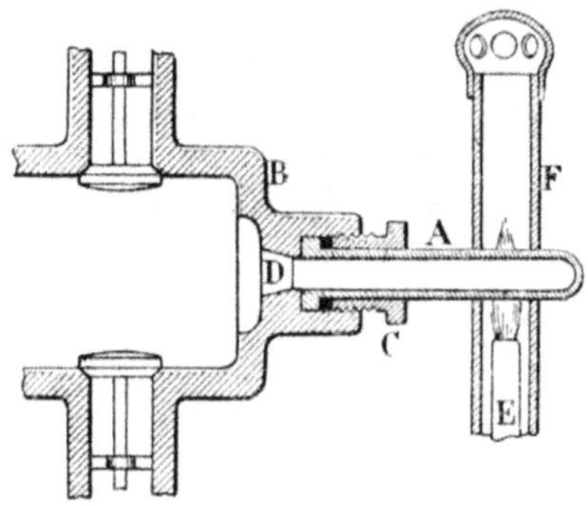

Fig. 40. — Allumage par tube à incandescence.

Le tube à incandescence A (Fig. 40) porte, à son extrémité ouverte, une collerette qui permet de le maintenir fixé contre le fond du cylindre B par le serrage d'une douille filetée C. Une rondelle d'amiante est interposée entre la douille et la collerette du tube pour former joint.

Le tube A prolonge donc le canal D débouchant dans le cylindre B.

Le bec brûleur E chauffe le tube par sa surface extérieure et le porte au rouge.

Ce bec est placé dans une sorte de cheminée F qui protège la flamme contre toutes les perturbations extérieures.

Quand l'explosion s'est produite par suite de l'inflammation du mélange, les gaz brûlés remplissent le cylindre à l'arrière du piston et se détendent en pénétrant dans toutes les capacités ouvertes. Il entre donc dans le tube A une certaine quantité de gaz brûlés.

Pendant la course de retour, qui correspond à l'échappement, les gaz contenus dans le cylindre sont, en grande partie chassés dans le conduit d'évacuation par l'orifice découvert par la soupape d'échappement qui est ouverte ; mais une partie de ces gaz se trouve refoulée dans le tube A et dans la chambre de combustion.

Pendant la course suivante du piston vers l'avant, qui correspond à la phase d'admission, le mélange gazeux frais est introduit dans le cylindre et l'inflammation de ce mélange pourrait certainement se produire prématurément, si les gaz brûlés précédemment ne s'interposaient pas entre le tube incandescent et les gaz frais. C'est donc grâce à la présence dans ce tube des produits de la combustion qui y ont été laissés lors des deux phases précédentes, et qui forment une sorte de matelas de gaz protecteur, que le mélange tonnant admis dans le cylindre ne s'enflamme pas pendant la course d'admission.

Quand, enfin, le piston effectue sa seconde course de retour en comprimant le gaz frais, ce gaz refoulé vers l'arrière du piston peut pénétrer, en se mélangeant aux gaz brûlés, dans le tube incandescent, et lorsque le piston a atteint l'extrémité de sa course, le gaz, venant au contact du tube incandescent, s'enflamme, et l'explosion se produit.

Il faut que le tube incandescent soit disposé de façon que l'inflammation puisse se produire au moment propice, c'est-à-dire à l'extrémité de la course arrière du piston, quand celui-ci va atteindre le point mort. On peut déterminer pratiquement la position à donner au dispositif d'allumage pour répondre à cette condition. La position du brûleur, par exemple, peut être rendue réglable, et il est possible ainsi, en déplaçant la flamme le long du tube à incandescence, d'éloigner plus ou moins du cylindre la zone active de ce tube qui est porté au rouge, et de retarder de la sorte l'inflammation et, par suite, l'explosion du mélange gazeux comprimé.

Tube à incandescence Guillou

(Fig. 4.1 et 4.2.) On a donné aux tubes à incandescence des dispositions diverses et des moyens de réglage différents pour assurer d'une façon régulière l'inflammation des gaz au moment opportun.

Dans le dispositif Guillon, le tube à incandescence A, en porcelaine, est placé horizontalement à travers une cheminée B, à la partie inférieure de laquelle peut se fixer un brûleur C. Ce brûleur est alimenté au moyen du gaz amené par un petit tuyau branché sur la conduite de gaz servant de combustible au moteur.

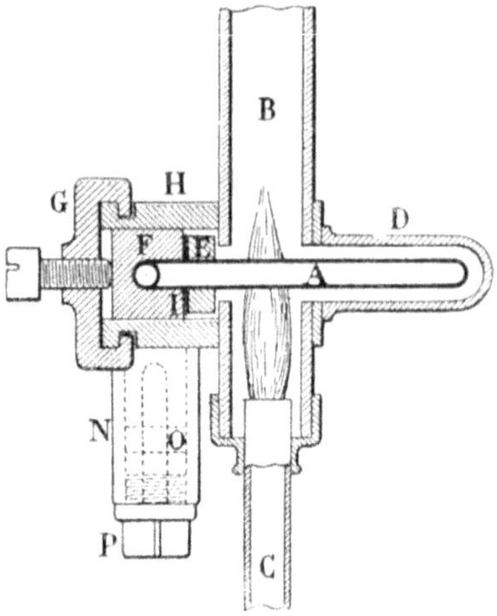

Fig. 41. — Tube à incandescence Guillou, coupe verticale.

La flamme du brûleur chauffe directement la partie du tube à incandescence qui est placée au travers de la cheminée. L'extrémité extérieure de ce tube est fermée et protégée par une sorte de capot D. L'autre extrémité, ouverte, terminée par une rondelle métallique E solidaire du tube en porcelaine et formant embase, est serrée contre une pièce de raccord F par une bride G qui, par l'intermédiaire d'une vis, applique contre cette pièce F, le bloc H portant la cheminée et le tube à incandescence.

Une rondelle d'amiante I, interposée entre l'embase du tube et la pièce de raccord F, forme joint entre ces deux pièces.

Un regard J (Fig. 42), ménagé sur un des côtés du bloc H, et fermé par une lame de mica L, permet de juger du degré d'incandescence du tube en porcelaine.

La pièce de raccord F est vissée sur le fond du cylindre K et porte, dans toute sa longueur, un canal M fermé à l'extrémité extérieure par une vis-bouchon, et dans lequel débouche, perpendiculairement, le tube à incandescence.

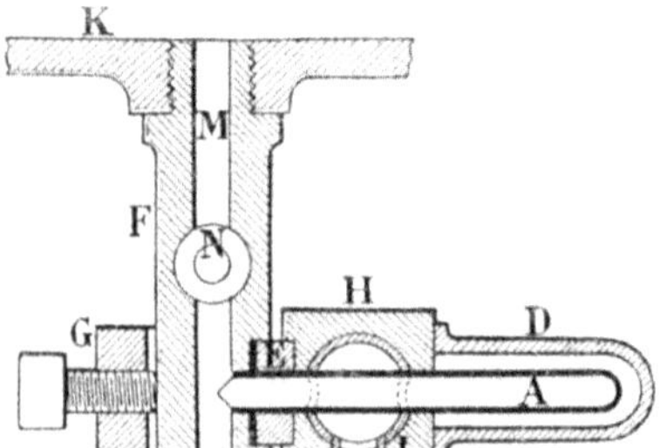

Fig. 42. — Tube à incandescence Guillou, coupe horizontale.

Les gaz provenant du cylindre peuvent donc pénétrer dans le tube A en suivant le conduit M. Ce conduit communique également avec une capacité N disposée verticalement au-dessous de lui et qui constitue une chambre de réglage.

En effet, quand l'explosion se produit, le canal M, la chambre N et le tube à incandescence se remplissent de gaz brûlés qui y sont maintenus pendant la période d'échappement.

Si la chambre N, qui se trouve placée entre le cylindre et le tube A, a une forte capacité, une grande partie des gaz refoulés pourra y pénétrer et le tube A n'en contiendra qu'une quantité minime qui sera facilement traversée par le mélange gazeux frais lors de la période de compression qui suivra. L'inflammation de ce mélange sera donc plus aisée et l'explosion aura lieu plus tôt.

Si, au contraire, la capacité de la chambre N se trouve réduite, les gaz brûlés seront comprimés dans le tube A en plus grande quantité, et pendant la période de compression les gaz frais arriveront plus difficilement, à travers les gaz brûlés, au contact du tube incandescent l'inflammation et l'explosion se trouvent ainsi retardées.

Fig. 43. – Vue d'une installation de deux moteurs à gaz pauvre Pierson de 90 chevaux.

En faisant varier la capacité de la chambre de réglage, on peut donc faire varier le moment de l'allumage et hâter ou retarder l'explosion.

On change la capacité de la chambre, en y introduisant un plus ou moins grand nombre de rondelles O, ayant le diamètre intérieur de la chambre. Le volume que peuvent occuper les gaz est ainsi diminué du volume des rondelles introduites.

Ces rondelles sont placées dans la chambre par sa partie inférieure, en dévissant la vis-bouchon P.

Le degré d'incandescence du tube est, d'autre part, réglé par la manœuvre d'une vis-pointeau qui permet de faire varier l'arrivée du gaz dans le bec brûleur. On peut, au moyen du regard J, observer le tube, qui doit être normalement porté au rouge clair, et on admet ou on arrête le gaz, suivant que la teinte du tube est plus sombre ou plus vive que la teinte normale.

Tubes à incandescence à fermeture automatique

L'allumage par tubes à incandescence exige, comme on vient de le voir par les descriptions précédentes, des réglages précis pour provoquer l'inflammation du mélange tonnant au moment propice. Ces réglages peuvent porter soit sur la position du brûleur, soit sur la variation de la capacité avoisinant le tube à incandescence.

Dans certains cas, il peut être difficile, même avec les dispositifs de réglage que nous avons indiqués, de maintenir régulières les conditions normales de l'incandescence. La flamme du brûleur peut, en effet, varier d'intensité et l'inflammation ne pas se produire au moment favorable.

Dans le but de parer à ces inconvénients, on a disposé sur le trajet que suivent les gaz pour parvenir au tube à incandescence, des organes spéciaux commandés automatiquement, qui obturent le canal aboutissant au tube pendant la période d'admission, et qui le découvrent pendant la période de compression. On interpose ainsi entre la partie incandescente du tube et le mélange gazeux frais, non plus un matelas de gaz, comme nous venons de le voir dans les dispositifs précédents, mais une véritable cloison métallique interceptant toute communication et qui permet de parer, d'une façon certaine, à une explosion intempestive.

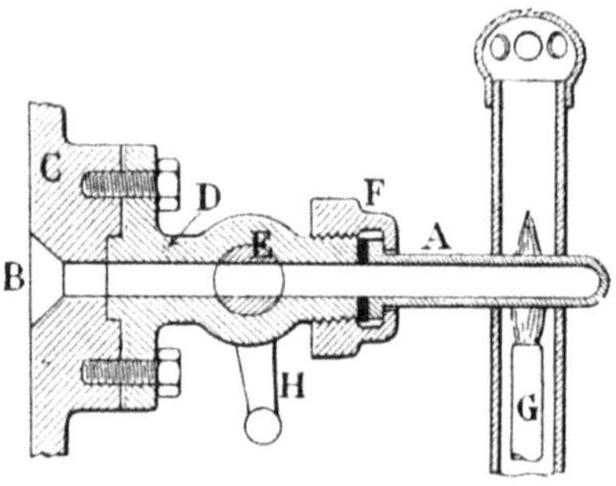

Fig. 44. – Tube à incandescence à fermeture automatique.

Une des dispositions les plus simples consiste à placer entre le tube à incandescence A (Fig. 44) et le canal B pratiqué en bout du cylindre C, une pièce intermédiaire D sur laquelle est monté un obturateur E.

La pièce D est fixée solidement sur un bossage du cylindre et les deux parties en contact doivent former un joint bien étanche. A l'autre extrémité, cette pièce est raccordée avec le tube à incandescence A au moyen d'un écrou F dont le serrage tient ce tube appliqué contre la face extérieure de la pièce D: une rondelle en amiante, interposée entre les deux pièces, forme joint étanche.

Un bec brûleur G placé dans une cheminée chauffe le tube A.

L'obturateur E est une sorte de robinet muni d'un levier H qui commande son mouvement d'oscillation. Ce mouvement est transmis au levier H par un mécanisme automatique mis en action par la rotation de l'arbre moteur. Quand le piston parcourt sa course d'admission, le mécanisme actionnant le robinet E provoque sa fermeture. Le mélange gazeux ne peut donc pénétrer dans le tube incandescent A et l'inflammation ne peut évidemment pas se produire. Pendant la course de compression, le robinet E reste fermé, mais vers la fin de cette course, il s'ouvre et le mélange tonnant pénètre jusqu'au fond du tube A, s'enflamme et provoque l'explosion.

L'ouverture du robinet peut se faire à un moment bien précis, puisque le réglage ne consiste, dans ce cas, qu'à déterminer exactement les longueurs des bielles de commande et les positions des organes qui les actionnent.

Ce dispositif d'allumage est simple et efficace mais il possède les inconvénients inhérents à tous les obturateurs oscillants se mouvant dans des pièces portées à une haute température et qui doivent être parfaitement ajustés pour former joints étanches avec les boisseaux dans lesquels ils se déplacent. Le graissage est difficile sous l'action de la chaleur et souvent les obturateurs grippent dans leurs boisseaux.

Tube à incandescence Tangye

(Fig. 45). Dans le dispositif d'allumage par tube à incandescence employé pour le moteur Tangye, le robinet obturateur est remplacé par une soupape qui obture, ou découvre, au moment voulu, l'orifice d'introduction du mélange tonnant dans le tube incandescent. Ce tube A est disposé verticalement au centre d'une cheminée B portant intérieurement une garniture en amiante C, qui a pour but de concentrer toute la chaleur du brûleur dans la partie centrale de la cheminée où se trouve le tube à incandescence A.

Le brûleur est disposé perpendiculairement à la cheminée et la flamme débouche dans le centre de la cheminée par une série de trous pratiqués sur la périphérie d'une couronne circulaire D. Le tube A est à cette place porté à l'incandescence. Ce tube repose, à sa partie inférieure, sur un support E portant un conduit F qui communique avec l'intérieur du cylindre du moteur. A la partie supérieure, le tube est encastré dans une capsule cylindrique G placée dans le couvercle J.

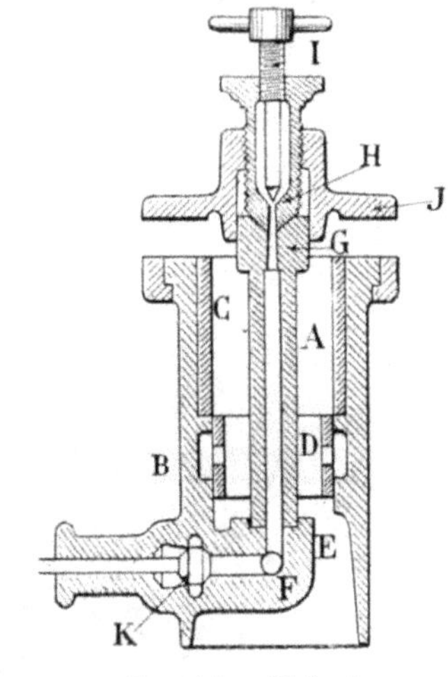

Fig. 44. – Tube à incandescence à Tangye.

Ce couvercle, qui constitue le chapeau de la cheminée, porte des ouvertures permettant l'évacuation des gaz provenant du brûleur. Le tube est maintenu fixé sur son support inférieur par la pression qu'exerce une vis H sur la capsule G. Des rondelles en amiante placées à chaque extrémité du tube forment joints entre les faces serrées.

La capsule et la vis H sont percées en leur centre d'un canal communiquant avec l'intérieur du tube A. Une seconde vis I, disposée au centre de la première, se termine en forme de pointeau à sa partie inférieure et peut obturer plus ou moins l'orifice du canal pratiqué dans la capsule G. Quand le moteur a été mis en marche, le pointeau est appliqué sur l'orifice et l'obture. Quand on veut mettre le moteur en route, on lui donne une faible compression pour pouvoir plus facilement tourner le volant à la main. Pour que , malgré cette faible compression, le mélange tonnant puisse parvenir jusqu'à la partie du tube portée à l'incandescence, on dévisse la vis I qui découvre l'orifice communiquant avec le canal pratiqué dans la vis H et les gaz peuvent pénétrer dans ce canal. Leur volume est ainsi augmenté et les gaz frais peuvent plus facilement atteindre la partie incandescente.

Le canal F, qui met en communication l'intérieur du cylindre avec le tube incandescent, peut être obturé par une soupape K qui, pendant la période d'admission, vient s'appliquer sur l'orifice de ce canal. A la fin de la période de compression cette soupape est actionnée en sens inverse, laisse libre la communication entre le cylindre et le tube incandescent, et l'explosion se produit. Pour éviter que, par suite de cette disposition, les gaz portés à une grande pression ne s'échappent sur le pourtour de la tige de la soupape, celle-ci est appliquée dans sa deuxième position, correspondant à l'explosion et à la détente ainsi qu'à l'échappement des gaz, contre une couronne d'appui et obture ainsi le trou dans lequel sa tige coulisse.

La soupape reçoit son mouvement de va-et-vient d'un mécanisme approprié qui est actionné par le mouvement de rotation de l'arbre moteur.

Disposition de conduits de gaz pour brûleurs

L'allumage par tube à incandescence est surtout utilisé pour les moteurs à gaz de faibles puissances et marchant au gaz de ville.

Le brûleur qui porte le tube à l'incandescence est alimenté avec ce même gaz, mais il faut que la canalisation qui le dessert soit établie sur la conduite principale, avant le branchement du conduit par lequel arrive le gaz au cylindre et sur lequel, comme nous le verrons plus loin, est établi un *régulateur de pression.*

Fig. 46. -Moteur à gaz pauvre New-Acmé.

La façon de disposer le tuyau conduisant le gaz au brûleur a une importance considérable. Le gaz doit, en effet, avoir une pression régulière pour que l'intensité de la flamme soit, le plus possible, constante. Il faut éviter que le gaz admis dans le moteur puisse faire varier cette intensité et c'est pour cette raison que le conduit du brûleur est disposé en avant du conduit du moteur sur le tuyau d'amenée du gaz.

On établit même, quelquefois, une canalisation complètement indépendante pour alimenter le brûleur.

Allumage électrique

Pour les moteurs de grandes puissances, et surtout pour les moteurs devant fonctionner au gaz pauvre, on provoque l'inflammation du mélange tonnant par l'intermédiaire d'un dispositif d'allumage électrique. Nous avons, dans le précédent chapitre, examiné comment Lenoir, dans son premier moteur industriel, avait réalisé l'allumage électrique : une étincelle électrique produite par la rupture du circuit secondaire d'une bobine de Ruhmkorff, enflammait le mélange gazeux dans le cylindre.

Le circuit primaire de la bobine était alimenté par une ou plusieurs piles. La création des accumulateurs rendit l'allumage électrique encore plus pratique, mais la tension du courant fourni par les piles ou par les accumulateurs n'est pas suffisante pour donner naissance à une étincelle électrique capable d'enflammer le mélange tonnant. C'est pour cela qu'on dispose, dans le circuit de la source électrique, un transformateur qui, dans ce cas, est une bobine de Ruhmkorff permettant d'obtenir, par induction dans son circuit secondaire, un courant de tension plus élevée : la rupture de ce circuit en un de ses points donne lieu à une étincelle nourrie et chaude qui communique le feu au mélange gazeux.

Le procédé primitif, qui consistait à rompre le circuit secondaire de la bobine pour provoquer l'étincelle, a été remplacé par un autre dispositif qui est maintenant le seul employé et qui a pour fonction d'interrompre automatiquement le circuit primaire avec une grande rapidité.

Il se produit ainsi entre les extrémités du circuit secondaire placées à une faible distance l'une de l'autre une étincelle capable de provoquer l'allumage du gaz.

Les appareils destinés à rompre automatiquement le circuit sont appelés interrupteurs ou rupteurs; ils ont des formes diverses et des fonctionnements différents.

Nous les avons décrits dans le Tome II de l'ouvrage se rapportant à l'Électricité, et nous avons indiqué quelles étaient les conditions de fonctionnement les plus favorables pour obtenir une bonne marche de la bobine et, par conséquent, une production bien régulière de l'étincelle, condition essentielle pour provoquer un allumage satisfaisant.

Les extrémités du circuit secondaire que l'on présente en face l'une de l'autre pour obtenir l'étincelle, sont disposées de façon particulière et aboutissent à un organe nommé couramment bougie d'allumage ou encore inflammateur ou allumeur.

Bougie d'allumage

(Fig.47) La bougie d'allumage est fixée sur le fond ou sur les parois du cylindre de manière que les extrémités des pièces métalliques entre lesquelles doit jaillir l'étincelle se trouvent à l'intérieur du cylindre, à la place convenable pour pouvoir provoquer l'inflammation du mélange gazeux. Une bougie ou inflammateur se compose, en principe, de deux tiges métalliques A et D, isolées l'une de l'autre et dont les extrémités, placées face à face, laissent entre elles un certain intervalle. Les deux tiges métalliques sont parfois terminées par un fil de platine, de façon à empêcher leur détérioration trop rapide par l'action de l'étincelle.

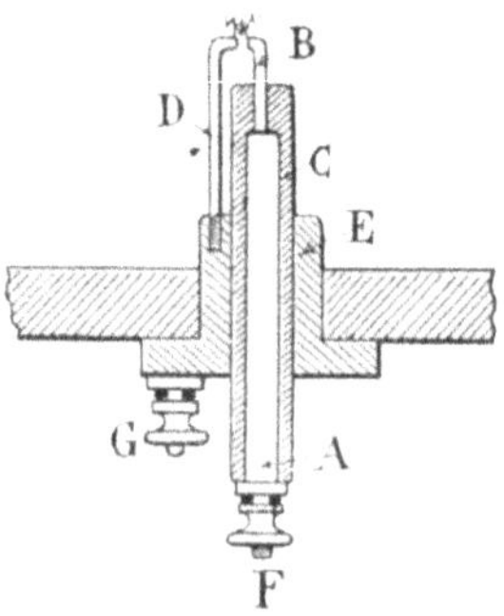

Fig. 47. – Bougie d'allumage.

Une des tiges A, terminée par le fil de platine B, est disposée dans un manchon isolant C en porcelaine, qui est, lui-même, rendu solidaire d'un support métallique E. La seconde tige D est fixée au manchon métallique. L'ensemble de la bougie peut s'introduire dans le cylindre et se fixer à la paroi par la monture métallique E. Les deux tiges A et D sont donc isolées l'une de l'autre par le manchon en porcelaine.

Un des pôles du circuit se trouve relié à la tige AB, ce qui s'effectue très simplement en serrant le conducteur sous la borne F débordant à l'extérieur du cylindre. Le second pôle du circuit est relié à la monture métallique par l'intermédiaire d'une seconde borne G.

Le support métallique E communique avec toute la masse métallique du moteur et, par conséquent, avec la terre : on dit que le pôle qui lui est relié est mis à la masse ou à la terre. C'est le pôle négatif du circuit. Quand le circuit aboutissant aux deux bornes F et G est fermé, la tension du courant suffit pour faire éclater entre les tiges B et D une étincelle. La fermeture du circuit est provoquée par un mécanisme spécial qui reçoit son mouvement de l'arbre de rotation du moteur.

On comprend que si l'organe de commande de la fermeture est convenablement disposé, l'étincelle se produira quand le piston achèvera sa course de compression ; elle provoquera l'inflammation et l'explosion du gaz, et le piston recommencera une autre course en sens inverse.

Les bougies d'allumage dont nous venons d'indiquer le principe, en donnant leur disposition schématique, ont reçu des formes diverses. On s'est principalement attaché à obtenir la production régulière des étincelles et à rendre les bougies très facilement interchangeables. Il est ainsi possible, quand une bougie est détériorée et ne donne pas une étincelle normale, de la remplacer rapidement par une autre en bon état.

Il est évident que puisque la monture métallique de la bougie est en communication avec la masse, il n'est pas indispensable de venir attacher le conducteur auquel elle est reliée à une borne placée sur cette monture. Il suffit que le conducteur soit mis en communication avec cette masse en un point quelconque situé à proximité de la source électrique.

L'isolant disposé dans les bougies est fait en porcelaine pour pouvoir résister à la très haute température à laquelle se trouve porté cet organe après une marche prolongée. La porcelaine, en effet, ne se détériore pas sous l'action de la chaleur, mais comme elle porte une tige métallique à sa partie centrale, et comme cette tige est, elle aussi, portée à la même température, il s'ensuit que les deux corps, porcelaine et métal, se dilatent inégalement.

Si la tige métallique se trouve, par son dispositif de montage, serrée dans le manchon isolant en porcelaine, il arrive fréquemment que ce manchon se fend. L'isolement devient alors défectueux ; l'étincelle ne se produit plus aussi nourrie à l'extrémité de la bougie et l'allumage risque d'avoir des ratés.

C'est pour cette raison qu'on s'applique, dans les dispositifs de bougies d'allumage, à laisser la tige libre de se déplacer dans le manchon isolant par suite de la dilatation.

La place que doit occuper une bougie dans le cylindre a une grande importance au point de vue du fonctionnement régulier de l'allumage.

Il importe que la bougie soit disposée à un endroit tel qu'elle ne puisse être enveloppée, vers l'extrémité où l'étincelle doit se produire, par les gaz brûlés précédemment et refoulés au fond du cylindre pendant la période de compression. On comprend que, sans cela, l'allumage s'effectuerait plus difficilement, le mélange gazeux frais se trouvant mélangé, autour de la bougie, avec des gaz brûlés non inflammables. On dispose généralement la bougie à proximité de la soupape d'admission de gaz. L'entrée dans le cylindre du mélange gazeux balaye les gaz brûlés qui peuvent encore séjourner autour de la bougie et l'inflammation peut régulièrement se produire.

Dans certains systèmes de bougies, on obtient le même résultat en faisant arriver, au point où éclate l'étincelle, un courant d'air envoyé automatiquement par suite du soulèvement d'un clapet, ce qui a pour objet de créer un remous favorable à la combustion et, en outre, de faciliter le refroidissement de la bougie.

Parmi les nombreux systèmes de bougies, nous allons en décrire, à titre d'exemple, deux types des plus répandus.

Bougie Japy (Fig. 48) Cette bougie se compose d'une monture métallique A dans laquelle est placé un manchon isolant en porcelaine B portant une collerette C, qui sert à le maintenir fixé sur le support métallique. Cette fixation s'effectue par le serrage d'un écrou D. Deux rondelles en amiante E et F sont placées entre les parties métalliques de serrage et la collerette du manchon pour constituer des joints étanches, malgré la haute température à laquelle sont portés les organes.

Au centre du manchon en porcelaine est disposée une tige métallique G reposant par une portée sur une extrémité du manchon et portant un bout en platine.

Sur l'autre extrémité du manchon s'appuie un ressort à boudin H dont un écrou I peut, par sa manœuvre, augmenter ou diminuer la tension. La tige métallique G est donc maintenue appliquée contre le manchon en porcelaine par la pression du ressort à boudin H, pression qui est réglable. Il en résulte que, malgré la différence de dilatation produite sur ces deux pièces par la haute température de la bougie, le manchon n'est pas soumis à une compression exagérée pouvant le faire éclater ; c'est le ressort H qui cède et le manchon ne se détériore pas.

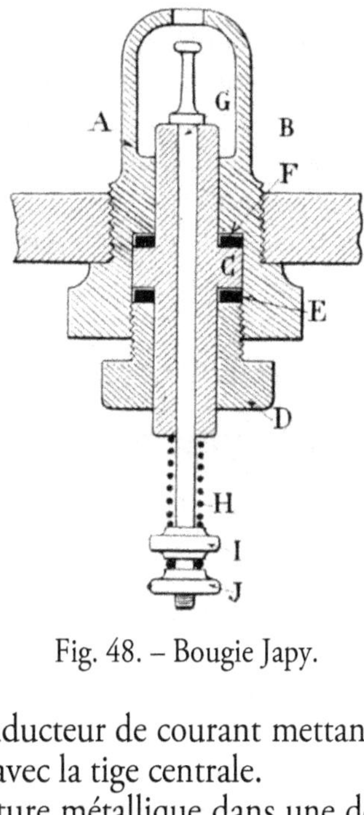

Fig. 48. – Bougie Japy.

Un bouton J permet de serrer, contre l'écrou I, le conducteur de courant mettant en communication l'un des pôles de la source électrique avec la tige centrale.

La bougie se monte sur le cylindre en vissant sa monture métallique dans une de ses parois. L'extrémité de la tige portant le platine est évidemment placée à l'intérieur du cylindre, et l'étincelle jaillit entre ce contact en platine et la cloison de la monture métallique recourbée qui se présente en face.

La tige centrale G est reliée, nous l'avons dit, à l'un des pôles du circuit, et la monture métallique est reliée à la masse. En cas de détérioration du manchon en porcelaine ou de la tige centrale, il est facile de remplacer ces pièces. En desserrant l'écrou D, tous les organes intéressés de la bougie peuvent se retirer, et on peut mettre immédiatement à leur place d'autres organes en bon état.

L'arrêt du moteur peut n'être, de cette façon, que de courte durée.

Bougie Presta

(Fig. 49) Dans cette bougie, l'aiguille centrale est, comme dans la bougie Japy, rendue libre dans l'isolateur pour parer aux effets nuisibles de la dilatation.

L'isolateur, fait en stéatite, porte une partie conique contre laquelle vient s'appliquer l'écrou de fixation. Ce montage constitue un joint efficace, complété par une garniture serrée contre le fond de la monture métallique.

Sur la tige centrale est ménagée une partie conique s'appliquant exactement contre l'extrémité inférieure de l'isolant. Le bout de la tige est en nickel pur au lieu d'être en platine, dont le prix est très élevé, et ce métal donne toute satisfaction au point de vue de l'obtention des étincelles.

La tige centrale est maintenue appliquée contre le manchon isolant par la pression d'un ressort qui peut être plus ou moins comprimé par le serrage d'un écrou.

Ce ressort s'appuie sur un second isolateur indépendant du premier et reposant sur l'écrou de fixation de celui-ci. Un écrou à oreilles, placé à l'extrémité de la tige, permet de serrer le conducteur de courant qui met en communication la tige centrale avec un des pôles de la source électrique. La monture métallique de la bougie se visse sur le cylindre et se trouve ainsi mise à la masse. L'étincelle jaillit, à l'extrémité de la monture, entre celle-ci et la tige centrale.

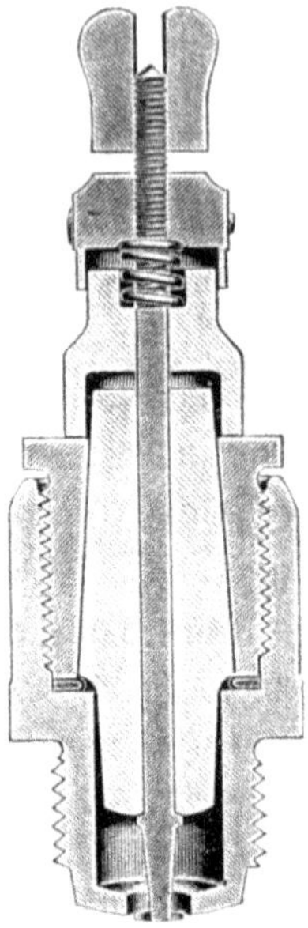

Fig. 49. – Bougie Presta.

Allumage électrique par magnéto

L'allumage électrique réalisé au moyen de piles ou d'accumulateurs ne peut pas s'effectuer directement parce que ces appareils ne fournissent pas, nous l'avons dit, un courant d'une tension suffisante. On est obligé de placer, dans leur circuit, un transformateur élevant la tension du courant.

Cette obligation a conduit à chercher un autre moyen pour produire l'étincelle et on a utilisé la propriété que possède une machine magnéto-électrique, de dimensions relativement réduites, de produire un courant suffisant pour provoquer, si on effectue une brusque rupture du circuit, une étincelle capable d'enflammer le mélange gazeux.

Nous avons, dans le Tome II des *Merveilles de la Science*[3], examiné en détail comment est constituée une machine magnéto-électrique, expliqué le principe de son fonctionnement et nous avons indiqué, dans les diverses phases de son mouvement, les positions relatives des organes qui correspondent à l'obtention du courant maximum engendré par la rotation de l'induit.

3 *Les Merveilles de la Science*, Tome II, Électricité.

Rappelons que la magnéto se compose, essentiellement (Fig. 50), d'un noyau de fer doux A, sur lequel se trouve enroulé du fil conducteur, auquel on imprime un mouvement de rotation qui s'effectue entre les extrémités des branches d'aimants permanents fixes B, entre lesquels le noyau, nommé induit, est disposé.

Les aimants, en forme de fer à cheval, portent, à leur extrémité, des masses de fer ou masses polaires qui enveloppent l'induit et permettent une bonne répartition du flux magnétique.

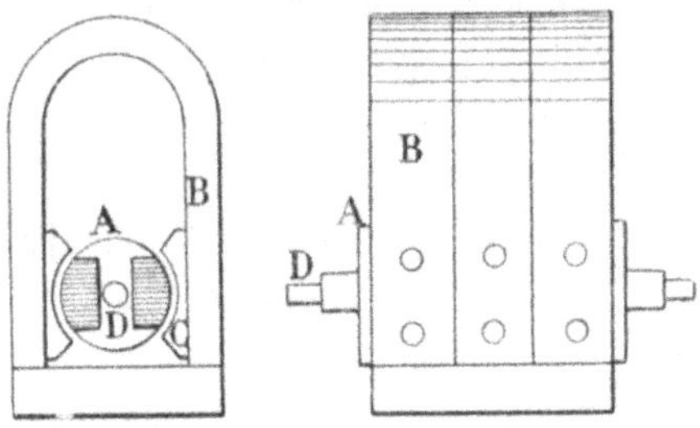

Fig. 50. – Magnéto d'allumage.

L'induit, composé d'une armature de fer doux portant plusieurs rainures longitudinales, est bobiné avec du fil de cuivre recouvert d'une enveloppe isolante de coton ou de soie et est mis en mouvement soit par une manivelle, soit par quelque autre dispositif mécanique.

Le mouvement de rotation de l'induit entre les pôles des aimants donne naissance à un courant qui circule dans le fil enveloppant l'induit lorsque ce conducteur forme un circuit fermé. Il faut donc que les bouts de ce conducteur soient mis en communication pour que le courant se manifeste.

Fig. 51. – Moteur à gaz vertical quatre cylindres, 400 chevaux. — Bachtold.

Pour une certaine position de l'induit par rapport aux pôles de l'aimant, le courant qui traverse le conducteur est maximum. Si, à ce moment, on écarte brusquement les extrémités de ce conducteur qui sont en communication, il se produit entre elles une forte étincelle, dite étincelle de rupture. Si donc on dispose sur le cylindre du moteur à gaz une petite machine magnéto-électrique à l'induit de laquelle un organe mécanique, actionné par l'arbre du moteur, donne un mouvement de rotation, et si le conducteur enroulé sur l'induit se prolonge, à chacune de ses extrémités, par une pièce métallique, ces deux pièces métalliques étant disposées à l'intérieur du cylindre, quand on provoquera, en même temps que la rotation de l'induit, l'écartement brusque de ces deux pièces, il se produira, à l'intérieur du cylindre, une étincelle qui enflammera le mélange gazeux et produira l'explosion.

L'allumage par magnéto comporte donc, en dehors de la magnéto, l'organe de commande de cette machine et l'organe de rupture du circuit au moment convenable.

Il n'est pas nécessaire, pour produire un courant capable de donner une forte étincelle, de faire effectuer à l'induit un tour complet. Il suffit de l'amener à la position pour laquelle le courant produit est maximum, en lui faisant décrire une fraction de tour.

On peut, par l'organe mécanique de commande, amener l'induit à cette position en comprimant, par le même mouvement, un ressort antagoniste.

Puis l'organe de commande abandonne l'induit, qui est ramené très vivement à sa position de repos par l'action du ressort à boudin, lequel se détend brusquement. C'est ce mouvement très rapide qui, quoique n'ayant lieu que sur une fraction de tour, fait passer l'induit par une position pour laquelle le courant produit est maximum. A ce moment, la rupture du circuit doit s'effectuer pour obtenir l'étincelle la plus nourrie.

Commande d'allumage Bosch

La figure 52 représente le schéma de la commande de la magnéto et de la rupture du circuit, système Bosch.

Une came A, calée sur l'arbre de distribution B du moteur, porte un taquet pouvant actionner, à chaque tour, un levier CD articulé autour d'un axe fixe D. L'arbre de distribution B du moteur est, pour les moteurs à quatre temps, actionné par l'arbre principal avec une réduction de vitesse de moitié. Pour deux tours de l'arbre moteur, l'arbre de distribution ne fait qu'un seul tour, ce qui ne donne lieu qu'à une seule explosion pendant les quatre courses du piston.

Le levier CD, actionné par le taquet A, est solidaire de l'induit de la magnéto qui peut donc osciller autour de l'axe D.

L'extrémité du levier CD, est reliée à un système de deux ressorts F et G qui ont pour fonction de ramener constamment ce levier à sa position de repos pour laquelle la branche CD se présente verticalement au-dessus de la came A.

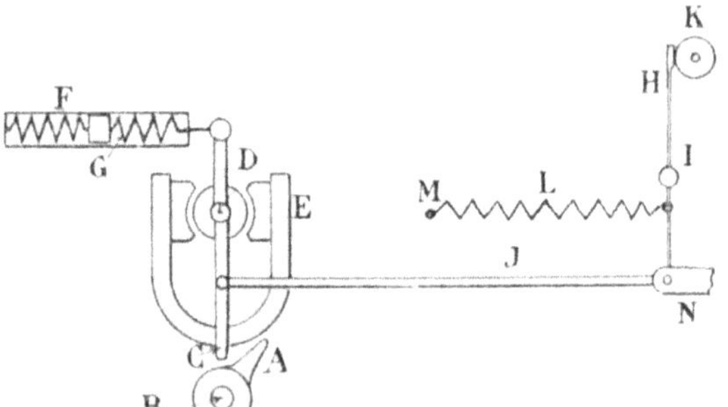

Fig. 52. – Commande d'allumage Bosch.

Le levier CD est, d'autre part, relié à une sorte de balancier NH par une petite bielle J, terminée, du côté du balancier, en forme de fourche.

Le balancier NH peut osciller autour d'un axe fixe I et porte à son extrémité H, une pièce de contact qui s'appuie sur une seconde pièce métallique K. La pièce K, placée à l'intérieur du cylindre, est fixée sur une de ses parois et est isolée électriquement de la masse métallique. Elle est mise en communication avec une des extrémités du conducteur enroulé sur l'armature d'induit. Le balancier NH et la pièce de contact qu'il porte en bout communiquent avec la masse métallique du moteur, à laquelle est reliée l'autre extrémité du conducteur. Le contact H est maintenu normalement appliqué contre le contact K par la tension d'un ressort L qui, fixé en un point M, tire sur la branche IN du balancier.

Quand le taquet porté par la came A vient, pendant son mouvement de rotation, rencontrer l'extrémité C du levier CD, il entraîne ce levier vers la gauche, dans le sens de son mouvement. Le levier et l'induit de la magnéto, qui sont solidaires, oscillent autour de l'axe D.

Ce mouvement déplaçant l'extrémité supérieure du levier provoque par le petit piston central la compression du ressort G dans son logement et la tension du ressort F. Pendant ce mouvement, le balancier NH n'est pas actionné par la bielle J dont la fourche extrême glisse sur le doigt N sans l'entraîner. Les deux contacts H et K restent appliqués l'un contre l'autre par l'action du ressort L.

Quand la came A a effectué une fraction de tour, le taquet A échappe l'extrémité du levier CD. Ce levier, sollicité à revenir à sa position initiale par l'action des ressorts F et G, oscille vivement autour de l'axe D, vers la droite, en entraînant, dans ce mouvement, l'induit qui se déplace entre les pôles des aimants. Un courant prend naissance dans le conducteur enroulé sur l'induit.

Comme les extrémités de ce conducteur, représentées par les contacts H et K, sont mises en communication, le courant peut s'établir, mais pendant le mouvement de retour du levier CD, la bielle J est venue, par l'extrémité de sa fourche, buter contre le doigt N du balancier NH et, en faisant osciller ce balancier autour de l'axe fixe I, a déterminé la brusque séparation des deux contacts H et K.

Fig. 53. – Moteur à gaz à deux cylindres de 150 chevaux, système Dubridge.

Une étincelle se produit donc entre ces deux pièces, et comme elles sont disposées à l'intérieur du cylindre, elle produit l'inflammation du mélange gazeux.

Le ressort antagoniste L ramène ensuite le balancier à sa position initiale, pour laquelle les deux pièces H et K sont appliquées l'une sur l'autre.

En réglant convenablement les longueurs et les courses de ces divers organes, on peut provoquer la rupture entre les deux contacts H et K au moment précis où le courant produit par l'oscillation de l'induit est maximum.

Magnéto d'allumage Sims Bosch

(Fig. 54) Cette magnéto, réalisée par Bosch, de Stuttgard, et perfectionnée par Sims, permet d'éviter, grâce à un ingénieux dispositif, un inconvénient de la magnéto ordinaire.

Dans cette dernière machine, en effet, l'enroulement doit prendre un certain mouvement de rotation, puisque l'induit sur lequel il est disposé est mobile.

Comme une extrémité de ce conducteur mobile doit communiquer avec un pôle de l'allumeur qui est fixe, il est nécessaire d'établir, pour transmettre le courant, un organe intermédiaire, qui est généralement un frotteur, et qui peut être, aussi, un ressort assez souple pour se prêter à la rotation de l'induit par une de ses extrémités, tandis que l'autre est fixée rigidement au conducteur aboutissant à la bougie. Ces dispositifs élastiques doivent offrir toute sécurité au point de vue de la conductibilité électrique, ce qui est toujours assez délicat à réaliser. Dans la magnéto Sims-Bosch l'induit est fixe, ce qui permet d'attacher directement et rigidement, sans l'aide d'aucun organe intermédiaire, les extrémités du conducteur enroulé, d'une part à la masse, d'autre part à la pièce isolée de l'allumeur. Les aimants sont fixes aussi.

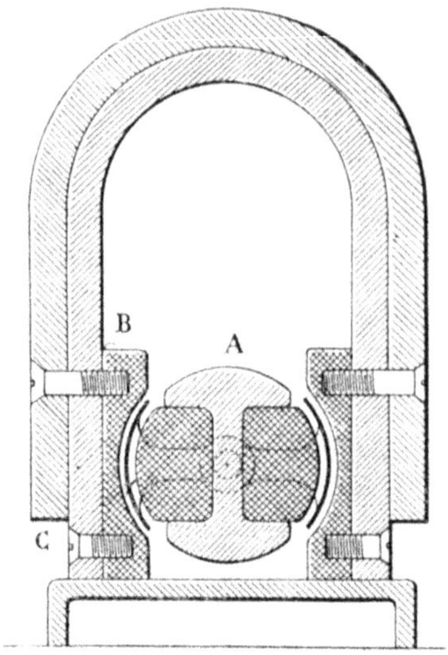

Fig. 54. – Magnéto Sims-Bosch.

Comme il est indispensable, cependant, qu'un de ces deux organes, aimants ou induit, se déplace par rapport à l'autre pour produire un courant dans le conducteur, on a eu recours à un curieux artifice qui permet de les laisser immobiles.

Entre l'induit A et les pièces polaires B des aimants, sont disposés deux volets en fer doux C, qui sont des portions de cylindres, placés symétriquement de chaque côté de l'axe de l'induit.

Le système de deux volets est mobile autour de l'axe de l'induit et reçoit son mouvement d'un mécanisme actionné par l'arbre de distribution. Son poids est très faible, ce qui est une condition de bon fonctionnement. Il oscille d'un angle qui ne dépasse pas 30 degrés.

Pendant ce mouvement, deux ressorts de rappel des volets se trouvent tendus et lorsque la came, comme dans le cas précédent, échappe le levier de commande, les ressorts ramènent très vivement, à leur position de repos, les volets, lesquels constituent une armature intermédiaire mobile en fer doux.

Cette armature, aimantée par influence par la présence des aimants, détermine, par son mouvement autour de l'induit, la production d'un courant qui circule dans le conducteur qui l'enveloppe, et si les pièces métalliques auxquelles aboutissent les extrémités de ce conducteur sont brusquement écartées l'une de l'autre, l'étincelle se produira.

Le conducteur enroulé sur le noyau de l'induit est constitué par un premier enroulement fait en fil de gros diamètre qui forme l'enroulement primaire et par un second enroulement fait en fil plus fin qui constitue l'enroulement secondaire.

L'enroulement primaire est relié à une de ses extrémités à la masse ; l'autre extrémité communique avec une tige isolée formant le contact d'un interrupteur. L'enroulement secondaire est monté en série avec l'enroulement primaire, c'est-à-dire qu'une extrémité de cet enroulement secondaire est mise en communication avec une extrémité de l'enroulement primaire. Le second bout du circuit secondaire est relié avec la tige isolée de l'allumeur disposé dans le cylindre.

Ainsi, avec cette disposition, on utilise non seulement, pour la production de l'étincelle, le courant fourni par la magnéto, mais encore cette étincelle se trouve renforcée par la disposition de deux enroulements sur l'armature de l'induit.

Allumeur Sims-Bosch

L'allumeur (Fig. 55), qui est fixé sur une paroi du cylindre, comporte deux tiges métalliques A et B, dont une, A, est fixe et dont l'autre, B, peut osciller par la manœuvre d'un levier actionnant la manivelle C dont elle est solidaire.

Le levier reçoit son mouvement d'une came calée sur l'arbre de distribution, d'une façon analogue à celle que nous avons indiquée plus haut. La manivelle C décrit un mouvement de rotation en entraînant la tige B ; le doigt D, qui est fixé en bout de cette tige et qui, normalement, est maintenu appliqué contre l'extrémité de la tige A, se sépare brusquement de cette tige.

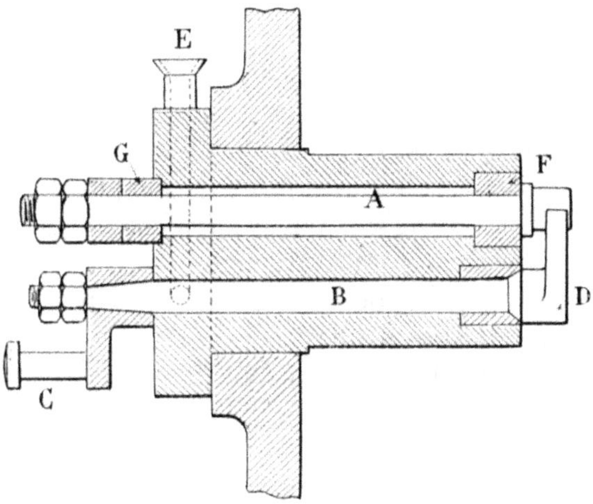

Fig. 55. – Allumeur Sims-Bosch.

Comme les deux tiges A et B sont respectivement reliées à chacune des extrémités du circuit dans lequel passe le courant, la séparation brusque de ces deux pièces produit une étincelle. Les extrémités en contact de ces tiges sont nécessairement disposées à l'intérieur du cylindre.

La tige B est reliée à la masse métallique. Elle doit pouvoir tourner librement dans son palier.

On dispose, pour assurer son jeu régulier, un tube graisseur E, dans lequel on verse de l'huile minérale pour lubrifier le palier.

La tige A, qui est mise en communication avec l'autre extrémité du circuit, au moyen d'un câble conducteur recouvert d'une enveloppe isolante, est soigneusement isolée de la masse métallique. Cet isolement, qui peut être fait par l'intermédiaire d'un manchon en porcelaine ou en ardoise, peut aussi être constitué par deux bagues de mica F et G, qui empêchent toute déperdition de fluide électrique et qui résistent bien à la température élevée à laquelle se trouve portée la tige A pendant une marche prolongée du moteur.

Quelquefois, l'isolement comporte un mastic composé de litharge pulvérisée mélangée avec de la glycérine.

La température élevée à laquelle sont portées les pièces composant l'allumeur, a conduit à disposer dans ces organes une circulation d'eau de refroidissement. Ce dispositif, évidemment plus compliqué, n'est pas d'une nécessité absolue et on peut obtenir un bon fonctionnement de l'allumeur sans y recourir, à condition que l'isolement d'une des tiges soit toujours parfaitement assuré.

Commande d'allumage à réglage

(Fig. 56.) La commande de l'allumeur doit comporter un certain réglage car, dans le fonctionnement normal du moteur, l'inflammation doit se produire un peu avant la fin de la course arrière du piston pour que, pendant le temps que l'étincelle mettra à se produire et l'explosion à s'effectuer, le piston arrive à son bout de course. C'est ce qui constitue l'avance à l'allumage, qui n'a pour objet que de faire coïncider exactement la phase d'explosion avec la fin de la course du piston. D'autre part, quand on met le moteur en marche, il faut pouvoir, au contraire, retarder l'allumage, parce qu'une explosion anticipée pourrait occasionner des accidents, surtout quand la mise en marche du moteur se produit en tournant le volant à la main.

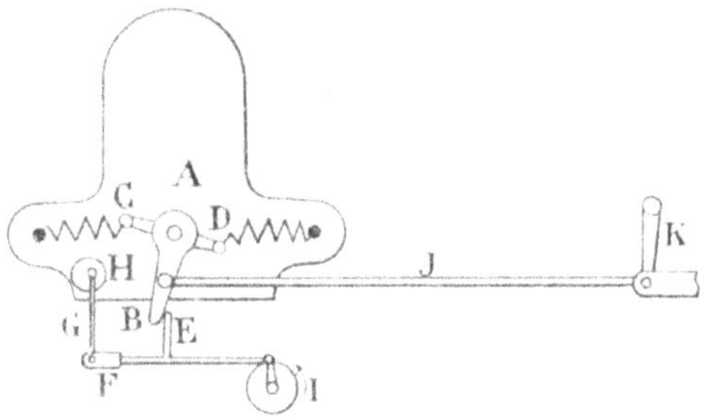

Fig. 56. — Commande d'allumage à réglage.

Le moment où s'effectue l'allumage varie aussi suivant la vitesse à laquelle marche le moteur, et suivant le combustible employé.

Le dispositif représenté par la figure 56, appliqué à une magnéto d'allumage, comporte le réglage du mouvement de l'allumeur par rapport au mouvement de l'organe actionnant la magnéto.

L'armature mobile est rendue solidaire d'un levier à trois branches pouvant osciller autour de l'axe A. Sur chaque extrémité C et D des branches horizontales est attaché un ressort relié à une attache fixe.

La branche verticale A B peut être actionnée, à son extrémité, par un doigt E, porté par une tringle F suspendue à une bielle G articulée au point H. La tringle F est reliée, à l'extrémité opposée à la bielle G, à un excentrique I monté sur l'arbre de distribution. Une tringle J, solidaire de la branche A B et portant à son extrémité une fourche, actionne une petite manivelle K, qui provoque l'oscillation de la tige mobile de l'allumeur et la rupture du circuit.

On comprend que par suite du mouvement de rotation de l'excentrique I, le doigt E, porté par la tringle F, vient buter contre l'extrémité B de la branche AB, et l'entraîne, en provoquant la tension des deux ressorts, jusqu'à ce que ce doigt échappe l'extrémité de la branche. Les deux ressorts ramènent alors, par leur traction, le levier AB à sa position de repos. L'armature mobile effectue le même mouvement d'oscillation que le levier auquel elle est fixée. Un courant prend naissance dans l'enroulement et comme, à ce moment, la tringle J fait osciller, en la poussant, la manivelle K, la rupture du circuit s'effectue à l'intérieur du cylindre et l'étincelle jaillit.

Le réglage du moment où doit se faire l'inflammation s'opère par le déplacement de l'axe d'oscillation H de la bielle G. Cet axe est, en effet, monté sur un bouton excentré de sorte que suivant l'orientation donnée à ce bouton, l'axe H se trouve placé à une distance, mesurée verticalement, plus ou moins grande de l'axe A. Par cela même, le doigt E s'engage plus ou moins loin par rapport à l'extrémité de la branche A B, et ce doigt conduit plus ou moins longtemps le levier avant d'échapper et de provoquer la production du courant.

Les deux positions pour lesquelles le déclenchement correspond, d'une part, à l'avance à l'allumage pour la marche normale du moteur et, d'autre part, au retard d'allumage pour la mise en route, sont bien déterminées par l'enfoncement, dans des trous ménagés sur la partie fixe, d'une goupille que porte le bouton excentré H. Suivant que la goupille est dans un des deux trous, l'allumage se produit en avance ou en retard. Il est facile, d'ailleurs, quand le moteur a été mis en route, de donner de l'avance à l'allumage en changeant, pendant la marche même, la position du bouton excentré.

Commande d'allumage Duplex

(Fig. 57). Cette commande d'allumage est également disposée pour pouvoir donner à volonté du retard ou de l'avance à l'allumage.

L'armature mobile est, comme dans le dispositif précédent, solidaire d'un levier à trois branches oscillant autour d'un axe A. Aux extrémités C et D des deux branches horizontales sont fixés deux ressorts antagonistes, qui ramènent le levier à sa position de repos quand il a été déplacé. Le levier est sollicité à osciller par l'action d'un balancier articulé au point E, dont une extrémité F est reliée à une bielle J, et dont l'autre bout bute sur l'extrémité B de la branche verticale du levier.

La bielle J est articulée sur un bouton excentré I monté sur l'arbre de distribution, et elle est suspendue à une biellette K oscillant autour d'un axe L. Par suite de cette disposition, quand le bouton excentré effectue son mouvement de rotation, le balancier oscille autour de l'axe E mais, en outre, son extrémité, qui bute contre le levier A B, décrit une ellipse dont le petit axe est dirigé dans le sens vertical.

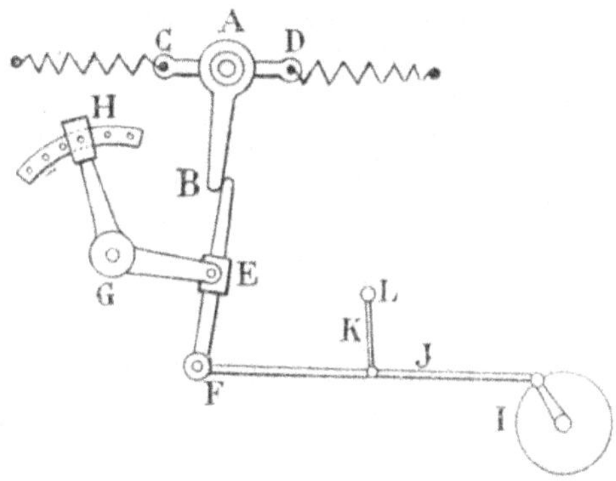

Fig. 57. — Commande d'allumage Duplex.

Le balancier pousse donc ce levier, qui oscille autour de l'axe A en tendant les ressorts, et il l'actionne plus ou moins longtemps suivant que l'extrémité du balancier est plus ou moins engagée le long de la branche A B.

Quand la branche échappe, le mouvement de l'armature mobile, ramenée vivement par les ressorts, donne naissance à un courant, et un dispositif semblable au précédent rompt le circuit à l'extrémité de l'allumeur placé dans le cylindre. Une étincelle se produit.

Pour régler le moment de l'allumage par rapport à la position du piston, on remonte ou on abaisse le point d'articulation E du balancier.

Cet axe est placé en bout d'une des branches d'un levier H G E pouvant pivoter autour d'un axe fixe G et dont le bout H de l'autre branche coulisse sur un secteur portant une série de trous. En déplaçant l'extrémité H sur le secteur et en l'immobilisant par une goupille enfoncée dans un des trous, on fait osciller le levier autour de l'axe G et le tourillon E du balancier est remonté ou descendu par rapport à la branche verticale A B.

Dans le premier cas, l'allumage est retardé parce que le balancier est plus engagé le long de la branche AB ; dans le second cas, l'allumage est avancé parce que la butée entre les deux pièces a une amplitude plus réduite et que le retour de l'armature mobile s'opère donc plus tôt.

Auto-allumage par compression

Un autre dispositif d'allumage très ingénieux et tout spécial a été appliqué aux moteurs à explosion. Ce procédé ne nécessite aucune flamme ni aucun tube à incandescence et on n'utilise pas l'étincelle produite par les systèmes électriques que nous venons d'indiquer. L'inflammation du mélange gazeux se produit, quand les parois du cylindre dans lequel il est comprimé sont portées à une température élevée, alors que la compression même de ce mélange gazeux atteint un certain degré.

Dans quelques moteurs comportant un des systèmes d'allumages précédents, la disposition du cylindre est telle qu'au bout d'un certain temps de marche, la température à l'intérieur de ce cylindre est suffisamment élevée pour permettre l'inflammation du mélange gazeux par compression, sans être dans l'obligation de continuer à avoir recours au dispositif d'allumage placé sur le moteur.

On donne assez couramment à ce mode d'allumage le nom d'allumage spontané.

L'allumage à combustion spontanée a été appliqué aux moteurs à gaz par un ingénieur allemand Diesel. Comme l'explosion, dans un moteur à quatre temps, peut se produire à un moment de la course du piston insuffisamment déterminé, dans le moteur Diesel un dispositif permet de comprimer d'abord de l'air et de n'admettre le gaz frais que lorsque la combustion doit se produire.

Les parois du cylindre sont chauffées et la compression du mélange provoque son inflammation instantanée.

Les résultats obtenus par l'application de l'allumage à combustion spontanée aux moteurs à gaz n'ont pas été aussi satisfaisants que les résultats obtenus, par ce même procédé d'allumage, avec les moteurs à pétrole. Dans ce dernier genre de moteurs, en effet, on a construit des types fort ingénieux, que nous décrirons plus loin, en utilisant, avec des dispositions et des combinaisons diverses, le principe du moteur Diesel, qui a été le premier moteur industriel à grande puissance établi avec un allumage à combustion spontanée.

Chapitre III

DISTRIBUTION. – RÉGULATION

DISTRIBUTION. DISPOSITION DES SOUPAPES. SOUPAPES D'ADMISSION. — SOUPAPES A GAZ. — SOUPAPES DE MÉLANGE. — DISPOSITIONS DIVERSES DES SOUPAPES A GAZ, DE MÉLANGE ET D'ADMISSION. SOUPAPES D'ÉCHAPPEMENT. — ORGANES DE COMMANDE DES SOUPAPES : CAMES, EXCENTRIQUES, LEVIERS. RÉGULATION : PAR TOUT OU RIEN, — PAR VARIATION DE LA COMPOSITION DU MÉLANGE, — PAR VARIATION DU VOLUME DE MÉLANGE ASPIRÉ. RÉGULATEURS : À PENDULE, À FORCE CENTRIFUGE. DISTRIBUTIONS ET RÉGULATIONS DIVERSES : CHARON, DUPLEX, LETOMBC, SOEST, NEWACMÉ, WINTERTHUR, NUREMBERG, BENZ.

DISTRIBUTION

Nous connaissons maintenant la façon dont on peut enflammer un mélange gazeux introduit, dans un cylindre de moteur à gaz, pour provoquer l'explosion et le fonctionnement du moteur. Nous allons dès lors examiner comment ce mélange tonnant est admis dans le cylindre, comment les gaz produits par la combustion sont évacués après avoir exercé leur action sur le piston, et décrire les organes établis pour remplir ces diverses fonctions.

L'ensemble de ces organes constitue ce que l'on nomme la distribution du moteur.

Nous avons vu, dans notre analyse du cycle à quatre temps d'un moteur, que la distribution se compose essentiellement de deux soupapes : la soupape d'admission, qui laisse pénétrer le combustible frais, la soupape d'échappement, qui commande le conduit d'évacuation des gaz brûlés.

Nous n'avons pas eu à envisager, dans l'examen des diverses phases de ce cycle, d'autres organes ; mais en réalité, un moteur à gaz peut comporter, en plus de la soupape d'admission et de la soupape d'échappement, une soupape à gaz ou même quelquefois une soupape de mélange.

En outre, le conduit de gaz porte un robinet de réglage d'admission de gaz et un autre conduit, ouvert à l'air libre, porte une vanne mobile permettant de régler l'entrée de l'air.

Disposition des soupapes

Avant d'examiner les particularités propres à chaque genre de soupape, nous allons indiquer, d'une façon générale, la place qu'elles occupent sur le cylindre ou sur les conduits qui y aboutissent.

Les soupapes sont, le plus souvent, disposées pour se mouvoir verticalement. Cependant, dans certains moteurs, la soupape d'échappement est placée horizontalement dans une direction perpendiculaire à celle de la soupape d'admission.

Le siège sur lequel s'appuie la soupape a une forme conique, de façon que le joint effectué par la soupape reposant sur son siège soit bien efficace.

A cet effet, la soupape porte une couronne d'appui, également conique, qui est rodée sur le repos fixe formant le siège.

Quelquefois et de préférence quand les soupapes sont disposées horizontalement, le siège de la soupape ne porte aucune partie conique ; la soupape repose à plat sur lui, mais on a le soin de guider d'une manière parfaite la tige cylindrique de la soupape.

Les soupapes sont disposées de façons très diverses par les différents constructeurs.

La place qu'elles occupent sur le cylindre diffère avec le type de moteur.

La soupape d'admission est assez souvent placée à la partie supérieure du cylindre ; d'autres fois, elle est disposée en dessous, pour permettre de placer au-dessus la soupape d'échappement, à laquelle il faut porter, comme nous allons le voir, une attention particulière du fait des conditions mêmes de son fonctionnement.

En résumé, chaque constructeur dispose les soupapes pour pouvoir permettre de les aborder le plus facilement possible, tout en leur assurant un très bon fonctionnement.

En principe, dans un moteur, la soupape d'admission est placée à l'extrémité d'un conduit qu'elle obture ou qu'elle fait communiquer avec le cylindre, et dans ce conduit est introduit, par une manœuvre spéciale, le mélange de gaz et d'air qui doit être admis dans le cylindre. Il faut donc, comme complément à la soupape d'admission et manoeuvrant en même temps ou avant elle, dans une même phase, soit une soupape de mélange qui admet automatiquement, dans les proportions convenables, l'air et le gaz dans le conduit d'admission, soit une simple soupape à gaz qui n'admet dans ce conduit que du gaz, la quantité d'air nécessaire à la composition du mélange étant déterminée par la manœuvre d'une valve placée sur un conduit aboutissant à la chambre de mélange.

Dans ce dernier cas (Fig. 59), la soupape d'admission B, supposée placée à la partie supérieure du cylindre A, obture ou découvre l'orifice d'une capacité G communiquant avec le cylindre. Dans cette capacité débouchent deux conduits E et F, l'un apportant de l'air, l'autre du gaz.

La capacité G fait office de *chambre de mélange*.

Sur le conduit de l'air E, peut être disposé une sorte de registre de réglage I que l'on manœuvre à la main au moyen d'une manette extérieure, ou qui peut être manœuvré automatiquement et qui a pour but d'étrangler plus ou

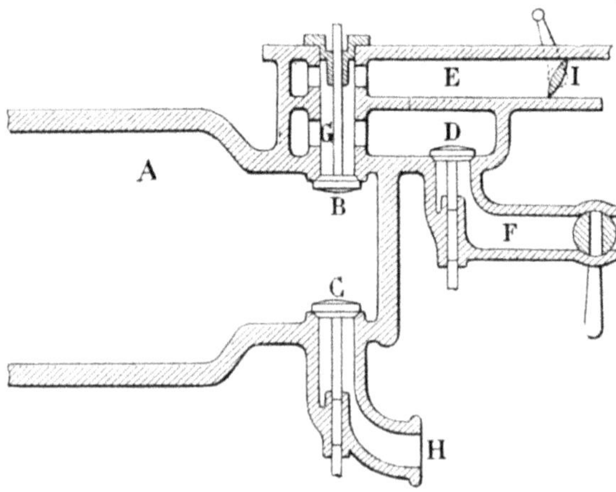

Fig. 59. – Disposition des soupapes.

Fig. 58. – Installation de gazogènes pour moteurs à gaz pauvre, système Letombe.

moins le conduit donnant passage à l'air et de limiter son arrivée dans des proportions déterminées. Le conduit à gaz F porte une soupape D nommée soupape à gaz, qui permet l'introduction du gaz dans la chambre de mélange en découvrant l'orifice de ce conduit, branché sur la canalisation principale de gaz. Sur ce tuyau est disposé un robinet J qui sert à régler la quantité de gaz à admettre dans la chambre de mélange.

Fig. 60.— Moteur vertical à 3 cylindres de 375 chevaux, système Campbell.

On voit que la quantité d'air et la quantité de gaz peuvent être convenablement réglées pour former, dans la capacité G, un mélange tonnant favorable qui sera ensuite introduit, par la soupape d'admission B, dans le cylindre.

Pendant le fonctionnement du moteur, la soupape à gaz doit s'ouvrir en même temps que la soupape d'admission ou un peu avant elle. Ainsi, pendant la période d'aspiration, l'air et le gaz arriveront, en quantités déterminées par le réglage du registre et du robinet, d'abord dans la chambre de mélange, ensuite dans le cylindre.

Quand le dispositif comporte une *soupape de mélange*, celle-ci règle d'elle-même l'entrée de l'air et du gaz et remplace le dispositif que nous venons d'examiner.

La soupape d'échappement C est, dans la figure 59, représentée disposée verticalement au-dessous de la soupape d'admission. Elle est placée à l'orifice d'un conduit H, qui est le tuyau d'échappement, par lequel sont évacués les produits de la combustion ayant produit leur action sur le piston.

Soupapes d'admission

Les soupapes d'admission qui ont pour fonction, ainsi que nous venons de le dire, d'admettre, au moment propice, dans le cylindre, le mélange tonnant, sont généralement actionnées par un mécanisme commandé par la rotation de l'arbre moteur.

Dans ce cas, l'ouverture et la fermeture de la soupape s'effectuent à des moments bien déterminés que l'on peut faire varier en réglant les organes mécaniques de commande.

Cependant, pour les moteurs de petites puissances, on établit quelquefois des soupapes automatiques d'admission du gaz. Dans ces sortes de soupapes, c'est le piston lui-même qui, par sa manœuvre dans un certain sens dans le cylindre, provoque, par aspiration, l'ouverture de la soupape et l'admission du mélange tonnant et qui, lors de la course inverse de compression, effectue automatiquement la fermeture de la soupape d'admission qui est maintenue appuyée sur son siège par le gaz comprimé dans le cylindre.

L'emploi de la soupape d'admission automatique offre pourtant quelques inconvénients, parce que ce genre de soupape, pour certains systèmes de régulation, ne s'ouvre que vers la fin de la course du piston et ne se ferme que lorsque celui-ci a déjà parcouru une partie de sa course de compression.

Il en résulte, dans le premier cas, l'admission d'un volume de mélange tonnant juste suffisant, parfois, pour assurer le fonctionnement du moteur et, dans le second cas, il se produit un refoulement dans le conduit d'admission, d'une partie de ce mélange qui ne peut être ainsi utilisée.

Pour ces raisons, l'emploi des soupapes automatiques d'admission reste limité aux moteurs de faibles puissances. On donne aux orifices des conduits d'admission des sections suffisantes pour permettre, dans tous les cas, une introduction convenable de mélange tonnant.

Il est bien évident que, dans le cas de soupape d'admission automatique, le mécanisme du moteur se trouve simplifié, puisqu'il n'existe aucun organe mécanique de commande de la soupape.

Une soupape d'admission automatique est généralement appliquée contre l'orifice d'une capacité A (Fig. 61) dans laquelle doit s'effectuer le mélange d'air et de gaz qui doit être introduit dans le cylindre.

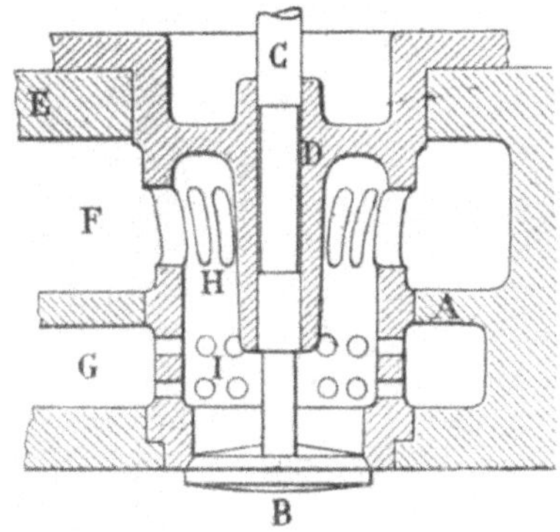

Fig. 61. — Soupape automatique d'admission.

La soupape B est disposée verticalement et s'ouvre, nécessairement, de l'extérieur vers l'intérieur du cylindre. Elle repose sur un siège conique façonné en bout de la capacité A et sa tige, C, cylindrique, est guidée dans un moyeu central D relié aux parois de la chambre de mélange A par une cloison pleine.

Le corps de cette chambre, dans lequel se trouve donc placée la soupape, est introduit et ajusté dans la paroi du cylindre E qui comporte deux conduits F et G. Le premier laisse pénétrer l'air ; le second est relié à la canalisation de gaz.

Le conduit d'air débouche dans la chambre de mélange A, par l'intermédiaire de fenêtres allongées H qui ont pour but de diviser l'air introduit en un certain nombre de jets permettant un mélange intime avec les jets de gaz admis au-dessous par les trous I, lesquels font communiquer la chambre de mélange avec le conduit de gaz.

Quand le piston provoque, par aspiration, la levée de la soupape d'admission, l'air et le gaz mélangés provenant respectivement des conduits F et G, s'introduisent dans le cylindre et ce mélange, enflammé après la course de compression pendant laquelle la soupape d'admission est maintenue fermée, produit un travail qui détermine l'avancement du piston.

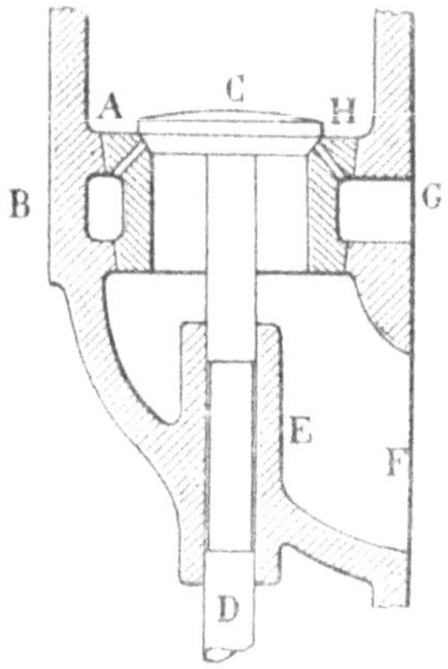

Fig. 62. — Soupape d'admission à siège rapporté.

Le siège de la soupape d'admission automatique est, parfois, rapporté (Fig. 62) et peut, ainsi, être facilement remplacé en cas d'usure. Le siège A est une sorte de douille ajustée dans le corps du cylindre B par une partie conique qui permet d'assurer un joint bien étanche.

A la partie supérieure de cette douille est ménagée une couronne d'appui de forme conique sur laquelle vient se reposer, par un appui de même forme, la soupape d'admission C.

Cette soupape porte une tige cylindrique D guidée dans un moyeu E venu de fonte avec le corps du cylindre.

La soupape d'admission s'ouvre de bas en haut. Un conduit F à large section permet d'introduire de l'air dans le cylindre quand la soupape est soulevée. Un second conduit G amène le gaz, et comme le soulèvement de la soupape découvre une série de petits canaux obliques H communiquant avec le conduit à gaz G, le gaz peut donc pénétrer dans le cylindre en même temps que l'air et en se mélangeant intimement avec lui du fait de son admission en jets obliques, par les canaux H.

Fig. 63. — Installation d'un moteur à gaz pauvre de 30 chevaux, système Dubridge.

Les conduits d'air et de gaz portent chacun un robinet ou une vanne de réglage de façon à limiter, dans des proportions déterminées, l'arrivée de l'air et du gaz destinés à former un mélange tonnant de constitution favorable au bon fonctionnement du moteur.

La figure 64 représente un autre modèle de soupape d'admission A reposant sur un siège B rapporté, qui peut être aisément remplacé en cas d'usure ou de matage de la couronne d'appui.

La soupape, disposée verticalement, est guidée dans son mouvement par un moyeu E placé au centre de la boîte à soupape et dans lequel glisse la tige cylindrique de cette soupape.

Dans la boîte à soupape débouchent circulairement deux conduits dont l'un C permet d'admettre l'air, et dont l'autre D est le conduit du gaz.

Quand la soupape se soulève, l'air et le gaz sont introduits par aspiration dans le cylindre. Ces deux éléments constituant le mélange tonnant pénètrent dans le cylindre en formant des jets de directions différentes, ce qui facilite le brassage et le mélange intime.

Les quantités convenables d'air et de gaz ainsi admises sont déterminées par les sections respectives des deux conduits et par le réglage de vannes ou de robinets placés sur ces conduits.

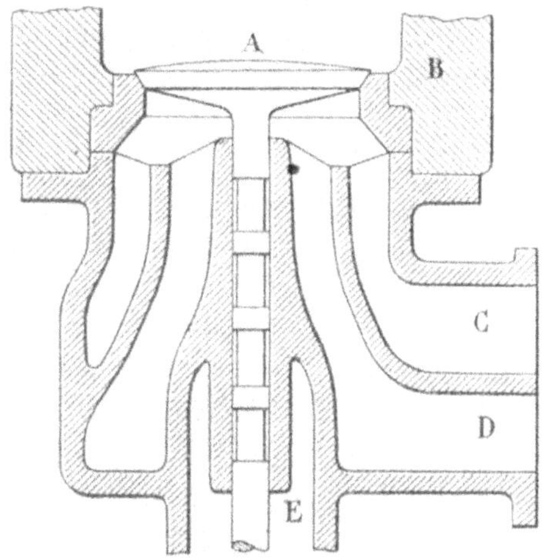

Fig. 64. — Soupape d'admission verticale.

Quand la soupape est disposée horizontalement, la couronne d'appui de cette soupape, au lieu d'avoir une forme conique a, nous l'avons déjà dit, sa face plane. Cette disposition convient mieux à ce genre de soupape car, par suite du mouvement alternatif répété d'ouverture et de fermeture de cette soupape, le frottement de la tige provoque, à la longue, l'ovalisation du trou dans lequel elle glisse, ovalisation qui se produit sur la génératrice inférieure du trou sur laquelle la tige repose de tout son poids.

Si le siège de la soupape portait une couronne d'appui conique, comme cette couronne doit toujours être parfaitement centrée avec la tige pour assurer une fermeture bien efficace, cette condition pourrait être bien réalisée par construction, mais aussitôt qu'un peu de jeu se manifesterait dans le guide de la tige par l'ovalisation du trou central, l'appui de la soupape sur son siège ne serait plus centré avec ce guide et la fermeture laisserait à désirer. Avec un siège à face plane, cet inconvénient est évité, mais il convient que cette face soit parfaitement perpendiculaire à la direction du trou central qui sert de guide à la tige.

Le guidage de la tige doit être bien assuré et, pour cela, le moyeu recevant la tige doit être assez long pour que le porte-à-faux du côté de la soupape soit le plus réduit possible.

Il faut, en outre, dans toutes les soupapes verticales ou horizontales assurer un bon graissage.

La soupape d'admission horizontale A (Fig. 65) guidée par le glissement de sa tige B dans un moyeu central C, appuie sur un siège à face plane disposé à l'extrémité de la boîte à soupape D.

La tige porte une série de cannelures transversales réunies deux à deux par des rainures longitudinales, de façon à

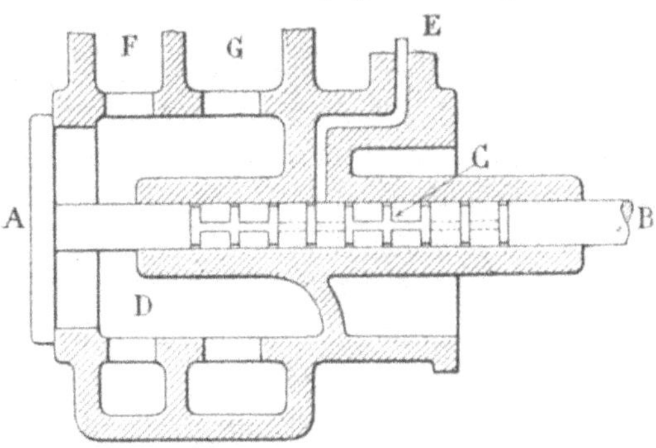

Fig. 65. — Soupape d'admission horizontale.

permettre l'écoulement, tout le long de cette tige, de l'huile de graissage qui arrive par le conduit E sur lequel peut être disposé un graisseur automatique.

Deux conduits F et G débouchent dans la capacité D ; l'un sert à amener l'air, l'autre le gaz, qui se mélangent et qui sont aspirés dans le cylindre quand la soupape se soulève.

Soupapes à gaz

La soupape à gaz est disposée sur le conduit de gaz et a pour objet de maintenir fermé l'orifice de ce conduit qui communique avec la chambre de combustion, pendant les phases de compression, d'explosion et d'échappement. Lors de la phase d'admission seulement, la soupape à gaz se soulève et admet le combustible, qui se mélange avec l'air pour former le mélange tonnant.

La soupape obture et découvre alternativement l'orifice du conduit de gaz sous l'action d'un mécanisme relié à cette soupape et qui reçoit généralement, lui-même, son mouvement d'une came fixée sur l'arbre de distribution. La levée de la soupape et la durée de son ouverture sont assez souvent réglées par le mouvement du régulateur, qui limite ainsi la quantité de gaz introduite, suivant les variations de la charge du moteur.

La soupape à gaz peut être disposée horizontalement ou verticalement. Elle peut être munie d'un ressort à boudin qui la maintient appliquée sur son siège quand la came de commande a cessé de l'actionner. Le sens de la circulation du gaz par rapport à la soupape doit être établi de façon que lorsque le gaz est introduit dans le cylindre il tende à maintenir la soupape appuyée sur son siège. Celle-ci n'est soulevée que par l'action du mécanisme qui la maintient dans cette position pendant tout le temps nécessaire. Cette disposition a pour but d'empêcher la soupape de s'ouvrir automatiquement avant le moment opportun, au commencement de la période d'aspiration. D'ailleurs, le ressort à boudin appliquant la soupape sur son siège doit toujours être assez tendu pour éviter que pareille éventualité puisse se produire.

La figure 66 représente l'installation d'une soupape à gaz A dans la boîte à soupape B. Cette soupape, disposée verticalement, repose sur un siège conique et, au repos, intercepte la communication entre le conduit de gaz C et le conduit D qui débouche dans la chambre de mélange.

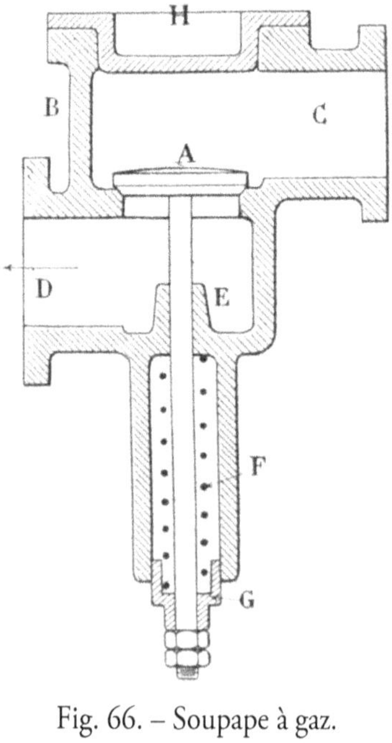

Fig. 66. – Soupape à gaz.

La tige cylindrique de la soupape est guidée à sa partie supérieure par un moyeu central E, et un ressort antagoniste F applique constamment, par sa tension, la soupape sur son siège. Le ressort repose, à sa partie inférieure, sur une sorte de douille C qui fait fonction de guide parce qu'elle peut coulisser dans le moyeu et qu'elle fait corps avec la tige de la soupape.

Le soulèvement de la soupape, provoqué en appuyant sur la partie inférieure de sa tige, détermine l'entrée du gaz du conduit d'amenée C dans la chambre de mélange, par l'intermédiaire du conduit D.

Un bouchon H, disposé à la partie supérieure de la boîte à soupape, permet de retirer facilement la soupape afin de la nettoyer ou de la remplacer. Ce bouchon peut être ajusté conique dans son logement ; il est maintenu fixé par des vis ou des boulons. Il doit former un joint bien étanche pour éviter des pertes de gaz.

Les soupapes à gaz s'encrassent rapidement et doivent, pour cela, être démontées assez souvent pour être nettoyées. Il est donc indispensable de rendre ce démontage le plus facile possible et de donner à la boîte à soupape une disposition appropriée semblable à celle de la figure 61.

Soupapes de mélange

Nous avons, en examinant les soupapes d'admission, indiqué la façon dont le mélange d'air et de gaz était fait avant d'être introduit dans le cylindre. Pour les moteurs de grande puissance, dans lesquels il est très important d'obtenir un mélange tonnant de composition toujours constante, on laisse à la soupape d'admission son rôle essentiel, qui consiste à s'ouvrir ou à se fermer au moment convenable pour permettre ou intercepter l'arrivée du mélange dans le cylindre, et on utilise, pour doser le mélange à admettre, une autre soupape indépendante de la soupape d'admission et qu'on nomme soupape de mélange.

Cette soupape de mélange peut être automatique et, dans ce cas, elle fonctionne comme les soupapes à admission automatique dont nous avons parlé plus haut. C'est l'aspiration produite dans le cylindre par le mouvement du piston qui provoque la levée de la soupape et le mélange du gaz et de l'air.

La soupape de mélange est souvent commandée par un mécanisme actionné par une came fixée sur l'arbre de distribution. Elle peut avoir une levée rendue variable par le régulateur, ce qui permet de rendre constant le mouvement de la soupape d'admission.

La soupape de mélange représentée par la figure 67 est constituée par un disque métallique A reposant sur deux couronnes d'appui fixes B et C.

Ces couronnes limitent les deux conduits qui servent l'un, D, à admettre l'air, l'autre, E, le gaz. Les orifices des deux conduits sont donc obturés par la soupape A et débouchent dans une capacité supérieure F d'où part le conduit G qui aboutit à la soupape d'admission.

La soupape de mélange est guidée par sa tige cylindrique qui glisse dans un moyeu faisant corps avec le couvercle de la boîte à soupape. Un ressort appuie la soupape sur son siège.

En démontant le couvercle, on retire très aisément la soupape pour la réparer ou la nettoyer.

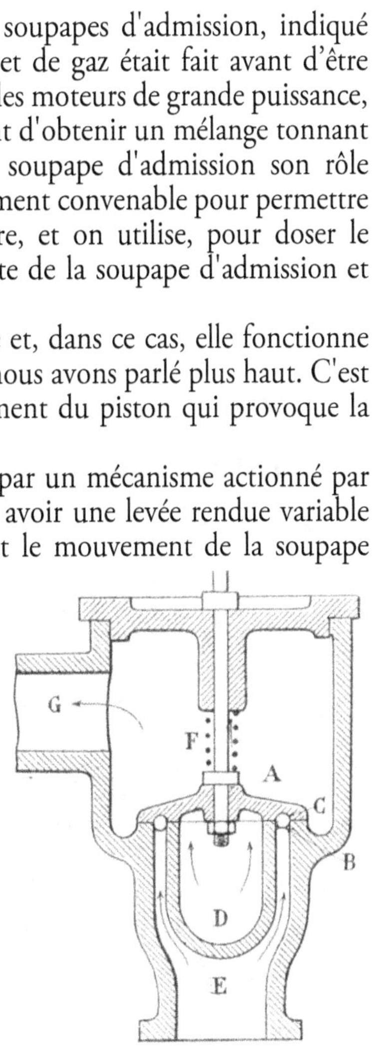

Fig. 67. — Soupape de mélange.

La soupape de mélange A représentée par la figure 68 est disposée de façon différente. Elle est à double siège et les couronnes d'appui sont placées l'une au-dessous de l'autre. Chaque siège de la soupape constitue l'orifice d'un conduit. Le conduit supérieur B sert à amener l'air ; le conduit inférieur C, est le conduit de gaz. Quand la soupape A se soulève, les deux orifices des conduits B et C sont découverts et l'air et le gaz s'introduisent, en se mélangeant, dans un troisième conduit D qui aboutit à la capacité

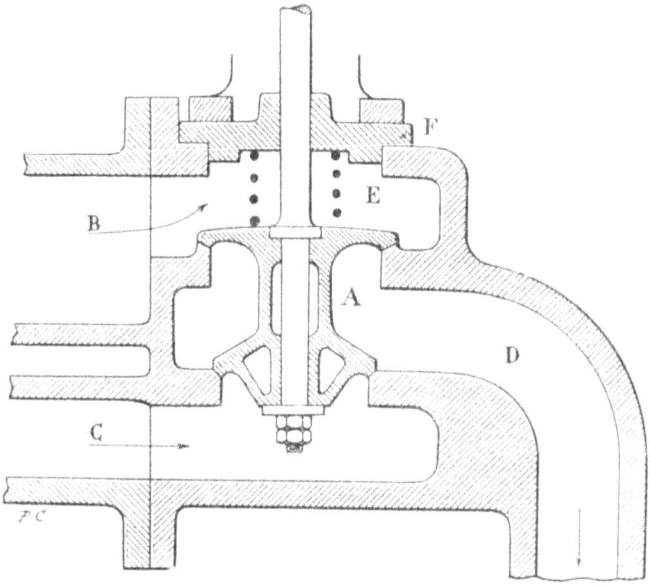

Fig. 68. – Soupape de mélange à double siège.

dans laquelle est disposée la soupape d'admission. Un ressort à boudin E appuie la soupape sur ses deux sièges et cette soupape est actionnée par un mécanisme commandé par un organe, qui est généralement une came, fixé sur l'arbre de distribution. Le régulateur intervient pour rendre variable l'amplitude et la durée du soulèvement de la soupape.

Un couvercle F, démontable, rend facile la sortie de la soupape et son remplacement.

Dispositions diverses des soupapes à gaz, de mélange et d'admission

Les soupapes à gaz et de mélange sont quelquefois disposées dans la capacité même contenant la soupape d'admission ou dans une capacité placée immédiatement à côté, de façon que l'ensemble des soupapes forme un seul corps et, pour ainsi dire, une seule boîte à soupapes.

Ces dispositions sont avantageuses parce qu'elles permettent de réduire les organes d'admission à leur encombrement minimum et d'utiliser, dans certains cas, ainsi que nous allons le voir, la même commande mécanique pour actionner à la fois la soupape d'admission et la soupape à gaz ou de mélange.

Nous allons examiner quelques-unes de ces dispositions appliquées à la distribution de moteurs à gaz de types divers.

La figure 70 représente la soupape à gaz et celle d'admission d'un moteur Niel, montées sur une même tige et disposées dans la même capacité.

La soupape d'admission A, placée à la partie inférieure, est solidaire de la tige cylindrique B guidée dans un moyeu central de grande longueur, et appliquée sur son siège par la tension d'un ressort à boudin C logé dans une capacité supérieure. Ce ressort appuie d'une part sur l'enveloppe fixe D et, d'autre part, sur une douille E solidaire de la tige du piston et qui peut coulisser à l'intérieur de la capacité supérieure

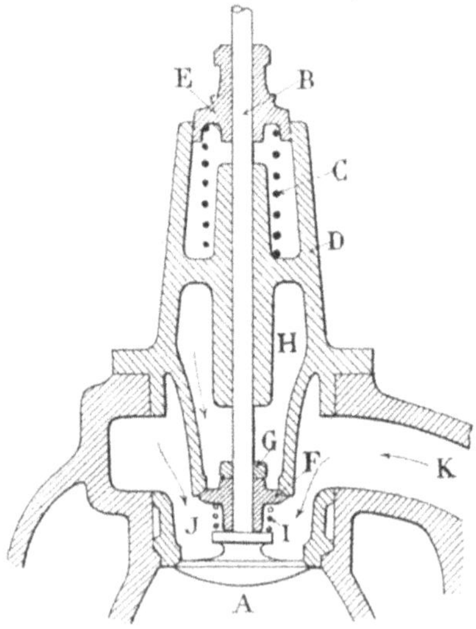

Fig. 70. – Soupape à gaz et d'admission d'un moteur Niel.

Fig. 69. – Moteur à gaz de hauts fourneaux, 200 chevaux, système Delamarre, Debouteville et Cockerill.

contenant le ressort. Le siège de la soupape d'admission est rapporté et monté dans la partie inférieure de la boîte à soupapes de façon à former un joint bien étanche.

Sur la tige de la soupape d'admission est placée la soupape à gaz F, qui peut y coulisser librement dans le sens vertical. Une bague G fixée sur la tige sert à limiter l'excursion de la soupape et sert, en outre, à l'entraîner quand la tige est abaissée. La soupape à gaz F repose sur un siège qui constitue l'orifice du conduit de gaz H. Elle est maintenue appliquée sur son siège par l'action d'un ressort à boudin I qui s'appuie sur la collerette de la soupape d'admission.

Entre les deux soupapes est ménagée une capacité J qui communique avec le conduit K d'arrivée d'air, et c'est dans cette capacité que se formera le mélange tonnant introduit dans le cylindre par la manœuvre de la soupape d'admission.

Quand le mécanisme actionnant les soupapes provoque l'abaissement de la tige B, la soupape d'admission découvre l'orifice de la chambre de mélange J mais, en même temps, la bague G, en butant contre la soupape à gaz F, détermine un mouvement vertical de haut en bas de cette soupape qui reste appliquée contre la butée G par l'action du ressort à boudin I. L'orifice de la capacité H, contenant le gaz, se trouve ainsi découvert et le gaz peut aisément se mélanger avec l'air introduit par le conduit K, avant de pénétrer dans le cylindre.

Quand le mécanisme de commande n'appuie plus sur la tige des soupapes, la soupape d'admission A est appliquée sur son siège par le ressort à boudin C et la soupape à gaz F se trouve maintenue appliquée sur le sien par le ressort à boudin I.

On voit que le même mécanisme permet, dans cette disposition, d'actionner à la fois les deux soupapes.

Dans les moteurs à gaz Soest, on emploie une disposition semblable. La soupape d'admission A (Fig. 71) est solidaire d'une tige cylindrique guidée, sur laquelle peut coulisser la soupape à gaz B, sollicitée à s'appliquer sur son siège par un ressort à boudin antagoniste. Une collerette appartenant à la tige sert à entraîner la soupape à gaz lorsque la tige de la soupape d'admission est abaissée.

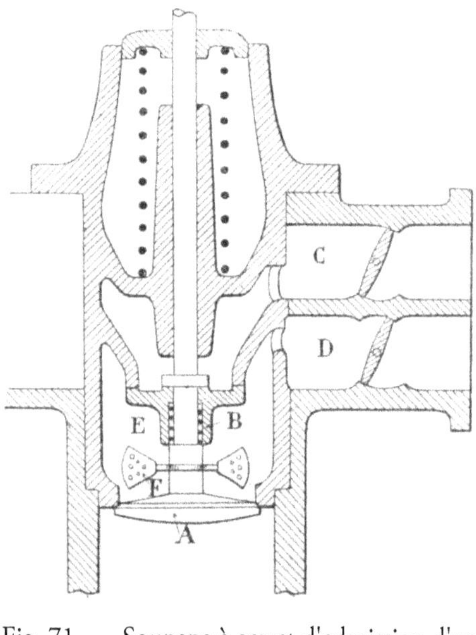

Fig. 71. — Soupape à gaz et d'admission d'un moteur Soest.

La soupape d'admission est sollicitée à remonter par un ressort à boudin disposé à la partie supérieure. Deux conduits parallèles amènent, l'un C, le gaz, l'autre D l'air. Ces conduits comportent une sorte de vanne dont le réglage permet de faire varier le volume de gaz ou d'air introduit dans la capacité de mélange E.

L'air et le gaz se mélangent dans cette capacité et pour faciliter le brassage et le mélange intime, des sortes d'ailettes en tôle F sont disposées dans cette capacité.

L'air et le gaz sont ainsi parfaitement mélangés avant d'être introduits dans le cylindre quand la soupape d'admission A découvre l'orifice de la chambre de mélange.

Dans les moteurs des ateliers d'Augsbourg et Nuremberg, la soupape à gaz est placée dans une capacité adjacente à la boîte à soupape d'admission (Fig. 72). Cette

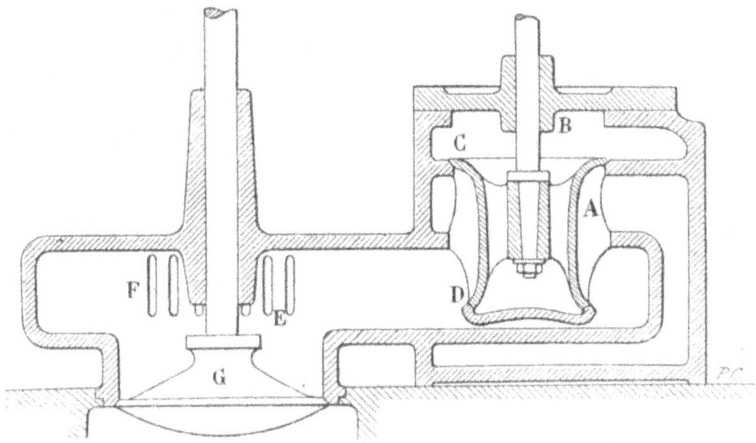

Fig. 72. – Soupape à gaz et d'admission d'un moteur des ateliers d'Augsbourg et Nurenberg.

soupape à gaz A a une forme particulière. Elle est à double siège, et le moyeu dans lequel se monte la tige de commande est relié à la paroi extérieure par des nervures. Le gaz arrivant par un conduit B peut donc remplir la sorte de capacité constituée par la soupape et limitée par son enveloppe cylindrique extérieure, qui ne porte aucune ouverture. Quand la soupape à gaz est appliquée sur ses deux sièges, le gaz se trouve emprisonné et ne peut se répandre par le conduit d'admission dans le cylindre. Quand la soupape est actionnée par le mécanisme qui agit sur sa tige, elle découvre, en se soulevant, à la fois les deux orifices C et D qui font communiquer le conduit de gaz B avec la chambre de mélange E. Un faible soulèvement de la soupape permet, grâce aux deux orifices découverts simultanément, d'admettre une importante quantité de gaz.

Ce gaz se mélange, dans la capacité E, avec l'air introduit par une série de fentes F disposées sur le pourtour d'une enveloppe cylindrique. Cette disposition en lanterne permet d'admettre l'air en filets ayant une direction perpendiculaire à celle du gaz. L'air est ainsi tamisé, pour ainsi dire, et mélangé intimement avec le gaz pour former le mélange combustible.

La soupape d'admission G est appliquée sur un siège conique qui forme l'orifice inférieur de la chambre de mélange E. Sa tige est longuement guidée par un moyeu central. Les commandes de la soupape d'admission et de la soupape à gaz sont indépendantes dans cette disposition et on rend la levée de cette dernière soupape variable par l'action du régulateur de façon que, suivant la charge du moteur, on puisse admettre dans la chambre de mélange une quantité plus ou moins grande de gaz. La teneur en gaz combustible du mélange tonnant sera donc variable, et ce mélange sera plus ou moins riche suivant le travail que devra effectuer le moteur.

La figure 73 représente la disposition, dans un type de moteur Otto, des soupapes à gaz, de mélange et d'admission actionnées par un organe mécanique unique.

Dans la capacité formant boîte à soupapes sont successivement placées au-dessus les unes des autres les trois soupapes ayant des formes différentes. La soupape à gaz A, disposée à la partie supérieure, se compose d'un plateau circulaire appliqué sur un siège formant l'orifice du conduit de gaz E. La soupape à gaz est solidaire, par son moyeu et par des nervures en ailettes, d'une enveloppe cylindrique B, percée d'ouvertures, qui se déplace verticalement devant les orifices du conduit d'air D. Cette enveloppe fait office de soupape de mélange et permet, par sa manœuvre, d'admettre de l'air

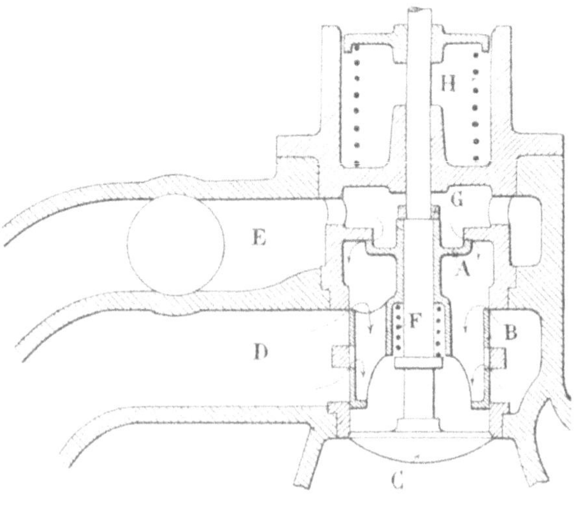

Fig. 73. — Soupape à gaz de mélange et d'admission d'un moteur Otto.

qui vient se mélanger avec le gaz admis à la partie supérieure pour former le mélange tonnant.

La soupape d'admission C est disposée à la partie inférieure de la boîte à soupapes. Sa tige cylindrique, qui reçoit le mouvement du mécanisme de commande, traverse librement le moyeu commun des soupapes à gaz et de mélange et est guidée, elle-même, par un fourreau supérieur. Une collerette, ménagée sur cette tige à la partie inférieure, sert d'appui à un ressort à boudin F qui, par sa tension, maintient appliquée la soupape à gaz sur son siège. Dans cette position de la soupape, l'enveloppe à lanterne B est placée devant les orifices du conduit d'air D, de façon à intercepter toute communication entre ce conduit et la capacité de mélange. Une bague G fixée sur la tige des soupapes, sert à entraîner les soupapes à gaz et de mélange quand cette tige est manœuvrée par l'organe de commande. Un ressort à boudin H, disposé à la partie supérieure, maintient la soupape d'admission C appliquée sur son siège.

Fig. 74. — Moteur à gaz pauvre de 25 chevaux, Niel.

On comprend la manœuvre : quand la tige de la soupape d'admission est sollicitée à descendre, cette soupape découvre l'orifice qui met en communication la chambre de mélange avec le cylindre. Cette même manœuvre provoque, par l'intermédiaire de la bague G qui bute sur le moyeu de la soupape à gaz, la descente de cette soupape et, en même temps, de l'enveloppe cylindrique B. L'orifice du conduit de gaz est ainsi découvert à la partie supérieure et les orifices du conduit d'air sont découverts à la partie inférieure. Le gaz et l'air se mélangent et pénètrent dans le cylindre, par l'orifice que découvre la soupape d'admission.

Quand l'admission est terminée, le ressort à boudin H ramène la soupape d'admission au repos sur son siège et les soupapes à gaz et de mélange, qui constituent un même bloc, sont replacées et maintenues dans leur position respective de repos par le ressort à boudin F.

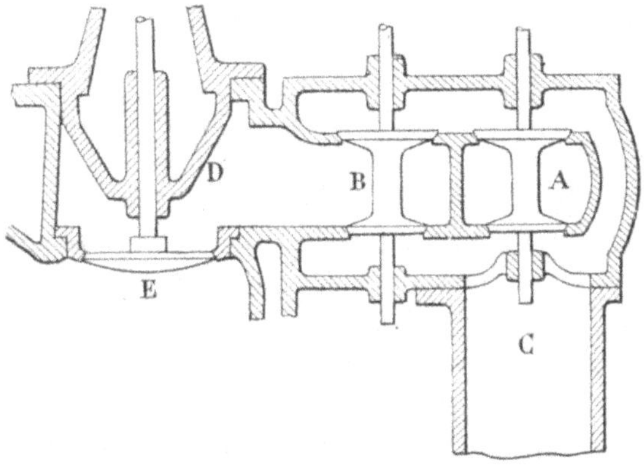

Fig. 75. — Soupape à gaz, à air et d'admission d'un moteur Winterthur.

Dans le moteur *Winterthur*, les trois soupapes à air, à gaz et d'admission (Fig. 75) sont disposées successivement à la suite les unes des autres dans une capacité qui prolonge le cylindre, à l'arrière. Les deux soupapes à air et à gaz A et B sont placées parallèlement côte à côte ; elles sont à deux sièges et les orifices qu'elles obturent et découvrent alternativement sont constitués par des couronnes disposées sur des capacités communiquant, respectivement, l'une avec le conduit de gaz, l'autre avec le conduit d'air. Ces deux tuyaux C sont placés verticalement à l'arrière du moteur. Les soupapes à air et à gaz sont commandées simultanément par un même mécanisme. L'air et le gaz ainsi admis dans la capacité D se mélangent intimement, et lorsque la soupape d'admission E est abaissée par l'organe de commande, le mélange est introduit par aspiration dans le cylindre. La durée du soulèvement de la soupape sur son siège est rendue variable par l'action du régulateur suivant la plus ou moins grande charge du moteur.

Soupapes d'échappement

La soupape d'échappement est disposée de façon à obturer ou à découvrir, à des moments déterminés, l'orifice du conduit d'évacuation des gaz brûlés qui ont effectué, dans le cylindre, leur travail sur le piston, après l'explosion.

La soupape d'échappement doit, nous l'avons dit, être ouverte un peu avant la fin de la course du piston dans la phase d'explosion et de détente des gaz. La pression des gaz est, à ce moment, dans le cylindre, encore assez forte et peut atteindre 4 kilogrammes par centimètre carré. Il faut donc que le mécanisme de commande puisse vaincre cet effort, qui devient considérable quand l'orifice du conduit d'évacuation a un grand diamètre et que, par conséquent, la soupape a une grande surface.

Pour n'être pas dans l'obligation de donner aux organes de commande des dimensions exagérées, dans ce cas-là, on équilibre les soupapes d'échappement, c'est-à-dire qu'on les dispose de façon à faire agir, sur leur face externe, une pression légèrement inférieure à la pression intérieure du cylindre qui s'exerce sur la face opposée. La soupape ne se trouve ainsi appuyée sur son siège que par la différence des pressions qui peut donc être déterminée.

Les soupapes d'échappement sont, en outre, portées à une température élevée par les inflammations successives du mélange gazeux et par le contact qu'elles ont avec les gaz brûlés qui, lors de l'évacuation, possèdent encore une haute température.

L'échauffement des soupapes d'échappement peut avoir, dans les moteurs de grandes puissances, des inconvénients sérieux nuisant au bon fonctionnement de ces organes. On a, pour les supprimer, été conduit à munir les soupapes de dispositifs de refroidissement par circulation d'eau dont nous allons donner, plus loin, quelques exemples.

Les soupapes d'échappement peuvent s'encrasser facilement, par suite des dépôts que les produits de la combustion laissent sur les surfaces d'appui. Il convient donc de maintenir ces surfaces dans un état de propreté constant si l'on veut obtenir une fermeture bien efficace du conduit d'évacuation quand la soupape est reposée sur son siège. Pour cette raison, il est nécessaire de visiter assez souvent les soupapes et de pouvoir facilement les démonter et les remonter ou les remplacer au besoin. On les dispose sur le cylindre de manière à les rendre très abordables. De plus, elles sont le plus souvent placées verticalement, la position horizontale offrant un grand inconvénient au point de vue de l'encrassage.

Elles ne sont jamais, comme certaines soupapes d'admission, automatiques ; leur mouvement s'effectue sous l'action d'organes mécaniques.

Le graissage des tiges des soupapes d'échappement doit être soigneusement réalisé pour éviter des grippements qui se produiraient d'autant plus facilement que les organes de la soupape sont portés à une température élevée.

Équilibrage des soupapes d'échappement

Les dispositifs d'équilibrage des soupapes sont variés. On prolonge quelquefois, extérieurement au cylindre, la tige de la soupape et on la relie avec une sorte de piston qui peut, par suite de la manœuvre de la tige, se mouvoir dans un petit cylindre. On fait arriver sous le petit piston, au moment où le mécanisme de commande va soulever la soupape, de l'air comprimé ou de l'huile sous pression, ce qui a pour objet de compenser, en partie, la pression que les gaz contenus dans le cylindre du moteur exercent sur la soupape d'échappement. Le mécanisme n'a, de ce fait, à fournir qu'un travail peu considérable.

On peut aussi donner aux soupapes une forme appropriée pour permettre aux gaz qui sont à l'intérieur du cylindre d'exercer leur pression à la fois sur la face intérieure de la soupape et sur sa face extérieure. Pour cela on établit, comme pour les soupapes équilibrées des machines à vapeur que nous avons décrites dans le Tome I[4] de cet ouvrage, des soupapes à double siège.

Soupapes à double siège

(Fig. 76.) La soupape équilibrée à double siège représentée par la figure 76 se compose d'une sorte de capacité métallique A portant sur sa périphérie deux surfaces d'appui coniques : l'une B, à la partie supérieure, l'autre, C, à la partie inférieure. Ces deux surfaces viennent se reposer respectivement sur deux sièges également coniques ménagés aux extrémités d'un manchon métallique D. Ce manchon est fixé dans la paroi du cylindre du moteur et porte des ouvertures communiquant

4 *Merveilles de la Science,* Tome I : Chaudières et Machines à vapeur.

avec le conduit d'évacuation des gaz E. La face supérieure et la face inférieure de la soupape portent des ouvertures F par lesquelles les gaz contenus dans le cylindre au-dessus de la soupape peuvent pénétrer jusque sous sa face inférieure.
La soupape est munie d'une tige G qui se prolonge à la partie inférieure et qui est parfaitement guidée et lubrifiée.

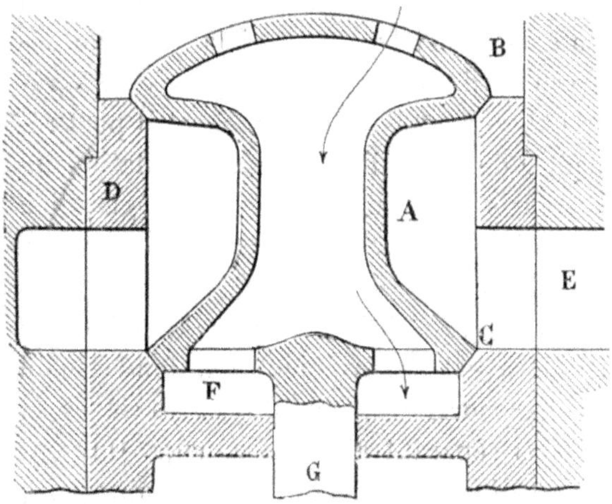

Fig. 76. – Soupape d'échappement équilibrée, à double siège.

Quand la soupape repose sur ses deux sièges, la pression des gaz que contient le cylindre s'exerce à la fois sur sa face supérieure et sur sa face inférieure ; comme ces deux faces ont des dimensions différentes, la pression totale agissant sur la face inférieure est plus faible que celle qui agit sur la face supérieure. La soupape reste donc appuyée sur ses sièges par suite de l'excédent de pression qui s'exerce de haut en bas. Néanmoins, le mécanisme de commande n'a que peu d'efforts à faire pour la soulever en agissant de bas en haut sur la tige G. A ce moment, les gaz contenus dans le cylindre peuvent s'échapper, par les deux orifices découverts, dans le conduit d'évacuation E.

La soupape à double siège ainsi constituée offre un inconvénient assez grave que nous avons déjà signalé, dans le Tome I, à propos des soupapes semblables employées dans les machines à vapeur.

La température à laquelle sont soumises la soupape et la pièce qui la supporte détermine des dilatations de grandeurs différentes pour ces deux organes, et il peut résulter de cette différence de dilatation un mauvais appui sur un des deux sièges, d'où fuite intempestive du gaz dans le conduit d'évacuation.

On peut remédier, dans une certaine mesure, à cet inconvénient, en fondant du même morceau la soupape et ses sièges, et en les séparant après façonnage. On peut aussi diminuer et rendre pour ainsi dire négligeables les différences de dilatation en adaptant à la soupape d'échappement à double siège un dispositif efficace de refroidissement.

Refroidissement des soupapes

Pour les moteurs de faibles puissances, les soupapes d'échappement ne comportent aucun dispositif spécial de refroidissement. Elles ont, d'ailleurs, une surface réduite et le volume de gaz brûlé par phase d'explosion est peu important. On diminue, néanmoins, l'échauffement de la soupape en la plaçant, sur le cylindre, en face de la soupape d'admission.

Cette disposition qui est généralement adoptée pour les moteurs à gaz de toutes puissances, a l'avantage de mettre, à chaque période d'admission, les gaz frais en contact avec la soupape d'échappement.

Celle-ci se refroidit à ce contact et les gaz s'échauffent, ce qui ne peut que faciliter leur combustion.

Les soupapes d'échappement A de petits moteurs (Fig. 77) reposent généralement sur un siège amovible B, constitué par une couronne métallique fixée dans la paroi même du cylindre, à l'arrière.

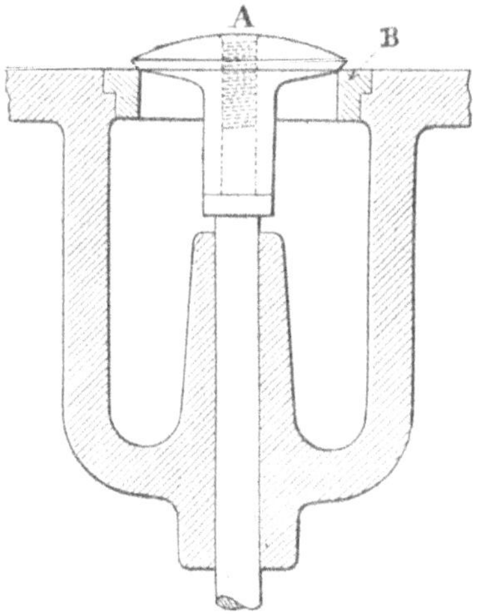

Fig. 77. — Soupape d'échappement de faible moteur.

Les surfaces d'appui du siège et de la soupape sont coniques. La soupape est munie d'une tige actionnée par le mécanisme de commande, et cette tige est guidée sur une longueur suffisante par une douille centrale dans laquelle on peut, de l'extérieur, par un dispositif approprié, qui est, le plus souvent, un petit conduit, introduire l'huile de graissage. Pour les moteurs de grandes puissances, la soupape d'échappement est placée dans une boîte à soupape qui comporte le dispositif de refroidissement et de graissage. Cette boîte à soupape est généralement disposée pour pouvoir être facilement démontée et on peut, ainsi, sortir, en même temps, la soupape qu'elle porte. Parfois, la soupape seule est rendue facilement démontable, la boîte qui la contient restant fixée au cylindre.

Le refroidissement des soupapes d'échappement au moyen d'un courant d'eau, s'effectue en établissant, dans la boîte à soupape, un conduit qui atteint l'extrémité supérieure de cette boîte. Par un orifice disposé à la partie inférieure, on amène de l'eau froide qui remplit la boîte à soupape, refroidit les parois, s'échauffe et gagne le niveau supérieur du liquide. De là, cette eau se déverse par le conduit de trop-plein, qui débouche à la partie supérieure de la boîte, soit dans un récipient extérieur, soit dans un conduit d'évacuation. Il se produit ainsi un courant continu d'eau froide qui peut circuler tout autour de la boîte à soupape. Cela contribue à maintenir la tige de la soupape à un degré de température normal, pour lequel on ne peut craindre de grippement. On peut encore amener le courant d'eau dans la soupape même, laquelle, dans ce cas, est constituée par une pièce métallique comportant, à sa partie centrale, une chambre dans laquelle aboutissent les conduits d'amenée et de sortie de l'eau réfrigérante.

La soupape d'échappement représentée par la figure 79 est placée dans une boîte à soupape A qui est ajustée dans un logement cylindrique pratiqué à l'extrémité du cylindre. Cette boîte à soupape

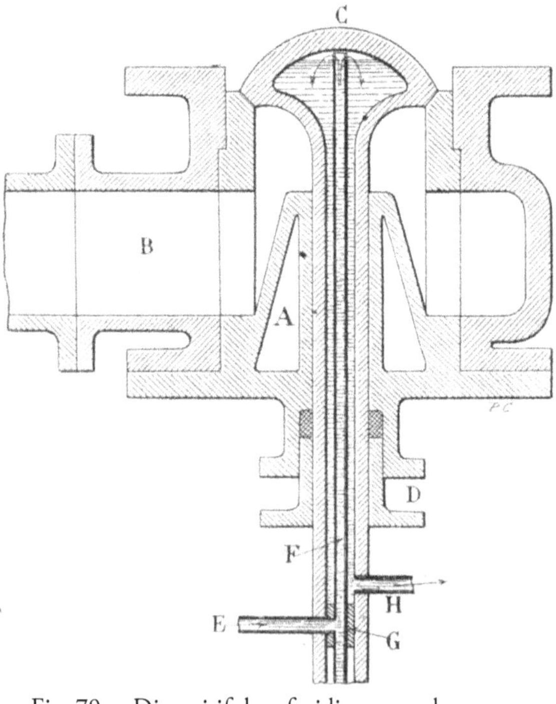

Fig. 79. – Dispositif de refroidissement de soupape d'échappement.

Fig. 78. – Un moteur à gaz système Cockerill, de 600 chevaux. Exposition de 1900).

peut être démontée facilement en desserrant les boulons qui la fixent au cylindre. La soupape est sortie en même temps que la boîte, et peut être ainsi aisément visitée et nettoyée.

La boîte à soupape porte un moyeu central, qui sert de guide à la tige de la soupape, et une ouverture qui donne accès au conduit d'échappement B des gaz brûlés. Le siège de la soupape C est conique.

Un presse-étoupe D est établi à l'extérieur de la boîte à soupape, de façon à empêcher toute fuite de gaz autour de la tige pendant son mouvement de va-et-vient vertical. Il convient, néanmoins, de permettre à cette tige de glisser à frottement doux dans ce presse-étoupe pour assurer le bon fonctionnement de la soupape.

Le système de refroidissement est réalisé par une circulation d'eau. Cette eau arrive froide par l'ajutage inférieur E, et monte, par un tube F disposé au centre de la tige, jusqu'à la chambre intérieure de la soupape. Elle remplit cette chambre, refroidit les parois de la soupape et redescend dans la partie centrale de la tige de soupape. Un espace vide est, en effet, ménagé dans cette tige entre sa paroi intérieure et le conduit d'amenée d'eau F.

Un tampon G bouche le trou central de la tige à la partie inférieure, de manière que l'eau provenant de la partie supérieure, après avoir, par son passage dans l'espace annulaire, contribué à refroidir la tige de la soupape, puisse s'écouler, par un autre ajutage H, à l'extérieur.

L'eau, constamment renouvelée, circule ainsi de bas en haut, puis de haut en bas, et peut, de ce fait, remplir ses fonctions réfrigérantes.

Comme la soupape d'échappement et sa tige sont mobiles, lors du soulèvement de la soupape, les ajutages E et H se meuvent aussi. On les réunit quelquefois avec les conduits fixes d'amenée et d'évacuation d'eau, au moyen de tubes en caoutchouc, mais ces tuyaux, quoique souples, peuvent aisément se détériorer. Aussi emploie-t-on de préférence des dispositifs ne comportant aucune jonction élastique.

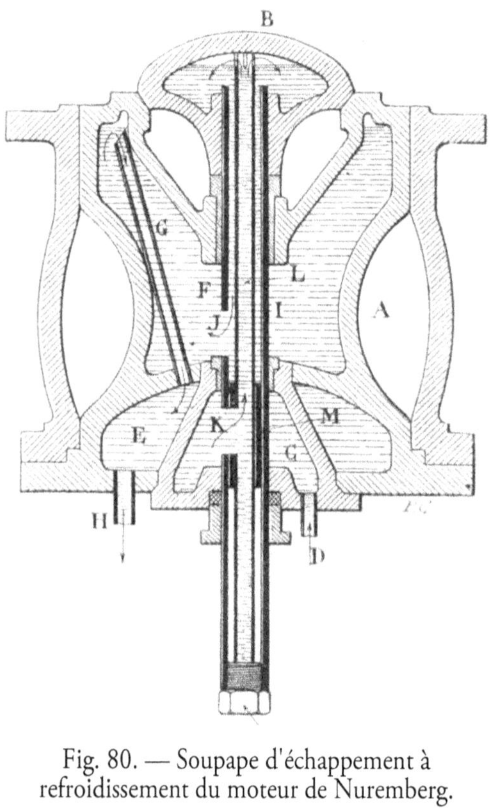

Fig. 80. — Soupape d'échappement à refroidissement du moteur de Nuremberg.

La soupape d'échappement du moteur à gaz de Nuremberg (Fig. 80) est ainsi établie.

La boîte à soupape A qui, comme le dispositif précédent, forme avec la soupape B un bloc pouvant se démonter facilement du cylindre, est constituée par plusieurs capacités séparées les unes des autres par des cloisons pleines, venues de fonte. A la partie inférieure de la boîte, la capacité centrale C communique avec le conduit d'amenée d'eau D. Une autre capacité inférieure E, annulaire, communique avec la troisième capacité F par un tuyau G qui vient déboucher à la partie supérieure de cette dernière. En outre, la capacité E porte un conduit H qui sert à l'évacuation de l'eau de réfrigération. La soupape B, reposant sur un siège conique, est creuse. Sa tige I, rapportée, est constituée par un tube cylindrique percé de deux ouvertures J et K. Ces ouvertures sont pratiquées le long de la tige, de telle sorte que la première, J, débouche toujours dans la capacité F, tandis que la seconde, K, débouche toujours dans la capacité inférieure C, malgré le mouvement vertical de la soupape.

Au centre de la tige I est disposé un conduit L qui aboutit jusqu'au sommet de la soupape. L'ouverture K débouche dans ce tuyau L dont un manchon M assure le centrage dans la tige. Un bouchon ferme, à la partie inférieure, à la fois le tube-tige de soupape et le tuyau L. La tige est guidée, dans son mouvement vertical, par des douilles disposées dans les cloisons de la boîte à soupape, et un presse-étoupe est établi à la partie inférieure.

L'eau froide arrive par le conduit D, remplit la capacité C et par l'ouverture K pénètre dans le tuyau central L. Cette eau, qui exerce ainsi son action réfrigérante d'abord sur la tige, pénètre dans la chambre de la soupape, et la remplit en refroidissant ses parois. Puis, elle se déverse dans la tige de la soupape, dans l'espace annulaire compris entre le tuyau L et la paroi intérieure de cette tige. Elle atteint ainsi l'ouverture J et s'écoule, par cet orifice, dans la capacité F. Lorsque cette capacité est remplie et que, par conséquent, l'eau a pu baigner et refroidir toutes ses parois intérieures, elle s'introduit dans le tuyau G qui fait ainsi office de tuyau de trop-plein, et s'écoule dans la capacité inférieure E d'où elle est évacuée à l'extérieur par le tuyau H.

On se rend aisément compte qu'une circulation d'eau ainsi établie puisse avoir un résultat efficace, au point de vue du refroidissement de la soupape d'échappement, de sa tige et de la boîte qui les contient.

Graissage des soupapes d'échappement

Nous avons dit, plus haut, que le graissage de la tige de la soupape d'échappement devait être parfaitement assuré parce que cet organe est toujours porté à une température élevée du fait même de sa fonction, ce qui a, d'ailleurs, nécessité l'emploi de dispositifs de refroidissement dont nous venons d'examiner quelques types.

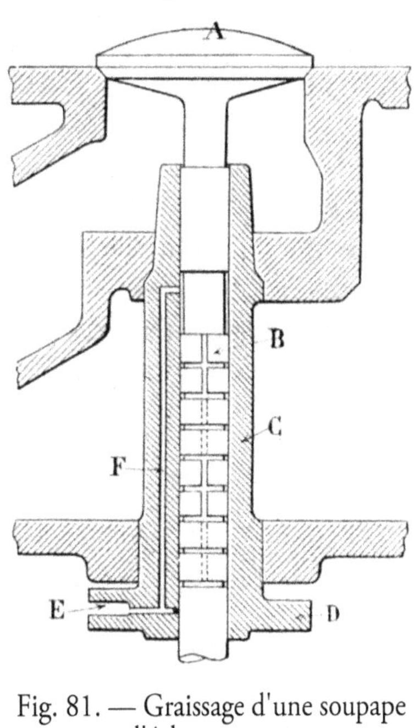

Fig. 81. — Graissage d'une soupape d'échappement.

L'huile de graissage est versée, autant que possible, à la partie supérieure de la tige et, généralement, une succession de rainures permettent de conduire cette huile jusqu'à la partie inférieure, la tige se trouvant ainsi lubrifiée dans la plus grande partie de sa longueur.

La soupape d'échappement représentée par la figure 81 ne comporte pas de dispositif de refroidissement, mais possède un dispositif de graissage. La soupape A est munie d'une tige D, qui est guidée sur une très grande longueur dans une douille métallique C ajustée dans le cylindre et qui y est fixée par un plateau circulaire inférieur D. Dans ce plateau est percé un canal E qui débouche perpendiculairement dans un second canal F pratiqué tout le long de la douille parallèlement à la direction de la tige. A la partie supérieure de la douille, un conduit perpendiculaire fait communiquer le canal F avec la partie intérieure de la douille.

La tige de la soupape porte des rainures transversales réunies par des rainures longitudinales qui, de deux en deux, sont disposées de côtés différents. L'huile arrivant par le conduit E monte dans le canal F et se déverse, à l'intérieur de la douille, dans une petite chambre d'où elle se répand par les rainures longitudinales et transversales tout autour de la tige, dans tous les sens, en descendant le long de cette tige. En résumé, les diverses rainures perpendiculaires pratiquées sur la tige constituent autant de petits réservoirs conduisant de l'huile qui, pendant le mouvement de montée et de descente de la tige, lubrifie les parois de la douille dans laquelle la tige coulisse, et le graissage de cette tige se trouve donc ainsi parfaitement assuré.

Les dispositifs de graissage sont évidemment très nombreux et sont appropriés à l'importance des organes auxquels ils sont destinés. En principe, on réalise le graissage de la façon la plus simple et la plus efficace possible mais, suivant la forme et le montage des pièces, il n'est toujours pas facile d'établir simplement les conduits de circulation d'huile. On ne doit pas hésiter, dans ce cas, même au risque de complications, à prendre les dispositions nécessaires pour assurer un bon graissage, condition essentielle de bon fonctionnement pour tous les organes, surtout ceux de distribution.

Organes de commande des soupapes

La généralité des soupapes, sauf quelques soupapes d'admission destinées à des moteurs de faibles puissances, qui sont disposées pour fonctionner automatiquement, sont commandées par des organes mécaniques qui provoquent, au moment propice, leur montée ou leur descente.

Ces organes de commande sont constitués soit par des cames, soit par des excentriques montés sur l'arbre de distribution, et dont le mouvement, de rotation pour les cames et alternatif pour les excentriques, détermine l'oscillation de systèmes de leviers appropriés qui provoquent la manœuvre de la soupape.

Cames

Quand la commande se fait au moyen d'une came, le levier actionné porte, à son extrémité, un galet qui appuie sur la came. Ce galet tourne autour de son axe pendant le mouvement d'oscillation du levier. Cette disposition facilite la manœuvre du levier et diminue le frottement des pièces en contact.

Les cames peuvent être constituées de façons différentes. Pour les moteurs de faibles puissances, on les établit assez souvent en plusieurs pièces et quelquefois même les diverses cames actionnant les différentes soupapes sont fixées sur un moyeu commun claveté lui-même sur l'arbre de distribution.

Pour les moteurs de grandes puissances, les cames et leurs moyeux sont façonnés dans une même pièce. Elles sont généralement rendues indépendantes les unes des autres.

Quand les cames sont rapportées sur un manchon, il convient qu'elles soient assujetties à ce manchon d'une façon très sérieuse, pour qu'il n'y ait à craindre aucun desserrage pendant le fonctionnement du moteur. Les cames sont, en effet, soumises

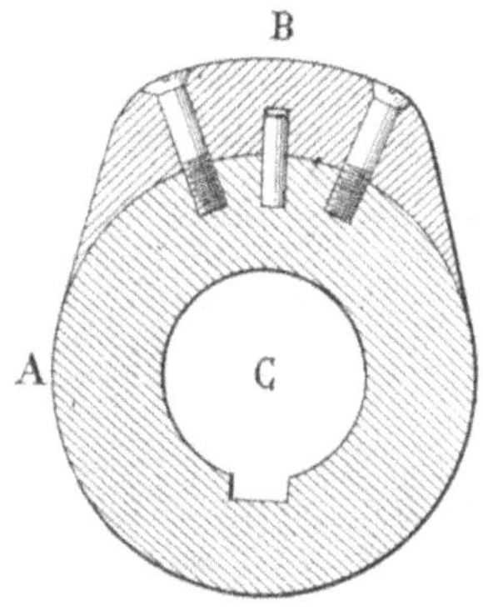

Fig. 82. – Came en deux parties.

à une succession de chocs qui se répètent à chaque tour de l'arbre de distribution, et ces ébranlements successifs provoquent rapidement le desserrage des vis ou des boulons qui appliquent la came contre son support, si l'on n'a le soin de prendre des dispositions spéciales pour éviter ce desserrage.

On immobilise les vis par des ergots ou, encore, on assure la fixité de la came en adjoignant aux tiges de serrage un ou plusieurs prisonniers cylindriques entrés à force dans les deux pièces qu'il faut rendre solidaires (Fig. 82). On peut aussi assurer la position de la came sur le manchon par une clavette à flancs inclinés faisant corps avec le manchon. La came ne peut, dès lors, même si les vis se desserrent, s'écarter du manchon.

Quand plusieurs cames sont placées sur un même support A (Fig. 84), elles sont assujetties, chacune pour son compte, comme nous venons de l'indiquer. Le manchon commun est claveté sur l'arbre de distribution et les cames sont orientées sur ce manchon d'une manière convenable pour assurer, pendant la rotation de cet arbre et de ce manchon, la succession normale des phases du cycle du moteur.

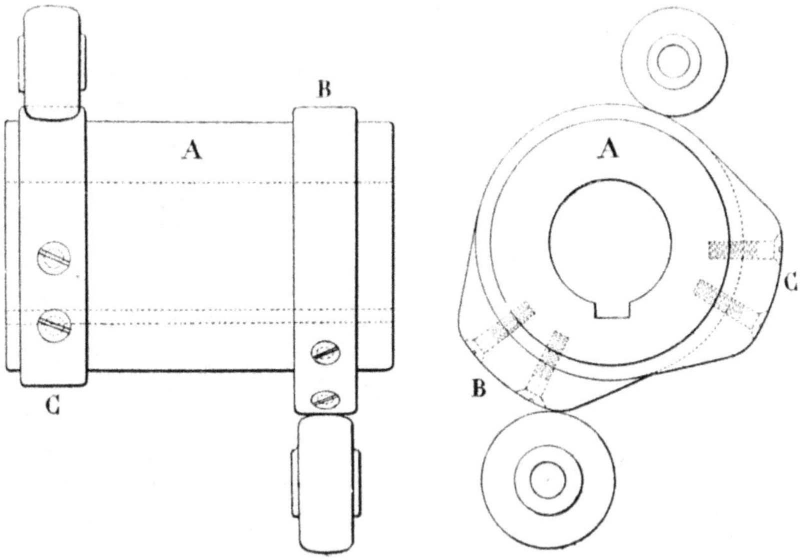

Fig. 84. – Cames supportées par un manchon commun.

La came B actionne le mécanisme qui commande la soupape d'admission, et la came C, le mécanisme qui provoque la manœuvre de la soupape d'échappement.

Ces cames ne sont pas, on le comprend, disposées sur une même section transversale du manchon car, dans ce cas, une seule came pourrait commander à la fois la soupape d'admission et la soupape d'échappement, à condition que les galets placés en bout des leviers actionnant ces soupapes soient convenablement espacés. Généralement, les diverses cames sont écartées les unes des autres de façon à faciliter le placement des galets qui terminent les leviers et des différents organes qui doivent les supporter et permettre leur oscillation. Quand la came est façonnée dans un seul bloc de métal (Fig. 85), elle est munie d'un moyeu cylindrique qui sert à l'ajuster et à la claveter sur l'arbre de distribution. La partie excentrée de la pièce, qui constitue la came proprement dite, est raccordée à ce moyeu, dans le plus grand nombre de cas, par deux flancs tangents à la fois au cylindre formant le moyeu et à l'arc circulaire formant le sommet de la came.

Fig. 83. – Moteur à gaz pauvre à deux cylindres tandem, de 300 chevaux, modèle Winterthur.

Cette extrémité de la came peut aussi être formée par une partie courbe ayant, comme centre, le centre même du moyeu, cette courbe étant raccordée aux deux flancs rectilignes par deux arrondis.

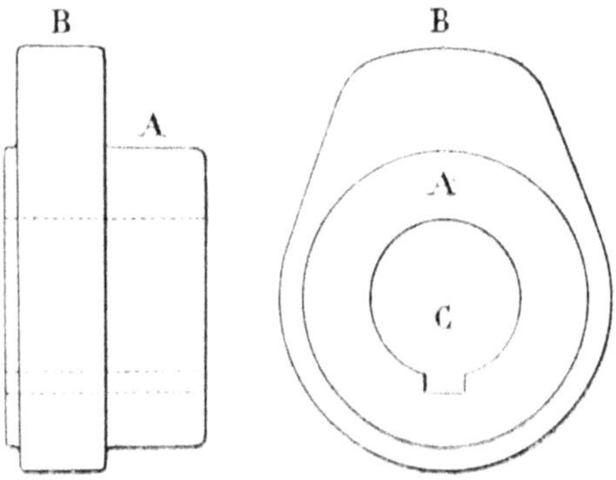

Fig. 85. – Came d'une seule pièce.

La soupape qui sera actionnée par cette came sera, dans ce cas, maintenue soulevée sur son siège d'une quantité constante pendant une fraction de tour de l'arbre. Un volume constant de gaz pourra ainsi s'écouler, pendant un certain temps, par l'orifice découvert. Quand la came est terminée par un seul arc de cercle, la soupape, étant supposée commandée par l'intermédiaire d'un levier ordinaire, se soulève et redescend sans être maintenue un instant immobile, à l'extrémité de sa course pour prolonger la pleine ouverture.

Cependant, il est possible, avec une came semblable, de provoquer, pendant une durée déterminée, une levée constante de la soupape par l'emploi d'un système spécial de leviers intermédiaires : ce sont les leviers roulants que nous examinerons plus loin.

Cames de soupapes d'admission et d'échappement

Pour effectuer la manœuvre de la soupape et assurer le fonctionnement régulier de la distribution dans un moteur à gaz à quatre temps, dans lequel la soupape d'admission n'est pas automatique, il est nécessaire que l'arbre de distribution porte une came A (Fig. 86) pour actionner le mécanisme de manœuvre de la soupape d'admission, une came B pour actionner le mécanisme de la soupape d'échappement, une troisième came C pour commander la manœuvre de la soupape à gaz ou de mélange. Une quatrième came D est assez souvent disposée, en plus des autres, pour servir à diminuer le degré de compression des gaz contenus dans le cylindre, au moment de la mise en marche du moteur.

Les cames d'admission et d'échappement sont établies pour provoquer une levée constante des galets qui appuient sur elles et qui sont placés à une extrémité du levier de commande de la soupape. L'excentricité de la came est donc déterminée d'après la course que l'on veut donner à la soupape et d'après le rapport des bras de leviers qui l'actionnent.

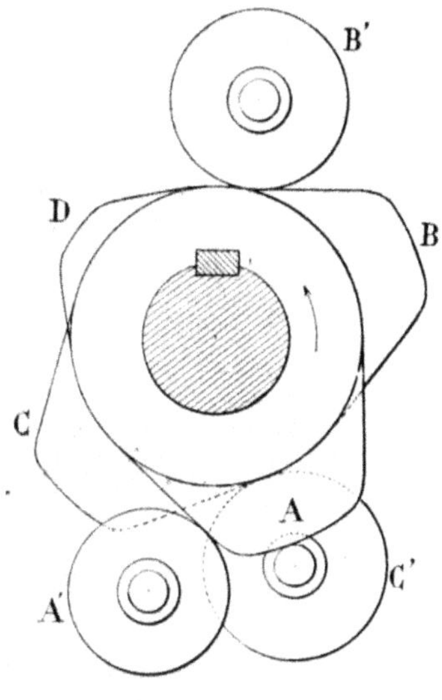

Fig. 86. – Cames pour distribution d'un moteur à quatre temps.

Dans certaines distributions, le régulateur intervient pour faire varier, pendant un temps plus ou moins long, la durée d'ouverture de la soupape d'admission en actionnant des organes spéciaux qui agissent sur les leviers.

Dans d'autres types, c'est la soupape à gaz, ou la soupape de mélange, qui est soulevée d'une quantité variable sous l'action du régulateur.

Par ce procédé, le volume du mélange introduit dans le cylindre ou sa composition sont variables suivant le régime de marche du moteur et, par conséquent, suivant sa charge.

Quand le moteur doit vaincre un travail résistant peu considérable, sa vitesse tend à s'accélérer. A ce moment, le régulateur prend une position pour laquelle la soupape d'admission ou la soupape à gaz, suivant le type du moteur, ne permettent qu'une aspiration de mélange tonnant de volume réduit ou de richesse inférieure.

Quand, au contraire, le travail résistant augmente, le régulateur prend une position inverse de la précédente, position pour laquelle le volume de mélange admis dans le cylindre ou sa qualité se trouvent augmentés.

Nous trouverons, plus loin, en examinant quelques types de distributions, des exemples des différents systèmes de régulation.

Cames de soupapes à gaz

Si la soupape à gaz à levée variable est actionnée directement par un levier ordinaire, il importe que la came ait une forme spéciale pour que l'amplitude d'oscillation du levier commandant la soupape soit variable. On peut donner à cette came une forme semblable à celle qui est représentée par la figure 87. La partie excentrée de la came, sur laquelle appuie le galet qui est solidaire du levier, est inclinée dans le sens longitudinal.

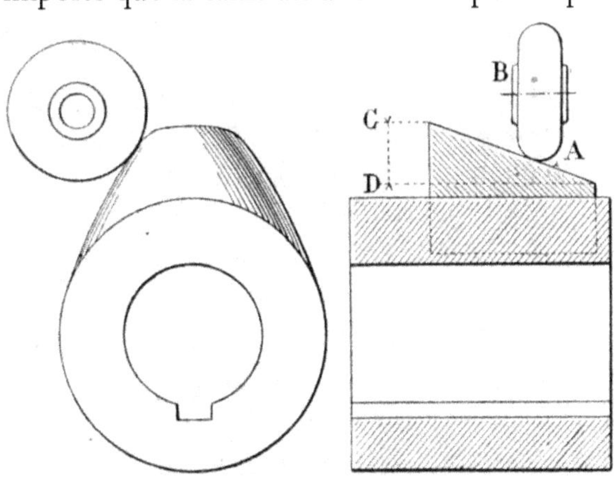

Fig. 87. — Came de soupape à gaz à levée variable.

Il en résulte que, pour les deux positions d'appui extrêmes du galet sur la came, soit en A, soit en

B, l'amplitude de la course effectuée par ce galet sera différente, la différence entre ces deux positions étant exactement mesurée par la projection verticale C D de la partie inclinée de la came.

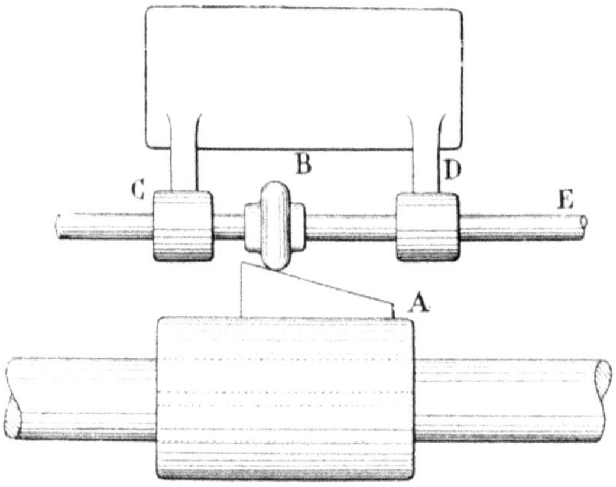

Fig. 88. — Came de soupape à gaz avec déplacement du galet.

Le galet pourra occuper entre les points A et B toutes les positions intermédiaires sur la came et la grandeur de la levée de la soupape correspondra à ces diverses positions.

Pour que la place de la génératrice d'appui du galet sur la came varie par l'action du régulateur, il faut que celui-ci, dans ses divers mouvements qui résultent du régime de marche du moteur, actionne un des deux organes, l'autre restant fixe.

Quand le régulateur agit sur le galet (Fig. 88), il fait coulisser longitudinalement l'axe qui le porte, dans la chape qui est disposée en bout du levier de commande de la soupape. La came est alors clavetée sur l'arbre de distribution et ne peut prendre qu'un mouvement de rotation.

Quand le régulateur agit sur la came, le galet n'est plus mobile longitudinalement sur son axe. Il ne peut que rouler sur lui. La came peut, dans ce cas, être déplacée

Fig. 89. — Moteur à gaz Koerting de 25 chevaux.

longitudinalement sur l'arbre de distribution par le mouvement du régulateur. Elle est, malgré ce déplacement, rendue constamment solidaire du mouvement de l'arbre par une clavette longitudinale faisant corps avec l'arbre et qui est ajustée à frottement doux dans une rainure pratiquée sur le moyeu de la came.

Dans les deux cas, les positions relatives du galet et de la came varient et le galet se trouve, suivant la position occupée, plus ou moins soulevé lors de la vocation de la came. Cette course, dont l'amplitude varie, se transmet à la soupape dont la levée est ainsi rendue également variable.

Came de diminution de la compression

La came D (Fig. 90), qui n'agit que lors de la mise en route du moteur, sert à diminuer, momentanément, la compression du mélange tonnant contenu dans le cylindre. De cette façon, on peut plus aisément, pour mettre le moteur en marche, amener le piston à sa position extrême pour laquelle l'explosion se produira.

La came de diminution de la compression actionne généralement la soupape d'échappement ; elle peut aussi actionner la soupape d'admission. D'ailleurs, il existe divers dispositifs de mise en marche que nous examinerons ultérieurement, mais il était utile d'indiquer, à cette place, le rôle de la came permettant l'abaissement de la compression.

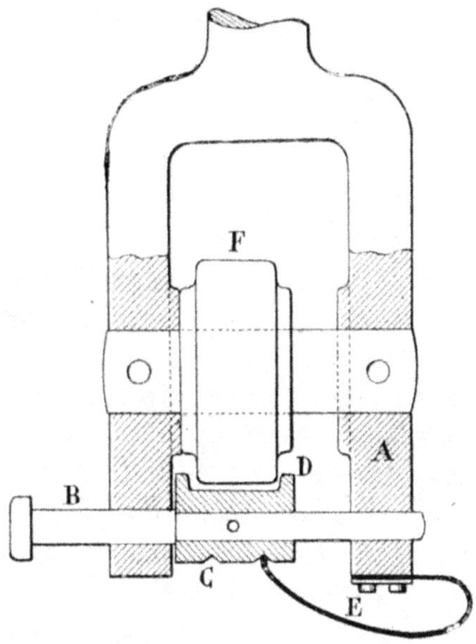

Fig. 90. – Dispositif de déplacement du galet du levier d'échappement.

Pendant le fonctionnement normal du moteur, cette came ne rencontre aucun des organes qui actionnent les soupapes. Ce n'est que lorsqu'on veut mettre en route qu'on fait agir cette came sur le galet, en déplaçant transversalement, sur leur axe, soit la came, soit le galet, de façon que ces deux pièces se rencontrent.

L'excentricité de la came a une valeur moins considérable que celle de la came actionnant la soupape d'échappement ; de plus, elle est orientée de façon que le galet placé en bout du levier qui commande cette soupape soit soulevé au moment de la phase de compression du mélange tonnant dans le cylindre.

Il en résulte que, lorsqu'on fait tourner à la main, par exemple, le volant d'un moteur que l'on veut mettre en marche, si on a placé la came de diminution de la compression à sa position de travail, pendant que le piston avance et comprime le mélange dans le cylindre, la came provoque le soulèvement de la soupape d'échappement. Le mélange s'échappe, en partie, par l'orifice ainsi découvert ; son degré de compression se trouve évidemment diminué de ce fait, et on peut amener, sans trop d'effort, le piston à l'extrémité de sa course pour provoquer l'explosion dans le cylindre et la mise en route du moteur. La levée ainsi obtenue de la soupape d'échappement est de faible amplitude. Il suffit qu'elle permette la diminution de la compression en laissant écouler une faible partie du mélange gazeux, mais il faut que le volume de gaz restant dans le cylindre soit, dans tous les cas, suffisant pour provoquer, par son expansion après l'explosion, la rotation de l'arbre moteur.

D'ailleurs, pour mettre un moteur à gaz en marche, on débraye toujours les différentes transmissions qu'il conduit. Le moteur tourne alors à vide et peut facilement être mis en action. On embraye ensuite les diverses machines qu'il doit commander.

La came de diminution de la compression est placée côte à côte avec la came actionnant la soupape d'échappement, de façon qu'un simple déplacement transversal du galet ou de la came fasse agir soit une came soit l'autre. Ces deux cames sont, dans ce cas, généralement fixées sur un support commun. Quand on déplace le support des cames pour venir rencontrer le galet qui occupe alors toujours la même position, il importe de bien guider ce support sur son axe et de l'immobiliser convenablement à chacune de ses deux positions.

Quand c'est la came de diminution de la compression qui actionne le galet, l'immobilisation n'est que momentanée et peut toujours être assurée par un moyen simple mais quand le support des cames est ramené à sa position normale de travail, la came d'échappement doit alors actionner le galet pendant tout le temps de fonctionnement du moteur.

Il importe donc que le support des cames soit, à cette position, rendu complètement solidaire de l'arbre de distribution et qu'il ne puisse se déplacer dans le sens longitudinal pendant la marche.

Dans la plupart des cas, c'est le galet que l'on rend mobile sur son axe, le support des cames étant alors claveté d'une façon permanente sur l'arbre de distribution.

Pour déplacer rapidement le galet dans les deux sens, on emploie des dispositifs divers dont un des plus simples et des plus employés consiste à placer à l'extrémité de la chape A (Fig. 90), qui termine le levier de commande de la soupape d'échappement, une tige-poussette cylindrique B, qui peut glisser dans deux trous pratiqués dans les branches de cette chape.

Cette tige, terminée en forme de bouton porte, goupillée sur elle, une douille C, munie du côté du galet d'une sorte d'étrier dans lequel pénètre le galet et, du côté opposé, de deux crans dans lesquels peut venir se loger le bec recourbé d'un ressort E. Ce ressort est fixé, à son autre extrémité, à la branche de la chape. Le galet F est monté fou sur son axe et peut se déplacer longitudinalement sur cet axe d'une quantité telle que, d'une part, il se présente face à la came actionnant la soupape d'échappement et, d'autre part, face à la came de diminution de la compression.

Quand on veut changer sa position, on tire ou on pousse la tige B. Ce mouvement provoque, par l'intermédiaire de la douille C et de la mâchoire D, l'entraînement du galet F dans le même sens. En outre, le bec du ressort E pénètre dans l'une des deux encoches, et le ressort, par sa tension, maintient la douille C et, par conséquent, la tige B et le galet dans la même position jusqu'à la manœuvre suivante de la tige.

Les cames et les galets qu'elles actionnent sont faits en acier. Les surfaces frottantes doivent être parfaitement trempées, sinon il en résulterait une usure ou un matage de ces organes qui, en outre du frottement supplémentaire ainsi créé, exigerait le réglage continuel des autres organes de commande des soupapes. L'amplitude de la levée des soupapes ne serait, en effet, pas maintenue constante et le fonctionnement du moteur pourrait en souffrir.

Pendant la rotation des cames, quand les soupapes doivent être appliquées sur leur siège par la tension de leur ressort antagoniste, il importe que les galets actionnant ces soupapes ne touchent pas sur la partie concentrique des cames. On ménage toujours un certain jeu entre ces deux organes, car, dans le cas contraire, il serait pour ainsi dire impossible de maintenir à la fois le contact du galet sur la came et l'appui complet de la soupape sur son siège. Il en résulterait certainement un mauvais appui de la soupape, lequel provoquerait des fuites et troublerait le fonctionnement normal de la distribution.

Le jeu peut aussi être prévu entre la tige de la soupape et le bout du levier qui l'actionne.

Dans ce cas, le galet peut constamment rester en contact avec la came qui le commande.

Excentriques

Dans certains types de moteurs à gaz, généralement de grandes puissances, on commande les soupapes par des excentriques au lieu d'employer des cames.

En principe, l'emploi de l'excentrique, dans une distribution de moteur à gaz, offre moins de complications que l'emploi des cames et galets, mais on est obligé, pour obtenir une levée convenable des soupapes, de donner à l'excentrique de grandes dimensions, afin que l'excentricité soit suffisante pour faire effectuer à la soupape sa course complète, sans être dans l'obligation d'établir un rapport anormal entre les dimensions des bras des leviers intermédiaires. De plus, l'excentrique provoque la levée et la descente un peu brusques des soupapes et ne permet pas leur maintien à pleine ouverture.

On remédie à cet inconvénient en actionnant des leviers roulants intermédiaires qui corrigent ces mouvements brusques et les transforment, au bénéfice de la régularité du fonctionnement de la distribution.

On sait comment est constitué un excentrique. Nous avons, dans le tome 1[5], décrit cet organe, examiné les formes diverses qu'il peut recevoir et indiqué les fonctions qu'il doit remplir.

Rappelons que l'excentrique se compose, essentiellement, d'un plateau circulaire A (Fig. 91) qui porte un trou B excentré par rapport à ce plateau.

La périphérie C du plateau est façonnée soit en forme d'U, soit en forme de V, pour recevoir une pièce circulaire extérieure D, nommée collier. Le collier porte une tige E qui s'articule avec le levier à commander.

Le plateau A est claveté sur l'arbre de distribution qui est ajusté dans le trou excentré. L'arbre entraîne ce plateau dans son mouvement de rotation, et ce plateau roule dans le collier, en donnant, à la tige qui le prolonge, un mouvement de va-et-vient utilisé pour actionner d'autres organes.

La trajectoire décrite par l'extrémité de la tige peut affecter des formes diverses suivant le mode et le point de suspension de cette tige.

Nous en avons donné de curieux exemples dans l'examen des distributions des machines à vapeur.

Les plateaux d'excentriques peuvent être faits en une ou en deux pièces. Cette dernière disposition est établie pour faciliter le montage et le démontage de l'organe. Les deux parties sont réunies par des boulons ou des prisonniers clavetés pour éviter leur desserrage.

5 *Merveilles de la Science*, Tome 1 : Chaudières et Machines à vapeur.

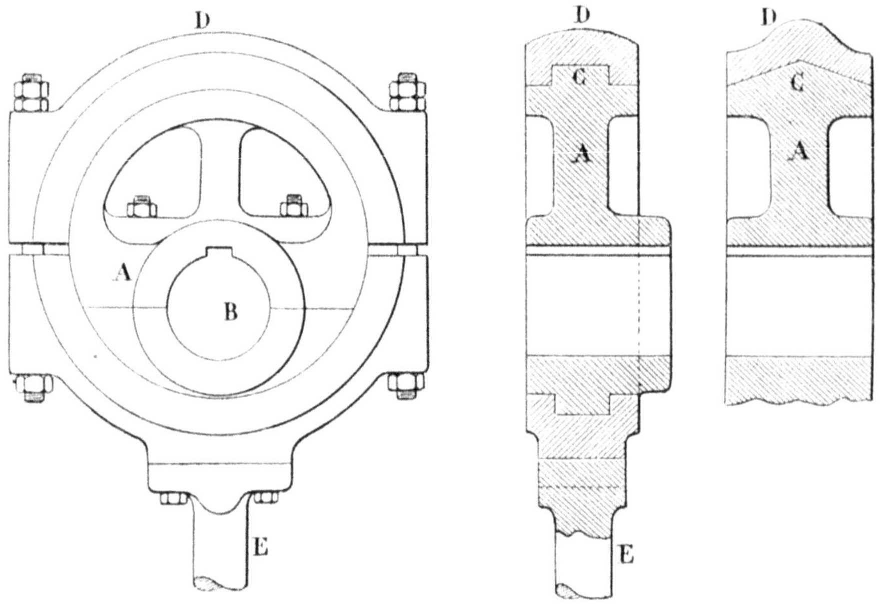

Fig. 91. -Excentrique.

Le collier est également en deux parties serrées l'une contre l'autre par des boulons, avec interposition, dans les joints, de cales de réglage appropriées, afin de donner au plateau un roulement doux dans le collier.

Le graissage des excentriques doit être parfaitement assuré.

Excentrique actionnant une soupape d'admission

(Fig. 92.) Cette figure représente le schéma de la commande par excentrique, d'une soupape d'admission d'un moteur à quatre temps.

Nous savons que, dans un moteur à quatre temps, l'arbre de distribution tourne avec une vitesse deux fois moindre que l'arbre du moteur. Pour cela, la rotation est donnée à l'arbre de distribution par l'intermédiaire de deux roues d'engrenage, dont les diamètres sont dans le rapport de 1 à 2.

Lorsque, comme dans la plupart des cas, l'arbre de distribution est perpendiculaire à l'arbre moteur, ces roues d'engrenage sont à dents hélicoïdales ou coniques. Supposons donc un cylindre A de moteur sur lequel est disposée la soupape d'admission à actionner B. Le piston C, qui se meut dans ce cylindre, est solidaire, par sa tige, de la manivelle D clavetée sur l'arbre moteur E.

Un pignon conique F, calé sur cet arbre, engrène avec une roue conique G portant un nombre de dents double de celui du pignon et clavetée sur l'arbre de distribution H. Cet arbre tourne donc deux fois moins vite que l'arbre principal E.

La soupape d'admission est actionnée par un excentrique I dont le plateau est rendu solidaire de l'arbre de distribution H et dont le collier porte une tige J articulée à l'extrémité d'un levier K, oscillant autour d'un axe fixe, et appuyant par son autre extrémité sur une bague solidaire de la tige de la soupape. Quand le piston a atteint, dans le cylindre, sa course extrême vers l'arrière, l'excentrique est, à ce moment, orienté sur son arbre de façon que la soupape commence à se soulever sur son siège.

A ce moment, le piston revient en sens inverse: c'est la phase d'admission du mélange gazeux. Pendant une partie de cette course, la soupape continue à se soulever par suite du mouvement de l'excentrique qui, par l'intermédiaire de sa tige, fait osciller le levier supérieur K actionnant la soupape .

Quand le piston a atteint l'extrémité de sa course vers l'avant, la manivelle a effectué un demi-tour. L'arbre moteur a également tourné d'un demi-tour. L'arbre de distribution, qui tourne deux fois moins vite, n'aura donc fait qu'un quart de tour.

Pendant ce mouvement de rotation, l'excentrique, qui avait provoqué le soulèvement de la soupape a, par son déplacement, permis sa fermeture, de sorte que lorsque le piston effectuera les trois autres courses: compression, explosion et échappement, l'arbre principal tournera encore d'un tour et demi et l'arbre de distribution de 3/4 de tour. Pendant ces 3/4 de tour, la tige d'excentrique agira sur le levier de la soupape dans le sens opposé à la levée de celle-ci. Ce n'est que lorsque le piston sera revenu au commencement d'une nouvelle course d'admission, que l'excentrique reviendra également à une position pour laquelle sa tige, en poussant

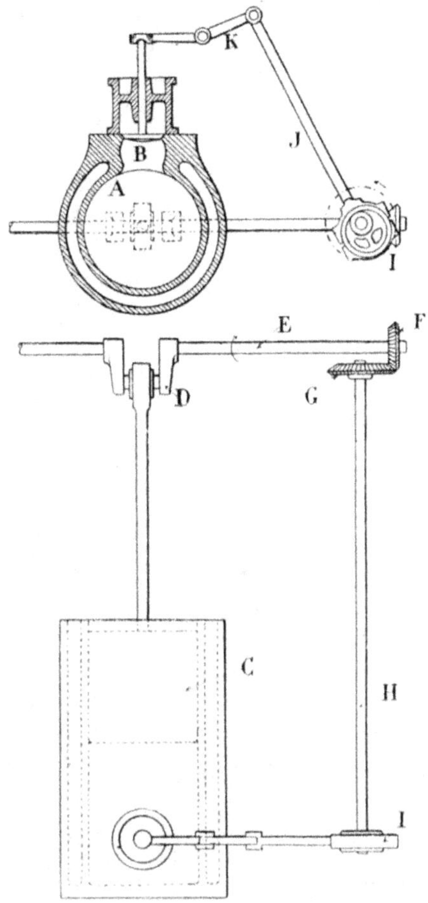

Fig. 92. – Schéma de la commande d'une soupape d'admission par excentrique.

Fig. 93. — Moteur à gaz pauvre à deux cylindres de 350 chevaux, système Winterthur.

sur l'extrémité du levier de la soupape, le fera osciller dans le sens actif et provoquera l'ouverture de l'orifice d'admission du mélange gazeux.

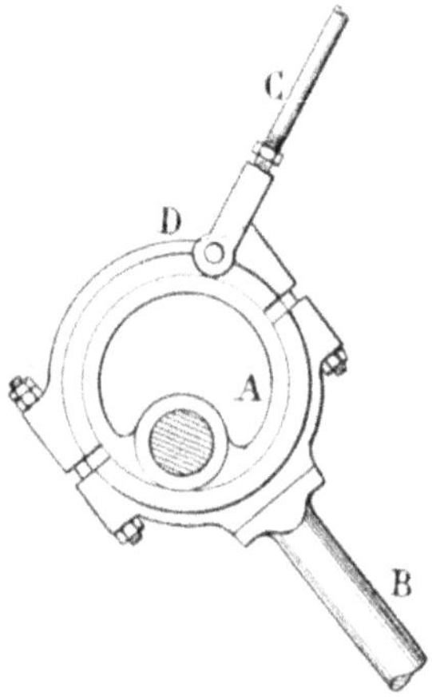

Fig. 94. — Excentrique actionnant une soupape d'admission et une soupape d'échappement.

La soupape d'admission est, bien entendu, guidée convenablement et maintenue appliquée sur son siège par son ressort antagoniste quand son levier de commande l'abandonne.

Les soupapes d'échappement peuvent être également commandées par des excentriques. La disposition prise pour cela est semblable, en principe, à celle que nous venons d'examiner pour la soupape d'admission, mais le mécanisme de commande est dirigé vers le bas du cylindre, la soupape d'échappement faisant généralement face, de l'autre côté du cylindre, à la soupape d'admission que nous avons supposée en haut.

Quelquefois un seul excentrique A (Fig. 94) peut actionner à la fois la soupape d'admission et la soupape d'échappement. Dans ce cas, la tige B de l'excentrique est articulée sur le levier d'une des soupapes et la bielle C, qui est reliée au levier de l'autre soupape, s'articule sur le collier de l'excentrique, en un point D, disposé de façon que les manœuvres de la soupape d'admission et de la soupape d'échappement s'effectuent successivement et correspondent à la position convenable du piston dans le cylindre.

Leviers Les cames et les excentriques ne commandent pas directement les soupapes. Il faut établir, entre ces organes, des leviers qui reçoivent le mouvement des cames ou des excentriques et qui le transmettent aux soupapes avec l'amplitude voulue.

Quand la commande s'effectue au moyen de cames, on établit d'abord un premier levier intermédiaire à proximité de la came. Ce levier porte, à une extrémité, le galet qui est actionné par la came, et l'autre extrémité est articulée en bout d'une bielle qui commande un second levier attaquant directement la soupape.

Quand c'est un excentrique qui actionne la soupape, la tige de cet excentrique peut être articulée sur le levier de commande de la soupape, ainsi que nous l'avons vu plus haut. Le levier support de galet et la bielle intermédiaire peuvent, dans ce cas, être supprimés. Lorsque l'arbre de distribution est placé assez bas, par rapport à l'axe du cylindre, la soupape d'admission, commandée par came, et supposée placée à la partie supérieure du cylindre, nécessite l'emploi de deux leviers et d'une bielle, mais la soupape d'échappement, placée au-dessous du cylindre peut, quelquefois, être actionnée directement par un levier à galet recevant son mouvement d'oscillation de la came.

Les leviers agissant sur les soupapes d'admission ont des formes variées, surtout à l'extrémité qui appuie sur la tige de soupape.

Le levier est généralement assez court pour diminuer, autant que possible, le poids à mettre en mouvement. Il est formé de deux branches A B et B C (Fig. 95) et peut osciller autour d'un axe cylindrique fixe qui pénètre dans le trou B. Ce trou est garni, généralement, d'un fourreau D, fait en métal dur pour éviter l'usure. A l'extrémité

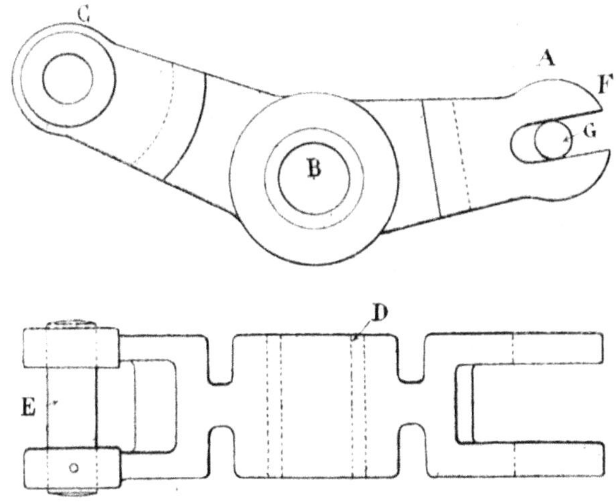

Fig. 95. – Levier de commande de soupape d'admission.

de l'une des branches, en C, est disposée une chape qui porte un axe E fixé dans une des joues par une goupille ou un ergot et sur lequel tourillonne un des bouts de la bielle, dont l'autre bout est articulé, à la partie inférieure, sur le levier à galet.

On peut aussi monter sur cet axe l'extrémité de la tige d'un excentrique. La seconde branche du levier porte en bout, en A, le dispositif d'attaque de la soupape. Ce dispositif peut être une fourche dans les flasques de laquelle on a pratiqué une rainure F où pénètre un double doigt cylindrique G solidaire de la tige de la soupape et disposé perpendiculairement à sa direction.

Suivant que le levier reçoit de la bielle un mouvement vers le haut ou vers le bas, son oscillation provoque la descente ou la montée de la fourche, du doigt G qu'elle entraîne, et de la tige de soupape. Cette soupape découvre ou obture alors l'orifice du conduit sur lequel elle est établie.

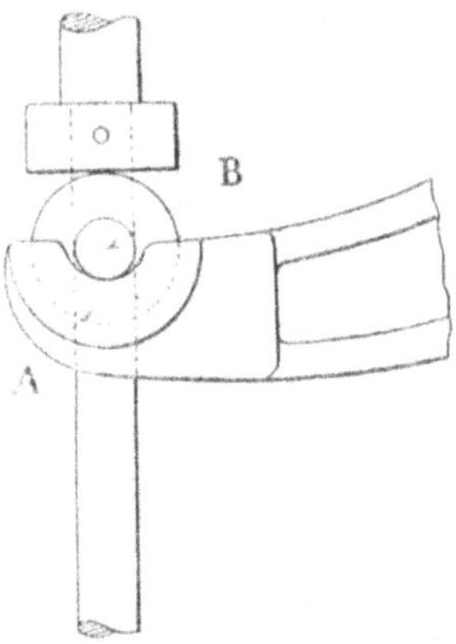

Fig. 96. — Dispositif d'attaque de soupape.

Quand la soupape s'ouvre de bas en haut, on peut donner à l'extrémité du levier qui l'actionne une forme de fourche A (Fig. 96) dans laquelle la rainure est remplacée par une sorte de cuvette en demi-cercle. Les deux doigts cylindriques B, solidaires de la tige de la soupape, reposent dans cette encoche circulaire, et lors de l'oscillation du levier, l'extrémité A de la fourche, étant soulevée, entraîne aussi le soulèvement de la soupape qui comprime son ressort antagoniste. Ce ressort ramènera la soupape sur son siège lorsque la fourche A effectuera un mouvement inverse en oscillant de haut en bas.

Lorsque le levier attaque la tige de la soupape A à sa partie supérieure (Fig. 97), la soupape effectue sa manœuvre du haut en bas pour découvrir l'orifice du conduit intéressé. Le levier de commande peut alors être terminé par un galet B qui, pendant l'oscillation de ce levier, appuie sur un chapeau C terminant les tiges de la soupape. Cette tige, étant convenablement guidée sur une grande partie de sa longueur, descend verticalement tandis que le galet qui la pousse roule sur son axe tout en décrivant un arc de cercle autour de l'axe d'oscillation du levier.

Le frottement des deux pièces en contact se trouve ainsi diminué.

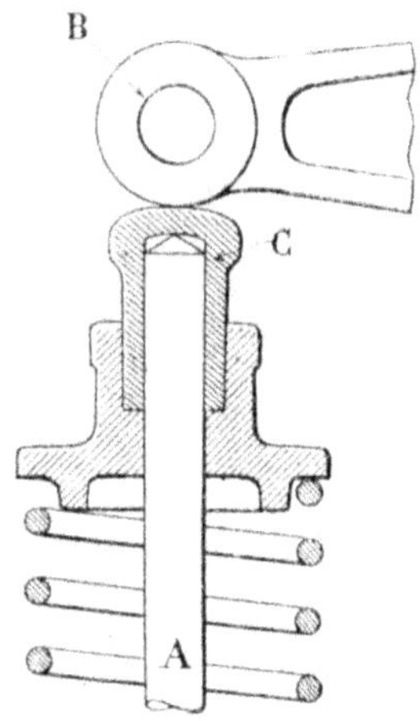

Fig. 97. — Dispositif d'attaque de soupape.

La soupape d'échappement peut être actionnée par des leviers de la même façon que la soupape d'admission, mais comme cette soupape d'échappement est généralement placée au-dessous du cylindre, le mouvement du levier oscillant sera en sens contraire du mouvement des leviers que nous venons d'examiner, en supposant que les soupapes se déplacent dans des directions symétriques, par rapport au centre du cylindre.

Si un seul levier, actionné par une came, commande directement la soupape d'échappement, une extrémité B de ce levier A (Fig. 98) est constituée en forme de fourche et porte, goupillé, un axe C sur lequel roule un galet D qui appuie sur la came qui permet de conserver, sur tout son contour, des nervures qui assurent sa rigidité. L'axe d'oscillation entre, à frottement doux, dans le trou E percé dans le moyeu, ce trou étant muni d'une garniture pour limiter le degré d'usure.

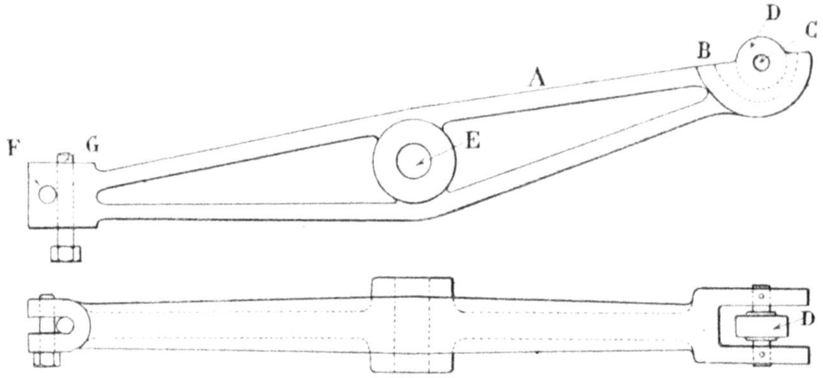

Fig. 98. — Levier actionnant une soupape d'échappement.

L'extrémité F du levier qui actionne la tige de la soupape peut porter un dispositif semblable à ceux que nous avons examinés plus haut. Celui qui est représenté par la figure 100 est simple et peut, en outre, permettre un certain réglage. Il consiste à visser dans une sorte de moyeu formant le bout du levier une tige filetée et portant une tête à 6 pans.

Fig. 99. — Moteur à gaz pauvre, système Bollinckx.

Fig. 1066. — Machine à gaz de hauts fourneaux, de 1200 chevaux, construite par les ateliers d'Augsbourg et Nurenberg, pour les Aciéries de Maxéville.

Cette tige peut être plus ou moins vissée dans le moyeu, et son extrémité qui peut déborder plus ou moins, viendra rencontrer la tige de la soupape plus ou moins tôt. Une vis transversale permet, par son serrage, d'immobiliser la vis de butée. On peut, de cette façon, en maintenant le galet appuyé sur la came, régler exactement la valeur du jeu nécessaire pour assurer l'appui complet de la soupape sur son siège. La fourche du levier d'échappement, qui porte le galet, peut être établie pour recevoir le dispositif de déplacement du galet, lequel a pour but de le présenter tantôt devant la came d'échappement, tantôt devant la came de diminution de la compression, dispositif que nous avons décrit précédemment.

Leviers roulants

Nous avons dit, plus haut, que pour atténuer l'action un peu brusque des excentriques sur les soupapes, on commandait celles-ci par l'intermédiaire de leviers roulants. Comme nous l'avons expliqué lors de l'examen de certains types de distributions de machines à vapeur[6], dans un système de leviers roulants, le levier qui provoque le soulèvement de la soupape et qui est actionné, à une extrémité, par une tige d'excentrique ou par une bielle, s'appuie sur une autre pièce métallique et, au fur et à mesure que son oscillation se produit, son point d'appui sur cette pièce se déplace, comme si le levier roulait dessus. Il en résulte une modification continue de la longueur des bras de leviers par rapport au point d'appui variable, qui est aussi le centre d'oscillation, et le mouvement transmis à l'extrémité du levier par la tige d'excentrique ou la bielle peut ainsi être transformé, à l'autre extrémité qui actionne la soupape, en un mouvement de régime différent et mieux approprié à la fonction de cette soupape.

Comme dans les machines à vapeur, les soupapes de moteurs à gaz doivent pouvoir être ouvertes rapidement, être maintenues dans cette position le plus longtemps possible et être refermées, ensuite, d'une manière rapide, tout en étant reposées sans choc. C'est la meilleure utilisation à obtenir du faible espace angulaire réservé à la commande de chacune des soupapes pour un tour de l'arbre de distribution, dans le cas d'un moteur à quatre temps. On peut, dans une certaine mesure, avec la commande par cames, et en donnant à celles-ci des profils appropriés, obtenir des résultats à peu près identiques, mais l'utilité des leviers roulants est surtout appréciée quand la commande des soupapes s'effectue au moyen d'excentriques.

Les dispositifs de leviers roulants ou leviers à roulement peuvent différer par le mode d'articulation du levier solidaire de la tige d'excentrique ou de la bielle de commande.

Cette articulation peut se faire autour d'un axe fixe ou autour d'un axe pouvant se déplacer pendant la manœuvre de la soupape.

Leviers roulants à articulation fixe

Généralement, un système de leviers roulants est établi avec des axes d'articulation fixes. Le dispositif se compose d'un levier AB (Fig. 101), articulé en A sur un axe fixe et en B sur la tige de commande E. Ce levier, auquel on donne une forme incurvée appropriée à sa fonction que nous allons examiner, vient s'appuyer sur un second levier CD, pouvant osciller autour d'un axe fixe D et dont l'extrémité C actionne la tige F de la soupape, par l'intermédiaire de l'un des dispositifs d'attaque que nous avons indiqués plus haut.

6 *Merveilles de la Science*, Tome I : Chaudières et Machines à vapeur.

Dans la position de repos, le point de contact des deux leviers est très rapproché de l'axe d'articulation A du levier de commande. Quand la tige E actionnée soit par came, soit par excentrique, tire de haut en bas sur le levier AB, bien que ce premier mouvement soit brusque et fasse parcourir rapidement à l'extrémité B, du levier, une course assez importante en peu de temps, le levier CD oscillera cependant d'une faible quantité autour de son axe fixe D.

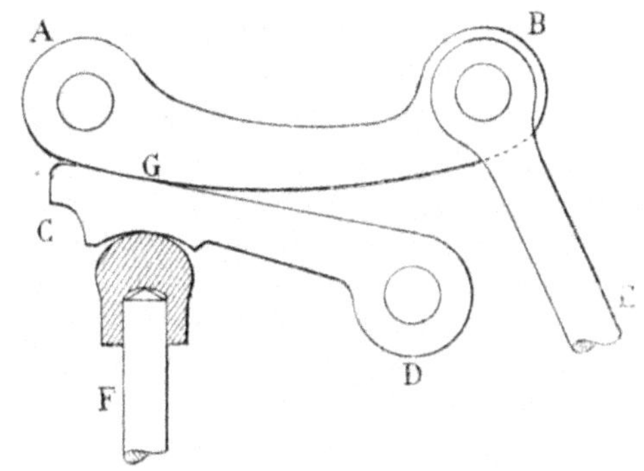

Fig. 101. — Leviers roulants à articulation fixe actionnant une soupape d'admission.

En effet, le point de contact des leviers étant tout près de l'axe A, en G, le levier CD ne sera déplacé, que dans le rapport de grandeur des bras de levier AG et GB. La soupape sera donc attaquée doucement.

Aussitôt le mouvement commencé, pour un déplacement faible du point B vers le bas, le point de contact G se déplace rapidement le long des deux leviers. Le rapport des bras de leviers AG et GB diminue, devient égal à l'unité, puis le point G se rapproche de l'extrémité B.

Comme la commande du levier C D se fait avec ce point de contact, comme centre d'oscillation, il en résulte qu'au fur et à mesure que le point G s'approche du milieu des deux leviers, la soupape est soulevée de plus en plus rapidement, non seulement par suite de la variation des bras de leviers AG et GB, mais encore de celle des bras de leviers CG et GD sur le levier C D.

Fig. 102. — Moteur à gaz pauvre « Perfecta », de 180 chevaux, système Taylor.

Quand le point de contact arrive près de l'axe B, l'organe de commande de la bielle E ne fait parcourir à cette bielle qu'une faible course, puis cette bielle passe à son point mort et revient en sens inverse. Pendant cette phase du mouvement, l'extrémité du levier B ne parcourt qu'une faible course de haut en bas, s'arrête et recommence à se mouvoir de bas en haut. Le levier C D se déplace d'une très faible quantité, et la soupape reste, pour ainsi dire, immobile pendant un certain temps quand elle a atteint l'extrémité de sa course.

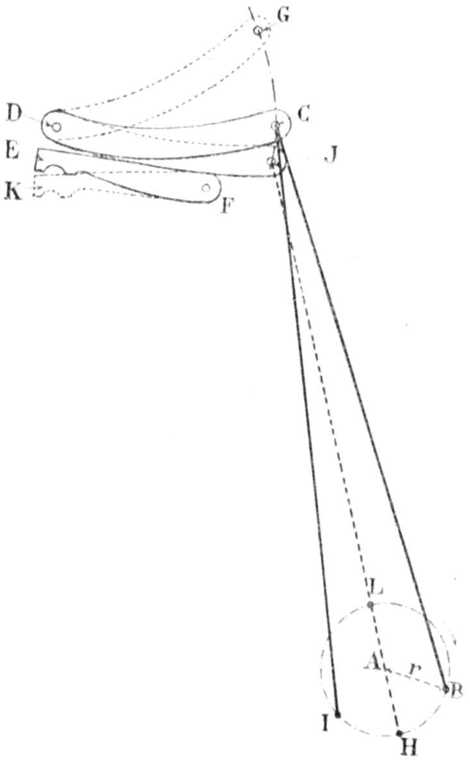

Fig. 103. Commande de leviers roulants par excentrique.

Pendant le mouvement de bas en haut de la tige de commande E, le levier AB oscille autour du point A, l'extrémité B étant poussée par la tige. Le point de contact G se déplace en roulant vers l'extrémité A. Le levier C D est donc actionné de la même façon que précédemment, mais les variations de son déplacement se manifesteront dans un sens opposé.

La soupape, après être restée un instant sensiblement immobile à pleine ouverture commence donc, d'abord, à remonter sous l'action de son ressort antagoniste. A mesure que cette montée s'effectue, elle devient de plus en plus rapide, mais lorsque la soupape est sur le point de venir reposer sur son siège, sa vitesse s'atténue et elle vient, en fin de course, s'appuyer sans choc sur sa couronne de repos.

Cette variation de la vitesse de montée est due, comme celle de la descente, au déplacement du point de contact G des leviers, ce point de contact constituant un point d'oscillation pour ainsi dire instantané qui provoque, par son déplacement, une variation permanente des bras de leviers d'action.

La figure 103 représente le schéma de la commande, par excentrique, du système de leviers roulants précédent. La circonférence ayant pour centre le point A est tracée avec un rayon AB égal au rayon d'excentricité de l'excentrique de commande. L'extrémité B de la tige solidaire du collier de cet organe parcourt successivement tous les points de cette circonférence. La longueur de cette tige BC peut être rendue réglable, mais ne varie plus pendant le fonctionnement du moteur.

Le mouvement de cette tige ayant lieu dans le sens de la flèche, quand la soupape est à sa position de repos, le levier supérieur peut occuper toutes les positions comprises entre DG et DC sans que le levier inférieur EF soit actionné et sans que, par conséquent, la soupape manœuvre.

Pour la position DC du levier et C B de la tige de l'excentrique, le levier EF commence à être actionné de la manière que nous venons d'examiner. L'extrémité B de la tige d'excentrique avançant vers le point H, l'autre extrémité C tire sur le levier DC et le fait osciller autour du point D ; le levier EF s'abaisse et la soupape quitte son siège et découvre l'orifice sur lequel elle est établie. Quand l'extrémité inférieure de la tige d'excentrique est au point H, son extrémité supérieure est au point J. Ce point est commun à cette tige et au levier DC. Ce levier occupe alors la position DJ et ce point J se trouve, par conséquent, à l'intersection d'un arc de cercle tracé du point comme centre avec un rayon égal à DC, et d'un second arc tracé du point H avec un rayon égal à la longueur de la tige d'excentrique CB.

Le point H étant le point d'excursion le plus bas atteint par la tige, il faut qu'à ce moment la soupape ait effectué sa course entière.

En effet, le levier FE qui la commande a été actionné par le levier DC pendant son passage de cette position à la position DJ, et, pour cette position extrême, le levier EF a oscillé autour du point F et est venu en KF.

La course EK, décrite par le point du levier EF sur lequel appuie la soupape, représente la course effectuée par cette soupape dont l'ouverture s'est produite avec les variations de vitesse que nous connaissons, dues au déplacement du point de contact des leviers roulants.

A partir du point H, la tige d'excentrique va pousser sur l'extrémité J du levier DJ et va tendre à le ramener à sa position DC. La soupape commence sa course de fermeture, et quand la tige d'excentrique occupe la position IC, le levier DC est à sa position initiale de contact avec le levier EF et la soupape est, à ce moment, appliquée sur son siège. Du point I au point B, en suivant le sens de rotation indiqué par flèche, l'excentrique n'a plus aucune action sur la soupape : sa tige continue à faire osciller le levier D en poussant sur son extrémité C, le conduit jusqu'à sa position DG, la tige étant alors placée en GL, puis le ramène à sa position d'attaque DC.

Si le mouvement se continue, la soupape quittera de nouveau son siège, et les différentes phases de sa manœuvre se reproduiront successivement semblables aux précédentes pour chacun des tours de l'arbre portant l'excentrique.

Les leviers roulants peuvent aussi être disposés comme l'indique la figure 104. La bielle A reçoit son mouvement d'une came, par l'intermédiaire d'un levier à galet. Cette bielle s'articule en B avec un levier BCD, oscillant autour d'un axe fixe C et dont la branche CD porte intérieurement une sorte de palette venant s'appuyer sur une autre palette placée sur la branche verticale EF d'un autre levier EFG qui actionne la tige H de la soupape. Le levier EFG oscille autour de l'axe fixe F. Ce système de leviers roulants est donc à articulation fixe.

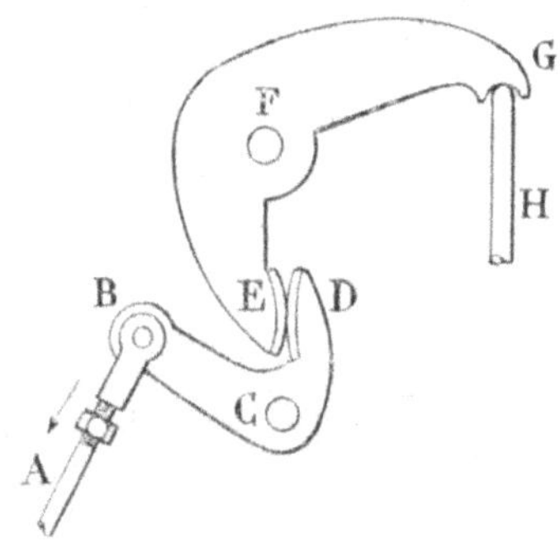

Fig. 104. – Leviers roulants actionnant une soupape d'admission

Quand la bielle tire sur l'extrémité B du levier inférieur, celui-ci, pivotant autour de son axe C, vient buter contre la palette E du levier supérieur. Au début du mouvement, le point de contact des deux leviers est placé à la partie inférieure des palettes. Cela permet au levier BCD de n'actionner le levier EG qu'avec une course réduite. De ce fait, la traction brusque exercée par la tige sur l'axe B se trouve atténuée quand ce mouvement est transmis au levier supérieur et, par conséquent, à la tige de soupape.

A mesure que le levier BD oscille, le point de contact des palettes s'élève et, comme ce point détermine, pour chaque position, la vraie longueur des bras de leviers de commande, il s'ensuit que le bras vertical du levier BD augmente de valeur et que le bras vertical du levier EF diminue. Cette double variation concourt à actionner de plus en plus rapidement la soupape, pour un même déplacement de la bielle A. C'est, ainsi que nous l'avons expliqué, une bonne condition de fonctionnement de cette soupape.

Pendant la course de retour de la bielle A, le mouvement inverse se produit. La soupape, pendant que la bielle reste au point mort, est, pour ainsi dire, immobilisée à pleine ouverture.

Elle effectue rapidement la plus grande partie de sa course de fermeture par l'action combinée des deux leviers roulants mais, parvenue à la fin de sa course, elle vient, par suite de l'abaissement du point de contact des palettes, se reposer doucement, sans choc, sur son siège.

Les systèmes de leviers roulants que nous venons de décrire sont disposés pour actionner des soupapes de haut en bas, ces soupapes, qui sont généralement des soupapes d'admission étant placées à la partie supérieure du cylindre.

On peut, également, actionner des soupapes de bas en haut, c'est-à-dire des soupapes placées à la partie inférieure du cylindre qui sont assez souvent des soupapes d'échappement.

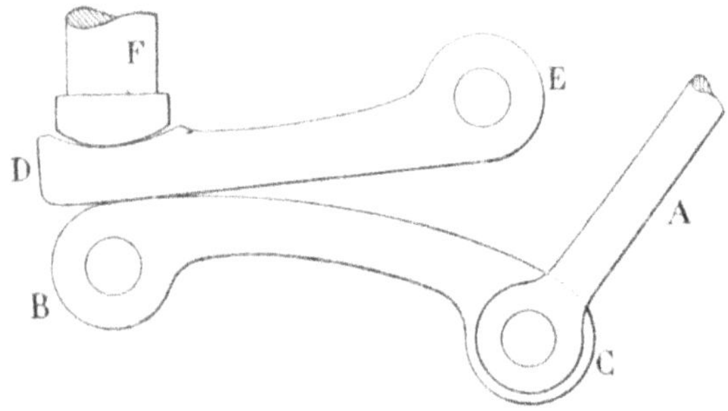

Fig. 105. — Leviers roulants à articulation fixe actionnant une soupape d'échappement.

Dans ce cas (Fig. 105), la tige A de commande est articulée à l'extrémité du levier inférieur BC pouvant osciller sur un axe fixe B. Sur ce levier appuie le second levier DE, articulé sur un axe fixe E et dont l'extrémité D supporte la tige F et la soupape.

Quand la bielle A tire sur l'extrémité C du levier BC, celui-ci oscille autour du point B, et le point de contact des deux leviers, roulant tout le long de leurs surfaces d'appui, provoque l'oscillation plus ou moins rapide du levier DE et le soulèvement, à vitesse variable, de la soupape ainsi actionnée.

On utilise, dans certains types de distribution, le principe des leviers roulants pour faire varier d'une manière simple la levée de la soupape d'admission ou de la soupape à gaz par l'action du régulateur.

Pour cela, on interpose entre les deux leviers A et B (Fig. 106), disposés de façon à peu près semblable aux systèmes précédents, un petit galet C qui détermine ainsi exactement les points de contact des deux leviers.

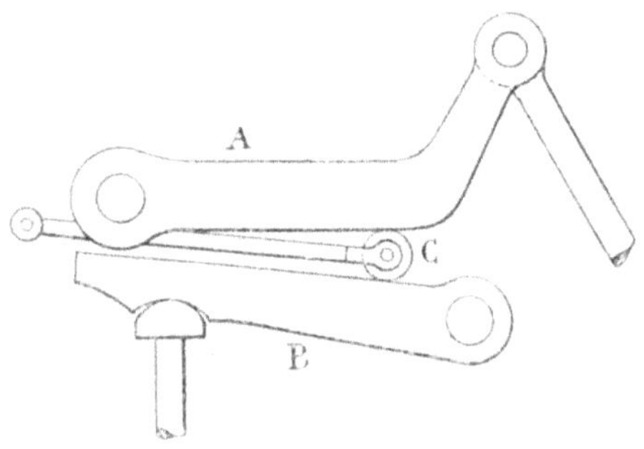

Fig. 106. — Levier roulant à course variable par l'action du régulateur.

Ce galet est ensuite déplacé le long des leviers par le mécanisme du régulateur soit en avant, soit en arrière, suivant son régime de marche.

Le point de contact des deux leviers se trouve donc changé et la grandeur de la course de la soupape peut, de cette façon, être limitée et appropriée au régime du régulateur et, par conséquent, du moteur.

Levier roulant à articulation mobile

Le système de levier roulant à articulation mobile ne comporte qu'un seul levier actionné, à une extrémité, par la bielle ou la tige d'excentrique, et relié, à l'autre extrémité, à la tige de la soupape. Les deux bouts du levier F se déplacent donc et l'oscillation s'effectue sur une pièce fixe tout le long de laquelle le point de contact du levier se déplace du fait de la forme donnée au levier. Le résultat obtenu pour la manœuvre de la soupape est le même que celui donné par les systèmes de leviers roulants que nous venons de décrire.

Le levier roulant à articulation mobile AB (Fig. 107), est solidaire, à son extrémité B, de la tige d'excentrique et, à son extrémité A, de la tige de soupape.

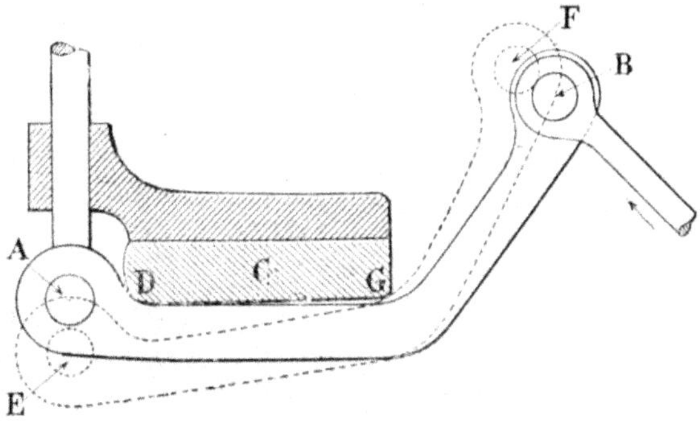

Fig. 107. — Levier roulant à articulation mobile.

Quand la soupape est appliquée sur sun siège par la tension de son ressort antagoniste, qui s'exerce de bas en haut, le levier roulant occupe la position AB et s'appuie sur la plaque de roulement C en un point D qui est placé tout près de l'articulation A de la tige de la soupape.

Lorsque la bielle de commande pousse l'extrémité B du levier, le point de contact de ce levier et de la plaque de roulement C se déplace et se rapproche, au fur et à mesure, de l'extrémité B. Nous retrouvons dans le mouvement de ce levier les mêmes variations de vitesse de l'extrémité A, reliée à la soupape, que dans les mouvements des leviers précédents.

Dès le début du mouvement, en effet, le déplacement de l'extrémité B ne produit qu'un déplacement très faible de l'extrémité A, puisque le levier AB oscille autour du point D et que les déplacements des extrémités A et B sont proportionnels aux bras de leviers AD et DB.

Si donc une tige d'excentrique pousse brusquement sur l'extrémité B du levier AB, la soupape actionnée à l'autre extrémité A quittera d'abord son siège doucement, avec une faible vitesse qui croîtra à mesure que l'extrémité B se déplacera vers le haut et que le point de contact, sur la plaque C, s'éloignera de l'extrémité A.

Lorsque la tige de commande aura terminé son excursion dans le sens de la poussée, le levier AB occupera la position EF, représentée en traits pointillés, et la distance AE représentera la course de la soupape qui sera, à ce moment, à sa position de pleine ouverture. La distance BF mesurera la course effectuée par la tige de l'excentrique.

La forme donnée à la face du levier qui vient en contact avec la plaque C est telle que ce levier appuie sur cette plaque au point G lorsque la soupape est ouverte. Le point de contact, qui est le point d'oscillation variable du levier, est donc passé de D en G pendant l'excursion de la tige de commande et la manœuvre de la soupape.

Pendant la manœuvre inverse de la tige, c'est-à-dire quand elle tire sur l'extrémité F du levier, le point d'oscillation se rapproche de plus en plus du point D, jusqu'à se confondre avec lui quand la soupape est complètement refermée. C'est la phase de fermeture, au début de laquelle la soupape est ramenée rapidement vers sa couronne d'appui ; puis sa vitesse diminue, pour devenir très faible lorsqu'elle atteint cette couronne sur laquelle elle se repose sans choc.

On voit que, dans cette disposition de leviers roulants, les deux articulations A et B du levier sont mobiles et que le point d'oscillation de ce levier se déplace également.

La figure 108 représente le schéma de la commande, par un excentrique, d'un levier roulant à articulation mobile. La circonférence ayant pour centre le point A est tracée avec un rayon égal au rayon d'excentricité de l'excentrique calé sur l'arbre de distribution.

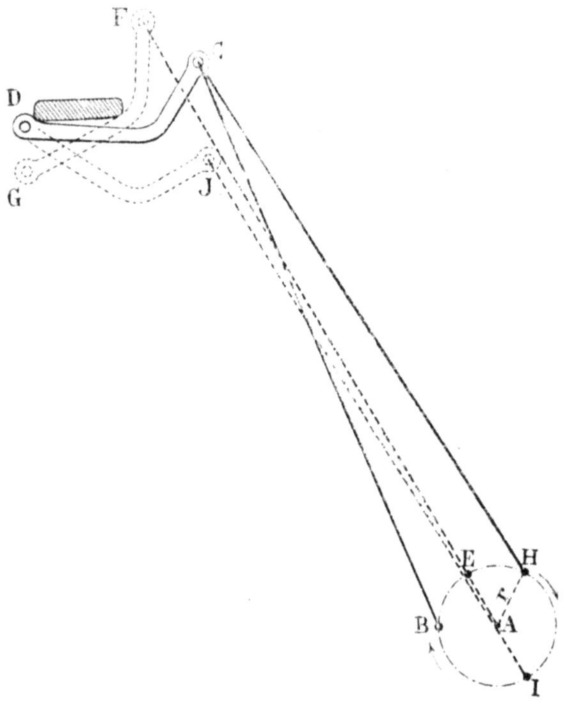

Fig. 108. — Commande par excentrique d'un levier roulant à articulation mobile.

La tige de l'excentrique occupe, au moment où l'attaque de la soupape va commencer, la position BC, et le levier roulant se trouve placé en DC. Le point d'oscillation est situé tout près de l'extrémité D de ce levier.

Le mouvement de l'excentrique se continuant dans le sens de la flèche, l'extrémité inférieure de la tige arrive au point E. Pendant sa course de B en K, celle tige a poussé l'extrémité C du levier jusqu'au point F, et à sa position EF correspond la nouvelle position CF du levier DC. Pour arriver en GF, l'extrémité D de ce levier a parcouru le chemin DG et l'extrémité C le chemin CF. Cette dernière distance représente la course parcourue par l'extrémité supérieure de l'excentrique depuis le commencement de l'attaque de la soupape, et la distance correspondante DG représente la course complète de la soupape A vers le bas. Pour la position CF du levier roulant, la soupape est donc à pleine ouverture.

La continuation, dans le même sens, du mouvement de l'excentrique, amène l'extrémité inférieure de sa tige au point H. Son extrémité supérieure se trouve alors en C et, pendant la course EH parcourue sur la circonférence, cette extrémité supérieure est venue du point F au point C, et le levier roulant a repris, en DC, sa position initiale pour laquelle la soupape est reposée sur son siège. C'est donc entre les deux positions DC et GF du levier roulant que s'effectue la manœuvre de la soupape, soit vers le bas, soit vers le haut, suivant que la tige d'excentrique pousse ou tire sur l'extrémité C de ce levier. Cette manœuvre s'effectue, comme nous l'avons expliqué, avec des vitesses variables provenant du déplacement, sur la plaque de roulement, du point d'oscillation du levier DC.

La partie active de la course de l'excentrique est comprise entre les positions B et H de l'extrémité de la tige sur la circonférence de centre A. Du point H au point B où commencera une nouvelle attaque de la soupape, l'extrémité de la tige décrit l'arc H I B. Au point d'extrême course I, la tige est venue en IJ et le levier roulant occupe la position DJ. Entre les positions DC et DJ le point D ne s'est pas déplacé, puisque l'oscillation du levier se produit pour ainsi dire en ce point même ou, ce qui revient au même, en un point très voisin situé sur la plaque de roulement. La soupape n'est donc

Fig. 110. – Machine à gaz de gazogène par aspiration des Ateliers d’Augsbourg et Nurenberg.

pas actionnée pendant le déplacement du levier de DC en DJ, et ce n'est que lorsque la tige d'excentrique est revenue à la position BC que sa manœuvre d'ouverture peut recommencer et les mêmes phases se reproduire pour un nouveau tour de l'excentrique.

Bielles

Quand les mécanismes des soupapes sont actionnés par des cames, on emploie généralement des petites bielles comme organes intermédiaires entre le levier à galet placé près de la came et le levier de commande de la soupape. Ces bielles remplissent, dans le système de commande par cames, le même office que les tiges d'excentriques dans l'autre système.

Les bielles doivent être à la fois légères et résistantes. On les fait en acier doux ou en acier coulé et, dans ce dernier cas, on peut munir la bielle de nervures qui lui donnent de la rigidité en lui conservant un faible poids. D'une façon générale, on établit les bielles pour qu'elles puissent être réglables ; on peut ainsi assurer la fermeture effective des soupapes pour une position déterminée du galet de commande par rapport à la surface de la came qui l'actionne.

Les bielles sont alors constituées par deux chapes A et B (Fig. 109), placées chacune à une des extrémités, réunies par une tige cylindrique C. Un écrou relie chacune des chapes avec une extrémité de la tige.

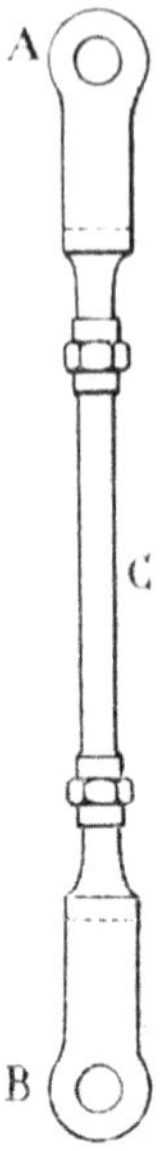

Fig. 109. — Bielle de soupape.

En vissant ou en dévissant cet écrou, on rapproche ou on écarte de la chape l'extrémité de la tige et on peut, de cette façon, raccourcir ou allonger, selon les nécessités du réglage, la longueur totale de la bielle entre les deux axes d'articulation. Cette disposition est très utile pour procéder au réglage de la distribution, après le montage de tous les organes ; mais il convient, une fois le réglage effectué, d'immobiliser d'une manière complète les écrous, pour éviter un desserrage toujours à craindre par suite des chocs et des trépidations auxquels sont soumis les organes de commande des soupapes.

Ce desserrage aurait, on le conçoit, des conséquences fort nuisibles au point de vue du maintien des soupapes à leur position de repos sur leur siège ou de la constance de l'amplitude de leur course.

Ressorts des soupapes

Comme nous l'avons vu, le mécanisme qui actionne les soupapes agit dans le sens de leur ouverture et ces soupapes sont, pendant la course inverse du mécanisme de commande, ramenées à la position de fermeture par des ressorts antagonistes.

Ces ressorts sont généralement des ressorts à boudin faits en fil d'acier cylindrique enroulé en spirale autour de la tige de la soupape.

Le ressort s'appuie, d'une part, sur un repos fixe appartenant à la boîte à soupape ou au cylindre et, d'autre part, sur un plateau ou sur une bague solidaire de la tige de la soupape. Quand le mécanisme actionne la soupape et provoque son ouverture, il comprime, par ce même mouvement, le ressort antagoniste, et lorsque le mécanisme abandonne la tige de soupape, c'est ce ressort qui, en se détendant, vient appliquer, avec une pression déterminée, la soupape sur son siège.

Il est très important que les ressorts maintiennent les soupapes fermement appliquées sur leur siège pendant les diverses courses du piston pour lesquelles elles ne doivent pas manœuvrer. C'est surtout pour la soupape d'échappement qu'il faut veiller à ce que cette condition soit bien remplie. Pendant la phase d'admission, en effet, le piston aspire derrière lui, dans le cylindre, du mélange gazeux. Il crée, pendant sa progression, un vide qui tend à soulever les soupapes qui s'ouvrent vers l'intérieur du cylindre. La soupape d'admission est normalement soulevée pour permettre l'introduction du mélange gazeux, mais la soupape d'échappement doit rester complètement immobile, pour éviter que des gaz évacués dans le tuyau d'échappement ne puissent être réadmis dans le cylindre, et ne se mélangent aux gaz frais introduits, en diminuant ainsi leur valeur combustible et calorifique. Le ressort de la soupape d'échappement doit donc être établi pour maintenir d'une façon certaine la soupape à sa position de repos pendant la phase d'admission.

Dans les moteurs de grande puissance, pour éviter de donner au ressort antagoniste de la soupape d'échappement des dimensions trop considérables, on adjoint au mécanisme de commande de cette soupape un dispositif de verrouillage, actionné par un levier spécial, qui a pour fonction d'empêcher son soulèvement pendant que s'effectue la phase d'aspiration dans le cylindre.

La soupape est néanmoins munie d'un ressort antagoniste dont la puissance peut être ainsi plus réduite.

Nous venons d'examiner séparément les différents organes dont la manœuvre permet d'effectuer, d'une façon rationnelle, l'admission du mélange tonnant dans le cylindre d'un moteur à gaz et l'évacuation des gaz brûlés, opérations qui constituent, dans leur ensemble, ce que l'on nomme la distribution du moteur.

Il nous reste, pour compléter notre analyse des distributions, à examiner de quelle façon fonctionnent quelques types de ces mécanismes choisis parmi les plus ingénieux et les plus employés. Les organes divers que nous connaissons maintenant, et qui font partie de ces mécanismes, seront alors présentés à la place qu'ils doivent occuper sur le moteur, et nous pourrons ainsi suivre successivement la manœuvre de chacun d'eux dans l'ensemble du mécanisme, ce qui permettra de déterminer exactement sa fonction.

Cependant, avant de décrire les divers types de distributions, il importe d'examiner les différents moyens que l'on peut employer pour faire varier judicieusement le régime de marche du moteur afin de l'approprier au travail variable qu'on peut exiger de lui. C'est ce que l'on appelle régulariser le fonctionnement du moteur, et l'ensemble des procédés et des dispositifs utilisés dans ce but est désigné sous le nom de régulation.

L'organe essentiel de régulation est le régulateur, mais comme celui-ci agit, en actionnant des organes intermédiaires, sur les organes mêmes de la distribution, il est indispensable de connaître sur quels principes repose la régulation et quels sont les types principaux de régulateurs généralement employés avant de commencer la description des types divers de distribution.

RÉGULATION

La régulation a pour objet de rendre variable l'énergie développée dans le cylindre d'un moteur, suivant le travail variable demandé à ce moteur.

Pour obtenir ce résultat, on peut employer trois procédés principaux : le système de régulation dit par *tout ou rien*, la régulation par *variation de la composition* du mélange et la régulation par *variation du volume* de mélange gazeux admis dans le cylindre. On emploie encore d'autres procédés de régulation qui peuvent être des combinaisons des trois systèmes que nous venons de citer, lesquels sont les procédés types.

Régulation par tout ou rien

Dans ce procédé de régulation, on admet, dans le cylindre, tout le volume de mélange gazeux, d'une composition bien déterminée et constante, ou bien on n'admet aucun mélange, c'est-à-dire rien, suivant que le moteur a une charge normale ou bien un faible travail à effectuer. C'est donc bien le système du tout ou rien qui caractérise ce genre de régulation, et c'est de cette particularité qu'il tire son nom.

Avec cette régulation, quand le moteur effectue son travail normal ou quand il a une charge importante, l'admission du mélange gazeux s'effectue à chaque cycle de la distribution, c'est-à-dire, pour un moteur à quatre temps, à chaque tour de l'arbre de distribution ou à chaque deux tours de l'arbre principal.

Lorsque la charge vient à diminuer d'une façon très sensible, l'admission n'a plus lieu régulièrement à chaque double tour de l'arbre moteur. Elle s'effectue irrégulièrement, au fur et à mesure que la vitesse du moteur, en diminuant de valeur, influence le régulateur qui, lui-même, actionne le mécanisme d'ouverture de la soupape à gaz. Il n'existe donc pas de positions intermédiaires entre l'admission totale du gaz et la fermeture complète des soupapes. Il en résulte dans le mouvement du moteur une succession irrégulière d'explosions, par rapport au nombre de tours effectués par l'arbre, et on peut même, de ce fait, rien qu'au bruit particulier et bien caractéristique très connu que produisent les gaz brûlés s'échappant au-dehors par le tuyau d'échappement reconnaître, sans le voir, qu'un moteur à gaz est muni d'une régulation par tout ou rien. Ces bruits se succèdent, en effet, à des intervalles très irréguliers. Cependant, quand le moteur effectue un travail constant, ces bruits peuvent être perçus à des intervalles plus ou moins longs suivant la charge du moteur, mais ils se reproduisent régulièrement.

La régulation par tout ou rien offre un grand avantage, en ce sens qu'elle permet, quand l'admission de mélange gazeux se produit, d'admettre dans le cylindre un mélange de gaz et d'air constitué de la manière la plus favorable pour fournir un bon travail sur le piston. D'autre part, le volume de gaz introduit étant aussi toujours constant, la compression dans le cylindre peut toujours être maintenue constante, lorsqu'il y a eu admission, et c'est encore une excellente condition pour obtenir un bon rendement calorifique.

A côté de ces avantages se place un inconvénient provenant du principe même de la régulation, c'est l'irrégularité dans l'admission. Il ne se produit, de ce fait, ainsi que nous venons de le dire, que des explosions irrégulièrement intermittentes. Les phases actives de travail sont donc plus espacées et les parois du cylindre perdent de leur chaleur pendant les courses non actives. Il en résulte que, pour une variation du travail du moteur assez importante, sa vitesse varie aussi considérablement.

La régulation par tout ou rien peut être réalisée, quand le moteur comporte une soupape à gaz, en provoquant, par l'action du régulateur, l'ouverture ou le maintien de la fermeture de cette soupape, tout en laissant à la soupape d'admission du mélange dans le cylindre et à la soupape d'échappement leur fonctionnement régulier. Dans ce cas, quand la soupape à gaz se trouve fermée, le piston n'aspire, dans le cylindre, par l'orifice découvert par la soupape d'admission, que de l'air qui est ensuite comprimé, mais qui ne peut, on le comprend, provoquer l'explosion. Cet air est évacué pendant la course du piston correspondant à la phase d'échappement, pendant laquelle la soupape d'échappement s'ouvre toujours régulièrement.

On peut, également, dans cette régulation, provoquer, par un mécanisme approprié, quand il ne doit pas y avoir aspiration, le maintien, à la position de fermeture, de la soupape d'admission du mélange dans le cylindre, tout en laissant à la soupape d'échappement son procédé de fonctionnement ordinaire.

Lorsque la charge du moteur ne permet pas d'admettre de gaz, le piston, pendant la course d'aspiration, fait le vide derrière lui puisqu'à ce moment toutes les soupapes sont fermées. La dépression ainsi produite nuit à la progression en avant de ce piston, mais, à la course suivante, il n'y a pas de compression dans le cylindre.

Il est, enfin, possible d'obtenir la régulation par tout ou rien en maintenant, dans la période de non-admission, la soupape d'admission fermée et la soupape d'échappement constamment ouverte.

Pendant la phase d'aspiration, le mélange tonnant ne peut être introduit dans le cylindre, puisque la soupape d'admission est maintenue fermée, mais, par le conduit d'évacuation, dont l'orifice est découvert par la levée permanente de la soupape d'échappement, peuvent pénétrer dans le cylindre les gaz brûlés contenus dans ce conduit.

Cette disposition évite la dépression dans le cylindre derrière le piston, comme dans le cas précédent et en outre, elle permet aux gaz brûlés, réintroduits, de réchauffer les parois du cylindre, mais il convient de dire que, souvent, cette aspiration par le tuyau d'évacuation amène dans le cylindre des poussières précédemment rejetées et qui ne peuvent que nuire au bon fonctionnement des organes du moteur avec lesquels elles peuvent ainsi prendre contact.

D'une façon générale, dans le procédé de régulation par tout ou rien, le régulateur intervient pour ouvrir ou fermer les soupapes à gaz, d'admission de mélange ou d'échappement, par l'intermédiaire d'une pièce de butée qui, se présentant devant l'organe de commande de la soupape, provoque sa manœuvre. Quand cette butée change de position, elle ne rencontre plus, dans son mouvement, le mécanisme de commande de la soupape. Celle-ci reste alors immobile à sa position de repos.

C'est le déplacement du régulateur, variant suivant la charge du moteur, qui détermine le déplacement de la pièce de butée intermédiaire qui agit ou non sur le mécanisme des soupapes.

Il y a donc admission de mélange gazeux dans le cylindre ou non-admission, suivant la position occupée par le régulateur et, par conséquent, suivant le régime de marche du moteur, qui dépend, évidemment, du travail qu'on exige de lui.

C'est un mécanisme semblable qui a été établi sur le moteur primitif Otto que nous avons décrit précédemment (Fig. 33).

Le dispositif représenté par la figure 111 permet, d'une façon simple, le déplacement de la pièce de butée par l'action du régulateur.

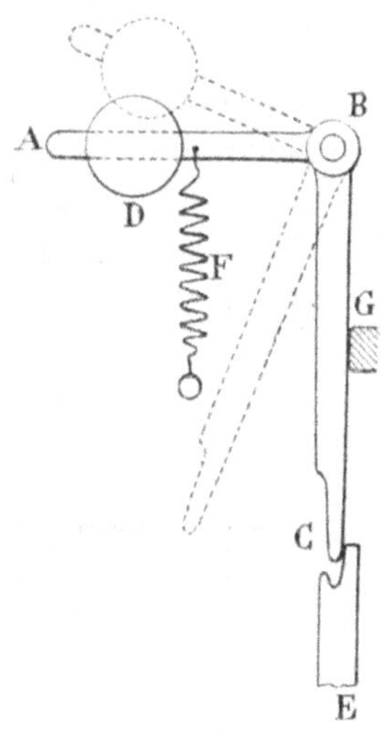

Fig. 111. — Schéma de régulation par tout ou rien.

Ce régulateur est du système pendulaire. Il est constitué par un levier à deux branches, AB et BC, perpendiculaires, dont l'une porte un contrepoids D dont le déplacement, sur la tige AB, permet le réglage de l'équilibre du levier. L'extrémité de l'autre branche porte la butée qui viendra actionner la tige E de commande de la soupape, pour une certaine position du régulateur.

Pour le régime normal de fonctionnement du moteur, la branche BC du régulateur occupe une position verticale, et quand le support du levier est poussé vers le bas par le mécanisme de commande, la branche BC peut, en rencontrant la tige E, provoquer l'ouverture de la soupape et l'admission de mélange.

Lorsque la charge du moteur diminue et que, par conséquent, sa vitesse augmente, le support du régulateur reçoit une impulsion plus forte de son organe de commande et le levier se place dans la position représentée en traits pointillés dans la figure 112, la tige AB s'écartant de la position horizontale et la branche BC s'écartant de la position verticale.

A partir d'une certaine valeur de la vitesse, cette branche, amenée en fin de course vers le bas par le poids D et le ressort F, ne rencontre plus la tige E de la soupape ; il en résulte que pour ce cycle de la distribution, la soupape ne sera pas actionnée et l'admission sera nulle. La vitesse du moteur diminuera, et ce n'est que lorsqu'elle aura atteint son régime normal que la butée C rencontrera à nouveau la tige E et provoquera régulièrement l'ouverture de la soupape.

Avec le système de régulation par tout ou rien, le moteur ne prend donc pas du gaz régulièrement, pour employer une expression courante usitée dans les ateliers, et c'est parfois au bout de quatre tours, et même de six tours de l'arbre principal que l'admission du mélange s'effectue dans le cylindre et que l'explosion se produit.

Il faut nécessairement, pour maintenir une régularité convenable dans le mouvement de rotation du moteur, le munir d'un volant ayant une grande masse, de façon que l'impulsion donnée à ce volant, par le travail exercé par les gaz détendus sur le piston, soit suffisante pour maintenir une certaine régularité dans le mouvement, malgré le manque d'admission et le défaut d'explosion. C'est pour cette raison qu'un moteur muni d'un système de régulation par tout ou rien possède un volant plus lourd, à puissances égales, qu'un moteur muni d'une régulation par variation de la composition du mélange ou par variation du volume gazeux admis. Dans ces deux derniers cas en effet, comme nous allons le voir, l'explosion se produit régulièrement à chaque cycle, c'est-à-dire à chaque double tour de l'arbre moteur, et le piston a toujours une course motrice pouvant produire un travail variable, il est vrai, sur les quatre, mais qui permet, néanmoins, de diminuer la masse du volant mise en mouvement pour assurer la régularité du fonctionnement.

Régulation par variation de la composition du mélange

Dans ce procédé de régulation, la soupape d'admission du mélange dans le cylindre, et la soupape d'échappement fonctionnent normalement, au moment propice, dans les phases appropriées de la distribution. Il y a donc toujours pleine admission une fois par cycle de quatre temps et il en résulte une explosion se produisant régulièrement pour chaque double tour du moteur. Suivant la variation de la charge de ce moteur, le régulateur agit sur la soupape de mélange, de façon à faire varier la composition du mélange gazeux. Lorsque la charge est faible, le régulateur limite la levée de la soupape à gaz et le mélange introduit dans le cylindre pendant la course d'aspiration, tout en possédant toujours un volume constant, est moins riche en gaz combustible. Après l'explosion, la pression des gaz est donc moindre dans le cylindre et le piston se trouve actionné avec une énergie également moindre.

Lorsque la charge du moteur augmente, le régulateur provoque une levée, d'une amplitude plus grande, de la soupape à gaz. Le volume de gaz qui entre dans la composition du mélange est alors plus considérable que dans le cas précédent, pour un même volume de mélange, et quand l'explosion se produit, après admission, dans le cylindre, de ce mélange plus riche en gaz combustible, la pression du gaz est plus grande et actionne d'une façon plus énergique le piston et l'arbre moteur, et permet de surmonter la résistance plus considérable que le moteur a à vaincre.

Donc, en résumé, ce mode de régulation comporte une admission régulière d'un volume constant de mélange gazeux, ce mélange étant constitué par des volumes variables de gaz et d'air qui le rendent plus ou moins riche en gaz combustibles et qui répondent au régime de marche variable du moteur.

L'admission d'un volume constant de mélange permet d'obtenir, pour les régimes de marche extrêmes, à charge maximum ou à charge minimum, le même degré de compression dans le cylindre, quelle que soit la composition du mélange, ce qui est une condition très favorable au point de vue de l'obtention d'un bon rendement thermique.

Quand le combustible employé pour actionner un moteur muni d'un semblable système de régulation est du gaz de ville, on peut limiter dans des proportions assez considérables l'arrivée du gaz, c'est-à-dire n'admettre dans le volume total du mélange qu'un volume de gaz très réduit par rapport au volume d'air. On peut, néanmoins, obtenir l'inflammation du mélange tonnant ainsi constitué ; mais quand le combustible employé est du gaz pauvre, on ne peut descendre au-dessous d'une certaine proportion de ce gaz mélangé avec l'air pour constituer le mélange tonnant, car le gaz pauvre est long à s'enflammer et il pourrait, de ce fait, se produire des ratés d'explosion. Dans ce cas, la quantité de gaz admise dans le cylindre n'effectuerait aucun travail et serait, pendant la course d'échappement, rejetée dans le conduit d'évacuation sans avoir été utilisée. Ce serait une perte complète de combustible.

En outre, comme le tuyau d'échappement est toujours porté à une température élevée, ce gaz pourrait fort bien s'enflammer dans ce conduit et produire une explosion capable de détériorer les organes d'échappement.

On a été conduit, pour éviter ces inconvénients, à prévoir une levée minimum de la soupape à gaz, supérieure à celle qui serait, en réalité, nécessaire pour correspondre à la plus faible charge du moteur, et à combiner le système de régulation par variation de la composition du mélange avec le système de régulation par tout ou rien ou même avec le système de régulation par variation du volume de mélange admis, système que nous allons examiner.

La levée de la soupape à gaz ou de mélange peut être rendue variable par l'action du régulateur en employant, par exemple, une came à génératrice inclinée sur son axe, semblable à celle que nous avons décrite précédemment (Fig. 88).

Le déplacement de la came devant le galet du levier de commande ou, ce que l'on fait de préférence, le déplacement du galet devant la came rend variable l'excursion de la soupape.

La came ou le galet sont déplacés d'une quantité variable par le mouvement du régulateur qui suit le régime du moteur et cette variation, dans la position relative de ces deux organes, provoque une levée plus ou moins importante de la soupape à gaz et l'obtention d'un mélange plus ou moins riche.

La figure 112 représente le schéma de ce dispositif de régulation. La came A, à génératrice inclinée, est solidaire de l'arbre de distribution B et participe donc à son mouvement de rotation. Le galet C peut occuper une position variable par rapport à la came et s'appuie, par conséquent, sur un point de la génératrice inclinée, plus ou moins éloigné du centre de l'arbre de distribution. Il en résulte une amplitude plus ou moins grande de l'excursion du galet, pour une révolution de la came, et une levée plus ou moins importante de la soupape. Le déplacement du galet s'effectue par l'intermédiaire du régulateur, qui règle ainsi l'amplitude de levée de la soupape.

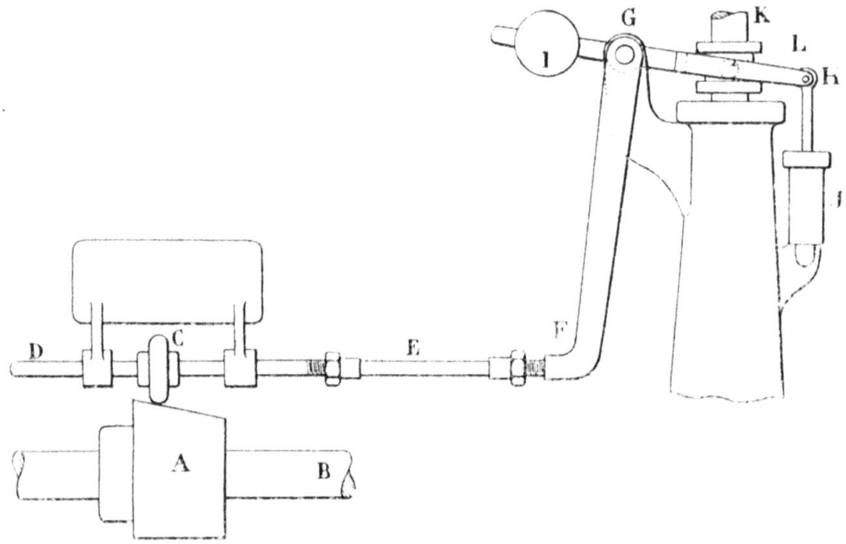

Fig. 112. — Schéma de régulation par variation de la composition du mélange.

Pour cela, l'axe D du galet est relié, par une bielle E, permettant un certain réglage en longueur, à un levier FGH à branches perpendiculaires fixé à un axe G pouvant osciller sur un support faisant corps avec le bâti du régulateur. Un contrepoids I, solidaire de cet axe, et un amortisseur J, dont le piston est relié à l'extrémité H du levier rendent moins brusques les mouvements verticaux du manchon K, soit vers le haut, soit vers le bas. Ce manchon est relié au levier GH par l'intermédiaire d'un tourillon L, qui soulève ou abaisse ce levier suivant le mouvement de ce manchon provoqué par la variation de régime du moteur.

Quand la vitesse du moteur devient trop grande par suite d'une charge réduite, le manchon du régulateur s'élève entraînant avec lui la branche GH du levier FGH. Ce levier oscille autour de l'axe G et sa branche verticale GF se déplace vers la droite. Son extrémité F tire, par l'intermédiaire de la bielle E, sur la tige D qui porte le galet C, et celui-ci, glissant sur la came, se présente devant une section d'excentricité plus réduite. Le mouvement de rotation de la came donnera à ce galet une excursion moindre et la soupape se soulèvera d'une petite quantité. Le volume de gaz introduit dans le mélange sera alors plus faible, et ce mélange étant moins riche fournira, dans le cylindre, un travail moins considérable. La vitesse du moteur se modérera.

Lorsque cette vitesse diminue, au contraire, le manchon K s'abaisse, le levier FGH oscille autour de l'axe G, l'extrémité de la branche verticale se déplaçant vers la gauche.

Fig. 113. – Station centrale électrique à gaz des hauts fourneaux des usines Cockerill, à Seraing (Belgique).
(2 moteurs tandem, simple effet, de 700 chevaux. 4 moteurs tandem, double effet, de 1400 chevaux. Ensemble 7000 chevaux).

L'axe du galet est poussé dans le même sens et celui-ci occupe, au fur et à mesure, sur la came, une position pour laquelle l'excentricité devient de plus en plus importante. Pour un tour de cette came, l'excursion du galet augmente et la soupape qu'il actionne se soulève de plus en plus. Le gaz entre en proportion de plus en plus grande dans le volume total du mélange, qui devient ainsi de plus en plus riche et fournit, sur le piston, une énergie plus grande, ce qui provoque une augmentation de la vitesse du moteur.

Les variations successives du régulateur dans les deux sens peuvent donc permettre de régulariser le régime de marche du moteur, en rendant variable la levée de la soupape à gaz.

Régulation par variation du volume de mélange aspiré

Ce mode de régulation comporte une composition de mélange tonnant constante, c'est-à-dire une proportion bien déterminée de volume de gaz combustible pour un volume d'air également bien déterminé.

Le mélange ne varie donc pas comme qualité : il est toujours également riche. Mais ce mélange, ainsi constitué, n'est admis, dans le cylindre, qu'en quantité variable. La soupape à gaz a donc une levée constante et la soupape d'admission a une course rendue variable par l'action du régulateur. La soupape d'échappement conserve son fonctionnement ordinaire.

Avec ce système de régulation, il se produit régulièrement une explosion par cycle, c'est-à-dire pour chaque double tour de l'arbre principal.

Il offre l'avantage de présenter à l'allumage un mélange riche en combustible, ce qui assure son inflammation et permet d'éviter des ratés si nuisibles au bon rendement du moteur.

Par contre, la variation du volume de mélange admis dans le cylindre a, comme conséquence, une variation du degré de compression pendant la course qui suit celle d'admission. Il en résulte une perte calorifique qui peut être importante et la pression des gaz, après l'explosion, peut subir une baisse sensible qui est défavorable à l'obtention d'un bon rendement mécanique.

Pour obvier à ce sérieux inconvénient, qui parfois compense l'avantage important d'alimenter avec un mélange de qualité constante, on a adapté à certains types de moteurs des dispositifs permettant d'obtenir un degré de compression constant au moment de l'explosion, tout en conservant le système de régulation par variation du volume de mélange admis.

Dans le moteur à gaz système Letombe, par exemple, la régulation s'effectue par une admission de mélange variable, mais un dispositif spécial, permet une surcompression qui augmente le rendement calorifique et obvie ainsi à l'inconvénient d'une diminution du degré de compression.

Dans le moteur à gaz Charon, on a disposé une chambre de compression de façon que son volume puisse être rendu variable suivant le volume de mélange gazeux admis dans le cylindre. Quand ce volume est faible, la chambre ne réserve au mélange comprimé qu'un volume réduit et, inversement, quand le volume admis est plus grand, la chambre de compression reçoit un volume plus considérable. De cette façon, on rend variables, par l'action du régulateur, la compression et la détente, qui se trouve prolongée, après la course d'explosion, par la présence du mélange admis dans la chambre de compression. On peut ainsi obtenir le même résultat qu'avec un degré de compression constant, tout en profitant de l'avantage que donne l'admission d'un mélange de composition fixe et bien déterminée pour assurer le rendement le plus favorable.

Les dispositifs établis pour faire varier le volume du mélange aspiré sont nombreux. Celui qui est représenté par la figure 114 agit sur la soupape d'admission en rendant variable sa levée par l'action du régulateur. Cette soupape A est actionnée par une bielle de commande B et par l'intermédiaire d'un levier CD. Ce levier s'appuie sur un autre levier EFG à deux branches perpendiculaires, et l'extrémité E de la branche verticale sert de point d'oscillation au levier CD.

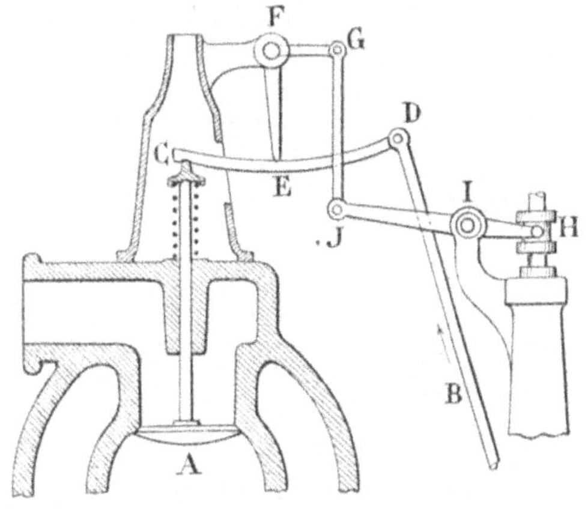

Fig. 114. — Dispositif de régulation par variation du volume de mélange admis.

Quand la bielle B pousse sur l'extrémité D de ce levier, son autre bout C s'abaisse, le levier oscillant autour du point E. Comme la course de l'extrémité supérieure de la bielle est toujours constante, pour faire varier l'excursion de la soupape, il faut donc que le point d'oscillation du levier se déplace, et si on veut régler les diverses valeurs du soulèvement de la soupape suivant le régime du moteur, il importe que ce soit par l'intermédiaire du régulateur que cette variation s'effectue. C'est donc le régulateur qui doit provoquer le déplacement du point d'oscillation et qui, pour cela, doit faire pivoter, dans le sens convenable, le levier EFG. C'est, en effet, ce qui se produit. Le manchon H du régulateur est relié par un levier HIJ, articulé autour d'un axe fixe I, et par une biellette JG, au levier EFG. Quand le moteur a sa charge maximum et sa vitesse normale, le manchon du régulateur occupe une position pour la quelle l'attirail qui le rend solidaire du levier EFG place l'extrémité E de la branche verticale de ce levier en un point, sur le levier CD, tel, que la soupape peut effectuer toute sa course quand la tige B l'actionne.

L'admission du mélange est alors maximum.

Si la charge du moteur diminue, sa vitesse augmente ; le régulateur change de régime ; son manchon H s'élève. Ce mouvement provoque l'oscillation du levier HIJ qui pivote autour du point I. Par la biellette JG cette oscillation se transmet au levier EFG qui tourillonne autour de son axe fixe F. La branche verticale de ce levier se déplace vers la gauche et le point de contact E, ou centre d'oscillation du levier CD, se rapproche du point C. Le rapport des bras de leviers CE et ED n'est donc plus le même que pour la position normale. La longueur du levier CE a diminué et celle du levier ED a augmenté. Comme la course au point D de la bielle est constante, il s'ensuit que le point C de la tige de soupape fera une excursion inférieure à la précédente. Un volume moindre de gaz sera ainsi admis dans le cylindre et la vitesse du moteur se ralentira jusqu'à devenir normale. Le manchon du régulateur s'abaissera alors et le point d'oscillation E se déplaçant vers la droite, la soupape effectuera de nouveau une course appropriée à la charge du moteur.

Quelquefois, on réalise simplement la régulation par variation du volume de mélange admis dans le cylindre, en faisant manœuvrer, par le régulateur, une valve placée sur le conduit qui aboutit à la boîte à soupape d'admission (Fig. 115). Dans ce cas, la soupape d'admission A est actionnée normalement par son mécanisme de commande B, c'est-à-dire que pour chaque cycle de la distribution elle se soulève d'une quantité constante et toujours maximum. L'orifice qu'elle découvre pourrait donc constamment permettre une admission totale de mélange gazeux, si le conduit par lequel arrive ce mélange ne se trouvait plus ou moins obturé par la manœuvre de la valve C. Cette valve a pour fonction de limiter le volume de mélange aspiré en se plaçant, par l'action du régulateur, plus ou moins obliquement, dans le conduit d'amenée D, et en étranglant, ainsi, plus ou moins, le passage du mélange gazeux.

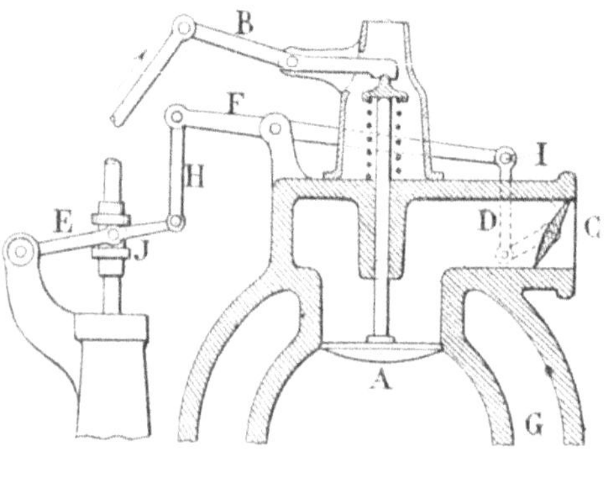

Fig. 115. — Dispositif de régulation par variation du volume de mélange admis.

Le régulateur manœuvre la valve par l'intermédiaire de trois leviers E, F et D et de deux biellettes H et I, qui les réunissent. Quand la vitesse du moteur s'accroît, le manchon J du régulateur s'élève en entraînant le levier E qui oscille autour de son extrémité fixe. Par la biellette H ce mouvement provoque l'oscillation du levier F autour de son axe fixe, et la biellette I, solidaire de son extrémité droite s'abaisse et, en actionnant le levier D, détermine la rotation de la valve, autour de son axe, dans le sens de l'obturation du conduit.

Quand, au contraire, la vitesse diminue, le manchon du régulateur C descend ; les mouvements d'oscillation des divers leviers s'effectuent dans un sens opposé au précédent, et la valve C oscille autour de son axe, en se rapprochant de l'horizontale. La section de passage du mélange se trouve augmentée et le volume admis dans le cylindre est plus grand. Dans ce système de régulation, la variation du volume aspiré est donc réglée par la manœuvre du régulateur, tout en conservant à la soupape d'admission son fonctionnement ordinaire à levée constante.

Régulations combinées

Les trois sortes de régulation que nous venons d'examiner offrent toutes leurs avantages particuliers compensés, en partie toutefois, par des inconvénients que nous avons signalés.

Pour remédier à ces inconvénients, qui ne sont pas communs à tous les systèmes, on peut, dans certains cas, combiner ces modes de régulation et profiter ainsi, à la fois, du maximum d'avantages qu'ils peuvent fournir, et réduire à leur plus faible limite les inconvénients inhérents à chacun des systèmes de régulation.

Nous avons déjà indiqué, dans la description des trois procédés de régulation, la possibilité et l'opportunité de la combinaison du système par tout ou rien et du système de variation de la composition du mélange.

Nous savons, en effet, que pour les moteurs alimentés avec du gaz pauvre, principalement, on ne peut descendre au-dessous d'une certaine limite de richesse du mélange gazeux et on ne peut, par conséquent, réduire la levée de la soupape à gaz comme il conviendrait de le faire pour obtenir une régulation parfaite, sinon le mélange, ne contenant qu'un volume très réduit de gaz combustible, s'enflammerait difficilement, et l'explosion pourrait ne pas se produire.

D'autre part, admettre une quantité de gaz plus grande que celle qui serait nécessaire constitue une mauvaise utilisation du système de régulation.

C'est pour cela que dans certains types de moteurs, dans le moteur Otto par exemple, on a déterminé, pour la soupape à gaz, une levée mini muni au-dessous de laquelle on ne peut descendre pour rester à l'abri des ratés d'allumage. Entre cette excursion minimum et l'excursion maximum, la levée de la soupape à gaz est rendue variable par une came à génératrice inclinée sur laquelle appuie le galet solidaire du levier de commande de cette soupape.

Lorsque la faible charge supportée par le moteur lui permet de prendre une vitesse exagérée, et que le régulateur se met dans une position telle que la levée de la soupape devrait être inférieure à la levée minimum, le galet actionné par le régulateur, et qui se déplace, sur la génératrice inclinée d'une came, de la façon que nous avons décrite précédemment, tombe sur le côté de cette came, n'est plus actionné par elle, et la soupape solidaire du mouvement du galet se referme et reste appuyée sur son siège à sa position de repos. Le gaz n'est plus admis.

C'est donc, à ce moment, le système de régulation par tout ou rien qui intervient jusqu'à ce que le moteur ait repris une allure plus modérée. Le régulateur, dont le manchon s'abaissera alors, provoquera, par son mouvement, un nouveau contact du galet et de la came, et la régulation se continuera par le soulèvement variable de la soupape à gaz qui caractérise l'autre système de régulation.

On combine aussi quelquefois le système de régulation par variation de la composition du mélange et celui de variation du volume admis.

Quand la masse des organes mis en mouvement est considérable, comme c'est le cas, par exemple, pour les moteurs montés en tandem, il convient que la pression finale des gaz, après la phase de compression, soit toujours supérieure à l'effort exercé par les organes en mouvement ; sans cela, l'amortissement, en fin de course, du mouvement de ces organes ne pourrait pas s'effectuer et il en résulterait des chocs importants qui provoqueraient rapidement des avaries graves au mécanisme du moteur.

Pour obtenir un degré de compression suffisant, il convient de se donner une limite minimum appropriée au poids des organes et à la vitesse que doit prendre le moteur. Pour cela, on doit s'imposer l'admission d'un volume de mélange au moins égal à un volume déterminé correspondant à la compression la plus faible à obtenir.

Si le moteur prend, cependant, une allure pour laquelle il serait possible d'admettre un volume de mélange inférieur au volume minimum, comme on ne peut effectuer cette manœuvre sans risquer de disloquer, par les chocs répétés, les diverses pièces en mouvement, on agit alors sur la soupape à gaz qui, normalement, doit toujours être grandement ouverte, et on limite ainsi l'arrivée de gaz.

Le mélange admis dans le cylindre est donc plus pauvre mais, en revanche, on peut conserver à la soupape d'admission le soulèvement suffisant pour que le volume de mélange introduit donne, à la course suivante, un degré de compression au moins égal à celui de la compression minimum.

En somme, pour une allure trop rapide du moteur, on admet un volume de mélange plus considérable que ce qu'il devrait être, en réalité, si on n'utilisait qu'un seul système de régulation, mais ce volume nécessaire pour maintenir un certain degré de compression ne contient qu'une quantité de gaz moindre, et lorsque l'inflammation se produit, le travail développé, par suite de cette explosion et de la détente des gaz, est, néanmoins, réduit et approprié au régime du moteur. C'est donc en combinant la régulation par variation du volume de mélange admis et la régulation par variation de la composition du mélange, qu'on peut obtenir dans certains cas, le fonctionnement le plus sûr et le plus économique des organes de distribution.

L'analyse des divers systèmes de régulation nous a indiqué le rôle essentiel joué par le régulateur. C'est, en effet, cet organe qui, traduisant, par ses oscillations, les variations de régime du moteur agit, suivant leur amplitude, sur le mécanisme actionnant les soupapes.

Il importe donc d'examiner de quelle façon sont constitués les régulateurs et comment ils remplissent leur fonction.

Régulateurs

Les régulateurs de moteurs à gaz peuvent être constitués de diverses façons, suivant le mode de régulation qu'ils doivent actionner. Dans la régulation par tout ou rien, par exemple, comme, en principe, le rôle du régulateur ne consiste qu'à déplacer une butée pour la présenter devant la tige à actionner ou à l'effacer, le travail demandé au régulateur n'est pas considérable et cet organe peut être établi simplement.

Ce système de régulation, d'ailleurs, ne demande généralement qu'un mécanisme peu compliqué pour transmettre l'action du régulateur à l'organe de commande de la soupape.

Le régulateur actionnant un dispositif de régulation par tout ou rien, peut être un simple pendule oscillant dont le mouvement d'oscillation déterminera l'admission ou la non-admission du gaz.

Nous avons précédemment (Fig. 111) examiné le fonctionnement d'un de ces régulateurs à pendule disposé verticalement. Ce régulateur, supposé commandé par le mécanisme même du moteur, oscille, par suite de l'inertie des pièces mises en mouvement, et se trouve ramené à sa position de travail par un ressort antagoniste. Quand la vitesse du moteur est normale, le régulateur peut atteindre cette position assez à temps pour commander la tige de la soupape. Lorsque la vitesse du moteur est trop grande, la branche active du régulateur ne peut revenir assez tôt à sa position de travail et la soupape n'est pas actionnée. Certains types de régulateurs sont établis pour que leur oscillation soit provoquée non plus seulement par l'inertie des pièces, mais par la butée du levier sur une pièce intermédiaire.

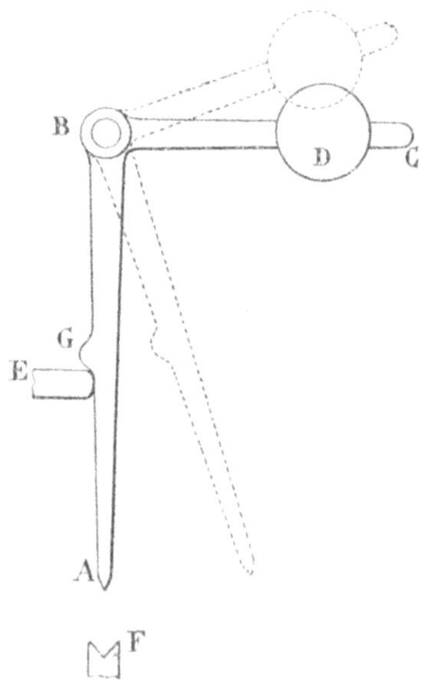

Fig. 116. – Régulateur du système pendulaire.

La figure 116 représente un régulateur de ce type.

C'est un levier ABC pouvant osciller autour de l'axe B, solidaire d'un support qui participe au mouvement du mécanisme du moteur. Ce levier porte un contrepoids D sur une de ses branches et l'extrémité A de sa branche verticale vient, quand le levier est appuyé contre la butée E, se présenter en face de la tige F de la soupape à actionner. La branche verticale porte un renflement G placé du côté de la butée, de sorte que, lorsque le régulateur est actionné de haut en bas par le mécanisme du moteur, ce rendement rencontre la tige butée E. Il en résulte un choc donné à la branche verticale du levier, qui oscille alors autour de l'axe B et prend une position plus ou moins inclinée, représentée en traits pointillés sur la figure 116, suivant la vitesse du mécanisme du moteur et, par conséquent, suivant le régime de marche de celui-ci.

L'oscillation du régulateur-pendule demande un certain temps pour s'effectuer, temps qui dépend des conditions mêmes d'établissement de ce régulateur. Donc, entre la position relevée et la position de travail pour laquelle la branche AB est verticale et s'appuie sur la butée E, il doit s'écouler un temps déterminé permettant au levier ABC qui a été déplacé, de revenir à sa position de travail sous l'action du contrepoids.

Quand le support du levier est poussé avec une vitesse normale ou avec une faible vitesse, l'oscillation a le temps de s'effectuer et l'extrémité A de la branche verticale rencontre la tige F, la pousse et provoque, par ce mouvement, la levée de la soupape.

Lorsque le levier est poussé avec une vitesse trop considérable, l'amplitude d'oscillation est plus grande, et son support se rapprochant plus rapidement de la tige de la soupape, lorsque le levier-régulateur termine sa période d'oscillation, l'extrémité A de la branche n'a pas encore atteint la tige F ; cette branche ne peut donc pénétrer dans le cran fait au bout de cette tige. Elle s'appuie et glisse sur elle sans l'entraîner, pendant que le levier continue sa course de haut en bas. Il n'y a donc point d'admission de gaz quand la vitesse du moteur est considérable.

Quand le levier-régulateur remonte, il revient, à son extrémité de course, appuyer, de nouveau, contre la butée E, et le mouvement descendant provoque une autre oscillation qui peut permettre à l'extrémité de la branche AB de venir se placer en face du cran de la tige F, si la vitesse du moteur redevient normale. L'admission du gaz se fera alors à nouveau.

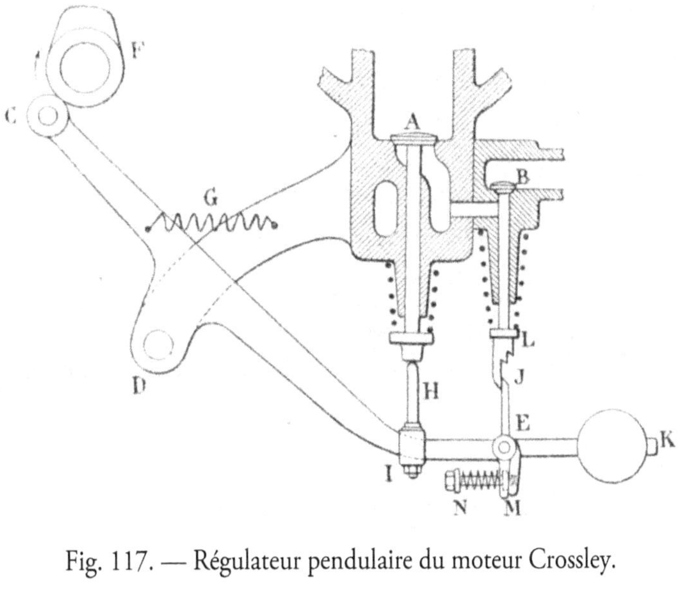

Fig. 117. — Régulateur pendulaire du moteur Crossley.

Dans les moteurs Crossley, on emploie aussi un régulateur pendulaire pour actionner un système de distribution par tout ou rien (Fig. 117). Ce système comporte deux soupapes : l'une, A, est la soupape d'admission, l'autre, B, la soupape à gaz.

Un seul levier C D E actionné par une came F commande à la fois le soulèvement de la soupape d'admission et de la soupape à gaz.

Ce levier, oscillant autour d'un axe fixe D, est sollicité à s'appuyer, par l'intermédiaire d'un galet C, sur la came F, par la tension d'un ressort à boudin G, fixé sur le bras support du levier.

La commande de la soupape d'admission A se fait par l'intermédiaire de la tige H fixée en un point I du levier ; la commande de la soupape à gaz B s'effectue par l'intermédiaire d'un doigt J formant la branche perpendiculaire du levier JEK qui constitue le régulateur-pendule.

Le pendule peut osciller autour de l'extrémité E du levier de commande. Le doigt J est donc mobile et occupe, par rapport à la pièce de butée L, qui termine la tige de la soupape à gaz, des positions diverses suivant la valeur de la vitesse du moteur. Quand le doigt se présente dans la même direction verticale que la tige de la soupape, celle-ci est soulevée pendant la rotation de la came ; quand il est trop incliné par rapport à cette tige, il ne la rencontre pas et la soupape n'est pas actionnée.

Ce sont les oscillations du régulateur, provoquées par les variations de vitesse du moteur, qui déterminent les positions du doigt mobile pour lesquelles il y a admission ou non-admission de gaz.

Pour cela, le régulateur porte une queue M sur laquelle s'appuie un ressort à boudin N, maintenu en place par un petit axe solidaire d'un support terminant le grand levier CDE. Ce ressort a pour fonction d'équilibrer la masse K placée en bout du régulateur, de sorte que lorsque le levier CDE est à sa position de repos, c'est-à-dire lorsque le galet C n'est pas déplacé par la came, la branche EJ du régulateur est verticale. Lorsque la partie excentrée de la came vient en contact avec le galet, le levier CDE oscille autour de son axe D ; la tige H remonte et soulève la soupape d'admission en appuyant sur le bout de sa tige et en comprimant son ressort antagoniste.

L'extrémité E du levier de commande se trouve aussi soulevée. Comme c'est en ce point qu'est disposé l'axe du levier-régulateur, celui-ci tend à osciller autour de cet axe par l'inertie de la masse K brusquement soulevée.

Si la vitesse du moteur est normale, le ressort N suffit, par sa tension, à compenser le déplacement de la masse K, avant que l'extrémité E du levier ait atteint le bout de sa course. La branche JE reprend sa position verticale et vient, dans son excursion de bas en haut, rencontrer un cran pratiqué dans la pièce de butée L qui termine la tige de la soupape à gaz.

Dans ce cas, le mouvement d'oscillation donné par la came au levier CDE provoque à la fois l'ouverture de la soupape d'admission A et de la soupape à gaz B. Il y a donc admission de mélange gazeux dans le cylindre.

Lorsque la vitesse du moteur s'accélère, le levier de commande est actionné d'une façon plus brusque. La tige H provoque, comme auparavant, la manœuvre de la soupape d'admission, mais le levier-régulateur, soulevé vivement, oscille autour de son axe E et son ressort antagoniste n'est plus assez puissant pour ramener rapidement la masse K à sa position normale.

La branche EJ du régulateur se présente alors obliquement par rapport à la direction de la tige de la soupape à gaz et, pendant la course vers le haut de cette branche, son extrémité J ne rencontre pas la pièce de butée L. La soupape à gaz n'est pas actionnée, et, comme la soupape d'admission est ouverte, il n'entre que de l'air dans le cylindre pendant la phase d'aspiration.

La pièce de butée L, peut porter plusieurs crans étagés de façon que, pour des déplacements obliques d'amplitudes différentes de la branche EJ du régulateur, cette branche puisse provoquer des levées de la soupape à gaz d'amplitudes également différentes et appropriées au degré d'obliquité de cette branche, c'est-à-dire aux valeurs successives de la vitesse du moteur.

Lorsque la came cesse de déplacer le galet, le levier CDE revient à sa position de repos ; le régulateur reprend sa position normale sous l'action de son ressort N et les soupapes se reposent sur leur siège par la tension de leur ressort antagoniste. Le mouvement peut recommencer de la façon que nous venons d'indiquer et la régulation s'effectuera par admission ou non admission, suivant la vitesse que prendra le moteur.

Régulateur à air

(Fig 118.) Un système assez spécial de régulateur pouvant actionner une régulation par tout ou rien est utilisé dans certains moteurs. C'est un régulateur à air qui est constitué par une sorte de pompe à air, dans le cylindre A de laquelle se meut un piston B dont la tige C peut prendre un mouvement alternatif de va-et-vient qui lui est communiqué par la tige de commande D. Cette tige porte, à son extrémité, un axe E sur lequel est disposé un doigt F qui peut osciller sur lui. Ce doigt est solidaire, par sa douille et par une biellette G, de la tige C de la pompe à air. Il est sollicité à rester dans sa position horizontale par la tension d'un ressort roulé en spirale et enfermé dans l'enveloppe H. Deux rondelles I et J permettent, par leur rotation, de régler la tension de ce ressort.

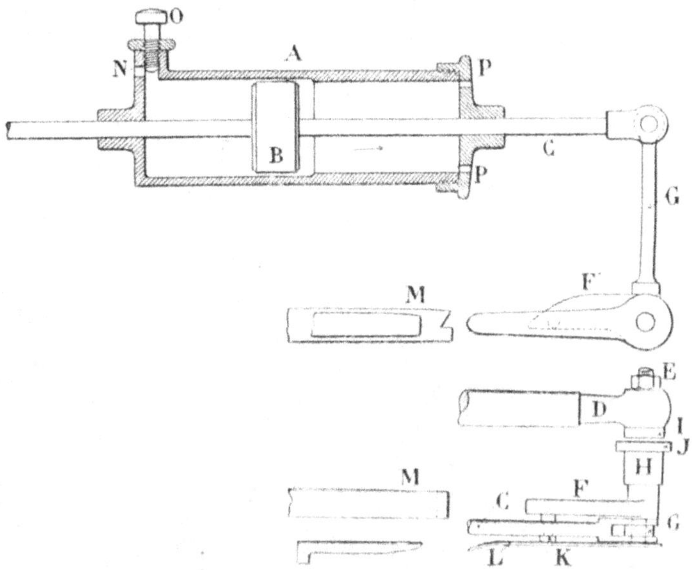

Fig. 118. — Régulateur à air.

Le doigt F porte un ergot K sous lequel peut venir s'engager, de champ, un ressort plat L, pour une certaine position du mécanisme, ainsi que nous allons le voir.

Pendant le mouvement alternatif de la tige de commande D, qui se transmet donc au doigt F et au piston de la pompe à air, le doigt, supposé resté à sa position horizontale, vient rencontrer la tige M de la soupape à gaz, s'engage dans un cran pratiqué à l'extrémité de cette tige et provoque, en la poussant, l'admission du gaz dans le cylindre.

Quand le doigt F n'occupe plus la position horizontale, il échappe, pendant son mouvement de va-et-vient, la tige de la soupape, et l'admission du gaz ne s'effectue pas.

Le régulateur a donc pour fonction de maintenir le doigt F dans sa position de travail ou de le relever suivant le régime de marche du moteur.

Pour cela, le corps de pompe à air A est muni d'une ouverture N pouvant être plus ou moins obturée par la manœuvre d'une vis O. Deux trous P sont percés sur la paroi du cylindre opposée à celle qui porte la vis O. Le cylindre a un diamètre intérieur plus grand vers une extrémité que du côté opposé, et ces capacités inégales occupent chacune la moitié de la longueur du cylindre.

Voici comment fonctionne ce régulateur.

Quand la tige de commande D se meut vers la droite, elle entraîne le doigt F, la tige de la pompe et le piston B dans le même sens. Le piston aspire de l'air derrière lui, dans le cylindre, par l'ouverture N maintenue plus ou moins débouchée par la vis O. L'air contenu dans le cylindre, au-devant de lui, est refoulé à l'extérieur par les évents P, P. Au retour vers la gauche de la tige de commande, le doigt F et le piston B reviennent également dans le même sens. Si la vitesse de la tige D, actionnée par l'arbre du moteur par l'intermédiaire d'un train d'engrenages réduisant cette vitesse de moitié, est normale, c'est-à-dire si le moteur a son régime de marche ordinaire, le piston B comprime à l'arrière du cylindre l'air précédemment admis. Cet air est rejeté à l'extérieur par l'ouverture N, et la grandeur de cette ouverture est réglée pour que la compression ainsi produite ne nécessite pas un effort supérieur à celui du ressort en spirale contenu dans la boîte H, qui maintient le doigt F dans sa position horizontale. Le mouvement de tout l'attirail vers la gauche se poursuivra, dans ce cas, sans occasionner le déplacement du doigt F. Celui-ci, vers la fin de course, rencontrera la tige de la soupape, s'engagera dans le cran qui la termine et la poussera en provoquant l'ouverture de la soupape et l'admission du gaz dans le cylindre du moteur.

Fig. 119. – Moteur à gaz horizontal à double effet de 500 chevaux, des établissements Cockerill.

Quand la vitesse du moteur est trop considérable, la tige D a également un mouvement plus rapide, et lors de son excursion de retour vers la gauche elle imprime au piston B une allure plus vive. Ce piston comprime dans le cylindre de l'air qui n'a pas le temps de s'écouler par l'ouverture N ; le degré de compression augmente donc de plus en plus à mesure que ce piston avance vers la gauche et il arrive un moment où cette compression atteint une valeur telle, qu'elle contrebalance la tension du ressort en spirale et devient même supérieure à elle. La tige C et le piston B ont alors un retard dans leur mouvement vers la gauche par rapport au mouvement de la tige D ; le ressort en spirale se comprime pour compenser cette différence de chemin parcouru, la bielle G et le doigt F prennent une position oblique.

Dans ce mouvement, l'ergot K porté par le doigt F passe au-dessus de la tranche du ressort plat L. Celui-ci, qui a une tension déterminée, s'engage alors sous l'ergot.

Le piston B, avançant vers la gauche, atteint, dans le cylindre, la partie de grand diamètre. A ce moment, l'air comprimé peut s'échapper de l'autre côté du piston par le jeu existant sur toute sa périphérie ; la compression devient très faible. Le ressort en spirale redevient prépondérant et tend à ramener le doigt F dans sa position horizontale ; mais celui-ci, dans son mouvement d'oscillation vers le bas, se trouve maintenu oblique par son ergot P qui s'appuie sur la tranche du ressort-lame L. La course du mécanisme s'achève donc sans que le doigt s'écarte de sa position oblique. Son extrémité ne peut pas rencontrer, dans ce cas, la tige de la soupape et, celle-ci restant au repos, l'admission de gaz ne s'effectue pas.

A la fin de la course, le ressort-lame L rencontre une butée qui l'écarte de la position qu il occupe sous l'ergot K ; il échappe alors cet ergot qui maintenait le doigt F dans sa position oblique. A ce moment, ce doigt retombe et se remet dans sa position horizontale. Une nouvelle course vers la droite recommence et, si la vitesse du moteur devient normale, la course suivante, vers la gauche, permet de maintenir le doigt F horizontal et la soupape est alors actionnée. Le gaz se trouve ainsi introduit dans le cylindre du moteur.

Régulateurs à force centrifuge

Les régulateurs à pendule sont, d'une façon générale, établis sur les moteurs de faibles puissances. Dans certains moteurs de puissances élevées, on les emploie quelquefois néanmoins, mais ce sont principalement des régulateurs à force centrifuge qui sont établis sur cette dernière catégorie de moteurs pour assurer la régularité de leur marche en agissant judicieusement sur les organes de distribution.

Les régulateurs à air du genre de celui que nous avons décrit sont, d'autre part, assez délicats, tout en donnant, cependant, un fonctionnement satisfaisant, mais les régulateurs à force centrifuge sont aussi sensibles et ont des organes plus robustes.

Ces régulateurs ne diffèrent pas, dans leur principe, de ceux que nous avons décrits dans le Tome Ier de cet ouvrage, qui servent à la régulation des machines à vapeur. Nous en avons examiné différents types qui pourraient être appliqués aux moteurs à gaz. On a, cependant, pour ces derniers moteurs, établi des régulateurs spéciaux, mieux appropriés au fonctionnement de leur distribution. Nous allons en examiner quelques types, mais rappelons, auparavant, le principe de fonctionnement d'un régulateur à force centrifuge.

C'est un appareil qui, solidaire du mouvement de rotation d'une tige reliée elle-même au mouvement de l'arbre-moteur, porte des masses mobiles pouvant, sous l'action de la force centrifuge développée par la rotation de tout l'appareil, s'écarter ou se rapprocher suivant le régime de marche du moteur.

Le déplacement, dans les deux sens, de ces masses, provoque le mouvement rectiligne, d'un côté ou de l'autre, d'un manchon qui se meut sur la tige du régulateur. C'est ce mouvement que l'on utilise pour manœuvrer un mécanisme de commande qui règle la levée de la soupape.

Ce mécanisme est évidemment approprié au mode de régulation adopté. Nous examinerons plus loin diverses distributions dans lesquelles les régulateurs agissent de façons différentes, suivant le principe même de la régulation. A titre d'exemple, voici comment un régulateur à force centrifuge peut être établi pour manœuvrer une régulation par tout ou rien.

Le régulateur A, qui est supposé vertical (Fig. 120), mais qui peut également être monté horizontalement, est fixé, par une douille supérieure B, sur la tige C, à laquelle un mouvement de rotation est imprimé par l'arbre-moteur au moyen de roues d'engrenage. Des masses sphériques D, suspendues par des bielles E à la douille supérieure, sont reliées à un manchon F qui peut glisser longitudinalement sur la tige C.

Quand le mouvement de rotation du moteur et, par conséquent, de la tige C, s'accélère, les masses D, sous l'action de la force centrifuge, tendent à s'écarter de plus en plus de la verticale. Dans ce mouvement, elles entraînent le manchon F le

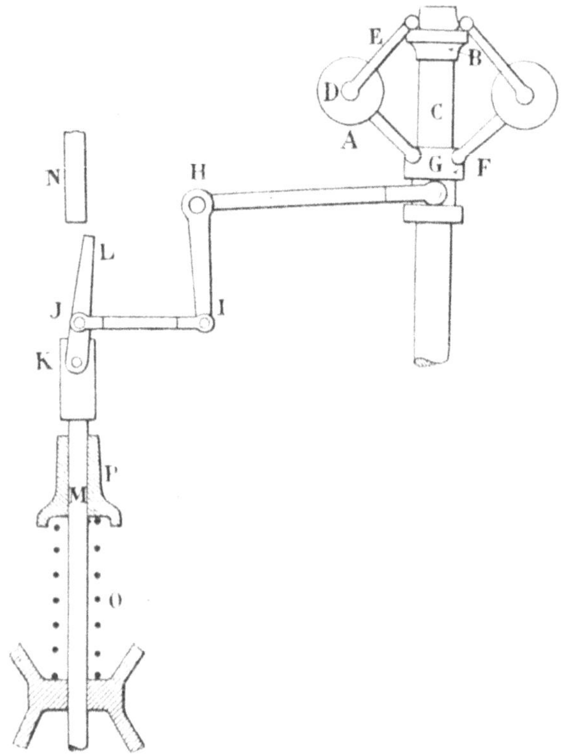

Fig. 120. — Régulateur à force centrifuge.

long de la tige, vers le haut. Si la vitesse diminue, les masses tendent à se rapprocher de la tige et le manchon descend le long de celle-ci.

Le mouvement d'oscillation du manchon F est transmis à l'organe de régulation par tout ou rien par un levier GHI, à bras perpendiculaires, pivotant autour de l'axe fixe H. Une extrémité G de ce levier est rendue solidaire du manchon du régulateur. Une autre extrémité est reliée à une biellette IJ articulée sur un levier à une seule branche K L pouvant osciller autour de l'axe K. Cet axe est porté par l'extrémité de la tige M de la soupape à manœuvrer.

Un doigt N, mobile et actionné par le mécanisme du moteur, d'une façon régulière, est disposé dans l'axe de la tige de la soupape.

Lorsque le régime de marche du moteur est normal, le manchon occupe sur la tige une position telle que le levier KL est maintenu, par le levier à deux branches GHI et la bielle IJ, en face du doigt mobile N. Lorsque ce doigt effectue son mouvement alternatif vertical, il rencontre, en descendant, le levier K L, s'appuie sur son extrémité et provoque le mouvement vers le bas de ce levier et de la tige de soupape dont il est solidaire. Le ressort O est comprimé dans son logement par la douille de butée P qui descend avec la tige M.

La soupape s'ouvre et l'admission s'effectue.

Lorsque le doigt N remonte, le levier KL suit le mouvement parce que la tige de la soupape est sollicitée à remonter par la tension du ressort O ; la soupape se referme. Si le régime du moteur reste normal, le mouvement se continue de la même façon et, pour chaque cycle de la distribution, il se produit une manœuvre de la soupape et une admission de mélange gazeux dans le cylindre.

Lorsque la vitesse du moteur s'accroît, la tige C du régulateur tourne plus vite ; les masses D s'écartent de plus en plus sous l'action de la force centrifuge et le manchon F remonte le long de la tige en entraînant l'extrémité G du levier G H I. Ce levier oscille autour de son axe fixe et son autre extrémité I tire sur la biellette I J et provoque l'oscillation du levier KL autour de son centre K.

Ce dernier levier se présente alors obliquement par rapport à la direction prise par le doigt mobile et, quand ce doigt effectue sa course descendante, il ne rencontre pas l'extrémité L du levier K L.

Il passe sur le côté et n'actionne pas la tige de la soupape. La soupape reste maintenue au repos sur son siège par l'action de son ressort à boudin antagoniste O et il ne se produit aucune admission de gaz dans le cylindre.

Si la vitesse du moteur vient à diminuer, le manchon s'abaisse : ce mouvement, transmis par le levier GHI et la bielle IJ au petit levier K L, le ramène à sa position verticale qui permettra la commande de la soupape et une nouvelle admission de gaz.

Pendant le mouvement de descente de la tige de la soupape, la biellette JI oscille autour de son extrémité I sans provoquer un déplacement sensible de cet axe, ce qui serait nuisible au fonctionnement du régulateur. En effet, le mécanisme commandé par le régulateur ne doit pas, en principe, réagir sur le mouvement du manchon. Ce mouvement doit dépendre simplement du régime de marche du moteur et, par suite, de la vitesse de rotation de la tige du régulateur.

Régulateur Hartung

(Fig. 121.) Ce régulateur à force centrifuge est disposé d'une façon spéciale qui ne nécessite qu'un encombrement relativement réduit dans le sens vertical.

Il se compose de deux masses métalliques A, constituées par deux cylindres placés bout à bout et maintenus appliqués l'un contre l'autre par l'action de deux ressorts à boudin B disposés à l'intérieur. Ces ressorts s'appuient, d'autre part, sur deux pièces métalliques C et D placées aux extrémités d'une vis centrale E. L'une de ces pièces C est un écrou ; l'autre D est traversée par la partie lisse de la tige et reçoit la tête de la vis.

Ces deux pièces sont supportées par une sorte de boîte métallique F, dans laquelle sont enfermés ces organes, et qui est recouverte par un couvercle G.

Les deux masses cylindriques sont solidaires chacune d'un levier à deux branches HIJ articulé avec elles au point H et pouvant osciller autour de l'axe fixe I. La seconde branche du levier est reliée, à son extrémité, avec une biellette JK articulée avec le manchon L du régulateur.

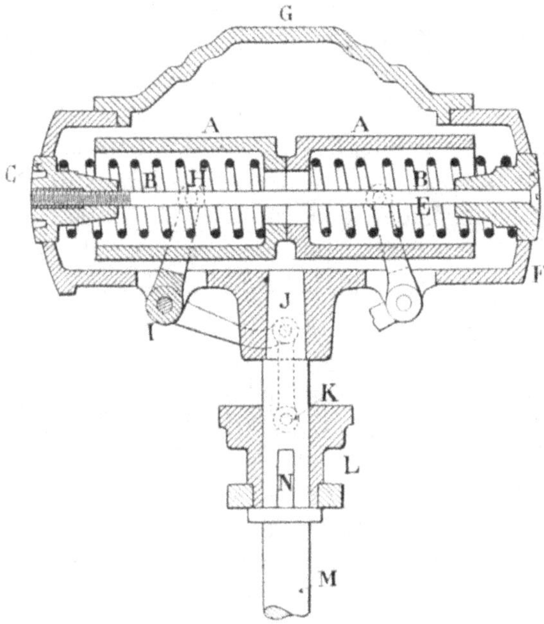

Fig. 121. – Régulateur Hartung.

L'axe fixe du levier est supporté par la boîte F de l'appareil. Cette boîte est rendue solidaire de la tige M à laquelle le mécanisme du moteur imprime un mouvement de rotation. Le manchon L du régulateur participe au mouvement de rotation de la tige, mais peut aussi glisser verticalement le long de cette tige. Une clavette N, fixée dans cette tige, assure son guidage pendant ce dernier mouvement.

Le mouvement de rotation de la tige met en marche tout l'appareil qui tourne avec elle. Au fur et à mesure que la vitesse s'accélère, les masses A tendent à s'écarter l'une de l'autre par l'action de la force centrifuge. Les ressorts B, qui se compriment de plus en plus, équilibrent, à chaque instant, par la nouvelle tension qu'ils prennent pendant l'écartement des masses, l'action de la force centrifuge.

Le déplacement des masses dans le sens horizontal provoque aussi le déplacement des extrémités H des deux leviers qui y sont reliés. Pour chacune d'elles, le levier HIJ oscille donc autour de l'axe I fixé sur la boîte F. L'extrémité J de la seconde branche du levier se déplace alors vers le haut et tire, par l'intermédiaire de la biellette JK sur le manchon L. Celui-ci, guidé par la clavette N, remonte le long de la tige, et ce mouvement est utilisé pour actionner le mécanisme de régulation, qui peut être d'un système quelconque.

Les variations de vitesse du moteur et, par suite, celles de la tige M, se traduiront donc par des déplacements verticaux du manchon vers le haut ou vers le bas qui seront proportionnels aux valeurs successives de ces vitesses ; de là, la relation entre le régime de marche du moteur et la correction apportée, par l'intermédiaire du régulateur, à l'amplitude du mouvement des organes de régulation.

On peut, en donnant aux ressorts d'équilibrage B une tension appropriée, régler le régulateur pour les différentes valeurs de la vitesse. Ce réglage s'opère en serrant la vis centrale E ou l'écrou C placé à son extrémité. Il ne peut s'effectuer que lorsque le régulateur est arrêté.

Régulateur à ressort

(Fig. 122.) Les modèles de régulateurs fonctionnant sous l'action de la force centrifuge sont nombreux. En plus des divers types que nous avons décrits dans le Tome 1, nous venons d'examiner le système précédent, comportant des ressorts, ce qui caractérise un genre spécial de ces appareils. Voici un autre régulateur à ressort du système Trenck, qui est ingénieusement conçu.

Il est constitué par deux masses sphériques A, suspendues en bout de bielles B. Chaque bielle peut osciller autour d'un axe fixe C et se termine, à la partie supérieure, par un bras recourbé C D, dont l'extrémité est articulée avec une sorte de couteau DE dont la pointe pénètre dans un cran pratiqué sur la face supérieure d'une douille F fixée à la tige du régulateur.

L'axe d'articulation C de chaque bielle est solidaire de l'enveloppe H de l'appareil qui se prolonge, à la partie inférieure, par une douille I, dans laquelle est logé un ressort à boudin J, et par un manchon K.

L'enveloppe, la douille I et le manchon, qui constituent une même pièce, participent au mouvement de rotation de la tige et peuvent se déplacer verticalement le long de cette tige, étant guidés par une clavette.

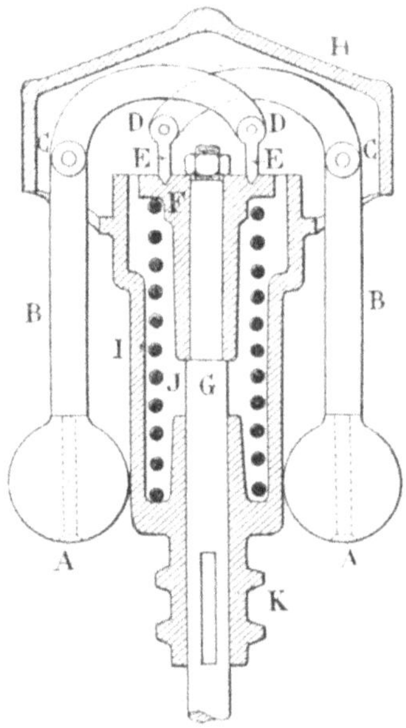

Fig. 122. — Régulateur à ressort.

Quand le régulateur est au repos, le manchon K bute contre une portée ménagée sur la tige de l'appareil. La tension du ressort à boudin J le maintient, en effet, dans cette position, car ce ressort appuie, d'une part, sur la douille supérieure F fixe et, d'autre part, sollicite la douille I à descendre le long de la tige G en s'appliquant sur sa partie inférieure. Les masses sphériques A sont, pour cette même position de repos du régulateur, maintenues verticales, la position relative du couteau E et de l'axe d'articulation déterminant cette direction. Lorsque le moteur est en marche et que la tige G prend un mouvement de rotation, les masses sphériques tendent, sous l'action de la force centrifuge, à s'écarter de la verticale. La tige de suspension B s'oblique vers l'extérieur et, comme elle oscille autour de l'axe C, le bras recourbé CD appuie avec une pression de plus en plus forte dans le cran de la douille F. Comme cette douille est solidement assujettie à la tige centrale du régulateur et qu'elle ne peut ainsi prendre aucun mouvement longitudinal sur cette tige, il en résulte que c'est l'axe d'articulation C qui tend à se déplacer, et ce déplacement se produit lorsque l'action de la force centrifuge est supérieure à la tension du ressort à boudin J.

A ce moment, en effet, l'axe d'articulation C se déplace vers le haut en entraînant son support solidaire de l'enveloppe H et de la douille I. L'enveloppe, la douille et, du même coup, le manchon se trouvent soulevés le long de la tige G en comprimant le ressort à boudin I contre la collerette supérieure de la douille F.

C'est donc ce ressort qui, à chaque instant, équilibre l'action de la force centrifuge, ce qui permet en déterminant exactement sa tension de régler le régulateur pour un régime connu du moteur.

Les variations du manchon dans le sens vertical sont transmises à l'organe de régulation par un mécanisme approprié au système de cette régulation et on comprend que, suivant l'amplitude de sa course vers le haut ou vers le bas, correspondant, par conséquent, à un régime de marche du moteur plus ou moins rapide, la soupape commandée sera soulevée sur son siège d'une quantité plus faible ou plus grande, de façon à ramener, par une admission variable de mélange ou de gaz dans le cylindre, le moteur à son régime de marche normal.

DISTRIBUTIONS ET RÉGULATIONS DE TYPES DIVERS

Nous allons pouvoir examiner, maintenant que nous connaissons les organes divers composant la distribution d'un moteur, les divers systèmes de régulation et les appareils qui les actionnent, quelques types de distributions de moteurs à gaz, pris parmi ceux qui sont généralement utilisés.

Distribution Charon

(Fig. 123.) Dans les moteurs Charon, construits par la Société Générale des Industries économiques, il a été établi une distribution comportant une soupape d'admission, une soupape d'échappement et une soupape de mélange spéciale, à manœuvre automatique. La régulation, mise sous la dépendance du régulateur, consiste à faire agir cet organe sur deux valves ou papillons, dont l'un règle l'admission d'air dans le mélange et l'autre l'admission du mélange dans le cylindre.

La soupape d'admission, placée à la partie supérieure du cylindre, est appuyée sur son siège conique par un ressort antagoniste qui bute contre une bague placée à la partie supérieure de la tige de la soupape. Cette bague peut être vissée sur la tige et immobilisée par un contre-écrou, plus ou moins haut, de façon à régler la tension du ressort. En bout de la tige de la soupape est placée une pièce de butée sur laquelle repose un doigt porté par un levier oscillant, à une de ses extrémités, autour d'un axe

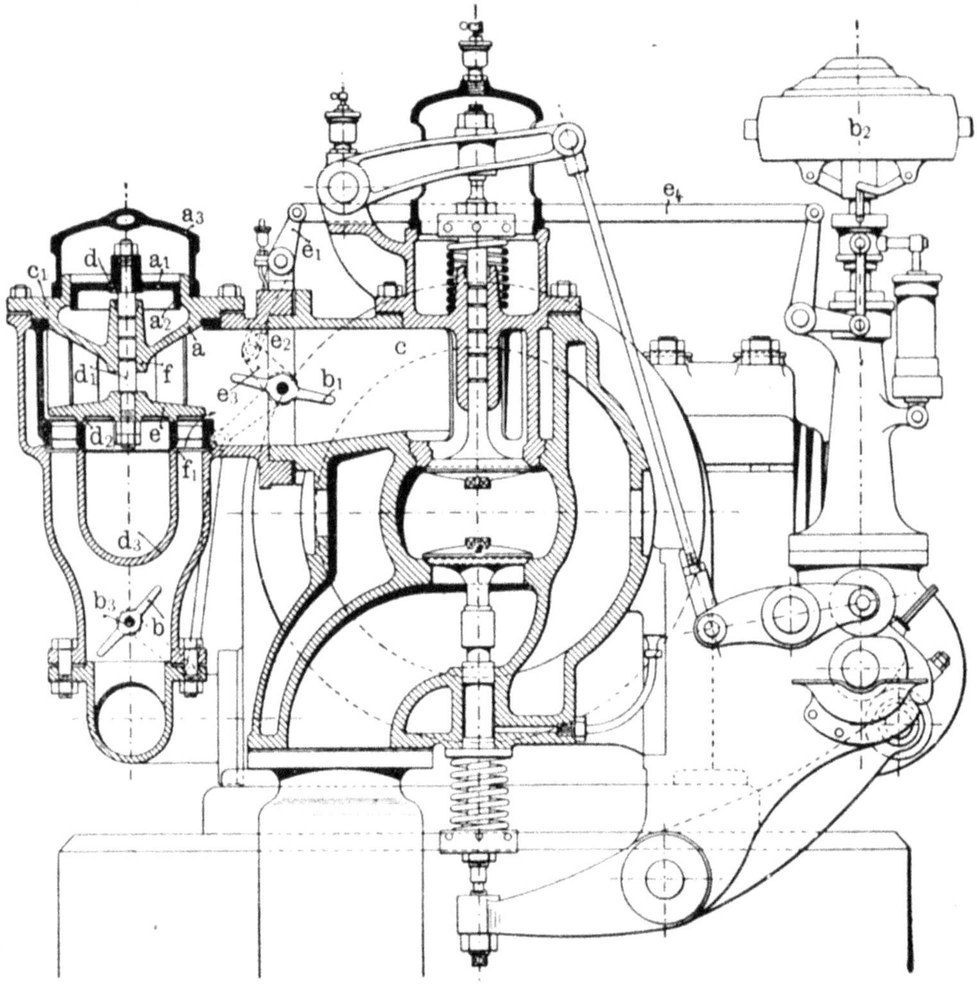

Fig. 123. — Distribution Charon.

fixe, lubrifié par un graisseur disposé sur son support, et dont l'autre extrémité est articulée avec une bielle oblique.

Cette bielle est reliée à son bout inférieur à un levier portant un galet qui s'appuie sur la came d'admission. Le levier porte galet oscille autour d'un axe fixe placé à environ la moitié de sa longueur.

La came d'admission est clavetée sur l'arbre de distribution, qui reçoit son mouvement de rotation de l'arbre principal du moteur par l'intermédiaire de roues d'engrenages. Cet arbre actionne, à son tour, la tige verticale du régulateur, qui participe ainsi à son mouvement de rotation.

L'arbre de distribution porte également la came d'échappement placée à côté de celle d'admission. La came d'échappement actionne un autre galet, disposé à l'extrémité d'un levier oscillant autour d'un axe placé à la partie inférieure du bâti. L'autre bout du levier porte un doigt qui se présente au-dessous et en face de l'extrémité de la tige de la soupape d'échappement. Cette soupape, placée symétriquement à la soupape d'admission sur le cylindre, et au-dessous d'elle, est maintenue appliquée sur son repos conique par un ressort antagoniste dont la tension peut être réglée, comme pour la soupape d'admission, par la rotation d'une bague.

Fig. 124. – Moteur à gaz système Otto, de 150 chevaux, construit par la société italienne Langen et Wolf.

La soupape d'admission est établie à l'orifice d'un conduit horizontal supérieur *c*, dans lequel se forme le mélange gazeux à admettre dans le cylindre ; la soupape d'échappement est disposée à l'orifice d'une capacité communiquant avec un tuyau vertical de gros diamètre qui est le conduit d'évacuation.

Pour chaque tour de l'arbre de distribution portant les cames, la soupape d'admission et la soupape d'échappement sont successivement ouvertes.

Pour la soupape d'admission, le galet est soulevé, ce qui provoque l'oscillation du levier qui le porte, et la bielle oblique actionne par traction, de haut en bas, par conséquent, le levier supérieur. Celui-ci appuie alors, par le doigt qu'il porte, sur le bout de la tige de la soupape. Cette tige s'abaisse en comprimant le ressort et la soupape découvre l'orifice d'admission.

Quand le galet retombe sur la périphérie concentrique de la came, le mouvement inverse se produit : le ressort de la soupape pousse sa tige de bas en haut, ce qui fait remonter le doigt, le levier supérieur et la bielle ; la soupape est alors appliquée sur son siège et le conduit d'admission est fermé.

La soupape d'échappement est manœuvrée quand le galet inférieur est abaissé par suite de la rotation de la came. Le levier portant ce galet oscille alors autour de son axe fixe, et son extrémité vient buter contre la tige de la soupape d'échappement. Cette tige se soulève en comprimant le ressort antagoniste, et la soupape d'échappement découvre l'orifice du conduit d'évacuation. Les gaz brûlés peuvent être refoulés dans ce conduit par le mouvement du piston dans le cylindre.

Le graissage de la tige de la soupape d'admission est assuré par un graisseur placé sur le capot supérieur. L'huile se déverse par un canal pratiqué au centre du doigt de commande et au centre de la tige jusqu'aux rainures transversales ménagées dans cette tige et qui constituent de petits réservoirs d'huile.

Pour lubrifier la tige de la soupape d'échappement, on verse l'huile dans un petit conduit placé à droite, dont l'extrémité est évasée en forme d'entonnoir et qui débouche, à travers le support de soupape, dans le logement de la tige.

La boîte à soupape d'admission peut se démonter facilement, la soupape restant toute montée, en dévissant quelques boulons qui la maintiennent fixée contre le bâti du cylindre.

Les parties de raccord de la boîte à soupape avec le cylindre sont coniques, de manière à former des joints bien étanches et à éviter toute entrée de mélange gazeux dans le cylindre par d'autres orifices que celui découvert normalement par la soupape d'admission.

Ce mélange gazeux, avons-nous dit, se trouve dans le conduit supérieur *c* d'où il est aspiré dans le cylindre quand la soupape d'admission s'ouvre.

Voici de quelle façon ce mélange est constitué.

Le gaz arrive par un conduit dans une capacité *d*, et l'air est introduit par un tuyau inférieur dans une autre capacité b_3 qui entoure la première. Ces deux capacités débouchent dans le conduit *c* par des orifices simultanément recouverts par la soupape automatique de mélange *e* ; mais, tandis que cette soupape repose complètement, par son poids, sur le pourtour de l'orifice du conduit de gaz, elle laisse, même au repos, entre sa face inférieure et l'orifice du conduit d'air, un faible intervalle par lequel l'air peut toujours s'introduire dans le conduit *c*. Ce dispositif a pour objet d'éviter que, lorsque les papillons se rapprochent de leur position de fermeture, le piston n'exerce un effort trop grand de succion, ce qui se produirait si l'arrivée d'air était totalement supprimée.

La tige *d*, de la soupape automatique est guidée par un moyeu *f*, faisant corps avec le couvercle *c*, fixé sur le bâti par des boulons, ce qui permet, en même temps, de maintenir, dans son logement, la boîte contenant la soupape, sorte de lanterne portant, à la partie inférieure, le siège de repos d^2, et qui s'ajuste, par des surfaces coniques préalablement rodées, dans le bâti.

Les deux sièges *d*, formant la partie inférieure de cette boîte à soupape, ont la forme de deux couronnes circulaires réunies par des ailettes qui laissent entre elles des intervalles par lesquels l'air peut pénétrer dans le conduit de mélange. Cet air est même divisé par ces ailettes et rencontre, sous forme de filets, le gaz admis à pleine ouverture, ce qui facilite le brassage.

La tige de la soupape porte, à sa partie supérieure, un petit piston a_1 qui lui est fixé et qui se déplace dans une ouverture cylindrique fermée, à la partie supérieure, par un capot a_3. Ce capot est monté à baïonnette sur le couvercle c_1 ce qui permet de le retirer très facilement pour atteindre la tige de la soupape automatique, de vérifier son fonctionnement et de la charger, au besoin, en ajoutant des rondelles métalliques à la partie supérieure. Le capot a_3, ferme l'orifice a_1, de façon que lorsque le petit piston est soulevé, il puisse comprimer l'air à la partie supérieure du capot, constituant ainsi un amortisseur du mouvement de la tige d_1 et de la soupape automatique dont il est solidaire.

Un petit canal *d* oblique est pratiqué dans le moyeu du piston, de façon à permettre l'introduction d'huile de graissage, qui coule le long de la tige. Ce canal permet aussi, lorsque cette distribution est appliquée aux moteurs à combustible liquide, d'introduire, lors de la mise en marche du moteur, du pétrole, de l'essence ou de l'alcool carburé pour faciliter cette mise en route.

Donc, quand sous l'action de son mécanisme la soupape d'admission est soulevée de la façon que nous venons d'examiner, le piston du moteur aspire derrière lui dans le cylindre ; le vide se fait dans ce cylindre et dans le conduit *c* qui communique, à ce moment, avec lui. La pression exercée par le gaz contenu dans la capacité d_3 et par l'air contenu dans la capacité b_3 fait soulever la soupape automatique *e*, dont le mouvement de levée est amorti par le piston supérieur a_1. Le gaz et l'air pénètrent, par les orifices ainsi découverts, dans le conduit *c* et s'y mélangent avant d'être admis dans le cylindre par suite de l'appel fait par le piston. Quand la soupape d'admission se referme, la soupape automatique retombe par son poids sur ses repos.

Il nous reste à examiner, dans cette distribution, le mode d'action du régulateur. Ce régulateur à force centrifuge reçoit son mouvement de rotation de l'arbre de distribution. Son manchon se déplace verticalement, suivant les variations de vitesse du moteur, soit vers le haut, soit vers le bas. Il est rendu solidaire par une biellette verticale articulée sur lui, d'un levier coudé dont la branche verticale s'articule, à son extrémité, avec une tringle horizontale e_4 reliée à un second levier e_1 oscillant autour d'un axe fixe dont l'extrémité de la branche e_2 porte une rainure dans laquelle vient s'engager l'ergot d'un petit levier e_3 solidaire de la valve b_1.

Le levier e_3 et la valve b_1 oscillent autour d'un même axe, et celle-ci peut, suivant le mouvement qui lui est communiqué par le régulateur, se présenter horizontalement ou verticalement dans le conduit *c*. Dans le premier cas, elle laisse le libre passage au mélange gazeux pendant la période d'aspiration ; dans le second cas, elle intercepte la communication entre le cylindre et la boîte de la soupape automatique de mélange. Cependant, quand la valve est à sa position extrême de fermeture, c'est-à-dire dans la position verticale, elle laisse, entre son contour circulaire et la paroi intérieure du conduit *c*, un certain jeu qui permet au piston d'aspirer, dans le cylindre, l'air qui passe par le jeu f_1 laissé entre la soupape de mélange *e* et son siège établi sur le conduit de l'air. On évite ainsi l'inconvénient d'une dépression trop grande qui, sans cette précaution, se produirait derrière la valve.

Le papillon-valve b_1 règle donc la quantité de mélange gazeux admis dans le cylindre.

Il est relié au deuxième papillon-valve *b*, placé sur le conduit d'amenée d'air, par deux courts leviers et une bielle, orientés de telle sorte que, lorsque l'un de ces papillons-valves obture son conduit, l'autre débouche le sien et réciproquement. La valve *b* oscille autour d'un axe fixe et peut également, comme l'autre, prendre dans son conduit, en pivotant autour de cet axe, toutes les positions intermédiaires entre une des positions extrêmes se rapprochant de l'horizontale, pour laquelle l'admission d'air est minimum, et l'autre position extrême verticale, pour la quelle l'admission d'air est maximum.

La valve *b* agit donc en faisant varier la quantité d'air entrant dans la composition du mélange gazeux.

Lorsque la charge du moteur diminue et que, par conséquent, sa vitesse augmente, le régulateur tourne plus vite, son manchon s'élève le long de sa tige, et l'attirail qui actionne la valve *b*, tend à placer cette valve verticalement dans le conduit *c*. En même temps, par le jeu des leviers qui relient les deux valves, la valve inférieure *b* tend à se placer verticalement dans son conduit.

Le mélange gazeux comportant une quantité d'air plus considérable sera donc moins riche et, en outre, une quantité plus faible de ce mélange se trouvera admise dans le cylindre, puisque la valve *b*, tend à obturer de plus en plus le conduit *c*. La vitesse du moteur diminuera.

Quand la charge du moteur devient considérable et que, par conséquent, sa vitesse diminue, le manchon du régulateur s'abaisse et, par ce mouvement, provoque l'oscillation de la valve b_1 qui se met à sa position d'ouverture du conduit *c*, et l'oscillation de la valve *b* qui se met à sa position de fermeture. Dans ce cas, le mélange gazeux est composé de la façon la plus favorable pour produire du travail, puisqu'il contient très peu d'air et se trouve ainsi porté à son degré maximum de richesse et, d'autre part, le volume maximum de ce mélange est admis dans le cylindre. Le moteur fonctionne donc dans les conditions les plus favorables. La manœuvre de la valve b_1 qui est actionnée par le levier portant une rainure formant coulisse, s'effectue, du fait de la particularité de cette commande, d'une façon spéciale.

En effet, la valve b_1 pour une même amplitude de déplacement du manchon, oscille d'autant plus rapidement, pour laisser passage au mélange gazeux, que le moteur approche de sa vitesse la plus réduite, c'est-à-dire quand il a sa charge maximum. L'action du régulateur est rendue, de cette façon, d'autant plus sensible sur la régulation que le travail à effectuer par le moteur est plus considérable.

Les oscillations rapides du régulateur sont, d'ailleurs, atténuées par un amortisseur placé sur le côté de cet organe, et qui est constitué par un petit cylindre dans lequel se meut un piston solidaire d'une tige reliée au manchon.

En résumé donc, la distribution Charon, qui comporte d'ingénieuses dispositions, possède deux des systèmes de régulation que nous avons décrits précédemment : la régulation par variation de la composition du mélange et par variation du volume de mélange admis dans le cylindre, ces deux modes de régulation étant actionnés par un seul régulateur.

Distribution Duplex

(Fig. 125.) Cette distribution a été établie sur les moteurs construits par la *Société de constructions mécaniques Duplex*. Elle comporte une soupape d'admission, une soupape d'échappement et une soupape à gaz. La soupape d'admission et la soupape à gaz sont placées à la partie supérieure du cylindre. Elles se confondent dans la coupe transversale du moteur montrant la distribution (Fig. 125) mais leur place est nettement indiquée dans la coupe longitudinale du moteur Duplex que l'on trouvera plus loin, lors de la description des moteurs à gaz divers.

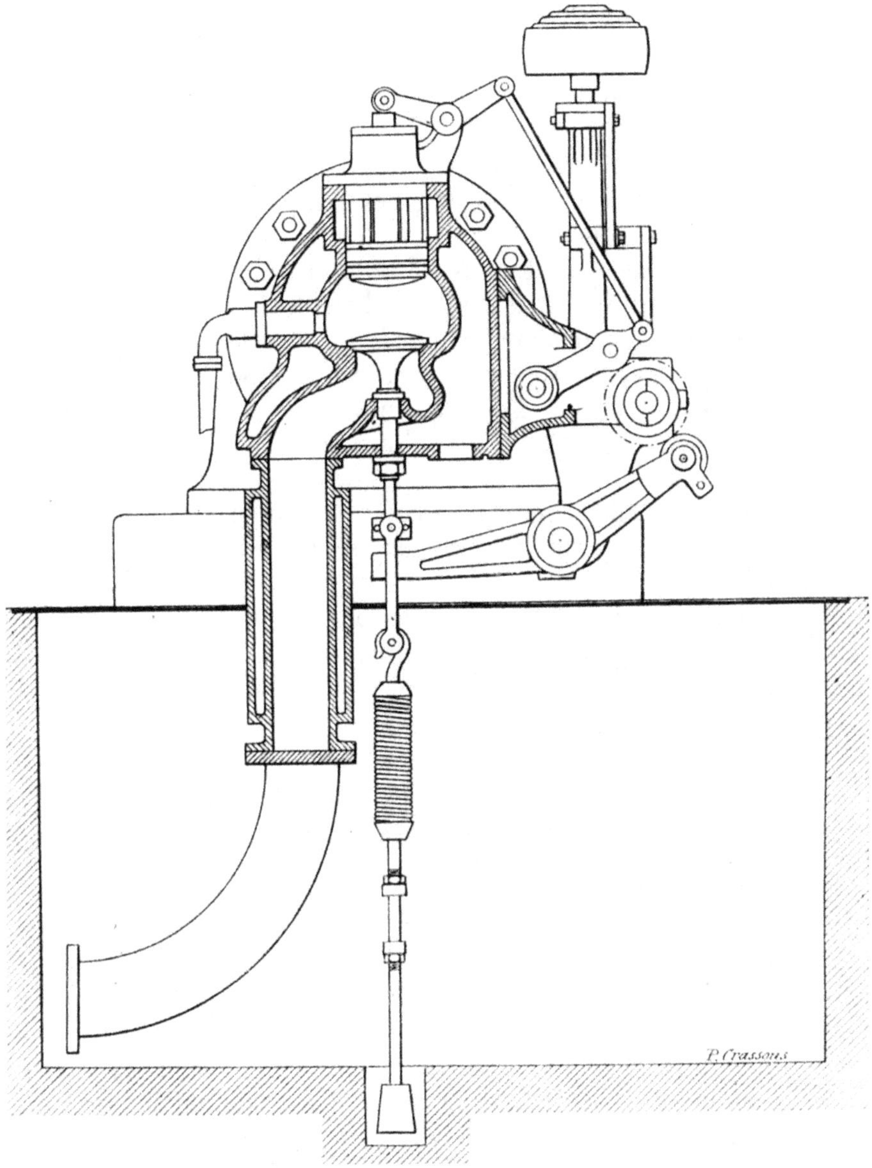

Fig. 125. — Distribution Duplex.

La soupape d'admission est actionnée par une came qui commande un galet solidaire d'un levier oscillant, articulé, à son extrémité, avec une bielle dont l'autre bout est relié au levier de commande de la soupape. Quand la came soulève le galet, par suite de son mouvement de rotation, la bielle pousse sur l'extrémité du levier supérieur et la soupape s'abaisse par suite de l'oscillation de ce levier. La soupape d'échappement est également commandée par une came qui actionne un galet porté par un levier dont l'autre extrémité attaque directement la tige de la soupape. Le levier oscille autour d'un axe fixe placé vers le milieu de sa longueur. Quand le galet est abaissé par la came, le levier oscille et provoque la montée de la soupape d'échappement qui découvre l'orifice sur lequel elle est établie.

Cette soupape est sollicitée à rester appuyée sur son siège par la tension d'un ressort à boudin accroché, d'une part, à l'extrémité de sa tige et fixé, d'autre part, à son autre bout, par l'intermédiaire d'un étrier portant un taraudage à chaque extrémité, à une tige scellée dans le sol.

L'étrier sert à régler la tension du ressort suivant le sens dans lequel on le tourne.

La soupape d'admission de gaz placée en bout du cylindre, dans la culasse, est à double siège. Elle constitue une sorte de boîte cylindrique munie d'un moyeu central réuni aux parois par des ailettes laissant libre le passage de l'air, entre elles. Quand cette soupape repose sur ses deux sièges, le gaz est retenu dans son conduit par la paroi circulaire extérieure de la soupape.

Le conduit d'air débouche au-dessous de la soupape ; l'air passe par la partie centrale de cette soupape à travers les ailettes et se rend dans un conduit supérieur débouchant au-dessus de la soupape d'admission, et où se forme le mélange.

Quand la soupape à gaz est soulevée, ce gaz pénètre à son tour dans le conduit de mélange et forme avec l'air, qui est également amené, le mélange tonnant qui sera aspiré dans le cylindre pendant la phase d'admission.

Le conduit d'air porte une valve dont la position, qui règle le volume d'air admis, peut lui être donnée à la main, par la manœuvre d'un levier.

Le conduit de gaz porte un robinet-valve servant à limiter le volume de gaz maximum à introduire.

La régulation s'effectue en faisant varier la composition du mélange. Pour cela, le régulateur commande, par un jeu de leviers, le déplacement, sur une came à génératrice inclinée, du galet porté par le levier qui actionne la soupape à gaz. Le régulateur est à force centrifuge et à axe vertical.

Suivant son régime de marche, qui correspond à celui du moteur, il fait avancer le galet dans un sens ou dans l'autre sur la came inclinée.

Ce galet est ainsi plus ou moins soulevé et provoque, à son tour, une levée de la soupape à gaz plus ou moins importante.

Lorsque le moteur est faiblement chargé et qu'il tend à tourner plus vite, le galet est placé sur la partie la plus rapprochée du centre de la came ; la soupape à gaz se soulève faiblement, et un très petit volume de gaz est introduit et forme avec l'air un mélange tonnant de composition assez pauvre pour ne produire qu'une énergie réduite, appropriée à la charge supportée par le moteur.

Inversement, quand le moteur a une charge normale, le régulateur tourne moins vite ; le galet occupe, sur la génératrice inclinée, une position plus écartée du centre de la came ; son excursion sera plus grande, la soupape se soulèvera davantage et le volume de gaz admis étant plus considérable, le mélange sera plus riche. Il pourra donc effectuer un travail plus grand, correspondant à la charge du moteur.

C'est le régulateur qui détermine la valeur de la composition du mélange. Un volume constant de ce mélange plus ou moins riche est introduit, à chaque cycle, dans le cylindre, ce qui permet de maintenir la compression constante malgré les variations de régime du moteur.

Distribution Soest

(Fig. 126.) Dans cette distribution, les soupapes sont verticales et disposées dans la culasse du moteur qui est maintenue fixée par des boulons en bout du cylindre (Fig. 37).

La soupape d'admission est placée à la partie supérieure de la culasse ; la soupape d'échappement est disposée en face et au-dessous.

La soupape d'admission est logée dans une boîte en fonte ajustée dans la culasse et qui y est maintenue fixée par des boulons. Cette boîte et la soupape forment un ensemble qui peut être aisément démonté en desserrant les boulons supérieurs.

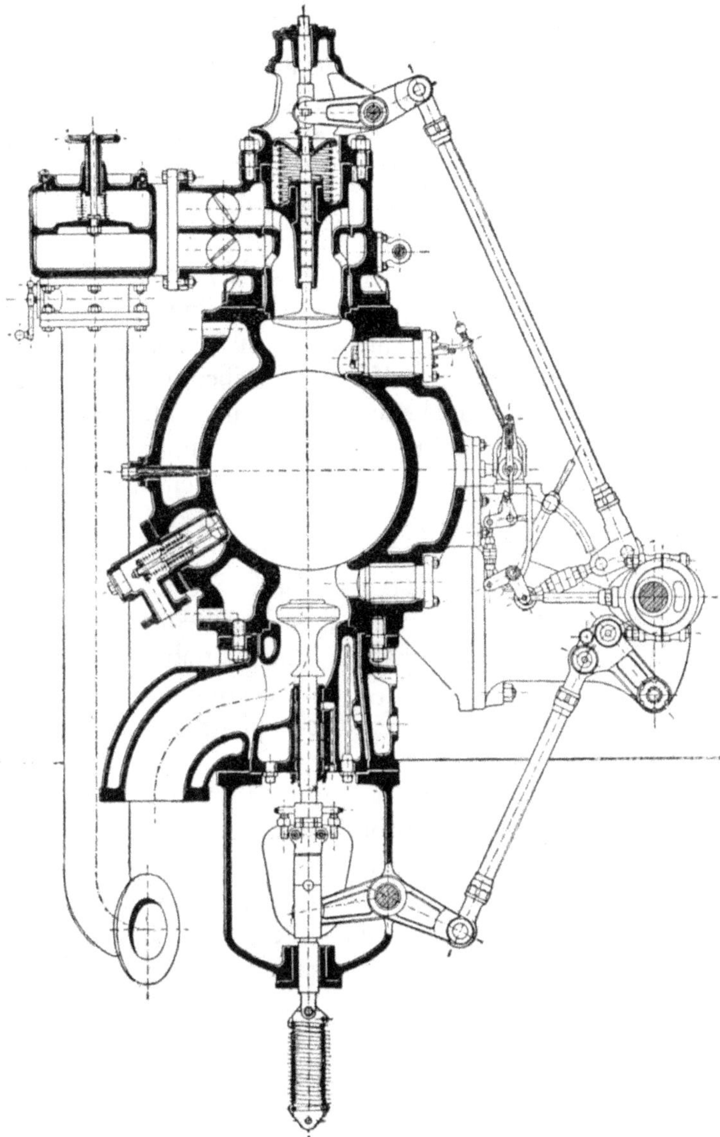

Fig. 126. — Distribution Soest.

La boîte à soupape porte des ouvertures qui communiquent respectivement avec le conduit d'amenée d'air et avec le conduit d'arrivée de gaz. Ces deux conduits parallèles sont munis chacun d'un papillon obturateur. Les deux papillons sont placés à proximité de la boîte à soupape. En outre, sur le conduit à gaz est disposé un robinet de réglage permettant de doser la quantité de gaz qui doit circuler dans ce conduit.

Le conduit d'air porte une valve que l'on peut manœuvrer à la main, en actionnant une petite manette extérieure, ce qui permet de régler la quantité d'air admis dans le conduit supérieur.

On voit que, par la manœuvre du robinet à gaz et de la valve à air, on peut introduire, dans la boîte à soupape, quand les deux papillons-obturateurs sont ouverts, un mélange de composition bien déterminée que l'on peut régler pour la teneur en gaz la plus favorable au bon fonctionnement. La soupape d'admission reçoit son mouvement d'une came fixée sur l'arbre de distribution disposé parallèlement à l'axe du cylindre. Sur cette came appuie un galet, roulant à l'extrémité d'un court levier, dont l'autre extrémité est articulée sur un axe fixe solidaire du bâti ; ce levier peut varier de longueur par la manœuvre d'un double écrou qui réunit les tiges formant chape aux extrémités. On peut, de cette façon, régler la position exacte du galet, par rapport à la came, pour que la soupape soit actionnée au moment convenable.

L'extrémité du levier portant le galet est articulée, en outre, avec la bielle de commande qui est reliée, à la partie supérieure, avec le levier agissant sur la soupape d'admission. Ce levier, du type que nous avons précédemment décrit (Fig. 95), attaque la tige de la soupape par une sorte de fourche portant une rainure dans chaque branche, et dans les rainures s'engagent deux doigts cylindriques solidaires de cette tige.

Quand la came relève le galet, celui-ci décrit un arc de cercle autour de l'axe fixe du levier ; la bielle remonte et pousse sur l'extrémité extérieure du levier de commande de la soupape ; ce levier oscille et son autre bout provoque la descente de la tige de la soupape. La soupape découvre l'orifice d'admission et son ressort à boudin antagoniste se comprime. Le mélange gazeux peut, par aspiration du piston, pénétrer dans le cylindre. Lorsque la came cesse d'actionner le galet, celui-ci retombe, reprend sa position de repos, et le ressort de la soupape, en l'appliquant sur son siège, provoque la remise en place du levier de commande et de la bielle.

La soupape d'échappement est également commandée par une came, et cela par l'intermédiaire d'un galet placé en bout d'un levier, d'une bielle et d'un second levier qui attaque la tige de la soupape d'échappement vers la partie inférieure. La tige et la soupape sont soulevées quand la came fait abaisser le galet. Un ressort à boudin, accroché en bout de la tige est, en même temps porté à une tension plus grande.

La soupape découvre l'orifice d'échappement par lequel les gaz brûlés peuvent être évacués dans le conduit inférieur.

La soupape d'admission et la soupape d'échappement s'ouvrent et se referment une fois par tour de l'arbre de distribution. Leur levée est constante. La régulation s'effectue par la manœuvre d'un régulateur à force centrifuge qui actionne, par l'intermédiaire de bielles et de leviers, les deux papillons-obturateurs établis dans les conduits supérieurs de gaz et d'air. Si la charge du moteur est considérable, le régulateur provoque l'ouverture simultanée des deux papillons. L'air et le gaz, dosés préalablement par la valve et le robinet de réglage, se mélangent dans la boîte à soupape et un volume important de ce mélange est admis par aspiration dans le cylindre.

Lorsque la charge du moteur est faible, il tourne plus rapidement et ce mouvement, communiqué au régulateur, provoque l'oscillation des deux papillons-obturateurs dans le sens de la fermeture. Les orifices des conduits supérieurs d'air et de gaz se trouvent progressivement rétrécis et le volume de mélange que l'on peut admettre dans le cylindre pendant la course d'aspiration est, par cela même, diminué. Le travail fourni par l'explosion de ce mélange sera évidemment plus faible et le moteur prendra une allure plus modérée.

La régulation s'effectue donc par le système d'admission d'un volume variable de mélange gazeux dans le cylindre, ce mélange conservant toujours, quelle que soit la charge du moteur, sa composition constante, c'est-à-dire restant dans les conditions les plus favorables, déterminées d'avance, pour assurer, dans tous les cas, un bon allumage.

Cet allumage s'effectue au moyen d'une magnéto à basse tension, que l'on voit dans la figure 37 montée, à droite du cylindre, sur la plate-forme supérieure du bras qui supporte les paliers de l'arbre de distribution.

L'induit de cette magnéto est commandé par un excentrique calé sur l'arbre de distribution, par l'intermédiaire de deux leviers coudés reliés par une biellette. L'induit est écarté de sa position de repos, au moment propice, puis est abandonné par le mécanisme et ramené vivement, en sens inverse, par un ressort de rappel ; un courant électrique prend naissance dans le circuit et l'écartement des deux pièces de contact de l'allumeur produit une étincelle qui enflamme le mélange. L'allumeur, placé près de l'orifice d'admission du mélange, est manœuvré, comme l'induit de la magnéto, par le mécanisme recevant lui-même son mouvement de l'arbre de distribution, par l'intermédiaire de l'excentrique.

Des ouvertures fermées hermétiquement par des tampons, permettent d'opérer le nettoyage de la culasse et un dispositif de purge du cylindre est également établi dans une des parois.

La chambre de compression du mélange gazeux, disposée dans la culasse, permet, par sa conformation, d'éviter les allumages intempestifs.

Distribution New-Acmé

(Fig. 127.) Cette distribution qui s'applique à des moteurs de faibles puissances, dont un ensemble est représenté par la figure 46, peut, pour cette raison, comporter des organes plus simples.

Elle se compose de deux soupapes : une d'admission, l'autre d'échappement. La soupape d'admission est disposée horizontalement. Elle est montée dans une boîte à soupape fixée sur le côté du cylindre, et sa tige est guidée sur presque toute sa longueur. Elle repose sur un siège qui forme l'orifice du conduit dans lequel se forme le mélange gazeux. L'air admis dans la composition de ce mélange arrive par un canal placé à la partie inférieure.

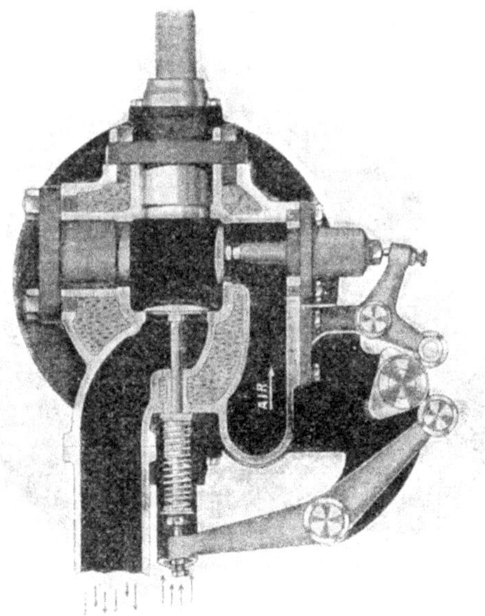

Fig. 127. — Distribution New Acmé.

La tige de la soupape d'admission déborde à l'extérieur de la boîte à soupape et peut être poussée par le bec d'un levier articulé sur un axe fixé au bâti. Suivant la charge supportée par le moteur, ce levier est ou n'est pas actionné. C'est le régulateur, du type pendulaire, qui détermine l'oscillation opportune de ce levier, laquelle est provoquée par un galet roulant sur la came d'admission clavetée sur l'arbre de distribution.

Quand le levier pousse sur la tige de la soupape, celle-ci avance et découvre l'orifice du conduit contenant le mélange, en comprimant un ressort contenu dans la boîte à soupape. Par aspiration, le mélange pénètre dans le cylindre et l'explosion se produit à la phase suivante.

Lorsque le levier de commande abandonne la tige de la soupape, cette soupape est de nouveau appliquée sur son siège par la tension de son ressort.

La régulation est donc du système par tout ou rien et le nombre d'admissions et, par suite, d'explosions, est approprié à la charge que supporte le moteur.

La soupape d'échappement est verticale ; elle est commandée par l'intermédiaire d'un seul levier articulé, vers le milieu de sa longueur, sur un axe fixé au bâti. Un galet, placé à une extrémité, s'appuie sur la came de commande portée par l'arbre de distribution ; l'autre extrémité du levier est munie d'une tige, dont la position est facilement réglable, qui vient buter contre l'extrémité de la tige de la soupape d'échappement. L'abaissement du galet, produit par la rotation de la came, provoque la levée de la soupape d'échappement qui découvre alors l'orifice du conduit d'évacuation. Un ressort de rappel, comprimé pendant ce mouvement, ramène la soupape sur son siège lorsque la came permet au galet de reprendre sa position de repos.

Le cylindre est à double enveloppe et une circulation d'eau est établie entre les deux enveloppes pour obtenir le refroidissement des parois.

Deux ouvertures sont percées dans la culasse, chacune en face d'une soupape, pour permettre la visite et le nettoyage de cette soupape. Ces regards sont fermés par un tampon ajusté et solidement fixé contre le bâti. Un des tampons porte le dispositif d'allumage électrique, qui s'effectue au moyen d'une magnéto à basse tension.

Distribution Letombe

(Fig. 129 et 130.) C'est la distribution d'un moteur Letombe à quatre temps à double effet tandem de 1.000 chevaux dont nous avons donné la vue d'ensemble (Fig. 35) et que nous décrirons ultérieurement. Elle comporte trois soupapes : une soupape d'admission, une soupape d'échappement et une soupape de mélange.

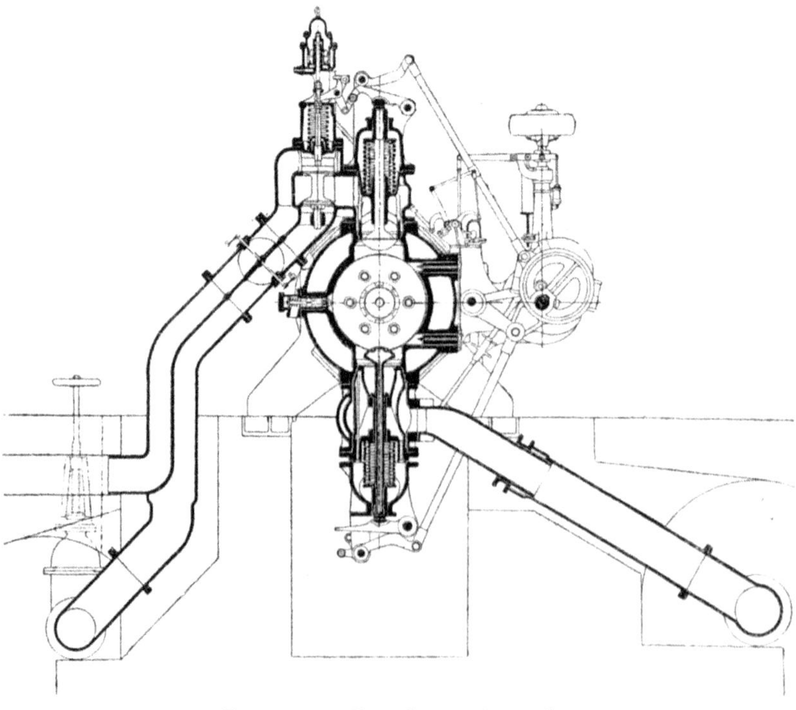

Fig. 129. — Distribution Letombe.

Fig. 128. – Trois machines soufflantes à gaz Cockerill de 600 chevaux, et trois moteurs à gaz Cockerill de 1 400 chevaux chacun.
Station de la Société de la Providence à Marchienne-au-Pont (Belgique).

La soupape d'admission et la soupape de mélange sont disposées dans une même boîte à soupapes fixée à la partie supérieure du cylindre.

Le siège de la soupape d'admission est rapporté dans cette boîte, verticalement, dans l'axe du cylindre, et se trouve maintenu fixe en place par le serrage d'un couvercle formant capot et portant un bras sur lequel est placé l'axe d'articulation du levier de commande de la soupape.

La tige de la soupape d'admission traverse le couvercle ; une douille qui est fixée à la partie supérieure de cette tige sert de guide, et sur sa collerette inférieure s'appuient les ressorts de rappel de la soupape. La tige est, d'autre part, guidée dans un moyeu central venu de fonte avec le siège de la soupape.

On a disposé deux ressorts de rappel pour la soupape d'admission et pour celle d'échappement, dans le but de maintenir la régularité de fonctionnement du moteur jusqu'au prochain arrêt, pour le cas où l'un des ressorts viendrait à se casser.

La soupape d'échappement est disposée dans une boîte fixée verticalement, à la partie inférieure du cylindre, au-dessous de la soupape d'admission. Cette boîte se compose d'une capacité à double enveloppe dans laquelle débouche le conduit d'échappement des gaz et qui est boulonnée solidement sur une portée circulaire ménagée sur le corps du cylindre.

Entre les deux parois de cette pièce est maintenue une circulation d'eau ayant pour but de refroidir la boîte de la soupape d'échappement.

Le siège de la soupape est rapporté dans la capacité à circulation d'eau et maintenu à sa position par le serrage d'un couvercle-capot inférieur.

La pièce formant siège porte un moyeu servant de guide à la tige de la soupape d'échappement et est établie pour recevoir une circulation d'eau de refroidissement. La tige est guidée, d'autre part, par sa douille inférieure qui lui est fixée et sur la collerette de laquelle s'appuient les deux ressorts de rappel. Cette douille traverse le couvercle inférieur. Les soupapes d'admission et d'échappement sont faites en acier forgé.

Elles sont, ainsi que leur tige, forées intérieurement. Un tube est disposé au centre de la tige, dans le trou ainsi ménagé, et sert à établir une circulation d'eau analogue à celle que nous avons précédemment décrite (Fig. 79). Cette eau refroidit la tige et la soupape.

La commande des soupapes d'admission et d'échappement s'effectue par l'intermédiaire d'un seul excentrique et par leviers roulants.

L'excentrique est claveté sur l'arbre de distribution placé parallèlement au cylindre et à la hauteur de son axe. Cet arbre tourne à une vitesse moitié moindre que celle de l'arbre principal, et son mouvement de rotation lui est transmis par celui-ci, au moyen d'un train de roues d'engrenages à denture hélicoïdale et d'un train de roues d'engrenages à denture droite.

La courte tige de l'excentrique est suspendue, à son extrémité, à un levier articulé autour d'un axe fixe et est reliée à une bielle oblique dont l'extrémité inférieure actionne le levier roulant donnant le mouvement à la soupape d'échappement.

Sur le collier de l'excentrique s'articule une seconde bielle qui, dirigée obliquement vers le haut, est reliée à l'extrémité du levier roulant de commande de la soupape d'admission. Ce levier oscille autour d'un axe fixe et s'appuie sur un autre levier à articulation également fixe qui bute sur l'extrémité de la tige de la soupape.

Lorsque la bielle tire sur le levier supérieur, celui-ci provoque l'oscillation du levier qui est au-dessous de lui, et le point de contact des deux leviers se déplace de façon à

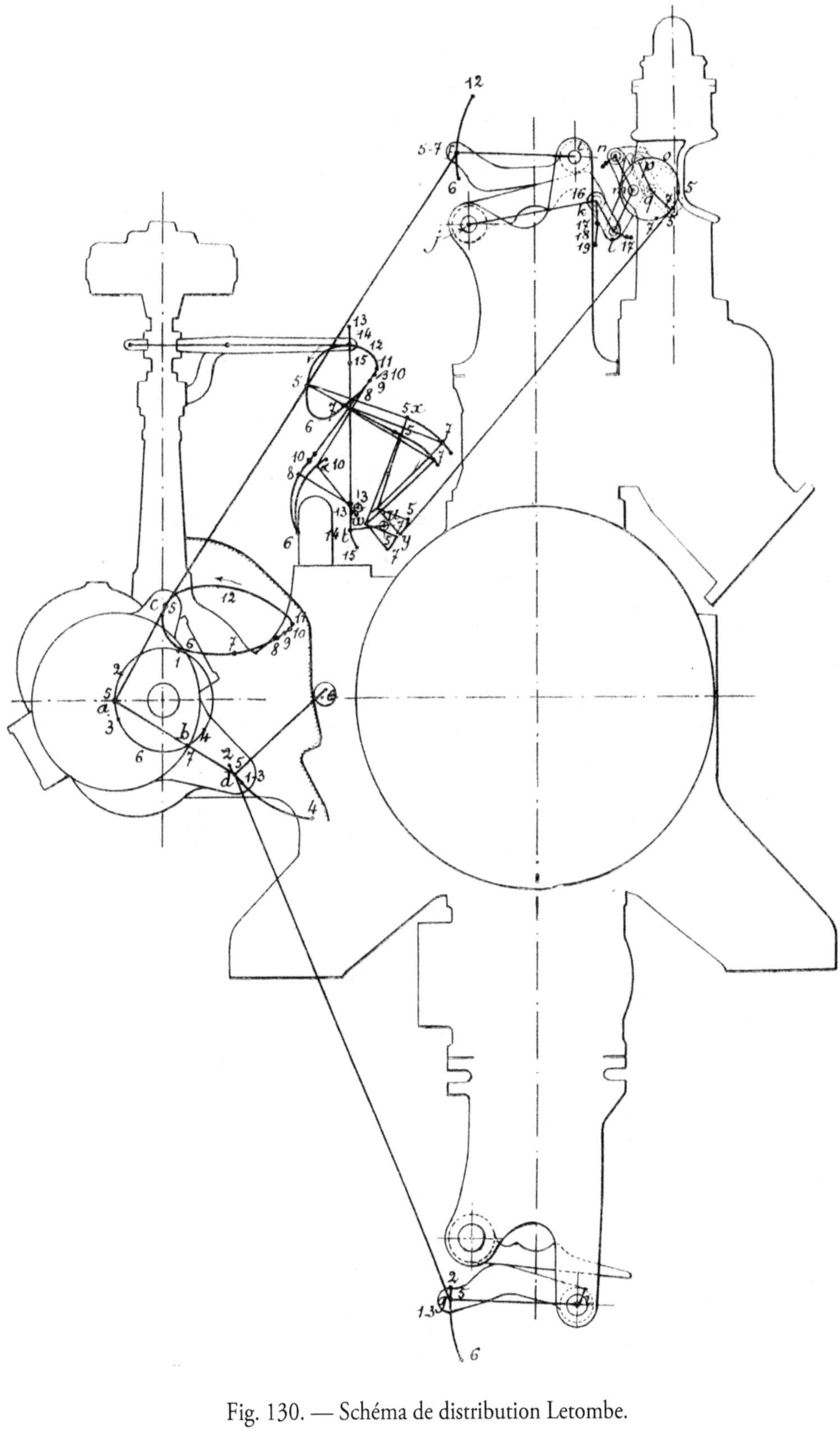

Fig. 130. — Schéma de distribution Letombe.

donner au mouvement de la soupape une allure favorable à son bon fonctionnement, ainsi que nous l'avons expliqué plus haut, lors de l'examen des leviers roulants.

La manœuvre de la soupape d'échappement s'effectue de façon identique.

Une deuxième commande de la soupape d'échappement peut s'effectuer par came et est facultative ; on l'utilise pour maintenir cette soupape ouverte, pendant une durée plus ou moins prolongée, lorsqu'on met le moteur en marche ; on diminue ainsi le degré de compression et on facilite la mise en route.

La soupape de mélange est établie verticalement dans la boîte à soupapes supérieure et dans le même plan que la soupape d'admission.

Elle est à double siège, chacun de ces sièges formant l'orifice des deux conduits d'air et de gaz qui aboutissent à la boîte à soupapes supérieure. Le conduit d'air débouche au-dessus et le conduit de gaz au-dessous dans cette boîte. Dans chaque conduit est disposé un papillon que l'on peut manœuvrer, à la main, pendant la marche même de la machine, pour faire varier les volumes d'air ou de gaz qui composent le mélange.

Un robinet-vanne est placé sur la conduite de gaz et est manœuvré par un volant avant la mise en route du moteur. Il permet d'isoler le conduit de gaz du moteur lorsque celui-ci est au repos ou en réparation.

La soupape de mélange est manœuvrée par le levier de commande de la soupape d'admission. A l'extrémité de ce levier, qui appuie sur la tige de soupape, est articulée une biellette reliée avec un levier coudé dont le mouvement d'oscillation provoque, par l'intermédiaire d'un mécanisme à déclenchement, la manœuvre d'un autre levier qui actionne la soupape de mélange. Le mécanisme de déclenchement est placé sous la dépendance du régulateur, ce qui permet à cet organe de régler l'admission d'un volume variable de mélange suivant le régime du moteur. Ce mélange conserve toujours une composition établie pour donner le résultat le plus favorable, composition que l'on peut, d'ailleurs, modifier suivant les besoins, pendant la marche même, en manœuvrant les papillons.

Quand la soupape d'admission commence à être manœuvrée de haut en bas, le même mécanisme provoque la manoeuvre de la soupape de mélange de bas en haut; 1e mélange est admis dans la capacité contenant la soupape d'admission, et comme celle-ci découvre, à ce moment, l'orifice du conduit communiquant avec le cylindre, le mélange y est aspiré, et il en pénètre le volume fourni pendant la durée de levée de la soupape de mélange, durée qui dépend, nous le savons, du régulateur qui actionne son déclenchement. Quand le déclenchement s'effectue, la soupape est ramenée sur son double siège par l'action d'un ressort à boudin de rappel, mais pour amortir sa chute, un dispositif de ralentissement est placé à la partie supérieure de la tige.

C'est un amortisseur à huile, qui rend la descente de la soupape très douce.

L'épure de la distribution du moteur Letombe, représentée par la figure 130, montre le schéma des mouvements divers servant à actionner la soupape d'admission, d'échappement et de mélange, et ceux des différents organes qui relient le régulateur au mécanisme de déclenchement de cette soupape.

o a est le rayon d'excentricité de l'excentrique, *a d* est la tige de cet excentrique, *e d* le levier de suspension, *d g* la bielle actionnant le levier *g h* de la soupape d'échappement. Les points 1, 2, 3 indiquent les diverses positions occupées par les organes par rapport à l'échappement. Pour la soupape d'admission, la bielle de commande est représentée par la ligne *a f* qui actionne le levier *f i* appuyant sur le levier roulant *i k*. Les points 5, 6, 7 sont les positions différentes occupées par les organes se rapportant à la commande de l'admission.

Les leviers *k l*, *m n* et *p q r* commandent la manœuvre de la soupape de mélange, *p q* 5 est le levier de déclenchement, 5 *y* est la bielle de commande oblique reliée au levier coudé *x y*. L'extrémité *x* de ce levier est reliée par la bielle 5 *x* à, la bielle de commande *a f* de la soupape d'admission, et le régulateur actionne, par une tringle verticale, le levier *u t* qui déplace l'axe d'oscillation du levier en équerre *x y*.

En suivant les tracés représentant les positions différentes de ces organes, on voit que le mouvement de la soupape de mélange est obtenu de façon que son ouverture soit rapide, pour arriver, dans le temps le plus court possible, à son excursion maximum. C'est le déclenchement qui provoque sa fermeture, qui est rapide d'abord, puis amortie par le dispositif de ralentissement au moment de son repos sur ses sièges.

Le mécanisme de déclenchement a pour origine l'articulation, au point 5, situé sur la bielle de commande de la soupape d'admission, de la tige 5 *x*. Le point 5 décrit, pendant la rotation de l'arbre de distribution, une courbe en forme d'oeuf. L'extrémité 5 de la tige 5 *x* occupe successivement tous les points de cette courbe et on comprend qu'on puisse ainsi obtenir, par des dispositions appropriées des bielles et des leviers, un mouvement alternatif dirigé dans un sens déterminé. Ce mouvement est commandé par le levier *x y* dont l'axe d'oscillation est déplacé par les variations du manchon du régulateur et par la bielle *y* 5 actionnant les leviers supérieurs.

La pièce de déclenchement est munie d'un taquet concentrique à l'axe des leviers. Ce taquet rend solidaire le mouvement des leviers.

Un galet *p*, disposé au bout d'un levier dont le sens du mouvement est dirigé perpendiculairement à celui du levier de déclenchement, appuie sur le taquet et provoque la séparation des deux leviers de commande de la soupape ; le déclenchement se produit alors et la soupape est refermée par l'action de son ressort de rappel.

L'excursion du galet de déclenchement a toujours la même amplitude mais, suivant la position donnée à l'axe d'oscillation du levier *x y* par les variations du manchon du régulateur, lesquels dépendent évidemment du régime de marche du moteur, le galet attaquera plus ou moins tôt le taquet de déclenchement et provoquera la fermeture plus ou moins rapide de la soupape de mélange. L'allure du moteur se modifiera donc dans le sens convenable.

On voit que la distribution du moteur Letombe ne manque pas d'ingénieux dispositifs qui s'appliquent, avec toute la sécurité désirable de fonctionnement, à des moteurs à double effet, ayant deux cylindres montés en tandem.

Distribution Dubridge

(Fig. 131.) Le moteur Dubridge est muni d'une distribution dont le réglage s'effectue d'après le système du tout ou rien. Elle comporte trois soupapes: la soupape à gaz, la soupape d'admission, et la soupape d'échappement.

Les deux premières soupapes sont disposées horizontalement ; la troisième est placée verticalement.

Les trois soupapes sont montées à l'extrémité arrière du cylindre, chacune dans une boîte indépendante fixée par des boulons sur le corps du cylindre.

La boîte de la soupape d'admission est placée sur le côté du cylindre et sa bride de fixation est visible sur la figure 131, à la hauteur et à droite du régulateur. La tige de soupape, horizontale, déborde à l'extérieur de la boîte et s'appuie, par la tension d'un ressort de rappel disposé intérieurement, sur l'extrémité d'un levier qui oscille autour d'un axe fixé à la partie inférieure d'un bras vertical venu de fonte avec le bâti.

Ce bras porte également l'axe d'oscillation du levier d'échappement placé au-dessous du premier.

Le levier actionnant la soupape d'admission porte, à environ la moitié de sa longueur, un galet s'appuyant contre une came clavetée sur l'arbre de distribution qui est parallèle à la direction de l'axe du cylindre.

Fig. 131. – Distribution Dubridge.

Ce galet, invisible sur la figure 131, fait osciller le levier d'admission sous l'action de la came, et l'extrémité supérieure de ce levier pousse sur la tige de la soupape et provoque l'ouverture de l'orifice d'admission dans le cylindre.

La soupape d'échappement, dont la tige verticale déborde de la boîte à soupape au-dessous de la culasse du cylindre, est actionnée par une came également fixée sur l'arbre de distribution, par l'intermédiaire d'un levier dont l'axe d'oscillation est placé à l'extrémité inférieure du bras vertical du bâti.

Le levier porte à un bout un galet, visible en avant sur la figure, et l'autre bout appuie en dessous sur l'extrémité de la tige de la soupape. Quand la came d'échappement actionne le galet, le levier oscille et la soupape d'échappement se soulève.

L'extrémité du levier portant le galet a reçu une forme permettant de le manœuvrer à la main pour maintenir ouverte la soupape d'échappement, lors de la mise en route du moteur, par exemple. En outre, une disposition spéciale permet de diminuer le degré de compression. Elle consiste en un second galet, solidaire d'une douille pouvant coulisser longitudinalement sur l'axe d'oscillation prolongé du galet d'échappement.

Un ressort à boudin maintient normalement, par sa pression, ce second galet et sa douille dans une position telle qu'il n'est pas actionné par la came de diminution de la compression placée sur l'arbre à côté des autres cames.

Quand on veut mettre le moteur en marche, on pousse la douille en comprimant le ressort à boudin et on engage, par un léger mouvement de rotation un ergot, fixé sur l'axe, dans le cran d'une rainure à baïonnette portée par la douille. Cette douille et le galet sont ainsi immobilisés dans une position pour laquelle le galet se présente en face de la came de diminution de la compression. En faisant tourner le volant pour la mise en marche, la soupape d'échappement est soulevée par l'intermédiaire du galet spécial, et cela pendant la phase de compression. Une partie du mélange gazeux comprimé s'échappe dans le conduit d'évacuation, et on peut plus facilement faire effectuer au piston sa course de compression complète en actionnant le volant.

La soupape à gaz est logée dans une boîte fixée sur le cylindre, au-dessous et à gauche de la soupape d'admission.

La tige de la soupape déborde à l'extérieur et se présente en face de la branche d'un levier dont l'extrémité supérieure est recourbée en forme d'équerre et est visible, sur la figure 131 à droite du pied du régulateur.

L'axe d'oscillation de ce levier peut avoir une position variable qui est déterminée par le régime de marche du moteur et, par suite, du régulateur.

Quand la vitesse du moteur est trop grande, le régulateur provoque le relèvement de l'axe d'oscillation du levier à tête recourbée. Dans cette position, cette tête passe au-dessus d'un taquet fixé sur le levier de la soupape d'admission, levier qui est voisin et disposé parallèlement au levier de la soupape à gaz.

Dans ce cas, la soupape à gaz ne sera pas actionnée, parce que son levier restera appliqué sur sa butée par la tension du ressort de la soupape.

Lorsque la vitesse du moteur diminue, le mouvement du régulateur provoque l'abaissement de l'axe d'oscillation du levier de la soupape à gaz. La tête recourbée du levier s'abaisse aussi et vient se présenter en face du taquet voisin.

Lorsque le levier de la soupape d'admission oscille, sous l'action de la came de commande, son taquet rencontre alors le bec de l'autre levier, l'entraîne et provoque son mouvement. Il pousse alors la tige de la soupape à gaz, et comme cette soupape et la soupape d'admission s'ouvrent simultanément, commandées par une même came, il y a aspiration de mélange dans le cylindre.

C'est donc l'allure du régulateur qui détermine l'opportunité de l'admission du mélange gazeux dans le cylindre, en provoquant ou non l'ouverture de la soupape à gaz. La soupape d'admission et la soupape d'échappement s'ouvrent et se ferment régulièrement et successivement pour chaque tour de l'arbre de distribution.

Le régulateur, à force centrifuge, reçoit son mouvement de rotation de l'arbre de distribution par l'intermédiaire de roues d'engrenage. Il porte deux masses sphériques qui s'écartent de l'axe quand la vitesse s'accroît, ce qui provoque le déplacement du levier de la soupape à gaz et règle la manœuvre de cette soupape.

L'allumage s'effectue par un tube à incandescence dont on voit la cheminée à l'arrière et à la partie supérieure du cylindre.

Au-dessous, est placé le robinet-vanne servant à faire communiquer le conduit d'amenée de gaz avec la boîte à soupapes à gaz ou à intercepter cette communication.

Quand le moteur est au repos, on ferme ce robinet pour éviter une introduction intempestive de gaz dans le moteur et on ne l'ouvre qu'au moment de la mise en route, en réglant, à volonté, le volume de gaz à admettre à chaque cylindrée.

Distribution Winterthur (Fig. 132.) Cette distribution, dont la vue d'ensemble est représentée sur le moteur Winterthur (Fig. 93), est combinée avec le procédé de régulation par admission de volume de mélange variable et comporte une soupape d'admission, une soupape d'échappement et une soupape de mélange. La soupape d'admission 4 et la soupape de mélange 8 sont montées dans une boîte commune 5, disposée verticalement à la partie supérieure du cylindre.

Cette boîte peut facilement être démontée de la culasse en enlevant, du même coup, les soupapes. Le nettoyage et la vérification s'effectuent ainsi aisément.

Un capot supérieur 10, fixé sur la culasse par des boulons, maintient en place la boîte à soupapes 5 et son couvercle 21.

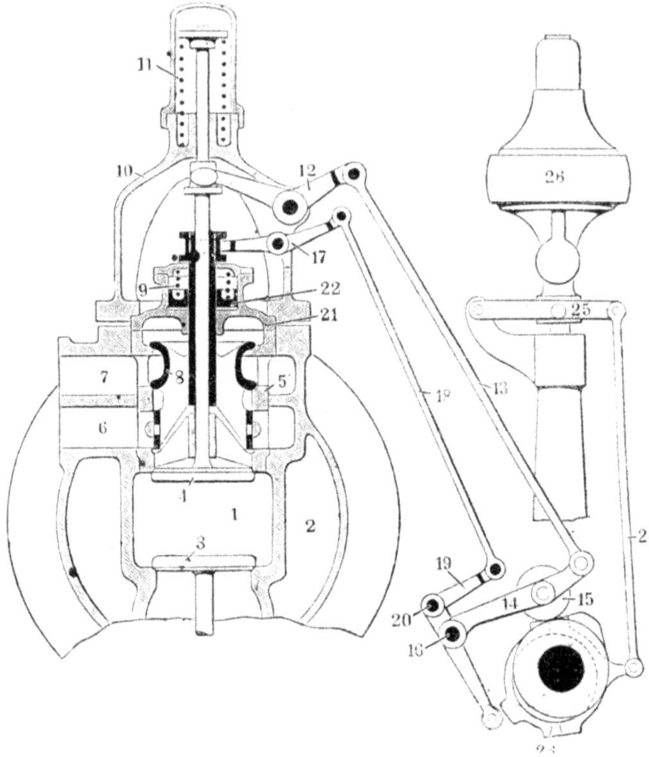

Fig. 132. – Distribution Winterthur.

La tige de la soupape d'admission 4 est guidée à ses deux extrémités par des moyeux dont l'un fait corps avec la boîte à soupapes et l'autre avec le capot supérieur. Elle porte, à son extrémité supérieure, une douille à collerette sur laquelle s'appuie un ressort à boudin dont la tension applique la soupape d'admission sur son siège.

Une autre douille à collerette, fixée sur la tige, au-dessous de la première, sert d'appui à l'extrémité d'une des branches d'un levier 12, articulé autour d'un axe fixe, et dont l'autre branche est reliée, en bout, avec une bielle oblique 13 aboutissant a un second levier 14.

Ce levier, oscillant autour d'un axe fixe 16, porte un galet 15 qui roule sur la came d'admission clavetée sur l'arbre de distribution.

Lorsque le galet est soulevé par la came, la bielle 13 pousse, vers le haut, le levier 12, dont l'oscillation détermine la descente de la tige de la soupape d'admission 4. Cette soupape quitte son siège et découvre l'orifice d'admission.

Le rappel de la soupape a lieu par l'action du ressort à boudin, lorsque le galet n'est plus actionné par la came.

La soupape de mélange 8 est constituée par une capacité cylindrique portant un long moyeu venu de fonte avec les parois de la capacité et relié à elles par des ailettes qui permettent une circulation de fluide au centre de l'enveloppe.

L'enveloppe extérieure est façonnée de manière à constituer, à sa partie supérieure, deux surfaces d'appui qui viennent s'appliquer sur deux sièges coniques. Cette partie

Fig. 133. – Moteur à gaz de four à coke de 1 200 chevaux actionnant un alternateur, construit par les ateliers d'Augsbourg et Nurenberg.

de la soupape forme la *soupape à gaz* qui obture, quand elle est reposée sur ses deux sièges, le conduit 7 par lequel le gaz est amené dans la boîte à soupapes.

La partie inférieure de la soupape de mélange forme un piston cylindrique dont l'enveloppe est percée d'ouvertures. Ce piston peut, suivant sa position, obturer le conduit 6, par lequel arrive l'air, ou le faire communiquer avec la partie centrale de la soupape.

Le moyeu de la soupape de mélange coulisse à frottement doux sur la tige de la soupape d'admission qui lui sert de guide et rend les deux soupapes de mélange et d'admission concentriques.

Un petit piston 22, fixé sur le moyeu de la soupape de mélange, est disposé dans une capacité cylindrique ménagée dans le couvercle 21 et fait office d'amortisseur, quand cette soupape retombe sous l'action du ressort de rappel 9 logé dans cette même capacité.

Un manchon termine le moyeu de la soupape de mélange à sa partie supérieure. Entre les deux collerettes de ce manchon, se place l'extrémité d'une des branches d'un levier 17 articulé sur un axe fixe et dont l'autre bout est relié à une bielle 18 solidaire, par son extrémité inférieure, d'un levier coudé 19. Ce levier oscille autour d'un axe fixe 20, et l'extrémité de sa grande branche porte un galet qui peut s'appuyer sur un bossage ménagé sur le collier d'un excentrique 23.

Le plateau de l'excentrique est claveté sur l'arbre de distribution et participe à son mouvement de rotation. Le collier porte le bossage que nous venons d'indiquer, et une queue articulée avec une bielle verticale 24 qui, par l'intermédiaire du levier 25, est rendue solidaire du mouvement du régulateur 26. Le manchon du régulateur provoque, en effet, l'oscillation du levier 25 autour d'un axe fixé sur un bras venu de fonte avec le support du régulateur.

Lorsque la vitesse du moteur est normale, le régulateur, animé d'un mouvement de rotation dont la vitesse est proportionnelle à celle du moteur maintient, par le déplacement rationnel de ses masses sphériques, le manchon à une hauteur telle que le bossage du collier de l'excentrique s'appuie sur le galet du levier 19 pendant un temps déterminé. Pendant le mouvement de rotation de l'arbre de distribution portant cet excentrique, le galet est donc poussé vers la gauche par suite de la saillie de ce renflement.

Le levier 19 oscille en tirant sur la bielle 18 et celle-ci provoque l'oscillation du levier 17 qui, par l'intermédiaire du manchon supérieur de la soupape de mélange, provoque le mouvement de cette soupape vers le haut. La soupape à gaz 8 découvre alors les deux orifices qui permettent au gaz de passer du conduit 7 dans la capacité centrale de la soupape.

Le piston inférieur, faisant office de soupape à air, présente les ouvertures pratiquées sur sa périphérie en face des ouvertures du conduit d'air 6 et l'air est également admis dans la capacité centrale de la soupape.

L'air et le gaz se mélangent d'autant plus intimement que l'air est divisé en filets par les divers orifices du conduit et que ces filets d'air ont une direction perpendiculaire à celle du courant gazeux.

Le mélange est introduit dans le cylindre par l'orifice découvert, grâce à la manœuvre de la soupape d'admission.

Le renflement du collier de l'excentrique, qui provoque la levée de la soupape de mélange, se raccorde avec ce collier, par une ligne normale à la circonférence au lieu d'être oblique et en pente douce. Cette disposition a pour effet de laisser retomber brusquement le galet de commande, à un moment déterminé de la course de l'excentrique. La soupape de mélange, maintenue pendant un certain temps à sa position de pleine ouverture, est très vivement ramenée à sa position de repos par le ressort de rappel 9.

Le piston amortisseur 22 joue, à ce moment, son rôle, et permet à la soupape de venir se reposer sans choc sur ses appuis.

On comprend que, puisque c'est l'excentrique-came 23 qui provoque la manœuvre de la soupape de mélange, on puisse, en faisant varier le moment où cet excentrique attaque le galet de commande, et en présentant le renflement qui forme came plus ou moins obliquement au contact du galet, rendre variables la course et la durée d'ouverture de la soupape de mélange.

Ce réglage, qui constitue la régulation du moteur, s'effectue par l'intermédiaire du régulateur.

Lorsque le moteur, en effet, a une allure trop rapide, les masses du régulateur, sous l'action de la force centrifuge, s'écartent ; le manchon s'élève entraînant le levier 25 qui oscille ; la bielle 24 tire de bas en haut sur la queue du collier d'excentrique. Ce collier 23 tourne sur son plateau et son renflement formant came se déplace par rapport au galet de commande de la soupape de mélange. Le renflement tourne en se présentant de plus en plus obliquement par rapport à ce galet, ce qui retarde l'attaque du galet et diminue la durée d'ouverture de la soupape.

Le mélange sera admis en volume moins considérable dans le cylindre, mais il conservera, toutefois, sa composition constante, qui peut être réglée de la façon la plus favorable par la manœuvre de robinets et de valves disposés sur les conduits de gaz et d'air.

Lorsque la vitesse du moteur diminue, le régulateur provoque, par l'abaissement de son manchon, la rotation du collier de l'excentrique dans le sens opposé au précédent, c'est-à-dire que la tige 24 pousse sur la queue du collier et le renflement se déplace vers le haut en se présentant plus normalement par rapport au galet.

Celui-ci sera, pendant le mouvement de rotation, attaqué plus tôt ; la durée d'ouverture de la soupape de mélange sera plus grande et le volume de mélange admis dans le cylindre sera plus considérable et fournira un travail plus grand, compensant l'excès de charge supportée par le moteur, qui avait provoqué le ralentissement de son allure.

La régulation s'effectue, comme on le voit, par une admission de volume variable de mélange, ce mélange ayant un dosage constant.

Le procédé employé pour réaliser cette régulation est avantageux, car il permet de maintenir la soupape de mélange à pleine ouverture, après un soulèvement rapide, pendant la plus grande partie du temps consacré à sa manœuvre et, en outre, il permet de la refermer très rapidement, comme si la fermeture était provoquée par un système à déclic.

La soupape d'échappement est actionnée de bas en haut par un mécanisme semblable à celui qui commande la soupape d'admission.

Une came, clavetée sur l'arbre de distribution, actionne un galet porté par un levier à une de ses extrémités, l'autre extrémité s'appuyant sur le bout inférieur de la tige de la soupape.

Cette soupape est soulevée quand le galet est poussé par la came, et elle se referme, sous l'action de son ressort de rappel, quand le galet reprend sa position de repos.

Distribution Nuremberg (Fig. 134. et 135.) Les Ateliers d'Augsbourg et Nuremberg ont établi un moteur tandem à double effet que nous décrirons plus loin, dans lequel est disposé, à chaque extrémité de chacun des cylindres, un mécanisme de distribution semblable à celui que nous allons examiner. Un autre moteur, dont la vue d'ensemble est représentée par la figure 110, est muni de cette distribution.

La distribution comporte trois soupapes : une soupape d'admission, une soupape d'échappement et une soupape à gaz.

Les trois soupapes sont disposées verticalement : la soupape d'admission et la soupape à gaz à la partie supérieure du cylindre, et la soupape d'échappement à la partie inférieure.

Les soupapes supérieures sont placées parallèlement, dans la même boîte à soupapes, et dans le sens longitudinal du moteur. Au-dessus de chacune d'elles, un capot, fixé sur le cylindre, une chapelle, suivant la dénomination usitée, marque la place des soupapes.

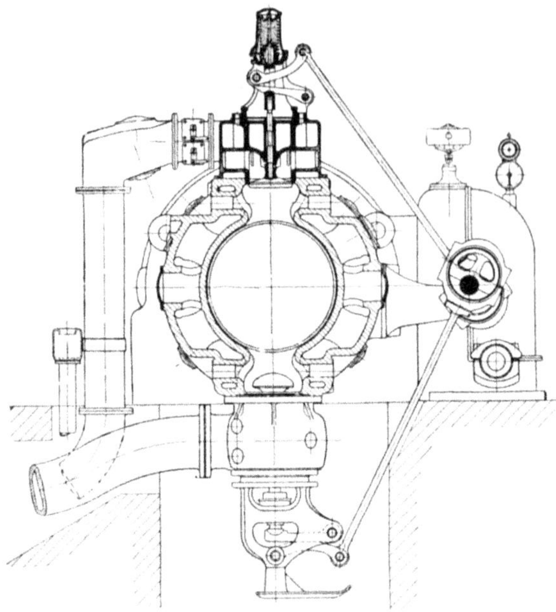

Fig. 134. – Distribution Nurenberg.
Coupe verticale par la soupape d'admission.

Nous avons précédemment, lors de l'examen de diverses dispositions de soupapes, donné celles des soupapes d'admission et à gaz du moteur de Nuremberg (Fig. 72) sans indiquer la façon dont elles étaient commandées.

Nous savons que ces deux soupapes, placées dans la même capacité à la suite l'une de l'autre, ne sont pas constituées de la même façon. L'une, la soupape d'admission, repose sur un siège conique et découvre l'orifice sur lequel elle repose en manœuvrant de haut en bas ; l'autre, la soupape à gaz, est à double siège et permet l'admission du gaz quand elle manœuvre de bas en haut.

Elle découvre alors les deux orifices qui forment le double siège et le gaz pénètre, en se mélangeant avec l'air, qui est amené par un autre conduit, dans la capacité de mélange au-dessus de la soupape d'admission. Le mélange est introduit dans le cylindre lorsque la soupape d'admission s'ouvre.

La figure 134 représente une coupe verticale de la distribution du moteur de Nuremberg faite suivant l'axe de la soupape d'admission. La soupape à gaz, placée immédiatement derrière et dans l'axe de cette soupape d'admission, n'est pas visible sur la figure ; le mécanisme qui l'actionne est représenté en détail sur la figure 135.

La commande de la soupape d'admission s'effectue par l'intermédiaire d'un excentrique et de leviers roulants.

L'excentrique, claveté sur l'arbre de distribution actionne, par la tige de son collier, un levier supérieur oscillant autour d'un axe fixé sur le couvercle de la boîte à soupapes. Ce levier a une forme incurvée et s'appuie, par sa face convexe, sur la face droite d'un second levier placé au-dessous de lui. Ce second levier, articulé également autour d'un axe fixe, s'appuie sur une butée faisant corps avec la tige de la soupape.

Quand la tige d'excentrique tire sur le levier supérieur, celui-ci, dans son mouvement d'oscillation, pousse le levier inférieur, le fait osciller, provoque la descente de la soupape et l'ouverture de l'orifice d'admission. Nous savons que le point de contact des deux leviers change de position pendant tout le mouvement d'ouverture, ce qui permet de réduire le frottement, d'éviter les manœuvres brusques et les chocs, et de donner au mouvement de la soupape une allure variable appropriée à sa fonction, avantages qui caractérisent, d'ailleurs, les systèmes de leviers roulants.

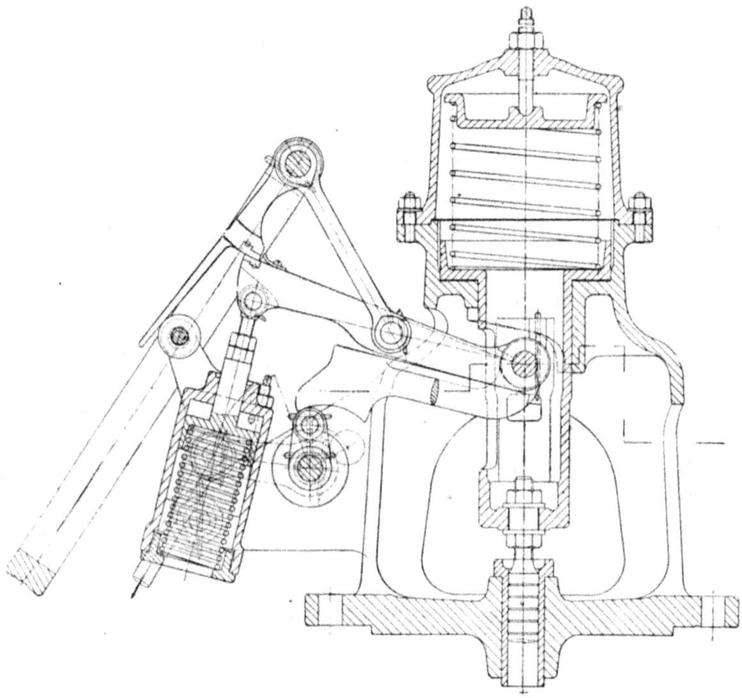

Fig. 135. – Distribution Nurenberg.
Mécanisme de commande de la soupape à gaz.

Un ressort de rappel, placé dans la partie supérieure du capot, maintient le levier de la soupape constamment appliqué contre le levier de commande supérieur, ce qui provoque le retour de la soupape sur son siège lorsque la tige de l'excentrique, pendant la rotation de l'arbre, remonte et pousse l'extrémité du levier de commande vers le haut.

Les canalisations de gaz et d'air sont disposées sur le côté du cylindre et aboutissent à la partie supérieure dans la boîte contenant la soupape d'admission et la soupape à gaz.

La soupape d'échappement, placée à la partie inférieure du cylindre est, comme la soupape d'admission, commandée par un système de leviers roulants recevant leur mouvement d'un excentrique claveté sur l'arbre de distribution. La tige de l'excentrique provoque l'oscillation du levier de commande inférieur qui, par son roulement sur le levier d'attaque de la soupape, provoque le soulèvement de celle-ci et l'ouverture du conduit d'évacuation. Ce conduit communique avec le tuyau d'échappement, de fort diamètre, disposé sous le plancher. La soupape d'échappement comporte un dispositif de refroidissement semblable à celui que nous avons examiné plus haut (Fig. 80).

Dans la figure 134, les positions des excentriques sur l'arbre de distribution sont telles que la soupape d'admission est fermée et que la soupape d'échappement est ouverte : c'est la phase d'échappement.

La soupape à gaz est actionnée par un mécanisme spécial. La figure 136 représente la partie supérieure de ce mécanisme et le capot servant de couvercle à la capacité renfermant la soupape. Cette soupape à double siège n'est pas représentée sur la figure ; elle est disposée au-dessous et sa tige, portant des rainures transversales pour faciliter le graissage, traverse un moyeu central porté par la bride inférieure du couvercle et se prolonge, vers le haut, par une boîte cylindrique ajourée s'évasant, à la partie supérieure, pour recevoir un ressort à boudin. Ce ressort s'applique, à son autre extrémité, contre un disque fixe monté en bout du capot.

Sur un axe solidaire de cette boîte cylindrique s'articulent deux leviers : l'un, le levier supérieur, est supporté en son milieu par une biellette articulée à l'extrémité supérieure de la tige d'excentrique. En bout de ce levier est disposée une pièce de butée sur laquelle s'appuie un grain d'acier appartenant à un autre levier articulé également en bout de la tige d'excentrique et qui est le levier de déclenchement.

A cette même extrémité du levier supérieur est articulée une tige cylindrique solidaire d'un piston pouvant se mouvoir dans un cylindre. Ce piston est toujours sollicité à remonter par la tension d'un ressort à boudin, ce qui provoque également la remontée du levier et la descente de la soupape à gaz, laquelle est maintenue appliquée sur son double siège par le ressort à boudin supérieur. Une ouverture réglable est ménagée à la partie supérieure du petit cylindre, de façon que le piston fasse, en remontant, office d'amortisseur.

Le second levier relié à la boîte cylindrique et placé au-dessous du premier, possède une tête en forme de fourche et porte, à l'extrémité opposée, une queue de forme circulaire sur laquelle vient s'appuyer le bout arrondi d'une des branches d'un levier coudé articulé sur une tringle oblique actionnée par le manchon du régulateur.

Un second levier, déplacé par le mouvement de la tige de l'excentrique, porte en bout un galet qui vient s'appliquer contre une palette terminant le levier de déclenchement sur lequel est monté le bec d'acier d'accrochage.

Un excentrique spécial, monté sur l'arbre de distribution, est muni d'une tige qui vient obliquement se relier, à son extrémité, avec la bielle de suspension du levier supérieur de la soupape et qui porte, *monté fou* sur l'axe d'articulation de ces deux pièces, le levier de déclenchement.

Pendant le mouvement de rotation de l'arbre, l'excentrique, au moment opportun déterminé par son orientation sur cet arbre, tire, par l'intermédiaire de sa tige et du levier de déclenchement, dont le bec est alors engagé, sur le levier supérieur de la soupape. Ce levier s'abaisse et lorsqu'il vient buter sur le levier placé au-dessous de lui, comme ce levier est appuyé par sa queue circulaire sur un point d'appui fixe, qui est l'extrémité du levier coudé, les deux leviers pivotent autour de ce point d'appui fixe, qui est le centre d'oscillation, et continuent à osciller, tant que la tige d'excentrique tire de haut en bas. On voit que le point d'attaque des leviers est placé à l'extrémité gauche du levier supérieur, et que le point d'appui fixe est à sa droite, au bout du levier coudé.

L'autre extrémité du système oscillant, qui est l'articulation des leviers avec la boîte cylindrique de la soupape, se soulèvera, entraînant, dans son mouvement, la tige de la soupape et la soupape. Les orifices du conduit de gaz seront découverts. Le mouvement de l'excentrique se traduit donc par la levée de la soupape. Cette levée n'est pas nécessairement constante. Elle peut avoir une amplitude variable, réglée par le régime du régulateur et, par conséquent, du moteur. En outre, la durée de la pleine ouverture de la soupape est également placée sous la dépendance du régulateur.

L'amplitude de la levée de la soupape est déterminée par la position qu'occupe la branche du levier coudé qui sert de point d'oscillation au système des deux leviers de la soupape, et cette position est elle-même déterminée par l'excursion du manchon du régulateur qui actionne la tringle oblique de commande par un renvoi de mouvement.

Quand la vitesse est trop grande, le régulateur fait osciller le levier coudé vers la droite ; le point d'appui se déplace dans le même sens ; le rapport des bras de leviers de commande devient plus petit et, pour une même course de la tige d'excentrique, la levée de la soupape a une valeur moins grande. Le volume de gaz admis pour composer le mélange est aussi moins grand.

Quand la vitesse du moteur et du régulateur s'abaisse, le levier coudé oscille vers la gauche, le centre d'oscillation s'écarte de l'axe de la soupape ; le rapport des bras de leviers de commande augmente et pour un déplacement constant de la tige d'excentrique, la levée de la soupape est plus considérable. Le volume de gaz admis est aussi plus grand, et le mélange étant plus riche peut fournir un travail plus important.

En même temps que le régulateur, par ses variations de régime, règle la levée de la soupape par la manœuvre appropriée du levier coudé, il actionne aussi le galet qui appuie sur la palette de déclenchement.

Lorsque la vitesse est trop grande, le galet est déplacé vers la gauche. Le levier de déclenchement oscille, autour de son axe supérieur, dans le même sens ; l'accrochage du bec de ce levier avec le bout du levier commandé diminue de longueur et pendant le mouvement d'oscillation des leviers de la soupape, le bec échappe plus tôt et libère le levier actionné. Celui-ci, sous l'impulsion que lui donne le ressort placé dans le petit cylindre, oscille vers le haut, et la soupape peut s'appliquer sur son double siège, abaissée brusquement par son ressort supérieur de rappel. Son allure est néanmoins modérée en fin de course par le fonctionnement du piston amortisseur.

Lorsque la vitesse diminue, le galet oscille vers la droite, l'accrochage supérieur persiste un temps plus long et la durée de levée de la soupape se prolonge. Le volume de gaz admis augmente.

En résumé, la régulation ainsi établie consiste à admettre, dans le cylindre, un volume de mélange de composition variable et cette composition varie, par l'action du régulateur, de deux manières : par déplacement du centre d'oscillation et par déclenchement du mécanisme qui maintient la soupape soulevée.

Cette ingénieuse distribution, dans laquelle on a appliqué, pour actionner les soupapes, des mécanismes semblables à ceux qui sont utilisés dans la manœuvre des soupapes des machines à vapeur, donne de fort bons résultats et assure un fonctionnement des organes exempt de chocs.

Distribution Benz

(Fig. 136.) Les moteurs Benz, établis par les fils de A. Piat, à Paris, sont munis d'une distribution qui comporte une soupape d'admission, une soupape d'échappement et une soupape de mélange. Les soupapes d'admission et d'échappement sont commandées et la soupape de mélange est automatique.

La régulation s'effectue par admission d'un volume variable de mélange de composition constante.

La soupape d'admission 12, disposée verticalement, est placée dans une boîte à soupape 28 surmontée d'un capot. Cette boîte est facilement démontable, ce qui permet de sortir, du même coup, la soupape et sa tige. Cette tige est guidée par deux longs moyeux et porte, à son extrémité supérieure, une collerette maintenue par un écrou 25 muni d'un freinage de sécurité. Sur la collerette s'appuie le ressort à boudin 23, reposant, d'autre part, sur la paroi supérieure de la boîte 28, qui sert de rappel à la soupape 12 et la maintient appliquée sur son siège.

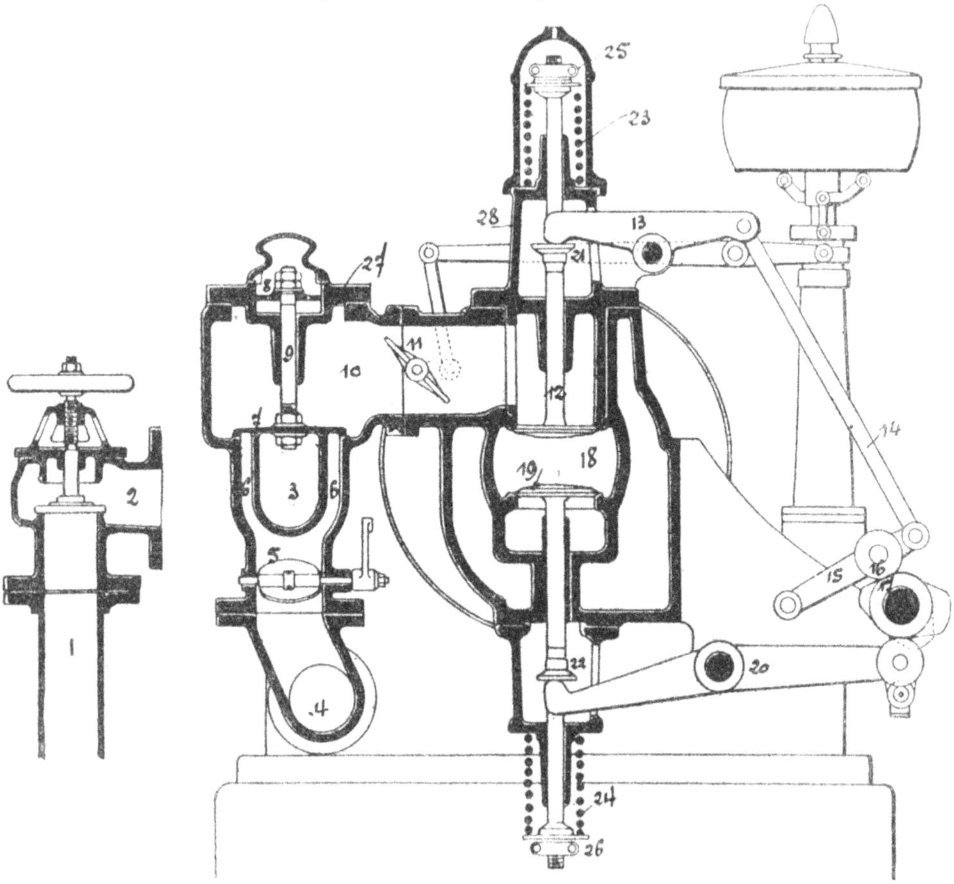

Fig. 136. – Distribution Benz.

Une rondelle 21, reposant sur la tige de la soupape par une portée conique, sert d'appui à l'extrémité d'un levier 13, articulé autour d'un axe fixe, et dont l'autre bout s'articule avec une bielle reliée, à sa partie inférieure, avec un levier 15.

Le levier 15, qui pivote autour d'un axe qui est placé à son extrémité, porte un galet 16 s'appuyant sur une came 17 clavetée sur l'arbre de distribution. Cet arbre est disposé parallèlement à l'axe du cylindre, et reçoit son mouvement de rotation de l'arbre principal par l'intermédiaire de roues d'engrenage à denture hélicoïdale.

Quand la came 17 actionne le galet 16, le levier 15 oscille, la tringle 14 effectue sa course de bas en haut en soulevant l'extrémité extérieure du levier 13. L'autre extrémité, qui appuie sur la rondelle 21, s'abaisse et la soupape d'admission 12 quitte son siège, en découvrant l'orifice d'admission et en comprimant le ressort à boudin 23. Lorsque la came laisse retomber le galet, la soupape remonte et s'applique sur son siège par l'action du ressort de rappel 23. La soupape d'échappement 19 est actionnée d'une façon analogue. Elle est aussi disposée verticalement, placée au-dessous du cylindre, et maintenue au repos, sur son siège, par le ressort de rappel 24 appuyant contre une collerette arrêtée par l'écrou 26. Sur la rondelle 22 s'applique l'extrémité d'un levier 20, oscillant autour d'un axe fixé sur le bâti et qui porte, à l'autre bout, un galet actionné par la came d'échappement. Cette came est rendue solidaire de l'arbre de distribution et, à côté d'elle, est disposée une troisième came servant à diminuer la compression, quand on veut mettre le moteur en marche, par la manœuvre d'un dispositif spécial placé en bout du levier d'échappement et qui provoque l'ouverture de la soupape d'échappement pendant la phase de compression.

La manœuvre normale de la soupape d'échappement s'effectue par la came d'échappement qui, par son mouvement de rotation, pousse vers le bas le galet porté par le levier 20. Ce levier, en oscillant, provoque, par son appui sur la rondelle 22, la levée de la soupape 19 qui découvre l'orifice du conduit d'échappement. Le ressort 214 est ainsi comprimé, et ramène la soupape à sa position de repos lorsque la came d'échappement n'actionne plus le galet de commande.

La soupape automatique de mélange 7 est à deux sièges qui constituent, l'un, l'orifice de la capacité à gaz 3, l'autre, l'orifice de la capacité d'air 6. Cette capacité communique avec le conduit d'air 4 et l'arrivée de cet air est réglée par un papillon-valve 5 manœuvré de l'extérieur par une manette.

L'oscillation de ce papillon provoque l'obturation plus ou moins grande du conduit d'air, et ne donne passage qu'à un volume plus ou moins grand de cet air qui entrera dans la composition du mélange gazeux.

La capacité de gaz 3 communique avec le conduit 2 qui est représenté à part dans la figure 136, mais qui, en réalité, est placé en avant de la chambre 3 et dans l'axe de la soupape. Le conduit 2 est lui-même en communication avec le tuyau d'arrivée de gaz 1 par un orifice sur lequel repose un clapet pouvant être manœuvré par un volant extérieur. La manœuvre du clapet permet d'empêcher tout accès de gaz dans la capacité 3 ou permet d'en régler le volume admis.

En jouant, d'une façon opportune, de l'oscillation de la valve à air 5 et de la manœuvre du clapet à gaz, on peut donner au mélange gazeux introduit dans la chambre 10 une composition déterminée répondant au meilleur rendement dans le cylindre. Cette composition pourra rester constante , si la nature du gaz combustible ne varie pas.

La soupape de mélange 7 est guidée dans son mouvement vertical par sa tige 9 coulissant dans un long moyeu faisant corps avec un couvercle 27 dont le démontage permet de retirer, en même temps, la soupape.

La tige de la soupape est terminée, à la partie supérieure, par un disque 8 fixé sur elle et qui fait office de piston, pendant le déplacement vertical de la tige, en se mouvant dans une capacité cylindrique ménagée en bout du couvercle 27. Cette capacité est fermée par un petit capot.

Lorsque la soupape d'admission est ouverte et que le piston commence, dans le cylindre, sa course d'aspiration, le vide créé dans la chambre 10 par cette aspiration provoque le soulèvement de la soupape de mélange 7, qui découvre les deux orifices des capacités d'air et de gaz. L'air admis par l'espace annulaire 6 et le gaz par l'orifice circulaire de la capacité 3, se mélangent en arrivant dans la chambre 10 et sont introduits dans le cylindre par l'orifice d'admission qui est ouvert.

Lorsque la course de compression commence, la soupape d'admission 12 se referme, par l'action de son mécanisme de commande, mais la soupape de mélange 7 retombe automatiquement sur son siège par son poids et par la pression qui s'exerce sur elle ; elle ferme les conduits d'air et de gaz. Pendant le mouvement de levée et de descente de la soupape, le disque 8, portant plusieurs trous, fait office d'amortisseur, en comprimant de l'air soit en haut, soit en bas de la capacité cylindrique qui la renferme. On évite ainsi les à-coups et les chocs que pourrait recevoir la soupape. L'admission dans le cylindre du mélange de composition constante introduit dans la capacité 10 par la levée de la soupape 7 est réglée, comme quantité, par la manœuvre du papillon-valve 11 établi sur le conduit qui fait communiquer la capacité 10 avec la boîte à soupape d'admission 12. Ce papillon peut osciller autour d'un axe fixe et suivant la position qu'il occupe par rapport au conduit, il intercepte plus ou moins le passage du mélange dont le volume aspiré est ainsi rendu variable. La régulation s'effectue donc par la manœuvre du papillon-valve.

Cette manœuvre est placée sous la dépendance du régulateur.

Celui-ci, du système Hartung, a son manchon rendu solidaire de l'extrémité d'un levier horizontal oscillant autour d'un axe fixe, dont l'autre extrémité est articulée avec une biellette qui est reliée, d'autre part, avec un court bras de levier solidaire du papillon-valve 11.

Quand la vitesse du moteur augmente, le régulateur tourne plus vite ; son manchon s'élève et, en provoquant l'oscillation du grand levier, détermine l'abaissement de la biellette et le mouvement du papillon-valve 11 dans le sens de la fermeture du conduit. Un volume moins considérable de mélange passera dans la boîte à soupape d'admission 12 et, de là, dans le cylindre. Le travail produit dans ce cylindre sera plus faible.

Inversement, si la vitesse du moteur diminue, le manchon du régulateur s'abaisse, la biellette monte et le papillon de réglage oscille dans le sens de l'ouverture du conduit de communication. Il entre dans le cylindre un volume plus considérable de mélange qui produit un travail plus important. A un régime de marche du moteur correspond donc une position du régulateur et une position du papillon appropriées, qui déterminent le volume variable de mélange à admettre dans le cylindre pour assurer un fonctionnement régulier du moteur pour des charges variables.

Nous venons d'examiner quelques systèmes de distributions de moteurs à gaz choisis, parmi les meilleurs systèmes existants, pour montrer la variété et l'ingéniosité des dispositifs établis pour assurer à ces moteurs un fonctionnement sur et économique.

Quelques-unes de ces distributions sont, comme on vient de le voir, réalisées avec la même perfection que l'on apporte à établir des distributions pour moteurs à vapeur, et c'est ce qui a grandement contribué à donner aux moteurs à gaz un rôle de plus en plus important dans l'industrie, en leur faisant produire un travail de plus en plus considérable tout en augmentant leur rendement thermique et mécanique.

Nous trouverons plus loin, dans la description des moteurs, d'autres distributions dont nous indiquerons les particularités intéressantes qui compléteront l'examen de cette partie du moteur à gaz.

Les autres organes, dont nous allons maintenant nous occuper, entrent aussi, par suite des améliorations qui leur ont été successivement apportées, pour une large part dans l'essor prodigieux pris par la machine à gaz.

Chapitre IV -V

ORGANES DIVERS DE MOTEURS A GAZ

CYLINDRE : Culasse. — Refroidissement. PISTON : Ouvert. — Axe du piston. — Refroidissement. — Pistons ouverts à circulation d'eau. — Pistons fermés à circulation d'eau. — Graissage du piston. BIELLE : Tête de bielle. — Pied de bielle. ARBRE : Manivelle, — graissage des tourillons, contrepoids. VOLANT : Jante, — bras, — moyeu. – Assemblage. PALIERS : Coussinet. — Graissage. BÂTI . AMORTISSEUR DE BRUIT : Pots d'aspiration, — pots d'échappement. TUYAUTERIES : De gaz, — d'eau. VANNES : à gaz, — à air. APPAREILS DE MISE EN MARCHE : A la main, — à air comprimé, — électrique.

Cylindre Le cylindre est un organe très important dans le moteur à gaz. C'est une capacité cylindrique, comme son nom l'indique, dans laquelle se produit l'explosion du mélange gazeux déterminant le mouvement d'un piston, qui prend dans le cylindre un mouvement de va-et-vient provoquant la rotation de l'arbre. Ainsi que nous l'avons vu plus haut, le cylindre communique avec le conduit d'admission de mélange et avec le conduit d'évacuation des gaz brûlés, par des orifices sur lesquels sont établies des soupapes qui découvrent ou obturent, au moment opportun, ces ouvertures de communication.

En outre, le cylindre porte, à l'intérieur, le dispositif d'allumage qui doit, à un moment précis, enflammer le mélange et provoquer l'explosion.

Par suite des fonctions mêmes qu'il doit remplir, le cylindre est un organe essentiel, qui doit être façonné avec la plus grande précision et établi avec le plus grand soin.

Pour permettre au piston cylindrique un fonctionnement doux, il importe que le cylindre dans lequel il se meut soit alésé parfaitement ; on évite ainsi des frottements trop considérables et on assure, d'une façon plus efficace, l'étanchéité du piston contre la paroi intérieure du cylindre, ce qui est indispensable si l'on veut utiliser dans les meilleures conditions l'expansion des gaz brûlés.

Quand le cylindre est fermé à chacune de ses extrémités, comme par exemple dans un moteur à double effet, la tige du piston traverse généralement les deux fonds. Il convient, dans ce cas, de réaliser avec toute la précision possible le centrage du piston dans le cylindre, pour qu'il ne se produise aucune fuite de gaz ni sur la périphérie du piston ni autour de la tige de ce piston quand elle traverse le couvercle.

L'explosion du mélange dans le cylindre donne aux gaz, au début de la course active du piston, une pression considérable, qui s'exerce non seulement sur la face du piston pour la faire progresser, mais encore sur les parois du cylindre. Il importe donc que ces parois aient une épaisseur suffisante et soient assez rigides pour résister à l'effort considérable exercé sur elles par la pression des gaz.

On ne peut, d'autre part, exagérer les dimensions des parois car, par suite de la température élevée à laquelle elles sont portées pendant le fonctionnement du moteur, la dilatation devient considérable et peut déterminer des déplacements gênants pour la manœuvre des autres organes.

La température du cylindre est toujours fort élevée, ce qui provient de l'inflammation des gaz, à chaque deux tours de l'arbre, quand il s'agit d'un moteur à quatre temps. Il convient de donner aux parois des épaisseurs sensiblement uniformes et d'éviter d'établir en certains points du cylindre de grosses masses métalliques, car l'influence de la dilatation se ferait inégalement sentir sur ces masses différentes et il pourrait en résulter des cassures ou, tout au moins, des déformations importantes qui nuiraient à la bonne marche du moteur.

Il est difficile, à partir d'une certaine température, d'assurer normalement le graissage des organes en mouvement.

Or, la température des gaz brûlés restant dans le cylindre, après l'évacuation, peut être de 400 à 500 degrés. Cette température s'abaisse lorsqu'on admet du mélange gazeux frais, mais elle reprend environ cette même valeur à la fin de la période de compression, et au moment de l'explosion elle peut atteindre le chiffre de 1 500 degrés. On peut admettre que la température moyenne des parois du cylindre s'élève jusqu'à 400 degrés.

Le moteur ne saurait donc fonctionner longtemps en toute sûreté dans ces conditions, certes très favorables au point de vue du rendement thermique, mais nuisibles au point de vue du rendement mécanique.

Les constructeurs ont donc été amenés à établir les cylindres de moteurs à gaz avec des dispositions spéciales pour diminuer la température des parois. Ce sont les dispositifs de refroidissement.

Pour les moteurs de petites puissances, on s'est contenté de munir le cylindre, sur sa paroi extérieure, de nervures ou ailettes qui constituent un radiateur dont la surface relativement considérable lui permet d'abandonner, par rayonnement et par contact avec l'air extérieur, une partie de la chaleur communiquée aux parois du cylindre par la combustion intérieure.

Dans certains cas, on augmente encore le refroidissement du cylindre, en envoyant sur des ailettes de l'air frais soufflé par un ventilateur spécial.

Le dispositif le plus généralement employé pour refroidir les parois du cylindre consiste à établir une circulation d'eau le long de ces parois. L'eau qui baigne ces parois absorbe une certaine quantité de chaleur et, comme cette eau se renouvelle constamment, il en résulte une diminution permanente de la température du cylindre.

Par suite du dispositif de refroidissement du cylindre, ses parois se trouvent soumises à une différence de température considérable entre la face intérieure et la face extérieure. Il peut se produire, de ce fait, des ruptures de la paroi si des précautions spéciales de renforcement ne sont pas prises pour y remédier.

Le cylindre de moteur à gaz doit pouvoir être facilement visité et nettoyé. Toutes ses parties doivent être rendues bien abordables ; on ménage, pour cela, sur les cylindres de moteurs importants, des ouvertures, par lesquelles on peut accéder à l'intérieur du

Fig. 137. – Installation d'un gazogène Pierson automatique, produisant 250 m^3 de gaz à l'heure.

cylindre et effectuer les opérations de nettoyage ou d'examen nécessaires. Un espace libre servant à la circulation d'eau de refroidissement est ménagé entre l'enveloppe circulaire qui constitue le cylindre proprement dit et dans laquelle se meut le piston et une enveloppe extérieure qui porte les conduits d'arrivée et d'évacuation de l'eau réfrigérante. Cette dernière enveloppe est rendue solidaire du cylindre de manières diverses que nous allons examiner en décrivant les différentes parties qui constituent un cylindre de moteur à gaz.

Le cylindre, en effet, se compose de plusieurs pièces: le fourreau intérieur, ou cylindre proprement dit, l'enveloppe et le ou les fonds, qui ferment le cylindre, d'un seul côté, lorsqu'il s'agit d'un moteur à simple effet, et des deux côtés lorsqu'il s'agit

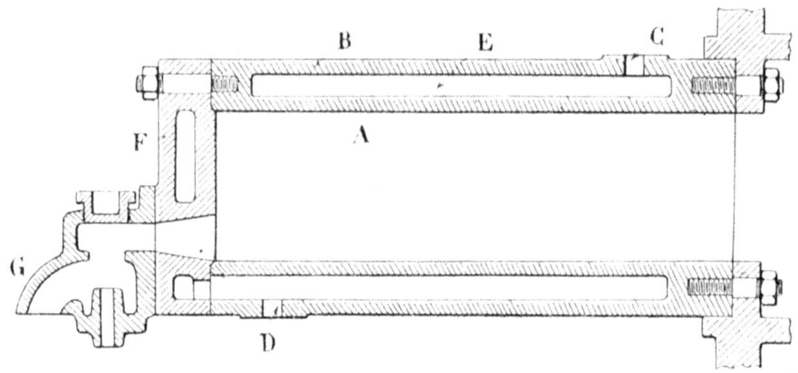

Fig. 138. – Cylindre avec fond portant une soupape. Coupe verticale.

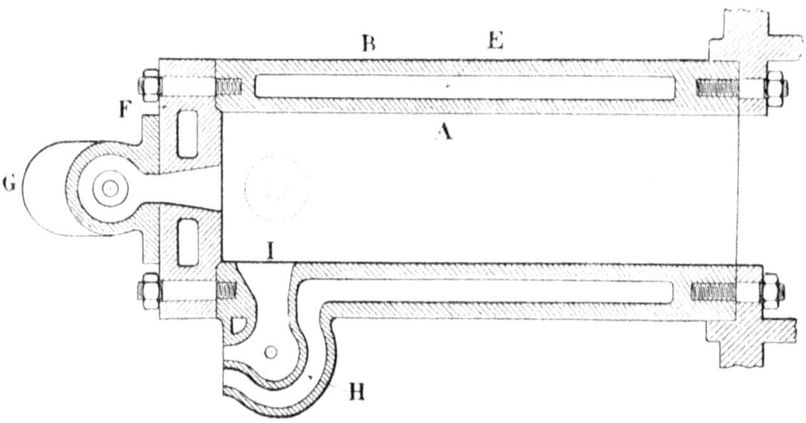

Fig. 139. – Cylindre avec fond portant une soupape. Coupe horizontale.

d'un moteur à double effet. Dans les moteurs de faibles puissances, le fond du cylindre est un disque assez souvent plan et muni de nervures, ou encore, légèrement bombé comme les fonds de cylindre de machines à vapeur.

Il est assemblé directement sur le cylindre et y est maintenu par le serrage d'un nombre suffisant de boulons disposés, suivant une circonférence.

Dans certains petits moteurs, les soupapes sont placées sur le pourtour du cylindre et le fond n'a pour fonction que de terminer par une paroi étanche le fourreau cylindrique dans lequel se meut le piston et qui porte les soupapes. Dans ce cas, le degré de compression des gaz ne doit pas être très élevé, car on ne peut donner à la chambre de compression une grande capacité.

La course du piston dans le cylindre est nécessairement limitée en avant de la position occupée par les soupapes sur le cylindre. Il reste des espaces morts dans lesquels les gaz brûlés peuvent venir se loger et retarder l'arrivée du mélange frais à l'allumeur.

Dans certains cas, on dispose une soupape dans le fond du cylindre, ainsi que le représentent les figures 137 et 138.

Ce cylindre est composé d'un fourreau cylindrique A, en fonte de fer, dans lequel se meut le piston. Il est venu de fonte avec une enveloppe cylindrique extérieure B portant sur la génératrice supérieure et sur la génératrice inférieure, des ouvertures C et D, par lesquelles l'eau de refroidissement sera admise et évacuée. Cette eau circulera dans l'espace E ainsi ménagé circulairement entre le fourreau A et l'enveloppe B, et ramènera les parois du cylindre à une température assez réduite pour que le fonctionnement du moteur puisse être régulièrement assuré.

Le cylindre, ouvert à une de ses extrémités, est fixé, de ce côté, au bâti par une rangée circulaire de boulons. L'autre extrémité est fermée par le fond F, formé par un disque serré par des boulons et évidé à l'intérieur. Cet évidement, communiquant avec l'espace libre E, reçoit également l'eau de refroidissement qui contribue à abaisser la température de la paroi fermant le cylindre, à proximité de laquelle se produit l'explosion.

Sur le fond est montée, par une bride, une boîte à soupape G dans laquelle manœuvre la soupape d'admission. C'est une capacité reliée au conduit par lequel arrive le mélange gazeux et qui peut communiquer, par un orifice sur lequel est établie la soupape, avec l'intérieur du cylindre. Une ouverture est pratiquée pour cela dans le fond F du cylindre. Un long moyeu, venu de fonte avec la boîte à soupape, sert de guide à la soupape d'admission dont la manœuvre se fait verticalement. Un tampon, disposé à la partie supérieure de la boîte à soupape, permet d'accéder à celle-ci, de la visiter, et de la nettoyer. La soupape d'échappement, disposée verticalement, est placée sur le côté du cylindre dans une boîte H à *double enveloppe* permettant une circulation d'eau de refroidissement. Cette eau est la même que celle qui circule autour du cylindre, des ouvertures appropriées faisant communiquer la chambre d'eau du cylindre et celle de la soupape.

La boîte à soupape d'échappement H est fixée généralement contre le cylindre par des boulons et communique avec lui par un canal à large section I. Elle est en communication, d'autre part, avec le conduit d'évacuation.

Culasses

Dans les moteurs de grandes puissances, toutes les soupapes sont placées dans une pièce spéciale nommée culasse rapportée en bout du cylindre et assemblée sur lui de façons diverses, ainsi que nous allons le voir.

On peut ainsi donner, d'une part, au cylindre toute la perfection d'alésage désirable pour assurer un bon fonctionnement du piston qui s'y meut, et on peut aussi, en donnant à la culasse une forme appropriée, obtenir des espaces convenables pour constituer des chambres d'explosion de fonctionnement satisfaisant.

La forme donnée aux culasses varie suivant la disposition des soupapes qu'elles contiennent. La culasse représentée par la figure 139 permet de recevoir une soupape horizontale et une soupape verticale.

La soupape horizontale est placée sur l'orifice A. Cette soupape qui, dans ce cas, est la soupape d'admission, est montée, au préalable, dans la boîte à soupape de façon à permettre le placement facile sur la culasse et un démontage rapide. Le boîte est ensuite placée dans les ouvertures circulaires A B C ; au droit de chacune de ces portées un ajustage de la boîte dans la culasse assure un joint efficace entre les conduits d'air et de gaz et l'intérieur de la culasse.

Ces deux conduits D et E communiquent avec la capacité contenant la soupape, et ce n'est que lorsque celle-ci s'ouvre que le mélange d'air et de gaz est introduit dans la chambre d'explosion F de la culasse.

La soupape d'échappement est disposée verticalement. Sa tige est guidée, dans son mouvement, par le moyeu G venu de fonte avec le corps de la culasse, et la soupape s'appuie sur un siège formant l'orifice de la capacité H, laquelle communique avec le conduit d'échappement.

Une ouverture I, fermée en temps ordinaire par un tampon, est disposée au-dessus de la soupape d'échappement pour faciliter sa visite, son nettoyage et son démontage.

La culasse comporte une circulation d'eau de refroidissement. Pour cela, elle est munie d'une enveloppe extérieure qui laisse, à l'intérieur, entre sa paroi et le corps proprement dit de la culasse, des espaces vides pouvant recevoir de l'eau. Cette eau est amenée et évacuée par des ouvertures J et K ; pendant sa circulation le long des parois, elle absorbe une quantité de chaleur qui diminue la température à laquelle est portée la culasse.

Une collerette cylindrique L termine la culasse du côté du cylindre et permet d'assembler ces deux pièces par l'intermédiaire de boulons disposés suivant une circonférence sur cette collerette.

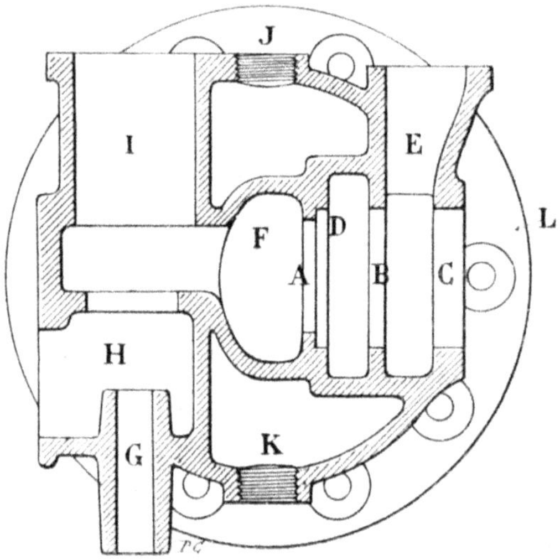

Fig. 140. – Culasse pour soupape horizontale et verticale.

La culasse représentée par la figure 140 renferme deux soupapes disposées verticalement.

La soupape d'admission, placée dans sa boîte, est montée en même temps qu'elle dans la capacité supérieure A, de façon que la boîte s'ajuste à la fois dans l'ouverture cylindrique B et dans l'ouverture C comportant une partie conique. En serrant, avec des boulons, la bride supérieure de la boîte à soupape sur le corps de la culasse, on applique la partie inférieure de cette boîte à soupape sur l'appui conique et on assure ainsi sa position, en même temps qu'on forme un joint bien étanche.

La soupape d'admission et sa boîte sont, on le voit facilement démontables.

Le mélange gazeux est admis dans la capacité A pour être introduit dans le cylindre par un conduit D communiquant avec la capacité de mélange dans laquelle est disposée la soupape à gaz ou la soupape de mélange.

La soupape d'échappement est placée verticalement au-dessous L de la soupape d'admission et dans le même axe qu'elle.

Sa tige est guidée par un support qui se monte sur les deux couronnes circulaires E et F.

La soupape repose sur son siège G et fait communiquer, quand elle est soulevée, la chambre H avec le conduit d'échappement I.

La soupape d'échappement se démonte par la partie supérieure de la culasse, en enlevant d'abord la boîte à soupape d'admission.

La capacité H communique directement avec le cylindre du moteur. C'est la chambre d'allumage. C'est dans cette chambre qu'est placé l'organe qui provoque l'inflammation du mélange gazeux. Cet organe est introduit dans la culasse par l'ouverture cylindrique J, dans laquelle une portée est ménagée pour former joint et empêcher l'aspiration de l'air extérieur. Le dispositif allumeur est ainsi placé à proximité de l'orifice par lequel est admis le gaz frais, ce qui est une condition favorable à l'obtention d'un allumage régulier, sans ratés.

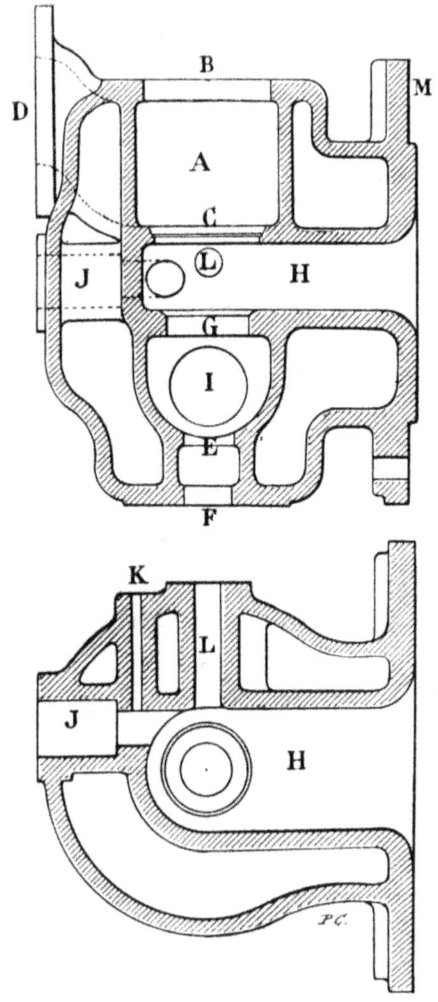

Fig. 141. - Culasse verticale pour soupapes.

La chambre H sert aussi de chambre de compression, car c'est dans le fond de cette capacité que le mélange introduit par aspiration dans le cylindre est refoulé pendant la phase de compression.

Un regard K, disposé perpendiculairement à la direction de l'allumeur, permet de s'assurer si l'étincelle se produit régulièrement et de juger de son intensité.

Une autre ouverture cylindrique L sert à loger dans la culasse une soupape spéciale qui est ici disposée horizontalement et qui a pour fonction de permettre, par sa manoeuvre, de mettre en marche le moteur par admission d'air comprimé: c'est un organe de démarrage que nous examinerons plus loin.

La culasse que nous venons de décrire comporte une enveloppe extérieure venue de fonte avec le corps de la culasse elle-même et laissant entre elle et les parois de la culasse un évidement intérieur dans lequel est établie une circulation d'eau de refroidissement. Des ouvertures appropriées permettent l'arrivée et l'évacuation de cette eau qui abaisse la température des parois. La culasse est munie d'une bride circulaire M, portant un repos de centrage, qui pénètre dans le cylindre et détermine ainsi exactement sa position par rapport à l'axe de celui-ci. Sur la bride est placée une rangée de bossages destinés à recevoir les boulons de fixation de la culasse sur le corps du cylindre.

On doit éviter le plus possible dans l'établissement des culasses, de donner à la chambre d'explosion une forme angulaire ou comportant des espaces morts importants.

Les angles saillants peuvent nuire, en effet, à la rapidité de l'allumage, et les espaces morts, dans lesquels, pendant la compression, sont refoulés les gaz brûlés, nuisent également à la régularité de l'inflammation, peuvent la retarder et même provoquer des ratés d'allumage.

La forme rationnelle de la chambre d'allumage devrait être une sphère au centre de laquelle l'étincelle d'inflammation jaillirait, mais les nécessités de la construction conduisent à des formes s'écartant assez de cette forme théorique, mais qui ne comportent toutefois aucune saillie importante.

Pour permettre une circulation d'eau régulière, l'enveloppe extérieure de la culasse et le corps de la culasse lui-même doivent comporter des arrondis, pour que l'eau ne puisse jamais séjourner en un même point, ce qui nuirait au refroidissement.

Les épaisseurs des parois ne doivent pas être trop importantes ; elles peuvent être de valeurs variables et diminuer progressivement de la bride, qui fixe la culasse au cylindre, à l'enveloppe extérieure, mais sans interposition de masses métalliques intermédiaires qui, par suite de la différence de dilatation, pourraient occasionner des ruptures.

Assemblage de la culasse sur le cylindre

La culasse doit être fixée sur le cylindre de manière que les gaz enflammés, qui sont portés à une pression considérable, ne puissent sortir du cylindre par les joints de raccordement. Les culasses portent généralement une bride de fixation circulaire qui est assujettie au corps du cylindre par des boulons disposés sur le pourtour en nombre suffisant pour assurer un serrage efficace sur toute la surface d'appui.

En outre, on ménage, sur la bride, des portées circulaires qui s'ajustent en bout du fourreau constituant le cylindre et forment ainsi des chicanes rendant difficile la fuite des gaz qui y sont contenus.

On interpose aussi entre les surfaces d'appui de la bride et du fourreau cylindrique des rondelles d'amiante formant joint (Fig. 142).

Dans ce cas, la culasse A porte une bride centrée sur le fourreau B, qui constitue le cylindre proprement dit, par une portée circulaire.

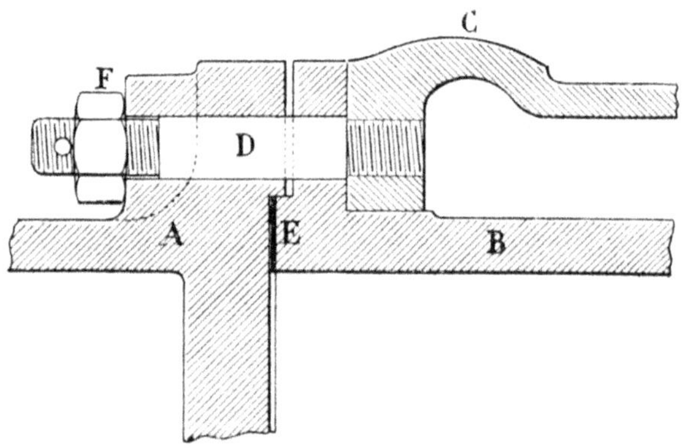

Fig. 142. – Assemblage de la culasse sur le cylindre

L'enveloppe extérieure C, disposée pour établir une circulation d'eau de refroidissement, porte des *prisonniers* D qui traversent une collerette solidaire du fourreau cylindrique B et la bride de la culasse A.

Une rondelle d'amiante E, placée entre la bride de la culasse et la face du fourreau B, se trouve serrée entre les deux surfaces d'appui lorsqu'on tourne l'écrou F sur l'extrémité filetée du prisonnier D.

Le serrage de tous les écrous disposés circulairement sur la bride applique d'une façon énergique la culasse contre le cylindre et comprime entre ces deux pièces la rondelle d'amiante qui forme ainsi un joint efficace.

On emploie de l'amiante pour constituer le joint, parce qu'à la jonction de la culasse et du cylindre la température de ces organes est toujours très élevée et qu'il est nécessaire que la garniture interposée entre eux puisse ne pas se détériorer sous l'action de la chaleur.

Il importe, toutefois, de ne pas donner à cette garniture en amiante une épaisseur trop considérable parce que les gaz sous une forte pression pourraient la traverser, à moins que l'on ne donne aux écrous F un serrage excessif.

Quand les écrous sont bloqués sur la bride de la culasse, on les immobilise au moyen d'un des nombreux dispositifs usités que nous avons examinés dans le Tome I des *Merveilles de la Science*. On évite ainsi un desserrage toujours possible du fait des trépidations inhérentes au fonctionnement du moteur.

Parfois, le joint est constitué par l'interposition de cordes d'amiante (Fig. 143), au lieu de rondelles serrées à plat.

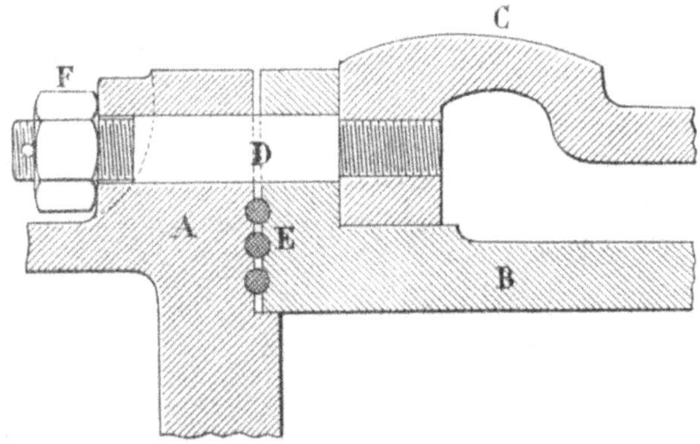

Fig. 143. – Assemblage de la culasse sur le cylindre

La culasse A est, dans ce cas, toujours fixée contre la bride du cylindre B par le serrage d'une rangée d'écrous F vissés sur des prisonniers D qui sont placés dans l'enveloppe C. Sur la culasse est ménagée une portée de centrage, qui détermine la position de cette pièce par rapport à l'axe du cylindre, et permet un centrage rapide et exact quand on remonte la culasse sur le cylindre après l'avoir démontée pou r effectuer son nettoyage ou une réparation.

Sur les surfaces d'appui de la culasse et de la bride du cylindre, on pratique des rainures circulaires E dont la section est circulaire, disposées moitié dans la culasse, moitié dans la bride du cylindre. On introduit avant le montage, dans ces rainures, des cordelettes d'amiante qui les remplissent ; en serrant les écrous F, ces cordelettes s'écrasent, débordent même dans le léger espace vide qui sépare les surfaces d'appui, et forment ainsi, successivement, plusieurs joints circulaires qui interceptent toute communication entre la capacité intérieure du cylindre, dans laquelle les gaz sont portés à une haute pression, et l'air extérieur. On ne peut donc craindre des fuites de gaz chauds qui détermineraient une diminution de rendement du moteur.

Refroidissement du cylindre

Nous avons donné plus haut les raisons pour lesquelles il est indispensable de refroidir les parois du cylindre d'un moteur à gaz, et nous avons dit que si pour les moteurs de faibles puissances on réalisait ce refroidissement en adjoignant au corps du cylindre des ailettes sur lesquelles on pouvait même faire arriver un courant d'air froid envoyé par un ventilateur, on employait cependant d'une façon générale une circulation d'eau pour diminuer la température des parois du cylindre et de la culasse.

Pour établir cette circulation d'eau, il est nécessaire d'entourer le cylindre d'une enveloppe extérieure dont nous avons déjà dit quelques mots.

La disposition de cette enveloppe peut être faite de façons diverses. Nous avons, précédemment, indiqué comment est constituée une enveloppe venue de fonte avec le cylindre proprement dit. La figure 144 représente une autre disposition très simple d'enveloppe extérieure employée pour les moteurs de faibles puissances.

Sur le fourreau A, constituant le cylindre et qui, dans ce cas, fait le plus souvent corps avec le bâti B, est enroulée une feuille métallique C reposant sur des portées circulaires ménagées à chaque extrémité du fourreau, et maintenue fixée sur ces portées, par des vis disposées circulairement sur toute la périphérie du cylindre.

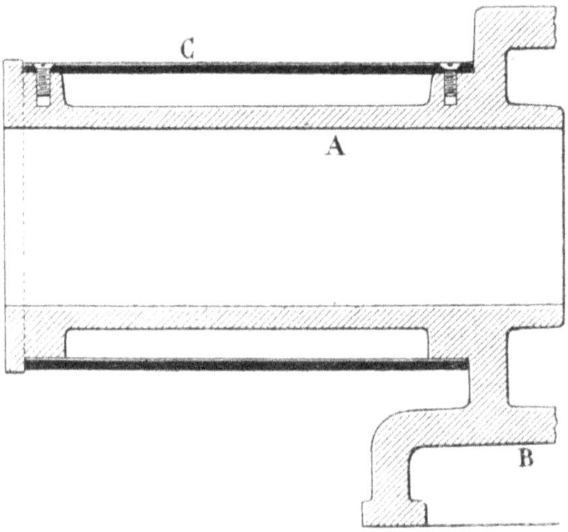

Fig. 144. — Enveloppe de cylindre.

Deux ouvertures permettent l'une l'introduction, l'autre l'évacuation de l'eau de refroidissement. Cette eau remplissant l'espace compris entre le cylindre A et l'enveloppe C circule autour de la paroi de ce cylindre qui est toujours portée à une température élevée, et elle contribue à la refroidir.

L'enveloppe rapportée est moins simple à établir sur les moteurs plus importants, que celle que nous venons de voir. Souvent même, au lieu de rapporter l'enveloppe sur le cylindre, c'est celui-ci qui est amovible et qui est ajusté dans l'enveloppe qui peut faire corps avec le bâti.

C'est cette disposition que représente la figure 145.

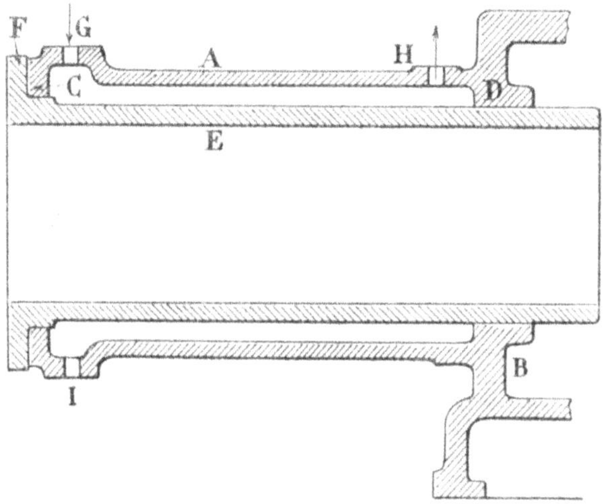

Fig. 145. — Enveloppe de cylindre faisant corps avec le bâti.

L'enveloppe A est fondue avec le bâti B. A chaque extrémité de cette enveloppe est alésée une ouverture cylindrique. Ces deux portées C et D, parfaitement centrées l'une par rapport à l'autre, serviront à recevoir le fourreau cylindrique E qui devra s'ajuster sans jeu sur elles. Ce fourreau constitue le cylindre du moteur dans lequel se meut le piston. Il est muni d'une bride circulaire F sur laquelle s'appuie la culasse qui le ferme à une extrémité. Des boulons ou des prisonniers permettent de maintenir appliqués les uns contre les autres la culasse, le cylindre et l'enveloppe. On interpose, s'il y a lieu, des garnitures constituées comme nous venons de l'indiquer plus haut.

L'eau de refroidissement circule entre l'enveloppe extérieure A et le fourreau cylindrique E. Elle est admise par un orifice G, descend jusqu'à la partie inférieure du cylindre puis, à mesure qu'elle s'échauffe au contact des parois, elle remonte et est évacuée par un conduit, dont l'orifice H est disposé à la partie supérieure de l'enveloppe, après avoir absorbé de la chaleur et diminué la température des parois. Une ouverture I est pratiquée à la partie inférieure de l'enveloppe. Elle reçoit un petit conduit muni d'un robinet de vidange qui sert à laisser écouler l'eau contenue dans l'enveloppe lorsque le moteur est au repos. Cette manœuvre peut éviter, parfois, des détériorations pouvant provenir de la gelée, par exemple, qui provoquerait, si l'eau restait autour du cylindre, des ruptures de parois.

On comprend que l'ajustage de l'enveloppe et du fourreau cylindrique sur les portées C et D doit être parfaitement réalisé pour éviter que l'eau de refroidissement ne puisse s'écouler au-dehors par des fissures et détériorer les autres organes.

Du côté de la culasse, comme le cylindre est généralement muni d'une bride, le joint est plus facile à obtenir, parce que la bride forme chicane et le serrage des boulons de la culasse assure son étanchéité.

Du côté opposé, le cylindre ne porte pas de bride ; mais le repos D de jonction a toujours une longueur plus considérable que l'autre portée C et peut former un joint étanche.

Cependant, on prend, assez souvent, des précautions spéciales pour empêcher toute infiltration d'eau entre les surfaces en contact. On pourrait évidemment interposer entre elles une garniture ; mais il faut qu'elle soit disposée de façon particulière, comme nous allons le voir. Il est parfois suffisant de pratiquer sur les surfaces circulaires en contact A et B (Fig. 146) des rainures C creusées sur leur périphérie. Quand l'ajustage entre les deux pièces n'est pas suffisant pour assurer l'étanchéité, la présence des espaces vides constitués par les rainures circulaires donne à l'eau qui s'infiltre entre les parois une dépression de plus en plus grande, à mesure qu'elle rencontre des rainures, et il s'ensuit que cette eau n'a plus une pression suffisante pour atteindre la dernière rainure et ne peut s'écouler au-dehors.

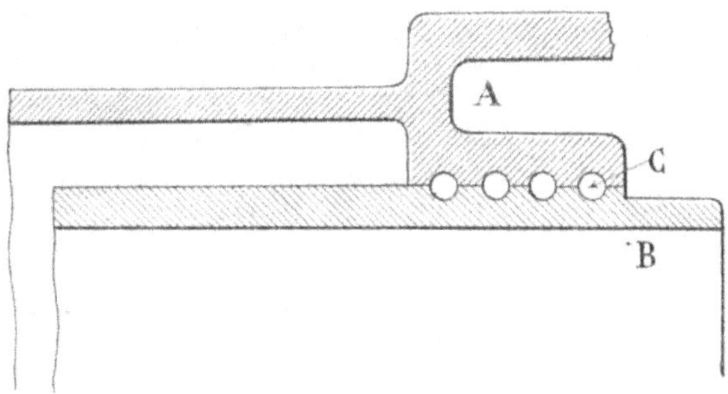

Fig. 146. – Joint entre l'enveloppe et le cylindre.

On remédie également aux fuites d'eau de l'enveloppe en établissant à l'extrémité du cylindre opposé à la culasse un presse étoupe (Fig. 148).

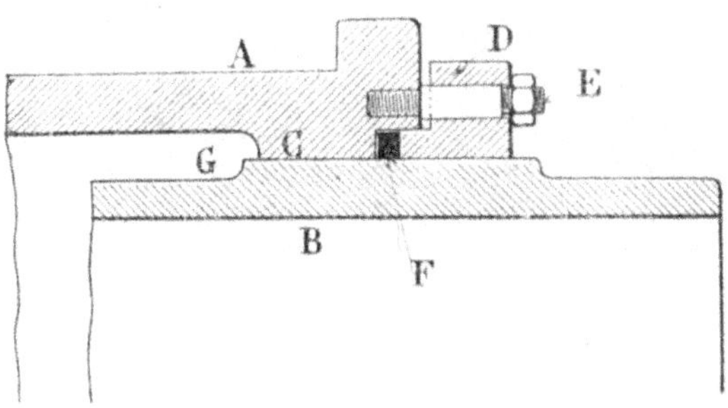

Fig. 148. – Joint par presse-étoupe entre l'enveloppe et le cylindre.

L'enveloppe A reçoit, de la façon que nous venons d'indiquer, le fourreau cylindrique B qui repose à une de ses extrémités sur une portée cylindrique C. Un presse-étoupe D constitué par une sorte de douille cylindrique montée sur le fourreau B, est rendu solidaire de l'enveloppe A par des boulons ou des prisonniers E. Le serrage des écrous placés en bout de ces prisonniers rapproche le presse-étoupe de l'enveloppe et comprime, en même temps, une garniture F disposée entre ces deux pièces. Cette garniture, ainsi serrée, s'applique, avec une pression d'autant plus grande que le serrage est plus énergique, contre la paroi extérieure du

Fig. 147. — Moteur à gaz vertical, double effet, jumelé, de 120 chevaux, construit par la Société John Cockerill, à Seraing.

fourreau B et intercepte ainsi la communication entre la capacité G, dans laquelle circule l'eau de refroidissement, et l'extérieur. Le joint est, de cette façon, efficacement assuré.

La capacité dans laquelle circule l'eau de refroidissement du cylindre peut être disposée pour communiquer avec celle qui est ménagée dans la culasse pour recevoir l'eau destinée à refroidir les boîtes à soupapes. On peut ainsi n'avoir qu'une seule circulation d'eau de refroidissement pour le moteur.

La figure 149 représente une de ces dispositions.

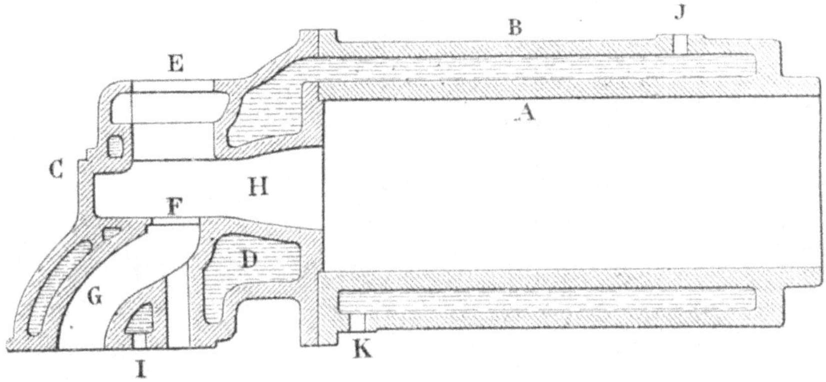

Fig. 149. – Dispositif de circulation d'eau de refroidissement.

Le cylindre proprement dit A et l'enveloppe B sont venus de fonte d'une même pièce. La culasse C, fixée par une bride sur l'extrémité du cylindre et centrée par une portée circulaire sur lui, reçoit les ouvertures destinées à contenir les soupapes et est munie d'une chambre intérieure D pour recevoir l'eau de refroidissement.

La boîte contenant la soupape d'admission est placée dans la capacité E ; la soupape d'échappement est montée à la partie inférieure en F, le conduit G communiquant avec le tuyau d'évacuation des gaz brûlés. La chambre d'allumage est en H et ses parois extérieures sont baignées par l'eau contenue dans l'espace vide D ménagé à l'intérieur de la culasse.

L'eau destinée à ramener la température de la culasse et du moteur à un degré convenable est admise d'abord dans la culasse par l'orifice I. Elle emplit la capacité intérieure D de cette culasse, refroidit les parois du conduit et de la soupape d'échappement, de la chambre d'allumage, de la soupape d'admission puis, quand elle a atteint la partie supérieure de la culasse, elle pénètre dans la capacité entourant le cylindre, entre l'enveloppe B et le fourreau A. Elle circule autour des parois métalliques en absorbant de plus en plus la chaleur que ces parois abandonnent et est finalement évacuée par l'ouverture J. Un orifice K est disposé à la partie inférieure du cylindre pour vider les capacités dans lesquelles circule l'eau de refroidissement.

Un autre dispositif (Fig. 150) est quelquefois employé pour admettre l'eau de refroidissement de la culasse autour du cylindre.

Le cylindre A est supposé rapporté dans l'enveloppe cylindrique B faisant corps avec le bâti C. La culasse D est fixée en bout du cylindre par des boulons vissés dans l'extrémité de l'enveloppe.

Une chambre E est ménagée à l'intérieur de cette culasse pour recevoir une circulation d'eau de refroidissement. Cette eau est admise à sa partie inférieure par un orifice F. Après avoir circulé, comme dans la disposition précédente, autour des organes disposés dans la culasse, l'eau arrive à la partie supérieure de celle-ci et par un tuyau recourbé G, pénètre dans la capacité annulaire séparant l'enveloppe B du fourreau cylindrique A.

Une série de nervures H disposées soit longitudinalement, soit transversalement, constituent des sortes de conduits par lesquels l'eau, admise à la partie supérieure par le tuyau G, est obligée de passer. Cette eau circule ainsi tout autour de la paroi extérieure du cylindre A et aboutit à l'orifice I par lequel elle sort après avoir achevé sa fonction réfrigérante.

Une ouverture de vidange J est ménagée à la partie inférieure de l'enveloppe du cylindre.

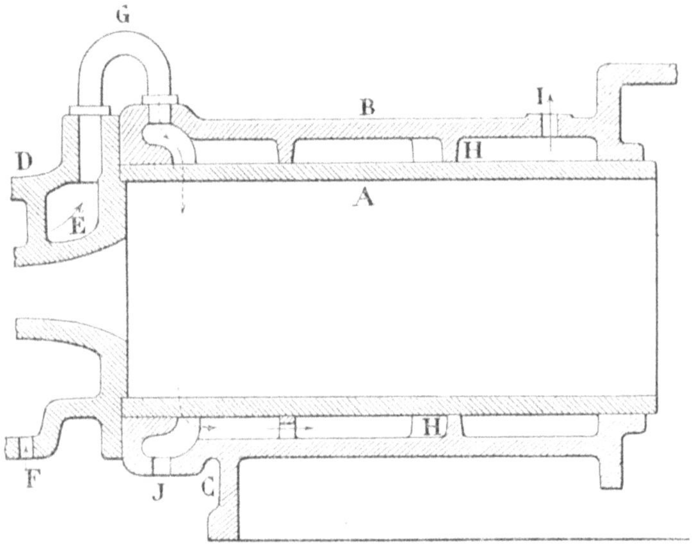

Fig. 150. — Circulation d'eau de refroidissement dans la culasse et dans le cylindre.

Piston Le piston est l'organe qui, ajusté dans le cylindre, s'y meut d'un mouvement alternatif et transforme l'énergie produite par l'inflammation et l'explosion des gaz en mouvement de rotation de l'arbre du moteur, par l'intermédiaire de la bielle et de la manivelle.

Le piston a une section circulaire et doit être tourné et rectifié avec une grande précision pour assurer, pendant son mouvement de va-et-vient, une parfaite étanchéité, sur sa périphérie qui se trouve en contact avec la paroi intérieure du cylindre, contre les fuites possibles du gaz.

La pression des gaz enflammés est, nous le savons, considérable derrière le piston, et comme elle produit l'énergie qui provoque l'avancement de ce piston, il importe de l'utiliser tout entière, sans en laisser perdre la plus petite partie.

Il est, d'autre part, fort difficile d'ajuster un piston d'une certaine longueur dans le cylindre, de manière qu'il puisse à la fois glisser sans frottement excessif et n'avoir pas le moindre jeu à sa périphérie dans ce cylindre.

Pour répondre à cette double obligation on a, comme dans les machines à vapeur, muni le piston de dispositions diverses.

La plus généralement employée consiste à placer des segments élastiques circulaires autour du piston.

Ces segments appliquent constamment contre la paroi intérieure du cylindre, par suite de leur élasticité, et assurent, pendant le mouvement, l'étanchéité sur tout le pourtour du piston sans donner lieu à un frottement trop considérable.

Dans certains cas, on munit le piston, sur toute sa surface extérieure, d'une garniture en métal blanc anti-friction, qui épouse exactement la forme intérieure du cylindre et qui, en outre, par sa nature même, est légèrement onctueux, ce qui facilite le glissement doux du piston dans le cylindre.

On a réalisé encore, d'autre façon, l'étanchéité autour du piston. Dans certains moteurs à gaz et surtout à pétrole, et notamment dans le moteur Michelin, on pratique sur la surface du piston une série de gorges circulaires qui ne reçoivent aucune garniture. Si l'ajustage du piston dans le cylindre permet aux gaz de s'échapper par la périphérie de ce piston, ils trouvent d'abord une première gorge qui constitue une capacité dans laquelle ils se détendent en la remplissant ; la pression des gaz diminue ; ils pénètrent ensuite dans la seconde gorge et ainsi de suite dans toutes les autres. Mais, au fur et à mesure que les gaz s'avancent vers l'extérieur, leur pression diminue de plus en plus en passant d'une gorge à l'autre, et en pratiquant un nombre suffisant de rainures, les gaz ne conserveront en arrivant à la dernière qu'une pression qui ne leur permettra pas de s'échapper au-dehors.

Les pistons se font généralement en fonte de fer. Toutefois ceux qui sont munis d'une garniture circulaire en anti-friction peuvent être en acier coulé.

L'épaisseur des parois du piston doit être suffisante pour lui conserver sa forme cylindrique régulière, mais elle ne doit pas être exagérée, car le poids de cet organe doit être le plus réduit possible, du fait même de son mode de fonctionnement.

En effet, le piston doit à chaque extrémité de chacune des courses passer par un point mort. Sa vitesse devient nulle, puis il recommence une nouvelle course dans un sens opposé. Il est avantageux, dans ce cas, de donner aux organes animés du mouvement alternatif la masse la plus réduite possible.

Le fond du piston est souvent plat, à bords légèrement arrondis.

Dans les pistons ouverts, que nous allons examiner, il est assez souvent réuni à la paroi cylindrique de ces pistons par des nervures qui donnent de la rigidité à l'ensemble de l'organe, dont la longueur est parfois importante.

Les pistons ont des formes diverses, mais on peut les diviser en deux grandes catégories : les pistons ouverts et les pistons fermés.

Pistons ouverts

Les pistons ouverts ont la forme de cylindres fermés à une seule extrémité. Ils sont employés dans les moteurs à simple effet, parce que dans ces moteurs la pression du gaz ne s'exerce que d'un seul côté du piston. Un seul fond est, par conséquent, suffisant pour obturer le cylindre du côté convenable et recevoir, dans un seul sens, la poussée produite par l'inflammation et la dilatation des gaz.

La figure 151 représente un piston ouvert disposé dans son cylindre.

Le cylindre A, constitué d'une manière semblable à l'une de celles que nous avons examinées plus haut, est fermé par la culasse B portant les soupapes et la chambre d'explosion.

Quand l'inflammation du mélange se produit, les gaz exercent sur le fond C du piston une pression qui fait avancer ce piston vers la droite. Pendant ce mouvement, la rangée de segments élastiques E, encastrés dans des rainures pratiquées autour du piston, frotte constamment contre la paroi intérieure du cylindre et empêche toute fuite de gaz autour du piston.

La bielle F, articulée sur un axe G rendu solidaire du piston, actionne une manivelle H fixée sur l'arbre principal I du moteur. Quand le piston aura effectué sa course complète vers la droite, la bielle aura fait parcourir un demi-tour au bouton de la manivelle, qui sera passé de la position J à la position K. Le piston arrivera alors à un de ses points morts et il commencera, en sens inverse, une nouvelle course ; son mouvement s'effectuera vers la gauche sous l'impulsion du volant qui, en entretenant régulière la rotation de l'arbre, fait déplacer le bouton de manivelle de la position K à la position J et, par l'intermédiaire de la bielle F, provoque le déplacement du piston.

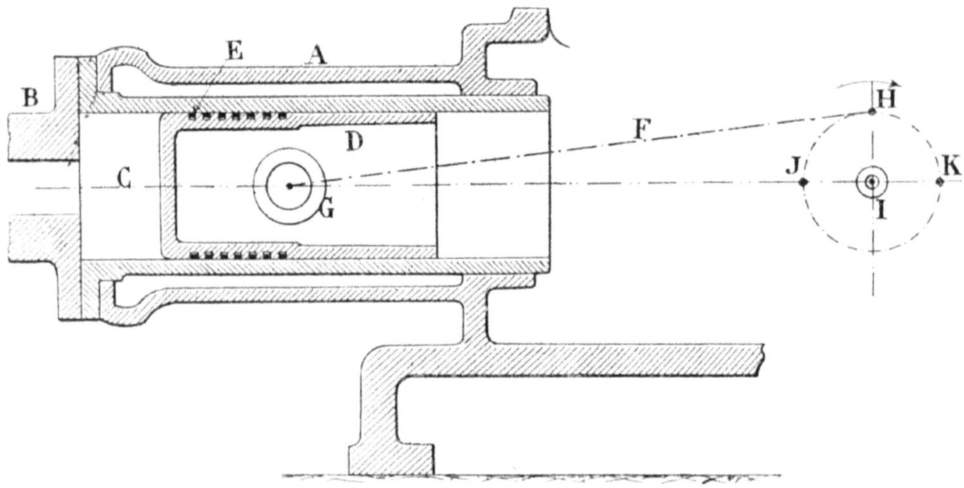

Fig. 151. — Piston ouvert pour moteur à simple effet.

Le guidage des pistons ouverts est assuré généralement par le corps même du piston. Pour cela, le piston a une longueur suffisante pour que le guidage soit efficace et pour éviter l'ovalisation du cylindre.

On adjoint quelquefois, dans quelques cas spéciaux, une tige articulée sur le tourillon du piston, qui se termine par une crosse sur laquelle vient se relier la bielle. La crosse est rendue solidaire d'un coulisseau pouvant se mouvoir dans une glissière appartenant au bâti.

La crosse prend donc, comme le piston, un mouvement alternatif rectiligne et elle n'exerce aucune pression verticale sur les parois du cylindre.

Ce dispositif, qui nécessite un plus grand nombre d'organes, permet d'obtenir un bon guidage rectiligne, tout en donnant au piston une longueur plus réduite que dans le cas précédent. En outre, comme l'effort est transmis par le piston suivant une direction toujours horizontale et dans l'axe, l'ovalisation du cylindre est moins à redouter.

Le piston ouvert représenté par la figure 155 est un cylindre A, en fonte de fer, fermé à un de ses bouts par le fond B. Ce fond est relié à la paroi cylindrique par des nervures en croix C qui donnent de la rigidité à cette partie du piston, laquelle se trouve, par la place qu'elle occupe dans le cylindre, portée à une température élevée et qui est soumise à la pression des gaz.

L'épaisseur de la paroi du piston varie d'une extrémité à l'autre. Du côté du fond, cette épaisseur est plus importante pour recevoir les segments D ; de l'autre côté, elle est diminuée pour ne pas alourdir inutilement l'organe.

L'axe du piston G (Fig. 156), qui constitue le tourillon de la bielle de commande, doit être très solidement fixé sur le piston.

Indiquons quelques dispositions se rapportant, de façon générale, aux segments et aux axes de pistons.

Segments Les segments, qui forment la garniture de la généralité des pistons employés dans les moteurs à gaz, sont des couronnes circulaires ouvertes par une coupure pratiquée sur leur pourtour, de façon à leur permettre de prendre une certaine élasticité et d'agir comme le ferait un ressort lame circulaire (Fig. 152).

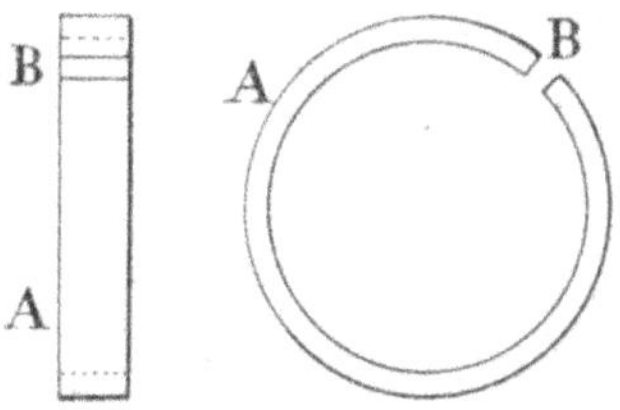

Fig. 152. — Segment.

Pour façonner un segment A, on découpe dans un tube de dimensions appropriées, une couronne ayant la largeur du segment. Le diamètre extérieur de cette couronne doit être légèrement supérieur au diamètre intérieur du cylindre dans lequel le piston doit se mouvoir.

On pratique ensuite sur cette couronne une ouverture B qui donne au segment une forme de lame roulée ayant ses deux extrémités en face l'une de l'autre et à une faible distance.

On introduit le segment sur le piston de façon à le loger dans la rainure pratiquée sur son pourtour pour le recevoir (Fig. 155). Une série de segments est ainsi établie. Ces segments sont placés côte à côte sur le cylindre et séparés les uns des autres par un faible intervalle.

Quand on introduit le piston muni de ses segments dans le cylindre, chaque segment ayant été façonné à un diamètre légèrement supérieur au diamètre du cylindre, se resserre en s'appliquant exactement contre la paroi intérieure de ce cylindre. L'ouverture B pratiquée sur le segment permet cette accommodation et le segment, se comporte comme un ressort dont la tension assure sur sa périphérie un joint efficace.

La rainure dans laquelle est logé le segment doit avoir une profondeur plus grande que l'épaisseur du segment, de façon que celui-ci puisse librement se comprimer et prenne sa position rationnelle sur le piston en s'appuyant exclusivement contre la paroi du cylindre.

Les segments se font le plus souvent en fonte de fer.

On les fait également en acier et parfois, mais rarement, en laiton.

Les coupures faites dans les segments ont des formes variées, semblables à celles qui sont pratiquées sur les segments de pistons à vapeur et que nous avons examinées dans le Tome I [7].

Ces coupures peuvent être faites en forme de Z (Fig. 153). Cette disposition qui nécessite deux fentes transversales A et B et une fente longitudinale C permet, tout en laissant au segment la possibilité de se comprimer et de se détendre, de parer aux fuites pouvant se produire le long des fentes transversales A et B.

La coupure est assez souvent constituée par une fente A (Fig. 154) oblique par rapport à la direction du bord de la couronne. Cette fente forme ainsi une sorte de chicane s'opposant au passage des gaz tendant à s'échapper, par l'ouverture qu'ils trouvent sur le bord du segment, perpendiculairement à ce bord.

La façon la plus simple de couper un segment consiste à pratiquer une fente A perpendiculaire au bord de ce segment. Cependant, comme les gaz pourraient traverser le segment, puisque les deux extrémités ne se touchent pas, on a le soin de disposer les segments successifs sur le piston en les orientant de façon que la fente de chacun d'eux ne se trouve pas placée en face de la fente du segment voisin. L'ensemble des segments

7 *Merveilles de la Science*, Tome I : *Chaudières et Machines à vapeur.*

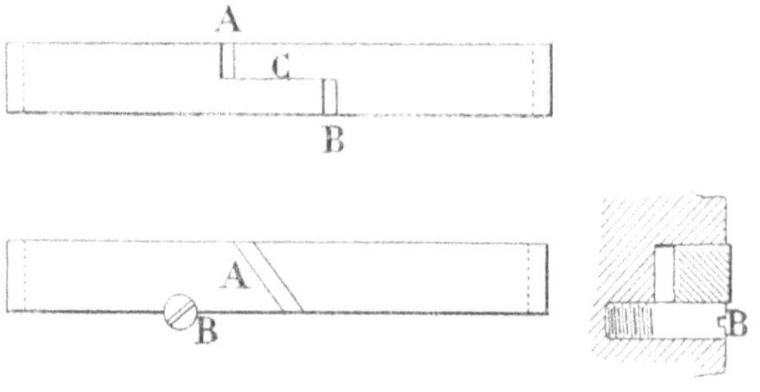

Fig. 153 et 154. — Coupures de segments.

donne alors une série de fentes décalées successivement par rapport à une même génératrice du cylindre, ce qui constitue une chicane d'ensemble contre la fuite des gaz le long des parois.

Le nombre de segments peut varier de 6 à 8 pour obtenir une étanchéité convenable.

Il convient d'assurer aux segments une position invariable dans leur rainure pour les empêcher de tourner autour du piston pendant son mouvement longitudinal dans le cylindre.

Pour immobiliser un segment, on place un ergot d'arrêt B (Fig. 154) cylindrique vissé dans le corps du piston et à une position telle que la tige lisse soit placée moitié dans le segment moitié dans le piston. De cette façon, le segment ne peut se déplacer en tournant dans sa rainure, mais il conserve, néanmoins, la possibilité de se détendre pour s'appliquer contre la paroi du cylindre.

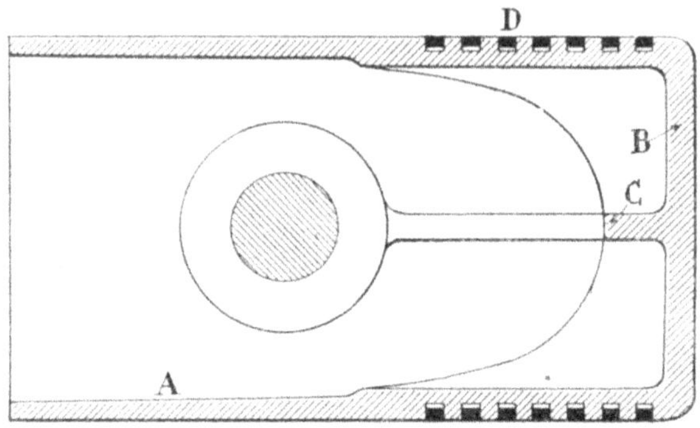

Fig. 155. — Piston ouvert avec segments et tourillon de bielle. Coupe horizontale.

Axe du piston

L'axe du piston sert à rendre solidaire cet organe de la bielle qui transmet le mouvement à l'arbre moteur, par l'intermédiaire de la manivelle ou du vilebrequin. L'axe est fixé dans le piston, et sa position est assurée par des dispositifs variés qui ont pour but de l'assujettir au piston d'une façon parfaite, comme si les deux pièces n'en formaient qu'une.

Les efforts supportés par l'axe du piston sont, pour chacune des courses de ce piston, dirigés dans un sens opposé à celui de la course précédente. Il en résulte une succession d'efforts alternativement dirigés dans des sens contraires qui tendent à disloquer l'axe du piston, à lui donner du jeu dans son logement, en un mot à le séparer du corps même du piston dans lequel il est fixé.

Il est donc indispensable que l'assemblage du piston avec son axe soit parfaitement réalisé.

Pour cela, le piston (Fig. 156) porte, à l'intérieur, deux bossages F venus de fonte avec sa paroi. C'est dans ces deux sortes de moyeux que l'axe G est placé.

Les trous pratiqués dans les moyeux pour recevoir l'axe sont coniques ; l'un des trous a un diamètre plus grand que l'autre ce qui permet l'introduction de l'axe de ce côté.

L'axe, sur lequel on a pratiqué deux portées coniques qui se prolongent, porte un dégagement à sa partie centrale. Il est *entré dur* dans les moyeux F et se trouve, par suite

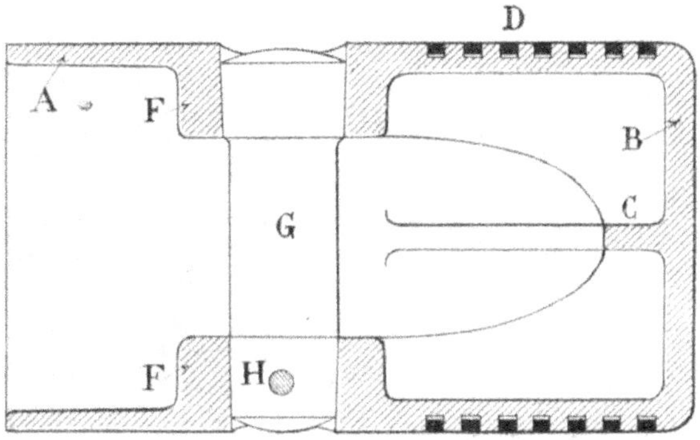

Fig. 156. — Piston ouvert avec segments et tourillon de bielle. Coupe verticale.

des surfaces coniques en contact, bloqué sur le piston duquel il est ainsi rendu parfaitement solidaire.

Pour empêcher l'axe de prendre du jeu, on l'immobilise, une fois bloqué, par une goupille H qui le maintient serré dans son logement.

On peut, également disposer l'axe dans le piston (Fig. 157) de façon à l'immobiliser par le serrage d'un écrou disposé à une de ses extrémités.

L'axe A est supporté, comme dans le cas précédent, par deux moyeux à trous coniques faisant corps avec le piston B.

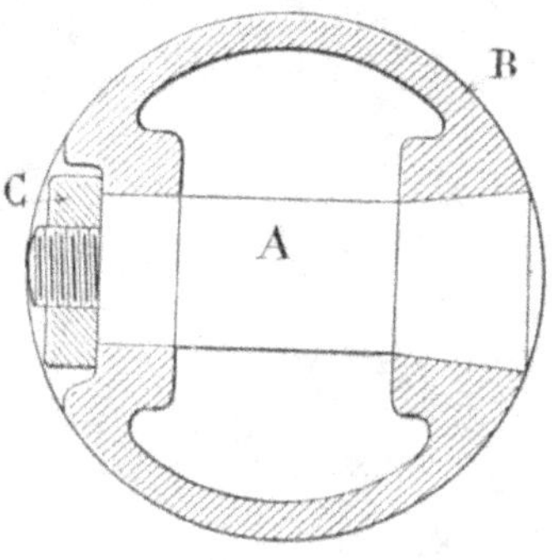

Fig. 157. — Dispositif de serrage du tourillon de bielle.

Il est enfoncé sans jeu dans ces moyeux et est immobilisé longitudinalement par un écrou de serrage C vissé en bout de l'axe, et s'appuyant sur une portée ménagée sur un des moyeux. En serrant l'écrou C on bloque de plus en plus fort l'axe contre les moyeux. Comme, pendant le mouvement alternatif du piston, l'écrou C pourrait se desserrer, par suite des trépidations considérables de tous les organes, on l'arrête soit par une goupille, soit par une clavette ou par un des dispositifs employés ordinairement contre le desserrage des écrous et que nous avons examinés dans le volume *Chaudières et machines à vapeur*.

Refroidissement du piston

Le fond du piston est, nous l'avons dit, en contact immédiat avec les gaz enflammés, qui lui communiquent leur chaleur, de telle sorte que pour les moteurs de grandes puissances, dont le diamètre du cylindre et du piston est, par conséquent, important, le piston se trouve porté à une température élevée pouvant nuire à son bon fonctionnement. Il convient, dans ce cas, d'établir pour le piston un *dispositif de refroidissement*, comme on est dans l'obligation de le faire pour le cylindre ; on facilite ainsi le graissage des parois et on évite les grippements qui peuvent occasionner des avaries sérieuses.

On emploie diverses dispositions pour refroidir les pistons, dont la plus généralement employée consiste à les munir d'une *circulation d'eau.*

Dans certains cas, cependant, on interpose entre le fond même du cylindre et le mélange enflammé, un *isolant calorifique* qui intercepte, en grande partie, la chaleur et permet de maintenir le piston à une température moyenne, qui n'influe pas défavorablement sur le fonctionnement. Le piston système *Weymann* est ainsi établi. Le piston ouvert A(Fig.159) a la même forme que les pistons précédents. La paroi est plus épaisse à la place que doivent occuper les segments. Sur le fond B est serré un

Fig. 158. – Machine à gaz de Nurenberg de 1 500 à 3 600 chevaux, actionnant des dynamos et des alternateurs construits par les ateliers d'Augsbourg et Nurenberg

disque C formé d'amiante mélangée avec des corps gras, mélange auquel on a donné de la consistance en le comprimant à la presse hydraulique.

Le disque C est maintenu appliqué contre le fond du piston par une rondelle D métallique, bridée par des boulons E. Il forme entre le mélange gazeux enflammé, porté à une haute température et qui est en contact avec la rondelle D, et le fond B du cylindre, un écran qui intercepte la chaleur.

Le piston se trouve ainsi protégé contre une température trop considérable et son échauffement n'est pas à redouter.

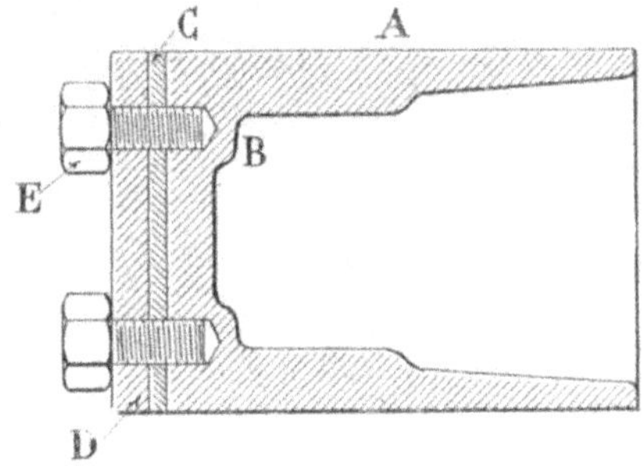

Fig. 159. — Piston Weymann.

Pistons ouverts à circulation d'eau

Le refroidissement des pistons se fait, le plus souvent, en établissant dans ces pistons une circulation d'eau. Dans les pistons ouverts de moteurs à simple effet, comme, d'une façon générale, ces pistons ne comportent pas de tige, la circulation de l'eau s'effectue par l'intermédiaire de deux tuyaux, dont l'un sert de conduit d'amenée de l'eau et l'autre fait office de conduit de sortie (Fig. 160).

Dans ce cas, le piston A porte, vers son extrémité fermée, une capacité B dans laquelle débouchent ces deux conduits C et D.

Ces tuyaux faisant corps avec le piston participent à son mouvement alternatif. Ils doivent donc être raccordés avec les conduits fixes, portés par le bâti, au moyen de joints étanches: garnitures ou presse-étoupes, de façon que l'eau, tout en passant des conduits fixes dans les tuyaux mobiles et réciproquement, ne puisse s'écouler à l'extérieur sur les organes de commande du piston. Le tuyau C mène l'eau froide du conduit d'arrivée fixe dans la capacité B. L'eau se répand dans cette capacité, et la remplit en refroidissant, au fur et à mesure, la paroi formant fond et la paroi circulaire qui porte extérieurement les segments E.

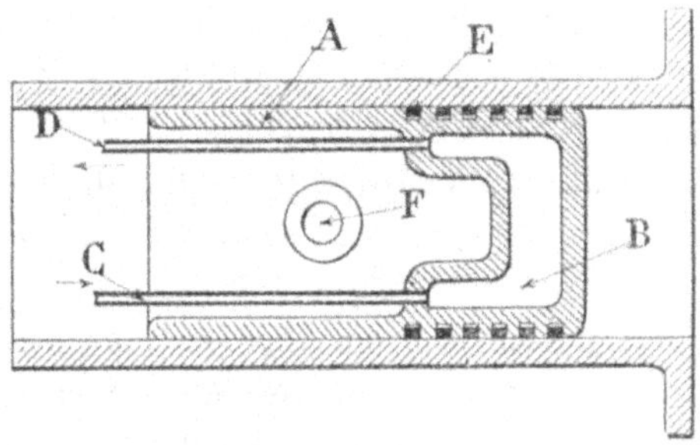

Fig. 160. — Piston ouvert à circulation d'eau

L'eau s'écoule ensuite par le tuyau D dans le conduit d'évacuation fixe après avoir absorbé une partie de la chaleur du piston. Il s'établit ainsi entre le conduit C et le conduit D, à travers la capacité B, un courant d'eau de refroidissement qui empêche le piston d'être porté à une température trop élevée, laquelle serait défavorable à son bon fonctionnement.

Le piston ouvert à circulation d'eau est établi, pour les autres parties indépendantes du dispositif de refroidissement, comme le piston ouvert ordinaire et les mêmes règles de construction que nous avons indiquées lui sont applicables. Les segments E sont placés sur le piston du côté du fond et le tourillon de la bielle F est disposé transversalement entre les deux conduits d'eau C et D, de façon que la bielle, en s'obliquant, ne puisse les rencontrer.

Le tourillon est rendu solidaire du piston par un des divers dispositifs précédemment indiqués.

Quand le piston ouvert est muni d'une tige, on peut réaliser la circulation d'eau en établissant les conduits à l'intérieur de cette tige. La tige du piston peut être disposée du côté de la bielle et, dans ce cas, elle se raccorde à celle-ci par l'intermédiaire d'une crosse coulissant dans une glissière ; le piston ne comporte alors pas d'axe. La tige du piston peut également être établie comme simple moyen de guidage : elle est alors solidaire du fond du piston du côté opposé à la bielle et traverse le fond du cylindre. Le piston A (Fig. 161) porte alors le tourillon de bielle B fixé de la manière ordinaire. Le fond C du piston forme la paroi extérieure d'une capacité D ménagée à l'arrière de ce piston, dans laquelle est disposée une cloison E séparant la capacité en deux chambres. Chacune d'elles communique avec un des deux conduits ménagés dans la tige F du piston solidaire du fond. Par le conduit inférieur, l'eau froide arrive dans une des chambres, refroidit la paroi formant fond, contourne, à sa partie inférieure, la cloison intermédiaire E, remonte en baignant la seconde paroi verticale de la capacité D, puis, se déversant par-dessus cette cloison, elle remplit la seconde chambre qui communique avec le conduit d'évacuation placé à la partie supérieure dans la tige. Pendant la circulation de l'eau du conduit inférieur au conduit supérieur, elle baigne successivement les parois intérieures du piston qui sont le plus en contact avec le mélange gazeux enflammé, et refroidit ces parois en absorbant une quantité de chaleur.

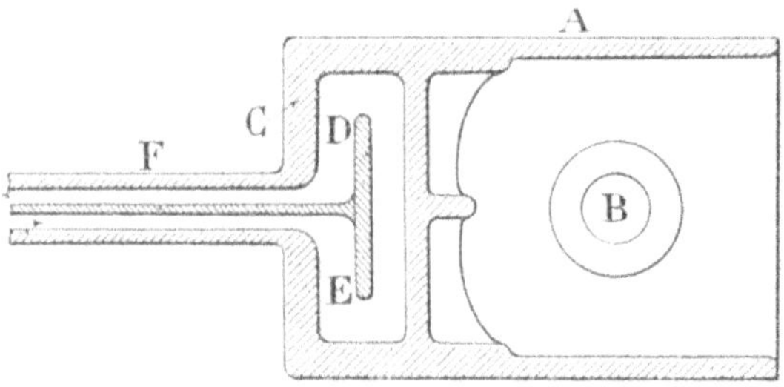

Fig. 161. — Piston ouvert à circulation d'eau.

Un moteur à simple effet peut comporter plusieurs cylindres.

Quand ceux-ci sont disposés à la suite l'un de l'autre, en tandem, un seul des pistons peut constituer le guide de l'ensemble des deux pistons rendus solidaires par une tige commune. L'autre piston peut ainsi avoir une longueur plus réduite.

Les deux cylindres A et B (Fig. 162) placés dans le prolongement l'un de l'autre sont, généralement, fixés sur le même bâti. Les deux pistons C et D se meuvent

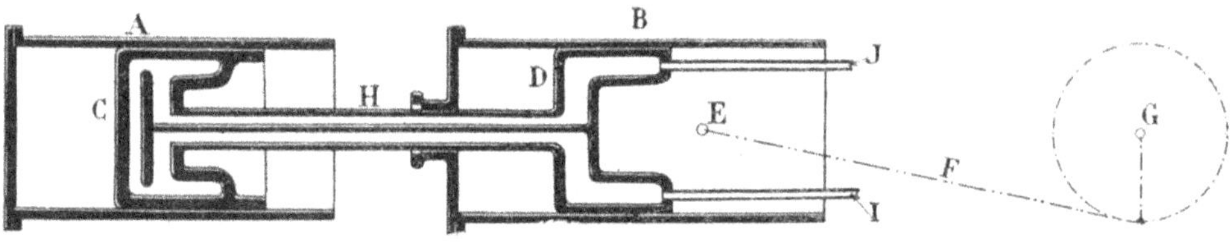

Fig. 162. — Piston ouvert à circulation d'eau de moteur tandem simple effet.

respectivement chacun dans un cylindre. Le piston D, placé du côté de l'arbre principal du moteur, a une longueur suffisante pour assurer un bon guidage aux deux pistons. Il porte le tourillon E sur lequel s'articule la bielle F qui commande la rotation de l'arbre G.

Les deux pistons sont réunis par une tige H qui est creuse, et qui fait communiquer deux capacités ménagées chacune à l'arrière de chaque piston. Dans la capacité du piston D débouchent deux conduits dont l'un, le tuyau I, amène l'eau froide, et l'autre, le tuyau J, sert à l'évacuation de l'eau réchauffée. L'eau arrivant par le conduit inférieur circule d'abord dans le bas du piston D, puis dans la tige et se rend dans le second piston C, dont la chambre intérieure est munie d'une cloison, comme dans le dispositif précédent. L'eau remonte à la partie supérieure du piston C, et retourne, par le canal pratiqué dans la tige H, dans le piston D, d'où elle est évacuée par le conduit J.

Pendant ce trajet, l'eau, constamment renouvelée, refroidit, au fur et à mesure, les parois inférieures du piston D, puis de la tige H et du second piston C. Elle exerce ensuite son action réfrigérante sur les parties supérieures de ces mêmes organes.

Pour permettre le passage dans le fond du cylindre B de la tige H qui réunit les deux pistons, on ménage une ouverture cylindrique sur laquelle on dispose un presse-étoupe. La garniture de ce presse-étoupe forme un joint étanche tout autour de la tige du piston et empêche les fuites de gaz.

Le guidage des deux pistons d'un moteur tandem peut aussi s'effectuer par l'intermédiaire d'un coulisseau portant la crosse de la tige des pistons. Cette tige, dans ce cas, se prolonge à l'intérieur du cylindre d'avant du côté de l'arbre. Le coulisseau se meut dans une glissière fixée sur le bâti.

Dans cette disposition, aucun piston ne porte de tourillon de bielle. C'est la tige qui sert de liaison entre les pistons et la bielle qui s'articule sur la crosse. Le refroidissement peut, néanmoins être réalisé en créant une circulation d'eau dans la tige qui est séparée en deux compartiments, ainsi que nous l'avons indiqué, pour obliger l'eau à baigner toutes les parois à refroidir.

Piston fermé

Le piston fermé s'applique aux moteurs à double effet. Dans ces moteurs, le cylindre est fermé à chaque extrémité et le mélange gazeux est enflammé successivement à chacun de ses bouts. Le piston qui se meut dans le cylindre reçoit donc son impulsion tantôt d'un côté, tantôt de l'autre. En principe, ce piston pourrait être constitué par un disque séparant le cylindre en deux compartiments de volumes variables au fur et à mesure de son déplacement longitudinal. En réalité, le piston de moteur à double effet a une certaine épaisseur pour recevoir les segments métalliques disposés sur sa périphérie, mais cette épaisseur, ou longueur du piston, ne doit pas être exagérée, car elle nécessiterait un allongement inutile et coûteux du cylindre. Elle ne peut être suffisante pour constituer un guidage sérieux du piston. Aussi celui-ci est-il muni généralement d'une tige et d'une contre-tige traversant les fonds du cylindre et servant de guide au piston.

La figure 163 représente la disposition générale du piston fermé dans un cylindre de moteur à double effet. Ce cylindre A, figuré schématiquement avec ses deux fonds, comporte, évidemment, un dispositif de circulation d'eau de refroidissement, et à chacune de ses extrémités est placée une culasse sur laquelle sont disposées les diverses soupapes et les organes qui les actionnent.

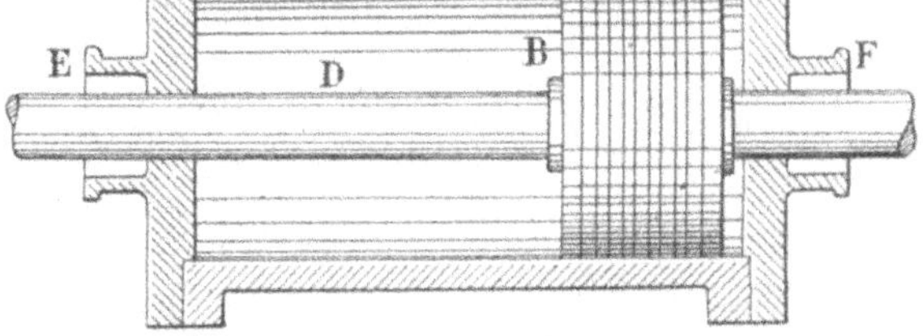

Fig. 163. — Piston fermé pour moteur à double effet.

Le piston B, ayant la forme d'une boîte cylindrique creuse, est en fonte de fer ou en fer forgé.

Il porte sur son pourtour une série de segments C, semblables à ceux que nous avons examinés précédemment, qui frottent constamment contre la paroi intérieure du cylindre et assurent ainsi, pendant le mouvement alternatif du piston, l'étanchéité le long des surfaces en contact.

Le piston est porté par une tige D qui se prolonge sur chacun de ses côtés et traverse les deux fonds du cylindre. Un presse-étoupe est disposé sur chacun des fonds pour former joint et empêcher la fuite des gaz portés à une haute pression dans le cylindre.

La tige du piston est articulée d'un côté du piston avec la bielle de commande de l'arbre ; de l'autre côté, elle sert simplement de guide : c'est la contre-tige. Le piston est donc guidé, dans son mouvement alternatif rectiligne, par sa tige et sa contre-tige qui coulissent dans les deux fonds du cylindre. Il n'appuie pas ainsi de tout son poids sur la partie inférieure du cylindre, ce qui pourrait provoquer l'ovalisation de celui-ci.

Il frotte d'une façon égale sur tout son pourtour contre la paroi intérieure du cylindre, et ce sont les segments qui, en s'appliquant exactement, par suite de leur élasticité, contre cette paroi, forment joint et empêchent les gaz de passer d'un côté à l'autre du piston.

Pistons fermés à circulation d'eau

Les pistons fermés pour moteur à double effet peuvent comporter, comme les pistons ouverts, un dispositif de refroidissement. Ce refroidissement s'effectue généralement par une circulation d'eau. Diverses dispositions sont employées pour réaliser la circulation d'eau.

Celle qui est représentée par la figure 164, consiste à placer au centre de la tige A du piston B qui est creux, un tuyau C portant un ajutage D qui débouche intérieurement

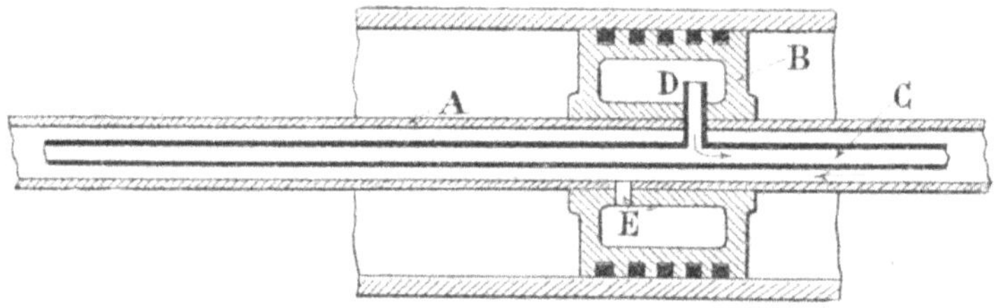

Fig. 164. — Piston fermé à circulation d'eau.

à la partie supérieure du piston. Un petit canal E met, d'autre part, en communication l'intérieur de la tige du piston avec la partie inférieure de l'évidement pratiqué dans le piston.

A une extrémité, la tige du piston communique avec le conduit d'amenée d'eau.

Cette eau, par le vide central de la tige, s'écoule jusqu'au petit canal E et remplit la capacité intérieure du piston ; elle monte ainsi au fur et à mesure en baignant les parois intérieures formant les fonds de ce piston et atteint l'orifice du tuyau D disposé à la partie extrême supérieure.

L'eau s'écoule alors par ce conduit dans le tuyau horizontal C par lequel elle est évacuée.

Pendant sa circulation, l'eau refroidit successivement la tige du piston, puis le piston lui-même en baignant toutes ses parois intérieures.

La tige du piston et le tuyau d'évacuation, qui sont mobiles avec le piston, sont raccordés à leur extrémité avec les conduits fixes d'amenée et de sortie de l'eau. Une garniture est interposée à l'orifice de chacun des conduits pour éviter l'écoulement de l'eau extérieurement le long des tuyaux.

Un autre dispositif de circulation d'eau (Fig. 165) consiste à établir dans la tige A du piston B qui est évidé, deux tuyaux C et D ne communiquant pas entre eux mais

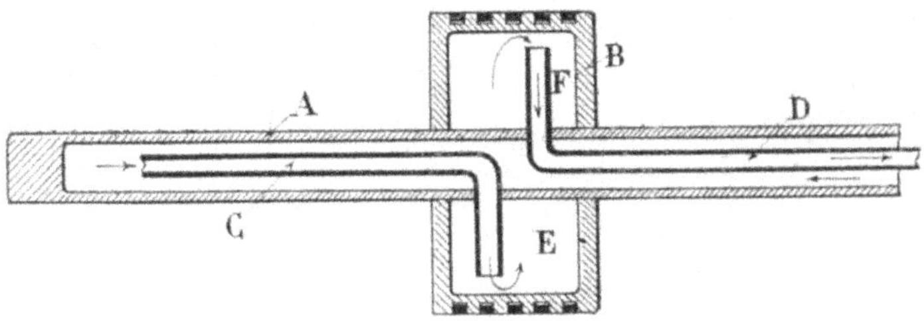

Fig. 165. — Piston fermé à circulation d'eau.

débouchant, par un petit ajutage perpendiculaire à la direction du tuyau, l'un E à la partie inférieure de l'évidement ménagé dans le piston, l'autre F à la partie supérieure.

La tige du piston est fermée à un de ses bouts, et l'autre extrémité communique avec le conduit d'amenée de l'eau de refroidissement. L'eau ainsi introduite dans la partie centrale de la tige du piston atteint l'extrémité fermée. La tige se trouve, de cette façon, refroidie sur toute sa longueur.

L'eau parvenue en bout de la tige remplit ensuite le tuyau C et se déverse dans la partie inférieure de la cavité du piston. Cette capacité s'emplit et quand l'eau atteint l'extrémité de l'ajutage supérieur F, elle s'écoule dans cet ajutage et, de là, dans le tuyau D qui communique avec le conduit fixe d'évacuation. Le renouvellement constant de l'eau et sa circulation permettent de refroidir à la fois la tige et le piston.

Graissage du piston

Comme le refroidissement, le graissage du piston a une importance capitale au point de vue du bon fonctionnement du moteur et de la conservation des organes.

Il convient de lubrifier la surface extérieure du piston qui frotte contre la paroi intérieure du cylindre et, en outre, d'assurer le graissage de l'axe du piston, dans le cas d'un piston ouvert, sur lequel tourillonne la bielle. On peut disposer sur le cylindre ou sur le bâti deux graisseurs remplissant chacun une de ces fonctions : l'un est spécialement destiné à assurer le graissage du piston, l'autre doit lubrifier le tourillon de bielle.

Dans ce cas, on place généralement le graisseur A du piston (Fig. 166) sur le cylindre à une position telle que lorsque le piston a atteint son extrémité de course vers l'avant, le conduit par lequel arrive l'huile ne débouche pas dans le vide, mais entre les premiers segments.

On comprend, en effet, que si le conduit d'huile était découvert par le piston avant d'arriver à la fin de sa course, les gaz contenus dans le cylindre et qui possèdent encore une pression et une chaleur assez considérables brûleraient l'huile, la refouleraient dans le graisseur et s'échapperaient par l'ouverture découverte.

On emploie assez souvent le mode de *graissage sous pression.* Il s'effectue au moyen d'une pompe qui alimente d'huile tous les conduits de graissage. Lorsque l'huile arrive dans le conduit A placé verticalement dans la paroi du cylindre, elle s'écoule sur la génératrice supérieure du piston et en tous ses points sur sa longueur, au fur et à mesure que le piston effectue son mouvement rectiligne alternatif. Puis, l'huile descend le long de la paroi extérieure du piston en s'infiltrant dans les interstices qu'elle rencontre sur les bords des segments et lubrifie ainsi toute sa surface extérieure.

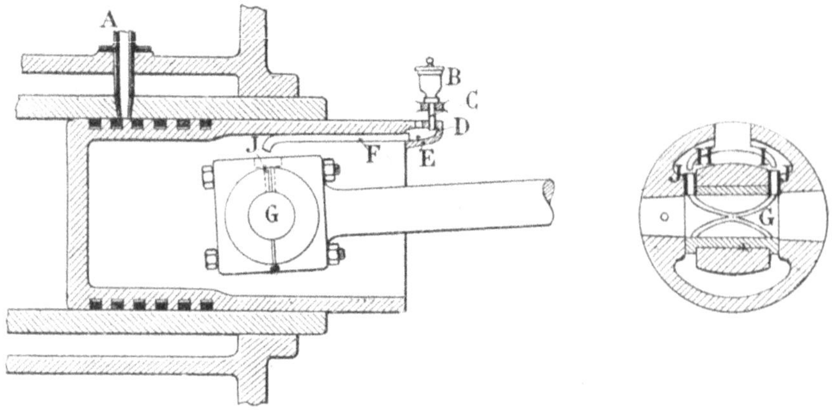

Fig. 166. — Graissage séparé du piston et du tourillon de bielle.

Le graissage du tourillon de bielle peut aussi s'effectuer avec de l'huile sous pression ou par l'emploi d'un godet graisseur. Dans ce cas, le godet graisseur B (Fig. 166) est fixé sur le bout du cylindre ou sur le bâti, verticalement.

L'extrémité inférieure du conduit C qui le termine est disposée à une hauteur telle que, pendant le mouvement du piston, une brosse D portée par une pièce spéciale E solidaire de ce piston, vient frotter, en fin de course, sur le bout du conduit d'huile. L'huile coule alors goutte à goutte dans la pièce E qui constitue une sorte de cuvette inclinée vers le piston.

Dans cette cuvette, fixée au bout du piston, débouche un tuyau F qui, appliqué contre la paroi intérieure du piston, se retourne en forme de double bec au droit du tourillon de bielle G. Chacun des deux becs H et I se présente au-dessus d'un petit réservoir J pratiqué sur la partie supérieure du coussinet. Le réservoir se prolonge vers l'axe par un petit conduit qui communique avec des rainures pratiquées dans le coussinet et que l'on nomme couramment *pattes d'araignée*.

L'huile qui se déverse dans la cuvette E par suite du frottement de la brosse D contre l'extrémité du conduit C, s'écoule, au fur et à mesure, dans le tuyau F puis, par les deux becs H et I, se déverse dans les deux réservoirs latéraux J, d'où elle pénètre à l'intérieur du coussinet. Par les pattes d'araignées, l'huile se répand sur toute la surface du tourillon engagé dans le coussinet, et le graissage de ce tourillon se trouve ainsi réalisé.

A chaque coup de piston, la brosse D vient lécher le conduit graisseur et admet dans le tuyau de graissage une quantité d'huile suffisante pour lubrifier d'une façon efficace et permanente l'axe du piston.

Dans le moteur Benz que nous décrirons plus loin, le graissage de l'axe du piston s'effectue par ce procédé.

On voit à l'extrémité du piston (Fig. 167) la cuvette fixée sur lui et débordant. C'est la cuvette qui porte le lécheur, lequel, à chaque course du piston, ira recueillir l'huile pour la laisser s'écouler jusqu'au tourillon de la bielle.

L'extrémité supérieure de ce tourillon est visible en haut du piston, en avant des segments.

Fig. 167. – Piston de moteur Benz.

Les segments portent des coupures faites en chicane et les coupures des divers segments sont orientées par rapport à la génératrice du piston, de façon qu'elles ne se présentent pas en face les unes des autres.

Dans certains moteurs, on réalise le graissage du piston et du tourillon de bielle avec un seul graisseur.

Ce graisseur A (Fig. 168) est placé verticalement sur le cylindre, et le conduit B qui le termine débouche à l'intérieur de ce cylindre à une position telle que, lorsque le piston a atteint sa course extrême vers l'avant, il se présente entre les derniers segments portés par le piston, et qu'en outre, lorsque le piston a atteint sa course extrême vers l'arrière, ce conduit se trouve en face d'un petit canal C pratiqué dans la paroi du piston.

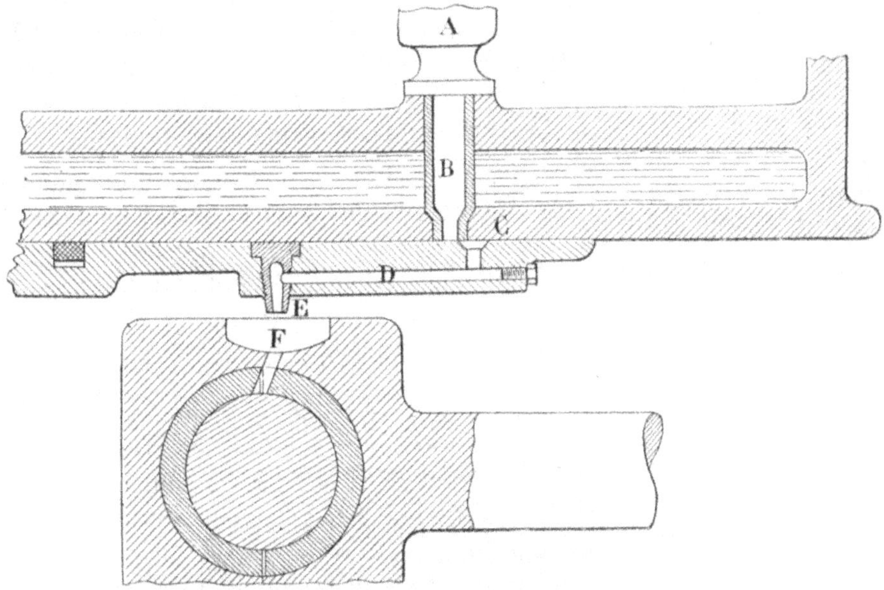

Fig. 168. — Graissage du piston et du tourillon de bielle par un seul graisseur.

Le canal débouche dans un conduit longitudinal D, pratiqué dans l'épaisseur même du piston, qui aboutit à un ajutage E vertical, solidaire du piston et se présentant au-dessus du réservoir F ménagé dans la tête de bielle articulée sur l'axe de ce piston. Un canal fait communiquer ce réservoir avec l'intérieur du coussinet qui frotte sur le tourillon.

Pendant le mouvement du piston vers l'avant, le conduit graisseur lubrifie sa surface au fur et à mesure que tous les points de sa génératrice supérieure se présentent en face de lui.

Pendant la course de retour vers l'arrière, le piston est encore graissé à mesure qu'il se déplace. Quand il est près d'atteindre l'extrémité de sa course arrière, le conduit B commence à communiquer avec le petit canal C.

A son point mort arrière, les deux orifices de ces conduits se présentent exactement en face l'un de l'autre et comme, à ce moment, le piston a une vitesse nulle, puisqu'il change de sens de mouvement, l'huile du graisseur a le temps de s'écouler par le conduit B, dans le canal C.

Pendant que le piston reprend sa course vers l'avant, l'huile ainsi admise s'écoule dans le conduit D puis, par l'ajutage E, se déverse dans le réservoir F et de là pénètre dans le coussinet pour lubrifier le tourillon de bielle. A la fin de chaque course arrière du piston, une petite quantité d'huile sera donc introduite dans le canal C et sera suffisante pour assurer le graissage de l'axe. En même temps le piston sera lubrifié sur toute sa surface pendant son mouvement rectiligne alternatif. Ce dispositif de graissage est assez simple et donne de bons résultats.

Bielle La bielle est l'organe qui relie le piston à l'arbre moteur par l'intermédiaire de la manivelle. La bielle se fait généralement en acier forgé. Elle porte à ses deux extrémités des coussinets, pouvant être disposés de façons différentes, dans lesquels s'engagent, d'une part, l'axe du piston et, d'autre part, le tourillon de la manivelle.

L'extrémité A de la bielle (Fig. 169) qui s'articule sur la manivelle est appelée généralement tête de bielle ; l'autre extrémité reçoit le nom de pied de bielle et est reliée à l'axe du piston.

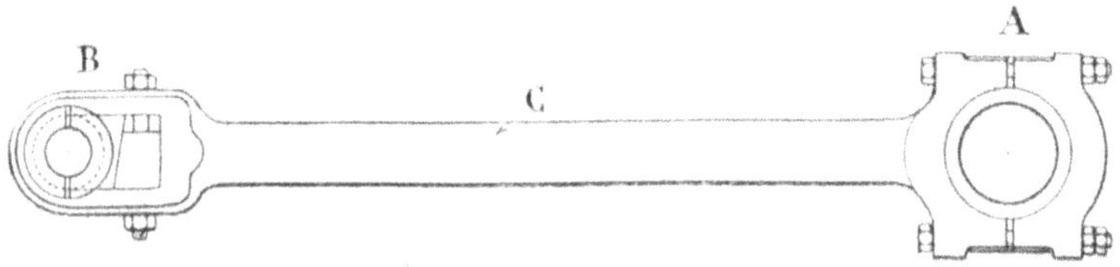

Fig. 169. – Bielle.

La tête et le pied de la bielle sont réunis par une tige C nommée *corps de la bielle.* Cette tige est assez souvent cylindrique. Quelquefois, tout en conservant une section circulaire en chacun de ses points, le corps de la bielle a un diamètre plus petit du côté du pied que du côté de la tête. La tige est alors conique ou mieux porte un léger renflement sur une partie de sa longueur.

Les tiges de bielle ont des sections de formes différentes. Nous avons, dans le Tome 1 de cette publication, examiné celles qui sont le plus généralement employées pour les machines à vapeur. Les mêmes dispositions pourraient s'appliquer aux bielles de moteurs à gaz, mais on emploie surtout, dans ces derniers moteurs, d'une façon courante, la bielle dont le corps a une section circulaire semblable à celle qui est représentée par les figures 169 et 170, ou une section rectangulaire (Fig. 171).

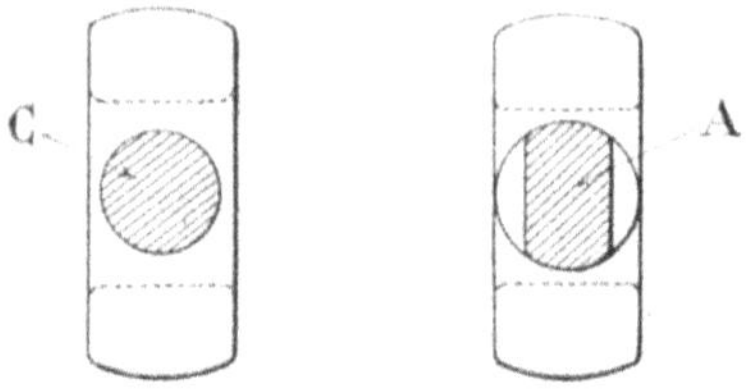

Fig. 170-171. — Section de corps de bielle.

Quand la tige A de la bielle a une section de forme rectangulaire, elle est arrondie en haut et en bas sur toute sa longueur, et sur les côtés sont ménagés deux plats se raccordant à chaque extrémité avec la tête et le pied de bielle par de forts arrondis. Cette disposition permet de donner au corps de la bielle une assez grande dimension dans le sens de la largeur sans que son poids soit trop considérable, l'épaisseur pouvant être réduite sans nuire à la rigidité de la pièce.

Tête de bielle

Les arbres de moteurs à gaz ne comportent pas généralement de manivelles rapportées. C'est l'arbre lui-même qui est façonné en forme de *vilebrequin*. Il est, dans ce cas, indispensable de constituer la *tête de bielle* en plusieurs parties pour pouvoir la monter sur le tourillon du vilebrequin. La tête de bielle est munie, alors, d'un chapeau et on la désigne sous le nom de *tête de bielle ouverte*.

Elle se compose d'une partie A (Fig. 172) formée par l'extrémité du corps de la bielle, sur laquelle est fixée la seconde partie B constituant le chapeau.

Entre le chapeau et l'extrémité A de la bielle est disposé le coussinet C dans lequel pénétrera le tourillon du vilebrequin. Ce coussinet est un cylindre en bronze muni d'une joue sur chacun de ses côtés et partagé en deux parties par un trait de scie donné suivant un diamètre.

Une des parties est rendue solidaire de l'extrémité A de la bielle ; l'autre est placée dans le chapeau.

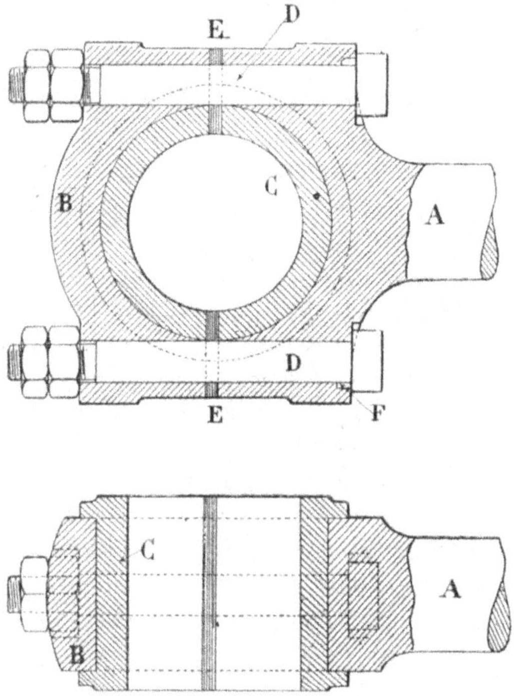

Fig. 172. — Tête de bielle ouverte.

Le chapeau est fixé contre le corps de bielle au moyen de boulons D dont la tête est placée du côté de la bielle. Un écrou serre sur le chapeau et applique l'une contre l'autre les deux parties de la tête de bielle et, par conséquent, les deux parties du coussinet. Un contre-écrou est placé en bout du boulon pour empêcher le desserrage de l'écrou pendant le fonctionnement.

Deux cales E sont interposées entre ces diverses parties de façon que le serrage s'effectuant sur elles laisse le libre roulement du tourillon dans le coussinet. On peut, en faisant varier l'épaisseur de ces cales, compenser le jeu qui peut se produire dans la tête de bielle à la suite d'un fonctionnement prolongé.

Pour empêcher les boulons de tourner lorsqu'on serre les écrous du chapeau, on dispose sous leur tête un ergot F qui pénètre dans un trou ou une fente pratiqués dans l'extrémité de la bielle. Le boulon a ainsi une position bien déterminée et il est immobilisé dans le sens de la rotation.

Les deux parties du coussinet sont, par leurs joues, immobilisées longitudinalement dans la tête de bielle. Cela permet à la bielle d'occuper une position invariable déterminée par les portées des tourillons qui frottent contre la face extérieure des joues du coussinet.

Pour monter la bielle sur le tourillon du vilebrequin, on place le demi-coussinet solidaire du corps de la bielle sur le tourillon, les boulons étant montés « un peu dur » dans l'extrémité A de la bielle. On dispose les cales E contre la face extrême du corps de bielle, puis on monte le chapeau en se servant comme guides des boulons qui pénètrent dans les trous qu'il porte. Il ne reste plus qu'à serrer l'écrou et le contre-écrou portés par chacun des boulons pour bloquer le chapeau contre les cales E et faire de la tête de bielle pour ainsi dire une seule pièce, au centre de laquelle tourillonne, sans jeu, à frottement doux, l'axe de la manivelle.

Pour éviter que le coussinet puisse, par suite du frottement exercé sur lui par le tourillon, être entraîné dans le mouvement de rotation, on le munit assez souvent d'un ergot cylindrique venu de fonte avec le coussinet, et qui pénètre, quand le coussinet est à sa place, dans un trou ménagé d'un côté sur l'extrémité de la bielle, de l'autre sur le chapeau. On emploie aussi un autre procédé plus simple, qui consiste à donner aux boulons un écartement tel qu'on soit obligé de ménager une *creusure* pour leur passage sur une petite longueur de la périphérie du coussinet. Chaque boulon fait office d'ergot par rapport au coussinet et l'empêche de tourner pendant le mouvement de la bielle.

Pied de bielle

Le pied de bielle est l'extrémité de la bielle qui est reliée au piston. L'axe du piston étant amovible et pouvant se monter facilement par *embrochage*, le pied de bielle peut être constitué soit en plusieurs pièces soit en une seule. Il peut donc être ouvert, dans le premier cas, ou fermé, dans le second.

Le pied de bielle ouvert (Fig. 173) peut être disposé d'une façon identique à la tête de bielle ouverte, c'est-à-dire qu'une partie du pied se trouve formée par l'extrémité A du corps de la bielle et l'autre par un chapeau rapporté B. Un coussinet C, sectionné en deux morceaux, est placé moitié dans la bielle moitié dans le chapeau.

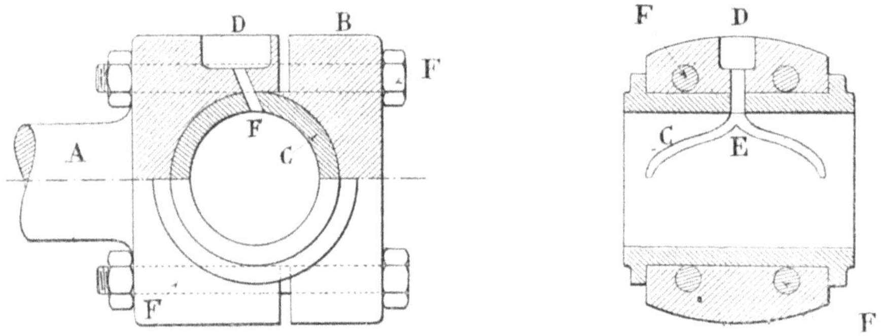

Fig. 173. — Pied de bielle ouvert.

Il est muni de joues qui empêchent son déplacement latéral dans le pied de bielle et les deux parties du coussinet sont appliquées l'une contre l'autre par le serrage du chapeau sur l'extrémité de la bielle.

Un réservoir D, creusé dans la partie supérieure du pied de bielle, sert à recevoir l'huile amenée par un conduit spécial soit d'un *lécheur*, soit d'un godet graisseur, dispositions que nous avons examinées plus haut. Un conduit oblique E fait communiquer le réservoir D avec l'intérieur du coussinet et permet donc de lubrifier le tourillon qui se meut dans le coussinet du pied de bielle. Ce réservoir peut être disposé dans l'axe du pied de bielle comme il est indiqué dans la figure 173. Dans ce cas, on dispose quatre boulons de serrage F pour maintenir le chapeau fixé contre la bielle. Ces boulons sont, étant donné le nombre, d'un diamètre plus réduit que lorsqu'on n'en emploie que deux, ce qui peut diminuer l'encombrement en largeur du pied de bielle. Les boulons, comme dans le cas précédent, peuvent traverser une partie du coussinet de façon à l'empêcher de tourner pendant l'oscillation de la bielle sur le tourillon solidaire du piston. On peut également serrer le chapeau sur la bielle au moyen de deux boulons disposés dans l'axe du pied de bielle. Dans ce cas, la partie supérieure de chacune des joues du coussinet porte une creusure servant de réservoir d'huile et se continuant par un petit conduit qui débouche à l'intérieur du coussinet.

Le tuyau d'amenée d'huile porté par le piston se divise, dans ce cas, à son extrémité, en deux conduits et le bec de chaque conduit se présente en face d'un réservoir de la joue et y déverse l'huile qui, à chaque coup de piston, est fournie par le lécheur ou le godet graisseur. Pour monter un pied de bielle ouvert sur l'axe du piston, celui-ci peut être fixé dans le piston. On applique le chapeau sur le tourillon vers l'intérieur du piston et on présente de l'autre côté l'extrémité de la bielle. On serre sur les boulons F, les écrous G, qui sont abordables de l'extérieur, et si l'ajustage a été préalablement bien réalisé, en bloquant les deux parties du pied l'une contre l'autre, le pied de bielle oscillera à frottement doux sur le tourillon porté par le piston.

Quand le pied de bielle A est fermé (Fig. 174), il comporte assez souvent un coussinet droit B d'un seul morceau, « rentré dur » dans le pied de bielle et pouvant être immobilisé longitudinalement par une vis-ergot placée en bout de la bielle. L'axe du piston doit être, dans ce cas, monté sur le piston en même temps que sur le pied de bielle et être immobilisé après montage. Un réservoir C, qui communique avec la paroi intérieure du coussinet par un petit conduit D, reçoit l'huile des dispositifs de graissage et la distribue dans le coussinet et sur le tourillon.

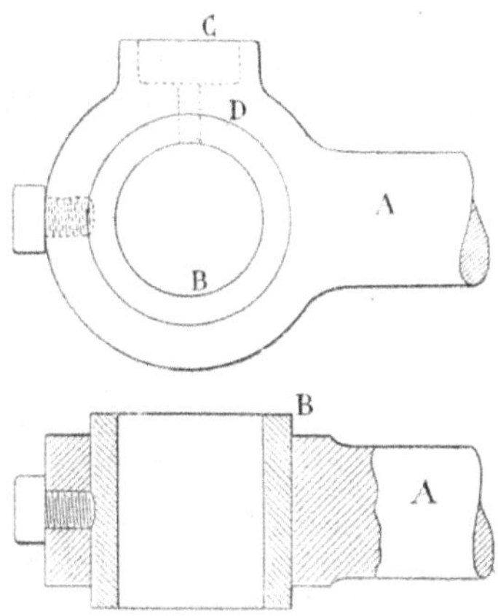

Fig. 174 — Pied de bielle fermé.

Un pied de bielle fermé peut, cependant, recevoir un coussinet en plusieurs parties, comme il est indiqué à la figure 175.

Le pied de bielle A est constitué comme le précédent, mais le coussinet est en deux morceaux. Un demi-coussinet B porte des joues ; il est d'abord introduit dans le bout de la bielle et, mis en place, ses joues l'immobilisent dans le sens longitudinal. Puis, on entre l'autre demi-coussinet C qui, n'ayant pas de rebord, peut se monter facilement par simple enfoncement.

Ce demi-coussinet est maintenu serré par une vis D placée en bout de la bielle. Le réservoir graisseur E est disposé à la partie supérieure et reçoit l'huile qui est amenée sur le tourillon par un petit canal traversant le pied de bielle et le coussinet.

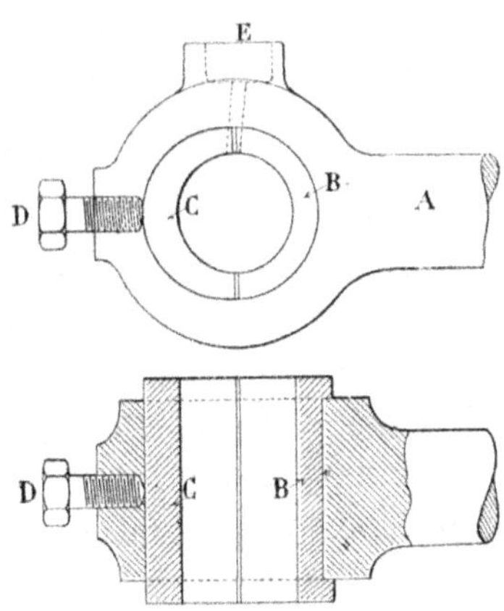

Fig. 175 — Pied de bielle fermé.

Le pied de bielle fermé peut comporter un dispositif permettant de compenser le jeu, par l'emploi d'une cale en forme de coin. On donne au pied de bielle A (Fig. 176) une forme allongée, de façon que dans l'espace vide ménagé en bout de la bielle, on puisse placer les deux demi-coussinets et la cale.

Un des demi-coussinets B s'applique contre le pied de bielle vers l'extérieur. L'autre C porte des joues qui l'immobilisent transversalement dans le pied de bielle, et sur la paroi de fond, qui est inclinée, s'applique une cale D qui s'appuie, d'autre part, sur la face perpendiculaire de l'ouverture du pied de bielle. Cette cale, qui a donc une forme en coin, traverse le pied de bielle au-dessus et au-dessous et se termine, de chaque côté, par une tige cylindrique sur laquelle se visse un écrou.

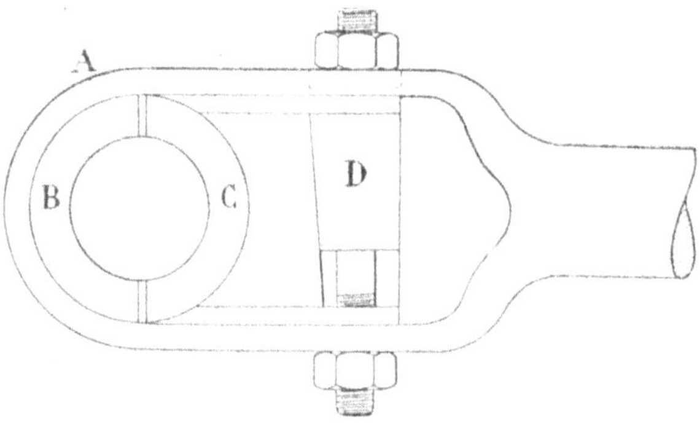

Fig. 176 — Pied de bielle fermé à compensation de jeu.

On ajuste les demi-coussinets de manière que lorsqu'ils sont serrés l'un sur l'autre, le tourillon puisse se mouvoir à frottement doux dans le trou central. Quand, à la suite d'un fonctionnement prolongé, il se produit du jeu entre le coussinet de la bielle et le tourillon, on enlève sur les faces en contact des coussinets une épaisseur de matière égale au jeu, puis on maintient appliqués les coussinets l'un contre l'autre en serrant l'écrou qui manœuvre la cale dans le sens de l'enfoncement du coin.

La cale qui est appliquée contre la partie fixe de la bielle provoque, en avançant, par sa face oblique, le serrage du demi-coussinet C contre l'autre. Le jeu est ainsi compensé.

Si on interpose entre les deux coussinets, et de chaque côté, une cale métallique sur laquelle s'effectue le serrage il suffit, pour compenser le jeu, de retirer les cales, ce qui peut se faire facilement sans sortir les coussinets, de diminuer leur épaisseur d'une quantité égale au jeu et de les replacer à nouveau entre les coussinets. Le serrage des coussinets par l'intermédiaire de la cale en forme de coin, annule alors le jeu qui existait précédemment.

L'écrou placé à l'arrière de la cale D sert à sortir cette cale du pied de bielle lorsqu'on veut enlever les coussinets. Pour cela, on dévisse l'écrou d'avant, et en vissant l'écrou d'arrière, la cale, qui est coincée contre le coussinet, est facilement débloquée sans qu'il soit nécessaire, pour la repousser, de frapper sur l'avant de la tige.

Arbre L'arbre du moteur est une tige cylindrique qui, supportée par plusieurs organes fixes nommés *paliers*, prend un mouvement de rotation produit par l'action de la bielle sur la manivelle solidaire de cet arbre.

Nous avons dit que les arbres de moteurs à gaz portaient rarement une manivelle rapportée, car le bâti, dans ce cas, doit avoir une forme spéciale.

Généralement, l'arbre est coudé sur une partie de sa longueur et ce coude ayant la forme d'un vilebrequin constitue une manivelle faisant corps avec l'arbre.

L'arbre est fait en acier de très bonne qualité. Il est le plus souvent plein, mais parfois, cependant, il est perforé suivant son axe, ce qui diminue son poids sans nuire à sa solidité ; cela peut faciliter le graissage des tourillons et permet, aussi, de contrôler l'homogénéité du métal et sa qualité en pleine masse.

L'arbre porte un ou plusieurs volants. Quand l'arbre est supporté par deux paliers, le volant est placé en porte-à-faux en dehors d'un des paliers. Parfois même, on place un volant à chaque extrémité de l'arbre en dehors de chacun des deux paliers.

Fig. 177. – Installation de machines soufflantes et machines à gaz des Ateliers d'Augsbourg et Nurenberg, aux fonderies de Rombach (Lorraine).

La charge du volant et l'action exercée par la bielle sur la manivelle de l'arbre tendent à déformer cet arbre. Aussi dans les moteurs de grandes puissances, pour lesquels le volant est très lourd, on supporte l'arbre par trois paliers.

Deux des paliers sont placés chacun d'un côté du vilebrequin, le troisième palier supporte l'arbre à une extrémité. Cet arbre est prolongé et reçoit le volant sur la partie comprise entre un des paliers du vilebrequin et le palier extrême. Le porte-à-faux est ainsi évité et la déformation de l'arbre n'est pas à craindre.

La figure 178 représente un arbre supporté par deux paliers.

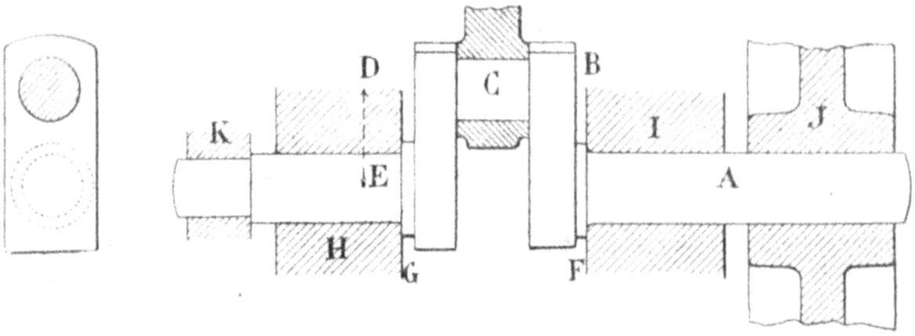

Fig. 178. — Arbre supporté par deux paliers.

L'arbre A est forgé d'une seule pièce avec son vilebrequin B. Les parties de l'arbre placées de chaque côté du vilebrequin ont le même axe et sont tournées par rapport à cet axe. Le tourillon C du vilebrequin qui constitue la manivelle est également tourné, mais son axe est distant de l'axe de l'arbre d'une quantité DE qui représente le rayon d'excentricité de la manivelle.

Cette distance DE mesure donc la moitié de la course qu'effectuent le piston et la bielle actionnant l'arbre A.

Sur l'arbre sont ménagés des collets F et G sur lesquels viennent s'appliquer les joues des coussinets des deux paliers supports. Ces paliers sont placés l'un H, à gauche du vilebrequin, l'autre I, à droite et ne laissent entre eux qu'un intervalle réduit qui permet le passage du vilebrequin pendant son mouvement de rotation. Dans cette disposition, le volant J est claveté sur l'extrémité de l'arbre débordant le palier I. Il est ainsi placé en porte-à-faux. L'autre extrémité de l'arbre reçoit généralement une roue d'engrenage K qui y est fixée et qui commande la rotation de l'arbre de distribution. Cette roue d'engrenage peut être soit à denture conique soit à denture hélicoïdale et nous savons que pour les moteurs à quatre temps elle doit avoir un diamètre deux fois plus petit que celui de la roue commandée portée par l'arbre de distribution, afin que ce dernier arbre, tournant deux fois moins vite que l'arbre principal, fasse un tour pour chaque cycle de la distribution.

L'arbre représenté par la figure 179 est supporté par trois paliers. Cet arbre A comporte également une manivelle B venue de forge avec lui, et sur le tourillon C de cette manivelle, s'articule la tête de la bielle de commande. L'écartement des axes de l'arbre et du tourillon de manivelle représente la demi-course du piston. Deux paliers D et E sont disposés, comme dans le cas précédent, chacun d'un côté du vilebrequin et deux collets F et G circulaires ménagés sur l'arbre, limitent longitudinalement la position de cet arbre qui porte ainsi de chaque côté sur une joue du coussinet d'un palier.

Le troisième palier H est placé à un des bouts de l'arbre et a pour fonction d'empêcher cet arbre de fléchir sous le poids du volant I claveté sur lui. Ce volant

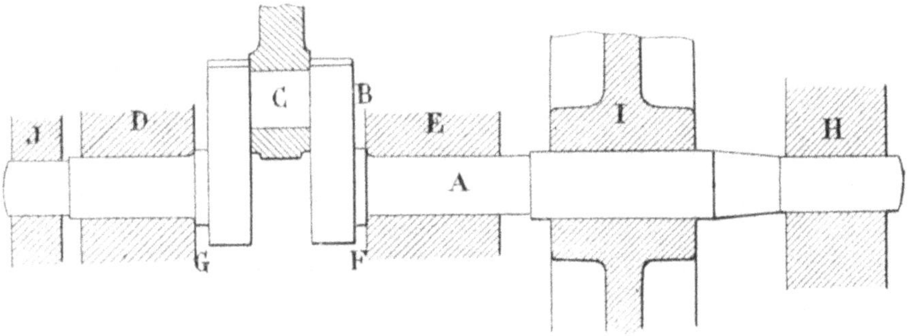

Fig. 179. — Arbre supporté par trois paliers.

est donc placé entre les deux paliers E et H et est engagé sur une partie cylindrique renforcée de l'arbre.

Sur l'autre extrémité de l'arbre est fixée la roue d'engrenage J qui commande la rotation de l'arbre de distribution.

Graissage des tourillons de l'arbre

L'arbre, reposant par des tourillons appropriés sur des paliers rigides et fixes, est sollicité à tourner par l'action de la bielle qui s'exerce sur un bras de levier représenté par le rayon de la manivelle. L'arbre entraîne dans sa rotation le volant et la roue d'engrenage qui sont clavetés sur lui.

Tous les tourillons de l'arbre frottent donc, pendant sa rotation, sur les coussinets dans lesquels ils se meuvent. Il est indispensable, pour éviter des grippements et des détériorations aux coussinets et à l'arbre, d'assurer un graissage efficace des tourillons. Pour ceux qui tournent dans les paliers, ce graissage s'effectue par suite de la disposition même des paliers, ce qui permet d'admettre automatiquement l'huile dans les coussinets et de lubrifier ainsi les tourillons qu'ils reçoivent. Nous examinerons plus loin comment sont établis ces paliers et quels sont les divers dispositifs de graissage généralement utilisés.

Le graissage du tourillon de la manivelle et du coussinet de la tête de bielle s'effectue d'une façon spéciale.

On peut placer sur la tête de bielle soit un godet graisseur, soit un réservoir contenant de l'huile qui se déverse goutte à goutte dans le coussinet pendant le fonctionnement de la bielle.

Généralement, pour les moteurs de quelque importance, on lubrifie le tourillon de manivelle par l'intermédiaire d'une *bague de graissage* (Fig. 180). Cette bague A est fixée par deux vis B contre une des branches du vilebrequin C faisant corps avec l'arbre D du moteur. Quand le vilebrequin est muni d'un contrepoids, disposition assez souvent employée, la bague s'appuie sur la face du contrepoids tout en étant maintenue fixée par les vis B contre la manivelle. Elle participe donc au mouvement de rotation de l'arbre.

Cette bague a une section en forme d'U et constitue, de ce fait, un petit réservoir circulaire, à la partie inférieure duquel peut séjourner une certaine quantité d'huile. Elle est presque toujours établie en deux parties qui sont des demi-couronnes portant des brides. On réunit ces demi-bagues par des boulons serrant les brides l'une contre l'autre. Cette disposition permet de pouvoir facilement démonter et remonter la

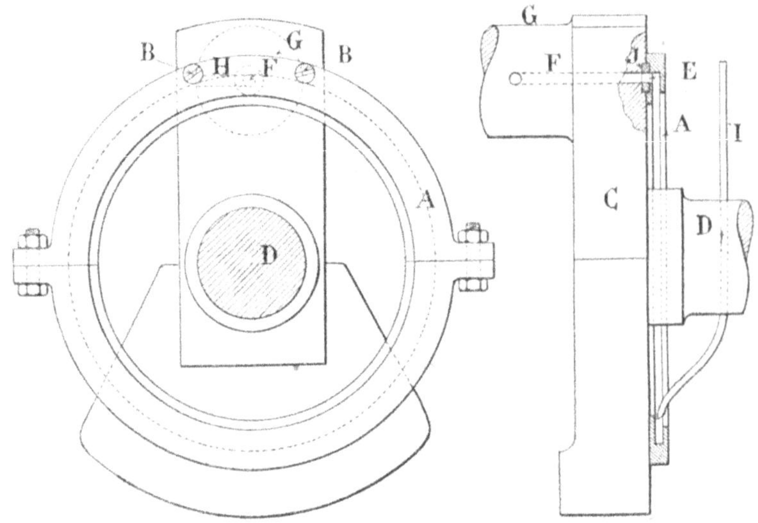

Fig. 180. — Graissage du tourillon de manivelle.

bague qui enveloppe l'arbre sans enlever celui-ci de ses paliers, ce que l'on serait dans la nécessité de faire si la bague était d'une seule pièce : on ne pourrait la mettre en place qu'en la rentrant par le bout de l'arbre sorti des paliers.

Une ouverture E, pratiquée dans l'épaisseur de la joue intérieure est disposée, quand la bague est serrée contre la branche de la manivelle, en face d'un conduit F percé dans l'axe du tourillon G. Ce conduit se continue par un petit canal H perpendiculaire à sa direction, qui débouche à la périphérie du tourillon.

Une rondelle J, formant joint, est interposée entre la bague et la manivelle à mi-épaisseur dans chacune de ces pièces.

Un petit tube I, qui aboutit à la partie inférieure de la bague, conduit l'huile provenant d'un godet graisseur fixé sur le bâti, dans la rainure pratiquée circulairement à l'intérieur de la bague.

L'huile amenée par le tube I s'écoule dans la creusure de la bague, mais comme la bague participe au mouvement de rotation de l'arbre, l'huile tend, sous l'action de la force centrifuge, à s'échapper, et elle se trouve projetée contre la paroi intérieure de la bague. Elle rencontre l'ouverture E qui lui permet de s'écouler dans le canal F, d'où elle est projetée par la force centrifuge, en suivant le conduit contre le coussinet qui reçoit le tourillon de la manivelle.

On n'a donc qu'à régler le débit d'huile dans le conduit I et le graissage du tourillon et du coussinet de la tête de bielle s'effectue automatiquement pendant le mouvement de rotation de l'arbre.

Ce mode de graissage emprunte à la façon dont il est réalisé son nom de graissage centrifuge.

Contrepoids

L'arbre coudé comportant sa manivelle prise dans la masse n'est pas équilibré, c'est-à-dire que par rapport à son axe, le poids de la manivelle tend toujours à le placer dans une même disposition au repos. Lorsque l'arbre est mis en mouvement, ce poids supplémentaire appliqué au bout d'un bras de levier égal au rayon de la manivelle intervient pour retarder ou pour accélérer le mouvement de l'arbre suivant sa position pendant le mouvement de rotation. Il en résulte une succession d'à-coups, de chocs nuisibles au bon fonctionnement du moteur, qui peuvent causer la détérioration des organes et qui troublent la régularité de la marche.

Pour parer à ces inconvénients, on équilibre l'arbre par rapport à sa position dans les paliers, en disposant des contrepoids qui ajoutent un poids supplémentaire égal à celui de la manivelle, et appliqué du côté opposé, de façon que ces deux poids se compensent. L'arbre peut être alors orienté d'une manière quelconque quand il est posé sur ses paliers, sans qu'il se manifeste la moindre prépondérance d'un côté ou d'un autre.

Pendant le fonctionnement du moteur, l'arbre aura un mouvement de rotation plus régulier.

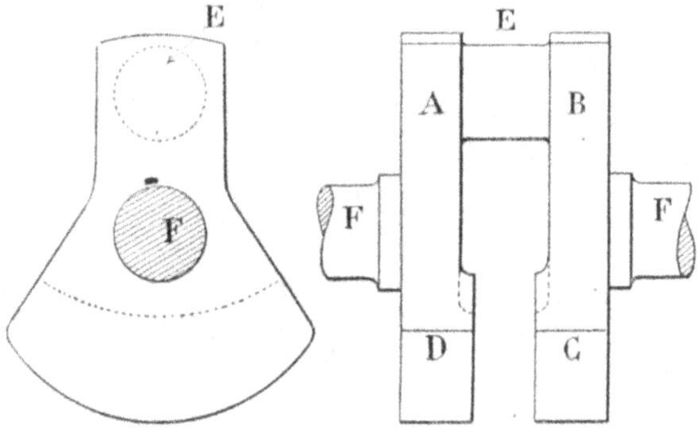

Fig. 181. — Contrepoids du même morceau que l'arbre.

Le contrepoids peut venir de forge avec l'arbre même. Dans ce cas (Fig. 181), on prolonge chacune des branches A et B de la manivelle, d'une certaine longueur de l'autre côté de l'arbre et on place à chaque bout une masse suffisante pour que l'ensemble des deux masses C et D et des bras qui les supportent fasse exactement équilibre au tourillon E et aux branches A et B de la manivelle par rapport à l'axe de l'arbre F. Il y a donc un contrepoids sur chaque branche de manivelle et les masses ainsi placées en face l'une de l'autre laissent entre elles un espace vide permettant à la tige de la bielle de passer, pendant le mouvement de rotation de l'arbre.

Les contrepoids peuvent être rapportés. Ils sont alors ajustés sur les branches de la manivelle et ils y sont solidement fixés, ce qui est de toute importance si on veut éviter que, pendant la rotation et sous l'action de la force centrifuge, les contrepoids se détachent et provoquent des accidents.

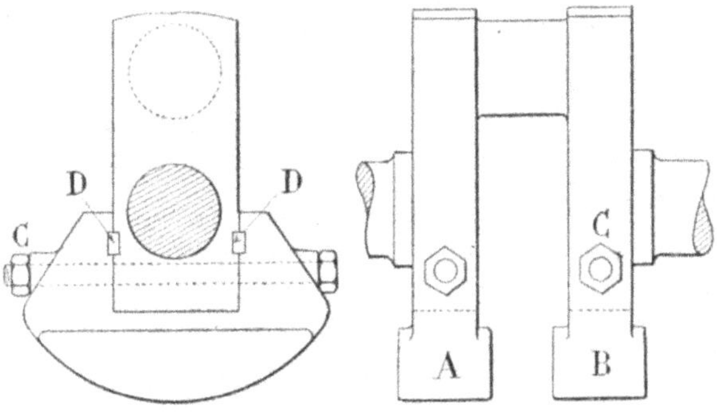

Fig. 182. — Contrepoids rapporté.

Les contrepoids sont quelquefois montés *à queue d'aronde* sur le vilebrequin et, en outre, clavetés.

On les fixe aussi avec des boulons. La figure 182 représente un dispositif de montage au moyen de boulons et clavettes. Les masses A et B formant contrepoids sont façonnées indépendamment de l'arbre coudé. Elles ont le poids nécessaire pour assurer l'équilibrage de l'arbre. On les ajuste à l'extrémité de chaque branche de manivelle en ménageant dans chacune d'elles un encastrement rectangulaire dans lequel cette extrémité est enfoncée. Un boulon C traverse le contrepoids ainsi que la branche de la manivelle et maintient, par le serrage d'un écrou, ce contrepoids fixé contre le vilebrequin. Pour assurer la position du contrepoids, on y enfonce deux clavettes D à mi-épaisseur et à mi-épaisseur aussi dans la branche de la manivelle.

Par suite de cette disposition, il est impossible au contrepoids de se détacher de l'arbre, quand bien même l'écrou du boulon viendrait à se desserrer, ce dont on s'aperçoit dès l'arrêt du moteur.

L'arbre du moteur Benz représenté par la figure 183 porte des contrepoids fixés à la manivelle par des prisonniers. Ces prisonniers, au nombre de trois, sont solidaires de la manivelle et des écrous et assurent, par leur serrage, l'assemblage des deux pièces.

Fig. 183. — Arbre du moteur Benz

Des contre-écrous sont placés sur les écrous pour éviter le desserrage de ceux-ci.

Un évidement est pratiqué dans chaque contrepoids pour permettre le placement et le serrage des écrous et contre-écrous sur leur tige.

Cet arbre disposé pour reposer sur trois paliers porte donc trois tourillons : il y en a un placé de chaque côté de la manivelle et le troisième à l'extrémité de l'arbre. C'est entre ce tourillon extrême et le tourillon suivant, placé contre la manivelle, qu'est claveté le volant.

A l'autre extrémité, l'arbre porte, fixée sur lui, une roue d'engrenage à denture hélicoïdale qui commande la rotation de l'arbre de distribution.

Le tourillon de la manivelle reçoit la tête de bielle, le graissage de ce tourillon est assuré au moyen d'une bague semblable à celle que nous avons examinée précédemment.

Volant Le volant est un organe qui, rendu solidaire de l'arbre principal du moteur, permet d'assurer la régularité de rotation de cet arbre et, par suite, du fonctionnement du moteur.

Il comporte un moyeu portant au centre un trou cylindrique dans lequel s'engage l'arbre. Le moyeu est réuni à une couronne extérieure nommée jante par des bras en nombre variable et de formes diverses suivant la puissance et l'allure du moteur.

Les volants de moteurs à gaz sont généralement établis pour que la vitesse à la circonférence ne dépasse pas une valeur de 40 mètres à la seconde. Le diamètre du volant doit donc être déterminé en tenant compte de cette condition, suivant le nombre de tours que doit effectuer l'arbre dans un temps donné. En général, ce diamètre est égal à 5 ou 6 fois la course du piston.

La masse du volant peut varier suivant le genre de moteur auquel il s'applique et suivant le mode de régulation employé.

Dans les moteurs à quatre temps, par exemple, le poids du volant est plus considérable quand le moteur possède une régulation par tout ou rien, que lorsque la régulation s'effectue par admission ou par mélange variables. Nous avons expliqué, en effet, dans l'examen des particularités des diverses régulations, que dans le système par tout ou rien l'explosion ne se produit pas nécessairement à chaque cycle de la distribution, c'est-à-dire à chaque deux tours de l'arbre. L'arbre peut faire quatre tours, même six tours sans que le piston effectue une course active. Le volant doit donc être établi pour que la force vive emmagasinée par lui pendant que les gaz agissent sur le piston soit suffisante pour maintenir le fonctionnement régulier du moteur pendant les autres courses non actives du piston.

Cela nécessite une masse plus grande pour le volant que lorsque l'explosion se produit régulièrement à chaque deux tours de l'arbre, ce qui est le cas pour les deux modes de régulation : par variation du volume ou par variation de la composition du mélange. L'explosion se produit, en effet, à chaque cycle de la distribution, quoique l'énergie développée dans le cylindre soit variable. La force vive à emmagasiner par le volant est moins grande que dans le cas précédent, puisqu'elle ne doit assurer la régularité du fonctionnement que pendant les trois courses à vide du piston qui séparent deux explosions successives.

Volants d'une seule pièce

Les volants sont fondus d'une seule pièce ou sont établis en plusieurs parties. Quand le diamètre du volant ne dépasse pas 3 mètres, il est fondu généralement d'un seul morceau ; quand le diamètre est plus important, le volant est fondu en plusieurs pièces, assemblées ensuite très solidement, ainsi que nous allons le voir.

Le volant d'une seule pièce (Fig. 184.) comporte son moyeu A réuni à la jante B par les bras C. La jante est une couronne pleine dont le contour extérieur peut avoir des formes diverses, suivant que le volant est utilisé ou non comme poulie de transmission de mouvement.

Les bras peuvent être droits ou courbes et ils ont des sections de formes différentes que nous indiquerons. On fait quelquefois les bras creux pour diminuer le poids du volant. Dans ce cas, le moyeu se trouve également allégé ; un espace vide y est ménagé dans lequel débouchent les trous pratiqués dans les bras.

Les volants sont en fonte de fer. Pour fondre

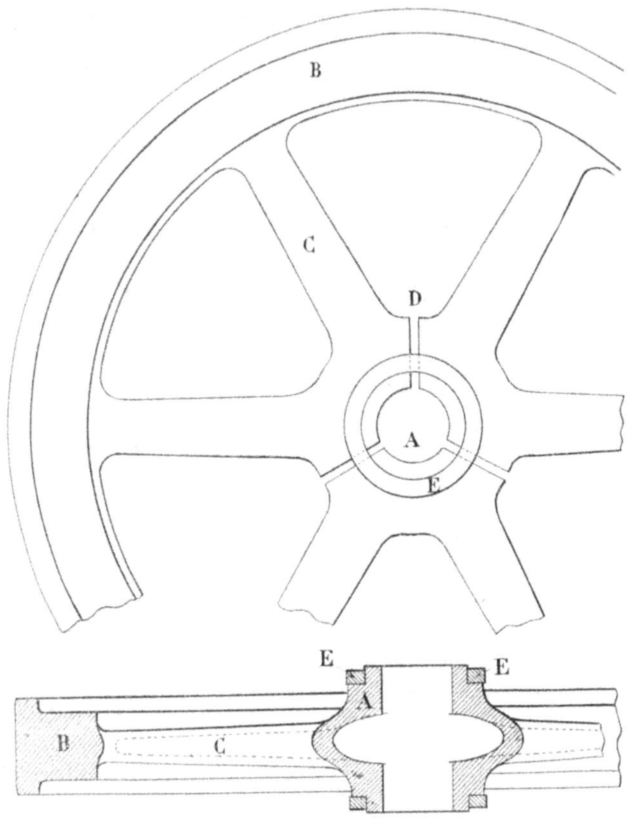

Fig. 184. — Volant fondu d'une seule pièce.

convenablement ces pièces, quelquefois importantes quand elles sont d'un seul bloc, il faut prendre des dispositions particulières. Il convient aussi de prendre des précautions pour éviter des cassures qui peuvent se produire aux bras, au ras du moyeu, du fait du *retrait de la fonte*. En se refroidissant, la fonte est soumise à des tensions qui peuvent provoquer la rupture aux endroits d'épaisseur réduite.

On remédie à cet inconvénient en séparant le moyeu en plusieurs parties rattachées chacune à la jante par deux bras. Les espaces libres D ainsi créés permettent d'éliminer les tensions dues au retrait, et les ruptures ne sont pas à craindre dans ces conditions. Le volant peut néanmoins être fondu d'un seul bloc, mais il convient, pour assurer la rigidité du moyeu, de le munir de *frettes* E.

Ces frettes sont des couronnes en acier forgé qui sont ajustées et entrées à force sur une partie tournée ménagée à chaque extrémité du moyeu. Elles donnent à ce moyeu un diamètre bien déterminé et contribuent à lui assurer la même rigidité que lorsqu'il est réalisé sans séparation sur son pourtour.

Jantes

La jante du volant représenté par la figure 184 a, sur sa périphérie, une forme rectiligne. Le volant n'est pas destiné dans ce cas à faire office de poulie. On utilise assez souvent le volant pour porter une courroie de transmission de mouvement ou encore des câbles, de section cylindrique, dont un certain nombre peuvent être alors disposés sur la largeur de la jante.

Lorsque la jante A doit recevoir une courroie (Fig. 185), sa surface extérieure est arrondie et la courroie B, qui s'applique sur cette surface, enveloppe la jante sur plus de la moitié de son pourtour et s'enroule sur une autre poulie, plus petite, à laquelle elle transmet le mouvement de rotation du volant.

Ce dispositif est très usité pour actionner directement des machines dynamo-électriques. Comme ces machines doivent tourner à une vitesse considérable, on peut placer sur leur axe une poulie de diamètre bien plus faible que celui du volant et obtenir ainsi, pour une vitesse du moteur normale, une vitesse de rotation considérable de l'axe de la dynamo.

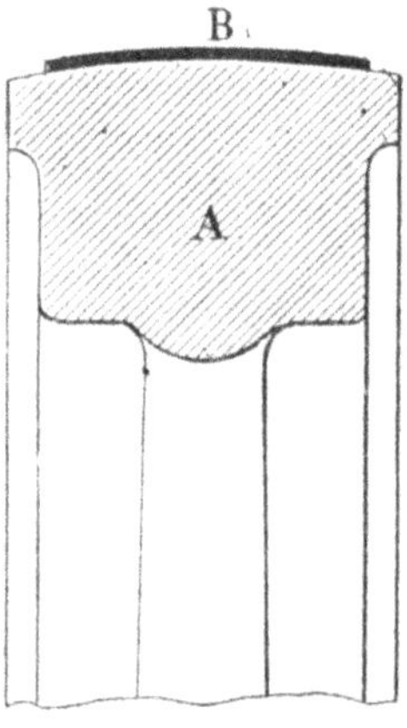

Fig. 185. — Jante d'un volant destiné à recevoir une courroie.

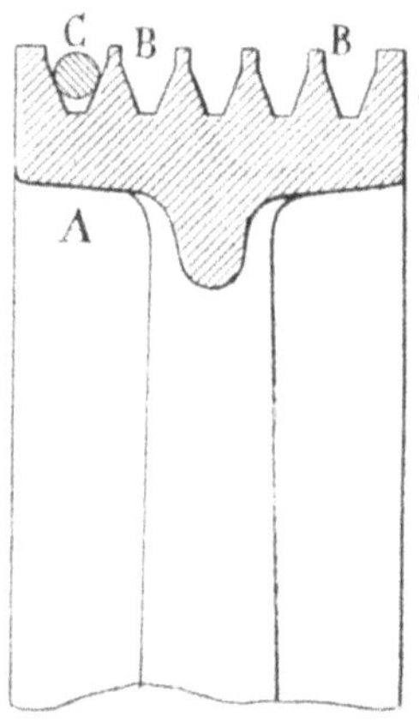

Fig. 186. — Jante d'un volant à gorges.

Quand le moteur actionne des appareils tournant à une vitesse plus réduite, on ajoute une poulie de commande, laquelle est un organe spécial, indépendant du volant, mais monté sur l'arbre à côté de lui.

Cette poulie a un diamètre plus petit que le volant et approprié à la vitesse que doit prendre l'appareil commandé.

Le volant peut, dans ce cas, avoir une jante à surface extérieure rectiligne, puisqu'il ne reçoit pas de courroies.

Lorsque le volant est établi pour recevoir des câbles de transmission, la jante A (Fig. 186) porte une succession de gorges B pratiquées sur sa périphérie et parallèlement les unes aux autres. Les gorges ont, à leur entrée, leurs deux faces parallèles, puis ces faces sont convergentes.

Le câble C est placé dans la gorge et a un diamètre tel qu'il entre d'abord très facilement et ensuite appuie sur les deux côtés convergents sans toucher au fond de la gorge. Le câble se trouve ainsi pour ainsi dire coincé entre les parois obliques, à mesure qu'un effort s'exerce sur lui, ce qui évite son glissement sur la jante du volant. La transmission du mouvement s'effectue donc d'une façon très favorable.

Les divers câbles placés sur le volant peuvent être disposés pour actionner tous ensemble le même appareil, lequel peut être installé à une assez grande distance du moteur. On peut également commander diverses transmissions situées à des distances différentes, ou à des hauteurs inégales, dans une installation industrielle, par exemple, en faisant actionner les poulies de commande de ces transmissions par un ou plusieurs des câbles qui sont placés sur le volant.

Bras

Les bras des volants sont assez souvent droits et ont une largeur plus faible du côté de la jante que du côté du moyeu, auquel ils se raccordent par un fort arrondi. On leur donne aussi, cependant, une forme courbe qui convient bien pour assurer la solidité du volant.

La section des bras peut avoir diverses formes. Une des plus généralement employée est celle de la figure 187, à forme elliptique : la largeur du bras est plus grande que son épaisseur et les arêtes qui limitent les bras se terminent toutes par de forts arrondis.

On trouve aussi des bras à section circulaire (Fig. 187) et, dans ce cas, les bras sont généralement creux, ce qui donne, en réalité, à leur section la forme d'une couronne. Ces bras se raccordent par une partie pleine avec la jante et aboutissent à une partie évidée du moyeu comme nous l'avons indiqué plus haut.

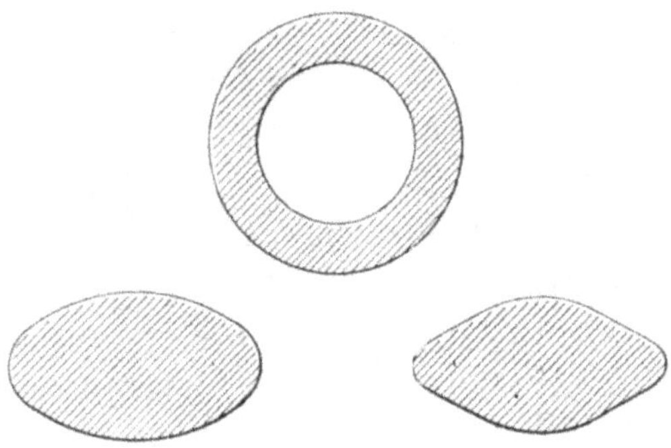

Fig. 187. Section de bras de volant.

On donne aux bras des volants destinés à des moteurs à grande vitesse une section de forme spéciale qui offre peu de résistance à l'air (Fig. 187). Cette section a aussi une forme ovale comme la précédente, mais les bouts sont plus pointus ; l'arrondi est moins important, ce qui donne à cette arête du bras moins de prise à l'air pendant le mouvement de rotation du volant. Sur les moteurs puissants, on établit des volants de diamètres considérables qui sont fondus en plusieurs pièces assemblées ensuite. Les bras de ces volants sont quelquefois en fer forgé à section rectangulaire et raccordés à la jante, ainsi qu'au moyeu, par des rivets, des boulons ou des clavettes.

Moyeu

Le moyeu porte à son centre le trou dans lequel sera ajusté l'arbre du moteur. Il est plein ou évidé, suivant l'importance de ses dimensions. Il est raccordé avec les bras et peut être fendu, ainsi que nous l'avons indiqué, pour parer aux ruptures dues au retrait, puis fretté à chacune des extrémités.

Quand le volant est constitué en plusieurs pièces, le moyeu se compose de différentes parties assemblées par des boulons et des frettes.

C'est par son moyeu que le volant est claveté sur l'arbre du moteur. Ce clavetage doit être fait avec toute la précision possible et avec le plus grand soin.

On dispose les clavettes de différentes manières.

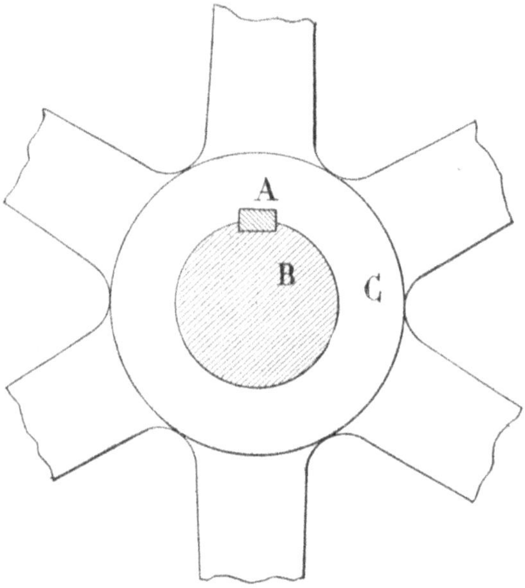

Fig. 188. — Clavette à rainure.

Pour les moteurs de puissances moyennes, on place la clavette A (Fig. 188) à mi-épaisseur dans l'arbre B et dans le moyeu C. Une rainure est, pour cela, pratiquée le long de l'arbre et une autre est ménagée dans toute la longueur du moyeu. La clavette A est ajustée à la fois dans ces deux rainures et elle est entrée à force, de manière à rendre solidaires l'arbre et le volant. L'arbre doit, de son côté, être bien ajusté dans le trou central du moyeu. Ces deux pièces ainsi montées n'en font pour ainsi dire qu'une seule, et lorsque l'arbre prend un mouvement de rotation qui lui est communiqué par la bielle et le piston du moteur, le volant qui est entraîné, participe à ce mouvement et il entraîne ensuite lui-même, par la force vive emmagasinée, l'arbre du moteur pendant les courses non actives du piston.

Dans certains moteurs de minime importance, la clavette du volant est simplement encastrée dans une rainure pratiquée dans le moyeu et elle repose, par son autre face, sur un plat pratiqué sur l'arbre, lequel, dans ce cas, ne porte aucune rainure pour la clavette.

On dispose aussi des clavettes rondes encastrées, moitié dans l'arbre, moitié dans le moyeu. Les rainures qui reçoivent ces clavettes sont nécessairement faites chacune en forme de demi circonférences.

Ces deux dernières dispositions de clavettes ne sont que fort peu appliquées aux volants ; elles sont principalement utilisées pour claveter les autres organes sur l'arbre du moteur, tels que les excentriques, par exemple, ou

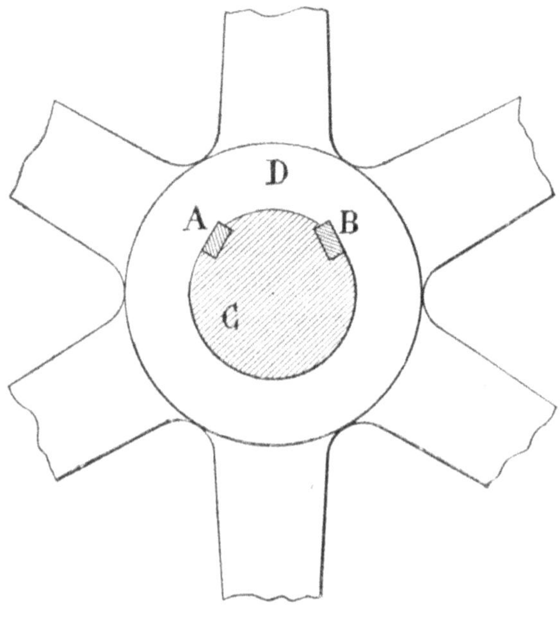

Fig. 189. — Clavettes tangentielles.

encore les roues d'engrenage actionnant l'arbre de distribution. On place parfois plusieurs clavettes pour assujettir l'arbre au volant. Ces clavettes peuvent être du type à rainure, ou encore être disposées comme l'indique la figure 189. On leur donne alors le nom de clavettes tangentielles.

Ces clavettes A et B, disposées à environ 120 degrés l'une de l'autre, sont encastrées à la fois dans l'arbre C et dans le moyeu D, mais les rainures sont pratiquées dans ces deux pièces de telle façon que les faces extérieures des deux clavettes sont tangentes à la circonférence formant le contour de l'arbre C. C'est cette particularité qui a fait donner à ce genre de clavettes le nom de clavettes tangentielles.

Elles sont, en raison de cette disposition, encastrées de toute leur épaisseur partie dans l'arbre et partie dans le volant, ce qui permet de ne leur donner qu'une épaisseur environ moitié moindre que celle de clavettes à rainures disposées sur le même arbre de moteur.

Volants assemblés

Les volants de grands diamètres, généralement an-dessus de3 mètres, et destinés à des moteurs de grandes puissances, sont fondus en plusieurs parties. Ces diverses pièces sont réunies solidement entre elles par divers dispositifs comportant des boulons, des clavettes et des frettes.

Dans le dispositif représenté par la figure 190, les diverses parties de la jante A et B sont rendues solidaires par une longue clavette C, qui pénètre dans un logement pratiqué dans chaque segment de jante. La clavette est donc enfoncée sur la moitié de

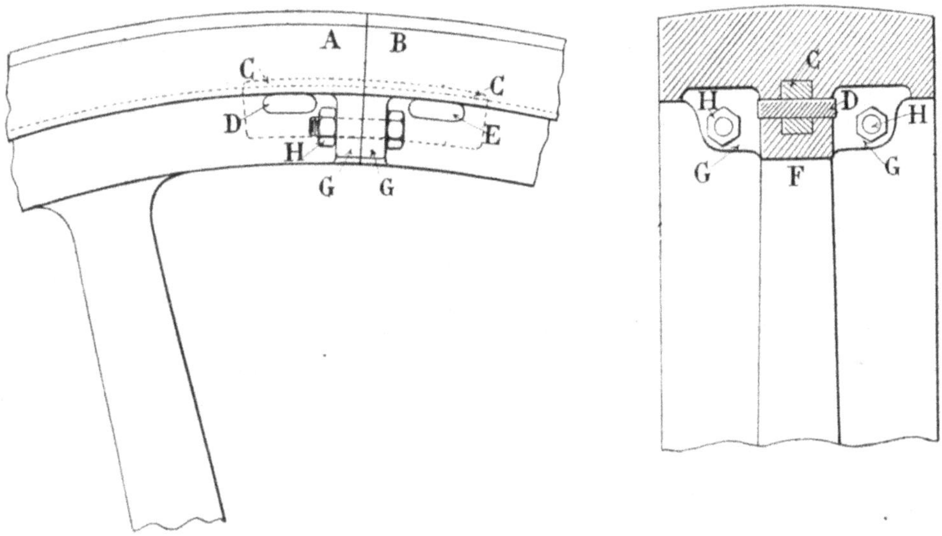

Fig. 190. — Assemblage de la jante par boulons et clavettes.

sa longueur dans un de ces segments A et sur l'autre moitié dans le segment B. Elle assure la position de ces deux pièces l'une contre l'autre ainsi que le raccordement convenable de leur surface extérieure formant la périphérie du volant.

Cette clavette est maintenue à sa position par le placement de deux autres clavettes D et E disposées transversalement par rapport à la première. Ces deux clavettes sont enfoncées à la fois dans une nervure circulaire F portée par la jante et dans la clavette

C. Elles immobilisent donc cette dernière à chacune de ses extrémités. En outre, la jante porte sur chacune des parties à assembler deux bossages G dans chacun desquels un trou est percé et permet le passage d'un boulon H.

Les deux parties du volant A et B, placées en position par les clavettes, sont fortement serrées l'une contre l'autre par des écrous vissés sur les boulons ; ces écrous peuvent être ensuite immobilisés par un des dispositifs contre le desserrage que nous connaissons, et dont le plus simple consiste à le goupiller sur la tige du boulon.

Le volant assemblé est généralement formé de deux parties qui réalisent, par conséquent, chacune une demi-circonférence. On peut, cependant, le constituer aussi en trois parties comportant par exemple deux bras chacune.

Un autre dispositif d'assemblage des deux parties A et B de la jante (Fig. 191) consiste à employer des boulons et des frettes.

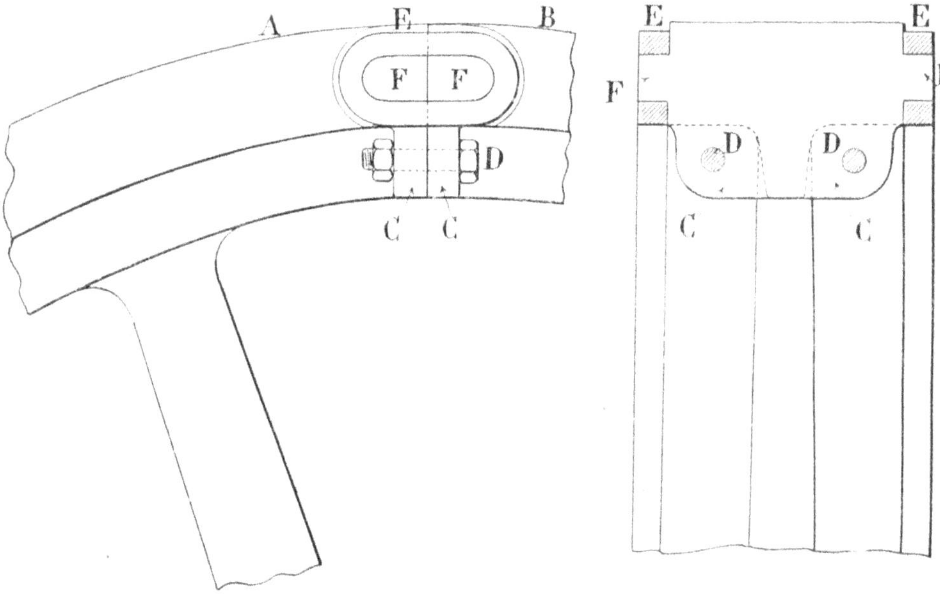

Fig. 191. — Assemblages de jante par boulons et frettes.

Sur chaque partie sont disposés deux bossages C pouvant recevoir chacun un boulon D. Les deux pièces sont fortement appliquées l'une contre l'autre par le serrage d'écrous vissés sur ces boulons. En outre, leur position est assurée par l'encastrement de deux frettes E E placées chacune sur une des faces latérales de la jante.

Pour placer les frettes, on ménage sur chaque partie de la jante et de chaque côté une saillie F.

La frette E qui est en acier et qui a la forme d'un O, s'ajuste, par sa face intérieure à la fois sur les deux saillies et comme on a le soin de la rentrer à force, elle applique l'une contre l'autre les deux faces en regard des parties A et B, complétant ainsi l'action de serrage des boulons. De plus, les frettes, une fois placées, ne peuvent plus sortir facilement de leur encastrement, et elles contribuent à former des diverses parties du volant, une seule pièce indéformable.

Le volant en plusieurs pièces comporte l'assemblage des parties de la jante et l'assemblage des parties du moyeu. Comme pour la jante, on réunit les parties du moyeu par des boulons, des clavettes et des frettes.

Un des dispositifs d'assemblage couramment employé (Fig. 192) consiste à munir chaque partie du moyeu de bossages A et B pouvant recevoir des boulons C.

Les deux tronçons de volant qui s'appliquent l'un contre l'autre à la jante, ainsi que nous venons de le voir, s'appliquent en même temps au moyeu l'un contre l'autre, par des surfaces dressées. Le serrage des écrous vissés sur les boulons C maintient les deux parties solidement fixées l'une sur l'autre.

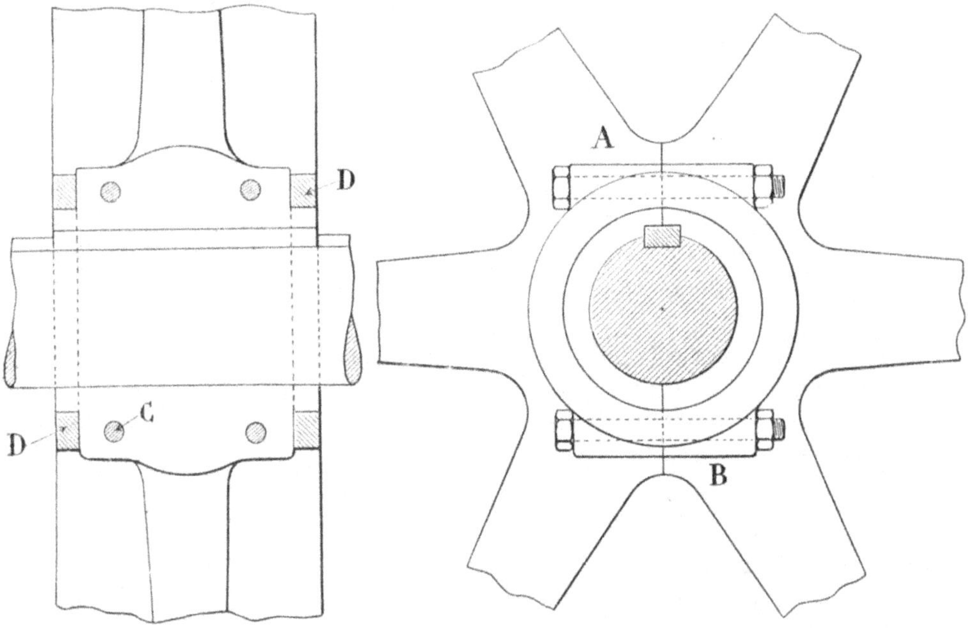

Fig. 192. — Assemblage du moyeu.

En outre, pour assurer d'une façon constante l'assemblage ainsi réalisé, on place à chaque bout du moyeu une frette D en acier.

Cette frette est une couronne ajustée sur une partie cylindrique tournée à l'extrémité du moyeu et dans laquelle elle est rentrée à force.

On obtient ainsi l'application énergique des deux surfaces dressées, et l'assemblage du volant est réalisé pour les parties du moyeu aussi solidement que l'assemblage des segments formant la jante.

Quand le volant est en trois pièces, le moyeu porte, pour recevoir les boulons d'assemblage, trois séries de bossages disposés à 120 degrés les uns des autres. Les boulons sont serrés sur ces bossages et appliquent les trois parties du moyeu les unes contre les autres.

Les frettes peuvent être disposées de la même façon que dans le cas précédent, c'est-à-dire à chaque extrémité du moyeu.

Lorsque, pour des volants de grands diamètres, on emploie des bras en acier forgé, le moyeu est constitué d'une seule pièce et porte une collerette circulaire sur laquelle sont rivés les bras à une de leurs extrémités. A l'autre bout, les bras sont rivés sur des segments de jante recevant chacun deux bras, et ces segments sont ensuite assemblés entre eux par un des dispositifs que nous avons indiqués plus haut.

Généralement, les volants ainsi établis ont un grand nombre de bras et de nombreux segments forment la jante.

Les volants se placent, sur l'arbre, le plus souvent entre deux paliers pour éviter le porte-à-faux. Cependant, dans certains moteurs de faibles puissances, le volant est disposé en bout de l'arbre, en dehors du palier de la manivelle ; parfois même, on place un volant à chaque extrémité de l'arbre. Il est plus avantageux de monter le volant entre deux paliers, pour éviter les déformations, les flexions de l'arbre et les pressions anormales sur les coussinets des paliers.

Paliers Les *paliers* sont des organes fixes dans lesquels tournent des arbres, qui sont ainsi supportés, sur leur longueur, en des points choisis pour éviter leur flexion et leur déformation.

Les moteurs à gaz comportent généralement deux arbres : *l'arbre principal* ou arbre-moteur et *l'arbre de distribution.*

L'arbre principal, que nous avons examiné plus haut, est actionné par la bielle qui s'articule sur le tourillon de la manivelle formant, le plus souvent, une seule pièce avec l'arbre qui est alors coudé. Cet arbre porte le volant et est supporté par deux ou trois paliers.

Deux des paliers sont solidaires du bâti et sont généralement venus de fonte avec lui. Le troisième, placé en bout de l'arbre, est séparé du bâti du moteur par la fosse creusée pour permettre le passage du volant. Il est donc indépendant des autres et se trouve fixé sur un petit massif de maçonnerie.

Les paliers de l'arbre principal doivent être robustes ; les coussinets doivent être bien ajustés sur l'arbre, et le graissage ne doit rien laisser à désirer.

L'arbre de distribution a une section plus faible que l'arbre moteur. Il est actionné par celui-ci, par l'intermédiaire de roues d'engrenage, et porte les cames et excentriques qui commandent la manœuvre des soupapes.

Cet arbre est également supporté par des paliers de dimensions plus faibles que celles que l'on donne aux paliers de l'arbre principal.

Les paliers de l'arbre de distribution prennent cependant une certaine importance dans les grands moteurs de puissances élevées. Dans ce cas, en effet, les organes de commande des soupapes sont robustes et lourds ; l'arbre de distribution a un diamètre plus grand et sa longueur peut être aussi très grande quand le moteur est constitué, par exemple, par deux cylindres montés en tandem. D'une façon générale, les paliers supportant l'arbre de distribution sont solidaires d'un bras qui se fixe par une semelle à large embase sur les culasses des cylindres.

A proximité de l'arbre principal, le palier est fixé sur le bâti du moteur ou même est venu de fonte avec lui.

Un palier se compose, en principe, de trois parties : le corps du palier, le chapeau et le coussinet.

Le corps du palier et le chapeau sont faits en fonte de fer, le coussinet est en bronze.

Le corps du palier A (Fig. 193) est la partie qui est fixée à demeure sur le bâti ou sur un socle, ou qui est venue de fonte avec ce bâti. Il porte une ouverture demi-circulaire dans laquelle vient se loger la partie inférieure du coussinet B qui reçoit l'arbre à supporter. Des prisonniers C sont vissés dans le corps du palier et débordent au-dessus de son plan supérieur.

Ils permettent de monter sur le corps du palier le chapeau D. Ce chapeau vient s'encastrer dans un logement pratiqué dans le palier, ce qui détermine sa mise en place. De plus, deux trous percés à ses extrémités donnent passage à la tige des prisonniers, et le serrage d'écrous placés en bout des prisonniers maintient le chapeau appliqué sur le palier.

Un contre-écrou est disposé au-dessus de chacun des écrous pour éviter le desserrage du chapeau qui pourrait se produire par suite des vibrations et des trépidations nombreuses dues au fonctionnement du moteur.

Le chapeau porte, comme le corps du palier, une ouverture demi-circulaire, qui sert de logement à la partie supérieure du coussinet.

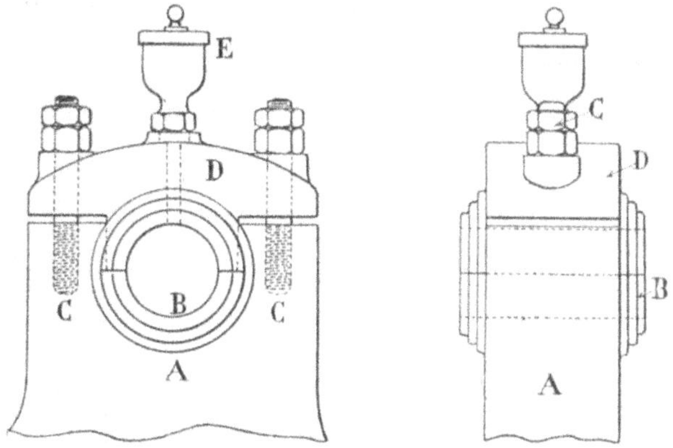

Fig. 193. – Palier avec coussinet à joint horizontal.

Le coussinet B se trouve ainsi serré entre le corps du palier et le chapeau. Il porte, de chaque côté, des joues qui, s'appliquant contre les faces latérales des deux parties du palier, l'empêchent de se déplacer, dans ce palier, dans le sens de la longueur de l'arbre. D'autre part, des dispositions sont prises pour qu'il ne puisse tourner avec l'arbre qui y est ajusté.

Le coussinet est sectionné longitudinalement en deux parties égales. Chacune de ces parties est un demi-coussinet. Un demi-coussinet est placé dans le corps du palier, l'autre dans le chapeau.

Cette disposition permet de sortir facilement l'arbre de ses paliers en dévissant les écrous qui assurent le serrage des chapeaux.

Le chapeau de chaque palier se retire, et avec lui s'enlève le demi-coussinet supérieur. On peut alors soulever l'arbre et le déplacer sans être dans l'obligation de sortir le demi-coussinet inférieur ou de démonter le corps du palier dans le cas où il est fixé par des boulons sur le bâti.

Ce démontage permet également de vérifier l'état des surfaces frottantes du coussinet, de les nettoyer et au besoin de les réparer.

Le graissage de l'arbre qui tourne dans les coussinets doit être bien régulièrement assuré. Pour cela, on place sur le chapeau du palier, lorsqu'il s'agit de moteurs de faibles puissances, un dispositif de graissage pris parmi ceux qui sont généralement employés. On peut mettre un godet graisseur automatique E que l'on remplit d'huile à chaque arrêt du moteur et qui laisse écouler cette huile par un conduit vertical, à travers le chapeau, jusqu'au coussinet, à la partie supérieure duquel ce conduit débouche. L'huile est ensuite distribuée sur toute la surface intérieure du coussinet, par une série de rainures, appelées pattes d'araignée, pratiquées dans le demi-coussinet supérieur. Pendant son mouvement de rotation, l'arbre entraîne l'huile au fur et à mesure qu'elle remplit les rainures et le graissage du demi-coussinet inférieur et de l'arbre s'effectue ainsi régulièrement.

Le plus souvent, le graissage des paliers de moteurs à gaz est réalisé au moyen de bagues de graissage portées par les paliers eux-mêmes. Ce sont les *paliers graisseurs*, que nous allons examiner plus loin.

Le palier ordinaire que nous venons de décrire porte un coussinet en deux parties dont les joints sont disposés horizontalement, c'est-à-dire parallèlement à la direction de l'axe du cylindre. Dans certains moteurs, la direction des joints du coussinet et du palier fait un angle de 45 degrés avec la direction horizontale (Fig. 194). Cette disposition a pour but de présenter à l'arbre tournant dans le coussinet, dans la position où la poussée de la bielle a sa plus grande valeur, une surface d'appui uniforme, exempte de coupure. Le coussinet résiste plus facilement à cette poussée et risque moins de prendre du jeu sous l'effort ainsi exercé contre ses parois intérieures.

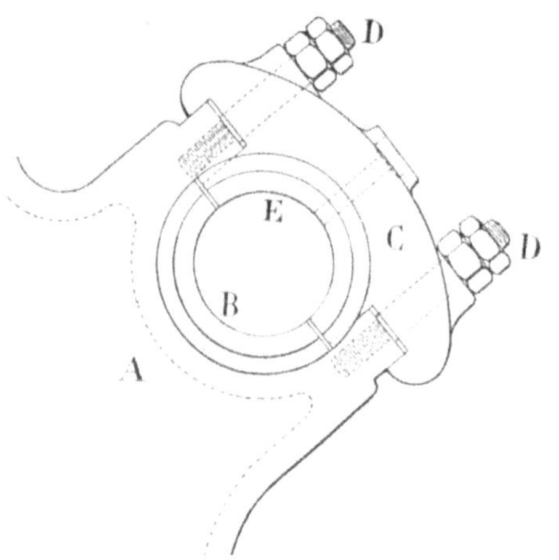

Fig. 194. — Palier avec coussinet à joint oblique.

Le palier à joint oblique comporte, comme le précédent, trois parties essentielles : le corps du palier, le chapeau et le coussinet.

Le corps du palier A (Fig. 194) est venu de fonte avec le bâti. Il porte deux encastrements pour recevoir l'un le demi-coussinet inférieur B, l'autre, le chapeau C. Deux prisonniers D sont fixés dans le corps du palier, mais le plan supérieur de cette pièce, au lieu d'être horizontal, comme dans le palier précédent, est incliné à 45 degrés. Les prisonniers, qui sont vissés perpendiculairement à cette direction, sont donc également inclinés de 45 degrés par rapport à l'horizontale.

L'encastrement ménagé pour recevoir le chapeau est réalisé en prenant pour base le plan supérieur du corps du palier, qui est incliné, de sorte qu'en introduisant le chapeau C, qui ne diffère pas, en principe, du chapeau précédent, dans son logement, et en serrant les écrous des prisonniers, ce chapeau est maintenu fixé contre le corps du palier, et le joint qui sépare ces deux pièces a une direction oblique inclinée de 45 degrés par rapport à une ligne horizontale.

Le chapeau reçoit le demi-coussinet supérieur E qui s'applique sur le demi-coussinet inférieur B en formant un joint de direction parallèle à celui qui sépare ce chapeau du corps du palier. Un graisseur à godet peut être placé sur ce palier. Ce graisseur est, dans ce cas, disposé verticalement et un tube cintré permet de raccorder sa partie inférieure avec l'ouverture ménagée sur le chapeau de palier pour conduire l'huile jusqu'au coussinet. Le graissage s'effectue le plus souvent au moyen de bagues que renferme le palier.

Coussinet

Le coussinet est fait, avons-nous dit, presque toujours en bronze. C'est une sorte de tube cylindrique (Fig. 195) muni, à ses extrémités, de joues B et C qui permettent d'ajuster le coussinet contre les faces latérales du corps de palier et du chapeau. Le coussinet est divisé en deux parties par un trait de scie donné suivant un diamètre, et nous avons vu comment chacune de ces parties était placée dans les deux pièces constituant le palier.

Les joues du coussinet l'empêchent de se déplacer longitudinalement, puisqu'elles rendent, dans cette direction, le coussinet solidaire du palier qui est fixe ; mais si les coussinets ne sont pas entrés à frottement dur dans le palier, il est possible que l'arbre, dans son mouvement de rotation, et par suite de la pression qu'il exerce sur les parois intérieures, pour certaines positions de la bielle, entraîne les coussinets dans son mouvement. Ceux-ci tourneraient alors dans leur logement pratiqué dans le palier, et on conçoit combien serait défavorable cette circonstance qui ferait frotter l'une sur l'autre deux pièces non préparées dans ce but.

Il convient donc d'empêcher les coussinets de se déplacer dans le sens de rotation de l'arbre.

Pour cela, on emploie assez souvent le dispositif représenté par la figure 195. Un mamelon cylindrique D est ménagé sur chaque demi-coussinet perpendiculairement à la direction de l'arbre. Ce mamelon pénètre dans un trou cylindrique percé d'une part dans le corps de palier et, d'autre part, dans le chapeau.

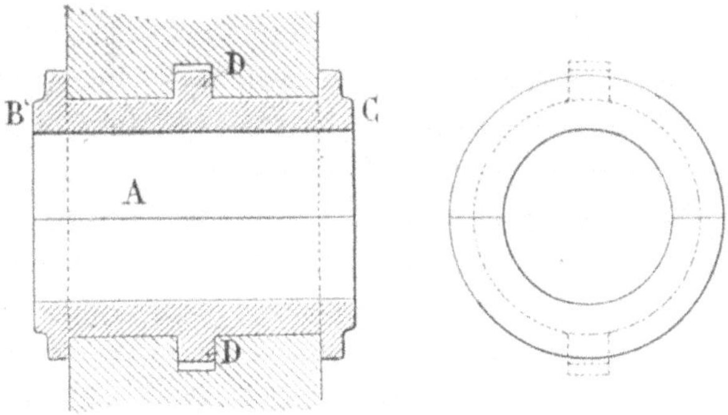

Fig. 195. — Coussinet avec goujons d'arrêt.

En plaçant respectivement chaque demi-coussinet dans la pièce qui doit le recevoir, on enfonce le mamelon cylindrique D dans le trou qui se présente en face. Le coussinet mis ainsi en place est non seulement orienté par rapport au joint du palier, mais il est encore immobilisé dans tous les sens et quels que soient les efforts exercés sur lui par l'arbre pendant son mouvement de rotation, sa position restera invariable.

On garnit parfois les coussinets de *métal anti-friction*, surtout quand les moteurs ont une vitesse considérable.

Ce métal est un alliage de plomb, de zinc et d'antimoine auquel on ajoute aussi de faibles quantités d'étain et de cuivre. Il est d'une nature onctueuse que l'on utilise pour parer à l'échauffement et au grippement des arbres, en faisant avec ce métal des garnitures pour les coussinets dans lesquels ils tournent.

Pour disposer dans un coussinet une garniture de métal anti-friction, on ménage sur sa surface intérieure une série de rainures circulaires, puis on coule l'anti-friction qui se répand dans les rainures, de sorte que la garniture ainsi disposée ne peut pas se déplacer dans le coussinet.

On peut aussi pratiquer simplement à chaque extrémité du coussinet A une rainure circulaire B à flancs inégalement inclinés (Fig. 196). Quand le métal anti-friction sera coulé dans le coussinet, il remplira ces rainures, et la garniture C obtenue sera immobilisée non seulement dans le sens longitudinal par les saillies qu'elle porte en bout, mais encore dans le sens du mouvement de rotation de l'arbre, par suite de l'inclinaison des deux rangs de rainures. Il faut avoir le soin, quand on dispose une garniture en métal anti-friction dans un coussinet, de la laisser déborder de chaque côté du coussinet, de façon que les collets portés par l'arbre puissent s'appuyer, d'un côté ou de l'autre du palier, sur le métal anti-friction au lieu de frotter sur les faces du coussinet.

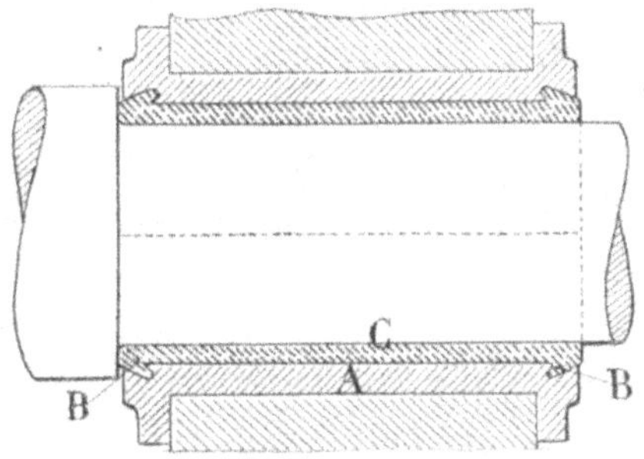

Fig. 196. — Coussinet garni d'anti-friction.

Il convient de ménager dans les coussinets, sur leur surface intérieure, des rainures destinées à étendre l'huile de graissage sur toutes les parties de l'arbre qui y tourillonne.

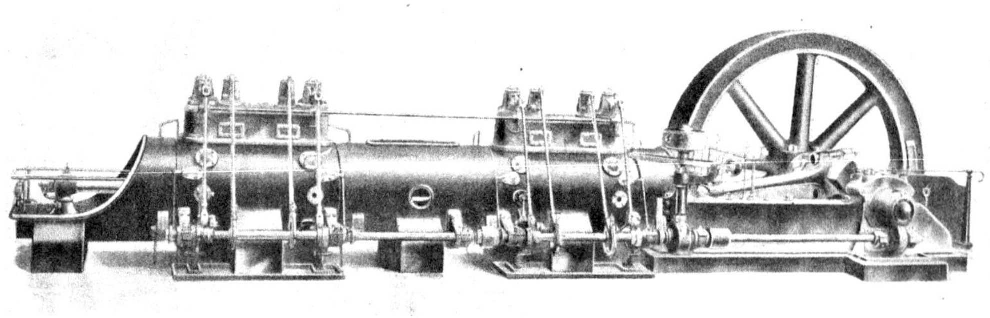

Fig. 197. – Moteur à gaz pauvre de 500 chevaux, système Otto, construit par Langen et Wolf, à Milan.

Ces rainures, appelées, nous l'avons dit, *pattes d'araignée*, sont creusées dans le coussinet et ont une section en forme de demi-cercle. Ce sont des sortes de petits conduits A B (Fig. 198), auxquels on donne, à partir d'un ou de plusieurs points communs de bifurcation C, des directions obliques par rapport à l'axe du coussinet. Toutes ces rainures aboutissent et débouchent sur les faces formant le joint entre les demi-coussinets.

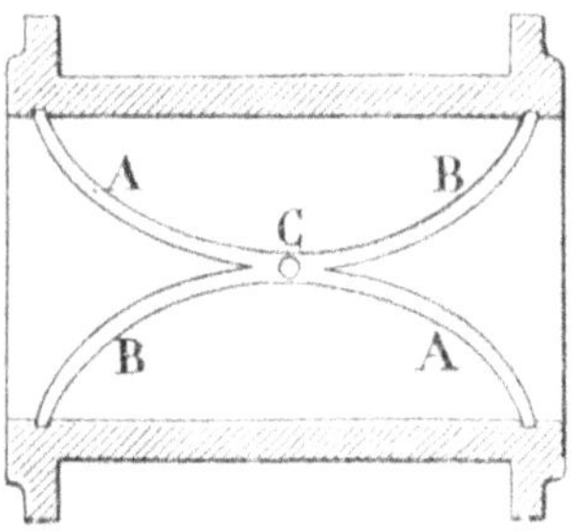

Fig. 198.— Coussinet avec pattes d'araignée.

On dispose des pattes d'araignée aussi bien dans le demi-coussinet supérieur que dans le demi-coussinet inférieur.

Pour les paliers dont le graissage s'effectue au moyen d'un godet graisseur, le conduit du graisseur débouche dans le demi-coussinet supérieur par un trou dont la position correspond au point de bifurcation C des pattes d'araignée.

L'huile peut donc s'écouler à la fois dans toutes ses rainures et lubrifier toutes les parties de l'arbre. De même, en passant dans le demi-coussinet inférieur, l'huile est canalisée également par les pattes d'araignée qui y sont ménagées et répartie sur toute la surface du coussinet.

Pour les paliers possédant un dispositif de graissage à bague, les pattes d'araignée convergent vers le bord du coussinet à proximité duquel se meut la bague ; l'huile est reçue en ce point et distribuée tout le long de l'arbre.

Comme certains paliers de machines à vapeur, les paliers de moteurs à gaz peuvent comporter des coussinets sectionnés en plus de deux parties.

Les coussinets peuvent être en trois et quatre pièces. Ce dernier dispositif est employé pour les paliers de grands moteurs.

Le palier portant ce genre de coussinet comporte le corps du palier A (Fig. 199) venu de fonte avec le bâti et le chapeau B qui s'engage dans un encastrement pratiqué à la partie supérieure du corps de palier. Le coussinet C est sectionné en quatre tronçons. Un des tronçons est placé dans le chapeau, y est orienté et en est solidaire. Il est donc fixe. Un second tronçon est disposé à la partie inférieure du corps de palier et y est également fixé. Les deux autres parties D du coussinet sont placées latéralement, une de chaque côté du palier. Les deux tranches rectilignes de ces pièces D s'appliquent respectivement sur les tranches des parties supérieure et inférieure du coussinet entre lesquelles elles sont placées.

Le coussinet comporte ainsi quatre joints horizontaux.

La partie D du coussinet est mobile et est placée librement dans un encastrement faisant suite à celui du chapeau de palier.

Quand l'arbre est en place dans le palier, le segment D du coussinet est appliqué contre lui par le serrage d'une vis E taraudée dans le corps de palier et manœuvrée au moyen d'une tête carrée ménagée à son extrémité.

Un contre-écrou, serrant contre le corps de palier, immobilise la vis E en empêchant son desserrage, lequel pourrait se produire par suite des vibrations provenant du fonctionnement du moteur.

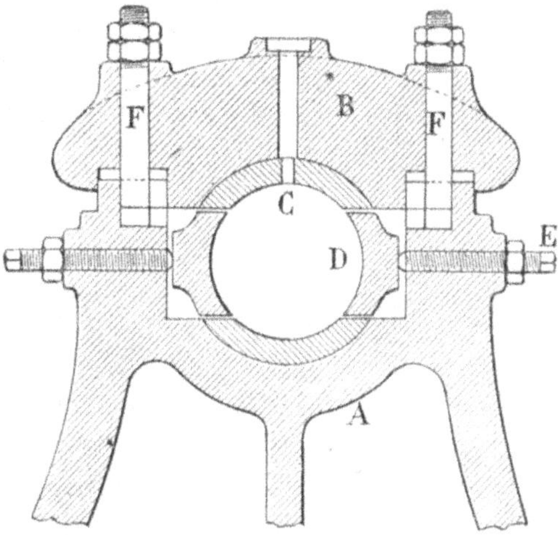

Fig. 199. — Palier avec coussinet en quatre pièces.

Le palier comporte donc une vis de serrage E sur chacun des côtés. Les boulons F, fixant le chapeau au corps de palier ont une tête rectangulaire qui s'engage dans une rainure pratiquée dans le corps de palier et débouchant dans l'encastrement qui sert de logement au chapeau. Les boulons sont ainsi immobilisés dans le sens vertical et dans le sens de leur rotation.

On place le chapeau sur le palier en faisant passer les boulons dans des trous lisses percés sur le chapeau. En vissant, en bout de ces boulons, des écrous et des contre-écrous, on obtient l'appui énergique des diverses parties du coussinet les unes contre les autres.

On peut, avec cette disposition, contrebalancer la pression exercée par l'arbre contre le coussinet, en serrant le segment D. On peut, également, compenser le jeu produit par suite du mouvement de rotation prolongé de l'arbre dans le coussinet.

Paliers graisseurs

Nous avons dit que, généralement, dans les moteurs à gaz de quelque importance, le graissage, au lieu d'être assuré par l'adaptation de godets graisseurs sur le chapeau, s'effectuait automatiquement en employant des paliers graisseurs. Ces paliers comportent des bagues mobiles ou fixes disposées de manière à permettre le graissage.

Un palier graisseur à bague mobile (Fig. 200 à 202) se compose d'un corps de palier A, d'un chapeau B, d'un coussinet C et dune bague D.

Le corps de palier A, qui fait le plus souvent partie du bâti, est évidé à l'intérieur pour former une capacité E qui constitue le réservoir à huile. Une paroi demi-circulaire F est disposée dans le corps de palier pour recevoir le demi-coussinet inférieur C. Une ouverture G est pratiquée dans cette paroi, de chaque côté du palier, pour donner passage à la bague de graissage D.

Le corps de palier porte à sa partie inférieure un canal H qui débouche dans la capacité E et qui permet de vider, à l'extérieur, l'huile contenue dans le palier.

Il porte aussi les prisonniers I qui sont vissés à la partie supérieure.

Le chapeau B porte des trous dans lesquels se logent les prisonniers. Il s'ajuste, en outre, dans un encastrement fraisé dans le corps de palier et reçoit le demi-coussinet

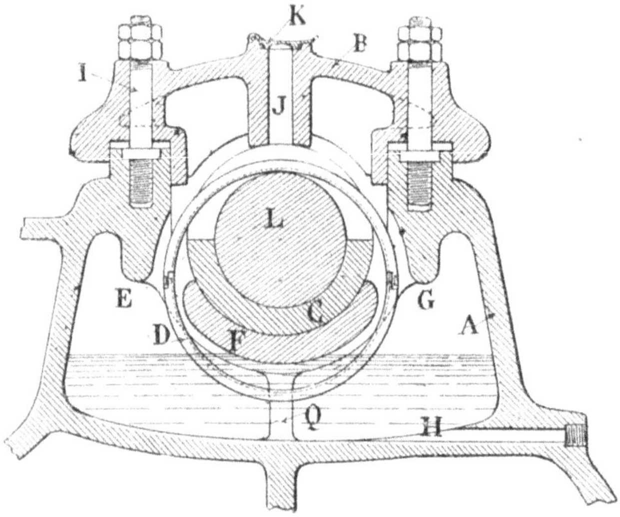

Fig. 200. — Palier graisseur à bague mobile. Coupe transversale sur l'arbre.

supérieur. Le serrage des écrous et contre-écrous en bout des prisonniers, applique les demi-coussinets les uns sur les autres et maintient le chapeau fixé contre le corps de palier.

Le chapeau porte, à sa partie inférieure, une rainure qui permet à la bague de se mouvoir librement et, en son milieu, un trou cylindrique vertical J par lequel l'huile sera introduite dans le palier. Ce conduit est généralement fermé à la partie supérieure par un petit couvercle K articulé autour d'un axe fixe et qui peut facilement se relever ou se rabattre. Le coussinet C est sectionné longitudinalement en deux parties : l'une formant, comme dans les paliers ordinaires, le demi-coussinet supérieur, l'autre le demi-coussinet inférieur ; mais tandis que celui-ci, qui est maintenu fixe dans le corps de palier est d'un seul morceau, le demi-coussinet supérieur, placé dans le chapeau, est lui-même sectionné en plusieurs tronçons, pour permettre à la bague de graissage D de se reposer sur l'arbre et de tourner librement.

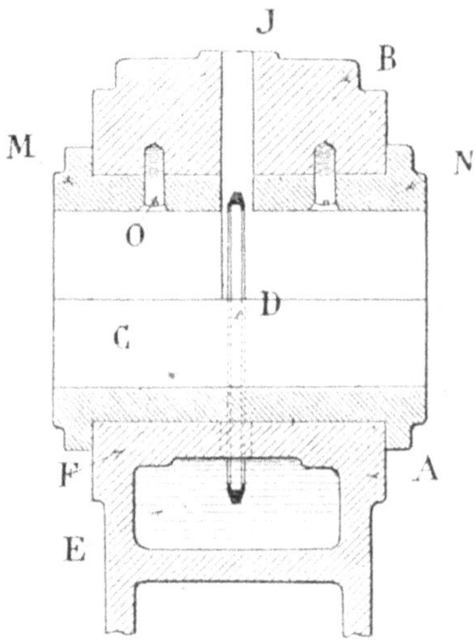

Fig. 201. — Palier graisseur à bague mobile. Coupe longitudinale.

Quand le palier graisseur ne comporte qu'une bague (Fig. 201), le demi-coussinet supérieur est en deux parties dont les bords, vers l'intérieur, sont espacés l'un de l'autre d'une quantité légèrement plus grande que la largeur de la bague de graissage.

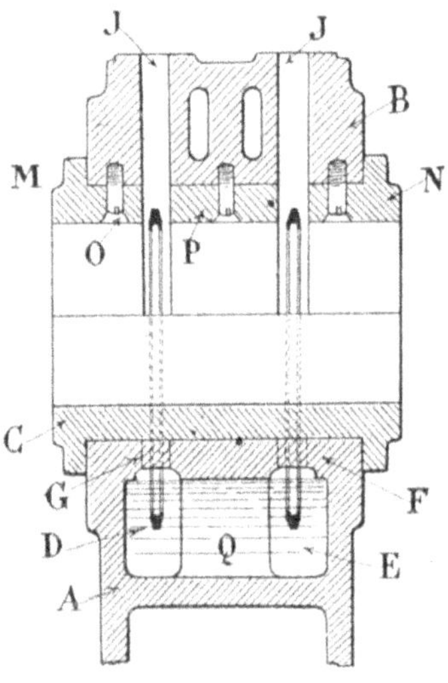

Fig. 202. – Palier graisseur à deux bagues mobiles. Coupe longitudinale.

Quand le palier graisseur comporte deux bagues (Fig. 202), ainsi que cela se fait assez souvent, le demi-coussinet supérieur est divisé en trois parties séparées par deux espaces vides d'une largeur suffisante pour donner passage aux bagues de graissage.

L'arbre L (Fig. 200) étant placé dans le palier, et reposant sur le coussinet C, la bague est au repos et appuie sur la partie supérieure de l'arbre. Cette bague, passant dans les rainures disposées dans le demi-coussinet supérieur et dans le chapeau et par les ouvertures C pratiquées dans le corps de palier, plonge dans l'huile qui a été versée dans la capacité-réservoir E.

Lorsque l'arbre prend son mouvement de rotation, il entraîne, par frottement, la bague de graissage qui repose sur lui à la partie supérieure. Cette bague, dont le déplacement longitudinal sur l'arbre est limité par la largeur de la rainure séparant les tronçons du demi-coussinet supérieur, tend à tourner et, dans ce mouvement, sa partie inférieure, qui baigne dans l'huile, en remonte une certaine quantité qui est projetée, pendant la rotation, contre la paroi intérieure des demi-coussinets supérieurs. Cette huile se répand, de là, par les pattes d'araignée creusées dans ces coussinets, sur la partie supérieure de l'arbre, en le lubrifiant, puis elle coule pour atteindre le demi-coussinet inférieur dans lequel les pattes d'araignée la distribuent sur toute la partie inférieure de l'arbre.

Donc, au fur et à mesure que l'arbre L tourne, la bague tourne également et l'huile est remontée par elle dans le coussinet. Le graissage est ainsi assuré.

Lorsque l'arbre cesse de tourner, la bague se met au repos en s'appuyant sur lui et l'huile n'est plus admise dans le coussinet supérieur. On voit que ce graissage est mis en action ou cesse automatiquement suivant que l'arbre est en mouvement ou s'arrête.

Le demi-coussinet inférieur porte généralement un trou à sa partie inférieure et vers le milieu de sa longueur, pour permettre à l'excès d'huile admise dans le coussinet de s'écouler dans le réservoir inférieur E en traversant la paroi F du corps de palier.

Quand l'huile du réservoir a besoin d'être renouvelée, on effectue la vidange par le conduit H, puis on remet de l'huile par le canal supérieur J.

La figure 201 représente la coupe longitudinale d'un palier graisseur à bague muni d'une seule bague mobile D. On voit la section du réservoir d'huile E, le demi-coussinet inférieur d'une seule pièce et l'autre demi-coussinet sectionné en deux parties M et N. Le demi-coussinet inférieur porte deux joues qui s'appliquent contre les faces latérales du palier et déterminent ainsi sa position. Chaque tronçon du demi-coussinet supérieur porte une seule joue reposant également sur une face latérale du palier. Comme cette disposition est insuffisante pour assurer la position de la pièce, un ergot cylindrique O, vissé dans le chapeau, pénètre dans un trou pratiqué sur chaque partie du coussinet et la maintient à sa place.

La figure 202 représente la coupe longitudinale d'un palier graisseur à double bague de graissage.

Ces deux bagues, espacées l'une de l'autre de façon à diviser le coussinet en trois parties d'égales longueurs, plongent dans le réservoir d'huile E ménagé à l'intérieur du corps de palier A. Elles pénètrent dans ce réservoir par deux ouvertures G ménagées dans la paroi demi-circulaire inférieure F. Pour donner à la partie de cette paroi comprise entre les deux coupures une solidité suffisante, on dispose une nervure Q qui la rend solidaire de la cloison inférieure.

Le demi-coussinet inférieur est d'un seul morceau et se trouve encastré dans le corps de palier, ses joues servant de guide longitudinalement.

Le demi-coussinet supérieur est sectionné en trois parties M, P, N, pour permettre aux deux bagues de graissage D de se mouvoir librement entre elles.

Les deux segments extrêmes sont munis de joues qui s'appliquent sur les faces latérales du chapeau. Ils sont, en outre, maintenus dans leur position par des ergots vissés dans le chapeau, qui pénètrent dans des trous pratiqués dans le segment du coussinet.

Le segment médian P ne comporte aucune joue et est orienté sur le chapeau par un ergot cylindrique semblable aux autres ergots O.

Quand le chapeau est serré par les écrous des boulons contre le corps de palier, et l'arbre est placé dans le palier, les trois segments du demi-coussinet supérieur appliquent contre la partie supérieure de l'arbre et ne peuvent se déplacer dans aucun sens.

Des rainures de graissage ou pattes d'araignée sont creusées dans chacun des trois segments supérieurs de coussinet et dans le demi-coussinet inférieur.

Les pattes d'araignée supérieures sont disposées pour converger et déboucher à la partie haute de chaque segment du côté de la bague de graissage.

Lorsque l'arbre qui est placé dans le palier effectue son mouvement de rotation, les deux bagues qui reposent sur lui sont entraînées dans ce mouvement par suite de leur frottement sur cet arbre et chacune d'elles se comporte, par rapport aux deux segments de coussinet entre lesquelles elle se meut, comme la bague simple précédente dont nous avons indiqué la fonction. Chaque bague prend un mouvement de rotation, et l'huile remontée par sa partie qui plonge dans le réservoir d'huile est projetée contre les bords des segments du coussinet, d'où elle se répand sur toute la surface intérieure de ces segments par les pattes d'araignée qu'ils portent.

Elle lubrifie l'arbre au fur et à mesure qu'il tourne dans le coussinet et elle coule ainsi dans le demi-coussinet inférieur sur la surface duquel elle se répand.

Le palier graisseur à deux bagues mobiles s'emploie lorsque la portée de l'arbre dans le coussinet a une longueur importante. Une seule bague ne pourrait suffire, dans ce cas, à fournir la quantité d'huile nécessaire pour lubrifier les surfaces de roulement en contact, qui ont une importance proportionnelle à la longueur de la portée. On munit alors le palier de deux bagues, chacune d'elles assurant le graissage dans la région où elle est établie.

Bague de graissage

La bague de graissage est une couronne métallique généralement en acier. On lui donne une section soit demi-circulaire, soit trapézoïdale (Fig. 203) pour que, pendant son déplacement, ses faces latérales ne puissent se coincer entre les parois du coussinet ou du palier.

La bague porte une rainure intérieurement, de sorte qu'elle n'appuie sur l'arbre que par deux points sur sa largeur et que la rainure forme un petit réservoir entraînant de l'huile. Pour la commodité du montage de la bague, on la constitue en deux parties. Cela permet, en effet, de placer la bague sur l'arbre sans sortir celui-ci du palier, ce qu'il serait impossible de faire si la bague était d'une seule pièce. On enlève simplement le chapeau du palier, on place la bague en deux pièces dans son logement et on effectue le raccord de ces deux pièces. On remet ensuite le chapeau que l'on serre sur le corps de palier, et les organes se trouvent prêts à fonctionner.

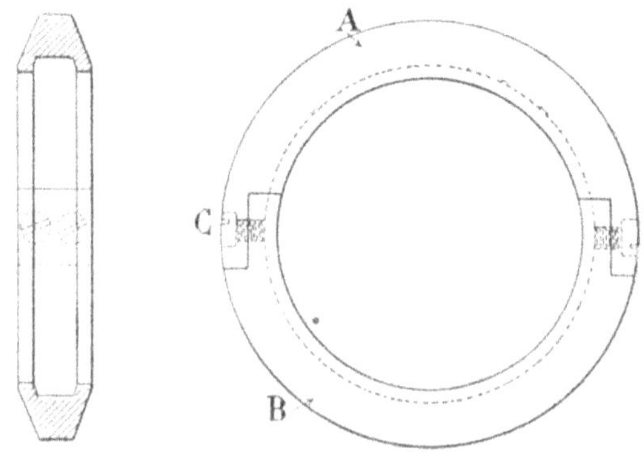

Fig. 203. — Bague de graissage.

Les deux parties A et B de la bague de graissage sont raccordées au moyen d'un ajustage à mi-largeur ménageant une languette à chaque extrémité de chaque demi-bague. Les languettes s'appuient deux à deux l'une contre l'autre et elles sont maintenues fixées entre elles par le serrage, sur chaque côté, d'une vis C. Quand les deux vis C sont serrées, la bague ne forme qu'une seule couronne rigide qui peut être entraînée par la rotation de l'arbre et est apte à remplir sa fonction lubrifiante.

Palier graisseur à bague fixe

Dans certains types de paliers graisseurs, la bague de graissage, au lieu d'être mobile sur l'arbre, est fixée sur lui. Le graissage s'effectue aussi convenablement par ce procédé, mais la disposition des organes diffère un peu de la disposition précédente.

Le palier graisseur à bague fixe (Fig. 204.) se compose du corps de palier A, du chapeau B, du coussinet C. La bague D est fixée sur l'arbre E. Le corps de palier A porte un évidement intérieur F qui constitue le réservoir d'huile. Un logement est pratiqué à sa partie supérieure pour recevoir le chapeau B et se prolonge à sa partie inférieure par une creusure demi-

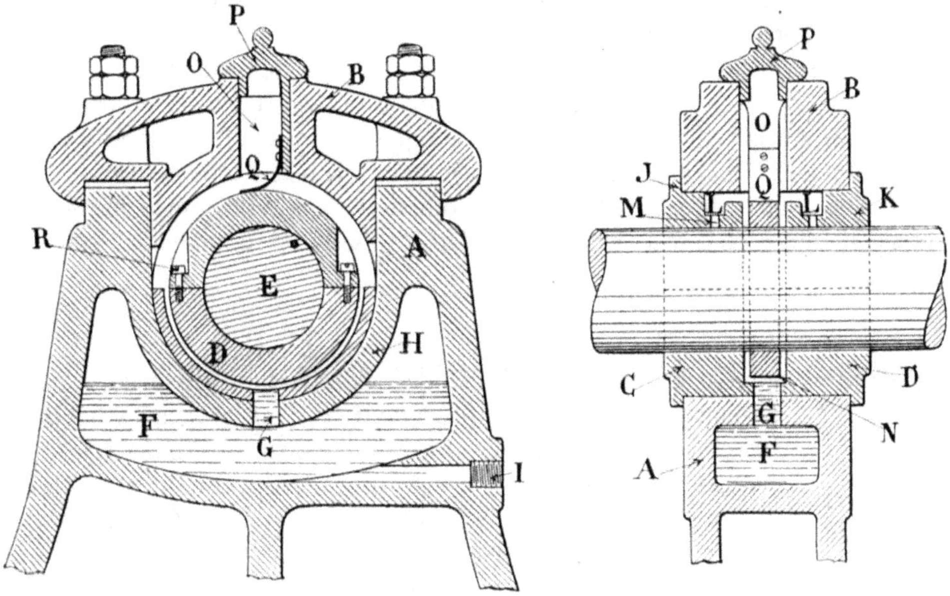

Fig. 204. — Palier graisseur à bague fixe.

circulaire dans laquelle vient reposer le coussinet inférieur. Un trou G est percé à la partie basse de la cloison H du corps de palier pour faire communiquer le réservoir d'huile F avec une chambre pratiquée dans le demi-coussinet inférieur.

Le corps de palier est muni à sa partie inférieure d'un conduit I qui permet d'effectuer la vidange du réservoir d'huile F. A sa partie supérieure, il porte des prisonniers qui servent à maintenir en place le chapeau B.

Ce chapeau, ajusté dans l'encastrement supérieur du corps de palier, porte un demi-coussinet qui, par le serrage des écrous des prisonniers, s'applique contre l'autre, placé dans le corps du palier.

Au centre du chapeau est disposé un conduit O qui permet d'introduire l'huile dans le palier. Ce conduit est fermé par un couvercle P qui se prolonge par une languette à l'intérieur et sur cette languette est fixée, à la partie inférieure, une lame Q qui frotte sur la périphérie de la bague D.

Le demi-coussinet supérieur est sectionné en deux parties J et K séparées, vers le milieu du palier, par un intervalle laissant le libre passage à la bague D.

En outre, chaque partie de coussinet porte une creusure L au fond de laquelle est percé un trou M qui débouche à la surface intérieure. Les segments J et K du coussinet sont munis chacun d'une joue qui repose sur une face latérale du chapeau et sont orientés dans ce chapeau par l'interposition d'un ergot.

Le demi-coussinet inférieur C porte, au milieu de sa longueur, une creusure circulaire N dans laquelle peut se mouvoir librement la bague D. Le trou G fait communiquer le fond de cette gorge avec le réservoir d'huile F. Le demi-coussinet inférieur porte deux joues qui le guident dans son logement du corps de palier, dans lequel il est maintenu orienté par des goujons.

L'arbre E est placé dans le coussinet et la bague D est fixée sur lui. Pour cela, la bague est en deux parties serrées l'une contre l'autre au moyen de vis R. Le logement de la tête des vis est ménagé dans une demi-bague. Cette disposition permet le montage et le démontage facile de la bague de graissage sans avoir à sortir l'arbre du palier.

Pendant le mouvement de rotation de l'arbre, la bague D, qui est fixée sur lui, tourne et comme elle baigne dans l'huile qui, par le trou G, passe du réservoir F dans la gorge N du coussinet inférieur C, une certaine quantité de cette huile est entraînée et est remontée par la bague à la partie supérieure du coussinet. En cet endroit, la lame Q, qui frotte sur la bague, arrête l'huile et la rejette sur chacun de ses côtés dans les creusures L, d'où elle s'écoule par les trous M jusqu'à la face intérieure du coussinet.

Le graissage de l'arbre s'effectue ainsi automatiquement, et lorsque le mouvement de rotation de cet arbre cesse, l'huile reste dans le réservoir F et ne s'écoule plus dans le coussinet.

Carter de palier graisseur

L'huile de graissage admise dans le coussinet du palier n'est pas toujours complètement utilisée pour lubrifier les organes en contact. Il est même utile de laisser s'écouler une quantité d'huile supérieure à la quantité nécessaire pour assurer un graissage parfait. De cette façon, il doit s'accumuler, dans le fond du coussinet inférieur, l'excédent d'huile qui retourne dans le réservoir inférieur par le petit conduit que nous avons indiqué plus haut, débouchant au milieu de la longueur du coussinet.

L'huile en excédent peut également sortir du coussinet par les faces latérales et cette huile, pouvant ainsi s'écouler au-dehors, serait perdue si on ne prenait des dispositions spéciales pour la recueillir.

Pour cela, on dispose de chaque côté du palier une enveloppe qui permet le libre passage de l'arbre et qui forme cuvette, de manière que l'huile étant reçue dans cette sorte de cuvette puisse être canalisée et réadmise dans le réservoir du palier graisseur. Cette enveloppe se nomme carter.

Le carter est donc une couronne métallique A (Fig. 205), fixée par des vis B sur les faces latérales du corps de palier.

Ces vis sont disposées sur une bride circulaire C, et la forme incurvée donnée à la pièce A lui permet de ne pas toucher aux joues du coussinet et de les enfermer même dans l'enveloppe ainsi constituée.

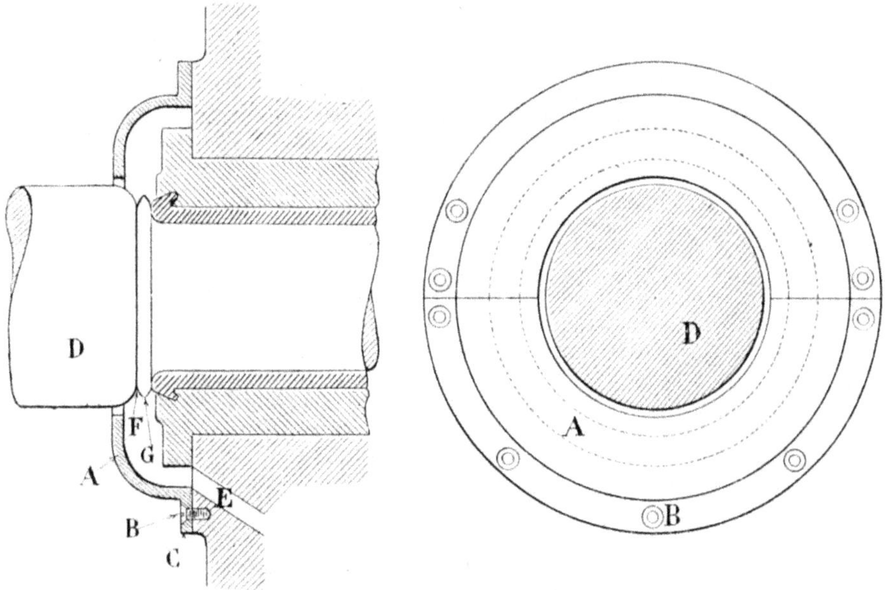

Fig. 205. — Carter de palier graisseur.

L'arbre D, qui tourillonne dans le palier, passe à travers chacun des carters sans le toucher, un certain jeu étant ménagé entre les pièces.

Du fait de cette disposition, l'huile qui est en excédent dans le palier et s'écoule par les extrémités du coussinet, tombe dans le carter à la partie inférieure et, de là, par le conduit incliné E, percé dans le corps de palier, retourne au réservoir d'huile ménagé à l'intérieur de ce palier.

Comme l'huile pourrait, au lieu de tomber dans le carter, glisser le long de l'arbre, on pratique sur le collet de cet arbre qui appuie sur le coussinet, une gorge F qui remédie à cet inconvénient. En effet, quand la vitesse du moteur n'est pas trop grande, l'huile sortant du coussinet s'écoule dans le carter par le pourtour G du collet de l'arbre. Quand la vitesse est plus considérable, la force centrifuge projette l'huile parvenue sur ce diamètre G dans l'enveloppe réceptrice A.

Dans aucun cas, l'huile, du fait de la présence de la gorge F dans l'arbre, ne peut glisser le long de l'arbre pour se répandre au-delà du carter. Elle est ainsi recueillie en totalité et renvoyée dans le réservoir.

Fig. 206. – Machine soufflante à gaz monocylindrique à double effet, de 1 200 chevaux, construite par la société Cockerill.

Le carter est constitué en deux parties qui forment chacune une demi-couronne (Fig. 205). Ces deux demi-couronnes sont appliquées l'une sur l'autre, le joint étant horizontal, et elles sont fixées toutes les deux par les vis B au corps de palier.

Cela permet d'enlever aisément le chapeau du palier sans être dans l'obligation de démonter une partie du carter, qui reste tout entier solidaire de la partie fixe de ce palier.

Bâti Le bâti du moteur à gaz est le support sur lequel tous les organes sont disposés et qui sert, par conséquent, à maintenir entre ces organes les écartements convenables pour assurer le bon fonctionnement du moteur.

Le bâti est fait en fonte de fer. Les formes qu'on lui donne sont très diverses et varient suivant la puissance du moteur et suivant les constructeurs. Le bâti fait souvent corps soit avec le cylindre, soit avec l'enveloppe de circulation d'eau du cylindre.

Dans les petits moteurs, cependant, le cylindre et son enveloppe sont parfois rapportés sur le bâti et y sont maintenus fixés par le serrage d'une série de boulons.

Nous avons déjà dit que les moteurs à gaz ont presque toujours leurs arbres coudés pour former manivelle.

De cette façon, le bâti peut être disposé symétriquement par rapport à l'axe du cylindre, le coude de l'arbre qui porte le tourillon de la bielle se trouvant nécessairement dans cet axe.

Dans certains moteurs types Delamarre-Deboutteville, on a donné au bâti une forme spéciale dite *à baïonnette*, que nous avons examinée lors de la description des machines à vapeur (Tome I des *Merveilles de la Science*); elle permet de rapporter, en bout d'un arbre rectiligne, une manivelle sur laquelle vient s'articuler la bielle reliée au piston.

Les deux paliers supportant l'arbre sont, dans ce cas, tous deux d'un même côté par rapport à l'axe du cylindre. Cette disposition de bâti, très employée pour les moteurs à vapeur, est peu appliquée aux moteurs à gaz.

Dans l'établissement des moteurs à gaz, on donne aussi, d'une façon générale, à l'arbre de distribution, une direction perpendiculaire à celle de l'arbre principal et on commande son mouvement de rotation par des roues d'engrenage à denture conique ou à denture hélicoïdale, qui peuvent actionner des axes perpendiculaires entre eux.

Il existe, néanmoins, quelques moteurs de faibles puissances dans lesquels l'arbre de distribution est placé parallèlement à l'arbre principal. Cet arbre de distribution est actionné plus commodément par un train de roues d'engrenage à denture droite mais comme il est obligatoirement placé à proximité de l'arbre principal, il faut que les divers organes qui actionnent les soupapes soient plus longs, et de formes plus compliquées et nécessitent des *renvois de mouvement.*

La figure 207 représente un bâti de moteur de faible puissance portant un arbre de distribution parallèle à l'arbre principal.

Le bâti A est une carcasse en fonte de fer, évidée à l'intérieur pour laisser le libre passage au piston et à la bielle de commande de l'arbre. Elle est formée de parois latérales réunies à leur partie inférieure par un socle B qui sert de base au moteur et qui repose sur un massif de maçonnerie supportant ce moteur. Sur ce socle sont percés des trous dans lesquels pénètrent les boulons de fixation. Le serrage des écrous C sur ces boulons assujettit le bâti contre le massif de maçonnerie et maintient donc le moteur en place sur le sol.

Les parois latérales du bâti sont, vers l'avant, relevées pour constituer, sur chacun des côtés, le corps D de palier de l'arbre principal. Ce corps de palier est disposé sur la figure 207 pour que les joints du coussinet soient inclinés à 45 degrés. Un chapeau E, serré sur chaque corps de palier, maintient l'arbre principal F à sa position dans les

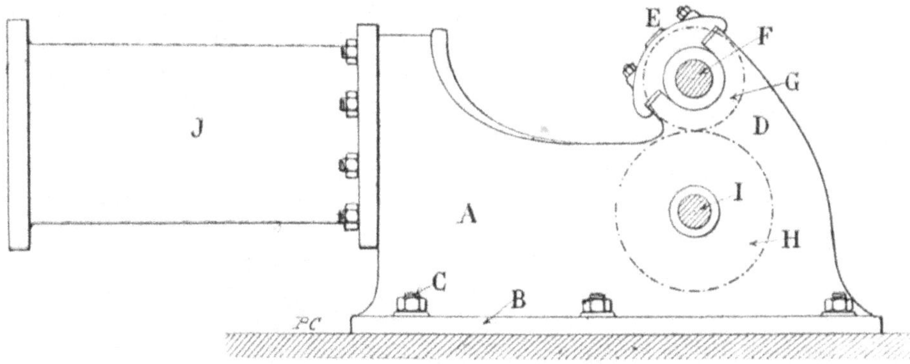

Fig. 207. — Bâti d'un moteur de faible puissance.

coussinets des deux paliers, et son mouvement de rotation peut s'effectuer librement. Une roue d'engrenage G, calée sur l'arbre principal, engrène avec une autre roue H placée au-dessous d'elle, et lui imprime un mouvement de rotation. La roue H étant calée sur l'arbre de distribution I, cet arbre tourne donc en même temps que l'arbre principal, et comme la roue H a un diamètre double de celui de la roue G, l'arbre de distribution I tourne deux fois moins vite que l'arbre principal, ce qui convient pour actionner le mécanisme de distribution d'un moteur à quatre temps.

L'arbre de distribution est supporté par les parois latérales du bâti, qui font office de palier et dans lesquelles sont disposés des coussinets d'une seule pièce.

Le cylindre et son enveloppe J peuvent être rapportés en bout du bâti, à l'arrière, et y être fixés par des boulons.

Le plus souvent, quand il s'agit de faibles moteurs, l'enveloppe J du cylindre vient de fonte avec le bâti et le cylindre, qui est un simple fourreau, est rapporté ensuite dans l'enveloppe. Le cylindre et son enveloppe sont ainsi en porte-à-faux par rapport à la base de fixation du bâti sur le sol, ce qui pourrait avoir de sérieux inconvénients s'il s'agissait de moteurs puissants.

Lorsque le moteur comporte, comme dans le plus grand nombre des cas, un arbre de distribution perpendiculaire à l'arbre principal, cet arbre est supporté par des paliers disposés dans le sens de la longueur du bâti ; l'un de ces paliers est placé à proximité de l'arbre principal, l'autre peut être fixé soit sur le bâti, soit sur la culasse rapportée sur le cylindre. Cette dernière disposition est surtout employée pour les moteurs de moyennes puissances, dont les figures 208 et 209 représentent, en coupe verticale et en plan, un type assez répandu.

Le bâti se compose de deux flasques latérales A et B, pleines, en fonte de fer, qui, vers l'avant du bâti, augmentent d'épaisseur pour former le corps des deux paliers C et D, lesquels supportent l'arbre principal. Ces corps de palier sont évidés pour former un réservoir d'huile E permettant d'assurer le graissage de l'arbre au moyen de bagues, ainsi que nous l'avons vu plus haut.

Chaque corps de palier est surmonté de son chapeau F, indépendant du bâti, et qui, par son serrage, emprisonne l'arbre dans les coussinets des paliers dans lesquels il tourillonne.

Vers l'arrière du moteur, les flasques latérales A et B sont réunies, à leur partie supérieure, par une cloison en forme de demi-cercle, puis par une cloison verticale H supportant l'enveloppe de circulation d'eau I du cylindre du moteur.

Ce cylindre J, qui est un fourreau ne faisant pas corps avec le bâti, est ajusté dans deux ouvertures cylindriques ménagées dans l'enveloppe et fixé sur elle, à son extrémité arrière, par des boulons. Nous avons examiné plus haut la façon de constituer un joint étanche entre le cylindre et l'enveloppe pour empêcher l'eau de s'écouler hors de la

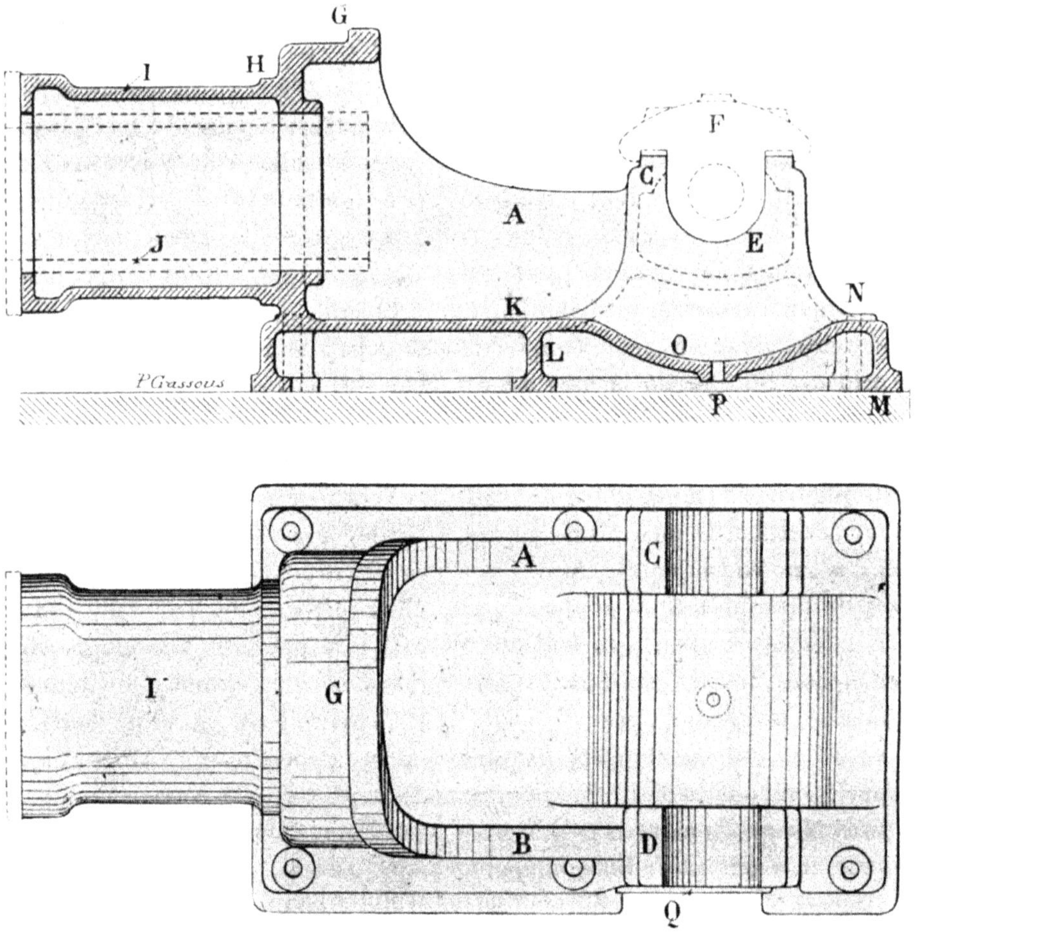

Fig. 208-209. — Coupe verticale et vue en plan d'un bâti de moteur de moyenne puissance

capacité dans laquelle s'effectue sa circulation. Le bâti repose sur le sol par un socle k évidé, et dont la paroi supérieure, qui est horizontale vers le cylindre, s'incurve au droit de l'axe des paliers pour permettre le passage de l'arbre coudé pendant son mouvement de rotation. Cette cloison supérieure est supportée vers le milieu de sa longueur par une nervure transversale L qui donne de la rigidité au socle et au bâti.

Les quatre parois verticales du socle ont une forme en *retour d'équerre* M qui permet au bâti de reposer sur le sol par une surface assez considérable.

Ces parois sont munies, de place en place, de bossages N, dans lesquels des trous sont percés pour le passage des boulons de fixation. Des écrous serrés en bout de ces boulons assujettissent le moteur au massif de maçonnerie dans lequel les boulons de fixation sont scellés.

Nous avons examiné précédemment le procédé employé pour recueillir l'huile s'écoulant latéralement des paliers et nous avons décrit les carters utilisés dans ce but et disposés sur chaque face du palier.

L'huile qui déborde des coussinets est canalisée et réadmise dans le réservoir d'huile du palier graisseur.

D'autre part, l'huile servant au graissage du tourillon de la manivelle peut, si elle est en excédent, s'écouler le long du coussinet de la tête de bielle et être projetée dans tous les sens pendant le mouvement de rotation de manivelle. Une *plaque de garde*, dont nous parlerons plus loin, est établie au-dessus du bâti et enveloppe la tête de bielle dans son mouvement circulaire, de façon à la rendre inaccessible pendant le fonctionnement. En même temps, l'huile qui est projetée du tourillon de manivelle s'écoule le long des parois de la plaque de garde qui fait office de carter et tombe dans

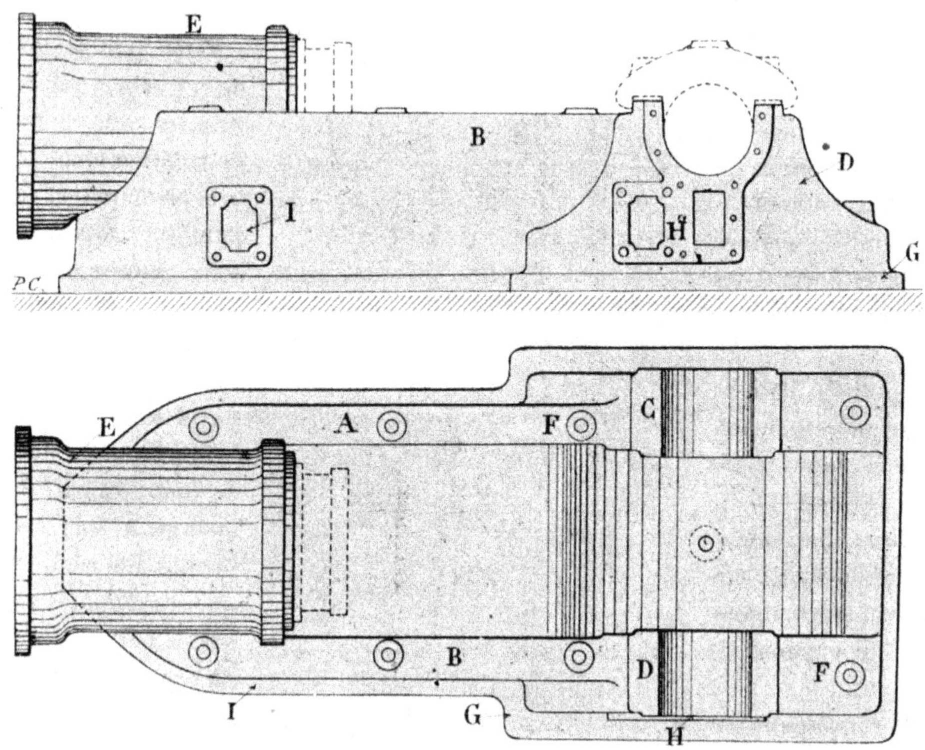

Fig. 210-211. — Élévation et vue en plan d'un bâti de moteur de grande puissance.

la cuvette O formée par la partie incurvée du socle du bâti, au-dessous de l'arbre.

L'huile s'accumule au fond de cette cuvette et elle en est retirée au moyen d'un tuyau de vidange se branchant sur une ouverture P pratiquée dans la paroi du socle.

Le moteur à gaz dont le bâti est représenté par la figure 208 comporte un arbre de distribution perpendiculaire à l'arbre principal. Cet arbre est donc disposé parallèlement à l'axe du cylindre.

Pour le supporter, on emploie deux paliers dont l'un est fixé sur le bâti au-dessous d'un des paliers D de l'arbre principal, l'autre est fixé sur la culasse rapportée en bout du cylindre et sur laquelle sont disposées les diverses soupapes.

Le palier fixé au bâti repose, par une semelle appropriée, sur une portée plane Q ménagée sur la face latérale extérieure du palier principal D et que l'on aperçoit sur la vue en plan du bâti. Ce palier auxiliaire supporte l'arbre de distribution à son extrémité avant ; la roue d'engrenage clavetée sur cet arbre déborde seule pour engrener avec le pignon claveté en bout de l'arbre principal, qui déborde du palier D, et par l'intermédiaire duquel l'arbre de distribution reçoit son mouvement de rotation.

Dans les moteurs puissants, le cylindre est moins en porte-à-faux par rapport au bâti (Fig. 210 et 211). Le bâti est, en outre plus robuste et les parois latérales ont une hauteur plus considérable pour donner à l'ensemble une rigidité plus grande. Ces parois A et B disposées longitudinalement relient les deux corps de palier C et D, supportant l'arbre principal, à l'enveloppe de circulation d'eau E du cylindre.

Elles sont chacune constituées par deux cloisons métalliques laissant entre elles un espace vide dans lequel passent les boulons de fixation qui débordent par les trous F au-dessus du bâti. Les écrous de serrage du bâti contre le massif supportant le moteur sont donc disposés sur la face supérieure des cloisons A et B.

Entre les cloisons et en avant de l'enveloppe E du cylindre, le bâti est creusé et porte, comme dans le bâti précédent, une cloison horizontale incurvée, dans l'axe des paliers C et D, pour donner passage à la bielle et à la manivelle pendant leur mouvement de rotation.

Dans l'enveloppe E, un fourreau métallique est disposé pour former le cylindre, qui est muni à son extrémité arrière d'une culasse portant les organes de la distribution.

Le socle G du bâti est formé par un retour d'équerre de la cloison extérieure des parois A et B, ce qui constitue, tout autour du bâti, une surface d'appui reposant sur le massif maçonné qui supporte le moteur.

Le bâti représenté par les figures 210-211 est celui d'un moteur dont l'arbre de distribution est parallèle à l'axe du cylindre.

Deux paliers dans lesquels tourillonne cet arbre sont fixés sur le bâti.

L'un de ces paliers est appliqué par sa semelle contre une portée H venue de fonte avec la paroi B du bâti au-dessous du palier principal D.

Le mouvement de rotation de l'arbre principal est transmis à l'arbre de distribution, à cette extrémité, par un train de roues d'engrenage enfermées dans un protecteur métallique vissé, par les trous indiqués dans la figure 210, sur la portée H recevant le palier. Le second palier repose sur la portée I venue de fonte avec la paroi B et placée vers l'extrémité arrière du bâti.

Un troisième palier est, pour les grands moteurs, disposé sur la culasse, à l'extrémité de l'arbre de distribution, qui se trouve ainsi placé sur trois supports.

Cette disposition est nécessitée par la longueur de cet arbre qui doit emprunter son mouvement de rotation à côté de l'arbre principal et le communiquer aux cames qui sont placées en face des leviers de manœuvre des soupapes disposées sur la culasse à l'autre extrémité du moteur.

Les supports de l'arbre de distribution, dans un moteur à gaz, ont des formes différentes suivant que ces supports sont fixés sur le bâti, sur la culasse ou le cylindre. L'arbre de distribution est, en effet, plus rapproché du bâti à proximité de l'arbre principal, que du cylindre. Il s'ensuit que le support a un bras d'une longueur variable suivant le cas et que la forme à lui donner est appropriée à cette longueur.

La figure 212 représente un support établi sur le bâti. La semelle A du support s'applique contre une portée B venue de fonte avec la paroi latérale C du bâti, ainsi que nous l'avons vu plus haut, et y est maintenue serrée par des boulons.

La semelle fait corps avec un bras D qui lui est perpendiculaire et qui constitue le corps de palier de l'arbre de distribution.

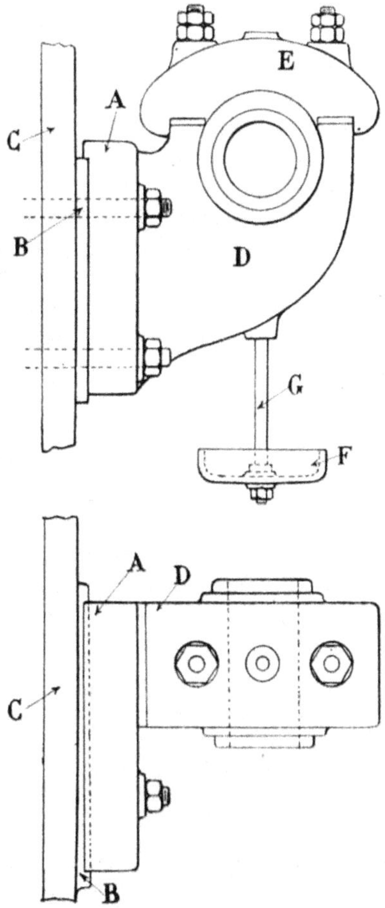

Fig. 212. — Support d'arbre de distribution fixé au bâti.

La face supérieure horizontale de ce bras est dressée, et un encastrement, ménagé dans le corps de palier, permet d'y loger le demi-coussinet inférieur et de rentrer le chapeau E. Ce chapeau portant le demi-coussinet supérieur est serré sur le palier par des écrous et contre-écrous placés sur les prisonniers du palier.

Le palier ainsi constitué peut comporter, comme les paliers que nous avons décrits, un dispositif de graissage à godet ou à bague et les dispositions employées pour les divers organes des autres paliers s'appliquent également au palier de l'arbre de distribution.

On conçoit toutefois que cet arbre étant un organe auxiliaire tournant deux fois moins vite que l'arbre principal, il soit plus facile d'assurer son graissage. Lorsque le support de l'arbre est placé sur le cylindre, le bras qui le relie au corps de ce cylindre a une longueur plus considérable (Fig. 213).

Dans ce cas, le cylindre ou la culasse sur lesquels est fixé le palier porte, généralement, une patte A venue de fonte avec le corps principal et dont une face est dressée perpendiculairement au socle du bâti. C'est contre cette face que s'appuie la semelle B du support C de l'arbre de distribution.

La semelle porte, à sa partie supérieure, un décrochement qui repose sur la face horizontale de la patte A, et elle est maintenue fixée contre cette patte par des boulons ou, comme dans la figure 213, par deux prisonniers D fixés dans la patte et par deux autres prisonniers E fixés dans la semelle. Les écrous de serrage sont ainsi disposés les uns sur des bossages venus de fonte avec la semelle, les autres sur des bossages intérieurs venus de fonte avec la patte A.

Le corps de palier F est relié à la semelle B par un bras C ayant une forme se raccordant à la forme de palier ordinaire que l'on a donnée à son extrémité. Ce bras est évidé pour que son poids soit plus réduit.

Le corps de palier, constitué de la façon ordinaire, reçoit le coussinet G ainsi que le chapeau H fixé sur lui par le serrage d'écrous vissés en bout de prisonniers.

Le palier est muni d'un dispositif de graissage approprié. L'arbre de distribution placé sur ses deux supports (Fig. 212 et Fig. 213) doit être parallèle à l'axe du cylindre et, par conséquent, perpendiculaire à l'arbre principal. Les longueurs des bras des deux supports doivent donc être établies judicieusement pour obtenir ce résultat, afin que l'engrènement des roues extrêmes s'effectue convenablement.

Le support de l'arbre placé du côté de la culasse est quelquefois muni d'un bras auxiliaire (Fig. 213). Ce bras venu de fonte avec le reste du support reçoit, à sa partie inférieure, un axe pénétrant dans le moyeu J qui y est ménagé. Cet axe sert de tourillon au levier de commande de la soupape d'échappement, laquelle est généralement placée

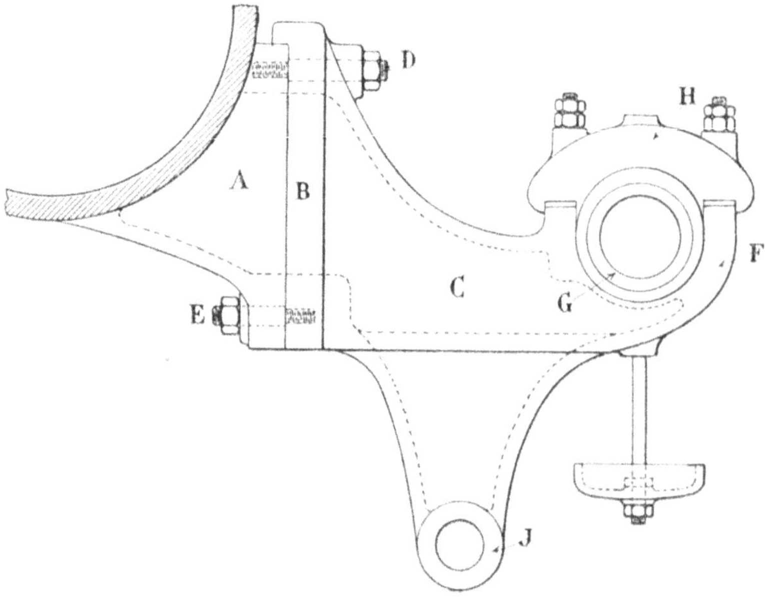

Fig. 213. — Support d'arbre de distribution fixé à la culasse.

à la partie inférieure du cylindre. Ce levier, ainsi que nous l'avons vu précédemment, est attaqué par une came, disposée sur l'arbre de distribution par l'intermédiaire d'un galet et actionne, à son autre extrémité, la tige de la soupape d'échappement.

Pour recueillir l'huile qui pourrait être mise en excédent dans les paliers de l'arbre de distribution et s'écouler sur les côtés, on dispose au-dessous des supports des sortes de plateaux en fonte F (Fig. 212) à bords relevés qui font office de récipients récepteurs d'huile. Ces plateaux sont supportés par des tiges cylindriques G fixées au bras support de palier. Les bâtis que nous venons de décrire s'appliquent tous à des moteurs horizontaux monocylindriques. Comme ces sortes de moteurs forment la très grande majorité des moteurs à gaz existants, il convenait de les examiner en détail.

Nous trouverons, d'ailleurs, lors de la description des moteurs à gaz, un certain nombre de variétés de bâtis parmi les moteurs horizontaux monocylindriques. Nous indiquerons, à ce moment, leurs particularités respectives.

On construit aussi des moteurs à gaz à deux cylindres placés soit côte à côte, soit en tandem. Dans ce dernier cas, le bâti a une forme spéciale que nous examinerons ultérieurement. Il existe également des moteurs à gaz verticaux, mais leur nombre n'est pas considérable. Les bâtis de ces moteurs rappellent ceux des machines à vapeur dites *machine pilons*. Nous aurons l'occasion d'en rencontrer quelques types au cours de ce volume.

Plaques de protection

Nous avons dit, plus haut, que pour éviter les projections d'huile provenant du graissage du tourillon de la manivelle , on disposait entre les deux paliers de l'arbre principal, dans l'axe de la bielle, une enveloppe circulaire A (Fig. 214.) ayant une utilité multiple: recueillir l'huile projetée pour la ramener dans la cuvette formée dans le bâti entre les paliers et prévenir les accidents de personnes pouvant survenir pendant le mouvement de rotation de l'arbre coudé et l'avancement de la bielle. L'enveloppe A, dans ce cas, fait office de plaque de protection. Elle est assez souvent montée à charnière à une de ses extrémités, de façon qu'on puisse facilement découvrir la manivelle D et la tête de bielle C pour les examiner. On rabat alors l'enveloppe A qui tourillonne autour de son axe D placé transversalement sur le bâti E. Une manœuvre simple permet d'effectuer ce mouvement et celui de fermeture. Une ouverture F est pratiquée dans le milieu de l'enveloppe, du côté de la bielle, pour permettre le passage de la tige de cet organe.

Des plaques de protection doivent être également établies pour envelopper les roues d'engrenage qui, par leur disposition même en dehors du bâti, constituent des organes dangereux pour les personnes approchant le moteur.

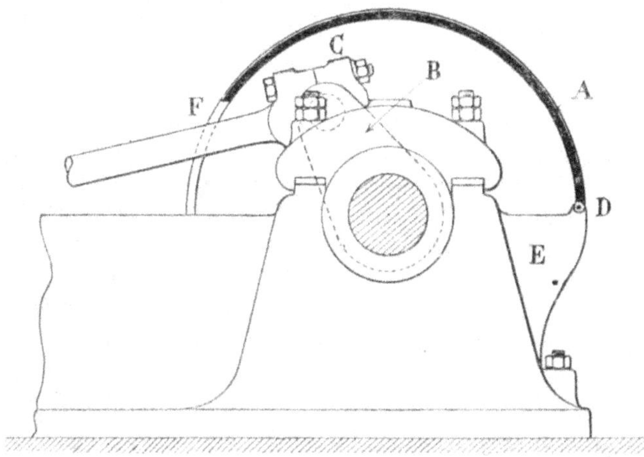

Fig. 214. — Plaque de protection.

Les figures 216-217 indiquent la forme que l'on peut donner à une plaque de protection destinée à envelopper un train de roues d'engrenage à denture hélicoïdale, actionnant deux arbres ayant des directions perpendiculaires. Ces deux arbres sont l'un A, l'arbre principal du moteur, l'autre B, l'arbre de distribution. L'arbre principal A sort du bâti C et porte un pignon denté D qui engrène perpendiculairement avec la roue d'engrenage E, grâce à la denture

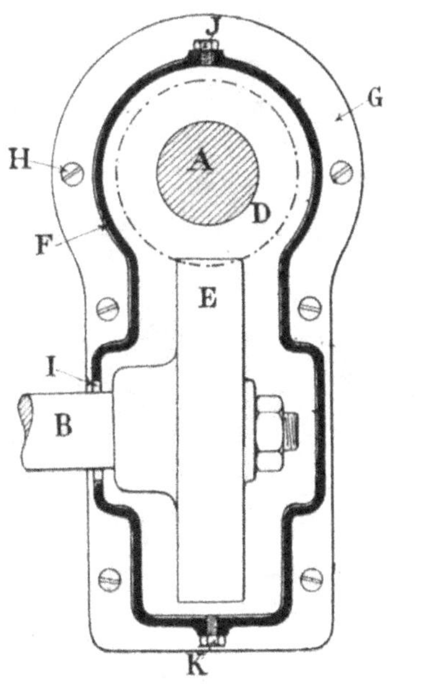

Fig. 216. — Plaque de protection des engrenages.
Coupe transversale.

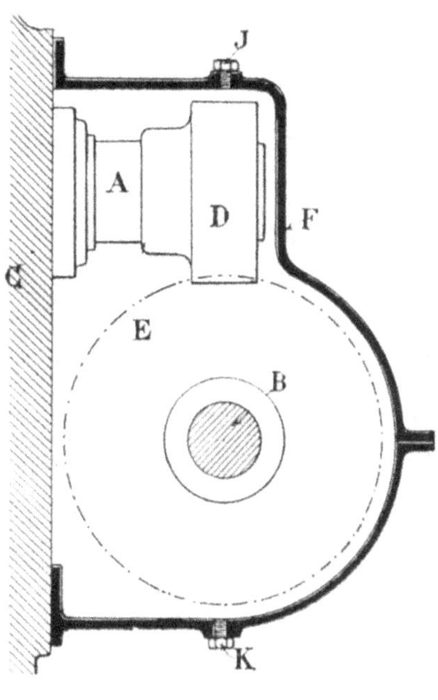

Fig. 217. — Plaque de protection des engrenages.
Coupe longitudinale.

Fig. 215. – Reproduction d’une ancienne gravure, montrant un des premiers moteurs Otto, de quatre chevaux, actionnant quatre cylindres apprêteurs de tissus. Le tuyau d’échappement est utilisé pour chauffer les apprêts.

hélicoïdale ayant une inclinaison de 45 degrés. L'arbre B solidaire de la roue E est placé parallèlement au bâti et est supporté de la façon que nous venons d'indiquer.

L'enveloppe protectrice F est métallique et constituée en plusieurs pièces. Elle n'a pas une grande épaisseur, mais elle se trouve maintenue rigide par la collerette et la bride d'appui G qui forme nervure sur tout son pourtour.

Cette bride s'appuie sur une portée ménagée sur le bâti C qui se raccorde quelquefois, comme nous l'avons vu précédemment (Fig. 210), avec la portée recevant la semelle du palier support de l'arbre de distribution.

Une série de vis H maintient la bride et, par conséquent, l'enveloppe protectrice fixée contre le bâti.

Les roues d'engrenage sont alors complètement enveloppées et ne peuvent être ainsi abordées. Une seule ouverture circulaire I donne passage à l'arbre de distribution, qui pénètre immédiatement après dans son premier palier support.

Pour assurer le graissage des roues d'engrenage, on ménage à la partie supérieure de l'enveloppe protectrice une ouverture J fermée en temps ordinaire par un bouchon rapporté. Pour effectuer le graissage, on enlève le bouchon et on verse de l'huile dans l'ouverture avec le bec d'une burette. Cette huile se répand sur la surface du pignon denté D qui, en tournant, lubrifie les dents de la roue inférieure E, laquelle engrène avec lui.

Les deux roues se trouvent ainsi lubrifiées.

L'excédent d'huile versée pour graisser les engrenages et qui n'a pas été retenue dans la denture, tombe à la partie inférieure de l'enveloppe où elle s'accumule.

Une autre ouverture circulaire K percée dans la paroi inférieure de l'enveloppe et portant un bouchon taraudé, permet de recueillir l'huile en excédent.

On dévisse le bouchon et l'huile s'écoule au-dehors dans le récipient présenté sous l'ouverture K. Le bouchon est ensuite revissé.

Fondations

Les moteurs à gaz peuvent être établis dans des locaux quelconques, isolés ou non d'une agglomération de maisons, et dans les maisons mêmes, aux différents étages.

Ils ne sont pas soumis à des règlements de sécurité comme les moteurs à vapeur et leur peu d'encombrement facilite leur installation dans les immeubles en vue d'applications fort diverses.

Les moteurs à gaz placés dans des immeubles offrent, cependant, l'inconvénient de produire des vibrations pendant leur fonctionnement, vibrations qui se transmettent à l'ensemble du bâtiment et qui deviennent excessivement gênantes pour les voisins. En outre, l'aspiration pour les grands moteurs et l'échappement pour tous les moteurs, en général, produisent un bruit parfois très fort et qui peut même devenir insupportable. C'est une nouvelle source de conflits avec les voisins.

Pour remédier le plus possible à ces inconvénients, on place le moteur à gaz sur des supports munis d'un matelas élastique amortissant les vibrations, et on dispose, sur les conduits d'aspiration d'air et d'échappement de gaz, des organes ayant pour but d'atténuer le bruit produit dans les deux phases d'admission et d'évacuation.

Pour les petits moteurs à gaz, de minime importance, il n'est pas nécessaire de prendre de semblables dispositions.

On les fixe sur des poutres reposant directement sur le sol ou on les place sur un petit massif maçonné.

Les vibrations et le bruit ne peuvent dès lors devenir gênants. Quand la puissance des moteurs augmente, on constitue un massif de maçonnerie, soit en pierres, soit en briques, et sur ce massif repose le moteur. Le moteur est maintenu fixé au massif de maçonnerie par des boulons de fixation A (Fig. 218), dont l'extrémité supérieure passe dans les trous percés dans le socle B du bâti C du moteur.

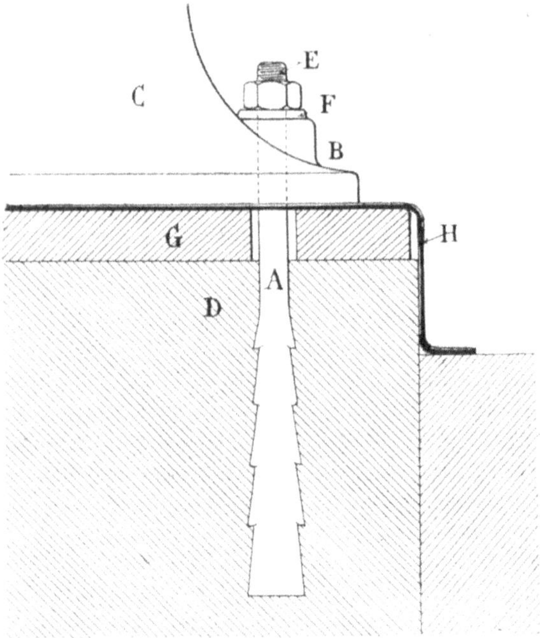

Fig. 218. — Fixation d'un moteur au massif de maçonnerie.

Ces boulons sont profondément enfoncés dans le massif maçonné, et leur tige qui est carrée à la partie inférieure et dont la dimension augmente à mesure qu'elle s'enfonce, porte sur les angles des sortes de dents qui servent à maintenir le boulon scellé dans le massif de maçonnerie D sur lequel repose le moteur.

En serrant en bout des boulons A, des écrous E qui appuient sur les bossages portés par le socle du bâti, par l'intermédiaire de rondelles F, on fixe en place le moteur sur son massif.

Pour les moteurs de grandes puissances, les massifs de maçonnerie qui les supportent doivent être établis de façon à être indépendants des fondations des immeubles qui les renferment. Cette disposition généralement employée aussi pour l'installation des machines à vapeur, permet d'éviter que les vibrations produites par le moteur pendant sa marche soient transmises aux murs du bâtiment et ne se répercutent en tous ses points.

Il est quelquefois difficile de constituer pour un moteur à gaz un massif maçonné indépendant. Pour amortir les vibrations, on interpose alors entre le socle du moteur et la maçonnerie un matelas élastique qui est constitué de diverses façons.

Il peut être formé d'une épaisseur de caoutchouc G, d'asphalte ou de liège séparant le sol du moteur. Les vibrations sont amorties par suite de l'élasticité de ces matières et ne se transmettent pas, ou se transmettent très réduites au massif de maçonnerie.

Quand on emploie du caoutchouc pour former un matelas élastique, il faut avoir grand soin d'empêcher l'huile de graissage de s'écouler sur lui, car il se détériorerait rapidement.

Pour préserver la plaque de caoutchouc G de l'huile qui pourrait tomber du moteur, on la recouvre d'une lame de zinc H qui l'enveloppe complètement.

On a construit diverses sortes de dispositifs anti-vibrateurs formés les uns par des matelas élastiques multiples croisés les uns sur les autres, les autres par des garnitures spéciales faites en fibre de coco et disposées par couches ; on a même employé des sortes de matelas à ressorts.

On peut, en principe, avec ces installations, atténuer jusqu'au point où elles ne sont plus gênantes les vibrations des moteurs à gaz et même les supprimer à peu près complètement.

Amortisseurs de bruit

Le bruit produit par l'aspiration et l'échappement des moteurs à gaz est amorti par divers procédés. On peut faire passer le fluide dans un conduit de grande section qui abaisse la valeur de sa vitesse d'écoulement, et provoque une diminution du bruit produit par le courant de ce fluide.

On peut aussi atténuer ce bruit, surtout celui dû à l'échappement, qui peut être considérable, en évacuant les gaz brûlés dans une capacité où ils se détendent, avant de s'échapper dans l'air avec une vitesse assez faible pour qu'on ne puisse les entendre.

Les capacités ou récipients faisant fonction d'amortisseur de bruit se nomment pots d'aspiration et pots d'échappement, ou encore amortisseurs ou silencieux.

Pour des moteurs importants, on évacue les gaz brûlés dans des conduits à large section placés dans le sol et qui aboutissent à une cheminée de grande hauteur par laquelle les gaz s'échappent. En sortant de cette cheminée ils ont une vitesse et une pression très faibles, et ne produisent aucun bruit gênant.

Parfois ces conduits, sortes de carneaux, aboutissent à des chambres d'amortissement où les gaz se détendent, et les carneaux eux-mêmes peuvent aussi comporter des chicanes dont le but est de diminuer la vitesse du courant gazeux en interposant des obstacles sur le chemin qu'il parcourt. La vitesse conservée par ce courant au moment où il sort du conduit d'échappement a une valeur assez faible pour que le bruit produit soit très atténué.

Pots d'aspiration

Les capacités constituant les pots d'aspiration peuvent être semblables à celles qui forment les pots d'échappement que nous allons examiner.

Les pots d'aspiration sont établis sur le conduit d'admission d'air et sur le conduit d'admission de gaz. Ils amortissent le bruit produit par l'aspiration et, en outre, l'air peut se débarrasser dans ces capacités, avant d'être admis dans le cylindre, des matières en suspension et principalement de l'eau pouvant avoir été entraînée. Cette eau, qui tombe au fond du récipient, peut en être retirée au moyen d'un conduit de vidange.

Le récipient formant pot d'aspiration peut être la capacité intérieure du bâti même du moteur qui doit, dans ce cas, être disposé pour former une chambre fermée dans laquelle aboutit, d'une part, le conduit d'arrivée d'air et d'autre part, le tuyau qui conduit cet air dans la culasse ou la boîte à soupapes.

Les pots d'aspiration pour conduits de gaz constituent des sortes de réservoirs dans lesquels le gaz abandonne l'eau et les poussières qu'il peut contenir.

Pots d'échappement

Les pots d'échappement sont des capacités dans lesquelles on évacue les gaz brûlés provenant du cylindre afin de diminuer le bruit produit par ces gaz lorsqu'ils s'échappent directement au-dehors.

Le pot d'échappement est généralement fait en acier forgé. C'est une boîte cylindrique A (Fig. 219) en une seule pièce pour les faibles moteurs ou en plusieurs parties pour les moteurs plus importants. Dans ce dernier cas, les diverses parties sont assemblées par l'intermédiaire de boulons appliquant les unes contre les autres des brides portées par chacune des pièces.

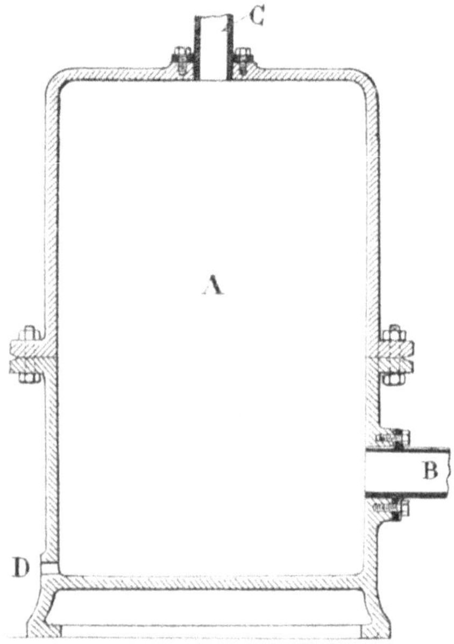

Fig 219. — Pot d'échappement.

A la partie inférieure de la boîte, débouche un conduit B qui fait suite au tuyau d'échappement du moteur, et c'est ce conduit qui amène les gaz évacués du cylindre dans le pot d'échappement A.

A la partie supérieure de la boîte A débouche, soit sur la face horizontale, soit sur une génératrice verticale, un autre tuyau C par lequel le gaz peut s'échapper dans l'atmosphère.

Une ouverture D disposée à la partie inférieure du pot d'échappement reçoit un petit conduit muni d'un robinet. Ce conduit permet de retirer du pot d'échappement les résidus qui proviennent du passage du gaz et qui s'accumulent dans le fond de la boîte A.

Les pots d'aspiration sont constitués de semblable façon. Ils portent aussi deux tuyaux : un B servant à introduire le fluide dans la capacité A et l'autre C permettant de l'en retirer. Le tuyau d'arrivée B est placé à la partie inférieure de manière que les poussières ou l'eau contenues dans le gaz ou l'air introduits puissent tomber dans le fond du récipient et n'être pas entraînées dans le tuyau C quand l'aspiration a lieu. Le pot d'aspiration constitue donc une sorte de réservoir collecteur dans lequel on admet le fluide à utiliser, qui s'y détend et que l'on y puise, au fur et à mesure des besoins, à chaque cycle de distribution, en aspirant par le tuyau supérieur C. L'ouverture de vidange D permet d'évacuer l'eau et la poussière déposées dans le pot d'aspiration.

TUYAUTERIE

La tuyauterie d'un moteur à gaz comprend les divers conduits permettant d'amener et de distribuer l'air et le gaz au moteur et d'effectuer la circulation d'eau de refroidissement. Le moteur à gaz comporte donc trois sortes de canalisation : la canalisation d'air, celle du gaz et celle de l'eau réfrigérante.

En principe, les conduits formant ces canalisations doivent être établis avec une section suffisante pour assurer un écoulement normal ; ils doivent, en outre, comporter le moins possible de coudes brusques, posséder à leur point le plus bas des robinets de vidange, et être disposés pour que les variations d'allongement occasionnées par la dilatation ne puissent nuire à leur solidité et ne provoquent pas leur rupture en certains points de jonction.

Canalisation d'air

C'est celle qui est la moins importante parmi les canalisations d'un moteur à gaz. Elle a pour fonction d'établir une prise d'air dans l'atmosphère et de conduire cet air dans la chambre de mélange, par suite de la manœuvre des mécanismes appropriés que nous avons décrits. La prise d'air doit être établie en un point où il ne se produit aucun remous. L'air aspiré ne doit, en effet, tenir en suspension aucune poussière et doit être sec. En outre, l'orifice extérieur du conduit d'aspiration d'air doit être muni d'un dispositif empêchant les corps étrangers de s'introduire dans cette canalisation.

Il convient, évidemment, de n'admettre dans la boîte à soupapes et dans le cylindre que de l'air débarrassé le plus possible des impuretés qui peuvent être entraînées par le courant créé par l'aspiration, car ces matières étrangères pourraient non seulement nuire au bon fonctionnement des soupapes et les empêcher de fermer hermétiquement les orifices sur lesquels elles sont établies, mais encore risqueraient, en s'introduisant dans le cylindre, de provoquer une usure rapide des surfaces en contact, ou même de causer des avaries graves au piston et sur la paroi intérieure du cylindre.

Le conduit d'air porte, généralement, un organe permettant d'empêcher l'entrée de l'air dans le cylindre ou tout au moins de limiter, par un réglage approprié, le volume d'air admis. Ce réglage s'effectue le plus souvent au moyen de vannes manœuvrées par des manettes extérieures.

Vanne à air

(Fig 220) La vanne de réglage d'admission de l'air se compose d'un disque métallique A monté sur un axe B disposé suivant un diamètre.

Le disque A est placé dans le conduit d'air et son diamètre est égal au diamètre intérieur du conduit. L'axe solidaire du disque est supporté par les parois du conduit et oscille dans les ouvertures qui y sont ménagées pour le recevoir. Cet axe déborde du conduit d'un côté et porte à son extrémité C, une tête de forme carrée sur laquelle est montée une manette D qui est ainsi rendue solidaire de la vanne.

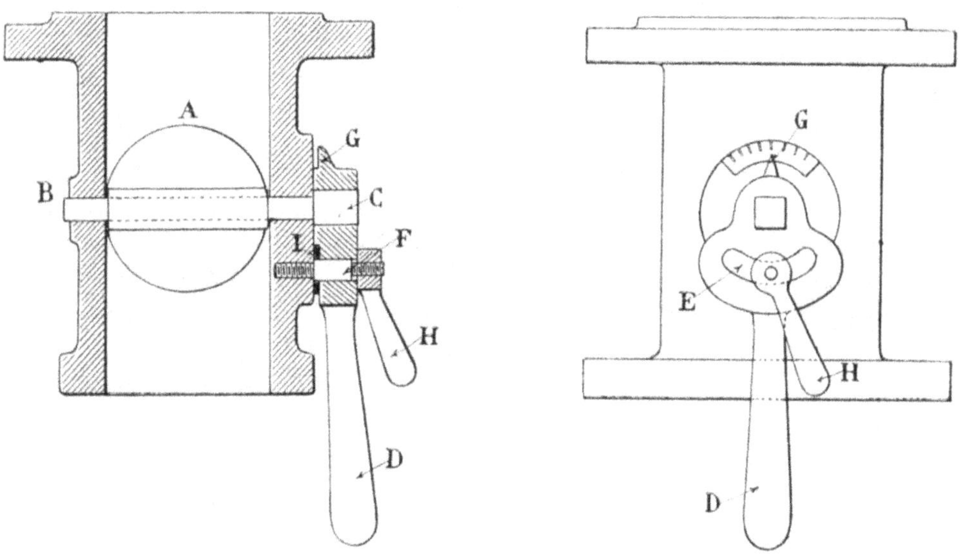

Fig. -220. — Vanne pour conduite d'air.

Cette manette porte une rainure circulaire E permettant à un prisonnier F de rester fixe sur le conduit, malgré le déplacement à droite ou à gauche de la manette D, dont l'extrémité est munie d'un bec C se présentant au-dessus d'un secteur gradué.

Sur le prisonnier F peut se visser une seconde manette H qui a pour but, par son serrage sur la manette D, de l'immobiliser. Une rondelle I est interposée entre la manette D et la portée plane ménagée sur le corps du conduit, pour former un appui quand on serre la manette H.

Lorsque la manette D est disposée parallèlement à la direction du conduit, la vanne est placée d'une manière semblable dans ce conduit, laissant une section d'écoulement maximum.

En déplaçant la manette D vers la droite ou vers la gauche, on provoque, par cette manœuvre, le déplacement de la vanne dans le conduit. Cette vanne se présente d'autant plus obliquement à l'intérieur de ce conduit, que l'amplitude d'oscillation donnée à la manette a été plus considérable. La section d'écoulement de l'air se trouve ainsi d'autant plus diminuée que l'obliquité de la vanne est plus grande. Les graduations portées sur le secteur placé au-dessous du bec de la manette, indiquent le degré d'obliquité et, par suite, permettent d'apprécier le degré de rétrécissement du conduit et la valeur du volume d'air admis.

On règle donc la vanne d'air, au moyen de la manette D, pour le régime de marche appropriée du moteur et pour éviter que pendant l'aspiration le courant d'air passant à l'intérieur du conduit ne déplace la vanne de réglage, on serre la manette H sur le prisonnier F. La tête de cette manette fait office d'écrou et, en appuyant sur la face de la manette D, la bloque contre la rondelle I qui est fixe. Cette manette est ainsi immobilisée. Quand on veut faire varier le volume d'air à admettre, on desserre d'abord la manette H et on manœuvre la manette D qui, une fois dans sa nouvelle position, est, de nouveau, maintenue en place par un serrage convenable de la manette H.

On pourrait aussi établir sur les conduits d'air, des robinets comme ceux qui sont disposés sur les conduits de gaz, ainsi que nous allons le voir, mais comme il n'est pas nécessaire d'assurer contre le passage de l'air une fermeture hermétique dans le conduit, on se contente de disposer des vannes de réglage semblables à celle que nous venons de décrire ; elles sont plus faciles à établir et d'un emploi moins onéreux que les robinets.

Canalisation de gaz

La canalisation de gaz d'un moteur comporte le conduit d'arrivée de gaz dans le cylindre et le conduit d'échappement.

Le conduit d'admission n'aboutit pas directement au moteur. On interpose entre le cylindre et ce conduit, en plus du pot d'aspiration, qui n'a pour fonction que d'amortir le bruit, un organe spécial nommé régulateur de pression, qui permet, comme son nom l'indique, d'éviter les baisses brusques de pression du gaz dans la conduite principale, ce qui serait fort gênant dans le cas où des becs d'éclairage seraient branchés sur cette conduite. La lumière fournie par ces becs varierait, en effet, d'intensité, et vacillerait à chaque aspiration de gaz effectuée par le moteur, ce qui aurait pour résultat de faire diminuer la pression dans le conduit.

Ces régulateurs de pression sont, en principe, des sortes de cloches ayant un volume au moins vingt-cinq fois plus grand que le volume d'une aspiration de gaz et permettant, par des moyens divers, une ouverture variable du conduit de gaz. Un clapet à fermeture automatique est interposé entre le cylindre et cette cloche, de façon à empêcher un retour de gaz du cylindre dans la cloche, ce qui pourrait provoquer une explosion d'abord dans cette cloche, puis dans la canalisation. Le clapet automatique s'ouvre quand le moteur aspire, sous la pression du gaz qui s'écoule dans le conduit mais il se ferme automatiquement lorsque le courant gazeux est dirigé en sens contraire, c'est-à-dire tend à passer du cylindre dans la cloche, ce qui, d'ailleurs, ne peut se produire que fort rarement.

Quand l'allumage du moteur s'effectue par flamme ou par tube à incandescence, on alimente l'allumeur avec du gaz pris, généralement, sur la conduite principale.

Pour maintenir à cet allumeur une intensité régulière, on doit brancher son tuyau d'amenée de gaz sur la conduite principale, en avant du régulateur de pression (Fig. 221).

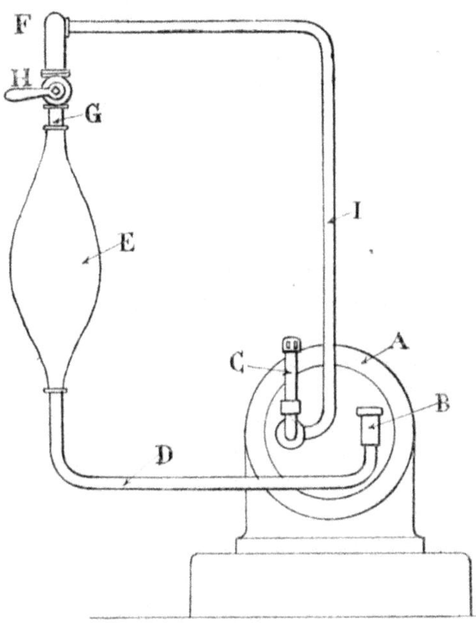

Fig. 221. — Canalisation de gaz d'un moteur.

Le moteur A porte, sur la culasse fixée à l'arrière du cylindre, la chambre B, dans laquelle est admis le gaz avant de pénétrer dans le cylindre, et l'allumeur C disposé comme nous l'avons indiqué précédemment. Un tuyau de grand diamètre D fait communiquer la chambre B avec le régulateur de pression E, et celui-ci est en communication, par son autre extrémité, avec la conduite principale F au moyen d'un tuyau G sur lequel est disposé un robinet de réglage H.

L'allumeur B est mis en communication avec le conduit principal F au moyen d'un petit tube I branché avant le tube G, par lequel le gaz arrive au régulateur de pression. Le gaz peut ainsi passer directement du conduit principal à l'allumeur, sans que sa pression soit influencée par l'aspiration du moteur, le régulateur de pression E empêchant toute variation de pression dans la conduite principale.

La canalisation destinée à l'évacuation des gaz brûlés doit être établie pour que sa section soit plus grande que la section de l'orifice découvert par la soupape d'échappement. De cette façon, toute résistance est évitée dans le conduit d'évacuation et on n'a pas à craindre les contre pressions qui se produiraient si le conduit avait une section trop faible, et qui nuiraient au fonctionnement du moteur en abaissant son rendement.

Le tuyau d'échappement aboutit, ainsi que nous l'avons vu, au pot d'échappement pour amortir le bruit. Du pot d'échappement, le tuyau d'évacuation est dirigé vers l'extérieur où il débouche.

La canalisation d'échappement ne doit pas être placée à proximité des canalisations de gaz et d'air car, comme elle est toujours portée à une température élevée, elle pourrait échauffer ces fluides, ce qui ne permettrait pas leur emploi rationnel.

Robinet à gaz

Sur la canalisation d'arrivée de gaz sont, ainsi qu'on l'a vu, disposés deux organes : le robinet et le *régulateur de pression* que nous allons examiner.

Le robinet à gaz peut être disposé sur un conduit rectiligne, ou encore à l'intersection de deux tuyaux se raccordant à angle droit (Fig. 222). Dans le premier cas, il peut être constitué par un corps plein, percé d'une ouverture transversale, mettant en communication les deux tronçons de la conduite rectiligne. Dans le second cas, le corps A est creux. C'est une sorte de boîte conique ajustée dans le boisseau B formant la jonction des deux parties de la conduite.

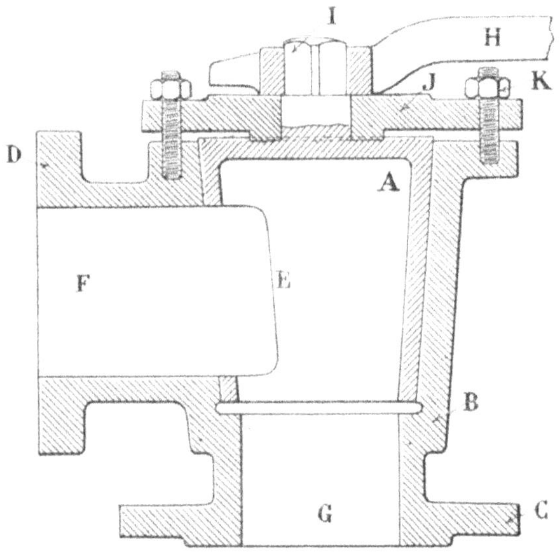

Fig. 222. — Robinet pour conduite de gaz.

Ces deux parties sont respectivement fixées, l'une sur la bride C, l'autre sur la bride D. Le robinet A a donc pour fonction de permettre, ou d'intercepter, la communication entre les conduits F et G. Pour cela, le corps A porte une ouverture E qui établit cette communication quand elle se présente en face du conduit F. La communication est ensuite interrompue lorsque cette ouverture E est masquée par les parties pleines de la chambre B. C'est donc un mouvement de rotation du robinet A qui détermine l'admission ou la non-admission du gaz.

Ce mouvement de rotation lui est communiqué par l'intermédiaire d'une manette H rentrant dans une tige I faisant corps avec lui et se terminant, à sa partie supérieure, par un carré dans lequel pénètre la tête de la manette H.

Cette tige porte au-dessous du carré une partie cylindrique ajustée dans une bride J, maintenue fixée, par des boulons K, à la boîte de jonction B.

En déplaçant la manette H, la tige I est entraînée dans ce mouvement ; elle pivote dans la bride J et provoque la rotation du corps A dans la boîte B.

Au fur et à mesure que, par suite de cette rotation, l'ouverture E se démasque devant l'orifice F, le volume de gaz qui passe du conduit F dans le conduit G augmente. La position de la manette H détermine donc le volume de gaz introduit. Ce volume peut s'apprécier par la position qu'occupe un bec placé en bout de la manette, par rapport à un secteur divisé porté par la bride J, sur lequel le bec se déplace.

Il convient que le corps A du robinet soit bien ajusté dans le boisseau B pour empêcher toute fuite de gaz quand l'ouverture E n'est plus en face du conduit F et que, par conséquent, le robinet est fermé.

Pour assurer l'étanchéité, on donne aux boulons K, fixant la bride J sur la boîte, un serrage suffisant pour que le corps A s'applique exactement contre les parois de la boîte B, en conservant toutefois son libre jeu d'oscillation.

Régulateur de pression

Le régulateur de pression, interposé entre le cylindre et la conduite principale, et qui a pour fonction de maintenir la pression du gaz, dans cette conduite, dans des limites de régularité favorables à l'éclairage, est souvent une poche en caoutchouc pouvant contenir, comme nous l'avons dit, un volume de gaz de 20 à 25 fois plus grand que le volume aspiré pendant un cycle de la distribution. Le gaz provenant de la conduite principale remplit la poche en caoutchouc et, lorsque l'aspiration se produit dans le moteur, le volume de gaz contenu dans la poche diminue brusquement. Les parois élastiques de la poche se rapprochent en ne permettant pas au gaz de se détendre à l'intérieur, et le volume ainsi enlevé à la poche, pour être introduit dans le cylindre, n'a aucune répercussion sur la pression du gaz contenu dans la conduite principale.

En général, dans la plupart de ces appareils on utilise le mouvement donné aux parois élastiques par l'aspiration d'un volume de gaz qui est introduit dans le moteur, pour ouvrir d'une quantité variable le conduit d'admission de gaz dans la poche régulatrice

Les régulateurs de pression ont reçu des formes diverses et constituent des organes comportant des mécanismes différents.

On les appelle également *antifluctuateurs* ou *antipulsateurs*.

Nous allons, à titre d'exemple, décrire l'un d'eux, parmi les plus employés, et dont le fonctionnement est très satisfaisant.

Antipulsateur Duplex

(Fig. 223.). Cet appareil se compose de deux capacités A et C ménagées dans une boîte métallique, et séparées par une cloison également métallique, percée d'une ouverture J, qui établit la communication entre ces capacités A et C.

La capacité A est fermée, du côté opposé à la cloison métallique, par un diaphragme en caoutchouc B, maintenu serré sur ses bords, entre deux brides métalliques circulaires, par une série de boulons qui fixent, en même temps, la boîte métallique de l'appareil sur un support rendu solidaire d'une paroi verticale par le serrage de boulons.

La capacité A porte, en plus de l'ouverture J qui s'ouvre dans la capacité C, deux tubulures G et H. La première sert à recevoir le conduit d'arrivée du gaz ; sur la seconde est branché le tuyau de sortie. En outre, un trou O, percé dans la paroi latérale de la boîte métallique, sert à recevoir un petit tuyau supportant un manomètre qui indique, par conséquent à chaque instant, le degré de pression du gaz contenu dans la capacité A.

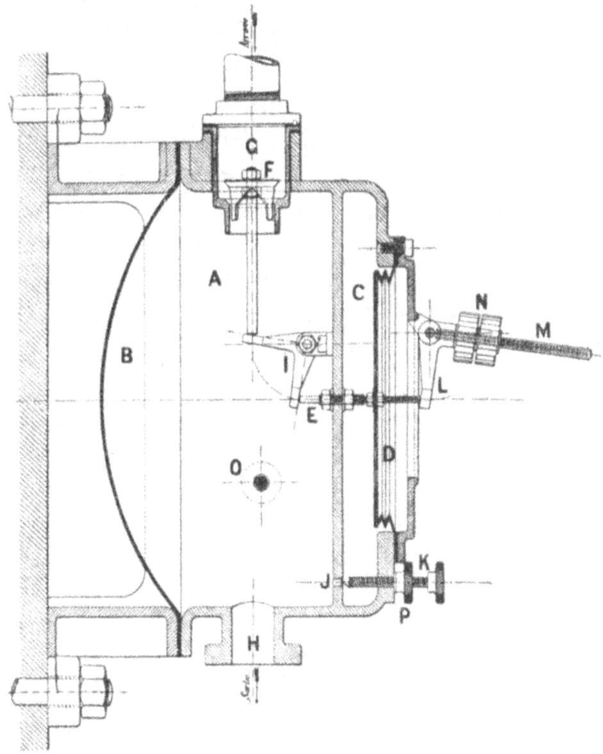

Fig. 223. — Antipulsateur Duplex.

Sur la tubulure d'arrivée du gaz G est disposée verticalement une soupape F munie d'une tige verticale dont l'extrémité inférieure s'appuie sur la branche horizontale d'un levier coudé I pouvant osciller autour d'un axe fixe supporté par la cloison séparant les capacités A et C. L'extrémité de la branche verticale du levier coudé I s'appuie contre une tige cylindrique horizontale E traversant la cloison médiane en coulissant dans une douille fixée sur cette cloison.

La tige E est rendue solidaire d'un disque en tôle mince formant le fond d'un soufflet D, en caoutchouc, serré, surtout son pourtour, entre une bride circulaire formant la face avant de la capacité C et une seconde bride circulaire appartenant à un couvercle disposé en avant. Une rangée de boulons fixe le couvercle à la face avant de la boîte de l'appareil en comprimant le bord du soufflet contre les deux brides.

La capacité C est donc complètement close et ne communique que par l'ouverture J avec la capacité A. Cette ouverture a, d'ailleurs, une section qui peut être rendue variable par la manœuvre d'une vis-pointeau K dont une extrémité en forme de pointe peut, en s'appliquant sur l'orifice du conduit J, l'obturer complètement. L'autre extrémité porte un bouton moleté qui permet de manœuvrer la vis-pointeau. Un bouton P sert à immobiliser la vis-pointeau dans sa position, après réglage.

Le couvercle porte une chape recevant un axe fixe sur lequel oscille un levier L dont la branche verticale s'appuie en bout de la tige E et dont la branche horizontale est constituée par une tige taraudée M sur laquelle deux écrous N peuvent se déplacer longitudinalement. Ces deux écrous font office de contrepoids, et, quand ils sont serrés l'un contre l'autre sur la tige, ils sont immobilisés dans leur position de réglage.

On dispose les contrepoids N sur la tige M, de façon que la pression exercée par la branche L sur la tige E, pression qui se transmet à la soupape F par le levier coudé I, équilibre cette soupape F et la maintienne même soulevée lorsque l'appareil est au repos.

Quand on admet le gaz dans l'appareil, en ouvrant le robinet placé sur le conduit d'arrivée, ce gaz pénètre, par la tubulure G et par l'orifice découvert par la soupape F soulevée, dans la capacité A. Il remplit ensuite la capacité C dans laquelle il s'introduit par le conduit J. Le gaz se répand aussi dans la tubulure H et dans le conduit qui lui fait suite et qui aboutit au cylindre. Quand l'aspiration ne se produit pas dans le cylindre, le gaz introduit dans l'antipulsateur augmente au fur et à mesure de pression dans la capacité A ; le diaphragme en caoutchouc B se trouve tendu et, dans la capacité C, la pression s'exerce sur la membrane métallique formant le fond du soufflet D.

Lorsque cette pression est suffisamment grande pour compenser l'action du contrepoids agissant sur cette membrane par le levier L et la tige E, ce levier L se trouve poussé par le mouvement de la tige E, solidaire de la membrane. Le levier oscille autour de son axe fixe ; la tige M se soulève. En même temps, dans la capacité A, le levier coudé I, dont l'extrémité de la branche verticale reste au contact du bout de la tige E, oscille autour de son axe fixe. La branche horizontale descend et la soupape F vient s'appuyer sur son siège en obturant l'orifice d'admission du gaz.

On peut donc, par un réglage approprié des contrepoids sur la tige M, provoquer la fermeture de la soupape F pour une pression déterminée du gaz admis dans l'appareil. On peut même, en disposant les contrepoids de façon qu'ils équilibrent exactement la soupape F, obtenir que cette soupape occupe une position telle que le gaz admis dans l'appareil et, par conséquent, dans le conduit l'amenant au moteur, soit à une pression égale à la pression atmosphérique.

Quand le moteur aspire dans le conduit branché sur la tubulure H, il aspire le gaz qui est contenu dans l'antipulsateur qui, à ce moment, n'est plus en communication avec le conduit d'arrivée, puisque la soupape F est appliquée sur son siège. Le gaz est alors admis dans le cylindre, mais à mesure que le volume de ce gaz diminue dans l'appareil, sa pression faiblit, et lorsque cette pression n'est plus suffisante pour contrebalancer l'effort des contrepoids, la tige M tend à s'abaisser ; le levier L oscille en poussant la tige E vers la gauche. L'autre extrémité de cette tige provoque l'oscillation du levier I et le soulèvement de la soupape. Le conduit d'arrivée du gaz est de nouveau ouvert et un nouveau volume de gaz peut être admis dans l'appareil.

Ou voit que pendant la période d'aspiration du moteur, le conduit d'arrivée est fermé. L'aspiration ne peut donc avoir aucune répercussion sur la pression du gaz contenu dans la conduite principale, d'où il s'ensuit que des fluctuations ou des pulsations ne peuvent se produire.

Le réglage effectué par la manœuvre de la vis-pointeau K, qui a pour fonction de rendre variable la section de l'orifice du conduit J, permet de rendre plus ou moins rapide l'action de la membrane du soufflet D et, par conséquent, de régler la sensibilité de l'appareil, ce qui constitue un avantage de l'antipulsateur Duplex.

En outre, la possibilité de fournir au moteur, du gaz ayant une pression égale à celle de l'air qui rentre dans la composition du mélange, permet d'assurer à ce mélange une homogénéité favorable à la combustion complète du gaz et, par conséquent, à la meilleure utilisation de ce combustible.

Canalisation d'eau

Un moteur à gaz comporte, outre la canalisation d'air et la canalisation de gaz, qui servent à amener les deux éléments formant le mélange tonnant, une canalisation d'eau nécessaire pour refroidir les organes du moteur portés à une haute température par suite de l'explosion de ce mélange.

Nous avons indiqué comment on réalise une circulation d'eau dans ces divers organes. Voici par quels moyens ce courant d'eau est obtenu.

Lorsqu'on peut disposer d'une grande quantité d'eau dont le prix de revient n'est pas élevé, on refroidit les organes du moteur en admettant l'eau froide sous pression par l'orifice établi dans ce but sur l'un de ces organes. L'eau circule dans les divers

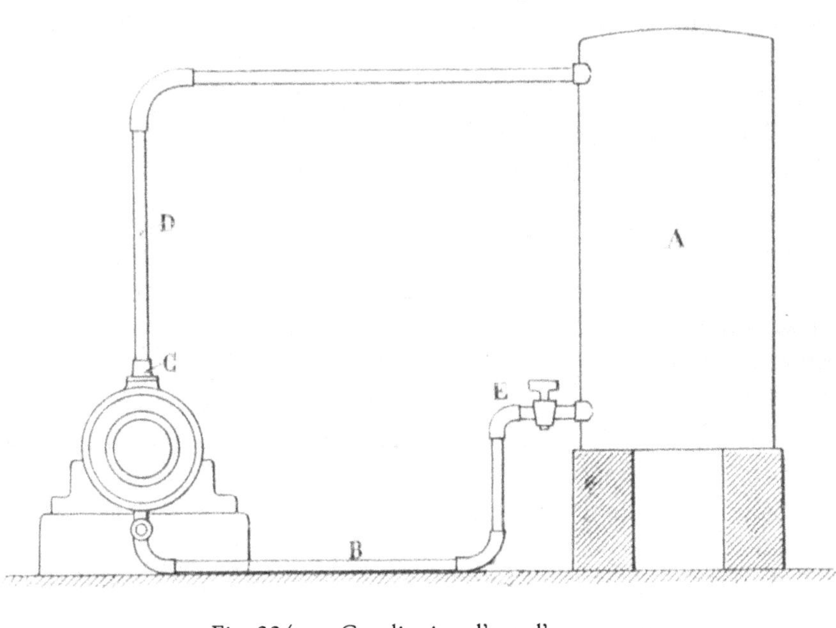

Fig. 224. — Canalisation d'eau d'un moteur.

conduits, refroidit les parois qu'elle baigne et sort, après avoir effectué son circuit, à une température d'environ 50 degrés pour être envoyée à l'égout. La même eau ne circule donc qu'une seule fois à travers le moteur et est ensuite perdue.

Lorsque le prix de l'eau est élevé, ce qui se produit fort souvent dans les villes, on a intérêt à utiliser la même eau pour refroidir le moteur.

Dans ce cas, on réalise un circuit d'eau fermé. On établit un réservoir A (Fig. 224.) de la partie inférieure duquel part un conduit B, qui aboutit à l'ajutage d'admission d'eau dans le moteur. Cet ajutage est disposé à la partie inférieure du moteur.

De la partie supérieure du moteur part un autre conduit D aboutissant à la partie supérieure du réservoir A.

Le réservoir étant rempli d'eau froide et le robinet E, placé sur le conduit inférieur B, étant ouvert, l'eau, par suite de sa pression, circule dans les organes du moteur en pénétrant dans celui-ci par la partie inférieure. Au fur et à mesure qu'elle effectue son circuit, cette eau s'échauffe, et lorsqu'elle atteint l'orifice supérieur C d'évacuation du moteur, sa température est plus élevée que la température de l'eau admise par l'ajutage inférieur. La différence de densité de l'eau froide et de l'eau chaude crée, entre le réservoir A et les enveloppes d'eau du moteur, à travers les conduits B et D, un courant qui provoque la montée de l'eau chaude, par le tuyau D, dans le réservoir A, dans lequel elle se déverse à la partie supérieure pendant que l'eau froide, partant de la partie inférieure du réservoir, arrive dans le moteur. Si la canalisation a une longueur suffisante et si le réservoir a un volume assez grand, l'eau chaude sortant du moteur aura le temps de reprendre sa température normale avant d'être à nouveau introduite dans le moteur pour y exercer son action réfrigérante.

La même eau peut ainsi être utilisée. Il est nécessaire, cependant, de faire de temps en temps, le plein du réservoir pour compenser la perte d'eau due à l'évaporation du liquide pendant sa circulation.

Dans certains moteurs de faibles puissances, pour lesquels on ne peut établir de réservoirs, on admet l'eau chaude sortant à la partie supérieure du moteur dans un système de tubes formant serpentin, et munis de nervures métalliques sur toute leur surface extérieure. Ces nervures ou ailettes constituent de bonnes surfaces de refroidissement, et le serpentin ainsi constitué, nommé radiateur, permet d'assurer le refroidissement de l'eau qui peut constamment servir à diminuer la température des organes du moteur, sauf à remplacer de temps à autre l'eau évaporée pendant qu'elle effectue son circuit.

La canalisation d'eau pour moteur à gaz ne doit comporter ni coudes brusques, ni étranglements pouvant gêner la circulation. Il est prudent d'établir, en un point du circuit parcouru par l'eau de refroidissement, un tuyau de petit diamètre par lequel on laisse l'eau s'écouler. C'est une indication certaine de la circulation de l'eau.

Si pour un motif quelconque cette circulation venait à être interrompue, le tuyau indicateur ne laisserait plus écouler de liquide et on serait immédiatement averti du manque d'eau de refroidissement, ce qui pourrait occasionner des avaries graves au moteur ou, tout au moins, troubler son fonctionnement.

Il convient également de disposer, à la partie la plus basse de la conduite d'eau, un ou plusieurs robinets de vidange. Dans certaines circonstances, ces robinets permettent d'évacuer l'eau contenue dans les conduits, Quand on craint la gelée, par exemple, il est nécessaire de prendre des dispositions pour mettre la canalisation d'eau à l'abri de ses fâcheux effets. On peut, par les orifices de vidange, purger les conduits de l'eau qu'ils contiennent. On emploie aussi, parfois, des appareils automatiques, pour provoquer l'ouverture des conduits en cas de gelée, et dans certains moteurs, un bec de gaz restant allumé au-dessous du cylindre empêche l'eau contenue dans les enveloppes de se congeler et, par sa dilatation, de faire éclater les récipients ou les conduits qui la contiennent.

APPAREILS DE MISE EN MARCHE

Pour mettre en route un moteur à gaz, il faut que le piston puisse être amené, lorsque le conduit de gaz est ouvert à une position telle que le mélange, d'abord admis dans le cylindre, soit ensuite comprimé pour que l'explosion puisse se produire et provoquer le lancer du piston.

Il faut donc, quand le moteur est au repos, déplacer le piston dans le cylindre, et lui faire effectuer plusieurs fois sa course, de façon à admettre le mélange et à le comprimer pour que l'inflammation se produise. Cette manœuvre peut se faire en actionnant l'arbre, pour provoquer sa rotation, ou en actionnant directement le piston pour produire son déplacement.

Pour mettre en marche un moteur à gaz en provoquant la rotation de l'arbre, on agit sur le volant qui est solidaire de cet arbre et dont le grand rayon constitue un bras de levier favorable au lancer des organes reliés à l'arbre.

L'action sur le volant peut s'effectuer soit à la main, soit par l'intermédiaire d'un organe électrique.

Quand on agit directement sur le piston, on introduit du mélange gazeux dans le cylindre ou de l'air comprimé qui remplit provisoirement la fonction du mélange tonnant. Cela permet de faire parcourir à ce piston plusieurs courses, nécessaires à l'obtention de l'inflammation du mélange gazeux

Mise en marche par le volant

La mise en marche effectuée par la manoeuvre du volant se fait à la main, lorsque la puissance du moteur n'est pas considérable. Elle présente quelques difficultés car, si en provoquant la rotation du volant, on est toujours assuré de réaliser la course d'admission de mélange, on ne peut être absolument certain que l'explosion se produira à la fin de la compression.

L'état des parois qui sont froides, le réglage des organes d'allumage et la composition du mélange sont autant de causes susceptibles de retarder l'inflammation, qui peut ne se produire qu'après plusieurs tentatives de mise en marche.

Pour mettre un moteur à gaz en marche en actionnant le volant à la main, on ouvre d'abord le robinet qui est disposé sur le conduit de gaz. On ouvre également le robinet placé sur le tuyau de l'allumeur et on allume le bec brûleur.

Quand le tube à incandescence est porté à sa température de fonctionnement, on ouvre le robinet qui permet d'introduire le gaz dans la boîte à soupape d'admission.

Ce robinet doit être tourné d'un angle réduit, pour que la quantité de gaz admise puisse former, avec l'air aspiré, un mélange facile à enflammer. Si le robinet de gaz ouvert en grand laissait pénétrer un volume de gaz trop considérable, l'air ne serait pas en proportion convenable dans le mélange pour que l'explosion puisse se produire. Donc, l'allumeur étant en état de fonctionnement et le mélange prêt à être admis dans le cylindre, il faut faire tourner l'arbre en agissant sur le volant.

Il faut avoir le soin, au préalable d'alléger le moteur de toute charge. On le met en route à vide, en effet, en débrayant toutes les transmissions qu'il actionne. Généralement, un appareil de débrayage unique permet de rendre le mécanisme du moteur indépendant d'une transmission principale qui actionne les diverses transmissions de l'usine.

Tout étant ainsi paré, on saisit le volant au raccordement des bras avec la jante et on provoque, en le tirant à soi, sa rotation, jusqu'à ce que l'allumage se produisant dans le cylindre pousse le piston et fasse tourner le volant dans le sens opposé à celui dans lequel il était actionné.

Le moteur est ainsi mis en mouvement et on peut, à ce moment, régler l'ouverture du robinet d'admission de gaz dans le cylindre pour obtenir un bon fonctionnement et régler également l'intensité de la flamme du brûleur.

Ce procédé de mise en marche n'est pas sans danger pour la personne chargée de cette mise en train. Il peut se produire, en effet, dans le cylindre, une explosion intempestive pour une position du piston différente de la position normale. Ce piston est alors violemment projeté en sens inverse, entraînant le volant qui, brusquement, prend un mouvement de rotation dans un sens opposé au sens d'entraînement. Si des précautions ne sont pas prises en vue de ce retour brusque du volant, l'opérateur peut être entraîné et recevoir des blessures.

Pour remédier à cet inconvénient on adapte, parfois, au volant des moteurs mis en marche à la main, des disques de tôle posés sur les bras entre la jante et le moyeu, de façon à former une surface unie du côté où se tient le mécanicien chargé de la mise en route. Des ouvertures sont simplement pratiquées de place en place à proximité de la jante et servent à introduire la main pour tirer sur le volant et le mettre en mouvement. Dans le cas d'un brusque retour du volant en arrière, la main engagée dans l'ouverture se dégage naturellement et ne peut être prise et entraînée. Les bras de l'opérateur sont aussi protégés par le disque en tôle formant une surface unie.

Lorsque le moteur est établi pour fonctionner avec une compression élevée, il serait difficile, en agissant à la main sur le volant, d'amener le piston à la fin de sa course pendant la période de compression. On dispose dans ce cas, sur l'arbre de distribution du moteur, une came spéciale dont la fonction consiste à diminuer le degré de la compression au moment de la mise en route. Nous avons précédemment examiné le dispositif utilisé dans ce cas il consiste à placer provisoirement la came spéciale dans une position telle, qu'elle provoque le soulèvement de la soupape d'échappement pendant que le piston effectue sa course de compression.

Une partie du mélange comprimé peut ainsi s'échapper dans le conduit d'évacuation des gaz, et le degré de compression étant moindre à la fin de la course du piston, on peut plus facilement amener le piston dans cette position, en agissant sur le volant de la façon que nous venons d'indiquer plus haut.

On peut aussi mettre en marche les moteurs à gaz de faibles puissances en disposant en bout de l'arbre du moteur une manivelle que l'on manœuvre pour provoquer la rotation de cet arbre et les quelques courses du piston nécessaires à l'inflammation du mélange. C'est une manœuvre semblable à celle que l'on effectue pour mettre en route une voiture automobile et que tout le monde connaît.

La manivelle doit, cependant, être disposée sur le bout d'arbre de façon qu'elle se débraye automatiquement lorsque le moteur prend son mouvement de rotation sous la pression des gaz. Sans cette précaution, le brusque retour de cette manivelle pourrait blesser la personne chargée de la mise en route.

Mise en marche électrique

La mise en train d'un moteur à gaz en agissant à bras d'homme sur le volant, est limitée aux moteurs ne dépassant pas en général douze chevaux. Quand la puissance du moteur est plus grande, on emploie assez souvent, avons-nous dit, l'air comprimé pour faire parcourir au piston les courses nécessaires. Cependant, on utilise aussi l'action sur le volant pour obtenir la rotation de l'arbre mais cette action, ne pouvant s'exercer efficacement à la main, est produite par un dispositif électrique. C'est le procédé de mise en marche électrique.

Ce procédé est d'un emploi facile lorsqu'on dispose de courant électrique.

Quand le moteur à gaz actionne, par exemple, une dynamo, on peut, en envoyant une faible partie de courant dans un petit moteur électrique indépendant, provoquer la rotation du volant et la mise en marche du moteur.

On peut même utiliser ce dispositif afin de placer le volant et le piston du moteur dans une position bien déterminée, pour procéder à la vérification ou au nettoyage des organes de distribution, par exemple. Pour actionner le volant, on ferme, par la manœuvre d'un interrupteur, le circuit du moteur, qui, en tournant, entraîne le volant. Pour faire cesser l'action sur le volant, on interrompt, par la manœuvre inverse, le circuit du moteur, lequel s'arrête ; le volant s'arrête également à la position qu'on a choisie.

Pour effectuer la mise en marche, le moteur électrique est disposé à proximité de la jante du volant, qui porte à l'intérieur ou même à l'extérieur des dents sur toute sa circonférence. La jante forme ainsi une grande roue d'engrenage qui engrène avec un pignon denté porté par le moteur électrique et qui participe à son mouvement de rotation. Quand le moteur est mis en marche, le pignon tourne et entraîne le volant.

Comme le diamètre du pignon et celui du volant ont des dimensions fort différentes, quoique le moteur électrique ait un mouvement de rotation rapide, le volant sera mis en marche à petite vitesse et lorsqu'à la suite de l'inflammation du mélange gazeux admis dans le cylindre, la mise en train sera obtenue, la vitesse du volant deviendra plus grande. Il convient alors de débrayer le moteur électrique ayant servi la mise en marche. Le pignon denté est généralement monté sur un levier pouvant osciller autour d'un axe fixe, de façon qu'une manœuvre de ce levier écarte le pignon du volant et rende ainsi le moteur électrique indépendant du moteur à gaz. La même manœuvre provoque, en même temps, l'arrêt du moteur électrique par l'interruption du courant dans son circuit.

La figure 225 représente un dispositif de mise en marche électrique réalisé par les Ateliers d'Augsbourg et Nuremberg..

Le moteur à gaz auquel ce dispositif est appliqué actionne une dynamo. Le volant du moteur, qui a de fortes dimensions, porte sur sa périphérie une succession de creux formant les dents d'une grande roue d'engrenage, avec laquelle vient se mettre en prise un pignon actionné par un moteur électrique disposé sur un socle à côté du volant.

Le pignon qui engrène avec le volant est solidaire d'un axe sur lequel est montée une roue d'engrenage recevant son mouvement de rotation d'un pignon inférieur calé sur l'arbre du moteur électrique.

Le pignon supérieur et la roue d'engrenage sont montés sur une sorte de bras pouvant osciller autour d'un axe inférieur placé dans le prolongement de l'axe du pignon du moteur.

Quand on veut mettre le moteur à gaz en marche, on fait engrener le pignon supérieur de l'appareil avec le volant, puis on met en marche le moteur électrique.

Fig. 225. — Mise en marche électrique. Ateliers d'Augsbourg et Nuremberg.

Le pignon de celui-ci actionne le pignon supérieur par l'intermédiaire de la roue d'engrenage, avec une vitesse réduite dans le rapport des diamètres. On fait effectuer ainsi plusieurs tours au volant pour permettre au piston de faire une course d'aspiration, puis de compression, après laquelle l'explosion doit se produire et aider à la mise en marche du moteur.

Après quelques tours, le moteur commence à prendre une allure régulière qui, au fur et à mesure, se rapproche du régime normal de marche. Quand ce régime est obtenu, on *dégrène* le pignon supérieur de l'appareil de mise en route en tirant extérieurement sur l'extrémité du levier oscillant qui le porte. Le pignon s'écarte du volant. L'appareil, n'étant plus solidaire du mouvement du moteur, s'arrête, son circuit se trouvant automatiquement interrompu par la manœuvre même de débrayage.

Un autre dispositif de mise en marche électrique est représenté schématiquement par la figure 227. Ce dispositif, appliqué aux moteurs construits par les Ateliers Felten et Lameheyerwerke, comporte un moteur électrique représenté dans la figure par son induit A et ses balais B et C.

Sur l'axe de l'induit est monté un pignon denté D, lequel commande, par l'intermédiaire d'une chaîne E, la rotation d'une roue F sur l'axe de laquelle est clavetée une roue d'engrenage G. Cette roue engrène avec un pignon H qui peut venir en prise avec la denture pratiquée intérieurement sur tout le pourtour de la jante du volant L

L'axe sur lequel tourne le pignon H est solidaire d'un levier coudé pouvant osciller autour de l'axe K qui supporte la roue d'engrenage G. La seconde branche du levier coudé porte, à son extrémité, un ressort à boudin L attaché, d'autre part, à un secteur denté M engrenant avec un pignon N dont l'axe est solidaire d'une manette O qui se déplace devant les plots et devant le secteur d'un rhéostat destiné à commander

Fig. 226. – Machine soufflante à gaz de hauts fourneaux, 950 chevaux, débitant 860 mètres cubes d’air par minute, construite par le Ateliers d’Augsbourg et Nurenberg.

le démarrage du moteur électrique A de mise en train. On sait qu'entre les plots du rhéostat sont intercalées des résistances. Le dernier plot communique avec le conducteur relié au pôle positif ; le secteur du rhéostat est relié avec un des balais B du moteur, le second balai C étant mis en communication avec le pôle négatif. La manette O ferme donc le circuit du moteur en laissant, suivant sa position, une résistance plus ou moins grande dans ce circuit. Quand la manette occupe sa position, extrême dans le sens de marche, le moteur reçoit son courant normal, lequel provoque sa rotation.

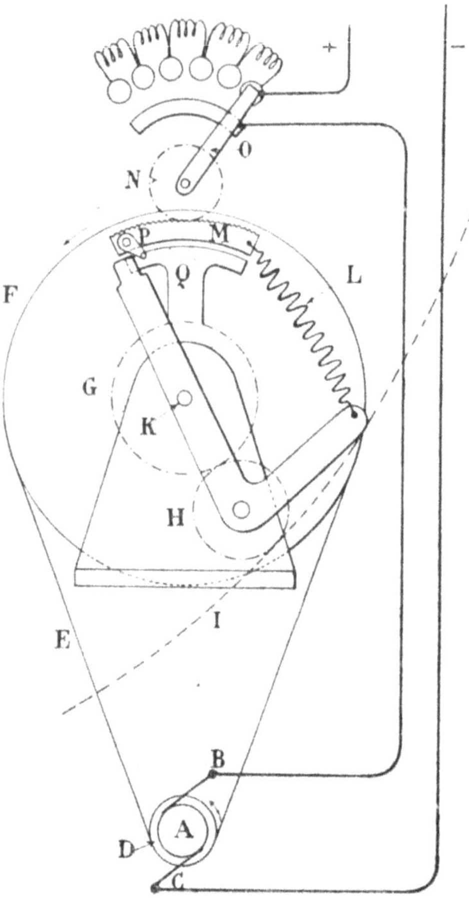

Fig. 227. — Schéma de dispositif de mise en marche électrique.

Pour mettre en marche, on place donc la manette O dans cette position extrême sur le rhéostat. Le moteur électrique A tourne, entraînant dans sa rotation la roue F par l'intermédiaire de la chaîne E. La roue G, solidaire de la roue F, tourne aussi et provoque la rotation du pignon H avec lequel elle engrène. Mais en plaçant la manette O dans sa position extrême vers la droite, on donne au pignon N un mouvement de rotation autour de son axe, et ce mouvement provoque l'avancement, vers la gauche, du secteur denté M avec lequel il engrène. En se déplaçant, le secteur tire sur le ressort à boudin L, ce qui a pour effet de faire osciller le levier autour de son axe K. Ce mouvement d'oscillation ne gêne en rien l'engrenage de la roue G et du pignon H, puisque celui-ci roule sur celle-là, mais par suite de l'oscillation du levier le pignon H vient s'appliquer contre la denture du volant I et la prise d'engrenage se produit sous l'action du ressort L. Le volant se trouve ainsi sollicité à tourner et son mouvement de rotation est produit par le moteur électrique A.

Pour maintenir la manette O et le secteur denté à leur position extrême pour laquelle le ressort à boudin est tendu, une sorte de *cliquet d'arrêt* P est articulé sur ce secteur et l'ergot qui le termine vient s'engager, à la fin de la course, dans un cran pratiqué sur un autre secteur circulaire Q à surface unie, qui est disposé au-dessous du secteur denté.

Le volant du moteur à gaz effectue plusieurs tours sous l'impulsion donnée par le moteur électrique ; lorsque le moteur à gaz a pris son fonctionnement normal et que les explosions sont régulières, l'allure du volant s'accélère. On peut alors débrayer l'appareil de mise en train.

Pour cela, on fait osciller vers la droite l'extrémité supérieure du levier coudé. En même temps, on enlève le cliquet P de son encoche. Le secteur denté M devient libre, et comme l'extrémité inférieure du levier et le pignon H se déplacent vers la gauche, ce pignon quitte les dents portées par la jante du volant, ce qui rend l'appareil et le volant indépendants l'un de l'autre. En outre, le ressort L tire le secteur denté M et le fait osciller vers la droite puisqu'il n'est plus retenu par le cliquet P. Ce mouvement du secteur détermine la rotation du pignon N dans un sens pour lequel la manette O, passant par-dessus tous les plots du rhéostat, vient se mettre à sa position de repos. Le circuit du moteur électrique est alors interrompu et le moteur s'arrête.

L'appareil de mise en marche peut donc rester au repos pendant bout le temps de fonctionnement du moteur à gaz. On ne l'actionne que pour effectuer une nouvelle mise en route.

Mise en marche par l'air comprimé

C'est le dispositif de mise en marche le plus généralement employé pour les moteurs à gaz dont la puissance s'élève au-dessus de 12 à 15 chevaux.

A l'origine de l'établissement des moteurs à gaz, les difficultés de mise en marche devenaient de plus en plus grandes, au fur et à mesure qu'on augmentait la puissance de ces moteurs. On songea, lorsque la manœuvre à la main par le volant fut devenue impossible et dangereuse, à comprimer dans un réservoir spécial du mélange explosif, qu'on admettait ensuite dans le cylindre pour donner l'impulsion initiale au piston. Ce procédé primitif permit de mettre en route les moteurs à puissances moyennes, mais le fonctionnement offrait quelque danger du fait de l'emploi d'un mélange explosif ; on fut conduit à modifier le dispositif et à comprimer dans le réservoir de mise en marche les gaz brûlés, puis de l'air dont la pression fût suffisante pour provoquer l'avancement du piston et la mise en route du moteur.

Ainsi furent créés les divers appareils de mise en marche, par le mélange tonnant et par l'air comprimé, employés dans les différents moteurs, et dont nous allons examiner quelques types.

Mise en marche Crossley

(Fig. 228.) Dans ce dispositif, la compression du mélange tonnant s'effectue, derrière le piston préalablement placé à sa position convenable, au moyen d'une pompe A que l'on peut manœuvrer à la main. Ce corps de pompe communique avec un conduit de gaz B et porte une ouverture C par laquelle on met le feu au mélange, ainsi que nous allons l'expliquer. Un conduit D est également branché sur le corps de pompe et communique avec un des deux compartiments E et F ménagés dans une sorte de réservoir G disposé horizontalement. L'extrémité du second compartiment F communique, par un conduit H, avec une capacité pratiquée dans le cylindre au-dessus d'une soupape I qui peut être manœuvrée de l'extérieur au moyen d'une manivelle J. Cette manivelle, par sa rotation, provoque la montée ou la descente d'une douille filetée qui entraîne la tige et la soupape I.

Quand on veut mettre le moteur à gaz en marche, on ouvre le robinet placé sur le conduit de gaz B qui aboutit à la pompe A et on provoque, en tournant la manivelle J, la descente de la soupape I. Cette soupape quitte son siège et découvre l'orifice par lequel la communication se trouve établie entre le cylindre K du moteur et la pompe A, par l'intermédiaire du conduit H, du réservoir G et du conduit D.

On fait ensuite marcher la pompe à la main. On comprime ainsi dans le cylindre derrière le piston qui est, nous l'avons dit, placé à sa fin de course de compression, de l'air et du gaz. Au bout d'un certain nombre de coups de pompe, nombre qui peut être bien déterminé, la compression a atteint dans le cylindre un degré suffisant et les conduits D et H et le réservoir G sont évidemment remplis de mélange tonnant porté au même degré de compression.

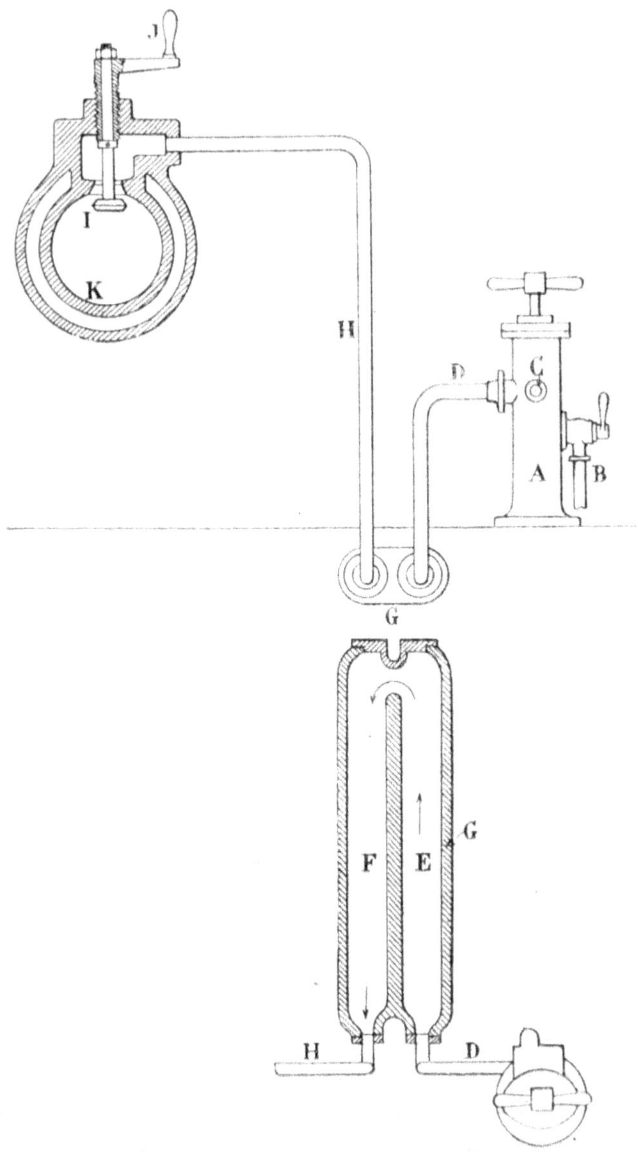

Fig. 228. — Mise en marche Crossley.

On met alors le feu à ce mélange en approchant une flamme de l'ouverture C pratiquée sur le corps de pompe. L'explosion se produit et gagne de proche en proche le cylindre K dans lequel les gaz, en se détendant, poussent le piston et provoquent la mise en route du moteur. Par suite de l'interposition du réservoir G et de sa disposition en deux compartiments, la flamme se propage au fur et à mesure dans le conduit D, puis dans chacun des compartiments E et F, dans le tube H où se trouve du mélange comprimé, et enfin l'inflammation, en se produisant dans le cylindre, n'a pas une action brusque sur le piston, qui est actionné progressivement. Il s'ensuit par cela même une mise en marche exempte de choc.

Mise en marche Niel (Fig. 229.) Ce procédé de mise en marche consiste, comme le précédent, à comprimer du mélange tonnant dans le moteur à mettre en route, et à l'enflammer par l'intermédiaire d'un allumeur indépendant de celui du moteur.

L'appareil de mise en marche comporte un corps de pompe A placé sur le cylindre du moteur dans une direction parallèle à la sienne. Dans le corps de pompe peut se mouvoir un piston, dont la tige C est articulée, à son extrémité, avec un levier D

E, oscillant, en D, autour d'un axe fixe, et muni en bout d'une poignée servant à la manoeuvre.

A l'autre extrémité du corps de pompe est placé un petit piston dont la tige B porte une douille supportant un levier coudé F G, articulé autour d'un axe fixé sur la douille. Une branche F de ce levier est munie d'une poignée ; l'autre branche G

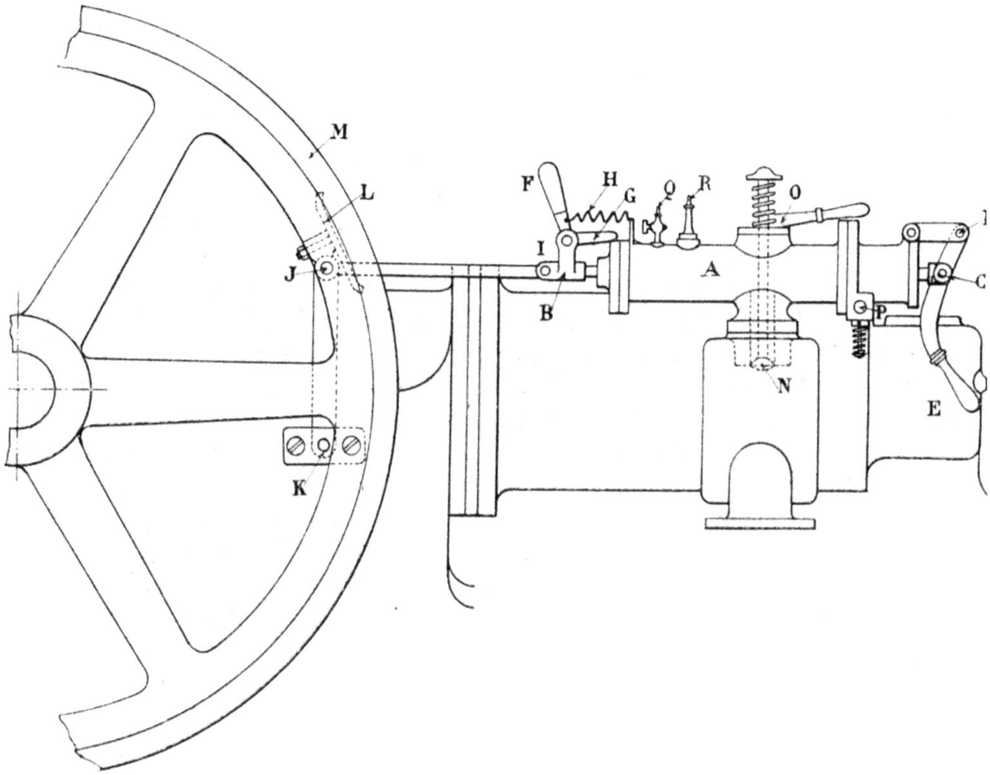

Fig. 229. — Mise en marche Niel.

constitue un cliquet qui, suivant la position de la tige du piston par rapport au corps de pompe, s'appuie sur la bride formant le fond de ce corps de pompe, ou pénètre dans un cran pratiqué sur la face extérieure de cette bride. Ce cliquet est sollicité à s'abaisser par la tension d'un ressort à boudin H fixé sur le corps de pompe et tirant sur la branche F du levier.

La tige du petit piston B est prolongée du côté du volant par une bielle I J articulée en bout d'un balancier J K, pouvant osciller autour de l'axe K et portant à son extrémité J un taquet double L dont les becs s'engagent dans des crans pratiqués sur la jante du volant M.

Ce taquet a pour fonction, lorsqu'il est engagé dans les crans du volant, de l'immobiliser à une position déterminée, pour laquelle le piston est convenablement disposé dans le cylindre en vue de recevoir l'impulsion initiale qui provoquera la mise en marche du moteur.

Sur le corps de pompe A est placée une soupape N s'appliquant, par l'action d'un ressort à boudin extérieur, sur un siège conique formant l'orifice d'un conduit qui fait communiquer l'intérieur du corps de pompe avec l'intérieur du cylindre du moteur.

La soupape N peut être manœuvrée de l'extérieur au moyen d'un levier O, muni d'une poignée. Un conduit amenant le gaz débouche dans le corps de pompe par une ouverture P et porte un robinet. Un clapet à ressort est disposé en ce point sur la pompe pour assurer son fonctionnement.

Un robinet de purge Q et un allumeur électrique R sont, en outre, placés à la partie supérieure du corps de pompe A.

Quand on veut mettre le moteur à gaz en marche, on dispose le taquet L dans les crans du volant qui se trouve ainsi immobilisé. On ouvre le robinet du conduit de gaz P et le robinet de purge Q du corps de pompe. Par la poignée E, on manœuvre le levier D E et on fait marcher la pompe plusieurs fois, de façon à introduire dans le corps de pompe du mélange frais, et à évacuer, par le conduit de purge Q, les gaz brûlés pouvant être contenus dans le corps de pompe.

Cette précaution étant prise, on ferme le robinet de purge et par la manœuvre du levier O on provoque l'abaissement de la soupape N. Le corps de pompe A est alors mis en communication avec l'intérieur du cylindre.

On procède pour le nettoyage du cylindre de la même façon que pour le nettoyage du corps de pompe : on ouvre le robinet de purge placé à l'arrière de ce cylindre et, par l'orifice que découvre l'abaissement de la soupape N, on comprime, à l'aide du levier DE, du mélange gazeux dans le cylindre du moteur.

Ce mélange balaie l'air et les gaz brûlés pouvant être dans la chambre de combustion et il les force à s'échapper par le robinet de purge ouvert. On referme alors le robinet de purge, et l'appareil se trouve prêt à fonctionner.

On manœuvre alors le levier DE et le piston de la pompe comprime du mélange tonnant dans le corps de pompe A et dans le cylindre du moteur. Lorsque le degré de compression est obtenu, on cesse de manœuvrer la pompe, on ferme le conduit d'arrivée du gaz et on laisse la soupape N s'appliquer sur son siège. A ce moment, le mélange tonnant remplit également la chambre de combustion du cylindre et le corps de pompe A.

On provoque l'inflammation du mélange contenu dans ce corps de pompe en se servant de l'allumeur électrique R, auquel on fait donner une étincelle qui jaillit à l'intérieur du corps de pompe. Le mélange s'enflamme : il explose d'abord dans ce corps de pompe. La pression ainsi développée dans cette enveloppe pousse le petit piston relié à la tige B. Cette tige avance de la droite vers la gauche.

Ce mouvement se transmet par la bielle I J au balancier J K qui, oscillant autour du point K, provoque l'écartement du taquet L du volant. Les becs du taquet sortent donc des crans de la jante et le volant est libre de se mouvoir. Ce même mouvement de la tige B écartant le levier à cliquet F G du corps de pompe, le cliquet G abandonne son appui sur la partie supérieure de la bride et tombe dans l'encoche pratiquée sur la face verticale de cette bride ; il est maintenu par l'action du ressort à boudin H. Dans cette position, le taquet L restera constamment éloigné du volant et celui-ci pourra librement effectuer son mouvement de rotation.

L'explosion du mélange dans le corps de pompe A qui provoque, comme nous venons de le voir, le débrayage du volant, provoque aussi l'abaissement de la soupape N dont le ressort de rappel extérieur se comprime.

L'inflammation se transmet alors au mélange contenu dans le cylindre et l'explosion se produit. Le piston du moteur, poussé en avant, provoque la rotation de l'arbre et du volant, et le moteur continue à tourner par ses propres moyens.

Par suite de la disposition permettant de faire exploser le mélange dans le corps de pompe d'abord, puis, dans le cylindre, on obtient sur le piston une poussée progressive et la mise en route s'effectue sans brusquerie et sans choc.

Les manœuvres effectuées dans le but de purger le corps de pompe et le cylindre des produits de combustion antérieurs, sont indispensables pour obtenir du premier coup une bonne inflammation du mélange gazeux de laquelle dépend la réalisation de la mise en marche.

Lorsque la mise en route du moteur s'effectue par l'air comprimé, on dispose un réservoir pouvant recevoir un volume d'air comprimé suffisant pour plusieurs mises en marche.

L'air sous pression contenu dans ce réservoir et utilisé au moment propice pour actionner le piston du moteur, y est envoyé par un compresseur spécial ou est généralement produit par le fonctionnement même du moteur.

Pour que le moteur fasse office de compresseur d'air, on choisit ordinairement le moment où son travail régulier étant achevé, on est sur le point de le mettre au repos. On ferme sur le conduit de gaz le robinet qui permet de l'introduire dans le cylindre pour former le mélange tonnant et on laisse tourner le moteur, qui continue son mouvement pendant un certain nombre de tours par suite de l'impulsion que lui donne son volant. On ouvre, en manœuvrant un levier extérieur spécialement destiné à cette fonction, une soupape placée dans le fond du cylindre ; elle fait communiquer celui-ci avec le réservoir d'air comprimé, par l'intermédiaire d'un conduit portant un clapet s'ouvrant dans la direction du réservoir. Pendant la course d'aspiration du moteur, le piston aspire de l'air seul puisque le conduit de gaz est fermé. Pendant la course de compression qui suit, cet air, au lieu d'être comprimé dans le fond du piston comme dans le cas du fonctionnement normal, est envoyé, par l'orifice que découvre la manœuvre de la soupape spéciale, dans le réservoir d'air comprimé. Le clapet disposé sur la conduite intermédiaire s'ouvre, en effet, sous la pression de cet air puis se referme sous la pression de l'air contenu dans le réservoir, lorsque le piston refait une course en sens inverse. On conçoit que, pendant les quelques tours que le moteur effectue dans ces conditions, sa vitesse diminue : le moteur s'arrêterait si l'on ne prenait soin d'ouvrir de temps à autre le robinet de gaz et de fermer, en même temps, la soupape spéciale donnant la communication avec le réservoir d'air. Le moteur aspire de nouveau du mélange tonnant, l'explosion se produit et le moteur reprend son allure normale.

On recommence la manœuvre que nous venons d'indiquer, pour comprimer un nouveau volume d'air dans le réservoir, en profitant de l'impulsion donnée au moteur. Après quelques manœuvres semblables, l'air contenu dans le réservoir est porté à une pression suffisante ; son degré de compression est indiqué par un manomètre disposé sur le réservoir.

On bloque alors la soupape spéciale et on peut, à ce moment, utiliser l'air comprimé pour mettre le moteur en route, et cette opération peut s'effectuer plusieurs fois de suite sans que l'on soit dans l'obligation de recomprimer de l'air dans le réservoir.

Pour mettre en marche le moteur au moyen de l'air contenu dans le réservoir, on dispose le piston dans le cylindre à la fin de sa course de compression, prêt à commencer son troisième temps. Un conduit qui fait communiquer ce réservoir avec la boîte de la soupape spéciale ayant servi à la compression de l'air, porte un robinet que l'on ouvre. La soupape est alors ouverte et l'orifice qu'elle découvre dans le cylindre permet à l'air comprimé de s'y introduire et d'agir sur le piston en le poussant en avant. Cette action doit être suffisante pour donner à ce piston et au volant une impulsion capable de ramener les organes à la période de compression suivante, après laquelle se produit l'explosion du mélange tonnant alors admis.

La soupape spéciale est évidemment refermée, ainsi que le robinet d'air comprimé, aussitôt que le moteur commence à tourner.

Quand la puissance des moteurs est considérable, on emploie des compresseurs spéciaux pour fournir l'air au réservoir. Ces compresseurs, sortes de pompes à air établies avec des clapets ou avec des lumières de communication, sont mus par une transmission intermédiaire actionnée, soit par le moteur, soit par un moteur spécial.

Lorsque le compresseur est indépendant, la soupape spéciale, dont la manœuvre met en communication le réservoir avec le cylindre, ne sert qu'à l'admission dans celui-ci de l'air comprimé.

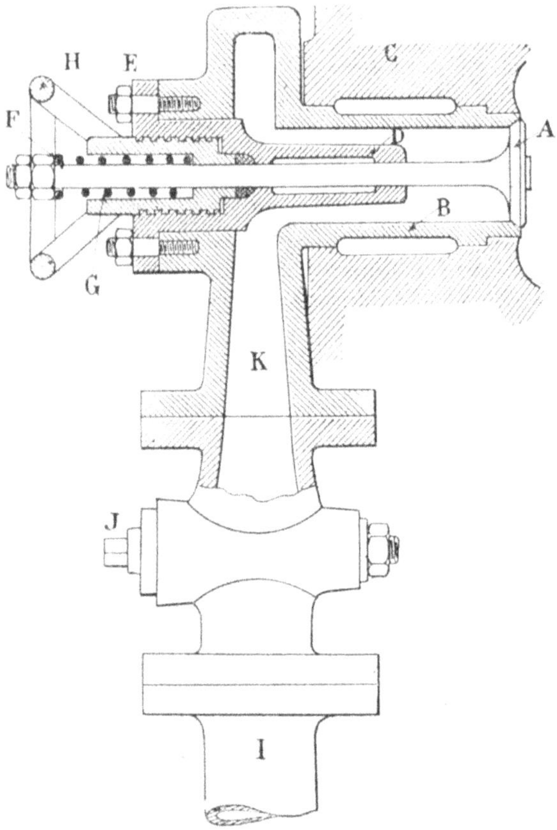

Fig. 230. — Soupape de mise en marche de moteur Deutz.

La figure 230 représente une de ces soupapes d'admission établie sur un moteur à gaz Deutz de 50 chevaux.

La soupape A est enfermée dans une boîte B entrée dans une ouverture pratiquée dans le cylindre C et fixée contre lui. La soupape repose sur un siège conique et découvre l'orifice du conduit d'air comprimé en se déplaçant vers l'intérieur du cylindre.

Elle est guidée par sa tige cylindrique, qui coulisse dans un moyeu central D rapporté dans la boîte à soupape et fixé sur sa face latérale par sa bride E sur laquelle serrent des écrous.

Une rondelle F, serrée en bout de la tige de la soupape par un écrou et un contre écrou, sert d'appui à un ressort à boudin G, s'appliquant, à son autre extrémité, dans le fond d'une creusure pratiquée au centre du moyeu d'un volant H. Ce moyeu porte, sur sa surface cylindrique extérieure, un filetage qui lui permet de se déplacer dans la pièce-guide de la tige de soupape. La soupape A se trouve donc appliquée sur son siège par la tension du ressort à boudin G, et sa course possible vers l'intérieur du cylindre est mesurée par la distance qui sépare la rondelle F de la face extérieure du moyeu du volant de manœuvre H. Cette course s'effectue, comme nous allons le voir, sous l'action de l'air comprimé qui est amené dans la boîte de la soupape par un conduit vertical I. Un robinet J est interposé entre ce conduit I et le conduit K, faisant corps avec la boîte à soupape.

Pour mettre le moteur à gaz en marche, on dispose le piston à sa fin de course de compression, puis on ouvre le robinet J qui permet d'introduire l'air comprimé, par le tuyau I et le conduit K, dans la boîte à soupape. Par suite de sa pression, cet air pousse la soupape A vers l'intérieur et pénètre dans le cylindre. Le ressort G de la soupape se comprime et la rondelle F vient buter contre la face du moyeu. La soupape reste ainsi disposée en découvrant l'orifice d'admission de l'air pendant tout le temps que le robinet J donne passage à l'air provenant du réservoir.

Lorsque l'air sous pression introduit dans le cylindre a fait progresser le piston et lui a donné une impulsion suffisante pour que la mise en route s'effectue, on ferme le robinet J. L'air sous pression n'exerce plus son action sur la soupape A du côté opposé au cylindre.

Au contraire, pendant le retour du piston, la compression s'exerce dans le cylindre sur la soupape A. Cette soupape est appliquée sur son siège par cette pression et par le ressort de rappel G qui a déplacé la rondelle F vers la gauche.

L'appareil de mise en route est ainsi isolé du moteur, dont le fonctionnement se continue régulièrement. Pour bloquer la soupape A sur son siège, afin d'empêcher le retour accidentel d'air comprimé dans le cylindre pendant le fonctionnement du moteur, on tourne le volant H de façon que, par suite du filetage porté par son moyeu, celui-ci vienne s'appliquer contre la rondelle F. Le ressort G se trouve ainsi plus fortement tendu et la soupape ne peut, en outre, se déplacer puisque la rondelle F est immobilisée longitudinalement.

Mise en marche Fielding

(Fig. 231.) Dans ce dispositif de mise en marche, on utilise à la fois l'air comprimé et le mélange tonnant pour obtenir le départ du moteur. Sur le cylindre A du moteur est montée une pièce B portant un tuyau C communiquant avec le réservoir d'air comprimé. Ce tuyau débouche dans un conduit D pratiqué à l'intérieur de la pièce B et fermé par un clapet E dont la manœuvre peut s'effectuer au moyen d'un volant F.

Un second conduit G, percé dans la pièce B, communique, par un canal oblique H, avec l'intérieur du cylindre. Ce conduit est obturé, à son autre extrémité, par un clapet I appliqué sur son siège par un ressort, et traversé par une tige qui actionne un robinet à gaz J par la manœuvre d'un second volant K. Le conduit d'air comprimé débouche en arrière du clapet I de façon que lorsque le clapet E est soulevé, le clapet I se trouve équilibré et appliqué par la tension de son ressort sur son siège.

Le conduit d'amenée du gaz sur lequel est établi le robinet J est placé sur un des côtés de la pièce B.

A la partie supérieure du cylindre est percé un petit canal L qui communique avec le tube à incandescence M. Dans ce canal débouche un petit conduit perpendiculaire N, dont l'orifice peut être plus ou moins obturé par une vis-pointeau O, manœuvrée de l'extérieur par un volant P. Un tube Q vertical prolonge le conduit N et aboutit à son extrémité contre le tube à incandescence M.

Pour mettre le moteur en marche, on place le piston dans la position qu'il doit occuper à la fin de sa course de compression et on purge le cylindre derrière le piston Q et dans la chambre de combustion afin de le débarrasser des produits de la combustion précédente qu'il pourrait encore renfermer.

Pour cela, on ouvre le robinet du conduit de gaz J, et on manœuvre la vis-pointeau O de façon à découvrir l'orifice du conduit N.

Le gaz admis dans le cylindre par le conduit G et le canal H balaye les gaz qui y sont contenus et les force à s'échapper par le canal L, le conduit N, et le tuyau Q, puisque la vis-pointeau O est reculée.

Lorsque la purge est effectuée, le gaz admis dans le cylindre sort par l'extrémité du tuyau Q et s'enflamme au contact du tube incandescent M. La couleur de la flamme ainsi produite indique la pureté du gaz contenu à ce moment dans le cylindre et qui est à la pression atmosphérique.

On ferme alors la vis-pointeau O sur le conduit N et on manœuvre le clapet E au moyen du volant F, de façon à découvrir l'orifice du conduit U d'air comprimé. L'air comprimé provenant du réservoir s'introduit en se mélangeant avec le gaz dans le cylindre par le conduit C et le canal H, lorsque le mélange est constitué dans des proportions convenables, et se trouve porté à un degré de compression déterminé derrière le piston, l'explosion se produit, le mélange s'enflammant au contact du tube à incandescence M. Le piston est actionné et le moteur ainsi mis en marche prend son mouvement régulier.

Les robinets à gaz et le clapet à air comprimé sont alors fermés, isolant l'appareil de mise en route d'avec le cylindre du moteur.

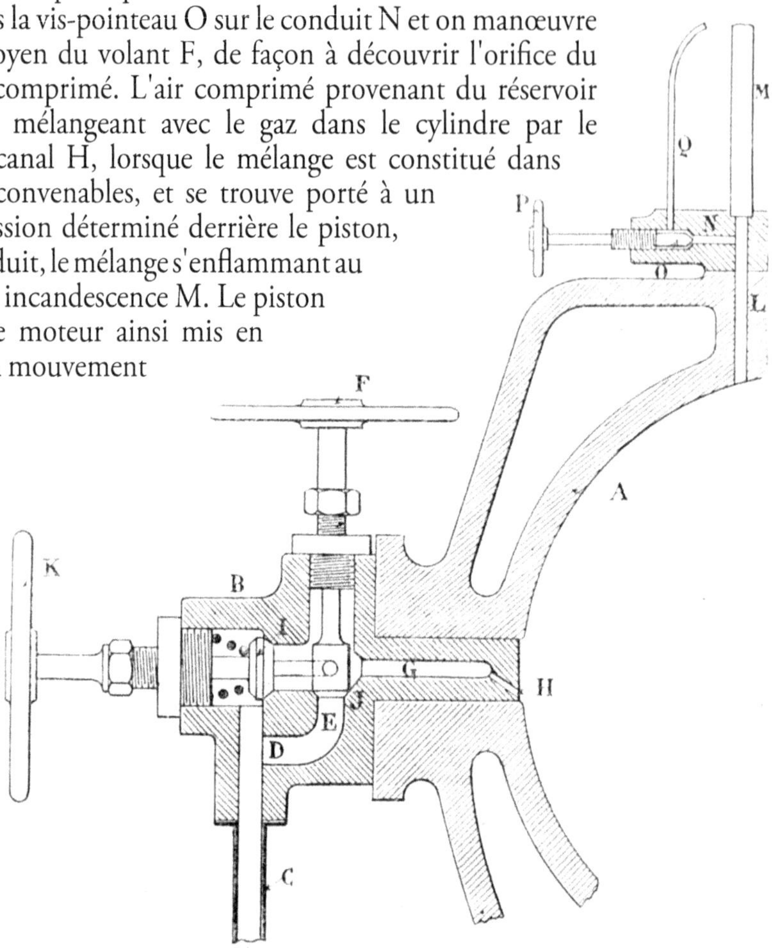

Fig. 231 – Mise en marche Fielding

Chapitre VI

TRAVAIL– PUISSANCE. DIAGRAMMES : DE MOTEUR SANS COMPRESSION ; – DE MOTEUR À COMPRESSION : À QUATRE TEMPS, SIMPLE EFFET, — À QUATRE TEMPS, DOUBLE EFFET, — À DEUX TEMPS. DIAGRAMME DÉVELOPPÉ – TRAVAIL INDIQUE. — TRAVAIL EFFECTIF — RENDEMENT. INDICATEURS ; INDICATEUR OPTIQUE – FREINS. ESSAIS DES MOTEURS.

Travail. Puissance

Nous avons, dans le Tome I de cette publication, traitant des *Chaudières et Machines à vapeur*, longuement expliqué ce qu'était un diagramme et analysé en détail la façon dont il est tracé, en donnant l'interprétation appropriée à chacune des courbes qui le composent.

Nous avons indiqué aussi ce que l'on désigne par travail fourni par une machine ou un moteur, et par puissance de ce moteur.

Nous ne reviendrons pas sur ces explications détaillées et nous croyons qu'on pourra consulter utilement l'exposé de ces notions préliminaires applicables à la puissance et au travail de n'importe quel moteur, avant d'aborder l'examen spécial des diagrammes de moteurs à gaz.

Rappelons que le travail effectué par la pression d'un gaz sur le piston d'un moteur est le produit de la force agissant sur ce piston par le chemin parcouru pendant un temps déterminé.

La force étant exprimée en kilogrammes et le chemin parcouru en mètres, le travail sera exprimé en *kilogrammètres*.

Le travail produit sur le piston d'un moteur pendant l'unité de temps, représentée par la seconde, indique la puissance de ce moteur.

La puissance est exprimée en *kilogrammètres-seconde*.

L'unité de puissance, le cheval-vapeur, a une valeur généralement adoptée de 75 kilogrammètres-seconde, ce qui signifie que c'est une puissance capable de soulever un poids de 75 kilogrammes à un mètre de hauteur dans une seconde.

La valeur du cheval-vapeur est variable suivant les contrées.

Une valeur du cheval-vapeur se rattachant au système décimal a été proposée pour servir de base unique.

C'est le *Poncelet*, unité de puissance correspondant à 100 kilogrammètres-seconde ; il est regrettable de voir encore cette unité logique si peu employée.

Diagrammes Les diagrammes des machines à vapeur et des moteurs à gaz ne sont pas semblables, parce que les moteurs à gaz sont en grande majorité des machines à quatre temps, tandis que la machine à vapeur est à deux temps. De là, des dissemblances entre les deux tracés de diagrammes que l'on appréciera par l'examen qui va suivre. Dans les deux cas, cependant, le diagramme est la représentation graphique du travail effectué par le gaz sur le piston pendant une course déterminée, et la valeur du travail est représentée par la surface du diagramme.

Un exemple simple que nous avons déjà donné (Tome I), et que nous reproduisons, fera comprendre la relation existant entre le travail développé sur un piston par la pression d'un gaz pendant une certaine course, et la surface du diagramme représentatif de ce travail.

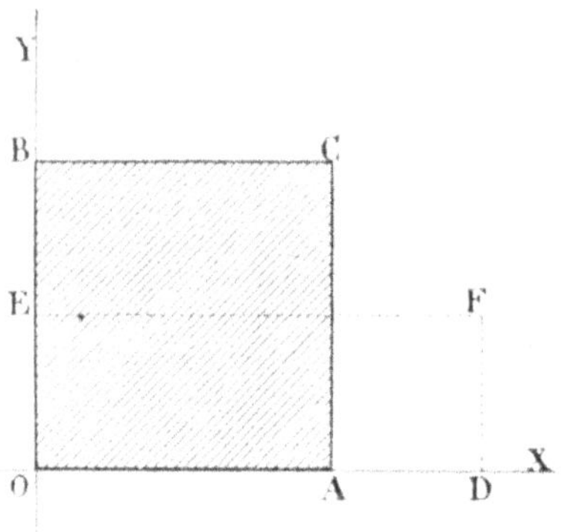

Fig. 232. — Représentation graphique du travail.

Sur une droite horizontale OX (Fig. 232) nommée *axe des abscisses*, traçons du point O une ligne verticale OY qui sera donc perpendiculaire à la droite OX et qui est nommée *axe des ordonnées*. Le point O est désigné sous le nom de point d'origine. La ligne OX étant divisée en parties représentant proportionnellement des mètres ou des subdivisions de mètre, et la ligne OY étant divisée en parties représentant des kilogrammes, si on suppose que le piston d'un moteur soit poussé par la pression du gaz contenu dans le cylindre pendant une course représentée sur la ligne OX par la longueur OA, par exemple, et que la pression, supposée constante, exercée sur ce piston soit représentée par la longueur OR portée sur la ligne OY, le travail produit dans le cylindre pendant la course du piston sera égal au produit de la force OB par le chemin parcouru OA. Le travail s'exprimera donc ainsi OB x OA. Ce produit représente la surface du rectangle OBCA. Comme ce rectangle constitue le diagramme du moteur considéré, le travail sera donc égal à la surface du diagramme.

Si, dans un autre cas, le chemin parcouru était égal à OD et que la pression supposée toujours constante fût égale à OE, le travail serait représenté par la surface du nouveau rectangle ODFE.

Le diagramme relevé sur un moteur pendant son fonctionnement normal permet donc de connaître, par la mesure de sa surface, le travail produit dans le cylindre par la pression du gaz.

Cette pression, d'ailleurs, n'est pas constante, comme nous venons de le supposer dans notre exemple précédent, c'est-à-dire qu'elle n'est pas égale à elle-même pendant toute la durée de la course du piston.

Nous savons, en effet, que dans un moteur à gaz, les gaz portés par l'explosion à une pression très élevée se détendent au fur et à mesure que le piston progresse et que leur pression diminue de valeur. Le diagramme d'un moteur à gaz ne peut donc pas être une figure rectangulaire semblable à la précédente. Le diagramme est formé par une courbe continue, laquelle réunit les divers points mesurant, pour chacune des positions du piston, pendant ses excursions multiples dans un cycle complet, la pression qui s'exerce sur lui. Nous connaissons les diagrammes des machines à vapeur, la façon de les interpréter pour apprécier la valeur et le bon fonctionnement des organes de distribution et, au besoin, pour en corriger les défauts, de les tracer et de mesurer leur surface pour déterminer le travail produit. Nous allons examiner les diagrammes se rapportant aux moteurs à gaz qui, on le verra, diffèrent sensiblement de ceux des machines à vapeur.

Les moteurs à gaz comprennent, nous l'avons dit, des moteurs sans compression et des moteurs à compression.

Les premiers, qui ont été les moteurs primitifs, ne sont plus employés aujourd'hui il ne sera cependant pas sans intérêt de connaître leur diagramme, que nous allons examiner d'abord, pour le comparer avec celui des moteurs à compression.

Parmi ceux-ci, d'ailleurs, nous trouvons les moteurs à simple effet et à double effet et les moteurs à quatre temps et à deux temps.

Nous analyserons, pour chacune de ces sortes de moteurs, le diagramme correspondant, ce qui permettra d'établir un parallèle entre les diagrammes et, par suite, entre les moteurs.

Diagramme de moteur sans compression

(Fig. 233.) Dans cette catégorie de moteurs dont le type est le moteur Lenoir que nous avons décrit plus haut, l'admission du mélange gazeux s'effectue pendant une partie de la course du piston, au moyen d'un tiroir, à la façon de la distribution des machines à vapeur. Puis, l'orifice d'admission étant brusquement refermé, l'allumage du mélange s'effectue dans le cylindre et les gaz portés d'abord à une grande pression poussent le piston en avant sur une des faces, et se détendent au fur et à mesure que le piston avance.

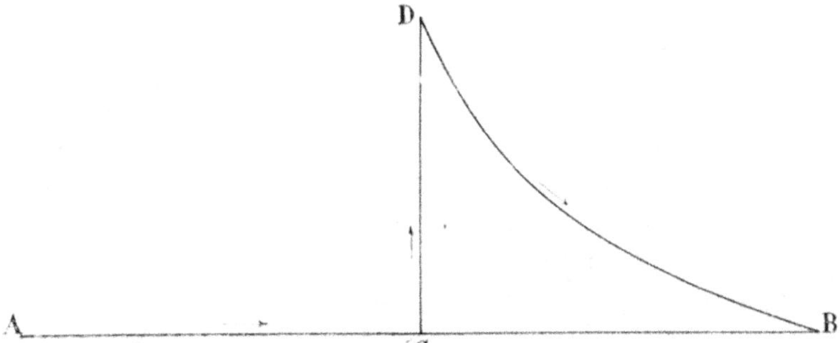

Fig. 233. — Diagramme théorique de moteur sans compression.

Pendant la course inverse, la même face du piston comprimant les gaz brûlés dans le cylindre, les refoule dans le tuyau d'échappement par un orifice découvert quelques instants avant la fin de la course précédente du piston.

Ce fonctionnement est représenté graphiquement par la figure 233.

La ligne A B représente, comme longueur, la course du piston. Cette ligne est la ligne atmosphérique, c'est-à-dire que tous ses points sont supposés à une pression d'une atmosphère.

Si le piston part du point A pour atteindre le point B, pendant la partie de sa course représentée par la longueur A C sur la ligne atmosphérique, l'admission du mélange s'effectuera dans le cylindre, et comme ce mélange n'est pas comprimé, qu'il est à la pression atmosphérique, la pression dans le cylindre pendant le chemin parcouru AC sera *égale à une atmosphère. La ligne de la pression* pendant cette période se confondra donc avec la ligne atmosphérique. La droite AC représente ainsi, prise dans le sens de A vers B, *l'admission du mélange.*

Lorsque le piston a atteint le point C, la lumière d'admission est obturée et le mélange est enflammé. A ce moment, la pression donnée aux gaz enflammés par suite de l'explosion est maximum et comme l'allumage est théoriquement instantané, la pression dans le cylindre croit brusquement. Cette pression est mesurée par la ligne verticale CD, qui est une ordonnée dont la longueur est déterminée proportionnellement au nombre de kilogrammes représentant la pression.

Aussitôt après l'explosion des gaz, la pression agissant sur le piston diminue.

Les gaz se détendent pendant que le piston parcourt le chemin C B qui complète sa course vers le point B. Entre le point C et le point B la pression baisse de plus en plus, et la courbe représentative de cette pression est la ligne D B.

Donc, en résumé, pendant la course du piston de A en B, la ligne des pressions passe par les points A, C, D, B.

Pendant la course inverse du piston de B en A, celui-ci refoule, par sa face qui vient d'être actionnée, les gaz brûlés qui ont provoqué son avancement. Ces gaz sont évacués dans le tuyau d'échappement qui débouche à l'air libre.

La pression des gaz dans le cylindre pendant l'échappement est donc égale à la pression atmosphérique. La ligne des pressions dans le cylindre pendant que le piston parcourra le chemin BA se confondra donc avec la ligne atmosphérique AB et le diagramme complet sera une ligne continue réunissant dans l'ordre les points A C D B A.

En réalité, comme il n'y a aucun travail produit du point A au point C ni du point B au point A, le travail total fourni par l'action des gaz enflammés sur le piston sera mesuré par la surface de la figure C D B.

On se rend compte, par le simple examen de la figure 233, que le travail fourni par le type de moteur que nous avons étudié n'est pas considérable pour une course et une pression données. Son rendement est, en effet, bien inférieur à celui des moteurs à compression dont nous allons examiner plus loin les diagrammes.

Le diagramme de moteur sans compression représenté par la figure 233 est un diagramme théorique, c'est-à-dire tracé en se plaçant dans les conditions les plus favorables. Malgré toutes les précautions prises pour établir les organes avec la plus grande perfection possible, on ne peut obtenir, dans un moteur à gaz, l'inflammation et l'explosion instantanées du mélange gazeux ni une combustion absolument complète.

On ne peut aussi éviter les pertes de chaleur et, par suite des dimensions des conduits d'admission et d'échappement qui, tout en étant le plus large possible, peuvent provoquer, néanmoins, des étranglements, l'aspiration et l'échappement ne se font pas à la pression atmosphérique.

Ce sont autant de causes de diminution du rendement du moteur.

Le diagramme réel obtenu pour un moteur sans compression est représenté par la figure 234.

Le piston est supposé partant du point A pour atteindre le point B au bout d'une de ses courses. Pendant qu'il parcourt le chemin A C l'aspiration a lieu ; mais cette aspiration du mélange gazeux s'effectuant à travers un orifice offrant un étranglement au passage du mélange, il se produit derrière le piston un certain vide et la pression dans le cylindre est inférieure à la pression atmosphérique. La ligne de cette pression pendant le chemin parcouru A C ne se confondra plus, comme dans le cas précédent, avec la ligne atmosphérique A B.

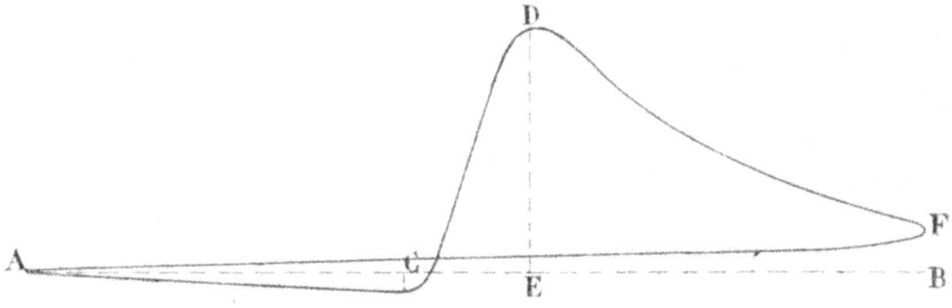

Fig. 234. -Diagramme réel de moteur sans compression.

Elle sera tracée au-dessous de cette ligne puisque la pression est inférieure à la pression atmosphérique. Au moment où la lumière d'admission est obturée, l'inflammation se produit, la pression augmente rapidement ; mais comme ni l'inflammation ni l'explosion ne sont instantanées, la ligne représentant la pression, au lieu d'être une ligne verticale, comme dans le diagramme théorique, sera une courbe s'élevant progressivement de C en D pour atteindre la valeur maximum de la pression en D. Il faut donc que le piston parcoure le chemin C E depuis la mise de feu, pour que la pression atteigne sa valeur la plus grande. A partir de ce point, la pression va diminuer et lorsque le piston sera arrivé au bout de sa course en B, la pression sera représentée par la longueur B F.

La courbe de cette pression, variable de la position E du piston jusqu'à la position B, sera représentée par la ligne D F.

Vers la fin de la course du piston se déplaçant de A vers B, l'orifice d'échappement s'ouvre, ce qui donne lieu à la forme arrondie du diagramme au point F, puis le piston recommence une excursion pour laquelle son déplacement est mesuré par la longueur de la ligne B A et suivant sa direction. Cette course a pour fonction d'évacuer les gaz brûlés ayant produit du travail dans la course précédente: c'est la course d'échappement.

Comme la détente des gaz n'a pas été complète dans la phase précédente, ces gaz ont, au commencement de la course du piston dirigée de B vers A, une pression supérieure à la pression atmosphérique, et comme, d'autre part, les orifices d'évacuation ne permettent pas d'éviter les étranglements, pendant le retour du piston, les gaz refoulés dans le cylindre conservent néanmoins une pression qui tend à retarder la progression du piston : c'est la contre pression nuisible, évidemment, puisqu'elle absorbe, en pure perte, une partie du travail du piston.

La ligne représentant cette contre pression est, sur le diagramme, la ligne FA qui est tracée au-dessus de la ligne atmosphérique, puisqu'elle joint les divers points de pression supérieure à une atmosphère, et qui aboutit au point d'origine.

En résumé, le *diagramme réel* se rapportant à un *moteur sans compression*, diffère sensiblement du diagramme théorique, et cela pour les raisons que nous avons indiquées.

Ces mêmes raisons se présenteront pour les diagrammes des divers autres types de moteurs et modifieront, au détriment du rendement, les diagrammes théoriques pour constituer les diagrammes ordinaires dont les formes nous sont plus familières, parce que ce sont ceux avec lesquels il faut compter pour déterminer le travail réel produit sur le piston du moteur.

DIAGRAMMES DES MOTEURS A COMPRESSION

Diagrammes des moteurs à quatre temps à simple effet

Pour les moteurs à compression, le diagramme diffère de forme. Parmi ceux-ci, le *moteur à quatre temps à simple effet* est le plus répandu. Nous avons analysé précédemment les diverses phases du cycle du moteur à quatre temps.

Nous allons reprendre ces phases en indiquant la courbe du diagramme correspondante, ce qui nous permettra d'établir le diagramme complet.

Le piston B (Fig. 235), étant supposé à fond de course en arrière, se projette en F sur la ligne atmosphérique X Y. Il commence à progresser en avant dans le sens de la flèche et à la fin de sa course en avant, sa position sera en G.

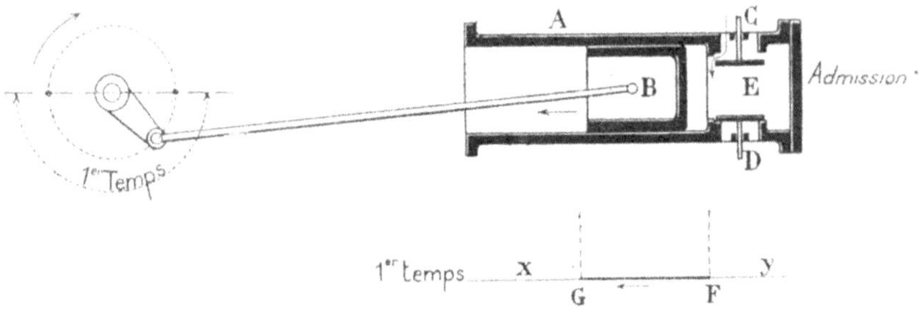

Fig. 235. — Diagramme de moteur à quatre temps, au 1er temps

Il aura parcouru une course d'une longueur égale à FG : c'est le *premier temps*. Pendant cette course, la soupape d'admission C étant ouverte, le mélange est admis dans le cylindre. La pression de ce mélange est égale à la pression atmosphérique, ce qui fait que pour le premier temps, la ligne des pressions du diagramme se confondra avec la ligne atmosphérique X Y.

Le *deuxième temps* correspond à la phase de compression. Le piston, parvenu au point G (Fig. 236), effectue une seconde course vers le point F, dont la longueur

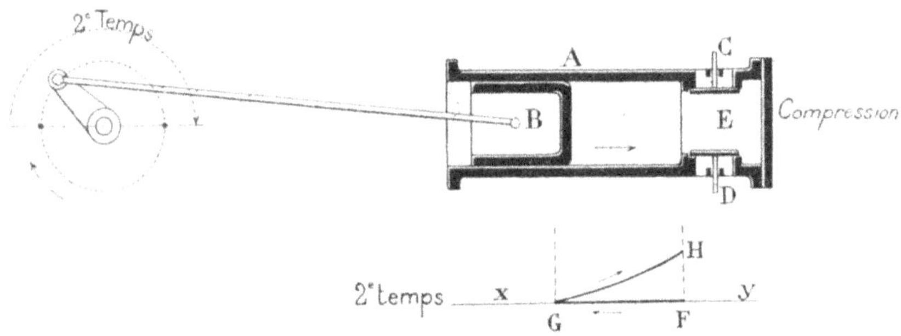

Fig. 236. — Diagramme de moteur à quatre temps, au deuxième temps

est égale à la première course mesurée par la distance séparant G et F. Pendant cette course, la soupape d'admission C et la soupape d'échappement D sont fermées. Le mélange gazeux, admis dans le cylindre à la pression atmosphérique dans la course d'admission précédente, est comprimé à un degré de plus en plus grand au fur et à mesure que le piston progresse. La pression relevée dans le cylindre augmente donc pendant que le piston se déplace du point G au point F, et la courbe représentative de cette pression est la ligne G H. Au deuxième temps, le diagramme est constitué par les deux lignes F G et G H.

Pendant le *troisième temps* (Fig. 237), le piston revient du point F au point G, poussé par l'explosion produite par l'allumage du mélange. Cette explosion se produit au moment où le piston achève sa course du deuxième temps, en arrivant au point F.

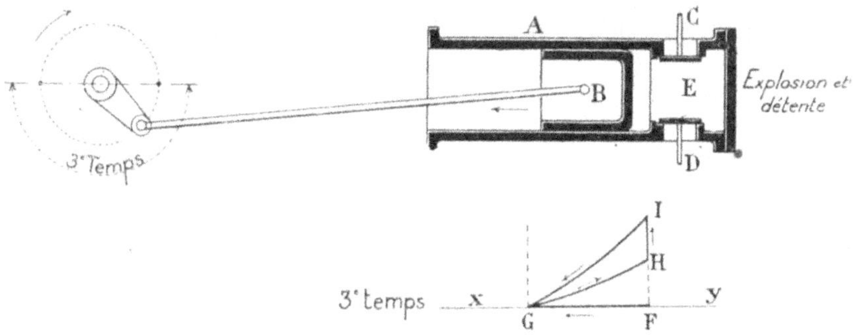

Fig. 237. — Diagramme de moteur à quatre temps, au troisième temps.

L'allumage et l'explosion étant supposés instantanés, la pression augmente dans le cylindre et atteint instantanément son degré maximum. Cette pression limite est mesurée par la longueur FI prise sur une verticale tracée du point F, car le piston est supposé n'avoir parcouru aucun chemin pendant l'allumage et l'explosion. La pression des gaz pousse alors le piston de F vers G et pendant que ce piston effectue sa course, les gaz se détendent et leur pression diminue de plus en plus à mesure que le piston s'approche du point G. Si la détente est supposée complète, en ce point, la pression redeviendra égale à la pression atmosphérique et la courbe représentant la pression variable pendant la détente sera sur le diagramme la ligne I G. Après le troisième temps, le diagramme sera formé par les lignes FG, GH, HI et IG.

Au *quatrième temps* (Fig. 238), le piston refait une course, la dernière du cycle, dirigée de G vers F. Sur le cylindre, la soupape d'admission C est fermée et la soupape

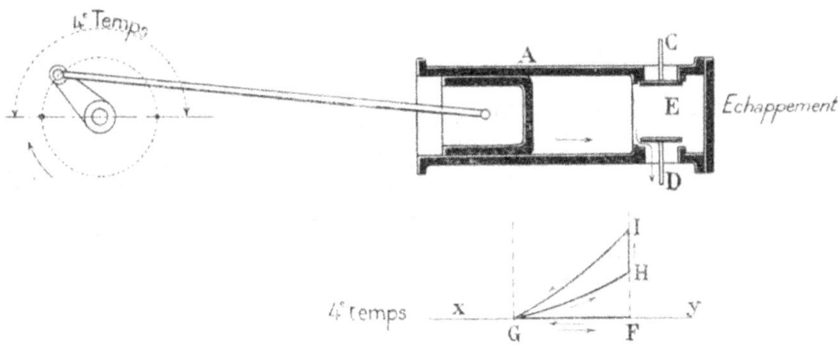

Fig. 238. — Diagramme de moteur à quatre temps, au quatrième temps.

d'échappement D est ouverte : c'est la phase d'échappement. Pendant cette course, le piston refoule dans le tuyau d'échappement, par l'orifice que découvre la soupape d'échappement, les gaz brûlés qui ont actionné le piston dans la course précédente. Ces gaz, portés par la détente à la pression atmosphérique, ont cette pression au début de la quatrième course, et comme ils sont évacués à l'air libre, la pression dans le cylindre pendant la période d'échappement sera constamment égale à la pression atmosphérique. La ligne représentative de cette pression se confondra sur le diagramme avec la ligne atmosphérique X Y.

Le cycle à quatre temps est ainsi complet, et le diagramme auquel il donne lieu est constitué par les lignes FG, GH, HI, IG et GF.

La surface du diagramme ainsi obtenu représente le travail développé par les gaz portés à des pressions variables pendant les quatre excursions, de longueur déterminée, effectuées par le piston.

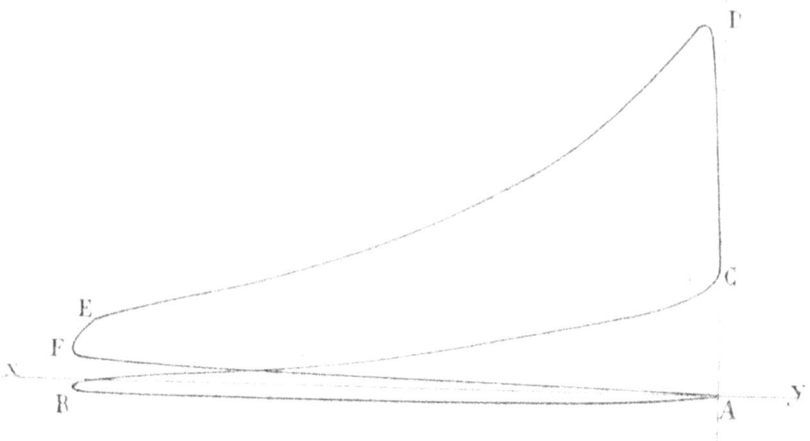

Fig. 239. - Diagramme réel de moteur à quatre temps.

Le diagramme ainsi obtenu est le diagramme théorique mais, comme nous l'avons expliqué plus haut, le diagramme réel, sur lequel on mesure le travail fourni, en diffère en quelques points, par suite des imperfections inévitables que nous avons signalées. Ce diagramme réel est représenté par la figure 239.

La ligne atmosphérique est XY. La longueur d'une course de piston est représentée par la longueur B. Au commencement du cycle, le piston, partant du point A pour arriver au point B, aspire le mélange et comme il se produit, du fait de cette manoeuvre, un vide dans le cylindre, la pression dans ce cylindre n'est pas égale à la pression atmosphérique et la ligne AB représentant la courbe des pressions pendant l'aspiration est tracée au-dessous de la ligne atmosphérique XY.

Pendant la compression, la courbe des pressions partant du point B aboutit au point C et conserve sa forme théorique ; mais l'allumage et l'explosion n'étant pas instantanés, la ligne CD, au lieu d'être verticale, sera inclinée et se raccordera d'une part avec la courbe de compression BC par un arrondi au point C, et d'autre part avec la courbe de détente DE par un arrondi au point D. La courbe de détente DE qui représente les pressions successives du gaz dans le cylindre pendant la période active de travail du piston, n'est pas exactement tracée comme la courbe de détente théorique. La détente, en effet, n'est pas complète, car les gaz ne reprennent pas à la fin de la phase la pression qu'ils possédaient à l'origine, pression qui, dans ce cas, est égale à la pression atmosphérique. Au point E, d'ailleurs, l'orifice d'échappement s'ouvre, constituant ce que l'on appelle l'avance à l'échappement. La pression du gaz diminue brusquement de E en F, point où le piston achève sa course de troisième temps. Il lui reste, à ce moment, à parcourir sa dernière course : course d'échappement, pendant laquelle la pression est indiquée sur le diagramme par la ligne FA. Le point F de cette ligne indique, nous venons de le dire, une pression supérieure à la pression atmosphérique. Le point A, point final de la course d'échappement, est nécessairement sur la ligne de pression atmosphérique. La courbe FA est donc tout entière au-dessus de la ligne atmosphérique et comme pendant toute la course de refoulement FA du piston, la pression est plus considérable que la pression de l'air, elle constitue une contre-pression nuisible qui diminue le rendement du moteur.

Il est aisé de se rendre compte de la différence qui existe entre ce diagramme réel et le diagramme théorique que nous venons d'examiner pour un moteur à quatre temps à compression. En outre, on peut aussi tirer de la comparaison de ce diagramme et de celui relatif au moteur sans compression, des conclusions faciles, au point de vue du rendement, qui seront favorables au moteur à compression.

Diagramme de moteur à quatre temps à double effet

Le diagramme précédent se rapporte à un moteur à quatre temps à simple effet, c'est-à-dire dans lequel le piston ouvert ne travaille que sur une de ses faces.

Dans le moteur à quatre temps à double effet, chaque face du piston reçoit à son tour la poussée des gaz enflammés, et le diagramme de ce moteur se compose de deux diagrammes tracés chacun par rapport à une des faces du piston et qui s'enchevêtrent.

Nous allons examiner, pour chacune des phases du cycle à quatre temps du moteur à double effet, la forme que prend le diagramme: le diagramme tracé par rapport à une des faces du piston est indiqué en traits pleins, celui qui se rapporte à l'autre face est indiqué en traits pointillés (Fig. 240 à 243).

Nous supposons le piston du moteur placé en fin de course arrière. Sa position est représentée par le point I placé sur la ligne atmosphérique XY. Le piston avançant vers l'avant va parcourir une course IJ. La face arrière de ce piston aspirera dans le cylindre par l'orifice découvert par la soupape d'admission C du mélange tonnant: c'est la

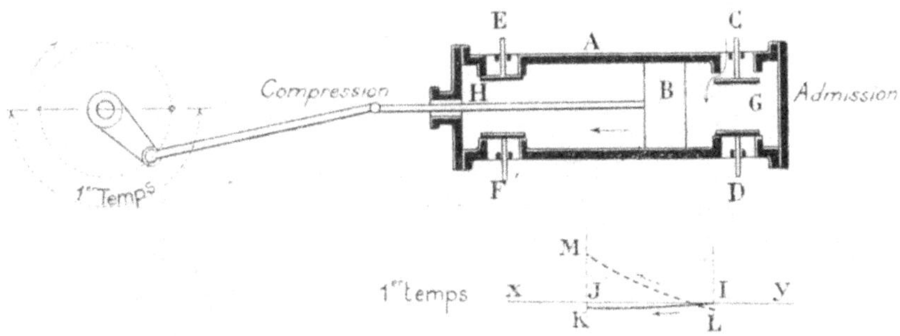

Fig. 240. — Diagramme d'un moteur à quatre temps à double effet au premier temps.

phase d'aspiration pour ce côté du piston, qui sera représentée sur le diagramme par la ligne IK. Cette ligne sera tracée au-dessous de la ligne atmosphérique, un certain vide étant produit dans le cylindre par l'aspiration. La face avant du piston comprime, dans la partie avant du cylindre, le mélange admis à la phase précédente. Les soupapes étant fermées, la pression dans cette partie du cylindre augmente et la ligne qui représente la variation de cette pression est tracée sur le diagramme du point L au point M. Le point

M est placé au-dessous de la ligne atmosphérique parce que, comme nous le verrons au quatrième temps, l'aspiration effectuée par la face avant du piston se fait, comme l'aspiration en arrière, à une pression inférieure à celle de l'atmosphère.

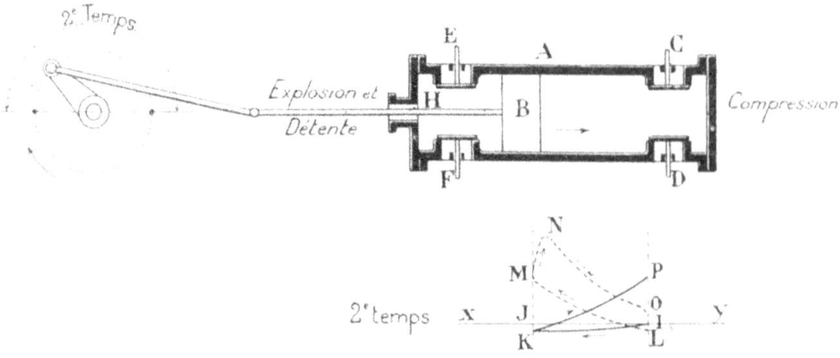

Fig. 241. — Diagramme de moteur à quatre temps à double effet, au deuxième temps.

Au deuxième temps, le piston retourne du point J au point I. Pendant cette course toutes les soupapes d'avant et d'arrière sont fermées. La face arrière du piston comprime dans le cylindre le mélange gazeux admis par aspiration au premier temps et cette compression est représentée sur le diagramme par la courbe KP, le point K étant situé au-dessous du point J de la ligne atmosphérique.

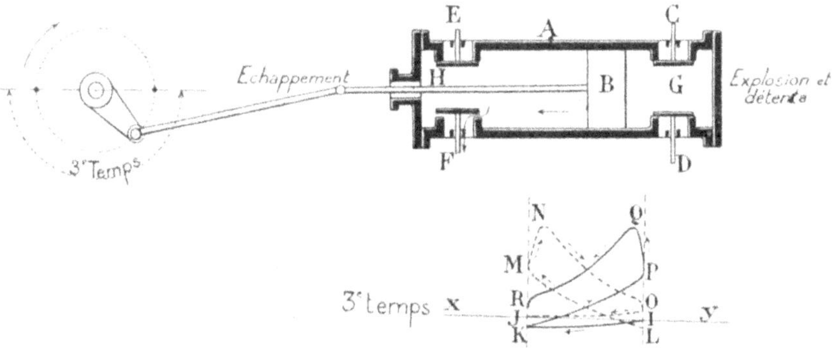

Fig. 242. — Diagramme de moteur à quatre temps à double effet, au troisième temps.

Sur la face avant du piston, le mélange précédemment comprimé est enflammé.

L'explosion se produit d'abord, puis les gaz se détendent pendant que le piston parcourt la course JI.

La pression, dont la valeur était représentée par la longueur M au commencement de cette course, atteint le point N après l'explosion, puis diminue au fur et à mesure que le piston progresse vers le point I et se mesure par la longueur IO lorsque la course est achevée. La courbe représentative de cette pression pendant le chemin parcouru JI sera la ligne MNO.

En résumé, au deuxième temps du cycle, les diagrammes respectifs tracés par rapport à chaque face du piston seront : pour la face arrière, les lignes IK et KP ; pour la face avant les lignes LM, MN et NO.

La troisième course du piston s'effectue du point I au point J dans le sens de la première. Pendant cette course, les soupapes du cylindre sont fermées à l'arrière et la soupape d'échappement F est ouverte à l'avant.

Sur la face arrière du piston, le mélange qui a été comprimé dans la course précédente est enflammé. L'explosion se produit, puis les gaz se détendent jusqu'à la fin de la course du piston. Vers la fin de cette course, l'orifice d'échappement s'ouvre et l'avance à l'échappement ainsi réalisée provoque dans le cylindre une brusque dépression indiquée sur le diagramme au point R. Pendant cette troisième course, la courbe de la pression dans le cylindre sur la face arrière du piston est représentée par les lignes PQ et QR.

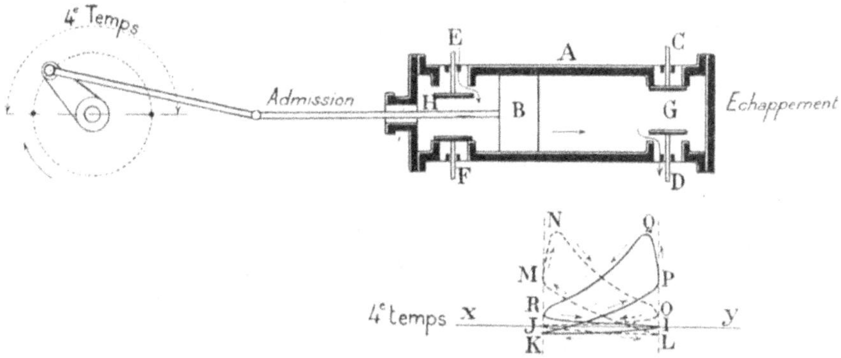

Fig. 243. - Diagramme de moteur à quatre temps à double effet, au quatrième temps.

Du côté avant, la soupape d'échappement F étant ouverte, le piston en progressant de I vers J refoulera les gaz brûlés dans le conduit d'évacuation : c'est la période d'échappement pour laquelle la pression des gaz, équivalente à la longueur 10 au commencement de la course, atteindra, à la fin de cette course, la pression atmosphérique.

La ligne représentant la pression des gaz pendant l'échappement à l'avant sera, dans le diagramme pointillé, la ligne OJ. Cette ligne sera tracée au-dessus de la ligne de pression atmosphérique et constitue la contre-pression. A la fin du troisième temps, les diagrammes respectifs sont, pour la face arrière du piston, la courbe continue I K P Q R, et pour la face avant, la courbe continue L M N O J.

Pendant la dernière phase du cycle, le piston parcourt le chemin JI. A l'arrière, la soupape d'échappement D est ouverte ; à l'avant, la soupape d'admission E est également ouverte. Sur la face arrière du piston, les gaz brûlés et détendus ont dans le cylindre une pression représentée par la longueur J R au commencement de la quatrième course.

Le mouvement du piston refoule ces gaz dans le tuyau d'échappement et comme il est impossible d'éviter la contre-pression, la ligne R I, qui représente la courbe de la pression d'échappement pendant cette dernière course, est tracée au-dessus de la ligne atmosphérique. Le diagramme se rapportant à la face arrière du piston se trouve ainsi constitué en entier.

Vers la face avant du piston, le mouvement dirigé de J vers I détermine l'aspiration du mélange gazeux à l'avant du cylindre par l'orifice que découvre la soupape d'admission E. La pression dans le cylindre pendant l'aspiration est inférieure à la pression atmosphérique et la ligne représentant cette pression pendant la course du piston de J en I sera la courbe J L tracée au-dessous de la droite X Y.

Le diagramme tracé par rapport à la face avant du piston est ainsi complété. On remarquera que les deux diagrammes se superposent en partie. Ils doivent être symétriques, des organes de distribution semblables remplissant les mêmes fonctions à chaque extrémité du cylindre et les pressions étant les mêmes pour des phases correspondantes à l'avant et à l'arrière du cylindre.

Diagramme de moteur à deux temps

Le diagramme des moteurs à deux temps diffère des diagrammes précédents se rapportant aux moteurs à quatre temps. Nous allons déterminer par rapport à une seule face du piston le tracé des courbes constituant le diagramme. Par rapport à l'autre face, on pourra construire un diagramme semblable au premier et disposé symétriquement à celui-ci par rapport au point d'origine.

En nous reportant à la figure 244, nous supposerons que le piston B arrivé à sa fin de course vers l'avant, va commencer une excursion en arrière. La position de ce piston — sur la ligne atmosphérique XY, prise comme axe des abscisses sera donnée par le point F et la course à parcourir sera mesurée par la longueur FG. Au moment

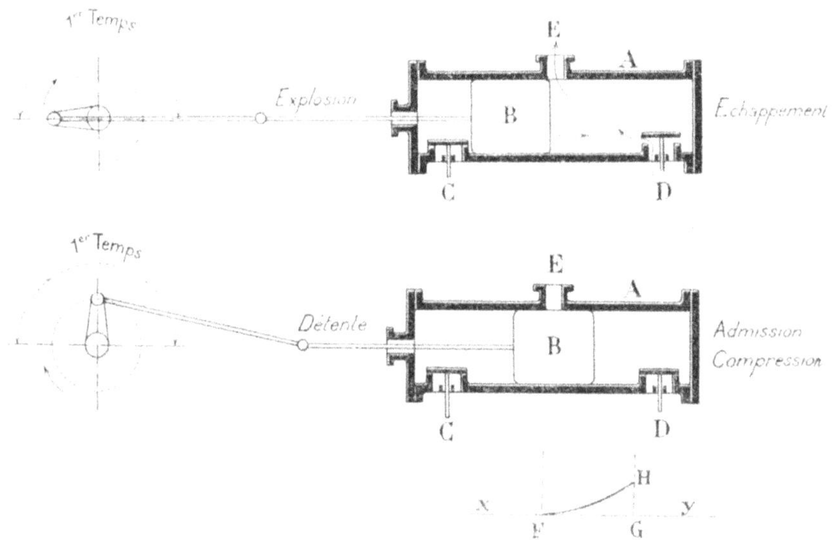

Fig. 244. — Diagramme de moteur à deux temps, au premier temps.

où le piston commence son mouvement vers l'arrière, la soupape D est ouverte et un courant d'air envoyé dans le cylindre par l'orifice ainsi découvert refoule dans le conduit E les gaz précédemment brûlés encore contenus dans le cylindre. Puis, par ce même orifice, le mélange gazeux envoyé par une pompe à gaz pénètre dans le cylindre.

Ce mélange est à une certaine pression et lorsque le piston B a parcouru un chemin suffisant pour masquer l'orifice d'échappement E et que la soupape D est refermée, la compression commence à l'arrière du cylindre et se continue jusqu'à la fin de course du piston.

La courbe des variations de la pression sur la face arrière du piston pendant une course égale à la longueur FG sera représentée par la ligne FH. Cette ligne se confondant d'abord avec la ligne X Y, vers le point F, se relève à mesure que le degré de compression augmente dans le cylindre, et atteint le point H correspondant à la pression maximum de la compression en fin de course du piston.

La ligne FH représente donc la partie du diagramme correspondant aux deux phases du premier temps.

Pendant le second temps, le piston va revenir en avant, en parcourant la même course que la précédente, mais en sens inverse, c'est-à-dire de G en F. Cette course est provoquée par l'explosion du mélange gazeux comprimé pendant la course précédente, explosion qui se produit à la fin de cette course de compression (Fig. 245).

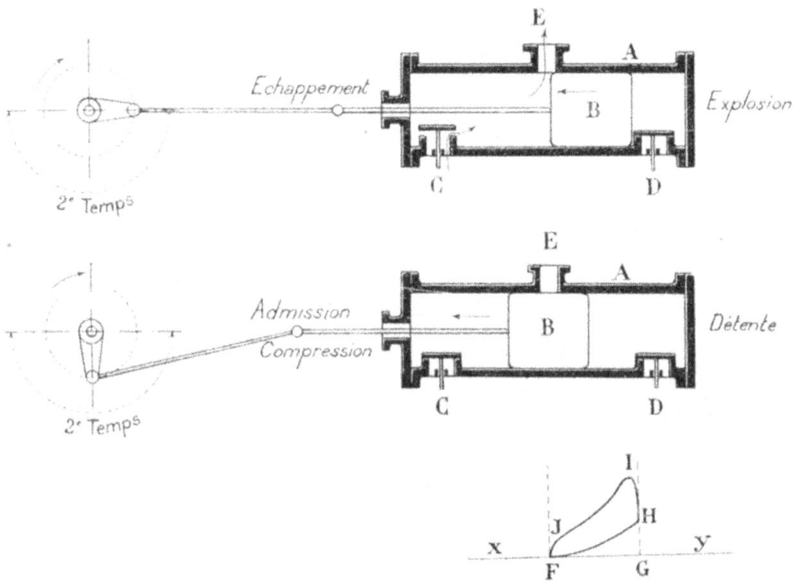

Fig. 245. — Diagramme de moteur à deux temps, au deuxième temps.

Le mélange enflammé sera porté à une pression élevée et au fur et à mesure que le piston progressera, les gaz se détendront jusqu'à ce que le piston découvre l'orifice d'échappement E. A ce moment, la pression diminuera brusquement dans le cylindre pour venir s'égaler à la pression atmosphérique. Ces diverses valeurs de la pression des gaz pendant l'excursion du piston du point G au point F sont représentées par la courbe H I F. En partant du point H, point de compression maximum, cette courbe s'élève jusqu'au point I brusquement pendant que l'explosion s'effectue ; puis, elle s'abaisse progressivement pendant la détente des gaz. Cette détente, qui est incomplète, s'arrête au point J, au moment où l'orifice d'échappement se découvre. La pression baissant alors rapidement, la courbe s'infléchit brusquement et rejoint la ligne atmosphérique au point F. Le diagramme pour un côté du piston d'un moteur à deux temps est semblable à la figure fermée limitée par la courbe continue F HI J F. La surface de cette figure mesure le travail produit sur une face du piston de ce moteur. Un diagramme semblable peut être établi pour la seconde face.

Diagramme développé

On représente quelquefois le diagramme sous une forme différente de celle que nous venons d'indiquer. La figure, au lieu d'être une figure fermée, est constituée par les diverses courbes de pression correspondant à chaque phase, mises bout à bout, comme si le piston au lieu de parcourir plusieurs courses alternativement dirigées en des sens opposés, continuait à marcher dans le même sens, ces courses étant ajoutées les unes aux autres sur une même droite. Ce diagramme est appelé diagramme développé et permet de séparer distinctement, pour les phases diverses du cycle, les courbes de pression qui y correspondent.

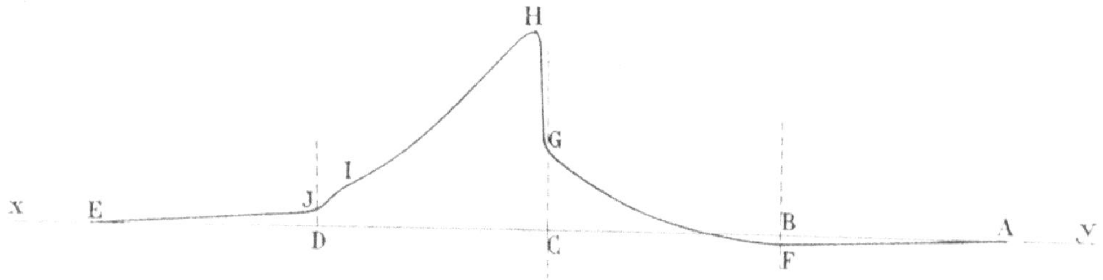

Fig. 246. — Diagramme développé de moteur à quatre temps.

La figure 246 est un exemple de diagramme développé. C'est le diagramme d'un moteur à quatre temps à simple effet.

Les quatre courses que le piston effectue pendant le cycle de la distribution sont portées sur la ligne atmosphériques X Y à la suite les unes des autres, en prenant le point A comme origine. Ces courses sont représentées par les longueurs égales AB, BC, CD et DE. Le piston est supposé progressant toujours dans le même sens, de A vers E.

Dans le premier temps, il parcourt la course AB et, ainsi que nous l'avons vu plus haut, l'admission s'effectue à une pression inférieure à la pression atmosphérique. La ligne AF représente la courbe des pressions pendant cette première course.

Dans le deuxième temps, le piston parcourt une seconde course BC, égale évidemment à la première et pendant laquelle le mélange gazeux qui vient d'être aspiré, est comprimé dans le cylindre.

A la fin de la course, en C, la pression des gaz ainsi comprimés se mesure par la longueur CG et la courbe des variations de pression pendant le deuxième temps est tracée du point F au point G.

La troisième course du piston représentée par la longueur CD est produite par l'explosion et la détente des gaz. La pression égale à CG, au commencement de la course, s'élève jusqu'en H, par suite de l'inflammation du mélange, puis elle diminue au fur et à mesure que les gaz se détendent, et la pression est ramenée au point I au moment où l'avance à l'échappement se produit. A la fin de la troisième course, les gaz commencent à être évacués et la pression finale pour cette course est mesurée par la verticale DJ. La courbe des variations de la pression pendant la troisième phase est la ligne continue GHIJ.

Le quatrième temps est la dernière course DE du piston, pendant laquelle les gaz non évacués sont refoulés dans le tuyau d'échappement. La pression reste, dans le cylindre, un peu supérieure à la pression atmosphérique pendant cette course. Elle a, au commencement, la valeur DJ et à la fin, elle est à la pression de l'air extérieur. La courbe tracée est la ligne JE.

Les quatre courses du piston portées à la suite les unes des autres de A en E, forment un cycle complet du moteur à quatre temps. La courbe des pressions tracée pendant ces quatre courses constitue le diagramme et, dans le cas présent, les courbes obtenues pendant chaque phase du cycle étant placées bout à bout dans la même

Fig. 247. – Vue d’un atelier de montage de moteurs Otto. (Langen et Wolf).

direction, le diagramme ainsi obtenu est un diagramme développé représenté par la figure AFGHIJE.

Pour chaque phase, la courbe de la pression est ainsi séparée des autres courbes et la lecture du diagramme s'en trouve facilitée.

Travail indiqué Travail effectif Rendement

La surface du diagramme d'un moteur à gaz permet de déterminer, nous l'avons dit, le travail effectué par les gaz sur le piston de ce moteur, mais ce travail n'est pas utilisé complètement, c'est-à-dire qu'il ne peut être reporté avec toute sa valeur sur l'arbre moteur. Les frottements de divers organes : piston, tige de piston, tourillons, dans leur mouvement relatif, absorbent une partie de ce travail que l'on cherche, par une fabrication très soignée à réduire le plus possible. Le graissage bien compris contribue également pour une grande partie à réduire ces frottements.

Il y a donc deux valeurs pour le travail effectué par un moteur à gaz, ainsi que cela se produit pour un moteur à vapeur. Le travail produit sur le piston, qui se nomme *travail indiqué*, est supérieur, par conséquent, au travail reporté sur l'arbre moteur, seul utilisable, qui est le *travail effectif ou travail utile.*

Le rapport entre le travail effectif, utilisable, et le travail indiqué, donne la valeur de ce que l'on appelle le rendement du moteur. Ce rendement est le rendement mécanique et s'exprime généralement en % .

Le rendement, comme on le voit, dépend beaucoup de la précision d'usinage des organes ; il peut également varier, pour un même moteur, avec les conditions mêmes dans lesquelles on fait fonctionner ce moteur. Il n'est donc pas avantageux ni même indifférent, quand un moteur est établi pour fonctionner dans des limites déterminées, de lui imposer un autre régime de marche, parce que son rendement peut alors n'être pas économique.

Le travail indiqué est celui qui se mesure à l'aide du diagramme. Les diagrammes, ainsi que nous avons pu nous en rendre compte par les divers tracés précédents, ne constituent pas des figures géométriques simples dont on puisse calculer aisément la surface pour connaître la valeur du travail indiqué.

La mesure des diagrammes s'effectue donc d'une manière particulière, soit en utilisant des instruments spéciaux nommés *planimètres*, qui permettent d'obtenir la surface totale en promenant un style sur tout le périmètre de la figure, soit en cherchant la pression moyenne. Nous avons, dans le Tome I de cette publication, donné des explications étendues sur ces diverses manières de procéder, à propos des diagrammes de machines à vapeur. Les procédés sont absolument identiques pour les diagrammes de moteurs à gaz, quoique les formes de ces diagrammes soient différentes.

Quand on a déterminé la valeur de la pression moyenne dans un diagramme, on calcule aisément le travail en faisant le produit de cette pression exprimée en kilogrammes par centimètre carré, par la surface du piston en centimètres carrés, ce qui donne la pression exercée sur tout le piston ; ce produit est multiplié par le chemin parcouru, qui est la course du piston, exprimée en mètres. Si P représente la pression, S la surface, C la course, le travail indiqué aura, par coup de piston, une valeur égale au produit P x S x C exprimé en kilogrammètres.

Pour connaître la puissance du moteur, c'est-à-dire le travail effectué en une seconde, on multiplie le produit précédent par le nombre de tours que fait le moteur par seconde. Comme, d'une façon générale ce nombre de tours, représenté par la lettre *n*, est donné par minute, le nombre de tours par seconde est *n* / 60. Dans les moteurs à quatre temps, toutefois, comme il n'y a qu'une course active du piston pour deux tours de l'arbre, le nombre de tours dont il faut tenir compte dans le calcul de la puissance est deux fois moindre que dans le cas ordinaire, soit (*n* / (2 x 60)).

La puissance indiquée d'un moteur, en kilogrammètres, s'exprimera par la formule :

$$[\ P \times S \times C \times n / 60\ ] \text{ kilogrammètres.}$$

Si l'on veut obtenir la puissance indiquée en chevaux, comme un cheval vaut 75 kilogrammètres, la formule sera ainsi transformée :

$$[\ (P \times S \times C \times n) / (60 \times 75)\ ] \text{ chevaux.}$$

Pour obtenir le tracé du diagramme, et par conséquent, pour mesurer le travail indiqué produit par coup de piston dans un moteur, on emploie des instruments nommés indicateurs.

Pour déterminer le travail effectif ou travail utilisable sur l'arbre moteur, on emploie des freins et des dynamomètres.

Indicateur

Les indicateurs divers que nous avons décrits lors de l'examen des diagrammes de machines à vapeur (Tome I), et dont le premier type fut l'indicateur de Watt, peuvent convenir, en principe, pour relever des diagrammes sur les moteurs à gaz.

Il y a, cependant, entre le régime de marche d'une machine à vapeur et le régime de marche du moteur à gaz une différence notable, car la pression de la vapeur dans le cylindre a une valeur bien plus faible que la pression à laquelle le gaz se trouve porté par suite de l'explosion. Pour cette raison, il importe que les ressorts qui constituent, dans les indicateurs, l'organe de transmission de la pression soient plus durs lorsque

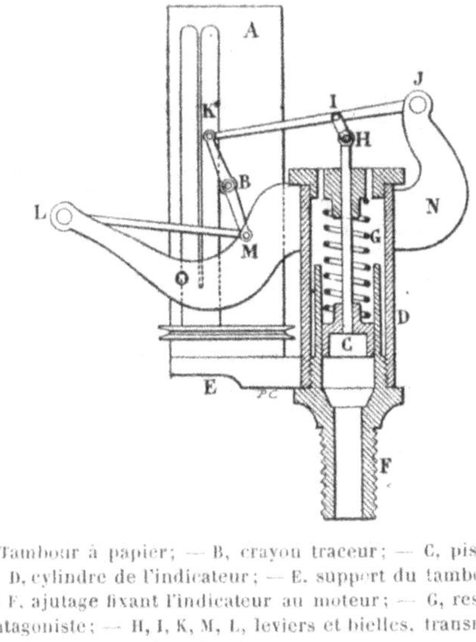

A. Tambour à papier ; — B, crayon traceur ; — C, piston ; — D, cylindre de l'indicateur ; — E. support du tambour ; — F. ajutage fixant l'indicateur au moteur ; — G, ressort antagoniste ; — H, I, K, M, L, leviers et bielles, transmettant le mouvement au traceur.

Fig. 248. — Indicateur Richard.

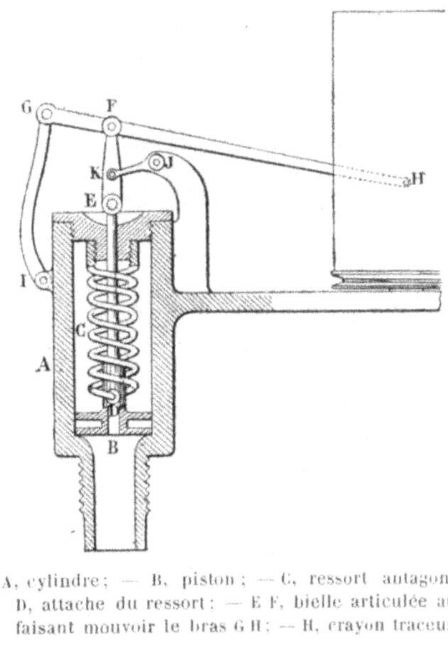

A, cylindre ; — B, piston ; — C, ressort antagoniste ; — D, attache du ressort ; — E F, bielle articulée au piston faisant mouvoir le bras G H ; — H, crayon traceur.

Fig. 249. — Indicateur Crosby.

l'indicateur doit servir à relever un diagramme de moteur à gaz que lorsqu'il est utilisé pour obtenir un diagramme de machine à vapeur.

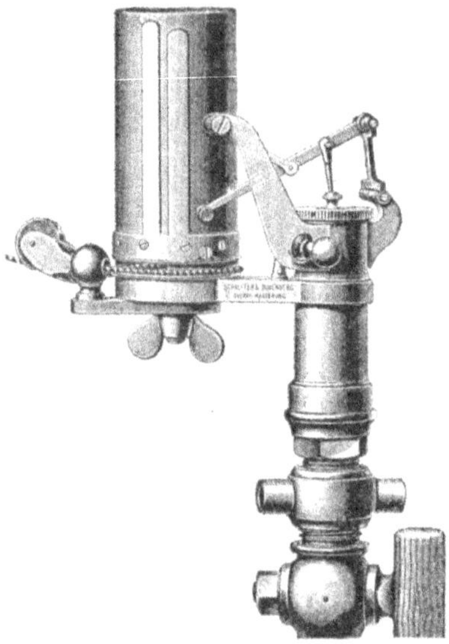

Fig. 250. – Indicateur Thomson.

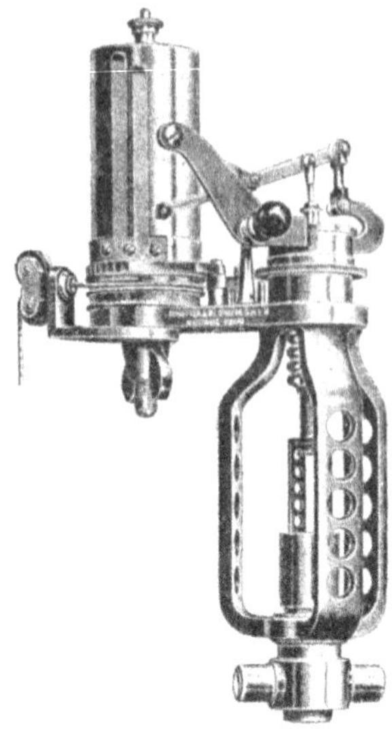

Fig. 251. — Indicateur Schaeffer et Budenberg.

Nous ne reviendrons donc pas sur la description de ces indicateurs. Il suffit de rappeler qu'en principe un indicateur (Fig. 248 à 251) est un instrument muni d'un style qui se déplace à chaque instant verticalement, proportionnellement à la pression du gaz contenu dans le cylindre, pendant qu'une feuille de papier progresse, horizontalement, devant ce style d'une quantité proportionnelle à la course du piston. La feuille de papier est enroulée sur un tambour dont la vitesse de rotation est rendue proportionnelle au déplacement du piston.

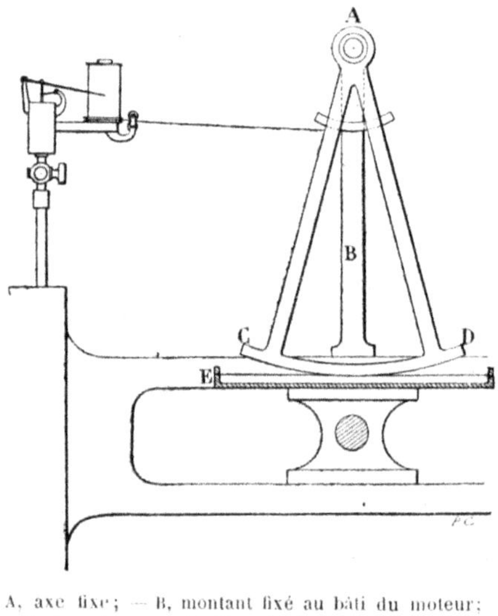

A, axe fixe ; — B, montant fixé au bâti du moteur ; C, D, secteur ; — E, pièce rigide faisant corps avec la crosse du piston, et reliée par des lames d'acier aux extrémités CD du secteur.

Fig. 252. – Réducteur de course à secteur.

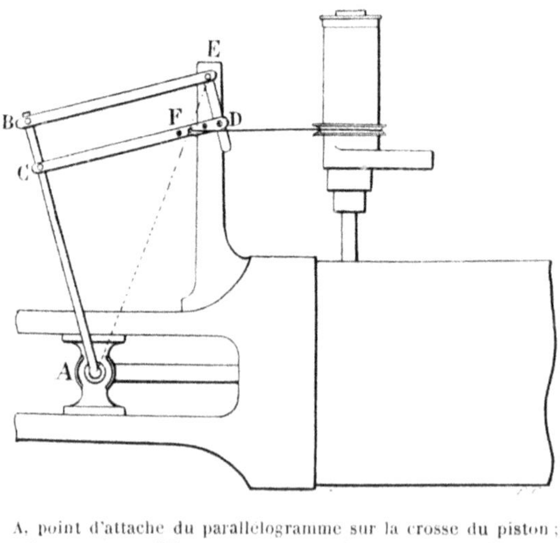

A, point d'attache du parallélogramme sur la crosse du piston ; B, C, D, E, parallélogramme ; — F, point d'attache de la corde actionnant le tambour.

Fig. 253. — Réducteur de course à parallélogramme.

Nous avons aussi indiqué par quels moyens on réduisait la course du piston pour provoquer le déplacement proportionnel du tambour à papier. Nous n'insisterons pas sur ces dispositifs.

Il est très important, toutefois, de rappeler les conditions d'emploi des indicateurs et les précautions nécessaires à prendre pour en obtenir un résultat satisfaisant.

Il importe que le conduit qui relie l'indicateur au cylindre du moteur pour transmettre la pression à l'instrument soit, autant que possible, exempt de coudes, et qu'il soit court. Son orifice doit être large et ne donner lieu à aucun étranglement quand le robinet de communication est ouvert. Il est nécessaire, en effet, que le gaz soit introduit dans l'indicateur à la pression qu'il possède dans le cylindre pour obtenir un enregistrement exact de cette pression.

Il faut aussi que le déplacement du piston soit bien exactement reporté, à chaque instant, sur le papier par la manœuvre du *dispositif de réduction de course.*

Il est bien évident que si l'indicateur donne, pour chacun des points exactement reportés de la course du piston, la pression du gaz dans le cylindre, le diagramme obtenu sera la représentation exacte du travail effectué par le gaz sur une face du piston.

Mais les organes constituant l'indicateur peuvent troubler son fonctionnement rationnel.

Le ressort de pression, par exemple, doit être très soigneusement taré et essayé dans les conditions mêmes d'emploi. Ce ressort est, en effet, pendant le fonctionnement de l'indicateur, porté à une certaine température communiquée par les gaz. Il doit donc être déterminé pour équilibrer à cette température la pression du gaz dans le cylindre, car son élasticité, dans cet état, est différente de celle qu'il possède quand il est à la température de l'air ambiant.

Le poids et l'inertie des organes en mouvement interviennent aussi pour déformer les diagrammes. Il faut donc faire ces organes le plus léger possible, n'avoir que des frottements doux et n'appuyer le style sur le papier que d'une façon légère pour éviter un trop grand frottement et même une déchirure du papier.

La liaison du tambour à papier avec le dispositif de réduction de course doit être également l'objet de soins minutieux pour transmettre intégralement le mouvement effectué. Le lien doit être le plus court possible, être à la fois souple et rigide et ne pas s'allonger sous la traction. On emploie assez souvent de la corde à piano.

Les cylindres de moteurs à gaz portent généralement un orifice, bouché en marche normale, sur lequel on dispose l'indicateur par l'intermédiaire d'une tubulure courte et large. L'indicateur est ordinairement disposé verticalement.

Indicateur optique

Il est un genre d'indicateur très intéressant, s'appliquant plus particulièrement au relevé des diagrammes de moteurs à explosion et dont nous allons examiner le fonctionnement. C'est l'*indicateur optique.*

Pour réduire dans la plus grande limite le poids des organes en mouvement et obtenir ainsi le tracé le plus exact possible, on a eu l'ingénieuse idée de remplacer le style traceur par un rayon lumineux auquel le déplacement est donné par le mouvement d'un petit miroir dont les oscillations sont fonction à la fois de la pression du gaz contenu dans le cylindre et de l'avancement du piston. Le rayon lumineux projette sur un écran un point lumineux qui se déplace suivant les oscillations du miroir, et la succession de points forme, par suite du déplacement rapide du rayon, une ligne lumineuse, qui représente le tracé du diagramme, dont l'impression sur la rétine est suffisamment persistante pour qu'on n'aperçoive qu'un tracé continu et non une succession de points.

L'indicateur optique, construit par Perry, a été fort ingénieusement perfectionné par MM. Hospitalier et Carpentier, qui ont établi un indicateur nommé *manographe* permettant d'obtenir la reproduction du diagramme sur un écran dépoli et de le photographier.

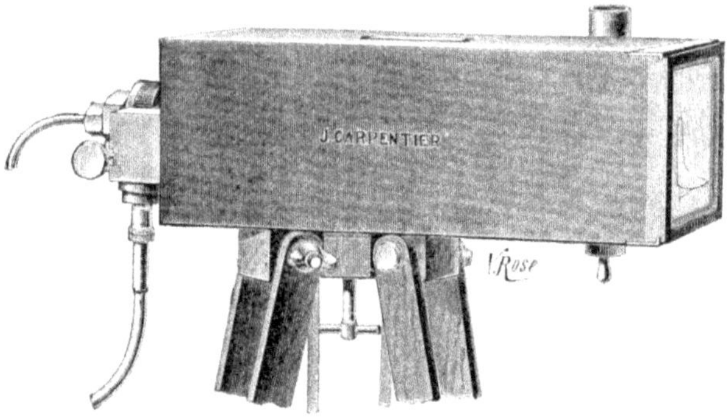

Fig. 254. – Manographe Hospitalier-Carpentier. Vue extérieur.

Le manographe (Fig. 254 et 255) se compose d'une boîte en bois formant chambre noire supportée par un pied, et portant à une de ses extrémités un écran dépoli et à l'autre extrémité le support d'un miroir.

Une lampe placée dans une cheminée cylindrique fixée sur un côté de la boîte, envoie un rayon lumineux, par l'intermédiaire d'un prisme sur le miroir, lequel se meut à l'intérieur de la boîte. Ce rayon est réfléchi sur l'écran dépoli disposé à l'autre extrémité, et quand le miroir prend un mouvement d'oscillation, le rayon lumineux se déplace sur l'écran en laissant la trace d'un contour éclairé que l'oeil perçoit sous forme de ligne continue.

Le support de miroir porte, à la partie supérieure, un tuyau qui communique avec le cylindre du moteur, et débouche, à l'intérieur de l'appareil, dans une petite capacité fermée par une membrane en acier pouvant fléchir de quantités déterminées pour des pressions connues. Cette membrane est soigneusement tarée.

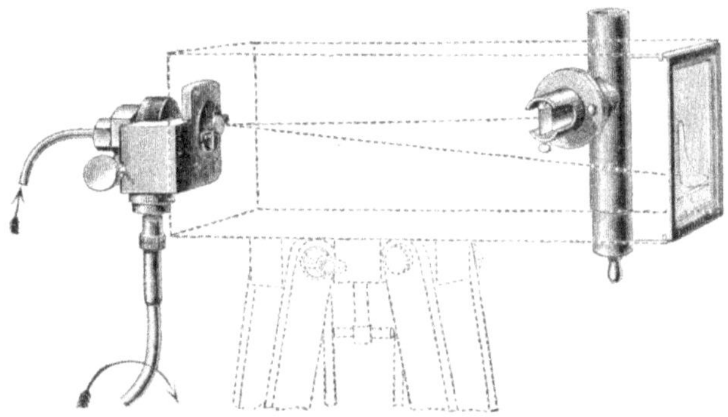

Fig. 255. — Manographe Hospitalier-Carpentier.

A la partie inférieure est disposé un flexible, câble qui transmet la rotation de l'arbre du moteur à un dispositif de répétition du mouvement du piston, placé dans la pièce support du miroir. Ce dispositif de répétition se compose d'une petite manivelle et d'une petite bielle donnant un mouvement réduit et proportionnel à la course du piston du moteur, à une pièce sur laquelle s'appuie le miroir.

Ce miroir peut, d'ailleurs, osciller autour d'un pivot fixe et son oscillation peut se produire dans deux directions perpendiculaires. Pour cela, il s'appuie sur deux pièces mobiles, dont l'une est actionnée, comme nous venons de le dire, par le flexible et l'autre, par le mouvement de flexion que donne à la membrane la pression du gaz contenu dans le cylindre et admis dans l'appareil par le conduit supérieur. Lorsque cette membrane agit seule sur le support du miroir, celui-ci oscille toujours dans le même sens et l'amplitude des oscillations est proportionnelle à la pression qui s'exerce à chaque instant sur la membrane et qui provoque son fléchissement.

Quand le dispositif de répétition actionné par le flexible agit seul, le miroir oscille autour de son pivot fixe dans le sens perpendiculaire au précédent, et l'amplitude de cette oscillation est proportionnelle au déplacement du piston dans le cylindre.

Quand les deux mouvements sont combinés pour agir sur le miroir, celui-ci prend des orientations diverses qui sont fonction à la fois de la valeur de la pression dans le cylindre, et de la valeur du déplacement du piston. Le rayon lumineux réfléchi par le miroir sur l'écran, décrit alors une courbe dont l'intersection avec l'écran donne lieu à un déplacement du point lumineux sur une glace dépolie, courbe qui représente la variation de la pression par rapport au chemin parcouru par le piston. Pour une course complète du piston, la courbe décrite par le point lumineux sur l'écran dépoli constitue le diagramme du moteur par rapport à une face du piston. Pour assurer la coïncidence des phases des deux mouvements perpendiculaires donnés au miroir, un bouton est disposé sur le support du miroir et peut être manœuvré de l'extérieur.

Cette manœuvre, pouvant être effectuée pendant le fonctionnement même du moteur, permet de faire varier la position du point correspondant à l'origine du mouvement du piston.

Le manographe permet d'apprécier pendant la marche du moteur la valeur et la régularité du diagramme. Ce diagramme, en effet, se trace lumineusement sur la glace dépolie et ne doit pas varier de forme pour les divers cycles de la distribution du moteur. Le tracé doit apparemment rester fixe sur la glace.

On peut, également, en remplaçant la glace dépolie par un châssis photographique obtenir, par le développement, une trace matérielle du diagramme sur du papier sensible ou sur une glace, ce qui donne une figure plus précise et plus nette que celles qui sont tracées par les crayons des indicateurs ordinaires, surtout pour les moteurs animés d'une grande vitesse pour lesquels l'emploi de ces derniers indicateurs laisse souvent à désirer.

Freins

Le travail effectif d'un moteur se mesure par l'emploi du frein. Le frein est un appareil qui, en principe, absorbe par frottement l'énergie produite en excès dans un moteur qui marche vide, de façon à maintenir régulière la marche de ce moteur.

Le frein le plus employé est le *frein de Prony* (Fig. 256), auquel on a fait subir diverses modifications de détail. Nous avons décrit ce frein dans le Tome I et nous savons comment, en provoquant la rotation d'une poulie calée sur l'arbre entre des sabots qui frottent sur cette poulie, et en équilibrant ce

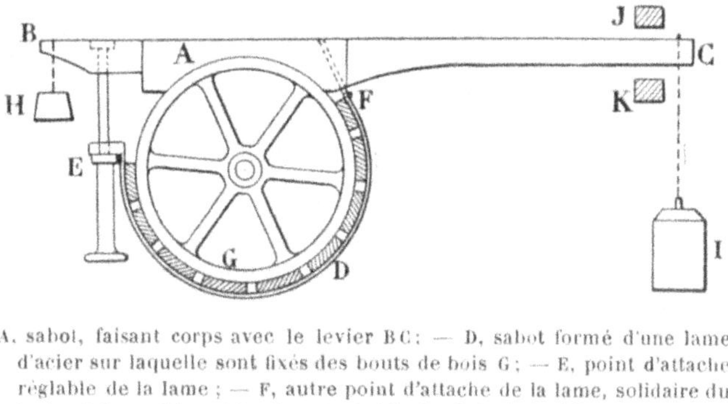

A, sabot, faisant corps avec le levier BC; — D, sabot formé d'une lame d'acier sur laquelle sont fixés des bouts de bois G; — E, point d'attache réglable de la lame; — F, autre point d'attache de la lame, solidaire du levier BC; — HI, poids et contrepoids destinés à équilibrer l'appareil; — JK, butée du levier BC.

Fig. 256. – Frein de Prony.

frottement par des poids placés en bout du levier portant les sabots, on détermine la puissance du moteur. On peut également faire emploi de dynamomètres.

Essais des moteurs

Il est très important de connaître la valeur réelle d'un moteur, c'est-à-dire de posséder tous les éléments permettant de déterminer cette valeur. On connaît bien, il est vrai, un certain nombre de ces éléments théoriques, mais il faut recourir à l'essai des moteurs pour en apprécier les résultats d'ensemble, bien difficiles à déterminer sans cela.

Les essais des moteurs doivent se faire quand le moteur n'a aucune charge, c'est-à-dire à marche à vide, puis à demi-charge, à charge entière et même avec une surcharge. La comparaison des divers rendements ainsi obtenus indique la valeur du moteur. On doit procéder à des essais de puissance, à des essais de consommation non seulement pour le gaz, mais encore pour l'eau de refroidissement et aussi pour l'huile de graissage. Il est bon enfin de déterminer le degré de régularité de marche des moteurs dont l'emploi tend de plus en plus à se répandre pour actionner des machines électriques. Nous ne nous étendrons pas sur la façon d'effectuer ces divers essais, ce qui sortirait de notre cadre. On trouvera cette question développée dans des traités spéciaux, parmi lesquels il convient de citer les remarquables ouvrages de MM. G. Richard et Witz sur les moteurs à gaz et à pétrole.

Chapitre VII

MOTEURS DIVERS

CLASSIFICATION DES MOTEURS. MOTEURS SANS COMPRESSION: LENOIR, BENIER, FOREST — MOTEURS ATMOSPHÉRIQUES: OTTO-LANGEN, BISSCHOP, FRANÇOIS. MOTEURS À COMPRESSION: A QUATRE TEMPS HORIZONTAUX: OTTO, LENOIR, NIEL, DELAMARRE-DEBOUTTEVILLE, COCKERILL, CHARON, CROSSLEY, DUBRIDGE, DUPLEX, GARDNER, LE SOUFACHÉ ET FÉLIX, LETOMBE, SOEST, NEW-ACMÉ, BOLLINCKX, TANGYE, SATRE ET LYONNET, TAYLOR, BENZ, KOERTING, AUGSBOURG ET NUREMBERG, CAMPBELL, WINTERTHUR – A QUATRE TEMPS VERTICAUX : KABATH, KOERTING-LIECKFELD, BACHTOLD, GARDNER, SATRE ET LYONNET, CAMPBELL, COCKERILL, BENZ, WINTERTHUR – A DEUX TEMPS : RAVEL, BENZ, BALDWIN, KOERTING, OECHELHAUESER – A SIX TEMPS: GRIFFIN. MOTEURS À COMBUSTION : SIMON, SIEMENS.

Nous venons d'examiner les organes composant les moteurs à gaz et nous avons indiqué le rôle joué par chacun d'eux, dans l'ensemble du mécanisme. Nous pouvons maintenant passer à la description des principaux types de moteurs à gaz.

Ces moteurs peuvent, nous l'avons dit, être alimentés par du gaz de ville ou gaz d'éclairage, par du gaz provenant de gazogènes ou par du gaz provenant de hauts fourneaux ou de fours à coke. Ces dernières catégories de combustibles constituent le gaz pauvre.

Les moteurs à gaz primitifs étaient actionnés au gaz de ville, dont la composition facilite et assure l'inflammation mais, au fur et à mesure qu'on a cherché à diminuer le prix de revient du cheval-heure en utilisant le gaz pauvre, on a dû donner aux moteurs des dispositions spéciales pour que l'inflammation du mélange soit obtenue d'une façon certaine et, généralement, on augmente dans ces moteurs le degré de la compression du mélange.

Les moteurs à gaz modernes sont, d'ailleurs, établis pour fonctionner indifféremment au gaz pauvre ou au gaz de ville.

Dans la description que nous allons donner de ces moteurs, nous ne diviserons donc pas en catégories spéciales les moteurs à gaz de ville et les moteurs à gaz pauvre. Nous indiquerons simplement, le cas échéant, les particularités qui caractérisent ces derniers, réservant pour le chapitre suivant l'examen des divers types de gazogènes producteurs de gaz pauvre.

Classification des moteurs Les moteurs à gaz peuvent se classer en diverses catégories, suivant le mode d'utilisation du mélange tonnant.

On distingue *les moteurs à explosion sans compression, les moteurs à explosion avec compression et les moteurs à combustion avec compression.*

MOTEURS À EXPLOSION SANS COMPRESSION.

Moteur Lenoir Cette catégorie de moteurs à gaz comprend les premiers moteurs industriels qui ont été établis, dont le type est le moteur Lenoir.

Nous avons, au commencement de ce volume, décrit ce moteur, dont le mécanisme avait été réalisé comme celui de la machine à vapeur. Le mélange gazeux introduit dans le cylindre par aspiration, pendant une première course, est distribué par la manœuvre d'un tiroir, qui règle les proportions de chacun des fluides composant le mélange au moment de l'aspiration.

Le mélange entre dans le cylindre sans y être comprimé, le moteur ne comportant pas un dispositif de compression.

L'allumage du mélange s'effectue au moyen d'une étincelle électrique, de la façon que nous avons examinée, lorsque le tiroir, par sa progression, a obturé tous les orifices. L'inflammation se propage, au fur et à mesure, dans tout le mélange et l'explosion se produit, déterminant une pression qui agit sur le piston pour lui faire effectuer la dernière partie de sa première course.

Pendant sa course de retour, ou deuxième course, le piston refoule d'un côté les gaz brûlés et aspire de l'autre côté une nouvelle quantité de mélange gazeux dont la pression s'exercera, après l'explosion, sur la face opposée du piston.

Le moteur Lenoir était donc un moteur à double effet. Nous savons que l'ingénieuse disposition de ce moteur a ouvert la voie à la réalisation de nos moteurs actuels.

Moteur Bénier (Fig. 257.) C'est un autre moteur sans compression, qui a été établi dès le début de ces machines. Son cylindre est disposé verticalement ; il est ouvert à sa partie inférieure et il est supporté par un robuste bâti rectangulaire dont la base, formant patin, sert à maintenir le moteur en position.

Le piston, qui se meut dans le cylindre, porte une tige articulée au bout d'un balancier, dont l'autre extrémité est solidaire d'un axe autour duquel se produit l'oscillation. Cet axe tourne sur deux paliers-supports fixés sur le socle du bâti. Une bielle articulée sur le balancier tourillonne, à sa partie supérieure, sur l'axe de la manivelle qui fait corps avec l'arbre du moteur. L'arbre repose sur deux paliers et porte, à une extrémité, un volant et une poulie de commande.

Du côté du volant est calée, sur l'arbre, une came actionnant une soupape placée sur le conduit d'évacuation des gaz brûlés. Vers l'extrémité opposée de l'arbre, est fixée une seconde came qui provoque, par son mouvement de rotation, le mouvement rectiligne d'un tiroir de distribution dont l'extrémité est constamment appliquée contre la périphérie de cette came par la tension de deux ressorts à boudin disposés horizontalement. Ce tiroir s'appuie d'une part sur une portée dressée ménagée à la partie supérieure du cylindre, et son autre face s'applique contre une sorte de couvercle maintenu fixé par quatre prisonniers, et dans lequel arrive, dans des capacités différentes, le gaz devant être introduit dans le cylindre et servant à alimenter le dispositif d'allumage. Ce dispositif comporte un bec brûleur fixe disposé sur le cylindre.

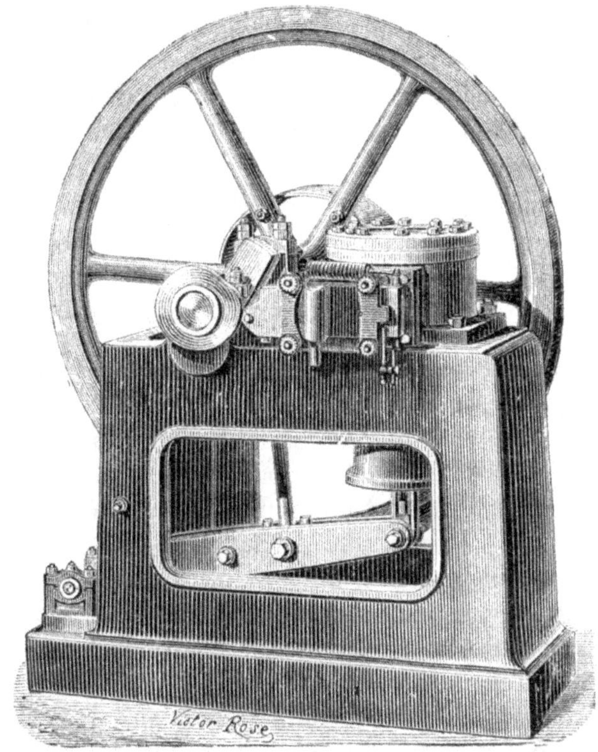

Fig. 257. — Moteur Bénier.

Quand le piston, supposé à la fin de sa course ascendante, commence son mouvement vers la partie inférieure du cylindre, la came actionnant le tiroir pousse celui-ci en tendant les deux ressorts à boudin de rappel. Par suite de ce mouvement, le tiroir met en communication les conduits de gaz et d'air portés par le couvercle, avec l'intérieur du cylindre du moteur. Le gaz et l'air sont ainsi aspirés et le mélange est introduit à l'arrière du piston.

Lorsque le piston a parcouru la moitié de sa course, la came agissant sur le tiroir provoque son brusque déplacement, de sorte que les ouvertures d'admission de gaz et d'air dans le cylindre sont obturées, tandis que la petite capacité de gaz du couvercle, précédemment mise en présence du bec brûleur, et qui contient, par conséquent, à ce moment, du gaz enflammé, vient en communication avec l'intérieur du cylindre.

Le mélange tonnant contenu dans celui-ci s'enflamme ; l'explosion se produit et le piston est actionné par la pression et l'expansion des gaz jusqu'à la fin de sa course descendante. L'arbre prend un mouvement de rotation en entraînant le volant et ce mouvement se continuant, le piston remonte.

Dès le début de cette course ascendante, la soupape placée sur le conduit d'échappement est soulevée par l'action de la came placée sur l'arbre près du volant.

Les produits de la combustion contenus dans le cylindre au-dessus du piston sont, au fur et à mesure que celui-ci progresse vers le haut, refoulés dans le tuyau d'échappement.

A la fin de la course ascendante, la came laisse retomber la soupape d'échappement sur son siège, sur lequel elle se trouve maintenue appliquée par l'action d'un ressort de rappel. Le piston recommence alors une excursion vers le bas et son mouvement alternatif vertical se continue de la même façon en suivant les mêmes phases. L'admission du gaz dans le couvercle du tiroir se règle à la main par la manœuvre d'une vis pointeau qui découvre plus ou moins un orifice par lequel le gaz est admis dans le couvercle.

Le cylindre comporte une double enveloppe permettant de réaliser une circulation d'eau et d'assurer son refroidissement.

Moteur Forest Ce moteur comporte des dispositions semblables à celles du moteur précédent quant à la commande par le piston du mouvement de rotation de l'arbre, mais le cylindre est disposé horizontalement. Le piston à fourreau provoque par son mouvement alternatif, l'oscillation d'un balancier vertical qui est articulé, à sa partie inférieure, sur un axe fixé sur le socle du moteur et dont l'extrémité supérieure commande le mouvement d'une bielle déterminant, par l'intermédiaire d'une manivelle, le mouvement de rotation de l'arbre du moteur.

Le dispositif de la distribution diffère de celui du moteur Bénier, en ce qu'elle est assurée par un seul tiroir dont la manoeuvre permet d'effectuer l'admission du mélange tonnant dans le cylindre, l'inflammation de ce mélange et l'évacuation des produits de la combustion.

Une came de forme appropriée, calée sur l'arbre, commande le mouvement de ce tiroir maintenu constamment appliqué contre elle par les tensions de ressorts de rappel.

La boîte à tiroir comporte donc des lumières par lesquelles le gaz et l'air sont introduits ; une petite capacité contient du gaz qui, enflammé au contact du brûleur, provoque, à un moment déterminé, l'allumage du mélange tonnant dans le cylindre, et une capacité d'évacuation des gaz brûlés sur laquelle est branché le tuyau d'échappement extérieur.

Les lumières d'admission de gaz et d'air sont alternées pour faciliter le mélange intime des deux fluides avant leur introduction dans le cylindre.

Le fonctionnement est aisé à comprendre. Il s'effectue d'une façon qui rappelle celui d'une machine à vapeur pour l'admission et l'échappement, avec cette différence que le mélange est, dans le moteur à gaz, admis dans le cylindre à la pression atmosphérique. Il est enflammé après une certaine course du piston, par suite de la manœuvre du tiroir qui met en communication l'intérieur du cylindre avec la petite capacité d'allumage. L'explosion se produit, déterminant l'avancement du piston.

Lorsque ce piston revient en sens inverse, la manœuvre du tiroir obture les orifices d'admission de gaz et d'air et met en communication l'orifice du conduit d'échappement avec l'intérieur du cylindre. Les produits de la combustion sont alors refoulés dans ce conduit pendant toute la course de retour du piston.

Le refroidissement du moteur Forest ne s'effectue pas par l'emploi d'une circulation d'eau. Le cylindre porte, à sa partie extérieure, une nervure de grande surface enroulée en hélice, qui constitue un radiateur. La circulation d'air froid qui se produit le long de cette nervure permet de maintenir la température de la paroi du cylindre à un degré assez faible pour assurer le fonctionnement normal du moteur.

MOTEURS ATMOSPHÉRIQUES.

Moteur Otto et Langen Dans la catégorie des moteurs à gaz sans compression, on peut placer un type de moteur créé peu après le moteur Lenoir, et appelé moteur atmosphérique, parce que la pression atmosphérique y est utilisée pour produire une des courses du piston.

Le moteur Otto et Langen a été le premier moteur atmosphérique établi. Il se compose d'un cylindre disposé verticalement, à la partie supérieure duquel est placé un bras supportant l'arbre moteur. Dans le cylindre se meut un piston dont la tige est munie, à sa partie supérieure, d'une crémaillère pouvant engrener avec un pignon denté calé sur l'arbre du moteur.

Le cylindre est fermé à sa partie inférieure et ouvert à sa partie supérieure. Le piston qui y manœuvre est sollicité à se mouvoir de bas en haut par l'explosion du mélange tonnant, admis à la partie inférieure du cylindre. La pression des gaz enflammés et leur détente provoquent ainsi la montée du piston avec une vitesse de plus en plus faible, au fur et à mesure que ce piston approche de la fin de sa course. Lorsque la pression intérieure devient plus faible que la pression atmosphérique, par suite de la détente prolongée, le piston s'arrête d'abord à la fin de sa course vers le haut, et commence ensuite une course descendante.

Cette seconde course est provoquée par la pression atmosphérique qui, s'exerçant sur la surface du piston, pousse celui-ci de haut en bas. Le poids du piston et des divers organes qu'il porte, agissent également dans le même sens.

Pendant la période de descente, la crémaillère engrène avec le pignon porté par l'arbre moteur, d'où il s'ensuit que le mouvement du piston effectué de haut en bas détermine la rotation de cet arbre. Pendant la course ascendante du piston, la crémaillère ne vient pas engrener avec le pignon calé sur l'arbre.

La course du piston utilisée pour produire du travail ne correspond donc pas à celle qui s'effectue sous l'action de la pression des gaz enflammés, course qui n'a pour but que d'élever le piston à son extrémité de course supérieure ; elle correspond à la course déterminée par la pression atmosphérique agissant sur le piston pour provoquer sa descente.

Pendant cette descente, le conduit d'évacuation des produits de la combustion est maintenu ouvert à la partie inférieure du cylindre, et les gaz brûlés peuvent y être refoulés pendant que le piston effectue sa manœuvre de haut en bas.

Ce moteur, dont la consommation de gaz était inférieure à celle des moteurs que nous venons d'examiner, n'a cependant pas été très employé dans l'industrie, à cause du bruit considérable produit par l'engrenage intermittent du pignon et de la crémaillère et surtout des chocs résultant du fonctionnement de ce mécanisme.

Moteur de Bisschop

Ce moteur (Fig. 258), établi sur le même principe que le moteur Otto et Langen, en diffère, cependant, par le dispositif de commande reliant le piston à l'arbre du moteur.

Le piston se meut dans un cylindre disposé verticalement, dont la partie inférieure, fermée, reçoit le mélange tonnant, et dont la partie supérieure, ouverte, est munie d'une bride circulaire sur laquelle est montée une sorte de colonne en deux parties, constituant un guide dans lequel coulisse la tête de la tige du piston. Sur cette tête s'articule une bielle reliée à une manivelle calée sur l'arbre du moteur.

Cet arbre tourillonne dans des paliers faisant corps avec le bâti et portés au bout d'un bras venu de fonte avec la colonne supérieure.

Sur l'arbre est claveté un volant à côté duquel peut être disposée une poulie de commande. Un excentrique est également calé sur l'arbre et la tige de cet excentrique provoque la manœuvre, au moment opportun, d'un distributeur disposé sur le cylindre.

Le distributeur est constitué par un piston se déplaçant dans un petit cylindre placé verticalement et qui permet, par son déplacement, d'établir la communication du cylindre alternativement avec la capacité recevant le mélange tonnant ou avec le conduit d'évacuation des gaz brûlés. Le mélange gazeux est aspiré pendant une partie, le tiers environ, de la course ascendante du piston. A ce moment de la course, le vide effectué dans le cylindre par l'aspiration produite au-dessous du piston détermine une rentrée d'air dans ce cylindre par suite de l'ouverture de la soupape d'un conduit d'air disposé en face d'un brûleur.

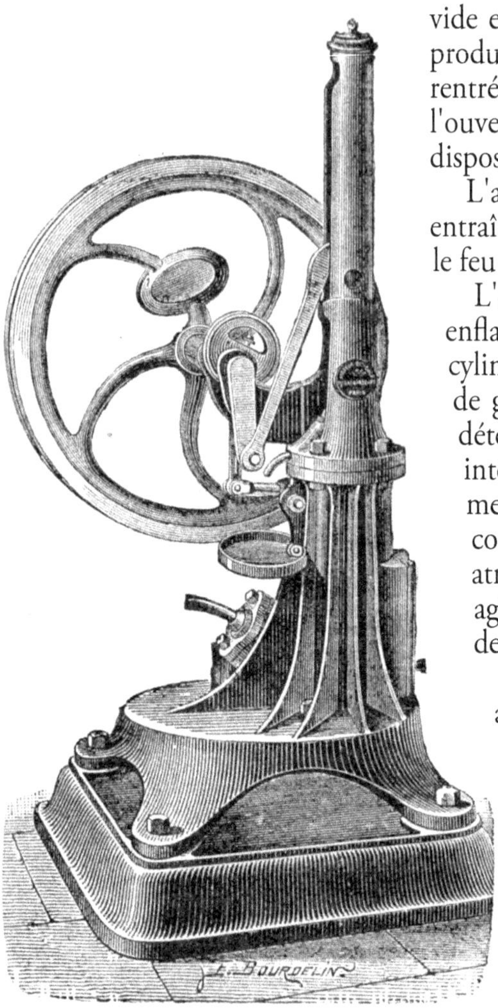

Fig. 258. – Moteur de Bisschop.

L'air ainsi appelé à l'intérieur du cylindre entraîne la petite flamme du brûleur, qui met le feu au mélange.

L'explosion a lieu et la pression des gaz enflammés ferme, à la partie inférieure du cylindre, les clapets d'admission d'air et de gaz et pousse le piston vers le haut. La détente des gaz se produit et la pression intérieure diminue de plus en plus à mesure que le piston monte. A la fin de la course ascendante du piston, la pression atmosphérique devient prépondérante et agit sur le piston pour provoquer sa course descendante.

A ce moment, l'excentrique, par son action sur le distributeur, a provoqué l'ouverture du conduit d'évacuation des gaz brûlés, et ceux-ci sont refoulés dans ce conduit pendant la plus grande partie de la course descendante du piston.

Vers la fin de cette course, cependant, le conduit d'évacuation est refermé, de sorte que la compression brusque des gaz brûlés restant au fond du cylindre, maintient les clapets d'admission et de gaz fermés, et amortit la descente rapide du piston.

Au commencement de la course ascendante, la pression au fond du cylindre s'abaisse, un vide se produit qui augmente à mesure que le piston s'élève et qui provoque le soulèvement des clapets d'admission de gaz et d'air ainsi que l'introduction du mélange dans le cylindre. Les différentes phases se succèdent donc dans l'ordre où nous les avons indiquées.

Pour assurer le refroidissement du cylindre, dans le moteur de Bisschop, ce cylindre est muni d'une série d'ailettes disposées verticalement comme des nervures. Ces ailettes formant une grande surface de rayonnement, se refroidissent rapidement au contact de l'air et permettent de maintenir à une température normale la paroi du cylindre sur laquelle elles sont disposées.

Moteur François

Ce moteur primitif est, comme les deux précédents, du type atmosphérique. Il se compose (Fig. 259) d'un bâti, lequel comporte un cylindre disposé verticalement et surmonté d'une colonne formant glissière qui sert de guide à la tête de la tige du piston se mouvant dans le cylindre.

Sur cette tête sont articulées deux bielles reliées chacune à un plateau-manivelle monté sur un arbre. Le moteur comporte donc deux arbres moteurs qui sont disposés sur deux supports faisant corps avec la colonne.

Sur chaque arbre est claveté, en plus du plateau-manivelle recevant la bielle, un volant. Une poulie de commande peut être disposée sur l'un des arbres.

Chaque plateau-manivelle est rendu solidaire d'une roue d'engrenage. Ces deux roues engrènent l'une avec l'autre et tournent donc en sens inverse. Elles ont ainsi la même vitesse de rotation, de sorte que les deux arbres du moteur tournent en sens inverse avec la même vitesse.

Fig. 259. — Moteur François, premier type à deux arbres.

Le dispositif de distribution est actionné par une bielle verticale articulée sur l'un des plateaux-manivelles et reliée à sa partie inférieure avec un levier qui commande la manoeuvre du mécanisme de distribution. Ce mécanisme comporte une sorte de tiroir qui permet, suivant la position qu'il occupe par rapport au cylindre, l'introduction du mélange gazeux dans celui-ci, son inflammation ou, dans la course inverse du piston, l'ouverture du conduit d'évacuation des gaz brûlés.

Un brûleur fixe placé en avant du distributeur, provoque l'allumage grâce à l'entraînement de la flamme dans le cylindre par un courant d'air produit lors d'une certaine position du distributeur.

Le cylindre de ce moteur comporte une enveloppe extérieure pour assurer une circulation d'eau en vue du refroidissement. Cette enveloppe n'est établie que sur la moitié inférieure de la hauteur du cylindre. L'autre partie du cylindre porte des ailettes servant de nervures et constituant un dispositif de refroidissement.

Le premier modèle de moteur François que nous venons d'examiner comportait une complication d'organes qui fut supprimée lors de l'établissement d'un second modèle.

Dans ce second type (Fig. 260), le cylindre est disposé verticalement comme dans le premier, et comporte un dispositif de refroidissement réalisé par une circulation d'eau pour la partie inférieure et par des ailettes pour la partie supérieure, mais le moteur ne porte qu'un seul arbre sur lequel sont clavetés un volant et un plateau-manivelle. Ce dernier organe est articulé avec une bielle reliée, d'autre part, à la tête de la tige du piston guidée dans une glissière verticale surmontant le cylindre.

Une bielle auxiliaire articulée sur le plateau-manivelle actionne, par l'intermédiaire d'un petit levier et d'une came, le distributeur placé à la partie inférieure du cylindre.

Lorsque le piston effectue sa course vers le haut, le distributeur met en communication avec le cylindre les capacités d'air et de gaz et le mélange est aspiré dans le cylindre pendant que le piston s'élève. Après une certaine course, l'orifice faisant communiquer le cylindre avec le bec brûleur est brusquement découvert et le mélange s'enflamme. La pression des gaz et leur détente font achever au piston sa course ascendante et à la fin de cette course, il s'est produit dans le cylindre, par suite de la prolongation de la détente, un vide qui permet à la pression atmosphérique, en agissant sur la face supérieure du piston, de provoquer sa descente. Pendant cette course descendante, le piston refoule dans le conduit d'échappement les gaz brûlés contenus dans le cylindre, par l'orifice de communication que découvre la manoeuvre du distributeur.

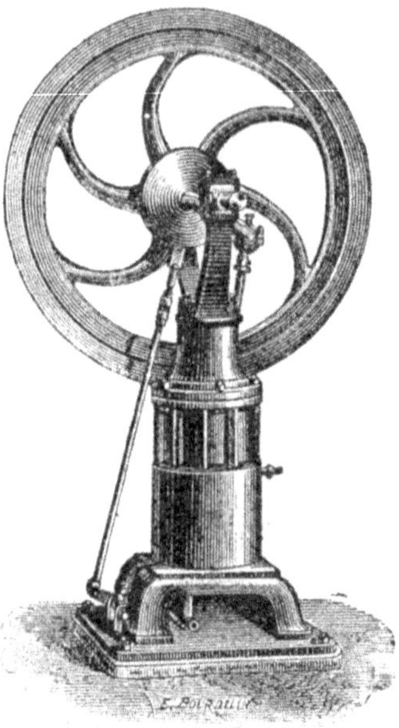

Fig. 260. — Moteur François, à un seul arbre.

Tous les moteurs que nous venons d'examiner ne sont plus, on le comprend, employés aujourd'hui, mais il nous a cependant paru utile d'indiquer la façon dont ils ont été établis et leur mode de fonctionnement. On pourra suivre ainsi l'intéressante évolution qu'ont suivie les moteurs à gaz pour atteindre à la perfection des modèles utilisés de nos jours.

MOTEURS A COMPRESSION

Moteurs à quatre temps

Presque tous les moteurs employés aujourd'hui sont des moteurs à compression, et parmi ceux-ci les moteurs à quatre temps en représentent la plus grande partie.

Il existe aussi quelques types de moteurs à compression à deux temps que nous décrirons plus loin. Nous allons d'abord examiner les moteurs à compression à quatre temps, que l'on peut diviser en deux groupes : les moteurs horizontaux et les moteurs verticaux. Les types de moteurs horizontaux sont beaucoup plus nombreux que les types de moteurs verticaux, qui répondent à des conditions particulières d'installation comme, par exemple, l'exiguïté du local destiné à recevoir le moteur.

MOTEURS HORIZONTAUX

Moteur Otto

Le moteur Otto est le type du moteur à compression à quatre temps. C'est le premier moteur de ce genre qui ait été établi. Nous avons décrit ce moteur au début de ce volume et nous en avons expliqué le fonctionnement. La distribution du premier moteur Otto industriel s'effectuait par la manoeuvre d'un tiroir (Fig. 27 à 30) qui permettait l'admission du mélange gazeux dans le cylindre au moment convenable et l'inflammation de ce mélange par transport de flamme. Entre l'admission du mélange et son inflammation, le piston parcourait une course destinée à comprimer le mélange dans le fond du cylindre, et c'est à la fin de cette course de compression que l'explosion se produisait. L'évacuation des gaz brûlés s'effectuait par l'ouverture, pendant toute la quatrième course du piston, d'une soupape établie sur le conduit d'échappement.

Les modèles plus récents de moteur Otto ont été établis avec des soupapes.

Nous avons donné dans la figure 124 la vue d'ensemble d'un moteur à gaz système Otto d'une puissance de 150 chevaux.

Le cylindre est constitué par un fourreau disposé dans une enveloppe extérieure faisant corps avec le bâti. Une circulation d'eau de refroidissement est établie entre le cylindre et l'enveloppe. Le bâti, muni d'un large socle d'appui et de fixation, supporte le cylindre dans toute sa longueur, disposition qui supprime le porte-à-faux. Il comporte une sorte de cuvette permettant de recueillir l'huile de graissage qui s'échappe des organes en mouvement.

Deux paliers principaux faisant corps avec le bâti supportent l'arbre du moteur sur lequel est claveté un volant. Cet arbre commande, par l'intermédiaire d'un train de roues à denture hélicoïdale, la rotation de l'arbre de distribution placé parallèlement à l'axe du cylindre. Ce dernier arbre est supporté par deux paliers fixés sur le bâti l'un à côté de l'arbre principal, le second, à l'extrémité opposée du bâti.

Un troisième support de l'arbre de distribution est disposé sur la culasse du cylindre pour recevoir l'extrémité de l'arbre.

Sur l'arbre de distribution est fixée une roue d'engrenage engrenant avec une autre roue solidaire de l'axe du régulateur ; ce régulateur prend ainsi un mouvement de rotation dont la vitesse est proportionnelle à la vitesse de l'arbre de distribution et à celle de l'arbre principal. Sur l'arbre de distribution, sont en outre clavetés les cames ou les excentriques actionnant les organes de distribution. Dans le moteur représenté par la figure 124, un excentrique commande la manœuvre de la soupape d'admission et de la soupape d'échappement.

Ces deux soupapes sont établies verticalement sur la culasse du cylindre, la soupape d'admission à la partie supérieure, la soupape d'échappement dans le même axe vertical, au-dessous de la soupape d'admission.

La régulation s'effectue par une admission, dans le cylindre, d'un volume variable de mélange gazeux dont la composition est constante et peut être réglée par la manœuvre de robinets disposés sur les conduits d'air et de gaz.

C'est le régime de marche du régulateur, reproduisant les variations du régime de marche du moteur, qui provoque le réglage de la quantité de volume de mélange à admettre.

Pour cela, le manchon du régulateur provoque l'oscillation d'une bielle horizontale reliée, à une extrémité, par l'intermédiaire d'une tringle verticale, à un levier coudé articulé à la partie supérieure de la boîte à soupape d'admission. La branche verticale de ce levier sert, à son extrémité, de point d'appui au levier de commande de la soupape d'admission.

Le levier, sollicité à osciller autour de ce point d'appui par l'action de la tige de l'excentrique, provoque l'ouverture de la soupape d'admission, dont la tige est reliée à son autre bout. La course de la soupape et, par conséquent, le volume de mélange admis par l'orifice découvert, sera variable suivant la position du point d'appui, qui est le point d'oscillation, puisque la course de la tige d'excentrique a toujours la même valeur. Suivant que le point d'appui, qui est formé par le bout de la branche verticale, se déplacera vers l'excentrique ou vers la soupape, celle-ci effectuera une excursion plus ou moins grande. Cette variation du point d'oscillation ne dépend donc que du régulateur, qui détermine ainsi, suivant que son manchon est plus ou moins haut, le volume variable de mélange à admettre.

Le régulateur, à ressorts, comporte deux masses qui se déplacent horizontalement et dont le mouvement provoque, par l'intermédiaire de leviers, la montée ou la descente du manchon.

La culasse supportant les soupapes est fixée au cylindre par une rangée de boulons serrés sur une bride circulaire. Une large ouverture est ménagée à l'arrière, pour faciliter la visite et le nettoyage de la capacité à circulation d'eau disposée dans cette culasse.

Fig. 261. — Moteur Otto. Société de moteurs à gaz et d'industrie automobile.

L'allumage électrique s'effectue par l'emploi d'une magnéto à basse tension, dans laquelle le mouvement oscillant de l'induit est provoqué par un organe porté par le plateau-manivelle terminant l'arbre de distribution.

Un mécanisme spécial comportant un dispositif de réglage permet de faire varier le moment de l'allumage pendant la marche même du moteur.

La magnéto d'allumage est placée sur la console, support de l'arbre de distribution, fixée elle-même sur la culasse. L'arbre principal est coudé pour former manivelle. Il tourillonne dans des coussinets à longue portée placés dans les paliers et garnis de métal anti-friction. Deux paliers sont solidaires du bâti ; un troisième palier, indépendant, supporte l'arbre à une extrémité et le volant est claveté sur cet arbre entre deux paliers pour éviter les inconvénients du porte-à-faux.

L'arbre est équilibré par l'adjonction de contrepoids solidement assujettis. Les paliers sont munis d'un système de graissage à bagues. Le graissage du pied de la bielle et du piston s'effectue sous pression ; la tête de bielle comporte un dispositif de graissage à bague. Une plaque de protection enveloppe la tête de bielle.

Les moteurs Otto sont fabriqués en France par la Société de moteurs à gaz et industrie automobile, à Paris. Le principe de ces moteurs (Fig. 261) ne diffère pas de celui que nous venons d'examiner ; quelques organes seuls ne sont pas semblables. Les excentriques actionnant le mécanisme de distribution sont notamment remplacés par des cames agissant sur des galets placés en bout des bielles de commande. Le régulateur rend toujours variable, par son action, le volume de mélange admis dans le cylindre, mélange de composition constante, mais le mécanisme prévu pour réaliser cette condition peut recevoir des dispositions diverses.

Le moteur Otto peut être établi pour fonctionner avec du gaz pauvre. La figure 262 représente l'installation d'un de ces moteurs fonctionnant avec du gaz de gazogène. Un autre moteur Otto à gaz pauvre de 500 chevaux, représenté par la figure 197, est un moteur à deux cylindres montés en tandem.

Fig. 262. – Installation d'un moteur Otto alimenté avec du gaz de gazogène.

Les pistons qui se meuvent dans les cylindres sont disposés dans le prolongement l'un de l'autre et solidaires de la même tige qui porte, en avant, une crosse s'articulant avec la bielle unique du moteur actionnant l'arbre moteur. A l'arrière, la tige se prolonge et se trouve supportée par un coulisseau fixé en bout de la tige et qui coulisse dans une glissière faisant corps avec le bâti.

Chaque cylindre permet une action à double effet sur le piston qu'il contient. Le piston est nécessairement fermé et un jeu de soupapes d'admission et d'échappement est disposé à chaque extrémité de chacun des cylindres.

Le moteur comporte donc quatre jeux de soupapes. Ces soupapes sont actionnées par cames et par excentriques.

L'arbre de distribution donnant le mouvement aux cames et aux excentriques, est disposé parallèlement à l'axe du cylindre et est actionné par l'arbre principal, par l'intermédiaire de roues d'engrenage à denture hélicoïdale.

L'arbre de distribution commande le mouvement de rotation du régulateur, qui règle l'admission du gaz de chaque côté du piston dans chacun des cylindres. L'allumage du mélange s'effectue électriquement au moyen de magnétos actionnées par le mouvement de l'arbre de distribution.

Les ateliers de Deutz, en Allemagne, construisent des moteurs Otto de grandes puissances.

Moteur Lenoir

Le moteur Otto à quatre temps et à compression obtint un succès considérable dans les milieux industriels, par suite de sa faible consommation par rapport aux moteurs à gaz construits jusqu'à ce moment. Aussi la plupart de ces modèles de moteurs se transformèrent et furent établis pour fonctionner avec compression. Le moteur primitif Lenoir, qui avait donné l'impulsion à l'emploi de la machine à gaz, consommait une quantité de combustible trop considérable et fut peu à peu abandonné. Un autre type de moteur Lenoir fut établi et basé sur le cycle à quatre temps comportant la compression, qui est la caractéristique du moteur Otto. Ce nouveau moteur Lenoir était construit alors par la *Compagnie parisienne du gaz et Rouart frères*. Les deux modèles ainsi réalisés offraient peu de différence ; la figure 263 représente un de ces modèles.

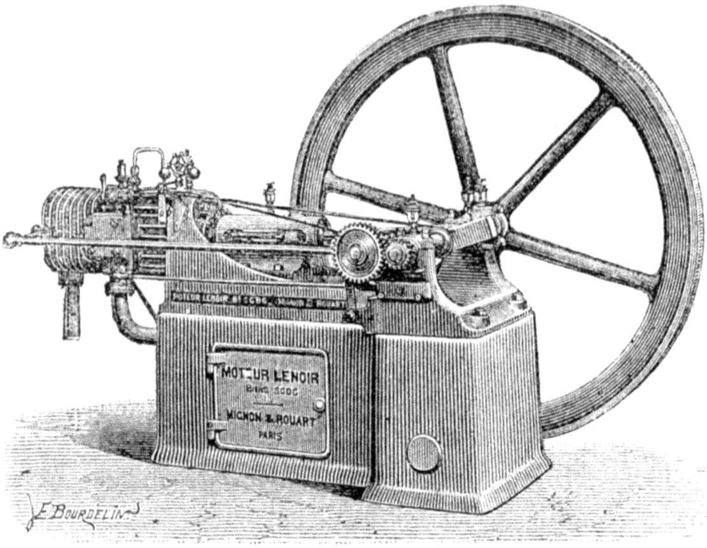

Fig. 263. — Moteur Lenoir, à compression.

Le moteur comporte un bâti avec lequel sont venus de fonte les deux paliers supportant l'arbre principal. Sur cet arbre sont clavetés le volant et une poulie de commande.

Un arbre de distribution, disposé parallèlement à l'arbre principal, est actionné par un train de roues d'engrenage qui lui imprime un mouvement de rotation dont la vitesse est deux fois plus faible que celle de l'arbre principal.

Le mouvement de rotation de l'arbre de distribution provoque, par l'intermédiaire d'une tringle, la manœuvre de la soupape d'échappement placée à l'arrière du cylindre.

Une autre tringle parallèle à la première, actionnée également par le mouvement de l'arbre de distribution, manœuvre un doigt qui, lorsque la vitesse du moteur est normale, vient buter contre la tige de la soupape d'admission et peut provoquer l'ouverture de cette soupape. Ce doigt articulé oscille sous l'action d'un régulateur à boules commandé par une courroie placée sur l'arbre de distribution.

Le cylindre solidaire du bâti porte, à son extrémité, la chambre de compression qui est rapportée et maintenue fixée par des boulons. Cette pièce est munie extérieurement d'ailettes de refroidissement qui ont pour fonction d'abaisser la température du cylindre. La chambre est disposée pour servir de réchauffeur par l'emploi des gaz brûlés refoulés dans le tuyau d'échappement. Ces gaz maintiennent la température des parois à un certain degré, de sorte que le mélange d'air et de gaz admis est porté à une certaine température pendant la compression, ce qui facilite son allumage. L'action du réchauffeur, permettant de constituer un mélange gazeux contenant moins de gaz, tout en étant aussi inflammable, jointe à l'action de la compression préalable qui peut s'élever de 4 à 5 kilogrammes, a permis d'abaisser la consommation de gaz dans les moteurs Lenoir à 700 litres par cheval-heure.

Le moteur Lenoir représenté par la figure 264, construit par Rouart frères, comporte deux cylindres.

Fig. 264. — Moteur Lenoir à compression à deux cylindres.

Ces deux cylindres sont enfermés dans une enveloppe commune. Dans chacun d'eux se meut un piston articulé avec une bielle, mais les deux bielles attaquent une même manivelle formée par un coude de l'arbre du moteur. Cette disposition convient à ce moteur à deux cylindres, car les explosions dans chacun des cylindres se produisent alternativement à un intervalle égal à un tour de l'arbre. Les manivelles reliées aux tiges des deux pistons sont donc calées à 360 degrés l'une de l'autre, c'est-à-dire qu'elles doivent se trouver nécessairement dans un même plan, du même côté de l'axe de l'arbre coudé. Les moteurs Lenoir à deux cylindres de la Compagnie parisienne du gaz comportent deux cylindres séparés, l'arbre de distribution passant entre eux. La rotation de cet arbre commande le mouvement du régulateur et la manœuvre des soupapes d'admission et d'échappement. Un certain nombre de moteurs Lenoir, d'une puissance de 16 à 24 chevaux, avaient été installés à l'Exposition universelle de Paris de 1889, pour actionner des dynamos, démontrant ainsi la possibilité de produire l'électricité par l'emploi du gaz, procédé qui, depuis lors, a pris une extension considérable.

Moteur Niel

Le modèle primitif du moteur Niel à quatre temps comporte une distribution particulière.

Cette distribution est assurée par un organe constituant un distributeur conique actionné par l'arbre de distribution. Le distributeur fait un tour pendant que l'arbre principal du moteur en fait deux, et il provoque, pendant cette révolution, l'introduction du mélange gazeux dans le cylindre, puis son allumage qui s'effectue par l'intermédiaire d'un tube à incandescence chauffé par une flamme de gaz.

Le mouvement du distributeur ne permet l'admission du mélange gazeux que pendant les deux tiers de la course du piston ; le volume du mélange aspiré est inférieur au volume du cylindre ; la détente des gaz après l'explosion est ainsi poussée à son extrême limite.

Fig. 265. — Moteur Niel.

La vitesse, dans ce moteur, est réglable au moyen d'un petit excentrique qui provoque la manœuvre d'un levier agissant sur la tension du ressort de la soupape. Le premier modèle de moteur Niel à distributeur rotatif a été remplacé par un moteur dont la distribution est assurée par le jeu de soupapes. Ces soupapes, montées sur la culasse du cylindre verticalement l'une au-dessus de l'autre, sont manœuvrées par un mécanisme actionné par des cames clavetées sur l'arbre de distribution. La régulation, qui est sous la dépendance d'un régulateur à ressorts à masses horizontales, possède une admission variable tout en conservant dans le cylindre une compression constante.

Nous avons donné (Fig. 13) la vue d'ensemble d'un moteur Niel à gaz pauvre de 25 chevaux et représenté par la figure 74 la vue d'ensemble d'un moteur Niel à gaz pauvre de 60 chevaux. Ces moteurs, de fabrication récente, comportent tous les perfectionnements apportés depuis quelques années à l'établissement des moteurs à gaz et diffèrent sensiblement comme on pourra facilement s'en rendre compte, des moteurs primitifs Niel que nous venons d'examiner plus haut.

Le bâti du moteur à gaz pauvre de 25 chevaux est venu de fonte avec l'enveloppe du cylindre, laquelle est disposée pour réaliser une circulation d'eau de refroidissement. Le bâti est muni d'une large embase par laquelle le moteur repose sur le massif de maçonnerie.

Le cylindre est rapporté dans l'enveloppe. Il est en fonte très dure et disposé de façon à pouvoir librement se dilater vers l'avant du moteur.

Dans le cylindre manœuvre le piston en fonte, ayant une grande longueur pour assurer un bon guidage. C'est un piston ouvert dont l'axe en acier fondu reçoit le pied de bielle portant des coussinets en bronze phosphoreux. Le pied est disposé pour permettre la compensation du jeu.

La bielle en acier s'articule sur l'arbre du moteur, coudé pour former manivelle. Cet arbre en acier est supporté par deux paliers à large surface, pour prévenir tout échauffement : les paliers font corps avec le bâti. Un troisième palier est disposé à son extrémité du côté du volant. Les coussinets placés dans les paliers sont en bronze phosphoreux.

Sur le fond du cylindre est fixée une culasse portant les soupapes nécessaires à la distribution et dans laquelle sont ménagées des capacités permettant une circulation d'eau réfrigérante.

La distribution s'effectue au moyen de trois soupapes disposées verticalement : une soupape d'admission de mélange, une soupape à gaz, une soupape d'échappement. La soupape d'admission et la soupape à gaz sont placées à la partie supérieure du cylindre et sont montées sur la même tige. Nous avons précédemment (Fig. 70) donné la disposition de ces soupapes. La soupape d'admission a une levée variable ; la soupape d'échappement est à levée constante ; elle est faite en acier au nickel et elle est guidée par une douille dont le démontage facile permet un rapide remplacement.

Les conduits d'arrivée d'air et de gaz portent des robinets permettant de régler la quantité de fluide admis dans la boîte à soupape d'admission. Le volume de mélange gazeux introduit dans le cylindre est rendu variable par suite de la levée plus ou moins grande de la soupape d'admission.

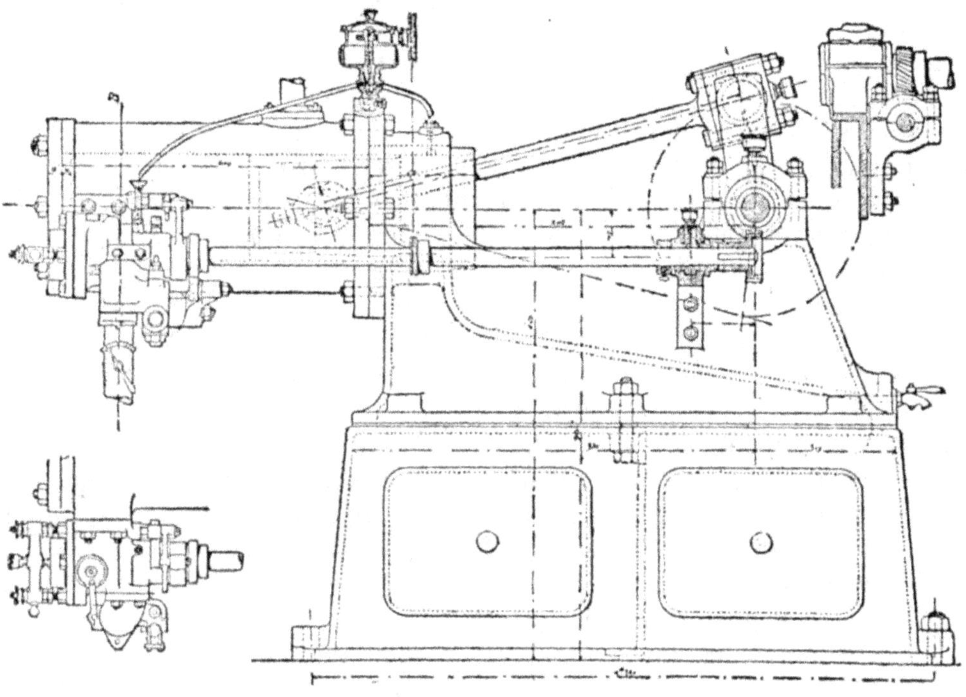

Fig. 266. — Moteur primitif Niel. Vue d'ensemble.

Le principe de régulation, dans ce moteur, consiste donc à admettre une quantité plus ou moins grande de mélange gazeux dans le cylindre, suivant la charge supportée par le moteur, ce mélange conservant constamment la même composition, déterminée pour obtenir une inflammation certaine à chaque cycle de la distribution.

La levée variable de la soupape est déterminée par le mouvement du manchon du régulateur.

Ce régulateur, à force centrifuge, est pourvu d'un amortisseur à huile ayant pour fonction d'atténuer les réactions occasionnées par les déplacements brusques.

Le manchon du régulateur est actionné, par l'intermédiaire d'un levier horizontal et d'une tringle verticale : le décalage d'un excentrique approche ou éloigne, suivant le sens dans lequel il s'effectue, un galet d'une came clavetée sur l'arbre de distribution. Ce galet est disposé en bout d'un levier provoquant, par sa manœuvre, la levée de la soupape d'admission. Suivant que ce galet sera plus ou moins rapproché de la came de commande, la soupape actionnée se soulèvera plus ou moins, et cela, par l'action du régulateur. La soupape à gaz, montée à frottement sur la tige de la soupape d'admission, suit tous les mouvements de cette dernière soupape avec simplement un léger retard pour en assurer la fermeture. Par suite de sa forme particulière, le volume de gaz introduit varie avec l'ouverture variable de la soupape d'admission, de sorte que le mélange admis est de composition toujours constante.

La soupape d'échappement est actionnée par une seconde came clavetée sur l'arbre de distribution, par l'intermédiaire d'un galet disposé en bout d'un levier dont l'autre extrémité appuie sur la tige de la soupape. Un ressort à boudin extérieur maintient, au repos, la soupape d'échappement appliquée sur son siège. Le levier d'échappement oscille autour d'un axe porté par un bras fixé sur la culasse et qui sert de support à l'arbre de distribution. Cet arbre, parallèle à l'axe du cylindre, reçoit son mouvement de rotation de l'arbre principal par l'intermédiaire de roues d'engrenage à denture hélicoïdale. Il est supporté à une extrémité par un palier fixé sur le bâti près de l'arbre principal, et à l'autre extrémité par un bras-support fixé sur la culasse et sur lequel est disposée également la magnéto d'allumage.

Le graissage du cylindre s'effectue au moyen d'une petite pompe qui envoie l'huile sous pression dans ce cylindre par un conduit débouchant à sa partie supérieure. Cette pompe est alimentée par l'huile contenue dans un graisseur à débit visible. Une petite came portée par l'arbre de distribution donne à un galet, placé en bout d'un levier oscillant en son milieu, un mouvement de va-et-vient, qui se répète à la partie supérieure du levier, articulé avec un petit piston dont la manœuvre refoule l'huile dans le cylindre. Le pied de bielle est lubrifié par un godet à lécheur fixé au piston qui, à chacune de ses courses, vient frotter contre la partie inférieure du conduit d'huile appartenant à un godet graisseur fixe.

La tête de bielle a son graissage assuré par une bague fixée sur un côté de la manivelle, disposition semblable à celle que nous avons examinée précédemment (Fig. 180). Les trois paliers de l'arbre principal comportent des bagues de graissage mobiles ; les paliers de l'arbre de distribution sont munis de graisseurs fixes à débit visible.

La mise en marche du moteur Niel se fait en actionnant le volant à la main quand la puissance ne dépasse pas 20 chevaux ; au-dessus de ce chiffre, la mise en marche s'effectue au moyen de l'air comprimé envoyé dans le cylindre et actionnant le piston du moteur. L'air est comprimé dans un réservoir par le moteur même au moment où on va le mettre au repos, opération qui s'effectue par la manœuvre appropriée d'un jeu de valves.

Le moteur à gaz Niel de 60 chevaux (Fig. 13) est établi sur les mêmes principes que le moteur précédent. Les organes sont plus importants et appropriés à la puissance du moteur. L'arbre de distribution portant les cames de commande est supporté par deux paliers fixés sur le bâti même du moteur, et par une console support double fixée, par une large semelle, sur la culasse du cylindre. La distribution comporte une soupape de mélange, une soupape d'admission, et une soupape d'échappement. Le régulateur rend variable, comme dans le moteur précédent, le volume de mélange introduit, ce mélange conservant une composition constante.

Moteur Delamarre-Deboutteville et Malandin

Ce moteur, désigné sous le nom de Simplex par ses inventeurs, est aussi un des premiers moteurs réalisés à quatre temps. Son fonctionnement est, en principe, semblable à celui du moteur Otto, c'est-à-dire que le cycle de la distribution comporte l'aspiration, la compression, l'explosion et la détente, puis l'échappement. Ce moteur diffère cependant du moteur primitif Otto par la disposition donnée à l'organe de distribution. Ce distributeur est constitué par un tiroir qui assure l'admission du mélange gazeux dans le cylindre. Le gaz et l'air sont amenés par des conduits dans la boîte à tiroir fixe. Ils y pénètrent par des rainures de directions perpendiculaires, de sorte que le mélange de l'air et du gaz s'opère convenablement avant d'être introduit dans le cylindre par un orifice ménagé au centre du tiroir.

L'allumage s'effectue électriquement. C'est une étincelle électrique produite de la même façon que dans le premier moteur Lenoir, qui provoque l'explosion du mélange tonnant, mais cette étincelle ne prend pas naissance dans le cylindre ; elle éclate dans une petite capacité ménagée dans le tiroir et l'inflammation du mélange se produit lorsque cette capacité est mise, par le mouvement du distributeur, en communication avec l'intérieur du cylindre.

Ce moteur comporte un dispositif de mise en marche automatique constitué par une sorte de robinet permettant d'admettre dans le cylindre un certain volume de mélange détonant.

Un organe spécial arrête le moteur à une position déterminée, telle que le mélange introduit puisse être enflammé, et provoque, par l'explosion ainsi produite, la progression du piston et la mise en route du moteur.

Un moteur à gaz Simplex de 100 chevaux, construit aux ateliers *Malter et Cie*, à Rouen, figurait à l'Exposition universelle de Paris en 1889. Il était monocylindrique ; le piston mesurait 0,575 m de diamètre et effectuait une course de 0,950 m. Le gaz était fourni par un gazogène à l'eau système Dawson.

Moteur Cockerill

Delamarre-Deboutteville, qui avait établi le moteur Simplex, c'est-à-dire le premier moteur à gaz à grande puissance se distinguant par ses propriétés de forte compression préalable et de vive combustion, collabora aussi à la création d'un moteur à gaz de haut fourneau construit par la Société John Cockerill de Seraing (Belgique), en 1897. Ce moteur utilisait comme combustible le gaz provenant des hauts fourneaux de l'usine de Seraing et actionnait une machine dynamo-électrique destinée à produire l'éclairage électrique et le transport d'énergie. Il n'était muni que d'un seul cylindre ayant un diamètre de 850 millimètres et effectuant une course de 1 mètre.

La solution du problème de l'utilisation des gaz de hauts fourneaux pour actionner des moteurs à gaz, a été résolue presque en même temps en Belgique, en Angleterre, et en Allemagne ; le moteur Cockerill, établi en 1897, est l'un des premiers ayant été utilisé industriellement.

C'est à l'utilisation directe des gaz de hauts fourneaux, puis des gaz de fours à coke dans les charbonnages de mines et dans les usines métallurgiques, qu'on doit l'essor remarquable pris par les moteurs à gaz de grandes puissances, qui utilisent les quantités considérables de gaz produites dans ces industries, source abondante de force motrice non employée précédemment.

En 1899, la Société Cockerill construisait un autre moteur à gaz de hauts fourneaux d'une puissance de 600 chevaux effectifs, actionnant une soufflerie de haut fourneau. Un moteur semblable figurait à l'Exposition internationale de Paris en 1900. Nous avons donné sa vue d'ensemble (Fig. 78). Ce moteur, tournant à 80 tours par minute, donne une pression de vent correspondant à 40 centimètres de mercure, avec un déplacement de piston de 508 mètres cubes. Il est monocylindrique. Le piston qui se meut dans le cylindre du moteur, porte une tige qui se prolonge à l'arrière de ce cylindre sur laquelle est claveté un second piston se déplaçant dans un cylindre soufflant.

La tige est supportée à l'arrière par une glissière, sur laquelle se meut un coulisseau faisant corps avec la tige. Entre le cylindre soufflant et le cylindre du moteur, la tige est guidée par un double coulisseau manœuvrant dans deux glissières latérales.

Le bâti est constitué en deux parties : dans l'une se trouvent le cylindre et sa culasse, dans l'autre les paliers supportant l'arbre principal. Ces deux parties, solidement fixées sur le massif de maçonnerie, sont réunies entre elles pour former un même corps, par quatre entretoises.

La distribution s'effectue par soupapes : une soupape à gaz, une soupape de mélange, une soupape d'admission (ces trois soupapes disposées dans la même boîte), et une soupape d'échappement. La régulation s'effectue par l'intermédiaire d'un régulateur pneumatique actionnant un dispositif à déclic.

Les moteurs à gaz construits actuellement par les ateliers Cockerill sont à quatre temps et à double effet, cette disposition convenant particulièrement aux moteurs de grandes puissances. Nous allons indiquer en détail les diverses dispositions adoptées pour les organes de ces moteurs dont les figures 113, 119 et 206, représentent des types ayant reçu des applications différentes.

Le bâti, robuste, reposant sur le massif de fondation par de larges embases, y est solidement fixé par des boulons scellés dans le massif. Il supporte les paliers dans lesquels tourillonne l'arbre moteur, et avec lui sont venues de fonte les glissières-guides de la crosse du piston. Le bâti est prolongé vers l'arrière, au droit des paliers principaux, par deux flasques en fonte, évidées, réunies au bâti par le serrage de brides qui constituent le dispositif d'assemblage. Entre ces flasques, est disposé, vers l'arrière, le cylindre du moteur à gaz. Ces flasques reposent sur des supports en fonte placés vers le milieu de la longueur du cylindre, et sur lesquels elles peuvent se déplacer, n'étant pas, en ces points, fixées au massif de fondation. Les flasques sont disposées pour faire office de guides de la traverse intermédiaire et de la tige du piston.

Le cylindre porte, d'autre part, des surfaces d'appui, maintenues rigides par des nervures, et qui s'appliquent contre les flasques auxquelles ce cylindre est fixé par des clavettes disposées à une seule extrémité. Ces clavettes assurent la position du cylindre sur le bâti dans le sens longitudinal.

Sur les côtés, le cylindre est rendu solidaire des flasques au moyen de vis, et il constitue ainsi une entretoise formant la liaison entre les deux flasques prolongeant le bâti.

La coupe transversale du cylindre d'un moteur à gaz Cockerill, représentée par le figure 268, indique le montage de ce cylindre sur le bâti. Cette disposition permet, tout en assurant une rigidité convenable, le démontage facile et rapide du cylindre par le desserrage des vis et l'enlèvement des clavettes.

Le cylindre étant façonné pour permettre un double effet, a ses deux extrémités disposées symétriquement, ce qui offre l'avantage d'assurer un équilibre plus stable du métal par rapport aux efforts qui s'exercent sur lui. Il comporte une enveloppe permettant une circulation d'eau de refroidissement. A chaque extrémité du cylindre (Fig. 267), sont ménagées deux portées dressées sur lesquelles viennent s'appliquer et se fixer, d'une part, la boîte comportant les soupapes servant à l'admission du mélange dans le cylindre, et d'autre part, la boîte de la soupape d'échappement. La boîte d'admission est placée verticalement à la partie supérieure du cylindre, la boîte d'échappement est disposée également verticalement à la partie inférieure du cylindre, dans le même axe que la boîte d'admission. Sur l'enveloppe du cylindre sont pratiquées des ouvertures qui permettent de procéder à la visite et au nettoyage de la capacité recevant l'eau de refroidissement.

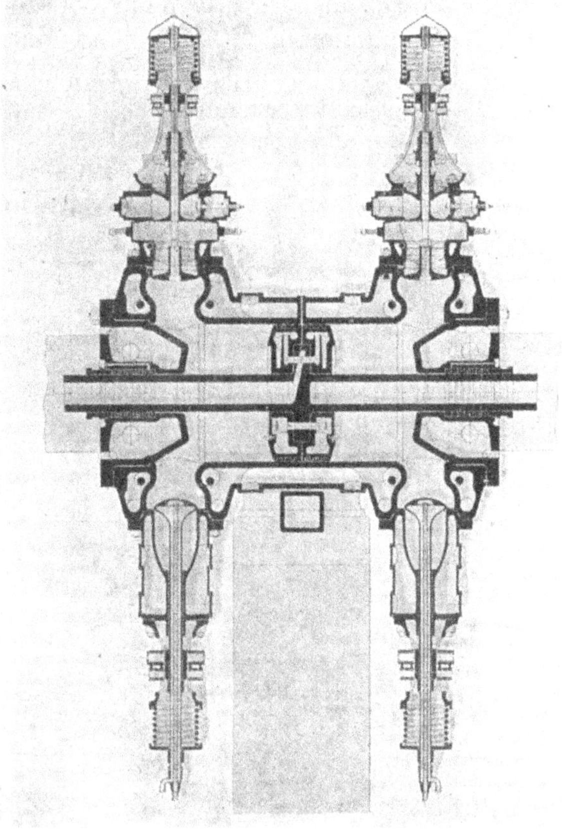

Fig. 267. — Moteur Cockerill. Coupe longitudinale.

Des tirants cylindriques sont placés transversalement tout près des parois du conduit formant la communication entre les boîtes à soupapes et le cylindre. Ils assurent la solidité et la rigidité du corps du cylindre aux points où cet organe se trouve affaibli par ces ouvertures de communication. Ces tirants sont représentés par de gros points noirs sur la coupe longitudinale du cylindre (Fig. 267).

Une série de tirants longitudinaux traverse la capacité de circulation d'eau sur toute la longueur du cylindre (Fig. 269). Ces tirants font office d'entretoises entre les deux fonds du cylindre et permettent leur fixation sur le corps de ce cylindre. La section de ces tirants est visible sur la coupe transversale du cylindre (Fig. 268).

Sur chaque conduit supérieur mettant en communication le cylindre et la boîte d'admission, sont disposés, d'un côté, un ajutage pour recevoir le bouchon d'allumage, et de l'autre côté, une douille sur laquelle se monte le tuyau communiquant avec l'indicateur avec lequel on pourra relever des diagrammes.

Sur chaque conduit inférieur faisant communiquer le cylindre avec la boîte d'échappement, est placé un ajutage recevant la soupape de mise en marche au moyen de l'air comprimé.

Les fonds du cylindre comportent une capacité intérieure servant à établir une circulation d'eau de refroidissement. Ils portent chacun un presse étoupe muni d'une garniture métallique qui sert à assurer l'étanchéité sur le pourtour de la tige du piston qui traverse les fonds. Ces fonds sont facilement démontables et peuvent s'enlever sans procéder au démontage d'autres organes, après que l'on a ôté les écrous placés en bout des tirants longitudinaux.

Le piston se compose de deux pièces évidées rendues solidaires l'une de l'autre par des boulons (Fig. 267). Chacune de ces pièces s'applique contre une embase de grand diamètre faisant corps avec la tige du piston, ce qui permet à celle-ci de recevoir directement la pression du piston, sur chacun des côtés. Les boulons ne servent qu'à maintenir les deux parties du piston serrées contre l'embase de la tige et ne transmettent aucun effort. Sur le piston sont disposés des segments circulaires en fonte de fer.

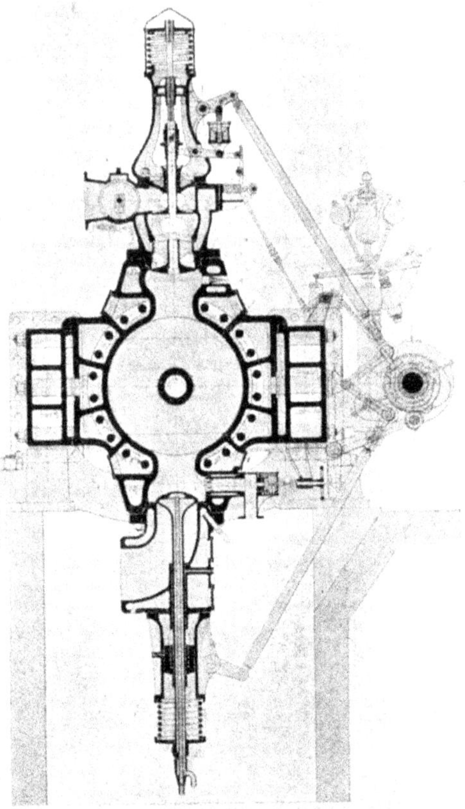

Fig. 268— Moteur Cockerill. Coupe transversale.

Les capacités évidées ménagées dans les deux parties du piston sont utilisées pour établir une circulation d'eau de refroidissement. Pour cela, elles communiquent avec la partie centrale de la tige, qui est également évidée et dans laquelle on admet l'eau par une extrémité. Cette eau, envoyée sous une pression de 3 à 4 kilogrammes par centimètre carré pour remédier aux coups de bélier possibles par suite du mouvement alternatif du piston si la continuité de la circulation n'était pas assurée, passe de l'intérieur de la tige dans le piston par les conduits de communication qui sont établis dans les deux organes, puis s'écoule de l'intérieur du piston dans l'autre partie de la tige, pour être rejetée à l'extérieur.

La tige du piston est faite en acier forgé et supporte le piston, qui doit se mouvoir dans le cylindre sans appuyer sur ses parois autrement que par les segments et du fait de leur élasticité. La tige est elle-même supportée par les deux presse-étoupes à garnitures métalliques placées dans les deux fonds du cylindre, et repose sur des traverses dont le nombre est approprié au type du moteur, lesquelles sont guidées dans les coulisses ménagées dans les flasques du bâti.

Pour assurer, dans le cylindre, la position convenable du piston par rapport aux parois, on cintre légèrement, avant le montage, la tige du piston vers la partie supérieure, de sorte que lorsque le montage est effectué et que le poids du piston rempli d'eau agit sur la tige, celle-ci reprend une direction parfaitement rectiligne et le mouvement du piston et de sa tige s'effectuent, par rapport au cylindre, avec une grande douceur et un minimum de frottement.

Lorsque le moteur est constitué par deux cylindres montés en tandem, c'est-à-dire placés dans le prolongement l'un de l'autre, les deux tiges de piston sont assemblées sur une traverse disposée entre les deux cylindres. Une autre traverse est placée en avant et constitue la crosse du piston articulée avec le pied de bielle.

La bielle, qui est en acier forgé ou en acier moulé, est disposée en forme de fourche du côté du piston et s'articule sur le tourillon de manivelle par une tête de forme ordinaire (Fig. 270).

La manivelle est constituée par un coude de l'arbre moteur façonné en forme de vilebrequin. Cet arbre est composé de deux bras en acier moulé, coulés avec les contrepoids d'équilibrage. Les extrémités de l'arbre et le tourillon de manivelle qui réunit les deux bras sont en acier forgé. L'arbre est supporté par trois paliers, dont deux font corps avec le bâti et dont le troisième est disposé après le volant.

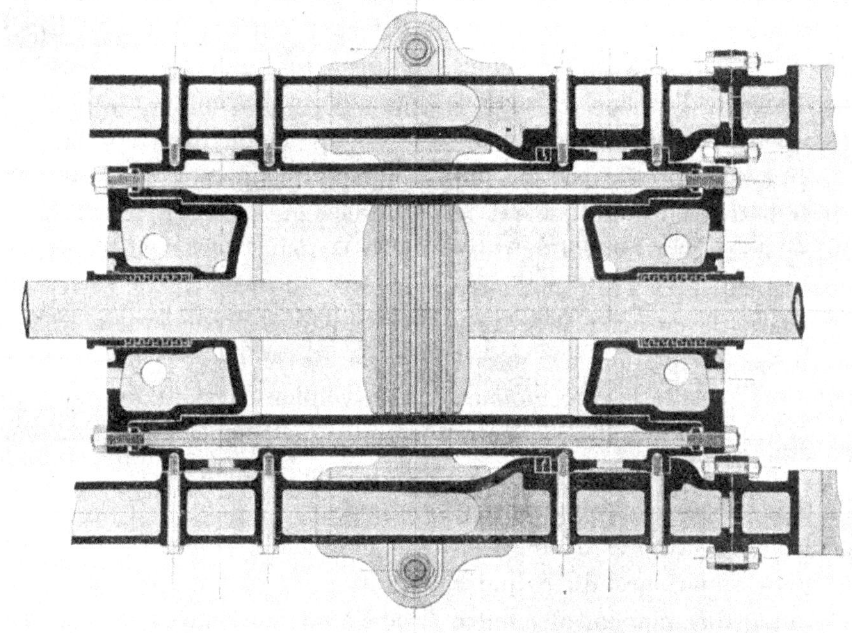

Fig. 269. — Moteur Cockerill. Liaison du cylindre et du bâti.

Dans les moteurs à gaz comportant deux cylindres placés en parallèle, ou jumelés, c'est-à-dire disposés parallèlement l'un à côté de l'autre, l'arbre porte nécessairement deux coudes et deux tourillons de manivelles sur lesquels s'articulent les deux têtes des bielles et les deux pistons.

Dans ce cas, on dispose généralement deux bâtis l'un contre l'autre et l'arbre se trouve, de la sorte, supporté par les paliers des deux bâtis, le volant étant claveté sur l'arbre dans l'intervalle qui sépare ces deux bâtis (Fig. 119).

Le volant est fait en fonte de fer pour les moteurs à faible vitesse comme ceux qui actionnent des souffleries (Fig. 206). Il est composé de deux parties assemblées solidement. Pour les moteurs à grande vitesse destinés à actionner des machines électriques, le volant est constitué par un moyeu et une jante faits en fonte de fer, et ces pièces sont rendues solidaires par des bras en acier forgé et des frettes, lesquelles sont disposées sur la jante.

Le volant est maintenu solidement fixé sur l'arbre par deux clavettes tangentielles en acier, et sa jante est munie d'une denture (Fig. 119) qui engrène avec une roue du *vireur*, organe permettant de manœuvrer le moteur pour le mettre à sa position de départ lors de la mise en route. Ce vireur est actionné électriquement.

Les organes de distribution sont actionnés par l'intermédiaire de l'arbre de distribution disposé parallèlement à l'axe du cylindre. Cet arbre est supporté par des paliers fixés sur le bâti et sur la flasque qui le prolonge. Il reçoit son mouvement de rotation de l'arbre principal par l'intermédiaire de roues d'engrenage en acier à denture conique. Sa vitesse de rotation est moitié moins grande que celle de l'arbre moteur, comme il convient pour un moteur à quatre temps.

La distribution est assurée par trois soupapes disposées dans la boîte d'admission placée à la partie supérieure du cylindre et par une soupape d'échappement montée dans la boîte inférieure (Fig. 267 et 270).

Les trois soupapes contenues dans la boîte d'admission sont: la soupape à air, la soupape à gaz et la soupape d'admission du mélange dans le cylindre. La soupape à air est formée par un disque reposant sur un siège constituant l'orifice du conduit d'air. Elle est fixée sur la tige de la soupape d'admission, laquelle est placée à la partie inférieure et vient s'appliquer contre l'orifice du conduit faisant communiquer la boîte avec le cylindre. La soupape à air et la soupape d'admission sont ainsi rendues solidaires et se déplacent en même temps. Elles sont maintenues appliquées sur leur siège par la tension d'un fort ressort à boudin placé à la partie supérieure de la boîte à soupapes: elles sont actionnées par une came clavetée sur l'arbre de distribution et par l'intermédiaire de leviers et d'une bielle portant un galet articulé à une extrémité.

Entre la soupape à air et la soupape d'admission est disposée la soupape à gaz, qui est montée sur la tige des autres soupapes, mais qui peut y coulisser à frottement doux, de façon que son mouvement puisse être indépendant de celui des autres soupapes.

La soupape à gaz est constituée par une sorte de tiroir cylindrique en forme de lanterne, dont les parois sont disposées pour obturer au repos les lumières circulaires permettant d'admettre l'air dans la boîte à soupapes et pour les découvrir dès que la soupape d'admission s'abaisse afin d'introduire cet air dans le cylindre. La manœuvre de la soupape à gaz est placée sous la dépendance du régulateur. La régulation s'effectue par admission variable de gaz pour former le mélange tonnant et admission d'un volume constant de mélange, d'où il résulte une même compression pour chaque cycle, quelle que soit la richesse du mélange admis.

Lorsque le piston parcourt sa course d'aspiration, la soupape d'admission et la soupape à air, actionnées par la came fixée sur l'arbre de distribution, s'abaissent d'abord en comprimant leur ressort de rappel. Il se produit une aspiration d'air dans le cylindre qui remplit l'espace vide derrière le piston, et l'air est ainsi introduit seul dans le cylindre tant que la soupape à gaz n'est pas actionnée. Cette manœuvre s'effectue à un moment déterminé par la position du régulateur et, par conséquent, par le régime de marche de la machine. A ce montent, le gaz admis se mélange intimement avec l'air et le mélange est alors introduit dans le cylindre par l'orifice découvert par l'abaissement de la soupape d'admission. En résumé, deux des soupapes, la soupape à air et la soupape d'admission, s'ouvrent en même temps, toujours au même point du cycle de la distribution, tandis que la soupape à gaz, à manœuvre indépendante des deux autres, est actionnée en des points variables déterminés par le régime de marche du moteur. On comprend que par suite de cette disposition, le volume total de mélange aspiré dans le cylindre est constant, quelle que soit la quantité de gaz entrant dans la composition de ce mélange. Il y a donc variation de la composition du mélange, mais admission d’un volume constant et, par suite, compression constante. La commande de la soupape à gaz s’effectue avec un retard d’autant plus grand que la charge du moteur est plus faible, ce qui diminue de plus en plus le volume de gaz

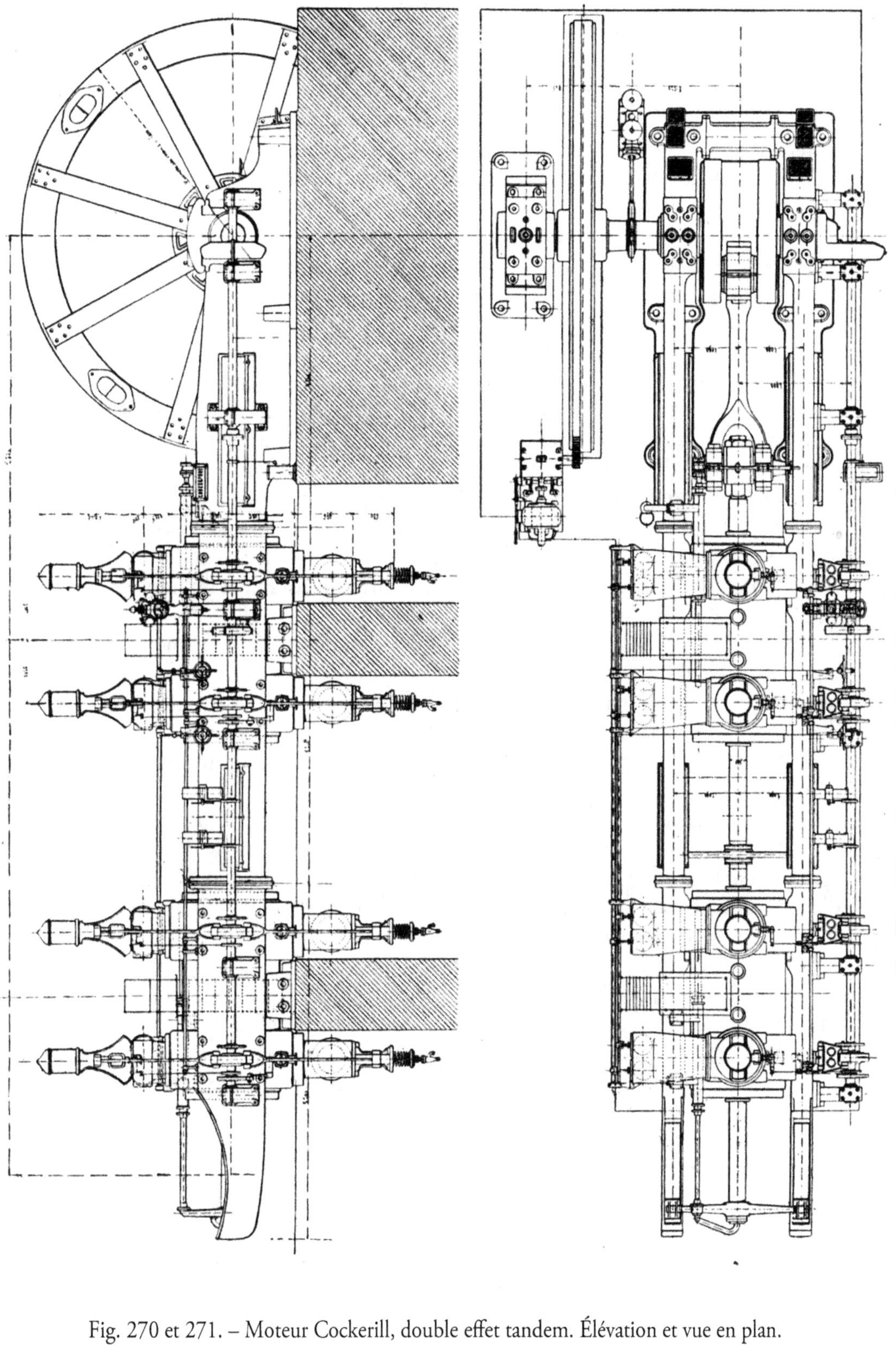

Fig. 270 et 271. – Moteur Cockerill, double effet tandem. Élévation et vue en plan.

introduit. Le régulateur, par le mouvement de son manchon, actionne un mécanisme de tringles et de leviers qui libère, au moment opportun, la soupape à gaz. Cette soupape, par son poids et par le vide créé dans le cylindre par l'aspiration du piston, s'abaisse brusquement, mais un dispositif d'amortissement permet d'atténuer les chocs qui pourraient ainsi se produire.

Lorsque le piston a terminé sa course d'aspiration, les trois soupapes disposées dans la boîte supérieure d'admission sont ramenées à leur position de repos par le ressort de rappel.

La soupape d'échappement est disposée dans la boîte inférieure munie de capacités permettant une circulation d'eau de refroidissement. La tige de la soupape elle-même est creuse et porte un conduit central par lequel l'eau froide est introduite jusqu'à la partie supérieure de la soupape, afin de diminuer la température de cet organe. L'eau s'écoule ensuite au-dehors par le creux ménagé dans la tige.

La soupape d'échappement est actionnée par une came calée sur l'arbre de distribution, et par l'intermédiaire d'une bielle et d'un levier attaquant la soupape. La bielle porte à une extrémité un galet reposant sur la came et elle est suspendue, à cette même extrémité, en bout d'un levier, oscillant autour d'un axe fixé sur la flasque du bâti. La soupape d'échappement est maintenue appliquée sur son siège par la tension d'un fort ressort de rappel. Le calage de sa came de commande sur l'arbre est réalisé pour lui permettre de rester ouverte pendant un certain temps au commencement de la course d'admission. Par suite de cette disposition, l'air introduit, dès l'abord, dans le cylindre provoque l'évacuation des gaz brûlés contenus dans la chambre d'explosion et en débarrasse les abords de l'allumeur, condition favorable à l'obtention d'un bon allumage.

La boîte à soupapes d'admission et la boîte à soupape d'échappement sont munies d'ouvertures permettant, pour la première, de visiter et de nettoyer les soupapes sans recourir à leur démontage, et pour la seconde de nettoyer les capacités de circulation d'eau de refroidissement.

L'eau réfrigérante circule dans tous les organes du moteur pouvant être en contact avec les gaz chauds.

Cette circulation est assurée autour du cylindre, dans l'enveloppe, dans les fonds de ce cylindre, par l'intermédiaire de capacités et de conduits de communication appropriés. Elle est également établie dans les boîtes à soupapes, dans la soupape d'échappement, dans le piston et dans sa tige, de la façon que nous avons indiquée, et même dans les coussinets des paliers de l'arbre principal et dans le guide de la crosse pour éviter l'échauffement de ces derniers organes.

La circulation d'eau s'effectue sous une pression de quelques mètres d'eau pour tous les organes du moteur, sauf pour le piston et sa tige pour lesquels la pression de l'eau doit être plus grande. La circulation de l'eau dans ces deux derniers organes est, d'ailleurs, assurée par une pompe spéciale recevant son mouvement du moteur.

La consommation d'eau de refroidissement est d'environ 40 litres par cheval et par heure lorsque la température de l'eau admise est de 15 degrés. Cette eau est évacuée à une température ne dépassant pas 50 degrés.

L'allumage du mélange tonnant s'effectue par la production, entre deux bougies fixes disposées sur le cylindre, d'une étincelle électrique à haute tension. On peut régler le moment où il se produit et lui donner de l'avance ou du retard par rapport à la position du piston, suivant les circonstances.

Le graissage des divers organes du moteur est assuré par des dispositifs variés.

Pour le cylindre, on emploie de l'huile minérale envoyée sous pression par une petite pompe. L'huile est également admise sous pression dans les presse-étoupes du cylindre et dans la tige de la soupape d'échappement.

Le pied de bielle est lubrifié par un dispositif à lécheur ; la tête de bielle, par un dispositif de graissage utilisant la force centrifuge. Le coulisseau de la crosse du piston se déplace dans l'huile provenant d'un réservoir qui la contient, ménagé dans le bâti. Les paliers de l'arbre principal comportent des bagues mobiles assurant le graissage. Les paliers supportant l'arbre de distribution et les articulations des divers leviers sont lubrifiés par des godets contenant de la graisse consistante. La consommation d'huile varie de 1,5 gramme à 2 grammes par cheval et par heure.

On met le moteur en marche au moyen de l'air comprimé.

L'air est emmagasiné dans un réservoir par la manœuvre d'un petit compresseur qui porte sa pression à 10 atmosphères au minimum.

Le réservoir d'air comprimé communique avec la boîte à soupape de mise en marche. Cette soupape, disposée dans une des tubulures du cylindre (Fig. 267), est actionnée par une came clavetée sur l'arbre de distribution, par l'intermédiaire d'un levier coudé. Quand elle est à sa position d'ouverture, l'air comprimé pénètre dans le cylindre et pousse le piston qui a été préalablement amené à sa position convenable par la manœuvre du vireur électrique.

Lorsque le moteur a été ainsi mis en route et que la première explosion s'est produite, un déplacement du galet transmettant le mouvement de la came à la soupape de mise en marche provoque la fermeture de cette soupape, qui n'est plus, dès lors, actionnée.

Les moteurs construits par la Société Cockerill, tout en étant à quatre temps et à double effet, sont de types divers caractérisés par le nombre et la disposition des cylindres.

Les moteurs à un seul cylindre, (monocylindriques), sont simples, mais ne conviennent pas pour actionner des machines dynamo-électriques, pour lesquelles une très grande régularité de mouvement est indispensable. Cela résulte, on le conçoit, du principe même du cycle de distribution à quatre temps, pour lequel dans un cylindre à double effet les deux courses motrices sont suivies de deux courses à vide, ainsi que nous l'avons vu précédemment.

En constituant le moteur par plusieurs cylindres judicieusement accouplés on peut remédier à cet inconvénient et obtenir une grande régularité dans le fonctionnement du moteur. En outre, on augmente également sa puissance.

Les deux cylindres constituant le moteur peuvent être disposés soit parallèlement, soit dans le prolongement l'un de l'autre. Dans le premier cas on dit que le moteur est à deux cylindres jumelés : les deux pistons commandent le même arbre sur lequel les deux .manivelles sont disposées.

Dans le deuxième cas, les pistons sont placés l'un derrière l'autre, en tandem, sur une même tige reliée par la bielle à l'arbre principal. Les cycles de distribution dans les deux cylindres sont décalés pour obtenir à chacune des quatre courses du piston une phase active sur l'une des faces des deux pistons.

On établit aussi des moteurs à quatre cylindres constitués par deux dispositions en tandem accouplées parallèlement. Cela revient à placer côte à côte deux moteurs tandem actionnant le même arbre.

Cette dernière disposition permet de donner aux moteurs à gaz une puissance allant jusqu'à 6 000 chevaux et une régularité comparable à celle d'une machine à vapeur de grande puissance.

La figure 206 représente la vue d'ensemble d'un moteur à gaz Cockerill monocylindrique à double effet. Ce moteur de 1 200 chevaux commande une soufflerie dont la manœuvre n'exige pas une très grande régularité. On reconnaîtra les différents organes du moteur que nous venons de décrire, disposés de façon appropriée au fonctionnement et à l'utilisation du moteur à gaz.

La figure 113 représente la vue d'ensemble de moteurs tandem à double effet de 1 400 chevaux actionnant les machines électriques d'une station centrale d'éclairage. Les figures 270 et 271 donnent l'élévation et la vue en plan de ce moteur.

Enfin, la figure 119 indique la disposition donnée aux organes d'un moteur à deux cylindres jumelés actionnant également une machine dynamo-électrique.

Moteur Charon

Ce moteur comporte un ingénieux dispositif permettant de rendre variables la compression et la détente par l'action du régulateur et la prolongation de cette détente, ce qui permet une meilleure utilisation thermique et détermine une réduction de la température des gaz au moment où ils sont évacués.

Le volume de mélange comprimé est rendu variable par suite de l'adjonction, au moteur, d'une capacité en forme de serpentin dans laquelle est remisé provisoirement l'excédent de mélange qui est ensuite réadmis dans le cylindre pendant la course d'aspiration. L'admission dans le serpentin s'effectue par suite de la manœuvre d'une soupape spéciale placée sous la dépendance du régulateur.

Fig. 272. — Moteur Charon.

Le moteur comporte la soupape d'admission et la soupape d'échappement et, en outre, une soupape d'admission de gaz et la soupape de retenue destinée à rendre la compression variable. Ces deux dernières soupapes sont commandées par une double came sur laquelle agit le régulateur. L'admission de gaz est donc variable suivant que le régulateur soulève plus ou moins tôt la soupape à gaz, et cette manoeuvre dépend, évidemment, du régime de marche du moteur. En outre, le régulateur provoque, en agissant sur la came de la soupape de retenue, la fermeture de cette soupape. La soupape de retenue s'ouvre pendant l'aspiration et au deuxième temps, pendant la compression du mélange, elle est maintenue ouverte jusqu'à ce que le régulateur détermine sa fermeture. Pendant la fraction de course que le piston a parcourue dans la phase de compression avec la soupape de retenue ouverte, un certain volume de mélange a été refoulé dans le serpentin auquel l'ouverture de la soupape donne accès, de sorte que lorsque la soupape se referme, la compression ne s'exerce que sur un volume de mélange inférieur à une cylindrée. Le degré de compression diminue et se trouve, par conséquent, rendu variable suivant que le régulateur agit plus ou moins tôt sur la soupape de retenue, ce qui dépend de la valeur de la vitesse du moteur. Le serpentin dans lequel l'excédent de volume tonnant est refoulé, communique par sa partie inférieure avec l'air extérieur. Le gaz contenu dans ce tuyau ne s'échappe néanmoins pas au-dehors, par suite de la grande longueur du tuyau et

Fig. 273. – Moteur Charon.

de son petit diamètre. A la course d'aspiration suivante, un appel d'air s'effectue par le serpentin lorsque la soupape de retenue est de nouveau ouverte ; cet air entraîne dans le cylindre la quantité de mélange remisée et le gaz frais, introduit par suite de l'ouverture de la soupape à gaz, se mélange avec lui. L'inflammation est produite par une étincelle électrique jaillissant dans la chambre de compression lorsqu'un petit levier spécial établit le contact entre les deux pôles de la bougie. Ce moteur est le type primitif de moteur Charon.

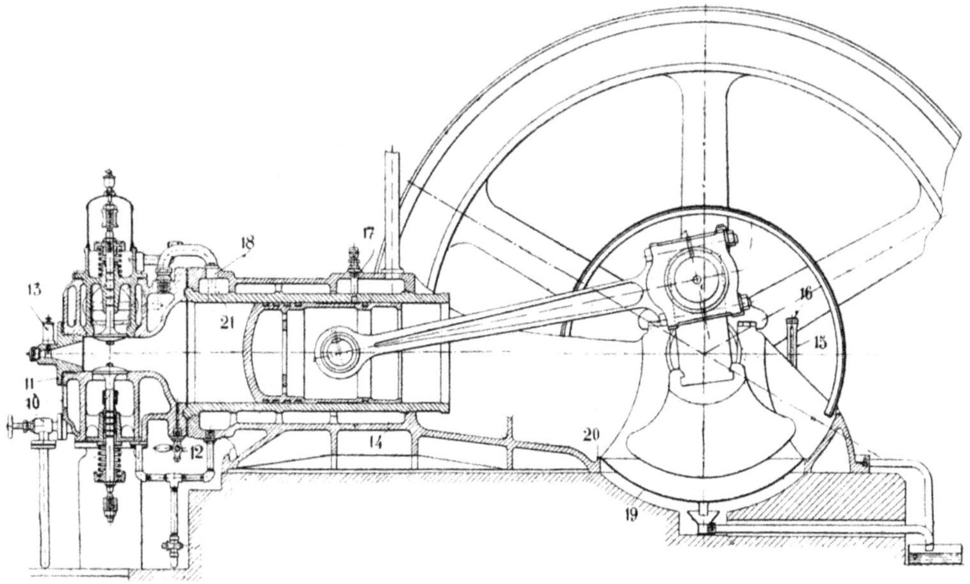

Fig. 274. — Moteur Charon. Coupe longitudinale.

Un autre type de moteur Charon, construit en 1908 par la *Société générale des industries économiques*, est représenté en coupe par la figure 274. Ce moteur se compose d'un bâti muni d'une large embase reposant sur le massif de maçonnerie. Au droit de la manivelle, ce bâti porte une ouverture pour donner passage à la tête de bielle pendant son mouvement de rotation. Cette ouverture se trouve fermée par une cuvette rapportée, 19, dont les rebords 20 s'appliquent sur les bords des parois du bâti pour former joint. La cuvette permet de recevoir l'huile projetée pendant le mouvement de la tête de bielle et de la recueillir, par l'intermédiaire d'un petit conduit, dans un récipient spécial. L'enveloppe du cylindre 14 est venue de fonte avec le bâti et l'espace vide ménagé entre cette enveloppe et le cylindre permet une circulation d'eau de refroidissement. L'enveloppe est munie intérieurement de nervures circulaires qui servent de support au fourreau constituant le cylindre et qui sont alternativement ouvertes en haut et en bas pour obliger l'eau à circuler tout autour du cylindre. Du côté de la culasse, l'enveloppe forme un renflement, de manière à créer à l'intérieur une plus grande capacité pouvant contenir un plus grand volume d'eau réfrigérante. Cette disposition est justifiée par la proximité de la chambre de combustion qui se trouve toujours portée à une très haute température.

Avec le bâti sont venus de fonte les corps des paliers supportant l'arbre principal du moteur. Ces paliers ont leur graissage assuré par des bagues mobiles. Des niveaux d'huile 15, extérieurs et bien visibles, indiquent à chaque instant le niveau de l'huile dans les paliers. Un couvercle 16 permet d'introduire l'huile dans les paliers et un conduit inférieur permet de la laisser s'écouler dans un récipient.

Le cylindre est constitué par un fourreau ajusté dans l'enveloppe et dans lequel se meut un piston ouvert. Ce piston muni de segments circulaires est relié au pied de bielle par un axe faisant corps avec ce pied de bielle (Fig. 275) et tourillonnant dans des coussinets 23 rendus solidaires du piston. Ces coussinets sont des manchons cylindriques fendus et serrés contre leur logement dans le piston par des vis munies de contre-écrous placés dans les bossages portés par le piston. De cette façon, il est aisé de l'extérieur, à l'aide d'une clef appropriée, d'annuler le jeu pouvant se produire dans le pied de bielle. Les coussinets portent vers le bas, à chacune de leurs extrémités, un rebord 24 formant une sorte de cuvette recevant l'huile de graissage en excédent dans le pied de bielle. Ces deux cuvettes constituent des godets de graissage de l'axe du pied de bielle qui tourillonne dans les deux coussinets. Les rebords du coussinet empêchent, en outre, par leur contact avec le cylindre, le déplacement des autres organes dans le cas du desserrage des coussinets. Le graissage de l'axe du piston s'effectue par le pied de bielle qui porte des conduits perpendiculaires 22 dont l'un, disposé au centre de l'axe, lubrifie les coussinets par l'intermédiaire de petits canaux appropriés.

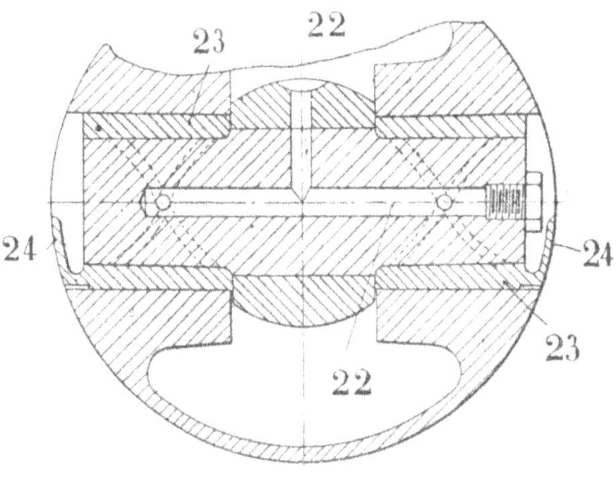

Fig. 275. — Moteur Charon. Axe du piston.

L'arbre du moteur est coudé pour former manivelle. Son équilibrage est obtenu par l'adjonction de contrepoids montés sur les branches de la manivelle au moyen d'un ajustage à queue d'aronde. Le volant en fonte de fer est claveté sur l'arbre.

La distribution s'effectue au moyen de trois soupapes : une soupape automatique pour constituer le mélange, une soupape d'admission de ce mélange dans le cylindre et une soupape d'échappement.

Nous avons précédemment (Fig. 123) indiqué le rôle et le fonctionnement de la soupape automatique de mélange dans la distribution Charon. Nous ne reviendrons pas sur les détails de ce mécanisme. Signalons simplement une disposition spéciale de cette soupape représentée par la figure 276 et qui consiste dans l'adjonction d'un fourreau *f* destiné à protéger la tige de la soupape contre l'encrassement dû à la circulation du gaz, ce qui pourrait nuire à son fonctionnement rationnel.

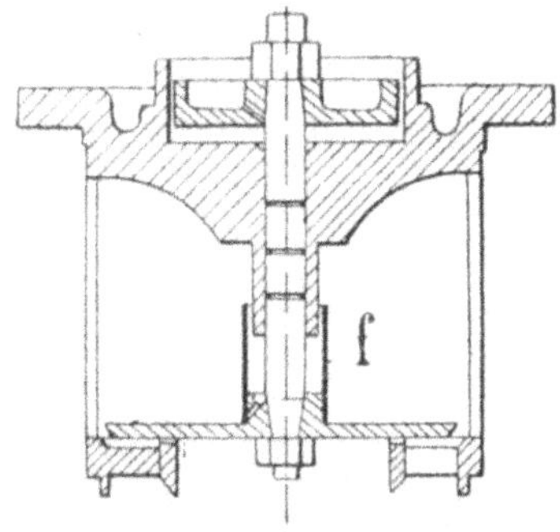

Fig. 276. — Moteur Charon.
Soupape automatique.

Les soupapes sont toutes disposées verticalement. La soupape d'admission 1 du mélange dans le cylindre (Fig. 277) est actionnée par une came 5 clavetée sur l'arbre de distribution, par l'intermédiaire d'un galet 6 disposé en bout d'un levier 7 oscillant autour d'un axe fixe et dont l'autre extrémité s'articule avec une bielle 8 reliée au levier supérieur 9 actionnant la soupape d'admission. Lorsque la came, pendant son mouvement de rotation, présente sa partie excentrée devant le galet 5, la bielle 8 agit par traction sur le bout du levier 9, le fait osciller autour de son autre extrémité, provoquant ainsi l'abaissement de la tige de la soupape d'admission et l'ouverture de cette soupape.

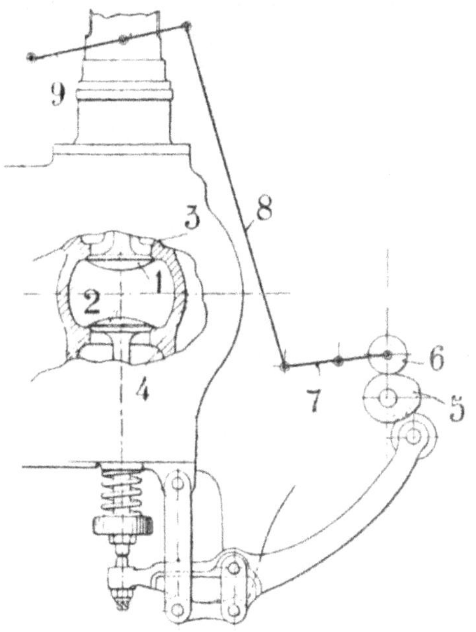

Fig. 277. — Moteur Charon.
Schéma de la commande des soupapes.

La soupape d'échappement 2 est actionnée par une autre came fixée sur l'arbre de distribution, qui commande le déplacement d'un galet disposé en bout d'un levier agissant à son autre extrémité sur la tige de la soupape d'échappement. Le point d'appui de ce levier, qui sert de point d'articulation, a une position variable par suite d'une disposition particulière de leviers roulants. De cette façon, l'ouverture et la fermeture de la soupape s'effectuent rapidement, la plus grande partie de la course donnée par la came à cette soupape étant utilisée pour la maintenir à grande ouverture.

Un ressort de rappel maintient les soupapes d'admission et d'échappement appliquées sur leur siège lorsque leurs cames respectives ne les actionnent plus.

Les soupapes sont disposées sur une culasse rapportée et fixée en bout du cylindre. Elle est ajustée sur ce cylindre par une gorge circulaire à flancs inclinés permettant d'assurer l'étanchéité du joint de ces deux organes. Dans la culasse sont ménagées des cavités dans lesquelles circule l'eau de refroidissement. Cette eau est la même que celle qui refroidit le cylindre en circulant dans l'enveloppe. La communication est établie entre la capacité de circulation d'eau de la culasse et celle du cylindre au moyen d'un conduit réunissant ces deux organes à leur partie supérieure et par lequel l'eau peut passer de l'un à l'autre. Une tubulure d'admission d'eau est disposée à la partie inférieure de la culasse et un tuyau d'évacuation de l'eau réfrigérante est placé sur l'avant de l'enveloppe du cylindre, à la partie supérieure.

Deux conduits de purge de la culasse et du cylindre sont établis à la partie inférieure du moteur et débouchent dans un même tuyau d'évacuation.

Pour faciliter la fonte de la culasse et pour permettre le nettoyage, la désincrustation et la libre dilatation des enveloppes, on munit la culasse d'un couvercle 10 rapporté en bout.

En outre, un tampon 11 est fixé au centre de ce couvercle et peut se démonter facilement, en laissant libre une ouverture par laquelle on peut introduire le bras et, entre les soupapes, atteindre le piston lorsqu'il est ramené à son point mort arrière, afin de pouvoir nettoyer et gratter son fond. On peut également, par cette ouverture, injecter dans la culasse, le cylindre et sur le piston un liquide servant à nettoyer ces organes. On évacue le liquide ainsi utilisé par l'ouverture d'un robinet de vidange 12 disposé à la partie inférieure de la culasse.

Sur le tampon 11 sont placés les dispositifs d'allumage 13 et de mise en marche du moteur. Un regard fermé par une glace de forte épaisseur permet de contrôler, pendant la marche même du moteur, la façon dont se produit l'allumage et la qualité de l'étincelle qui doit toujours éclater régulièrement avec une intensité constante pour assurer le bon fonctionnement du moteur.

Nous avons examiné précédemment (Fig. 123) le mode de régulation du moteur Charon qui s'effectue par l'intermédiaire du régulateur dont l'action opportune détermine la variation de la composition du mélange gazeux introduit ensuite dans le cylindre en quantité également variable.

Moteur Dubridge

(Fig. 278.) Ce moteur est établi pour pouvoir fonctionner en utilisant soit du gaz de ville, soit du gaz de gazogène ou gaz pauvre. Il se compose d'un bâti rigide muni d'un large socle reposant sur le massif de maçonnerie et sur lequel sont disposés les écrous de fixation. Avec le bâti sont venus de fonte les paliers supportant l'arbre principal du moteur.

Le cylindre est indépendant du bâti et comporte une enveloppe extérieure pour permettre une circulation d'eau de refroidissement. Le cylindre proprement dit est constitué par un fourreau rapporté qui peut, en cas d'usure, être remplacé. L'ensemble du cylindre muni de son enveloppe est fixé en bout du bâti par une série de boulons disposés sur une bride circulaire.

La chambre de combustion formée dans le fond même du cylindre porte des ouvertures constituant les sièges de la soupape à air et de la soupape d'échappement, qui s'ouvrent ainsi directement dans cette chambre. Les espaces nuisibles sont, de la sorte, supprimés.

Fig. 278. — Moteur Dubridge.

Le piston en fonte est un piston ouvert à grande longueur de guidage. Il porte un axe en acier dur solidement assujetti, qui sert de tourillon au pied de la bielle de commande.

Le piston est muni de segments faits en fonte douce qui assurent son étanchéité en s'appliquant contre les parois du cylindre.

La bielle est en acier forgé ; elle porte au pied et à la tête des coussinets en bronze munis d'un dispositif permettant de compenser le jeu produit par l'usure, à la suite d'un fonctionnement prolongé.

Cette bielle a une grande longueur, ce qui diminue la valeur des efforts tendant à produire l'ovalisation du piston. Elle est articulée sur le tourillon de manivelle de l'arbre principal, lequel est coudé en forme de vilebrequin.

Cet arbre est fait en acier forgé ; il est équilibré par des contrepoids fixés sur les bras de la manivelle, lorsque le moteur doit avoir un fonctionnement très régulier, lorsqu'il est destiné, par exemple, à actionner un moteur électrique.

Le volant est claveté sur l'arbre principal, qui, pour les moteurs au-dessus de 20 chevaux, se trouve supporté par trois paliers, deux faisant corps avec le bâti, le troisième indépendant. Le volant n'est pas, de cette façon, placé en *porte-à-faux*.

La distribution s'effectue au moyen des trois soupapes : une soupape à gaz et une soupape d'admission disposées horizontalement et une soupape d'échappement disposée verticalement. Chacune de ces soupapes est placée dans une boîte indépendante fixée sur le cylindre, boîte pouvant être facilement démontée par le desserrage de deux écrous, pour effectuer la visite ou le nettoyage des soupapes.

Nous avons précédemment (Fig. 131) examiné le fonctionnement du mécanisme de distribution du moteur Dubridge, dont la régulation est du type *par tout ou rien*.

L'arbre de distribution actionnant les organes de distribution est disposé parallèlement à l'axe du cylindre et reçoit son mouvement de rotation de l'arbre principal par l'intermédiaire d'un pignon et d'une roue d'engrenage. Ce mouvement est transmis au régulateur disposé verticalement qui, par l'action de la force centrifuge, provoque l'admission variable du gaz dans le cylindre en déterminant l'ouverture de la soupape à gaz ou en la laissant à sa position de fermeture, suivant la vitesse du moteur.

En ajoutant au régulateur des masses supplémentaires, on peut déterminer des réglages de la distribution correspondant à des régimes de marche différents.

L'allumage du mélange tonnant admis dans le cylindre s'effectue au moyen d'un tube à incandescence pour les moteurs de moyennes puissances alimentés au gaz de ville. Les moteurs alimentés au gaz pauvre sont munis d'une magnéto d'allumage comportant un dispositif de réglage pour avancer ou retarder le moment de l'inflammation.

Le moteur Dubridge comporte un dispositif de refroidissement du cylindre par circulation d'eau. L'eau de refroidissement peut, après sa circulation dans l'enveloppe, être rejetée à l'égout, ou bien elle peut être de nouveau utilisée si on la fait se déverser dans un réservoir mis en communication avec les ouvertures de l'enveloppe de circulation, lesquelles sont disposées pour s'adapter à ce circuit, ce qui permet d'économiser l'eau servant au refroidissement.

Le graissage est assuré, pour le cylindre, par un graisseur qui ne débite l'huile d'une manière régulière, que pendant le fonctionnement du moteur. Dans les moteurs de puissances supérieures à 30 chevaux, le graissage s'effectue sous pression. Les paliers sont munis d'un dispositif de graissage à bagues mobiles et le tourillon de la tête de bielle est lubrifié par une bague de graissage centrifuge disposée sur une branche de la manivelle. Une plaque de protection enveloppant la tête de bielle permet de recueillir l'huile projetée pendant le mouvement de rotation des organes.

Un graisseur spécial assure la lubrification du tourillon du pied de bielle.

Le moteur Dubridge dont nous avons donné la vue d'ensemble dans la figure 53 est un moteur de 150 chevaux, à deux cylindres disposés côte à côte. Il comporte donc deux bielles articulées sur le même arbre moteur, lequel est coudé deux fois pour former les deux manivelles.

La distribution est assurée par des soupapes verticales actionnées par des leviers et galets recevant leur mouvement de cames clavetées sur l'arbre de distribution.

L'allumage s'effectue au moyen d'une magnéto.

Moteurs Crossley

Les ateliers *Crossley frères* à Openshaw (Manchester) furent, en Angleterre, les premiers constructeurs du moteur Otto, qui eut un succès considérable. Depuis, le moteur Crossley a subi diverses transformations qui l'ont approprié à la commande de machines d'éclairage électrique et qui lui ont permis d'être alimenté au gaz pauvre. En France, MM. Pierson installent les moteurs à gaz Crossley alimentés par le gaz de leur gazogène dont nous donnerons plus loin la description. La figure 43 représente une vue d'ensemble d'une de ces installations.

Le moteur Crossley se compose d'un solide bâti au bout duquel est fixé son cylindre muni de son enveloppe. Les paliers supportant l'arbre principal sont venus de fonte avec ce bâti.

La distribution s'effectue an moyen de soupapes à gaz et à air disposées horizontalement et d'une soupape d'échappement disposée verticalement. Ces soupapes sont actionnées par des leviers munis de galets s'appuyant sur des cames clavetées sur l'arbre de distribution. Les leviers de commande ont une forme telle, que la levée des soupapes se produit progressivement et que leur retombée est lente.

Fig. 279. — Quatre moteurs Crossley de 165 chevaux chacun,
alimentés par le gaz de gazogène Pierson.
Usine électrique des tramways de Tunis.

Fig. 280. — Moteurs Crossley à gaz de gazogène Pierson, actionnant des dynamos.

Le réglage de la distribution suivant la charge et la vitesse du moteur est produit par le régulateur, qui est généralement disposé horizontalement. Son axe est donc parallèle à l'arbre de distribution et placé au-dessus de lui. Il reçoit son mouvement de rotation par un pignon qu'il porte en bout et qui engrène avec une roue d'engrenage calée sur l'arbre principal. Le régulateur à force centrifuge provoque, par ses oscillations résultant de la variation de vitesse du moteur, l'ouverture au moment opportun de la soupape à gaz.

Les moteurs destinés à actionner des machines servant à l'éclairage électrique comportent deux volants disposés un à chaque extrémité de l'arbre, ou un volant plus lourd claveté sur l'arbre entre un des paliers faisant corps avec le bâti et un troisième palier indépendant.

L'arbre est équilibré par des contrepoids fixés sur les branches de la manivelle.

Le cylindre est refroidi par une circulation d' eau, qui peut être soit perdue, soit utilisée de nouveau lorsqu'elle sort du cylindre, en employant le dispositif de *thermosiphon.*

Le graissage est assuré par des graisseurs automatiques.

La figure 43 représente des installations de moteurs Crossley alimentés par le gaz fourni par des gazogènes Pierson.

L'installation dont la figure 279 donne la vue d'ensemble comporte quatre moteurs de 165 chevaux actionnant des machines électriques. La figure 280 est une vue de l'installation de groupes électrogènes de 23 kilowatts.

Moteur Duplex

(Fig. 281.) – Les moteurs Duplex, construits dans les ateliers de la *Société anonyme de constructions mécaniques Duplex*, à Ferrière-la Grande près Maubeuge (Nord), peuvent être alimentés au gaz de ville ou au gaz pauvre.

Ils sont robustes et les divers organes qu'il est nécessaire de visiter sont rendus facilement accessibles et démontables.

Le moteur comporte un bâti allongé fondu d'une seule pièce avec l'enveloppe du cylindre et formant capacité pour la circulation d'eau de refroidissement. Le bâti est muni d'une embase occupant toute sa longueur, ce qui évite le montage en porte-à-faux du cylindre.

Le cylindre est constitué par un fourreau rapporté, fait en fonte très rude et ajusté dans l'enveloppe duquel on peut aisément le démonter pour en effectuer soit la réparation, soit le remplacement.

Le piston qui se meut dans le cylindre est également en fonte dure. Il est ouvert du côté de l'arbre principal, le moteur étant à simple effet. Sa grande longueur lui assure un bon guidage et diminue les risques d'ovalisation du cylindre.

Sur la périphérie du piston sont disposés des segments en fonte douce en nombre suffisant pour assurer l'étanchéité contre la paroi intérieure du cylindre ; ce nombre varie avec la puissance des moteurs.

Sur la paroi intérieure du piston sont venus de fonte deux mamelons dans lesquels est ajusté et entré à force l'axe sur lequel tourillonne le pied de bielle. Cet axe, en acier cémenté et trempé, est maintenu fixé à sa position par deux arrêts de sûreté.

La bielle, en acier forgé, qui tourillonne sur l'axe du piston, est montée par sa tête sur le tourillon de manivelle, venu de forge avec l'arbre principal, lequel est coudé en forme de vilebrequin.

L'arbre est supporté par deux paliers venus de fonte avec le bâti et par un troisième palier indépendant. Il est équilibré, pour les moteurs au-dessus de 30 chevaux, par des contrepoids rendus solidaires des branches de la manivelle au moyen d'un assemblage à queue d'aronde. Le volant est claveté sur une partie renflée de l'arbre, de façon à permettre le clavetage sans affaiblir l'arbre. Il est disposé entre deux paliers.

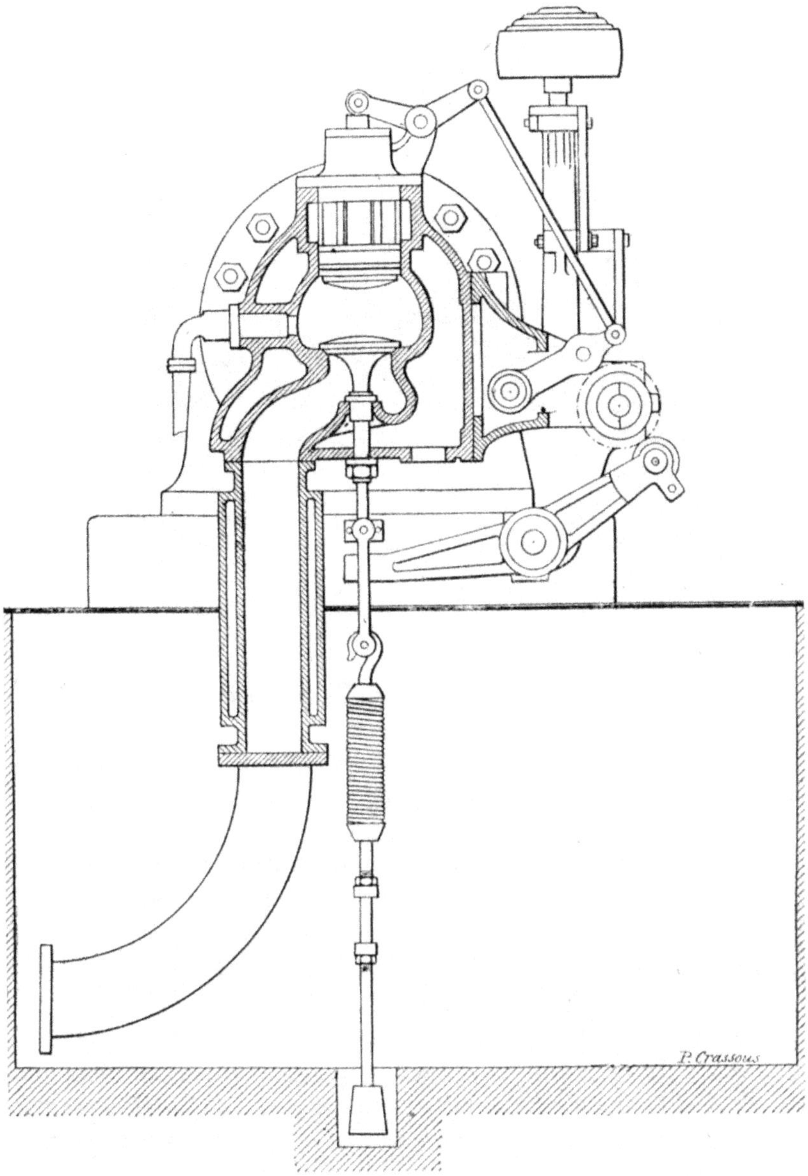

Fig. 281. — Moteur Duplex. Coupe transversale.

Les coussinets des paliers et de la bielle sont faits en bronze phosphoreux ou garnis de métal anti-friction, suivant la puissance du moteur.

La distribution est réalisée au moyen de trois soupapes disposées verticalement: une soupape à gaz, une soupape d'admission et une soupape d'échappement. Ces soupapes sont actionnées par des cames en acier clavetées sur l'arbre de distribution, et par l'intermédiaire de galets et de leviers. Nous avons donné (Fig. 125) la disposition de ces organes et nous en avons indiqué le fonctionnement. La régulation s'effectue à l'aide d'un régulateur à force centrifuge qui rend variable, suivant la vitesse du moteur, la composition du mélange. Il détermine une levée plus ou moins grande de la soupape à gaz et, par conséquent, une admission, dans le mélange, d'une quantité de gaz plus ou moins considérable.

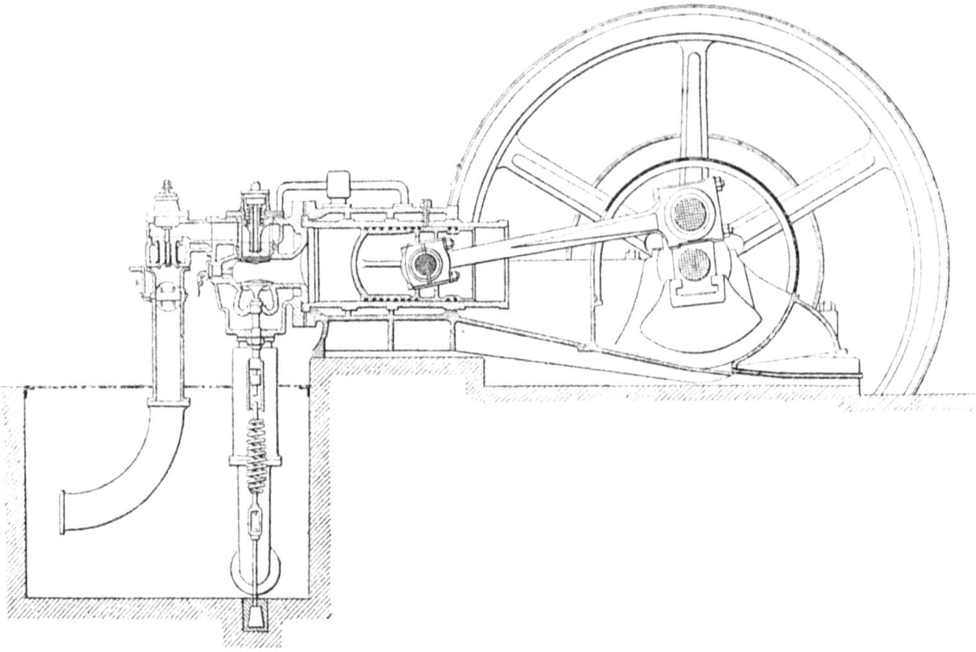

Fig. 282. — Moteur Duplex. Coupe longitudinale.

Les soupapes sont disposées dans la culasse, qui est rapportée et fixée en bout du cylindre par une rangée de boulons. Cette culasse est évidée pour permettre une circulation d'eau de refroidissement.

Le graissage est assuré par des graisseurs fixes, accessibles et réglables pendant le fonctionnement des organes. Les paliers comportent un dispositif de graissage à bagues mobiles ; la tête de bielle est munie d'un graissage centrifuge à bague ; le pied de bielle est lubrifié par un dispositif à lécheur. Le graissage du piston s'effectue par l'intermédiaire d'une petite pompe fournissant de l'huile sous pression.

La mise en route des moteurs Duplex se fait à bras pour les moteurs de faibles puissances, et à l'air comprimé pour les moteurs au-dessus de 30 chevaux. L'air comprimé est fourni par un réservoir dans lequel un compresseur entretient une pression d'air déterminée, indiquée par un manomètre et limitée par la manœuvre d'une soupape de sûreté. Pour effectuer la mise en route, le piston doit être placé dans une position convenable pour être poussé par l'air comprimé introduit au moyen d'un distributeur spécial. Pour amener le piston dans cette position, on fait tourner le volant soit à la main, soit à l'aide d'un levier à cliquet lorsqu'il s'agit de forts moteurs. On manœuvre ensuite à la main un distributeur qui permet d'introduire l'air comprimé dans le cylindre, derrière le piston, à travers une valve de retenue fixée sur la culasse. Le piston, poussé par l'air comprimé, reçoit une impulsion suffisante pour effectuer les courses nécessaires jusqu'à ce que la première explosion se produise. Le moteur continue, dès ce moment, à fonctionner par ses propres moyens.

Pour éviter, dans la conduite de gaz, des fluctuations et une baisse de pression causées par l'aspiration du moteur, on interpose entre celui-ci et la conduite un régulateur de pression, *l'anti-pulsateur Duplex*, dont nous avons précédemment donné la description (Fig. 223).

Quand les moteurs ont une grande puissance, on dispose deux cylindres côte à côte ; leurs pistons actionnent le même arbre, comportant deux manivelles. Les organes de chacun des cylindres sont identiques à ceux que nous venons d'examiner.

Moteur Gardner

Le moteur Gardner est caractérisé par la façon particulière dont sont actionnés les organes de distribution. Ce moteur ne comporte pas, en effet, un arbre de distribution longitudinal. Cet arbre est remplacé par deux excentriques qui commandent l'un les organes d'admission, l'autre, les organes d'échappement. Ces excentriques sont clavetés sur un arbre auxiliaire, disposé parallèlement et au-dessous de l'arbre principal et auquel un mouvement de rotation de vitesse deux fois plus faible est donné par l'intermédiaire de roues d'engrenage à denture droite.

L'arbre principal est coudé pour former manivelle et il porte, claveté à chacune de ses extrémités, un volant.

Fig. 283. Moteur Gardner.

L'excentrique d'admission actionne, par sa tige, un levier à deux branches.

Une de ces branches commande la soupape d'admission qui fait office de soupape de mélange, et cette commande s'effectue à chaque cycle de la distribution, c'est-à-dire à chaque double tour de l'arbre principal.

La seconde branche du levier n'agit que sur la soupape placée sur le conduit du gaz et sa manœuvre dépend de la position que prend le régulateur, lequel règle ainsi l'admission du gaz combustible.

Ce régulateur, du type à inertie, est constitué par un balancier horizontal, porté par le levier à deux branches et disposé à son extrémité supérieure. Ce balancier agit par une extrémité, celle qui est tournée vers l'arrière du cylindre, sur le bout de la tige de la soupape à gaz. Son autre extrémité est munie d'un taquet qui, dans le mouvement de va-et-vient, peut venir rencontrer un plan incliné fixe et provoque l'oscillation du balancier autour de son axe. Le balancier est constamment maintenu dans une position horizontale par l'action d'un ressort de rappel.

Lorsque pendant le fonctionnement, le taquet du balancier échappe le plan incliné, le balancier tend à se mettre immédiatement à la position horizontale pour laquelle il viendra rencontrer l'extrémité de la tige de la soupape à gaz. Cette manœuvre a le temps de s'effectuer, lorsque la vitesse du moteur est normale, et pour ce régime de marche, l'admission de gaz se produit à chaque cycle de la distribution.

Lorsque la vitesse du moteur s'accélère et devient trop grande, le balancier, en échappant le plan incliné, est bien ramené à sa position horizontale par son ressort de rappel, mais pas assez rapidement pour qu'il puisse rencontrer l'extrémité de la soupape à gaz, les organes se déplaçant plus vite. Le bout du balancier retombe donc sur la tige sans la pousser et l'admission de gaz ne se produit pas lorsque la vitesse du moteur est trop considérable. C'est, en somme, une régulation du système par *tout ou rien.*

L'excentrique d'échappement provoque, par l'intermédiaire de sa tringle faisant osciller un levier coudé, le soulèvement de la soupape d'échappement maintenue appliquée sur son siège par la tension d'un ressort à boudin vertical.

Fig. 284. — Moteur Gardner à gaz pauvre.

L'allumage du mélange s'effectue soit au moyen de tubes à incandescence pour les moteurs de faibles puissances, soit électriquement pour les moteurs de puissances plus élevées.

Les moteurs Gardner ont des dispositions diverses et les derniers types établis diffèrent du type que nous venons d'examiner.

Nous avons donné, figure 3, la vue d'ensemble d'un de ces moteurs alimenté avec du gaz pauvre. Les figures 284 et 285 représentent le même type de moteur, le dernier approprié à la commande d'une machine productrice de lumière électrique dont la régularité a été, pour cette raison, particulièrement recherchée et obtenue.

Ce moteur est composé d'un bâti à large embase fixé par des boulons au massif de maçonnerie et portant, venus de fonte, deux paliers dans lesquels tourillonne l'arbre principal.

Cet arbre, coudé pour former manivelle, est supporté à une de ses extrémités par un troisième palier indépendant du bâti. Entre ce palier et le bâti, un lourd volant est claveté sur l'arbre.

L'arbre est équilibré par des contrepoids rapportés sur les branches de la manivelle et qui y sont fixés par des boulons.

Fig. 285. — Moteur Gardner pour éclairage électrique.

Le cylindre, fondu avec son enveloppe, est rapporté sur le bâti ; il est maintenu fixé sur lui par le serrage de boulons disposés sur des pattes horizontales placées de chaque côté du cylindre.

Le piston est ouvert ; il porte un axe sur lequel s'articule la bielle, reliée, à son autre extrémité, à l'arbre principal.

A l'arrière du cylindre est fixée, par une bride circulaire, la culasse sur laquelle sont disposées les soupapes de distribution. Ces soupapes sont au nombre de trois : deux sont placées horizontalement : ce sont les soupapes à gaz, et d'admission de mélange dans le cylindre.

La troisième soupape, celle d'échappement, est placée verticalement au-dessous du cylindre.

Les organes de distribution sont actionnés par des cames clavetées sur un arbre auxiliaire disposé parallèlement à l'axe du cylindre.

Cet arbre de distribution reçoit son mouvement de rotation de l'arbre principal par l'intermédiaire de roues d'engrenage à denture hélicoïdale. Un carter de protection enveloppe ces roues d'engrenage. L'arbre de distribution est supporté par un palier fixé sur le bâti et par un autre palier solidaire de la culasse du cylindre. Il commande le mouvement de rotation du régulateur, dont l'axe est disposé verticalement.

Ce régulateur, à force centrifuge, agit sur la soupape à gaz pour provoquer une admission variable de combustible suivant le régime de marche du moteur. La soupape d'admission de mélange dans le cylindre ainsi que la soupape d'échappement sont actionnées, à chaque tour de l'arbre de distribution, par les cames : leur soulèvement est constant pour chaque cycle de la distribution.

Un dispositif servant à diminuer la compression est établi en bout du levier d'échappement ; il est actionné, lors de la mise en marche du moteur, par une came spéciale qui soulève la soupape d'échappement pendant une fraction de la course de compression. L'allumage est produit dans le cylindre par la manœuvre d'une magnéto placée verticalement sur une petite plate-forme solidaire du bâti.

Le graissage du piston s'effectue par un graisseur automatique placé sur le cylindre et dont le mécanisme est commandé par l'arbre de distribution, grâce à l'intermédiaire d'une courroie actionnant une petite poulie. Les paliers possèdent des graisseurs à bagues.

Moteur Le Soufaché et Félix

(Fig. 286.) Les moteurs Lenoir, dont les brevets furent exploités par les frères Rouart, puis par Mignon et Rouart, ont été construits par la suite par MM. Le Soufaché et Félix, qui ont apporté à ces moteurs les perfectionnements nécessités par l'emploi du gaz pauvre comme combustible.

Le moteur Le Soufaché et Félix se compose d'un bâti avec lequel sont venus de fonte les paliers supportant l'arbre principal. En bout du bâti est fixée l'enveloppe du cylindre serrée par des boulons disposés sur une bride circulaire. Cette enveloppe est intérieurement disposée pour permettre une circulation d'eau réfrigérante ; elle fait corps avec le cylindre dans lequel se meut un piston ouvert de grande longueur pour assurer son guidage.

Fig. 286. — Moteur Le Soufaché et Félix.

Le piston est muni de segments élastiques ; il porte un axe solidement fixé sur lequel vient tourillonner le pied de bielle. Le pied dc bielle et la tête de bielle sont munis de coussinets en bronze et de dispositifs permettant la compensation du jeu.

L'arbre coudé peut recevoir deux volants qui y sont clavetés. Cet arbre actionne, par l'intermédiaire de roues d'engrenage à denture hélicoïdale, l'arbre de distribution disposé parallèlement à l'axe du cylindre.

Sur l'arbre de distribution sont fixées les cames actionnant les organes de distribution et une came permettant de diminuer le degré de la compression dans le cylindre au moment de la mise en marche. Cette dernière came a pour fonction, quand on la dispose provisoirement en face du galet actionnant la soupape d'échappement, de provoquer, pendant un certain temps, l'ouverture de cette soupape, lors de la compression du mélange dans le cylindre, et de laisser échapper ainsi une partie de ce mélange.

La distribution s'effectue par la manœuvre de trois soupapes disposées verticalement : la soupape à gaz est placée à l'arrière du moteur, sur un boisseau vertical sur lequel vient se fixer le conduit d'amenée de gaz. Ce boisseau contient une vanne cylindrique commandée de l'extérieur par un volant qui permet de régler l'admission du gaz dans la boîte à soupape. La soupape à gaz est disposée au-dessous de ce robinet et dans le même axe vertical. Elle repose sur un siège à faces coniques sur lequel elle est appliquée par un ressort antagoniste ; sa tige se prolonge à la partie inférieure et déborde sous le boisseau. La soupape à gaz découvre l'orifice sur lequel elle repose en se déplaçant du bas vers le haut sous l'action d'un levier, articulé au milieu de sa longueur et qui reçoit son mouvement d'une des cames disposées sur l'arbre de distribution.

Sur le bord du levier opposé à la came, une tige verticale peut osciller et vient dans cette position rencontrer la tige de la soupape à gaz et soulève cette soupape. Cette tige est, d'autre part, reliée à mi-hauteur avec une biellette rendue solidaire du mouvement du manchon du régulateur, de sorte que suivant le régime de marche du moteur et du régulateur, la tige qui, normalement, est verticale, peut être obliquée plus ou moins

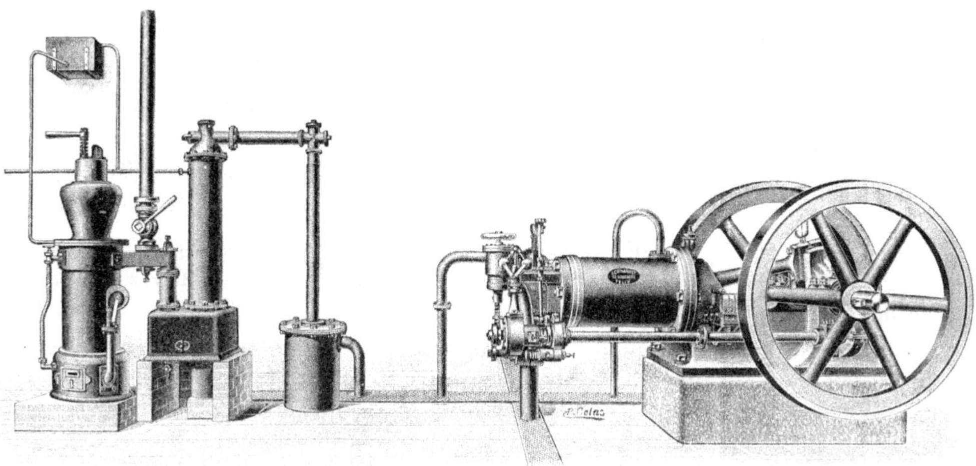

Fig. 287. – Installation d'un moteur Le Soufaché et Félix alimenté avec du gaz de gazogène.

et d'une quantité telle qu'en se soulevant elle ne rencontre plus la tige de la soupape à gaz. Cette soupape reste fermée et il n'y a aucune introduction de gaz pendant ce cycle de la distribution. La régulation du moteur est donc du système *par tout ou rien*, et c'est le régulateur à boules, à force centrifuge, qui détermine l'admission ou la non-admission du gaz suivant les variations de vitesse du moteur. La soupape d'admission et la soupape d'échappement sont placées dans le prolongement l'une de l'autre, la première à la partie supérieure, la seconde à la partie inférieure d'une culasse rapportée en bout du cylindre et fixée sur lui par le serrage de boulons.

L'allumage s'effectue par tube à incandescence, quand le moteur consomme du gaz de ville, et par magnéto, quand le combustible est du gaz pauvre.

La figure 286 représente la vue d'ensemble d'un moteur de faible puissance.

La figure 287 donne la disposition de l'installation d'un moteur semblable alimenté par du gaz pauvre, produit au moyen d'un gazogène par aspiration.

Moteur Letombe

Le moteur Letombe, étudié et établi en vue d'obtenir de grandes puissances, fut le premier moteur à gaz à effets multiples et à admission variable, ayant été construit et appliqué à des usages industriels. Les premiers essais effectués pour établir ce moteur datent de 1890, et en 1895 un moteur de ce type, destiné à l'industrie, fut construit. A l'Exposition de Bruxelles, en 1897, un moteur Letombe à double effet obtint un succès considérable.

En 1900, à l'Exposition universelle de Paris, figurait un moteur tandem à triple effet de 200 chevaux, alimenté avec du gaz de gazogène, qui indiqua, d'une manière indiscutable, la voie à suivre pour la réalisation des moteurs de grandes puissances. En effet, après l'Exposition de 1900, les constructeurs, délaissant de plus en plus les moteurs à simple effet considérés jusque-là comme les seuls moteurs rationnels, établirent des moteurs à double effet monocylindriques et tandem, de sorte qu'a part de rares exceptions, on ne construit plus aujourd'hui des moteurs à simple effet dépassant 250 chevaux.

Presque tous les moteurs de grandes puissances sont à double effet et à plusieurs cylindres.

En outre, le dispositif d'admission variable du moteur Letombe remplaçant le système de régulation du tout ou rien augmentait le degré de régularité de ce moteur, déjà très sensiblement amélioré par la disposition du double effet et des cylindres multiples ; il posait ce moteur comme un concurrent très redoutable de la machine à vapeur, dont la supériorité sur le moteur à gaz au point de vue de la régularité, paraissait être jusque-là incontestable.

La régulation par admission d'un volume variable de gaz combustible dans le volume total du mélange doit donner théoriquement des résultats efficaces ; la quantité de gaz admise devrait être proportionnelle, à chaque instant, à la charge supportée par le moteur. Mais pour les faibles charges, le gaz combustible entrant dans le mélange en très faible quantité, l'allumage devient de plus en plus lent et difficile, surtout lorsque le gaz provient de gazogènes ou de hauts fourneaux. Il peut alors se produire des ratés, ce qui constitue un inconvénient pouvant être sérieux dans la plupart des cas.

Pour augmenter le rendement thermique et assurer de cette façon l'allumage pour les faibles charges, le moteur Letombe comporte un réglage par surcompression.

Ce réglage consiste à effectuer, lorsque le moteur a sa charge entière, une admission partielle de mélange, de manière à obtenir une détente prolongée.

Quand la charge du moteur diminue, la quantité de gaz admise dans le mélange est moindre mais, par contre, l'admission du mélange dans le cylindre, est prolongée. Un volume plus grand de mélange est introduit dans le cylindre, le supplément de volume étant formé par l'air aspiré en plus grande quantité.

Pendant la course de compression, le volume de mélange comprimé étant plus grand, le degré de la compression est plus élevé et facilite la combustion du mélange tonnant.

Pour éviter l'inconvénient pouvant provenir des pertes de charge par étranglement des orifices d'admission, les soupapes du moteur Letombe sont établies pour s'ouvrir très rapidement et elles sont maintenues levées d'une façon constante, jusqu'à ce qu'un mécanisme à déclic provoque leur brusque fermeture au moment opportun, déterminé par la manœuvre du régulateur.

Telles sont les ingénieuses dispositions qui caractérisent, en principe, le moteur Letombe ; elles en ont fait un type duquel dérivent un grand nombre de moteurs actuels à puissances élevées.

Nous allons examiner deux moteurs Letombe : l'un à triple effet, comportant deux cylindres montés en tandem, l'autre à double effet pour chacun des deux cylindres disposés en tandem, c'est-à-dire à quadruple effet. La disposition de ces moteurs a été appropriée à la puissance qu'ils doivent développer. Le premier est établi pour une puissance inférieure à 400 chevaux ; le second, pour une puissance de 1 000 chevaux.

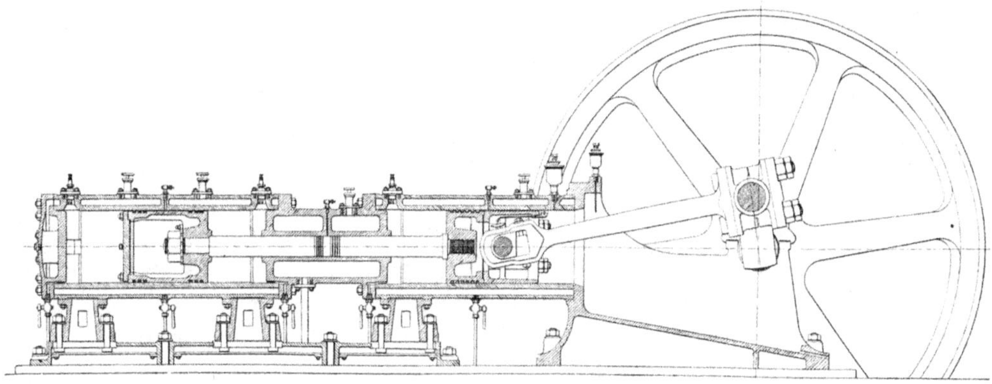

Fig. 288. – Moteur Letombe, à quatre temps, triple effet, tandem, de 200 chevaux. Coupe longitudinale.

Le moteur à triple effet, tandem représenté en coupe longitudinale par la figure 288, se compose de deux cylindres disposés dans le prolongement l'un de l'autre. Les deux cylindres sont fondus avec leur enveloppe extérieure, dont la disposition permet une circulation d'eau. Le cylindre avant est supporté en bout du bâti et repose, vers l'arrière, sur un support à position réglable, solidement fixé par des boulons sur une plate-forme auxiliaire servant de socle aux deux cylindres. Quant au second cylindre, il est fixé sur deux supports rendus solidaires de ce socle. Le bâti proprement dit reçoit les paliers dans lesquels tourillonne l'arbre principal du moteur et repose, comme la plate-forme auxiliaire, sur le massif de fondation auquel il est fixé par une série de boulons.

Les deux cylindres sont réunis par une forte entretoise cylindrique formant fond dans les deux cylindres, et au centre de laquelle est ménagé le passage de la tige rendant les deux pistons solidaires.

Pour assurer l'étanchéité de la tige des pistons entre les deux cylindres, on dispose autour de cette tige, une série de segments métalliques, semblables à ceux que l'on place sur les pistons ; leur élasticité les maintient constamment appliqués contre les parois de l'entretoise-guide.

Les deux pistons ne sont pas semblables. Tandis que le piston du cylindre arrière est un piston fermé et peut être actionné, par conséquent, sur chacune de ses faces par l'explosion du mélange tonnant, le piston qui se meut dans le cylindre avant est ouvert et ne peut être actionné que sur sa face arrière. Ce piston est donc à simple effet, tandis que le piston arrière est à double effet. Le moteur peut être, de la sorte, considéré comme un moteur à triple effet.

Le piston du cylindre arrière est constitué par un corps cylindrique, sur lequel est serrée une extrémité de la tige des pistons, et qui est fermé par un fond maintenu fixe au moyen d'une rangée de boulons.

Deux séries, de plusieurs segments chacune, sont établies sur le pourtour du piston, vers chaque extrémité.

Le piston du cylindre avant est solidaire de la tige des pistons à son autre extrémité ; il porte le tourillon du pied de bielle, dont le graissage s'effectue par un dispositif à lécheur.

Les pistons ont un diamètre de 460 millimètres et une course commune de 650 millimètres. Le moteur a une vitesse normale de 170 tours par minute. Le triple effet peut être avantageux à employer pour des moteurs d'une puissance atteignant 400 chevaux, ce qui correspond à un diamètre de cylindres de 600 millimètres de diamètre.

Les distributions établies sur chacune des trois faces actives des pistons sont indépendantes les unes des autres, de sorte que le moteur peut fonctionner à volonté à simple effet, à double effet ou à triple effet. Cette disposition peut permettre aussi le démontage et la remise en état des organes d'une distribution, sans interrompre pour cela le fonctionnement du moteur.

La distribution réalisant une admission de gaz variable suivant la charge du moteur et provoquant une surcompression, suivant les principes que nous avons indiqués plus haut, s'effectue au moyen de trois soupapes d'admission, et d'une soupape d'échappement, actionnées par des mécanismes appropriés commandés par des cames clavetées sur l'arbre de distribution.

Parmi les trois soupapes constituant le dispositif d'admission, l'une, indépendante des deux autres, commence à se soulever avant elles pour provoquer l'admission ; une seconde soupape a son excursion placée sous la dépendance du régulateur, et termine l'admission du mélange par sa manoeuvre. Cette seconde soupape est reliée à la troisième soupape d'admission, laquelle découvre le conduit de gaz ; cette liaison est réglée de façon que pour la levée minimum de la seconde soupape, la soupape à gaz n'est pas soulevée. Dans ce cas, le moteur n'aspire que de l'air par les deux premières soupapes placées à la suite l'une de l'autre.

La quantité de gaz introduite est de plus en plus réduite à mesure que la charge du moteur diminue et que sa vitesse s'accroît, et le volume de mélange admis est, au contraire, de plus en plus considérable à mesure que le mélange est plus pauvre en gaz combustible, de façon que, par suite de la surcompression, l'allumage puisse néanmoins s'effectuer normalement.

Le moteur Letombe à deux cylindres à double effet montés en tandem (Fig. 35 et 289 à 291) a été établi pour une puissance de 1 000 chevaux. Il est alimenté avec du gaz pauvre, produit par un gazogène Letombe.

Il se compose de deux cylindres placés dans le prolongement l'un de l'autre et réunis par une entretoise cylindrique de grand diamètre. Le cylindre avant est fixé en bout du bâti, avec lequel sont venus de fonte les paliers supportant l'arbre principal. Ce bâti, d'une faible hauteur, a une forme allongée. La paroi qui constitue le fond est horizontale du côté du cylindre, et forme une glissière servant de guide à la crosse de la tige des pistons. Cette paroi s'incurve ensuite pour donner passage à la bielle pendant son mouvement de rotation ; elle constitue ainsi une sorte de cuvette ; puis, elle se relève vers l'avant pour former entretoise entre les flasques latérales du bâti.

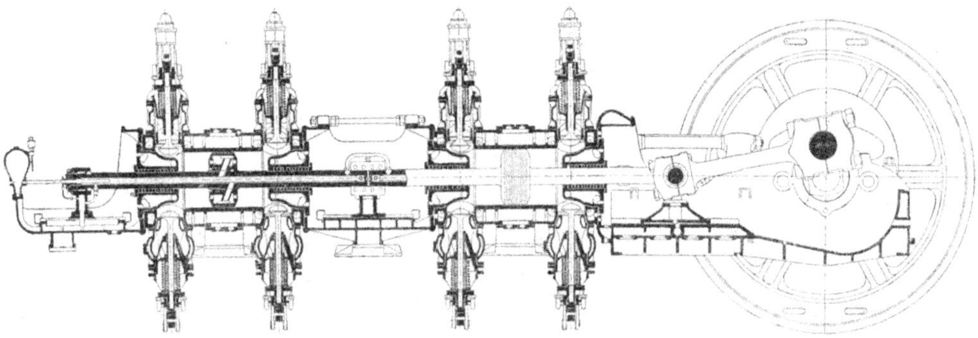

Fig. 289. – Moteur Letombe, quatre temps, double effet, tandem. Coupe longitudinale.

Pour éviter la flexion de la bride sur laquelle est fixé le cylindre, elle est reliée au corps du bâti, à proximité des paliers, par de fortes entretoises cylindriques en acier, maintenues fixées par le serrage énergique de gros boulons.

Les paliers de l'arbre principal sont munis de coussinets en quatre pièces. Ces coussinets sont en acier et ils sont garnis de métal anti-friction. Ils sont maintenus dans leur position, dans le sens vertical, au moyen de vis qui traversent le chapeau du palier et dont l'extrémité s'appuie sur eux.

Un dispositif de compensation de jeu est établi dans chaque palier. Cette compensation s'effectue par l'intermédiaire d'une cale en coin s'appliquant d'une part contre une portée ménagée sur le coussinet et, d'autre part, sur une paroi du bâti. En serrant la vis qui est disposée à travers le chapeau et qui est vissée dans la cale en coin, on déplace cette cale verticalement, ce qui provoque l'avancement du coussinet contre l'arbre et la suppression du jeu.

L'arbre reposant dans les paliers est coudé pour former une manivelle sur laquelle est articulée la bielle, reliée par son autre extrémité à la crosse de la tige des pistons.

Cet arbre est prolongé d'un côté hors du palier du bâti et est supporté, à son extrémité, par un troisième palier, dont le graissage est assuré par une chaînette remplaçant la bague de graissage mobile ordinaire. Entre ce palier et le bâti, l'arbre reçoit le volant ainsi que l'induit de l'alternateur que le moteur actionne. La vue d'ensemble que nous avons donnée de ce moteur (Fig. 35), permettra de se rendre un compte exact de cette disposition.

On a ménagé sur l'arbre, au sortir des coussinets, des gorges mises en communication avec la cuvette formée par la cloison inférieure du bâti, de sorte que l'huile en excès qui s'écoule des paliers est toujours recueillie dans cette cuvette et peut être à nouveau utilisée après avoir été extraite par une pompe spéciale qui l'envoie dans un filtre.

L'arbre et la glissière de la crosse sont graissés par de l'huile sous pression. Pour cela, des conduits provenant de la pompe à huile la dirigent dans les coussinets des paliers. Un manomètre, placé au-dessus du palier, est relié par un tuyau avec la partie intérieure du coussinet supérieur et indique, à chaque instant, la pression de l'huile dans ce coussinet.

Le tourillon de la tête de bielle est également lubrifié par cette huile sous pression, par l'intermédiaire d'un conduit percé dans l'arbre au milieu de l'une des portées de palier, conduit qui communique avec un petit canal à deux directions perpendiculaires, ménagé au centre du tourillon de la bielle et débouchant à sa périphérie.

Un autre tuyau branché sur la conduite principale d'huile sous pression, aboutit au milieu de la glissière et permet de lubrifier le coulisseau de la crosse pendant son mouvement alternatif. Un canal percé dans la crosse et débouchant sur le pourtour du tourillon du pied de bielle permet d'envoyer l'huile sous pression dans les coussinets de ce pied de bielle et d'assurer leur graissage.

Pour remédier à l'échauffement possible de l'huile qui lubrifie la glissière, celle-ci est munie d'une petite chambre disposée à la partie inférieure et dans laquelle on admet l'eau de refroidissement, qui se rend ensuite dans les enveloppes du cylindre.

Le graissage sous pression permet d'ajuster les arbres dans les coussinets d'une manière très précise sans courir le risque d'échauffement ; le mouvement des organes s'effectue sans bruit.

Les cylindres sont venus de fonte avec leurs enveloppes. Celles-ci portent, sur leur paroi extérieure, quatre ouvertures assez grandes pour que l'on puisse passer facilement le bras ; on les utilise pour visiter et pour nettoyer les enveloppes. Une chambre est ménagée entre le cylindre et l'enveloppe pour permettre de réaliser une circulation d'eau de refroidissement. L'enveloppe, ainsi que le fourreau constituant le cylindre, sont entretoisés par des nervures assurant la rigidité de l'ensemble de l'organe.

Chaque cylindre est fermé à son extrémité par un fond évidé pour recevoir l'eau réfrigérante, et qui se trouve fixé au cylindre par des boulons. Chaque fond de cylindre est muni d'un presse-étoupe assurant l'étanchéité pendant le mouvement alternatif de la tige des pistons.

Aux extrémités de chaque cylindre sont percées des ouvertures, situées dans le même axe au-dessus et au-dessous de ce cylindre, et destinées à recevoir les boîtes à soupapes. A la partie supérieure sont disposées les boîtes des soupapes d'admission ; à la partie inférieure se trouvent les boîtes des soupapes d'échappement. Le moteur comporte donc quatre boîtes d'admission et quatre boîtes d'échappement.

Les cylindres, et l'entretoise qui les réunit, reposent sur de larges semelles qui sont fixées sur le massif de fondation.

A l'arrière, un petit bâti fixé sur le second cylindre est disposé pour recevoir une glissière plate sur laquelle se meut un coulisseau relié à l'extrémité de la tige des pistons. Ce bâti supporte, en outre, le réservoir d'air placé sur la conduite d'eau de refroidissement pour éviter les coups de bélier.

L'entretoise cylindrique placée entre les deux cylindres porte, à sa partie inférieure, une glissière plate supportant une crosse intermédiaire, laquelle constitue la liaison entre les deux parties de la tige des pistons. Une grande ouverture ménagée à la partie supérieure de l'entretoise facilite l'accès de cette crosse intermédiaire ; elle permet de la visiter et d'aborder les boulons de fixation des fonds des deux cylindres placés face à face. Une tige cylindrique en acier, placée à la partie supérieure de l'entretoise, consolide cette pièce, dont la rigidité est diminuée par la présence de l'ouverture.

Les pistons qui se meuvent dans les deux cylindres sont des pistons fermés. Ils sont constitués par un cylindre en fonte portant des évidements intérieurs communiquant respectivement avec deux conduits venus de fonte avec la pièce et qui servent, l'un à l'introduction de l'eau de refroidissement dans le piston, l'autre à son évacuation. Chaque piston est muni de huit segments métalliques qui, en appuyant, par suite de

Fig. 290. – Vue d'ensemble du moteur Letombe, double effet, tandem, du côté de la distribution.

leur élasticité, sur les parois des cylindres, assurent l'étanchéité le long de ses parois, tout en diminuant la valeur du frottement.

Les tiges des pistons sont en acier forgé. Elles sont forées au centre dans toute leur longueur pour donner passage au conduit de distribution d'eau de refroidissement. Elles sont aussi réunies bout à bout entre les deux cylindres par une double mâchoire portant des filets de vis à forme trapézoïdale ; cette mâchoire est serrée et maintenue fixée sur la crosse intermédiaire supportant les tiges.

La tige du piston avant est rendue solidaire de la crosse principale par le serrage d'un écrou à son extrémité. Elle est ajustée dans la crosse en pénétrant dans un collier conique fait en deux parties, de façon à permettre le passage facile de la tige à travers la crosse, lors d'un démontage, par l'enlèvement du collier conique.

On peut, ainsi, après avoir démonté le couvercle du cylindre, tirer le piston vers l'avant jusque sur le bâti en relevant la bielle, dont le pied est en forme de fourche.

A l'arrière, la crosse supportant la tige des pistons est évidée et sert de conduit pour l'évacuation de l'eau qui a circulé dans les pistons et dans les tiges en vue de les refroidir.

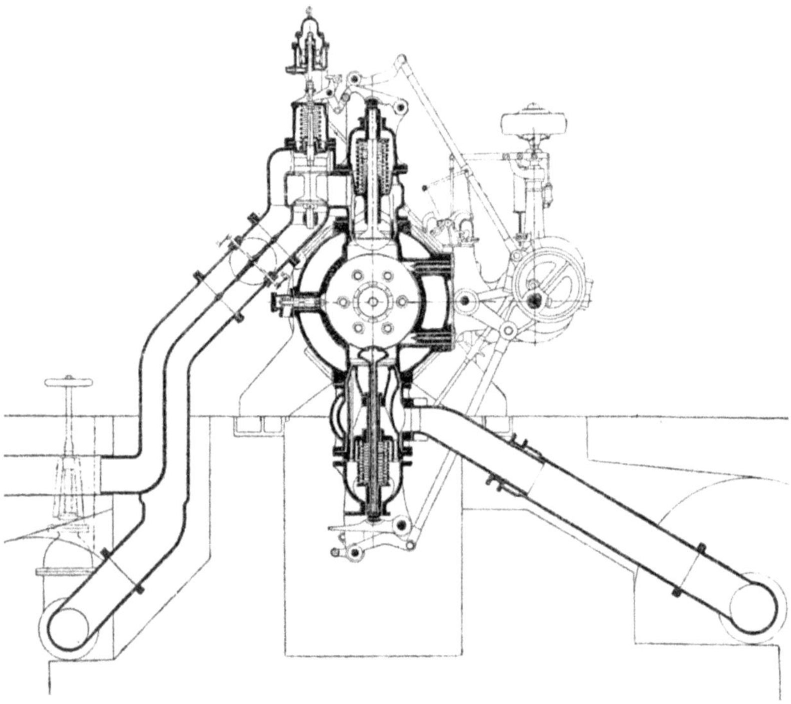

Fig. 291. — Coupe transversale du moteur double effet, tandem, Letombe.

Cette circulation d'eau s'effectue par l'intermédiaire du conduit disposé à l'intérieur de la tige des pistons et qui va d'une extrémité à l'autre de cette tige. Sur ce conduit sont fixées des bagues placées à proximité des orifices qui donnent accès à l'intérieur des pistons et qui permettent de canaliser l'eau, reçue par l'arrière, en l'obligeant à circuler dans les deux pistons.

L'eau est admise dans le tube central par un tuyau fixe, avec interposition d'un joint qui assure l'étanchéité pendant le mouvement alternatif de la tige des pistons. Le tuyau fixe communique avec le réservoir d'air placé sur le conduit de refoulement de la pompe fournissant l'eau réfrigérante. L'eau envoyée par cette pompe à une pression élevée, circule dans le tube central de distribution jusqu'à l'extrémité avant de la tige ; elle s'écoule ensuite par l'espace vide laissé entre le tube et la paroi intérieure de la tige. La disposition des bagues dans cette tige force l'eau à circuler d'abord dans le piston avant, puis, en sortant de ce piston, elle s'écoule dans la partie arrière de sa tige et, de là, passe dans la tige du second piston par un petit conduit extérieur recourbé, placé au droit de la crosse intermédiaire. L'eau circule alors dans le piston arrière et s'écoule par la crosse arrière dans un récipient disposé sous le bâti, d'où elle est reprise, après son refroidissement, pour être de nouveau envoyée dans les pistons et leur tige.

La distribution de ce moteur, dont nous avons examiné en détail le mécanisme (Fig. 129 et 130), s'effectue au moyen de trois soupapes: la soupape de mélange, la soupape d'admission, et la soupape d'échappement. Nous avons dit que la régulation est obtenue par l'intermédiaire du régulateur, en rendant variable l'admission du mélange, dont la composition est maintenue constante.

La boîte de la soupape d'admission est venue de fonte avec la boîte de la soupape de mélange. Dans cette dernière débouchent deux conduits: l'un amenant l'air, l'autre le gaz. A sa partie supérieure est placé un dispositif d'amortissement destiné à atténuer le choc lors de la fermeture de la soupape de mélange. Cette soupape est à double siège et son mouvement dépend de la commande de la soupape d'admission. Elle s'ouvre très rapidement et elle est, par la disposition des leviers qui l'actionnent, maintenue sensiblement immobile jusqu'au moment où le déclenchement se produit, provoqué par la manœuvre du régulateur. De cette façon, on peut réaliser une admission de mélange variable et qui peut être même très réduite sans que la composition de ce mélange soit affectée par les orifices des conduits de distribution.

La soupape d'admission repose sur un siège rapporté dans la boîte à soupapes et maintenu en position par un couvercle fixé par des boulons.

La boîte à soupape d'échappement est munie d'un dispositif de circulation d'eau. Le tuyau d'évacuation des gaz brûlés est fixé sur cette boîte à soupape et débouche dans un conduit collecteur par l'intermédiaire d'un tuyau muni de presse-étoupe, pour éviter des détériorations d'organes dans le cas de dilatations différentes pour les diverses pièces.

Les soupapes d'admission et d'échappement sont faites en acier forgé et sont disposées pour recevoir une circulation d'eau de refroidissement.

L'air et le gaz sont conduits à la boîte de la soupape de mélange par deux tuyaux juxtaposés ayant une enveloppe extérieure commune et portant chacun un papillon permettant le réglage d'arrivée de chacun des fluides. Ce réglage s'effectue à la main par la manœuvre d'un volant que l'on peut actionner pendant la marche même du moteur.

L'arbre de distribution est disposé parallèlement à l'axe des cylindres et placé à la hauteur de cet axe. Il reçoit son mouvement de l'arbre principal par l'action d'un petit arbre intermédiaire tournant dans des supports fixés au bâti. Cet arbre intermédiaire est actionné par l'arbre principal au moyen d'un train de roues d'engrenage à denture hélicoïdale, et il transmet son mouvement à l'arbre de distribution par deux roues d'engrenages à denture droite. Afin de faciliter le démontage de l'arbre de distribution, cette pièce est faite en deux parties réunies par un manchon.

Sur l'arbre de distribution sont clavetés quatre excentriques qui actionnent chacun, comme nous l'avons vu précédemment, les organes de distribution disposés à chacune des extrémités du cylindre.

L'allumage s'effectue par magnétos. Cet allumage est double pour chaque extrémité de cylindre, c'est-à-dire qu'on dispose deux allumeurs sur des tampons placés dans la même chambre, sur un même axe vertical, à proximité des soupapes. Le double allumage est nécessité par les dimensions relativement grandes des chambres de compression.

L'un des allumeurs reçoit son courant d'une magnéto animée d'un mouvement de rotation continu et actionnée par l'arbre de distribution. Cette magnéto alimente quatre allumeurs sur les huit que comporte le moteur, un par extrémité de cylindre. Le second allumeur reçoit le courant d'une magnéto qui lui est spéciale et dont le mouvement à déclenchement provoque, par un mécanisme approprié, les allumages simultanés à ruptures sur les deux allumeurs placés dans la même chambre.

Quand on met le moteur en marche, les quatre magnétos à déclenchement sont suffisantes pour provoquer le départ, et lorsque le moteur a atteint une certaine vitesse, la magnéto commune aux quatre distributions alimente alors sa série d'allumeurs.

La mise en marche du moteur s'effectue par l'emploi d'un démarreur automatique actionné par de l'air comprimé. Ce mécanisme est établi pour ne permettre à l'air comprimé de pénétrer derrière la face du piston qui se trouve dans sa phase de détente, que lorsque l'explosion ne s'est pas produite. En outre, il suffit de fermer le réservoir d'air comprimé lorsque le moteur a pris son allure normale, pour que le mécanisme de mise en marche se débraye automatiquement et se mette au repos. Pour cela, une *soupape de retenue* est disposée à chaque extrémité de cylindre et elle est maintenue appliquée sur son siège par un ressort pouvant simplement résister à la dépression produite pendant l'aspiration du piston et empêchant à ce moment la soupape de s'ouvrir. Ces soupapes automatiques peuvent être disposées à une place quelconque sur la chambre de compression, et elles sont complètement enfermées dans leur boîte qui assure ainsi une étanchéité convenable.

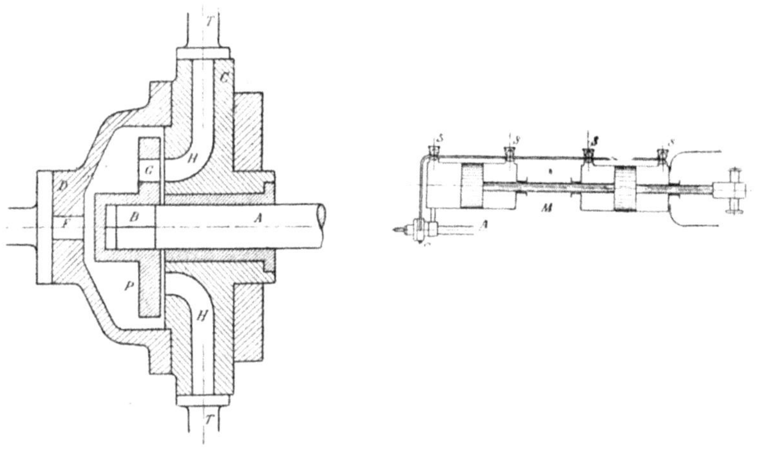

Fig. 292 et 293. — Démarreur automatique.

Le moteur M représenté schématiquement par la figure 293 comporte donc quatre soupapes semblables S et chacune d'elles est mise en communication avec une boîte de distribution circulaire C (Fig. 292), placée à l'extrémité de l'arbre de distribution. Cette boîte porte une *glace* concentrique à l'arbre et percée de quatre trous H, disposés à 90 degrés les uns des autres, mis en communication chacun avec un des quatre conduits T aboutissant aux soupapes de mise en marche S. Un tiroir circulaire P, ajusté sur l'extrémité de l'arbre de distribution qui a une forme carrée pour assurer l'entraînement de ce tiroir pendant le mouvement de rotation de l'arbre, s'appuie sur la glace de la boîte C. Il porte une lumière G qui peut, par conséquent, se présenter successivement devant les lumières fixes H de la glace. La boîte de distribution C est fermée par un couvercle D, sur lequel est fixé un tuyau conduisant l'air comprimé lorsqu'on ouvre le robinet du réservoir qui le contient.

Le tiroir circulaire peut glisser longitudinalement sur son carré d'entraînement et n'appuie pas sur la glace en temps ordinaire. Lorsque l'air comprimé est admis dans la boîte, sa pression applique le tiroir sur la glace, et pendant le mouvement de rotation de l'arbre, sa lumière G, qui a été convenablement orientée par rapport à cet arbre, distribue l'air comprimé successivement sur les quatre faces des pistons. Pendant tout le temps que la vanne d'admission d'air comprimé reste ouverte, le tiroir se maintient au contact de la glace, mais aussitôt que cette vanne est fermée, la pression diminue dans la boîte et le tiroir n'est plus appliqué contre elle.

Il convient de remarquer que dans un moteur double effet tandem, qui peut être assimilé à un moteur à quatre cylindres à simple effet, une face de piston se trouve toujours dans une phase de compression, tandis qu'une autre est dans une phase de détente, phases pendant lesquelles toutes les soupapes sont fermées. A l'arrêt du moteur, les organes auront toujours une tendance à se mettre dans une position correspondant à une demi-course des pistons, puisque ceux-ci emprisonnent alors dans le cylindre, en opposition l'un de l'autre, des volumes d'air égaux. Il n'y aura pas d'une façon générale de manœuvre à faire pour placer les pistons dans une position favorable à la mise en route. Cette manœuvre de mise au point peut, d'ailleurs, s'effectuer par l'intermédiaire d'une came auxiliaire placée sur l'arbre de distribution et qui, par son déplacement, actionne la soupape d'échappement et la maintient ouverte pendant qu'on actionne le volant à la main pour placer les pistons dans la position convenable.

Pour mettre en route le moteur, les organes étant mis au point voulu, on provoque le déclenchement de toutes les soupapes de mélange pour que, lorsqu'on ouvrira les vannes d'admission de gaz, celui-ci ne puisse se répandre dans tous les conduits. Ces vannes sont alors ouvertes, puis on ouvre aussi la vanne de distribution d'air comprimé établie sur le réservoir.

L'air comprimé arrive dans la boîte de distribution et, par la lumière du tiroir, se rend, en raison de l'orientation de ce tiroir sur l'arbre de distribution, vers la face du piston qui est à la phase de détente. La pression de l'air actionne ce piston qui progresse doucement. Tous les organes du moteur se mettent ainsi en marche lentement. Le tiroir de distribution, tournant au fur et à mesure, admet l'air comprimé successivement sur chaque face de chaque piston, et entretient le mouvement de tous les organes. Les phases normales d'aspiration et de compression s'effectuent régulièrement dans les cylindres sans aucune gêne, et lorsqu'une explosion se produit dans l'un des cylindres, la soupape correspondante d'admission d'air comprimé reste appliquée sur son siège. Cette manœuvre se répète pour chaque face du piston, de sorte que le moteur passe, sans heurt, de la marche à l'air comprimé à la marche normale.

Lorsqu'on perçoit le bruit ordinaire des échappements, on ferme la vanne de distribution de l'air comprimé : tout aussitôt et automatiquement les organes de mise en marche se mettent à l'arrêt. On peut ainsi effectuer une mise en route de moteur à gaz avec autant de douceur que s'il s'agissait d'une machine à vapeur, et même avec une rapidité plus grande, car les puissantes machines à vapeur exigent quelquefois un réchauffement préalable.

Moteur Soest (Fig. 294.) Le moteur Soest est établi pour fonctionner avec du gaz de gazogène. La figure 294 représente une vue d'ensemble d'un moteur de 40 chevaux monocylindrique.

Il est constitué par un bâti avec lequel est venue de fonte l'enveloppe du cylindre. Ce bâti est formé par deux flasques de grande hauteur sur lesquelles sont ménagés les corps des paliers supportant l'arbre principal. En avant des paliers, les flasques prolongées sont entretoisées par une forte traverse. A l'arrière, le bâti se continue jusqu'à l'extrémité de l'enveloppe, ce qui évite tout porte-à-faux du cylindre, et ce qui permet d'augmenter la surface d'appui du moteur sur son massif de maçonnerie. Cette disposition du bâti lui assure une grande rigidité favorable à un fonctionnement sans vibration et sans choc.

Fig. 294. — Vue d'ensemble d'un moteur Soest monocylindrique, de 40 chevaux.

Des gouttières sont établies dans le bâti pour recueillir l'huile projetée pendant la marche, une plaque de protection ramène cette huile à la partie inférieure du bâti.

Les paliers de l'arbre principal portent des coussinets en deux pièces, faits en fonte de fer et garnis de métal anti-friction. Les portées ont une grande surface pour éviter l'échauffement pouvant résulter d'un fonctionnement prolongé.

Le cylindre est constitué par un fourreau cylindrique en fonte dure, monté sur des portées de l'enveloppe et laissant, entre sa paroi extérieure et l'enveloppe un espace vide, permettant la circulation de l'eau réfrigérante. L'étanchéité de la capacité de circulation d'eau est assurée, entre le cylindre et l'enveloppe, par un presse-étoupe annulaire qui permet la libre dilatation longitudinale du fourreau formant cylindre. Le piston ouvert est en fonte dure ; il a une grande longueur et porte un axe en acier fondu sur lequel tourillonne le pied de bielle.

La bielle, en acier forgé, porte des coussinets en bronze phosphoreux au pied, et à la tête, en fonte, garnis de métal anti-friction. La tête et le pied de bielle portent des dispositifs permettant de compenser le jeu. L'arbre principal est en acier ; il repose sur les deux paliers venus de fonte avec le bâti et sur un troisième palier indépendant qui le supporte à une extrémité. Entre ce palier et le bâti sont clavetés, sur l'arbre, le volant et la poulie transmettant le mouvement de rotation. L'arbre est équilibré par des contrepoids fixés sur chaque branche de la manivelle, laquelle est formée par un coude de l'arbre.

Du côté opposé au volant, l'arbre principal porte la roue d'engrenage qui donne le mouvement de rotation à l'arbre de distribution en engrenant avec une autre roue portée par cet arbre.

L'arbre de distribution est supporté par deux paliers fixés sur le bâti et par un troisième palier fixé sur la culasse. Il commande, par l'intermédiaire de deux roues d'engrenage, le mouvement de rotation du régulateur. Ce régulateur, dont l'axe est disposé verticalement, est du système Hartung que nous avons décrit (Fig. 121). Il est muni de dispositifs d'amortissement qui permettent d'assurer la régularité de la marche du moteur et il porte un ressort réglable, par la manœuvre duquel on peut faire varier la vitesse du moteur pendant sa marche.

L'arbre de distribution porte les cames qui actionnent les organes de distribution.

Ceux-ci sont montés sur la culasse, fixée en bout du bâti par une rangée de boulons. Cette culasse, de forme simple, est évidée pour permettre une circulation d'eau de refroidissement et elle est disposée de façon que l'échauffement et la dilatation se produisent d'une façon régulière, sans occasionner un gauchissement des parois ou une rupture de cette culasse.

La culasse supporte la soupape d'admission et la soupape d'échappement qui sont placées verticalement l'une au-dessus de l'autre. Nous avons, précédemment, examiné cette disposition et indiqué la façon dont s'effectue la distribution dans le moteur Soest (Fig. 126). Nous savons que la soupape d'admission est disposée dans une boîte indépendante montée sur la culasse et rendue, par cette disposition même, facilement démontable.

La soupape d'échappement est également montée dans une boîte indépendante rapportée sur la culasse ; elle est munie d'une capacité de circulation d'eau.

Dans la culasse sont pratiquées, en outre, des ouvertures, dont l'une reçoit une boîte portant la soupape de mise en marche ; une autre permet de loger l'inflammateur, et une troisième sert à recevoir un robinet de purge placé à la partie inférieure du cylindre. D'autres ouvertures, fermées par des couvercles, permettent la visite et le nettoyage de la culasse.

La régulation du moteur, placée sous la dépendance du régulateur, s'effectue en rendant variable le volume de mélange admis dans le cylindre, ce mélange restant d'une composition constante déterminée pour le meilleur rendement. Elle s'obtient par l'intermédiaire d'organes obturateurs placés dans les conduits de gaz et d'air et manœuvrés par le régulateur. Ces deux conduits possèdent, en outre, un robinet pour le gaz et un papillon pour l'air, organes réglables à la main et permettant de faire varier la composition du mélange tonnant.

L'allumage est obtenu électriquement par l'emploi d'un inflammateur électro-magnétique à rupture. Le courant est produit par la manœuvre d'une magnéto à basse tension, actionnée par l'arbre de distribution. Le mécanisme comporte un dispositif de réglage permettant de faire varier le moment de l'allumage.

Le graissage du moteur s'effectue de façons diverses, suivant les organes à lubrifier. Le cylindre est lubrifié par un graisseur mécanique actionné automatiquement ; il est à débit réglable et à gouttes visibles et envoie l'huile sous pression sur le piston. L'axe du piston, ou tourillon du pied de bielle, est graissé par un dispositif à lécheur. La tête de bielle porte une bague de graissage centrifuge et les paliers de l'arbre principal et de l'arbre de distribution sont munis d'un dispositif de graissage à bagues mobiles.

Des niveaux en cristal sont disposés sur le bâti pour indiquer la hauteur de l'huile dans les récipients qui la contiennent. Des godets et des plaques de protection permettent de recueillir l'huile et de l'utiliser de nouveau après filtrage. Les organes du moteur étant en contact direct avec le gaz et pouvant, de ce fait, recevoir des dépôts de goudron constituant une gêne à leur manœuvre, sont munis d'un dispositif de graissage au pétrole qui assure la mobilité de ces organes. La mise en marche du moteur se fait à l'aide de l'air comprimé.

L'air comprimé, fourni par un réservoir, est introduit dans le cylindre par la manœuvre de la soupape de démarrage. Cette manœuvre s'effectue à la main pour les moteurs de faibles puissances et mécaniquement pour les moteurs de grandes puissances.

Pour faciliter la mise en position du piston lors de la mise en route du moteur, le mécanisme actionnant la soupape d'échappement peut être provisoirement actionné par une came spéciale qui a pour fonction de diminuer la compression du mélange dans le cylindre.

L'air comprimé servant à la mise en marche est produit soit par le moteur fonctionnant comme pompe, soit par l'intermédiaire d'un compresseur commandé par le moteur, grâce à l'intermédiaire d'une transmission à courroie.

Les moteurs Soest sont établis sur le type que nous venons de décrire pour des puissances variant de 25 à 400 chevaux. Au-dessus de ces puissances la disposition du moteur diffère. On le dispose à double effet et à plusieurs cylindres.

La figure 4 représente la vue d'ensemble d'un moteur Soest à double effet à quatre temps comportant deux cylindres jumelés, c'est-à-dire disposés parallèlement, et dont les pistons actionnent le même arbre, qui porte, dans ce but, deux coudes formant manivelles.

Ce moteur, d'une puissance de 700 chevaux, actionne une machine électrique.

Il se compose de deux bâtis semblables supportant des organes identiques, disposés symétriquement par rapport au volant et par rapport à l'induit de la machine électrique, clavetés sur l'arbre entre les deux bâtis.

Chaque groupe comporte un cylindre monté en bout d'un bâti portant les paliers de l'arbre principal.

Ce cylindre est muni d'une enveloppe de circulation d'eau et fermé à chaque extrémité pour réaliser le double effet sur le piston qui s'y déplace et qui est, par conséquent, du type fermé.

La tige du piston est supportée, en avant, par la crosse que guide une glissière fixée au bâti. A l'arrière, la tige se prolonge en dehors du cylindre ; elle est solidaire d'une autre crosse portant les conduits d'admission et d'évacuation de l'eau servant à refroidir le piston et sa tige. Cette crosse est guidée par une glissière arrière formée par le prolongement du bâti. Chaque groupe repose sur le massif de maçonnerie par la semelle du bâti avant et par la semelle du bâti arrière et s'y trouve fixée par le serrage de boulons.

La distribution est, pour chaque cylindre, semblable, en principe, à la distribution du moteur précédent, mais les organes sont établis à chaque extrémité de ce cylindre pour assurer la marche à double effet.

Moteur New Acmé

Le moteur à gaz pauvre New-Acmé dont nous avons représenté une vue d'ensemble dans la figure 46 a surtout été établi en vue de son emploi par la petite industrie, pour les applications agricoles et pour les éclairages électriques particuliers, où on n'a besoin que d'une puissance réduite.

Ce moteur comporte un bâti à large embase portant l'enveloppe du cylindre et les paliers venus de fonte avec lui. Les flasques du bâti ont une grande hauteur, pour donner de la rigidité à l'ensemble.

Le cylindre est constitué par un fourreau en fonte dure rapporté dans l'enveloppe ; il y est disposé pour pouvoir se dilater librement et être remplacé facilement le cas échéant.

Le piston, ouvert, fait en fonte dure, porte un axe servant de tourillon au pied de bielle.

La bielle en acier s'articule, d'autre part, sur la manivelle formée par le coude de l'arbre principal.

Cet arbre repose dans les paliers du bâti portant des coussinets en bronze phosphoreux. Il porte, clavetés, un volant et une poulie de transmission et il actionne, par des roues d'engrenage, l'arbre de distribution, placé parallèlement à l'axe du cylindre.

Sur l'arbre de distribution sont clavetées les cames qui provoquent le fonctionnement des organes de distribution.

Nous avons examiné en détail la distribution de ce moteur (Fig. 127). Les soupapes en acier sont disposées sur une culasse fixée en bout du cylindre et dans laquelle des évidements sont ménagés pour permettre une circulation d'eau.

La régulation est du système par *tout ou rien* ; elle est placée sous la dépendance d'un régulateur à inertie qui détermine, suivant la vitesse du moteur, l'admission ou la non-admission du gaz combustible. L'allumage du mélange s'effectue par l'emploi

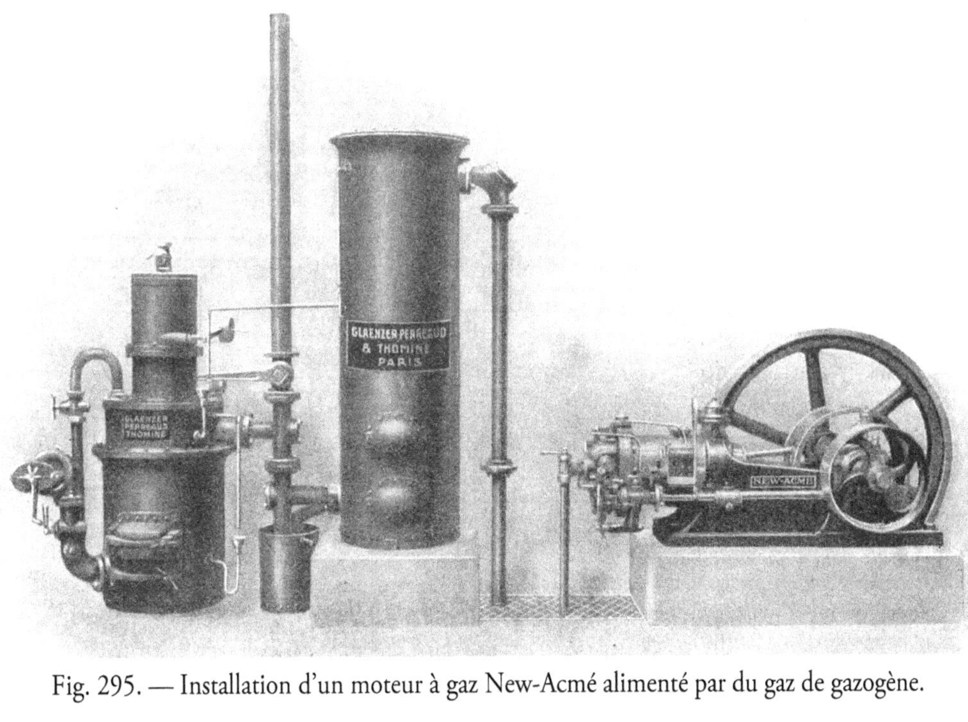

Fig. 295. — Installation d'un moteur à gaz New-Acmé alimenté par du gaz de gazogène.

d'un inflammateur électromagnétique à rupture, le courant étant produit par une magnéto à basse tension actionnée par l'arbre de distribution. La commande de la rupture s'effectuant pneumatiquement, ne nécessite pas l'emploi de leviers et de mouvements de mécanismes de renvoi.

Le graissage est assuré, pour le piston, par un graisseur automatique actionné par l'arbre de distribution, au moyen d'une courroie. Les paliers sont munis de bagues mobiles de graissage et la tête de bielle porte une bague de graissage centrifuge.

La mise en marche du moteur se fait généralement à bras puisque sa puissance n'est pas trop élevée. On peut cependant adapter au moteur un dispositif de démarrage à l'air comprimé.

Une came spéciale permet, par la manoeuvre appropriée d'un mécanisme, de diminuer le degré de compression dans le cylindre pour mettre le moteur en route.

La figure 295 donne la vue d'ensemble de l'installation d'un moteur à gaz New Acmé alimenté par le gaz d'un gazogène disposé à côté de ce moteur.

Moteur Bollinckx

Nous avons représenté, sur la figure 99, la vue d'ensemble de ce moteur, établi spécialement en vue du fonctionnement au gaz pauvre.

Le bâti, muni d'une embase de grande longueur, est robuste. L'enveloppe du cylindre placée à l'arrière est venue de fonte avec lui et deux fortes flasques latérales la relient à une traverse disposée en avant. Les flasques portent les corps des paliers de l'arbre moteur. Le bâti est muni d'un collecteur d'huile et porte une enveloppe de protection de la tête de bielle qui sert, en même temps, à recueillir l'huile projetée pendant le mouvement de rotation de l'arbre.

Le cylindre, formé par un fourreau rapporté dans l'enveloppe, est fait en fonte dure et peut facilement être remplacé. Il a une grande longueur et reçoit un piston ouvert qui est ainsi convenablement guidé.

Le piston porte sur sa périphérie des segments élastiques assurant l'étanchéité contre la paroi intérieure du cylindre.

Sur l'axe du piston tourillonne le pied de bielle fermé, muni de coussinets en bronze et portant un dispositif de compensation de jeu constitué par une cale en forme de coin manœuvrée par une vis.

La bielle en acier forgé est munie, à sa tête, de coussinets garnis de métal anti-friction.

L'arbre principal, sur lequel la tête de bielle tourillonne, forme manivelle ; il est équilibré par l'adjonction de contrepoids fixés à chacune des branches de cette manivelle.

L'arbre porte, à une extrémité, un volant de grand diamètre qui est fixé sur lui au moyen de clavettes tangentielles. L'autre extrémité peut recevoir une poulie de transmission. Une roue d'engrenage, qui y est clavetée, donne le mouvement de rotation à une autre roue, solidaire de l'arbre de distribution.

Cet arbre, disposé parallèlement à l'axe du cylindre, est supporté par deux paliers fixés sur le bâti et par un troisième palier solidaire de la culasse. Il commande, par sa rotation, le mouvement du régulateur.

Un seul manchon, sur lequel sont façonnées les cames de commande des soupapes, est claveté sur l'arbre de distribution. Les soupapes sont actionnées par l'intermédiaire de galets et de bielles. Elles sont disposées verticalement, à la partie supérieure et à la partie inférieure de la culasse. La soupape d'admission placée en haut a une levée rendue variable par l'action du régulateur, ce qui permet d'obtenir une admission variable suivant la charge supportée par ce moteur. Un mécanisme spécial permet de faire varier, même en marche, le régime du moteur.

La culasse fixée, en bout du cylindre, est disposée pour permettre une circulation d'eau et établie de façon qu'elle puisse librement se dilater. Des ouvertures fermées par des tampons sont disposées sur la culasse et sur l'enveloppe du cylindre pour faciliter le nettoyage des chambres à eau dans lesquelles se forment des dépôts.

L'allumage est produit par un inflammateur à rupture magnétique ; le courant est fourni par une magnéto dont l'induit est actionné par un organe monté en bout de l'arbre de distribution. Un dispositif permet le réglage, pendant la marche, du point d 'inflammation.

Le graissage du piston est assuré par une petite pompe commandée par l'arbre de distribution, laquelle pompe envoie l'huile sous pression dans le cylindre. Le tourillon du pied de bielle est lubrifié par un dispositif à lécheur indépendant. La tête de bielle est munie d'un système de graissage centrifuge et les paliers du bâti sont à graissage automatique.

Le moteur Bollinckx est établi pour fonctionner avec une faible vitesse de rotation, le piston effectuant une grande course.

La mise en marche est obtenue au moyen d'un démarreur automatique à essence.

Moteur Tangye

Le moteur Tangye dont la vue d'ensemble est représentée par la figure 296 est établi pour être alimenté soit au gaz de ville, soit au gaz pauvre. Son bâti, muni d'une embase à grande surface porte, venue de fonte avec lui, l'enveloppe du cylindre. Le bâti se termine, en arrière, à la hauteur de l'extrémité de l'enveloppe, ce qui évite tout porte-à-faux du cylindre. Deux flasques latérales réunissent l'enveloppe aux corps des paliers principaux et une forte traverse les entretoise en avant.

Fig. 296. — Moteur Tangye monocylindrique.

L'embase du bâti sert d'assise au moteur lequel est maintenu fixé sur le massif de fondation par des boulons de fixation qui sont scellés dans ce massif et qui traversent verticalement les flasques pour venir déborder sur leur face plane supérieure. Des écrous serrés sur les boulons maintiennent le moteur fixé sur le massif maçonné. Le cylindre est constitué par un fourreau indépendant, fait en fonte dure, monté dans l'enveloppe de façon à laisser autour de sa paroi extérieure un espace vide pour la circulation de l'eau de refroidissement. Dans le cylindre se meut le piston ; il est d'une grande longueur pour assurer un bon guidage et éviter l'ovalisation du cylindre. Il est muni de segments élastiques assurant l'étanchéité contre les parois du cylindre.

L'enveloppe du cylindre est percée d'ouvertures fermées par des tampons pour faciliter le nettoyage de la chambre à circulation d'eau.

La bielle, en acier forgé, s'articule sur l'axe porté par le piston et sur le tourillon de manivelle porté par l'arbre principal qui, pour cela, est coudé en forme de vilebrequin.

Cet arbre est supporté par les paliers du bâti dans lesquels sont disposés des coussinets garnis de métal plastique spécial. Sur l'arbre sont clavetés, d'un côté le volant, et de l'autre, une roue d'engrenage engrenant avec une seconde roue placée au-dessous d'elle et portée par l'arbre de distribution, qui reçoit ainsi son mouvement de rotation.

L'arbre de distribution disposé le long du bâti est supporté par deux paliers fixés sur ce bâti. Il actionne le régulateur, dont l'axe est disposé verticalement.

Sur l'arbre de distribution sont clavetées les cames qui commandent les mécanismes de distribution.

La distribution s'effectue au moyen de trois soupapes disposées sur une culasse rapportée et fixée en bout du cylindre, à l'arrière.

La soupape d'admission dans le cylindre et la soupape à gaz sont placées verticalement à la partie supérieure de la culasse. Ces deux soupapes sont disposées sur une même tige, mais elles peuvent se mouvoir indépendamment l'une de l'autre et elles s'appliquent d'une façon efficace sur leur siège respectif. Une même boîte à soupapes renferme ces deux soupapes. Cette boîte est rendue facilement démontable et elle est fixée sur le moteur par une partie conique serrée par des boulons pour former un joint étanche. La soupape d'échappement est, aussi, disposée verticalement et placée à la partie inférieure de la culasse, dans le même axe que les soupapes d'admission.

Cette soupape est facilement démontable.

La régulation s'effectue en rendant variable, par l'action du régulateur, l'admission du volume de mélange dans le cylindre sans en changer la composition, qui peut être déterminée pour la meilleure inflammation. Le moteur donne donc une explosion à chaque cycle de la distribution mais, suivant la charge qu'il supporte, le volume de mélange admis est plus ou moins important.

L'allumage s'effectue par une magnéto, dont le mouvement est provoqué par l'arbre de distribution, et par une bougie spéciale comportant un mouvement rotatif qui permet de maintenir propres les parties métalliques entre lesquelles jaillit l'étincelle ; ce dispositif supprime une des causes principales des ratés d'allumage.

Le graissage est assuré, pour le cylindre, par la manœuvre d'une petite pompe à huile actionnée par une came clavetée sur l'arbre de distribution : l'huile est ainsi envoyée sous pression sur le piston.

Pour le pied de bielle, le graissage s'effectue au moyen d'un godet distributeur à gouttes réglables et visibles. La tête de bielle est lubrifiée par un dispositif à bague de graissage centrifuge, alimentée par un graisseur à goutte visible et réglable.

Les paliers comportent un graissage à bague automatique. Ils sont munis d'un grand réservoir d'huile et d'indicateurs de niveau.

Les moteurs Tangye à un cylindre semblables à celui que nous venons de décrire, sont établis pour des puissances pouvant varier de 12 à 215 chevaux. Quand ces moteurs sont destinés à actionner des machines productrices de courant électrique servant à l'éclairage, on leur assure une grande régularité en donnant au volant une masse plus considérable et en équilibrant l'arbre principal par des contrepoids ajoutés à la manivelle.

Fig. 297. — Moteur Tangye à deux cylindres jumelés.

Pour des puissances élevées, on supporte l'arbre moteur par trois paliers afin que le volant, qui est fort lourd, ne soit pas monté en porte-à-faux.

Pour les puissances atteignant jusqu'à 430 chevaux, on établit des moteurs Tangye à deux cylindres (Fig. 297).

Le moteur est alors constitué par deux moteurs semblables au moteur que nous venons de décrire, disposés côte à côte : les bielles des deux pistons actionnent le même arbre sur lequel est claveté le volant qui, dans ce cas, se trouve disposé entre les deux bâtis et, par conséquent, supporté. Ce volant est muni de dents sur sa périphérie, pour faciliter le déplacement facultatif des pistons et la mise en marche du moteur.

Les arbres de distribution sont placés le long du bâti, sur les flasques intérieures qui se font face.

Moteur Satre et Lyonnet

Ce moteur est établi pour fonctionner au gaz de ville ou au gaz pauvre provenant de gazogènes, de hauts fourneaux, ou de fours à coke.

Le moteur mono cylindrique peut être construit pour des puissances variant de 10 à 150 chevaux. La figure 298 donne une vue d'ensemble d'un moteur de 50 chevaux. Il est constitué par un bâti muni d'un large socle, qui repose sur le massif de fondation. L'enveloppe du cylindre est fondue avec le bâti comportant deux flasques de grande hauteur sur lesquelles sont ménagés les corps des paliers de l'arbre principal.

Le cylindre est rapporté dans l'enveloppe ; il se trouve fixé à l'arrière par une collerette. A l'avant, il peut librement se dilater sans exercer une pression quelconque sur le bâti. Il peut être facilement démonté et remplacé. Autour du cylindre est établie une circulation d'eau de refroidissement.

Fig. 298. Moteur à gaz pauvre Satre et Lyonnet, de 50 chevaux.

Le piston, ouvert, est en fonte dure ; il a une grande longueur et est muni de segments métalliques arrêtés par des ergots.

La bielle et l'arbre principal sont en acier forgé.

L'arbre est coudé pour former manivelle ; il est équilibré par l'adjonction de contrepoids. Il est supporté par les paliers du bâti et par un troisième palier indépendant. Les paliers portent des coussinets en acier garnis de métal anti-friction.

Le volant est claveté sur l'arbre, entre deux paliers, pour éviter le porte-à-faux.

L'arbre principal actionne, par l'intermédiaire de roues d'engrenage, l'arbre de distribution, lequel est placé longitudinalement contre une flasque du bâti et est supporté par un palier fixé sur cette flasque et par un second palier fixé sur la culasse. Il commande, par l'intermédiaire d'un train de roues d'engrenage à denture conique, le mouvement de rotation du régulateur disposé verticalement.

Sur l'arbre de distribution sont placées les cames actionnant les soupapes de distribution, lesquelles sont montées sur la culasse. La culasse, fixée à l'arrière du cylindre, est établie avec un dispositif de circulation d'eau : des ouvertures permettent un facile nettoyage de la chambre à eau.

Les soupapes sont montées dans des boîtes indépendantes qui peuvent être aisément démontées. La distribution comporte trois soupapes : une soupape à gaz, une soupape d'admission et une soupape d'échappement.

Les soupapes d'admission sont à double siège et équilibrées. Elles sont disposées à la partie supérieure de la culasse. La soupape d'échappement, placée au-dessous, est faite en acier-nickel pour résister à la température élevée qu'elle subit.

La régulation, ingénieusement établie, s'effectue en faisant varier à la fois le volume de mélange admis dans le cylindre, la composition de ce mélange et le moment où se produit l'allumage. C'est le régulateur qui, suivant son régime de marche, détermine ces variations.

Fig. 299. – Installation de deux moteurs à deux cylindres Satre et Lyonnet, de 50 chevaux, actionnant des machines électriques.

Quand la charge est faible, le volume de mélange admis est réduit mais, d'autre part, la composition du mélange est plus riche en gaz, ce qui facilite l'allumage. La détente est alors plus complète. En outre, pour les faibles charges, le régulateur donne automatiquement de l'avance à l'allumage, ce qui permet une combustion complète du mélange malgré sa faible compression.

Cet allumage s'effectue par une magnéto à axe oscillant avec rupteur.

La pièce mobile de rupture et la pièce fixe constituant l'allumeur sont en acier-nickel.

Le tampon portant le rupteur est fixé sur la culasse et peut facilement être démonté.

Le graissage du piston est assuré par le fonctionnement d'une petite pompe à huile actionnée par une came portée par l'arbre de distribution. L'huile est envoyée sous pression sur la surface du piston par un petit conduit qui débouche à la partie supérieure du cylindre.

La tête de bielle est munie d'un dispositif de graissage centrifuge à bague : les paliers sont automatiquement lubrifiés par des bagues de graissage mobiles.

La mise en marche s'effectue à bras pour les moteurs de faibles puissances.

Un mécanisme spécial permet de retarder le moment de l'allumage pour rendre aisée la mise en marche. En outre, la compression peut être diminuée par le déplacement d'un galet actionnant la soupape d'échappement.

Les moteurs de grandes puissances comportent un dispositif de mise en marche à l'air comprimé ou bien ils sont munis d'un système de démarrage à l'essence, constitué par une pompe à main et un carburateur à essence.

Ce procédé de mise en marche est, en somme, simple et efficace : il permet d'effectuer un nombre quelconque de mises en marche.

Lorsque le moteur doit être appliqué à la conduite de machines dynamo-électriques et qu'il doit, par conséquent, posséder une grande régularité d'allure, on l'établit à double cylindre.

Les deux cylindres sont alors accouplés en parallèle. Les pistons sont reliés par deux bielles à un arbre commun portant nécessairement deux manivelles formées par deux coudes de l'arbre. Le volant est claveté sur l'arbre entre les deux bâtis.

Chaque cylindre est muni de sa distribution et, par suite de cette disposition, les cycles de distribution s'enchevêtrent et donnent lieu à une explosion par tour de l'arbre, ce qui permet d'obtenir un fonctionnement plus régulier du moteur.

La figure 299 donne un exemple d'installation de deux moteurs de 50 chevaux à deux cylindres jumelés, actionnant chacun une machine productrice de courant électrique. Cette installation a été faite à l'Établissement de Vichy, pour assurer l'éclairage électrique du jardin.

Moteur Taylor « Perfecta »

Le moteur Taylor, étudié et construit pour fonctionner avec du gaz pauvre, peut être alimenté avec du gaz de gazogènes utilisant les charbons maigres français et le coke d'usine à gaz.

Nous avons donné (Fig. 102) la vue d'ensemble d'un type de ce moteur établi pour des puissances pouvant varier de 20 à 180 chevaux.

Il se compose d'un bâti à large surface d'appui, muni de flasques A de grande hauteur. L'enveloppe B du cylindre, venue de fonte avec le bâti, est disposée pour éviter tout porte-à-faux. Les paliers sont ménagés dans les flasques latérales. Le bâti porte une gouttière circulaire permettant de canaliser et de recueillir l'huile projetée pendant le mouvement de rotation. Une large plaque de protection enveloppant la manivelle facilite la canalisation de l'huile projetée.

Le cylindre est formé par un fourreau en fonte dure, rapporté et fixé sur l'enveloppe. Il est ainsi rendu facilement démontable et peut être aisément remplacé.

Le piston est également en fonte dure. Il a une grande longueur pour éviter l'usure et assurer un bon guidage. En outre, il est légèrement conique vers l'arrière pour permettre sa libre dilatation. Il est muni de segments métalliques sur sa périphérie et porte un axe servant de tourillon au pied de bielle. Cet axe est fixé à l'intérieur du piston par deux boulons munis d'écrous et contre-écrous pour éviter tout déplacement de l'axe.

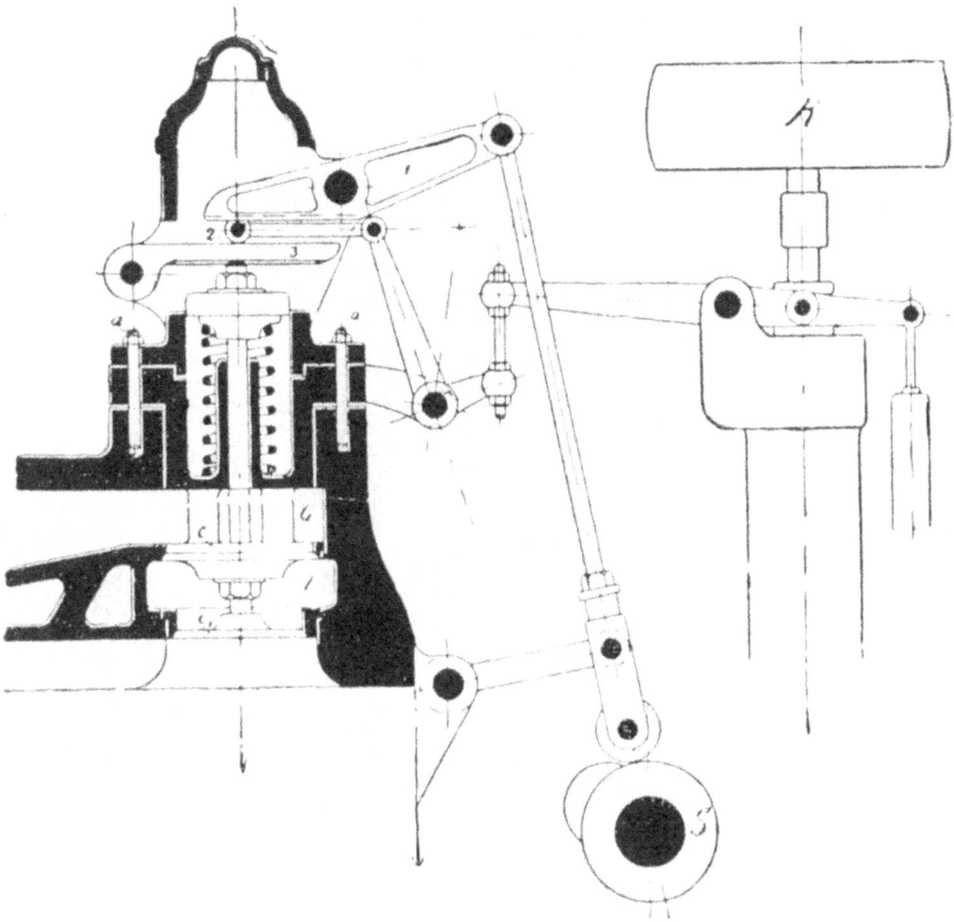

Fig. 300. — Moteur Taylor « Perfecta «. Schéma de la régulation.

La bielle est en acier forgé ; elle porte, à chaque extrémité, des coussinets recevant le tourillon du piston et le tourillon de la manivelle de l'arbre. Ces coussinets, faits en bronze phosphoreux et en métal anti-friction, sont munis de dispositifs de compensation de jeu.

L'arbre est coudé pour former manivelle. Il tourillonne dans les deux paliers du bâti et dans un troisième palier indépendant supportant l'extrémité de l'arbre sur laquelle est claveté le volant.

Les paliers sont munis de coussinets à large portée.

L'arbre principal porte, en bout, une roue d'engrenage E donnant le mouvement de rotation à l'arbre de distribution K, par l'intermédiaire d'une autre roue calée sur celui-ci. Cet arbre porte les cames actionnant les organes de distribution et il commande le mouvement du régulateur disposé verticalement. Il actionne aussi le mécanisme d'allumage.

La distribution s'effectue au moyen de trois soupapes: une soupape à gaz, une soupape d'admission de mélange et une soupape d'échappement (Fig. 301). La soupape à gaz et la soupape d'admission sont disposées verticalement sur une même tige, à la partie supérieure de la culasse. La soupape d'échappement est placée verticalement à la partie inférieure au-dessous des soupapes d'admission.

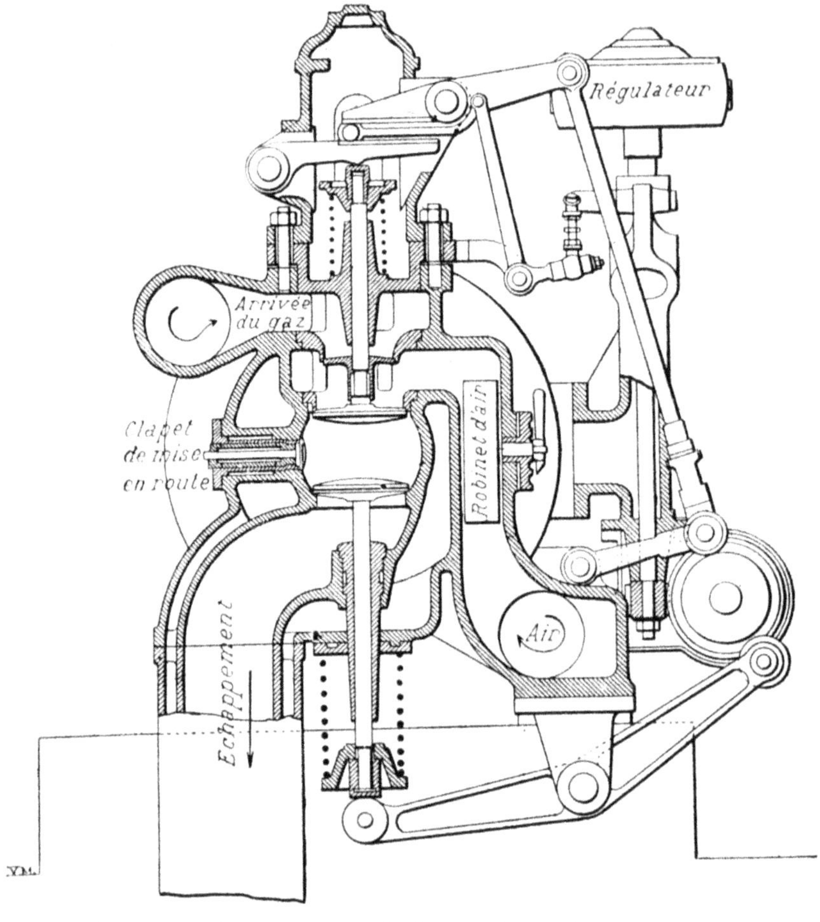

Fig. 301. — Moteur Taylor «Perfecta ». Disposition des soupapes.

Les soupapes d'admission sont actionnées par une came S (Fig. 300), clavetée sur l'arbre de distribution, au moyen d'un galet et d'une bielle articulée à l'extrémité d'un levier supérieur 1 oscillant autour d'un axe fixe et appuyant sur le bout de la tige des soupapes d'admission. Cet appui s'effectue par l'intermédiaire d'un petit galet 2 pouvant se déplacer sur la face supérieure d'un autre levier 3 qui repose sur la tige des soupapes. Le déplacement du galet 2 sur le levier 3 est provoqué par le mouvement du manchon du régulateur oscillant suivant les variations de vitesse du moteur.

Cette disposition permet de rendre variable l'admission du volume de mélange, tout en conservant à ce mélange une composition constante. En effet, quoique la came donne au galet et à la bielle de commande des soupapes un déplacement constant, comme ce déplacement se transmet à la tige des soupapes par l'intermédiaire du galet 2 servant de point d'appui, on comprend que suivant que ce galet se trouvera plus ou moins loin sur le levier 3 par rapport à l'axe d'oscillation de ce levier, l'excursion donnée à la tige sera diminuée ou augmentée. Le déplacement du galet point d'appui fait varier les bras de levier et provoque la variation de la course des soupapes d'admission, variation dépendant directement du régime du régulateur. Le volume de mélange tonnant admis est donc variable ; mais comme les soupapes à gaz et de mélange sont montées sur la même tige, elles laissent pénétrer dans le cylindre, quelle que soit la valeur de leur course, un mélange comprenant toujours la même proportion de gaz par rapport à l'air, proportion déterminée par la manœuvre de robinets disposés sur la conduite de gaz et sur la conduite d'air.

Le régulateur est du type Hartung à ressort que nous avons précédemment décrit.

La soupape d'échappement est actionnée au moyen d'une came, par l'intermédiaire d'un seul levier, oscillant en son milieu autour d'un axe fixe, et dont l'extrémité arrondie bute sur le bout de la tige de la soupape et la soulève.

Les soupapes sont ramenées sur leur siège par des ressorts antagonistes lorsque les cames ne poussent plus les galets de commande.

La culasse portant les boîtes à soupapes est fixée à l'extrémité arrière du cylindre. Elle est munie d'espaces vides pour permettre une circulation d'eau de refroidissement. Cette eau est admise par la partie inférieure de la culasse et évacuée à la partie supérieure après avoir baigné les parois du conduit d'échappement de la chambre d'explosion et du cylindre.

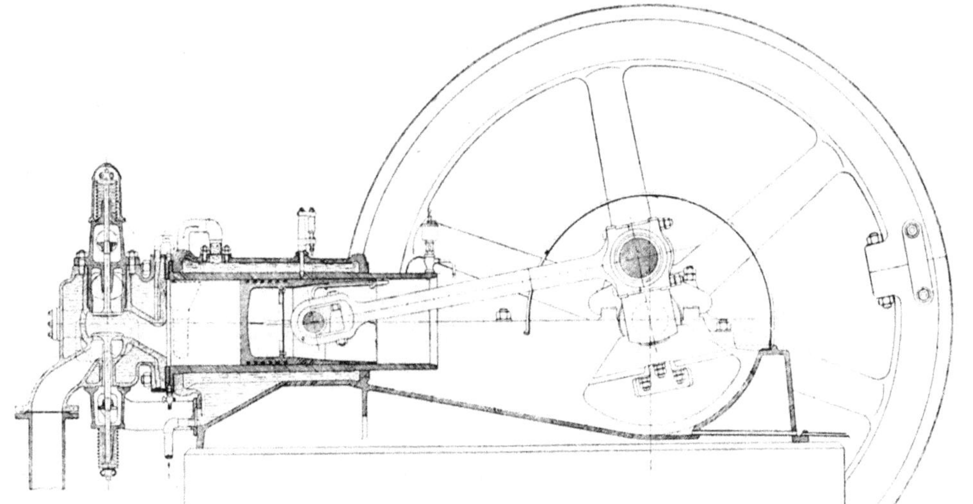

Fig. 302. — Moteur à gaz pauvre Benz. Coupe longitudinale.

Sur la culasse sont disposés latéralement le clapet de mise en route et, au centre, à l'arrière, le tampon portant l'allumeur.

L'allumage s'effectue par magnéto. L'inflammateur, monté sur le tampon fixé, lui-même, sur la culasse, se compose d'une tige en acier isolée par des rondelles de mica et d'une sorte de marteau mobile. Pour provoquer l'étincelle, le marteau, maintenu appliqué sur la tige isolée par un ressort, est brusquement écarté de sa position par le mouvement d'une tringle actionnée par l'arbre de distribution. L'allumage se fait ainsi au même point, quelle que soit la température du cylindre.

Un dispositif de réglage permet de donner du retard à l'allumage lors de la mise en marche du moteur, laquelle s'effectue à l'air comprimé.

Moteur Benz

Le moteur Benz du type à simple effet, mono cylindrique, établi en vue de fonctionner au gaz pauvre, se compose d'un bâti dont le socle repose par une grande surface sur le massif de maçonnerie. L'enveloppe du cylindre est venue de fonte avec le bâti, et sa collerette seule, sur laquelle est fixée la culasse, déborde de ce bâti, disposition ayant pour effet de supprimer le porte-à-faux du cylindre.

Les corps des paliers de l'arbre principal sont venus de fonte avec les flasques du bâti, réunies en avant par une traverse également fondue avec les flasques.

Fig. 303. – Moteur Benz. Disposition des cames.

Le cylindre proprement dit est formé par un fourreau en fonte dure, rapporté dans l'enveloppe de façon à laisser autour de sa paroi extérieure un espace annulaire dans lequel circule l'eau de refroidissement.

Le cylindre est fixé à l'arrière sur l'enveloppe par des boulons, et simplement ajusté à l'avant, dans cette enveloppe, de façon à conserver sa liberté de dilatation.

Le piston, ouvert, a une grande longueur de guidage. Il est muni de segments en fonte douce et porte un axe, en acier trempé, qui lui est solidement assujetti et qui sert de tourillon au pied de bielle.

Ce pied de bielle est du type fermé et comporte un dispositif de compensation de jeu constitué par une cale en coin manœuvrée par vis.

La tête de bielle reçoit le tourillon de manivelle de l'arbre principal qui est coudé. Cet arbre repose sur les deux paliers du bâti et sur un troisième palier placé au-delà du volant et de la poulie de transmission clavetés sur l'arbre ; il n'y a ainsi aucun porte-à-faux.

Une plaque de protection enveloppe la tête de bielle : pendant son mouvement, elle permet d'éviter les projections d'huile. L'huile s'écoulant pendant la manœuvre des organes est recueillie dans une cuvette formée par le fond du bâti, et elle peut être amenée, par un tube disposé sur ce bâti, dans un récipient d'où elle est

Fig. 304. — Moteur Benz. Roue d'engrenage à denture hélicoïdale.

extraite pour être de nouveau employée après filtrage. L'arbre principal du moteur est équilibré par des contrepoids fixés aux branches de la manivelle au moyen de boulons. Il transmet son mouvement de rotation à l'arbre de distribution placé parallèlement à l'axe du cylindre par deux roues d'engrenage à denture hélicoïdale (Fig. 304).

L'arbre de distribution est supporté par deux paliers dont l'un est fixé sur le bâti et l'autre, qui est double, sur la culasse. Il porte les cames actionnant les organes de distribution, placées entre deux supports pour éviter toute flexion, ainsi que le mécanisme provoquant la manœuvre de la magnéto d'allumage et de l'inflammateur.

Cet arbre transmet également son mouvement de rotation au régulateur par l'intermédiaire d'un train de roues à denture hélicoïdale (Fig. 303).

Le régulateur (Fig. 305) a son axe disposé verticalement. Il est du type Hartung et est muni d'un modérateur à huile qui atténue l'amplitude de ses variations de mouvement.

Il possède un réglage spécial lequel permet de faire varier son action pendant la marche du moteur et d'obtenir ainsi la vitesse convenable.

Fig. 305. — Moteur Benz. Régulateur.

La distribution s'effectue par l'intermédiaire de soupapes placées sur la culasse. Cette culasse, fixée en bout du cylindre, à l'arrière, forme chambre d'explosion ; elle est évidée pour constituer une chambre de circulation d'eau de refroidissement.

La chambre d'eau de la culasse ne communique pas avec la chambre d'eau de l'enveloppe du cylindre.

L'eau de refroidissement pénètre par des conduits différents dans la culasse et dans l'enveloppe du cylindre, à leur partie inférieure. Ces tuyaux portent des robinets permettant de régler l'admission d'eau. L'eau, après avoir circulé d'une part dans la culasse et d'autre part autour du cylindre, est évacuée par un tuyau placé à la partie supérieure de chacun des organes.

On peut, avec cette disposition, régler indépendamment la température de la culasse et du cylindre pour obtenir le fonctionnement le plus favorable. La culasse, en effet, doit être maintenue à une température assez faible, tandis que le cylindre peut conserver une température d'environ 60 degrés, température qui correspond au meilleur effet utile, approprié au fonctionnement rationnel du moteur.

La distribution est réalisée par l'emploi de trois soupapes : une soupape de mélange, une soupape d'admission et une soupape d'échappement. Ces trois soupapes sont disposées verticalement.

La soupape de mélange est automatique et les soupapes d'admission et d'échappement sont actionnées par les cames clavetées sur l'arbre de distribution.

Nous avons précédemment décrit en détail le fonctionnement des organes de cette distribution (Fig. 136). La soupape d'admission est dans une boîte (Fig. 306) que l'on peut facilement démonter en desserrant quatre écrous ; cela permet de vérifier et de nettoyer aisément la soupape. On peut, en outre, par ce démontage, atteindre la soupape d'échappement et la nettoyer.

La régulation s'effectue par admission dans le cylindre d'un volume variable de mélange tonnant, dont la composition reste constante et réglée pour la meilleure utilisation.

Fig. 306. — Moteur Benz. Boîte à soupape d'admission.

C'est le régulateur qui fait varier le volume admis en agissant, par l'intermédiaire d'un levier, sur une vanne de réglage disposée sur le conduit qui met en communication la boîte de la soupape de mélange avec la boîte de la soupape d'admission.

L'allumage du mélange est produit par une magnéto *Bosch* à basse tension. Un mécanisme spécial permet de régler, pendant la marche du moteur, le moment où s'effectue l'allumage.

Le graissage du piston est assuré par une pompe à huile actionnée par une came portée par l'arbre de distribution. L'huile est admise ainsi sous pression par la partie supérieure du cylindre jusqu'à la périphérie du piston. L'axe du piston, ou tourillon du pied de bielle, est lubrifié par un dispositif à lécheur, placé sur la paroi intérieure du piston qui vient, à chaque course en avant du piston, frotter sur une brosse alimentée par un godet graisseur fixé sur l'avant du cylindre.

Le graissage de la tête de bielle s'effectue par une bague à graissage centrifuge. Les paliers de l'arbre principal sont munis de bagues de graissage mobiles ; ils portent des niveaux en cristal, permettant de connaître à chaque instant le niveau de l'huile qu'ils contiennent. Les paliers de l'arbre de distribution sont lubrifiés par des graisseurs à débit réglable.

La mise en marche du moteur s'effectue à bras pour de faibles puissances. Un dispositif facilite ce démarrage par le déplacement d'un galet, sur lequel agit une came

Fig. 307. — Moteur à gaz pauvre Benz. Vue d'ensemble.

spéciale de décompression. Ce galet est solidaire de la soupape d'échappement, qui se trouve ainsi soulevée pendant la période de compression et laisse échapper une partie du mélange. Quand on met le moteur en route, on règle l'allumage de telle façon qu'il se produise après le passage du piston au point mort ; on évite ainsi un retour en arrière. En fonctionnement normal, l'allumage s'effectue avec une légère avance pour que la combustion du mélange soit complète quand le piston arrive au point mort.

Pour les moteurs de grandes puissances, la mise en marche s'effectue au moyen de l'air comprimé.

Les moteurs Benz destinés à actionner des installations électriques sont munis d'un lourd volant qui leur assure une grande régularité ; ils ont leur arbre principal équilibré par des contrepoids.

La figure 308 représente un groupe électrogène de 60 chevaux, dont le moteur est alimenté avec du gaz pauvre de gazogène.

Fig. 368. — Groupe électrogène Benz de 60 chevaux, au gaz pauvre.

L'arbre du moteur porte le volant et l'induit de la machine électrique ; le troisième palier est fixé sur le socle de la dynamo.

Jusqu'à une puissance d'environ 125 chevaux, le moteur Benz à gaz pauvre est mono cylindrique. Pour des puissances supérieures, il comporte deux cylindres jumelés ou deux ou quatre cylindres à double effet.

En résumé, le moteur Benz, ingénieusement établi avec des organes simples et facilement accessibles, présente, au point de vue de la distribution, les intéressants perfectionnements apportés en ces dernières années aux moteurs à gaz ; il réalise la régulation rationnelle, très discutée à son apparition. Cette régulation est caractérisée par une admission d'un volume de mélange à chaque aspiration ; ce volume est variable avec la charge du moteur, et le mélange conserve une composition constante.

Moteur d'Augsbourg et Nuremberg

Les ateliers d'Augsbourg et Nuremberg construisent des moteurs à gaz de grandes puissances employés dans les usines métallurgiques ainsi que dans les houillères pour actionner des machines électriques, des souffleries de hauts fourneaux, des laminoirs et autres machines d'acieries.

Nous avons donné figures 100, 110, 133 des exemples divers d'installations de ces moteurs.

Les figures 100 et 110 représentent des moteurs monocylindriques à double effet actionnant des machines dynamo-électriques.

La figure 133 donne une vue d'ensemble d'un moteur à deux cylindres montés en tandem, à double effet, commandant une machine électrique à courants alternatifs. Le moteur, d'une puissance de 1 200 chevaux, est alimenté avec du gaz de four à coke.

Une coupe d'un moteur tandem à double effet est représentée par la figure 309.

Le cylindre arrière est supposé vu extérieurement, non coupé, par conséquent, pour montrer la disposition de la commande des organes de distribution.

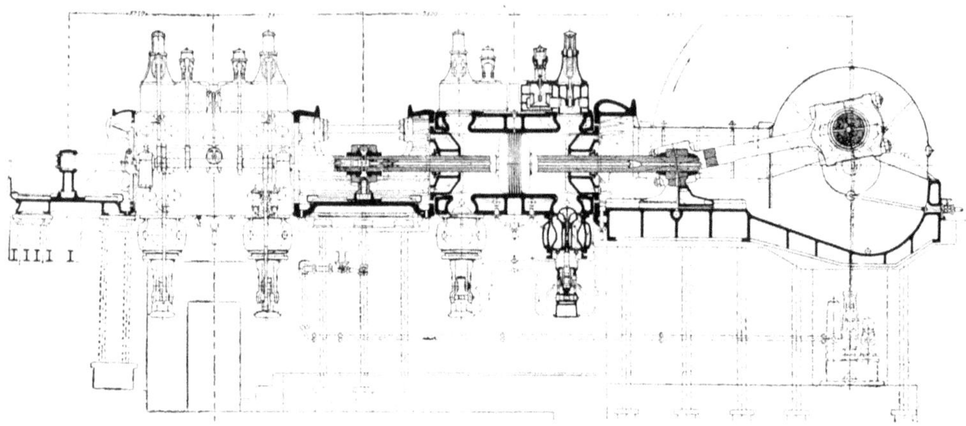

Fig. 309. – Moteur double effet tandem, des ateliers d'Augsbourg et Nuremberg.

Ce moteur est à quatre temps et comporte deux cylindres fermés placés à la suite l'un de l'autre. Chaque cylindre est ainsi à double effet, et il se produit une explosion pour chaque demi-tour du moteur. On peut, de cette façon, obtenir une grande régularité, tout en diminuant le poids du volant et en réduisant les dimensions des organes moteurs.

Le bâti, disposé en avant, repose sur le massif de fondation ; il porte, fixé en bout, à l'arrière, un des cylindres, lequel est monté sur lui au moyen de grands collets de centrage et serré par de nombreux boulons. L'axe du cylindre se trouve ainsi exactement placé dans l'axe de la crosse-avant du piston, laquelle coulisse dans une glissière horizontale portée par le bâti.

Les cylindres sont faits en fonte de fer, ce métal supportant très bien, lorsqu'il est uniformément réparti, les variations de tension moléculaire internes provoquées par les différences successives de la température. Ils ont une forme symétrique et sont établis pour que leur paroi ne porte aucune sur-épaisseur importante, pouvant donner lieu à des tensions dangereuses, sous l'effort de la dilatation.

Chaque cylindre est muni d'une enveloppe extérieure. Entre cette enveloppe et la paroi extérieure du cylindre une partie évidée est ménagée ; elle permet d'établir une circulation d'eau de refroidissement. La circulation de cette eau s'effectue de façon que l'eau froide passe d'abord avec une grande vitesse le long des parois portées à la température la plus élevée, disposition qui a pour objet d'éviter la formation de poches d'air.

L'enveloppe porte des ouvertures fermées par des tampons. Ces ouvertures servent à procéder au nettoyage de la chambre à eau, dans laquelle se forment des dépôts boueux et des incrustations. Chaque cylindre comporte deux fonds ; ils sont évidés et dans chacun d'eux est établie une circulation d'eau de refroidissement.

Le cylindre porte, à chacune de ses extrémités, deux conduits verticaux donnant la communication: l'un, placé à la partie supérieure, avec la boîte à soupapes d'admission, l'autre, disposé au-dessous et dans le même axe, avec la boîte à soupapes d'échappement. Chaque cylindre comporte donc deux boîtes à soupapes d'admission placées en haut et deux boîtes à soupapes d'échappement placées en bas.

Les boîtes des soupapes d'admission sont fixées sur le cylindre par des boulons et contiennent les soupapes d'admission de mélange dans le cylindre. Sur elles sont fixés les divers organes nécessaires à la manœuvre des soupapes.

Fig. 310. — Moteurs des Ateliers Augsbourg et Nuremberg, actionnant des alternateurs.

Les boîtes des soupapes d'échappement sont également rapportées sur le cylindre et fixées sur lui par des boulons. Elles sont munies d'un dispositif de refroidissement par circulation d'eau que nous avons précédemment décrit (Fig. 80).

La soupape d'échappement peut se démonter facilement et être retirée par le dessous, sans que l'on soit pour cela dans l'obligation d'enlever les divers conduits.

Les deux cylindres sont rendus solidaires par une entretoise cylindrique de grand diamètre, faite en fonte de fer.

Cette entretoise est centrée sur chacun des cylindres et s'y trouve fixée par une rangée de boulons. Les deux cylindres se trouvent ainsi placés exactement dans le même axe, à la suite l'un de l'autre.

A la partie inférieure de l'entretoise est ménagée une glissière sur laquelle se meut un coulisseau supportant, vers le milieu de sa longueur, la tige des pistons.

L'entretoise porte, à la partie supérieure, une ouverture de grandes dimensions, permettant de démonter et d'enlever facilement les fonds des deux cylindres se faisant face et d'accéder ainsi à l'intérieur de ces cylindres, sans être dans la nécessité de démonter le coulisseau.

Pour conserver à l'entretoise sa complète rigidité, qui se trouve diminuée par le percement de la grande ouverture, on dispose à sa partie supérieure un tirant en acier qui assure la rigidité et empêche les déformations de se produire.

A l'arrière du moteur et concentriquement à la face postérieure du second cylindre, est fixé un support reposant sur le massif de maçonnerie et qui porte une glissière horizontale, sur laquelle est disposé un coulisseau solidaire de l'extrémité de la tige des pistons.

Fig. 311. — Quatre machines à gaz de 6 100 chevaux avec dynamos et deux moteurs soufflants de 2 500 chevaux. Ateliers d'Augsbourg et Nuremberg.

Les pistons sont creux ; ils sont solidement fixés à leur tige, dont la partie centrale est évidée pour permettre une circulation d'eau de refroidissement qui parcourt les tiges dans toute leur longueur en traversant les capacités ménagées à l'intérieur des pistons. Les tiges des pistons sont faites en acier fondu au creuset ; elles sont raccordées vers le milieu de leur longueur, par l'intermédiaire de la crosse placée dans l'entretoise cylindrique.

Les pistons ont une faible longueur, leur guidage se trouvant assuré par les crosses des tiges. Ils sont munis de segments métalliques élastiques.

Le montage des pistons et de leurs tiges dans les cylindres est réalisé de façon que les corps des pistons n'appuient pas sur la paroi intérieure du cylindre. Ce sont les tiges qui, disposées dans des presse-étoupes placés dans chacun des couvercles, supportent les pistons et assurent leur guidage pendant leur mouvement alternatif longitudinal.

Les segments métalliques seuls, appuyant, par suite de leur élasticité, contre la paroi intérieure du cylindre, assurent l'étanchéité sur la périphérie des pistons pendant le fonctionnement du moteur.

On diminue, par cette disposition, l'usure du cylindre pouvant se produire par suite d'un grand frottement du piston et de l'introduction de poussières contenues dans le gaz ainsi que dans l'air admis en mélange dans le cylindre.

Les coulisseaux des crosses sont garnis de métal anti-friction pour assurer la douceur du frottement et éviter l'échauffement.

La crosse avant est faite en acier au nickel et porte deux tourillons sur lesquels vient s'articuler le pied de bielle disposé en forme de fourche. Cette crosse est établie de façon à permettre de sortir le piston du cylindre afin de procéder à sa visite ou à son nettoyage sans pour cela être dans l'obligation de démonter la crosse de sa glissière.

La tête de la bielle s'articule sur le tourillon de manivelle, porté par l'arbre principal qui est coudé. Cet arbre, en acier, repose sur deux paliers venus de fonte avec le bâti et dans lesquels sont montés des coussinets en quatre pièces, faits en acier moulé et garnis de métal anti-friction.

Les coussinets comportent d'un côté un réglage permettant de compenser le jeu.

Les presse-étoupe sont constitués par des segments métalliques appliquant, par leur élasticité, sur la tige des pistons. Derrière ces segments est disposée, dans la boîte des presse-étoupe, une garniture métallique pouvant se déplacer dans tous les sens et bien appliquée par des ressorts afin de former un joint étanche.

La distribution du mélange tonnant dans le cylindre s'effectue au moyen de trois soupapes : une soupape de mélange, une soupape d'admission et une soupape d'échappement. Nous avons précédemment décrit (Fig. 134 et 135) le fonctionnement de cette distribution, dont les soupapes sont actionnées par l'intermédiaire d'excentriques calés sur l'arbre de distribution.

Les soupapes d'admission de mélange dans le cylindre et la soupape d'échappement ont une course constante ; la soupape de mélange a une levée rendue variable par l'action du régulateur.

Le régulateur, disposé verticalement, reçoit son mouvement de rotation de l'arbre de distribution par l'intermédiaire d'un train de roues d'engrenage. Cet arbre, placé longitudinalement sur un côté des cylindres, est disposé à la hauteur de l'axe de ces cylindres. Il reçoit son mouvement de rotation de l'arbre principal grâce à un petit arbre intermédiaire actionné par un train d'engrenages à denture hélicoïdale et transmettant son mouvement à l'arbre de distribution par des roues d'engrenage à denture droite. Les roues d'engrenage sont en fonte de fer, portent des dents taillées et manœuvrent dans un bain d'huile. L'arbre de distribution est supporté par des paliers, lesquels sont fixés, par une embase appropriée, sur des portées ménagées sur les cylindres.

L'allumage du mélange tonnant s'effectue électriquement, le courant étant fourni par une petite batterie d'accumulateurs. Un dispositif spécial permet de régler le moment de l'allumage, pendant la marche du moteur, en un même point pour les quatre extrémités de cylindres.

Le graissage s'effectue au moyen d'huile sous pression pour les organes essentiels. Le piston et le cylindre, les paliers de l'arbre principal, les crosses de la tige des pistons, la tête de bielle et la tige de la soupape d'échappement sont lubrifiées de cette façon. Les boîtes des presse-étoupes et leur garniture sont également graissées par l'huile sous pression fournie par une petite pompe établie spécialement pour chacune de ces boîtes.

Les paliers de l'arbre de distribution sont munis d'un graissage à bagues mobiles. Un grand réservoir d'huile placé à une certaine hauteur permet d'assurer le graissage des diverses pièces extérieures. L'huile est conduite à ces différents organes par des tuyaux de diamètre suffisant pour éviter leur obstruction ; la quantité d'huile que l'on laisse écouler est réglable.

Fig. 312. — Cinq machines à gaz de 6.000 chevaux avec dynamos.
Ateliers d'Augsbourg et Nuremberg.

L'huile en excédent, non utilisée, est recueillie au-dessous du moteur et est refoulée, après filtrage, au moyen d'une pompe mue par le moteur, dans le réservoir supérieur, pour être de nouveau employée.

L'eau servant à refroidir les différents organes du moteur est introduite à une pression qui correspond, généralement, à 6 mètres d'eau. Cette pression doit, toutefois, être supérieure pour l'eau circulant dans les pistons et leurs tiges, ce qui se justifie par la vitesse de ces organes. C'est une pompe spéciale actionnée par l'arbre principal, qui fournit, à la pression convenable, l'eau empruntée à la conduite générale.

Une conduite commune est établie pour alimenter les diverses chambres à eau, mais l'évacuation de l'eau ayant exercé son action réfrigérante est réglable pour chaque pièce, de sorte que la consommation d'eau peut être réduite au strict nécessaire.

Ces réglages sont effectués par le mécanicien ; il consulte pour cela des thermomètres disposés à des endroits convenables. Un robinet-vanne, placé sur la conduite générale d'amenée de l'eau, est ouvert lors de la mise en marche du moteur et fermé à chaque arrêt. On n'a pas besoin de toucher, avec cette disposition, aux divers réglages effectués pour chacun des organes.

Dans le moteur, l'eau de circulation doit emporter de 600 à 800 calories par cheval-heure effectif. L'eau, admise à 15 degrés, est évacuée à 40 degrés, ce qui correspond à une consommation d'eau de 30 litres par cheval-heure environ.

La mise en marche du moteur se fait à l'aide de l'air comprimé. Cet air est envoyé sous pression par une pompe dans un réservoir duquel il est amené dans les cylindres par des organes de distribution.

Pour placer à la position convenable les pistons du moteur lors de la mise en route, on utilise le *vireur électrique* dont nous avons précédemment parlé (Fig. 225). Ce vireur permet, en outre, de disposer les pistons de telle sorte que l'on puisse procéder à la visite et au nettoyage des cylindres.

Fig. 313. — Moteurs des Ateliers d'Augsbourg et Nuremberg actionnant des dynamos.

La manœuvre du vireur et des organes de mise en marche s'effectue d'un même point par des manettes ou par des volants placés à la portée du mécanicien.

La consommation de calorique pour le moteur double effet tandem des ateliers d'Augsbourg et Nuremberg est de 2 200 à 2 400 calories par cheval-heure effectif, à pleine charge.

Quand le moteur est alimenté avec du gaz de gazogènes, la consommation de combustible varie, par cheval-heure effectif, de 450 à 530 grammes de coke, à 6 500 calories par kilogramme, et de 370 à 430 grammes d'anthracite, à 8 000 calories par kilogramme.

Les moteurs Augsbourg et Nuremberg s'emploient pour actionner des machines productrices d'énergie électrique, et assez souvent on les utilise pour commander des machines soufflantes.

Dans ce dernier cas, le piston de la machine soufflante est directement accouplé au piston du moteur à gaz et le moteur doit fonctionner à une vitesse supérieure à la vitesse ordinaire des machines soufflantes.

La figure 177 montre une installation faite aux fonderies de Rombach (Lorraine) de machines à gaz actionnant des alternateurs qui sont figurés en avant et de machines à gaz actionnant des souffleries qui sont disposées au dernier plan.

Les figures 310 à 313 représentent des installations diverses de moteurs à double effet à deux cylindres disposés en tandem et actionnant des dynamos, des alternateurs et des machines soufflantes.

Moteur Koerting

Le moteur Koerting, dont la figure 89 représente un type d'une puissance de 25 chevaux et la figure 314 un type dont la puissance peut atteindre 200 chevaux, peut être alimenté avec du gaz de ville, ou avec du gaz de gazogène, de hauts fourneaux et de fours à coke.

Ce moteur possède un bâti fondu d'une seule pièce avec l'enveloppe du cylindre. Son embase a une grande longueur et supporte, jusqu'à son extrémité, l'enveloppe du cylindre, évitant ainsi à celui-ci tout porte-à-faux. Les paliers de l'arbre principal sont venus de fonte avec les flasques du bâti ; une gouttière ménagée tout autour du bâti, à la partie inférieure, permet de recueillir l'huile projetée à l'extérieur et de l'utiliser de nouveau après l'avoir filtrée.

Fig. 314. – Moteur Koerting, type pouvant aller jusqu'à 200 chevaux fonctionnant au gaz de ville, de gazogènes, de hauts fourneaux ou de fours à coke.

Le cylindre est formé par une chemise en fonte dure rapportée dans l'enveloppe, et qui s'y trouve fixée par une bride disposée à l'arrière. A l'avant, le cylindre est ajusté dans l'enveloppe ; un presse-étoupe assure l'étanchéité dans l'intervalle de ces deux organes entre lesquels circule l'eau de refroidissement. Le cylindre peut ainsi se dilater librement dans le sens de la longueur sans qu'il puisse se produire aucune tension ou déformation anormales.

En cas d'usure, le cylindre peut facilement être démonté et remplacé.

Le piston est ouvert. Il a une grande longueur lui assurant un bon guidage et il est muni, sur sa périphérie, de segments élastiques faits en fonte dure. L'axe du piston, en acier, reçoit les coussinets du pied de bielle ; ces coussinets sont en bronze phosphoreux.

La bielle est en acier forgé : sa tête, qui tourillonne sur l'axe de la manivelle, porte des coussinets garnis de métal anti-friction.

La manivelle est formée par un coude de l'arbre principal, lequel est supporté par les deux paliers du bâti lorsqu'il s'agit des moteurs de petites puissances.

A partir de 12 chevaux, l'arbre repose à une de ses extrémités sur un troisième palier indépendant. Entre ce palier et le bâti se trouvent montés, sur l'arbre, le volant, la poulie de transmission, ou l'induit de la dynamo lorsque le moteur est utilisé pour produire de l'énergie électrique.

Les paliers sont munis de coussinets en bronze pour les moteurs de faibles puissances.

Dans les moteurs de puissances plus élevées, les coussinets sont en acier et garnis de métal anti-friction.

L'arbre principal transmet son mouvement de rotation par l'intermédiaire d'engrenages à l'arbre de distribution, lequel est supporté par deux paliers fixés sur le bâti et par une console dont l'embase s'applique contre la culasse.

Un des deux paliers de cet arbre, fixé à l'arrière du bâti, sert de support au régulateur, dont l'axe est disposé verticalement et qui reçoit son mouvement de rotation de l'arbre de distribution. Des cames, clavetées à une extrémité de cet arbre, actionnent les organes de distribution disposés sur la culasse.

La culasse est rapportée sur le cylindre et s'y trouve fixée à son extrémité-arrière par une rangée de boulons.

A la partie supérieure, la culasse reçoit la boîte à soupape d'admission ; à la partie inférieure, la soupape d'échappement. Sur un des côtés est disposée la boîte à soupape de mélange, et sur l'autre, l'allumeur formant tampon.

Dans les moteurs de grandes puissances, le fond arrière de la culasse porte une grande ouverture (Fig. 314) fermée par un couvercle, lequel est serré par des boulons, et qui permet, lorsqu'il est démonté, de visiter et de nettoyer par l'arrière la chambre de compression.

La régulation s'effectue en admettant dans le cylindre, pour chacun des cycles, un volume variable de mélange dont la composition est maintenue constante.

La constance de composition du mélange est réalisée par la manœuvre de la soupape de mélange qui laisse pénétrer dans le conduit aboutissant à la boîte à soupape d'admission une quantité de gaz et une quantité d'air bien déterminées et réglées en vue de l'obtention du rendement le plus favorable.

Sur ce conduit de communication est disposée une vanne dont la manœuvre permet d'augmenter ou de réduire la section de l'orifice par lequel le mélange est amené au-dessus de la soupape d'admission. Cette manœuvre s'effectue par l'intermédiaire d'un mécanisme que commande le régulateur, et elle rend, par conséquent, variable, le volume gazeux admis par aspiration dans le cylindre lorsque la soupape d'admission est soulevée. Le mélange a, d'ailleurs, une composition constante réglée par le soulèvement régulier de la soupape de mélange.

L'allumage s'effectue au moyen d'une magnéto placée sur un support fixé sur la culasse.

L'allumeur est facilement amovible; un dispositif spécial permet de régler le moment où doit se produire l'allumage pendant la marche du moteur.

Le graissage du cylindre est assuré par un graisseur spécial, dont le mécanisme est mis en mouvement par l'arbre de distribution. L'axe du piston est lubrifié au moyen d'un graisseur également spécial, et la tête de bielle au moyen d'un graissage centrifuge. Les paliers de l'arbre principal comportent des bagues mobiles de graissage.

La culasse et le cylindre sont refroidis par un dispositif de circulation d'eau.

La mise en marche des moteurs se fait à la main pour les faibles puissances, et à l'aide de l'air comprimé à partir de 16 chevaux. Un dispositif particulier, établi sur tous les moteurs, permet de faciliter cette mise en marche. Il consiste en ce que la came actionnant la soupape d'échappement peut être déplacée de façon à actionner une soupape de mise en marche, laquelle s'ouvre pendant la période de compression ; la compression n'atteint pas un degré élevé, ce qui permet de manœuvrer facilement les organes moteurs.

Pour la mise en marche à l'air comprimé, on utilise l'air maintenu sous pression dans un réservoir par la manœuvre du moteur même ou par le fonctionnement d'une pompe de compression indépendante, qui peut être actionnée par un petit moteur spécial.

Fig. 315. — Moteurs Campbell. Disposition des paliers.

Moteur Campbell

Le moteur Campbell peut être alimenté au gaz de ville ou au gaz pauvre. Les figures 316 et 319 donnent les vues d'ensemble de deux types de ces moteurs de puissances différentes et dont les organes de distribution n'ont pas les mêmes dispositions.

Le moteur Campbell (Fig. 316) est constitué par un bâti dont l'embase a une grande longueur, et qui est venu de fonte avec l'enveloppe du cylindre dont la bride seule déborde de l'extrémité de ce bâti. Les flasques latérales du bâti ont une grande hauteur ; elles sont réunies, en avant, par une traverse venue de fonte et portent les corps de paliers de l'arbre principal.

Les joints des corps de paliers ainsi que de leurs chapeaux sont inclinés à 45 degrés (Fig. 315). Les coussinets en deux parties appliquent l'un contre l'autre par un joint de même inclinaison.

A la partie inférieure du bâti est venue de fonte une sorte de gouttière, disposée tout autour de l'embase ; elle sert à recueillir l'huile qui s'écoule des organes pendant le fonctionnement du moteur. Les boulons de fixation traversent des bossages ménagés à la partie inférieure des flasques, et sur lesquels sont serrés les écrous.

Fig. 316. — Moteur Campbell à gaz pauvre de 100 chevaux. Vue d'ensemble.

Le cylindre est formé par un fourreau en fonte de fer rapporté dans l'enveloppe, fixé sur elle à l'extrémité arrière et ajusté à l'avant avec l'interposition d'un joint qui, tout en assurant l'étanchéité par rapport à l'eau de refroidissement, laisse au cylindre sa libre dilatation vers l'avant.

L'eau circule entre le cylindre et l'enveloppe. Le piston, ouvert, a une grande longueur ; il porte des segments métalliques assurant son étanchéité. L'axe du piston, solidement fixé, sert de tourillon au pied de bielle. Le pied de bielle est fermé et porte des coussinets munis d'un dispositif de compensation de jeu, constitué par une cale en forme de coin manœuvrée par une vis.

La tête de bielle tourillonne sur l'axe de la manivelle formée par un coude de l'arbre principal.

Fig. 317. — Moteur Campbell. Arbre principal.

Cet arbre (Fig. 317) est équilibré par deux contrepoids fixés sur les branches de la manivelle au moyen de boulons. Il repose sur les deux paliers venus de fonte avec le bâti et sur un troisième palier indépendant placé à une de ses extrémités. Entre le bâti et le troisième palier, le volant et la poulie de transmission sont clavetés sur l'arbre, quand le moteur n'actionne pas directement l'induit d'une machine électrique.

Fig. 318. — Distribution du moteur Campbell de 100 chevaux.

L'autre extrémité de l'arbre porte une roue d'engrenage qui transmet le mouvement de rotation à l'arbre de distribution par l'intermédiaire d'une seconde roue.

L'arbre de distribution, placé parallèlement aux flasques du bâti, porte les cames actionnant les mécanismes de distribution. Il est supporté par un palier fixé contre une flasque et par une console solidaire de la culasse.

La distribution s'effectue par la manœuvre de trois soupapes : une soupape à gaz, une soupape d'admission de mélange et une soupape d'échappement. Toutes ces soupapes sont disposées sur la culasse, laquelle est rapportée en bout du cylindre, à l'arrière, et très solidement fixée par des boulons. La soupape à gaz et la soupape d'admission sont disposées horizontalement ; la soupape d'échappement est disposée verticalement.

La soupape d'admission est contenue dans une boîte fixée par deux boulons sur la culasse ; elle est rendue ainsi facilement amovible. La tige de la soupape déborde ; elle est poussée par l'extrémité d'un levier, oscillant autour d'un axe fixe placé en son milieu, dont l'autre extrémité porte un galet actionné par la came. L'extrémité du levier qui agit sur la tige est munie d'une vis de butée réglable.

La soupape d'échappement est également commandée par une extrémité d'un levier oscillant dont l'autre extrémité porte un galet actionné par la came.

Ces deux soupapes se soulèvent d'une quantité constante à chaque tour de l'arbre de distribution.

La soupape à gaz est commandée par un levier oscillant, à deux branches, dont l'une porte le galet qui appuie sur la came, et dont l'autre porte une butée qui peut agir sur l'extrémité de la tige de la soupape à gaz. Pour que cette action se manifeste, il faut qu'un taquet mobile s'interpose entre la butée du levier et le bout de la tige de soupape. Lorsque le taquet n'est pas interposé, la commande de la soupape ne s'effectue pas et le gaz n'est pas admis dans le cylindre. Ce système de régulation est placé sous la dépendance du régulateur.

Cet organe, disposé verticalement, reçoit son mouvement de rotation de l'arbre de distribution. C'est un régulateur à boules, à force centrifuge. Les mouvements d'oscillation verticaux de son manchon provoquent la montée ou la descente du taquet mobile devant la butée du levier. Quand le régulateur tourne trop vite et quand son manchon s'élève d'une grande quantité, le taquet se place au-dessus de la butée qui ne pousse plus la soupape à gaz. Quand le régime de marche du moteur est normal, le manchon du régulateur occupe une position telle que le taquet mobile est placé entre la butée et la tige de la soupape. Il y a donc, dès lors, commande de cette soupape et admission de gaz.

L'allumage s'effectue au moyen d'une magnéto dont le mécanisme est actionné par un excentrique claveté sur l'arbre de distribution.

Le graissage du cylindre s'effectue par l'intermédiaire d'un graisseur automatique actionné par un petit excentrique placé sur l'arbre de distribution. L'axe du piston

Fig. 319. – Moteur à gaz pauvre Campbell de 200 chevaux. Vue d'ensemble.

est lubrifié par un graisseur spécial laissant écouler l'huile dans une sorte de cuvette allongée portée par le piston et qui communique par un tuyau et un conduit pratiqués dans le pied de bielle, avec le tourillon.

L'axe de la manivelle est graissé par un dispositif centrifuge à bague. Les paliers de l'arbre principal sont munis d'un graissage à bagues mobiles, et les paliers de l'arbre de distribution portent chacun un réservoir contenant de l'huile qui s'écoule, au fur et à mesure du fonctionnement, sur l'arbre.

Des niveaux sont établis sur les paliers principaux pour indiquer, à chaque instant, la hauteur de l'huile dans les réservoirs ménagés dans ces paliers pour la contenir.

La mise en marche s'effectue en déplaçant le volant au moyen d'un appareil manœuvré à la main.

Le moteur Campbell représenté par la figure 319 est d'un type pouvant être établi pour une puissance de 200 chevaux.

Il diffère du moteur précédent par les dimensions de ses organes qui sont plus robustes.

Fig. 320. — Distribution du moteur Campbell de 200 chevaux.

Les joints des chapeaux avec les corps des paliers de l'arbre principal sont disposés horizontalement.

La culasse rapportée, comme dans le moteur précédent, en bout du cylindre, porte, au centre, une grande ouverture fermée par un couvercle ; par cette ouverture on peut visiter et nettoyer la chambre de combustion ainsi que les sièges des soupapes d'admission et d'échappement.

Les soupapes sont, dans ce moteur, disposées verticalement. La soupape à gaz, contenue dans une boîte rapportée sur le fond de la culasse, est également verticale.

La soupape d'admission est actionnée par une came clavetée sur l'arbre de distribution. Cet arbre commande, par l'intermédiaire d'un galet et d'une bielle, l'oscillation d'un levier de commande supérieur dont une extrémité agit sur la tige de la soupape pour l'abaisser.

Fig. 321. – Moteur à gaz pauvre Campbell destiné à actionner des machines électriques.

La soupape d'échappement est manœuvrée par une autre came grâce à l'intermédiaire d'un galet et d'un seul levier oscillant.

La soupape à gaz est mue par une came spéciale, laquelle agit sur un balancier, lorsqu'un taquet vient s'interposer entre la butée extrême de ce balancier et le bout de la tige de la soupape.

Ce taquet peut se déplacer horizontalement par la manœuvre de l'attirail du régulateur. Suivant le déplacement du manchon de ce régulateur, le taquet se présente en face de la tige, ou bien il s'efface en provoquant soit l'admission, soit la non admission de gaz dans le cylindre.

La régulation est ainsi placée sous la dépendance du régulateur.

L'allumage s'effectue au moyen d'une magnéto, laquelle est actionnée par un excentrique.

Le volant, fondu d'une seule pièce, a son moyeu sectionné en deux parties afin d'éviter les tensions qui pourraient donner lieu à des brisures, lors de la fonte de la pièce. Ces deux parties sont ensuite serrées l'une contre l'autre, après le placement de l'arbre, au moyen de forts boulons. La jante du volant est munie de crans pour aider à son déplacement lors de la mise en marche.

Le graissage s'effectue comme dans le moteur précédent.

Une circulation d'eau est établie dans la culasse, autour du cylindre, dans le piston et dans la soupape d'échappement.

La figure 321 représente la vue d'ensemble d'un moteur Campbell alimenté avec du gaz pauvre et destiné à actionner une machine productrice de courant électrique.

Moteur Winterthur

Le moteur Winterthur, établi pour fonctionner au gaz de ville ou au gaz pauvre, comporte des types divers dont certains organes, principalement ceux de distribution, sont différemment constitués et appropriés à la puissance du moteur. Ces moteurs sont construits par la Société suisse pour la construction de locomotives et, de machines, à Winterthur (Suisse).

Le moteur dont la vue d'ensemble représentée par la figure 322 est un moteur mono cylindrique de 20 chevaux pouvant être alimenté avec du gaz pauvre.

Fig. 322. — Moteur mono cylindrique Winterthur de 20 chevaux.

Le bâti, muni d'une embase de grande surface porte, venue de fonte, l'enveloppe du cylindre, qui est supportée jusqu'à son est extrémité arrière, pour éviter tout porte-à-faux. Sur les flasques sont ménagés les corps des paliers recevant l'arbre principal.

Le cylindre est formé par une chemise cylindrique en fonte dure rapportée dans l'enveloppe, fixée à l'arrière et ajustée à l'avant de façon à lui permettre une libre dilatation longitudinale. Le piston est du type ouvert. Il est fait en fonte, a une grande longueur et est ajusté à frottement doux dans le cylindre. Des segments élastiques en fonte douce, placés sur sa périphérie et arrêtés par des ergots, assurent son étanchéité pendant le fonctionnement.

La bielle est en acier forgé. Le pied de bielle tourillonne sur l'axe du piston soigneusement fixé et fait en acier dur, trempé et rectifié. Les coussinets du pied de bielle sont en bronze phosphoreux. Les coussinets de la tête de bielle qui frottent sur le tourillon de la manivelle, sont en acier et garnis de métal anti-friction.

La manivelle fait corps avec l'arbre principal façonné en forme de vilebrequin. Cet arbre est en acier forgé et pour les moteurs de puissances dépassant 12 chevaux, il est équilibré par l'adjonction de contrepoids fixés sur les branches de la manivelle.

Sur l'arbre sont clavetés le volant et la poulie de transmission entre un des paliers du bâti et un troisième palier indépendant pour supprimer le porte-à-faux.

Du côté opposé au volant, l'arbre porte, clavetée, une roue d'engrenage donnant le mouvement de rotation à l'arbre de distribution.

Sur cet arbre sont disposées les cames actionnant les mécanismes de distribution. Il est supporté par deux paliers fixés sur le bâti et commande le mouvement de rotation du régulateur.

Le régulateur, à force centrifuge, est disposé verticalement ; il comporte deux sphères mobiles et une masse centrale et agit, pour effectuer la régulation de la marche du moteur, sur le volume de mélange à admettre dans le cylindre. Une soupape de mélange, dont la levée est rendue variable par l'action de ce régulateur, laisse pénétrer dans la boîte à soupape d'admission, le volume de mélange approprié à la charge du moteur, mélange qui est aspiré dans le cylindre lorsque la soupape d'admission se soulève à chaque tour de l'arbre de distribution. Les soupapes d'admission et de mélange sont placées verticalement à la partie supérieure de la culasse ; la soupape d'échappement est disposée verticalement au-dessous, dans le même axe.

La culasse est rapportée en bout du cylindre et fixée par des boulons. Elle contient une capacité permettant une circulation d'eau et est disposée pour que les effets de la dilatation ne s'exercent pas au détriment de la solidité des parois.

L'allumage du mélange tonnant s'effectue par la manœuvre d'une magnéto.

L'induit de la magnéto a un mouvement oscillant qui lui est transmis par une petite bielle articulée à l'extrémité de l'arbre de distribution ; elle actionne un levier coudé. Une tige, articulée sur ce levier coudé et traversant un fourreau à ressorts réglables vient, au moment propice déterminé par le réglage des organes, buter contre la pièce mobile du rupteur et provoque la production de l'étincelle. Le rupteur ou inflammateur est monté sur un tampon fixé sur la culasse. Il se compose de la tige fixe isolée et de la pièce mobile ou marteau. Il est aisément démontable, ce qui permet de le visiter, de le réparer, ou de le remplacer facilement, le cas échéant.

Un levier manœuvré à la main, et guidé par un secteur permet, par son déplacement, de rendre variable le moment de l'allumage ; il facilite la mise en marche du moteur en retardant le point d'inflammation du mélange.

Le graissage du piston dans le cylindre s'effectue au moyen d'une petite pompe à huile à débit réglable et visible, dont le mécanisme est actionné par l'arbre de distribution.

Le conduit d'huile est placé à la partie supérieure du cylindre, à une position telle que le graissage de tous les segments du piston se trouve assuré.

Les paliers supportant l'arbre principal ont un dispositif de graissage à bagues mobiles. Ces paliers sont constitués pour former réservoir d'huile et des niveaux en verre indiquent, à chaque instant, le niveau de l'huile dans ces réservoirs.

La tête de bielle est munie d'un graissage centrifuge à bague, l'huile étant fournie par un graisseur fixe à compte-gouttes.

Des godets graisseurs compte-gouttes, à débit visible et réglable, sont établis sur les divers organes comportant des frottements.

La mise en marche du moteur s'effectue à la main en tournant le volant. On peut également mettre le moteur en route à la main au moyen d'une manivelle de sûreté

A partir d'une puissance de 15 chevaux, la mise en marche est faite automatiquement à l'aide de l'air comprimé.

L'air sous pression provient d'un réservoir dans lequel il a été comprimé au préalable, en utilisant le moteur faisant office de compresseur, ou encore en employant un compresseur spécial. On place le piston à sa position convenable dans le cylindre et, en enclenchant deux cames, dont l'une ouvre la soupape d'échappement pour diminuer la compression, et dont l'autre provoque l'ouverture de la soupape d'admission d'air comprimé, le moteur se met en marche : les explosions se produisent, et le fonctionnement devient rapidement régulier.

Les moteurs Winterthur ayant une puissance supérieure à 20 chevaux ont des dispositions différant de celles adoptées pour le moteur précédent, surtout en ce qui concerne les organes de distribution. Une vue d'ensemble du moteur de 200 chevaux est représentée par la figure 323.

Fig. 323. — Moteur mono cylindrique Winterthur de grande puissance (200 chevaux).

Le bâti venu de fonte avec l'enveloppe, le cylindre rapporté, le piston ouvert, la bielle, l'arbre équilibré, le volant, sont établis de façon identique au type de moteur de 20 chevaux , les dimensions se trouvant nécessairement augmentées et appropriées à la puissance de la machine.

Les paliers de l'arbre principal portent quatre coussinets garnis de métal anti-friction, et sont munis d'un dispositif de compensation de jeu commandé de l'extérieur.

L'arbre de distribution est supporté par deux paliers fixés sur le bâti et par un palier à fourche rendu solidaire de la culasse.

Le régulateur, disposé verticalement, est à ressorts et à masses se déplaçant horizontalement.

Il est muni d'un dispositif d'amortissement pour éviter les oscillations brusques de son mécanisme.

La distribution s'effectue par trois soupapes. Deux de ces soupapes sont disposées à la partie supérieure de la culasse et sont montées verticalement dans une boîte commune : ce sont les soupapes d'admission et de mélange. La troisième soupape, celle d'échappement, est placée verticalement à la partie inférieure de la culasse.

Nous avons décrit en détail (Fig. 132) le fonctionnement de ces organes de distribution, et nous avons vu que la régulation s'effectue par l'intermédiaire du régulateur en rendant le volume de mélange admis variable, ce mélange conservant sa composition constante, laquelle peut être réglée et déterminée pour les meilleures conditions de fonctionnement.

Le graissage est assuré par des dispositions semblables à celles prises pour le moteur précédent.

La réfrigération du cylindre, de la culasse, de la soupape d'échappement est réalisée au moyen de canalisations séparées, pour pouvoir maintenir chaque organe à la température la plus favorable à un bon fonctionnement.

Des ouvertures ménagées sur ces divers organes permettent de nettoyer les chambres à eau.

La mise en marche se fait automatiquement, à l'aide de l'air comprimé, par la manœuvre de deux cames disposées dans la position convenable par un déplacement préalable.

Les moteurs Winterthur à simple effet sont munis de deux cylindres quand ils sont destinés à actionner des machines productrices de courant électrique, lesquelles exigent une grande régularité de marche.

La figure 93 représente une vue d'ensemble d'un de ces moteurs à deux cylindres montés en parallèle, d'une puissance de 350 chevaux. Ce sont, en somme, deux moteurs à un cylindre placés côte à côte sur des massifs de maçonnerie et ayant l'arbre principal commun.

Cet arbre comporte deux manivelles recevant les têtes des deux bielles tourillonnant sur les axes des deux pistons. Entre les deux bâtis est claveté, sur l'arbre, le volant qui sert de poulie de transmission.

Fig. 324. – Moteur Winterthur à double effet, de 500 chevaux.

Les deux cylindres peuvent être montés en tandem, c'est-à-dire à la suite l'un de l'autre.

La figure 83 donne une vue d'ensemble d'un moteur de ce type d'une puissance de 300 chevaux.

Les moteurs Winterthur à double effet, sont mono cylindriques ou, le plus souvent, comportent deux cylindres, soit jumelés soit disposés en tandem. La figure 324 donne une vue d'ensemble d'un moteur à double effet mono cylindrique de 500 chevaux. Le cylindre est fermé à chacune de ses extrémités et porte deux séries d'organes de distribution.

Le piston est guidé par la crosse de sa tige constituant un coulisseau, laquelle se déplace dans une glissière formée par la partie du bâti qui relie le cylindre aux flasques, avec lesquelles sont venus de fonte les corps des paliers supportant l'arbre principal.

Les moteurs à double effet à deux cylindres sont construits pour des puissances supérieures à 300 chevaux et sont principalement utilisés pour actionner, dans les usines centrales électriques, les machines produisant la lumière et l'énergie électriques.

Le moteur à double effet à deux cylindres juxtaposés (Fig. 325) est constitué par deux moteurs à double effet mono cylindriques disposés parallèlement. Les manivelles peuvent être disposées de chaque côté en porte-à-faux du bâti, ce qui ne nécessite que deux paliers pour supporter l'arbre principal. Entre ces deux paliers est placé le volant claveté sur l'arbre.

Fig. 325. — Moteur Winterthur à double effet, à deux cylindres jumelés, de 2.000 chevaux.

Le moteur à double effet tandem est formé par deux cylindres à double effet placés dans le prolongement l'un de l'autre. Il peut facilement être accouplé directement avec la machine génératrice de courant électrique.

On peut aussi constituer un moteur à quatre cylindres à double effet en accouplant deux moteurs tandem double effet. Ces deux moteurs sont alors placés en parallèle, ce qui constitue un type de moteur à double effet à cylindres montés en tandem et juxtaposés, dont la puissance peut être très élevée.

Moteur Schneider

Les ateliers du Creusot construisent des moteurs à gaz horizontaux à quatre temps et à double effet. Ces moteurs, peuvent être alimentés au gaz de ville ou au gaz pauvre de gazogènes, de hauts fourneaux et de fours à coke. Suivant l'emploi de ces moteurs et suivant leur puissance, ils peuvent être mono cylindriques, ou bien être établis avec deux cylindres jumelés, ou encore, être montés en tandem. Dans ces divers cas, les pistons actionnent un arbre unique comportant deux manivelles ou une seule.

Nous savons que l'avantage d'un moteur à double effet mono cylindrique consiste à obtenir deux courses motrices successives sur les quatre courses formant un cycle, et nous avons signalé précédemment l'intérêt que présente le moteur double effet tandem au point de vue de l'enchevêtrement des phases de chacun des cycles, de façon à obtenir, par un calage approprié des cames de commande des distributions, une course motrice par chaque demi-tour de l'arbre principal du moteur.

La figure 328 représente une vue d'ensemble d'un moteur double effet tandem, dont la figure 326 donne une coupe longitudinale et la figure 327 une coupe transversale.

Ce moteur se compose d'un bâti, disposé à l'avant, avec lequel sont venus de fonte les paliers supportant l'arbre moteur.

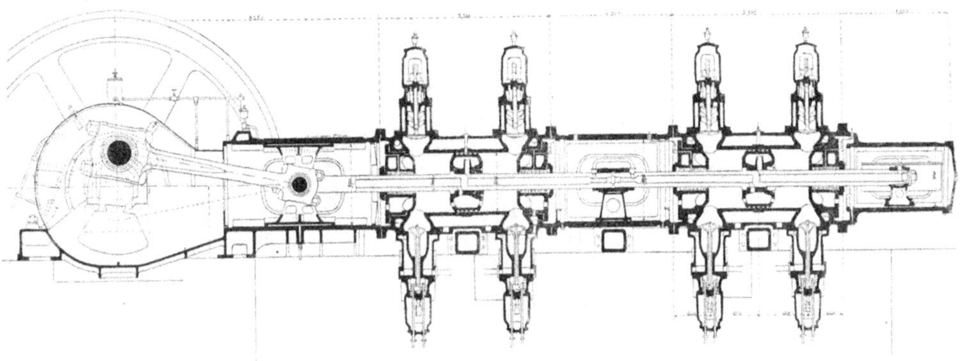

Fig. 326. – Moteur à gaz de 700 à 800 chevaux, des Ateliers du Creusot. Coupe longitudinale.

Le bâti, dont la cloison inférieure est incurvée en forme de cuvette, au droit de cet arbre, pour recueillir l'huile projetée pendant le fonctionnement, se continue vers l'arrière par une glissière servant de guide au coulisseau solidaire de la crosse des pistons.

Sur le bâti est fixé le premier cylindre centré par une saillie circulaire portée par sa collerette. Le second cylindre est placé à la suite du premier et séparé de lui par une entretoise circulaire présentant une saillie de centrage à chacune de ses extrémités, de sorte que le bâti, l'entretoise et les cylindres sont, par le fait même de la précision du montage, exactement dans le prolongement les uns des autres.

A l'arrière du second cylindre, est fixé un capot cylindrique portant une glissière servant de guide à un coulisseau fixé à l'extrémité arrière de la tige des pistons.

Le bâti repose sur le massif de fondation par une large embase ; chaque cylindre, ainsi que l'entretoise intermédiaire, repose sur des supports en fonte de fer fixés au massif de maçonnerie.

Les cylindres sont munis d'une enveloppe extérieure permettant de ménager une circulation d'eau de refroidissement tout autour de leur paroi. Un couvercle ferme chacun des cylindres à chaque extrémité. Ces couvercles sont évidés pour recevoir l'eau réfrigérante et ils sont munis, à leur centre, d'un presse-étoupe à segments métalliques.

A chaque extrémité de cylindre, à la partie supérieure et à la partie inférieure, sont ménagées des ouvertures faisant communiquer l'intérieur du cylindre, de chaque côté du piston, respectivement avec la boîte des soupapes d'admission et avec la boîtes de la soupape d'échappement. Ces boîtes peuvent aisément se démonter, car elles sont indépendantes et fixées sur des portées ménagées sur les extrémités des cylindres par le serrage de boulons. Les boîtes à soupapes d'échappement sont munies d'un dispositif de refroidissement par circulation d'eau.

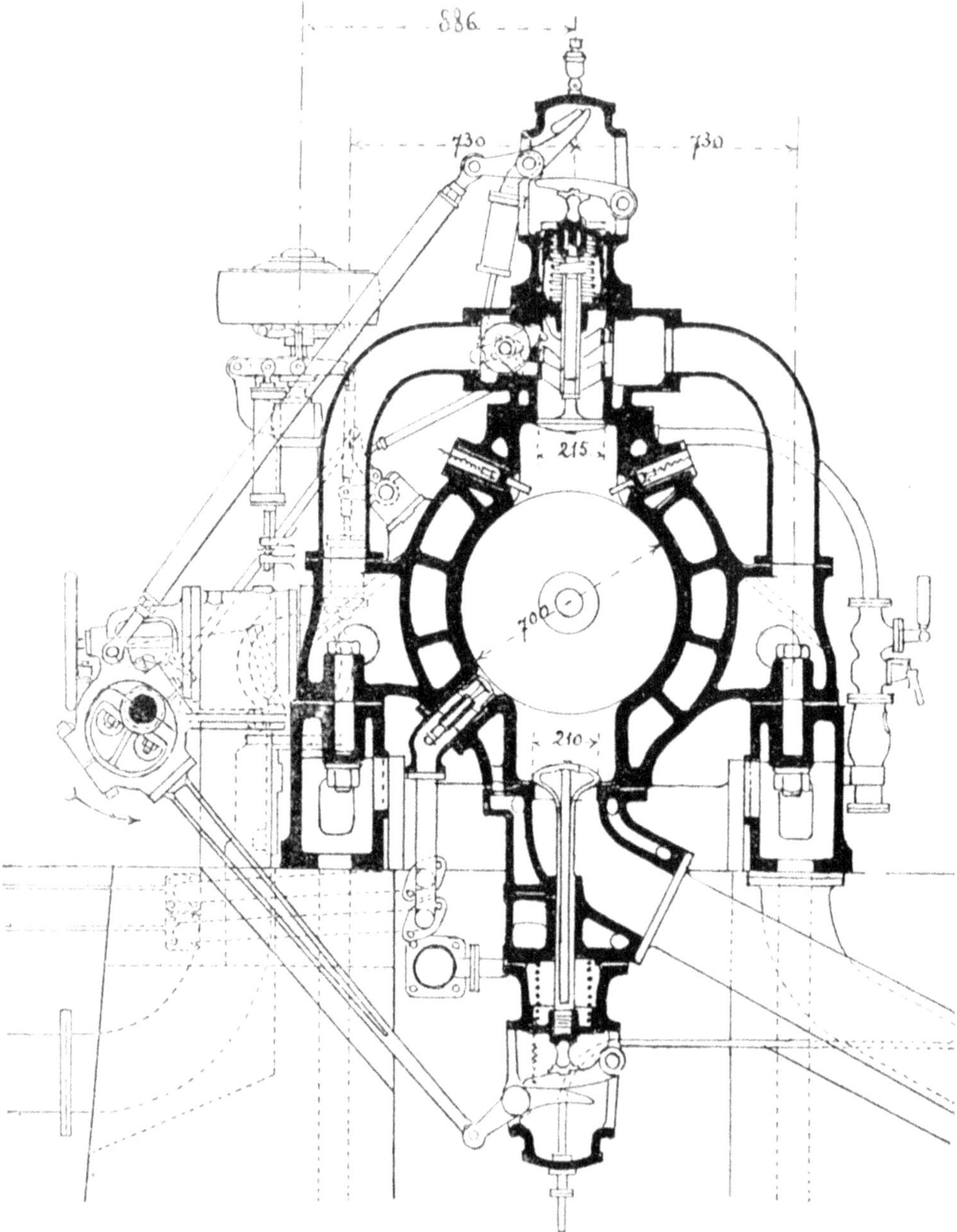

Fig. 327. — Moteur à gaz du Creusot. Coupe verticale.

Les pistons, évidés, sont rendus solidaires de leur tige par le serrage d'un écrou de grand diamètre qui les applique contre une portée ménagée sur cette tige. Les deux tiges sont réunies bout à bout, pour n'en former qu'une seule, par un manchon solidaire de la crosse intermédiaire coulissant dans l'entretoise cylindrique.

Fig. 328. – Moteur à gaz tandem 750 chevaux des Ateliers du Creusot.

Les tiges sont creuses, elles portent des conduits faisant communiquer leur partie centrale évidée avec les capacités ménagées dans les pistons, de façon à assurer une circulation d'eau de refroidissement sur toute la longueur de la tige et à travers les deux pistons.

Au raccordement des tiges de pistons, dans l'entretoise intermédiaire, la circulation de l'eau est assurée par un conduit extérieur débouchant dans chacune d'elles et faisant communiquer leurs parties centrales.

Les pistons, rendus solidaires d'une tige unique, actionnent, par l'intermédiaire d'une seule bielle, l'arbre principal du moteur. Le pied de bielle tourillonne sur l'axe de la crosse avant de la tige des pistons. La tête de bielle est montée sur une manivelle formée par un coude de l'arbre principal.

Cet arbre est supporté par les deux paliers faisant corps avec le bâti et par un troisième palier indépendant placé à une extrémité de l'arbre.

Sur l'arbre est calé le volant, pouvant servir de poulie et qui se trouve placé entre le palier extérieur et le bâti.

Quand le moteur actionne directement une machine produisant du courant électrique, le rotor de la dynamo ou de l'alternateur est claveté sur l'arbre.

L'arbre de distribution est disposé parallèlement à l'axe du moteur. Il reçoit son mouvement de rotation de l'arbre principal, par l'intermédiaire d'une paire de roues d'engrenage à dentures hélicoïdales. Une série d'excentriques sont clavetés sur lui pour actionner, par l'intermédiaire de leviers et de bielles, les organes de la distribution.

La distribution s'effectue par la manœuvre d'une soupape d'admission, d'une soupape à lanterne de mélange, d'un distributeur rotatif placé dans le conduit d'arrivée de gaz, et d'une soupape d'échappement.

La soupape d'admission, celle de mélange et le distributeur rotatif sont disposés dans la boîte à soupapes supérieure, sur laquelle sont fixés les conduits d'amenée du gaz et de l'air.

Au début de la course d'admission, la soupape d'admission et la soupape de mélange sont éloignées de leur position de repos. Cette dernière soupape est constituée en forme de lanterne ; elle découvre, pendant sa manœuvre, les orifices de gaz et d'air ménagés sur la boîte de mélange. Pendant le mouvement des soupapes, le distributeur rotatif est maintenu en position par des couteaux d'accrochage, de sorte que le conduit d'arrivée de gaz est maintenu fermé par ce distributeur tant qu'il n'a pas été déclenché par la manœuvre du régulateur.

Jusqu'à ce moment, l'air est seul aspiré dans le cylindre.

Quand le mouvement du régulateur provoque le déclenchement du robinet à gaz, l'orifice d'arrivée du gaz est alors complètement découvert ; le gaz peut, à son tour, être admis dans la boîte à soupapes et forme, avec l'air qui continue à y pénétrer, le mélange tonnant qui est introduit dans le cylindre, pendant toute la course d'aspiration, par l'orifice que découvre la manœuvre de la soupape d'admission. Ce mélange vient en contact avec l'allumeur disposé dans le fond du cylindre près de la soupape d'admission, ce qui facilite l'allumage et permet d'éviter les ratés, même pour une faible admission de gaz effectuée à la fin de la course d'aspiration.

Le taquet de déclenchement du robinet à gaz est actionné par un mécanisme spécial dont l’axe d'articulation se déplace par l'action du régulateur. Le déclenchement se produit donc à un point quelconque de la course d'aspiration et peut donner des admissions de gaz pouvant varier depuis zéro jusqu'à l'admission prolongée pendant la totalité de la course.

D'autre part, le volume total de fluide aspiré comportant d'abord de l'air, puis du mélange, et étant toujours capable de remplir le cylindre, la compression reste constante.

La régulation s'effectue donc par l'intermédiaire du régulateur qui rend variable la quantité de gaz admise dans le mélange, la compression étant maintenue constante.

Le dosage du mélange, c'est-à-dire sa composition, est obtenu par la manœuvre de la lanterne, dont les parties pleines de la paroi cylindrique viennent, pendant son mouvement, recouvrir une partie des orifices du gaz et de l'air ménagés dans la boîte de mélange.

La lanterne peut prendre un mouvement de rotation soit vers la droite, soit vers la gauche, par l'action d'un levier d'attaque, d'un guide, qui transmet, par une cale d'entraînement, ce mouvement de rotation au coulisseau de la tige de la soupape. Ce coulisseau étant rendu solidaire de la soupape et de la lanterne, celles-ci tournent et la lanterne recouvre, par cette manœuvre, les orifices de gaz, en découvrant d'une quantité égale les orifices d'air, ou inversement, de sorte que l'on peut ainsi donner au mélange une composition correspondant à la meilleure utilisation.

Un secteur gradué indique la valeur de la composition du mélange et cette composition peut être, une fois déterminée, rendue invariable par le serrage d'une vis d'arrêt, laquelle immobilise le guide du coulisseau.

La soupape et la lanterne, actionnées au moyen d'une bielle articulée à un excentrique par l'intermédiaire de leviers roulants, sont menées à leur position de repos sur leur siège, par un fort ressort de rappel disposé à la partie supérieure de la boîte à soupapes.

L'obturateur cylindrique établi sur le conduit d'arrivée de gaz, actionné par un excentrique spécial et dont le déclenchement est placé sous la dépendance du régulateur, est ramené par le mouvement du mécanisme à sa position d'accrochage.

L'allumage du mélange tonnant s'effectue par la manœuvre de magnétos Sims-Bosch commandées par l'arbre de distribution.

La soupape d'échappement, disposée à la partie inférieure du cylindre, est actionnée au moyen d'un excentrique calé sur l'arbre de distribution, par l'intermédiaire de leviers roulants.

Le soulèvement de cette soupape découvre l'orifice du conduit d'évacuation et elle est maintenue appliquée sur son siège, pour une certaine position de l'excentrique, par la tension d'un fort ressort de rappel.

Au moment de l'échappement des gaz brûlés, la pression dans l'intérieur des cylindres est d'environ 2,5 kilogrammes par centimètre carré. Pour éviter que cette contre-pression n'exerce son influence sur la face du piston qui effectue le mouvement de retour, la distribution est réglée de façon à donner de l'avance à l'échappement.

De cette façon, chaque soupape d'évacuation se soulève avant que le piston ait atteint la fin de sa course de détente. La pression des gaz brûlés contenus dans le cylindre s'abaisse brusquement et ces gaz sont évacués, dans la course inverse du piston, à la pression atmosphérique.

Chaque soupape d'échappement est appliquée sur son siège par son ressort de rappel, quand la face du piston intéressée a légèrement dépassé l'extrémité de la course d'échappement.

L'eau de refroidissement est envoyée sous pression, par la manœuvre d'une petite pompe, dans les pistons et dans leur tige. Les cylindres, les soupapes d'échappement, et leur boîte, sont aussi, nous l'avons dit, refroidies par une circulation d'eau.

Chaque tuyau de sortie de l'eau est muni, à son extrémité, d'un robinet et vient déboucher dans un lanterneau à débit visible. Il est facile, par suite de cette disposition, de régler la quantité d'eau mise en circulation de telle sorte que sa température, à sa sortie, ne soit pas supérieure à 45 ou 50 degrés.

Pour connaître, à tout instant, cette température, on place sur chaque conduit de sortie un thermomètre à cadran.

Le graissage s'effectue par l'huile sous pression envoyée par une petite pompe de refoulement dans les cylindres et dans les presse-étoupe de la tige du piston ; cette huile passe par des rampes à compte-gouttes et à débit visible.

Les paliers sont lubrifiés par un dispositif à bagues mobiles. Le graissage des autres organes est assuré soit par des graisseurs compte-gouttes à débit visible, soit par des godets compresseurs à graisse consistante.

La mise en marche du moteur s'effectue au moyen de l'air comprimé à 10 ou 12 kilogrammes et à l'aide d'organes distributeurs à soupapes branchés, d'une part sur le réservoir contenant l'air comprimé et, d'autre part, sur les cylindres. La manœuvre des soupapes de mise en marche est commandée par des cames auxiliaires calées sur l'arbre de distribution, actionnant de petits galets pouvant être facilement déplacés.

Un vireur électrique provoquant la rotation du volant en agissant sur sa denture, permet de placer les pistons à une position favorable lors de la mise en marche du moteur.

Un mécanisme spécial permet de diminuer le degré de compression du mélange pendant ce mouvement.

Ce moteur, de 750 chevaux effectifs, fait 135 tours par minute. Les cylindres ont un diamètre de 0,700 m et les pistons une course de 0,800 m. Il consomme 2 400 calories, mesurées d'après le pouvoir inférieur du gaz, 40 litres d'eau de refroidissement et 1,5 gramme d'huile par cheval-heure effectif.

MOTEURS VERTICAUX

Les installations de moteurs horizontaux à plusieurs cylindres, qu'ils soient montés en tandem ou en parallèle, exigent toujours un emplacement assez étendu.

Dans un grand nombre de cas où l'espace n'est pas restreint, on établit donc des moteurs horizontaux qui offrent, comme compensation à la multiplicité de divers organes que l'on rencontre dans divers types, l'avantage de laisser plus facilement accessibles les divers mécanismes qui sont placés à hauteur d'homme. Quand l'emplacement destiné à recevoir l'installation est réduit, il est avantageux d'employer des moteurs à gaz verticaux qui, tout en ne nécessitant qu'un faible encombrement par rapport aux moteurs horizontaux de même puissance, se prêtent d'ailleurs fort bien à l'accouplement de cylindres multiples.

Il faut aussi reconnaître aux moteurs verticaux d'autres avantages provenant de la disposition même des cylindres et, par conséquent, des pistons et des bielles.

Les pistons, en effet, ne reposent pas, comme dans les moteurs horizontaux, par leur poids sur les parois intérieures du cylindre, provoquant l'usure et l'ovalisation de ce dernier organe. On a bien pris, comme nous l'avons indiqué, dans les moteurs horizontaux de grandes puissances, des dispositions spéciales pour que les pistons soient pour ainsi dire suspendus par leur tige dans le cylindre et ne frottent dans leur mouvement que par les segments contre les parois de celui-ci, mais, dans les moteurs verticaux, le piston est, par construction, disposé pour se mouvoir dans le cylindre sans appuyer contre ses parois. Seuls, les segments de ce piston frottent, par suite de leur élasticité, et sans aucun autre effort, contre le cylindre. L'usure de ce dernier organe est, de ce fait, moins considérable et son ovalisation est moins à craindre que dans les moteurs horizontaux.

Les moteurs verticaux peuvent aussi tourner à des vitesses plus élevées que les moteurs horizontaux ; ils sont, pour cette raison, avantageusement utilisés pour actionner des machines par accouplement direct, comme par exemple, des machines productrices de courant électrique.

Les fondations des moteurs verticaux sont, en principe, plus réduites, et peuvent être établies plus légèrement que celles des moteurs horizontaux, car les efforts qui s'exercent sur elles sont des efforts verticaux.

D'autre part, les moteurs verticaux ont leurs organes placés assez haut et moins facilement accessibles que ceux des moteurs horizontaux. Nous verrons comment on remédie à ce petit inconvénient par l'établissement de galeries appropriées desservies par de légers escaliers d'accès.

Moteur de Kabath

Un des premiers types de moteurs verticaux à quatre temps est le moteur de Kabath, dont la forme rappelle celle d'une machine à vapeur verticale compound. Ce moteur est constitué par deux cylindres disposés verticalement et placés au-dessus l'un de l'autre. Ces deux cylindres ont des diamètres différents ; entre eux est disposée une capacité dans laquelle s'ouvre la soupape d'échappement. Cette capacité est la chambre à vide.

Le petit cylindre est muni d'une enveloppe dans laquelle est établie une circulation d'eau. Il porte les organes de distribution et d'allumage et le piston qui s'y meut fait office de piston moteur. Ce piston remplit toute la capacité inférieure du cylindre : sa tête est munie d'une garniture qui forme le second piston, lequel se meut dans le grand cylindre. Les organes de distribution et d'allumage sont munis de valves pour l'admission de l'air et du gaz, lesquelles sont placées sur un des côtés du petit cylindre. Une autre valve d'air est disposée sur le fond, et un tiroir, placé sur un autre côté du même cylindre, porte la *capacité d'allumage*. Le grand cylindre a une section environ deux fois plus grande que le petit. Le piston qui s'y déplace et qui fait suite au piston moteur du petit cylindre, a pour fonction d'effectuer le vide dans la *chambre à vide* placée entre les deux pistons.

Moteur Koerting-Lieckfeld

(Fig. 329.) Ce moteur vertical primitif, construit par les ateliers Boulet, ne comporte qu'un cylindre et fonctionne à quatre temps, de sorte que le piston fait, en quelque sorte, d'abord office de pompe en aspirant et en comprimant le mélange tonnant de gaz et d'air, puis il agit comme moteur lorsque le mélange enflammé l'actionne et lui fait produire de l'effet utile. Le moteur est constitué par une sorte de colonne en fonte munie de bras supportant l'arbre moteur. La partie inférieure de la colonne reçoit le cylindre, lequel est muni d'un dispositif de refroidissement constitué par une circulation d'eau. Cette eau réfrigérante est admise sous pression à la partie inférieure du cylindre, et est évacuée par un orifice placé à la partie supérieure. La distribution s'effectue au moyen de soupapes : une soupape d'admission permet l'entrée du mélange de gaz et d'air, une soupape d'échappement permet d'évacuer les gaz brûlés.

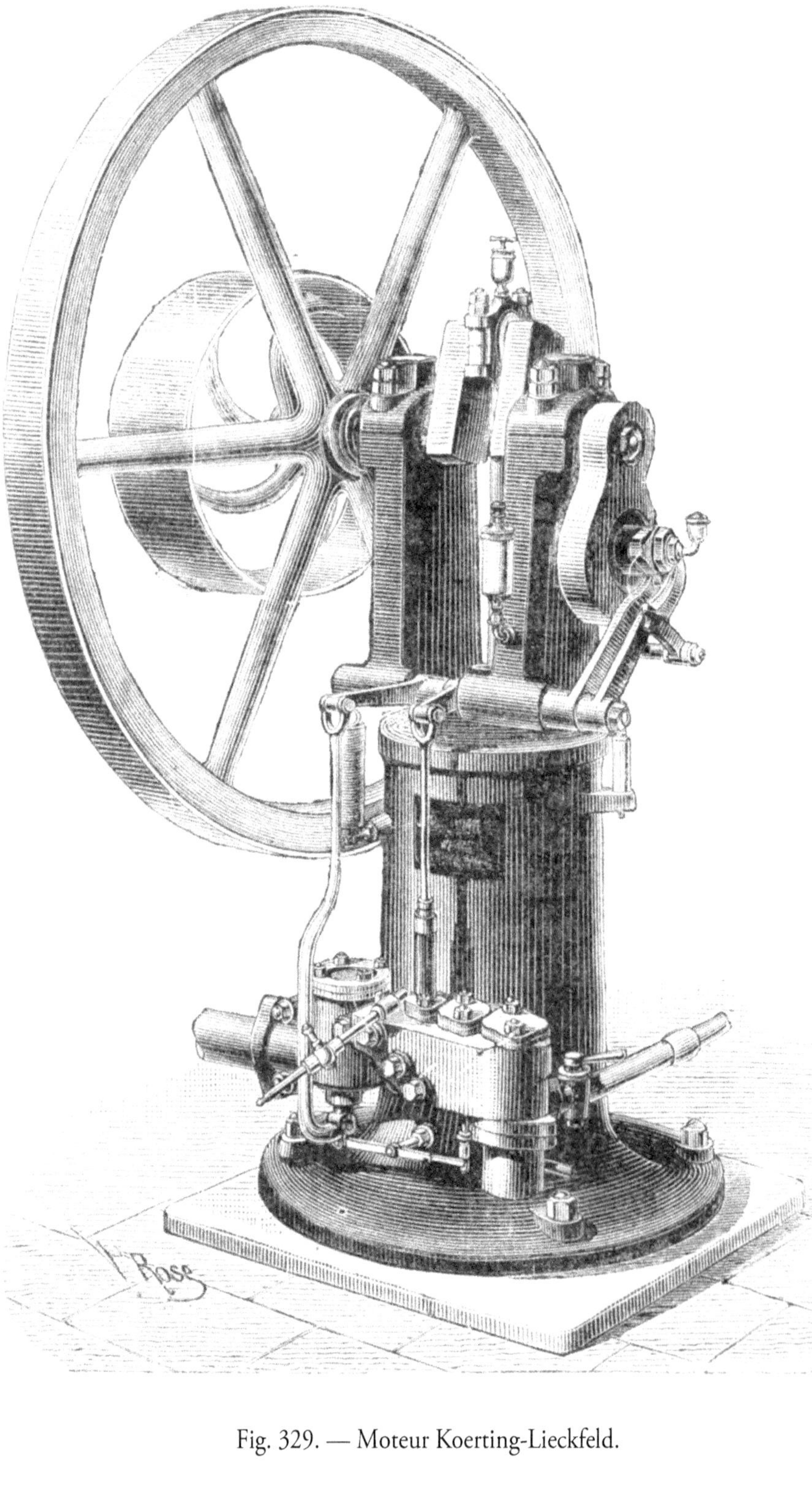

Fig. 329. — Moteur Koerting-Lieckfeld.

Ces soupapes sont placées à côté l'une de l'autre, à la partie inférieure du cylindre. Elles sont actionnées par des bielles articulées avec des leviers qui oscillent par suite du mouvement d'un petit arbre auxiliaire commandé par le mouvement de rotation de l'arbre moteur. Cet arbre moteur présente un coude formant une manivelle sur le tourillon de laquelle s'articule la bielle de commande. Sur l'arbre sont clavetés, du côté opposé aux organes de commande des soupapes, un volant et une poulie de transmission.

Un régulateur à masse centrifuge agit sur le levier qui commande les soupapes et régularise la vitesse en provoquant une admission plus ou moins importante de combustible.

Le graissage des organes en mouvement s'effectue par des godets graisseurs. Chaque palier de l'arbre moteur comporte à la partie supérieure un petit réservoir d'huile. Les moteurs à gaz verticaux construits actuellement diffèrent sensiblement des moteurs à gaz verticaux établis primitivement et dont nous venons de donner deux exemples. Nous allons examiner quelques moteurs à gaz verticaux de types modernes.

Moteur Bachtold

Le moteur vertical Bachtold, dont la figure 51 représente la vue d'ensemble, est un moteur à quatre cylindres. Chaque cylindre est supporté par un bâti vertical ouvert à la partie inférieure en forme de V, pour permettre d'accéder facilement aux têtes de bielles et aux manivelles.

Les quatre bâtis sont solidement boulonnés sur un socle commun portant, venus de fonte avec lui, les paliers de l'arbre principal.

Le socle repose sur le massif de fondation ; il y est maintenu fixé par de nombreux boulons scellés dans ce massif.

Chacun des bâtis est venu de fonte avec l'enveloppe du cylindre. Le cylindre proprement dit est constitué par un fourreau rapporté et fixé sur l'enveloppe à l'extrémité supérieure. A la partie inférieure, le cylindre est simplement ajusté pour permettre sa libre dilatation en longueur.

Entre l'enveloppe et le cylindre est ménagée une capacité servant de chambre à eau, dans laquelle circule l'eau de refroidissement.

La culasse est rapportée à la partie supérieure de l'enveloppe et comporte un dispositif de refroidissement par circulation d'eau. Sur la culasse sont montées les boîtes des soupapes assurant la distribution, et des ouvertures sont pratiquées pour permettre le facile nettoyage de la chambre à eau de circulation.

Le piston, du type ouvert, est placé verticalement dans le cylindre, et la bielle est articulée sur son axe d'une part et tourillonne, d'autre part, sur la manivelle portée par l'arbre principal.

Le pied et la tête de bielle portent des coussinets munis de dispositifs de compensation de jeu.

L'arbre principal est disposé horizontalement à la partie inférieure du moteur.

Il repose sur les paliers venus de fonte avec le socle, lesquels sont établis avec une large portée et dont les coussinets sont garnis de métal anti-friction.

L'arbre déborde du bâti d'un côté et porte clavetés sur lui le volant et la poulie de transmission. Une fosse est ménagée dans le massif maçonné pour le passage de ces organes : un palier indépendant est placé en bout de l'arbre pour éviter tout porte-à-faux.

L'arbre principal transmet son mouvement de rotation, au moyen d'un train de roues d'engrenage, à une tige de transmission verticale servant d'axe mobile au régulateur à force centrifuge disposé à la hauteur de la distribution. L'arbre de distribution reçoit son mouvement de rotation de la tige verticale par l'intermédiaire de deux roues d'engrenage à denture hélicoïdale.

Il est supporté par des paliers fixés sur le bâti et est disposé, horizontalement, à une certaine hauteur, pour que les leviers et les bielles qui actionnent les soupapes n'aient pas une longueur trop considérable. L'arbre de distribution porte, clavetées sur lui, les cames commandant le mécanisme de distribution ainsi que les excentriques actionnant le mécanisme d'allumage.

Les soupapes d'admission sont doubles ; elles sont montées dans des lanternes rendues facilement accessibles et démontables.

Les soupapes d'échappement sont munies d'un dispositif de refroidissement par circulation d'eau.

La régulation s'effectue en faisant varier le volume de mélange admis dans chacun des cylindres. Cette régulation est réalisée par l'intermédiaire du régulateur, qui détermine, par un attirail intéressant chaque distribution, l'admission variable de mélange dans les cylindres, suivant le régime de marche du moteur.

L'allumage est électromagnétique. Il s'effectue par l'emploi d'une magnéto, à l'induit de laquelle l'excentrique calé sur l'arbre de distribution donne un mouvement oscillant.

Le moment de l'allumage peut être réglé par un dispositif spécial.

L'inflammateur est constitué par des pièces montées sur un tampon qui est fixé à la partie supérieure de la culasse et qui peut aisément se démonter.

Le graissage est assuré par un graisseur unique à pompe, lequel distribue l'huile sous pression, par des conduits appropriés, aux cylindres et aux pistons.

Les paliers de l'arbre principal sont lubrifiés par un graissage à bagues mobiles trempant dans un réservoir d'huile ménagé à l'intérieur de chaque palier.

Les têtes de bielle sont munies d'un graissage centrifuge à bague.

Un escalier en fer donnant accès à une galerie permet d'atteindre les organes de distribution, de les visiter et de les nettoyer.

Moteur Gardner

Les moteurs verticaux Gardner sont établis pour fonctionner au gaz, ou à l'essence. Le moteur vertical dont la figure 330 représente une vue d'ensemble, est mono-cylindrique. Le cylindre repose sur un bâti et s'y trouve fixé à la partie supérieure par le serrage de boulons. Le piston, ouvert, porte un tourillon sur lequel vient s'articuler le pied de bielle dont la tête tourillonne sur l'axe de la manivelle formée par un coude de l'arbre principal.

Cet arbre, supporté par deux paliers fixés latéralement contre le bâti, peut recevoir deux volants qui sont clavetés sur lui. En outre, deux excentriques calés sur le même arbre actionnent, par l'intermédiaire de leurs tiges, les organes de distribution.

Les soupapes sont disposées sur la culasse établie en retour d'équerre à l'extrémité de l'enveloppe. Une portée, ménagée sur l'enveloppe au-dessous de la culasse, sert à recevoir les axes d'articulation des divers leviers actionnant les soupapes.

Un des excentriques commande l'admission du gaz dans le cylindre, l'autre l'évacuation.

Un régulateur à inertie assure automatiquement l'alimentation en gaz du moteur et en règle la consommation suivant le travail à effectuer.

L'allumage peut se faire par tube à incandescence ou électriquement, par bobine ou magnéto à haute tension.

Le graissage du piston de la bielle se fait automatiquement.

Fig. 330. – Moteur à gaz vertical Gardner.

Un autre type de moteur vertical Gardner à grande vitesse a été établi pour recevoir des cylindres multiples, et peut fonctionner au gaz de ville ou au gaz pauvre, au pétrole lampant, à l'essence, et à l'alcool.

Ce type de moteur peut être surtout utilisé pour actionner des machines productrices de courant électrique. Nous trouverons quelques vues d'ensemble de groupes électrogènes ainsi constitués, lors de la description des moteurs à pétrole.

Les moteurs verticaux Gardner fonctionnant au gaz de ville ou au gaz pauvre (Fig. 331) ne diffèrent des autres moteurs fonctionnant au pétrole ou à l'essence, que parce qu'ils ne comportent pas de dispositif de vaporisation du combustible.

Les cylindres sont disposés verticalement sur un bâti, auquel ils sont fixés par des boulons serrant sur des brides circulaires. Ils sont munis de chambres de circulation d'eau, auxquelles on peut accéder pour les nettoyer par des ouvertures ménagées sur l'enveloppe. Sur chaque cylindre est fixée une culasse, sur laquelle sont disposées les soupapes.

Fig. 331. — Moteur vertical Gardner à gaz pauvre, actionnant une dynamo.

Ces soupapes au nombre de trois : soupape d'admission, soupape à air, soupape d'échappement, peuvent être facilement démontées.

Un dispositif de refroidissement par circulation d'eau est établi autour de la culasse et autour de la soupape d'échappement.

Les soupapes sont actionnées par un système de tringles et de leviers commandé par des cames.

Le régulateur à force centrifuge est disposé verticalement. Il provoque l'ouverture variable de la soupape d'admission qui régularise l'entrée de l'air en même temps que l'admission de gaz, de sorte que le mélange est toujours d'une composition constante.

Le réglage d'un mécanisme spécial placé sur le régulateur permet de faire varier la vitesse du moteur pendant son fonctionnement.

L'allumage du mélange tonnant s'effectue par magnétos à basse tension.

La circulation d'eau de refroidissement est assurée par la manœuvre d'une pompe commandée par le moteur, grâce à l'intermédiaire d'un engrenage à friction.

Tous les organes moteurs inférieurs sont protégés par le bâti, qui porte plusieurs ouvertures permettant de visiter et de nettoyer ces organes. A l'intérieur, le bâti est constitué en forme de réservoir contenant de l'huile servant au graissage des pièces principales en mouvement. Le piston et le pied de bielle sont lubrifiés par de l'huile sous pression. La tête de bielle comporte un dispositif de graissage centrifuge à bague.

La mise en marche s'effectue, pour certains moteurs, au moyen d'une manivelle montée sur une roue à chaîne et actionnant un encliquetage, de façon que lorsque le moteur commence à tourner, le dispositif de mise en marche se débraye automatiquement.

Pour les groupes électrogènes et les moteurs à gaz, la mise en route s'effectue au moyen d'une manivelle placée en bout de l'arbre du moteur.

Pour aider à la mise en route, le degré de la compression est réduit, pour chaque cylindre, par la manœuvre d'un petit levier qui fait agir une came de décompression sur la soupape d'échappement.

Les moteurs de grandes puissances sont mis en marche à l'aide de l'air comprimé.

Moteur Satre et Lyonnet

Le moteur vertical Satre et Lyonnet, dont la vue d'ensemble est représentée par la figure 332, est à trois cylindres. Ce moteur, d'une puissance de 120 chevaux, est directement accouplé avec une machine produisant du courant électrique.

Les cylindres sont disposés sur un bâti commun, en fonte de fer, qui est fixé sur le massif de fondation par une rangée de boulons. Dans le bâti sont ménagées des ouvertures fermées par des couvercles, et qui permettent d'accéder aux bielles motrices.

Ce bâti porte les paliers sur lesquels repose l'arbre principal du moteur. Sur cet arbre est claveté, à une extrémité, un volant ; à l'autre extrémité, il porte un manchon d'accouplement permettant de le rendre solidaire de l'arbre de la machine électrique. Cette machine est fixée sur un massif de fondation indépendant.

Fig. 332. – Moteur à gaz vertical à trois cylindres, Satre et Lyonnet, de 120 chevaux.

L'arbre principal porte trois coudes formant manivelles sur lesquelles tourillonnent les trois bielles reliées aux trois pistons,

Les pistons, ouverts, sont munis de segments et se meuvent dans les cylindres comportant une enveloppe extérieure établie pour permettre une circulation d'eau de refroidissement. Chaque cylindre porte une culasse sur laquelle sont montées les soupapes d'admission et d'échappement.

Des cames clavetées sur l'arbre de distribution actionnent ces soupapes par l'intermédiaire de bielles et de leviers, et assurent ainsi la distribution du mélange tonnant dans les trois cylindres.

Un conduit commun d'arrivée de gaz le distribue aux trois cylindres par des conduits séparés qui y débouchent. De même, l'évacuation des gaz brûlés de chacun des cylindres s'effectue par l'intermédiaire de trois conduits d'échappement aboutissant à un conduit d'évacuation commun.

L'arbre de distribution est placé horizontalement à la partie inférieure des cylindres. Il reçoit son mouvement de rotation de l'arbre principal par l'intermédiaire d'un arbre auxiliaire vertical, actionné à sa partie inférieure par un train de roues d'engrenage à denture hélicoïdale. A sa partie supérieure, cet arbre commande, par un autre train de roues d'engrenage, l'arbre de distribution et porte le régulateur. Ce régulateur à masses se déplaçant horizontalement assure, pour un régime déterminé, la régularité de fonctionnement du moteur.

L'allumage du mélange tonnant s'effectue, pour chacun des cylindres, par la manœuvre d'une magnéto. Ces magnétos, placées à la partie supérieure des cylindres, sont actionnées par des mécanismes commandés par l'arbre de distribution. Le graissage est assuré par une petite pompe fournissant l'huile sous pression et par une série de godets graisseurs à débit réglable.

Le refroidissement des organes qui sont en contact avec les gaz chauds s'effectue par une circulation d'eau.

Moteur Campbell

Ce moteur, comportant des cylindres multiples disposés verticalement, est placé sur un socle reposant sur le massif de fondation, auquel il est maintenu fixé par des boulons. Le socle porte, venus de fonte avec lui, les paliers supportant l'arbre moteur. Une gouttière ménagée tout autour du socle permet de recueillir l'huile qui s'écoule le long du bâti pendant le fonctionnement du moteur.

Le bâti portant les cylindres est fixé sur le socle par de nombreux boulons ; il est muni d'ouvertures, fermées par des portes, permettant de visiter les organes moteurs et d'y accéder pour les nettoyer.

Les cylindres sont fixés à la partie supérieure du bâti. Ils sont munis d'une enveloppe extérieure disposée pour former une chambre de circulation d'eau de refroidissement (Fig. 333). Chaque cylindre est muni aussi d'un fond démontable et porte une culasse placée latéralement sur laquelle sont disposées les soupapes. Les soupapes d'admission et d'échappement sont actionnées par des mécanismes commandés par des cames clavetées sur l'arbre de distribution.

Cet arbre horizontal est placé à la partie supérieure du moteur et reçoit son mouvement de rotation, par l'intermédiaire de roues d'engrenage à denture conique, d'un arbre oblique actionné lui-même, à sa partie inférieure, par l'arbre principal du moteur.

Fig. 333. — Moteur vertical Campbell. Disposition des cylindres et des organes de distribution.

Fig. 334. — Moteur vertical Campbell à quatre cylindres actionnant une machine électrique.

Le régulateur rend variable la quantité de mélange admis dans les cylindres, suivant la charge du moteur.

Les pistons qui se meuvent dans le cylindre sont ouverts à leur partie inférieure. Ils sont munis de segments métalliques et leur axe sert de tourillon au pied de la bielle qui s'articule, d'autre part, sur l'arbre principal. Cet arbre porte autant de coudes formant manivelle qu'il y a de cylindres dans le moteur.

Fig. 335. — Moteur vertical Campbell à trois cylindres actionnant une pompe centrifuge.

Le volant claveté à une extrémité de l'arbre principal permet, tout en étant d'un diamètre relativement réduit, d'assurer la régularité de fonctionnement du moteur, qui peut être directement accouplé à une machine productrice de courant électrique.

L'inflammation du mélange s'effectue au moyen de magnétos disposées à raison d'une par cylindre.

Le graissage est assuré par une circulation d'huile sous pression produite par une petite pompe à huile actionnée par un excentrique porté par l'arbre principal.

L'eau de refroidissement est envoyée sous pression dans l'enveloppe des cylindres et de la culasse par la manœuvre d'une pompe spéciale.

Une galerie, à laquelle on accède par un escalier, permet d'aborder les organes de distribution.

Les moteurs Campbell verticaux peuvent être accouplés directement à des machines dynamo-électriques, à des pompes centrifuges, etc., et actionner des machines ou des outils tournant à grande vitesse.

La figure 334 représente un moteur vertical à quatre cylindres directement accouplé à une machine électrique.

La figure 335 représente un autre moteur vertical à trois cylindres actionnant une pompe centrifuge.

Moteur Cockerill

Le moteur vertical à gaz de la Société Cockerill est à double effet. Il peut être constitué par deux ou quatre cylindres placés côte à côte. Nous avons représenté par la figure 147 un moteur vertical de ce système d'une puissance de 120 chevaux, et ayant deux cylindres jumelés à double effet.

Les cylindres sont supportés par deux bâtis sur lesquels sont ménagés les guides des crosses des pistons.

Les bâtis sont solidement fixés par des boulons sur un socle en fonte de fer reposant sur le massif maçonné et avec lequel sont venus de fonte les paliers supportant l'arbre moteur.

Cet arbre, en acier, comporte deux manivelles faisant entre elles un angle de 180 degrés. Ce sont deux coudes de l'arbre qui forment les deux manivelles.

A la partie supérieure de chaque cylindre est fixée une culasse sur laquelle sont disposées les soupapes. Ces soupapes, au nombre de deux : soupape d'admission et soupape d'échappement, sont actionnées par des cames calées sur un arbre de distribution placé à mi-hauteur des cylindres, parallèlement à la direction de l'arbre principal. L'arbre de distribution reçoit son mouvement de rotation de l'arbre principal par l'intermédiaire d'un autre arbre vertical, actionné à sa partie inférieure par l'arbre moteur et transmettant son mouvement à la partie supérieure, à l'arbre de distribution, au moyen de roues d'engrenage à denture conique lui donnant une vitesse deux fois moindre que celle de l'arbre principal.

L'admission est rendue variable par étranglement, la composition du mélange conservant une valeur constante.

Le mélange tonnant est formé dans une capacité spéciale par le réglage à la main de soupapes équilibrées qui permettent d'obtenir une composition de mélange favorable au bon fonctionnement.

Le régulateur à force centrifuge, disposé verticalement, agit sur la quantité de mélange à admettre dans la boîte à soupape de chaque cylindre, en donnant aux soupapes équilibrées une levée plus ou moins importante.

Les organes du moteur venant au contact des gaz chauds sont refroidis par un dispositif de circulation d'eau.

Dans ces moteurs verticaux, le poids des masses en mouvement est suffisamment faible pour que leur vitesse puisse être accélérée, ce qui leur permet d'actionner directement des machines productrices de courant électrique.

Le moteur représenté figure 147 est muni de deux volants clavetés sur l'arbre et pouvant faire office de poulies de transmission.

La Société Cockerill construit des moteurs verticaux atteignant la puissance de 1 000 chevaux.

Moteur Benz

Ce moteur vertical a été particulièrement étudié pour être monté sur les bateaux. La vitesse qu'il peut prendre, et qui atteint 300 tours par minute, et les puissances qu'on peut lui donner en font un moteur s'adaptant commodément à la navigation fluviale en permettant de rendre, par l'installation, à bord, d'un moteur à gaz pauvre et de son gazogène, chaque péniche automotrice. On peut éviter ainsi l'emploi du remorqueur.

Le moteur Benz vertical représenté par la figure 336 comporte deux cylindres. Sa puissance est de 45 chevaux. Il est alimenté au gaz pauvre et tourne à la vitesse de

300 tours par minute. Chaque cylindre est supporté par une sorte de bâti fixé, par une collerette inférieure sur laquelle est placée une rangée de boulons, sur un socle commun reposant sur le massif de fondation.

Fig. 336. — Moteur vertical à gaz pauvre Benz à deux cylindres ; puissance : 45 chevaux ; vitesse : 300 tours par minute.

A la partie supérieure de chaque cylindre est montée une culasse dans le fond de laquelle sont disposées les trois soupapes permettant d'assurer la distribution du mélange dans ce cylindre. Ces trois soupapes de mélange, d'admission et d'échappement, sont commandées par des mécanismes appropriés actionnés par des cames clavetées sur l'arbre de distribution.

Cet arbre, placé horizontalement à la partie supérieure du moteur, reçoit son mouvement d'un axe vertical par l'intermédiaire d'un train de roues d'engrenage à denture conique. L'axe vertical est lui-même mis en mouvement par l'arbre principal au moyen de roues d'engrenage. A la partie supérieure de l'axe vertical est monté le régulateur à force centrifuge qui commande le dispositif de régulation.

Cette régulation s'effectue en admettant dans le cylindre un volume de mélange tonnant variable avec la charge du moteur, ce mélange conservant néanmoins une composition constante ce qui, nous l'avons vu, est une condition favorable à la sécurité de l'allumage et au bon fonctionnement du moteur. L'allumage du mélange s'effectue, pour chacun des cylindres, au moyen d'une magnéto à basse tension.

Le conduit d'évacuation des gaz brûlés est muni d'une enveloppe permettant une circulation d'eau diminuant la température de ce conduit et, par conséquent, la chaleur rayonnante et, en outre, atténuant le bruit produit par la décharge.

L'arbre principal du moteur est placé horizontalement à la partie inférieure et repose sur deux paliers venus de fonte avec le socle. Sur cet arbre est claveté un volant pouvant servir, au besoin, de poulie de transmission.

Le graissage s'effectue par l'intermédiaire d'un réservoir d'huile commun qui assure aux pompes des cylindres, pistons et paliers, un débit continu réglable et visible.

Ce type de moteur peut, grâce à la grande vitesse qu'il peut atteindre et à sa régularité, augmentée par suite de la multiplicité des cylindres, être accouplé directement avec une machine génératrice de courant électrique.

Moteur Winterthur

Le moteur vertical Winterthur, alimenté avec du gaz pauvre, peut comporter plusieurs cylindres de façon à permettre d'obtenir, pour un encombrement réduit, un moteur de puissance élevée, de grande régularité et tournant à grande vitesse.

Le moteur dont la figure 337 représente une vue d'ensemble est muni de quatre cylindres.

Chacun des cylindres est supporté par un bâti ouvert à la partie inférieure pour laisser passer l'arbre principal du moteur. Chaque bâti est maintenu fixé sur un socle commun inférieur par le serrage de rangées de boulons.

Chaque cylindre est établi pour permettre une circulation d'eau de refroidissement autour de sa paroi. A la partie supérieure de chacun des bâtis et du cylindre qu'il porte est fixée une culasse recevant les boîtes des soupapes qui servent à effectuer la distribution.

Cette distribution est assurée, comme dans les moteurs horizontaux Winterthur que nous avons précédemment décrits, par une soupape d'admission, une soupape de mélange, disposées sur la même tige verticale, et une soupape d'échappement.

Les soupapes sont commandées par des cames clavetées sur l'arbre de distribution, lesquelles actionnent des galets solidaires de bielles articulées avec les leviers des soupapes.

L'arbre de distribution est horizontal ; il se trouve placé longitudinalement à mi-hauteur des cylindres. Il reçoit son mouvement de rotation de l'arbre principal, par l'intermédiaire d'un arbre vertical auxiliaire, sur lequel est monté le régulateur.

Ce régulateur, du type Hartung, agit sur les organes d'admission pour rendre variable la quantité de mélange admis, tout en lui conservant une composition constante. L'arbre principal est disposé horizontalement à la partie inférieure du moteur et tourne dans des paliers venus de fonte avec le socle commun aux quatre bâtis.

Sur cet arbre sont ménagées quatre manivelles formées par des coudes successifs de l'arbre. Sur les tourillons de ces manivelles viennent se placer les quatre têtes des bielles articulées chacune avec un des pistons.

Fig. 337. -Moteur Winterthur vertical à quatre cylindres actionnant une dynamo.

Les pistons sont ouverts, portent un axe servant de tourillon au pied de la bielle correspondante et sont munis de segments métalliques s'appliquant contre la paroi intérieure du cylindre.

Sur l'arbre principal est claveté le volant ; il peut avoir un poids réduit puisque la régularité du moteur se trouve augmentée par suite du nombre de cylindres, ce qui permet d'obtenir une explosion de mélange dans un des cylindres à chaque demi-tour de l'arbre principal.

Une machine productrice de courant électrique est directement accouplée en bout de l'arbre principal.

L'allumage s'effectue pour chaque cylindre par la manœuvre d'une magnéto dont le mécanisme est actionné par la tige d'un petit excentrique claveté sur l'arbre de distribution.

Le refroidissement des organes qui sont en contact avec les gaz chauds est assuré par une circulation d'eau. Le graissage s'effectue sous pression pour le cylindre et par graisseurs divers pour les autres organes. Une galerie à laquelle on accède par un escalier en fer permet d'atteindre les organes de distribution, de les visiter et de les nettoyer.

MOTEUR AVEC COMPRESSION A DEUX TEMPS

Le moteur à deux temps est caractérisé par une disposition spéciale des organes de distribution, qui permettent d'obtenir un cycle complet pendant l'aller et le retour du piston. Tandis que dans le moteur à quatre temps il ne se produit une explosion qu'à chaque quatre courses du piston, dans le moteur à deux temps on obtient une explosion du mélange, autrement dit une course utile du piston, à chaque double course, soit une course utile sur deux.

Cette disposition permet d'obtenir plus de régularité dans le fonctionnement du moteur et exige un volant moins lourd que celui d'un moteur à quatre temps d'égale puissance.

D'autre part, ainsi que nous allons le voir, la distribution d'un moteur à deux temps nécessite l'adjonction d'organes auxiliaires qui compliquent un peu ce mode de distribution dans lequel le gaz combustible peut n'être pas toujours totalement utilisé.

Pour ces raisons, l'emploi du moteur à deux temps ne s'est pas généralisé. D'ailleurs, l'établissement des moteurs à quatre temps à plusieurs cylindres a permis d'obtenir, avec de grandes puissances, une régularité d'allure favorable à l'application avantageuse du moteur à gaz à quatre temps pour la production de la lumière électrique. C'est cette autre raison essentielle qui explique le peu d'extension prise jusqu'à ce jour par le moteur à deux temps.

Le moteur à gaz à deux temps est néanmoins fort intéressant comme principe et comme fonctionnement.

Moteur Ravel

Le premier moteur Lenoir, que nous avons décrit au début de ce volume, était un moteur à deux temps sans compression, dans lequel la distribution s'effectuait de façon semblable à celle d'une machine à vapeur. Nous avons dit que sa consommation de gaz combustible était considérable. Un autre moteur à gaz à deux temps, construit dès le début de la création de ces machines, est le moteur Ravel, dont la disposition des organes diffère sensiblement du primitif moteur Lenoir.

Le moteur Ravel possède un bâti sur lequel est placé et fixé le cylindre muni de son enveloppe (Fig. 338).

Le cylindre est fermé à ses deux extrémités (Fig. 339) et porte un piston fermé muni de segments élastiques.

L'avant du cylindre fait office de pompe de compression d'air. L'air aspiré et comprimé se rend dans un réservoir E (Fig. 340) ménagé dans le socle du bâti. Deux soupapes destinées l'une à l'aspiration, l'autre au refoulement, et manœuvrant dans le sens convenable, règlent la circulation de l'air.

Une pompe à gaz F, dont le piston est actionné par l'intermédiaire de la tige même du piston moteur, aspire le gaz par le conduit H et le comprime dans un réservoir I constitué par une capacité ménagée sous le cylindre.

Le moteur comporte donc deux réservoirs : un d'air, l'autre de gaz, placés dans le bâti.

Fig. 338. — Moteur a gaz Ravel.

L'arbre du moteur est supporté par les paliers venus de fonte avec le bâti. Cet arbre est coudé pour former manivelle et porte clavetés à une de ses extrémités le volant et une poulie de transmission. L'extrémité opposée commande le mouvement de rotation d'un régulateur à axe vertical et à force centrifuge.

Les boules de ce régulateur s'écartent sous l'action de la force centrifuge et font monter ou descendre le manchon dont le mouvement règle l'admission du gaz à son entrée dans la pompe.

L'admission du gaz et de l'air dans le cylindre moteur s'effectue au moyen de deux soupapes disposées dans une boîte M fixée latéralement et à l'arrière du cylindre.

Cette boîte est mise en communication, d'une part, avec le réservoir contenant le gaz, et d'autre part, avec le réservoir d'air, au moyen de deux tuyaux. L'arbre moteur commande par l'intermédiaire d'une tringle, le mouvement de ces deux soupapes.

L'évacuation des gaz brûlés s'effectue à l'avant du cylindre à travers une série d'orifices disposés sur le pour-

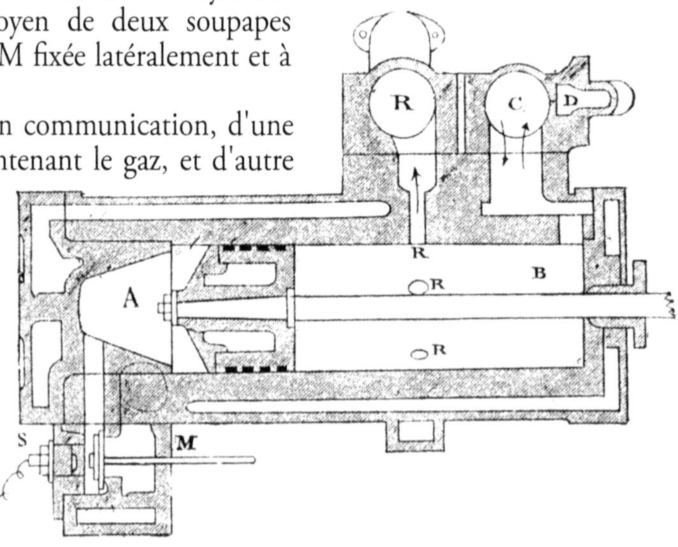

Fig. 339 – Coupe par l'axe du cylindre du moteur à gaz Ravel.

tour du cylindre et débouchant dans un conduit circulaire, lequel aboutit lui-même à la boîte à soupape d'échappement. L'arbre principal, coudé pour former manivelle, commande la manœuvre de la soupape d'échappement, par l'intermédiaire de cames, tringles et leviers disposés le long du bâti, du côté du volant.

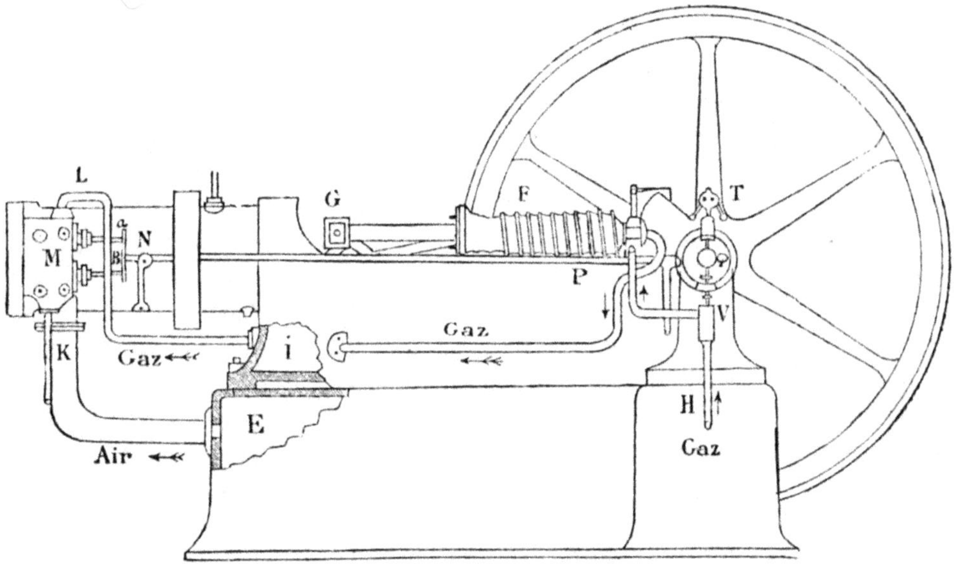

Fig. 340. – Coupe et vue d'ensemble du moteur à gaz Ravel.

On conçoit, dès lors, quel est le fonctionnement de ce moteur : lorsque l'explosion s'est produite, le piston progresse vers l'extrémité de sa course. Si nous supposons que le piston ait atteint son bout de course vers l'avant du cylindre, celui-ci est rempli, derrière le piston, des produits de la combustion.

Pendant son mouvement de retour, le piston chasse à l'air libre ces gaz brûlés ; il les évacue à travers les orifices R.

Dès que le piston commence sa course de retour, la soupape d'admission d'air s'ouvre ; l'air comprimé pénètre dans le cylindre et chasse devant lui les produits de la combustion jusqu'à ce que, par son mouvement rectiligne, le piston ait obturé les orifices d'échappement R.

Le gaz, également sous pression dans son réservoir, pénètre dans le cylindre avec un léger retard sur l'air, afin d'éviter des pertes directes par les orifices d'évacuation.

L'admission du gaz et de l'air n'a lieu que pendant le temps strictement nécessaire pour remplir le cylindre de mélange tonnant.

Le piston, en continuant sa marche rétrograde, comprime dans la chambre A le mélange, qui est enflammé par une étincelle électrique produite au moyen dune pile et d'une bobine d'induction lorsque le piston atteint l'extrémité de sa course.

Pendant que sur la face-arrière du piston le mélange est comprimé, l'autre face aspire l'air qui est à son tour comprimé au retour du piston.

Le gaz passe, dans sa pompe de compression, par les mêmes phases que l'air à l'avant du cylindre moteur.

Les moteurs Ravel tournent à 160 et 180 tours par minute. On conçoit donc que la succession rapide des inflammations, à raison de trois par seconde ait été, au début, un grand obstacle à vaincre, étant donnée surtout la multiplicité des organes en mouvement. La difficulté a été habilement surmontée en comprimant le gaz et l'air dans des réservoirs séparés d'où ils peuvent, grâce à leur pression, se rendre rapidement dans le cylindre moteur pendant le court espace de temps pendant lequel les soupapes d'admission restent ouvertes.

On voit que le moteur Ravel est d'une conception vraiment originale.

Moteur Benz

Le moteur primitif Benz présente une certaine analogie avec le moteur Ravel.

Comme lui, il est muni d'une pompe à gaz ; l'avant de son cylindre sert à comprimer de l'air dans un réservoir ménagé dans le bâti. La pompe à gaz refoule directement le gaz dans le cylindre moteur.

L'évacuation des gaz brûlés, au lieu de s'effectuer à l'avant du cylindre, près du fond du piston, lorsque celui-ci a atteint l'extrémité de sa course, comme dans le moteur Ravel, s'effectue à travers un orifice unique, pratiqué dans le fond du cylindre.

Les produits de la combustion sont évacués au moyen d'une chasse d'air violente.

Pour cela, l'air pénètre dans la chambre de compression par un orifice ménagé à la partie inférieure du cylindre, voisin de l'orifice d'échappement, mais surmonté d'un coude dirigé en sens inverse de cet orifice, afin d'empêcher le passage direct de l'air à la décharge. Un tiroir, disposé le long du cylindre, du côté du volant, règle le passage de l'air dans la pompe et le réservoir.

Une soupape commande l'entrée de l'air comprimé dans le cylindre moteur ; son mouvement lui est transmis de l'arbre moteur, par une longue bielle actionnant un arbre transversal, placé sous le cylindre et agissant par l'intermédiaire d'une came sur un levier. L'extrémité de ce levier soulève la soupape.

Une petite soupape règle également l'introduction du gaz qui se rend directement de la pompe de compression dans le cylindre.

Moteur Baldwin

Le moteur à deux temps Baldwin, construit en Amérique, est également un des premiers moteurs de ce type. Il se distingue par la simplicité de ses organes.

La commande de toutes les soupapes de distribution s'effectue d'une manière automatique, et c'est le piston lui-même qui, en découvrant l'orifice d'évacuation des gaz, fait office de soupape d'échappement.

Le moteur Baldwin ne comporte donc aucun des organes extérieurs de distribution que l'on trouve d'ordinaire dans les moteurs à gaz.

Le cylindre est fermé aux deux extrémités. L'avant fait office de pompe de compression pour le mélange de gaz et d'air, lequel mélange est emmagasiné dans un réservoir ménagé dans le socle.

Du réservoir, le mélange se rend, tout formé, dans une chambre disposée à la partie arrière du cylindre, en chassant devant lui les produits de la combustion provenant de l'explosion précédente.

Une paroi de forme concave, percée d'une ouverture, sépare la chambre de l'intérieur du cylindre. En avant de cette paroi se trouve un retardateur, ayant pour fonction de diriger les produits de l'explosion précédente, chassés par le mélange tonnant vers le milieu du cylindre et de les empêcher ainsi de se mélanger avec lui, ce qui provoquerait une plus grande difficulté d'allumage et occasionnerait l'évacuation, par l'orifice d'échappement, d'une partie du combustible non utilisé.

Malgré cette disposition, il est difficile d'éviter qu'une partie du mélange tonnant ne s'échappe par l'orifice d'échappement avant l'inflammation.

Le régulateur agit sur une tige qui actionne un secteur fait en forme de coin. Ce coin limite la levée de la soupape d'admission du mélange, laquelle manœuvre automatiquement.

Fig. 341. — Moteur à gaz Baldwin.

L'allumage électrique s'effectue au moyen d'une étincelle produite par une petite machine électrique, à laquelle le volant du moteur donne son mouvement de rotation, par l'intermédiaire d'une petite poulie frottant sur sa périphérie.

Les moteurs à gaz primitifs à deux temps furent abandonnés lorsque les perfectionnements apportés au moteur à quatre temps permirent l'emploi de ce moteur à toutes sortes d'applications et surtout à la commande de machines électriques.

Cependant, on a créé, dans ces dernières années, des moteurs à deux temps et à double effet, pouvant fonctionner avec du gaz de hauts fourneaux et permettant d'obtenir de grandes puissances.

Ces moteurs donnent, comme les machines à vapeur, deux courses actives du piston par tour de manivelle. Leur fonctionnement est doux et silencieux ; le régulateur agit pour régler le volume de mélange tonnant admis, proportionnellement à la charge du moteur. Par contre, la consommation de gaz combustible est plus considérable que dans le moteur à quatre temps, ce qui a relativement peu d'importance, lorsqu'on utilise les gaz de hauts fourneaux, et sa vitesse de rotation est plus réduite. Ce type de moteur peut donc convenir à certains emplois spéciaux, notamment dans la métallurgie.

Parmi les moteurs à deux temps à grandes puissances, nous décrirons les deux principaux : le moteur Oechelhaeuser et le moteur Koerting.

Moteur Oechelhaeuser (Fig. 342 à 345). Ce moteur, construit par la *Deustche Gaskraft Gesellschaft*, de Berlin, est constitué, par un cylindre A de grande longueur, dans lequel se meuvent en sens inverse deux pistons ouverts B et C. Le cylindre est également ouvert à chacune de ses extrémités, et c'est entre les deux faces des deux pistons qui sont placées à l'intérieur du cylindre, vis-à-vis l'une de l'autre, que s'effectue la compression du mélange tonnant et que se produit l'explosion.

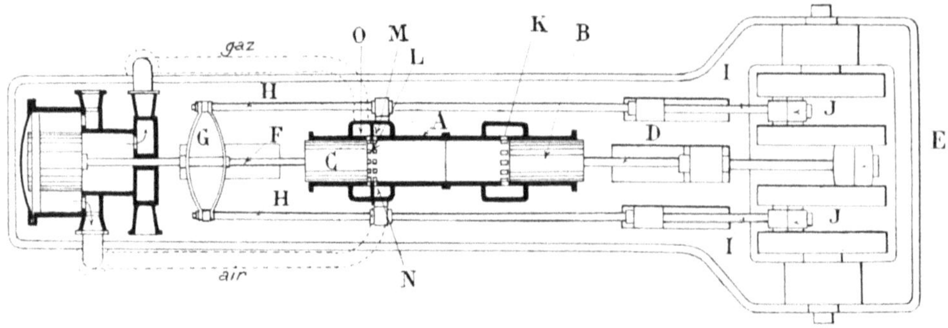

Fig. 342. — Moteur à deux temps Oechelhaeuser.

Le mouvement, dans des directions opposées, est donné aux deux pistons par une disposition spéciale qui nécessite l'emploi de trois manivelles.

Le piston B, qui est en avant du cylindre, c'est-à-dire le plus près de l'arbre-moteur, est relié à cet arbre par une bielle D qui tourillonne à une extrémité sur l'axe du piston et à l'autre extrémité sur l'axe d'une des manivelles E formée par un coude de l'arbre moteur.

Le second piston C, ouvert vers l'arrière du cylindre, est solidaire d'une tige rigide F guidée dans son mouvement longitudinal et portant, à son extrémité arrière, une traverse G disposée perpendiculairement et qui lui est solidement assujettie.

Chacune des extrémités de cette traverse reçoit une tige cylindrique horizontale H, guidée par une douille fixée sur le cylindre et articulée à l'avant avec une bielle I, tourillonnant sur l'axe d'une manivelle, constituée par un coude de l'arbre. Le piston arrière est donc manœuvré par l'intermédiaire de deux bielles symétriquement disposées de chaque côté de l'axe du cylindre et de deux tiges rigides reliées par une traverse à la tige de ce piston.

Les deux manivelles recevant les deux bielles du piston arrière sont orientées de manière identique et sont placées à égales distances de la manivelle reliée au piston d'avant. Ces deux groupes de manivelles sont calés à 180 degrés l'un de l'autre, c'est-à-dire à un demi-tour.

La distribution du mélange tonnant dans le cylindre et son évacuation s'effectuent sans employer les organes ordinaires de distribution, tiroir ou soupapes. Des lumières sont ménagées à la périphérie du cylindre aux endroits convenables et ce sont les pistons qui, par leur manœuvre, assurent le fonctionnement de la distribution.

Ces lumières sont constituées par une série d'ouvertures faisant communiquer l'intérieur du cylindre respectivement avec le conduit d'amenée du gaz, le conduit d'amenée d'air, et le conduit d'évacuation des gaz brûlés.

Vers le tiers de la longueur du cylindre, et en avant, sont ménagées les lumières d'échappement K communiquant avec le conduit d'évacuation. Vers les deux tiers de la longueur du cylindre, et en arrière, sont disposées les deux autres rangées de lumières, l'une L communiquant avec le conduit d'arrivée de l'air, l'autre M placée derrière celle-ci, communiquant avec le conduit d'arrivée de gaz.

Voici comment s'effectue la distribution du mélange tonnant et son évacuation.

Si nous supposons les deux pistons placés à leur fin de course respective, l'un B, vers l'avant du cylindre et l'autre C, vers l'arrière, les trois manivelles occupent une position horizontale et les lumières sont toutes découvertes. L'air, arrivant sous pression par les lumières L qui, ainsi que nous allons le voir, sont découvertes par le piston C avant les lumières M d'arrivée de gaz, chasse les produits de la combustion précédente et les oblige à s'échapper par les orifices d'évacuation K, découverts par la manœuvre en avant du piston B.

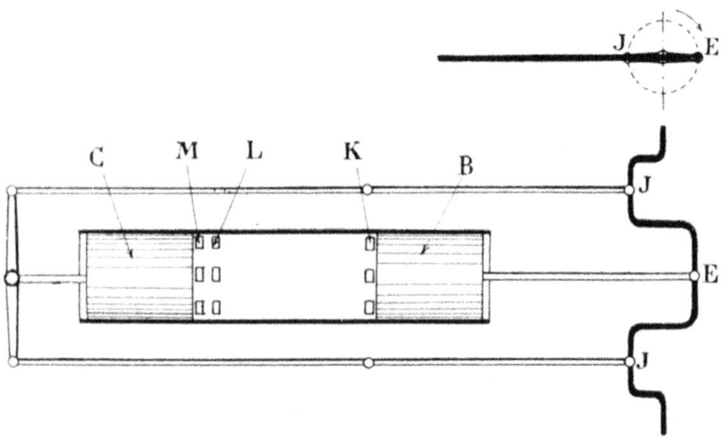

Fig. 343. — Moteur Oechelhaeuser à deux temps. Admission.

A la fin de course des deux pistons (Fig. 343), les lumières d'arrivée du gaz sont aussi découvertes, et ce gaz pénètre dans le cylindre en se mélangeant avec l'air qui continue à y être introduit. Le cylindre se remplit donc de mélange tonnant et si le mouvement du moteur continue, les deux pistons sont, par suite de la disposition des manivelles qui les actionnent, ramenés l'un vers l'autre dans le cylindre.

Ce mouvement de retour a pour effet d'obturer d'abord les lumières d'admission M du gaz vers l'arrière, puis les lumières d'admission d'air L, pendant que la progression du piston B provoque l'obturation des lumières d'échappement K.

Le mélange tonnant contenu dans le cylindre se trouve donc enfermé dans celui-ci entre les deux faces des pistons qui continuent à se déplacer l'une vers l'autre.

Au fur et à mesure que les deux pistons se rapprochent, le mélange diminue de volume ; il est comprimé. C'est la période de compression (Fig. 344); elle se termine lorsque les deux pistons ont atteint leur extrémité de course en se dirigeant l'un vers l'autre.

A ce moment, l'explosion du mélange tonnant se produit, provoquée par une étincelle électrique. Les gaz enflammés ont une pression considérable qui s'exerce sur les faces des deux pistons. Ces deux pistons reçoivent donc une impulsion qui tend à les écarter l'un de l'autre. Ils effectuent leur course respectivement vers l'avant et vers l'arrière du cylindre.

C'est la course motrice pendant laquelle ils sollicitent l'arbre à tourner dans un même sens, du fait de la disposition de leurs organes qui les relient aux trois manivelles de cet arbre.

Au fur et à mesure que les pistons s'écartent, les gaz se détendent dans le cylindre, et, à la fin de la période de détente, le piston d'avant B commence à découvrir les lumières d'évacuation. Les gaz brûlés peuvent ainsi s'échapper au-dehors par le conduit d'échappement, en raison de la pression qu'ils ont encore dans le cylindre et qui est supérieure à la pression atmosphérique.

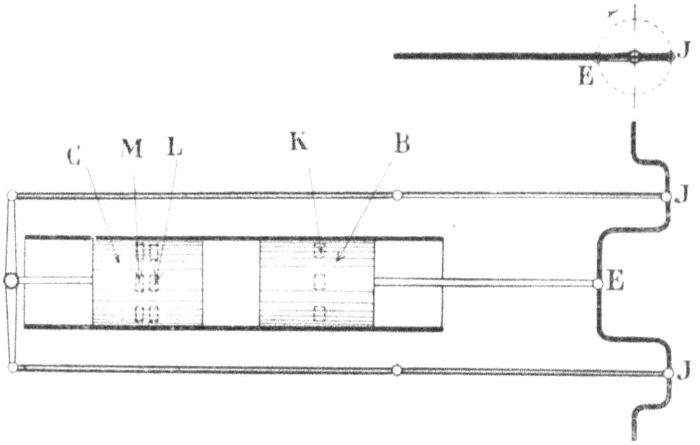

Fig. 344. — Moteur Oechelhaeuser à deux temps. Compression.

Lorsque du fait de l'ouverture des conduits d'échappement la pression dans le cylindre est devenue égale à la pression atmosphérique, les gaz brûlés qui y sont encore contenus ne peuvent plus s'échapper par la différence des pressions.

C'est alors que, par le déplacement des pistons C vers l'arrière, les lumières d'admission d'air sont découvertes (Fig. 345). L'air arrive sous pression par ces ouvertures, remplit le cylindre et s'échappe par les ouvertures d'évacuation qui s'ouvrent de plus en plus.

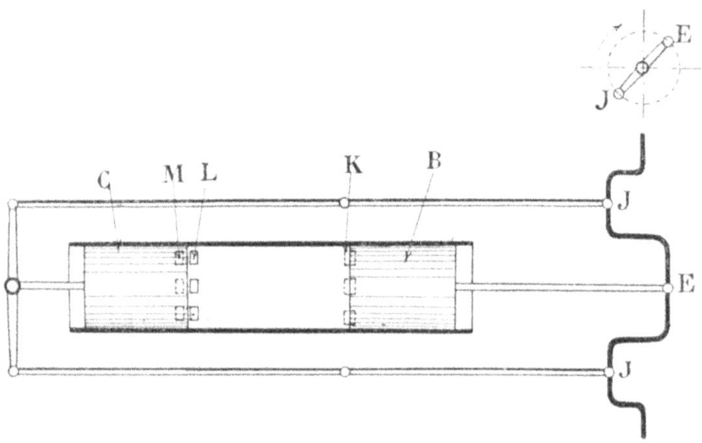

Fig. 345. — Moteur Oechelhaeuser à deux temps. Échappement.

Ce courant d'air pur balaye les gaz brùlés qui pouvaient être encore contenus dans le cylindre. L'échappement est ainsi complètement réalisé, et lorsque les lumières d'arrivée de gaz sont à leur tour découvertes, ce gaz, pénétrant dans le cylindre en même temps que l'air, forme un mélange de composition bien déterminée par la grandeur des orifices d'admission, mélange qui s'enflamme facilement et produit un travail régulier. L'allumage de ce mélange s'effectue au moyen de deux magnétos. Comme on le voit, le moteur Oechelhaeuser donne une course motrice des pistons à chacun des tours des manivelles et, par conséquent, de l'arbre moteur.

L'air comprimé, destiné à balayer les gaz brûlés contenus dans le cylindre, est obtenu par la manœuvre d'une pompe disposée sur le bâti même du moteur à l'arrière, et dont le piston est par le prolongement de la tige du piston arrière. Deux chambres spéciales N et O sont, à chaque course de compression, remplies respectivement de gaz et d'air, dont la pression, à la fin de la course de détente, est ramenée à 0,3 ou 0,4 d'atmosphère, lors de l'admission du gaz combustible entrant dans la composition du mélange tonnant.

La régulation du moteur s'effectue en rendant variable, par l'intermédiaire du régulateur, la composition du mélange et le volume de mélange admis à chaque coup du piston moteur. Pour cela, le régulateur actionne une valve disposée sur le conduit d'arrivée de gaz et provoque, suivant la vitesse du moteur, son ouverture plus ou moins grande. Le régulateur agit également, mais après sa première action sur la valve, sur une soupape dont l'ouverture permet à un certain volume de mélange tonnant déjà comprimé de retourner dans le conduit d'aspiration, de sorte qu'en réalité le volume de mélange enflammé est rendu variable suivant la charge du moteur, après que la composition de ce mélange a été dans des proportions convenables déterminée par l'action du régulateur.

Moteur Koerting

Le moteur à deux temps Koerting est à double effet. Il se compose (Fig. 346) d'un cylindre A ayant une grande longueur et fermé à chacune de ses extrémités. A chaque bout du cylindre est disposée une tubulure dont l'orifice est alternativement découvert ou obturé, par la manœuvre d'une soupape. Le cylindre porte donc deux soupapes C et D dont la manœuvre permet d'admettre, de chaque côté du piston, alternativement de l'air et du gaz. Au milieu de sa longueur, le cylindre porte, sur tout son pourtour, des lumières communiquant avec le conduit d'évacuation E.

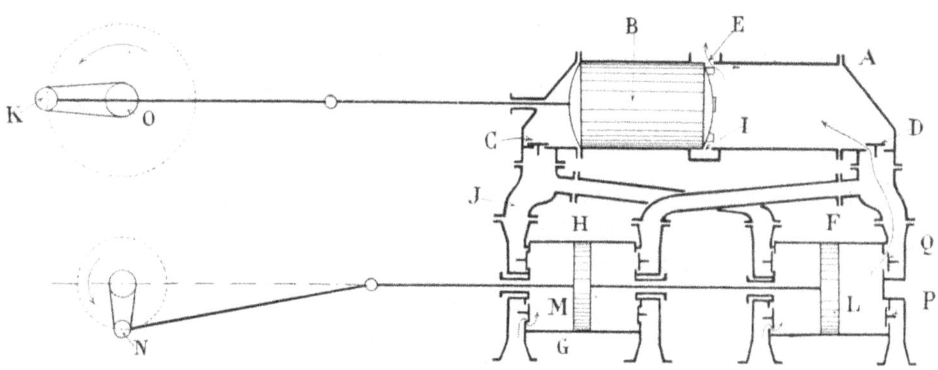

Fig. 346. — Schéma du moteur Koerting à deux temps.

Dans chacune des tubulures disposées en bout du cylindre débouchent deux conduits provenant le premier d'une pompe à air F, le second d'une pompe à gaz C.

Le moteur Koerting comporte donc, en plus du cylindre moteur A, une pompe à air et une pompe à gaz.

Le piston B qui se meut dans le cylindre moteur a une grande longueur ; il est muni de deux séries de segments métalliques disposés à l'avant et à l'arrière. La tige de ce piston est articulée avec une bielle tourillonnant d'autre part sur une manivelle K formée par un coude de l'arbre moteur.

Dans la pompe à air et dans la pompe à gaz se meuvent des pistons L et M montés sur une tige commune, qui reçoit son mouvement de va-et-vient, par l'intermédiaire d'une bielle, et d'une seconde manivelle N ménagée sur l'arbre moteur O. Les deux manivelles K et N sont disposées de façon que cette dernière soit, dans le sens du mouvement, en avance de 11 degrés sur la manivelle motrice.

Chacun des corps de pompe, soit à air, soit à gaz porte, à chacune de ses deux extrémités, un jeu de soupapes dont l'une P s'ouvre de l'extérieur vers l'intérieur, tandis que l'autre Q s'ouvre de l'intérieur vers l'extérieur. Les deux corps de pompe comportent donc au total huit soupapes dont quatre, placées à la partie inférieure, s'ouvrent vers l'intérieur et les quatre autres, placées à la partie supérieure, s'ouvrent vers l'extérieur. Ces dernières soupapes sont établies sur les conduits aboutissant aux tubulures disposées à l'extrémité des cylindres.

Nous avons examiné en détail (Fig. 23 à 26) les diverses phases de la distribution du moteur Koerting à deux temps, et nous avons donné (Fig. 244 et 245) le tracé du diagramme correspondant à chacun de ces deux temps.

On comprendra facilement que par suite de la disposition des organes que nous avons représentés schématiquement dans la figure 346 et du calage approprié des deux manivelles, l'air et le gaz puissent être envoyés dans le cylindre moteur par la manœuvre de la pompe à air et de la pompe à gaz lorsque les soupapes d'admission sont soulevées.

En effet, au premier temps (Fig. 23), lorsque le piston va se déplacer vers l'arrière du moteur, la soupape C est fermée et la soupape D est ouverte.

Les pistons L et M des deux pompes se déplacent dans le même sens que le piston moteur mais avec une avance de 11 degrés. La manœuvre de chacun de ces pistons provoque sur la face avant l'aspiration de l'air dans un corps de pompe et l'aspiration du gaz dans l'autre, ces fluides pénétrant dans leur corps de pompe respectif par les soupapes inférieures qui s'ouvrent du fait de l'aspiration, les soupapes supérieures étant, au contraire, maintenues fermées.

La face arrière de chaque piston des corps de pompe comprime, l'une de l'air, l'autre du gaz, dans ces corps de pompe. La soupape supérieure Q du corps de pompe à air s'ouvre avant la soupape supérieure du corps de pompe à gaz. L'air pénètre donc dans le cylindre moteur par la soupape d'admission D qui est ouverte, et nous avons vu que cette manœuvre avait pour but de balayer les gaz brûlés que pouvait encore contenir ce cylindre, avant l'introduction du mélange tonnant.

L'air arrive donc d'abord dans le cylindre, et chasse les produits de la combustion précédente dans le conduit d'évacuation E par les lumières I. Puis, le gaz refoulé par le piston M arrive dans le cylindre A en se mélangeant avec l'air et forme le mélange tonnant qui est emprisonné dans le cylindre lorsque le piston B a progressé de manière à obturer les lumières d'évacuation.

La soupape D étant fermée (Fig. 24), ce mélange est comprimé dans la capacité arrière du cylindre. L'explosion se produit à ce moment et pousse le piston B en sens inverse. La course de retour commence. Les gaz se détendent en exerçant leur action sur le piston jusqu'au moment où celui-ci, découvrant les lumières d'évacuation permet aux gaz brûlés de s'échapper. Cette évacuation est complétée, ainsi que nous l'avons vu, par l'admission, dans le cylindre, d'air comprimé lorsque la soupape D est de nouveau ouverte.

Les diverses phases de la distribution que nous venons d'indiquer pour une des faces du piston se répètent sur l'autre face dans le même ordre et symétriquement disposées. Les deux pompes à air et à gaz dont les pistons sont solidaires du mouvement du piston moteur aspirent alternativement de l'air ou du gaz d'un côté de ce piston et les refoulent de l'autre dans le cylindre moteur suivant l'ordre que nous avons indiqué : d'abord de l'air, puis, du gaz.

Malgré l'ingéniosité des dispositions établies dans les moteurs à deux temps et que nous venons d'examiner, leur usage ne s'est pas répandu.

Cela résulte certainement, ainsi que nous l'avons dit, de leur consommation de gaz combustible plus considérable que celle des moteurs à quatre temps, et surtout des perfectionnements importants apportés dans la distribution de ce dernier type de moteur, perfectionnements qui l'ont adapté de plus en plus à la production industrielle de force motrice économique.

MOTEUR A SIX TEMPS

Moteur Griffin

Ce moteur, que nous citons à titre documentaire et dont l'emploi ne s'est pas répandu, figurait à l'Exposition universelle de Paris de 1889. Il était exposé par M. Pierson.

Ce qui caractérise le moteur Griffin, c'est qu'il est établi de façon que sur chacune des faces du piston il se produise deux explosions pendant que l'arbre moteur effectue trois tours. Le moteur étant à double effet, le nombre d'explosions se trouve, de ce fait, doublé, c'est-à-dire qu'il se produit deux explosions à chaque tour et demi de l'arbre.

Le cycle de la distribution comporte six temps qui correspondent aux phases suivantes: au premier temps, le piston aspire dans le cylindre le mélange de gaz et d'air ; au deuxième temps, le mélange tonnant est comprimé dans le fond du cylindre.

Le piston effectue une troisième excursion correspondant au troisième temps, par suite de l'explosion du mélange, et pendant cette course, les gaz brûlés se détendent.

Le quatrième temps correspond au refoulement des gaz brûlés.

Lors de la cinquième course du piston constituant le cinquième temps, un petit volume d'air est aspiré dans le cylindre pour balayer ce qui reste encore de gaz brûlés.

Enfin, au sixième et dernier temps, c'est-à-dire lorsque l'arbre moteur a effectué trois tours, le volume d'air de balayage est évacué par le conduit d'échappement.

L'admission et l'allumage s'effectuent par la manœuvre d'un tiroir commandé par une bielle. Ce tiroir porte des lumières qui établissent, pendant son mouvement, la communication du cylindre avec le conduit de gaz ou avec l'atmosphère ; d'autre part, une capacité mise en communication avec l'arrivée du gaz et avec un bec brûleur permet de réaliser un transport de flamme qui provoque l'allumage du mélange tonnant.

La valve réglant l'admission du gaz est ouverte à chaque tour et demi de l'arbre moteur.

Cette valve est maintenue ouverte pendant une période de temps plus ou moins prolongée par l'action du régulateur, qui agit sur un taquet disposé sur la tête de la valve et le pousse plus ou moins suivant la charge du moteur et sa vitesse.

MOTEURS A COMBUSTION

Moteur Simon

Dans les types de moteurs à combustion, la disposition des organes est établie de telle façon que le mélange tonnant, préalablement comprimé comme dans les moteurs à explosion, est progressivement enflammé au fur et à mesure qu'il pénètre dans le cylindre, de sorte qu'il ne se produit pas une explosion de ce mélange, mais plutôt une combustion, et c'est à cette particularité que ces moteurs doivent leur désignation.

Le moteur à combustion Simon, construit en Angleterre, à Manchester, est disposé pour que le mélange tonnant soit d'abord comprimé dans un cylindre spécial indépendant du cylindre moteur. Le piston qui se meut dans ce cylindre de compression est mû par l'arbre moteur.

Le mélange comprimé est ensuite introduit dans le cylindre moteur, et au fur et à mesure qu'il y pénètre, il s'enflamme.

La combustion du mélange s'effectue donc progressivement et les gaz brûlés se dilatent bien par suite de l'élévation de leur température, mais la pression dans le cylindre n'augmente pas, puisque par suite de la force élastique des gaz produite par leur dilatation, le piston progresse en laissant derrière lui dans le cylindre un volume de plus en plus grand qui est occupé par les gaz dilatés.

Il n'y a donc pas explosion, mais combustion du mélange, laquelle produit un travail sur le piston avec une pression toujours égale à la pression primitive. Cette pression garde sa valeur pendant toute la période d'admission de mélange comprimé dans le cylindre moteur.

Lorsque l'orifice d'admission est obturé, les gaz brûlés contenus dans le cylindre commencent à se détendre, et à la fin de course du piston, lorsque l'orifice d'évacuation s'ouvre, la pression, dans le cylindre, devient égale à la pression atmosphérique.

Un dispositif particulier du moteur Simon permet de récupérer une partie de la chaleur communiquée par les gaz brûlés à l'enveloppe du cylindre moteur.

Dans cette enveloppe formant chambre à eau circule de l'eau de refroidissement.

Si la circulation de cette eau est ralentie à un degré déterminé, il se produira une vaporisation d'une faible partie de cette eau et la vapeur ainsi formée pourra atteindre le degré de pression du mélange tonnant comprimé dans le cylindre spécial. On pourra alors introduire cette vapeur dans le cylindre moteur en même temps que le mélange gazeux. Sa force élastique augmente du fait de la chaleur provoquée par la combustion du mélange et, de cette façon, le calorique est utilisé d'une manière plus complète pour produire le travail moteur.

On peut, pour cette raison, réduire l'admission du gaz nécessaire pour produire un travail déterminé, ce qui permet un fonctionnement économique du moteur.

De plus, la vapeur introduite empruntant au mélange enflammé une partie de sa chaleur, il en résulte une diminution de la température des parois du cylindre, ce qui est une condition favorable pour obtenir un bon fonctionnement du moteur et assurer le graissage convenable de ses organes.

Moteur Siemens

Dans le moteur Siemens, le mélange tonnant est, comme dans le moteur Simon, comprimé d'abord dans un réservoir indépendant, puis il est ensuite introduit dans le cylindre moteur, dans lequel il s'enflamme progressivement au fur et à mesure de son introduction.

Ce moteur diffère toutefois du moteur précédent, par la façon dont est récupérée la chaleur perdue.

Nous venons de voir que dans le moteur Simon cette chaleur était utilisée pour produire de la vapeur d'eau, introduite dans le cylindre moteur.

Dans le moteur Siemens, elle est utilisée à échauffer un régénérateur constitué par un réseau de toiles métalliques à travers lesquelles on fait passer le mélange tonnant avant son introduction dans le cylindre. Ce mélange acquiert ainsi une certaine température qui facilite son inflammation et son utilisation dans le cylindre.

Le moteur Siemens comporte un bâti sur lequel sont disposés, à côté l'un de l'autre, deux cylindres verticaux. A la partie supérieure de chaque cylindre est placée la chambre de combustion, garnie intérieurement d'une enveloppe réfractaire. Le cylindre proprement dit, dans lequel se meut le piston, est muni d'une enveloppe permettant d'établir autour de lui une circulation d'eau.

Les bielles articulées sur les axes des deux pistons tourillonnent sur deux manivelles portées par l'arbre moteur. Ces manivelles sont décalées d'un angle de 180 degrés, de sorte qu'un des pistons est en bas de sa course lorsque l'autre est en haut, et réciproquement.

Le mélange tonnant, comprimé dans un récipient placé au-dessus du moteur, est introduit dans chaque cylindre alternativement par la manœuvre d'un tiroir rotatif.

L'aspiration du mélange s'effectue par le mouvement des pistons se déplaçant dans un certain sens ; la compression se produit dans la course inverse.

Sur le conduit amenant le mélange tonnant du réservoir dans lequel il est comprimé, à chaque cylindre, est disposé le régénérateur que le mélange tonnant traverse avant de pénétrer dans le cylindre.

Pendant la période d'échappement, les gaz brûlés sont envoyés sur le régénérateur pour qu'il récupère une partie de la chaleur à laquelle sont portés ces gaz au moment où ils sont évacués. C'est cette chaleur qui, au lieu d'être complètement perdue par l'évacuation des gaz dans l'air, est utilisée pour échauffer le mélange tonnant qui traverse le régénérateur avant de pénétrer dans le cylindre.

Ce moteur, quoique comportant le dispositif de récupération de chaleur que nous venons d'examiner, laquelle permet une certaine économie de gaz combustible, n'a pas reçu d'applications industrielles par suite de la complication des organes, cette complication n'ayant pas permis d'obtenir des résultats pratiques.

Un autre moteur à combustion établi pour fonctionner avec du gaz, le moteur Diesel, n'a pas répondu aux espérances que les premiers essais avaient fait escompter, mais en revanche, le moteur Diesel, alimenté au pétrole lampant, a permis d'obtenir des résultats remarquables. Nous examinerons ultérieurement, en détail, le mécanisme et le fonctionnement de cet intéressant moteur, lors de la description des moteurs à pétrole et à essence.

Chapitre VIII

GAZOGÈNES

HISTORIQUE. — THÉORIE DES GAZOGÈNES. — ÉPURATION DU GAZ. — CLASSIFICATION DES GAZOGÈNES. — GAZOGÈNES A INSUFFLATION : Dowson, Lencauchez, Gardie, Fichet et Heurtey, Letombe. — GAZOGÈNES A ASPIRATION : Taylor, Pierson, Riché, Niel, Boutillier, Winterthur, Dubridge, Otto, Glaenzer, Perreaud et Thomine, Piat, Fichet et Heurtey, Campbell, Tangye. — GAZOGÈNES DIVERS : A DOUBLE COMBUSTION : Riche, Letombe. — FOUR A GAZ RICHÉ. — GAZ DE HAUTS FOURNEAUX ET DE FOURS A COKE. — ÉPURATION.

Historique On avait songé, bien avant que le moteur à gaz ait reçu les importants perfectionnements lui permettant d'être alimenté avec du gaz pauvre, à utiliser le gaz produit par suite du fonctionnement des hauts fourneaux.

Dans les grandes industries métallurgiques, on avait pu apprécier à la fois la quantité considérable de gaz ainsi obtenue ainsi que son pouvoir calorifique, et on s'ingéniait à tirer le meilleur parti possible de cette énergie plutôt que de la laisser se perdre dans l'atmosphère.

Cette énergie est, en effet, considérable puisqu'un haut fourneau dont la consommation est de 100 000 kilogrammes de coke, produit environ 400 000 mètres cubes de gaz par vingt-quatre heures, le pouvoir calorifique de ce gaz pouvant atteindre 900 à 1 000 calories.

Les gaz des hauts fourneaux étaient utilisés, tout d'abord, pour chauffer des chaudières produisant la vapeur nécessaire pour actionner des pompes, des souffleries, des monte-charges, ou tous autres appareils employés dans l'industrie métallurgique.

Malgré ces dispositions, l'utilisation de ces gaz était loin d'être complète. C'est en assimilant un haut fourneau à un gazogène de grandes dimensions que l'on a eu l'idée de construire des appareils spéciaux producteurs de gaz pauvre capable d'alimenter des moteurs à gaz. Ces appareils ont été appelés gazogènes et ce sont les divers types pratiques de ces générateurs de gaz que nous nous proposons d'examiner au cours de ce chapitre.

Nous avons dit, d'ailleurs, que le gaz même de hauts fourneaux est avantageusement employé pour alimenter des moteurs à gaz de grandes puissances et nous avons donné la description de quelques types spéciaux parmi ces moteurs.

Les premiers gazogènes, autres que les hauts fourneaux, étaient spécialement établis pour produire du gaz destiné au chauffage de fours ou de chaudières ; ce n'est qu'au fur et à mesure, lorsque les progrès des moteurs à gaz s'étendirent, que l'on songea à utiliser le gaz ainsi produit pour alimenter ces moteurs.

Dès l'année 1839, de Bischoff avait établi un gazogène servant à produire du gaz destiné au chauffage d'un four. C'est le premier appareil construit spécialement pour obtenir du gaz qui ait reçu une application industrielle.

Ce gazogène possédait cette particularité intéressante qu'il avait été réalisé pour être alimenté avec des combustibles de peu de valeur, tels que la tourbe.

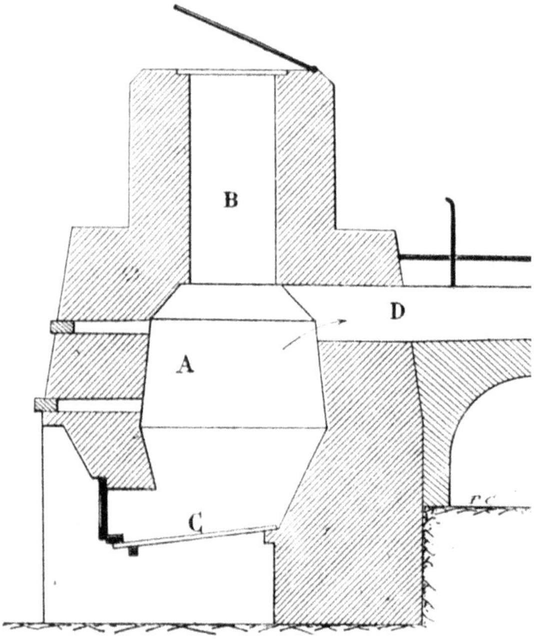

Fig. 347. — Gazogène de Bischoff.

Il était composé d'une capacité A (Fig. 347) recevant le combustible par une ouverture B pratiquée à la partie supérieure. Ce combustible venait reposer sur une grille C inclinée vers l'avant ; une cheminée d'appel D provoquait le tirage, de sorte que le gazogène fonctionnait par aspiration d'air au-dessous de la grille.

On employa successivement comme combustibles le lignite et le bois mais, comme le tirage par l'intermédiaire d'une cheminée devenait insuffisant, on eut recours à un soufflage d'air produit par des machines spéciales.

Bischoff remarqua, en outre, que lorsque l'air aspiré à travers la grille et envoyé sur le combustible incandescent était humide, le gaz obtenu était plus riche en hydrogène et en oxyde de carbone. Pour rendre l'air plus humide il produisait de la vapeur en utilisant la chaleur même développée dans le gazogène et il mélangeait cette vapeur à l'air avant son passage sur le combustible incandescent.

En 1849, Ebelmen ainsi que Thomas et Laurens établirent des gazogènes constitués par des cuves disposées verticalement et dans lesquelles on plaçait du combustible. On soufflait à travers la grille du gazogène, de l'air et de la vapeur surchauffée.

En 1896, les frères Siemens, se basant sur les essais antérieurs de gazogènes, construisirent des appareils producteurs de gaz destiné au chauffage. C'est ainsi que furent créés les gazogènes industriels utilisés pour fondre et raffiner le verre, et employés dans l'industrie métallurgique pour traiter les minerais et pour chauffer les fours.

Dans le gazogène Siemens, l'air était soufflé au-dessus de la grille : la vapeur d'eau provenait de l'évaporation d'une certaine quantité d'eau qu'on laissait s'écouler au-dessous de cette grille. L'air était de la sorte humidifié et le gaz obtenu était recueilli à la partie supérieure du gazogène, lequel était constitué par une sorte de cuve rectangulaire comportant une voûte faite en briques réfractaires et sur laquelle était disposée, à la partie supérieure, une trémie de chargement.

L'emploi de plus en plus répandu des moteurs à gaz incita de nombreux constructeurs et ingénieurs à chercher à produire dans les gazogènes du gaz capable d'alimenter les moteurs.

C'est en l'année 1878 que Dowson expérimenta industriellement un gazogène produisant du gaz pauvre avec lequel on pouvait faire fonctionner des moteurs.

Ce résultat remarquable devait donner au moteur à gaz l'essor considérable qui l'a placé, au point de vue économique, au premier rang des machines productives d'énergie.

Dans le gazogène Dowson, le combustible employé n'était plus du combustible pauvre tel que tourbes, lignite ou bois, mais de l'anthracite. Il fonctionnait sous pression et l'air était soufflé dans le gazogène par l'intermédiaire d'un injecteur qui fonctionnait au moyen de la vapeur produite dans une chaudière indépendante.

Le gaz obtenu dans le gazogène était recueilli dans un gazomètre après avoir traversé des appareils de lavage et d'épuration.

Le fonctionnement du gazogène Dowson, tout en donnant des résultats qu'on avait le droit de considérer comme remarquables au moment de son apparition, offrait néanmoins quelques inconvénients sérieux au point de vue de son utilisation pratique. Le combustible à employer devait être pur, ne pas donner lieu à un dépôt trop grand de cendres ni à une production exagérée de matières volatiles.

D'autre part, l'emploi de l'injecteur à vapeur pour insuffler l'air dans le gazogène ne convenait que pour des pressions assez réduites.

Les recherches ayant pour objet le perfectionnement des gazogènes se poursuivirent.

Lencauchez, en 1886, remplaça l'injecteur de vapeur par un ventilateur pour souffler l'air dans le gazogène. La chaudière spéciale alimentant l'injecteur se trouvait ainsi supprimée et comme la vapeur d'eau est nécessaire pour rendre humide l'air projeté sur le combustible, le gazogène comportait, comme cendrier, une cuvette maintenue remplie d'eau. Cette eau sous l'influence de la chaleur dégagée du foyer se vaporisait et la vapeur se mélangeait avec l'air qui pénétrait dans le gazogène.

Les *gazogènes soufflés à ventilateurs* permirent d'obtenir des résultats supérieurs à ceux qu'on avait eus avec les *gazogènes soufflés par injecteurs*. On ne pouvait cependant utiliser, pour alimenter ces gazogènes, tous les charbons français qui sont, en général, des charbons maigres.

En 1894, Letombe, dans le but de rendre possible cette utilisation de charbons maigres français, fit une succession d'essais de gazogènes et en établit un fonctionnant avec une pulvérisation d'eau dans l'air insufflé[1].

Ce gazogène (Fig. 348) se compose d'une cuve *f* se terminant à sa partie inférieure, par une *sole incurvée* qui permet de maintenir le combustible appliqué contre la grille du foyer disposée verticalement. En avant de la grille, une porte *d* permet d'effectuer son décrassage. Dans le cadre de cette porte est ménagé un conduit constituant la tubulure d'arrivée d'air.

Cet air, provenant d'une soufflerie, est admis par le conduit *a* et parcourt un tube *s* enroulé en forme de serpentin autour de la cuve du gazogène, avant d'aboutir au conduit disposé dans le cadre de la porte et, de là, sur le combustible à travers la grille.

Le tube enroulé en serpentin *s* est placé dans du sable remplissant l'espace compris entre la cuve *f* du gazogène, qui est munie d'une garniture réfractaire, et l'enveloppe

1 *Moteurs et Gazogènes* - Letombe - Decoopman 2012

extérieure de l'appareil, laquelle est en tôle de fer. Cette disposition a pour but de porter le tube *s* à une certaine température qui est utilisée pour vaporiser de l'eau admise dans le courant d'air soufflé.

Cette eau est introduite à l'extrémité supérieure du serpentin par un pulvérisateur *b*. La pulvérisation de l'eau, dont une partie se transforme en vapeur pendant son passage dans le serpentin, donne à l'air introduit une humidification sensiblement constante, de sorte que le gaz produit dans le gazogène est d'une composition qui se maintient toujours la même.

On peut ainsi diminuer la capacité des gazomètres établis principalement dans le but de compenser les irrégularités de composition du gaz.

Avec le gazogène à pulvérisation Letombe, le gazomètre *j* est utilisé comme régulateur de pression et, en outre, il détermine, par sa manœuvre, le réglage de la soufflerie de l'air dans le gazogène. Pour cela, le conduit d'aspiration ou de refoulement du ventilateur se trouve obturé, ou bien une certaine quantité d'air est rejetée hors du gazogène lorsque le moteur alimenté n'absorbe pas tout le gaz produit dans le gazogène.

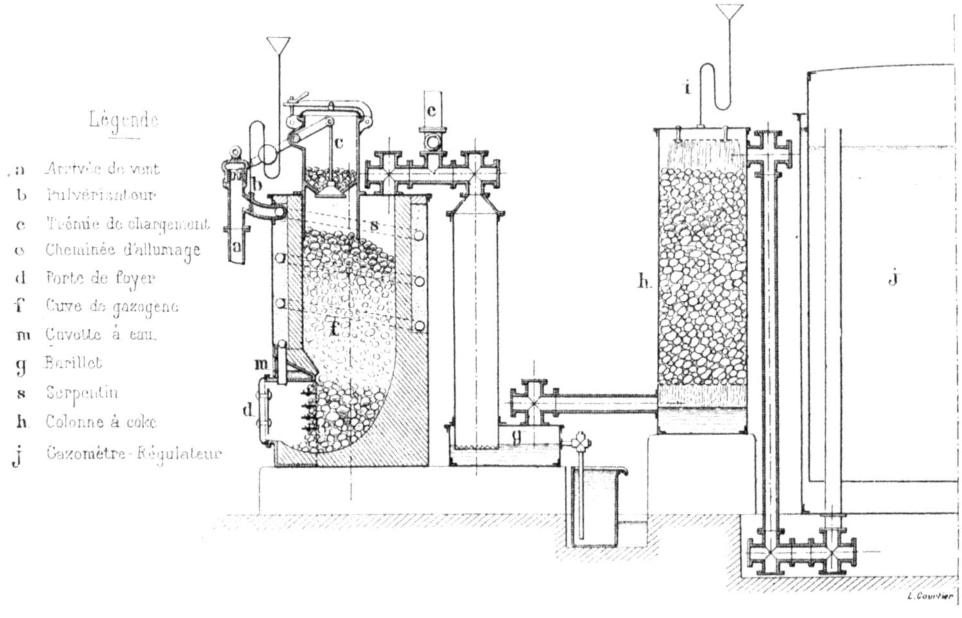

Fig. 348. — Gazogène à pulvérisation d'eau Letombe.

Le gaz, avant d'être introduit dans le gazomètre *j*, traverse un récipient *h* contenant du coke, sur lequel on laisse s'écouler de l'eau. C'est le *laveur*.

Le chargement du combustible s'effectue par une trémie *c*, disposée à la partie supérieure de la cuve, et dans laquelle on verse le charbon.

Par la manœuvre d'un levier qui abaisse un cône obturateur, on provoque la descente du combustible dans le gazogène sans que le gaz puisse s'échapper et sans qu'il y ait une rentrée d'air, la trémie ayant été préalablement fermée à sa partie supérieure par un tampon autoclave.

Quand on allume le gazogène, on laisse échapper les produits de la combustion par la cheminée *c* et, lorsque l'appareil a pris son fonctionnement normal, la manœuvre d'un robinet obture le conduit d'accès à cette cheminée ; ainsi tout le gaz produit peut se rendre dans le gazomètre.

Ce type de gazogène pourrait utiliser, comme combustibles, la plupart des charbons maigres français.

Bénier, qui avait déjà établi le moteur à gaz dont nous avons précédemment parlé, supprima complètement le gazomètre dans l'installation produisant du gaz pauvre et réduisit ainsi considérablement l'encombrement exigé par cette installation. Pour cela, son dispositif est fondé sur l'appel du mélange d'air et de vapeur qui passe sur le combustible incandescent dans le gazogène, par l'action du moteur lui-même alimenté avec le gaz produit.

Par la manœuvre de son piston, le moteur aspire le mélange introduit dans le foyer. C'est en raison de cette particularité qu'on a donné à ce type d'appareil producteur de gaz le nom de *gazogène à aspiration.*

Le premier gazogène à aspiration construit par Bénier comportait une cuve cylindrique à la partie inférieure de laquelle était disposée une grille horizontale. Un chargeur était placé à la partie supérieure et était muni d'une trémie à double fermeture. Le chargeur, qui descendait assez bas dans la cuve, était muni d'une double enveloppe. La capacité comprise entre les deux enveloppes était remplie d'eau et constituait ainsi une sorte de chaudière produisant de la vapeur d'eau servant à humidifier l'air aspiré.

Dans un second modèle de gazogène construit par Bénier, la production de la vapeur était obtenue par un autre dispositif. La grille du foyer était formée par un cylindre creux, disposé horizontalement, portant une série d'ailettes placées perpendiculairement à son axe. Ce cylindre pouvait être manœuvré de l'extérieur au moyen d'une clef et en le faisant tourner autour de son axe on pouvait, par l'intermédiaire des ailettes, effectuer le décrassage de la grille.

Le tube cylindrique formant la grille recevait un faible courant d'eau. Cette eau, maintenue à un niveau constant, permettait d'une part de refroidir la grille et, en outre, une partie se vaporisait : la vapeur ainsi produite servait à être mélangée avec l'air aspiré dans le gazogène.

Pour obtenir un gaz de composition constante, il importe que le mélange d'air et de vapeur introduit dans le gazogène contienne une proportion bien déterminée de chacun de ces produits. Pour que cette condition puisse être réalisée, il convient que l'air et le gaz soient à une pression constante avant leur introduction dans l'appareil. Dans le gazogène Bénier, l'air était aspiré à la pression atmosphérique, la vapeur produite était à une pression supérieure. Pour ramener cette vapeur à la pression atmosphérique avant de l'admettre dans le gazogène, on la dirigeait dans une chambre communiquant à l'air libre ; de là elle pénétrait, après avoir été ramenée à la pression atmosphérique, dans le conduit d'aspiration du gazogène.

Du fait de cette disposition, la quantité de vapeur introduite était variable avec le degré d'aspiration du moteur.

Bénier construisit donc *le premier gazogène à aspiration* ayant fonctionné industriellement. Avant lui, cependant, en 1862, un professeur de Barcelone, nommé Arbos, avait établi un moteur fonctionnant avec du gaz de gazogène, dans lequel le mélange d'air et de vapeur était aspiré par le moteur lui-même. En réalité donc, on doit la création des gazogènes à aspiration à Arbos, mais il convient de dire qu'au moment de cette création, le fonctionnement du gazogène laissait à désirer car, si le moteur alimenté par le gaz ainsi produit tournait bien régulièrement quand il n'avait aucune charge, son allure se ralentissait dès qu'il était chargé et il finissait même par s'arrêter complètement. C'est par l'étude progressive et approfondie des gaz pauvres et des gazogènes, et à la suite des divers perfectionnements qui furent apportés à ces appareils, que l'on arriva à produire du gaz pauvre capable d'alimenter des moteurs à gaz de grandes puissances.

En résumé, dans le rapide historique des gazogènes que nous venons de donner, nous avons rencontré deux types principaux de gazogènes : *gazogènes à insufflation et gazogènes à aspiration*. Les premiers de ces appareils se subdivisent d'ailleurs en plusieurs catégories suivant que l'air insufflé est produit par un injecteur ou par un ventilateur. Ces particularités vont nous permettre de classer les gazogènes en vue de leur description détaillée.

Auparavant, il convient d'indiquer de quelle façon se forme le gaz pauvre dans un gazogène, et quelles réactions successives s'effectuent pendant le fonctionnement de l'appareil.

Théorie des gazogènes

Un gazogène est, en principe, un appareil dans lequel on verse une couche épaisse de charbon, dont la combustion incomplète, réglée par l'admission d'un courant d'air, provoque la formation d'un gaz combustible, composé lui-même de plusieurs gaz et que l'on nomme gaz pauvre.

La composition du gaz pauvre produit dans un gazogène ainsi que son pouvoir calorifique varient suivant le combustible avec lequel est alimenté l'appareil.

Quand on admet dans un gazogène de l'air sec, c'est-à-dire de l'air non mélangé avec de la vapeur d'eau, l'oxygène contenu dans cet air donne lieu, au contact du charbon, à la formation d'acide carbonique qui se produit à la partie inférieure du gazogène. L'acide carbonique ainsi formé traverse la couche de charbon incandescent disposée au-dessus et se transforme, à son contact, en oxyde de carbone.

La transformation de l'acide carbonique, gaz incombustible, en oxyde de carbone, gaz combustible, au contact du charbon incandescent, s'effectue par suite d'une réaction qui n'a plus lieu lorsque ce combustible est à une température inférieure à 750 degrés environ. La réaction dépend donc de la température du combustible, de sa perméabilité et du temps pendant lequel le contact est établi entre les gaz et le charbon, de sorte que le gaz combustible produit dans un gazogène est fonction de la qualité du charbon qui l'alimente, de la quantité versée dans l'appareil et de la vitesse du courant d'air introduit.

En résumé, l'oxygène de l'air sec admis dans un gazogène est donc transformé, après avoir traversé la couche de combustible, en oxyde de carbone, et l'azote contenu dans cet air, ne donnant lieu à aucune réaction au contact du charbon, se retrouve à la partie supérieure du gazogène, pour former avec l'oxyde de carbone le gaz produit par le gazogène. Ce gaz est donc composé d'une partie combustible : l'oxyde de carbone, et d'une autre partie qui ne l'est pas : l'azote. La présence de l'azote diminue le pouvoir calorifique du gaz. En outre, l'acide carbonique, incombustible, n'est pas complètement transformé en oxyde de carbone. Pour ces raisons, le gaz produit est appelé gaz pauvre. Le pouvoir calorifique du gaz pauvre, obtenu dans un gazogène à l'air sec, est d'environ 1 050 calories par mètre cube.

Généralement, ainsi que nous l'avons vu plus haut, on laisse pénétrer dans les gazogènes de l'air mélangé avec de la vapeur d'eau.

Dans ce cas, le passage de l'air à travers le combustible du gazogène donne lieu à une production de gaz pauvre, ainsi que nous venons de l'indiquer mais, en outre, il se produit, du fait de la présence de la vapeur d'eau, une réaction supplémentaire.

La vapeur d'eau, qui est formée d'hydrogène et d'oxygène, se trouve, au contact du charbon porté à l'incandescence, décomposée en ses deux éléments. L'un, *l'hydrogène*, se retrouve semblable à lui-même à la partie supérieure du gazogène, l'autre, *l'oxygène*, se transforme de la même façon que l'oxygène de l'air, d'abord en acide carbonique, à la partie inférieure de l'appareil, puis en oxyde de carbone après la traversée du combustible incandescent. La réaction produite par la seule vapeur d'eau sur le charbon donne lieu à un gaz spécial formé d'oxyde de carbone et d'hydrogène. Ces deux gaz étant combustibles, le gaz ainsi produit a un pouvoir calorifique supérieur à celui du gaz provenant de la réaction de l'air sec sur le charbon incandescent. Ce pouvoir calorifique peut atteindre environ 2 800 calories par mètre cube et le gaz produit se nomme gaz à l'eau, tandis qu'on désigne généralement par gaz de combustion le gaz fourni par la seule réaction de l'air sec.

En considérant la différence sensible des pouvoirs calorifiques du gaz à l'eau et du gaz de combustion, on peut se demander pourquoi on n'utilise pas exclusivement la réaction de la vapeur d'eau sur le combustible incandescent pour produire du gaz. Cette manière de procéder présenterait un grave inconvénient.

La réaction de la vapeur d'eau sur le charbon et sa décomposition provoquent, en effet, une absorption de chaleur assez grande, de sorte qu'au bout d'un temps de fonctionnement relativement court, la quantité de chaleur absorbée serait telle, que la température dans le foyer serait inférieure à la température limite au-dessous de laquelle la réaction ne peut plus s'effectuer. Le fonctionnement du gazogène cesserait alors.

Pour utiliser, cependant, dans la limite d'un fonctionnement régulier du gazogène, le pouvoir calorifique du gaz à l'eau, on admet dans le foyer de l'appareil un mélange établi en proportions convenables d'air et de vapeur d'eau, ce qui donne lieu à une production de gaz de combustion et de gaz à l'eau qui constitue le gaz pauvre fourni par les gazogènes. Ce gaz pauvre a un pouvoir calorifique moyen de 1 250 calories par mètre cube, compris ainsi entre celui de chacun des gaz qui le constituent.

On comprend que la quantité de vapeur que l'on peut admettre est limitée par l'obligation de maintenir dans le foyer une température suffisamment élevée pour assurer les réactions.

Si, pour diminuer le plus possible le refroidissement dans le foyer, on surchauffe le mélange d'air et de vapeur qui y est admis, on peut en introduire une plus grande quantité avant que la température du foyer soit descendue à sa limite inférieure ; de la sorte, on obtient un gaz contenant une quantité d'hydrogène plus grande, hydrogène provenant de la plus grande quantité de vapeur d'eau admise. Le gaz produit a un pouvoir calorifique plus élevé que celui du gaz pauvre et qui atteint en moyenne de 1 350 à 1 450 calories par mètre cube. Le gaz ainsi obtenu par le mélange ou la surchauffe préalable du mélange introduit dans le gazogène se nomme aussi gaz mixte.

Les diverses réactions que nous venons d'indiquer et qui, en principe, ont lieu dans les gazogènes, sont les réactions principales qui se produiraient seules si le combustible employé était du carbone pur.

Pour certains charbons, tels que plusieurs sortes d'anthracites, les réactions secondaires peuvent être considérées comme négligeables mais comme il est désirable que les gazogènes soient alimentés avec des charbons pour ainsi dire quelconques, il est nécessaire de tenir compte de ces réactions accessoires, qui prennent alors une importance réelle et qui peuvent influer sur le rendement et sur la régularité du fonctionnement du gazogène.

Ces réactions proviennent de ce que les charbons contiennent en général des hydrocarbures et des matières volatiles. Quand le charbon versé dans le gazogène atteint la zone de combustion, sa distillation s'effectue sous l'effet de la chaleur et les produits volatils qu'il contient se dégagent. Ces produits sont des carbures d'hydrogène gazeux et des vapeurs de goudron, de benzine, de naphtaline.

Si on utilise le gaz immédiatement au sortir du gazogène, pour le chauffage, tous ces produits concourent à augmenter le pouvoir calorifique de ce gaz et on a intérêt dans ce cas, à employer du combustible contenant des matières volatiles.

Lorsque le gaz doit, au contraire, être amené, par des conduits, dans des appareils et notamment lorsqu'il s'agit d'alimenter des moteurs, les carbures d'hydrogène augmentent bien, en se mélangeant au gaz, son pouvoir calorifique mais, d'autre part, les autres vapeurs produites, et particulièrement le goudron, se condensent, encrassent les tuyaux de conduite et les organes mêmes des moteurs.

Il est, dès lors, indispensable de procéder à des nettoyages et à des décrassages de temps à autre pour assurer le fonctionnement régulier du gazogène ainsi que du moteur qu'il alimente.

On a donc intérêt, dans ce cas, à employer comme combustible du charbon maigre, ou du coke, de façon à éviter par distillation l'obtention de produits volatils.

La combustion du charbon contenu dans le gazogène produit des résidus, cendres et mâchefers, qu'il est indispensable d'évacuer de l'appareil pour maintenir la régularité de son fonctionnement. L'enlèvement des scories est une opération qui doit être rendue le plus facile possible ; c'est ce que l'on nomme le décrassage : il doit pouvoir s'effectuer sans occasionner de déchet de combustible.

Le décrassage est toujours difficile à réaliser, étant donnée la hauteur de la couche de combustible qui recouvre les scories à enlever. Il en résulte que ces scories s'accrochent aux parois des gazogènes, descendent difficilement et forment des sortes d'écrans qui obstruent le passage du mélange insufflé ou aspiré et qui, de ce fait, entravent le fonctionnement du gazogène.

Pour éviter ce grave inconvénient, on peut employer des charbons très purs, qui ne produisent que peu de résidus, comme les anthracites anglais.

On peut aussi diminuer la production des mâchefers en donnant aux gazogènes une allure modérée qui ne permet pas la fusion des scories.

On évite ainsi la formation des croûtes qui s'accrochent et forment obturation au passage du gaz.

D'autre part, l'allure modérée du gazogène nécessite une augmentation de volume qui a l'inconvénient d'exiger des dépenses d'installation souvent onéreuses.

Il n'est donc pas facile on le voit, d'éviter la formation de scories dans les gazogènes, et cela, d'autant plus que le combustible employé doit pouvoir être moins pur que l'anthracite anglais.

On a donc cherché à rendre le décrassage aisé, mais dans cette question encore, on n'a pu trouver un moyen parfaitement pratique permettant de débarrasser un gazogène, pendant sa marche, des scories qui s'y forment.

On emploie des grilles spéciales dont les unes sont inclinées, comportent des gradins, ou même, sont constituées par des barreaux mobiles dont la manœuvre permet de faire tomber les cendres.

Des dispositifs mécaniques rendant les grilles oscillantes ou tournantes ont également été réalisés dans certains types de gazogènes mais on n'est pas parvenu, cependant, à rendre absolument facile l'opération du décrassage.

C'est pour cela que l'emploi dans les gazogènes de combustibles autres que le charbon sensiblement pur, nécessite un nettoyage complet de l'appareil au bout d'un temps relativement court.

Dans les installations à marche intermittente, on peut vider la cuve du gazogène au bout de huit à dix heures, après les heures de travail.

Quand l'installation est établie pour fonctionner d'une manière permanente, sans arrêt, on peut prévoir un gazogène de réserve que l'on met en marche pendant qu'on procède au nettoyage de l'autre ou, encore, on complète l'installation par un gazomètre pouvant contenir une quantité de gaz suffisante pour permettre l'alimentation du moteur pendant que l'on procède au nettoyage du gazogène.

Épuration du gaz

Le gaz sortant du gazogène ne peut être admis tel qu'il est produit dans les organes des moteurs car, ainsi que nous l'avons dit, ce gaz contient surtout des goudrons qui formeraient sur les organes des dépôts nuisant à leur fonctionnement. Pour épurer le gaz et le rendre propre à l'alimentation du moteur, on lui fait traverser une série d'appareils qui le lavent et le débarrassent de ses impuretés. Ce gaz est ensuite, dans certaines installations, recueilli dans un gazomètre d'où il est distribué dans les machines motrices.

A la sortie du gazogène le gaz traverse, généralement, une cuve à eau qui retient en partie les goudrons et les poussières qu'il contient et constitue une sorte de clapet automatique ne permettant pas au gaz de retourner vers le gazogène.

Le gaz est ensuite envoyé dans des cylindres métalliques de grande hauteur qu'on remplit de coke et à la partie supérieure desquels on fait arriver un courant d'eau. Le gaz, qui traverse l'appareil de bas en haut se lave, se refroidit et s'épure. Ce laveur est assez souvent nommé *scrubber* ; le refroidissement du gaz a surtout pour but de condenser le goudron qu'il contient.

A la sortie du *scrubber*, le gaz doit encore traverser un *épurateur* avant d'être admis dans le gazomètre. Les épurateurs sont de types divers. Certains contiennent de la sciure de bois, d'autres de la chaux ou du sulfate de fer.

Au sortir de l'épurateur, le gaz peut être employé dans le moteur, le gazomètre étant disposé dans les installations de gazogènes à insufflation pour régulariser la pression du gaz ou pour en recueillir un certain volume permettant la continuité de l'alimentation du moteur pendant le décrassage du gazogène.

Classification des gazogènes

Les gazogènes, ainsi que nous l'avons vu précédemment, peuvent être classés en deux groupes principaux : *les gazogènes à insufflation et les gazogènes à aspiration.*

Nous avons vu que le premier de ces groupes pouvait se subdiviser en plusieurs catégories comprenant des gazogènes à insufflation par injecteur et par ventilateur, auxquelles il convient d'ajouter les gazogènes à insufflation à haute pression.

Les gazogènes à aspiration ne comportent pas de subdivisions.

Nous allons examiner ces différents types de gazogènes en les considérant comme classés simplement en deux groupes : *les gazogènes à insufflation ou soufflés et les gazogènes à aspiration.*

GAZOGÈNES A INSUFFLATION

Gazogène Dowson (Fig. 349) Ce gazogène, dont nous avons dit quelques mots plus haut, est le type des gazogènes *soufflés* par injecteur.

Il se compose d'une cuve A cylindrique constituée en terre réfractaire, et munie extérieurement d'une enveloppe de tôle B.

A la partie inférieure de la cuve est disposée une grille C, au-dessous de laquelle est ménagée une capacité close D, dans laquelle est injecté un mélange formé d'air et de vapeur, lequel arrive par un conduit E.

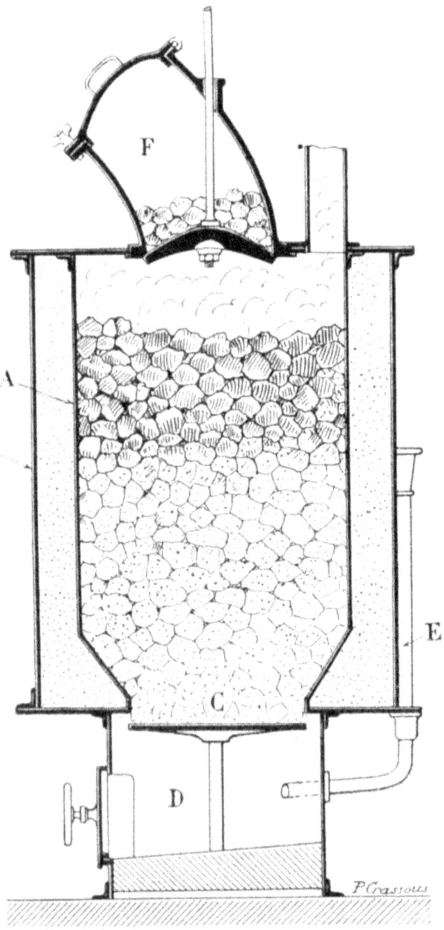

Fig. 349. — Gazogène Dowson.

La cuve A est remplie de combustible formé généralement de coke mélangé avec de l'anthracite. Ce combustible est introduit dans le gazogène par une trémie supérieure de chargement F qui est munie d'une double fermeture : à la partie inférieure, un cône obture l'orifice de la trémie ; il permet de laisser tomber dans le gazogène le combustible qui y a été introduit par l'ouverture d'une porte disposée à la partie supérieure. Ce dispositif, employé dans tous les gazogènes, a pour but de permettre d'effectuer le chargement du combustible en deux temps sans laisser échapper du gaz à l'extérieur et sans laisser pénétrer de l'air dans le gazogène.

La vapeur qui est introduite dans le gazogène avec l'air, en mélange, est fournie par une petite chaudière spéciale. Cette vapeur est amenée au gazogène par l'intermédiaire d'un injecteur dont le fonctionnement provoque un appel d'air. La vapeur ainsi que l'air arrivent ainsi mélangés à travers le combustible placé sur la grille et, par les réactions que nous avons précédemment indiquées, produisent du gaz qui se forme à la partie supérieure du gazogène.

De là, le gaz est conduit par une boîte à clapets dans un barillet où les goudrons sont arrêtés, puis dans un laveur et dans un épurateur avant d'être admis dans le gazomètre.

Gazogène Lencauchez (Fig. 350.) Cet appareil à insufflation est considéré comme le type de la seconde catégorie de cette classe de gazogènes. Le mélange d'air et de vapeur, au lieu d'être admis par la manœuvre d'un injecteur alimenté à la vapeur, est soufflé par l'action d'un ventilateur. Dans ce type de gazogène, la chaudière qui produit la vapeur assurant la marche de l'injecteur est supprimée : nous avons précédemment établi le parallèle entre ce genre de gazogène et le type Dowson que nous venons de décrire.

Le gazogène Lencauchez se compose d'une cuve cylindrique A comportant une garniture B en briques réfractaires. Une enveloppe de tôle C forme la paroi extérieure du gazogène.

L'espace circulaire compris entre cette enveloppe et la garniture de briques réfractaires est rempli de sable qui fait fonction de calorifuge et qui empêche la chaleur du gazogène de rayonner au-dehors.

A la partie supérieure de la cuve est disposée une trémie D à double fermeture par laquelle on alimente l'appareil en combustible. Un couvercle E, placé en haut, permet de verser le combustible dans la trémie ; un cône F, disposé à la partie inférieure, permet, par sa manœuvre qui s'effectue de l'extérieur au moyen d'un levier G, de laisser tomber le combustible dans le gazogène. Ce combustible est dirigé, pendant sa chute, par une sorte de conduit constitué par la présence d'une cloison H ; elle dégage l'orifice du conduit I par lequel le gaz produit dans le gazogène est amené aux appareils épurateurs.

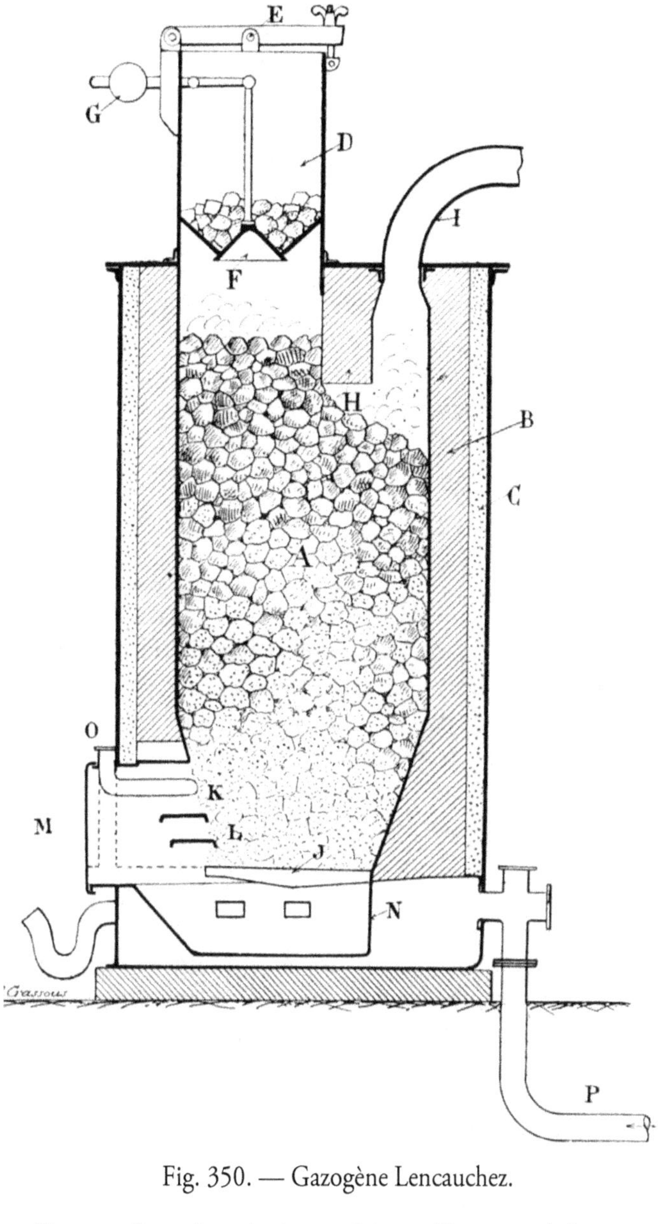

Fig. 350. — Gazogène Lencauchez.

Le combustible, versé dans l'appareil par la trémie supérieure D, est arrêté par une grille J disposée à la partie inférieure : des barreaux spéciaux K et L, placés obliquement, l'empêchent de tomber dans le cendrier, tout en permettant l'insufflation d'un mélange d'air et de vapeur.

Le foyer est fermé en avant par une porte M ; au-dessous de la grille est disposé un cendrier N dans lequel s'écoule une petite quantité d'eau admise par le conduit O. Par l'action de la chaleur dégagée dans le foyer, cette eau se vaporise ; la vapeur ainsi produite est entraînée par l'air envoyé sous pression par un ventilateur. Cet air arrive par le conduit P, qui communique avec le ventilateur actionné par le moteur. Il pénètre dans le cendrier, se mélange avec la vapeur d'eau produite, et ce mélange est introduit à travers le combustible incandescent, ce qui donne lieu aux réactions que nous connaissons, donnant naissance au gaz qui sort du gazogène par le tuyau supérieur I.

Le conduit I vient déboucher à la partie inférieure d'un laveur. Le gaz pénètre dans le laveur en traversant une cuve à eau qui forme clapet hydraulique et qui empêche le retour de ce gaz dans le gazogène. Puis, il monte à travers le coke contenu dans le laveur en s'épurant, se lavant et se refroidissant au contact d'une nappe d'eau qui s'écoule, de la partie supérieure du laveur, sur le coke.

Au sortir du laveur, le gaz arrive dans un gazomètre. Le gazomètre est disposé de telle façon que, lorsqu'il parvient, par suite de l'admission du gaz, à son extrémité de course vers le haut, il provoque, par un renvoi de mouvement fort simple, la fermeture d'un clapet placé sur le conduit d'air soufflé, entre le ventilateur et le gazogène. L'air qui continue à être fourni par le ventilateur se trouve rejeté dans l'atmosphère ; et par ce moyen, la production du gaz dans le gazogène est proportionnée à la consommation qu'en fait le moteur qui s'alimente dans le gazomètre.

Gazogène Gardie

(Fig. 351.) Ce gazogène constitue un troisième type de gazogène à insufflation. C'est un gazogène soufflé à haute pression.

Nous avons décrit, à la suite les uns des autres, les trois types de gazogènes à insufflation pour qu'on puisse établir facilement un parallèle entre eux. Nous trouverons, plus loin, des gazogènes de cette classe appartenant à ces diverses catégories, que nous examinerons, sans les grouper, dans leurs subdivisions respectives.

Dans le gazogène Gardie, l'air est admis avec une pression pouvant atteindre 6 à 7 kilogrammes par centimètre carré. Cet air est fourni par un compresseur indépendant. Comme la vapeur est mélangée avec l'air pour pénétrer dans l'appareil, cette vapeur est fournie à une pression égale à celle de l'air, ce qui contribue à augmenter sensiblement sa température.

Le procédé du soufflage d'un mélange à haute pression dans un gazogène est évidemment avantageux, car la combustion est plus régulière du fait de l'action plus vive de l'oxygène et de l'acide carbonique sur le combustible incandescent.

Il faut, d'autre part, compter avec la dépense d'énergie nécessitée par la manœuvre de l'appareil de compression fournissant l'air sous pression.

Le gazogène Gardie est constitué par une cuve A faite en briques réfractaires et munie extérieurement d'une enveloppe de tôle B.

Cette cuve, cylindrique à sa partie supérieure, laquelle est fermée par une voûte en briques réfractaires recouverte d'un revêtement en tôle se prolonge, à sa partie inférieure, par une partie conique. Cette partie conique, formant étranglement, soutient le combustible, de sorte que ce gazogène ne comporte aucune grille.

Le combustible est introduit dans la cuve par une trémie C à double fermeture. Le couvercle D placé à la partie supérieure de la trémie, est à charnière : il se trouve appliqué sur son repos par le serrage d'une vis de pression.

A la partie inférieure de la trémie est disposé un robinet E, dont la manœuvre permet de laisser tomber dans le gazogène, par un conduit en forme d'entonnoir, le combustible versé au préalable dans la trémie.

Le mélange d'air et de vapeur à forte pression pénètre dans le gazogène à la partie inférieure par une série de tuyères F disposées sur son pourtour. Le mélange traverse ainsi le combustible et les réactions qui se produisent donnent naissance à du gaz qui s'échappe par le conduit supérieur G.

Un autre conduit H, muni d'une cheminée et pouvant être obturé par la fermeture d'un clapet, sert à évacuer les fumées et à provoquer le tirage pendant l'opération d'allumage du gazogène.

La vapeur, avant d'être introduite dans le gazogène pour être mélangée avec l'air, traverse un serpentin I disposé à l'intérieur de la cuve et à sa partie supérieure, de sorte que la chaleur que possède le gaz contribue à surchauffer cette vapeur et à augmenter sa pression.

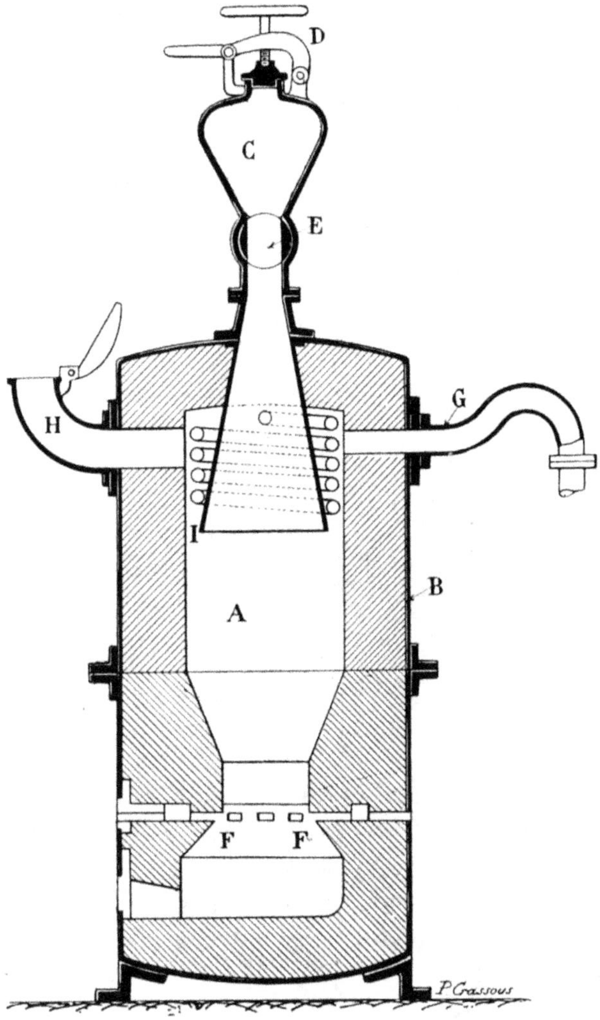

Fig. 351. — Gazogène Gardie.

L'air est également réchauffé par son passage dans un récipient traversé par les gaz évacués du moteur après fonctionnement.

Le gaz produit dans le gazogène Gardie contient une forte proportion de gaz à l'eau et peut atteindre un pouvoir calorifique de 1 500 calories par mètre cube.

Gazogènes Fichet et Heurtey

Les gazogènes à insufflation Fichet et Heurtey sont de types divers qui sont caractérisés par une disposition identique de la sole constituant le foyer. Cette sole est circulaire et peut tourner autour de son axe pendant le fonctionnement du gazogène pour permettre le décrassage du foyer.

Le gazogène Fichet et Heurtey à insufflation par injecteur (Fig. 352) se compose d'une cuve cylindrique M faite en terre réfractaire et comportant une enveloppe extérieure B étanche, en tôle de fer. Un couvercle en fonte ferme la cuve à la partie supérieure formée par une voûte en matière réfractaire, au centre de laquelle débouche le dispositif de chargement du combustible : ce dispositif consiste en une trémie A constituée par un cylindre métallique terminé à sa partie inférieure par une partie conique et dont les deux orifices sont obturés, l'un, celui du haut, par un couvercle dont la fermeture est assurée par un levier à excentrique, l'autre, à la partie inférieure, par un bouchon conique, lequel est appliqué sur l'orifice par l'action d'un contrepoids.

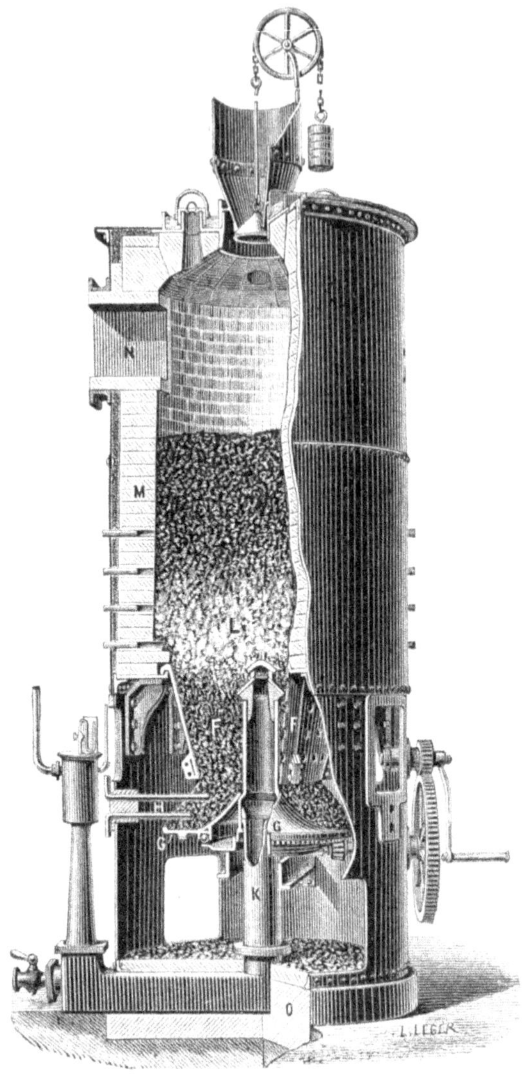

Fig. 352. — Gazogène Fichet et Heurtey à insufflation par injecteur.

Le chargement de combustible est d'abord introduit dans la trémie par le couvercle supérieur, puis, lorsque ce couvercle a été fermé, on fait manœuvrer, de l'extérieur, le cône formant bouchon et le combustible tombe dans la cuve où, par la disposition de plusieurs cônes de distribution, on peut le répartir sur toute la surface.

A l'extrémité supérieure de la cuve est disposé un conduit N, par lequel le gaz produit dans le gazogène sort de l'appareil.

Des ouvertures ménagées sur le couvercle du gazogène ainsi que le long des parois verticales de la cuve, permettent de contrôler, pendant le fonctionnement, l'allure de la combustion dans l'appareil ; en outre, par ces regards placés à des hauteurs différentes, on peut introduire des barres métalliques de piquage, afin de provoquer le décollage du mâchefer qui pourrait se former contre les parois réfractaires de la cuve.

La cuve du gazogène est supportée par un plateau de fonte solidaire d'un corps cylindrique reposant sur le socle maçonné O. Le corps cylindrique constituant la partie inférieure du gazogène est percé d'ouvertures par lesquelles on peut suivre la manœuvre de la sole tournante et de portes permettant l'évacuation des cendres.

La grille est remplacée, dans ce gazogène, par une sole G faite en fonte de fer et ayant une forme incurvée pour permettre la descente naturelle des scories qui arrivent de la partie supérieure. Cette sole est donc constituée sans barreaux et forme une surface continue qui se raccorde avec un tube central cylindrique K ouvert à la partie supérieure et muni de chapeaux coniques pour empêcher le combustible de pénétrer au centre de ce tube.

La sole est mobile autour de ce tube ; elle repose sur une couronne de billes de gros diamètre facilitant son déplacement. Le mouvement de rotation lui est donné par une manivelle extérieure et par l'intermédiaire de deux roues d'engrenage extérieures et d'un pignon conique intérieur engrenant avec une denture disposée sur la face inférieure de la sole. Une trémie conique F, terminant la cuve du gazogène vers le bas, règle la descente des scories sur la sole. Des barres transversales H sont disposées pour permettre le décrassage de la sole pendant son mouvement de rotation.

Un injecteur est placé verticalement à côté du gazogène. Cet appareil fonctionne au moyen de la vapeur qui y est admise par le tuyau provenant d'une chaudière indépendante. La manœuvre de l'injecteur a pour fonction d'admettre dans le gazogène de l'air mélangé avec de la vapeur. Ce mélange est introduit dans la cuve par un conduit horizontal sur lequel est branché l'injecteur et par le tube K. Il traverse le combustible incandescent en donnant lieu à des réactions qui produisent le gaz, lequel s'écoule par le conduit supérieur N. Un robinet purgeur est placé sur le conduit horizontal pour évacuer l'eau pouvant être condensée. La sole tournante G est séparée du combustible incandescent par une couche épaisse de scories contenues dans la trémie F, disposition adoptée pour éviter l'action nuisible qu'exercerait une température élevée sur les organes constituant la sole et provoquant son mouvement.

Pour mettre le gazogène en marche, on verse dans la cuve du mâchefer de la grosseur du poing, de façon que la trémie intérieure soit remplie et que le mâchefer recouvre toute la surface de la sole. On jette ensuite dans la cuve des copeaux, du bois sec que l'on allume et on place alors au-dessus un peu de combustible. Ce combustible s'allume, le tirage se faisant par la porte du cendrier qu'on laisse ouverte, par quelques trous de piquage et par une cheminée disposée sur le conduit de gaz.

Lorsqu'une charge de combustible est bien allumée, on en introduit une seconde dans la cuve et ainsi de suite ; on verse progressivement dans le gazogène des couches successives de combustible. Lorsque la couche atteint une certaine épaisseur, le gaz commence à se former. On peut, à ce moment, introduire de l'air à basse pression par le tube central. La combustion est ainsi activée et la porte du cendrier peut être fermée.

Au fur et à mesure que le mélange d'air et de vapeur prend contact avec le combustible incandescent, le gaz se forme et il se rend dans la conduite N.

Les résidus provenant de la combustion du charbon descendent, au fur et à mesure, dans la trémie et, de là, sur la sole tournante.

Quand, par la manœuvre de la manivelle, on donne à cette sole un mouvement de rotation, les scories qui couvrent toute sa surface tombent dans le cendrier ; toute la masse de combustible contenue dans la cuve descend et les résidus contenus dans la trémie inférieure prennent successivement, sur la sole, la place des scories qui sont rejetées dans le cendrier.

On peut, le cas échéant, provoquer la chute du mâchefer en enfonçant des barres métalliques dans la masse du combustible par les regards disposés sur l'enveloppe de l'appareil.

Il convient d'employer du coke pour l'allumage, de façon à éviter une production de fumée pendant cette opération ainsi que la condensation des goudrons dans les conduits lorsqu'ils sont froids.

Un second type de gazogène Fichet et Heurtey à insufflation est représenté en coupe verticale par la figure 353.

Ce gazogène est muni d'un récupérateur tubulaire qui a pour but d'utiliser la chaleur des gaz sortant du gazogène pour surchauffer le mélange d'air et de vapeur admis dans l'appareil.

Nous savons que la surchauffe de l'air humidifié par la vapeur, donne lieu à la production d'un gaz dont la puissance calorifique est plus élevée que dans les conditions normales. Cela tient à ce que cet air humide surchauffé est plus riche en hydrogène combustible et moins riche en azote non combustible. La puissance calorifique du gaz obtenu par l'adjonction d'un récupérateur au gazogène, peut atteindre 1 400 calories par mètre cube.

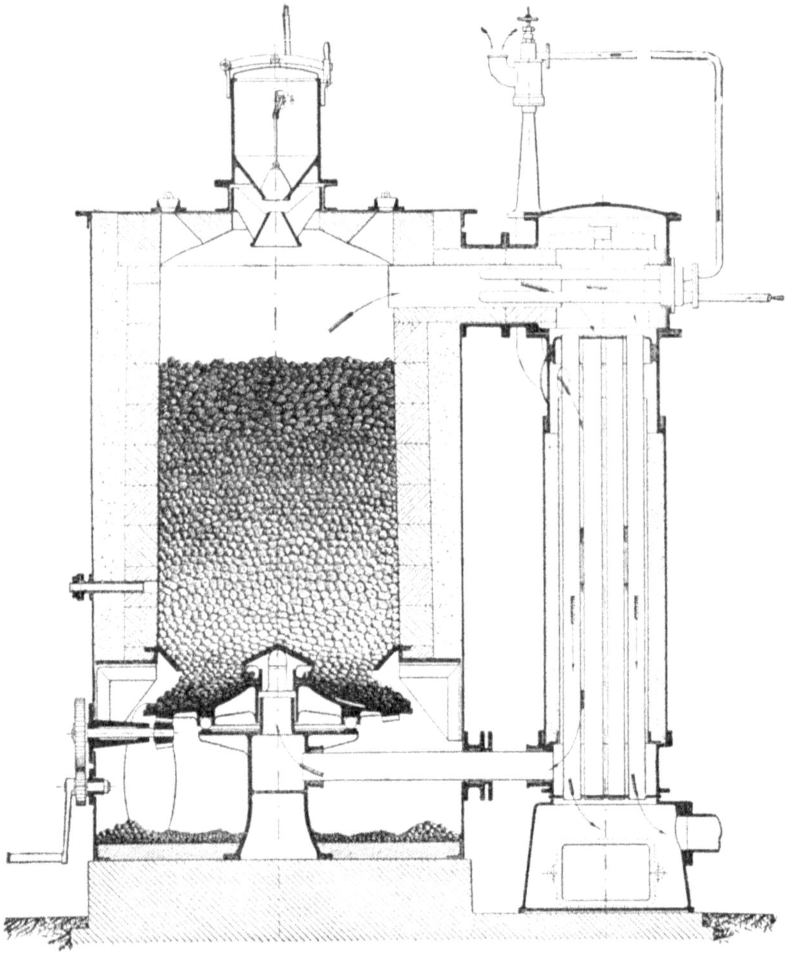

Fig. 353. — Gazogène Fichet et Heurtey à insufflation à récupérateur tubulaire.

Le gazogène est disposé d'une façon semblable à celui que nous venons de décrire. Il possède une sole tournante au centre de laquelle arrive le mélange d'air et de vapeur qui est amené sur le combustible par l'intermédiaire d'un tuyau vertical, formant une cheminée coiffée d'un chapeau conique.

Le mélange, soufflé, pénètre dans le gazogène, par un conduit horizontal débouchant à la partie inférieure du récupérateur.

Le conduit par lequel le gaz produit sort du gazogène, débouche aussi dans le récupérateur, à la partie supérieure. Le récupérateur est constitué par un récipient cylindrique disposé verticalement et portant une double enveloppe. Entre les deux enveloppes est placée une garniture calorifuge permettant d'éviter toute déperdition de chaleur.

Le récupérateur est divisé en plusieurs compartiments par la présence de deux cloisons circulaires disposées horizontalement, l'une à la partie inférieure, l'autre à la partie supérieure de cet appareil. Ces deux cloisons servent de support à une série de tubes verticaux ouverts à chacune de leurs extrémités.

Vers le haut, les tubes débouchent dans un des compartiments qui communique avec le conduit de sortie du gaz du gazogène et vers le bas, ils débouchent dans un autre compartiment sur lequel est branché le conduit de distribution du gaz.

Entre les cloisons, qui font ainsi office de plaques tubulaires, est ménagé un troisième compartiment cylindrique, muni d'une garniture calorifuge et dans lequel vient déboucher le mélange d'air et de vapeur qui doit être introduit dans le gazogène.

C'est par la manœuvre d'un injecteur disposé à la partie supérieure du récupérateur que ce mélange est soufflé sur le combustible incandescent.

L'injecteur est alimenté avec de la vapeur, dont le conduit, en forme de serpentin, est disposé dans le compartiment supérieur du récupérateur.

La vapeur, provenant d'une chaudière indépendante, avant de pénétrer dans l'injecteur est ainsi surchauffée lors de son passage à travers le serpentin par l'action des gaz chauds produits dans le gazogène et qui s'écoulent par les tubes des récupérateurs.

Par son fonctionnement, l'injecteur envoie un mélange d'air et de vapeur dans la capacité du récupérateur comprise entre les deux plaques tubulaires, et ce mélange arrive par un orifice disposé à la partie supérieure de cette capacité.

Pour atteindre le tuyau horizontal inférieur débouchant dans cette même capacité et qui le conduit dans le gazogène, le mélange prend contact avec les parois extérieures des divers tubes dans lesquels circulent les gaz chauds. Le mélange se réchauffe à ce contact et pénètre dans le foyer avec une température qui favorise l'obtention d'un gaz dont le pouvoir calorifique est, ainsi que nous l'avons dit, plus élevé que celui du gaz ordinairement obtenu dans un gazogène à insufflation.

On conçoit que ce type de gazogène n'est avantageux à employer que lorsque les gaz produits doivent, comme dans le cas de l'application à l'alimentation des moteurs, être refroidis et lavés avant leur utilisation. Au lieu de laisser perdre dans les laveurs et les refroidisseurs les calories qu'il contient, il est évidemment préférable de les récupérer dans le but d'améliorer la qualité du gaz à obtenir.

L'adjonction du récupérateur permet de porter le mélange à 200 et jusqu'à 250 degrés.

Il convient toutefois d'employer dans le gazogène du combustible maigre pour éviter les inconvénients qui résulteraient, dans le cas de combustibles gras, de la condensation, sur les parois des tubes, des produits provenant de la distillation de ce combustible.

Cela nécessiterait un nettoyage trop fréquent.

On peut aussi souffler le mélange dans le gazogène au moyen d'un ventilateur en mélangeant l'air soufflé à de la vapeur à basse pression pour l'humidifier.

Pour éviter les frais d'établissement d'une chaudière indépendante destinée à fournir la vapeur qui doit être mélangée avec l'air, on dispose quelquefois le gazogène de façon que la vapeur puisse être produite, pour ainsi dire automatiquement, en utilisant la chaleur des gaz qui, sans cela, serait perdue.

La figure 354 représente la coupe verticale d'un gazogène Fichet et Heurtey de ce type, dans lequel la vapeur est produite dans l'appareil même.

Le gazogène proprement dit est constitué, comme les deux précédents, par une cuve cylindrique, revêtus d'une garniture en briques réfractaires et ayant une enveloppe calorifuge.

La sole est disposée pour pouvoir tourner autour de son axe vertical par la manœuvre d'une manivelle ; pour faciliter la chute des scories dans le cendrier, cette sole est faite en forme de grille. Le mélange insufflé est admis par un conduit spécial dans le cendrier et peut être dirigé sur toute la surface du foyer ou simplement dans la partie centrale du combustible.

La partie supérieure du gazogène, au lieu d'être constituée par une voûte, est disposée pour recevoir un récipient de forme appropriée dans lequel on verse de l'eau, laquelle est maintenue à un niveau constant par un dispositif de trop-plein, placé sur la paroi du gazogène.

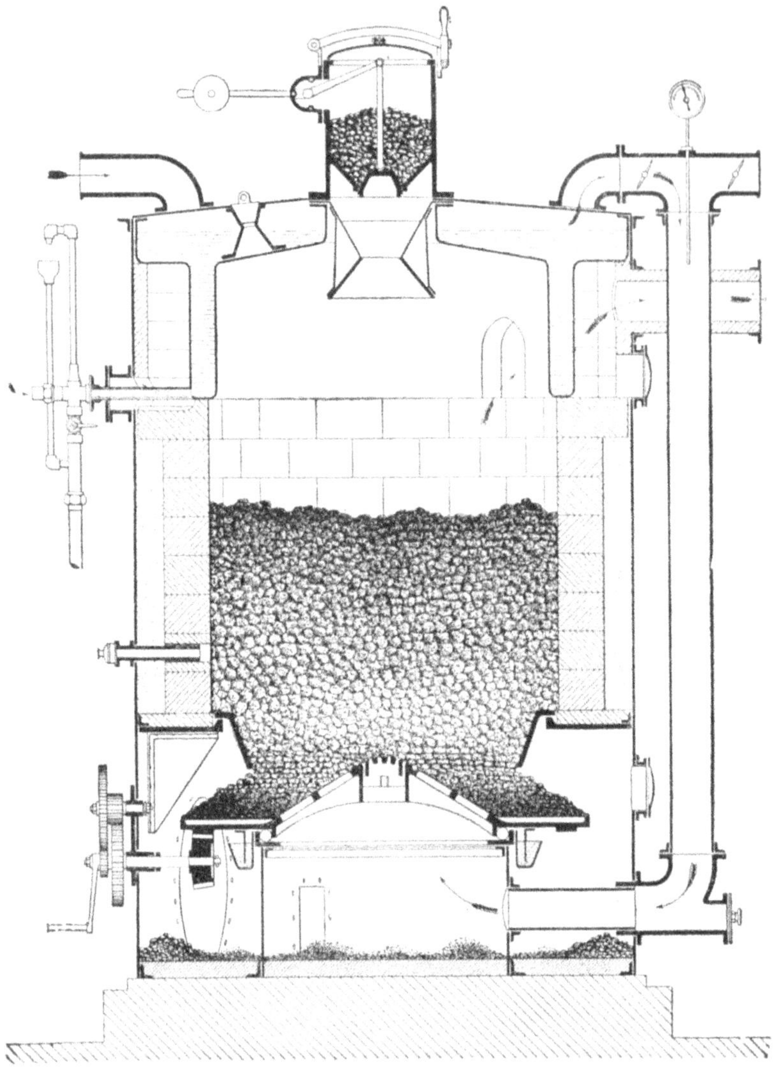

Fig. 354. — Gazogène Fichet et Heurtey auto producteur de vapeur.

Le récipient d'eau ou saturateur est en fonte de fer ou en acier coulé. Il fait l'office d'une chaudière sans pression dans laquelle l'air circule et se sature d'eau avant de pénétrer dans le gazogène ; son emploi permet de supprimer la chaudière indépendante productrice de vapeur.

Au centre du saturateur est disposée la trémie de chargement à double fermeture.

L'eau contenue dans le saturateur est chauffée par la circulation du gaz produit dans le gazogène, autour de ses parois, avant de gagner le conduit de distribution. La surface de chauffe est assez importante pour permettre la production d'une quantité de vapeur supérieure à celle qui est nécessaire pour obtenir un gaz riche et de qualité constante.

Des valves de réglage sont disposées sur les conduits à la partie supérieure de l'appareil. On dose, grâce à leur manœuvre, la proportion de vapeur entraînée par l'air. Un thermomètre à cadran indique cette proportion.

L'eau qui alimente le saturateur doit, autant que possible, être débarrassée des impuretés qu'elle contient, pour éviter un entartrage trop rapide des parois ; le combustible employé doit être, de préférence, du charbon maigre, pour parer à l'inconvénient résultant du dépôt sur les surfaces du récipient, des produits de condensation qui nuisent à la bonne transmission de la chaleur.

On peut réchauffer l'air humide avant son admission dans le cendrier en lui faisant suivre un conduit placé contre la cuve du gazogène, ou encore, disposé pour recevoir la chaleur du gaz produit dans le gazogène avant son passage dans les appareils d'épuration.

Dans la vue d'ensemble de l'installation Fichet et Heurtey, représentée par la figure 355, le gazogène est du type que nous venons de décrire, avec saturateur de vapeur. Un réchauffeur d'air et de mélange est disposé à la suite du gazogène.

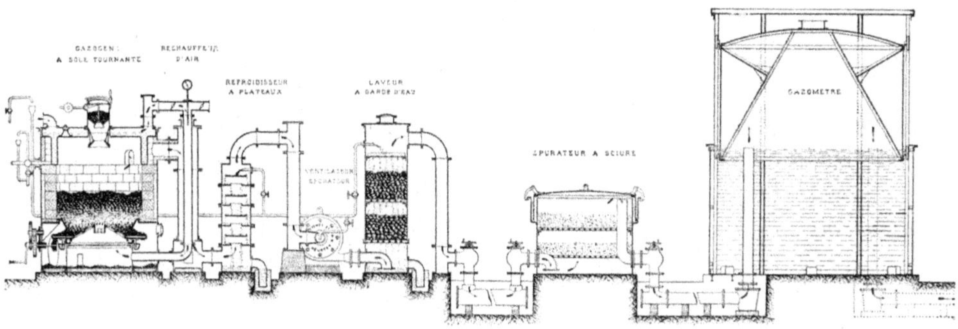

Fig. 355. – Vue d'ensemble d'une installation de gazogène Fichet et Heurtey.

Le gaz produit dans le gazogène passe ensuite dans un refroidisseur à cascades, dans lequel le gaz perd sa chaleur en traversant les diverses nappes liquides et abandonne les poussières qu'il entraîne.

Un ventilateur-épurateur disposé à la suite du refroidisseur, sert à aspirer le gaz du gazogène et donne à ce gaz la pression calculée qu'il doit posséder dans le gazomètre et dans les conduites de distribution. On injecte de l'eau dans le ventilateur par plusieurs ajutages. Par suite de l'action de la force centrifuge, les gaz se trouvent brassés énergiquement ; les poussières entraînées par l'eau sont projetées contre les parois et évacuées avec le courant d'eau.

Le gaz refroidi et épuré est ensuite admis dans un laveur spécial, contenant une série de couches de coke arrosées par de l'eau pulvérisée. Le laveur complète le refroidissement du gaz et arrête la petite quantité d'eau sale entraînée par le gaz à sa sortie du ventilateur. A la sortie du laveur le gaz, pour compléter son épuration, traverse un épurateur, dans lequel il se sèche et il abandonne les poussières qu'il pourrait encore contenir. On place dans l'épurateur quelques couches de sciure de bois ou de l'oxyde de fer, lorsqu'on veut l'épurer chimiquement.

Le gaz se rend enfin dans le gazomètre, qui régularise sa pression, lors de la distribution.

Gazogène Letombe

Ce gazogène à insufflation a été un des premiers établis pour pouvoir admettre un mélange d'air et de vapeur d'eau dans l'appareil, sans employer une chaudière spéciale produisant la vapeur d'eau[2].

C'est par une pulvérisation d'eau effectuée dans le courant d'air soufflé que l'humidification de cet air s'opère pour donner lieu à une réaction, au contact du combustible incandescent, produisant un gaz qui contient du gaz à l'eau. La richesse calorifique du gaz ainsi obtenu est plus grande.

Nous avons précédemment décrit cet appareil (Fig. 347), au cours de l'historique des gazogènes.

GAZOGÈNES A ASPIRATION

Les gazogènes à insufflation sont généralement employés pour alimenter des installations de force motrice de grandes puissances.

Pour les installations de faibles et de moyennes puissances, on utilise le plus souvent des gazogènes à aspiration qui ne nécessitent pas l'emploi de gazomètres et qui, de ce fait, n'exigent qu'un encombrement relativement réduit.

Nous savons que dans un gazogène à aspiration, c'est le moteur qui aspire dans le gazogène, par suite de son fonctionnement même, l'air humide produisant par réaction, lors de son passage sur le combustible incandescent, le gaz qui alimente ce moteur.

Les types de gazogènes à aspiration sont nombreux. Les réactions qui s'y produisent sont semblables à celles qui s'effectuent dans les gazogènes à insufflation et que nous avons analysées. Le gaz obtenu a aussi, comme dans ces mêmes gazogènes, un pouvoir calorifique de valeur variable avec le combustible employé.

Les divers gazogènes à aspiration, tous basés sur le même principe, diffèrent par suite des dispositions adoptées pour obtenir et épurer le gaz produit.

Nous allons décrire, parmi ces nombreux types, quelques systèmes des plus généralement employés.

Gazogène Taylor

(Fig. 356.) Le gazogène Taylor à aspiration est le premier gazogène de ce type qui, après les essais effectués par Bénier, ait été établi industriellement pour produire du gaz pauvre destiné à alimenter des moteurs à gaz de différents systèmes.

C'est de 1896 que date l'installation et la mise en fonctionnement de ce type d'appareil, transformé et amélioré dans quelques détails, depuis lors, pour constituer l'appareil producteur de gaz dont la figure 356 représente une coupe verticale et qui forme, avec le moteur Taylor que nous avons décrit (Fig. 300), le groupe Taylor « Perfecta », à gaz pauvre, producteur de force motrice.

L'installation complète du gazogène comporte un générateur, un récipient d'eau de lavage, un laveur-épurateur, et un petit réservoir à gaz faisant office de pot d'aspiration.

Le générateur se compose d'une cuve cylindrique dont l'enveloppe extérieure est métallique et qui porte intérieurement une garniture en briques réfractaires.

Le combustible est versé dans cette cuve par une trémie de chargement supérieure, munie d'une double fermeture pour permettre de charger l'appareil pendant son fonctionnement sans provoquer une admission d'air. Au-dessous de la trémie, un

2 Voir *Moteurs et gazogènes* - Léon Letombe 1909 - Éditions Decoopman 2013

corps cylindrique sert à recevoir une réserve de combustible donnant au générateur la possibilité de fonctionner pendant quelques heures sans nécessiter un rechargement.

Le combustible versé dans la cuve est retenu par une grille disposée à la partie inférieure du générateur. Au-dessous de la grille est établi le cendrier.

Deux portes donnent accès : l'une au-dessus de la grille pour procéder à son décrassage, l'autre dans le cendrier permettant son nettoyage.

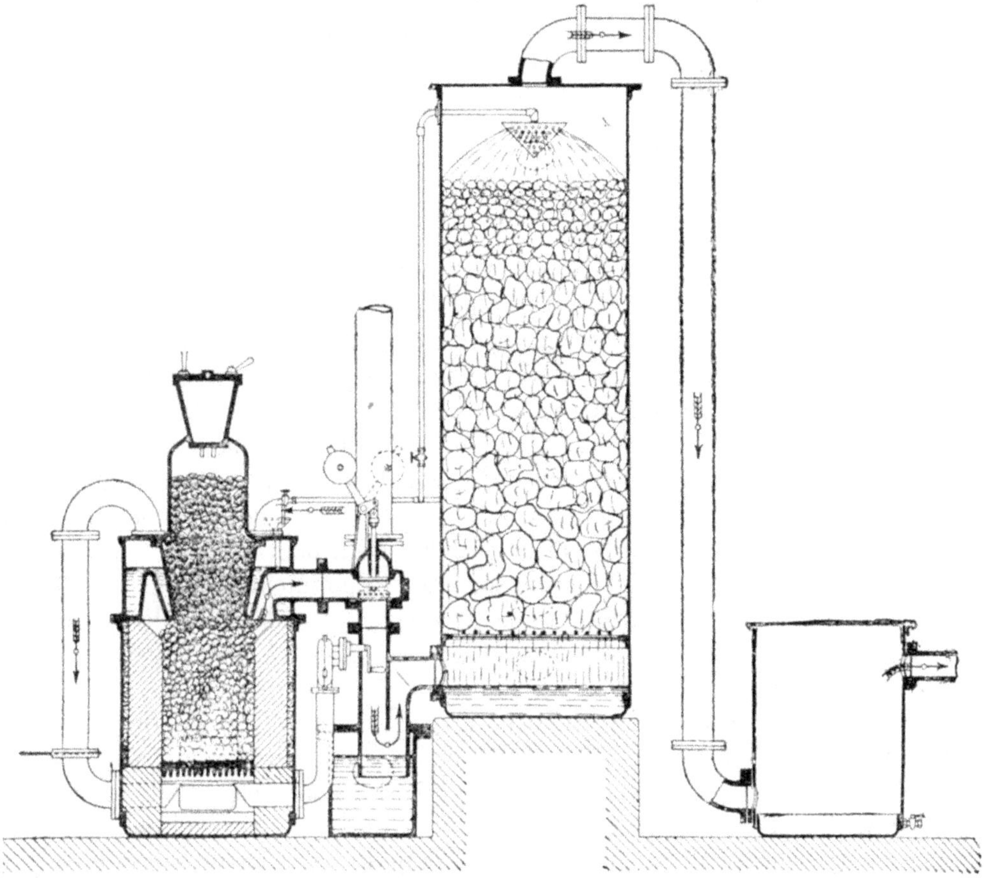

Fig. 356. — Gazogène à aspiration Taylor « Perfecta ».

Dans le cendrier débouchent deux conduits : l'un qui fait communiquer ce cendrier avec un récipient cylindrique placé à la partie supérieure de la cuve du gazogène, et sur lequel se trouve fixée la trémie de chargement.

Le second conduit qui débouche dans le cendrier porte à son autre extrémité un ventilateur pouvant être manœuvré à la main et qui sert, lors de la mise en marche du générateur, à envoyer sous la grille un courant d'air qui active la combustion.

Le récipient cylindrique placé sur la cuve contient de l'eau qui s'y déverse par un petit conduit muni d'un entonnoir dans lequel on laisse s'écouler l'eau provenant d'une petite canalisation appropriée. Le fond du récipient, de forme spéciale pour augmenter la surface de chauffe et parer aux inconvénients dus à la dilatation, est en contact avec les gaz chauds produits dans le générateur qui s'échappent par un conduit horizontal supérieur. L'eau contenue dans le récipient se vaporise de sorte que ce récipient constitue une petite chaudière, nommée vaporisateur, produisant la vapeur qui doit être mélangée avec l'air qui traverse le combustible incandescent.

L'air, par suite de la dépression produite dans toute la tuyauterie et dans les divers appareils par l'aspiration du moteur, pénètre dans le vaporisateur par un conduit placé sur son couvercle, du côté opposé au conduit qui aboutit au cendrier. Dans la traversée du vaporisateur, l'air se charge de vapeur d'eau et c'est le mélange qui, à travers la grille du générateur, vient prendre contact avec le combustible incandescent placé au-dessus, et déterminer, par sa réaction, la production du gaz, lequel se rend par une tuyauterie appropriée dans le laveur-épurateur. Cette tuyauterie comporte un conduit de sortie de gaz horizontal, puis un conduit vertical portant un retour à sa partie inférieure. Le conduit vertical se prolonge à la partie supérieure par une cheminée débouchant dans l'atmosphère et servant, lorsqu'on procède à l'allumage du générateur, à évacuer les produits de la combustion.

Une soupape peut, par sa manœuvre qui s'effectue de l'extérieur, découvrir ou obturer l'orifice inférieur de cette cheminée, de sorte qu'elle est abaissée pendant l'allumage ; lorsque la mise en marche est obtenue, elle est relevée et le gaz produit peut alors arriver à la partie inférieure du laveur. Pendant son passage dans le tuyau vertical dont l'extrémité inférieure plonge dans l'eau que contient un récipient, le gaz abandonne une partie des poussières qu'il porte en suspension.

Le laveur-épurateur, appelé aussi *scrubber*, se compose d'un réservoir cylindrique en tôle, de grande hauteur, presque entièrement rempli de coke. Ce coke repose sur une grille placée à la partie inférieure de l'appareil et sous laquelle est ménagée une capacité en forme de cuvette. C'est dans cette capacité que débouche le conduit d'amenée de gaz. A la partie supérieure du laveur, une pulvérisation d'eau mouille le coke et l'eau se déverse dans la cuvette-cendrier d'où elle s'écoule dans le petit récipient d'eau.

L'aspiration provenant du fonctionnement même du moteur, sollicite le gaz admis à la partie basse du laveur-épurateur à monter à travers la grille et la colonne de coke humide pour atteindre le tuyau supérieur qui le conduit dans le réservoir à gaz faisant office de pot d'aspiration du moteur.

Pendant la traversée du laveur-épurateur, le gaz abandonne le restant des poussières et des impuretés qu'il contient, les goudrons et, en outre, il se refroidit, de sorte que lorsqu'il arrive au pot d'aspiration, il peut être utilisé. Le pot d'aspiration ou réservoir à gaz permet de maintenir régulière la pression du gaz dans la conduite, malgré le volume de gaz aspiré par le moteur pendant chacun des cycles de sa distribution.

Gazogène Pierson

Nous avons représenté par la figure 36 la vue d'ensemble de deux gazogènes Pierson à aspiration, alimentant chacun un moteur de 90 chevaux.

La figure 137 représente une vue d'ensemble d'un autre modèle plus récent de gazogène Pierson par aspiration.

Cette installation productrice de gaz pauvre comporte un générateur, placé à gauche dans la figure 137, un laveur-condenseur qui lui fait suite et un épurateur chimique et sécheur disposé à droite de l'installation.

Le générateur se compose d'une cuve munie intérieurement d'une garniture réfractaire dans laquelle est versé le combustible. Ce combustible est emmagasiné dans une capacité métallique surmontant le générateur et qui peut contenir un approvisionnement permettant une marche de dix à douze heures. Dans ce cas, le chargement s'effectue par l'ouverture d'un tampon supérieur muni d'un joint hydraulique qui assure une bonne étanchéité.

Lorsqu'on veut pouvoir charger le générateur pendant la marche même du moteur, on dispose à la partie supérieure de cet appareil une trémie à double fermeture. Au-dessous de la cuve est disposée une chaudière ou vaporisateur constituant le foyer. Le vaporisateur contient un volume d'eau déterminé qui, en assurant une production régulière de vapeur, permet d'obtenir un gaz de composition constante.

Le vaporisateur ne comporte aucune garniture réfractaire et ses parois se trouvent refroidies par l'eau qui s'y déverse.

Le générateur Pierson offre cette particularité que son foyer est entièrement ouvert par le bas, ce qui facilite le décrassage pendant le fonctionnement de l'appareil, et peut assurer une marche de longue durée.

Fig. 357. – Installation d'un moteur de 18 chevaux alimenté avec du gaz de gazogène Pierson.

Le combustible repose sur une sole indépendante constituée par un disque en matière réfractaire supporté par un socle en fonte monté sur roulettes, pour faciliter l'enlèvement des scories.

La cuve du générateur est supportée par deux colonnes. Le vaporisateur, fixé au-dessous d'elle, est formé de deux parties démontables s'ajustant l'une sur l'autre, et laissant entre elles un espace libre qui contient l'eau. Pour nettoyer le vaporisateur, on démonte la partie extérieure.

L'eau contenue dans le vaporisateur lui est amenée par un tube qui la reçoit d'un petit réservoir placé à la même hauteur que la chambre à eau du vaporisateur, et dans lequel le niveau est maintenu constant au moyen d'un robinet à flotteur.

La vapeur produite dans le vaporisateur est introduite avec l'air aspiré dans le foyer du générateur, à sa partie inférieure.

Le gaz obtenu dans le générateur sort à la partie supérieure de la cuve par un conduit qui aboutit à la partie inférieure du laveur-condenseur. Ce conduit est muni de tampons permettant son nettoyage.

Le laveur est composé d'une série d'éléments démontables superposés. La disposition de ces éléments oblige le gaz à se diviser en un grand nombre de jets et assure son contact intime et prolongé avec la matière épurante contenue dans les divers éléments.

Une distribution régulière d'eau sur les divers éléments permet le lavage du gaz et entraîne les impuretés qu'il contient : poussières, goudrons, ammoniaque, etc. Les deux éléments supérieurs ne sont pas arrosés et servent à sécher le gaz, qui passe ensuite dans l'épurateur.

Cet épurateur contient de l'oxyde de fer qui retient, en se transformant en sulfure de fer, l'hydrogène sulfuré du gaz qui n'a pas été abandonné dans le laveur-condenseur.

A la sortie de l'épurateur, le gaz est conduit au moteur par un tuyau sur lequel est disposé un robinet à trois voies, dont la manœuvre permet de faire effectuer l'aspiration, soit par le moteur, quand le gazogène est en plein fonctionnement, soit par un ventilateur mu à la main lors de l'allumage du générateur.

La figure 43 donne une vue d'ensemble d'installation de deux moteurs de 90 chevaux alimentés avec le gaz pauvre produit par des gazogènes à aspiration Pierson.

Les figures 357 et 358 représentent deux autres installations de moteurs de moindre importance : l'un de 18 chevaux, l'autre de 37 chevaux, ce dernier actionnant un moulin, alimentés tous deux par du gaz pauvre de gazogène Pierson.

Fig. 358. — Moteur de 37 chevaux, alimenté avec du gaz de gazogène Pierson, actionnant un moulin.

Gazogène Riché

(Fig. 359.) Le gazogène à aspiration Riché comporte un générateur, un récipient à poussières et un laveur-épurateur. On y adjoint aussi un épurateur à mousse et un réservoir à gaz ou pot d'aspiration.

Le générateur se compose d'une cuve A constituée par une enveloppe métallique extérieure et une garniture intérieure formée de dalles réfractaires que l'on peut remplacer séparément. Entre l'enveloppe extérieure et la garniture réfractaire est disposé une sorte de matelas calorifuge composé de fibre d'amiante bourrée au marteau. Cette disposition permet de parer à toute déperdition de chaleur.

La cuve est munie d'une grille constituée par des barreaux mobiles D, à laquelle on accède par deux portes C superposées, permettant de la décrasser pendant le fonctionnement du gazogène sans craindre des variations de la qualité du gaz dues à des rentrées d'air intempestives. Pour cela, le décrassage s'effectue avec un ringard spécial qui remplit presque une ouverture pratiquée dans la porte, permet de briser les mâchefers, puis de les ramener vers l'avant de la grille, près de la porte qui, ouverte ensuite en grand pendant un temps très court, facilite l'évacuation complète des scories.

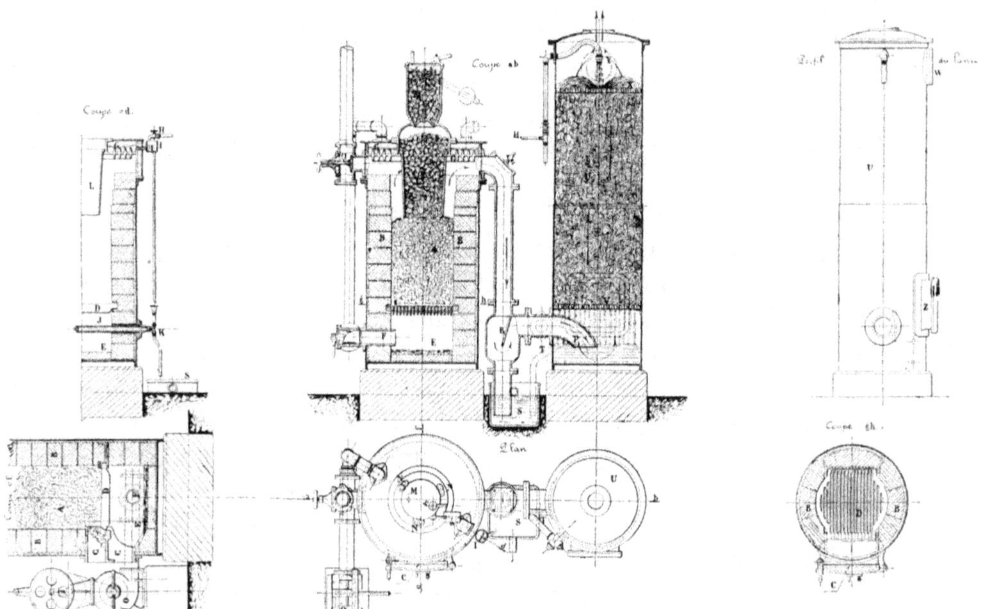

Fig. 359. — Gazogène à aspiration Riché. — Coupe et détails.

Pendant ce décrassage, une certaine quantité d'escarbilles tombent dans le cendrier E disposé au-dessous de la grille et dans lequel on maintient de l'eau à un niveau constant. La chute des escarbilles dans l'eau du cendrier détermine une vaporisation de cette eau qui devient évidemment plus intense pendant le décrassage. La faible quantité d'air admise du fait de l'ouverture de la porte se sature de vapeur d'eau et, la réaction sur le combustible ne variant pas sensiblement par cette disposition, le gaz conserve sa composition constante, ce qui est une condition essentielle pour la marche régulière du moteur alimenté.

Pendant le fonctionnement normal du générateur, la vapeur produite dans le cendrier rafraîchit la grille et s'ajoute à l'air déjà humidifié qui arrive dans le cendrier avant de traverser le combustible.

Le mélange d'air et de vapeur est introduit sous la grille par un conduit F qui débouche, à la partie supérieure, dans le couvercle d'un vaporisateur G disposé en haut de la cuve.

Ce vaporisateur est constitué par un récipient en fonte de fer dont le fond est muni d'ailettes circulaires destinées à augmenter la surface de chauffe. Ces ailettes prennent contact avec le gaz chaud produit par le gazogène avant qu'il pénètre dans le conduit de sortie. Le vaporisateur contient de l'eau jusqu'à un niveau déterminé et cette eau, sous l'action de la chaleur communiquée par les gaz aux parois du récipient, se vaporise.

Un second conduit, disposé sur le couvercle du vaporisateur, laisse pénétrer l'air lorsque le moteur aspire du gaz. Cet air traversant le vaporisateur se charge de vapeur ; le mélange arrive par le conduit F sous la grille et vient en contact avec le combustible incandescent.

L'eau est distribuée au vaporisateur et au cendrier au moyen d'une boîte en fonte I formée de deux compartiments. L'un des compartiments reçoit de l'eau dont le débit est réglé par la manœuvre d'un robinet H. Ce compartiment communique avec le vaporisateur. Quand il est rempli par l'eau, l'excédent d'eau fournie se déverse dans le second compartiment, d'où elle s'écoule, par un petit conduit et par un entonnoir, dans un tuyau J percé de trous et placé sous la grille. Un robinet K à trois voies permet de laisser écouler l'eau dans une cuve S.

Le générateur est muni, à sa partie supérieure, d'une trémie de chargement M double fermeture, prolongée par un corps cylindrique constituant le magasin à combustible.

Une cheminée munie d'un clapet est disposée à la partie supérieure de la cuve, en face du conduit de sortie du gaz. Un ventilateur O d'un grand débit est placé à la partie inférieure du conduit d'admission d'air dans le foyer. Ce ventilateur est commandé par une manivelle au moyen d'un dispositif multiplicateur de vitesse comportant une courroie et un volant.

Un robinet placé au branchement du conduit du ventilateur et du tuyau d'amenée d'air chargé de vapeur permet, par sa manœuvre, d'introduire de l'air sec dans le foyer au moment de l'allumage, ou de l'air humide, lorsque le fonctionnement du générateur est devenu normal.

Pendant l'allumage, le clapet de la cheminée est ouvert, ce qui permet d'évacuer dans l'atmosphère les produits de la combustion.

Pour allumer le générateur, on remplit d'eau le vaporisateur, puis on ouvre le clapet découvrant l'orifice de la cheminée d'allumage. On fait sur la grille un petit feu de bois et quand ce feu est en pleine activité, on verse du combustible dans le foyer.

La porte du foyer est laissée ouverte pour activer la combustion ; quand le charbon commence à brûler, cette porte est fermée et le feu est activé par la manœuvre du ventilateur à main. Cette manœuvre doit être continuée jusqu'au moment où le gaz produit est combustible, ce que l'on peut reconnaître en l'allumant à sa sortie d'un robinet d'essai disposé sur le générateur.

Quand on s'est assuré que le gaz est combustible, on ouvre un conduit de purge placé à côté du moteur ; on ferme le clapet de la cheminée d'allumage et on continue, par la manœuvre du ventilateur, à souffler de l'air sous la grille du générateur. Le gaz obtenu par cette insufflation ne pouvant plus s'échapper par la cheminée qui est fermée, traverse les divers appareils qui font suite au générateur et remplit le pot d'aspiration du moteur, ou réservoir à gaz, en chassant de ces appareils et des divers conduits qui les relient, l'air qu'ils contiennent.

Un second robinet d'essai placé près du moteur permet de reconnaître si le gaz qui en sort est combustible. Quand le gaz brûle, on ferme le robinet de purge et le robinet d'essai, on arrête le ventilateur et on ferme le robinet placé sur sa conduite. On peut alors mettre le moteur en marche.

Pendant le fonctionnement du moteur, il se produit une aspiration à chaque cycle de la distribution. Cette aspiration provoque une dépression dans toute la tuyauterie du gaz et dans tous les appareils formant l'installation. L'air pénètre, comme nous l'avons dit, dans le vaporisateur, de là, dans le cendrier et vient au contact du combustible. Le gaz produit sort du générateur par un tuyau placé à la partie supérieure qui le conduit à la partie inférieure du laveur.

Ce laveur est un réservoir cylindrique fait en tôle épaisse, dans lequel on a placé du coke qui est maintenu constamment arrosé par de l'eau arrivant par le haut. Le coke est supporté par une grille V placée à la partie inférieure. Une seconde grille X est posée sur le coke à la partie supérieure et supporte une plaque perforée.

Ce dispositif permet d'éviter l'entraînement, par suite de l'aspiration du moteur, de fragments de coke dans le conduit supérieur ; en outre, de l'eau fournie par un injecteur Y, arrivant sur la plaque perforée, est divisée et retombe en pluie fine sur le coke, régulièrement répartie.

Fig. 360. — Gazogène à aspiration Riché. Vue d'ensemble.

L'eau s'écoulant à travers le coke se rend dans le fond du laveur formant cuvette, dans laquelle cette eau conserve un niveau constant grâce à un tuyau de trop-plein qui laisse écouler l'excédent dans la cuve à eau S.

Avant d'atteindre la partie inférieure du laveur, le gaz se débarrasse des poussières qu'il entraîne et qui tombent dans la cuve S. En arrivant dans le laveur, le gaz barbote dans l'eau de la cuvette, y abandonne une partie de ses impuretés, puis il se répand uniformément sous la grille et au fur et à mesure que l'aspiration du moteur se produit, il monte dans le laveur, en sens inverse du courant de l'eau. Pendant cette circulation, il se lave, se purifie et se refroidit.

A la partie supérieure du laveur est branché un conduit par lequel le gaz obtenu sort du laveur. Il pourrait ainsi, suivant le combustible employé dans le générateur, être admis dans le moteur, mais assez souvent on lui fait traverser, auparavant, un épurateur spécial constitué par une cuve rectangulaire en tôle de fer divisée en deux compartiments, dans chacun desquels on place quelques couches de mousse végétale ou de fibre de bois supportées par des tôles perforées.

Le gaz arrive à la partie inférieure du premier compartiment, le traverse de bas en haut, puis passe dans le second compartiment qu'il traverse en sens inverse.

Son épuration est alors complète, le gaz se débarrassant dans ce récipient des quelques impuretés qu'il avait pu conserver, et, en même temps, de son humidité. Il se rend alors dans le réservoir à gaz ou pot d'aspiration, où le moteur le puise.

Gazogène Niel

Nous avons donné (Fig. 5) la vue d'ensemble de cet appareil à gaz, qui comporte un gazogène proprement dit, un laveur-épurateur et un détendeur à gaz.

Le gazogène disposé à gauche dans la figure, se compose d'une cuve dont l'enveloppe extérieure est métallique et qui est munie intérieurement d'une garniture en briques réfractaires. A la partie supérieure de la cuve est disposée la trémie de chargement de combustible munie d'une double fermeture.

A la partie inférieure est placé un cendrier au-dessus duquel se trouve une capacité servant de vaporisateur.

Le cendrier et le vaporisateur sont fermés chacun par une porte permettant la visite et le nettoyage.

Sur la capacité constituant le vaporisateur est branchée une boîte d'admission d'air, surmontée d'un ventilateur dont la manœuvre, qui s'effectue à la main, permet l'allumage et la mise en marche du gazogène.

Un petit tube amène l'eau au vaporisateur et la vapeur d'eau produite par l'évaporation se mélange avec l'air introduit avant de prendre contact avec le combustible incandescent.

L'eau en excédent qui s'écoule dans le cendrier est évacuée par un tuyau de trop-plein débouchant dans un petit réservoir ménagé dans la maçonnerie et dans lequel le niveau de l'eau se maintient constant. Ce réservoir constitue une sorte de joint hydraulique.

Le gaz produit dans le gazogène sort de l'appareil par un conduit vertical disposé à la partie supérieure de la cuve et se rend par un tuyau d'abord horizontal, puis vertical, dans une boîte fixée à la partie inférieure du laveur-épurateur. Dans cette boîte se déverse l'eau injectée à la partie supérieure du laveur pour mouiller la colonne de coke qu'il contient.

Cette eau s'écoule ensuite dans le petit réservoir ménagé dans la maçonnerie, entre le gazogène et le laveur.

Le gaz ne pénètre donc dans le laveur qu'après barbotage dans l'eau contenue dans la boîte inférieure de ce laveur. Il monte ensuite à la partie supérieure de ce récipient, en traversant la colonne de coke humide, où il arrive refroidi et épuré.

Une tubulure fixée sur la paroi extérieure du laveur et fermée par un tampon permet de sortir le coke du laveur pour effectuer son remplacement.

De la partie supérieure du laveur, le gaz est conduit par un tuyau coudé dans le réservoir à gaz qui fait office de détendeur, d'où il est admis dans le moteur qu'il alimente.

Le conduit horizontal supérieur de prise de gaz du gazogène porte en bout une boîte dans laquelle est disposé un robinet manœuvré par un petit volant, qui peut soit obturer, soit découvrir l'orifice d'une cheminée verticale placée au-dessus de la boîte.

C'est par cette cheminée qu'on évacue les produits de la combustion lorsqu'on allume le gazogène.

Gazogène Boutillier

(Fig 361.) Le gazogène à aspiration Boutillier, dont la figure 361 représente la vue d'ensemble, est destiné aux installations de force motrice à gaz de grandes puissances.

Il comporte le gazogène proprement dit, deux laveurs-épurateurs cylindriques, appelés aussi scrubbers et un laveur centrifuge.

Le gazogène est muni d'un foyer surmontant un cendrier à l'intérieur duquel on accède, pour enlever les cendres et les scories qui s'y déposent, par de larges ouvertures fermées par des portes.

La cuve du gazogène possède une garniture en briques réfractaires de grande épaisseur.

Un évaporateur et un vaporisateur démontables pour faciliter leur nettoyage sont disposés sur le gazogène et permettent d'obtenir de la vapeur d'eau qui se mélange avec l'air aspiré avant de traverser le combustible incandescent.

Le gazogène comporte, en outre, un réchauffeur automatique et une trémie de chargement à double fermeture.

Fig. 361. — Vue extérieure d'ensemble du gazogène à aspiration Boutillier, à deux scrubbers et laveur centrifuge.

Des orifices convenablement disposés sur la paroi de la cuve permettent de passer des ringards de piquage afin d'aider le combustible et les scories à descendre. Cette opération peut s'effectuer sans qu'il puisse se produire un dégagement de gaz.

Le gaz obtenu dans le générateur sort à sa partie supérieure par un conduit venant déboucher à la partie basse d'un premier laveur-épurateur dans lequel il traverse une colonne de coke.

Un second épurateur est placé à la suite et entre ces deux scrubbers, se trouve disposé le laveur centrifuge actionné par le moteur alimenté ou par un petit moteur auxiliaire. L'emploi des deux épurateurs cylindriques et du laveur centrifuge permet d'épurer complètement le gaz produit avant de l'admettre dans le moteur et de le débarrasser des poussières, des goudrons et des gaz sulfureux. On peut ainsi utiliser les charbons maigres comme combustible dans le gazogène. Le laveur centrifuge peut être utilisé lors de l'allumage du gazogène pour remplacer le ventilateur à main destiné à activer la combustion.

Gazogène Winterthur

(Fig. 362). Le gazogène Winterthur est établi pour pouvoir être alimenté avec des charbons maigres et du coke d'usine à gaz. L'installation complète pour la production du gaz se compose généralement d'un générateur M et d'un scrubber M_1 ou laveur-épurateur, avec séparateur d'eau disposé dans la conduite de gaz. On peut aussi, suivant le genre d'installation et suivant le combustible employé, installer deux scrubbers et un épurateur centrifuge disposé entre eux ou un épurateur-dessiccateur tenant la place du séparateur d'eau placé dans le conduit du gaz.

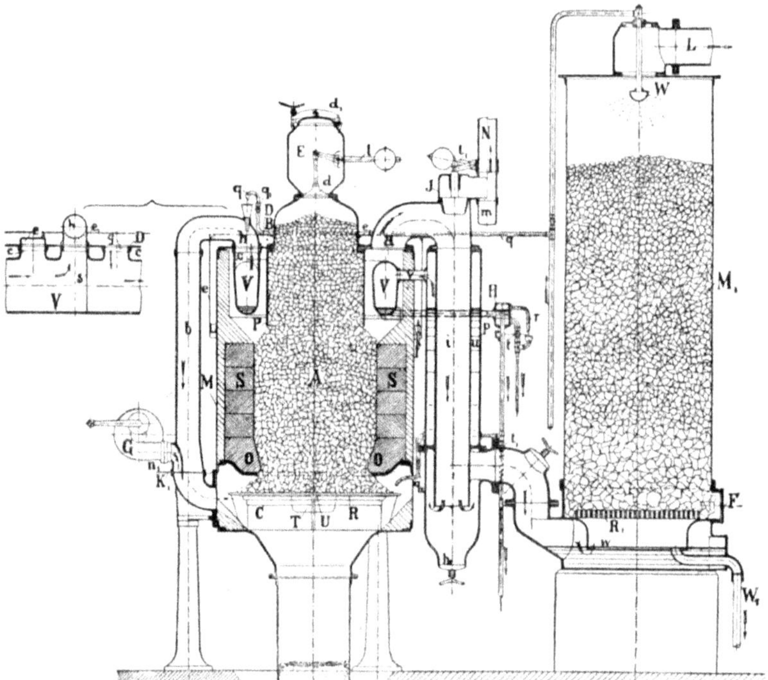

Fig. 362. — Gazogène à aspiration Winterthur. Coupe verticale.

Le générateur M comporte un vaporisateur V et un ventilateur G pour la mise en marche de l'appareil. Il est constitué par une cuve A munie à l'extérieur d'une enveloppe en tôle M et, à l'intérieur, d'une garniture en briques réfractaires S. Le couvercle D du générateur porte la trémie de chargement E munie d'une double fermeture.

La trémie peut pivoter autour d'un des boulons de fixation pour faciliter l'accès de l'orifice de chargement. La trémie se prolonge à l'intérieur de la cuve par une partie cylindrique P qui forme une capacité de réserve de combustible. Autour de ce cylindre est placé le vaporisateur V, ayant la forme d'un anneau, logé à la partie supérieure du générateur.

L'anneau-vaporisateur est rendu solidaire du couvercle D par l'intermédiaire de raccords *c* permettant son nettoyage intérieur par le démontage, à la partie supérieure, de brides spéciales fermant les orifices *c*. Le vaporisateur communique d'une part avec le réchauffeur d'air B formé par la disposition spéciale du couvercle D du générateur, et d'autre part avec le cendrier C.

Le cendrier est disposé à la partie inférieure du générateur au-dessous d'une grille R sur laquelle vient reposer le combustible versé par la trémie E dans le générateur. La garniture intérieure en briques réfractaires de la cuve est cylindrique sur presque toute la hauteur. A sa partie inférieure O, cependant, elle prend une forme conique pour aider les scories à se répandre sur la grille R.

Des portes T munies de regards U donnent accès à la grille et facilitent son décrassage. Sur le couvercle du générateur sont disposés des orifices fermés par des brides ou des regards permettant de piquer les scories ou de surveiller le feu.

Le couvercle D du générateur est constitué par un double manteau en tôle *e*, fermé à la partie supérieure par un fond e_1 de façon à permettre à l'air frais d'arriver, par l'espace laissé libre *f*, entre l'enveloppe M et le manteau *e*, dans le vaporisateur, par un orifice *g*. Cet air se trouve réchauffé par son contact avec les enveloppes du générateur. Une cloison *s*, disposée dans l'anneau vaporisateur à proximité de l'orifice *g* oblige cet air à parcourir l'anneau avant d'arriver à un autre orifice *h*, qui met en communication le vaporisateur avec le conduit *b* aboutissant au cendrier.

L'air par sa circulation, d'abord dans le réchauffeur B, puis dans l'anneau-vaporisateur V, arrive dans le conduit *b*. Il se trouve en même temps mélangé avec la vapeur produite dans le vaporisateur dont les parois extérieures sont chauffées par le gaz obtenu dans le générateur, et qui reçoit de l'eau fournie par un petit conduit *q* muni d'un robinet de réglage q_1 disposé à la partie supérieure du conduit *b*. L'eau ainsi versée dans l'anneau V se vaporise, et le mélange d'air et de vapeur aspiré par l'action du moteur même, pénètre dans le cendrier et, à travers la grille, vient au contact du combustible incandescent pour produire le gaz qui doit alimenter le moteur.

Le niveau de l'eau dans le vaporisateur est maintenu constant par un conduit de trop-plein *p*, qui le fait communiquer avec un petit réservoir H. Un robinet de vidange *t*, disposé sous le réservoir de trop-plein H, permet de vider l'anneau vaporisateur V.

Sur le conduit *b* et à sa partie inférieure, est branché le conduit *n* du ventilateur. Ces deux conduits qui n'en forment qu'un en débouchant dans le cendrier peuvent être, au moyen de la manœuvre d'un registre K, fermés simultanément ou être mis séparément en communication avec le cendrier C. On peut, de cette façon, en mettant en marche le ventilateur G manœuvré à la main, introduire de l'air dans le cendrier lors de l'allumage du générateur. On peut, en même temps, faire arriver directement sur la grille, par un conduit q_2, de l'eau qui se vaporise et facilite la mise en marche du générateur en permettant l'obtention d'un gaz riche en hydrogène. Le gaz produit dans l'appareil sort à sa partie supérieure par un orifice *a* et se rend dans un conduit *i* qui aboutit à la partie basse du scrubber.

Une cheminée N établie à la partie haute du conduit *i*, permet d'évacuer le gaz à l'air libre au moment de la mise en marche du générateur. Cette opération s'effectue par la manœuvre d'une soupape J. Un petit récipient démontable *m* est disposé au-dessous de la cheminée N et reçoit les produits de la condensation du gaz dans cette cheminée.

Dans les appareils de grandes puissances, le tuyau de gaz *i* est disposé dans un autre tube cylindrique et l'espace laissé libre entre ces deux conduits contient de l'eau qui atteint le niveau de celle admise dans le vaporisateur. Cette disposition constitue un second vaporisateur, dans lequel on utilise la chaleur du gaz sortant du générateur pour produire une nouvelle quantité de vapeur qui s'ajoute à celle obtenue dans le vaporisateur V, dans lequel elle pénètre par le conduit *r*, pour venir se mélanger avec l'air aspiré.

L'enveloppe extérieure du conduit de gaz *i* se prolonge à la partie inférieure et constitue un récipient dans lequel viennent se déposer les escarbilles et poussières entraînées par le gaz ; on peut facilement les en retirer en démontant le fond inférieur.

Le conduit de gaz débouche à la partie inférieure du laveur-épurateur M, dans une nappe d'eau maintenue à un niveau constant par un conduit de trop-plein W_1. Le gaz, pour pénétrer dans le scrubber, est obligé de traverser cette nappe d'eau qui constitue, d'autre part, un joint hydraulique empêchant le retour, dans le générateur, du gaz contenu dans le laveur.

Le scrubber M, comporte une grille en bois R_1 sur laquelle repose une colonne de coke arrosé par de l'eau distribuée par une crépine supérieure W. Cette eau traverse le coke et se déverse dans la cuvette constituée par le fond du scrubber.

Une porte F permet d'accéder à la grille R et de sortir le coke du laveur-épurateur pour le remplacer.

Le gaz traverse le scrubber du bas vers le haut et en sort par le conduit supérieur L pour être distribué au moteur.

Gazogène Dubridge

(Fig. 363 et 364) L'appareil producteur de gaz Dubridge se compose d'un gazogène proprement dit ou générateur C, d'un récipient E ou pot destiné à recevoir les eaux résiduelles d'un laveur épurateur V et d'un petit réservoir de gaz.

Le générateur est constitué par une cuve C, comportant une garniture réfractaire de grande épaisseur, afin d'éviter une déperdition de chaleur. Cette garniture a la même épaisseur sur toute sa hauteur, ce qui donne à la cuve une forme intérieure complètement cylindrique.

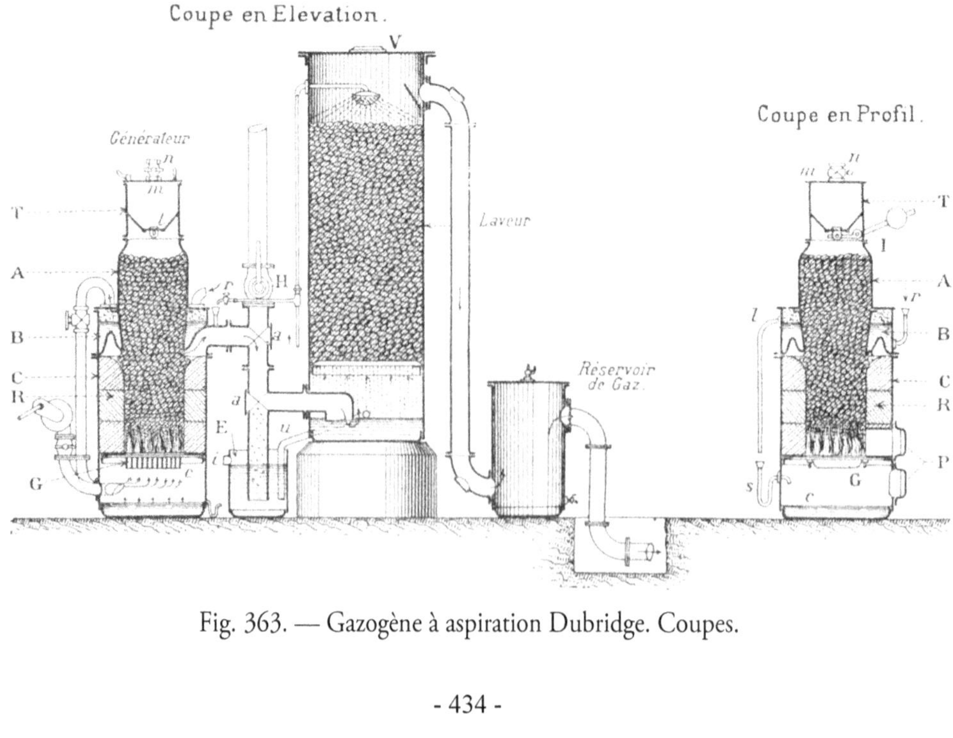

Fig. 363. — Gazogène à aspiration Dubridge. Coupes.

L'enveloppe extérieure de la cuve est faite en tôle d'acier. La garniture, en briques réfractaires, repose sur un plateau circulaire en fonte de fer solidaire de l'enveloppe extérieure en acier et qui supporte une grille G constituée en plusieurs parties.

La disposition donnée à cette grille permet d'éviter la rentrée de l'air à sa périphérie, ce qui provoquerait une trop vive combustion contre les parois réfractaires et la production de mâchefers pouvant adhérer à ces parois. Entre outre, la division de la grille en plusieurs parties facilite le décrassage du foyer.

Au-dessous de la grille est disposé le cendrier *c* formant, à la partie inférieure du générateur, une sorte de cuvette dans laquelle on maintient de l'eau à un niveau constant au moyen d'un petit conduit de trop-plein. Cette eau a pour fonction, non seulement de réduire la température du cendrier et de la grille, mais elle sert, en outre, à produire pendant le décrassage, par suite de la chute des escarbilles dans le cendrier, de la vapeur qui se mélange avec l'air introduit pour réagir sur le combustible incandescent ce qui, nous le savons, donne un gaz d'un pouvoir calorifique élevé.

Fig. 364. — Vue d'ensemble d'un gazogène à aspiration Dubridge de 75 chevaux.

Le générateur est muni de deux portes P, dont l'une, placée au-dessus de la grille, sert à allumer l'appareil ou à le vider complètement lorsque son fonctionnement a cessé et l'autre, disposée au-dessous de la grille, est utilisée pour le décrassage du foyer et l'enlèvement des scories.

La cuve du générateur est surmontée d'une boîte à eau B, d'une capacité cylindrique A constituant une réserve de combustible, qui se trouve ainsi placé hors d'atteinte des gaz chauds, et d'une trémie de chargement T.

La boîte à eau B est une capacité en fonte de fer dont le fond, directement soumis à l'action des gaz chauds produits dans la cuve, a reçu une forme spéciale pour éviter les inconvénients dus à la dilatation des parois. Dans cette capacité, on verse de l'eau par le robinet *r*, et cette eau est maintenue à un niveau constant par l'adjonction d'un tuyau de trop-plein *l*, qui déverse, par le siphon *s*, l'eau en excédent, dans la cuvette formant le cendrier.

L'eau contenue dans la boîte à eau se vaporise sous l'action exercée par la température des gaz chauds sur les parois de la boîte et cette vapeur, produite à la partie supérieure de la cuve, va se mélanger dans le cendrier avec l'air aspiré admis dans le générateur. Cette disposition de la boîte à eau, qui constitue une sorte de chaudière à la partie supérieure de la cuve, est avantageuse pour obtenir la production de la vapeur d'eau nécessaire au commencement du fonctionnement. La vapeur n'est d'ailleurs obtenue que par l'utilisation de la chaleur du gaz, sans diminution de la température du foyer, et suivant la quantité de gaz chauds produits, la vaporisation de l'eau contenue dans la boîte est plus ou moins importante.

La capacité cylindrique A est en fonte de fer et elle contient une réserve de combustible permettant d'alimenter l'appareil en le chargeant une ou deux fois par jour, suivant le régime de fonctionnement. La trémie T est à double fermeture afin d'éviter, pendant le chargement en marche, des rentrées d'air qui nuiraient à la qualité du gaz produit, en se mélangeant avec lui et changeant sa composition.

Un clapet, placé à la partie inférieure de la trémie et manœuvré par un levier muni d'un contrepoids I, permet de verser le combustible dans la capacité A. Un couvercle *m*, portant au centre un regard *n* en mica, sert à effectuer le chargement de la trémie.

On peut, par le regard *n,* se rendre compte, pendant le fonctionnement, si la quantité de combustible en réserve est suffisante.

Le gaz produit dans le générateur sort de cet appareil par un conduit en fonte de fer disposé à la partie supérieure de la cuve, sur lequel sont branchés deux autres conduits verticaux dont l'un, placé au-dessus, forme cheminée d'appel pour faciliter l'allumage et est muni d'un robinet H, et dont l'autre, placé au-dessous, débouche dans le récipient d'eaux résiduelles E. Ce dernier conduit communique, en outre, avec la partie inférieure du laveur-épurateur V.

Le récipient E contient de l'eau provenant du laveur. Cette eau est admise par le tuyau *u* servant de trop-plein au laveur dans lequel cette eau a servi à refroidir le gaz.

Les eaux résiduelles qui se déversent dans le pot E sont maintenues à un niveau constant par l'orifice de trop-plein *i* et retiennent les poussières que contient le gaz sortant du générateur, lesquelles tombent dans ce récipient E.

Le laveur-épurateur V est constitué par un récipient cylindrique en tôle d'acier à la partie inférieure duquel le gaz est admis. Le conduit d'admission du gaz débouche dans une réserve d'eau contenue dans le fond du laveur, dont le niveau est maintenu constant grâce au tube de trop-plein *u* qui débouche dans le pot E. Le gaz est donc obligé de barboter dans cette eau avant d'atteindre une colonne de coke supportée par une grille placée dans le laveur au-dessus du conduit de gaz. A la partie supérieure de la colonne de coke se déverse de l'eau pulvérisée qui mouille le coke, de sorte que le gaz après son barbotage où il commence à se refroidir et à s'épurer, complète son refroidissement et son épuration en traversant la colonne de coke humide : il sort de l'appareil par un tuyau disposé à la partie supérieure qui le conduit dans le réservoir.

Le laveur porte à la partie supérieure un couvercle muni d'un tampon V de visite, permettant de s'assurer du fonctionnement du pulvérisateur d'eau.

Deux autres tampons sont ménagés sur la paroi extérieure du laveur : l'un au-dessus de la grille, servant à retirer le coke lorsqu'il est nécessaire de le remplacer, l'autre au-dessous, servant à retirer les dépôts de boue qui se forment à la partie inférieure du laveur.

Dans le petit réservoir, le gaz se détend et abandonne l'eau ayant pu être entraînée lors de son passage à travers le laveur. Ce réservoir a pour fonction de rendre régulière la vitesse d'écoulement du gaz dans les appareils, malgré l'aspiration variable du moteur.

Pour mettre le gazogène en marche, on remplit d'eau la boîte à eau supérieure et l'appareil générateur est allumé en maintenant ouverte la cheminée d'allumage ; on tourne ensuite à la main un ventilateur disposé sur le conduit d'admission d'air. La combustion se trouve ainsi activée et lorsqu'au moyen du robinet d'essai on s'est assuré que le gaz produit est combustible, on ferme le robinet de la cheminée et le gaz se forme alors par l'aspiration du moteur qui provoque l'introduction de l'air saturé de vapeur d'eau dans le générateur.

Le gaz se produit par la réaction du mélange d'air et d'eau sur le combustible incandescent et, après avoir traversé, comme nous l'avons indiqué, le récipient des eaux résiduelles, le laveur et le réservoir à gaz, il arrive au moteur avec une température qui doit être d'environ 15 degrés.

Le moteur, par son fonctionnement, assure la production continue du gaz, qui ne cesse que lorsque le moteur s'arrête.

A ce moment on met, par la manœuvre du robinet placé à la base de la cheminée, le générateur en communication avec cette cheminée pour que les gaz de combustion s'échappent dans l'air et que le feu ne s'éteigne pas.

Nous avons précédemment, par la figure 63, représenté une vue d'ensemble d'une installation d'un moteur à gaz Dubridge de 30 chevaux, alimenté par du gaz de gazogène.

Gazogène Otto

(Fig. 365.) L'installation complète d'un gazogène Otto comporte, en principe, un générateur, un laveur-épurateur et un récipient ou pot destiné à régulariser la pression du gaz introduit dans le moteur.

Le générateur est constitué par une cuve cylindrique métallique, munie d'une garniture intérieure en briques réfractaires.

A la partie inférieure de la cuve est disposée une grille C sur laquelle vient reposer le combustible versé à la partie supérieure dans une trémie de chargement T, à double fermeture.

Une capacité cylindrique M, prolongeant la trémie T, sert de magasin de réserve au combustible, qui descend au fur et à mesure dans la cuve. On peut ainsi assurer le fonctionnement du générateur pendant plusieurs heures sans être dans l'obligation d'effectuer un nouveau chargement.

La partie inférieure du foyer du générateur a une forme rectangulaire, de sorte que, par deux ouvertures de même largeur que le foyer et fermées par des portes pendant le fonctionnement, on peut aisément décrasser la grille, les parois de la cuve n'offrant aucune saillie.

Au-dessous de la grille est disposé le cendrier, dont le fond, en forme de cuvette, permet de recevoir de l'eau qui s'y déverse par l'intermédiaire d'un petit conduit *d*. Le niveau de l'eau dans le cendrier est maintenu à une hauteur constante par un conduit de trop-plein, qui laisse écouler l'eau en excédent dans un réservoir P muni, lui-même, d'un orifice de trop-plein.

L'eau contenue dans le cendrier s'échauffe et se vaporise sous l'action de la chaleur rayonnante provenant du foyer et de la chute des escarbilles dans le cendrier. Elle contribue ainsi à refroidir et à conserver la grille, tout en augmentant la quantité de vapeur d'eau mélangée avec l'air admis dans le générateur.

A la partie supérieure de la cuve du générateur est disposé un récipient annulaire V dans lequel on admet de l'eau provenant d'un conduit spécial. C'est le vaporisateur. Le gaz chaud produit dans le gazogène prend contact avec les parois de ce récipient, avant de sortir de la cuve, les échauffe et vaporise l'eau qui y est contenue. Le niveau de cette eau est maintenu constamment à la même hauteur, un conduit de trop-plein permettant à l'eau admise en excédent de s'écouler dans le tuyau *d* qui l'amène dans le cendrier.

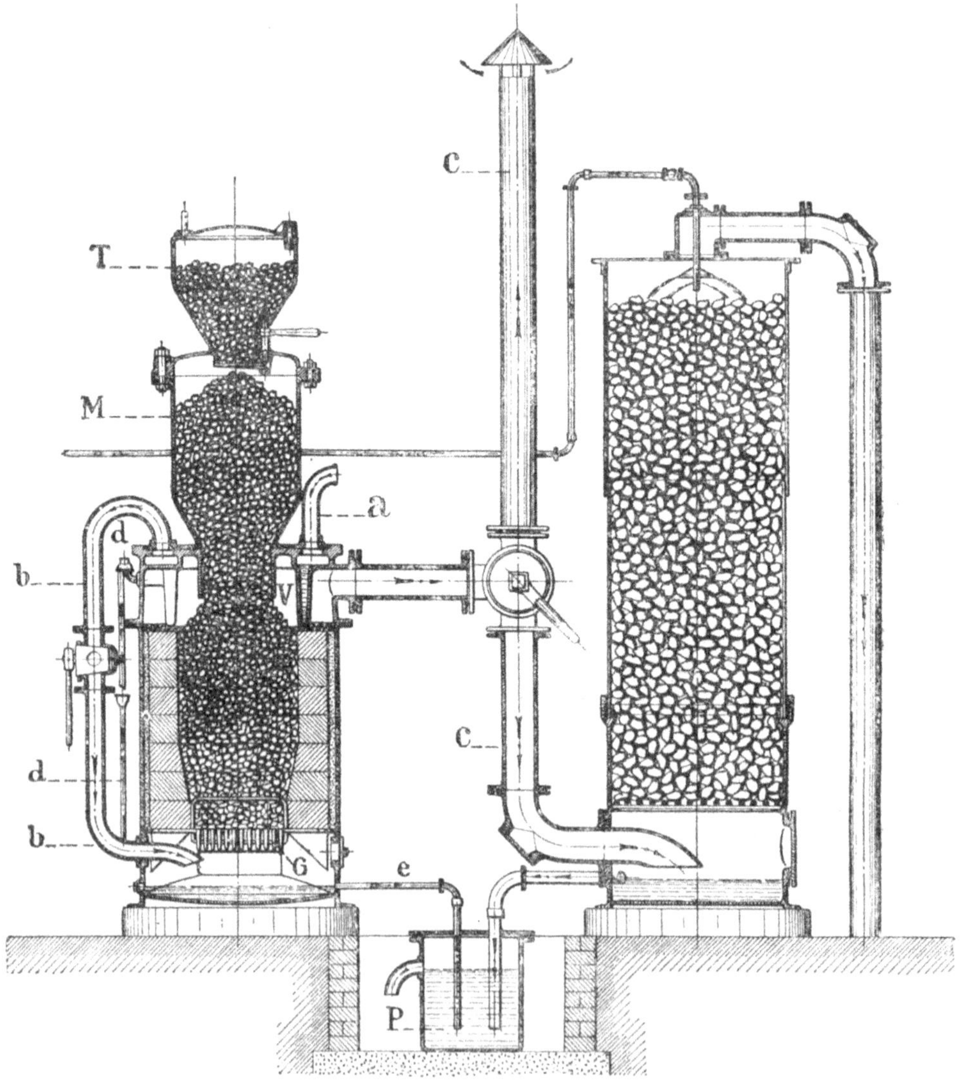

Fig. 365. — Gazogène à aspiration Otto.

Un tube a débouchant à l'air libre communique avec le vaporisateur, qui est mis en communication, du côté opposé, par un conduit *b*, avec le cendrier du générateur sur cette tuyauterie pour aider à la mise en marche du générateur.

Un tuyau *c* fait communiquer le générateur avec la partie inférieure du scrubber. Ce tuyau est surmonté d'une cheminée d'allumage et un ventilateur pouvant être manœuvré à la main, est également disposé sur cette tuyauterie pour aider à la mise en marche du générateur.

Le laveur-épurateur ou scrubber contient du coke, sur lequel on verse de l'eau arrivant à la partie supérieure par une crépine. L'eau, après avoir traversé la colonne de coke, s'écoule à la partie inférieure du scrubber et l'excédent se déverse par un petit conduit dans le récipient de trop-plein P. Le laveur porte, à la partie supérieure, un tuyau qui débouche dans le pot d'aspiration du moteur.

Quand le moteur aspire une certaine quantité de gaz contenu dans le pot d'aspiration, la dépression ainsi produite provoque un appel de gaz dans toute la tuyauterie du gazogène.

Dans le générateur, cette aspiration détermine une rentrée d'air par le tube *a*. Cet air passant dans le vaporisateur V se mélange avec la vapeur d'eau et par le conduit G est admis dans le cendrier sous la grille G.

Toujours du fait de la succion, l'air pénètre dans la cuve du générateur et, par sa réaction sur le combustible incandescent, donne lieu à une production de gaz qui se rend à la partie inférieure du scrubber par le conduit *c*.

Le gaz traverse ensuite la colonne de coke humide où il se débarrasse des poussières, des goudrons, des acides et des diverses impuretés qu'il peut contenir. En outre, il s'y refroidit et arrive dans le pot d'aspiration prêt à être utilisé. C'est ainsi que par le fonctionnement même du moteur, ainsi que nous l'avons dit, une nouvelle quantité de gaz se produit au fur et à mesure de la consommation du moteur.

Gazozène Glaenzer, Perreaud et Thomine

(Fig. 366.) Ce gazogène à aspiration comporte, comme presque tous les divers systèmes d'appareils producteurs de gaz pauvre un générateur, un épurateur et un pot d'aspiration.

Le générateur est une cuve cylindrique en tôle A portant une garniture intérieure en briques réfractaires B, qui repose sur une grille en fonte de fer C.

Sous la grille, une capacité E formant cendrier est disposée pour recevoir de l'eau qui est amenée par le conduit *g*.

Une ouverture D, ménagée sur la paroi extérieure du générateur, permet de procéder au décrassage du foyer et de la grille, et une seconde ouverture F placée au-dessous de la première, permet de nettoyer le cendrier.

A la partie supérieure de la cuve est fixé un évaporateur G. C'est une sorte de chaudière en fonte de fer dont le fond a une forme appropriée pour parer aux inconvénients pouvant provenir de la dilatation. Dans cette chaudière, on admet de l'eau par un robinet *f* disposé sur un conduit d'alimentation. L'eau se maintient à un niveau toujours constant et le trop-plein se déverse par le tube *g* dans le cendrier du générateur.

Sur le couvercle de l'évaporateur G sont fixés deux conduits, dont l'un I le fait communiquer avec l'air extérieur, et l'autre J avec le cendrier E. Sur ce dernier conduit est placé un robinet de manœuvre K.

Du fait de l'aspiration du moteur, l'air pénètre dans l'évaporateur par le conduit I, se mélange avec la vapeur d'eau produite dans le récipient G par la chaleur du gaz formé dans le générateur. Ce mélange arrive par le tube J dans le cendrier et, par son passage à travers le combustible incandescent, détermine la production du gaz qui sort du générateur par le tuyau supérieur N.

La trémie de chargement H comportant une double fermeture est fixée au-dessus de l'évaporateur G.

Un second conduit débouchant dans le cendrier du générateur porte, à son autre extrémité, un ventilateur L qui peut être manœuvré à la main. Un robinet M, disposé sur ce conduit, est utilisé pour envoyer dans le générateur, lors de sa mise en marche, un courant d'air destiné à activer la combustion.

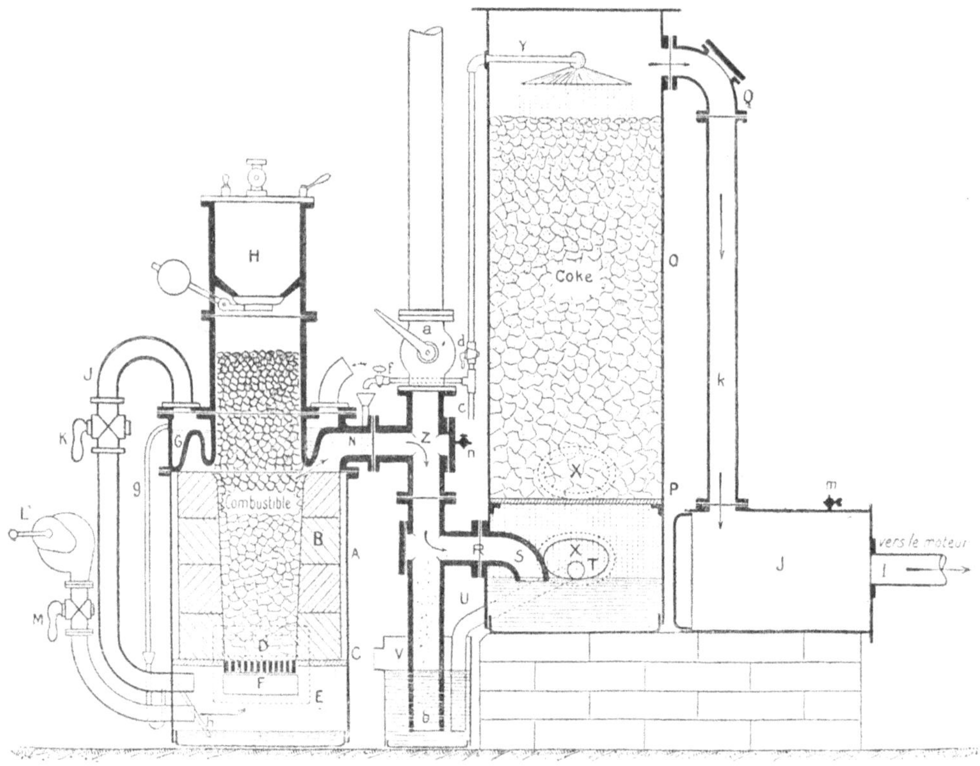

Fig. 366. – Gazogène à aspiration Glaenzer, Perreaud et Thomine.

A ce moment, un robinet *a*, disposé sur une cheminée Z, branchée sur le conduit de sortie de gaz N permet, par sa manœuvre, d'évacuer dans l'air, par l'intermédiaire de cette cheminée, les produits de la combustion. Le robinet est fermé lorsque le gaz produit est combustible, ce que l'on peut vérifier au moyen des robinets d'essai *n* et *m* placés, le premier sur le tuyau de sortie du gaz du générateur, le second sur le pot d'aspiration *j*.

Le tuyau en fonte Z, mettant en communication le générateur avec le scrubber, se prolonge à la partie inférieure et plonge dans un réservoir à eau V. Le gaz, en passant dans ce conduit avant de pénétrer dans le laveur-épurateur par le coude S, abandonne les poussières qu'il contient, qui tombent dans la cuve à eau V.

Le laveur-épurateur ou scrubber est un cylindre en tôle de fer O, muni à sa partie inférieure d'une grille P sur laquelle repose une colonne de coke remplissant le cylindre. Sous la grille est ménagée une capacité formant cuvette, au fond de laquelle s'écoule l'eau déversée à la partie supérieure par une pomme d'arrosoir terminant un conduit Y.

L'eau atteint dans la cuvette un niveau déterminé réglé par un orifice de trop-plein T, par lequel elle s'écoule dans le tuyau U qui plonge dans le réservoir à eau V.

L'orifice du trop-plein T est placé à une hauteur telle que le niveau de l'eau est toujours au-dessus de l'orifice inférieur du conduit d'amenée de gaz S, d'environ 15 millimètres. De cette façon, le retour du gaz du laveur au générateur ne peut pas s'effectuer et cette disposition fait office de joint hydraulique.

Deux ouvertures fermées par des portes X sont percées dans la paroi du laveur-épurateur : l'une au-dessus de la grille pour enlever le coke, l'autre au-dessous pour nettoyer la cuvette.

Le gaz admis dans le scrubber à la partie inférieure gagne la partie supérieure de l'appareil en traversant le coke mouillé. Il s'épure, se refroidit et se rend, prêt à être utilisé, en passant par le conduit *k*, dans un réservoir *j* servant de pot d'aspiration dans lequel le moteur puise par un tuyau *i*, à chaque cycle de la distribution.

Gazogène Piat

(Fig. 367 et 368.) L'appareil producteur de gaz pauvre Piat, dont la figure 367 représente une vue d'ensemble et la figure 368 une coupe verticale, se compose d'un générateur, d'un laveur, d'un épurateur et d'un réservoir à gaz formant pot d'aspiration.

Fig. 367. — Gazogène Piat, à aspiration. Vue d'ensemble.

Le générateur comporte une cuve métallique munie d'une garniture réfractaire G. Un corps cylindrique M placé au-dessus de la cuve, sert à emmagasiner le combustible, qui se déverse dans la cuve, au fur et à mesure de la combustion, par un conduit central de diamètre réduit. Le magasin à combustible est surmonté d'une trémie T à double fermeture, servant à effectuer le chargement du combustible pendant la marche du générateur.

A la partie inférieure de la cuve est fixé le vaporisateur V au-dessous duquel est disposé le cendrier E. Ce cendrier est muni de deux portes qui se font face et qui permettent le nettoyage facile du foyer. C'est dans le cendrier qu'aboutissent la tubulure d'arrivée d'air *g* et la tubulure d'admission de vapeur *a* provenant du vaporisateur.

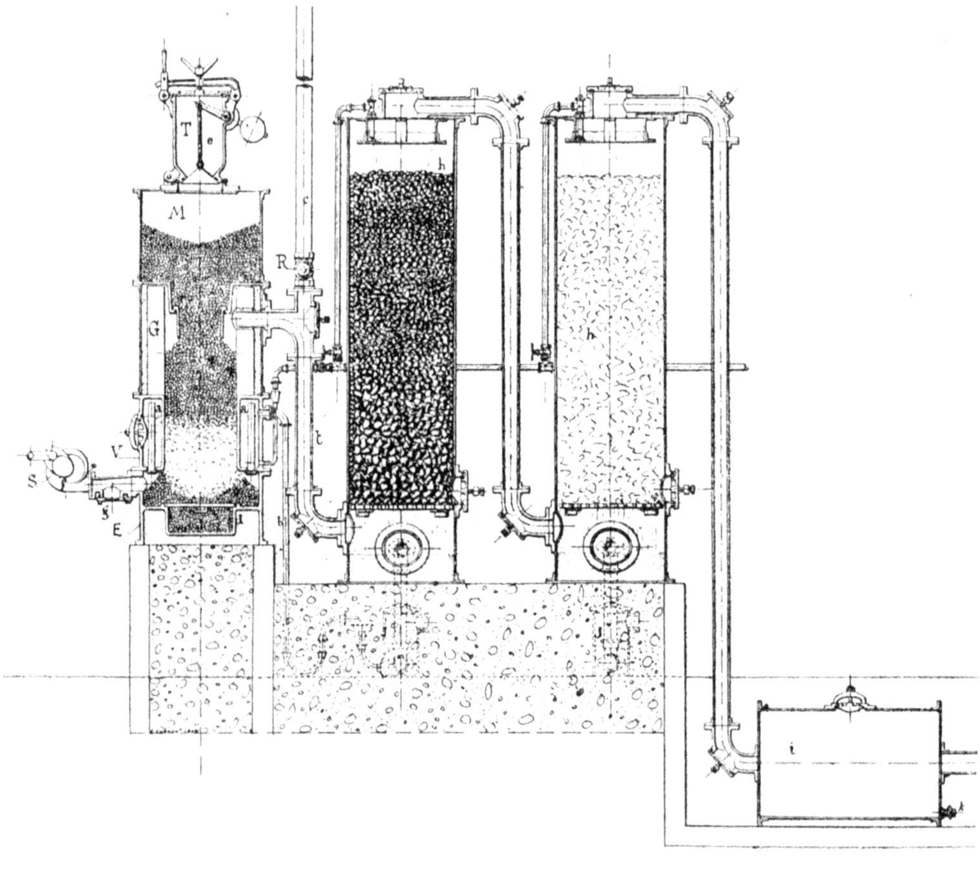

Fig. 368. — Gazogène Piat. Coupe verticale.

Par suite de l'aspiration du moteur, l'air et la vapeur pénètrent dans le cendrier, se mélangent et traversent le combustible incandescent, donnant lieu à une production de gaz pauvre.

Cette disposition des organes place la zone la plus active du foyer dans la partie du générateur qui constitue le vaporisateur. Ce vaporisateur V est une sorte de capacité annulaire faite en acier, dans laquelle on maintient de l'eau à un niveau constant. Sa paroi circulaire qui fait suite, à l'intérieur, à la garniture réfractaire de la cuve, est soumise à l'action la plus vive du foyer.

En outre, cette paroi est portée à une température plus ou moins élevée suivant le degré d'activité de la combustion. Il en résulte que, sous l'action de cette température, l'eau contenue dans le vaporisateur se vaporise d'une façon sensiblement proportionnelle à la quantité de combustible consumé, ce qui constitue une sorte de réglage automatique de la quantité de vapeur produite, qui va se mélanger avec l'air par le conduit *a*, pour réagir sur le charbon incandescent.

La production de vapeur maintient, d'autre part, les parois du vaporisateur à une température assez faible pour que les mâchefers qui se forment dans le foyer ne puissent se souder à ces parois. Les mâchefers sont, en effet, à une température bien plus élevée et pour que la soudure puisse s'effectuer, il faudrait que la paroi métallique du vaporisateur fût portée à une température au moins égale à celle des mâchefers. Ceux-ci n'adhèrent donc pas à la paroi intérieure métallique. Ils ne peuvent s'accrocher, par ailleurs, à la garniture réfractaire de la cuve, car cette garniture est placée au-dessus de la zone de plus grande activité, et la température n'y est pas assez élevée pour donner naissance aux mâchefers.

Cette disposition des divers organes rend plus aisés la conduite du générateur et l'enlèvement des scories.

Le vaporisateur est muni de tampons autoclaves permettant d'effectuer son nettoyage. L'eau est amenée au vaporisateur par un conduit d'alimentation, qui laisse écouler cette eau dans un entonnoir surmontant un tube qui débouche à la partie inférieure du vaporisateur. Un robinet règle le débit de l'eau qui est introduite dans le vaporisateur en excédent, de façon que son niveau demeure constant. L'excédent d'eau est évacué par un conduit de trop-plein dans un siphon J.

Un ventilateur S manœuvré à la main est disposé sur le conduit d'admission d'air et permet d'activer la combustion dans le foyer, lors de l'allumage de l'appareil. Une cheminée *c*, placée sur le conduit de sortie du gaz du générateur, est munie d'un robinet R dont la manœuvre permet, pendant l'allumage, d'évacuer les produits de la combustion par la cheminée et, lorsque le fonctionnement normal est établi, de diriger le gaz produit, par le conduit *t*, à la partie inférieure du laveur. Ce laveur est une cuve cylindrique métallique munie, vers le bas, d'une grille sur laquelle on verse du coke remplissant presque complètement l'appareil. Au-dessous de la grille, une capacité formant cuvette reçoit l'eau, qui est versée en filets, par une plaque perforée, sur le coke, à la partie supérieure, et qui s'écoule, en le mouillant, jusqu'au bas du laveur.

Un conduit de trop-plein évacue l'excédent d'eau dans le siphon J.

Le gaz arrivant dans cette capacité remonte à travers le coke jusqu'au tuyau supérieur disposé sur le laveur. Il s'épure, se lave et se refroidit.

Du laveur, le gaz arrive à la partie inférieure d'un second épurateur constitué de façon semblable au précédent, mais contenant, au lieu de coke, de la fibre de bois. L'épuration du gaz se complète dans ce second récipient, qui est surtout adjoint au premier dans les installations qui doivent fournir du gaz pur pour un service continu du moteur. On n'est pas dans l'obligation, ainsi, de procéder de temps à autre, généralement deux fois par mois, au nettoyage des soupapes du moteur.

Des portes et tampons permettent de procéder au nettoyage et à la visite des tuyauteries et des laveurs, ainsi qu'au remplissage et à la vidange de ces derniers appareils.

A la sortie du second épurateur, le gaz se rend dans un petit réservoir *i*, dans lequel le moteur aspire le volume nécessaire à son alimentation à chaque cycle de la distribution. Un robinet *k* sert à évacuer l'eau condensée qui a pu se déposer au fond du réservoir du gaz *i*.

Tous les joints des pièces mobiles sont constitués par des garnitures d'amiante élastiques d'un remplacement facile.

Gazogène Fichet et Heurtey (Fig. 369). Le gazogène à aspiration Fichet et Heurtey comporte, comme les divers gazogènes à insufflation des mêmes inventeurs que nous avons précédemment décrits, une grille constituée par une sole tournante. Le combustible placé dans la cuve du générateur se consume au fur et à mesure qu'il descend et arrive à l'état de mâchefer et de scories sur la sole. Un mouvement de rotation donné à cette sole par la manœuvre d'une manivelle extérieure, permet de décrasser le générateur pendant son fonctionnement.

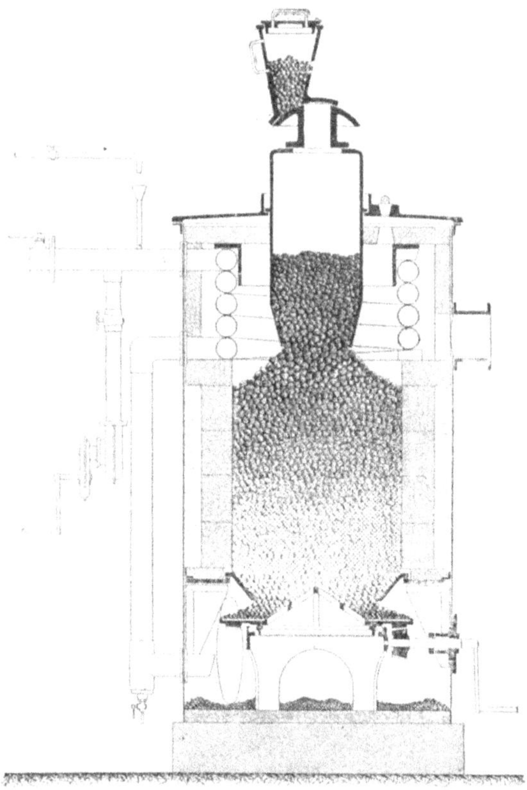

Fig. 369. — Gazogène à aspiration Fichet et Heurtey.

La cuve est un cylindre comportant une enveloppe extérieure métallique et une garniture intérieure en briques réfractaires. Le combustible est versé dans la cuve par une trémie de chargement à double fermeture, disposée à la partie supérieure de cette cuve et prolongée par une capacité cylindrique, constituant une réserve de combustible suffisante pour assurer la marche du générateur pendant plusieurs heures.

A l'intérieur de la cuve et contre sa voûte supérieure faite en matériaux réfractaires et recouverte, extérieurement, d'un couvercle métallique, est disposé un conduit enroulé en serpentin qui débouche extérieurement, en haut, à l'air libre et qui communique par son autre extrémité, avec la capacité formant cendrier, disposée au-dessous de la sole tournante.

A chaque aspiration du moteur, l'air pénètre dans le serpentin pour arriver dans le cendrier et de là passer à travers le combustible incandescent.

Mais l'air ne circule pas seul dans ce serpentin : un petit conduit y laisse pénétrer de l'eau qui s'y vaporise pour ainsi dire instantanément, les parois extérieures du conduit en serpentin se trouvant chauffées par le gaz produit dans le générateur avant sa sortie de l'appareil.

L'air se charge donc, pendant sa circulation dans ce tube appelé saturateur, de vapeur d'eau et arrive, sous la grille, humidifié et propre à déterminer, par sa réaction sur le combustible incandescent, la production du gaz pauvre.

Un conduit auxiliaire débouchant dans le tuyau d'admission d'air porte un ventilateur que l'on peut manœuvrer à la main et qui sert à effectuer l'allumage du générateur.

En sortant du générateur, le gaz est admis dans un laveur-épurateur, après avoir traversé un récipient refroidisseur. Le laveur-épurateur est rempli de coke que le gaz traverse en s'épurant et se refroidissant.

Avant d'admettre ce gaz dans le moteur, on lui fait traverser un autre récipient qui fait office de sécheur et dans lequel le gaz se débarrasse de l'eau qu'il avait pu entraîner pendant son passage dans l'appareil précédent.

Gazogène Campbell

(Fig. 370.) Le gazogène Campbell comporte un générateur, un récipient d'eau retenant les poussières, un laveur-épurateur et un petit réservoir à gaz, formant pot d'aspiration du moteur.

Le générateur se compose d'une cuve métallique à garniture intérieure en briques réfractaires, à la partie inférieure de laquelle est disposée une grille supportant le combustible qui est versé par une trémie placée en haut de la cuve. La trémie est munie d'une double fermeture et se prolonge vers l'intérieur de la cuve, par une capacité tronconique constituant le magasin à combustible.

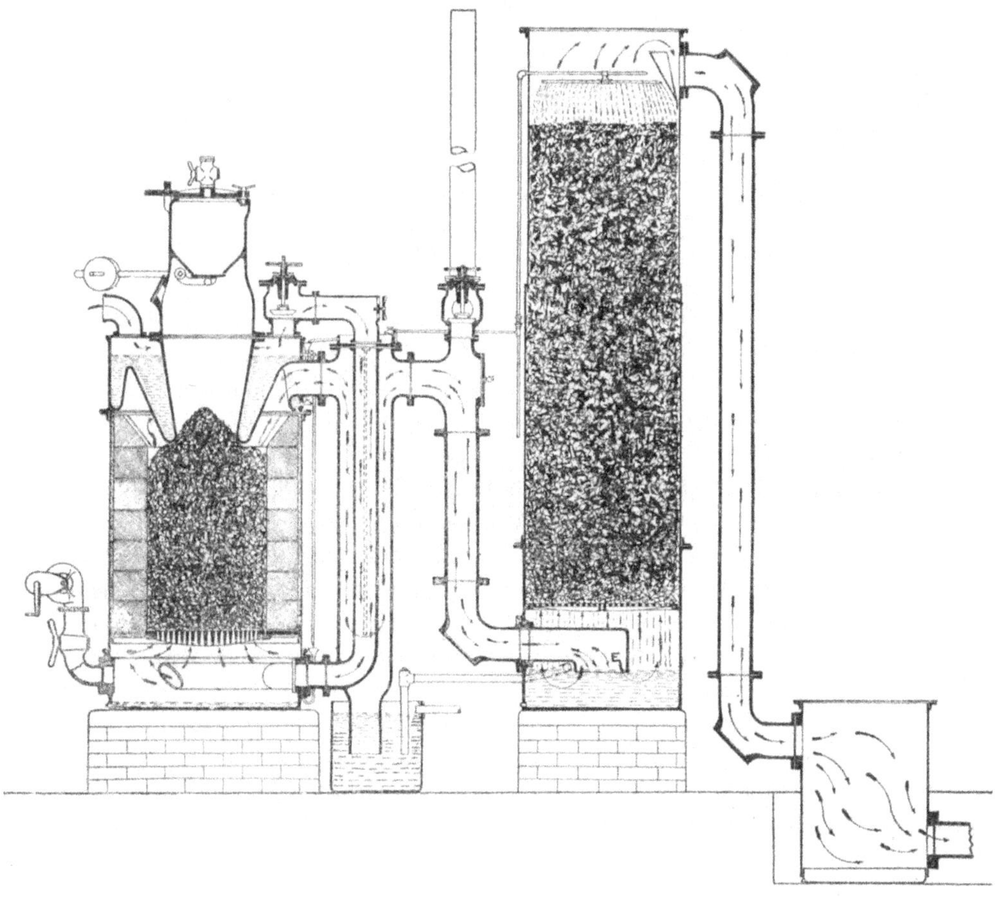

Fig. 370. — Gazogène à aspiration Campbell. Coupe verticale.

Au-dessous de la grille est ménagé un cendrier dans lequel débouche, d'un côté, un conduit dont l'autre extrémité aboutit à un récipient disposé à la partie supérieure de la cuve, et de l'autre côté un second conduit qui fait communiquer le cendrier avec l'air extérieur.

Ce conduit, de faible longueur, porte un ventilateur pouvant être manœuvré à la main pour l'allumage du générateur.

Le récipient disposé à la partie supérieure de la cuve a des parois métalliques et contient de l'eau qui s'y déverse par un conduit spécial. Cette eau conserve un niveau constant, grâce à la présence d'un tuyau de trop-plein qui l'évacue dans le cendrier placé à la partie inférieure du générateur.

Ce récipient constitue le vaporisateur ; il communique d'une part, nous l'avons dit, avec le cendrier et, d'autre part, avec l'atmosphère, par un court tuyau cintré disposé sur le couvercle.

Le conduit par lequel le gaz produit dans le générateur sort de cet appareil, se prolonge verticalement, vers le bas, par un cylindre enveloppant complètement le conduit d'amenée d'air au cendrier. Ce cylindre est muni d'une cloison verticale qui oblige le gaz à suivre le circuit indiqué par les flèches et plonge dans le récipient à eau.

Le conduit à gaz se continue à la partie supérieure par un autre tuyau qui aboutit à la partie basse du laveur-épurateur. Sur ce tuyau est branchée la cheminée d'allumage, disposée verticalement à sa partie supérieure.

Quand le moteur aspire du gaz, la dépression déterminée dans la tuyauterie provoque l'entrée de l'air dans le vaporisateur par le court tuyau cintré. Cet air, en traversant le vaporisateur, se mélange avec la vapeur produite par l'action du gaz chaud sur les parois de ce récipient métallique.

Le mélange, en circulant dans le conduit qui l'amène sous la grille, est encore réchauffé par le passage du gaz dans son tuyau de sortie, de sorte qu'on peut charger l'air d'une plus grande quantité de vapeur sans crainte d'abaisser au-dessous de la limite de fonctionnement, la température du foyer. Cette surchauffe est donc favorable à l'obtention d'un gaz de pouvoir calorifique plus élevé : la réaction produite par le mélange saturé de vapeur d'eau, lors de son passage à travers le combustible incandescent, donne naissance au gaz, qui sort du générateur par le conduit vertical, circule d'abord de haut en bas dans ce conduit, puis de bas en haut par suite de la présence de la cloison, pour gagner la partie inférieure du laveur. Dans le conduit vertical qui fait office de réchauffeur, le gaz abandonne ses poussières ; elles tombent dans le récipient à eau dans lequel plonge ce conduit.

Le laveur-épurateur contient du coke qui est arrosé par de l'eau divisée en minces filets s'écoulant vers la partie inférieure. Une grille placée dans le bas soutient ce coke et, au-dessous de cette grille, une cuvette reçoit l'eau provenant du jet supérieur, eau qui se maintient à un niveau constant au moyen d'un conduit de trop-plein qui se déverse dans le récipient à eau.

Le gaz, arrivant du générateur, barbote dans la cuvette inférieure du laveur, puis traverse la colonne de coke et arrive en haut après avoir abandonné ses impuretés et s'être refroidi. Il est ensuite amené dans le petit réservoir à gaz, dans lequel le moteur le puise pour s'alimenter.

Gazogène Tangye

(Fig. 371.) Ce gazogène comporte un générateur, une boîte de vidange d'eau, un laveur, et un petit réservoir à gaz dans lequel le moteur aspire.

Le générateur est constitué par une cuve dont l'enveloppe extérieure est faite en fonte de fer et peut se démonter en plusieurs parties pour faciliter l'entretien et le nettoyage et effectuer, le cas échéant, les réparations nécessaires.

La cuve est munie, à l'intérieur, d'une garniture en briques réfractaires ; un joint de sable est disposé entre cette garniture et l'enveloppe métallique extérieure.

Une grille est placée à la partie inférieure de la cuve et, au-dessous d'elle, une capacité est ménagée pour servir de cendrier. La grille est formée de barreaux indépendants qui peuvent être aisément remplacés. Le cendrier est en fonte de fer, et son fond constitue une sorte de cuvette dans laquelle on maintient une nappe d'eau à un niveau constant.

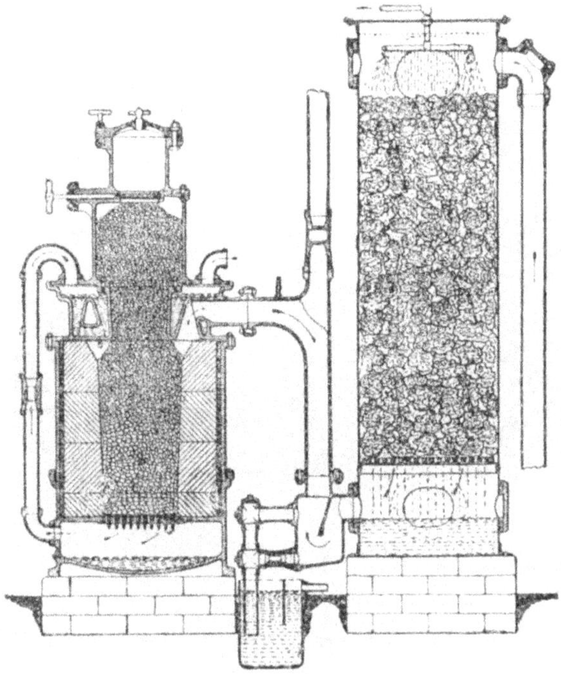

Fig. 371. — Gazogène à aspiration Tangye.Coupe verticale.

Deux portes sont disposées dans les parois de la cuve, en face l'une de l'autre, au-dessus de la grille, pour faciliter son décrassage. Le cendrier possède également une porte par laquelle on procède à son nettoyage.

A la partie supérieure de la cuve est placé le vaporisateur, sorte de récipient dans lequel on laisse arriver de l'eau et dont les parois sont chauffées par la chaleur du gaz produit dans le générateur, avant sa sortie de l'appareil. Sous l'action de cette chaleur, l'eau se vaporise et quand le moteur aspire, l'air, en pénétrant dans le vaporisateur par un tuyau très court placé sur son couvercle, se charge de vapeur avant d'être introduit dans le cendrier par un conduit approprié.

C'est la réaction produite par le passage du mélange d'air et de vapeur sur le combustible incandescent qui donne naissance au gaz pauvre, qui sort du générateur par un conduit horizontal supérieur.

Le combustible est versé dans la cuve par une trémie de chargement à double fermeture, prolongée, à sa partie inférieure, par une capacité constituant un magasin à combustible. Le conduit horizontal de sortie du gaz du générateur se prolonge verticalement pour venir déboucher à la partie inférieure du laveur-épurateur. Une cheminée surmonte ce conduit vertical et sert à évacuer les gaz lors de l'allumage du générateur. Une boîte à chicane est interposée à l'entrée du gaz dans le laveur. Cette boîte reçoit les poussières en suspension dans le gaz, lesquelles tombent dans le fond et sont entraînées par un courant d'eau, provenant du laveur-épurateur : cette eau se déverse dans un récipient spécial.

Le laveur-épurateur est une cuve cylindrique métallique remplie de coke. Le coke est supporté par une grille placée à la partie inférieure, et reçoit, à la partie supérieure, de l'eau qui s'y déverse en minces filets. L'excédent d'eau est recueilli, après avoir traversé le coke, dans une cuvette formant le fond du laveur : de là il s'écoule dans le récipient de trop-plein. Des portes sont ménagées pour nettoyer cette cuvette, pour vider le coke du laveur, et pour le remplacer.

Fig. 372. — Installation de moteur à gaz Tangye alimenté avec du gaz pauvre de gazogène.

Le gaz, en traversant la colonne de coke humide, se refroidit et s'épure ; il sort par un conduit supérieur pour se rendre au pot d'aspiration du moteur, prêt à être utilisé.

La figure 372 représente une vue d'ensemble d'un moteur Tangye de 20 chevaux, muni de son gazogène producteur du gaz pauvre qui l'alimente.

Gazogène à aspiration Mond

Dans les gazogènes à aspiration Mond construits par la *The Power Gas Corporation Limited*, à Londres, cette aspiration peut s'effectuer par le fonctionnement d'un ventilateur à commande mécanique ou, directement, par le moteur alimenté avec le gaz produit. Dans les deux cas, un mélange d'air et de vapeur est aspiré à travers le combustible incandescent, ce qui donne naissance au gaz pauvre.

Le générateur de gaz est constitué par une cuve cylindrique faite en tôle d'acier et portant, intérieurement, une garniture en briques réfractaires.

A la partie supérieure de la cuve est fixée une trémie servant à effectuer le chargement du combustible.

Cette trémie est disposée pour permettre l'emploi du bois en morceaux assez longs, et de la tourbe.

De chaque côté de la trémie, des ouvertures, fermées par des tampons, facilitent le piquage du combustible par la partie supérieure.

A la partie inférieure du générateur est placé le cendrier muni de deux portes disposées en face l'une de l'autre, qui permettent le décrassage et l'enlèvement des scories. Sur les portes sont fixés des regards en mica, par lesquels on peut se rendre compte de l'activité du feu.

Le récipient vaporisateur, destiné à produire la vapeur d'eau qui doit être mélangée avec l'air admis dans le foyer, est accolé au générateur et est fait en acier coulé.

Une disposition spéciale donnée au vaporisateur permet d'obtenir, à chaque instant, la quantité de vapeur nécessaire correspondant au débit de gaz variable, de sorte que le gaz obtenu peut être de qualité constante.

Fig. 373. – Installation de gazogènes Mond de 1 000 chevaux, pour production de force motrice.

L'air aspiré traverse d'abord une double enveloppe où il s'échauffe puis, en passant dans le vaporisateur, il se charge de vapeur d'eau et pénètre ensuite dans le générateur.

Sur le générateur est placé un ventilateur à main qui permet de mettre l'appareil en marche.

Le décrassage du générateur peut s'effectuer pendant la marche sans qu'il y ait variation de la quantité et de la qualité du gaz produit.

Quand le gaz sort du générateur, il est admis dans un laveur constitué par un réservoir cylindrique dans lequel est placée une colonne de coke arrosée uniformément d'eau froide, par le haut.

Les impuretés contenues dans le gaz, sont retenues par le coke humide pendant que le gaz traverse le laveur du bas vers le haut.

Une boîte spéciale portant le conduit de l'eau au laveur est munie de tampons démontables facilitant la visite et le nettoyage de la tuyauterie. Une porte fermant une ouverture ménagée sur les parois du laveur, sert à effectuer le remplacement du coke, que l'on change généralement tous les six mois.

Un tuyau de trop-plein formant joint hydraulique, est disposé à la partie inférieure du laveur et sert à l'écoulement de l'excédent d'eau ayant traversé le coke et qui est recueilli dans la cuvette inférieure du laveur.

Pour éviter l'oxydation de la valve à gaz ainsi que de la soupape d'admission du moteur alimenté par le gaz sortant du laveur et qui peut avoir entraîné de l'eau, on emploie un sécheur dans lequel le gaz est admis à la sortie du laveur.

L'humidité du gaz est ainsi retenue et le fonctionnement régulier des soupapes peut être assuré.

A la partie inférieure du sécheur est disposé un robinet de purge permettant d'évacuer l'eau condensée.

Dans le gazogène à aspiration mécanique par l'intermédiaire d'un ventilateur spécial, et qui se construit pour des puissances variant de 50 à 400 chevaux, on peut employer des combustibles divers. La consommation varie, suivant la nature du combustible : sciure de bois et déchets, tourbe, lignite. Avec la tourbe contenant 30 % d'humidité et avec le bois ordinaire, la consommation par cheval-heure effectif est d'environ 1 300 grammes.

Quand on emploie du lignite, la consommation peut varier de 600 à 800 grammes par cheval-heure effectif.

Quand le gazogène est destiné à produire du gaz par aspiration directe du moteur, les combustibles employés sont les anthracites, les cokes et les charbons maigres ; la consommation peut varier, suivant leur qualité, de 400 à 500 grammes par cheval-heure effectif. Ce type de gazogène se construit pour des puissances diverses variant de 10 à 1 000 chevaux.

La figure 373 représente une installation de 1 000 chevaux du Midland Railway, port de Heysham. Une autre installation de grande puissance est représentée par la figure 374.

Dans ces deux installations, des dispositifs spéciaux ont été établis pour procéder à l'élévation du combustible, de façon à l'amener au-dessus des trémies de chargement et en vue de faciliter l'alimentation en combustible du générateur.

Fig. 374. — Gazogène Mond à aspiration, pour production de force motrice.

Les dimensions considérables des cuves ont également nécessité l'adjonction, aux appareils, de plates-formes desservies par des escaliers, afin de procéder aux visites et aux manoeuvres nécessaires pour assurer le fonctionnement régulier.

Gazogènes divers

Quelques appareils producteurs de gaz comportent des dispositions spéciales les différenciant des gazogènes précédents. Certains, d'ailleurs, parmi ces appareils, sont établis pour pouvoir fonctionner indifféremment par insufflation ou par aspiration. C'est pour cela que nous les avons groupés en dehors des deux classes précédentes.

Gazogène à double combustion Riché

Ce gazogène a été établi pour produire du gaz pauvre en utilisant des variétés diverses de combustibles. C'est un appareil du genre de ceux que l'on nomme *à combustion*, et dans lequel on peut obtenir du gaz soit en insufflant, soit en aspirant de l'air au travers du combustible incandescent.

En général, cet appareil fonctionne par admission d'air sous pression fourni par un ventilateur.

Le gazogène (Fig. 375), se compose de deux cuves B et C cylindriques communiquant entre elles, à leur partie inférieure, par un conduit horizontal P. Les parois des cuves sont constituées en briques réfractaires recouvertes par des enveloppes extérieures en tôle et en fonte.

Un calorifuge formé par une garniture de fibre d'amiante est interposé entre l'enveloppe métallique extérieure et la garniture en briques réfractaires ; il a pour fonction de parer à toute déperdition de chaleur et d'éviter la détérioration des enveloppes métalliques par l'action de la température élevée.

La cuve B, appelée cuve de combustion porte, à sa partie inférieure, le foyer O. Une grille *g* constituée par des barreaux superposés est disposée devant ce foyer. A la partie supérieure de la cuve B est placée la trémie de chargement S, par laquelle on verse le combustible dans cette cuve. Ce combustible est arrêté au fond de la cuve par la grille *g* et brûle sous l'action de l'air soufflé qui est introduit dans le foyer par un conduit *b*. L'air ainsi introduit dans le foyer O, fermé en avant par la porte Q, est appelé air primaire. L'air arrivant sur le combustible incandescent au bas de la cuve B, provoque des réactions et les produits de la combustion : l'oxyde de carbone, l'hydrogène, l'acide carbonique et l'azote, arrivent par le conduit P à la partie inférieure de la seconde cuve C, nommée cuve de réduction.

Dans cette cuve on verse, par une trémie supérieure T, du coke ou du charbon de bois.

Dans le conduit de communication P débouche, entre les deux cuves un tuyau d'amenée d'air *c*, nommé air secondaire, qui permet la combustion des carbures d'hydrogène formés par la distillation du combustible contenu dans la cuve B, par suite de la chaleur produite par le rayonnement du foyer.

La combustion obtenue par l'admission de l'air secondaire élève la température et permet la dissociation d'une partie des produits de la distillation qui n'ont pas été brûlés. En outre, elle maintient la cuve de réduction C à une température convenable.

Dans cette cuve s'effectue la décomposition, par réduction, des produits distillés qui n'ont pas été brûlés et qui viennent en contact avec le combustible incandescent.

Si on charge la cuve B avec du combustible ne donnant pas de produits de distillation, l'admission d'air secondaire *c* est utilisée afin de maintenir dans la cuve de réduction C, une température suffisante pour assurer la régularité de composition et de pouvoir calorifique du gaz obtenu.

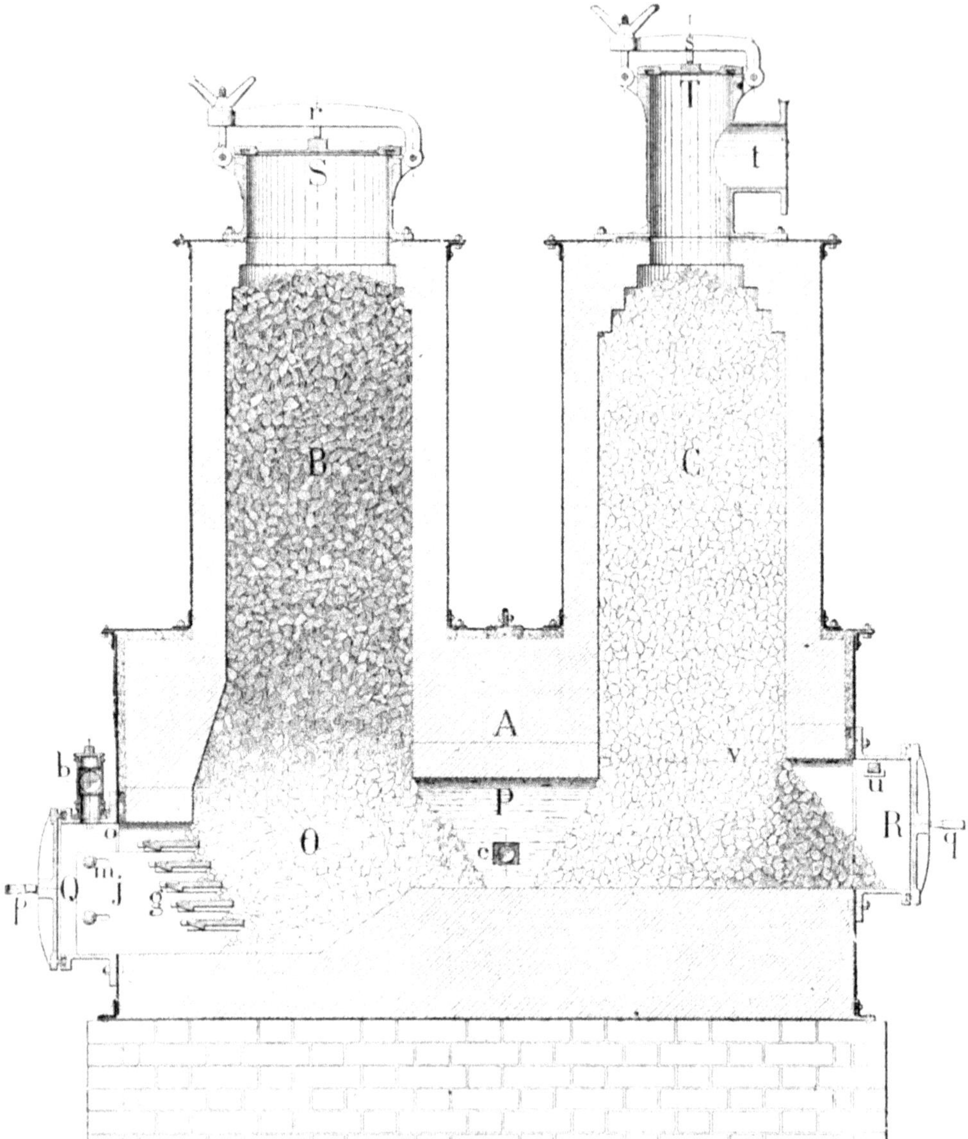

Fig. 375. — Gazogène à double combustion Riché.

Quand le combustible employé est du bois, comme il renferme une certaine quantité d'eau, on peut se dispenser d'en admettre pour humidifier l'air.

Par contre, si l'on brûle du charbon, il convient de faire arriver, par un petit conduit *o*, une petite quantité d'eau sur la grille *g*. Cette eau se transforme en vapeur qui se mélange à l'air introduit dans la cuve B et contribue à augmenter la richesse calorifique du gaz produit.

Une porte de visite R est disposée à la partie inférieure de la cuve C. On peut aisément, par l'ouverture des deux portes Q et R, nettoyer le conduit de communication P des deux cuves et le débarrasser, ainsi que la grille, des scories qui pourraient s'y accumuler.

Le gaz sort du gazogène par le conduit supérieur *t*, branché sur la trémie de la cuve de réduction C. Il est amené dans un laveur E (Fig. 376), comportant une série de plateaux sur lesquels on fait couler de l'eau. Pour passer d'un plateau à celui qui est placé immédiatement au-dessous, le gaz traverse la nappe d'eau par une série de tubes plongeurs, de sorte qu'il se produit une succession de barbotages du gaz dans le liquide. Le gaz se refroidit et se lave.

Une cheminée d'allumage D (Fig. 376) est placée sur le conduit *t*, faisant communiquer le gazogène avec le laveur. La manœuvre d'un robinet placé sur cette cheminée permet de laisser échapper le gaz dans l'atmosphère pendant la mise en fonctionnement du gazogène. Cette mise en marche peut exiger un temps variant de cinq à vingt minutes, suivant que le gazogène est encore chaud ou complètement refroidi. Pendant tout ce temps on laisse communiquer le gazogène avec l'atmosphère par la cheminée d'allumage.

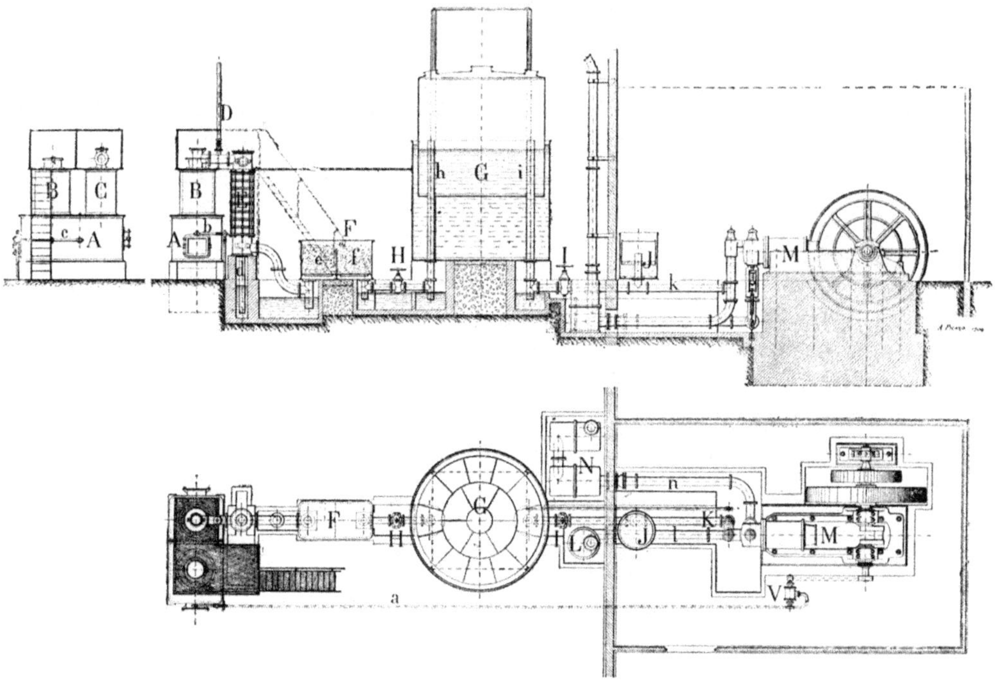

Fig. 376. — Vue d'ensemble d'une installation de gaz Riche.

Lorsque le gaz est devenu combustible, ce qui s'apprécie à l'aide d'un dispositif d'essai, on manœuvre le robinet de la cheminée qui établit alors la communication entre le gazogène et le laveur. L'appareil prend alors son fonctionnement normal.

Quand le gaz a traversé le laveur E, il se rend dans un épurateur F, appelé filtre-mousse, qui se compose d'une cuve divisée en deux compartiments *e* et *f* par une cloison transversale. On place dans les deux compartiments de la mousse végétale légèrement tassée à la main. Le gaz abandonne dans l'épurateur les poussières et les goudrons qui n'ont pas été arrêtés par le laveur et l'eau ayant pu être entraînée. Au sortir de l'épurateur, le gaz se rend dans le gazomètre G, d'où il est distribué au moteur M.

Entre le gazomètre et le moteur, on place sur le conduit d'amenée de gaz au moteur, un régulateur de pression, constitué soit par une cloche J, soit par un *antipulsateur*.

La capacité du gazomètre est suffisante pour assurer le fonctionnement du moteur à pleine charge pendant au moins dix minutes sans production de gaz au gazogène. Cela permet d'effectuer l'opération du décrassage de cet appareil sans interrompre le fonctionnement du moteur.

Gazogènes à double combustion Letombe

(Fig. 377 et 378.) Le gazogène à double combustion Letombe, dont la figure 377 représente la coupe verticale, est un premier dispositif de ce type de gazogène. La figure 378 donne une coupe verticale d'une seconde disposition.

Le premier de ces gazogènes (Fig. 377) comporte le générateur, un laveur et un régulateur de pression à cloche.

Le générateur est constitué par deux cuves *a* et *b* disposées l'une au-dessus de l'autre et se faisant suite, en n'en formant pour ainsi dire qu'une seule ; mais elles sont cependant séparées par le conduit de sortie du gaz *y* qui limite, à la partie supérieure, la cuve *a*, tandis qu'une série d'ouvertures 1, pratiquées à la partie inférieure de l'autre cuve *b*, permettent d'envoyer de l'air soufflé à travers le combustible contenu dans cette seconde cuve.

La partie inférieure de la cuve *a* a une forme incurvée qui facilite l'arrivée des scories contre la grille *r* formée de barreaux superposés, à travers lesquels on peut procéder au décrassage par l'ouverture d'une porte *c* fermant le devant du cendrier.

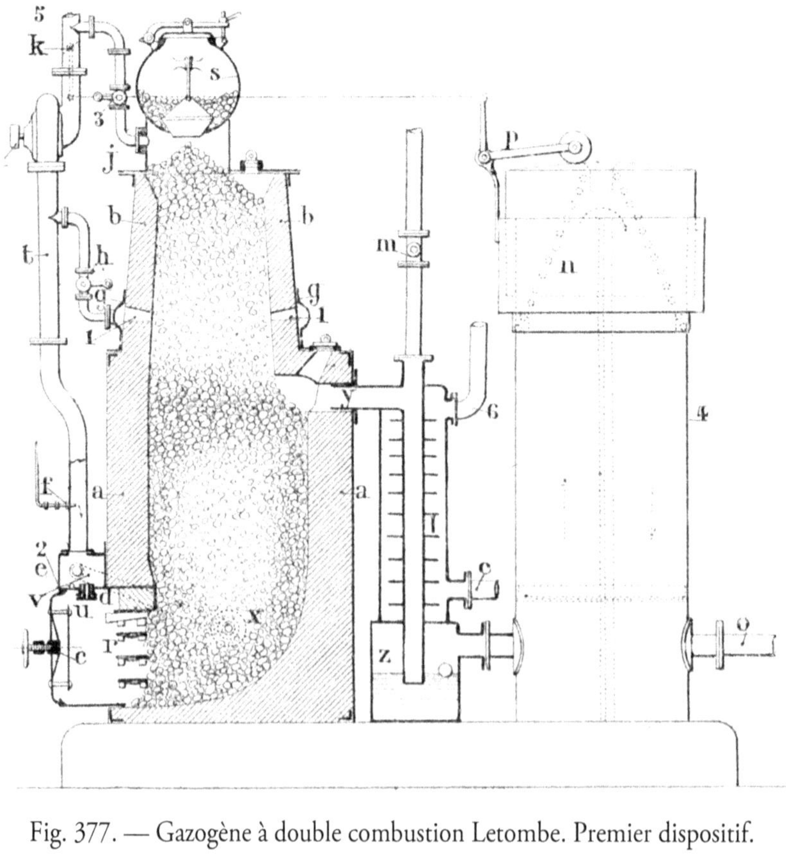

Fig. 377. — Gazogène à double combustion Letombe. Premier dispositif.

Un ventilateur *i* est monté sur un conduit *t* qui débouche à sa partie inférieure dans le foyer du générateur. Ce tuyau *t* se prolonge après le ventilateur par un autre conduit *k*, ouvert à l'air libre, sur lequel se branche un autre petit tuyau *j* débouchant à la partie supérieure du générateur.

Une trémie de chargement *s* à double fermeture surmonte la cuve *b* de l'appareil. Quand le générateur est en fonctionnement, le combustible contenu dans le foyer X de la cuve *a* brûle sous l'action de l'air soufflé par le ventilateur *i* dans le conduit *t*. Il se produit donc, dans la cuve *a*, du gaz pauvre qui sort du générateur par le tuyau *y*.

Mais par suite du fonctionnement du ventilateur, non seulement l'air est aspiré par le tuyau *k* et envoyé par le conduit *t* dans le foyer X, mais encore une partie des gaz chauds produits dans la cuve inférieure *a* est également aspirée par le conduit *j*. Ces gaz montent de la cuve *a* dans la cuve *b*, traversent le combustible que cette dernière cuve contient et, en rencontrant l'arrivée d'air soufflé par les lumières 1, ils brûlent.

La chaleur ainsi entretenue dans la cuve supérieure *b* provoque la distillation du combustible contenu à la partie supérieure de cette cuve. Les produits volatils sont aspirés par le ventilateur, par l'intermédiaire du conduit *j* et ils se mélangent avec l'air arrivant par le tuyau *k*. C'est ce mélange qui est soufflé dans le foyer de la cuve inférieure, où il brûle en même temps que le combustible réduit à l'état de coke qui, au fur et à mesure de la consommation, descend de la cuve supérieure de distillation à la cuve inférieure de combustion.

Cette disposition permet d'éviter dans la cuve supérieure le boursouflement de la masse du combustible, qui peut ainsi descendre normalement.

Quand le combustible employé contient peu de matières volatiles, l'air soufflé dans le générateur traverse une nappe d'eau pulvérisée qui lui donne un degré d'humidité favorable à l'obtention d'un gaz de pouvoir calorifique convenable. A sa sortie du générateur par le conduit *y*, le gaz traverse un barillet-laveur *l* dans lequel il se refroidit et il s'épure en barbotant dans l'eau, maintenue à un niveau constant à la partie inférieure de cet appareil.

A l'extrémité du conduit y est disposée verticalement la cheminée d'allumage, munie d'un robinet *m*.

En quittant le barillet laveur *l*, le gaz se rend dans un réservoir *n* à double compartiment, surmonté d'une cloche équilibrée. C'est le régulateur de la production du gaz. Cette régulation s'effectue par l'intermédiaire d'un levier P, qui actionne un système de tringles et de leviers solidaires de papillons disposés l'un sur le conduit d'air *k*, l'autre sur le conduit de matières volatiles *j*. Lorsque la cloche monte et qu'elle atteint l'extrémité de sa course, ce qui indique qu'un volume suffisant de gaz est produit, le levier P provoque, par les tringles et les deux leviers auxiliaires, la fermeture des papillons qui obturent respectivement le conduit d'air et le conduit de matières volatiles. Il n'y a donc plus d'admission d'air dans le foyer du générateur et la production du gaz se trouve arrêtée.

Le second type de gazogène à double combustion Letombe (Fig. 378) est à tirage renversé. Le générateur comporte une cuve *a* dans laquelle on verse le combustible par une trémie supérieure *s*.

Au centre de cette cuve descend un conduit *t* qui se prolonge dans le combustible.

Un ventilateur *i* disposé sur le couvercle de la cuve aspire, par le tuyau *j* débouchant à la partie supérieure de cette cuve, et refoule par le conduit *t* dans la masse du combustible.

Le conduit de sortie du gaz *n* est disposé à la partie inférieure du générateur. Le gaz aspiré par le moteur passe dans ce conduit et se forme en traversant de haut en bas le combustible contenu dans la cuve. Le conduit est muni d'un papillon rendu solidaire d'un levier *y*, dont la manœuvre permet de limiter le passage du gaz. A la partie inférieure de la cuve est ménagé un cendrier, muni de deux portes *p*, par lesquelles on peut effectuer le décrassage.

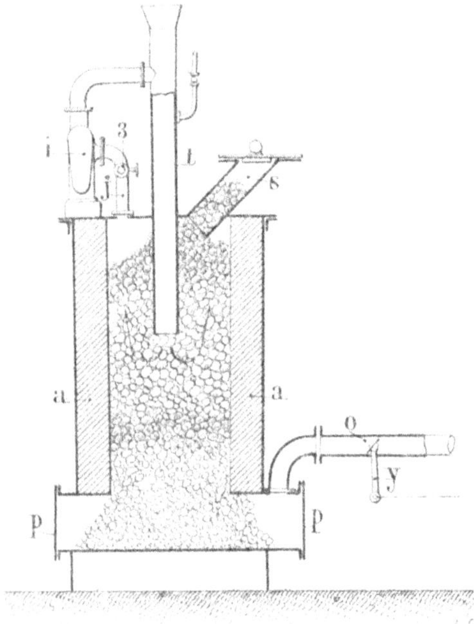

Fig. 378. — Gazogène à double combustion Letombe. Deuxième dispositif.

Lorsque le générateur est en fonctionnement, le ventilateur-aspirateur *j* refoule de l'air dans la cuve de l'appareil par le tube *t*. Cet air, passant de haut en bas à travers le combustible incandescent, du fait de l'aspiration qui s'effectue dans le conduit *o*, donne naissance au gaz pauvre, qui sort par ce même conduit *n*.

Comme, d'autre part, le ventilateur *i* aspire dans la cuve, par le conduit *j*, une partie de l'air refoulé par la tuyère centrale *t* se trouve dirigée vers la partie supérieure de la cuve et provoque la combustion du charbon, placé au milieu de la cuve, à proximité de l'orifice de la tuyère.

Le combustible en réserve, placé au-dessus de la tuyère, se distille ; les produits volatils, montant à la partie supérieure de la cuve, sont aspirés par le ventilateur et refoulés mélangés avec l'air, dans la masse du combustible incandescent où ils viennent se brûler.

Il existe donc dans le générateur deux courants d'aspiration de sens contraires : l'un pour le gaz, dirigé de haut en bas, l'autre pour les produits volatils, dirigé de bas en haut.

Le combustible en ignition qui entoure l'extrémité de la tuyère centrale *t* descend, au fur et à mesure, vers le centre de la cuve, débarrassé de ses matières volatiles et atteint la zone de combustion déterminée par le refoulement d'air central. Au contact de ce charbon incandescent, l'air donne naissance au gaz pauvre, qui sort par le conduit *o*.

Four à gaz Riché (Fig. 379.) Cet appareil générateur de gaz est constitué de façon toute spéciale. C'est un four à gaz à distillation renversée qui permet d'obtenir un gaz de bois, dont le pouvoir calorifique peut atteindre 3 000 calories par mètre cube et dont la composition chimique est de 18 % en volume d'*acide carbonique*, 22 % d'*oxyde de carbone*, 15 % de *méthane* et 45 % d'*hydrogène*.

Ce gaz, dit *gaz Riché*, n'a pas de pouvoir éclairant, mais son pouvoir pyrométrique est considérable, puisque la température de sa flamme peut atteindre 2 000 degrés.

Il peut s'appliquer à l'éclairage par incandescence, aux chauffages industriels, et peut également être utilisé pour produire la force motrice. Un four à gaz de ce système se compose d'une série de cornues cylindriques A, faites en fonte de fer et disposées verticalement dans un même massif de maçonnerie. Un foyer F, placé au centre du massif maçonné, sert à chauffer les cornues. A la base de chacune d'elles est établi un récipient cylindrique C, en fonte de fer, disposé horizontalement et que l'on nomme pied de cornue. La cornue repose, par son poids, dans une gorge circulaire ménagée à une extrémité du pied de cornue.

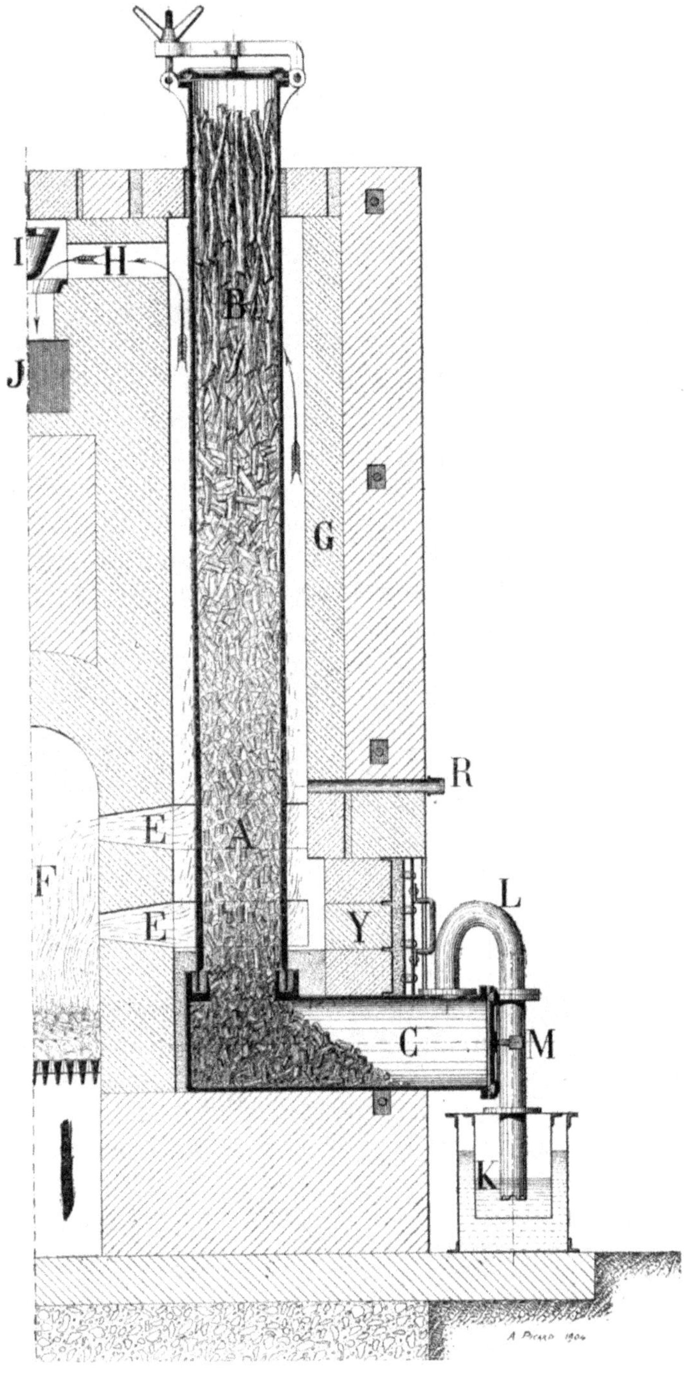

Fig. 379. — Four à gaz Riché.

Le joint est formé, entre ces deux pièces C et A, au moyen d'un mastic composé en quantités égales de silicate de soude et de fibre d'amiante convenablement triturés. Sous l'action de la chaleur le mastic devient dur et constitue un joint étanche. La cornue est fermée à sa partie supérieure par un tampon autoclave ; le pied de cornue C est également fermé par une porte M permettant de vider la cornue. Dans la partie inférieure de la cornue, on verse, jusqu'à une hauteur de 1 mètre environ, du charbon de bois provenant d'une distillation précédente.

Au-dessus, dans la partie supérieure B de la cornue, on introduit du bois.

Chaque cornue est placée dans une capacité cylindrique comportant une garniture G faite en matières réfractaires percée, à la partie inférieure, de conduits E communiquant avec le foyer F et à la partie supérieure, d'un conduit H qui débouche dans le carneau de fumée J. Un registre I règle, par sa manœuvre, le tirage dans chacune des gaines contenant une cornue.

Par suite de la disposition du foyer, les parois des cornues sont portées à une température de plus en plus grande à mesure qu'elles se rapprochent du pied C. Le combustible qui est placé à la partie inférieure de la cornue et qui est, avons-nous dit, du charbon de bois, est porté à environ 900 degrés.

Un regard R, muni à son extrémité, d'une fermeture en mica, permet de vérifier l'état du combustible dans la cornue et de régler, le cas échéant, la combustion dans le foyer en manœuvrant le registre supérieur I.

Le bois versé dans la cornue, au-dessus du combustible, distille lentement sous l'action de la chaleur de la cornue. La distillation produit des gaz et des vapeurs qui remplissent d'abord la partie supérieure de la cornue et qui, ne trouvant aucun conduit de sortie en cet endroit, se dirigent vers le bas de la cornue en traversant la couche de combustible incandescent qu'elle contient.

Le contact des gaz et des vapeurs avec le combustible, donne lieu à des réactions qui transforment les produits condensables en gaz permanents : l'acide carbonique est transformé, pour la plus grande partie, en oxyde de carbone.

Le gaz ainsi produit arrive dans le pied C de la cornue ; par le conduit recourbé L et le tube plongeur vertical M, il est admis dans le barillet K. Ce barillet constitue un joint hydraulique qui empêche le gaz de revenir en arrière lorsque, pour effectuer un chargement de combustible, on ouvre la porte supérieure, ou lorsqu'on ouvre la porte du pied de cornue pour retirer l'excédent de charbon de bois.

Le gaz produit dans chaque cornue est recueilli dans un barillet, de sorte qu'un tuyau collecteur commun le conduit dans le gazomètre.

Le gaz obtenu dans le four à distillation renversée Riché ne nécessite pas l'installation d'un laveur-épurateur. En sortant du four, il peut contenir des traces de goudron ou de la vapeur d'eau entraînée. Ces produits se condensent lorsqu'ils traversent les barillets K, dans lesquels on fait circuler un courant d'eau. L'épuration se complète en faisant passer le gaz, après sa sortie du gazomètre, dans un épurateur renfermant de la mousse végétale.

Chaque cornue est indépendante des autres qui sont contenues dans le même four. On peut donc aisément remplacer une cornue usée sans interrompre pour cela le fonctionnement du four.

Chaque cornue peut fournir, suivant la nature du bois et le régime de marche du four, de 7 à 8 mètres cubes de gaz par heure.

Un kilogramme de bois distillé, en faisant brûler dans le foyer du four, soit 4 00 grammes de houille, soit 1 600 grammes de bois, déchets ou sciures, peut donner

Fig. 380. – Hauts fourneaux des établissements John Cockerill, à Seraing (Belgique).

Fig. 381. — Gazogène Mond, au bord d'une tourbière, utilisant la tourbe comme combustible.

Fig. 382. — Gazogène Mond à récupération d'ammoniaque.

Fig. 383. – Laveur Theisen pour le lavage des gaz de hauts fourneaux, construit par les établissements Cockerill.

de 700 à 800 litres de gaz à 3 000 calories au mètre cube. En outre, le résidu de la distillation de ce kilogramme de bois donne 200 grammes de charbon de bois pouvant être utilisé.

Le bois placé dans les cornues est en morceaux consistants, dont la longueur peut varier de 20 centimètres à 1 mètre de longueur et de 3 à 10 centimètres de diamètre. On peut employer des bois d'essences quelconques, jusqu'à une teneur en eau de 30 % .

Les déchets de bois menus ou pulvérulents ne conviennent pas à la distillation dans les cornues. Il est préférable de les utiliser pour alimenter le foyer du four à gaz et de n'admettre dans les cornues, après triage, que les morceaux de bois consistants et de dimensions déterminées que nous avons données plus haut. La tourbe, de qualité moyenne, peut également être placée dans les cornues pour être distillée, mais il convient que cette tourbe ne contienne pas de produits sulfureux, lesquels provoquent la détérioration rapide des cornues métalliques.

En résumé, comme on le voit, le four à gaz à distillation renversée Riché est un générateur de gaz utilisant des combustibles de peu de valeur et réunissant d'intéressantes dispositions, lesquelles facilitent l'obtention économique du gaz.

Gazogène Mond à récupération de sous-produits

Quand le gazogène Mond, dont nous avons précédemment décrit le type à aspiration, est alimenté avec des charbons bitumineux, des lignites, de la tourbe, du bois, etc., on peut récupérer les sous-produits et principalement l'ammoniaque.

Les deux figures 381 et 382 donnent la vue d'ensemble de deux installations de gazogènes de ce type, l'une établie au bord d'une tourbière et utilisant directement le combustible qui en est extrait, et l'autre dont la puissance atteint 15 000 chevaux.

Le combustible alimentant les générateurs est amené au moyen d'élévateurs à la partie supérieure de chacun des appareils, d'où il est versé dans les trémies de chargement.

Une plate-forme est disposée autour des générateurs pour faciliter le service, surveiller l'approvisionnement du combustible dans le magasin de réserve et effectuer la manœuvre des leviers de chargement.

A la partie inférieure de la cuve du générateur est disposée une garde d'eau, dans laquelle plonge l'enveloppe extérieure de l'appareil.

Les cendres tombent dans l'eau, ce qui facilite leur enlèvement pendant la marche même du gazogène.

Le mélange d'air et de vapeur est envoyé sous la grille, puis de là, sur le combustible par un ventilateur Root.

Pour récupérer l'ammoniaque, les gaz produits, qui sont portés à une haute température, passent, à leur sortie du générateur, dans un réchauffeur, où ils sont utilisés pour augmenter la température du mélange d'air et de vapeur destiné à être introduit dans le foyer.

Le gaz abandonne donc une partie de sa chaleur dans le réchauffeur : à sa sortie, il est admis dans un laveur mécanique qu'il traverse et où il prend contact avec de l'eau froide, par le fonctionnement de plusieurs roues à palettes.

Ce brassage a pour résultat de débarrasser le gaz du goudron et des poussières qu'il contient ; il est, en outre, refroidi.

Quand le gaz sort du laveur, il est admis dans un grand récipient cylindrique, une tour, dans laquelle l'ammoniaque que contient le gaz est fixé par de l'acide sulfurique très étendu d'eau. Il se forme une solution de sulfate d'ammoniaque qui est recueillie à intervalles réguliers.

Cette solution peut être utilisée directement ou peut servir à obtenir, par évaporation, du sulfate d'ammoniaque solide, de bonne qualité, pouvant être utilisé pour les besoins de l'agriculture.

Le gaz, débarrassé de l'ammoniaque, traverse ensuite d'autres tours, où il est refroidi et où il est épuré par un courant d'eau divisé en jets nombreux. Le gaz peut alors être utilisé lorsqu'il est employé pour le chauffage.

Pour la force motrice, le gaz doit encore traverser un sécheur avant d'être admis dans le moteur.

Les gazogènes Mond à récupération d'ammoniaque sont construits par unités permettant la production de 2 000 mètres cubes de gaz à l'heure. On peut dans une installation grouper un nombre déterminé d'unités pour obtenir la puissance désirée.

La récupération de l'ammoniaque est avantageuse, car la quantité de sulfate d'ammoniaque obtenu par tonne de combustible employé pour produire du gaz peut atteindre 40 à 45 kilogrammes.

Il en résulte, lorsque le combustible a une faible valeur, comme c'est le cas pour le lignite, la tourbe, les déchets de bois, que le gaz est non seulement produit à peu de frais, mais qu'on peut encore, par la vente du sulfate d'ammoniaque, compenser largement ces frais.

Gazogène Mond pour gaz à l'eau

Le gaz produit par ce gazogène a un grand pouvoir calorifique. L'installation comporte un générateur, un ventilateur à commande mécanique, une cataracte à eau, un laveur, un épurateur, un gazomètre et un récipient à barbotage.

Le générateur est constitué par un cylindre fait en tôle d'acier portant intérieurement une garniture en briques réfractaires. Une trémie de chargement est placée à la partie supérieure et l'appareil est muni, à la partie inférieure, de portes permettant le décrassage du foyer et l'enlèvement des scories.

Dans ce générateur, l'air et la vapeur au lieu d'être dirigés dans le foyer de bas en haut comme dans la plupart des générateurs sont dirigés en sens inverse. L'air est soufflé de bas en haut et la vapeur admise de haut en bas.

Le ventilateur, à commande mécanique, est utilisé pour souffler l'air dans le générateur ; une tuyère y conduit la vapeur. Cette vapeur fournie par une chaudière spéciale, traverse un surchauffeur disposé sur le générateur, avant d'être admise dans cet appareil.

La cataracte à eau commande automatiquement la manœuvre de quatre valves : la valve de soufflage d'air, la valve qui met en communication la cheminée avec l'intérieur du générateur, la valve de soufflage de vapeur et la valve mettant en communication le générateur et le laveur.

Quand la cataracte provoque l'ouverture des deux premières valves, elle ferme les deux autres, et inversement.

Le laveur est un cylindre en tôle dans lequel on verse du coke jusqu'à une certaine hauteur. Le coke est constamment arrosé par une pluie d'eau froide. Le laveur porte, à la partie inférieure, une tubulure avec joint hydraulique qui permet d'évacuer l'eau ayant traversé le coke, sans avoir à craindre une fuite de gaz. Sur le laveur sont ménagées des portes de visite pour enlever le coke usé et pour extraire les dépôts qui se forment à la partie basse de ce laveur.

L'épurateur est un récipient en tôle, dans lequel le gaz se rend à sa sortie du laveur. Il est muni, à la partie inférieure, d'un purgeur.

Le gazomètre comporte une cloche de grande capacité, dans laquelle le gaz est recueilli et qui permet de régulariser sa pression.

Le récipient à barbotage est une caisse en tôle que le gaz traverse et dans laquelle il acquiert une odeur utilisée pour déceler les fuites qui peuvent se produire dans les conduites.

Voici comment on obtient du gaz à l'eau par le fonctionnement des divers appareils que comporte cette installation.

Quand le générateur est allumé et contient, par conséquent, du combustible incandescent et lorsque la cataracte est disposée de façon que la valve de soufflage d'air et la valve de la cheminée soient ouvertes, on met en marche le ventilateur à commande mécanique. Cet appareil envoie de l'air sous pression à travers le combustible, ce qui a pour but d'activer sa combustion et de le porter à une température très élevée.

Après quelques instants de fonctionnement du ventilateur, soit une minute environ, le combustible est à une température suffisante, ce que l'on apprécie à l'aide d'un robinet témoin qui est placé sur la cheminée d'évacuation et qui doit donner, quand on allume le gaz qui en sort, une flamme violet clair rosée.

La cataracte fonctionne alors et, par un mouvement de bascule, elle ferme la valve du ventilateur, laquelle est à deux voies, ainsi que la valve de la cheminée. Le soufflage d'air dans le générateur est arrêté ; les produits de la combustion ne peuvent plus s'échapper dans l'air par la cheminée. La même manœuvre ouvre la valve de soufflage de vapeur et aussi la valve établie sur le conduit qui relie le générateur au laveur.

La vapeur admise dans le générateur à travers le combustible incandescent détermine, par sa réaction, la formation d'un gaz à l'eau qui, par le conduit ouvert, se rend au gazomètre en traversant le laveur et l'épurateur.

Au contact de la vapeur, la température du combustible baisse et le gaz diminue de qualité, ce que l'on constate à l'aspect de la flamme d'un autre robinet témoin disposé sur le conduit reliant le générateur au laveur. Cette flamme est bleue. Le soufflage de vapeur dure environ une minute.

Au bout de ce temps la cataracte fonctionne de nouveau et le soufflage d'air envoyé par le ventilateur recommence par les valves appropriées qui sont de nouveau ouvertes tandis que les autres sont fermées. Le fonctionnement alternatif du soufflage d'air et du soufflage de vapeur se fait automatiquement, de sorte que l'on peut avoir une production de gaz continue en installant un second générateur et un second laveur, les autres appareils étant communs aux deux installations. On règle alors les deux cataractes des deux générateurs pour que leurs mouvements soient régulièrement alternés.

On peut utiliser le gaz à l'eau pour alimenter des moteurs comportant un réglage approprié, mais, de préférence, on l'emploie quand on veut obtenir des températures très élevées.

Le combustible employé dans ces gazogènes est généralement le coke, mais on peut également utiliser les combustibles gras, les lignites, etc., car, du fait de la direction de haut en bas de la vapeur, les produits de la distillation sont entraînés au travers du combustible à haute température, de sorte que les goudrons se trouvent réduits et ne sont pas admis dans les appareils de consommation qui seraient encrassés.

A la sortie du générateur, le gaz passe successivement dans le laveur où il s'épure et se refroidit, dans l'épurateur où il se sèche et se débarrasse de l'hydrogène sulfuré, puis dans le gazomètre qui régularise sa pression, et enfin dans le barboteur où il prend son odeur caractéristique permettant de reconnaître des fuites dans la canalisation du gaz.

Gaz de hauts fourneaux et de four à coke. Épuration

Les hauts fourneaux et les fours à coke employés dans les usines métallurgiques sont de véritables générateurs de gaz pauvre, mais possédant des dimensions considérables.

Nous avons dit précédemment que pour obtenir à un prix de plus en plus réduit la fonte de fer produite dans les hauts fourneaux, on avait songé d'abord à recueillir les divers produits contenus dans les gaz et fumées s'échappant du gueulard du haut fourneau, puis on avait cherché à utiliser la chaleur même des gaz pour chauffer des chaudières et produire ainsi économiquement de la vapeur. Le développement du moteur à gaz permit enfin d'utiliser ces gaz pour obtenir de la force motrice à un prix de revient très réduit.

Nous avons décrit certains types de moteurs à gaz de grandes puissances alimentés avec du gaz de hauts fourneaux, et nous savons que l'emploi de ce gaz a conduit à augmenter le degré de la compression dans les moteurs pour obtenir un allumage certain à chaque cycle de la distribution.

On a été amené également à donner une plus grande section aux tuyaux d'admission du gaz et aux orifices sur lesquels reposent les soupapes d'admission.

Le gaz provenant des hauts fourneaux entraîne généralement une grande quantité de poussières qui présentent de graves inconvénients. Ces poussières se déposent, en effet, dans tous les conduits aboutissant aux moteurs, pénètrent dans les organes mêmes de ces moteurs, et forment une sorte d'enduit qui empêche la transmission de la chaleur, encrasse les sièges des soupapes et peut être la cause de la détérioration des cylindres. Il est donc indispensable d'épurer les gaz de hauts fourneaux pour les débarrasser des poussières et des sous-produits qu'ils renferment.

Quand le haut fourneau est alimenté avec de la houille, on recueille les goudrons et les produits ammoniacaux que les gaz contiennent, avant de les débarrasser des poussières.

Quand le gaz sort d'un four à coke, il contient non seulement du goudron, mais encore du benzol, de l'ammoniaque, des chlorures, des iodures, des sulfates de potassium, d'ammonium, etc...

Il est donc indispensable également de l'épurer avant de l'admettre dans le moteur qu'il doit alimenter.

Pour enlever du gaz les poussières qu'il entraîne, on a recours à divers systèmes de laveurs-épurateurs agissant, soit par la circulation des gaz dans des conduites appropriées dans lesquelles les poussières se déposent, soit en leur faisant parcourir des capacités à chicanes qui modifient la vitesse et la direction des gaz. On compte également sur le poids des poussières pour les recueillir, pendant leur parcours, au fond d'un récipient contenant de l'eau. Un dispositif qui donne d'excellents résultats et qui est généralement employé consiste à employer un ventilateur-laveur, dans lequel on fait arriver le gaz en même temps qu'une injection d'eau. Les poussières que contient le gaz sont mouillées et projetées par l'action de la force centrifuge contre les parois. Le mélange ainsi formé s'écoule par un conduit de vidange spécial, tandis que le gaz débarrassé de ses poussières continue à circuler dans la tuyauterie et peut alors être admis dans le moteur.

L'utilisation des gaz de hauts fourneaux, de fours à coke et de gazogènes a provoqué, en somme, l'essor considérable pris par le moteur à gaz qui est, de ce fait, devenu l'appareil producteur d'énergie le plus économique.

Chapitre IX

CONDUITE ET ENTRETIEN DES MOTEURS A GAZ APPLICATIONS

En terminant la partie de ce volume consacrée aux moteurs à gaz, nous dirons quelques mots sur leur conduite et leur entretien et sur les nombreuses applications qu'ils ont reçues.

Nous avons précédemment examiné de quelles façons doivent être installés les moteurs à gaz et les précautions qu'il est utile de prendre, suivant leurs puissances, pour éviter des ébranlements dus aux vibrations qui se produisent pendant le fonctionnement des divers organes.

Nous avons également indiqué les fonctions que doivent remplir les diverses canalisations d'eau, de gaz, et d'air comprimé et décrit les dispositions qu'on leur donne.

Nous ne reviendrons donc pas sur les détails de l'installation des moteurs à gaz, mais il convient cependant d'établir, qu'en principe, un moteur à gaz doit être installé dans un local où il puisse se trouver à l'abri des poussières et de l'humidité.

En outre, il est nécessaire qu'il soit disposé de façon que ses organes soient facilement abordables et que l'on puisse aisément manœuvrer le volant pour mettre le moteur en marche, afin d'éviter les accidents qui pourraient se produire si l'espace libre était trop restreint. Les soupapes et le piston doivent aussi pouvoir être commodément visités et nettoyés.

Conduite des moteurs

Avant de mettre un moteur en marche, il faut vérifier avec soin l'état des principaux organes de ce moteur. Quand le moteur comporte un dispositif d'allumage par tube incandescent, il convient d'allumer le brûleur dix minutes environ avant la mise en route. Ce brûleur doit donner une flamme bleue, et ce n'est qu'après avoir vérifié l'état d'incandescence du tube que l'on admet le gaz dans le moteur.

Lorsque l'allumage s'effectue électriquement, il est nécessaire de jeter un coup d'oeil sur les piles ou sur les bobines d'allumage, et de s'assurer du bon fonctionnement du rupteur et de la propreté des contacts. Quand l'inflammation a lieu par magnéto, on doit veiller à ce que le déclenchement de son mécanisme s'effectue toujours brusquement. On s'assure de la manœuvre convenable des soupapes et on remplit d'huile les graisseurs.

On peut alors mettre le moteur en marche.

Pour effectuer cette manœuvre, on place la came spéciale de décompression à sa position convenable pour que la soupape d'échappement s'ouvre en partie pendant la compression, ainsi que nous l'avons précédemment indiqué ; on ouvre le robinet d'admission de gaz établi sur le conduit d'aspiration. Généralement, ce robinet est muni d'un index qui doit être placé en face d'un repère correspondant à la mise en route du moteur.

On manœuvre alors le volant à la main lorsqu'il s'agit de moteurs de petites puissances, ou bien on met en fonctionnement le dispositif de mise en marche dans le cas où le moteur en comporte.

On ne saurait prendre assez de précautions lorsqu'on lance le volant à la main pour éviter de trop engager les mains ou les bras car, par suite de la réaction due à la compression, le volant peut recevoir une brusque impulsion en sens inverse, ce qui peut provoquer de graves accidents. Il faut également, pour cette même raison, éviter de monter sur le volant pour effectuer sa manœuvre de départ.

Le dispositif d'allumage doit être bien réglé pour que l'explosion se produise et que le moteur se mette à tourner. L'allumage est généralement retardé pour la mise en route, car un allumage prématuré provoquerait une explosion également prématurée qui pourrait occasionner des accidents.

Le moteur une fois mis en marche, on laisse échauffer un peu le cylindre et on admet petit à petit l'eau de refroidissement dans les conduits disposés pour organiser sa circulation. La température du cylindre peut varier de 40 degrés pour les moteurs de grandes puissances, à 50 et 60 degrés pour les moteurs de puissances plus réduites. On peut, en effet, dans ces derniers moteurs, réaliser un graissage plus facile que dans les autres, les organes étant moins importants et moins sujets à gripper, sous l'action de la température, pendant leur fonctionnement.

Le graissage doit s'effectuer très régulièrement ; il convient d'employer pour cela de l'huile minérale, qui résiste à la chaleur sans former du cambouis. La qualité de l'huile importe beaucoup et permet d'éviter un graissage trop abondant qui offre des inconvénients.

Quand le moteur est en plein fonctionnement, on donne de l'avance à l'allumage mais, ainsi que nous l'avons précédemment expliqué, cette avance n'est qu'apparente, car elle n'a d'autre but que de faire coïncider exactement le moment où se produit l'explosion avec le point mort du piston dans sa course de compression. L'avance à l'allumage compense le temps qui s'écoule entre l'allumage et l'explosion, temps nécessaire pour enflammer le mélange tonnant.

Pour que le fonctionnement du moteur se maintienne régulier, il faut veiller à ce que la composition du gaz reste toujours la même, pour un certain réglage des organes de distribution dont la manœuvre assure une régulation appropriée à la charge supportée par le moteur. Il convient que la circulation d'eau s'effectue très régulièrement, ce que l'on peut facilement vérifier en observant l'écoulement de l'eau qui sort généralement par un conduit débouchant à l'air libre.

Il est de toute importance que l'allumage se produise sans ratés. Ces ratés d'allumage, reconnaissables à un bruit particulier produit par les organes en mouvement et qui fait dire que le moteur bat, occasionnent des pertes de gaz qui sont évacués sans avoir été brûlés et qui peuvent être enflammés ultérieurement en provoquant des explosions dans la conduite de décharge. Ces explosions ébranlent toute la tuyauterie et produisent un très grand bruit fort désagréable qu'il est nécessaire d'éviter. On doit, dans ce cas, vérifier le dispositif d'allumage et nettoyer les contacts lorsque l'allumage est électrique. En outre, comme la mise de feu dans le conduit d'évacuation peut être produite par une mauvaise étanchéité de la soupape d'échappement par rapport à son siège, on doit vérifier cette étanchéité et, s'il y a lieu, roder la soupape.

La distribution d'un moteur à gaz doit être réglée pour obtenir de ce moteur le rendement le meilleur.

Pour connaître ce rendement et, par conséquent, le travail effectué par le moteur, il faut, avec les indicateurs, relever des diagrammes, et l'analyse de ces diagrammes conduira à déceler les défauts qu'il est nécessaire de corriger pour obtenir un fonctionnement plus convenable.

Si la courbe de compression relevée sur le diagramme ne présente pas une régularité d'allure indiquant une augmentation progressive de la pression dans le cylindre, au fur et à mesure que le piston avance, c'est que le mélange comprimé ne reste pas emmagasiné en entier dans le fond du cylindre, et qu'une partie s'échappe, soit par les soupapes qui ne s'appliquent pas exactement sur leur siège, soit par la périphérie du piston, ce qui indique que les segments élastiques ne forment pas un joint suffisant contre la paroi intérieure du cylindre.

L'avance à l'allumage s'apprécie fort bien sur le diagramme, et on peut également déterminer si le moment de l'explosion correspond bien à la fin de course du piston.

L'explosion, nous le savons, se traduit sur le diagramme, par une ligne s'élevant presque perpendiculairement pour atteindre le point de plus haute pression, et qui s'incurve ensuite très rapidement, à partir de ce point, pour se diriger vers le bas, ce qui donne quelquefois au diagramme une forme pointue à sa partie supérieure. Ce bout de diagramme doit, normalement, être légèrement arrondi.

Le bout pointu indique, en effet, que le mélange tonnant admis dans le cylindre contient une proportion trop élevée de gaz. Le mélange est donc trop riche, ce qui contribue à augmenter sans profit la consommation du moteur.

Il ne faut pas, par contre, diminuer par trop cette proportion de gaz, car lorsque le mélange est trop pauvre, son inflammation ne s'effectue que lentement, l'explosion ne se produit pas instantanément, et l'on observe sur le diagramme une ligne qui s'écarte trop de la verticale. La surface du diagramme qui représente le travail fourni sur le piston est aussi plus faible.

Pour produire l'arrêt d'un moteur à gaz, on ferme le robinet du conduit qui amène le gaz au moteur, puis on ferme le robinet du brûleur lorsque l'allumage s'effectue par incandescence, ou bien on rompt le courant électrique d'allumage.

On ferme la canalisation d'écoulement d'eau de refroidissement et, dès lors, la vitesse du moteur diminue progressivement jusqu'à l'arrêt complet.

Avant que les organes soient immobilisés, on agit sur le volant du moteur dans le sens convenable pour qu'à l'arrêt le piston se trouve placé dans le cylindre à la phase de compression.

Les soupapes se trouvent ainsi fermées et les organes du moteur sont disposés pour effectuer une nouvelle mise en marche en actionnant le volant à la main.

La mise en route et l'arrêt du moteur à gaz, que nous venons d'examiner, se rapportent à un moteur n'ayant pas son appareil producteur de gaz placé à proximité. Le mécanicien, dans ce cas, n'a à se préoccuper que du moteur, le gaz arrivant par un conduit muni d'un robinet-vanne qui permet son admission dans le moteur.

Fig. 384. – Moteur à gaz primitif Otto, de 4 chevaux de force, actionnant une installation agricole.

Lorsque le moteur possède son appareil producteur de gaz pauvre installé à proximité, ainsi que cela se fait de plus en plus actuellement, il convient de mettre d'abord le gazogène en marche pour produire du gaz, puis d'admettre ce gaz dans le moteur afin de le mettre en route de la façon que nous venons d'indiquer.

La mise en fonctionnement d'un gazogène varie nécessairement suivant les types de moteurs mais, en général, les gazogènes alimentant des moteurs de moyennes puissances disposés auprès d'eux sont des gazogènes à aspiration directe du moteur ; ils comportent un vaporisateur pour produire la vapeur d'eau qui doit être mélangée à l'air avant de traverser le combustible incandescent.

Pour mettre en fonctionnement un gazogène, on laisse écouler de l'eau dans le vaporisateur qui se remplit jusqu'à un niveau déterminé, le trop-plein d'eau venant se déverser généralement dans le cendrier. On s'assure que le robinet du conduit de sortie du gaz du générateur est fermé et on ouvre le robinet établi sur la cheminée d'allumage. Le générateur communique donc avec l'atmosphère en même temps que toute communication est interceptée avec la tuyauterie conduisant au moteur. Nous avons vu que, le plus souvent, la manœuvre du robinet qui ouvre la cheminée ferme, du même coup, le conduit de distribution de gaz.

Ces manoeuvres effectuées, on place sur la grille du générateur des copeaux, du petit bois et on allume. On active le tirage en laissant la porte du foyer ouverte ; la fumée s'échappe par la cheminée qui est également ouverte.

Lorsque le feu de bois est en pleine activité, on verse du combustible dans le foyer et on maintient toujours la porte ouverte pour faciliter la combustion. Le charbon introduit dans le générateur commence à brûler.

On peut alors activer la combustion en manœuvrant, à la main, le ventilateur, lequel est disposé, dans presque tous les gazogènes, sur un conduit aboutissant au cendrier. Les portes sont fermées, à ce moment, et le combustible s'allume sur toute la surface du foyer.

On continue à envoyer de l'air sur le combustible par la manœuvre du ventilateur, de sorte que la combustion devient de plus en plus vive et que le gaz commence à se produire par suite de la réaction de l'air sur le combustible incandescent.

Un robinet d'essai est placé sur le générateur. On présente une flamme à l'extrémité de ce robinet qui est maintenu ouvert. Lorsque le gaz qui sort par le robinet et qui provient du générateur brûle, on obture l'orifice de la cheminée d'allumage en manœuvrant son robinet.

On ouvre, en même temps, l'orifice du conduit de distribution de gaz et l'on ferme le robinet d'essai ; au fur et à mesure que le gaz est produit dans le générateur, il circule dans la tuyauterie, dans les appareils de lavage, de refroidissement et d'épuration, et arrive au moteur dont le robinet d'admission est encore fermé.

Sur le conduit d'admission, et en avant du robinet d'admission, se trouve un robinet de purge de la canalisation, à côté duquel est disposé un second robinet d'essai.

Après la fermeture de la cheminée, ces deux derniers robinets sont ouverts et la manœuvre du ventilateur à main est continuée. Le gaz, chassant l'air contenu dans la tuyauterie, s'échappe par le robinet de purge ; lorsqu'il brûle au robinet d'essai disposé près du moteur, c'est que sa composition est convenable et que le gazogène est en fonctionnement normal.

A ce moment, on ferme le robinet de purge et le second robinet d'essai ; on arrête la manœuvre du ventilateur dont le conduit porte un robinet que l'on ferme, et on met le moteur en marche comme nous l'avons précédemment indiqué.

Fig. 385. – Installation comprenant 3 machines soufflantes et 3 moteurs à gaz, d'une puissance totale de 6 000 chevaux, construits par les ateliers Cockerill.

Nous avons expliqué comment l'aspiration du moteur détermine la production du gaz pauvre qui l'alimente.

Pour entretenir le fonctionnement du gazogène et, par conséquent, du moteur, il faut procéder, à des intervalles réguliers, au chargement du combustible dans le générateur. Il est bon de veiller à ce que les arrivées d'eau dans le vaporisateur, dans la cuve de trop-plein disposée à la partie basse, et dans le laveur s'effectuent normalement.

Il convient également de procéder au décrassage de la grille et au piquage, s'il en est besoin, pour faire descendre les scories et le mâchefer. Les cendres qui tombent à travers la grille doivent être enlevées de temps à autre.

Quand on arrête le moteur, en fermant, ainsi que nous l'avons dit, le robinet d'admission de gaz, on doit, en même temps, ouvrir la cheminée d'allumage du générateur, de façon que les produits de la combustion puissent être évacués.

On ferme le robinet d'admission d'eau dans le laveur ; on isole le foyer, par la manœuvre d'un robinet approprié, du ventilateur et du vaporisateur puis on ouvre un papillon réglable disposé sur la porte de ce foyer.

Le tirage s'effectue par cette ouverture et par la cheminée, de sorte que la combustion est entretenue dans le foyer à une allure fort lente. On peut, avec cette disposition, remettre rapidement le gazogène en état de fonctionnement. Cette durée de mise en route peut n'être que de 5 à 10 minutes, tandis que la mise en marche d'un générateur complètement refroidi nécessite un temps deux fois plus long.

Pendant l'arrêt du gazogène, on ferme le conduit qui déverse l'eau dans le cendrier, mais on laisse ouvert celui qui admet l'eau dans le vaporisateur. On règle son débit de façon qu'il laisse écouler l'eau goutte à goutte ; mais il est important, on le conçoit, quand le feu n'est pas complètement éteint et qu'on l'entretient, même à petite allure, de ne pas laisser le vaporisateur manquer d'eau, car les parois qui viennent en contact avec les gaz chauds risqueraient de se détériorer.

Entretien En dehors des dispositions prises pour assurer un fonctionnement régulier du moteur et le jeu facile des organes les uns par rapport aux autres, il convient également de vérifier périodiquement l'état de ces organes afin de les nettoyer et de leur faire subir, au besoin, les réparations nécessaires pour éviter des détériorations plus considérables d'organes essentiels.

Le piston doit être visité assez souvent et nettoyé. Pour enlever le cambouis qui se forme sur les segments et dans les rainures qui les reçoivent, on effectue le nettoyage au pétrole. On s'assure que les conduits de graissage ne sont point bouchés.

Le cylindre doit également être nettoyé et les enveloppes de circulation d'eau débarrassées des dépôts qui s'y forment.

On démonte les soupapes pour les nettoyer ; on s'assure du bon état de leur ressort de rappel et on vérifie leur étanchéité quand elles sont appliquées sur leur siège. Lorsque cette étanchéité laisse à désirer, on rode les soupapes sur leur siège en employant de la poudre d'émeri très fine, qu'il faut avoir le soin d'enlever d'une manière complète lorsque l'opération est terminée de crainte qu'en se répandant sur les autres organes, cette poudre d'émeri ne provoque leur usure pendant leur mouvement.

Le dispositif d'allumage doit être soigneusement entretenu et surveillé.

Il est enfin nécessaire de vérifier l'état de serrage des écrous et contre-écrous qui fixent les divers organes, d'annuler, au fur et à mesure qu'il se manifeste, le jeu des coussinets de bielles ou des coussinets de paliers, de contrôler le fonctionnement des dispositifs de graissage, de démonter les carters protégeant les roues d'engrenage pour examiner l'état de la denture.

En résumé, un mécanicien qui connaît bien les divers éléments constituant le moteur qu'il conduit, peut aisément et d'une manière efficace, obtenir du moteur un fonctionnement constamment régulier avec une usure minimum des organes, en veillant avec soin à l'entretien méthodique de ces organes.

Il faut également veiller à l'entretien en bon état des divers appareils composant le gazogène. C'est principalement le générateur qui doit retenir l'attention.

La garniture intérieure, faite en matières réfractaires, se détériore à la longue, sous l'action de la chaleur. Généralement cette garniture est constituée en éléments interchangeables, de sorte qu'on peut assez facilement remplacer un ou plusieurs éléments détériorés, par des éléments neufs.

La grille se détériore également ; on doit la remplacer, le cas échéant et, parfois, quand elle est composée de barreaux démontables, on peut ne procéder qu'au changement des barreaux usés.

Le coke contenu dans le laveur-épurateur doit être remplacé environ tous les six mois et le récipient de trop-plein d'eau doit être vidé et nettoyé de temps à autre, une fois au moins tous les quinze jours.

APPLICATIONS DU MOTEUR A GAZ

Le moteur à gaz a reçu de fort nombreuses applications.

Dès la réalisation des premiers moteurs à quatre temps Otto, la petite industrie vit tout le parti qu'elle pourrait tirer de celte nouvelle machine productrice de force motrice, très simple à conduire, peu encombrante, pouvant être installée sans danger même dans les maisons d'habitation et aux divers étages, et dont l'alimentation ne nécessitait que la présence, à proximité de l'installation, d'une canalisation de gaz d'éclairage de la ville.

Les premiers moteurs à gaz, en somme bien maniables, étaient de petite puissance, mais, au fur et à mesure de leurs applications de plus en plus étendues aux besoins industriels, ces puissances devinrent aussi de plus en plus considérables, et les machines à gaz se posèrent, dans la grande industrie, comme des concurrents fort sérieux de la machine à vapeur qui a été amenée, cependant, à un degré de perfection remarquable.

Dans le domaine de la petite industrie n'utilisant que de faibles puissances, le champ d'application du moteur à gaz est pour ainsi dire illimité. Là, surtout, le moteur à gaz peut être employé afin de produire facilement la force motrice nécessaire pour actionner les quelques outils composant l'installation industrielle.

Dans les ateliers de menuiserie, dans les imprimeries, dans les fabriques de chaussures, dans les exploitations agricoles, le moteur à gaz peut être avantageusement utilisé.

Dans l'industrie agricole, notamment, ses applications sont multiples.

Les outils à actionner peuvent être, en effet, fort nombreux, quoique n'exigeant chacun qu'un travail parfois minime.

Un seul moteur à gaz de faible puissance, convenablement installé, pourra donc commander, dans un domaine agricole, les pompes diverses, les machines à battre, concasseurs, hache-paille, cribleurs, laveurs de racines, coupe-racines, trieurs, pressoirs mécaniques, etc.

On utilise également les moteurs à gaz pour actionner des machines à coudre, des métiers à tisser et aussi, comme le représente la figure 215, donnant une vue d'ensemble d'une installation primitive de moteur à gaz, pour commander des cylindres apprêteurs de tissus. Cette installation comporte quatre cylindres apprêteurs de tissus, avec tendeurs. Un ventilateur est également actionné pour activer la flamme du gaz qui chauffe chaque cylindre. La chaleur des gaz bridés évacués par le tuyau d'échappement est récupérée et utilisée pour chauffer les apprêts. Pour cela, le tuyau d'échappement traverse une sorte de fourneau en maçonnerie sur lequel sont disposés les récipients à chauffer.

Dans la grande industrie, le moteur à gaz a pris une place très importante due, en grande partie, à son alimentation au gaz pauvre. Nous avons précédemment indiqué les étapes successives qu'avait franchies la machine à gaz pour aboutir aux modèles construits actuellement, dont la puissance atteint plusieurs milliers de chevaux, et qui consomment des gaz de hauts fourneaux ou du gaz pauvre de gazogène, dont le prix de revient est très minime.

C'est évidemment dans la grande industrie métallurgique que les moteurs à gaz de hauts fourneaux et à gaz de fours à coke sont employés. On obtient ainsi de la force motrice à un prix fort réduit ; cette force motrice est utilisée pour actionner soit des machines soufflantes, soit des machines produisant du courant électrique destiné à l'éclairage des ateliers, ou qui peut être distribué jusqu'aux points les plus éloignés de l'usine, afin de commander les machines et les outils divers, dont le nombre est considérable dans une installation métallurgique.

Les moteurs à gaz de grandes puissances sont également employés dans les filatures, dans les usines d'élévation d'eau, etc., en un mot dans presque toutes les installations qui nécessitaient, avant les nombreux perfectionnements apportés à ces moteurs, l'emploi de la machine à vapeur.

L'application certainement la plus importante du moteur à gaz de grande puissance consiste dans son emploi à la production de l'énergie électrique. Dès que l'on a pu obtenir du moteur à gaz une régularité de fonctionnement convenable et constante, on l'a accouplé directement avec des dynamos et avec des alternateurs, lesquels permettent, par la production de courants alternatifs biphasés, ou triphasés, le transport économique de l'énergie électrique à grande distance ainsi que sa distribution en n'importe quel point.

En résumé, les applications du moteur à gaz sont très variées et fort importantes, et l'on peut prédire à ces ingénieuses machines le plus brillant avenir.

Chapitre X

MOTEURS À ESSENCE ET À PÉTROLE

HISTORIQUE. — COMBUSTIBLES : Pétrole lourd. — Gazoline. — Pétrole lampant. CARBURATION. — CARBURATEUR. — VAPORISATEUR. — PULVÉRISATEUR.

Historique Les très diverses applications du moteur à gaz, aussitôt après sa création, à un grand nombre d'industries secondaires dans lesquelles il était, pour ainsi dire, impossible auparavant d'employer l'énergie produite mécaniquement, firent songer à établir des moteurs offrant les mêmes avantages que les moteurs à gaz, mais pouvant être alimentés par un combustible autre que le gaz.

Le gaz d'éclairage, en effet, pouvait facilement, même au début de l'établissement des moteurs à gaz, se trouver dans les villes qui possédaient, avec une usine à gaz, une distribution bien établie. On le trouvait également dans quelques agglomérations importantes ; mais dans la campagne, dans les exploitations agricoles où il eût été très utile de posséder un moteur mécanique d'installation et d'entretien faciles, le gaz d'éclairage faisait très souvent défaut.

D'autre part, on n'avait encore établi ni des moteurs pouvant fonctionner au gaz pauvre, ni des gazogènes producteurs de ce gaz pauvre, installations qui sous un encombrement, en somme, réduit, auraient donné la solution du problème.

On songea donc à remplacer le gaz combustible par l'air carburé.

On n'ignorait pas, en effet, qu'en faisant circuler l'air sur des hydrocarbures légers dans des conditions particulières, cet air se carbure, devient combustible, et peut être utilisé pour produire la force motrice, dans un moteur semblable au moteur à gaz.

Les recherches consistèrent à établir un carburateur ayant un fonctionnement régulier et pouvant produire de l'air carburé combustible, capable d'actionner le moteur.

Dès l'année 1872 un Américain, Brayton, commença l'étude d'un moteur dont le combustible était de l'air carburé par le pétrole, qui est un hydrocarbure lourd. Ce moteur, qui ne fut complètement réalisé et qui ne donna des résultats satisfaisants que quelques années plus tard, peut être considéré comme le premier moteur à pétrole ayant été appliqué à un service industriel.

Vers la même époque, à Vienne, Hock établit également un moteur à pétrole, dont le fonctionnement fut assez satisfaisant.

Les moteurs Brayton et Hock consommaient une quantité de combustible trop considérable : elle pouvait atteindre près d'un litre par cheval-heure, mais la voie était tracée. On allait résolument s'y engager et réaliser, après de patientes recherches et de nombreux perfectionnements, les moteurs économiques actuels, utilisant comme combustible de l'essence ou du pétrole.

Le moteur Brayton n'est pas, à proprement parler, un moteur à explosion. C'est plutôt un moteur à combustion, dans lequel le gaz combustible s'enflamme au fur et à mesure de son introduction dans le cylindre.

Il est à double effet et son cycle de distribution est à deux temps, comme celui des machines à vapeur et des moteurs à gaz primitifs. Il ne comporte donc pas de compression.

Il est constitué par deux cylindres disposés horizontalement l'un au-dessus de l'autre. L'un des cylindres fait office de pompe de compression d'air, l'autre est le cylindre moteur, dans lequel brûle l'air carburé.

Le cylindre moteur comporte une double enveloppe. La capacité formée entre les deux enveloppes est utilisée pour emmagasiner l'air comprimé fourni par le fonctionnement du piston dans le second cylindre. Cette capacité communique avec deux carburateurs disposés chacun à une extrémité du cylindre.

L'air comprimé aboutit donc de chaque côté du cylindre dans la chambre A (Fig. 387) du carburateur, communiquant elle-même avec l'intérieur du cylindre B par un orifice circulaire C sur lequel est établie une soupape D qui, par sa manœuvre, établit ou intercepte cette communication.

Fig. 386. — Moteur Gardner 6 cylindres, à pétrole lampant, pour bateaux, 200 chevaux, à 500 tours par minute.

Le carburateur est fixé sur le fond E du cylindre et porte, en arrière de l'orifice C, une série de disques métalliques F perforés.

Entre ces disques et l'orifice C est disposée une matière spongieuse G, sur laquelle se déverse du pétrole.

Ce pétrole arrive par le conduit H : il est fourni par une petite pompe spéciale, laquelle est manœuvrée par un excentrique calé sur l'arbre moteur.

Lorsque, au moment de l'ouverture de la soupape D, l'air comprimé pénètre, par l'orifice C, dans la masse spongieuse G imprégnée de pétrole, il entraîne avec lui des parcelles de cet hydrocarbure et traverse la série de disques perforés F qui le divisent et facilitent sa saturation.

L'air arrive ainsi dans une capacité I, constituée dans le fond du cylindre, à l'état d'air carburé et il peut être utilisé comme combustible. Il suffit de l'enflammer pour lui faire produire du travail sur la face du piston intéressée.

L'allumage s'effectue en introduisant une flamme dans cette capacité I, par une ouverture J que ferme un bouchon.

L'air carburé s'enflamme, pénètre dans le cylindre par l'orifice K, et pousse le piston disposé dans le cylindre moteur.

Lorsque le moteur est mis en route, par suite de son fonctionnement même, l'air comprimé traverse automatiquement le carburateur alimenté régulièrement de pétrole par la manœuvre de la pompe, et le gaz combustible brûle aussitôt qu'il pénètre dans la capacité I.

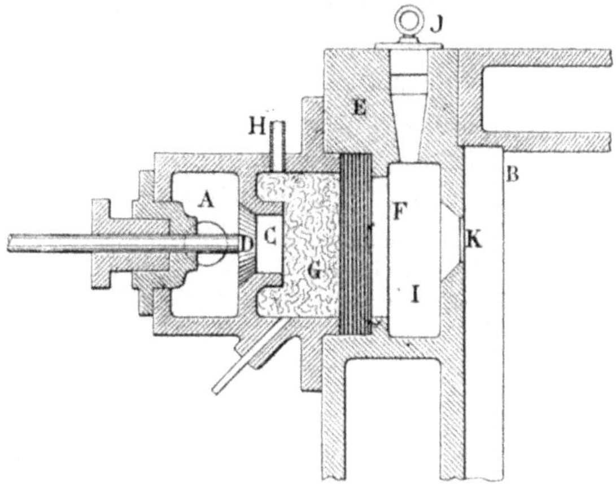

Fig. 337. — Carburateur Brayton.

Sur chacune des faces du piston s'effectue alternativement une admission d'air carburé qui, par sa combustion, actionne ce piston dans un sens ou dans l'autre, produisant ainsi le mouvement de rotation de l'arbre moteur.

La distribution d'air carburé par la soupape D est établie pendant environ le tiers de la course du piston. Pendant le restant de la course, les gaz produits par la combustion se détendent et ils conduisent le piston jusqu'à la fin de sa course.

Le piston est ramené vers sa position initiale grâce à l'action exercée sur son autre face par l'air carburé fourni par le second carburateur, puis enflammé à l'autre extrémité du cylindre et ainsi de suite alternativement.

Les études sur le moteur alimenté à l'air carburé par le pétrole aboutirent à utiliser, dans les quelques années précédant l'Exposition universelle de Paris de 1889, les éthers de pétrole pour produire cette carburation. Ces hydrocarbures, appelés éthers de pétrole, essence, ou gazoline, sont des pétroles légers, très volatils, qui s'enflamment facilement et qui, à ce point de vue, présentent des inconvénients que n'ont pas le pétrole lourd, l'huile de pétrole, ou le pétrole lampant, dont la densité est plus grande et qui s'enflamment plus difficilement. L'air carburé par les éthers de pétrole, fournit un mélange détonant qui agit sur le piston du moteur à la façon du mélange d'air et de gaz dans les moteurs à gaz. A l'Exposition universelle de Paris de 1889 figuraient quelques moteurs alimentés à l'air carburé par l'essence de pétrole, parmi lesquels des moteurs Lenoir, Otto, Daimler, Durand.

Ces moteurs, encore peu répandus, étaient surtout utilisés dans les petites industries, et spécialement dans les exploitations agricoles, pour suppléer au manque de gaz d'éclairage, ce qui ne permettait pas l'installation de moteurs à gaz.

Ces moteurs différaient entre eux par la façon dont était réalisée la carburation de l'air. Le moteur Otto, dont le cycle de distribution à quatre temps avait été utilisé avec tant de succès dans les moteurs à gaz, fournissait le principe.

Dans le moteur Otto, la carburation de l'air s'effectuait en faisant arriver cet air, aspiré par le piston même du moteur, à travers un disque perforé qui le divisait, sur de la gazoline contenue dans un récipient. Ce récipient était disposé avec une double enveloppe, pour permettre de le réchauffer, soit par les gaz brûlés évacués du moteur, soit par l'eau de refroidissement à sa sortie de l'enveloppe du cylindre. La gazoline se trouvait échauffée, ce qui facilitait le dégagement de vapeurs et la carburation de l'air qui pénétrait dans le récipient.

A sa sortie du récipient, l'air carburé était admis dans le cylindre du moteur où, par suite de son explosion, il produisait l'effet utile sur le piston.

Les carburateurs Durand et Daimler étaient, en principe, des carburateurs à barbotage dans lesquels on faisait traverser la gazoline à l'air pour le carburer.

Dans le moteur Lenoir, construit par Mignon et Rouart, le carburateur est constitué par un cylindre A (Fig. 388) tournant autour de son axe horizontal et mû par le moteur lui-même grâce à l'intermédiaire d'un pignon engrenant avec la roue d'engrenage B. Le rapport des diamètres entre ces deux roues est assez grand, pour n'obtenir une révolution complète du carburateur qu'au bout de cinq minutes environ.

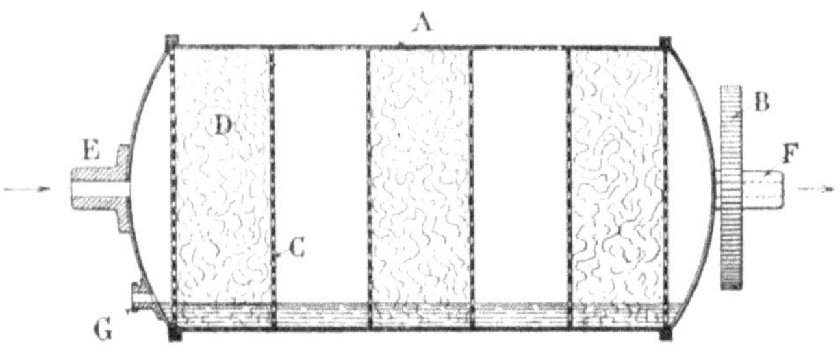

Fig. 388. — Carburateur Lenoir.

Dans le réservoir cylindrique arrive de la gazoline qui, malgré la rotation du cylindre, reste toujours à sa partie inférieure.

A l'intérieur, le cylindre est divisé en plusieurs compartiments dont les cloisons C sont constituées par des plaques métalliques perforées. Entre ces cloisons, et de deux en deux, on place de l'étoupe ou toute autre matière spongieuse D.

L'axe du cylindre est formé de deux tourillons E et F autour desquels il effectue son mouvement de rotation. Ces tourillons sont percés suivant leur axe, de sorte que l'air aspiré par le moteur pénètre dans le carburateur par le tourillon E et sort par le tourillon F. Pendant son passage dans le cylindre, il se divise en traversant les cloisons C qui portent une grande quantité de trous, et il se carbure au contact de la gazoline, dont la matière spongieuse D se trouve imprégnée.

Il sort donc, après avoir traversé les divers compartiments contenant de l'étoupe, saturé d'essence, et peut être admis dans le cylindre du moteur pour produire, par son inflammation, du travail sur le piston.

Pendant le mouvement lent de rotation du carburateur, la matière spongieuse D, placée entre les cloisons perforées, s'imbibe au fur et à mesure de gazoline, vers la périphérie du cylindre car la gazoline reste constamment à la partie inférieure du récipient. Par capillarité, toute la masse spongieuse se trouve imprégnée jusqu'au centre et l'air, en la traversant, peut régulièrement se carburer.

Un regard G permet de vérifier le niveau du liquide dans le carburateur, et de l'alimenter s'il y a lieu.

Le carburateur fut modifié par la suite. Les compartiments contenant l'étoupe furent remplacés par des sortes d'augets qui déversaient l'essence en pluie, au fur et à mesure que le carburateur effectuait son mouvement de rotation. L'air en traversant cette pluie d'essence se carburait.

On peut dire que l'étude des moteurs à pétrole a eu pour base l'étude des carburateurs, et que les perfectionnements successifs qui ont été apportés à ces moteurs correspondent, pour une grande part, aux améliorations de plus en plus importantes réalisées dans les carburateurs.

C'est pour cela que les types de carburateurs sont si nombreux et que, dès l'apparition même des moteurs à pétrole il en fut créé des modèles divers.

Delamarre-Deboutteville, dont le nom est savamment lié à l'histoire des moteurs à gaz, avait créé un carburateur dans lequel il faisait arriver l'essence mélangée avec l'eau de refroidissement du moteur, à sa sortie de l'enveloppe du cylindre. Cette eau est, à ce moment, portée à une température d'environ 50 degrés. Mélangée avec l'essence, elle provoque la formation de vapeurs qui permettent une carburation efficace de l'air.

Le mélange d'eau et d'essence se déverse dans un réservoir ; l'eau plus lourde, va au fond, l'essence surnage et sa vaporisation s'effectue. On peut retirer l'eau du réservoir par un conduit de vidange disposé à la partie inférieure.

Forest, autre savant ingénieux, avait imaginé un carburateur constitué par une sorte de brosse tournant dans un réservoir cylindrique dans lequel la gazoline était versée. Dans son mouvement de rotation, la brosse entraînait une partie de l'essence, qui était, de la sorte, divisée, et l'air se saturait et se carburait en traversant cette pluie d'essence.

Fig. 389. — Fernand Forest.

On doit, en outre, à Forest un certain nombre de perfectionnements importants apportés aux moteurs à pétrole et qu'il convient de citer car Forest, simple ouvrier mécanicien, peut être considéré, par les remarquables dispositions qu'il a conçues et réalisées, comme un précurseur aussi ingénieux que modeste. Le Gouvernement français a, en 1910, rendu un juste hommage à ses beaux travaux en le nommant chevalier de la Légion d'Honneur.

Forest avait établi un moteur à gaz, dont nous avons précédemment parlé, dans lequel le refroidissement était obtenu au moyen d'ailettes-nervures. Ce moyen de refroidissement, suffisant pour les moteurs à gaz à faible compression, devint trop précaire pour les moteurs de grande importance et fut remplacé, nous le savons, par le dispositif de refroidissement à circulation d'eau, plus compliqué, mais aussi plus efficace.

Le refroidisseur à ailettes, néanmoins, a été appliqué d'une façon très satisfaisante aux moteurs à essence actionnant des voitures automobiles.

Forest remplaça l'allumage par transport de flamme par l'allumage au moyen d'une magnéto. Il établit aussi des moteurs à cylindres multiples qu'il appliqua au fonctionnement des canots automobiles. Il construisit des moteurs à deux, quatre, huit, et même trente deux cylindres, disposés en forme d'étoile. Le refroidissement était obtenu par le déplacement d'air et, pour cela, les cylindres avaient un mouvement de rotation autour de leur vilebrequin. C'était le début du moteur rotatif, dont les types actuels, que nous examinerons plus loin, ont contribué, pour une large part, au succès de l'aviation.

Forest construisit également un carburateur à pétrole lourd comportant un réchauffage, ainsi qu'un dispositif à flotteur pour maintenir le niveau constant. Il appliqua aussi un principe de régulation spécial consistant dans le remisage d'une partie du volume de gaz tonnant pour obtenir une prolongation de la détente et une marche économique.

Dans les moteurs à plusieurs cylindres, le *remisage de gaz* consiste dans un transvasement dans l'un des cylindres. Ce transvasement a même été rendu variable par Forest, et sert à régulariser la puissance du moteur. Cette variation est obtenue par des *cames d'aspiration à profils variables*, qui sont réglables et permettent de réaliser la puissance désirée.

Forest, enfin, en plus des inventions que nous venons de citer, et dont certaines ont hâté la solution de problèmes de premier ordre a, dans le moteur à pétrole et dans ses applications, apporté aux divers organes des améliorations intéressantes et réalisé d'heureuses dispositions. Nous sommes heureux de rendre hommage dans les *Merveilles de la Science* à ce bel ensemble de recherches et de travaux.

Après 1889, les moteurs à essence furent de plus en plus employés. Ils étaient dotés de tous les perfectionnements qu'on apportait au fur et à mesure aux moteurs à gaz. Le cycle de la distribution à quatre temps notamment, leur fut appliqué d'une manière pour ainsi dire générale.

Fig. 390. – Moteur à essence Gardner pour bateaux et camions, 1 000 tours par minute.

Toutefois, le prix élevé de la gazoline et le danger qu'elle présente en émettant des vapeurs inflammables même à très basse température, ont retardé l'essor des moteurs à pétrole industriels.

On a alors employé des essences plus lourdes que l'on chauffait pour effectuer la carburation de l'air. Ces essences, moins inflammables que la gazoline, plus légères, offrent moins de danger dans leur manipulation.

C'est dans cet ordre d'idées que furent créés les divers moteurs appliqués aux véhicules automobiles qui, à partir de l'année 1890, ont commencé à être utilisés d'une manière courante ; ils ont reçu, depuis lors, des perfectionnements qui ont permis les prouesses remarquables effectuées en ces dernières années par des véhicules automobiles de toutes sortes, soit comme vitesse pour les voitures légères, soit comme endurance pour les véhicules lourds, ce qui a contribué à développer d'une façon prodigieuse cette intéressante industrie.

En outre, ces moteurs très allégés et disposés pour occuper un encombrement minimum produisant, par conséquent, sous un faible poids et avec des dimensions restreintes un travail relativement considérable ont contribué, dans une large mesure, à résoudre les deux passionnants problèmes relatifs à la direction des ballons et à l'aviation.

L'extension prise par l'industrie des canots automobiles est due aussi aux perfectionnements successifs apportés à la construction des moteurs à pétrole, qui sont devenus les organes d'action des sous-marins.

Pour les moteurs industriels à poste fixe, le progrès n'a pas été moins considérable.

L'essence alimentant le moteur a été remplacée par l'huile de pétrole, appelée aussi pétrole lampant, qui offre l'avantage d'être moins inflammable que les essences plus légères et qui est d'un prix de revient plus réduit.

Le carburateur est, dans ce cas, remplacé par un vaporisateur et un pulvérisateur, et comme la manipulation du liquide combustible n'offre aucun danger, ce type de moteur industriel tend à se répandre de plus en plus, car il est peu encombrant, facile à déplacer à l'occasion, et d'un rendement suffisamment économique.

Des groupes électrogènes peuvent ainsi s'établir aisément en tous lieux, et l'on constitue même des installations transportables, montées sur chariots et pouvant être utilisées soit pour la télégraphie sans fil, soit pour fournir de la force motrice et de la lumière électrique, en cas de besoin, en un point déterminé, par exemple, pour le fonctionnement des machines agricoles.

Parmi les moteurs industriels alimentés au pétrole lampant, l'un d'eux mérite une mention particulière. C'est le *moteur Diesel.*

Ce moteur n'est pas un moteur à explosion. Il est basé sur un tout autre principe que les moteurs que nous avons décrits. C'est un moteur à combustion à quatre temps, dans lequel l'inflammation du combustible se produit, non pas par la présence d'une flamme, ni même par l'étincelle électrique provenant du fonctionnement d'une bobine ou d'une magnéto, mais par suite d'une haute compression préalable qui s'effectue dans le cylindre et qui peut atteindre de 35 à 40 kilogrammes par centimètre carré. Le pétrole injecté dans le cylindre au sein de l'air ainsi comprimé et porté à une très haute température, s'enflamme sans détoner et actionne le piston.

Nous décrirons ultérieurement ce moteur, qui est l'oeuvre remarquable de l'ingénieur allemand Diesel.

Diesel avait conçu son moteur à la suite d'une étude qu'il publia en 1893 sur le moteur thermique rationnel. Dans son esprit, le moteur qu'il établit devait fonctionner non seulement avec des huiles de pétrole légères et lourdes, mais aussi avec du gaz et de la poussière de charbon. La poussière de charbon était admise dans le cylindre à la place du combustible gazeux, au milieu de l'air comprimé. Le moteur fonctionna, ainsi alimenté, mais pendant un temps fort court. Il devenait évident que ce combustible ne pouvait convenir pour produire régulièrement un travail quelconque. Le gaz pris comme combustible ne donna pas les résultats favorables que l'on en attendait : il ne pouvait pratiquement être employé ; mais, par contre, des essais effectués au pétrole lampant donnèrent des résultats tout à fait satisfaisants, et tandis que dans les moteurs à pétrole ordinaires la consommation de combustible variait aux environs du demi-litre par cheval et par heure, le moteur Diesel, dans des essais de consommation, dépensa 238 grammes de combustible par cheval et par heure.

Cet avantage explique les applications déjà nombreuses que l'on a faites, par la suite, du moteur Diesel.

Combustibles

Dans le rapide historique que nous venons de faire des moteurs à pétrole, nous avons indiqué, sans insister sur leur nature, les divers combustibles employés pour alimenter ces moteurs. Nous allons les examiner un à un, afin d'établir nettement leurs différences spécifiques appropriées à leurs applications diverses.

Pétrole

Le pétrole est une huile minérale dont on n'a pu exactement déterminer l'origine géologique mais qui se trouve accumulée dans la terre sous forme de vastes nappes souterraines.

Il faut remonter à une époque très reculée pour trouver la première mention faite dans l'histoire, de matières bitumineuses pétrolifères. Les ruines de Ninive nous donnent ce premier témoignage historique. Les murailles de cette vieille cité de l'Asie sont, en effet, cimentées par un mortier asphaltique résidu de l'évaporation naturelle du pétrole.

Les anciens Égyptiens connaissaient le pétrole ; ils s'en servaient également pour la conservation des vivants et pour celle des morts. Ceux de leurs prêtres qui exerçaient l'art de guérir, administraient cette huile à leurs malades, et non sans raison, car le pétrole est un stimulant diffusible au même titre que l'essence de térébenthine. Le pétrole servait aussi aux embaumements ; il n'est pas difficile de reconnaître cette substance à l'odeur qu'exhalent encore les bandelettes des momies égyptiennes.

Le pétrole, lorsqu'il jaillit du sol ou quand il en est pompé, a l'aspect d'un liquide gras, insoluble dans l'eau. Il n'est pas clair ; son aspect, à l'état brut, est verdâtre, et il se compose de divers hydrocarbures solides en dissolution liquides et gazeux. Sa composition, d'ailleurs, varie sensiblement suivant le pays de provenance : il en résulte une variation dans son pouvoir calorifique et sa densité.

Le pétrole se trouve dans un grand nombre de contrées. On l'extrait en Pensylvanie, aux États-Unis, en Espagne, en Italie, en Roumanie, en Alsace. La Grèce, la Perse, le Hanovre, la Galicie autrichienne en fournissent ; on en trouve également à Bornéo et en Birmanie. Les centres de production les plus importants sont sur les bords de la mer Caspienne, dans le Caucase, en Europe et en Pensylvanie.

Ce fut en 1858 qu'eut lieu, dans l'État de Pensylvanie, le véritable coup de théâtre de la découverte des sources jaillissantes de pétrole.

Fig. 391. – Découverte de la première source de pétrole en Pensylvanie.
(D'après une gravure du temps.)

Un Américain nommé Drake, avait fait creuser, en 1858, dans la vallée de l'*Oil Creek*, un puits artésien, profond de 20 mètres environ, pour chercher une source d'eau salée. L'eau qu'il cherchait ne vint pas ; en revanche, le pétrole, qui n'était pas attendu, se montra à sa place. Le jet liquide arriva si subitement et avec une telle violence, qu'il faillit noyer les cinq ou six ouvriers occupés à ce travail.

La source, en effet, ne donnait pas moins de 4 000 litres d'huile par heure !

La nouvelle de cette miraculeuse trouvaille parcourut, comme un coup de foudre, tous les États de l'Union américaine. On a beaucoup parlé de la fièvre d'or qui s'empara des Yankees, à l'annonce de la découverte des placers aurifères de la Californie. Cette fièvre ne fut qu'une affection bénigne comparée à la fièvre d'huile qui commença à agiter toutes les têtes de ce même pays. On savait, en effet, qu'il suffisait d'un trou de sonde, d'une faible profondeur, pour faire jaillir des flots intarissables de ce précieux liquide. On partait donc sur l'heure, laissant affaires, maison et famille. On s'élançait sur les steamers ou la voie ferrée. Arrivé sur les lieux, on courait, à cheval ou à pied, vers les bienheureuses régions. Il fallait arriver à tout prix et être les premiers, s'il était possible.

Les nouveaux pionniers défonçaient le sol sur tous les points où l'on avait signalé des sources d'huile minérale, et dans beaucoup de localités, on obtenait des succès extraordinaires. On découvrit successivement des nappes souterraines dans l'État de l'Ohio, le Maryland, la Virginie, la Géorgie, l'Alabama, le Tennessee, le Kentucky, et jusqu'en Californie.

Aujourd'hui, l'exploitation du pétrole est devenue une des industries les plus considérables de l'Amérique. On a créé pour le transport de ce produit tout un matériel

Fig. 392. — Exploitation primitive d'une source de pétrole dans la vallée de l'Oil-Creek. (D'après une gravure de l'époque.)

spécial, trains et bateaux. L'huile sortant du sol, refoulée par des pompes puissantes, est envoyée à la station la plus prochaine, au moyen de tuyaux (pipe-lines), qui les déversent dans les wagons-citernes.

Le pétrole est un excellent combustible : les quantités qu'en renferme le sol sont très considérables.

La densité moyenne du pétrole brut extrait du sol est d'environ 0,870. Il est utilisé à l'état d'huile lourde ou de résidus, pour le graissage des machines dont les organes peuvent être portés à une température élevée : on l'emploie également pour alimenter des moteurs.

Quand on rectifie par distillation le pétrole brut, on obtient une certaine quantité de produits, parmi lesquels la gazoline et le pétrole lampant sont particulièrement employés d'une manière pratique et courante, pour alimenter des moteurs à essence et à pétrole destinés à actionner soit les automobiles, soit les canots automobiles, soit des groupes électrogènes industriels.

Fig. 393. – Tuyaux de conduites (pipe-lines) et station de wagons-citernes pour le transport du pétrole brut en Amérique.

Gazoline La gazoline, désignée le plus souvent sous le nom d'essence, est obtenue en distillant le pétrole brut entre 60 et 100 degrés. C'est un pétrole léger, clair, non graisseux, d'une très grande volatilité. Il est très inflammable, ce qui le rend d'un maniement dangereux. Sa densité moyenne est de 0,700. La gazoline a été primitivement employée pour effectuer la carburation de l'air destiné à alimenter des moteurs.

On l'utilise aujourd'hui, après une rectification qui la débarrasse des huiles lourdes, comme combustible pour les moteurs d'automobiles. Elle est vendue dans ce but sous des noms différents que lui donnent les fabricants. La gazoline doit être parfaitement rectifiée, pour éviter que des dépôts ne se forment dans les carburateurs des moteurs, ce qui gênerait le fonctionnement de ces organes.

On peut mélanger la gazoline avec l'alcool, pour former l'alcool carburé dont on se sert pour actionner certains moteurs à alcool.

Pétrole lampant Le pétrole lampant, ou huile lampante, est un autre produit provenant de la distillation du pétrole brut. Il est obtenu à une température de distillation variant entre 150 et 275 degrés.

Le pétrole lampant, après raffinage, est un liquide jaunâtre ou presque incolore, bien fluide et un peu fluorescent. Son raffinage s'effectue au moyen de l'acide sulfurique. Ce traitement doit être accompagné par un lavage, d'abord à l'eau pure, puis avec de l'eau contenant une solution alcaline. La densité de ce produit est en moyenne de 0,800.

Le pétrole lampant est moins volatil que la gazoline, et par cela même moins inflammable ; sa manipulation est ainsi rendue moins dangereuse. Il ne doit pas s'enflammer à une température inférieure à 35 degrés.

Il est généralement utilisé pour alimenter les moteurs industriels fixes et demi-fixes. Le carburateur employé dans ces moteurs doit être chauffé. C'est alors un vaporisateur, auquel on adjoint assez souvent un pulvérisateur pour effectuer une carburation constamment régulière.

Le pétrole lampant rectifié, que l'on utilise pour alimenter les moteurs, doit être de bonne qualité, afin de fournir un bon rendement. Sa composition doit être telle, qu'il puisse être vaporisé d'une manière complète pour ne pas laisser dans le carburateur des résidus qui entraveraient son bon fonctionnement.

Fig. 394. — Groupe électrogène à poste fixe, 4 cylindres, de Dion-Bouton.

On emploie aussi comme combustible dans les moteurs, ainsi que nous venons de le dire, de l'alcool carburé. On a également fait quelques tentatives pour faire fonctionner des moteurs avec du gaz acétylène : mais les propriétés spéciales de ce gaz n'ont pas encore permis d'établir des moteurs pratiquement applicables à un service industriel.

Nous nous étendrons plus spécialement plus loin sur les moteurs à alcool et sur les moteurs à acétylène.

Carburation

Dans les moteurs à essence, à pétrole et à alcool, on utilise, comme nous venons de le voir, la combustion d'un gaz constitué par un mélange d'air et de vapeur provenant de l'essence ou gazoline, du pétrole, ou de l'alcool alimentant le moteur.

L'opération consistant à effectuer ce mélange se nomme carburation, et le mélange constitue l'air carburé.

L'inflammation brusque de cet air carburé admis dans le cylindre du moteur donne lieu à une explosion qui provoque la dilatation, l'expansion des gaz, lesquels agissent sur le piston du moteur pour déterminer son déplacement. Le déplacement alternatif du piston en avant et en arrière provoque le mouvement de rotation de l'arbre-moteur qui est actionné par une bielle reliée au piston, et on utilise ce mouvement de rotation pour commander des machines et des appareils divers.

Carburateur L'air carburé possède des propriétés qui varient suivant le combustible avec lequel il a été constitué : essence, pétrole, ou alcool : mais en principe, il se compose d'hydrogène, de carbures, d'oxygène, et plus le mélange formé contient de carbures d'hydrogène, plus le moteur aura un rendement thermique élevé.

La transformation du liquide combustible en air carburé, c'est-à-dire en gaz capable d'alimenter les moteurs, est désignée sous le nom de gazéification : en principe, l'appareil utilisé pour opérer cette transformation se nomme gazéificateur. D'après ce que nous avons dit précédemment de la nature des liquides combustibles, il résulte que la gazéification ne peut s'effectuer de la même façon pour les pétroles légers, éthers de pétrole, essence ou gazoline, que pour le pétrole lampant ou le pétrole lourd.

Pour les pétroles légers, l'appareil gazéificateur fonctionne à froid, le liquide combustible étant assez volatil pour former, sans avoir recours au chauffage préalable, un mélange intime avec l'air qui le traverse et pour produire un gaz homogène, de composition régulière.

Le mélange est introduit dans le cylindre où il se vaporise. Le liquide combustible doit être admis en quantité suffisante pour produire le travail à fournir, mais sans excès. L'air, au contraire, doit être admis de préférence en excès, de façon à aider à la combustion complète du liquide combustible. Il ne peut ainsi se former de dépôts qui encrasseraient les organes et gêneraient leur fonctionnement.

Pour les pétroles légers, essences, ou gazoline, l'appareil gazéificateur servant à obtenir l'air carburé est généralement désigné sous le nom de carburateur.

Vaporisateur Pour le pétrole lampant ou, le pétrole lourd, qui sont bien moins volatils que le pétrole léger, on ne peut effectuer la gazéification à froid.

Il est nécessaire de chauffer le liquide pour le vaporiser avant de l'admettre dans le cylindre, à l'état de mélange avec l'air qui facilite sa combustion.

Pour vaporiser le pétrole on l'injecte, en principe, dans un récipient chauffé que l'on nomme vaporisateur. Ce vaporisateur peut être chauffé soit par un foyer spécial tel qu'une lampe, soit encore par l'action des gaz brûlés évacués dans le tuyau d'échappement. On utilise la chaleur que possèdent ces gaz pour maintenir le vaporisateur à une température favorable à son bon fonctionnement.

Pulvérisateur On complète, assez souvent, la volatilisation du pétrole en adjoignant au vaporisateur un autre organe nommé pulvérisateur, qui a pour fonction de faciliter la gazéification du liquide en le divisant, en le pulvérisant. Le pétrole est amené goutte à goutte au pulvérisateur par le fonctionnement d'une petite pompe spéciale, et chaque goutte est pulvérisée par une injection d'air. La vaporisation s'effectue de la sorte plus aisément et d'une façon plus efficace.

Ce dispositif qui offre, on le voit, un grand avantage, a l'inconvénient d'exiger une plus grande complication de l'organe gazéificateur ; mais comme il est très important que la vaporisation du pétrole s'effectue complètement, on ne doit pas hésiter à recourir à un appareil plus compliqué pour obtenir ce résultat.

Il est nécessaire, en effet, que la vaporisation soit complète pour obtenir d'abord tout le rendement maximum de la quantité de liquide employé. On évite, en outre, les dépôts qui se forment lorsque la combustion n'est pas complète.

Ces dépôts goudronneux, provoquant des encrassages dans les conduits et dans les organes, peuvent aussi déterminer le collage des soupapes et donner au moteur un fonctionnement irrégulier.

L'admission d'air doit être suffisante pour entretenir la combustion du pétrole vaporisé. Pour éviter que les hydrocarbures puissent être évacués sans avoir été utilisés, ou qu'en partie, sous forme de carbures, ils se réduisent en dépôts goudronneux et encrassent les organes, il convient d'admettre plus d'air qu'il n'en faudrait théoriquement pour produire une combustion complète.

Il est bon, d'ailleurs, de doser soigneusement la composition du mélange d'air et de pétrole, de façon à le maintenir constamment homogène. On s'exposerait, sans cela, à n'avoir qu'une combustion incomplète, et une perte de pétrole évacué sans avoir produit du travail, ce qui pourrait provoquer dans le tuyau d'évacuation, toujours porté à une haute température, des explosions susceptibles d'ébranler et de disloquer les tuyauteries, ou même de détériorer quelques organes.

Chapitre XI

CARBURATEURS. — VAPORISATEURS

CARBURATEURS : Daimler. — Longuemare : à pulvérisation, à essence, pétrole, alcool, à réglage automatique, à réglage progressif. — Mors. — Zénith.— Renault-Gobron. — Gauthier-Werlé. — VAPORISATEURS : Brayton. — Priestmann. — Otto. — Campbell. — Hille. — Crossley. — Charon.

Nous avons, au commencement de ce volume, décrit les divers organes constituant les moteurs à gaz. Comme les moteurs à essence et à pétrole, et surtout les moteurs fixes, comportent les mêmes organes et ne diffèrent, en principe, des moteurs à gaz que par l'adjonction d'un appareil gazéificateur, nous ne reviendrons pas sur la description détaillée des diverses pièces composant un moteur.

Nous nous bornerons à examiner l'organe de carburation et de vaporisation que nous n'avons pas trouvé dans le moteur à gaz et qui est une partie fort importante dans les moteurs à pétrole. Nous signalerons, d'ailleurs, lors de la description des moteurs à pétrole de différents types ayant reçu des applications diverses, les particularités intéressantes qui les différencient.

Carburateurs

Les carburateurs à froid ont pour fonction de mélanger l'essence de pétrole, la gazoline et, d'une façon générale, les pétroles légers, avec des particules d'air très divisé, de manière à obtenir une combustion complète du mélange combustible ainsi formé, et à utiliser cette combustion pour produire, dans un cylindre du moteur, du travail sur le piston.

Nous avons décrit, au point de vue historique, le carburateur Brayton et le carburateur Lenoir.

De ces carburateurs primitifs l'un, le premier, était appliqué à un moteur à combustion, l'autre à un moteur à explosion.

Les moteurs à essence et à pétrole employés aujourd'hui sont, pour ainsi dire tous, des moteurs à explosion. Un type cependant, le moteur Diesel, est un moteur à combustion.

Nous examinerons à part ses différents organes et son mode de fonctionnement. Les carburateurs que nous allons décrire s'appliquent aux moteurs à explosion utilisant comme combustible les pétroles légers.

Carburateurs Daimler

Le carburateur Daimler est à *niveau constant.*

En 1890, Daimler établit un premier carburateur dans lequel le niveau d'essence combustible était maintenu à une hauteur constante par la manœuvre d'un flotteur. L'essence était fournie par un récipient disposé à un niveau supérieur et arrivait dans le carburateur, à sa partie inférieure, dans un récipient contenant le flotteur. Au-dessus de ce récipient était placée une seconde capacité comportant des cloisons formant chicanes.

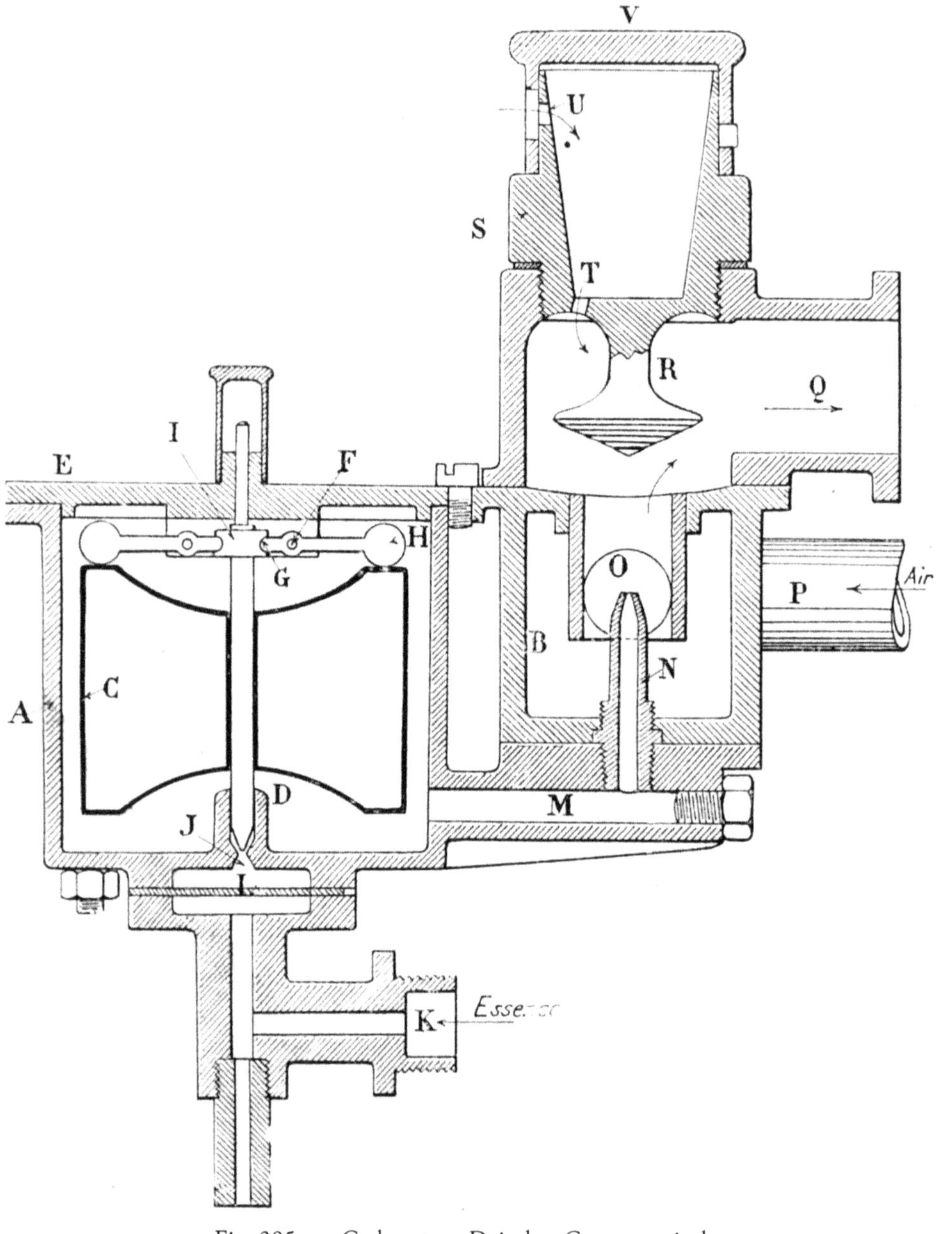

Fig. 395. — Carburateur Daimler. Coupe verticale.

L'air admis dans le carburateur était chauffé avant son introduction dans l'appareil. En traversant la capacité inférieure dans laquelle se trouvait l'essence, l'air entraînait le liquide, s'émulsionnait et pénétrait dans la capacité supérieure où, grâce à la présence des cloisons-chicanes, l'excès d'essence retombait, entraînée dans la partie inférieure du carburateur. Le carburateur Daimler primitif a été modifié et la figure 395 représente une coupe verticale du second type de ce carburateur.

Cet appareil se compose de deux récipients dont l'un A est un réservoir dans lequel le niveau de l'essence est maintenu à une hauteur constante, et dont l'autre B constitue le carburateur proprement dit.

Dans le récipient A est disposé un flotteur C. C'est un corps cylindrique en métal pouvant glisser sur un axe D qui est guidé verticalement, à chacune de ses extrémités, par une douille solidaire du récipient A.

La douille supérieure fait corps avec le couvercle E du récipient à essence, et ce couvercle porte également, vers l'intérieur du récipient, deux axes F sur lesquels sont articulés deux leviers GH. Ces leviers reposent constamment par leur extrémité H, faite pour former contre-poids, sur la face supérieure du flotteur C. L'autre extrémité G est rendue solidaire d'une bague I fixée sur l'axe cylindrique D.

Cet axe se termine, à sa partie inférieure, en forme de pointeau et peut, en s'appliquant sur un orifice conique J porté par la douille de guidage inférieure, intercepter la communication établie entre le récipient A et le conduit d'essence K. Ce conduit débouche, à la partie inférieure du récipient, dans une sorte de capacité L munie d'une plaque perforée destinée à arrêter les matières étrangères. De là, l'essence est introduite dans le récipient A par l'ajutage J.

L'essence est fournie par un réservoir disposé à une hauteur plus grande que le récipient A. Au fur et à mesure que son niveau s'élève dans ce récipient, le flotteur C monte. Lorsque le niveau a atteint une hauteur déterminée pour laquelle l'appareil fonctionne normalement, l'essence cesse automatiquement d'être admise dans le récipient.

Cette manœuvre s'effectue par l'intermédiaire des leviers GH. Ces leviers articulés autour de leur axe fixe F oscillent, en effet, autour de cet axe, au fur et à mesure que leur extrémité H s'élève ; et comme cette extrémité repose toujours sur le flotteur, l'amplitude de l'oscillation des leviers dépend de la hauteur du flotteur et, par conséquent, du niveau de l'essence dans le récipient.

Pendant l'oscillation des leviers GH, les extrémités H s'élèvent et les extrémités G s'abaissent. La bague I, solidaire de la tige cylindrique D, est donc sollicitée à s'abaisser en entraînant la tige dans ce mouvement, pendant que le niveau de l'essence s'élève dans le récipient ; quand ce niveau a atteint la hauteur déterminée, les organes sont réglés pour que l'extrémité inférieure de la tige, faite en forme de pointeau, s'applique sur l'orifice d'admission d'essence J et empêche son arrivée dans le récipient A.

Au fur et à mesure que l'essence, sous l'action du moteur, passe de ce récipient dans le carburateur, son niveau baisse, le flotteur descend et les leviers GH oscillent en sens inverse de leur oscillation précédente. Les extrémités G s'élèvent en entraînant la bague I et la tige D. Le pointeau inférieur, faisant office de soupape, découvre l'orifice d'admission J, et l'essence pénètre de nouveau dans le récipient.

Le mouvement de montée et de descente de la tige-pointeau correspondant au mouvement du flotteur, permet donc de maintenir le niveau d'essence constant dans le récipient A pendant le fonctionnement du moteur.

L'essence passe du récipient dans le corps du carburateur B par un conduit horizontal M communiquant avec un ajutage vertical N débouchant au centre du carburateur. L'essence tend à prendre, dans cet ajutage, le même niveau que dans le récipient, et l'appareil est réglé pour qu'il se forme à l'extrémité de cet ajutage une goutte de liquide, qui se trouve ainsi placée dans un courant d'air provoqué par l'aspiration du moteur.

Cet air pénètre dans le carburateur par l'ouverture O, orifice du conduit d'admission d'air P ; il monte à la partie supérieure du carburateur pour sortir par le conduit Q et gagner le moteur.

L'air, rencontrant la goutte d'essence l'entraîne, la divise et la projette contre une sorte d'écran conique R disposé au centre de la boîte à carburation et au-dessus de l'orifice d'arrivée d'air. L'essence se pulvérise et se mélange intimement avec l'air. L'air carburé pénètre dans le moteur par le conduit Q.

La quantité d'air admise par l'orifice O pour entraîner et pulvériser l'essence, n'est pas suffisante pour produire la combustion complète du combustible dans le moteur. On laisse pénétrer dans le moteur un excès d'air qui active la combustion et qui la complète. Cet excès d'air arrive dans le carburateur par la partie supérieure. Le couvercle S de la boîte à carburation, qui porte l'écran R, constitue une capacité qui communique avec le conduit Q d'admission au moteur, par un petit canal T. Elle communique, d'autre part, avec l'atmosphère par un orifice U qui peut être plus ou moins démasqué grâce à la manœuvre d'un chapeau V que l'on tourne à la main.

L'aspiration du moteur provoque, par l'orifice U, une entrée d'air, qui est plus ou moins importante suivant la position donnée au chapeau V. Cette quantité d'air supplémentaire est donc réglable. En pénétrant dans la boîte à carburation par le canal T, cet air rencontre le mélange d'air et d'essence provenant de la partie inférieure. Il s'y diffuse et le nouveau mélange ainsi constitué forme l'air carburé admis dans le moteur comme combustible.

Carburateurs Longuemare Carburateur à pulvérisateur

(Fig. 396.) Le carburateur Longuemare, dont la figure 396 représente une coupe verticale est, comme le précédent, un carburateur à niveau constant et à pulvérisation.

Il se compose de deux corps, dont l'un A constitue un petit réservoir dans lequel le niveau du liquide combustible est maintenu constant, et dont l'autre K forme le carburateur d'air.

Le récipient A de niveau constant comporte un flotteur B cylindrique guidé, dans son déplacement vertical, par une tige également cylindrique munie d'un contrepoids F et façonnée à son extrémité inférieure en forme de pointeau. Cette tige est dirigée verticalement par une douille supérieure faisant corps avec le chapeau C du récipient et par une douille inférieure portant un orifice sur lequel l'extrémité en forme de pointeau de la tige peut venir reposer en l'obturant.

Deux petits leviers G oscillant autour de leur axe fixe sont disposés à la partie inférieure du récipient A. Une de leurs extrémités G reste en contact avec la face inférieure du flotteur B, l'autre extrémité de chacun des leviers vient au contact du poids F solidaire de la tige. Ce poids a une valeur telle que, lorsque le flotteur est allégé par une quantité d'essence admise dans le récipient jusqu'à un niveau déterminé, la tige centrale s'appuie, par son extrémité faite en forme de pointeau, sur l'orifice inférieur d'admission d'essence et l'obture. Pour cela, elle provoque l'oscillation des deux leviers G en appuyant sur leur extrémité inférieure pendant que l'autre bout des leviers, en contact avec le flotteur, s'élève au fur et à mesure que le niveau d'essence augmente et que le flotteur monte.

L'arrivée d'essence s'effectue à la partie inférieure du récipient A par un conduit H, muni d'une toile métallique à proximité de l'orifice d'admission dans le récipient. Cette toile a pour fonction d'arrêter les impuretés qui pourraient avoir été entraînées par l'essence. Ces résidus sont évacués en enlevant un bouchon de purge J disposé à la partie inférieure du conduit vertical H. Un raccord à joint conique I assure une liaison étanche entre le conduit d'essence H et le tuyau branché sur le réservoir contenant le liquide combustible.

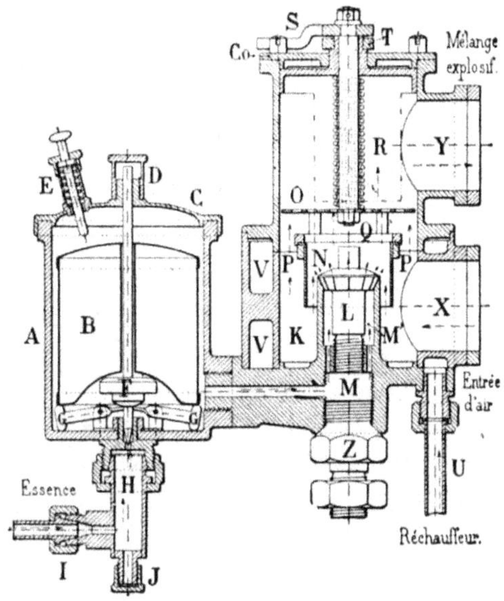

Fig. 396. — Carburateur Longuemare à niveau constant. Coupe verticale.

Le récipient de niveau constant est fermé à la partie supérieure par un couvercle C. Un bouchon D protège l'extrémité de la tige centrale et empêche l'entrée des poussières dans le récipient à essence par l'ouverture-guide de la tige. Un petit corps cylindrique E, disposé sur un côté du couvercle C, sert de guide à une tige cylindrique terminée à sa partie supérieure par un bouton et sollicitée à remonter par la tension d'un ressort à boudin logé dans le corps cylindrique E.

Quand le récipient A est vide, on le remplit d'essence jusqu'au niveau déterminé en ouvrant le robinet du tuyau branché sur le réservoir. L'essence arrive par le raccord I et le conduit H à l'orifice inférieur du récipient, après avoir abandonné ses impuretés contre la toile métallique. L'orifice est ouvert, car le poids du flotteur maintient, par l'intermédiaire des leviers oscillants G, la tige centrale et le poids F soulevés. Le pointeau dégage donc l'orifice. L'essence est admise dans le récipient et y atteint un niveau tel que le flotteur soulevé permet aux leviers G d'osciller, entraînés par le poids de la tige et du poids F, et au pointeau d'obturer l'orifice d'admission.

Pour s'assurer que le liquide pénètre dans le récipient A qui est métallique et dont la paroi extérieure ne comporte aucune ouverture, on appuie sur le bouton placé sur le côté du couvercle. La tige placée dans le corps cylindrique E s'abaisse et vient toucher la calotte supérieure du flotteur après une course de plus en plus réduite à mesure que la quantité de liquide admis dans le récipient augmente et que le flotteur monte. On sent donc, au toucher du bouton, si le liquide s'introduit régulièrement dans la capacité à flotteur.

On appuie également sur le bouton lorsque, pour la mise en marche du moteur par exemple, on veut introduire dans le récipient une quantité d'essence supplémentaire, et augmenter provisoirement la hauteur du niveau de liquide. Par suite de l'appui, en effet, le flotteur B se trouve maintenu abaissé et provoque l'oscillation des leviers G dans le sens qui détermine la montée de la tige centrale ainsi que l'ouverture de l'orifice d'admission.

Le liquide passe du récipient à niveau constant dans la boîte à carburation K par un conduit horizontal aboutissant dans une chambre M surmontée d'une seconde chambre M' au centre de laquelle est disposé un *chalumeau-pulvérisateur* L maintenu en place par un support Z fixé à la partie inférieure du carburateur. L'extrémité du pulvérisateur a une forme tronconique et porte une série de rainures par lesquelles passe le liquide, qui se trouve ainsi divisé en jets pulvérisés disposés suivant une circonférence.

Un tube N enveloppe le pulvérisateur. C'est le *tube d'étranglement* ; il a pour fonction d'augmenter la vitesse de l'air autour du chalumeau.

Sur la boîte à carburation est branché un conduit X, qui amène l'air au carburateur. En outre, cette boîte comporte une double enveloppe ; l'espace laissé libre entre ces deux enveloppes sert à établir une circulation du gaz d'échappement du moteur. Ce gaz pénètre par un conduit inférieur U dans les capacités V qui entourent la boîte d'admission d'air et il sort par un second conduit qui l'évacue à l'air libre.

Le gaz d'échappement, en circulation dans les chambres V, réchauffe leurs parois et l'air admis dans le carburateur. Ce réchauffement sert à compenser le refroidissement résultant du courant d'air et de l'évaporation du liquide.

Un couvercle Co disposé sur ce corps cylindrique supporte un axe vertical solidaire d'une manette S. A l'extrémité inférieure de cet axe est fixée une sorte de lanterne formée d'une plaque perforée circulaire O reliée à une clef Q qui peut, par la manœuvre de la manette S, venir obturer ou découvrir des échancrures P pratiquées dans le carburateur ; ces échancrures permettent à l'air introduit par la tubulure X de pénétrer dans le corps cylindrique supérieur

La clef Q est donc une clef de réglage d'air ; sa manœuvre s'effectue au moyen de la manette S.

Pour que l'admission d'air par les échancrures P puisse être bien dosée, la clef Q est maintenue appliquée sur un repos circulaire ménagé sur la paroi du carburateur, par la tension d'un ressort à boudin roulé autour de la tige verticale.

Un robinet solidaire d'une seconde manette T placée à la partie supérieure du couvercle permet, par sa manœuvre, d'obturer plus ou moins le conduit de sortie Y et de régler la quantité de mélange explosif introduit dans le moteur. La manette T sert donc à régler l'admission du gaz.

Les deux manettes S et T portent respectivement la première, l'indication air, la seconde l'indication gaz, et les inscriptions O et F, tracées sur le couvercle Co et se rapportant à chacune des manettes, indiquent leur position d'ouverture et de fermeture.

Pour mettre l'appareil en marche, on s'assure que le récipient à essence A contient du liquide, en appuyant sur la tige à ressort E. On laisse même pénétrer un excès d'essence en maintenant l'appui pendant quelques secondes. Le niveau de l'essence se maintient dans la chambre M' à la même hauteur que dans le récipient A. Normalement ce niveau s'établit dans la chambre M' à quelques millimètres au-dessous de la face supérieure de cette chambre.

On place la manette à air S à sa position de fermeture, en face de la lettre F. La manette à gaz T est, au contraire, placée à sa position d'ouverture, en face la lettre O, et on imprime au moteur quelques mouvements de rotation au moyen de la manivelle de mise en marche.

Le mouvement du piston détermine un vide partiel dans le cylindre, la tuyauterie et dans le conduit Y. La dépression se produit dans la chambre à gaz R ; l'air aspiré par le conduit X pénètre brusquement dans cette chambre. Comme la manette à air S est à la position de fermeture, l'air ne peut arriver dans la chambre R qu'en passant par le tube d'étranglement N. L'air acquiert une grande vitesse et provoque la projection, en pluie, du liquide contenu dans la chambre M', qui arrive par les rainures pratiquées autour du chalumeau tronconique L. Le mélange d'air et de liquide en traversant le disque perforé O est divisé et brassé ; le gaz explosif remplit la capacité R, d'où il est admis dans le moteur par suite de la dépression existant derrière le piston.

Quand le moteur est mis en marche, on manœuvre la manette S qui règle l'admission d'air par les échancrures P. On cherche ainsi la position qui donne lieu au meilleur mélange. La quantité de ce mélange explosif admise dans le moteur, est également réglée ; on manœuvre pour cela la manette à gaz T et on fait ainsi varier la puissance du moteur.

Dans ce type de carburateur, il faut donner au tube d'étranglement N et au chalumeau des dimensions appropriées au régime de marche du moteur. Le tube N ayant pour fonction d'augmenter la vitesse de l'air autour du chalumeau devra avoir un diamètre d'autant plus faible que l'aspiration du moteur sera également plus faible, afin de compenser, par une vitesse de l'air plus grande, le manque d'aspiration et obtenir une bonne carburation. D'un autre côté, il convient de remarquer que plus le diamètre du tube d'étranglement N sera grand, moins il offrira de résistance au passage du gaz, ce qui facilitera l'obtention de cylindrées complètes. Il faut donc concilier ces deux conditions pour adopter, après essai, le diamètre de tube d'étranglement qui convient le mieux.

Pour le chalumeau-pulvérisateur, le nombre de rainures devra être en rapport avec le régime de marche du moteur, sa vitesse, son degré d'aspiration, le nombre des cylindres et la quantité de gaz à admettre. Ce pulvérisateur doit permettre une mise en marche facile, la manette à air étant dans la position de fermeture, et un fonctionnement régulier du moteur lorsque cette même manette est disposée à environ la moitié de sa course et qu'on a un peu d'avance à l'allumage. Le carburateur Longuemare niveau constant est disposé généralement pour utiliser de l'essence minérale pesant 0,700 par litre.

On peut utiliser également de l'alcool carburé à 50 dont la densité atteint environ 0.830. Dans ce cas, il faut régler les organes du carburateur pour que le niveau du liquide dans le récipient à niveau constant soit environ à 2 millimètres au-dessous de la partie inférieure du siège du chalumeau L. Du fait du fonctionnement du flotteur, l'augmentation de la densité empêche l'alcool carburé d'atteindre ce niveau, ce qui donne lieu à une aspiration difficile du liquide par le moteur. Pour remédier A cet inconvénient, on charge le flotteur au moyen d'une rondelle métallique d'un poids de 10 grammes environ, enfilée sur l'axe guide du flotteur.

Le chalumeau-pulvérisateur doit, pour le fonctionnement

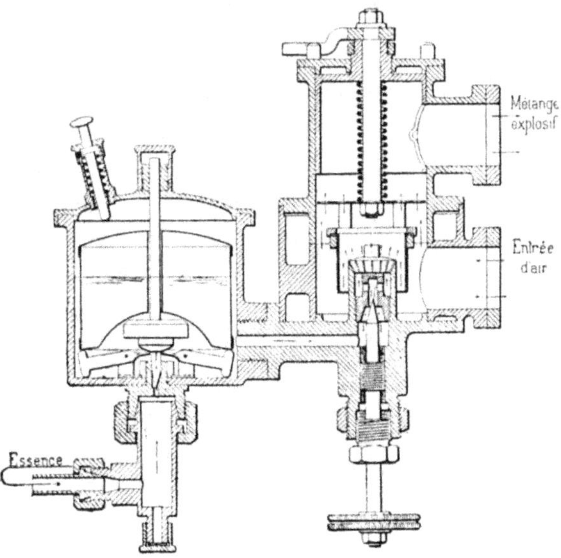

Fig. 397. — Carburateur Longuemare à vis de réglage.

à l'alcool carburé, porter 1 ou 2 rainures de plus que celui qui est disposé pour fonctionner à l'essence.

Le type de carburateur Longuemare représenté en coupe verticale par la figure 397 comporte une vis-pointeau de réglage, dont la manœuvre permet de limiter la quantité de liquide qui est admis au-dessous du chalumeau-pulvérisateur. La manœuvre s'effectue en tournant un bouton moleté solidaire de la vis et disposé à sa partie inférieure.

Ce dispositif permet d'employer le carburateur pour l'essence minérale et pour l'alcool carburé à 50% , sans avoir recours à un démontage de l'appareil.

Le pointeau doit être dévissé davantage pour l'emploi de l'alcool carburé que pour l'emploi de l'essence.

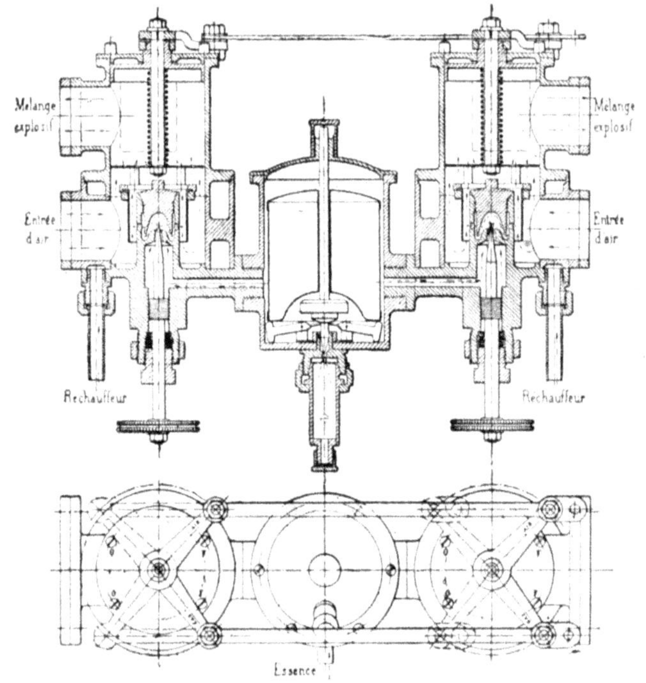

Fig. 398. — Carburateur Longuemare à deux corps de carburation.

Un autre type de carburateur Longuemare à niveau constant est représenté par la figure 398. C'est un carburateur à deux corps de carburation qui ne comporte qu'un seul récipient de liquide à niveau constant. Cet appareil est utilisé pour les moteurs à quatre cylindres et est disposé pour permettre la commande simultanée des deux manettes des deux corps de carburation.

Les dispositions des organes sont semblables à celles que nous avons examinées précédemment. C'est le récipient unique de liquide, comportant un dispositif de niveau constant, qui distribue ce liquide à la fois aux deux corps de carburation.

La figure 399 indique comment doit être monté un carburateur Longuemare par rapport au moteur. Le carburateur est à un seul corps de carburation.

Cet appareil est maintenu verticalement sur le moteur à l'aide de supports métalliques, et se trouve disposé à 15 centimètres environ au-dessous du réservoir d'alimentation O, qui peut être également maintenu fixé sur le moteur. Le conduit F, qui relie le réservoir au carburateur par l'intermédiaire d'un raccord inférieur, est enroulé plusieurs fois sur lui-même en forme de spirale, afin d'avoir un peu d'élasticité et d'éviter, de ce fait, son cisaillement par suite des trépidations du moteur.

Un robinet P, placé sur le conduit d'essence à la sortie du réservoir, permet par sa manœuvre, d'admettre l'essence dans le récipient à niveau constant A ou d'arrêter son écoulement.

La boîte à carburation est reliée par le conduit C au moteur, grâce à l'intermédiaire de deux raccords. Ce conduit fait pénétrer le mélange gazeux dans le moteur. Au-dessous de lui est établi un second tuyau D, relié à la boîte à carburation par un raccord : il sert à admettre l'air dans le carburateur. Ce conduit porte à son extrémité libre une sorte de crépine E garnie de toile métallique, entourant le tuyau d'échappement. C'est par cette crépine que se fait l'aspiration de l'air, et la toile métallique a pour fonction d'arrêter les matières étrangères qui pourraient être entraînées par le courant d'air dans le carburateur.

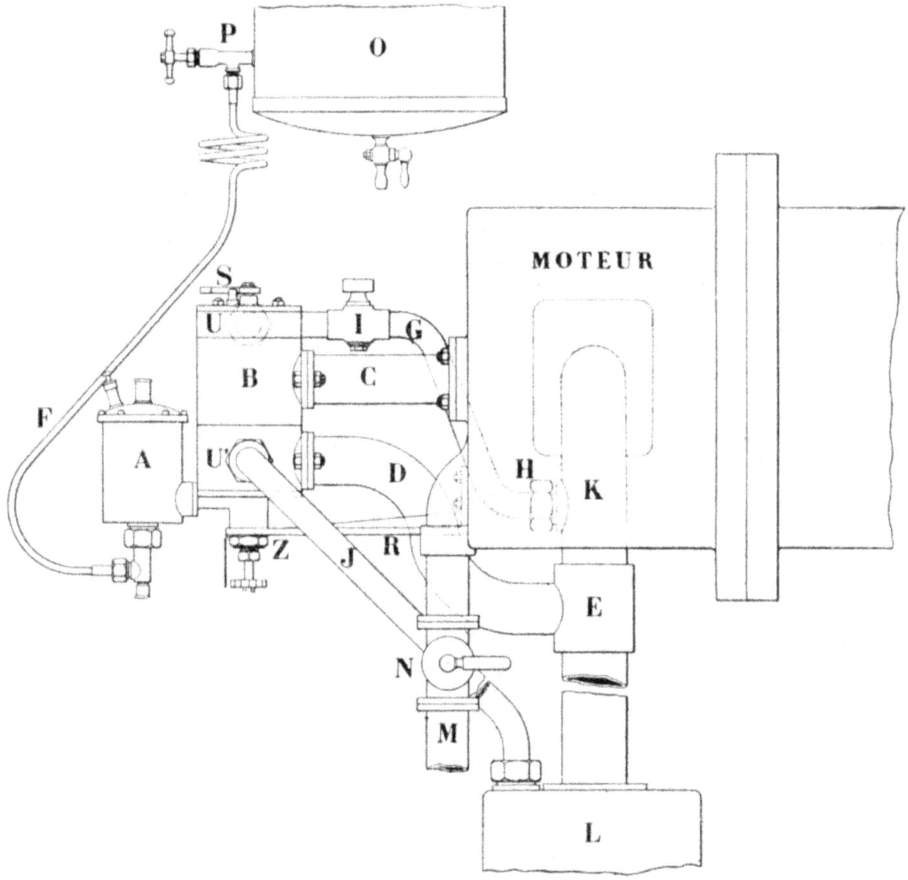

Fig. 399. — Montage d'un carburateur Longuemare sur un moteur à combustible liquide.

Lorsque le carburateur est placé directement dans un violent courant d'air sans être protégé par une carrosserie, comme c'est le cas, par exemple, pour les véhicules légers, il convient de disposer la crépine d'aspiration soit à proximité du moteur pour que l'air aspiré puisse être réchauffé par la chaleur se dégageant des ailettes, soit près du tuyau d'échappement. Il faut aussi, autant que possible, tenir cette prise d'air à l'abri de la poussière, laquelle serait aspirée dans le carburateur où sa présence provoquerait un engorgement de certains organes ainsi qu'un mauvais fonctionnement du carburateur.

Le conduit de mélange gazeux C doit être d'une longueur aussi courte que possible et ne doit pas comporter de coudes brusques. Son diamètre intérieur doit être au moins égal et, de préférence, légèrement supérieur au diamètre de l'orifice d'admission dans le moteur.

Le carburateur est relié au conduit d'échappement dans lequel arrivent les gaz évacués du moteur par un conduit G muni d'un raccord H du côté du conduit et d'un raccord U du côté du carburateur. Sur ce conduit est disposé un robinet I dont la manœuvre permet d'effectuer le réglage de la quantité de gaz chaud à admettre dans le réchauffeur disposé tout autour du carburateur. Le gaz chaud circule entre les deux enveloppes ménagées dans ce but et s'échappe, après avoir abandonné une partie de sa chaleur aux parois du carburateur, par le tuyau J qui l'évacue dans le pot d'échappement L.

En résumé, pour mettre le moteur en marche et le carburateur en état de fonctionnement, il faut d'abord ouvrir le robinet P disposé sur le conduit du réservoir ; on admet l'essence dans le récipient à niveau constant. Puis on s'assure que le liquide arrive bien dans ce récipient, par la manœuvre de la tige à ressort.

On ouvre alors le *robinet de compression* du moteur et on met très peu d'avance à l'allumage.

La manette à air étant placée à sa position de fermeture en face de la lettre F, et la manette à gaz étant placée à sa position d'ouverture, en face de la lettre O, on met le moteur en marche.

Aussitôt que les premières explosions se produisent, le robinet de compression doit être fermé. On règle ensuite la position de la manette de carburation, qui est la manette à air, et on donne de l'avance à l'allumage.

Pendant la marche, il faut diminuer le plus possible l'admission du mélange gazeux. On utilise ainsi d'une manière avantageuse le liquide combustible et l'on évite un échauffement exagéré du cylindre du moteur.

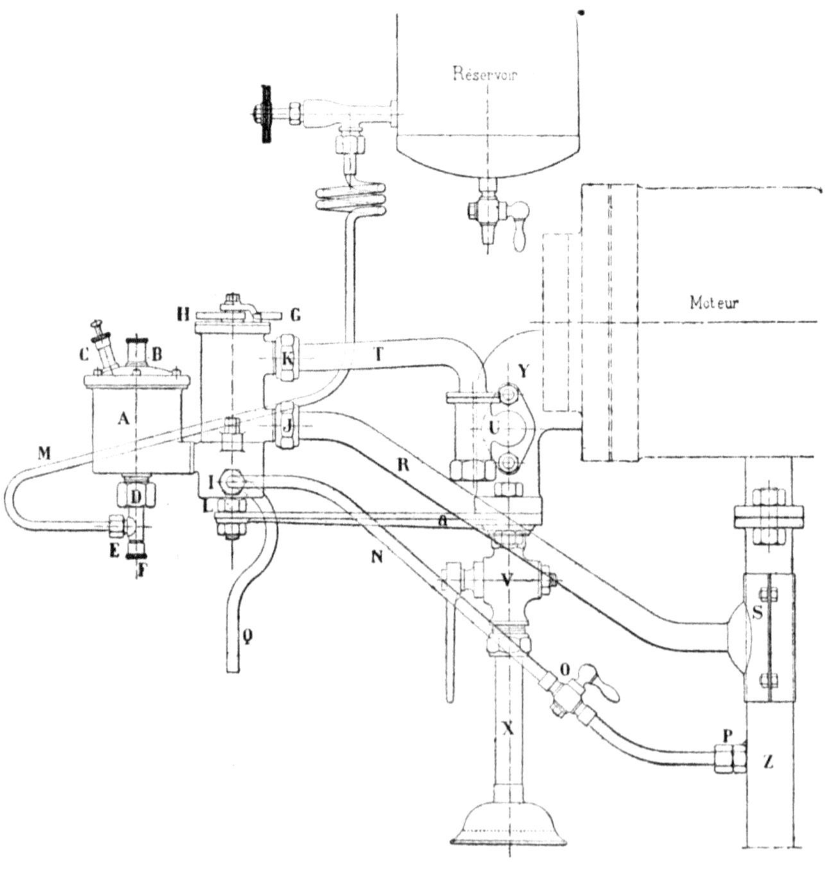

Fig. 400. — Montage d'un carburateur Longuemare sur un moteur à gaz.

Lorsqu'on arrête le moteur, il faut fermer le robinet P du réservoir de combustible.

Le schéma d'installation d'un carburateur que nous venons d'examiner, se rapporte à un moteur établi spécialement pour fonctionner avec un liquide combustible.

Il peut être intéressant, dans certains cas, d'adapter à un moteur à gaz ce même carburateur pour que le moteur puisse fonctionner à l'essence ou à l'alcool carburé.

La figure 400 représente le schéma de montage de cette installation.

Le réservoir à combustible est toujours disposé à la partie supérieure et possède un robinet de distribution et un robinet de vidange placé sur le fond inférieur.

Le tuyau M d'amenée d'essence au récipient à niveau constant A est en forme de serpentin, à une extrémité.

Le corps du carburateur muni de ses deux manettes : l'une H de réglage de quantité de mélange, l'autre G de réglage d'air, est relié, par un conduit de gros diamètre T, avec le tuyau d'aspiration Y du moteur. C'est le conduit de mélange explosif. Un raccord K est établi sur ce conduit du côté du carburateur ; un autre raccord U est disposé à l'autre extrémité, du côté de la boîte d'admission du moteur. Un second conduit R, relié au carburateur par un raccord J, est muni à son autre extrémité d'une coupelle S disposée à proximité du conduit d'échappement des gaz brûlés, de façon à ce que l'air admis par aspiration dans le carburateur par le conduit H soit réchauffé, en arrivant dans l'appareil, par la chaleur qui se dégage du tuyau d'échappement.

Un conduit de prise d'air supplémentaire est établi à la partie inférieure de la boîte d'admission. La quantité d'air admise dans le cylindre par ce conduit X, muni en bout d'une coupelle portant une toile métallique, est réglable par la manœuvre d'un robinet V disposé sur le conduit.

Le carburateur comprend un réchauffeur d'air alimenté avec une partie des gaz chauds évacués dans le conduit d'échappement Z. Un tuyau N, relié à ce conduit par un raccord étanche P, aboutit à la partie inférieure de la boîte à carburation, avec laquelle il est rendu solidaire par un second raccord I. Un robinet O est placé sur le tuyau N pour régler, à volonté, la quantité de gaz chauds circulant dans le réchauffeur. Ces gaz sont évacués après leur circulation autour de la chambre à air du carburateur, par le conduit Q.

Carburateur à essence, pétrole, alcool

Le carburateur représenté par la figure 401 comporte des dispositions semblables à celles établies dans les carburateurs précédents mais, en outre, l'adjonction d'un dispositif spécial de réchauffeur lui permet de fonctionner avec les divers combustibles : essence minérale, pétrole ou alcool.

Le récipient A à niveau constant reçoit le liquide, qui est amené dans la boîte de carburation munie d'un chalumeau-pulvérisateur L et d'une vis-pointeau de réglage d'arrivée de liquide.

Cette vis se manœuvre par un bouton *c*, fixé à sa partie inférieure et portant sur sa périphérie des graduations qui viennent se présenter, pendant la manœuvre, devant un index fixe *e*. Cela constitue des points de repère pour obtenir un réglage immédiat de la vis-pointeau, correspondant soit à un régime de marche déterminé du moteur, soit à un combustible approprié.

L'air est admis par la tubulure X ; le mélange gazeux, après avoir traversé le tube d'étranglement N et la plaque perforée O, se rend dans la chambre supérieure H, où il se réchauffe au contact d'une série d'ailettes *b* faisant partie du réchauffeur.

Ce réchauffeur est constitué par des capacités *a*, sortes de rainures formant chicanes, qui communiquent avec les chambres inférieures V disposées entre les deux enveloppes de la boîte à carburation.

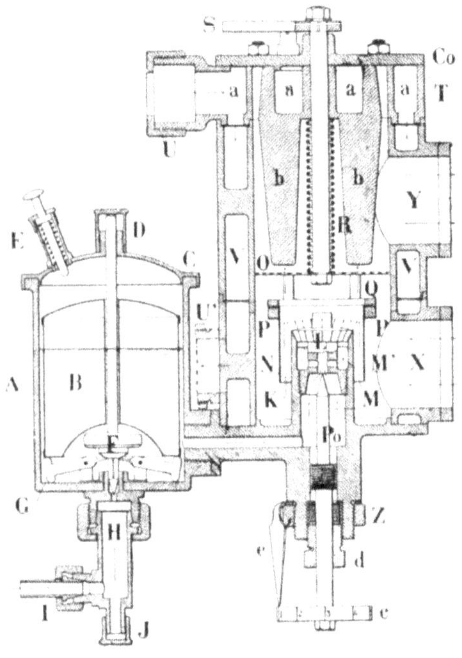

Fig. 401. – Carburateur Longuemare, à réglage automatique.

Les gaz d'échappement sont admis dans le réchauffeur, à la partie supérieure du carburateur, par un conduit qui relie à la boîte à carburation le raccord U. Ces gaz chauds circulent dans les rainures *a*, en chauffant les parois de la boîte et les ailettes *b*, puis ils descendent dans les chambres inférieures V et sont évacués.

Pendant leur circulation, ils réchauffent d'abord, par l'intermédiaire des ailettes *b* le mélange gazeux contenu dans la chambre puis l'air admis par la tubulure X.

On peut ainsi obtenir un mélange gazeux possédant la température convenable pour assurer le bon fonctionnement du moteur, quel que soit le combustible employé : essence, pétrole on alcool.

Toutefois, le chalumeau-pulvérisateur varie suivant la nature du combustible. Les rainures creusées sur le pourtour de cet organe ont une profondeur déterminée et sont en nombre approprié à ce combustible.

Quand on emploie l'essence, les rainures sont fines ; elles sont plus profondes quand on emploie l'alcool et d'une profondeur encore plus grande quand le combustible employé est le pétrole.

Le réglage précis de l'arrivée du liquide, quelle que soit sa nature, s'effectue toujours par la manoeuvre de la vis-pointeau.

Pour mettre le moteur en fonctionnement, on admet directement le liquide sans recourir à un chauffage préalable, lorsque le combustible est l'essence ou l'alcool carburé ; lorsque le moteur est alimenté avec de l'alcool à 85 ou 90 degrés, ou avec du pétrole, il est indispensable, pour mettre en marche, d'effectuer un chauffage préalable de la partie inférieure du carburateur ; on peut utiliser, pour cela, les orifices qui donnent accès dans les chambres du réchauffeur.

On peut également commencer la mise en marche avec un combustible facilement inflammable : essence minérale ou alcool carburé puis, lorsque les organes sont portés à une température d'environ 80 degrés, on supprime l'alimentation provisoire de mise en marche et on admet dans le carburateur le combustible à employer : alcool pur ou pétrole, en réglant son arrivée par la manœuvre de la vis-pointeau. Au moment d'arrêter le moteur, il est utile de l'alimenter de nouveau pendant quelques minutes avec de l'essence minérale, afin d'empêcher l'encrassement des organes du moteur pouvant provenir du fait de l'alimentation au pétrole et de faciliter ainsi la mise en marche suivante.

Le montage de ce carburateur sur un moteur est indiqué par la figure 399 que nous avons précédemment examinée et qui se rapporte également au montage d'un carburateur ordinaire à niveau constant.

Carburateur à réglage automatique

Le type de carburateur Longuemare représenté en coupe verticale par la figure 402 est à *réglage automatique*.

Il se compose d'un récipient A à niveau constant semblable au récipient des carburateurs précédents. L'essence est admise à la partie inférieure du récipient et pénètre dans le corps du carburateur par un conduit M. La boîte à carburation comporte un tube d'étranglement N et un chalumeau pulvérisateur L. L'admission d'air s'effectue dans le carburateur par une tubulure X coudée. L'air arrive dans le tube d'étranglement N et provoque la pulvérisation du liquide. Le mélange se rend dans la chambre supérieure R, d'où

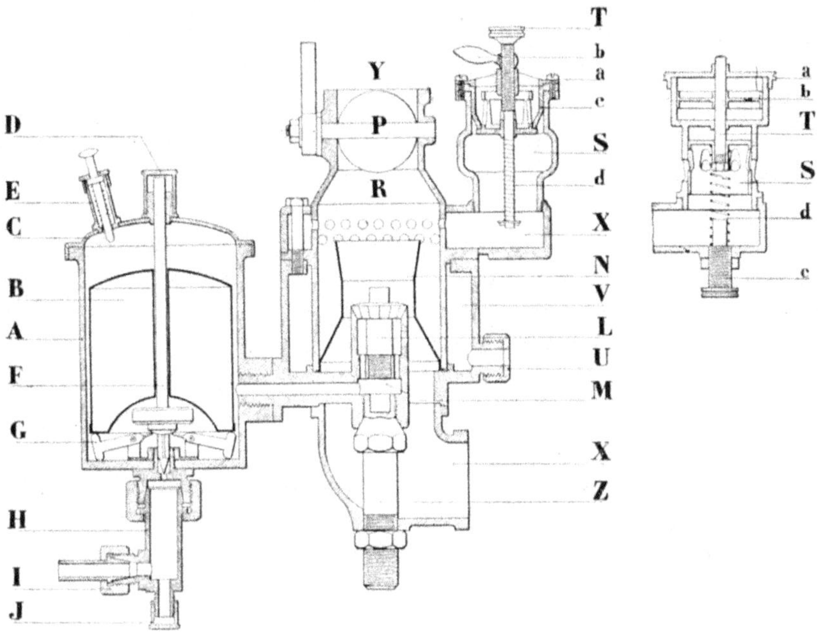

Fig. 402 — Carburateur Longuemare à réglage automatique.

il est admis dans le moteur par la tubulure Y. La quantité de mélange introduit dans le moteur est réglable par la manœuvre d'une manette solidaire d'une valve P, établie dans le conduit Y et qui laisse pénétrer, suivant sa position plus ou moins oblique dans ce conduit, une quantité plus ou moins grande de mélange gazeux. La boîte à carburation est munie d'une capacité V constituant le réchauffeur, dans laquelle circule une partie des gaz chauds provenant du tuyau d'échappement.

Le réglage automatique dont est muni ce type de carburateur consiste à admettre dans le moteur, en même temps que le mélange explosif, une quantité d'air supplémentaire proportionnée au degré d'aspiration du moteur.

Cette entrée d'air s'effectue par une tubulure supérieure X, sur laquelle est disposée une soupape S de dosage automatique. La tubulure est fermée par un couvercle *a* sur lequel sont ménagées des lumières débouchant à l'extérieur. La soupape S repose contre ce couvercle ; elle y est maintenue appliquée par la tension d'un ressort à boudin disposé sur son axe. Cet axe T porte sur une partie de sa longueur un filetage qui permet, en tournant un bouton extérieur, de le faire monter ou descendre par rapport au couvercle *a*. Le mouvement de l'axe, dans le sens vertical, provoque la pression plus ou moins grande du ressort contre la soupape et, par conséquent, l'appui variable de celle-ci contre le couvercle.

Pendant le fonctionnement du moteur, tant que la vitesse est réduite et que l'aspiration est faible également, l'air à carburer est admis par la tubulure inférieure X et alimente le moteur.

A mesure que la vitesse augmente, l'aspiration devient plus forte, la dépression déterminée dans le carburateur est également plus grande, et lorsque cette dépression atteint un certain degré, elle est suffisante pour provoquer le mouvement de la soupape S du haut vers le bas. Le ressort à boudin antagoniste fléchit, et une quantité d'air supplémentaire est admise dans la chambre de mélange R. Cet air se joint au mélange explosif pour pénétrer dans le cylindre par le conduit Y et faciliter la combustion complète.

La quantité d'air admise en supplément peut donc être réglée par la manœuvre de la vis T, qui rend l'ouverture de la soupape S automatique pour une dépression de degré déterminé.

Lorsque le réglage de l'appui de la soupape est effectué pour un certain régime de marche, on bloque la vis T à sa position en serrant la manette *b* qui forme contre écrou.

La partie supérieure de la boîte à carburation peut avoir des formes différentes suivant la position de l'appareil par rapport au moteur. Lorsque le conduit d'admission du mélange dans le moteur a une direction horizontale, l'axe de la valve de dosage P est disposé verticalement. Lorsque le conduit d'admission du mélange a une direction verticale, la tubulure de raccord Y est placée comme l'indique la figure 402 et l'axe de la valve de dosage se trouve disposée horizontalement ; la manette de la valve P manœuvre dans le sens vertical.

Ce type de carburateur se construit avec adjonction d'une vis-pointeau qui permet de régler l'arrivée du liquide combustible au-dessous du chalumeau pulvérisateur.

La soupape de réglage automatique peut être disposée de diverses façons. La figure 402 en indique deux.

Carburateur à réglage progressif

(Fig. 403 à 407) Cet appareil comprend un récipient à niveau constant et un corps de carburation.

Le récipient à niveau constant est semblable à ceux des carburateurs Longuemare que nous avons décrits. Le liquide est admis à sa partie inférieure et pénètre par un conduit horizontal dans un noyau central 3 disposé dans le corps de carburation. Ce noyau est solidaire d'une embase 2 sur laquelle se trouve fixé le corps de carburation 1.

Le noyau central 3 a une forme tronconique à sa partie supérieure (Fig. 405), de façon à former un siège à faible pente 4 sur lequel peut venir reposer la tête 5 d'une vis-pointeau à réglage 9. Une série de fines rainures 6 sont creusées sur la périphérie de la tête parallèlement à l'inclinaison de ses génératrices.

Au-dessous de la tête 5, la vis-pointeau porte des parties plates 7 faites sur la tige cylindrique et une gorge transversale 8 pour permettre le passage du liquide et sa diffusion autour de la tête du pointeau.

La tige du pointeau est filetée sur une partie de sa longueur ; elle se visse dans une douille 11 faisant corps avec l'embase 2. Un bouton 10 terminant la vis-pointeau à la partie inférieure permet, par sa manœuvre, de faire monter ou descendre cette vis dans la douille 11 et, par conséquent, d'agrandir ou de diminuer l'orifice de passage du liquide autour de sa tête 5.

Un presse-étoupe 12, disposé à la partie inférieure du carburateur, assure l'étanchéité autour de la tige de la vis-pointeau 9.

Lorsque la vis-pointeau a atteint sa fin de course vers le bas, la tête repose sur son siège 4 et le liquide ne peut jaillir du noyau central que par les rainures pratiquées autour de cette tête. Au fur et à mesure que la tête s'élève, le liquide peut également être admis en nappe autour de la tête, et cette nappe est d'autant plus importante que le soulèvement de la tige est plus grand.

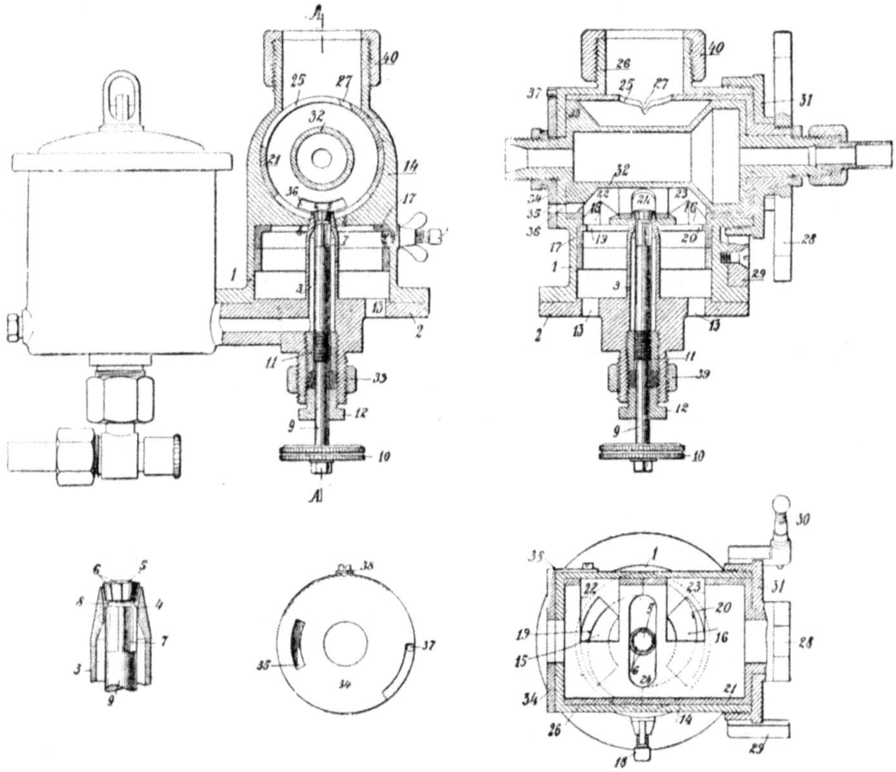

Fig. 403 à 407. — Carburateur Longuemare à réglage progressif.

Sur l'embase 2 sont pratiquées des ouvertures 13 par lesquelles l'air à carburer pénètre dans le corps du carburateur. Ce corps est divisé en deux compartiments. Dans le compartiment inférieur, affectant la forme d'un cylindre dont l'axe est vertical, est placé un diaphragme 17 immobilisé dans le sens vertical par une bague circulaire fixée intérieurement contre le corps 1 ; mais ce diaphragme peut prendre un mouvement circulaire autour de l'axe du corps du carburateur en s'appuyant contre sa paroi intérieure. Ce mouvement s'effectue par l'intermédiaire du bouton 18, et un écrou à oreilles permet par son serrage d'immobiliser complètement le diaphragme lorsqu'il est à sa position de réglage.

Le diaphragme porte deux ouvertures, 19 et 20 (Fig. 404), qui vont en se rétrécissant vers une de leurs extrémités et qui correspondent à deux autres ouvertures 15 et 16, pratiquées dans la cloison séparant les deux compartiments du carburateur. Suivant la position du diaphragme mobile par rapport à ces ouvertures fixes, les ouvertures 19 et 20 de ce diaphragme se présentent en face des ouvertures de la cloison avec une section plus ou moins réduite et la quantité d'air qui pénètre dans le corps du carburateur par les ouvertures 13 se trouve ainsi dosée avant de pénétrer dans le compartiment supérieur où cet air provoquera la diffusion, la pulvérisation du liquide combustible.

Le diaphragme 17 sert donc, par son réglage, à doser l'air à admettre, suivant le régime de marche du moteur et suivant les conditions atmosphériques locales.

Le compartiment supérieur du carburateur est un boisseau cylindrique 14, dont l'axe est disposé horizontalement. Il est surmonté d'une tubulure verticale 26, parlaquelle le mélange tonnant sort du carburateur. Cette tubulure est reliée, au moyen d'un raccord, au conduit qui aboutit au cylindre du moteur.

La tête 5 de la vis-pointeau, qui fait office de vaporisateur ou encore de diffuseur, déborde dans le compartiment supérieur d'environ 3 millimètres.

Dans ce compartiment supérieur, constitué par le boisseau cylindrique 14, peut tourner un cylindre creux 21 formant une sorte de tiroir, auquel on imprime le mouvement de rotation au moyen de la manette extérieure 28 rendue solidaire de son tourillon.

A la partie inférieure de ce cylindre sont pratiquées deux ouvertures rectangulaires 22 et 23, qui correspondent, comme dimensions, aux ouvertures 15 et 16 ménagées dans la cloison séparant les deux compartiments du carburateur et servant au passage de l'air.

A la partie supérieure du tiroir 21 est disposée une troisième ouverture 25, de section égale à celle de la tubulure de sortie du mélange tonnant 26. Une échancrure 27 est pratiquée au bord de cette ouverture.

Quand on manœuvre le tiroir 21 au moyen de la manette 28, en provoquant sa rotation dans les deux sens, les ouvertures ou lumières 22 et 23 sont disposées, au fur et à mesure du mouvement de rotation, par rapport aux ouvertures 15 et 16 portées par la cloison, de façon à déterminer des admissions d'air progressivement variables suivant les positions respectives des organes.

En outre, l'ouverture supérieure 25 est placée, par rapport à l'orifice de sortie 26, de façon à déterminer des passages de mélange tonnant, dans le cylindre, qui est de section progressivement variable.

Le carburateur comporte un réchauffeur constitué par une capacité cylindrique 32, disposée dans l'axe du boisseau supérieur 14, et muni de deux tourillons cylindriques 33 qui le centrent par rapport au tiroir 21 mobile autour de ces tourillons.

Les deux tourillons sont percés, en leur centre, d'un conduit débouchant dans le réchauffeur. Un des tourillons est muni, à son extrémité, d'un raccord formant une liaison étanche avec le conduit d'amenée des gaz d'échappement. Ces gaz chauds pénètrent dans la capacité cylindrique 32 ; ils échauffent ses parois, lesquelles, à leur tour, communiquent leur chaleur au mélange tonnant qui les entoure. Les gaz sortent du réchauffeur par le conduit pratiqué dans le second tourillon.

On peut, également, admettre dans le réchauffeur qui est étanche par rapport à la boîte du carburateur, de l'eau provenant de la circulation établie dans le moteur en vue du refroidissement ; cette eau est prise à sa sortie du moteur.

Quand le moteur marche à une allure très ralentie, le tiroir cylindrique 21 est placé dans une position telle, que l'orifice de sortie du mélange 26 ne correspond plus qu'à une paroi pleine de ce tiroir, la communication n'étant établie entre le carburateur et le conduit de sortie que par l'échancrure 27 pratiquée sur le bord de l'ouverture 25. L'alimentation du moteur ne s'effectue que par le passage du liquide à travers cette échancrure.

Pour cette position extrême du tiroir, les ouvertures fixes 15 et 16 de la cloison et les ouvertures inférieures 22 et 23 de ce tiroir, ne se correspondent que sur une petite section, de sorte que l'air admis par les orifices 13 arrive dans le boisseau supérieur en quantité réduite.

Une quantité additionnelle d'air est admise dans le compartiment supérieur pour obtenir un mélange convenable pour le fonctionnement à allure ralentie du moteur.

Cette arrivée d'air additionnelle s'effectue par une ouverture latérale 36, dont la section peut être rendue variable par la rotation d'un disque 34 qui se déplace devant cette ouverture.

Le disque porte une ouverture 35 (Fig. 404) d'une section égale à celle de l'ouverture 36, et la section correspondante de ces deux ouvertures varie au fur et à mesure qu'on donne au disque 34 un mouvement de rotation. Cette manœuvre permet donc de régler l'arrivée d'air additionnel.

Le disque est arrêté en fin de course par un ergot 37 fixé sur le corps du carburateur, et qui passe dans une rainure pratiquée sur le disque. Un taquet 38 permet de maintenir immobile le disque de réglage d'air 34 à la position déterminée, en s'engageant dans un des crans pratiqués sur le pourtour du disque (Fig. 406).

Le carburateur peut être actionné par une commande disposée à portée de la main, ou encore par une pédale d'accélération établie de façon à ce qu'un ressort de rappel puisse ramener automatiquement la manette actionnant le tiroir d'admission du mélange à sa position de fermeture.

Aussitôt qu'une action s'exerce sur cette manette, les orifices de passage d'air et de mélange tonnant sont progressivement découverts. Le liquide combustible vient, en sortant du pulvérisateur, prendre contact avec les parois du réchauffeur. Il se vaporise et se mêle intimement avec l'air aspiré pour former le mélange tonnant qui, par l'orifice 26, est conduit dans le cylindre.

Pour effectuer le réglage du carburateur, on met le moteur en marche et on s'assure, en faisant manœuvrer la pédale d'accélération qui actionne le carburateur, que les reprises correspondant aux changements de régime de carburation, s'opèrent bien franchement.

Si par le tuyau d'échappement du moteur sort une fumée noire, il y a excès de combustible.

Pour régler l'admission du combustible, il faut rapprocher la tête 5 de la vis-pointeau, de son siège 4, en manœuvrant la vis par son bouton 10 dans le sens du dévissage ; on peut encore augmenter la proportion d'air qui est introduit dans le mélange, en déplaçant le bouton 18, solidaire du diaphragme 17, dans le sens de l'augmentation de section des ouvertures correspondantes d'admission d'air.

Si, au contraire, il se produit des explosions dans la tuyauterie ou dans le pot d'échappement, et si la vitesse du moteur diminue lorsqu'on ouvre en grand les ouvertures de passage par la manœuvre du tiroir, il y a insuffisance de combustible. On éloigne alors la tête 5 de la vis-pointeau de son siège en tournant le bouton 10 dans le sens du vissage, ou bien on diminue l'admission d'air en déplaçant le diaphragme 17 dans le sens convenable.

Quand on a obtenu par ces divers réglages des reprises nettes, une allure régulière du moteur sans échappement de fumées noires et sans explosions dans la tuyauterie d'évacuation, on doit chercher à faire donner au moteur sa puissance maximum en combinant le réglage de l'admission du liquide et le réglage de l'admission d'air, en agissant respectivement sur la vis-pointeau et sur le diaphragme.

On peut ensuite effectuer le réglage des organes pour obtenir une bonne allure ralentie du moteur.

Si le moteur a une vitesse trop grande, il convient de dévisser la vis 30 qui sert de butée à la manette. Celle-ci, que l'on munit généralement d'un ressort de rappel qui la ramène automatiquement sur sa butée, se déplace davantage et l'orifice de sortie du mélange se referme légèrement, ce qui provoque la réduction de la vitesse du moteur. Après quelques minutes de fonctionnement à la vitesse ralentie, s'il se dégage du conduit d'échappement une fumée noire, on fait tourner le disque 34, afin de découvrir l'ouverture d'admission d'air additionnel, et la combustion s'effectue complètement.

Le fonctionnement du moteur à faible vitesse ne devient régulier que lorsque l'eau de circulation est suffisamment échauffée pour compenser le refroidissement produit par l'évaporation du liquide combustible. Quand il se forme un dépôt de givre sur la tuyauterie d'aspiration, c'est que la pulvérisation s'effectue normalement. Par suite du réchauffage, le givre disparaît après quelques minutes de marche du moteur, mais le réchauffage doit être réglé pour que la tuyauterie ne puisse, cependant, devenir chaude en pleine marche.

Un dernier type de carburateur Longuemare est représenté en coupe verticale par la figure 408. Il se compose d'un récipient de liquide à niveau constant et d'un corps de carburation.

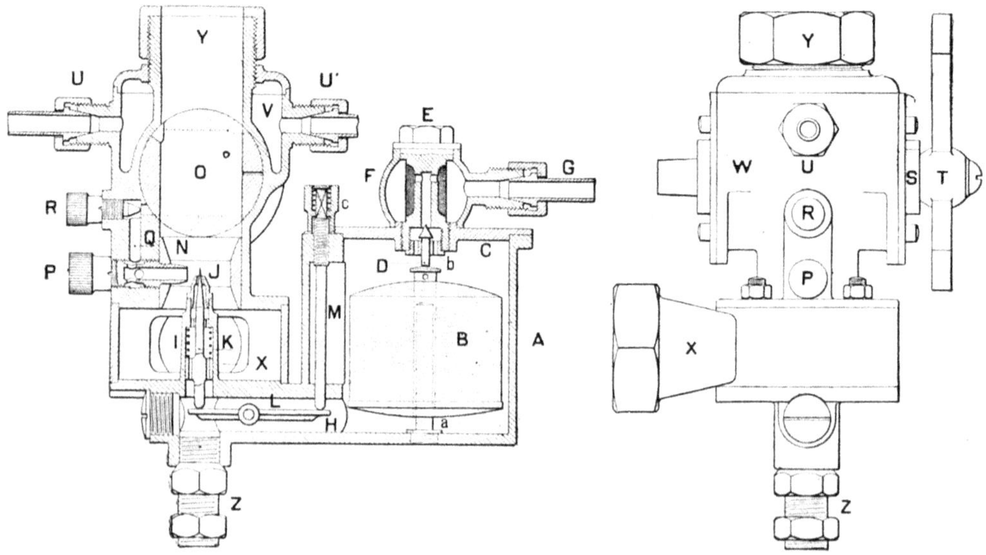

Coupe verticale. Vue extérieure.

Fig. 408 et 409. — Carburateur Longuemare à réglage.

Dans le récipient à niveau constant A est placé un flotteur B constitué par un cylindre métallique creux guidé verticalement par une broche cylindrique *a*, qui pénètre dans un trou pratiqué au centre du flotteur. A la partie supérieure du flotteur est fixée une butée sur laquelle s'appuie la partie inférieure d'une petite tige D terminée à sa partie supérieure en forme de pointeau.

Cette tige est mobile et peut suivre le mouvement vertical du flotteur en s'appuyant constamment contre sa butée supérieure.

Elle est guidée dans son déplacement par une douille *b* vissée sur le récipient, et percée de trous pour assurer la communication entre la capacité d'arrivée de liquide et le récipient contenant le flotteur.

Le liquide arrive à la partie supérieure du récipient par un conduit G, qui lui est relié par l'intermédiaire d'un raccord conique formant joint. Il se répand dans une capacité sphérique F, au centre de laquelle est disposé verticalement un noyau percé d'un conduit communiquant, à sa partie supérieure, avec la chambre d'arrivée. Sur l'orifice inférieur du conduit peut venir s'appliquer le pointeau de la tige *b*, dont la position, par rapport à cet orifice, détermine une admission de liquide plus ou moins importante dans le récipient à niveau constant.

Autour du noyau est disposé un filtre fait en toile métallique que le liquide est obligé de traverser avant de pénétrer dans le récipient A.

Le liquide admis par le conduit G remplit la chambre F ; les impuretés ou les matières étrangères entraînées, plus lourdes que ce liquide, tombent au fond de la chambre F ; le liquide se déverse à la partie supérieure de la chambre dans le conduit central après avoir traversé le filtre. De cette façon, il est admis dans le récipient dans des conditions favorables au bon fonctionnement de l'appareil.

Le noyau est terminé à sa partie supérieure par un écrou E qui permet de le sortir et de nettoyer la chambre F.

On comprend aisément le fonctionnement des organes qui maintiennent le niveau constant.

Le liquide arrivant par le conduit central supérieur se déverse dans le récipient et, au fur et à mesure que son niveau s'élève, le flotteur B suit ce mouvement.

Pour un niveau déterminé du liquide, niveau qu'il doit constamment conserver pendant le fonctionnement du carburateur et pour lequel le flotteur est établi, la butée supérieure de ce flotteur, en poussant la tige *b*, vient appliquer son pointeau contre l'orifice du conduit vertical de liquide. L'arrivée de ce liquide se trouve donc interrompue et son niveau dans le récipient A ne varie pas.

Aussitôt que, par suite du fonctionnement du carburateur, une partie du liquide sort du récipient, le niveau s'abaisse, le flotteur descend, la tige *b* suit ce mouvement en appuyant sur sa butée inférieure, et le pointeau démasque l'orifice du conduit d'arrivée de liquide. Celui-ci peut, de nouveau, s'écouler dans le récipient jusqu'à ce que le niveau déterminé soit atteint.

Le liquide passe du récipient à niveau constant A dans le corps de carburation, par un conduit horizontal H disposé à la partie inférieure de l'appareil.

Il monte dans un conduit vertical I disposé au centre du corps de carburation.

Dans ce conduit est disposée l'aiguille de réglage du débit K, guidée dans le mouvement vertical qu'elle peut prendre, par deux bagues cylindriques percées de trous pour permettre le passage du liquide.

L'aiguille repose, à sa partie inférieure, sur une extrémité d'un levier L articulé autour d'un axe fixe et dont l'autre extrémité s'appuie sur une tige M verticale pouvant être vissée ou dévissée par la manoeuvre d'un bouton *c*. Suivant le sens du mouvement, cette tige monte ou descend et provoque, par l'intermédiaire du levier L qui oscille, la descente ou la montée de l'aiguille K. Cette aiguille suit le mouvement du levier L quel que soit son sens, parce qu'elle est maintenue appliquée sur son extrémité par la tension d'un ressort à boudin disposé dans le conduit central.

La position qu'occupe l'extrémité de l'aiguille faite en forme de pointe, par rapport à un ajutage conique J disposé à la partie supérieure du conduit central, détermine la quantité de liquide qui sera admise dans la chambre de carburation par l'orifice du gicleur, nom généralement donné à l'ajutage J.

Le bouton de manoeuvre *c* de la tige M s'engage dans l'extrémité carrée de cette tige, ce qui rend la tige solidaire du bouton dans le sens de la rotation. Un petit ressort à boudin placé dans la tête lui permet, pendant la manœuvre, de se soulever pour se dégager successivement des crans ménagés sur la portée fixe et de retomber dans celui qui marque la position de réglage. Le bouton se trouve ainsi immobilisé.

Le corps du carburateur comporte une chambre inférieure, dans laquelle l'air est admis par la tubulure X.

Du fait de l'aspiration du moteur qui communique avec le carburateur par la tubulure Y, l'air s'introduit par le conduit X dans la chambre inférieure. Il pénètre ensuite dans le tube d'étranglement N lequel, au droit de l'ajutage J, a une forme conique qui rétrécit sa section. L'air, à son passage dans cet étranglement, acquiert une plus grande vitesse et le liquide combustible jaillit de l'orifice du gicleur, en pluie. Le mélange de l'air et du liquide s'effectue donc d'une façon intime et ce mélange, aspiré par le moteur remplit la partie supérieure du carburateur ; par la tubulure Y il est introduit dans le conduit qui aboutit au moteur.

Une clef O, sorte de robinet disposé horizontalement dans la boîte à carburation, permet de doser la quantité de mélange à admettre dans le moteur. Cette clef porte, pour cela, une ouverture qui correspond à celle de la tubulure Y, et son mouvement de rotation, qui lui est donné par la manoeuvre de la manette T, laisse une section de passage de mélange qui varie avec la position donnée à cette manette.

A la partie supérieure du carburateur est ménagée une capacité V dans laquelle on peut faire circuler des gaz chauds provenant du conduit d'échappement ou encore de l'eau de refroidissement, sortant chaude, de la chambre à eau du moteur.

Les conduits d'entrée et de sortie des gaz ou de l'eau sont réunis aux tubulures du réchauffeur par des raccords U formant joints. Les parois du carburateur se trouvent ainsi réchauffées et le mélange tonnant circulant le long de ces parois est également réchauffé avant de s'introduire dans la tubulure de sortie V. Un dispositif spécial est établi dans le corps de carburation pour pouvoir faire fonctionner l'appareil lors de la mise en marche du moteur, ou lorsque l'allure de ce moteur est très ralentie.

Ce dispositif comporte un ajutage horizontal P venant déboucher dans le corps de carburation à la hauteur du gicleur J. Cet ajutage est constitué par une vis au centre de laquelle est percé un conduit qui communique, par des ouvertures transversales, avec un canal vertical Q pratiqué dans le corps de carburation.

Ce canal est en communication, à son extrémité supérieure, avec un autre conduit de direction perpendiculaire, fermé vers l'extérieur par une vis R et débouchant, vers l'intérieur, dans la chambre de carburation. La vis R est munie d'un pointeau qui, en s'introduisant plus ou moins dans l'orifice de ce dernier conduit, rend variable la quantité de mélange admise par l'ajutage P et le canal Q dans la chambre de carburation.

L'ajutage P et la vis R peuvent être déplacés horizontalement par la manœuvre de boutons *à rochet* formant leur tête et présentant un dispositif semblable à celui de la tête C de la vis M.

Le dispositif auxiliaire de carburation n'intervenant que pour la mise en marche ou pour l'allure ralentie du moteur, ne fonctionne que lorsque la clef O, étant à sa position de fermeture, ne permet plus au mélange provenant du tube d'étranglement N de passer dans la chambre supérieure du carburateur. A ce moment, en effet, la clef O occupe la position représentée en pointillé sur la figure 408, c'est-à-dire que le conduit central est obturé, tandis que le petit canal dans lequel est établie la vis-pointeau R, débouche au-dessus de la partie pleine de la clef. Il y a donc communication entre ce canal et la chambre supérieure du carburateur et, par suite, entre cette chambre et la chambre inférieure communication non directe, d'ailleurs, puisque la clef est fermée ; elle se fait par l'ajutage P et le conduit Q.

En outre, une échancrure D pratiquée sur le bord de la clef O vient, dans la position de fermeture, vers la droite, et assure un passage de section réduite au mélange, lequel s'introduit dans le conduit de sortie Y.

Donc, quand la clef O est fermée, l'aspiration du moteur détermine néanmoins une rentrée d'air dans le carburateur par l'orifice X. Cet air détermine une pluie de liquide sortant du gicleur. Le mélange de l'air et du liquide s'effectue et passe, par l'ajutage P, le canal Q, dans la chambre supérieure et de là, par l'échancrure, dans la tubulure de sortie Y. La quantité de mélange ainsi admise est très faible elle convient pour la mise en marche du moteur ou pour une vitesse réduite. Elle est d'ailleurs réglable par la manœuvre de la vis-pointeau R.

De plus, le réglage dans le sens horizontal de l'ajutage P permet de le rapprocher de l'extrémité du gicleur et, suivant la position occupée par l'ajutage par rapport au gicleur, il se produit un entraînement de mélange plus ou moins saturé de liquide. Ce réglage peut donc permettre de faire varier les éléments de la carburation.

La manette T actionnant la clef O peut être disposée pour être manœuvrée à la main ou par pédale. Un ressort à boudin de rappel la ramène automatiquement à la position de fermeture, lorsqu'on cesse d'agir sur elle.

Pour que le réglage des organes du carburateur soit satisfaisant, il faut que le moteur soit mis en marche, la clef O étant fermée, par l'intermédiaire du carburateur auxiliaire. En agissant ensuite sur la manette de la clef, de façon à découvrir une section de plus en plus grande et à provoquer une admission de mélange de plus en plus importante, il faut que l'allure du moteur soit proportionnelle à la section découverte pour en obtenir des reprises très franches.

Si l'on n'obtient pas immédiatement ces résultats, il faut manœuvrer la tête C de la vis M pour régler l'écoulement du liquide par le gicleur. L'écoulement du liquide diminue quand on visse cette tête et augmente, au contraire, quand on la dévisse.

Lorsque le débit du liquide est déterminé pour l'alimentation du moteur à pleine puissance, on effectue le réglage pour l'allure ralentie en agissant sur l'ajutage P, ainsi que nous l'avons dit, pour obtenir la composition favorable du mélange, et sur la vis-pointeau R pour en régler la quantité à admettre.

Ce type de carburateur permet l'emploi de divers combustibles liquides : essence, benzol, alcool carburé. De ce fait, le degré de réchauffage doit être approprié à la nature du combustible. La manœuvre d'un robinet disposé sur le conduit d'entrée du réchauffeur permet d'obtenir ce résultat.

Carburateur Mors

(Fig. 410.) Ce carburateur comprend un dispositif de niveau constant. C'est un récipient A dans lequel est placé un flotteur B, guidé verticalement par une broche C fixée au fond du récipient et passant dans un trou cylindrique ménagé au centre du flotteur.

A la partie supérieure du flotteur est fixée une tige terminée en forme de pointeau D, qui, lors du soulèvement du flotteur, peut obturer l'orifice inférieur du conduit d'arrivée d'essence E, fixé sur le couvercle du récipient A par un raccord formant joint.

L'essence est fournie par un réservoir disposé au-dessus du récipient à niveau constant.

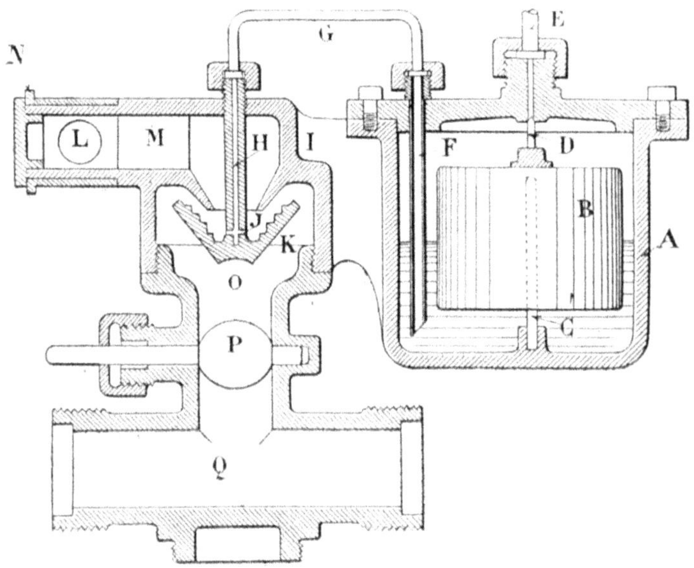

Fig. 410. — Carburateur Mors. Coupe verticale.

Sur le couvercle de ce récipient est disposé un conduit vertical F plongeant jusqu'à la partie inférieure du vase et communiquant par un tuyau coudé G, muni de deux raccords de liaison, avec un canal vertical H, disposé au centre de la boîte à carburation I.

Ce canal débouche à sa partie inférieure, par des ouvertures perpendiculaires J, contre une pièce fixe K de forme conique et portant, vers l'intérieur, une série de cannelures circulaires.

Le canal J d'arrivée d'essence dans les corps de carburation et le cône K sont disposés au centre d'un ajutage par lequel arrive l'air. Cet air est introduit par l'ouverture L disposée en bout du conduit M, et un manchon cylindrique N, portant des lumières sur sa périphérie, permet, par sa rotation qui s'effectue à la main, de rendre variable la quantité d'air admise dans le carburateur.

Un conduit vertical O, sur lequel est disposée une valve de réglage P, communique par une ou deux tubulures Q avec le ou les cylindres du moteur à actionner.

Quand le moteur aspire par la tubulure Q, il se produit une dépression dans la boîte à carburation I. Cette dépression provoque, d'une part, l'arrivée d'essence qui est aspirée du récipient à niveau constant par l'intermédiaire du conduit F, du tuyau G et du canal H. Cette essence vient s'écouler par les ouvertures latérales J.

La dépression détermine, d'autre part, une entrée d'air par l'ouverture L dans le conduit M. Cet air arrive dans l'ajutage central, dans lequel, par suite de sa forme convergente, sa vitesse augmente. Il vient, en se mélangeant à l'essence qui entre par les ouvertures J, frapper contre les cannelures circulaires pratiquées sur la pièce conique K et la pulvérisation du mélange tonnant s'effectue.

Ce mélange est ensuite introduit dans le moteur, par aspiration, par les tubulures Q. La quantité de mélange admise à chaque aspiration est rendue variable et réglable par la manœuvre du papillon-valve P qui, suivant sa position plus ou moins oblique dans le conduit O, découvre une section de passage de grandeur variable.

La composition du mélange est réglée par l'admission appropriée d'air introduit par l'ouverture L. La quantité d'air convenable à admettre est obtenue en manœuvrant le manchon N. Au fur et à mesure que, par l'aspiration du moteur, l'essence pénètre du récipient à niveau constant A dans le corps de carburation, le niveau de cette essence diminue dans le récipient. Le flotteur B, guidé par la broche C, descend ; la tige-pointeau U qui le surmonte découvre l'orifice inférieur du conduit d'arrivée d'essence E ; le liquide provenant d'un réservoir supérieur peut donc se déverser dans le récipient A. Son niveau s'élève en conséquence et comme le flotteur suit les variations successives de ce niveau, il s'élève aussi jusqu'au moment où le pointeau supérieur vient buter contre l'orifice du conduit d'arrivée d'essence et l'obture ; l'arrivée d'essence cesse et dès lors le liquide conserve, dans le récipient A, un niveau constant qui est déterminé par les dimensions appropriées données au flotteur ainsi qu'au pointeau obturateur.

Le carburateur peut être fixé sur un support par la partie inférieure de la boîte à carburation, qui porte un mamelon fileté.

Carburateur Zénith

(Fig. 411-412.) Ce carburateur, construit par MM. Roulade frères, à Lyon, est muni d'un dispositif spécial pour permettre d'obtenir un dosage de mélange qui reste constant, quelle que soit la vitesse du moteur. La régularité de composition du mélange est une condition évidemment essentielle à réaliser dans un carburateur, pour obtenir un fonctionnement du moteur non seulement régulier, mais encore économique, dans tous les régimes de marche que peut prendre ce moteur.

Fig. 411. — Carburateur Zénith.
Vue extérieure.

On comprend qu'avec un gicleur simple, le rapport entre la quantité d'air et la quantité de liquide admis ne reste pas le même pour toutes les vitesses du moteur auxquelles correspondent, dans le carburateur, des dépressions inégales.

Par suite des différences d'effets d'inertie qui se manifestent pour les deux fluides formant la composition du mélange air et liquide, on obtient dans ce mélange un excès de liquide lorsque la dépression est grande et que la vitesse du moteur est, par conséquent, considérable. Au contraire, il y a insuffisance de liquide dans le mélange lorsque la dépression est faible, pour une allure modérée du moteur.

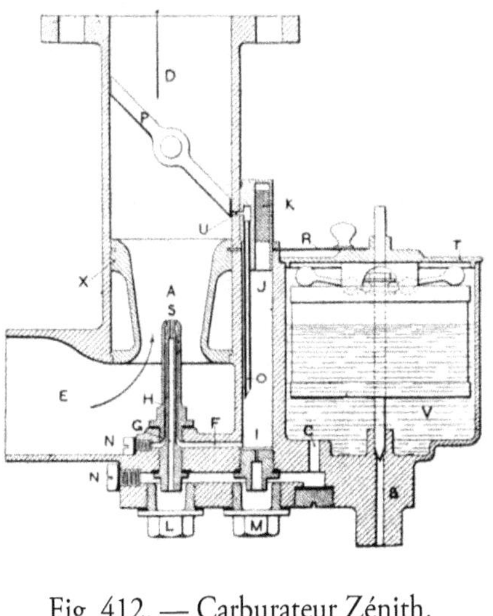

Fig. 412. — Carburateur Zénith.
Coupe verticale.

Nous avons vu que le dosage du mélange s'effectue, dans la plupart des carburateurs, par une entrée d'air supplémentaire pouvant être réglée en vue de correspondre aux différentes vitesses du moteur.

Dans le carburateur Zénith, la régularité de composition du mélange est obtenue par l'adjonction à un gicleur ordinaire d'un second ajutage, dit compensateur, de sorte que lorsque les deux ajutages fonctionnent ensemble, leurs débits se corrigent pour maintenir la régularité du dosage. L'appareil se compose d'un récipient dans lequel le liquide combustible est admis et conserve un niveau constant, et d'un corps de carburation.

Le récipient à niveau constant V comporte un flotteur métallique glissant le long d'un axe vertical guidé à chacune de ses extrémités par une douille et terminé, à sa partie inférieure, en forme de pointeau pouvant s'appliquer sur le conduit d'arrivée d'essence B et l'obturer. Une bague, fixée sur l'axe vertical, rend le déplacement vertical de cet axe solidaire de l'oscillation de deux leviers, dont une extrémité s'engage dans une rainure pratiquée autour de la bague ; l'autre s'appuie sur la face supérieure du flotteur.

Nous avons déjà examiné le fonctionnement d'un semblable dispositif. On sait que lorsque l'essence atteint dans le récipient le niveau convenable, le flotteur, en s'élevant et en provoquant l'oscillation des deux leviers, détermine l'abaissement de l'axe vertical et la fermeture, par le pointeau, de l'orifice du conduit d'arrivée d'essence. Le niveau du liquide se maintient donc constant dans le récipient.

Les axes autour desquels oscillent les leviers supérieurs sont fixés sur le couvercle du récipient, emboîté sur celui-ci et maintenu par une lame-ressort R pouvant tourner autour d'un noyau K formant axe circulaire à l'extérieur, et portant intérieurement une crépine.

La lame-ressort R, en pivotant autour de son axe, dégage le couvercle que l'on peut enlever facilement.

Le liquide combustible passe du récipient à niveau constant V dans le corps de carburation par un conduit vertical C, muni à sa partie inférieure d'une vis-bouchon de purge.

De là, le liquide suit un canal horizontal dont l'extrémité porte également une vis-bouchon N servant à la visite et au nettoyage.

Dans ce canal horizontal débouchent deux conduits verticaux : le premier que rencontre le liquide est un ajutage I dont l'orifice a une faible section, laquelle est, d'ailleurs, convenablement établie pour un type de moteur déterminé. L'ajutage I débouche dans une capacité cylindrique J, qui communique par sa partie inférieure avec un espace annulaire H ménagé autour d'un ajutage vertical G. L'ajutage G et l'ajutage H débouchent au même niveau dans la chambre de carburation A.

Le premier, qui communique avec le conduit horizontal d'arrivée d'essence, est un ajutage ordinaire à section déterminée de façon à permettre un fonctionnement convenable pour les grandes vitesses du moteur, le second est l'ajutage compensateur qui, ainsi que nous venons de le voir, ne communique avec le conduit horizontal d'arrivée d'essence que par le conduit de faible section I débouchant dans la capacité ou pipe J.

L'ajutage G ainsi que l'ajutage portant le conduit I sont vissés à la partie inférieure du corps du carburateur ; ils peuvent être aisément démontés et remplacés en dévissant les bouchons L et M, qui sont respectivement placés en face d'eux. L'ajutage compensateur H est vissé intérieurement au centre de la boîte.

L'arrivée d'air s'effectue dans le carburateur par la tubulure horizontale E ; elle communique avec la chambre de carburation par l'intermédiaire d'une pièce X rapportée dans le conduit vertical, laquelle offre, à sa partie inférieure, un rétrécissement au passage de l'air admis ; cela a pour effet d'accélérer sa vitesse. Puis le conduit s'évase vers le haut pour permettre au mélange de se répandre dans un autre conduit D, par lequel il est introduit dans le moteur.

Dans ce conduit est disposée une valve P, dont la manœuvre permet de régler la quantité de mélange qui est fournie au moteur.

Le conduit conique X est maintenu appuyé contre un repos circulaire inférieur, ménagé dans le conduit D par la lame-ressort R qui, en pivotant autour de son axe, vient s'engager dans une rainure pratiquée vers le haut de la pièce X.

La lame-ressort maintient donc à la fois cette pièce ainsi que le couvercle du récipient à niveau constant.

Sur la paroi du conduit D et au-dessus de la pièce X est pratiquée une ouverture U communiquant par l'intermédiaire d'un tuyau vertical O avec le récipient ou pipe J.

Une crépine K établie à la partie supérieure de cette pipe permet d'éviter l'introduction des poussières dans le récipient, qui communique ainsi avec l'atmosphère. Les ajutages G et I étant convenablement choisis pour répondre au meilleur rendement du moteur, on admet le liquide combustible, c'est-à-dire l'essence, dans le récipient à niveau constant V.

Cette essence arrive par le conduit B dans le récipient, y atteint un niveau déterminé qui ne varie pas et s'écoule par l'orifice C dans le canal horizontal inférieur, d'où elle est distribuée dans la pipe J par le conduit I, et dans l'ajutage central G.

Quand le moteur aspire par le conduit D, l'air pénètre dans le carburateur par la tubulure E, augmente de vitesse en entrant dans le conduit conique X et entraîne l'essence fournie par l'ajutage central G en la projetant contre les parois de ce conduit. Le second ajutage H, compensateur, fournit également une certaine quantité d'essence qui contribue à former, avec l'air introduit, le mélange tonnant, lequel arrive au moteur par la tubulure D.

Lorsque le moteur tourne à sa plus grande vitesse, la dépression dans le carburateur est maximum et la quantité d'essence entraînée correspond à la quantité d'air admise pour constituer un mélange convenable.

Lorsque la dépression faiblit, l'air arrivant avec une vitesse diminuée dans le conduit conique X, une quantité d'essence moindre sortira de l'ajutage central G et la composition du mélange ne resterait pas constante si l'ajutage compensateur H ne fournissait un appoint de liquide.

Cet ajutage, quel que soit le degré de la dépression dans la chambre de carburation, a un débit constant qui dépend uniquement de la section du conduit I que l'on règle de manière appropriée, et de la hauteur de l'essence contenue dans le récipient, hauteur qui se maintient constante. D'autre part, la section de la pipe J ayant une valeur beaucoup plus considérable que celle de la section annulaire de l'ajutage H, les variations de pression qui se manifestent dans la chambre de carburation ne peuvent exercer aucune influence sensible sur le débit de liquide arrivant par l'orifice I, et lorsque la dépression est faible, l'ajutage H fournit néanmoins une quantité de liquide qui permet de maintenir constant le dosage du mélange. On règle par la manœuvre de la valve P la quantité de mélange à admettre dans le moteur.

Lorsque le moteur ne fonctionne pas, l'essence remplit la pipe J jusqu'à un niveau qui atteint la même hauteur que dans le récipient. L'extrémité inférieure du petit tube O plonge dans cette essence.

Quand on veut mettre le moteur en marche, on ferme la valve de réglage, de façon à n'admettre qu'une quantité de mélange réduite.

Le bord de la valve se présente en face de l'orifice U qui met en communication l'intérieur de la pipe, par le tube O, avec le conduit d'aspiration D. La distance entre le bord de cette valve et l'orifice U étant faible, l'aspiration au droit de cet orifice est très énergique et l'essence contenue dans la pipe, entraînée rapidement dans le conduit D, est mélangée avec l'air introduit. Cette disposition facilite la mise en marche du moteur, qui se met aussitôt en fonctionnement. On ouvre alors progressivement la valve réglant la quantité de mélange admis, et le moteur prend sa vitesse régulière.

Pendant son fonctionnement normal, l'essence contenue dans la pipe J se trouve à un niveau n'atteignant pas le bord inférieur du tuyau O. Il ne peut donc pénétrer par ce tuyau, dans le conduit D, qu'un peu d'air qui est introduit par l'orifice U.

Lorsque le moteur tourne à une allure très ralentie, la valve de réglage ne laisse pénétrer dans le conduit D qu'une très faible quantité de gaz.

La dépression qui se produit dans la chambre de carburation, autour des deux ajutages concentriques G et H, est faible. Elle peut atteindre une valeur insuffisante pour aspirer l'essence contenue dans la pipe J par le conduit annulaire H. Comme le débit d'essence introduit dans la pipe par l'orifice I est constant, le niveau de l'essence s'élève donc, au fur et à mesure dans la pipe et, lorsqu'il atteint l'extrémité inférieure du tube O, l'aspiration de l'essence contenue dans la pipe s'effectue vivement par l'intermédiaire de ce tube O ; le liquide pénètre, par l'orifice U, dans le conduit D où il est pulvérisé et où il contribue à former, avec celui qui a été fourni en trop faible quantité par les ajutages et l'air admis, un mélange de dosage convenable pour permettre au moteur de fonctionner à son allure ralentie.

Carburateur Renault

(Fig. 413). Le carburateur Renault est du type à niveau constant et il est établi pour un fonctionnement automatique approprié aux divers régimes de marche du moteur.

L'appareil comporte un récipient dans lequel l'essence arrive par une tubulure inférieure munie d'un raccord 1. Elle se déverse dans une capacité 2 à forme conique et pénètre, par une série de petits trous, dans un conduit vertical qui débouche dans le récipient 3. Une toile métallique est interposée sur le passage de l'essence pour arrêter les impuretés.

Un bouchon de purge 22 ferme la capacité 2 à sa partie inférieure et sert à la vider et à en extraire les dépôts qu'elle peut contenir.

Dans le récipient cylindrique 3 est placé un flotteur 4, dont le déplacement vertical provoque, par l'intermédiaire de deux leviers oscillants 20, le déplacement également vertical, mais en sens inverse, d'une tige cylindrique terminée à sa partie inférieure en forme de pointeau.

Ce pointeau se meut au-dessus de l'orifice du conduit d'arrivée d'essence et l'obture ou le découvre progressivement suivant la hauteur du flotteur dans le récipient et, par conséquent, suivant le niveau de l'essence. Ce niveau est, de la sorte, maintenu constant à une hauteur déterminée.

La vis-pointeau porte, en haut, une partie filetée 6 permettant de déterminer, lors de la construction, la position respective de cette vis et de l'orifice d'admission d'essence. Un chapeau 23 recouvre le bout de la vis-pointeau 6. Il est disposé sur le couvercle 25 du récipient. Ce couvercle porte également un bouton poussoir 24 qui permet de s'assurer, par son contact avec le flotteur, de l'arrivée de l'essence dans le récipient. Du récipient, l'essence arrive par un conduit horizontal 26 dans un gicleur 7 et dans un récipient 13.

Un bouchon de purge est disposé sous le gicleur. L'extrémité de cet ajutage est placée au centre d'un conduit 8 qui communique avec le conduit d'admission de mélange du moteur. Le gicleur est disposé dans une capacité portant une ouverture par laquelle arrive l'air à carburer.

Le conduit 8 a un diamètre assez faible, établi de façon à donner à l'air une section de passage permettant une composition de mélange convenable en vue d'assurer le fonctionnement du moteur à une allure ralentie. Une arrivée d'air supplémentaire s'effectue par un conduit 12 de gros diamètre communiquant avec une capacité de forme conique 10. Dans cette capacité est disposée une soupape 11 qui, lorsqu'elle est appuyée sur son siège, intercepte la communication entre cette capacité 10 et la chambre inférieure 9 portant des ouvertures d'arrivée d'air.

Le disque-soupape 11 est solidaire d'une tige cylindrique 29, sur l'extrémité inférieure de laquelle est fixé un piston 14 pouvant se mouvoir dans le récipient cylindrique 13.

Le piston a un diamètre légèrement inférieur au diamètre du corps cylindrique, ce qui lui permet de s'y déplacer sans frottement.

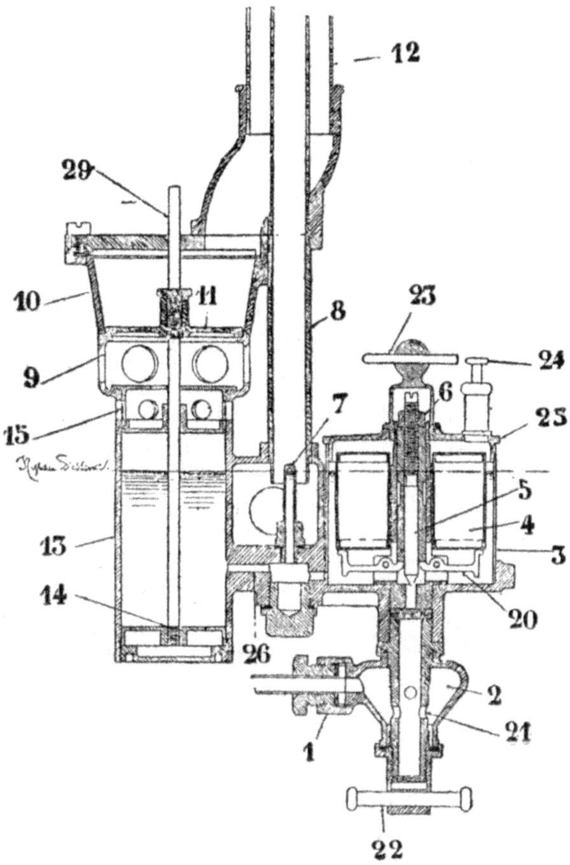

Fig. 413. — Carburateur Renault. Coupe verticale.

La capacité cylindrique 13 communiquant avec le récipient à niveau constant, l'essence se maintient dans cette capacité au même niveau que dans le récipient. Le piston 14 baigne donc dans l'essence et lorsque la soupape 11 se déplace verticalement, le piston suit son mouvement ; son déplacement dans l'essence, détermine une résistance qui amortit les oscillations de la soupape ainsi que de sa tige et rend son soulèvement progressif.

Une capacité intermédiaire 15, disposée au-dessous de la chambre de prise d'air 9, sert à rendre impossible toute aspiration d'essence dans le corps cylindrique 13, qui se trouve ainsi former un cylindre clos, ne portant, à la partie inférieure, qu'une seule ouverture, par laquelle arrive l'essence.

Par suite de l'aspiration du moteur, il se produit une dépression dans le conduit 8 et dans le tuyau 12.

Dans le conduit 8 s'introduit un mélange formé d'air et d'essence provenant du gicleur 7. Ce mélange est aspiré et vient rencontrer l'air additionnel fourni par le tuyau 12. La dépression, en effet, provoque dans la chambre conique 10, le soulèvement de la soupape 11, amorti, comme nous venons de le dire, par l'action du piston 14.

L'air extérieur pénètre, par les ouvertures de la capacité 9, dans la chambre 10, et de là, dans le tuyau 12, en quantité proportionnelle à la levée de la soupape. Cette levée est, elle-même, proportionnelle au degré de la dépression due au moteur ; la chambre 10 et la soupape sont établies pour que la section de passage d'air, aux diverses allures du moteur, permette d'obtenir une composition du mélange carburé qui reste constante.

A la mise en marche du moteur, afin de faciliter son départ, on immobilise provisoirement la soupape 11 pour éviter une rentrée d'air additionnel. Pour cela, on appuie sur un poussoir spécial qui provoque le placement d'un taquet contre l'extrémité supérieure de la tige 29 solidaire de cette soupape. Cette soupape ne peut, dès lors, se déplacer verticalement et elle ne reprendra sa liberté d'allures, sous l'effet de l'aspiration du moteur, que lorsqu'on cessera d'appuyer sur le bouton-poussoir qui sera ramené à sa position de repos par un ressort à boudin de rappel.

Il convient de procéder de temps à autre au nettoyage de la crépine 2, dans laquelle peuvent s'accumuler des impuretés, ce qui empêcherait l'essence de pénétrer dans le récipient à niveau constant.

On s'aperçoit que l'essence n'arrive plus dans le récipient, en poussant le bouton 24. On doit rencontrer la face supérieure du flotteur si le récipient contient de l'essence jusqu'à son niveau normal.

Pour nettoyer la crépine, on dévisse le bouchon 22 et on laisse écouler un peu d'essence pour entraîner les dépôts contenus dans la capacité 2 et déposés sur la toile métallique.

Carburateur Gobron (Fig. 414). Ce carburateur est à niveau constant. Il se compose d'un récipient A, comportant les organes nécessaires pour maintenir le niveau de l'essence à une hauteur déterminée et d'un corps de carburation D.

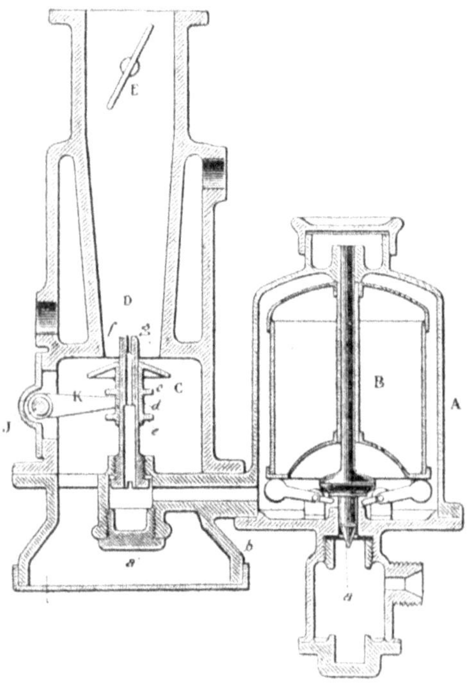

Fig. 414. — Carburateur Gobron. Coupe verticale.

Les organes du récipient à niveau constant consistent en un flotteur cylindrique B, agissant sur deux leviers articulés qui actionnent eux-mêmes une tige cylindrique, munie d'un pointeau à son extrémité inférieure. Ce pointeau, par son déplacement vertical, découvre une section de passage d'essence plus ou moins importante, et lorsque le niveau d'essence atteint, dans le récipient A, une hauteur déterminée, le flotteur provoque la fermeture du conduit d'arrivée par la tige cylindrique. Le conduit d'essence débouche dans une capacité disposée au-dessous du récipient à niveau constant dans laquelle peuvent se déposer les impuretés entraînées.

Une toile métallique placée entre cette capacité et le récipient A permet de filtrer l'essence avant de l'admettre dans le carburateur.

Un bouchon ferme la capacité et permet, par son enlèvement, d'effectuer son nettoyage. Le récipient à niveau constant communique par un conduit horizontal avec le corps de carburation D, par l'intermédiaire d'un ajutage *f*, formant gicleur.

Cet ajutage est fixe. Il est vissé dans le socle du corps de carburation et peut être retiré par la partie inférieure du carburateur, en enlevant le capot *b* et le bouchon *a*, qui sert également de bouchon de purge du conduit d'essence horizontal.

L'extrémité *g* de l'ajutage est placé au centre d'un conduit D qui va en augmentant de section vers la partie supérieure. C'est le conduit d'amenée du mélange gazeux au moteur. Une valve de réglage E est placée sur ce conduit ; son oscillation permet de faire varier la section de passage du mélange tonnant. Cette valve porte, extérieurement, montée sur son axe, une came provoquant, par un jeu de leviers, l'oscillation de l'axe J, disposé à la partie inférieure de la boîte à carburation. Sur cet axe est fixé un levier K, dont l'oscillation détermine le déplacement vertical d'un manchon *e, e*, surmonté d'un écran conique C. Le manchon et l'écran sont guidés verticalement par l'ajutage fixe *f*.

Le profil de la came solidaire de la valve E, qui provoque l'oscillation du levier K et, par conséquent, le déplacement vertical de l'écran conique est établi pour qu'à chaque position de réglage de cette valve corresponde une position appropriée de l'écran C par rapport à l'orifice du conduit D.

On obtient ainsi une admission d'air proportionnée à la quantité de mélange admis dans le moteur, ce qui permet une carburation régulière.

Quand le moteur aspire, l'air arrive dans la chambre inférieure du carburateur, monte dans le conduit D en passant par l'espace laissé libre entre ce conduit et l'écran C et se mélange avec l'essence qui sort du gicleur *g* ; il se pulvérise contre les parois du conduit D. Le mélange se rend alors au moteur en suivant ce même conduit. Pour mettre à l'abri de l'influence de la température extérieure le corps du carburateur, ce qui pourrait provoquer des inégalités dans le fonctionnement de l'appareil, la chambre de vaporisation est munie d'une double enveloppe permettant d'établir, sur tout son pourtour, une circulation d'eau qui la maintient à une température constante, favorable au bon fonctionnement du carburateur.

Carburateur Gautier-Wehrlé

(Fig. 415). Les carburateurs que nous venons de décrire sont du type dit à niveau constant, parce qu'ils comportent chacun un récipient, dans lequel le liquide combustible est maintenu automatiquement à un niveau déterminé.

Le carburateur Gautier-Wehrlé est du type dit à admission directe. L'admission du liquide s'effectue, en effet, directement sans passer par l'intermédiaire d'un récipient destiné à régler son niveau.

Cet appareil se compose d'un corps A, au centre duquel est percé un conduit vertical dans lequel est placée une tige cylindrique B, portant des parties plates sur toute sa longueur. Cette tige est surmontée d'une partie conique C venant s'appliquer sur un siège de même forme ménagé à l'extrémité supérieure du conduit percé au centre du corps A.

La partie conique forme soupape ; elle obture, quand elle est appliquée sur son siège, le conduit contenant la tige B.

Cette tige, qui se prolonge au-dessus de la soupape, porte un disque de forme lenticulaire D. Elle se termine par une partie cylindrique E traversant le chapeau du carburateur.

La tige, mobile verticalement, entraîne dans son mouvement, la soupape C et le disque D.

Un ressort à boudin F, disposé sur cette tige et s'appliquant en haut, contre le chapeau fixe de l'appareil et en bas, contre le disque D solidaire de la tige, maintient normalement la soupape C appuyée sur son siège.

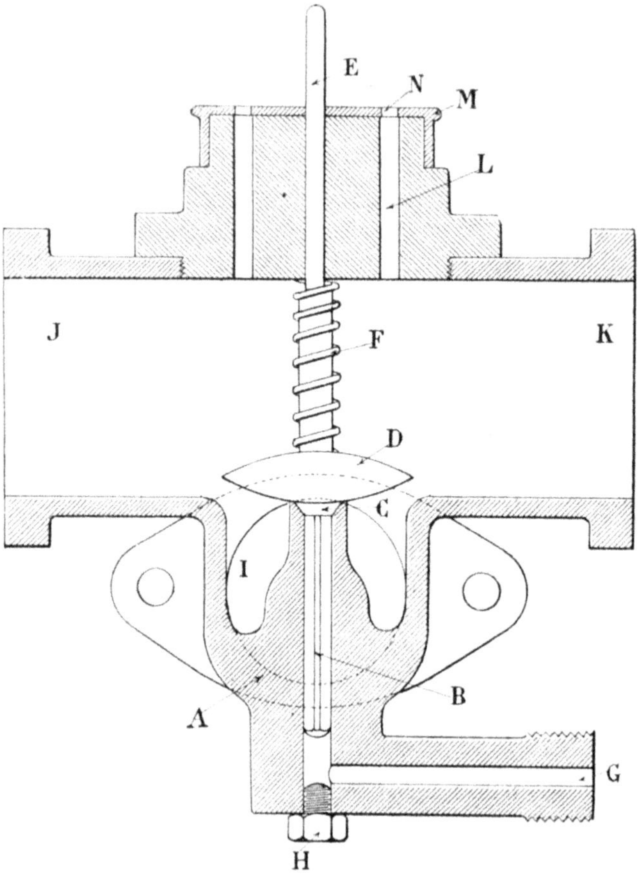

Fig. 415. — Carburateur Gautier-Wehrlé. Coupe verticale.

Le conduit vertical est ainsi obturé et le liquide, qui arrive dans ce conduit par une tubulure horizontale G, ne peut pas pénétrer dans la chambre de carburation. Une vis 11 faisant office de bouchon de purge est disposée à la partie inférieure du conduit vertical et permet le nettoyage de ce conduit ainsi que de l'ajutage d'admission G.

L'air est admis dans la chambre de carburation par une tubulure I, sur laquelle est fixé, au moyen d'une bride, un conduit dont l'extrémité peut être placée à proximité du moteur ou du tuyau d'échappement ; il sert à introduire dans le carburateur de l'air réchauffé.

La chambre de carburation porte une ou plusieurs tubulures J et K, sur lesquelles viennent se brancher les tuyaux qui amènent le mélange tonnant aux cylindres. A la partie supérieure de la boîte à carburation est vissé un chapeau servant de guide à la tige E et portant des lumières L, permettant une entrée additionnelle d'air dans le carburateur.

La section de ces lumières peut être rendue variable par la manœuvre d'un bouchon M disposé en bout du chapeau. Ce bouchon porte des ouvertures N. Lorsque ces ouvertures se présentent en face des lumières L, la quantité d'air additionnel admise dans le carburateur est maximum. Au fur et à mesure que l'on fait tourner à la main le bouchon M, on masque de plus en plus les orifices des lumières et la quantité d'air introduite diminue.

On règle ainsi l'admission d'air supplémentaire.

Quand le moteur aspire, il se produit dans les conduits J et K une dépression qui provoque, d'une part, une arrivée d'air par l'ouverture I et, d'autre part, le soulèvement du disque D et de la tige B. Ce soulèvement s'effectue en provoquant la compression du ressort à boudin. La soupape C quitte son siège, ce qui détermine un appel de liquide par le conduit vertical. Ce liquide admis par le conduit G monte dans le conduit vertical, grâce aux parties plates ménagées le long de la tige B. Il débouche donc en même temps que l'air, dans la chambre de carburation. Le mélange d'air et de liquide s'effectue intimement, le liquide se pulvérisant au contact du disque D.

Ce mélange se rend dans les deux conduits de sortie J et K où il reçoit l'air additionnel admis par le chapeau supérieur et nécessaire à la complète combustion.

Ainsi constitué, le mélange est admis par aspiration dans les cylindres du moteur.

Pendant la phase d'aspiration, la soupape C est soulevée et le mélange peut s'effectuer et alimenter le moteur. Lorsque la phase de compression commence, la tige B s'abaisse sous l'action du ressort et de la compression ; la soupape C s'applique sur son siège et l'admission du liquide se trouve interrompue jusqu'à la prochaine phase d'aspiration où les mêmes phénomènes que nous venons d'examiner se reproduiront.

VAPORISATEURS

Lorsque le liquide combustible, au lieu d'être de l'essence légère est de l'huile de pétrole ou du pétrole lampant dont la volatilité est moindre que celle de l'essence, on effectue le mélange d'air et de liquide dans des capacités qui sont maintenues à une certaine température pour faciliter la vaporisation de ce liquide et son mélange intime avec l'air.

L'appareil gazéificateur se nomme généralement vaporisateur et s'applique le plus souvent à des moteurs fixes et demi-fixes. Il lui est adjoint, dans la plupart des cas, un dispositif de pulvérisation pour aider à la diffusion du liquide. Nous allons examiner quelques types de vaporisateurs.

Vaporisateurs Brayton

(Fig. 416.) Brayton qui, ainsi que nous l'avons dit, établit et fit fonctionner le premier moteur à pétrole, modifia ce moteur qui était à deux temps et en fit un moteur à quatre temps, lorsque le succès du moteur Otto eut démontré la qualité de ce cycle. Le carburateur de ce dernier moteur diffère sensiblement du premier carburateur imaginé et que nous avons décrit. La figure 416 représente en coupe verticale le vaporisateur Brayton, appliqué à un moteur à pétrole à quatre temps.

Le vaporisateur est disposé à l'extrémité du cylindre. Une chambre spéciale A, qui sert de chambre de combustion, est ménagée à cette extrémité. Au centre débouche une sorte de crépine B par laquelle le mélange gazeux arrive dans la chambre de combustion divisé, brassé, pulvérisé. Ce mélange descend dans la crépine par le conduit vertical C ; il est constitué par du pétrole arrivant par un tuyau horizontal supérieur D, et par de l'air provenant d'un second tuyau horizontal E, parallèle au premier et disposé au-dessus de lui. L'air fourni par ce conduit est de l'air comprimé.

Ces deux conduits débouchent dans une petite capacité supérieure F, fermée par un bouchon servant de guide à une tige G solidaire d'une petite soupape conique H pouvant s'appuyer sur un siège également conique en obturant le conduit d'admission du mélange dans la crépine.

Un ressort à boudin maintient l'appui de cette soupape sur son siège.

Lorsque le piston I du moteur monte, il détermine une compression au-dessus de lui : cette compression provoque le soulèvement de la soupape supérieure H. Le conduit vertical d'admission de mélange est donc ouvert, de sorte que l'air comprimé

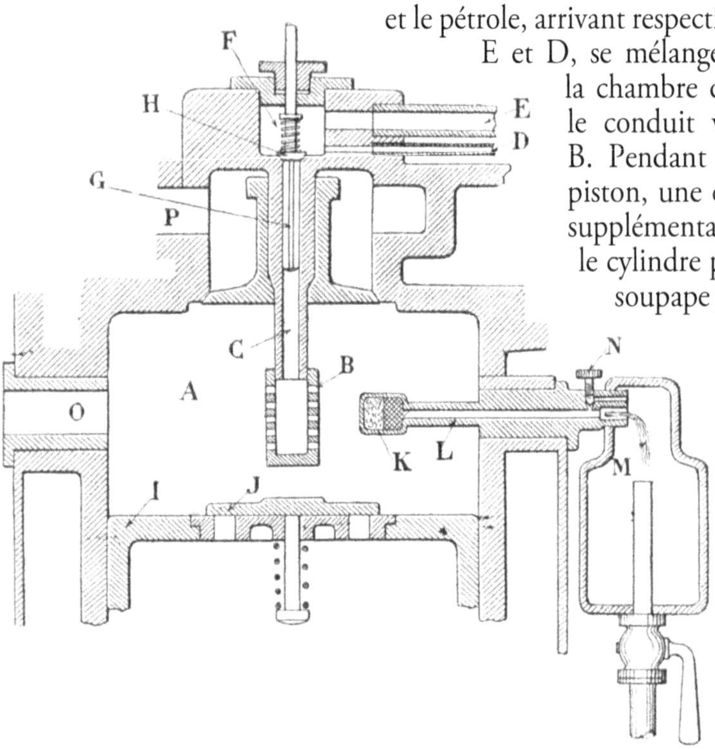

Fig. 416. – Vaporisateur Brayton.

et le pétrole, arrivant respectivement par les tuyaux E et D, se mélangent et pénètrent dans la chambre de vaporisation A par le conduit vertical et la crépine B. Pendant la course inverse du piston, une certaine quantité d'air supplémentaire est introduite dans le cylindre par la manœuvre de la soupape J.

Cette soupape, en effet, qui s'ouvre de bas en haut est maintenue appliquée contre la paroi supérieure du piston par la tension d'un ressort à boudin. Elle masque, dans cette position, des ouvertures par lesquelles passe l'air lorsque, pendant la course descendante du piston, la soupape se soulève automatiquement. L'air ainsi introduit à l'intérieur de la chambre de vaporisation se diffuse dans le mélange gazeux précédemment introduit et forme le mélange tonnant qui, enflammé, déterminera sur le piston un travail utilisable.

La chambre de vaporisation est toujours portée à une température assez élevée, car l'allumage s'effectue dans cette chambre et donne lieu à une chaleur qui maintient à l'incandescence une capsule K, disposée horizontalement en face de la crépine d'admission B.

Cette capsule est formée de deux compartiments, dont l'un contient des spirales de platine et l'autre de l'amiante. Elle est en communication avec un récipient contenant du pétrole par un conduit horizontal L au bout duquel est placée une mèche M. Ce conduit se ramifie du côté de la mèche et est muni d'une vis de réglage N.

Un jet d'air est admis dans le récipient à pétrole M. Cet air pulvérise le pétrole et en imprègne la mèche M. Le pétrole pénètre par capillarité dans le conduit L et il se produit sur le cylindre, si on effectue l'allumage par une ouverture disposée en face de la capsule, un dard qui porte la capsule K à l'incandescence et provoque l'allumage du mélange tonnant introduit dans la chambre de vaporisation.

L'allumage s'effectue lorsque le piston, dans son excursion du bas vers le haut, a déterminé une compression suffisante pour soulever la soupape supérieure H, et provoqué l'admission du mélange dans l'air comprimé au-dessus du piston.

L'allumage détermine une explosion qui pousse le piston vers le bas. La pression des gaz derrière le piston empêche la soupape J de s'ouvrir pendant cette course. Pendant l'excursion suivante, de bas en haut, le piston refoule les gaz brûlés dans un conduit de décharge supérieur P. Cette opération s'effectue par suite du soulèvement d'une soupape de décharge, soulèvement provoqué par une commande mécanique.

A la deuxième excursion vers le bas, lorsque les gaz ont été évacués du cylindre derrière le piston, la soupape J peut alors s'ouvrir et laisser pénétrer de l'air dans la chambre de vaporisation. Enfin, à la deuxième course vers le haut, lors de la compression, le mélange est admis dans le cylindre et s'enflamme.

Vaporisateur Priestmann

(Fig. 417.) Ce vaporisateur a été établi sur un moteur à pétrole Priestmann, un des premiers moteurs à pétrole ayant été construits en Angleterre.

Le vaporisateur comprend un pulvérisateur, constitué par un ajutage spécial, qui a pour fonction de diviser le liquide en un très grand nombre de particules pour faciliter son mélange intime avec l'air.

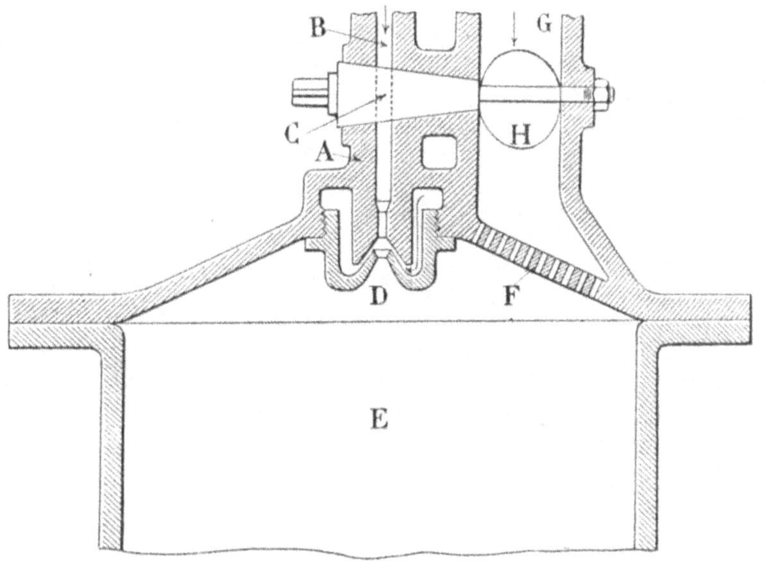

Fig. 417. — Vaporisateur Priestmann.

Le pulvérisateur est placé en bout du vaporisateur. Il se compose d'un corps A portant au centre un conduit B, par lequel arrive le pétrole fourni par un réservoir spécial. Sur ce conduit est placé un robinet C, portant une ouverture dont la section a une forme triangulaire et qui permet, par sa rotation, de découvrir une section de passage variable, déterminant une admission également variable de pétrole dans le pulvérisateur.

Le conduit de pétrole est étranglé à sa partie inférieure, puis largement évasé pour qu'un ajutage D puisse être disposé au-dessous de lui et à peu de distance.

Cet ajutage est conique, il débouche dans la capacité E. Dans l'espace laissé libre entre l'ajutage inférieur D et l'ajutage supérieur A, circule l'air qui, pour pénétrer dans la capacité E par l'ajutage D, vient rencontrer le pétrole, lequel s'écoule du conduit B.

Par suite de la forme donnée aux becs des ajutages, l'air arrive au contact du pétrole avec une vitesse qui lui permet de pulvériser le liquide et de se mélanger ainsi intimement avec lui.

Le mélange ainsi formé pénètre dans la capacité E où il rencontre un complément d'air admis par des petits conduits F pratiqués sur une paroi de cette capacité. Cet air provient d'un conduit G, dans lequel est disposée une vanne de réglage H, rendue solidaire d'un axe prolongeant le robinet C.

La quantité d'air additionnel peut donc être réglée par la manœuvre de la vanne. Cet air se trouve brassé, en arrivant dans la capacité E, par son passage à travers les conduits F. Il se diffuse dans le mélange admis par le pulvérisateur pour former le mélange tonnant actionnant le moteur.

Ce mélange, avant d'être admis dans le cylindre où il sera enflammé, circule dans un conduit qui est à double enveloppe. Les deux capacités ainsi constituées dans ce conduit sont utilisées, l'une pour servir à la circulation du mélange, l'autre, à la circulation des gaz chauds provenant de l'échappement. Ces deux circulations s'effectuant dans des sens contraires, cela donne lieu à un réchauffement rationnel du mélange, lequel arrive dans la chambre de combustion du cylindre avec une température qui facilite son allumage. L'allumage se fait électriquement. La composition du mélange reste constante car la pression de l'air est maintenue invariable dans l'appareil. La quantité de mélange à admettre peut, au contraire, varier suivant le régime de marche du moteur. Ce réglage s'effectue par le régulateur qui manœuvre le robinet réglant l'admission de pétrole, et par la valve H, solidaire du robinet qui règle l'admission d'air supplémentaire.

Vaporisateur Otto

(Fig. 419 - 420.) Ce vaporisateur, appliqué aux premiers moteurs à pétrole industriels Otto à quatre temps, se compose d'un récipient E, dans lequel arrive le pétrole, lequel atteint un niveau déterminé que l'on peut observer à l'aide du flotteur *f*.

Au centre du récipient E est disposé un conduit se terminant extérieurement par un coude T et débouchant à son extrémité inférieure dans un disque percé d'une série de canaux dirigés suivant des rayons.

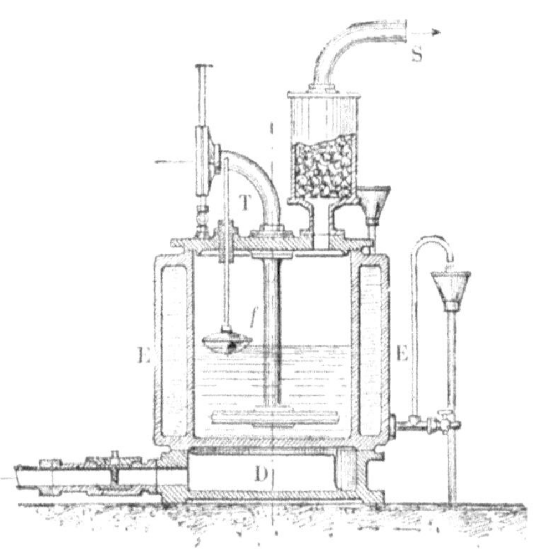

Fig. 418. — Vaporisateur Otto. Coupe verticale.

Le tuyau T sert à admettre l'air dans le vaporisateur.

Cet air, par suite de l'aspiration du moteur, pénètre par le tube T dans le récipient E, en passant par les canaux pratiqués dans le disque.

Il est ainsi divisé et peut, en barbotant dans le liquide, se mélanger intimement avec une grande quantité de ses particules. Le mélange formé de cette façon gagne la partie supérieure du récipient, passe dans un filtre cylindrique disposé sur le couvercle du vaporisateur et sort par le conduit coudé S, pour être admis dans la chambre de combustion du cylindre.

Le récipient E contenant le pétrole est à double enveloppe. Dans l'espace compris entre les deux parois du récipient, on fait arriver de l'eau ayant servi à refroidir le cylindre du moteur. Cette eau sort du cylindre ayant une température d'environ 50 degrés ; elle circule entre les deux enveloppes en réchauffant les parois et, par conséquent, le pétrole contenu dans le récipient E.

Des conduits appropriés sont disposés pour l'introduction de l'eau et pour son évacuation.

Le fond du récipient est également établi avec double paroi. La capacité ainsi constituée D porte une cloison médiane qui la divise en deux compartiments, facilitant la circulation des gaz d'échappement du moteur, lesquels sont introduits par un conduit et qui sont évacués par une seconde tubulure (Fig. 419).

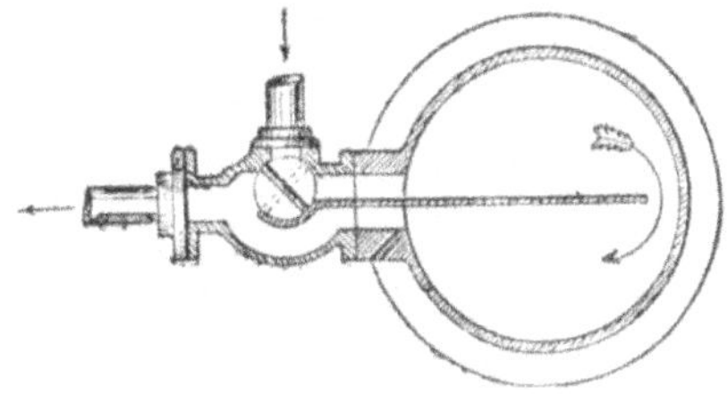

Fig. 419. — Vaporisateur Otto. Coupe horizontale.

Comme ces gaz, en sortant du moteur, possèdent un certain degré de chaleur, ils échauffent la paroi formant le fond du récipient E et la chaleur se communique au liquide qui y est contenu.

L'échauffement du liquide produit par l'eau et les gaz, facilite sa vaporisation, son mélange intime avec l'air, et son inflammation.

Un clapet de sûreté est placé sur le conduit S, amenant le mélange au moteur. Ce clapet, qui s'ouvre quand le moteur aspire pour laisser le passage au mélange gazeux, se ferme automatiquement lorsqu'il y a compression dans le cylindre ou même sous l'action d'un retour de gaz vers le vaporisateur.

La figure 420 représente la vue d'ensemble d'un des moteurs à pétrole primitifs Otto, comportant un vaporisateur semblable à celui que nous venons de décrire. Ce vaporisateur est placé sur le sol, à la gauche du moteur ; on voit sortir du couvercle de ce récipient cylindrique les deux conduits, dont l'un, le plus court, est le tuyau de prise d'air, et l'autre, qui est branché sur le cylindre, est le conduit d'admission du mélange tonnant dans le moteur.

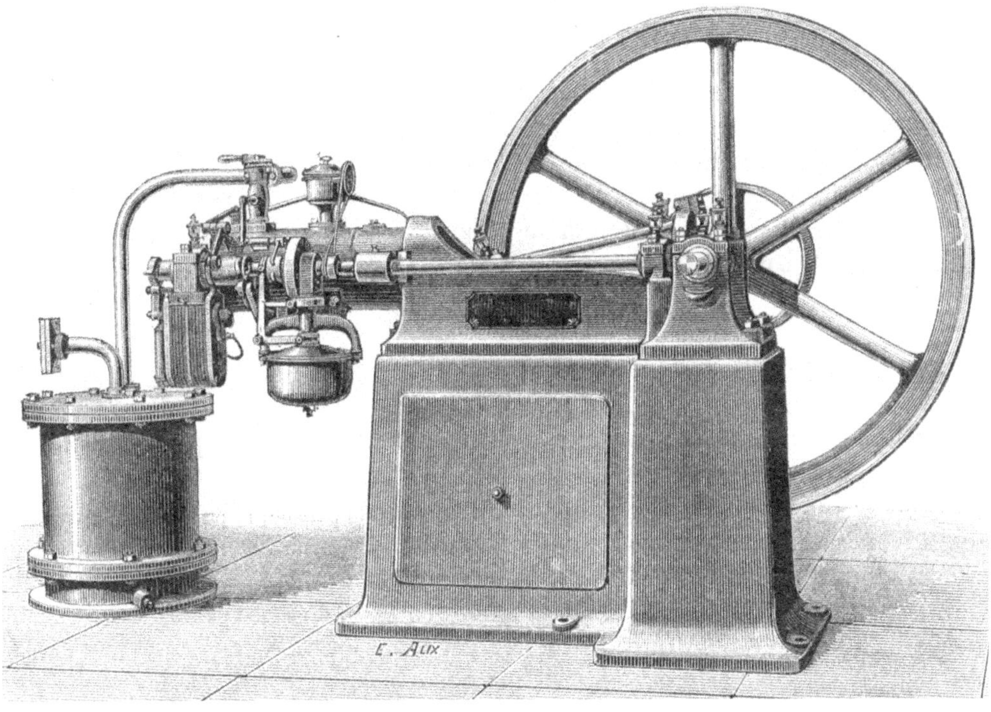

Fig. 420. — Moteur à pétrole Otto primitif.

Vaporisateur Campbell

(Fig. 421.) Ce vaporisateur est disposé contre le cylindre, avec lequel il communique par un conduit débouchant en I. Il se compose d'un corps cylindrique A élargi à sa partie supérieure et surmonté d'une pièce métallique B, dans laquelle est ménagé le siège conique de la soupape d'aspiration C. Cette soupape s'ouvre du haut vers le bas ; sur sa tige cylindrique, qui déborde au-dessus de la pièce B, est placé un ressort à boudin D, dont la tension maintient la soupape appliquée sur son siège.

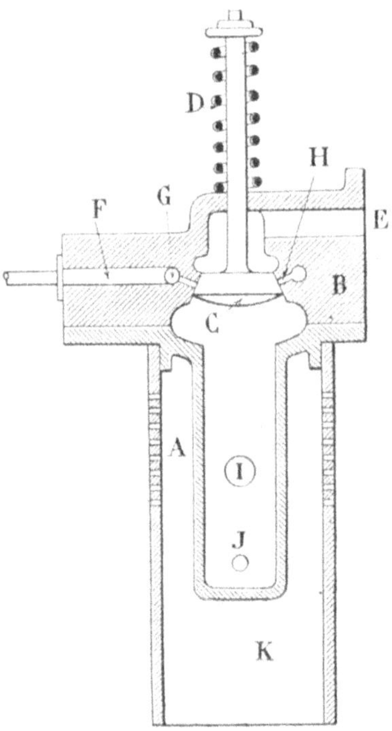

Fig. 421 – Vaporisateur Campbell.

La pièce B porte deux canaux. L'un E, de grand diamètre, donne passage à l'air ; l'autre F, plus petit, sert à amener le pétrole dans le vaporisateur.

Ce dernier canal débouche dans une capacité circulaire G pratiquée autour du siège de la soupape ; une série de petits canaux H partant de la capacité circulaire, viennent déboucher sur la surface conique formant le siège de la soupape.

La capacité A communique avec la chambre d'explosion par l'orifice I et contient l'inflammateur J du mélange.

Un tuyau de grand diamètre K sert de cheminée à une lampe que l'on place au-dessous de la capacité A. Cette lampe sert, à la fois, à échauffer le corps du vaporisateur A et le tube d'allumage J. Lorsque le moteur aspire, il se produit une dépression dans le corps cylindrique A du vaporisateur.

Cette dépression provoque l'abaissement de la soupape d'aspiration C, qui s'ouvre en comprimant le ressort à boudin D. L'air, arrivant par le conduit E, pénètre dans le vaporisateur ; il rencontre, en passant entre la soupape et son siège, le pétrole, qui est également aspiré et qui s'écoule par la série de petits canaux disposés tout autour du siège de la soupape.

L'air et le pétrole se mélangent ; ils arrivent dans le corps cylindrique A qui est chauffé par la lampe. La vaporisation du mélange s'effectue et le gaz est introduit dans le moteur par le conduit I.

Vaporisateur Hille

(Fig. 422.) Ce vaporisateur, établi sur des moteurs à pétrole construits par la *Fabrique de moteurs à gaz de Dresde*, fonctionne par suite de la levée automatique de la soupape d'aspiration du moteur. Cette soupape A est disposée à la partie inférieure du conduit B d'admission d'air. Elle repose sur un siège conique et est guidée dans son déplacement vertical par sa tige cylindrique glissant dans une collerette fixe et dans le chapeau D du vaporisateur. Deux ressorts à boudin de rappel, montés sur cette tige, l'un intérieurement, l'autre à l'extérieur, maintiennent la soupape appliquée sur son siège ; ils sont réglés pour que son soulèvement soit approprié au degré d'aspiration du moteur. La soupape est rendue solidaire par deux tringles E placées suivant un diamètre d'un étui F supportant une tige cylindrique G terminée à sa partie supérieure en forme de pointeau.

Ce pointeau peut, en s'appliquant sur son siège, obturer l'orifice d'un conduit par lequel le pétrole arrive dans le vaporisateur.

Le pétrole est contenu dans un réservoir placé à une certaine hauteur, permettant son écoulement sous pression. Il est admis dans l'appareil par le conduit H.

Ce conduit débouche dans un canal horizontal I qui se retourne à angle droit au centre de l'appareil et dont l'orifice inférieur peut être obturé par la vis-pointeau G.

Dans le canal horizontal I est disposée une autre vis-pointeau J que l'on peut manœuvrer en tournant une manette extérieure K. Cette manette est munie d'un index qui se déplace devant un cadran portant des traits de repère qui correspondent à des admissions de pétrole appropriées à certains régimes de marche. La vis, en effet, en tournant, s'approche E ou s'éloigne de l'orifice du canal, suivant le sens de la rotation, et laisse une section de grandeur variable au passage du liquide.

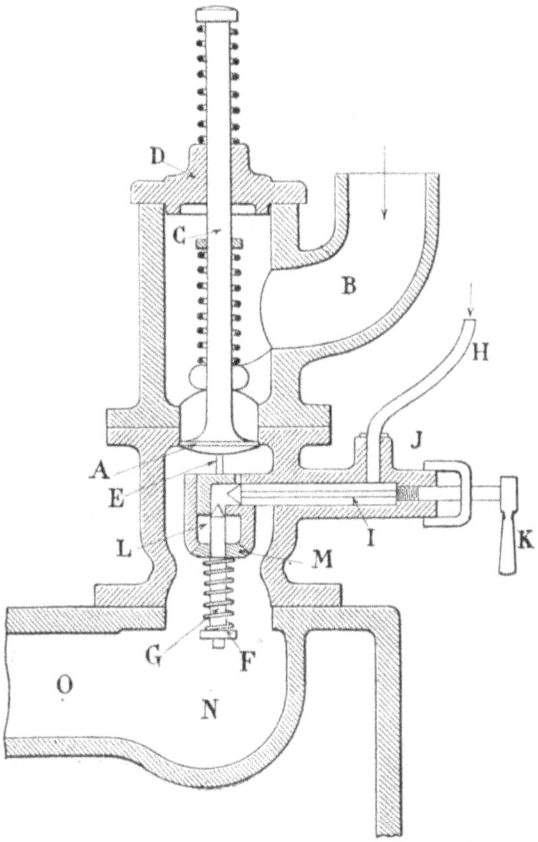

Fig. 422. — Vaporisateur Hille.

Lorsque les deux pointeaux sont éloignés de leur siège, le pétrole arrive par les conduits successifs, dans la petite capacité L, d'où il s'écoule, par une série de petits canaux M disposés circulairement, dans une chambre inférieure N, qui constitue la chambre du vaporisateur. La vis-pointeau J, une fois réglée pour un débit déterminé, reste immobile.

La vis-pointeau G est normalement appuyée sur son siège et empêche, par conséquent, le pétrole de s'écouler car elle est solidaire de la soupape d'admission, maintenue soulevée elle-même par ses deux ressorts de rappel.

Lorsque le moteur aspire, par le conduit O qui y aboutit, la soupape d'admission, du fait de la dépression, se déplace du haut vers le bas en comprimant les ressorts. Elle quitte son siège et l'air, arrivant par le conduit B, s'introduit dans l'appareil par le canal annulaire ainsi formé. Sa vitesse augmente en passant dans cet étranglement et l'air vient rencontrer le pétrole qui s'écoule, divisé en minces filets, par la série de canaux M.

La vis-pointeau G, en effet, solidaire de la soupape d'admission par les tringles E, s'est aussi abaissée en même temps que la soupape et a permis au liquide de se déverser dans la chambre de vaporisation N.

Les parois de cette chambre sont maintenues à une certaine température, de sorte que le mélange d'air et de pétrole, en arrivant dans cette capacité, se vaporise et par le conduit O est admis dans le moteur.

Le chauffage de la chambre de vaporisation s'effectue au moyen d'une lampe à pétrole disposée au-dessous qui maintient, en outre, à l'incandescence, le tube d'allumage.

Vaporisateur Niel (Fig. 423.) Ce vaporisateur, établi sur les moteurs à pétrole Niel, est constitué par une capacité A fixée sur le moteur sur le côté de la boîte à distribution dans laquelle est logée la soupape d'admission B. Cette soupape est guidée verticalement par sa tige cylindrique ; elle est maintenue appliquée contre son siège par la tension d'un ressort à boudin extérieur.

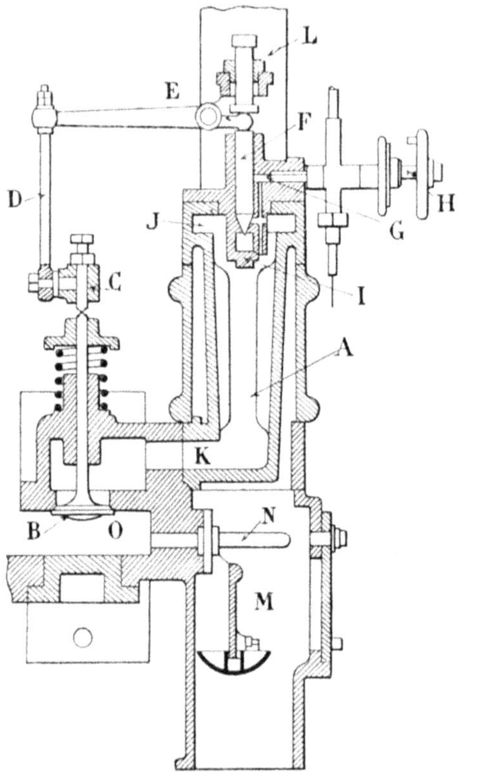

Fig. 423. — Vaporisateur Niel.

Sur l'extrémité supérieure de la tige de la soupape s'appuie un taquet C, solidaire d'une tringle D, reliée à un levier E oscillant autour d'un axe fixe.

Une extrémité de ce levier actionne une tige cylindrique F, guidée dans une douille verticale et terminée à sa partie inférieure en forme de pointe.

Lorsque la soupape est appliquée sur son siège, les organes de liaison entre cette soupape et la tige-pointeau F maintiennent ce pointeau sur son siège, qui forme l'orifice du conduit d'admission de pétrole G.

Ce conduit, formé de deux petits canaux perpendiculaires, reçoit le pétrole, par un tuyau vertical, d'un réservoir placé à deux mètres au-dessus de lui.

Le débit du pétrole est variable ; il se règle par la manœuvre d'une vis-pointeau H que l'on fait tourner au moyen d'un petit volant qui la termine.

Au-dessous du conduit central d'arrivée de pétrole, est disposée une sorte de trémie I qui a pour fonction de répandre, en nappe, le pétrole admis, afin de faciliter son mélange avec l'air ainsi que sa vaporisation.

L'air est introduit dans le vaporisateur par un conduit aboutissant à une capacité supérieure J.

La chambre de vaporisation A se prolonge à la partie inférieure par le conduit d'admission K, sur lequel est établie la soupape B.

La chambre est munie d'une double enveloppe ; l'espace laissé libre entre les doubles parois forme une partie d'un conduit qui communique, en haut, avec la cheminée L et qui, largement ouvert vers le bas, est disposé pour recevoir une lampe M de réchauffage. La lampe sert à chauffer, en même temps que les parois de la chambre de vaporisation, le tube à incandescence N disposé dans le conduit et qui sert à produire l'inflammation du mélange admis dans le cylindre.

La lampe peut se déplacer pour régler l'allumage et la manœuvre d'un robinet permet de rendre variable, à volonté, l'intensité de la flamme.

Quand l'aspiration se produit dans le cylindre du moteur, la soupape d'admission B se déplace de haut en bas en comprimant son ressort antagoniste. A ce moment, la chambre de vaporisation K communique avec la chambre de combustion O du cylindre.

Par suite du déplacement vertical de la soupape, le taquet C, qui est solidaire du mouvement de sa tige, s'abaisse en provoquant, par l'intermédiaire de la tringle D, l'oscillation du levier supérieur E. L'extrémité de ce levier soulève la tige-pointeau F, et ce soulèvement provoque l'ouverture des orifices par lesquels le pétrole peut s'écouler par la trémie I dans la chambre de vaporisation.

Du fait de l'aspiration du moteur et de l'ouverture de la soupape d'admission, il se produit, par le conduit aboutissant à la capacité supérieure J, une entrée d'air qui arrive dans la chambre de vaporisation A en se mélangeant avec le pétrole qui s'écoule de la trémie I.

Le mélange s'échauffe au contact des parois de la chambre A, se vaporise, et est admis dans la chambre de combustion O où il s'enflamme.

Vaporisateur Charon

(Fig. 424.) Le vaporisateur Charon et le vaporisateur précédent sont constitués en partie, de façon analogue ; les dispositions des chambres de vaporisation sont semblables, mais la commande de la tige pointeau qui règle l'admission du pétrole et la disposition de la lampe de chauffage diffèrent.

La chambre de vaporisation A est prolongée, à la partie inférieure, par un conduit B aboutissant à la chambre de combustion du moteur. La chambre A porte une série de nervures C, formant ailettes, qui permettent d'augmenter considérablement la surface de chauffage de cette chambre.

A la partie supérieure de la chambre de vaporisation est disposé l'orifice D, par lequel l'air est introduit ; l'admission du pétrole se fait par un conduit vertical.

Le pétrole est fourni par un réservoir placé en charge relativement au vaporisateur.

Un robinet disposé sur le conduit en règle le débit.

Une tige E, terminée en forme de pointeau, est disposée dans le conduit vertical d'admission et peut l'obturer ; par son déplacement, elle détermine une admission variable de liquide dans le vaporisateur.

Le chauffage de la chambre de vaporisation s'effectue au moyen d'une lampe à pétrole F placée à la partie

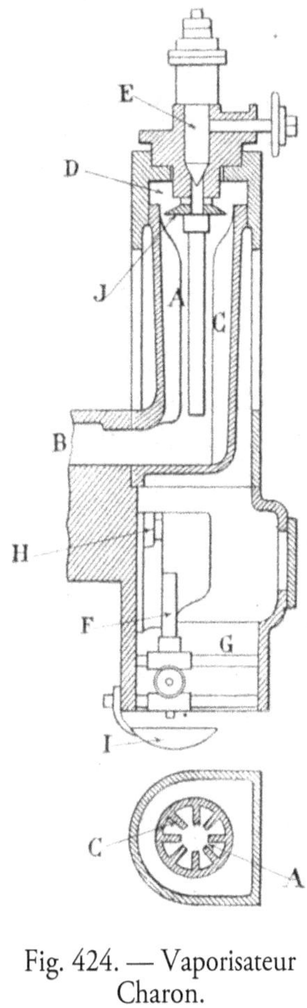

Fig. 424. — Vaporisateur Charon.

inférieure, dans un conduit G entourant la chambre et constituant une sorte de cheminée.

Une dérivation de pétrole provenant du réservoir supérieur arrive dans la lampe F et se vaporise, sous l'action de la haute température qui règne dans le conduit G, sort par un bec souffleur dont est munie la lampe, et s'enflamme.

Pour la mise en marche et afin d'obtenir dans le conduit G une température suffisante pour que la lampe à pétrole fonctionne, on verse dans une coupelle I, placée au-dessous, de l'essence ou de l'alcool que l'on allume.

Quand la température a atteint dans le conduit le degré désiré, on admet le pétrole dans la lampe qui fonctionne alors normalement, réchauffe les parois de la chambre de vaporisation et, en même temps, porte à l'incandescence le tube H qui produit l'inflammation du mélange dans la chambre de combustion du moteur.

Lorsque l'aspiration se produit dans le cylindre du moteur, la soupape d'admission disposée en bout du conduit B s'abaisse, découvrant l'orifice de passage du mélange. L'air pénètre par l'ouverture D dans la chambre A et rencontre le pétrole qui, s'écoulant par le conduit vertical dans lequel est placée la tige E, est distribué et divisé par une crépine J.

Le mélange de l'air et du pétrole s'effectue. Ce mélange, descendant dans la chambre de vaporisation pour gagner le conduit d'admission B, rencontre les ailettes C de la chambre et les parois qui sont chaudes. Il se vaporise et pénètre dans le conduit B et, de là, dans la chambre de combustion du moteur où il est enflammé.

La tige qui obture ou débouche le canal d'admission de pétrole est manœuvrée par l'intermédiaire d'un balancier qui commande également l'admission d'air et la manœuvre de la soupape d'aspiration.

Le régulateur du moteur détermine les excursions variables de ces différents organes suivant le régime de marche.

Nous venons d'examiner, parmi les nombreux carburateurs et vaporisateurs existants, quelques types établis depuis la création de ces organes jusqu'à nos jours. Il n'est pas dans notre intention de les décrire tous, ce qui sortirait du cadre des *Merveilles de la Science* mais, cependant on pourra trouver ceux qu'il peut être utile ou intéressant de connaître parmi les plus utilisés, dans la description des moteurs qui va suivre au cours de ce volume, et dans le Tome suivant spécialement consacré à l'Automobilisme, à l'Aérostation et à l'Aviation.

Chapitre XII

ALLUMAGE

ALLUMAGE : Avance à l'allumage. — Procédés d'allumage. ALLUMAGE ÉLECTRIQUE : par courant de haute tension, par bobine, par magnéto. BOUGIES : Nilmélior, Renault, Lavalette. ALLUMAGE PAR COURANT DE BASSE TENSION : RUPTEURS. DISPOSITIFS DIVERS D'ALLUMAGE : Bosch, Lavalette-Eisemann, Nilmélior, Renault.

On sait que l'allumage consiste, dans les moteurs à explosion, à enflammer le mélange tonnant au moment de sa plus forte compression, pour obtenir, dans le cylindre, une pression considérable qui, par son action sur le piston, provoque son avancement et détermine le fonctionnement du moteur.

Les conditions dans lesquelles s'effectue l'allumage jouent un rôle prépondérant dans l'obtention du bon fonctionnement d'un moteur et du rendement le plus économique. L'intensité du point incandescent qui produit l'inflammation, son placement par rapport à l'arrivée du mélange tonnant, le moment où la mise de feu se produit, pris par rapport au déplacement du piston, sont autant d'éléments qui interviennent dans la réalisation d'un bon allumage.

Nous avons, au cours de ce volume, lors de l'examen de l'allumage des moteurs à gaz, indiqué et analysé ces divers éléments, qui ne varient pas pour l'allumage des moteurs à pétrole, à essence, ou à alcool et nous savons qu'en résumé, pour obtenir un bon allumage il convient : d'introduire dans le moteur un mélange gazeux suffisamment riche en hydrocarbure, que l'inflammateur soit placé à proximité du conduit d'admission pour éviter que les gaz brûlés non évacués n'entourent cet inflammateur et ne nuisent à son efficacité et qu'il faut, en outre, qu'un tube allumeur bien incandescent ou une étincelle bien chaude, quand il s'agit d'allumage électrique, provoquent l'explosion au moment précis où le piston du moteur achève sa course de compression.

Avance à l'allumage

Rappelons à propos de cette dernière condition que pour la réaliser, on est obligé de donner ce que l'on appelle *l'avance à l'allumage*, bien connue des automobilistes.

L'avance à l'allumage n'est, en réalité, qu'apparente, car le temps qui s'écoule entre la mise de feu réelle et l'explosion du mélange, lequel ne s'enflamme pas instantanément, est utilisé par le piston pour parvenir à l'extrémité de sa course, de sorte que le moment de l'explosion et la fin de course du piston coïncident exactement, ce qui est une condition de bon fonctionnement du moteur.

On comprend donc que, plus la vitesse du moteur est grande et, par conséquent, plus le piston se déplace rapidement, plus l'avance à l'allumage doit être considérable, la rapidité d'inflammation du mélange ne variant pas, pour obtenir la coïncidence de l'explosion et de la fin de course. C'est pour cette raison que la locution si courante en automobilisme « mettre de l'avance à l'allumage » est une indication correspondant à une vitesse du moteur et du véhicule plus considérable.

Procédés d'allumages

L'allumage dans les moteurs à explosion peut s'effectuer soit par tubes à incandescence, soit électriquement. L'allumage par tubes à incandescence s'applique surtout à certains moteurs à gaz de faibles puissances et à quelques moteurs à pétrole industriels fixes.

Pour les moteurs à essence et à pétrole, d'automobiles, de bateaux, d'aérostation, d'aviation, l'allumage électrique est exclusivement employé.

Nous avons précédemment examiné quelques dispositifs d'allumage par tube à incandescence en indiquant leur mode de fonctionnement. Nous n'y reviendrons pas.

Les dispositifs d'allumage électrique, tout en étant, en principe, semblables pour les moteurs à gaz et pour les moteurs à pétrole, comportent toutefois, pour ces derniers moteurs qui peuvent être à plusieurs cylindres, certaines particularités et dispositions que nous n'avons pas signalées à propos des moteurs à gaz et que nous allons examiner.

L'allumage électrique

L'allumage électrique appliqué aux moteurs à pétrole peut s'effectuer de diverses manières. Il peut être obtenu par l'emploi d'appareils produisant un courant de haute tension ou par des appareils produisant un courant de basse tension.

Lorsque le courant électrique produit est à haute tension, l'étincelle d'allumage jaillit dans la chambre de combustion du cylindre, entre les extrémités de deux pièces métalliques fixes constituant ce que l'on appelle une bougie ; l'étincelle est nommée *étincelle de tension*. Lorsque le courant produit est à basse tension, l'étincelle éclate dans le cylindre entre deux pièces métalliques qui se séparent brusquement. L'organe s'appelle un rupteur et l'étincelle est nommée étincelle de *rupture* ou *d'arrachement*.

Allumage par courant de haute tension

Une bougie est, en principe, un organe comportant deux pièces métalliques bien isolées entre elles, dont les extrémités sont disposées en face l'une de l'autre dans le cylindre.

L'une des pièces est mise en communication avec le circuit électrique, l'autre est reliée à la masse même du moteur. Quand le courant de haute tension s'établit, sa tension est suffisante pour se fermer, malgré l'intervalle qui les sépare, entre les deux extrémités de la bougie ; cela donne naissance à l'étincelle de tension qui enflamme le mélange.

L'emploi du courant à haute tension nécessite des isolements très efficaces entre les pièces de la bougie, lesquelles ne doivent pas communiquer électriquement. Si cette condition n'était pas remplie, on comprend aisément que le courant, perdant de sa tension par défaut d'isolement, le long de la bougie ou même dans le circuit, l'étincelle obtenue serait évidemment moins importante, moins nourrie et moins chaude.

Le courant d'allumage à haute tension est généralement produit par un transformateur ou *bobine d'allumage*. On sait qu'un transformateur ou bobine est un organe composé d'un noyau de fer doux portant autour de lui deux enroulements, l'un fait en fil de gros diamètre, l'autre constitué en fil de diamètre réduit. Les deux enroulements constituent deux circuits dont le premier, en gros fil, est le circuit primaire et le second, en fil fin, le circuit secondaire.

En reliant les deux extrémités du circuit primaire aux deux pôles d'une source électrique : piles ou accumulateurs, on détermine, par le passage du courant dans ce circuit, un courant induit qui prend naissance dans le circuit secondaire et qui, lui, possède une tension très élevée.

Ainsi, dans la plupart des bobines d'allumage où le courant primaire est fourni par deux éléments d'accumulateur, par exemple, ce qui donne une tension totale de 4 volts, la tension du circuit secondaire est aisément portée à 15 000 volts.

On sait aussi que si les deux extrémités du circuit secondaire sont disposées à peu de distance l'une de l'autre et, dans l'espèce, ces extrémités sont celles de la bougie, l'étincelle jaillit quand on produit des courants secondaires induits, c'est-à-dire quand on interrompt fréquemment le circuit primaire ainsi que nous l'avons expliqué dans la « théorie de la bobine » (Tome II des *Merveilles de la Science*, Électricité).

Allumage par bobine

La figure 425 représente un schéma d'allumage de moteur à un cylindre effectué par bobine. La bobine A comporte ses deux enroulements B et C. Le circuit primaire B aboutit au pôle positif de la source électrique D et se ferme à la masse métallique du moteur en passant par un interrupteur automatique E et par un commutateur F.

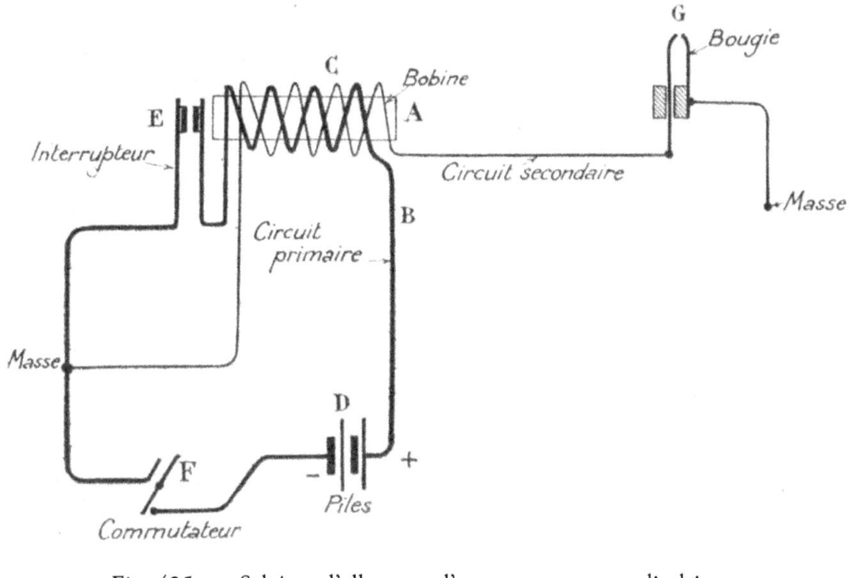

Fig. 425. — Schéma d'allumage d'un moteur monocylindrique.

Lorsqu'on veut mettre la bobine en état de fonctionnement, on ferme le commutateur F. Cette manœuvre met en communication le pôle négatif de la pile avec la masse : le courant de la batterie de piles passe dans le circuit primaire. L'aimantation du noyau de fer doux de la bobine par le passage de ce courant, provoque l'attraction de la palette mobile de l'interrupteur, ce qui détermine la rupture du courant primaire. La palette, sous l'action d'un ressort, revient en contact avec la palette fixe et le courant est de nouveau établi.

Il se produit donc une série d'interruptions dans le circuit primaire ; elles donnent naissance dans le circuit secondaire C à un courant d'induction qui aboutit à la bougie G. Les deux tiges isolées de celle-ci communiquent respectivement, l'une avec le fil du circuit secondaire, l'autre avec la masse métallique. Comme une extrémité du circuit secondaire est elle-même reliée à la masse, il s'ensuit que le courant à haute tension doit, pour s'établir dans ce circuit, franchir l'espace qui sépare les deux extrémités de la bougie, c'est ce qui donne naissance à l'étincelle.

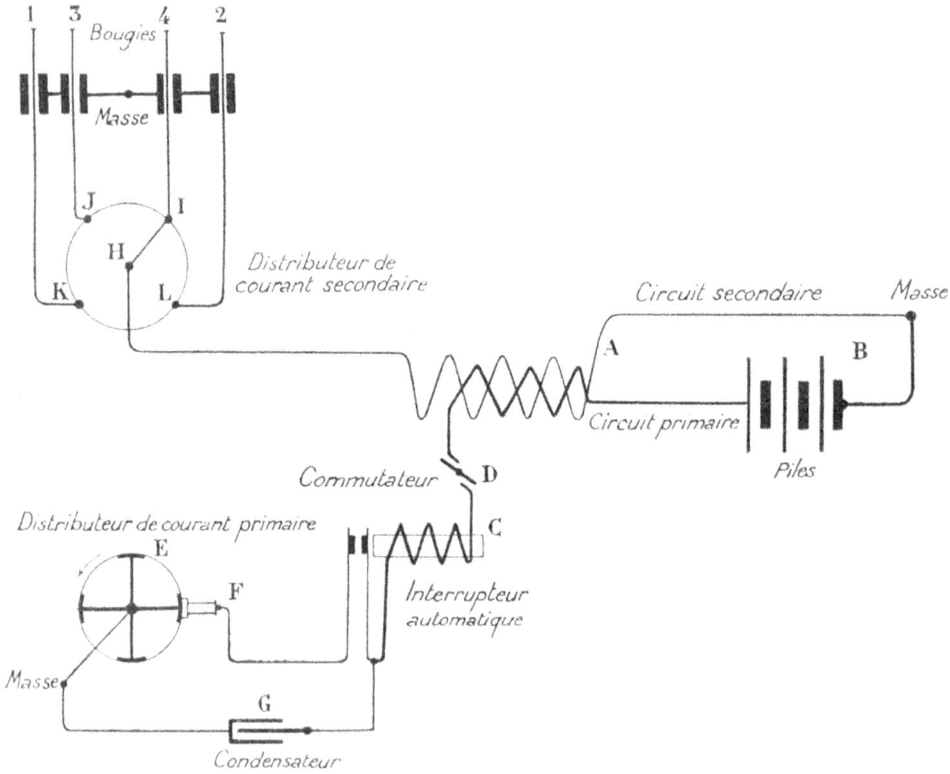

Fig. 426. — Schéma d'allumage d'un moteur à quatre cylindres avec une seule bobine.

La bougie G est logiquement disposée dans la culasse du moteur. Les autres organes : piles, bobine, interrupteur, commutateur, sont placés à portée du mécanicien.

Le schéma représenté par la figure 426 indique la disposition des organes pour l'allumage d'un moteur à quatre cylindres au moyen d'une bobine unique.

La bobine A servant à effectuer l'allumage est toujours constituée par un noyau comportant deux enroulements : primaire et secondaire.

Le circuit primaire est relié d'une part, à la borne positive de la batterie de piles B, dont le pôle négatif est mis à la masse.

Du côté opposé à la batterie, le circuit primaire se continue en s'enroulant sur un second noyau constituant la bobine d'entretien C de l'interrupteur automatique, nommé assez souvent *trembleur*.

La palette mobile du trembleur est reliée à l'enroulement, tandis que la palette fixe est reliée avec la masse, ce qui forme le circuit primaire.

Dans ce circuit est disposé un commutateur D, dont la manoeuvre permet d'établir ou de rompre le courant. En outre, un distributeur E est interposé entre la masse et le trembleur.

Le distributeur se compose d'une pièce portant quatre contacts, reliée d'une façon constante à la masse et qui peut prendre un mouvement de rotation autour de son centre.

Quand un des contacts touche une pièce fixe F à laquelle est attaché le fil du circuit primaire, le circuit est fermé et le courant passe pendant tout le temps que le contact persiste.

Cet organe est le distributeur du courant primaire, il a pour but de ne donner naissance au courant qu'au moment propice pour provoquer l'allumage dans le cylindre approprié.

Le mouvement de rotation du distributeur est nécessairement mis en synchronisme avec le mouvement de rotation du moteur, pour que l'allumage s'effectue convenablement.

Un condensateur G est disposé en dérivation sur l'interrupteur pour éviter la production d'étincelles trop fortes à chacune des interruptions du courant.

Le circuit secondaire de la bobine est constitué par un enroulement en fil fin dont une extrémité communique avec la masse et dont l'autre extrémité est reliée d'une façon permanente à la manette H d'un second distributeur : le distributeur du courant secondaire. La manette H est mobile ; elle peut prendre un mouvement de rotation autour de son extrémité reliée au circuit. Dans son mouvement de rotation elle vient prendre successivement contact avec quatre plots I, J, K, L, correspondant respectivement aux tiges isolées des quatre bougies placées chacune dans la culasse d'un des quatre cylindres.

Les secondes tiges des bougies sont reliées à la masse.

Le mouvement de rotation du distributeur de courant secondaire est également réglé par rapport au mouvement de rotation de l'arbre du moteur, de façon que le contact de la manette H avec les quatre plots successifs I, J, K, L, se produise au moment convenable pour donner lieu à un bon allumage.

On comprend dès lors le fonctionnement. Par suite du passage du courant dans le circuit primaire de la bobine A et des fréquentes interruptions de ce courant obtenues par le trembleur, il se produit dans le circuit secondaire un courant de haute tension.

Au fur et à mesure que la manette H du distributeur de ce courant prend contact avec un des plots, le courant de haute tension se ferme, par l'étincelle d'allumage, à l'extrémité de la bougie correspondante, entre les deux tiges qu'elle contient. Successivement, donc, une étincelle jaillira à chacune des quatre bougies, ce qui provoquera l'inflammation du mélange tonnant dans les quatre cylindres à la suite les uns des autres.

L'allumage à haute tension par transformateur tend de plus en plus à être remplacé par l'allumage effectué par magnétos à haute tension.

Ces magnétos, en principe, comportent sur l'induit un double enroulement : le primaire et le secondaire, de sorte que la transformation du courant primaire à basse tension s'effectue dans la machine même qui fournit à l'extrémité des bougies un courant de haute tension produisant l'étincelle. La magnéto peut aussi être simplement utilisée pour produire un courant de basse tension, lequel est ensuite transformé en courant de haute tension par une bobine indépendante.

Les magnétos à haute tension, dont nous allons examiner quelques types plus loin, sont appelées *magnétos à bougies*.

Dans l'allumage par bobine ou par magnéto on établit toujours un mécanisme spécial permettant de faire varier l'avance à l'allumage.

On constitue quelquefois aussi des dispositifs de double allumage comportant à la fois la bobine et la magnéto.

Nous en examinerons quelques types.

Bougies

Nous avons, au cours de la description des moteurs à gaz, examiné quelques types de bougies en indiquant quelles sont les meilleures conditions de fonctionnement de ces organes. Le nombre de types de bougies est, nous l'avons dit, trop considérable pour songer à les décrire toutes. Nous allons simplement en décrire trois modèles, parmi ceux qui sont le plus généralement utilisés, dans les moteurs à essence et à pétrole, destinés surtout à la traction automobile.

Bougie Nilmélior

(Fig. 427.) Dans cette bougie d'allumage, les deux électrodes sont formées, l'une par le corps même de la bougie qui se visse sur la culasse du cylindre, l'autre par une rondelle disposée en bout de la bougie, concentriquement au corps métallique et séparée de ce corps, sur tout son pourtour, par un faible espace annulaire. C'est entre cette rondelle et le corps de la bougie que jaillit l'étincelle lorsque le courant de haute tension est envoyé dans la bougie.

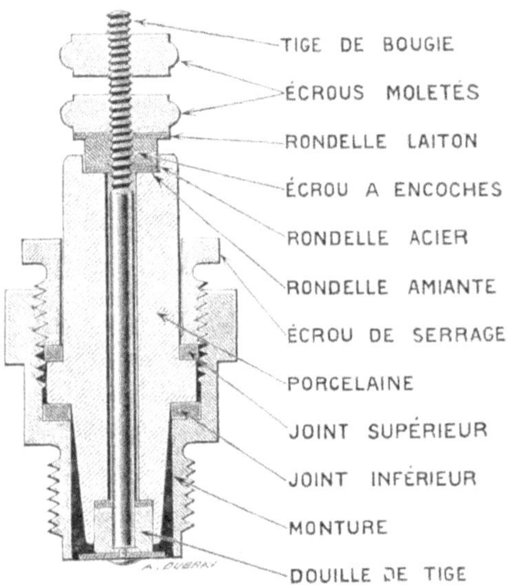

Fig. 427. — Bougie Nilmélior. Coupe verticale.

La rondelle extrême est une sorte de douille constituée en acier-nickel rapportée et rivée en bout d'une tige centrale.

Cette tige déborde de la bougie à l'extérieur du cylindre et porte deux boutons entre lesquels on serre une extrémité du circuit secondaire, l'autre extrémité se trouvant mise à la masse ainsi que nous l'avons vu plus haut.

Pour effectuer un isolement convenable entre cette tige centrale qui amène le courant à la rondelle extrême et le corps métallique de la bougie qui, étant vissé sur le cylindre, est ainsi mis à la masse, une douille en porcelaine est disposée entre ces deux pièces métalliques sur toute la longueur de la bougie. La tige en occupe la partie centrale ; elle est fixée sur le corps de la bougie par un écrou de serrage qui se visse dans ce corps.

Des rondelles, formant joints, sont interposées entre la porcelaine et le corps de la bougie et aussi entre l'écrou de serrage et la porcelaine.

En outre, la tige centrale est serrée sur la douille isolante en porcelaine, avec l'interposition de rondelles placées à l'extrémité du côté où jaillit l'étincelle et des rondelles d'amiante et d'acier placées du côté opposé. L'un des boutons sert à maintenir la tige fixée dans la porcelaine. Le montage non rigide de la tige centrale, de même que l'interposition de rondelles souples entre la douille de porcelaine et le corps métallique de la bougie ont pour but de prévenir les cassures et fêlures qui se produisent assez souvent dans les isolants en porcelaine employés dans presque toutes les bougies. Ces cassures sont déterminées par les différences de dilatation des matériaux avec lesquels sont constitués les organes de la bougie.

Sous l'influence de la température fort élevée donnée par l'étincelle à ces organes, il se produit des torsions et des déplacements irréguliers qui provoquent l'éclatement de la douille isolante en porcelaine lorsque celle-ci est maintenue fixée trop rigidement.

Il convient donc de lui assurer un serrage élastique qui soit en même temps efficace.

Bougie Renault

Dans la bougie Renault, l'isolant, au lieu d'être en porcelaine est constitué eu mica. La tige centrale isolée est remplacée par un disque en forme d'étoile comportant, par conséquent, une série de pointes qui viennent se présenter en face d'une masse de bronze formant le corps de la bougie et dans laquelle le disque étoilé se trouve rigoureusement centré.

La bougie se visse par son corps cylindrique sur les bouchons disposés sur les cylindres au-dessus des soupapes d'admission, ce qui met ce corps de la bougie à la masse. L'étincelle jaillit donc entre les pointes du disque étoilé et la masse de bronze de la bougie. L'écart favorable au bon fonctionnement de la bougie pour l'obtention d'une mise en marche rapide est d'environ de 2/10 de millimètre entre les pointes de l'étoile et le corps de la bougie.

On peut procéder au nettoyage de cette bougie, comme d'ailleurs on le fait d'une façon générale pour le plus grand nombre d'autres, en frottant son extrémité avec une petite brosse, un chiffon, imbibés d'essence, ou avec du papier d'émeri très fin, pour ne pas augmenter l'écart qui doit exister entre les pièces métalliques formant électrodes, ce qui nuirait au fonctionnement régulier de l'allumage.

Bougie Lavalette

La bougie Lavalette à spirale platinée, appelée *bougie Nicopyre*, est basée sur un principe différent de celui des deux bougies précédentes. Cette bougie comporte un fil de platine enroulé sur un support fixe. La disposition de ce fil sur son support est telle qu'il se trouve placé en regard d'une électrode sur laquelle sont disposées trois pointes.

L'étincelle jaillit facilement entre la spirale de platine et l'électrode à trois pointes même pour un faible courant, ce qui contribue à rendre aisée la mise en marche. En outre, l'encrassement de la bougie se trouve, dans une certaine mesure, diminué.

Allumage par courant de basse tension

Quand le courant utilisé pour l'allumage a une faible tension, on produit une étincelle dite de rupture, d'arrachement, ou même d'extra-courant, en rompant brusquement dans le cylindre, au moment déterminé pour produire l'allumage, le courant du circuit. On peut obtenir l'étincelle de rupture en employant soit une batterie d'accumulateurs, soit des magnétos.

Le premier procédé, qui est généralement remplacé par l'emploi de magnétos à basse tension, comporte la disposition dans le circuit d'une bobine de self. Cette bobine, constituée par un noyau autour duquel s'enroule le fil conducteur, a pour objet d'augmenter la self-induction de ce circuit ce qui donne naissance, lorsqu'on rompt le circuit, à une étincelle d'extra-courant renforcée.

Lorsque le courant à basse tension est produit par une magnéto, l'étincelle de rupture est due à la self-induction de l'enroulement fait sur l'induit de la magnéto.

Dans les deux cas, ainsi que nous l'avons expliqué dans le Tome II des *Merveilles de la Science* (Électricité), le noyau de fer doux de la bobine ou l'armature de l'induit emmagasinent au passage du courant, sous forme d'énergie magnétique, l'énergie qui fournit le courant.

Si on supprime brusquement le courant en ouvrant le circuit par un procédé quelconque, le noyau ou l'armature se désaimantent très rapidement. L'énergie magnétique emmagasinée est brusquement restituée et détermine la production, entre les points de coupure du circuit d'une étincelle intense et très chaude, qui est l'étincelle de rupture.

La température très élevée de l'étincelle et sa grande surface d'inflammation sont des conditions favorables à l'obtention d'un bon allumage.

L'étincelle de rupture a reçu aussi le nom d'*étincelle d'arrachement* parce qu'elle se produit en provoquant un arrachement de métal et un transport de particules incandescentes entre les deux points de rupture ce qui, précisément, a pour effet d'augmenter la surface d'inflammation.

On comprend que, pour cette raison, la nature du métal doit être choisie pour que l'usure des deux contacts entre lesquels se produit la rupture ne soit pas trop rapide. Le platine convient fort bien pour cet usage, mais on sait que le prix de ce métal est fort élevé. Aussi a-t-on cherché à le remplacer par un autre métal d'un prix de revient plus réduit et pouvant donner toutefois des résultats sensiblement identiques. Le nickel paraît répondre à ces deux conditions et est, de ce fait, très employé pour constituer les contacts de rupteurs.

Rupteur L'allumage par magnéto à basse tension, appelée aussi magnéto à rupture pour la différencier de la magnéto à haute tension, nommée également, avons-nous dit, magnéto à bougies, nécessite un organe spécial nommé rupteur, qui est placé sur la culasse du cylindre. Cet organe comporte deux pièces isolées entre elles qui peuvent venir au contact dans la chambre même de combustion. Une de ces pièces A (Fig. 428) est généralement fixe ; l'autre B, qui est mobile et que l'on nomme couramment marteau, s'écarte brusquement de la première sous l'action d'un mécanisme approprié, et c'est entre les deux extrémités de ces pièces munies de contacts en platine ou en nickel que jaillit l'étincelle d'inflammation.

La pièce fixe est isolée de la masse et est appelée *inflammateur*. Le marteau, nommé encore *doigt de rupture* est, au contraire, mis en communication avec la masse.

En principe et sans entrer dans les détails de construction d'un rupteur, un ressort à boudin D peut d'une façon permanente, par sa tension, maintenir le contact entre les deux pièces du rupteur : inflammateur et marteau.

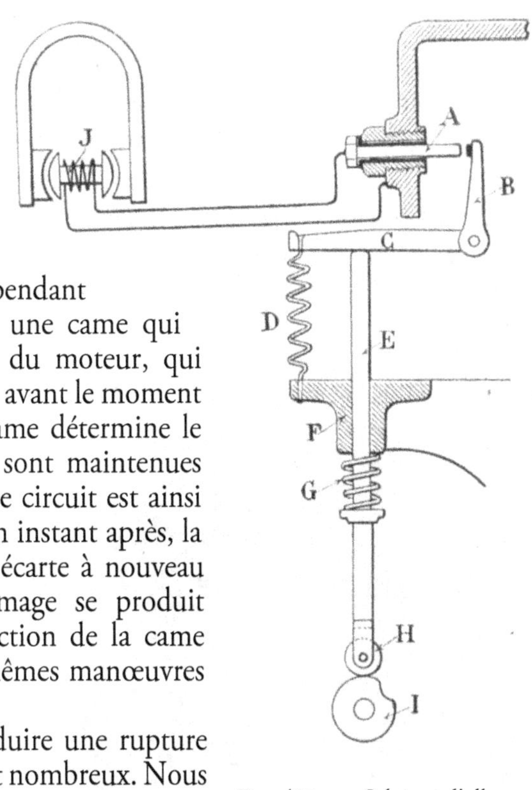

Fig. 428. — Schéma d'allumage par magnéto à basse tension et rupteur.

Un mécanisme, actionné par le moteur au moment où l'allumage doit s'effectuer, sépare brusquement le marteau de l'inflammateur et donne naissance à l'étincelle.

En réalité, le circuit peut être, pendant le fonctionnement, normalement ouvert, c'est-à-dire que les deux pièces restent séparées pendant une certaine traction de tour. I est une came qui est calée sur l'arbre de distribution du moteur, qui maintient le marteau soulevé. Un peu avant le moment où l'allumage doit se produire, la came détermine le rapprochement des deux pièces qui sont maintenues au contact par le ressort de rappel. Le circuit est ainsi fermé, le courant peut y circuler et un instant après, la même came ou un frappeur spécial écarte à nouveau les pièces ; l'étincelle jaillit, l'allumage se produit et les pièces restent séparées par l'action de la came jusqu'au prochain allumage où les mêmes manœuvres se répètent.

Les mécanismes établis pour produire une rupture brusque à l'intérieur des cylindres sont nombreux. Nous en avons décrit quelques types à propos de l'allumage des moteurs à gaz.

On peut, cependant, les classer en deux catégories principales : les mécanismes à déclic à vitesse constante et les mécanismes à déclic à vitesse variable. Dans ce dernier cas, le déclic est lié à la vitesse de rotation du moteur, ce qui rend moins aisée la production de l'étincelle au moment de la mise en marche. Ces mécanismes sont munis de dispositifs permettant de rendre variable le moment de l'allumage et d'obtenir ainsi l'avance à l'allumage convenable.

DISPOSITIFS DIVERS D'ALLUMAGE

Nous venons d'examiner, en principe et dans leurs généralités, les divers procédés d'allumage électrique employés dans les moteurs à explosion.

Les progrès de l'automobilisme, qui ont permis de porter les moteurs à essence et à pétrole à leur degré de perfectionnement actuel, ont contribué nécessairement à transformer les conditions et les dispositions de l'allumage, opération d'importance capitale de laquelle dépend le bon fonctionnement et le bon rendement du moteur.

C'est ainsi que le procédé d'allumage par bobine est de moins en moins employé pour les moteurs d'automobiles et est remplacé par des dispositifs d'allumage par magnéto à basse tension et surtout à haute tension, ou encore par des dispositions mixtes.

Nous allons, parmi ces dispositifs, décrire ceux qui sont le plus employés. Nous les avons successivement groupés, quoique participant de principes différents, sous le nom des industriels qui les construisent.

Allumages Bosch

L'allumage électrique Bosch peut s'effectuer de trois façons différentes : par l'emploi de magnétos à haute tension ou magnétos à bougies ; de magnétos à rupture à basse tension, ou enfin par l'emploi d'un dispositif de double allumage.

Magnéto à bougies

C'est une magnéto à haute tension produisant, par rotation, un courant dont le voltage est très élevé et qui donne lieu à la production d'une étincelle au bout d'une bougie disposée dans la culasse du moteur.

La magnéto (Fig. 429 à 431) est constituée par une armature en fer doux, ayant la forme d'un double T, à laquelle on donne un mouvement de rotation. Ce mouvement s'effectue dans un champ magnétique puissant, produit par deux aimants permanents fixes juxtaposés.

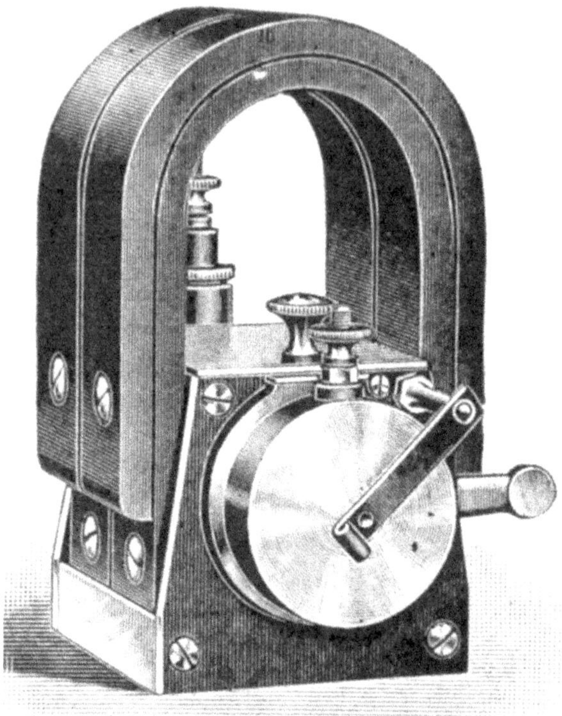

Fig. 429. – Magnéto à bougies Bosch pour moteur à un cylindre. Vue d'ensemble.

Sur l'armature est enroulé un fil conducteur ; on sait que le mouvement de rotation de l'induit ainsi constitué, provoque dans le circuit de fil conducteur la naissance d'un courant alternatif dont l'intensité atteint sa valeur maximum deux fois par tour, pour deux positions de l'induit, par rapport aux aimants, espacées de 180 degrés. On pourrait donc obtenir pour chacune de ces deux positions une étincelle, mais le dispositif d'allumage est disposé pour ne donner qu'une étincelle par tour. Cette étincelle est obtenue grâce à la rupture du *courant primaire* effectuée par une came spéciale.

Le fil conducteur, bobiné sur l'induit, est disposé en deux enroulements : l'un composé d'un petit nombre de tours de fil de gros diamètre qui forme le circuit primaire, l'autre comportant un grand nombre de tours de fil de faible diamètre, formant le circuit secondaire.

La rotation de l'induit portant les deux enroulements engendre un courant dont la tension est encore augmentée par la mise en court-circuit du circuit primaire, que l'on coupe ensuite, au moment convenable, par un dispositif de rupture, pour obtenir une étincelle et l'inflammation du mélange.

Il faut, d'une part, que l'étincelle se produise pour une position de l'induit déterminée et que, d'autre part, elle corresponde à une position bien déterminée du piston dans le cylindre. Il est donc nécessaire que la magnéto soit commandée grâce à l'intermédiaire d'organes rigides, par le moteur, de façon à conserver le calage approprié qui lui sera donné. L'enroulement primaire, fait en gros fil, a l'une de ses extrémités reliée au noyau même de l'armature, c'est-à-dire à la masse, tandis que la seconde extrémité communique, à travers une plaque isolante, avec un écrou 1 recevant une vis 2 qui sert à fixer le dispositif de rupture et qui est placée au centre de cette plaque.

La vis 2 est en communication avec une pièce métallique 3 (Fig. 430), qui se trouve isolée du disque de rupture 4, mis à la masse par sa liaison avec le corps de l'armature.

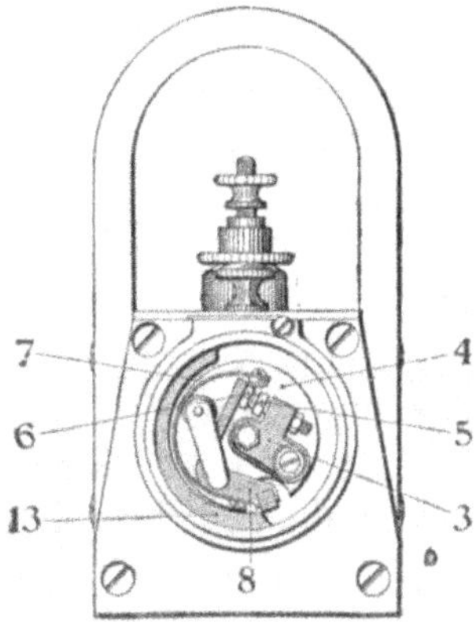

Fig. 430. — Vue arrière de la magnéto à bougie Bosch pour moteur à un cylindre.

Sur la pièce métallique 3 est fixée une vis 5 portant en bout un contact en platine. Une seconde vis 6, portant également un contact en platine, peut s'appuyer sous l'action d'un ressort 7 contre la vis 5. Cette vis 6 est fixée sur un levier oscillant 8, appelé levier de rupture qui communique avec la masse métallique. Les deux extrémités du circuit primaire peuvent donc être rapportées aux vis 6 et 5, dont l'une communique avec la masse et dont l'autre en est isolée. Les deux contacts platinés sont appuyés l'un contre l'autre, le circuit primaire est ainsi fermé ou mis en court circuit, et ce circuit est rompu une fois par tour lorsque la came 13, qui participe au mouvement de rotation de l'armature de la magnéto, vient rencontrer, par son bord intérieur, le bout du levier de rupture 8. Ce levier oscille autour de son axe fixe, ce qui provoque l'écartement de la vis 6. Le contact est alors rompu, et c'est à ce moment que l'étincelle se produit entre les extrémités du circuit secondaire, par suite de la rupture du courant primaire.

L'écartement des deux vis-contacts 5 et 6 ne dépasse pas un demi-millimètre. Le circuit secondaire, constitué en fil fin, a une de ses extrémités reliée au bout du circuit primaire, ce qui fait que les deux enroulements se font immédiatement suite, n'en constituant pour ainsi dire qu'un seul, formé de deux fils de différents diamètres.

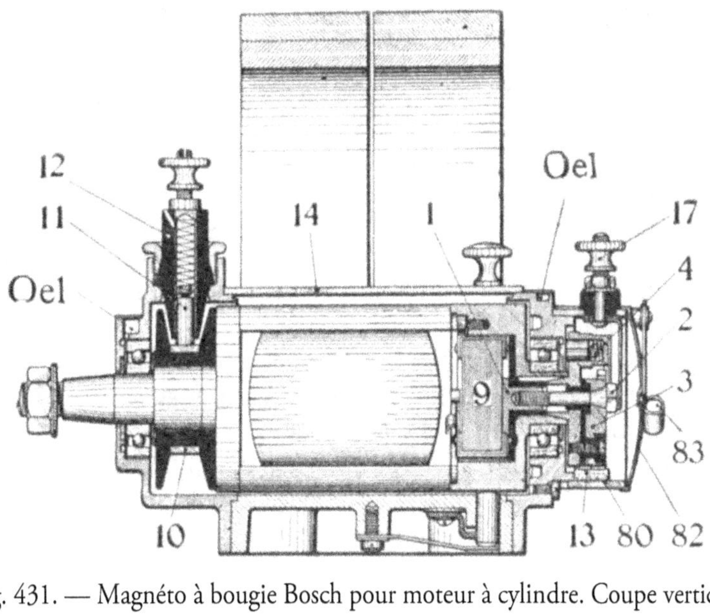

Fig. 431. — Magnéto à bougie Bosch pour moteur à cylindre. Coupe verticale.

Le second bout du circuit secondaire est mis en communication avec une bague métallique 10 (Fig. 431), montée sur le noyau de l'armature, mais soigneusement isolée de lui.

Sur la bague 10 appuie d'une façon permanente un charbon 11, dont la pression sur cette bague est déterminée par la tension d'un ressort à boudin.

Le charbon fait office de balai ; il se trouve placé avec le ressort à boudin dans un tube porte-balai 12, isolé par une douille appropriée des parties métalliques de la magnéto communiquant avec la masse.

Le porte-balai peut donc être considéré comme étant, d'une façon permanente, une extrémité du circuit secondaire, malgré la rotation de l'induit de la magnéto, l'autre extrémité de ce circuit étant mise à la masse par le circuit primaire. Dès lors, si on relie la borne qui surmonte le porte-balai avec la tige isolée de la bougie par un câble muni d'un bon isolement, lorsque la rupture du courant primaire se produira, le courant induit dans le circuit secondaire, qui est à une tension élevée, se fermera à l'extrémité de la bougie entre les deux pièces métalliques, isolées entre elles, qu'elle comporte, donnant lieu à l'étincelle d'allumage.

Un condensateur 9 est monté en dérivation sur le circuit primaire, entre les deux points de rupture, pour éviter qu'il se produise une étincelle trop forte entre les deux contacts qui se séparent, ce qui pourrait détériorer rapidement les morceaux de platine qui les constituent.

La magnéto peut être commandée par train d'engrenage, par manchon d'accouplement ou par chaîne. Elle peut tourner à la vitesse de l'arbre de distribution du moteur, qui, on le sait, tourne deux fois moins vite que l'arbre même du moteur, ou bien, de préférence, on peut lui donner la même vitesse de rotation qu'à l'arbre du moteur.

Les tourillons de la magnéto faisant corps avec l'armature, tournent dans des roulements à billes que l'on doit lubrifier de temps à autre, en versant quelques gouttes d'huile dans les trous graisseurs disposés à la partie supérieure.

Lorsque, pour une raison quelconque, on veut provoquer l'arrêt de fonctionnement de l'allumage, on ferme un commutateur spécial dont une des bornes communique avec la masse et dont la seconde borne est reliée à l'écrou 17, placé extérieurement à l'extrémité de la magnéto. Cet écrou communique, par l'intermédiaire d'un ressort-lame appliqué sur le bout de la vis 2, avec l'extrémité isolée du courant primaire.

Quand on ferme l'interrupteur, on met donc en court-circuit le circuit primaire et, quoique le dispositif de rupture continue à fonctionner, le courant n'est pas rompu et l'étincelle ne se produit pas.

La magnéto comporte, en outre, un parafoudre qui sert à mettre à l'abri des détériorations, par suite de tensions trop élevées qui pourraient être obtenues, l'isolement des enroulements faits sur l'induit et les diverses pièces métalliques servant de connexion dans la magnéto.

C'est aussi entre les tiges du parafoudre que jaillit l'étincelle de haute tension quand, par exemple, l'écartement des électrodes de la bougie est trop considérable ou que les communications électriques sont mal établies.

Dans tous les cas, la production d'étincelles au parafoudre ne doit pas se prolonger. Si le moteur sur lequel est établie la magnéto possède un second allumage, par accumulateurs, par exemple, fonctionnant avec la même bougie que la magnéto, par suite de l'emploi d'un commutateur à haute tension, il convient de mettre toujours le circuit primaire de la magnéto en court-circuit, lorsqu'on veut utiliser le deuxième allumage. On risquerait, si l'on ne prenait cette précaution, de voir se produire au parafoudre des étincelles d'une manière continue, ce qui pourrait provoquer la détérioration de la magnéto.

La magnéto représentée par les figures 429 à 431 est établie pour l'allumage de moteurs monocylindriques et ne comporte pas de dispositif d'avance à l'allumage. Cette avance est déterminée une fois pour toutes lors du calage de l'induit de la magnéto par rapport à l'arbre de commande du moteur et, par conséquent, par rapport à la position du piston dans le cylindre.

Quand le moteur comporte deux cylindres dont les manivelles sont calées à 180 degrés, la magnéto doit tourner à la même vitesse que celle de l'arbre du moteur ; l'étincelle se produit deux fois par tour. Les étincelles produites au premier et au deuxième temps provoquent l'allumage respectivement dans chacun des cylindres ; les deux autres étincelles produites au troisième et au quatrième temps jaillissent en bout des bougies pendant l'échappement, ce qui n'a aucune conséquence.

Lorsque les pistons des deux cylindres du moteur marchent ensemble et que l'allumage a lieu au premier et au troisième temps, la magnéto doit tourner à la vitesse de l'arbre de distribution, c'est-à-dire deux fois moins vite que l'arbre du moteur.

Fig. 432. — Magnéto Bosch pour moteur à deux cylindres. Vue d'ensemble.

La magnéto d'allumage pour moteur à deux cylindres (Fig. 432 à 434), tout en étant constituée, en principe, comme la magnéto précédente, comporte cependant un dispositif spécial permettant de distribuer le courant à haute tension aux deux bougies placées respectivement chacune dans un des cylindres.

L'enroulement primaire a la même disposition et la rupture de ce circuit s'effectue par l'écartement des vis à contacts de platine 5 et 6, mais il y a une rupture à chaque demi-tour de la magnéto, chaque fois qu'une des deux cames 14 provoque par son contact l'oscillation du levier de rupture 8 (Fig. 433).

L'enroulement secondaire qui fait suite, d'une part, à l'enroulement primaire, aboutit, d'autre part, à un segment métallique 10 isolé et monté sur une bague de distribution (Fig. 434). Deux balais en charbon frottent sur cette bague aux extrémités d'un même diamètre et sont appuyés contre elle par des ressorts à boudin montés dans des porte-balais métalliques isolés de la masse. Chaque porte-balai et, par conséquent, chaque balai en charbon, est relié à l'électrode isolée d'une bougie par un câble à bon isolement.

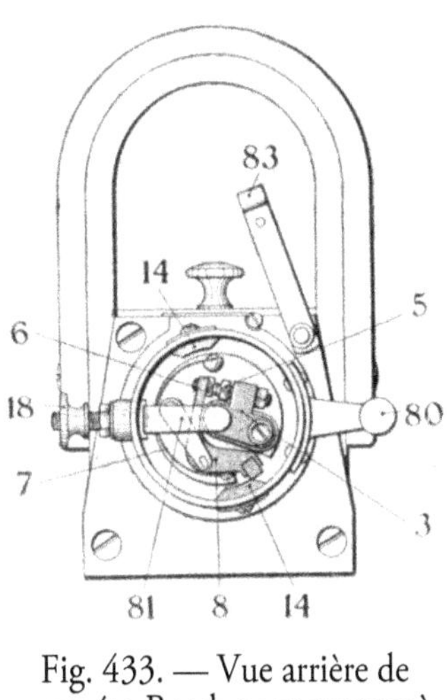

Fig. 433. — Vue arrière de magnéto Bosch pour moteur à deux cylindres.

Pendant la rotation de l'induit de la magnéto, le segment métallique 10 se présente successivement en face de chacun des balais et distribue le courant à haute tension produit dans la magnéto, successivement à chacune des bougies, ce qui donne lieu à la production d'étincelles dans les deux cylindres. On peut, comme dans la magnéto précédente, couper l'allumage

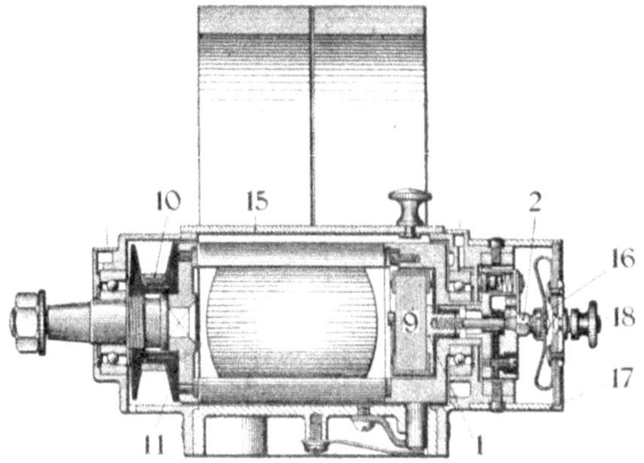

Fig. 434. — Magnéto Bosch pour moteur à deux cylindres. Coupe verticale.

pendant le fonctionnement de la magnéto en mettant le circuit primaire en court-circuit de la façon que nous avons indiquée.

Un parafoudre est également disposé pour protéger les différents isolements.

Lorsque la magnéto doit effectuer l'allumage d'un moteur ayant quatre cylindres (Fig. 435 à 437), il est nécessaire d'ajouter au dispositif précédent, comprenant la magnéto proprement dite, un distributeur dont la fonction consiste à répartir le courant secondaire successivement à chacune des bougies des quatre cylindres.

L'induit de la magnéto tourne à la même vitesse que l'arbre du moteur. Les enroulements primaire et secondaire sont toujours constitués de la même façon, mais le circuit primaire est rompu deux fois à chaque tour de l'armature par l'action des cames 21 sur le levier de rupture oscillant 8.

Le circuit secondaire aboutit à une bague métallique 10 (Fig. 437), soigneusement isolée, sur laquelle frotte un balai en charbon 11 monté dans un porte-balai 12. A la partie supérieure du porte-balai métallique et isolé de la masse est vissé un écrou 13 qui assure la communication électrique entre le balai et, par conséquent, l'extrémité du circuit secondaire et le plot central 18 d'un distributeur 17 placé sur l'autre face de la magnéto.

Cette communication est établie par la barrette métallique 14 convenablement isolée des parties métalliques en contact avec la masse.

Le plateau de distribution 17 est fixe, fait en matière isolante et porte, en plus du plot central 18, quatre segments 19 métalliques mis respectivement en communication avec quatre bornes, de chacune desquelles part un câble isolé aboutissant à une des quatre bougies (Fig. 436).

Il suffit de mettre successivement en communication le plot central avec chacun des segments pour effectuer la distribution du courant à haute tension dans les quatre cylindres et y provoquer l'allumage.

Fig. 435. — Magnéto Bosch pour moteur à quatre cylindres. Vue d'ensemble.

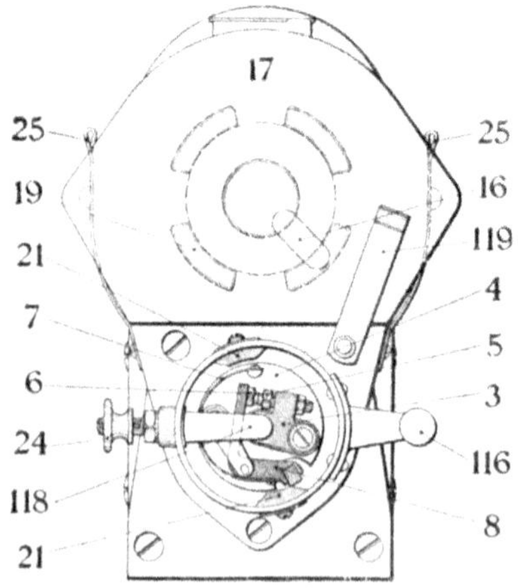

Fig. 436. - Magnéto Bosch pour moteur à quatre cylindres. Vue arrière.

Pour cela, un pignon denté, calé sur l'axe de l'armature de la magnéto, transmet son mouvement de rotation à une roue d'engrenage dont le centre se confond avec celui du plot central 18 du distributeur.

Sur cette roue est fixé un balai en charbon 16 qui en est isolé par un porte-balai 15. Le rapport des diamètres des deux roues dentées est tel que le balai 16 tourne à la vitesse même de l'arbre de distribution.

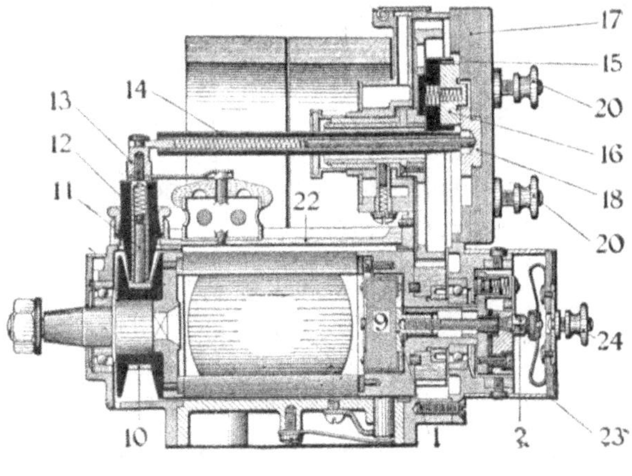

Fig. 437. — Magnéto Bosch pour moteur à quatre cylindres. Coupe verticale.

Pendant la rotation de l'induit de la magnéto il se produit, comme nous le savons, un courant à haute tension amené au plot 18 du distributeur.

Cette rotation provoque également la rotation de la roue d'engrenage du distributeur et du balai 16 qu'elle porte.

Ce balai, qui appuie constamment par une extrémité sur le plot central, vient en tournant frotter successivement sur chacun des quatre segments 19 et établit ainsi la communication avec les quatre bougies. Les étincelles jaillissent successivement dans les quatre cylindres, provoquant l'allumage du mélange tonnant.

Fig. 438. — Magnéto Bosch pour moteur à quatre cylindres avec dispositif d'avance à l'allumage. Vue d'ensemble.

Dans cette magnéto, les paliers des tourillons de l'induit sont munis de roulements à billes ; le pignon actionnant le distributeur tourne dans un palier lisse. Les roulements à billes et le palier du pignon doivent être graissés en versant de l'huile par les trous graisseurs disposés à cet effet.

Les deux magnétos précédentes sont munies d'un dispositif permettant de faire varier, par le déplacement des cames, le moment où se produit l'allumage et de donner une avance plus ou moins grande à l'allumage. La magnéto représentée par les figures 438 à 440 est munie d'un autre dispositif d'avance. Elle sert à effectuer l'allumage dans un moteur à quatre cylindres.

La disposition de l'armature et celle des enroulements sont semblables à celles des machine précédentes. Le distributeur du courant secondaire aux diverses bougies est établi d'une façon différente.

Ce distributeur comporte un porte-balai rotatif 14 ; il reçoit son mouvement de rotation d'une roue dentée à laquelle il est fixé, laquelle engrène avec un pignon calé sur l'axe de l'armature.

Le porte balai, convenablement isolé de la masse métallique, tourne à la même vitesse que l'arbre de distribution du moteur. Il supporte un balai en charbon qui est relié par une tige métallique horizontale à un autre charbon 13 servant à établir la connexion avec le balai frotteur 10 qui appuie constamment sur la bague 9 reliée à une extrémité du circuit secondaire.

La liaison entre les charbons 13 et 10 s'effectue par l'intermédiaire du porte-balai métallique 11 et de la barrette de connexion 12.

Par suite de ces dispositions et de ces connexions diverses, l'extrémité du circuit secondaire se trouve donc reportée d'une façon permanente au balai 15, qui tourne dans la boîte isolante fixe 16 du distributeur.

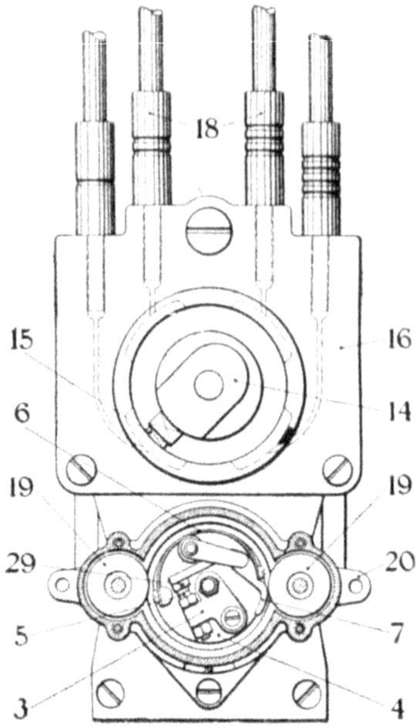

Fig. 439. — Magnéto Bosch pour moteur à quatre cylindres avec dispositif d'avance à l'allumage. Vue arrière.

Dans cette boîte sont logés quatre segments métalliques, sur lesquels le balai 15 frotte successivement pendant qu'il effectue son mouvement de rotation. Chacun des segments est relié par un conducteur métallique à une douille verticale noyée dans le corps isolant du distributeur ; dans chaque douille pénètre une fiche 18 fixée en bout du câble qui va à la tige isolée de chaque bougie.

Lorsque le balai frotte sur les segments, il distribue, par conséquent, le courant à haute tension aux diverses bougies et l'allumage se produit successivement dans les quatre cylindres lorsque le circuit primaire est interrompu. Le dispositif de rupture du circuit primaire comporte, comme dans les magnétos précédentes, un levier de rupture 7 qui oscille au moment propice en séparant deux vis à contacts de platine.

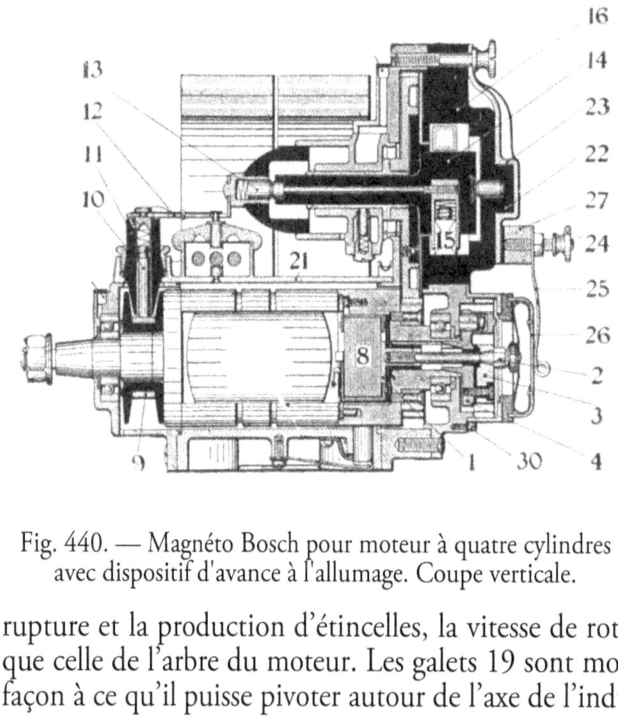

Fig. 440. — Magnéto Bosch pour moteur à quatre cylindres avec dispositif d'avance à l'allumage. Coupe verticale.

Les organes qui provoquent la rupture sont différents et disposés de façon particulière pour pouvoir rendre variable l'avance à l'allumage.

Ce sont deux galets en fibre 19 qui provoquent, deux fois par tour de l'induit, l'oscillation du levier de rupture et la production d'étincelles, la vitesse de rotation de l'induit étant la même que celle de l'arbre du moteur. Les galets 19 sont montés sur un levier 20 disposé de façon à ce qu'il puisse pivoter autour de l'axe de l'induit.

Si, l'axe de l'induit occupant une position invariable, on fait pivoter le levier 20 de façon à présenter plus ou moins obliquement les galets 19 par rapport à l'axe vertical, le levier de rupture sera attaqué plus ou moins tôt et le courant primaire rompu plus ou moins rapidement.

Le moment de l'allumage variera donc suivant l'obliquité donnée au levier 20.

Cette obliquité peut atteindre, dans la magnéto, environ 35 degrés par rapport à l'horizontale, ce qui représente la variation possible de l'avance à l'allumage.

Magnéto à rupture

(Fig. 441 et 442). La magnéto à rupture ne donne qu'un courant de basse tension dont la coupure, à l'intérieur du cylindre au moyen de *rupteurs*, détermine la production de l'étincelle.

Fig. 441. — Magnéto Bosch à rupture. Vue d'ensemble.

Elle est constituée par une série d'aimants permanents juxtaposés, faits en forme de fer à cheval et munis de pièces polaires entre lesquelles tourne une armature en double T.

Sur cette armature est disposé un enroulement constitué en fil ayant, sur toute sa longueur, le même diamètre.

Une extrémité de ce circuit est reliée à la masse, l'autre extrémité aboutit à une tige isolée munie d'un contact 3 à l'un de ses bouts.

Cette tige occupe le centre d'un des tourillons de l'induit. Les tourillons de l'induit, qui sont en acier, tournent dans des paliers en bronze 6 et 7 placés respectivement à l'avant et à l'arrière de la magnéto ; ils sont lubrifiés par des mèches 8 contenues dans des porte-mèches métalliques 10 et pressées contre les tourillons par des ressorts à boudin.

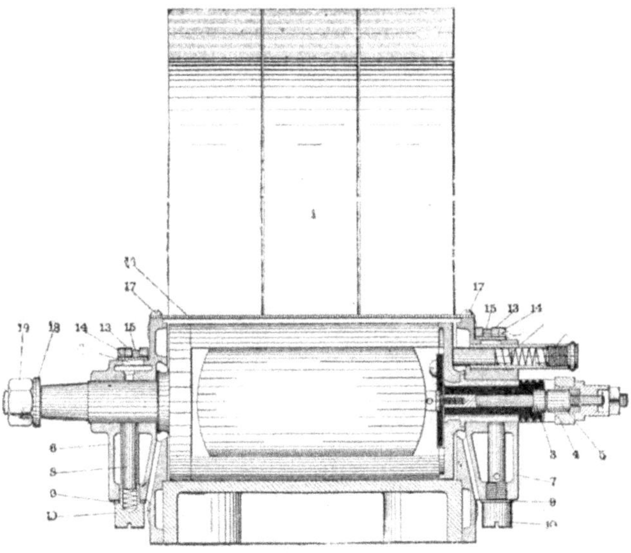

Fig. 442. — Magnéto Bosch à rupture. Coupe verticale.

L'huile est versée dans les paliers par des trous graisseurs placés à leur partie supérieure.

Lorsqu'on donne à l'induit un mouvement de rotation, il se produit dans le fil conducteur formant l'enroulement, un courant qui atteint une tension maximum deux fois par tour. Ce courant circule dans un circuit fermé, dont une extrémité est la masse métallique du moteur, et l'autre, la pièce isolée du rupteur.

Pour assurer le contact avec la masse, de l'extrémité de l'enroulement fixée à l'armature, qui peut n'être pas suffisamment établi par les tourillons pendant le mouvement de rotation, un balai en charbon fixe 11 frotte constamment sur un disque en bronze solidaire de l'armature et tournant avec elle. Comme le porte-halai 12 qui contient ce charbon est un étui métallique fixé à demeure sur le palier, la communication de l'armature et d'une extrémité de l'enroulement avec la masse est constamment assurée.

La seconde extrémité de l'enroulement, qui aboutit au plot isolé 3, est maintenue constamment en relation avec la tige isolée du rupteur. Pour cela, un piston en acier 5, monté dans une douille métallique fixe 4, appuie d'une façon permanente contre l'extrémité du plot isolé 3, et la douille porte une borne sous laquelle est attaché le câble qui est relié, d'autre part, à la tige isolée du rupteur.

La vitesse de rotation de la magnéto est la même que celle du moteur lorsque celui-ci comporte un, deux ou quatre cylindres.

Double allumage Bosch

Ce dispositif comporte deux organes d'allumage : une bobine et une magnéto, dont les connexions sont établies pour pouvoir fonctionner successivement à la suite l'une de l'autre.

La bobine sert généralement à mettre le moteur en marche, ce qui peut s'effectuer par une simple pression sur un bouton ; en tous cas, elle est susceptible de constituer un allumage de secours dans le cas où l'allumage par la magnéto ne se produirait plus normalement.

La bobine peut être horizontale ou verticale.

Dans le premier cas, elle se fixe horizontalement sur le tablier du véhicule, de manière que son enveloppe et les bornes de connexions soient logées dans le capot de la voiture, le disque antérieur mobile et son levier de manœuvre restant apparents du côté du mécanicien.

Fig. 443. — Bobine Bosch pour double allumage. Vue d'ensemble.

La bobine verticale (Fig. 443) est fixée sur le tablier, hors du capot, et le disque mobile et son bouton de commande sont disposés horizontalement.

La bobine est munie d'une enveloppe 1 complètement indépendante de la bobine proprement dite et dans laquelle celle-ci peut prendre un libre mouvement de rotation.

Cette enveloppe est faite en matière isolante, elle est munie de brides métalliques pour la fixation de l'appareil.

Enfin, un couvercle en bronze 2, vient s'ajuster sur la partie supérieure de l'enveloppe.

Au centre du couvercle déborde un bouton 9 (Fig. 444), qui est le bouton de mise en marche.

Un disque supérieur est rendu solidaire du corps de la bobine logé dans l'enveloppe, de sorte que lorsqu'on déplace la bobine dans ladite enveloppe, on provoque également la rotation de ce disque. Le fond de l'enveloppe 5 est fixe ; il est constitué par un disque portant des plot de contact, auxquels sont reliés les fils de communication qui vont à

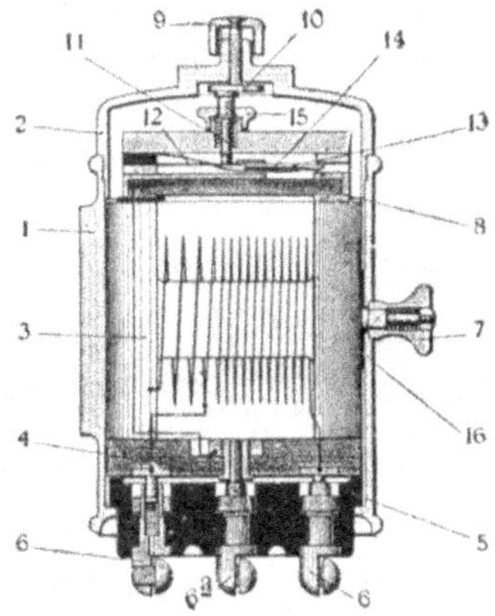

Fig. 444. -- Bobine Bosch pour double allumage. Coupe verticale.

la magnéto et à la batterie d'accumulateurs. Sur ces plots fixes viennent s'appliquer des contacts à ressort logés dans le plateau inférieur 4 de de la bobine ; ces plots à ressort sont reliés aux divers organes que comporte la bobine et que nous allons examiner.

Suivant la position que le plateau mobile de la bobine occupe par rapport au plateau fixe de l'enveloppe, les connexions peuvent être établies de façon différente entre la bobine et les circuits extérieurs; le mouvement de rotation de la bobine provoqué par le bouton de commande 7 détermine une commutation des connexions.

Ce bouton peut occuper trois positions essentielles, désignées, sur une pièce fixe en face de laquelle il doit être placé, par les indications M, O et A. La première indication M désigne la position que doit occuper le bouton et, par conséquent, la bobine, pour que l'allumage puisse s'effectuer au moyen de la magnéto. La seconde indication O est la position d'arrêt du moteur pour laquelle il ne se produit aucun allumage. La troisième indication A représente la position du bouton, lorsque l'allumage a lieu par les accumulateurs, grâce à l'intermédiaire de la bobine.

Le corps de la bobine est constitué par un noyau cylindrique en fer 3, sur lequel sont disposés deux enroulements. L'un de ces enroulements ne comprend qu'un petit nombre de tours d'un fil qui a un gros diamètre : c'est l'enroulement primaire. Le second enroulement est constitué par un grand nombre de tours de fil fin : c'est l'enroulement secondaire.

Une extrémité du circuit primaire est reliée au dispositif de mise en marche, placé à la partie supérieure de la bobine, et de là aboutit à un des segments métalliques du plateau inférieur 4 relié aux plots à contacts. L'autre extrémité du circuit

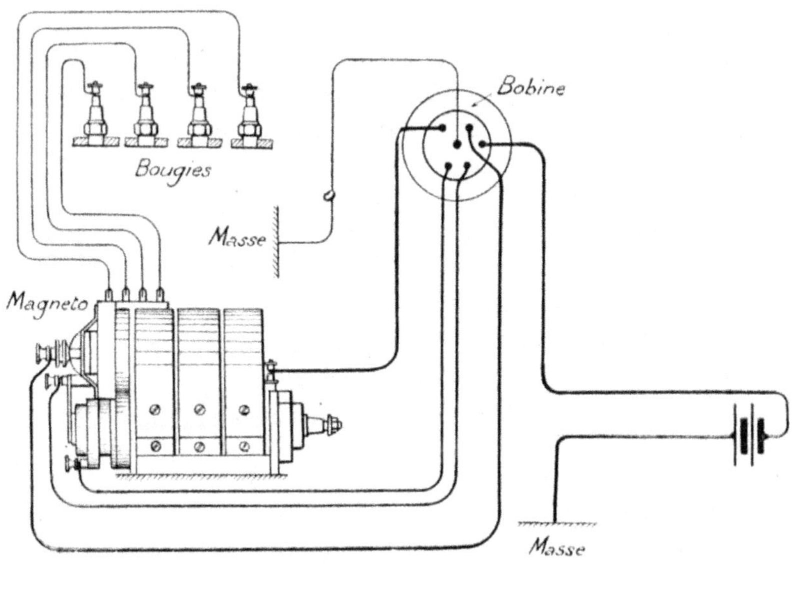

Fig. 445. — Schéma du double allumage Bosch.

primaire ainsi que les deux extrémités du circuit secondaire sont reliées également aux segments métalliques appropriés, disposés dans le plateau inférieur 4 de la bobine (Fig. 445).

A l'extérieur de la bobine, le circuit primaire est constitué par un fil relié à une extrémité de ce circuit et qui aboutit à la batterie d'accumulateurs et, par un autre fil, mis en communication avec l'autre extrémité du circuit primaire et relié au dispositif d'allumage placé sur la magnéto, qui aboutit à la masse du moteur, lorsque les contacts de cet allumeur sont appuyés l'un contre l'autre.

Le circuit secondaire est constitué, hors de la bobine, par un conducteur qui est relié à une extrémité de ce circuit aboutissant au distributeur. Le circuit se complète par la liaison entre les plots du distributeur et les bougies, dont une électrode est mise à la masse ainsi que la seconde extrémité du circuit secondaire.

Le dispositif de mise en marche, placé à la partie supérieure de la bobine, est fixé sur un disque, rendu solidaire du corps de la bobine. Sur cette même plaque est fixé un condensateur 8, disposé pour éviter la production d'étincelles, lors du fonctionnement du trembleur.

Ce dispositif de mise en marche comporte le bouton de mise en marche 11, la lame-ressort 12, munie d'un contact, la palette du trembleur 13 et un rupteur auxiliaire 14.

Lorsque le bouton de commande est placé en face de l'indication A, qui indique que l'allumage s'effectue par les accumulateurs, si on appuie légèrement sur le bouton de mise en marche jusqu'à ce que la face inférieure de sa tige vienne toucher le contact en platine placé sur la lame-ressort 12. Le circuit primaire de la bobine se trouve ainsi fermé sans passer par l'allumeur de la magnéto puisque le bouton 11 communique avec la masse métallique du moteur par l'intermédiaire de la plaque 12, du noyau en fer de la bobine et du plot central du plateau de connexion 4, qui appuie sur le plot central du plateau fixe 5, lequel est relié à la masse.

D'autre part, si on a eu le soin de couper l'allumage à l'arrêt du moteur, les contacts de l'allumeur de la magnéto se trouvent écartés et le courant ne peut passer, quoique les lames du rupteur auxiliaire soient appliquées l'une contre l'autre.

Le courant, fourni par la batterie d'accumulateurs, circule donc dans l'enroulement primaire de la bobine. Il aimante le noyau qui attire la palette du trembleur. Cette palette appuyant sur la lame-ressort la sépare du bouton de mise en marche, ce qui interrompt le courant primaire ; l'aimantation cesse alors ; cela permet à la palette de reprendre sa position normale sous l'action d'un ressort de rappel et le courant est rétabli. Le trembleur fonctionne donc tant qu'on maintient l'appui sur le bouton 11, par l'intermédiaire du bouton 9.

Ces interruptions du courant primaire donnent naissance, dans le circuit secondaire, à un courant induit de haute tension qui provoque une étincelle en bout de la bougie du cylindre lequel doit encore contenir des gaz puisqu'on a coupé l'allumage pour arrêter. Le moteur se met alors en marche.

Si, à ce moment, l'on abandonne le bouton de mise en marche, le courant primaire ne va plus à la masse par ce bouton : le trembleur cesse de fonctionner mais, par l'intermédiaire du rupteur auxiliaire, le courant aboutit à l'allumeur de la magnéto lequel, par son fonctionnement, détermine les coupures du courant primaire fourni par la batterie d'accumulateurs. La mise en marche du moteur dont nous venons d'indiquer la manœuvre ne peut s'effectuer que si le moteur a été arrêté dans une certaine position d'équilibre normal, c'est-à-dire si deux de ses manivelles, dans le cas d'un moteur polycylindrique, se trouvent dans une position sensiblement horizontale.

Dans cette position, en effet, les contacts du rupteur de la magnéto sont écartés et le circuit correspondant de celle-ci est ainsi ouvert.

Le courant est donc simplement fermé sur la bobine, ce qui donne lieu à la mise en marche que nous venons d'examiner.

On peut, cependant, par la manœuvre du même bouton de contact, effectuer la mise en marche du moteur, quelle que soit la position occupée par les manivelles et quoique les contacts de l'allumeur de la magnéto soient appliqués l'un sur l'autre. La manœuvre à opérer est très simple. Si en appuyant légèrement sur le bouton 11, par l'intermédiaire du bouton 9, le moteur n'a pas pu être mis en mouvement de la façon que nous venons d'indiquer, on appuie plus fort sur ce bouton pendant un temps très court.

Ce bouton établit d'abord, comme précédemment, la communication du circuit primaire avec la masse métallique mais le courant primaire se trouverait envoyé à la fois dans la bobine et dans la magnéto par l'allumeur fermé si le bouton, par la pression supplémentaire, ne venait, grâce à un épaulement que porte sa tige, entraîner la lame du rupteur auxiliaire.

Cette lame s'abaisse et, par suite de ce mouvement, le contact du rupteur auxiliaire est coupé ; le circuit qui passe par la magnéto se trouve ouvert.

Ainsi donc, en enfonçant le bouton plus profondément, on se trouve dans une position semblable à la précédente, quelle que soit la position de l'allumeur de la magnéto. Le courant primaire passe donc seulement dans la bobine, qui fonctionne et provoque la mise en marche du moteur.

Le voltage ordinairement employé de la batterie d'accumulateurs est de 4 volts pour assurer l'allumage. Cependant, pour les moteurs dont la vitesse de rotation est considérable, on emploie une batterie d'accumulateurs de 6 volts.

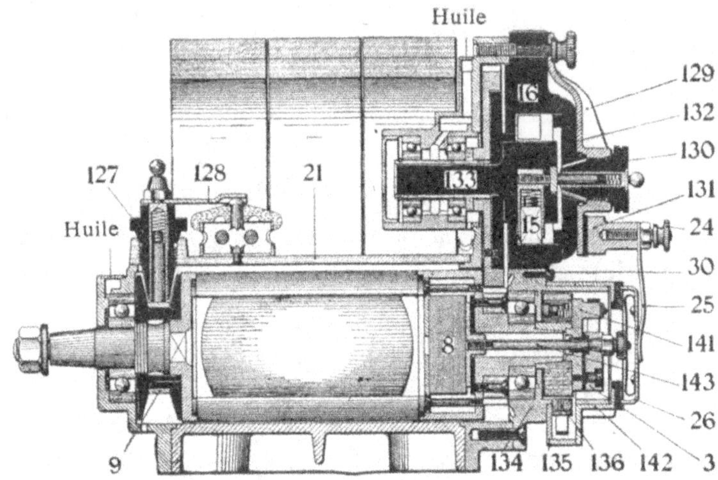

Fig. 446. — Magnéto Bosch pour double allumage. Coupe verticale.

La magnéto, qui constitue le deuxième organe d'allumage, comporte des dispositions semblables à celles de la magnéto pour allumage d'un moteur à 4 cylindres que nous avons décrite précédemment.

Le distributeur a reçu seulement un autre montage et ses connexions sont établies de façon différente.

A l'avant, sur la bague collectrice 9 appuie un balai en charbon disposé dans un porte-balai 127; il porte, à sa partie supérieure, un bouton sous lequel on peut serrer un conducteur et qui communique par un ressort 128 avec le parafoudre. A l'arrière, l'étrier 129 supporte à son centre un porte-balai 130 et une borne 131, laquelle communique avec le circuit primaire et sert à mettre cet enroulement en court-circuit dans la magnéto.

Un couvercle en ébonite 132 porte, à son centre, une ouverture pour donner passage au porte-balai 130. Le charbon contenu dans ce porte-balai est maintenu appliqué contre une plaquette métallique reliée au balai 15 disposé dans le porte-balai rotatif et isolant 133.

Le mouvement de rotation du porte-balai s'effectue sur deux roulements à billes et par l'intermédiaire d'un pignon et d'une roue dentée.

Le palier arrière dans lequel tourillonne l'axe de l'armature est disposé pour recevoir le levier 135 qui, par son oscillation, sert à faire varier l'avance à l'allumage.

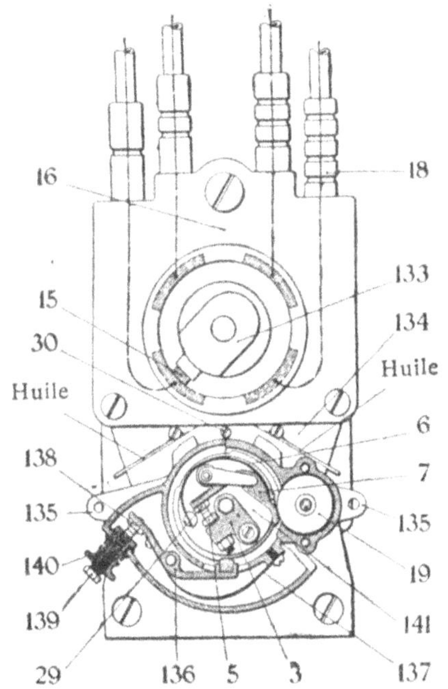

Fig. 447. — Vue arrière d'une magnéto Bosch pour double allumage.

Ce levier porte un évidement à sa partie inférieure pour loger l'allumeur (Fig. 447). Cet allumeur comprend un levier coudé 136 portant un contact platiné 138, qui est maintenu appliqué contre une vis à contact 139, isolée de la masse, par l'action d'un ressort-lame 137.

La vis 139 est portée par la borne 140 isolée de la masse et sur laquelle est placé un écrou moleté servant à serrer le conducteur relié à la batterie d'accumulateurs.

L'allumeur est actionné par une came en acier placée derrière le dispositif de rupture 141 de la magnéto, lequel provoque la rupture du circuit au moment de l'allumage, comme le fait le rupteur de la magnéto ordinaire.

Ce rupteur est semblable à ceux que nous avons déjà examinés mais les galets 19, qui provoquent la rupture, sont disposés sur un support 142 qui n'est pas solidaire du levier d'avance à l'allumage 135, de sorte que le dispositif de rupture de la magnéto tourne entre les galets qui sont fixes, tandis que, pour l'allumeur, c'est la came qui tourne et le levier qui reste fixe.

Cette disposition évite l'emploi de balais frotteurs qui sont ainsi remplacés par des connexions rigides.

En résumé, pour mettre le moteur en marche par l'emploi du double allumage, on doit placer le levier d'avance à l'allumage disposé sur la magnéto dans une position correspondant au plus grand retard à l'allumage.

On fait ensuite tourner le bouton de commande de la bobine jusqu'à sa fin de course du côté de l'indication A, en face de laquelle il se place ; la batterie d'accumulateurs est ainsi mise en circuit.

Si le cylindre du moteur contient encore des gaz suffisamment comprimés, le moteur peut être mis en marche du siège du mécanicien en appuyant sur le bouton de mise en marche. Nous avons vu que si le moteur est, à ce moment, dans une position d'équilibre normale, une légère pression exercée sur le bouton détermine la mise en marche. Si les pistons sont dans une position quelconque, la mise en marche peut s'effectuer par une pression rapide et plus forte exercée sur le bouton. Cette pression doit être instantanée, sinon le moteur pourrait se mettre en mouvement en sens inverse.

Pour que, dans les deux cas, la mise en marche automatique puisse s'effectuer sûrement, il convient que le moteur ait été précédemment arrêté en coupant l'allumage et en laissant l'admission des gaz possible, de façon que les cylindres contiennent un mélange gazeux qui puisse être enflammé pour effectuer la mise en route.

Pour couper l'allumage, on place le bouton de commutation de la bobine en face de l'indication O. Il est ainsi disposé dans sa position médiane.

Lorsque la mise en marche automatique ne peut s'effectuer par suite du manque de gaz dans les cylindres, le moteur est mis en route, comme d'ordinaire, au moyen d'une manivelle.

Quand le moteur a été mis en route, soit par la bobine, soit par la manivelle, si on veut effectuer l'allumage au moyen de la magnéto, on place le bouton de commutation en face de l'indication M et les connexions s'établissent automatiquement pour le fonctionnement de cet allumage.

Pendant l'arrêt du moteur, le bouton de commutation ne doit pas occuper la position correspondant à la lettre A ; il n'est placé de cette façon que pendant un temps très court et pour la mise en marche ; sans cela, les accumulateurs pourraient se décharger si l'allumeur de la magnéto se trouvait, par exemple, en court-circuit, ses deux contacts se touchant.

Pour cette même raison, il convient, lorsqu'on arrête le moteur en coupant l'admission des gaz ou lorsqu'il s'arrête accidentellement, de placer le bouton de commutation en face de l'indication O.

Pour éviter des contacts imparfaits entre les plots de commutation, ce qui pourrait même provoquer la détérioration par brûlure des plaques isolantes qui les portent, il faut que le bouton de commutation soit placé, pour chacune de ses trois positions, bien exactement en face des repères correspondant à chacune des trois lettres A, O ou M.

Allumages Lavalette-Eisemann

Les divers dispositifs d'allumage Lavalette-Eisemann sont basés sur des principes différents et permettent de produire l'inflammation des gaz dans un moteur soit par l'emploi d'une magnéto avec transformateur, soit par magnéto à haute tension directe, soit par l'emploi d'un double allumage mixte comportant un plot isolé ou magnéto et bobine mixte.

Nous allons examiner ces quelques dispositifs.

Allumage par magnéto avec transformateur

Ce dispositif d'allumage est constitué par la combinaison du fonctionnement d'une magnéto et d'un transformateur indépendant. L'armature de la magnéto porte un seul enroulement, qui est dérivé sur le transformateur pour former son circuit primaire.

Ainsi que l'indique la figure 448 qui représente le schéma de cet allumage, l'enroulement de l'induit de la magnéto aboutit, à chacune de ses extrémités, à une pièce métallique portant un contact.

Ces deux pièces sont normalement maintenues appliquées l'une contre l'autre. Dans cet état, lorsque la magnéto fonctionne, un courant est produit dans l'enroulement et ce courant est dérivé dans le circuit primaire du transformateur. On sait que le

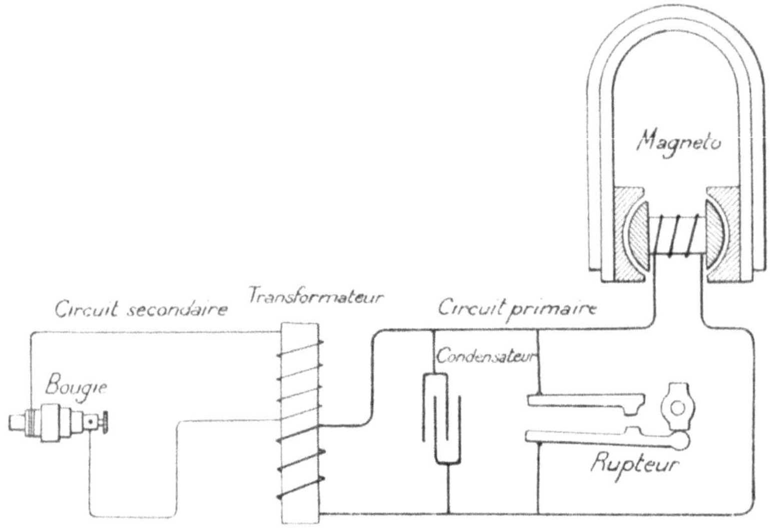

Fig. 448. — Schéma de l'allumage par magnéto avec transformateur Lavalette-Eiseman.

courant ainsi obtenu est maximum pour une certaine position de l'induit par rapport aux aimants.

A ce moment, une came provoque, par sa rotation, l'écartement des deux pièces en appuyant sur l'une d'elles. Le courant produit dans l'enroulement de la magnéto n'est plus alors dérivé dans le circuit primaire du transformateur mais lui est envoyé directement et d'une façon brusque.

Le courant primaire obtenu de cette manière dans la bobine produit, par induction dans le circuit secondaire du transformateur, un courant à haute tension renforcé, supérieur au courant secondaire obtenu dans un circuit ne comportant pas ce dispositif.

Fig. 449. – Magnéto Lavalette-Eiseman avec avance à l'allumage par rainure hélicoïdale.

Ce courant secondaire, en aboutissant à la bougie, provoque la production d'une étincelle qui se trouve, de la sorte, portée à une très haute température, favorable à un bon allumage.

Ce dispositif d'allumage est du système Eisemann.

Un condensateur est établi en dérivation sur le circuit primaire du transformateur.

On sait que le condensateur est disposé entre les points de rupture d'un circuit pour éviter la production d'une étincelle entre ces contacts lorsqu'ils s'écartent. On empêche ainsi la détérioration des contacts sous l'action de l'étincelle et de plus, on emmagasine dans le condensateur l'énergie qui servirait à la produire et qui serait évidemment perdue.

Cette énergie est ensuite récupérée lorsque le condensateur se décharge.

Dans la généralité des cas, le courant de décharge du condensateur s'écoule dans le même sens que le courant primaire que l'on a coupé, ce qui contribue à diminuer l'instantanéité de la rupture.

Dans le dispositif d'allumage Eisemann, quoique, malgré la rupture, le circuit de la magnéto reste fermé, une étincelle de faible importance se produirait entre les contacts si on n'établissait pas un condensateur dans le circuit. Toutefois, le courant de décharge de ce condensateur dirigé, comme nous l'avons dit, dans le sens du courant primaire vient, dans ce cas, renforcer encore celui-ci pendant qu'il s'établit dans le transformateur.

C'est un nouvel avantage à ajouter à l'ingénieuse disposition d'allumage système Eisemann.

La magnéto à basse tension qui fournit le courant primaire au transformateur dont le courant secondaire détermine l'allumage, comporte un inducteur formé d'aimants permanents et un induit composé d'une armature en forme de double T sur la branche médiane de laquelle est enroulé un fil conducteur.

Les extrémités de ce circuit sont reliées l'une à la masse, l'autre à une tige métallique isolée passant au centre de l'un des tourillons de l'armature.

Un balai cylindrique, qui vient s'appliquer en bout de cette tige, recueille le courant produit par la magnéto.

La vitesse de rotation de la magnéto par rapport à celle de l'axe du moteur varie suivant le nombre de cylindres que comporte le moteur.

Si le moteur possède quatre cylindres, la magnéto tourne à la même vitesse que le moteur, de façon à produire quatre étincelles pendant deux tours de l'arbre. Si le moteur a deux cylindres dont les bielles sont calées à 180 degrés, on peut faire tourner la magnéto à la vitesse de l'arbre de distribution, c'est-à-dire deux fois moins vite que l'arbre du moteur.

Généralement, cependant, on fait tourner, même dans ce cas, la magnéto à la même vitesse que le moteur, mais on n'utilise qu'une fois par tour le maximum de force électromotrice engendrée dans le circuit ; d'autre part, une plus grande vitesse de la magnéto est favorable à l'obtention d'une étincelle plus chaude.

Lorsque le moteur ne comporte qu'un cylindre, la magnéto pourrait tourner quatre fois moins vite que l'arbre moteur, mais on lui laisse une vitesse seulement deux fois moins grande en n'utilisant qu'un flux maximum par tour.

Dans le cas d'un moteur à trois cylindres, comme il faut que la magnéto produise trois étincelles à chaque deux tours de l'arbre, son arbre doit effectuer un tour et demi pendant que l'arbre du moteur en fait deux.

L'axe de l'induit de la magnéto reçoit son mouvement de l'arbre moteur par l'intermédiaire de roues d'engrenage.

Du côté opposé à ces engrenages sur l'axe de l'induit est montée une came à double bossage qui provoque la rupture du circuit pour renforcer le courant primaire du transformateur. Le dispositif de rupture est disposé sur une face de la magnéto et au-dessus de lui est placé le distributeur dont l'axe reçoit son mouvement de rotation de l'axe de l'induit par l'intermédiaire de roues d'engrenage. Le mécanisme de rupture se compose de deux pièces munies chacune d'un contact platiné. Une de ces pièces, isolée de la masse est fixe, l'autre, au contraire, est fixée sur un levier mobile autour d'un axe et est reliée à la masse. Normalement, la pièce mobile ou marteau est maintenue appliquée par les contacts contre la pièce fixe, par la tension de ressorts.

Le marteau est muni, à son extrémité inférieure, d'un galet qui peut être rencontré par la came à double bossage pendant sa rotation.

Lorsque la came heurte le galet, le marteau est soulevé et la rupture du circuit s'effectue en provoquant l'envoi du courant dans le transformateur.

Une disposition spéciale a été adaptée au mécanisme de rupture pour que les contacts platinés soient bien appliqués l'un contre l'autre, pour que leur écartement soit limité et pour amortir le choc qui se produit lorsque les pièces viennent à nouveau s'appliquer l'une contre l'autre.

Le distributeur du courant à haute tension comporte un nombre de contacts approprié au nombre de cylindres du moteur.

Celui de la magnéto dont la figure 449 représente la vue d'ensemble, est établi pour un allumage de moteur à quatre cylindres.

Le distributeur est constitué par une plaque isolante sur laquelle sont montés quatre supports, portant chacun un doigt de contact qui s'appuie sur un disque distributeur. Les doigts sont disposés à 90 degrés les uns des autres ; chacun d'eux est relié avec une des prises de courant placées à la partie supérieure, lesquelles servent à mettre en relation, par un conducteur, la magnéto avec la bougie disposée dans chacun des quatre cylindres.

Le disque distributeur, qui occupe le centre de la plaque isolante, reçoit un mouvement de rotation de l'induit de la magnéto par l'intermédiaire de roues d'engrenage.

Ce disque distributeur mobile porte, à sa périphérie, sur une face, un secteur métallique et sur l'autre face une couronne métallique. Le secteur et la couronne sont reliés électriquement par une tige de connexion placée à l'intérieur du plateau du distributeur, lequel est fait en matière isolante.

Le balai central du distributeur qui est relié à une extrémité du circuit secondaire du transformateur et qui reçoit, par conséquent, le courant à haute tension, frotte d'une façon continue sur la couronne métallique ; cela permet d'amener constamment ce courant au secteur métallique du disque distributeur qui est relié avec cette couronne. Comme, du fait du mouvement de rotation du disque, le secteur métallique passe successivement au contact des quatre doigts reliés aux bougies, il en résulte que chacune des bougies reçoit successivement le courant à haute tension envoyé par le distributeur, courant qui se ferme par l'étincelle d'allumage.

Le calage du distributeur sur la magnéto et la longueur du secteur métallique de contact, sont établis de façon que le doigt de contact appuie sur le secteur lorsque, par suite du fonctionnement du mécanisme de rupture de la magnéto, le courant est envoyé dans le transformateur.

En outre, le contact doit être encore établi quand le mécanisme de rupture, en se refermant, supprime le passage du courant dans le transformateur.

Cette disposition permet, en supprimant le courant dans le doigt, lorsque celui-ci entre en contact avec le secteur ou le quitte, d'éviter la production d'étincelles qui détérioreraient les organes en contact.

La magnéto peut être établie avec un dispositif permettant de faire varier l'avance à l'allumage.

Trois dispositifs d'avance peuvent être employés : le dispositif d'avance par rainure hélicoïdale, par bascule et par pivotement.

Dans le premier dispositif, on provoque, par l'intermédiaire d'une rainure hélicoïdale dans laquelle pénètre un ergot, le décalage variable de l'induit par rapport à la roue qui actionne la magnéto.

Pour cela, la roue qui actionne l'arbre de la magnéto portant l'induit, n'est pas fixée sur cet arbre. Elle est placée sut une douille qui est disposée sur lui.

La douille solidaire de la roue de commande est empêchée de se déplacer dans le sens longitudinal par des bagues de butée. Elle porte intérieurement une rainure disposée parallèlement à la direction de l'axe, dans laquelle s'engage l'extrémité d'un ergot. Cet ergot est fixé sur une sorte de piston cylindrique logé dans la partie centrale de l'arbre de l'induit. L'ergot, pour atteindre la douille, doit traverser l'épaisseur du tube qui constitue l'arbre ; il traverse cette épaisseur en s'engageant dans une rainure hélicoïdale pratiquée dans cet arbre.

On comprend donc que lorsque la roue d'engrenage montée sur la douille reçoit un mouvement de rotation, l'arbre de l'induit se trouve entraîné par l'intermédiaire de l'ergot.

D'autre part, la position de l'ergot par rapport à la rainure hélicoïdale détermine des orientations variables de l'armature par rapport à la roue de commande. En effet, lorsqu'on agit sur le piston contenu dans le tube-axe et qui porte l'ergot, en le déplaçant dans ce tube-axe, l'ergot se déplace dans la douille de la roue de commande en suivant la rainure parallèle à l'axe, ce qui ne peut faire varier l'orientation de cette roue. Au contraire, lorsque l'ergot se déplace, parallèlement à l'axe, dans la rainure hélicoïdale, il provoque, pour effectuer son avancement, la rotation de la pièce qui porte cette rainure, en appuyant sur ses flancs. L'arbre de l'induit qui porte la came de rupture tourne ainsi d'un certain angle, et comme c'est le seul organe dont l'orientation soit variable, tandis que tous les autres restent fixes, il en résulte que l'allumage est, soit avancé, soit retardé, suivant le sens dans lequel s'est effectué le déplacement du piston à ergot.

Si le déplacement se produit dans le sens de la rotation de l'induit, la came soulève plus tôt le marteau du rupteur et il y a avance à l'allumage. Si le déplacement s'effectue en sens inverse, on obtient du retard à l'allumage.

Le piston est manœuvré par le mécanicien au moyen d'un flexible relié à la tige de ce piston par des renvois appropriés et par l'intermédiaire d'un joint à rotule.

Le dispositif d'avance par basculement consiste à remplacer le décalage de l'induit par un déplacement des organes de rupture du courant de basse tension, afin de faire varier le moment de cette rupture par rapport à la course du piston du moteur.

Pour cela, les organes de rupture sont montés sur un levier pouvant osciller autour d'un tourillon disposé concentriquement à l'axe de l'induit. On provoque l'oscillation de ce levier en agissant sur l'une de ses extrémités. L'organe du rupteur que rencontre la came se trouve, par suite de cette oscillation, rapproché ou éloigné de cette came, et la rupture et, par conséquent, l'allumage, se produisent soit en avance soit en retard, suivant le sens dans lequel s'est effectuée l'oscillation.

Le troisième dispositif d'avance, qui fonctionne par pivotement, consiste à faire osciller l'ensemble de la magnéto et des organes de rupture qu'elle porte autour de l'induit et de son axe, qui restent invariablement liés à la commande mécanique du moteur. Pour obtenir le pivotement, une portée cylindrique est disposée sur chacune des faces de la magnéto.

La magnéto repose sur un berceau qui sert de base à l'appareil et qui est muni de deux demi-couronnes sur lesquelles viennent tourillonner les portées cylindriques. Un collier de serrage se rabattant sur chacune des portées complète le palier placé à chaque extrémité du berceau et ces deux paliers servent au pivotement de la magnéto, qui est ramenée à sa position normale par un ressort de rappel lorsque le mécanisme d'avance n'est pas manœuvré.

Lorsque la magnéto oscille dans le sens opposé à celui de la rotation de l'induit, la rupture du circuit s'effectue plus tôt que lorsque la magnéto occupe sa position normale. On obtient ainsi de l'avance à l'allumage.

Quand, au contraire, la magnéto pivote dans le sens de la rotation de l'induit, la came provoque plus tard la rupture et on obtient du retard à l'allumage.

On doit, ainsi que nous l'avons dit, pouvoir supprimer l'allumage dans un moteur, pour provoquer l'arrêt de ce moteur dans certaines circonstances. D'ailleurs, l'arrêt du moteur par suppression de l'allumage permet de laisser le mélange tonnant s'introduire dans les cylindres pendant les derniers tours du moteur, ce qui est une condition favorable à sa remise en marche facile, puisqu'on n'a pas à craindre de ratés dus à une carburation insuffisamment assurée, chose qui se produit parfois lors du lancer d'un moteur, dès le début de l'admission du mélange.

Pour arrêter le moteur par suppression de l'allumage, on réunit, sur le transformateur, les deux bornes à basse tension, correspondant au circuit primaire, par un fil qui est interrompu dans sa longueur. Chaque bout de fil est réuni à une lame d'un commutateur actionné par un bouton-poussoir qui peut être disposé sur le volant de direction du véhicule ou en toute autre place à la portée du mécanicien.

En appuyant sur le bouton-poussoir, on met en court-circuit l'enroulement de l'induit et le courant ne circule plus dans l'enroulement primaire du transformateur. Il ne peut donc se produire d'étincelle. On peut, par le placement d'une cheville, maintenir ce court-circuit permanent et l'allumage ne s'effectue plus, résultat qui peut également être obtenu par la manœuvre d'un commutateur à manette portant les

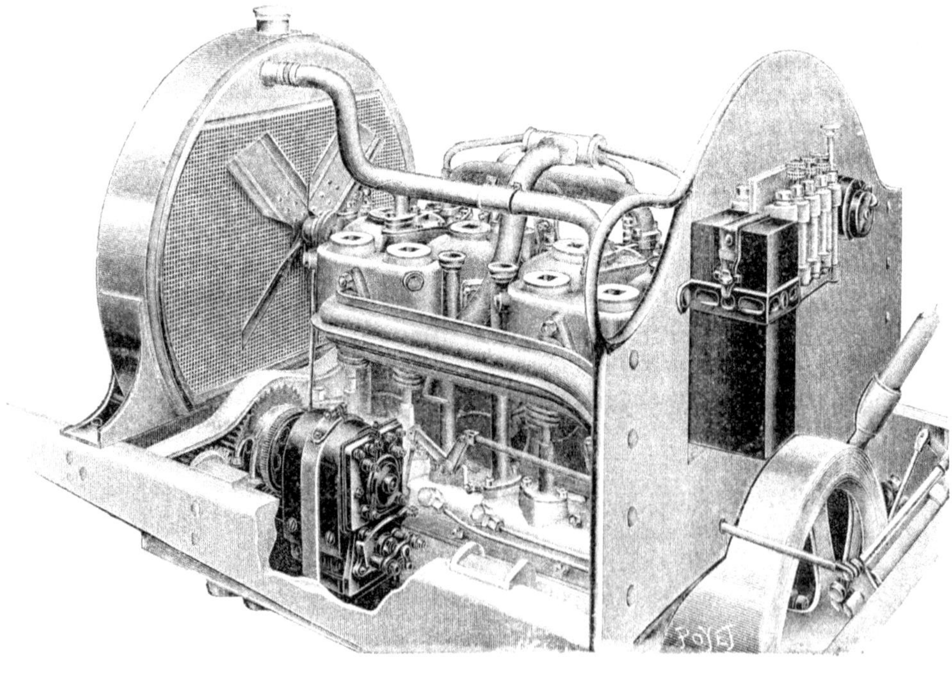

Fig. 450. — Montage d'une magnéto Lavalette-Eisemann sur un moteur d'automobile Hotchkiss.

connexions appropriées. Les organes d'allumage doivent être disposés de façon à être très accessibles.

En outre, comme, parmi ces organes certains, tels que le transformateur, les aimants, l'induit, peuvent subir des variations du fait de l'élévation de la température, il convient de les placer le plus loin possible du conduit d'échappement du moteur et de les garantir de la poussière et de la pluie.

Fig. 451.– Montage d'une magnéto Lavalette-Eisemann à avance par pivotement, sur moteur d'automobile Panhard et Levassor.

Les figures 450 à 452 donnent quelques exemples d'installation de magnétos sur des châssis de voitures automobiles.

La figure 450 représente le montage d'une magnéto Lavalette-Eisemann sur un châssis d'automobile Hotchkiss. La magnéto est placée sur le côté du moteur et est actionnée par des roues d'engrenage commandées par l'arbre de distribution.

Fig. 452.– Montage d'une magnéto Lavalette-Eisemann sur châssis Renault.

L'avance à l'allumage s'effectue par la manœuvre d'un levier placé à portée du mécanicien et par l'intermédiaire de tringles et de leviers articulés actionnant le mécanisme d'avance disposé sur la magnéto.

Dans la magnéto installée sur le châssis d'automobile Panhard et Levassor (Fig. 451) et qui est également placée sur le côté du moteur, l'avance à l'allumage s'effectue par pivotement de la magnéto, par l'intermédiaire de leviers et de tiges articulées. Dans le montage de la magnéto sur le châssis d'automobile Renault (Fig. 452), celle-ci est placée à l'avant du châssis. Son axe reçoit le mouvement de rotation par l'intermédiaire de deux roues hélicoïdales montées l'une sur l'axe de l'induit, l'autre sur l'arbre de distribution du moteur.

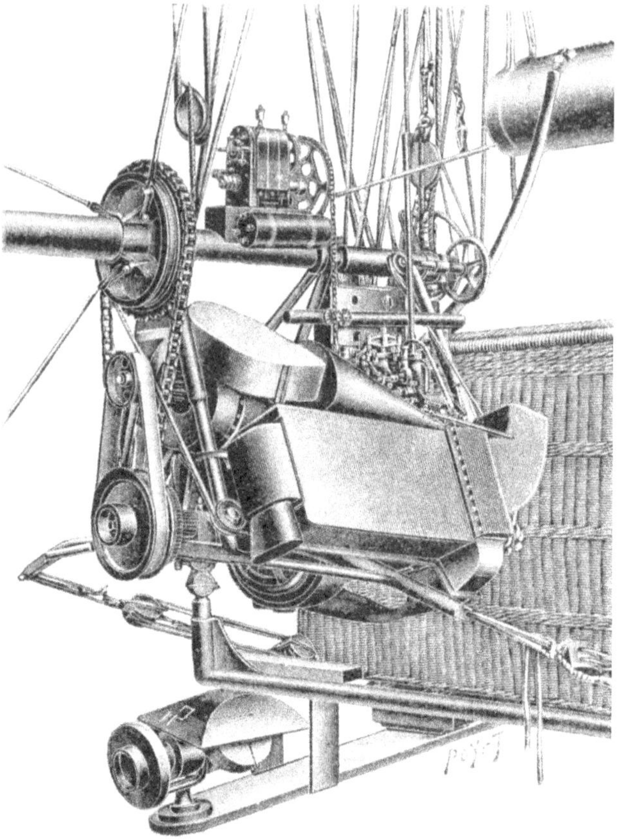

Fig. 453. – Montage d'une magnéto Lavalette-Eisemann sur un ballon.

Ces roues d'engrenage sont placées dans un carter.

L'avance à l'allumage s'obtient par le dispositif de rainure hélicoïdale.

Un câble fixé au bout d'un balancier et actionné par le mécanicien fait osciller ce balancier, dont l'autre extrémité est rendue solidaire d'un piston disposé dans l'arbre de l'induit et qui porte l'ergot déterminant l'orientation variable de l'induit par rapport à la roue de commande, ainsi que nous l'avons précédemment expliqué.

En tirant sur le câble, l'avance à l'allumage augmente. Quand on laisse le câble revenir vers sa position primitive, ce qui se produit par l'action d'un ressort de rappel, l'avance à l'allumage diminue.

Le transformateur est placé verticalement derrière la magnéto. La figure 453 indique l'installation d'une magnéto sur un ballon. Ce ballon, le *Méditerranéen II*, appartenant à M. de la Vaulx, était muni d'un moteur à deux cylindres et avait été construit pour étudier les conditions spéciales de direction d'un ballon au-dessus des flots.

Le ballon était stabilisé à une altitude déterminée par l'emploi d'un ballonnet compensateur pour les grandes altitudes et d'un guide-rope très lourd, flottant, pour les faibles altitudes.

Le moteur à essence du ballon actionnait un propulseur, dont l'action devait augmenter le secteur utilisable du ballon et faciliter les atterrissages.

Magnéto à haute tension

L'emploi de cette magnéto pour effectuer l'allumage permet d'obtenir directement, sans avoir recours à un transformateur, une étincelle de haute tension à l'extrémité de la bougie. La magnéto comporte toujours un inducteur, les aimants et un induit qui est une armature en double T. Sur cette armature sont disposés deux enroulements superposés.

L'enroulement primaire est en gros fil, l'enroulement secondaire en fil fin. Une extrémité de l'enroulement primaire est reliée à la masse métallique de l'armature ; la seconde extrémité est mise en communication avec une vis isolée de la masse portant en bout un contact en platine. Sur ce contact appuie un second contact fixé en bout

Fig. 454. — Magnéto à haute tension Lavalette-Eisemann.

d'un marteau qui est relié à la masse. Ce dispositif constitue le rupteur du circuit primaire, dont le fonctionnement détermine, dans le circuit secondaire, un courant induit de haute tension.

Le circuit secondaire est relié d'une part à la masse de l'armature et d'autre part à une bague bien isolée, constituant le collecteur. Sur cette bague collectrice frotte constamment un balai en charbon.

Lorsque le moteur comporte un ou deux cylindres, le porte-balai métallique est surmonté d'une borne reliée aux bougies.

Quand le moteur comprend quatre ou six cylindres, le porte-balai est relié à un frotteur qui, lors de son mouvement de rotation, vient successivement en contact avec une série de secteurs fixés dans une plaque isolante et correspondant chacun avec une bougie d'un des cylindres. Le courant de haute tension produisant l'étincelle est ainsi distribué aux divers cylindres du moteur.

Le plateau supportant le mécanisme de rupture participe au mouvement de rotation de l'induit de la magnéto. La rupture se produit lorsque le talon en fibre du marteau rencontre, pendant son mouvement de rotation, des secteurs fixes disposés de façon appropriée.

Fig. 455. — Magnéto Lavalette-Eisemann à haute tension avec avance automatique à l'allumage.

La magnéto peut comporter un dispositif d'avance à l'allumage réalisé par basculement des secteurs, ce qui provoque la rupture à un moment variable ou encore obtenu par le pivotement de la magnéto.

L'allumage peut être coupé à un moment quelconque en manœuvrant un interrupteur qui met l'enroulement primaire en court-circuit par l'intermédiaire de la masse métallique du moteur.

La magnéto à haute tension dont la vue d'ensemble est représentée par la figure 455 comporte un dispositif automatique d'avance à l'allumage. Ce dispositif consiste à provoquer automatiquement le décalage de l'induit par rapport à l'arbre du moteur qui actionne la magnéto. Ce décalage s'effectue par l'intermédiaire du régulateur à force centrifuge qui, suivant la vitesse du moteur, règle automatiquement le degré d'avance à l'allumage correspondant.

Les leviers et tiges qui sont nécessairement établis, dans les autres dispositifs d'avance à l'allumage, pour commander ces mécanismes à la main sont, dans le cas de l'avance automatique, supprimés et, quel que soit le régime de marche du moteur, l'avance est donnée, à chaque instant, de façon à assurer l'allumage du mélange au moment convenable.

Fig. 456. — Magnéto Lavalette-Eisemann à haute tension avec avance par pivotement.

Magnéto à basse tension

La magnéto à basse tension ne comporte sur son armature qu'un seul enroulement, dont une extrémité est reliée à la masse et dont l'autre est mise en communication avec une pièce métallique isolée, sur laquelle appuie un balai en charbon réuni par un conducteur avec la pièce isolée du rupteur. Le rupteur est disposé dans la culasse du cylindre ; il est actionné par l'arbre de distribution du moteur, grâce à l'intermédiaire d'une came.

On sait que lorsque la rupture se produit, une étincelle qui éclate dans le cylindre, entre les deux contacts de rupture, provoque l'inflammation du mélange.

Double allumage

Il existe plusieurs dispositifs de double allumage Lavalette-Eisemann. L'allumage mixte par magnéto ou accumulateur avec plot isolé, est généralement utilisé pour les voitures automobiles Panhard et Levassor. Ce double allumage consiste à pouvoir substituer au courant produit par la magnéto, si cela est nécessaire, le courant d'une batterie de piles ou d'accumulateurs, tout en utilisant les principaux organes du dispositif d'allumage. En principe, on utilise le mécanisme de distribution du courant à basse tension de la magnéto pour provoquer l'ouverture ou la fermeture du circuit des accumulateurs ; d'autre part, le distributeur du courant de haute tension de la magnéto est toujours utilisé.

Pour obtenir ces résultats, le plot fixe est isolé d'une manière particulière et l'on dispose sur le circuit un commutateur à trois directions.

Le plot fixe isolé qui, ainsi que nous l'avons vu est, d'ordinaire, relié directement au balai en charbon du courant de basse tension est, dans ce dispositif, fixé sur une pièce isolée du porte-balai en charbon. Le plot, comme le porte-balai, est muni d'une prise de courant.

L'isolement du plot portant un contact platiné empêche donc le courant engendré dans l'induit de la magnéto d'aller directement à ce plot et permet, de la sorte, de faire aboutir à ce plot soit le courant de la magnéto, soit le courant de la batterie de piles ou d'accumulateurs, ce qui s'effectue au moyen du commutateur spécial.

La magnéto se trouve ainsi reliée au commutateur par deux fils dont l'un, qui part du porte-balai, amène au commutateur le courant de la magnéto et dont l'autre, qui va du commutateur au plot isolé, peut servir de conducteur au courant de la magnéto ou au courant fourni par les accumulateurs, suivant la position qu'occupe la manette du commutateur.

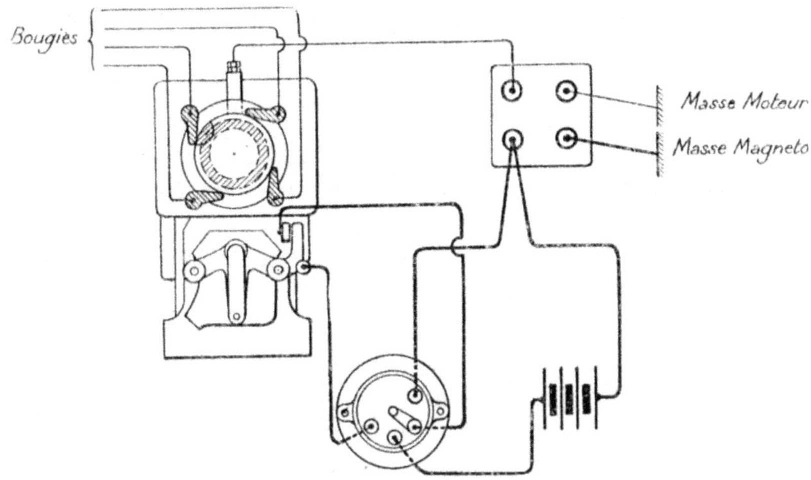

Fig. 457. — Schéma d'allumage mixte par magnéto ou accumulateur avec plot isolé, système Lavalette-Eisemann.

Ce commutateur, constitué en matière très isolante, comporte trois positions indiquées par les lettres A*r*, P, M*a*.

La première position A*r* correspond à l'arrêt du moteur, le circuit étant, à ce moment, complètement interrompu du côté des accumulateurs ou du côté de la magnéto.

Quand le bouton du commutateur se présente en face l'indication P, le courant fourni par les piles peut circuler, et lorsqu'il est placé devant l'indication M*a*, on peut employer le courant provenant de la magnéto.

Lorsque le moteur est en fonctionnement, on peut, sans inconvénient, passer de la position P à la position M*a*, ou inversement.

Le commutateur est constitué en deux parties : l'une fixe portant des plots sous lesquels sont serrés les fils conducteurs appropriés, l'autre mobile, qui forme le couvercle sur lequel des pièces métalliques sont disposées afin de venir établir les connexions convenables pour chacune des indications du commutateur.

Le schéma représenté par la figure 457 indique la disposition des connexions et la marche du courant pour les diverses positions du commutateur.

Quand le commutateur est dans la position M*a*, le courant provenant de la magnéto vient au commutateur.

Si les plots à contacts platinés se trouvent appuyés l'un contre l'autre, le courant retourne par ces plots à la magnéto et, par le marteau qui est mis à la masse, revient à l'induit. Si les plots ne se touchent pas, le courant est envoyé à la bobine. Il sort de la bobine pour aller à l'accumulateur.

Le courant circule donc dans l'enroulement primaire et l'étincelle est produite à l'extrémité du secondaire.

Lorsque le commutateur occupe la position P, le courant venant de la source électrique arrive au plot correspondant, et par une communication avec un autre plot, est amené à la magnéto.

Si les contacts platinés se touchent, le courant, par le marteau qui est à la masse, va à la bobine et en ressort pour aller à l'accumulateur. Le circuit primaire est ainsi traversé par le courant ; il y a production d'étincelle.

Si les contacts platinés sont écartés, le circuit se trouve ouvert ; le courant arrivant à la magnéto ne peut pas aller au-delà. Le courant ne passe donc pas dans le circuit.

Double allumage par magnéto et bobine mixte Eisemann-Carpentier

Ce dispositif de double allumage consiste à combiner, sur la distribution à haute tension de la magnéto, l'emploi soit du courant de haute tension fourni par cette magnéto, soit du courant à haute tension fourni par une bobine à trembleur alimentée par le courant de piles ou d'accumulateurs.

Ce double allumage comporte donc une magnéto, une bobine mixte Eisemann-Carpentier, un distributeur de courant à basse tension, une batterie de piles ou d'accumulateurs. La bobine mixte est constituée par les organes suivants groupés et montés dans une même boîte : un transformateur Eisemann, une bobine à trembleur Carpentier et un commutateur à trois directions permettant d'utiliser la magnéto ou les piles, ou d'obtenir l'arrêt.

En outre, un *bouton starter* est disposé pour pouvoir mettre en marche le moteur, en évitant le retour brusque de la manivelle lorsque les conditions de carburation sont satisfaisantes.

Quand le commutateur occupe la position correspondant à l'allumage par magnéto (Fig. 458), cet allumage s'effectue par la magnéto dans les conditions ordinaires que nous avons précédemment examinées grâce à l'intermédiaire du transformateur Eisemann. Pour cette position, le commutateur laisse les piles ou les accumulateurs en circuit ouvert. Ceux-ci sont donc inactifs pendant tout le temps de l'allumage par magnéto. Lorsque le commutateur est placé dans une position correspondant aux piles, la magnéto se trouve, par cela même, placée en court-circuit et on n'utilise plus, de ses organes, que le distributeur du courant de haute tension.

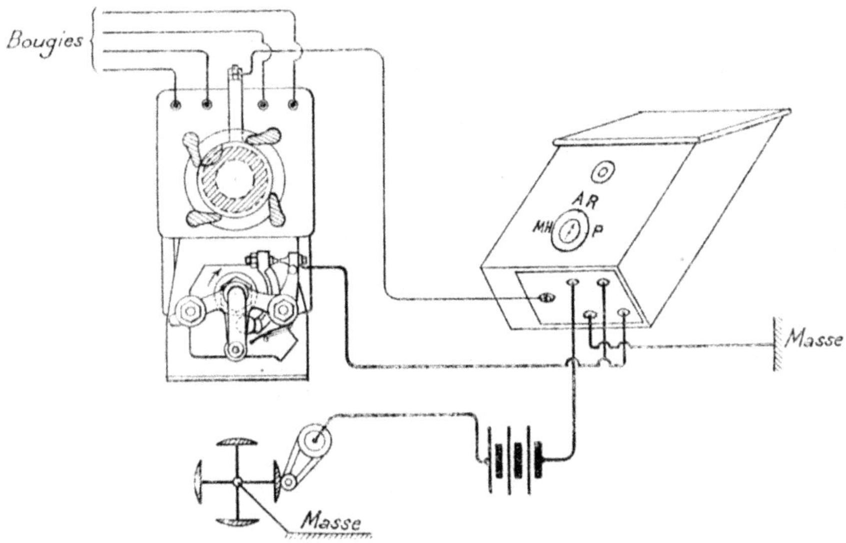

Fig. 458. — Schéma d'allumage par magnéto et bobine mixte Eisemann-Carpentier.

Le courant des piles est envoyé dans le circuit primaire de la bobine à trembleur. Le trembleur, par son fonctionnement, rompt et rétablit un grand nombre de fois ce courant dans le circuit primaire ; cela donne lieu, dans le circuit secondaire, à un courant de haute tension qui parvient aux bougies par le distributeur de courant secondaire de la magnéto. L'allumage s'effectue ainsi successivement dans les cylindres.

Le courant des piles ne passe pas d'une façon permanente dans le circuit primaire de la bobine. C'est un distributeur spécial, nommé distributeur de basse tension qui, par son mouvement de rotation, ferme le circuit au moment convenable.

Les deux distributeurs du courant à basse et à haute tension marchent en synchronisme.

Pour utiliser le bouton starter, on place d'abord le commutateur à la position A*r* pour que l'allumage soit coupé. On donne alors à la manivelle de mise en marche quelques tours pour admettre dans les cylindres du mélange tonnant frais. La manivelle ne peut, dans ces conditions, avoir un retour brusque en arrière, mouvement qui pourrait, parfois, occasionner des accidents.

On place alors le commutateur sur la position pile. Si le moteur ne part pas, c'est que le distributeur du courant à basse tension n'est pas dans une position donnant le contact et fermant le circuit. On manœuvre à ce moment le bouton starter en le poussant d'un coup sec. On met ainsi les accumulateurs dans le circuit de façon à envoyer, dans tous les cas, un courant dans le circuit primaire de la bobine ; cela donne lieu à un courant de haute tension induit, lequel provoque une étincelle à l'extrémité d'une bougie et le moteur se met en marche.

Si la carburation est défectueuse ou si le moteur se trouve au point mort, la mise en marche par la manœuvre du bouton starter peut ne pas s'effectuer.

Pour arrêter le moteur en coupant l'allumage, on place le commutateur dans la position A*r*. Les circuits électriques de haute tension sont alors interrompus ; le courant ne passe plus et l'allumage ne peut donc plus se produire.

Il est possible, avec la magnéto Lavalette-Eisemann, d'établir deux allumages distincts en n'employant qu'une série de bougies. Ce dispositif nécessite l'emploi d'une bobine à quatre trembleurs et d'un commutateur spécial à quatre directions. Il faut, dans ce cas, établir deux circuits distincts : l'un, du commutateur à la magnéto, l'autre, du commutateur à la bobine à quatre trembleurs, et adjoindre un distributeur de courant à basse tension.

Allumage Nilmélior

L'allumage Nilmélior s'effectue au moyen d'une magnéto à haute tension, donnant directement à l'extrémité de la bougie une étincelle qui détermine l'allumage du mélange tonnant.

Cette magnéto, dont la figure 459 représente la vue d'ensemble d'un type destiné à l'allumage des moteurs à quatre cylindres et dont la figure 460 représente la coupe verticale, est constituée par une carcasse robuste formant le socle et par deux flasques en bronze. Les flasques supportent les pièces polaires en fonte sur lesquelles sont fixés les aimants, disposés en trois séries de trois aimants chacune.

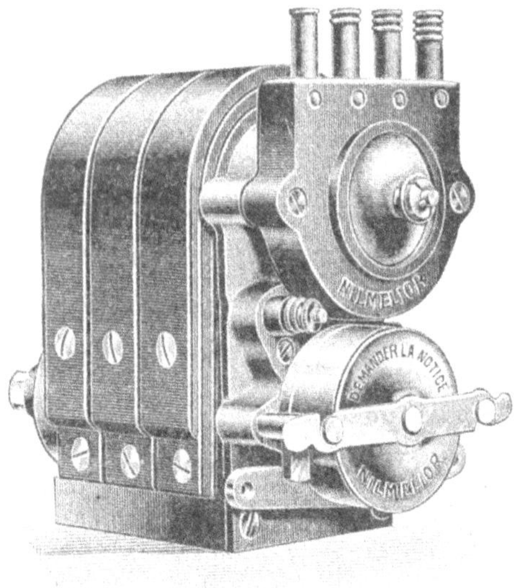

Fig. 459. — Magnéto Nilmélior pour moteur à quatre cylindre. Vue d'ensemble.

Entre les pièces polaires est placé un induit qui reçoit un mouvement de rotation.

Cet induit est formé d'une armature en forme de double T portant un double enroulement : l'enroulement primaire, en gros fil et l'enroulement secondaire, en fil fin.

Une extrémité de l'enroulement primaire est mise à la masse, l'autre est reliée à une vis platinée vissée dans un support isolant *a*.

Une des extrémités du circuit secondaire est mise également en communication avec la masse ; l'autre est reliée à une bague collectrice C isolée et placée sur l'arbre de l'induit, du côté opposé au support *a*, de la vis platinée.

Sur cette bague frotte un balai en charbon S, disposé dans un porte-balai métallique V isolé de la masse et qui communique avec un doigt en charbon *f* qui est placé dans le distributeur de courant secondaire, et qui reçoit un mouvement de rotation.

Par suite de ce mouvement, ce doigt frotte successivement contre quatre secteurs fixes placés sur le plateau isolant D, chacun de ces secteurs

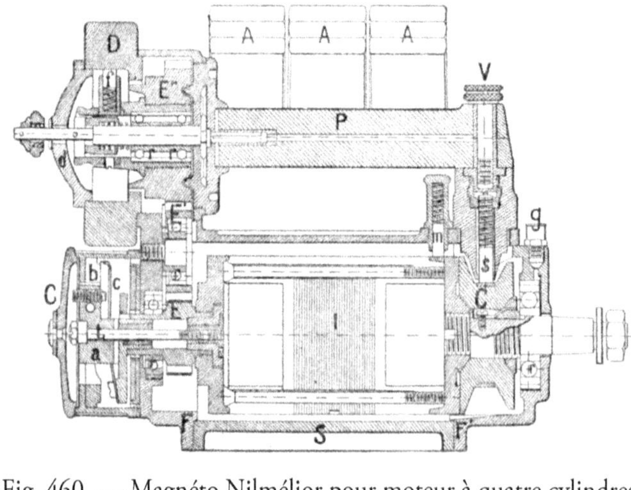

Fig. 460. — Magnéto Nilmélior pour moteur à quatre cylindres. Coupe verticale.

est mis en relation, par un conducteur, avec la tige isolée d'une des quatre bougies disposées dans les cylindres.

Le distributeur a pour fonction d'amener le courant secondaire à haute tension successivement à chacune des bougies.

Pour que le courant à haute tension se produise, il faut que le courant primaire, engendré dans l'enroulement à gros fil de l'armature fixe, par la rotation de l'induit entre les aimants inducteurs soit rompu et, de préférence, au moment où ce courant est maximum, ce qui arrive, nous le savons, deux fois, par tour de l'armature.

Le mécanisme de rupture du courant primaire est constitué, d'une part, par la vis platinée montée sur le support isolé *a* et d'autre part, par un ressort circulaire *c* en acier mince qui porte un contact en platine. Ce contact appuie normalement contre le bout de la vis platinée. Dans cette position, le circuit primaire est fermé et le courant y circule.

Le ressort en acier *c* et le support isolant *a*, de la vis platinée, sont solidaires de l'arbre de l'induit et participent à son mouvement de rotation.

Sur le ressort est disposée une touche qui, pendant le mouvement tournant, vient rencontrer le bossage d'une came en fibre *b* fixe. Le bossage, en appuyant sur la louche, provoque le soulèvement du ressort circulaire *c*, lequel s'écarte de la vis platinée et la rupture se produit.

A chacune des ruptures du courant primaire, un courant secondaire de tension élevée prend naissance dans l'enroulement en fil fin et provoque, successivement, la production d'étincelles aux diverses bougies, du fait du fonctionnement du distributeur.

Le réglage de la rupture s'effectue en vissant ou dévissant la vis platinée.

Pour que cette manœuvre puisse se faire, il convient de desserrer une vis de blocage de la vis platinée. Cette vis est ensuite resserrée lorsque le réglage est fait. Le ressort circulaire doit toujours être plan et n'avoir aucune bande pour que le réglage puisse s'effectuer convenablement.

La magnéto comporte un dispositif permettant de faire varier l'avance à l'allumage. Le support de la came de rupture peut prendre un mouvement de rotation concentriquement à l'arbre de l'induit. Cette manœuvre s'effectue en agissant sur l'extrémité d'un levier solidaire de cette came. Suivant le sens de l'oscillation de la came, le bossage de cette came rencontre plus ou moins tôt la touche du ressort circulaire et provoque, plus ou moins tôt, la rupture.

L'avance à l'allumage se trouve ainsi rendue plus ou moins importante.

Les paliers supportant l'arbre de l'induit sont munis de roulements à billes.

De même, l'axe du distributeur tourne sur des roulements à billes, ainsi que le pignon intermédiaire, lequel transmet le mouvement de rotation du pignon calé sur l'axe de l'induit à la roue d'engrenage solidaire de l'axe du distributeur.

Allumage Renault

Cet allumage s'effectue au moyen d'une magnéto à haute tension à induit tournant.

Pour un moteur à plusieurs cylindres, la magnéto est munie d'un distributeur de courant à haute tension, complètement séparé de la magnéto, ce qui rend son accès plus facile.

La magnéto assurant l'allumage des moteurs à quatre cylindres tourne à la même vitesse que l'arbre du moteur et, comme elle produit deux étincelles pour un tour, les quatre étincelles sont obtenues pour un cycle complet qui comporte deux tours de l'arbre.

La magnéto se compose d'aimants inducteurs entre lesquels peut tourner un induit formé d'une armature portant deux enroulements : primaire et secondaire.

La rotation de l'induit donne naissance à un courant qui circule dans l'enroulement primaire lequel, rompu au moment propice, donne lieu à un courant dans le circuit secondaire produisant l'étincelle.

Le mouvement de rotation de l'induit lui est transmis par l'arbre de distribution A, qui tourne à la demi-vitesse de l'arbre du moteur. Cette transmission s'effectue par l'intermédiaire de deux pignons hélicoïdaux B et C montés, le premier sur l'arbre de distribution, le second sur un arbre auxiliaire B, rendu solidaire de l'arbre de la magnéto par deux manchons d'accouplement et un croisillon.

Le pignon B possède un nombre de dents double de celui du pignon C, de sorte que l'arbre intermédiaire D a une vitesse de rotation double de celle de l'arbre de distribution A.

Cet arbre D et, par conséquent, l'induit de la magnéto, tournent à la vitesse du moteur.

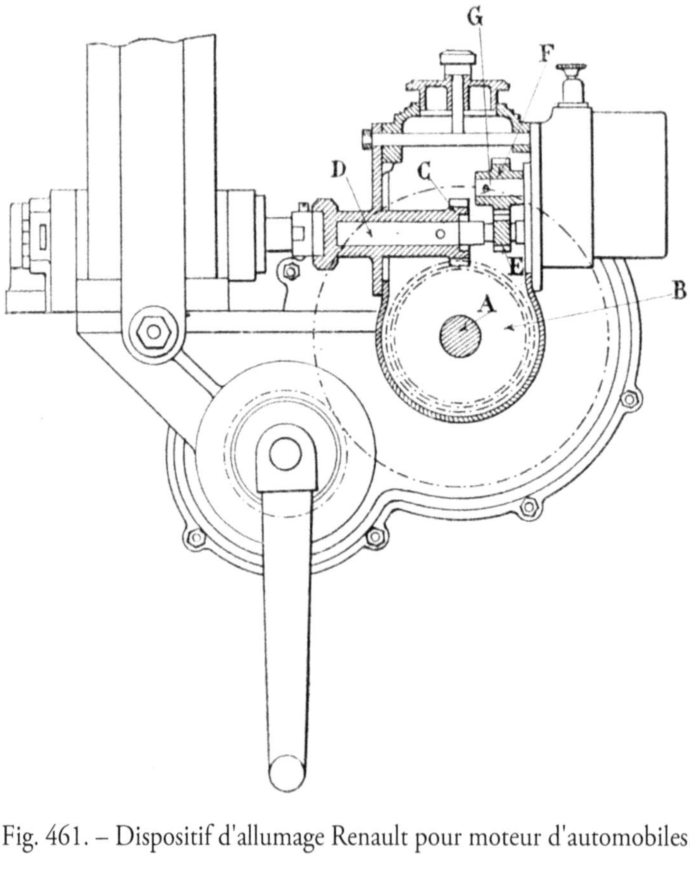

Fig. 461. – Dispositif d'allumage Renault pour moteur d'automobiles.

L'arbre auxiliaire D porte, à son extrémité opposée à la magnéto, un autre pignon à denture hélicoïdale E qui engrène avec un pignon F disposé au-dessus de lui.

Le pignon F est calé sur l'arbre G, qui est celui du distributeur rotatif du courant à haute tension, et porte un nombre de dents double de celui du pignon E. Il en résulte que l'arbre G du distributeur tourne à une vitesse moitié moindre que l'arbre auxiliaire

D et comme celui-ci tourne à la vitesse du moteur, l'arbre du distributeur tournera à une vitesse deux fois moindre, c'est-à-dire à la vitesse de l'arbre de distribution, ce qui convient bien pour répartir, pendant un tour de ce distributeur, le courant à haute tension dans les quatre bougies. Le distributeur comporte un disque de fibre dans lequel est encastré un plot métallique. Ce plot est mis, d'une façon permanente, en communication avec un balai central du distributeur, auquel aboutit une extrémité du circuit secondaire par un conducteur attaché au porte-balai vertical de la magnéto. Dans ce porte-balai est placé un contact en charbon qui frotte sur une bague collectrice isolée, reliée à l'extrémité de l'enroulement secondaire. L'autre extrémité de cet enroulement est mise à la masse.

Donc, le courant secondaire arrive au plot métallique du distributeur qui, lors de son mouvement de rotation, vient successivement frotter sur quatre segments métalliques fixes, isolés les uns des autres et de la masse. Chacun de ces segments est relié à une des quatre bougies.

Si le circuit primaire est interrompu au moment convenable, le courant secondaire sera distribué successivement à chacune des bougies et l'allumage s'effectuera dans les quatre cylindres.

Le mécanisme de rupture du circuit primaire est constitué de façon analogue à ceux que nous avons vus précédemment.

L'enroulement primaire est réuni par un de ses bouts à la masse, et par l'autre à une vis-contact sur laquelle s'appuie une autre vis reliée à la masse et portée par un levier qui peut osciller. Quand les vis sont au contact, le circuit est fermé. Lorsque, par suite de la rotation de ce dispositif monté en bout de l'arbre de l'induit, le levier vient rencontrer deux galets fixes, il oscille, les contacts se séparent et la rupture du courant primaire se produit.

Pour éviter la détérioration de certains circuits du dispositif d'allumage dans le cas où, pour une raison quelconque, le courant secondaire atteindrait une tension anormale, on dispose, sur la plaque en zinc qui sert de couvercle à l'induit, un parafoudre. Ce parafoudre se compose d'une tige isolée reliée avec le circuit secondaire et placée à environ 5 millimètres d'une autre tige mise à la masse.

La résistance que le parafoudre offre au passage du courant est supérieure à celle que le courant rencontre lorsqu'il traverse les bougies en bon état de fonctionnement ; mais cette résistance est, d'autre part, inférieure à celle que le courant trouve à son passage dans les diverses autres parties de l'appareil. On comprend donc que si le courant ne peut passer par les bougies, il se fermera par le parafoudre et des étincelles jailliront entre ses pointes, ce qui indiquera que l'allumage ne s'effectue pas régulièrement dans tous les cylindres.

Chapitre XIII

MOTEURS INDUSTRIELS

CONSIDÉRATIONS GÉNÉRALES. MOTEURS : Tangye — Gardner, Dubridge, — Otto — Gnôme, — De Dion-Bouton. MOTEUR DIESEL.

Les moteurs industriels à pétrole ou à essence sont des moteurs fixes ou demi-fixes, c'est-à-dire pouvant être aisément déplacés ; ils sont établis pour remplacer, dans certains cas spéciaux, les moteurs à gaz ou les moteurs à vapeur.

Ces moteurs à pétrole conviennent particulièrement pour la petite industrie, pour les travaux agricoles, et pour des usages multiples auxquels ils se prêtent bien par leur encombrement réduit, leur mécanisme simple et leur conduite, en somme, facile. Leur couplage commode avec des machines dynamo-électriques permet de constituer des groupes électrogènes d'un emploi très pratique dans un grand nombre de cas.

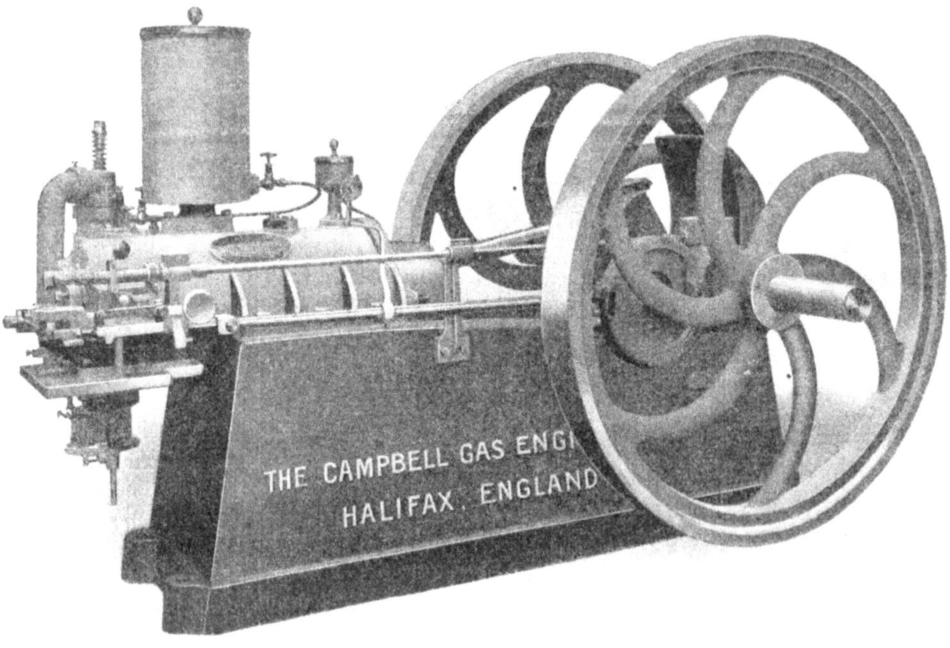

Fig. 462. – Moteur à pétrole Campbell de 40 chevaux.

Fig. 463. – Moteur à pétrole Campbell monté sur poutres en fer.

Les moteurs industriels à pétrole et à essence ont, pour la plupart, conservé la forme des moteurs à gaz de faibles puissances, surtout lorsque ces moteurs sont disposés horizontalement.

Certains moteurs verticaux ont, au contraire, été établis en grande partie avec des formes semblables à celles des moteurs d'automobiles.

Dans les deux cas, cependant, les organes composant le moteur sont, en principe, identiques aux organes des moteurs à gaz que nous avons examinés. Rappelons les fonctions de ces organes.

Le moteur comporte un cylindre muni d'une double enveloppe pour réaliser une circulation d'eau de refroidissement. Dans le cylindre se meut un piston qui est rendu solidaire d'un bielle tourillonnant sur un axe faisant partie de l'arbre du moteur. Le mouvement alternatif du piston détermine le mouvement de rotation de l'arbre.

Pour obtenir le mouvement alternatif du piston, on introduit dans le cylindre, au moment convenable, du mélange tonnant qui est comprimé et enflammé, ce qui produit le travail utile sur le piston. Les gaz brûlés sont ensuite évacués.

Ces diverses opérations s'effectuent par l'intermédiaire des organes de distribution, comprenant les soupapes d'admission et d'échappement.

Ces soupapes sont actionnées par des cames qui tournent d'un mouvement continu, étant clavetées sur un arbre de distribution auquel l'arbre du moteur imprime un mouvement de rotation ayant une vitesse deux fois plus petite que la sienne.

Un régulateur est établi sur le moteur et a pour fonction de régler l'admission du mélange tonnant d'une façon appropriée au régime de marche du moteur et à la charge qu'il supporte.

Les moteurs à essence et à pétrole sont munis, nous le savons, des organes spéciaux de gazéification qui n'existent pas dans les moteurs à gaz. Ce sont ces organes, carburateurs et vaporisateurs, qui permettent d'obtenir un mélange d'air et de gaz convenablement composé pour que son inflammation se produise dans le cylindre par un des procédés d'allumage que nous venons d'examiner.

L'explosion a lieu, provoque la progression du piston dans le cylindre et, par conséquent, la rotation de l'arbre moteur.

Comme dans les moteurs à gaz, le cycle de la distribution du mélange tonnant dans les moteurs à pétrole et à essence est à quatre temps. Au premier temps, le piston effectue une course vers l'avant du moteur.

Pendant cette course il aspire, dans le cylindre, par la soupape d'admission qui est ouverte, la quantité d'air et de pétrole qui convient à son régime de marche.

C'est la phase d'*admission* qui se termine à la fin de la course du piston, au moment où la soupape d'admission se ferme.

Au retour du piston, toutes les soupapes sont fermées et le mélange tonnant, introduit lors de la course précédente, se trouve comprimé de plus en plus à mesure que le piston progresse.

Lorsque le piston atteint l'extrémité de cette course, la compression est maximum, et c'est à ce moment que l'explosion doit se produire, provoquée par l'allumage, en temps convenable, du mélange gazeux.

C'est le deuxième temps : la *compression*.

La troisième course du piston, dirigée dans le même sens que la première, se produit sous l'action de l'explosion qui provoque une augmentation considérable de la pression des gaz. Ces gaz, en agissant sur le piston, le poussent et déterminent le mouvement de rotation de l'arbre du moteur.

Les gaz se détendent au fur et à mesure que le piston avance dans le cylindre : leur expansion est ainsi utilisée jusqu'à la fin de la course du piston.

C'est la course *motrice*.

Au quatrième temps, le piston revient encore une fois en sens inverse, dans le même sens qu'à la deuxième course. La soupape d'échappement qui a été ouverte par le mécanisme de commande un peu avant la fin de la troisième course du piston, donne passage aux gaz brûlés, qui sont refoulés, par l'avancement du piston, dans le conduit d'évacuation. C'est la phase d'*échappement*.

A la fin de cette course, la soupape d'échappement se ferme et les phases précédentes se répètent successivement. Voilà, dans leur principe, la constitution et le fonctionnement des moteurs à pétrole et à essence.

Nous allons en examiner quelques types.

Moteur Tangye (Fig. 464 à 469). C'est un moteur à pétrole horizontal à quatre temps. Il est constitué par un bâti formant socle sur lequel est rapporté le cylindre. Celui-ci, qui est formé d'un fourreau indépendant pouvant se remplacer aisément, est muni d'une double enveloppe permettant une circulation d'eau de refroidissement.

Fig. 464. — Moteur à essence Tangye.

Cette double enveloppe constitue une seule pièce dans laquelle est disposée la chambre de combustion ainsi que la boîte de la soupape d'échappement. Cette disposition supprime la culasse rapportée.

Le piston qui se meut dans le cylindre est ouvert à une grande longueur et porte une série de segments métalliques assurant son étanchéité pendant la marche. La bielle tourillonne sur l'axe du piston et sur l'arbre manivelle du moteur façonné d'une seule pièce en forme de vilebrequin.

L'arbre tourne dans des paliers en bronze phosphoreux à large portée ; il commande, par engrenage, l'arbre de distribution parallèle au cylindre et au bout duquel est calée la came qui actionne la soupape d'échappement. Un régulateur à inertie régularise la vitesse du moteur pour des variations de la charge et permet de faire varier cette vitesse pendant la marche.

Dans un vaporisateur placé en bout du moteur, à l'arrière, s'effectue le mélange d'air et de pétrole avec lequel on alimente le moteur. Ce mélange est enflammé par une lampe mobile à pression, lors de la mise en marche du moteur, et ensuite par un dispositif d'inflammation automatique. Ce moteur comprend encore un dispositif d'injection d'eau dans le cylindre, destiné à amortir les chocs produits par les explosions.

L'arbre peut recevoir deux volants et une poulie de commande.

Le graissage est assuré pour la tige de bielle par une boîte à huile placée au-dessus des coussinets, pour les paliers par des graisseurs à mèche et pour le cylindre par un graisseur en verre à goutte visible.

Le cycle de distribution étant à quatre temps, l'admission du mélange d'air et de pétrole, ainsi que l'inflammation et l'explosion de ce mélange, s'effectuent à chaque deux tours de l'arbre, lorsque le régime de marche du moteur est normal. Lorsque la vitesse du moteur devient trop grande, le régulateur agit sur la soupape d'échappement, et la maintient ouverte. L'aspiration ne peut, dès lors, se produire normalement ; le pétrole et l'air ne sont pas admis dans le cylindre et il ne peut y avoir d'explosion.

Fig. 465. — Moteur à pétrole Tangye avec pompe.

Une course motrice est ainsi supprimée, ce qui détermine une diminution dans la vitesse du moteur. Cette diminution de vitesse a pour effet de faire cesser l'action du régulateur sur la soupape d'échappement ; le cycle de distribution se reproduit dès lors, avec ses phases normales.

Pour mettre le moteur en marche, il faut allumer la lampe qui chauffe le tube d'inflammation et le vaporisateur. Pour allumer la lampe, on nettoie avec une brosse métallique le serpentin qu'elle contient et on dégage le trou du brûleur. On place ensuite quelques morceaux d'amiante dans la coupe disposée au-dessous du serpentin de la lampe et on verse dans cette coupe du pétrole que l'on allume. Après cinq minutes environ de chauffage, on ouvre le robinet que la lampe porte vers le bas et on éteint la flamme de la coupe. La lampe fonctionnera alors d'une façon continue.

Il faut environ quinze minutes de chauffage du vaporisateur pour obtenir un mélange gazeux qui permette la mise en marche.

Le conduit d'amenée du pétrole étant ouvert, on place le piston à sa position de départ. Pour faciliter cette opération, on accroche le levier d'échappement, ce qui maintient la soupape d'échappement ouverte ; on peut alors manœuvrer aisément les organes du moteur et les placer dans la position convenable pour la mise en route. On remet ensuite la soupape d'échappement à sa position normale.

On peut alors mettre le moteur en marche.

Lorsque ce moteur n'est muni d'aucun dispositif spécial de mise en marche, on lance le moteur à la main. On soulève un levier qui permet de diminuer la compression en agissant légèrement sur le levier d'échappement et, par lui, sur la soupape qu'il commande. On place le robinet de mise en marche sur l'indication *start* qui signifie départ, et on fait faire quelques tours rapides au volant.

Le moteur se met en mouvement. On laisse retomber la soupape d'échappement sur son siège en manœuvrant le levier de décompression, et on place le robinet de mise en marche à la position correspondant à la charge du moteur. Le moteur continue ainsi à fonctionner régulièrement.

Assez souvent le moteur est muni d'une pompe de mise en marche.

Cette pompe à main 2 est fixée sur le côté du cylindre 1 (Fig. 466). Elle est à simple effet et se compose d'un corps de pompe dans lequel se meut un piston 3 relié par une bielle à un levier 5 que l'on peut manœuvrer à la main. Une soupape d'aspiration 6 et une soupape de refoulement 7, cette dernière maintenue appliquée sur son siège par la tension d'un ressort à boudin, sont disposées à la partie inférieure du corps de pompe.

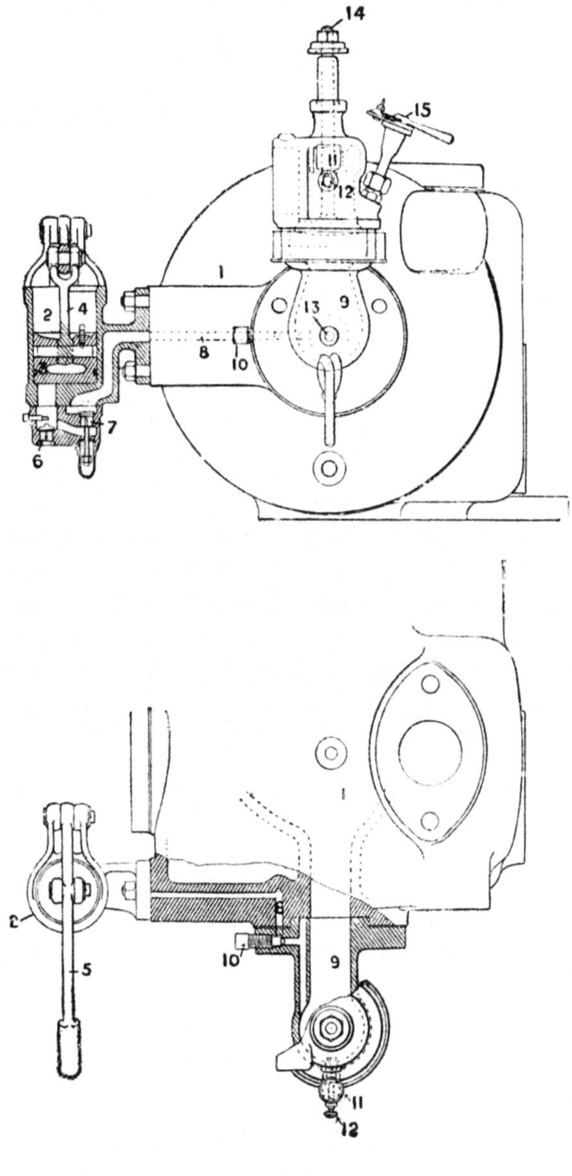

Fig. 466. — Moteur à pétrole Tangye. Dispositif de mise en marche par pompe.

La soupape de refoulement est établie sur un conduit qui communique avec l'intérieur du vaporisateur 9 par un canal 8 sur lequel est établie une vis-pointeau 10 qui, par sa manœuvre, permet de découvrir ou d'obturer plus ou moins l'orifice de ce canal. Sur la boîte à soupape d'admission placée au-dessus du vaporisateur est vissée une coupelle 11 munie d'une vis-bouchon 12 qui règle le débit de la quantité de pétrole à admettre dans le vaporisateur pour mettre le moteur en marche. Avec ce dispositif de mise en marche, voici comment on procède pour mettre le moteur en fonctionnement.

On met le piston à la position de départ ; on manœuvre le levier de décompression, et lorsque le tube d'inflammation et le vaporisateur sont à une température convenable, on dévisse la vis-pointeau 10 pour laisser la libre communication entre la pompe et le vaporisateur.

On remplit la coupelle 11 de pétrole et on laisse écouler ce pétrole de la coupelle dans le vaporisateur en dévissant la vis-bouchon 12 et en appuyant sur la tige 14 de la soupape d'admission, pour maintenir cette soupape ouverte pendant quelques secondes.

On ouvre alors le robinet de mise en marche qui est placé à sa position de départ et on donne rapidement à la main vingt à vingt-cinq coups de pompe.

Par cette manœuvre, et par suite du mouvement de la soupape d'aspiration 6 de la pompe et de celle de refoulement 7, on remplit le cylindre de mélange tonnant porté à une légère pression : l'explosion se produit quelques secondes après la manœuvre de la pompe. Le moteur se met en marche.

Au cycle de distribution suivant, le moteur aspirera lui-même son mélange tonnant et son fonctionnement se continuera normalement.

Il faut alors visser la vis-bouchon 12 de la coupelle et serrer la vis-pointeau 10. Le moteur se met quelquefois en marche pendant que l'on pompe.

Dans le cas où le moteur ne se mettrait pas en route, on doit appuyer sur le levier d'échappement pour soulever sa soupape, évacuer ainsi tous les gaz contenus dans le cylindre et recommencer l'opération de mise en marche comme nous l'avons indiqué.

Lorsque les moteurs possèdent un frein à pédale agissant sur le volant, on agit sur le frein pendant que l'on pompe jusqu'à ce que l'explosion se produise. L'action du frein doit cesser à ce moment.

Pendant la marche du moteur, la quantité de chaleur à fournir au vaporisateur varie avec le travail demandé au moteur. Entre la pleine et la demi-charge, la chaleur provenant de la combustion intérieure et de la lampe placée sous le tube d'inflammation est suffisante. Entre la demi-charge et le quart de charge, l'admission du mélange tonnant ne s'effectue pas à chaque cycle de la distribution, du fait du fonctionnement du régulateur. La chaleur dégagée par la combustion intérieure diminue et il est nécessaire, pour maintenir l'allumage régulier, d'adjoindre une seconde lampe qui est placée sous le vaporisateur pour le réchauffer. Quand la charge devient inférieure au quart de sa valeur, il est nécessaire de placer deux lampes sous le vaporisateur.

Les lampes que l'on met facultativement sous le vaporisateur occupent une position invariable, tandis que la lampe chauffant le tube d'inflammation peut être déplacée suivant le régime de marche du moteur.

Pour arrêter le moteur, on place le robinet de distribution du pétrole à sa position de fermeture désignée par un repère. On ferme également le robinet du conduit qui aboutit au réservoir.

On éteint la lampe en fermant le robinet qu'elle porte à la partie inférieure.

Le moteur ralentit et s'arrête. On agit, avant l'arrêt, sur les organes du moteur, de façon à immobiliser le piston à la fin de sa course de compression. Les deux soupapes sont, ainsi, dans leur position de fermeture et sont maintenues appliquées sur leur siège.

Lorsque le moteur comporte un dispositif d'injection d'eau dans le cylindre, comme l'injection d'eau permet l'emploi d'une compression élevée, on obtient une chaleur suffisante dans le cylindre pour qu'on puisse supprimer, à faible charge et lors du fonctionnement à vide, la lampe supplémentaire de réchauffage du vaporisateur. La lampe portant à l'incandescence le tube d'inflammation suffit à communiquer au vaporisateur la chaleur nécessaire. Pour la mise en marche, cependant, il faut utiliser à la fois la lampe disposée sous le tube, et la lampe placée sous le vaporisateur, car le cylindre n'est pas échauffé. On éteint cette dernière lampe au bout d'un certain temps de fonctionnement.

L'injection d'eau s'effectue dans le cylindre par l'intermédiaire d'une soupape B (Fig. 467) disposée à la partie supérieure d'une pièce intermédiaire serrée entre le vaporisateur et la chambre de combustion. Cette soupape est maintenue appliquée sur son siège par la tension d'un ressort à boudin vertical. L'orifice ainsi obturé communique, par une série de trous E, avec un tuyau qui aboutit à la partie inférieure du cylindre dans la capacité ménagée entre ses deux enveloppes pour créer une circulation d'eau.

Un robinet H, établi sur ce tuyau, permet de régler le débit de l'injection d'eau. Pendant le fonctionnement du moteur, la soupape B s'abaisse et l'eau amenée par le tuyau dans les trous E arrive dans le cylindre.

On n'admet pas d'eau au moment de la mise en marche ou, lorsque le moteur ayant une faible charge, on tourne à vide. On maintient alors le robinet H fermé.

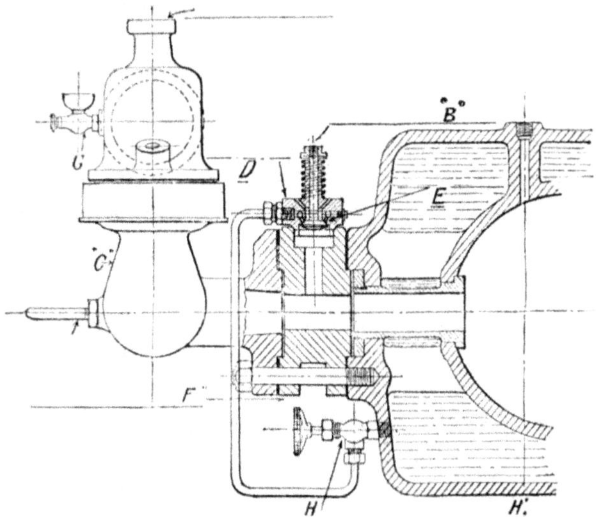

Fig. 467. — Moteur à pétrole Tangye. Dispositif d'injection

Quand le moteur a sa charge normale, on ouvre ce robinet ; on règle sa position pour ne pas admettre une trop grande quantité d'eau, ce qui aurait l'inconvénient de refroidir le vaporisateur et d'affaiblir la puissance du moteur.

L'eau introduite dans le moteur se transforme en vapeur et doit être suffisante pour atténuer le choc ainsi que le bruit occasionnés par l'explosion. Le réglage de son débit varie légèrement avec la charge du moteur.

Lorsque le moteur est à l'arrêt, le robinet d'admission d'eau H doit être maintenu fermé, car s'il se produisait une fuite, même de peu d'importance, entre la soupape B et son siège, l'eau s'écoulerait dans le vaporisateur et rendrait très difficile la mise en marche suivante.

Le dispositif d'allumage automatique (Fig. 468) est constitué par un tube d'inflammation D placé à l'intérieur d'une chambre de chauffe B. Cette chambre, fixée sur le côté du vaporisateur, est protégée par un capot et communique par un canal E avec le conduit du vaporisateur A.

Le conduit peut être obturé par une vis-pointeau F qui est réglable et que l'on peut immobiliser par le serrage d'un écrou G. La vis porte un index circulaire H qui doit, pour certaines conditions de marche, se trouver en face d'indications gravées sur une échelle fixée sur le bâti, indications correspondant à des sections plus ou moins grandes du conduit établi entre la chambre de chauffe B et le vaporisateur A.

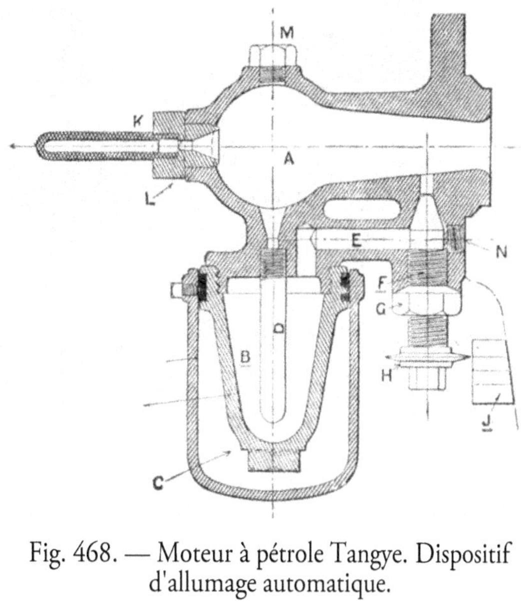

Fig. 468. — Moteur à pétrole Tangye. Dispositif d'allumage automatique.

Le tube d'allumage automatique D communique avec l'intérieur de la chambre du vaporisateur, de façon que le mélange puisse être enflammé par ce tube. Le tube d'inflammation ordinaire K est disposé également sur le vaporisateur par l'intermédiaire d'un support L. Il communique aussi avec l'intérieur de la chambre du vaporisateur, mais il déborde extérieurement afin de pouvoir être chauffé par une lampe.

Un bouchon fileté M permet, par son dévissage, de nettoyer le conduit du tube d'inflammation automatique : le démontage du bouchon N rend possible la visite et le nettoyage du canal de communication E.

A la mise en marche du moteur, on allume les lampes du vaporisateur et du tube d'allumage extérieur K. On dévisse la vis-pointeau F de façon à laisser la section maximum de passage entre le vaporisateur et la chambre de chauffage B. Au bout de cinq minutes environ de fonctionnement, les gaz chauds de la combustion qui s'effectue dans la chambre du vaporisateur, en passant dans la chambre B par le conduit E, portent le tube d'allumage automatique à un degré d'échauffement suffisant pour qu'il puisse déterminer, à lui seul, l'inflammation du mélange.

A ce moment, on peut éteindre la lampe du vaporisateur et celle du tube d'inflammation extérieur ; le moteur continue de fonctionner, son allumage s'effectuant par le tube-allumeur D entretenu à la température convenable par les gaz chauds du moteur.

Pour utiliser l'allumage automatique, il faut que le moteur marche avec une charge au moins égale au quart de la charge maximum. Au-dessous de cette charge, on n'obtient plus dans le cylindre une température suffisante pour assurer le fonctionnement

Fig. 469. — Moteur à pétrole Tangye avec réservoir.

régulier du tube d'allumage automatique. D'autre part, lorsque le moteur marche avec sa charge entière, la température dans la culasse s'élève suffisamment pour nécessiter une admission moins importante de gaz chauds dans la chambre B du tube allumeur D. On restreint cette arrivée de gaz en vissant la vis-pointeau de manière que son index soit placé en face du trait de repère placé entre les deux autres. En principe, la vis-pointeau doit être vissée lorsque le moteur cogne et qu'il se produit des allumages anticipés.

Les figures 469 et 465 représentent deux vues d'ensemble de moteurs à pétrole Tangye. Le premier a un socle élevé et comporte un réservoir de pétrole placé sur le cylindre.

Le second a un socle plus bas ; il est muni d'une pompe d'alimentation de pétrole. Le moteur dont la figure 464 donne une vue d'ensemble est un moteur à essence. Les organes sont semblables à ceux du moteur à pétrole, sauf le vaporisateur qui est remplacé par un carburateur et un brûleur Guillou à essence avec tube d'inflammation en porcelaine. L'allumage peut être également obtenu avec une magnéto.

Moteur horizontal Gardner

(Fig. 470). Le moteur horizontal Gardner est alimenté avec du pétrole lampant. Il comporte donc un vaporisateur qui transforme, par la chaleur, le liquide combustible en mélange gazeux composé d'air et de pétrole.

Le vaporisateur doit être chauffé d'une façon bien régulière, car si la température à laquelle on le soumet est trop faible, la vapeur de pétrole arrive humide dans le cylindre ; l'allumage et la combustion ne s'effectuent dès lors qu'imparfaitement, et la condensation qui se produit sur les parois des cylindres et des boîtes à soupapes est nuisible au fonctionnement du moteur.

D'un autre côté, si le chauffage du vaporisateur est trop considérable, il peut se produire des chocs en retour qui tendent à immobiliser les pistons et les soupapes. Dans le moteur Gardner, le chauffage du vaporisateur est régulièrement assuré par une

Fig. 470. — Moteur à pétrole horizontal Gardner.

lampe à combustion continue, fixée sous la chambre du vaporisateur ; elle donne une flamme bleue et fonctionne sans bruit.

Le cycle de la distribution de ce moteur est à quatre temps.

La distribution est assurée par une soupape d'admission du mélange de vapeur de pétrole et d'air, par une soupape auxiliaire d'admission d'air et par une soupape d'échappement.

La soupape d'admission est sous la dépendance du régulateur, la soupape auxiliaire d'admission d'air manoeuvre automatiquement et la soupape d'échappement est actionnée par l'intermédiaire d'un excentrique.

Un réservoir à pétrole est disposé pour laisser arriver le pétrole en pression sur un clapet manœuvré par le régulateur.

Ce régulateur, par son action sur le piston du clapet, permet d'introduire une seule goutte de pétrole dans le godet d'alimentation du vaporisateur. Cette alimentation est visible et peut ainsi être aisément réglée.

Le régulateur agit, en même temps, sur la soupape d'admission pour l'écarter de son siège. Le piston du moteur peut donc aspirer dans la chambre de combustion la goutte de pétrole qui, en passant dans le vaporisateur, se transforme en vapeur de pétrole, laquelle se mélange avec l'air également aspiré. Ce mélange tonnant est comprimé dans la chambre de combustion et dans le tube d'allumage où il est enflammé, ce qui provoque l'explosion et la course motrice du piston.

La soupape auxiliaire automotrice fixée sur la culasse se soulève lorsque l'aspiration se produit dans le cylindre et provoque une entrée d'air frais dans la chambre de combustion. Cette chambre se trouve ainsi rafraîchie et en outre l'air, en assurant une combustion complète, empêche les dépôts de se former sur les soupapes et les pistons.

La soupape à air est munie d'un dispositif d'injection d'eau. L'eau introduite dans le cylindre provient de la circulation d'eau de refroidissement établie dans la double enveloppe du cylindre.

Cette eau, en arrivant dans le cylindre, se vaporise, favorise la combustion, assure le refroidissement et atténue les chocs.

Le régulateur à force centrifuge actionne un taquet qui vient s'interposer entre un poussoir actionné par le mécanisme de commande et la soupape d'admission. Lorsque le moteur n'a qu'une faible charge et que sa vitesse devient trop grande, le régulateur provoque le déplacement du taquet qui n'est plus rencontré par le poussoir. La soupape d'admission n'est alors pas actionnée et le mélange n'est pas admis dans le cylindre. C'est la régulation par *tout ou rien.*

L'inflammation du mélange s'effectue par un tube d'allumage fait en matière réfractaire. Ce tube est chauffé par la lampe à pression d'air, qui chauffe en même temps le vaporisateur.

Moteur vertical Gardner

(Fig 470 à 472). Les moteurs verticaux Gardner ont été établis pour actionner d'abord des véhicules et des bateaux, mais leur disposition et la grande vitesse qu'on peut leur donner a permis leur accouplement direct avec des dynamos, constituant ainsi des groupes électrogènes d'un encombrement réduit et d'un faible poids.

Les cylindres, disposés verticalement, sont fixés sur un carter dans lequel passe l'arbre principal, qui se trouve ainsi protégé. Cet arbre porte autant de vilebrequins, formant manivelles, que le moteur comporte de cylindres. Des portes sont ménagées sur le carter en face de chaque vilebrequin pour procéder à la visite et au nettoyage des organes.

Fig. 471. – Groupe électrogène Gardner, moteur à quatre cylindres.

Dans chaque cylindre se meut un piston relié à l'arbre du moteur par une bielle verticale munie de coussinets garnis de métal anti-friction.

Sur les pistons sont disposés des segments élastiques faits en fonte dure. Les cylindres sont munis d'une double enveloppe permettant une circulation d'eau de refroidissement. Les chambres à eau peuvent être aisément nettoyées par des ouvertures disposées à cet effet et qui sont fermées, en temps normal, par des tampons.

Sur la culasse de chaque cylindre sont montées les soupapes assurant la distribution du mélange tonnant. Ces soupapes sont au nombre de trois : la soupape d'admission de mélange, la soupape d'échappement et la soupape à air. Elles peuvent facilement se démonter.

Fig. 472. — Groupe électrogène Gardner au pétrole lampant ; moteur à six cylindres.

Une circulation d'eau de refroidissement est établie autour de la culasse et de la boîte contenant la soupape d'échappement.

L'eau de refroidissement est envoyée sous pression dans les chambres à eau du moteur par l'action d'une pompe de circulation actionnée par le moteur, grâce à l'intermédiaire d'une commande à friction.

Un régulateur à force centrifuge agit sur la soupape d'admission et assure la régulation par le procédé de tout ou rien, pour les moteurs de faibles puissances, ou par réglage progressif pour les autres.

Le régulateur comporte, en outre, une vis de réglage permettant de faire varier la vitesse du moteur pendant le fonctionnement.

L'allumage s'effectue par l'emploi d'une magnéto à basse tension, mais le vaporisateur est chauffé par un brûleur à pétrole à flamme bleue qui fonctionne sans bruit et sans pression. Une boîte recouvre et protège le brûleur et la flamme.

L'alimentation du moteur est assurée par un réservoir contenant le pétrole placé en charge par rapport à ce moteur.

Sur l'axe horizontal du moteur est claveté un volant, du côté de la machine dynamo-électrique directement accouplée avec cet arbre.

A l'autre extrémité de l'arbre est disposée une manivelle servant à mettre le moteur en marche.

La mise en marche est facilitée par la manoeuvre d'un levier qui permet de faire agir, sur les soupapes d'échappement, des cames de décompression. On peut aisément alors faire tourner la manivelle pour mettre les organes en marche.

Pour les moteurs de grandes puissances, la mise en marche se fait à l'aide de l'air comprimé.

Le groupe électrogène dont la figure 471 représente une vue d'ensemble est muni d'un moteur vertical à quatre cylindres. La machine dynamo-électrique est montée sur le même socle que le moteur. L'ensemble du groupe peut être fixé au moyen de boulons de scellement,

Un autre groupe électrogène, représenté par la figure 472, comprend un moteur vertical à six cylindres fixés sur un socle. L'arbre du moteur porte à une extrémité un volant, et à l'autre extrémité un manchon d'accouplement qui le relie à l'axe de la machine produisant le courant électrique. Cette machine repose sur le massif de fondation, elle y est fixée indépendamment du moteur.

Moteurs Japy

Les ateliers Japy construisent des moteurs horizontaux et verticaux qui trouvent leur application dans la petite industrie et dans les installations agricoles.

Le moteur horizontal à essence (Fig. 473) possède une distribution à quatre temps. Il se compose d'un socle sur lequel est monté le cylindre avec lequel est venue de fonte la chambre de circulation d'eau de refroidissement. En bout du cylindre est fixée la culasse portant les soupapes d'admission et d'échappement. Autour de cette culasse est établie une circulation d'eau de refroidissement indépendante de celle du cylindre, ce qui rend inutile la disposition de joints contre les fuites d'eau entre ces deux pièces.

Le piston, à fourreau, est relié à l'arbre du moteur portant un vilebrequin, par une bielle en acier munie de coussinets en bronze. Sur le piston sont disposés des segments métalliques destinés à faire joint pendant la marche du moteur.

Fig. 473. — Moteur horizontal à essence Japy.

L'arbre tourne dans deux paliers placés sur le bâti : à chacune de ses extrémités est claveté un volant.

Un pignon fixé sur cet arbre transmet le mouvement de rotation de l'arbre à une roue d'engrenage solidaire d'un axe disposé parallèlement à l'arbre du moteur et sur cet axe se trouve fixée la came qui actionne le mécanisme de commande de la soupape d'échappement.

Cette soupape est disposée horizontalement dans la culasse ; sa tige, dirigée parallèlement à l'axe du cylindre, porte du côté de la came, un galet qui vient la rencontrer pendant son mouvement de rotation. La came pousse alors la soupape, laquelle quitte son siège et découvre l'orifice d'évacuation des gaz brûlés contenus dans le cylindre. Lorsque la came cesse d'agir, la soupape est maintenue appliquée sur son siège par un ressort à boudin antagoniste disposé autour de la tige.

La soupape d'admission est placée, dans la culasse, en face de la soupape d'échappement. Elle s'ouvre de l'extérieur vers l'intérieur sous l'action de la dépression provoquée dans le cylindre par le fonctionnement du piston pendant sa course d'aspiration. Un ressort de rappel maintient cette soupape appliquée sur son siège lorsque la dépression n'existe plus dans le cylindre.

Quand le piston aspire et que la soupape d'admission s'ouvre, il s'introduit, dans la chambre de combustion du cylindre, un mélange d'air et d'essence qui s'enflamme et qui, par son explosion, donne au piston une impulsion motrice. Le mélange tonnant se forme dans un carburateur (Fig. 474) d'où il est admis, par un conduit de communication, dans la boîte à soupape d'admission.

Le carburateur se compose d'un récipient A dans lequel l'essence est admise par le conduit inférieur D, qui communique avec un conduit vertical débouchant dans le fond de ce récipient.

Une tige cylindrique C, terminée à sa partie inférieure en forme de pointe, permet d'obturer, sous la pression d'un ressort à boudin qu'elle porte, l'orifice d'arrivée d'essence dans le récipient.

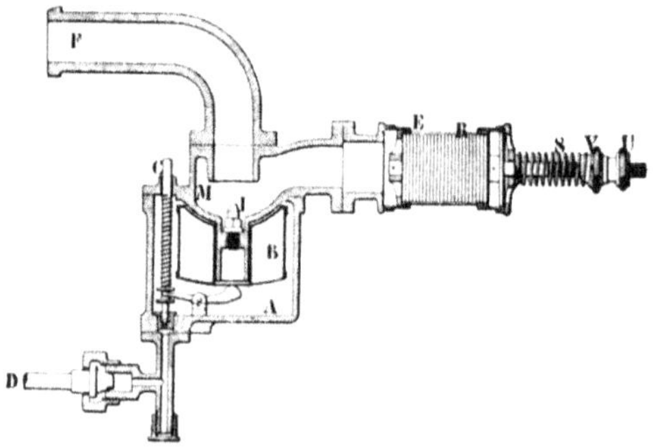

Fig. 474. – Carburateur Japy.

Cette tige est solidaire du mouvement d'oscillation d'un levier articulé sur un axe fixé sur le fond du récipient. Une extrémité de ce levier appuie constamment contre la paroi inférieure d'un flotteur B disposé dans le récipient A. Le flotteur est guidé dans son déplacement vertical par un corps cylindrique percé à sa partie centrale et surmonté d'un ajutage I constituant le gicleur.

Lorsque l'essence atteint, dans le récipient A, un niveau déterminé pour assurer un fonctionnement normal du moteur, le flotteur est suffisamment soulevé pour que la tige-pointeau C puisse, par l'oscillation du levier, venir obturer l'orifice d'arrivée d'essence.

Au fur et à mesure que l'essence passe du récipient dans le cylindre par l'ajutage I, le flotteur baisse et, en appuyant sur le levier, provoque la montée de la tige C ainsi que l'ouverture de l'orifice d'admission d'essence. Le niveau du liquide reste donc très sensiblement constant dans le récipient.

Pendant l'aspiration du moteur, l'air arrive dans la chambre de carburation par une prise d'air automatique E en entraînant l'essence qui jaillit par l'ajutage. Le mélange d'air et d'essence s'effectue et pénètre par le conduit F dans la boîte contenant la soupape d'aspiration, qui se trouve maintenue ouverte par la dépression existant dans le cylindre. Le mélange est ainsi admis dans le cylindre.

La prise d'air automatique est constituée par un tube cylindrique en laiton E qui porte des ouvertures pratiquées longitudinalement sur son pourtour. Dans le tube cylindrique est disposé un ressort à boudin R remplissant exactement ce tube et dont les spires se touchent lorsque la prise d'air ne fonctionne pas.

Un piston disposé en bout de ce ressort est solidaire d'une tige sur laquelle sont vissés les écrous V et U. Sur l'écrou V s'appuie un ressort S, qui normalement maintient le piston et le grand ressort R dans une position telle que l'air ne peut pénétrer dans le carburateur.

Aussitôt que le moteur aspire, la dépression qui se manifeste sur une des faces du petit piston de la prise d'air, provoque son déplacement dans le cylindre en laiton E. Le ressort de rappel du piston S se trouve ainsi comprimé, mais le grand ressort R contenu dans le cylindre est, au contraire, détendu, de sorte que ses spires ne se touchent plus.

Par les intervalles qui séparent les spires, l'air aspiré pénètre dans le conduit du carburateur pour se mélanger avec l'essence.

Cet ingénieux dispositif permet une admission d'air variable avec la vitesse du moteur. En effet, plus le moteur tourne vite, plus la dépression intérieure est brusque et plus le ressort R, sous cette action, se détend par l'intermédiaire du petit piston.

L'intervalle entre les spires du ressort devient de plus en plus grand, ce qui permet une entrée d'air plus considérable. Cet air, entrant ainsi en plus grande quantité par des orifices plus larges, a une vitesse d'écoulement plus faible, et la quantité d'essence entraînée est nécessairement plus réduite. La composition du mélange est ainsi appropriée au régime de marche du moteur.

Lorsque le moteur marche à une faible vitesse, comme lors de la mise en route par exemple, il y a intérêt à admettre dans le moteur un mélange plus riche en liquide combustible, de façon que l'allumage soit toujours assuré. La dépression dans le cylindre du moteur, qui est alors très faible, ne provoque qu'un léger déplacement du piston et du grand ressort dans le cylindre en laiton E. L'air pénètre avec une grande vitesse dans le carburateur, à travers les petits intervalles qui séparent les spires, et une plus grande quantité d'essence se trouve entraînée, donnant un mélange de composition plus riche, favorable à une mise en marche facile.

Pour effectuer le réglage de la quantité d'air correspondant à un régime déterminé, on fait varier la tension du ressort extérieur S en vissant ou dévissant les écrous V et U.

Le régulateur, à force centrifuge, est disposé horizontalement en bout de l'arbre du moteur. Deux leviers portant une masse à leur extrémité peuvent osciller, pendant la rotation de l'arbre, sous l'action de la force centrifuge qui s'exerce sur les masses. L'oscillation des leviers provoque, par l'intermédiaire d'une bague qui en est solidaire, la manœuvre d'un levier à deux branches qui pivote autour d'un axe fixe. L'extrémité d'une des branches est munie d'un taquet qui peut venir s'appuyer contre un épaulement ménagé sur la tige de la soupape d'échappement, ce qui constitue une sorte d'accrochage de cette tige.

Cet accrochage se produit lorsque la soupape d'échappement est écartée de son siège, et que la vitesse du moteur augmente et dépasse la limite de la vitesse normale. Le régulateur tournant à la même vitesse et ses masses s'écartant d'une quantité proportionnée, déterminent la manœuvre du levier à taquet, qui peut venir buter contre la tige et l'empêcher de s'appliquer sur son siège par la tension de son ressort de rappel.

La soupape d'échappement reste ainsi ouverte tant que le moteur tourne à une vitesse trop grande. Pendant ce temps, la soupape d'admission ne s'ouvre pas, même pendant la course d'aspiration du moteur. Ce sont les gaz brûlés évacués dans le tuyau d'échappement qui sont réintroduits dans le cylindre par l'orifice laissé découvert du fait du soulèvement permanent de la soupape d'échappement.

Il n'y a donc pas admission de mélange tonnant frais ; la vitesse du moteur diminuera, et lorsqu'elle aura atteint sa valeur normale, le régulateur tournant moins vite, ses masses se rapprocheront et le taquet abandonnera la tige de la soupape d'échappement qui pourra s'appliquer sur son siège. L'admission du mélange tonnant pourra de nouveau s'effectuer et le moteur reprendra son régime de marche pour lequel le régulateur est réglé. L'allumage peut être obtenu avec un tube à incandescence ou électriquement. Lorsque l'allumage s'effectue par tube, il faut, pour mettre le moteur en marche, remplir d'alcool un godet disposé à la partie inférieure du dispositif d'allumage et l'allumer. Une lampe à essence placée sous le tube à incandescence est mise en fonctionnement lorsque l'alcool a fini de brûler ; elle donne une flamme bleue qui chauffe le tube allumeur et le maintient à l'incandescence. L'allumage électrique peut être réalisé, soit avec une bobine à laquelle le courant est fourni par des accumulateurs, soit par une magnéto. Une bougie est, dans ce cas, disposée sur le cylindre.

Un mécanisme spécial permet de faire varier le moment de l'allumage par la manœuvre d'un levier que l'on fait osciller autour de son axe.

On doit placer ce levier de façon à obtenir une marche régulière du moteur sans chocs et sans aucun raté. S'il se produit des explosions sourdes, c'est que l'allumage s'effectue trop tard, ce qui peut être dû, soit à la composition défectueuse du mélange tonnant, soit à la position du mécanisme spécial qui donne du retard à l'allumage.

Quand les explosions sont trop vives, elles indiquent que le mélange est trop riche en combustible, ce qui n'est pas économique, ou que le mécanisme qui règle le moment de l'allumage est disposé avec une avance trop considérable.

La circulation d'eau de refroidissement du cylindre et de la culasse peut être assurée par un dispositif à pression lorsque l'eau ne doit pas resservir. On peut également établir une circulation d'eau par le procédé du thermo-siphon, qui permet d'utiliser la même eau pour assurer le refroidissement. Le graissage des organes est assuré par des godets graisseurs à débit réglable et à goutte visible.

Le moteur horizontal Japy peut recevoir diverses applications industrielles et agricoles. La figure 475 représente une vue d'ensemble d'un groupe moteur fixe actionnant une pompe.

Fig. 475. — Groupe moto-pompe à essence Japy.

Le moteur et la pompe sont montés sur un socle commun qui est fixé par des boulons dans le massif de maçonnerie. Ils sont accouplés par l'intermédiaire d'un train de roues d'engrenage et d'un embrayage à friction.

Cette disposition facilite la mise en marche du moteur et l'entraînement progressif du mécanisme de la pompe. Elle permet, en outre, le cas échéant, d'utiliser le moteur pour un autre usage. Pour cela, il suffit de rendre, par le débrayage, la pompe indépendante du moteur, et de se servir de la poulie calée sur l'arbre du moteur pour transmettre son mouvement, à l'aide d'une courroie.

Moteur vertical Japy

(Fig. 476). Le moteur vertical à essence Japy comprend des organes semblables à ceux du moteur horizontal, mais la plupart de ces organes sont disposés de façon différente.

Le moteur a un cycle de distribution à quatre temps. Son cylindre, disposé verticalement, est fixé par une embase carrée sur le socle, lequel repose sur le massif maçonné. L'arbre, horizontal, est supporté par deux paliers solidaires du socle et est relié au piston qui se meut dans le cylindre, par une bielle verticale. La distribution est assurée par une soupape d'admission à manoeuvre automatique et par une soupape d'échappement actionnée par une came. Ces deux soupapes sont placées verticalement, la soupape d'admission au-dessus de la soupape d'échappement, dans une culasse faisant corps avec le cylindre. Le cylindre et la culasse sont munis d'une chambre de circulation d'eau de refroidissement.

Fig. 476. — Moteur vertical à essence Japy.

La came qui actionne la tige de la soupape d'échappement est fixée sur un petit axe auxiliaire qui reçoit son mouvement de rotation de l'arbre du moteur par l'intermédiaire de roues d'engrenage.

Le mélange d'essence et d'air est fourni par un carburateur semblable à celui que nous avons décrit plus haut ; il est introduit dans la chambre d'inflammation lorsque la soupape d'admission se soulève automatiquement sous l'action de la dépression déterminée dans le cylindre par la course d'aspiration du piston.

L'inflammation du mélange tonnant s'effectue soit par un tube à incandescence, soit électriquement, par bobine ou magnéto.

La régulation est obtenue par l'action du régulateur à force centrifuge placé sur l'arbre du moteur qui, par l'intermédiaire d'un système de leviers vient, lorsque la vitesse du moteur est trop grande, accrocher la tige de la soupape d'échappement et empêche cette soupape de se refermer. Le vide ne peut plus se produire dans le cylindre pendant que le piston progresse et la soupape d'admission reste fermée. Il n'y a aucune admission de mélange ; cela réduit la vitesse du moteur qui redevient normale. C'est le système de régulation par tout ou rien, qui permet d'admettre dans le cylindre un mélange de composition constante déterminé pour que l'allumage puisse s'effectuer régulièrement.

D'autre part, comme ce procédé de régulation donne des irrégularités, pendant la marche, dues aux passages successifs des courses motrices aux courses à vide et inversement, on place sur l'arbre un ou deux lourds volants qui corrigent ces irrégularités.

La circulation d'eau de refroidissement peut être obtenue par la pression ou par le dispositif de thermo-siphon.

Ce moteur vertical peut être placé sur un massif en béton de ciment, ou de briques recouvertes de ciment, dans lequel on aura ménagé des trous pour recevoir les boulons de fixation qui seront scellés dans le massif.

On peut aussi, pour les faibles puissances, monter le moteur sur une pierre de taille ou sur un châssis en bois bien tenu dans le sol.

Le moteur horizontal et le moteur vertical Japy peuvent être alimentés soit avec de l'essence, ainsi que nous venons de le voir, soit avec du pétrole, de l'alcool ou même du gaz. Dans ce dernier cas, il est nécessaire de remplacer certains organes, ce qui s'effectue d'ailleurs aisément mais, pour qu'un moteur à essence fonctionne avec du pétrole ou de l'alcool, il suffit d'ajouter au moteur un dispositif de réchauffage du mélange, et ce réchauffage s'obtient en utilisant la chaleur des gaz d'échappement que l'on fait circuler autour du conduit du mélange qui est ensuite admis dans le cylindre.

Moteur horizontal Brouhot

Ce moteur se compose d'un bâti boulonné sur un socle en fonte, lequel est fixé sur le sol. Sur le bâti, qui porte les paliers de l'arbre moteur est rapporté, en bout, le cylindre, dans lequel se meut un long piston muni de six segments élastiques.

Le cylindre est à double enveloppe pour permettre une circulation d'eau de refroidissement et fermé, à l'extrémité arrière, par un plateau démontable dans lequel circule l'eau.

Un joint en cuivre-amiante est interposé entre ce plateau et le cylindre pour assurer l'étanchéité de la chambre de combustion.

Le démontage de ce fond permet de visiter et de nettoyer aisément le piston et le cylindre.

La distribution, à quatre temps, s'obtient par la manœuvre de deux soupapes disposées l'une au-dessus de l'autre dans une culasse placée sur le côté du cylindre.

La soupape d'échappement est actionnée directement par un levier sur lequel agit une came animée d'un mouvement de rotation.

Le levier de manœuvre de la soupape d'échappement, sous l'action de cette même came, quand elle présente une partie incurvée, et par l'intermédiaire d'un fort ressort et de leviers, provoque le fonctionnement de la soupape d'admission.

Le mélange tonnant admis dans le cylindre est fourni par un carburateur disposé à la partie inférieure du cylindre et comprenant un récipient à niveau constant et un corps de carburation. Dans celui-ci est établi un gicleur qui débouche dans la partie rétrécie d'un double cône. On peut, par la manœuvre d'une soupape automatique, régler l'arrivée d'air. Comme ce moteur peut fonctionner en étant alimenté soit à l'essence, à l'alcool carburé, au pétrole lampant et au pétrole lourd, un vaporisateur est disposé sur le conduit d'admission de mélange dans le cylindre, à la suite du carburateur. Le mélange peut ainsi être porté à une température qui peut varier suivant la nature du liquide combustible, de façon à assurer son allumage régulier dans la chambre de combustion.

Le vaporisateur est un récipient cylindrique en fonte de fer dans lequel les gaz d'échappement circulent, à leur sortie du cylindre, dans un conduit en forme d'hélice,

Fig. 477. – Moteur horizontal Brouhot, à essence, pétrole, alcool.

tandis que le mélange tonnant suit, dans ce même récipient, un trajet inverse avant d'être introduit dans le cylindre.

Le mélange s'échauffe ainsi et se vaporise.

La chaleur que peut emmagasiner le vaporisateur est suffisante pour vaporiser plusieurs cylindrées de mélange froid, ce qui permet de mettre en route le moteur alimenté au pétrole, après un arrêt d'une heure.

Lorsque l'arrêt est d'une plus longue durée, on met le moteur en marche en alimentant d'abord avec de l'essence ; lorsque le vaporisateur est suffisamment réchauffé, on peut alimenter avec le pétrole.

L'allumage du mélange s'effectue par la manœuvre d'une magnéto à basse tension et à induit oscillant, ce qui permet d'obtenir, malgré la marche lente du moteur, une bonne étincelle de rupture dans le cylindre.

Un régulateur à force centrifuge et à axe vertical assure la régulation, qui est du système par tout ou rien.

Lorsque la vitesse du moteur est trop considérable, l'écartement des boules du régulateur détermine l'accrochage du levier qui actionne les deux soupapes. Ce levier est immobilisé et les soupapes ne manœuvrent plus, la soupape d'admission restant fermée, l'autre étant ouverte. Il n'y a donc pas aspiration de mélange et le piston fait quelques courses à vide jusqu'à ce que la vitesse du moteur diminue.

La figure 478 représente un moteur horizontal semblable à celui que nous venons d'examiner, monté sur un chariot qui permet de le déplacer facilement pour l'employer à des usages divers.

Fig. 478. — Moteur à essence Brouhot, monté sur roues.

Le moteur est enlevé de son socle et posé sur deux longerons convenablement entretoisés. Un plancher de tôle entoure le hall et recouvre le réservoir d'eau disposé sous le chariot.

L'eau est élevée au moyen d'une pompe actionnée par le moteur ; elle sert à refroidir le cylindre et la culasse en circulant dans les chambres à eau qui y sont ménagées.

Quand elle a traversé ces chambres à eau, elle arrive à l'avant du chariot, d'où elle tombe en pluie dans le réservoir inférieur. La circulation est ainsi établie et permet à l'eau de se refroidir avant d'être réadmise dans l'enveloppe du cylindre.

Les gaz évacués par le conduit d'échappement, après avoir traversé le vaporisateur ainsi que nous l'avons dit, pour réchauffer le mélange, traversent une première bouteille d'échappement et débouchent à l'avant dans une seconde bouteille qui forme la pièce d'avant-train du chariot. De là, ils montent, en traversant la nappe d'eau qui tombe dans le réservoir inférieur, jusqu'à une cheminée qui les évacue dans l'air. L'échappement est, par cette disposition, rendu silencieux.

Moteur vertical Brouhot

(Fig. 479). Le moteur vertical Brouhot est établi pour être employé dans les installations industrielles où on ne dispose que d'un espace limité.

Le moteur est supporté par un large socle sur lequel est fixé verticalement le cylindre. Les organes qui le composent sont semblables à ceux du moteur horizontal.

Le cylindre est muni d'une enveloppe permettant une circulation d'eau de refroidissement.

Fig. 479. — Moteur vertical Brouhot à essence.

La bielle est légère pour diminuer le plus possible les trépidations et les vibrations qui se produisent pendant la marche ; le piston est long et allégé ; il porte six segments élastiques.

Les pièces mobiles sont équilibrées par des contrepoids pour donner de la stabilité au moteur.

Les soupapes reposent sur des orifices de grande section, ce qui permet aux gaz de circuler avec une vitesse assez faible.

Le carburateur qui fournit le mélange au moteur est le même que celui du moteur horizontal. L'inflammation du mélange s'effectue au moyen d'une magnéto.

Un régulateur à force centrifuge permet, suivant le régime de marche du moteur, la manœuvre de la soupape d'admission ou l'empêche de se mouvoir. La régulation est donc du système par tout ou rien.

De forts volants calés sur l'arbre assurent au moteur une bonne régularité de fonctionnement.

Moteur Campbell

Le moteur à pétrole Campbell se compose d'un bâti formant socle sur lequel sont disposés les paliers supportant l'arbre moteur et en bout duquel est fixé le cylindre.

Le cylindre, muni d'une enveloppe de circulation d'eau, est fermé par un fond que traverse la tige de la soupape d'échappement.

La distribution est assurée par la manœuvre d'une soupape d'admission placée verticalement sur le côté du cylindre et par la soupape d'échappement qui se meut horizontalement.

La soupape d'admission manœuvre automatiquement lorsque la dépression dans le cylindre est suffisante.

La soupape d'échappement est commandée. Elle reçoit son mouvement d'une came, par l'intermédiaire d'une tringle longitudinale et d'un levier articulé placé en bout de sa tige.

Le pétrole est placé dans un réservoir fixé à la partie supérieure du cylindre.

Un tuyau, muni d'un robinet qui permet d'en régler le débit, conduit le pétrole dans la boîte B de la soupape d'admission (Fig. 480). Dans cette boîte à soupape débouche un conduit d'air M.

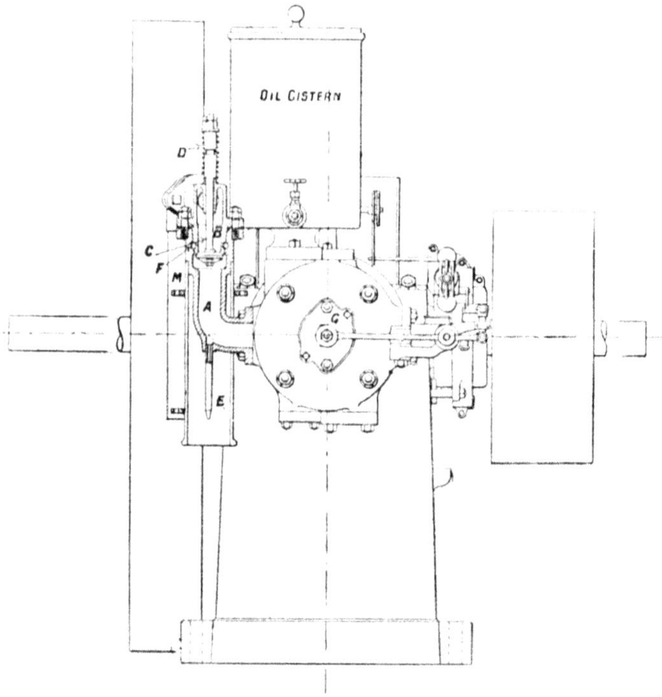

Fig. 480. — Moteur à pétrole Campbell. Coupe par le vaporisateur.

Lorsque le piston aspire dans le cylindre, la dépression créée dans le conduit A provoque l'ouverture de la soupape d'admission, qui se déplace de haut en bas en comprimant son ressort de rappel O. Le pétrole et l'air sont ainsi aspirés par l'orifice laissé découvert par suite de la manœuvre de la soupape. Le mélange tonnant se forme et pénètre dans le conduit A avant de pénétrer dans le cylindre.

Ce conduit est entouré d'une enveloppe cylindrique formant cheminée et portant, à sa partie inférieure, une lampe destinée à chauffer les parois du conduit et le tube inflammateur. Le conduit fait ainsi

Fig. 481. — Moteur à pétrole Campbell de 15 chevaux.

office de vaporisateur et lorsque le mélange y pénètre à sa partie supérieure, il est vaporisé par la chaleur de ses parois. Le mélange s'allume ensuite et arrive dans le cylindre où il donne au piston sa course motrice.

La régulation, du type par tout ou rien, est assurée par la manœuvre d'un régulateur à force centrifuge. Ce régulateur est placé sur un arbre auxiliaire horizontal, parallèle à l'axe du cylindre, qui reçoit son mouvement de rotation de l'arbre du moteur.

Lorsque la vitesse du moteur devient trop grande, les boules du régulateur, en s'écartant, provoquent l'accrochage du levier de la soupape d'échappement, de sorte que celle-ci reste écartée de son siège tant que la vitesse est trop grande. La soupape d'admission ne s'ouvre plus parce que la dépression produite dans le cylindre par la course du piston est insuffisante et il n'y a pas d'admission de mélange.

Ce type de moteur industriel à pétrole est établi pour des puissances pouvant atteindre 85 chevaux. Le moteur dont la figure 481 donne la vue d'ensemble est du type 15 chevaux, celui représenté par la figure 462 a une puissance de 40 chevaux.

Un autre type (Fig. 482), destiné spécialement à actionner des machines productrices de courant électrique, comporte un lourd volant qui, pour éviter le porte-à-faux, est monté sur l'arbre entre le palier solidaire du bâti et un palier extérieur. Ce moteur est muni d'un dispositif de mise en marche, à l'aide de l'air comprimé.

Fig. 482. — Moteur à pétrole Campbell pour production de lumière électrique, muni de son appareil de mise en marche.

Un dernier type est représenté (Fig. 463) monté sur des poutres en fer convenablement entretoisées. Il est muni de deux volants et l'arbre du moteur est supporté par deux paliers extérieurs montés sur des supports fixés eux-mêmes au sol.

Moteur Dubridge (Fig. 483). Ce moteur est alimenté avec de l'essence. Ce liquide est placé dans un réservoir que l'on peut fixer contre le mur et qui communique par un petit tuyau avec le carburateur. Ce

Fig. 483.— Moteur à essence Dubridge.

Fig. 484. — Moteur Dubridge monté sur chariot.

carburateur, placé extérieurement en bout du cylindre fournit pendant l'aspiration du piston le mélange d'air et d'essence qui est introduit dans la boîte de la soupape d'admission et, de là, par l'orifice que découvre la soupape, dans le cylindre.

La distribution s'effectue au moyen de deux soupapes : la soupape d'admission et la soupape d'échappement. Les deux soupapes sont commandées par des leviers actionnés eux-mêmes par des cames.

Les cames sont clavetées sur un arbre auxiliaire de distribution, parallèle à l'axe du cylindre, qui reçoit son mouvement de rotation de l'arbre principal du moteur par un train de roues d'engrenage.

Un régulateur à force centrifuge, dont l'axe est disposé verticalement, agit sur le mécanisme de la soupape d'admission et permet, suivant le régime de marche du moteur, l'ouverture de cette soupape, ou bien provoque sa fermeture.

La régulation est donc du système par tout ou rien.

L'inflammation du mélange s'effectue par magnéto.

La magnéto montée sur le bâti est à basse tension ; elle comporte un induit qui oscille à chaque tour de l'arbre de distribution, lorsqu'un doigt, solidaire d'un plateau entraîné par cet arbre, vient rencontrer le bout d'un levier solidaire de l'induit. Lorsque le doigt abandonne le levier, celui-ci revient brusquement, sous l'action d'un fort ressort, en entraînant l'induit ; l'étincelle se produit à l'inflammateur, lequel est disposé sur un tampon fixé sur le fond du cylindre et relié à la magnéto par des fils conducteurs.

Le cylindre est à double enveloppe permettant une circulation d'eau de refroidissement. Il est supporté par un bâti formant socle sur lequel sont disposés les paliers de l'arbre moteur.

Sur cet arbre sont clavetés un lourd volant et une poulie de commande.

La figure 484 représente un moteur semblable monté sur un chariot qui permet de le déplacer pour l'utiliser à des emplois divers.

Moteur Otto

(Fig. 485). Ce moteur construit par les Ateliers Langen et Wolf, à Milan, peut fonctionner avec l'essence, le pétrole lampant, l'alcool, le benzol. Il peut être employé dans la petite industrie à des usages multiples.

La figure 485 représente un de ces moteurs directement accouplé avec une machine dynamo-électrique. L'ensemble constitue un groupe électrogène robuste et d'encombrement réduit.

La dynamo et le moteur sont montés sur un socle commun fixé sur le massif de maçonnerie. Entre eux est placé un lourd volant, claveté sur l'arbre du moteur, qui assure la régularité de fonctionnement du groupe électrogène.

Le moteur est constitué par un cylindre horizontal dans lequel se meut un piston qui actionne l'arbre principal.

Un arbre auxiliaire de distribution reçoit son mouvement de rotation de l'arbre moteur par l'intermédiaire de roues d'engrenages. Cet arbre porte les cames actionnant les organes de distribution, le mécanisme de manœuvre de la magnéto d'allumage, et la pompe à huile qui a pour fonction de lubrifier le piston d'une façon constante et automatique.

L'arbre de distribution donne le mouvement de rotation à un régulateur, dont l'axe est disposé verticalement. Ce régulateur, à force centrifuge, par son action sur

Fig. 485. — Moteur a pétrole Otto de la Société Langen et Wolf

une valve placée dans le conduit d'admission du mélange tonnant, détermine une admission de mélange variable suivant la charge du moteur.

Un appareil gazéificateur assure la formation du mélange d'air et de liquide combustible capable de s'enflammer dans le cylindre pour produire le travail utile sur le piston.

L'allumage s'effectue par une magnéto à basse tension, ce qui permet une mise en marche rapide.

Le refroidissement du cylindre peut être assuré par une circulation d'eau ordinaire, ou bien ce refroidissement peut être réalisé par évaporation d'eau.

Le graissage des organes s'effectue, en dehors du piston lubrifié automatiquement, par des godets graisseurs à débit réglable disposés sur ces organes.

Moteur Gnôme

(Fig. 486 et 487). Le moteur à pétrole Gnôme est vertical. Il se compose d'un bâti formant carter, dans lequel sont enfermés les organes du moteur, placés ainsi à l'abri de la poussière, et pouvant, avec cette disposition, être automatiquement lubrifiés.

Le bâti est fixé sur le massif maçonné ; il supporte, de chaque côté, un palier muni de coussinets en bronze phosphoreux à longue portée. Ces coussinets possèdent un dispositif de « compensation de jeu » ; sur toute leur longueur est ménagée une rainure servant à l'écoulement de l'huile, qui peut ainsi lubrifier toute la portée de l'arbre dans le palier.

Cette huile, contenue dans le fond du bâti faisant office de réservoir, est conduite jusqu'à la rainure pratiquée dans les coussinets, par deux bagues circulaires posées sur l'arbre du moteur. Chaque bague, qui baigne par sa partie inférieure dans l'huile, est entraînée par le mouvement de rotation de l'arbre et monte, à chacun de ses tours, une petite quantité d'huile qui s'écoule dans les coussinets.

L'arbre, en forme de vilebrequin, porte, clavetés à ses extrémités, un volant et une poulie de commande. A l'intérieur du carter sont disposés, sur l'arbre, un excentrique actionnant le mécanisme d'échappement, le régulateur à boules et une poulie qui, par l'intermédiaire d'un renvoi de mouvement actionné par des cordes en acier, commande la manœuvre d'une pompe à pétrole établie dans un réservoir fixé à l'arrière du moteur.

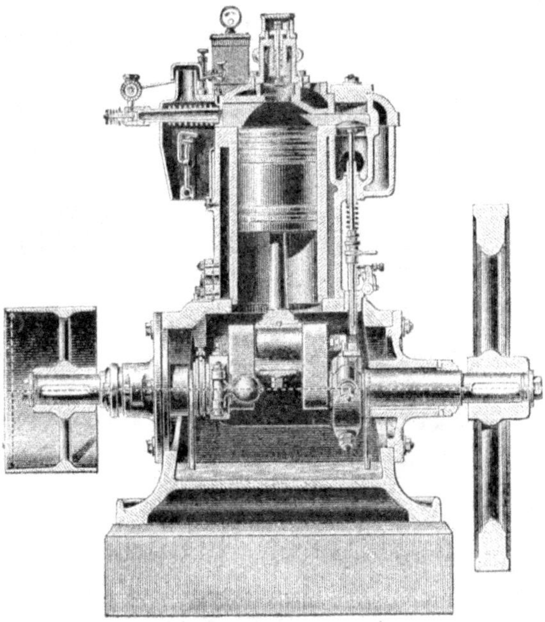

Fig. 486. — Moteur à pétrole Gnôme. Coupe longitudinale.

La bielle tourillonne sur l'axe du vilebrequin ; elle est solidaire du piston vertical, lequel est ouvert et muni de deux séries de segments élastiques.

Le cylindre dans lequel se meut le piston est rapporté sur le bâti ; il y est maintenu au moyen de boulons. Il comporte une double enveloppe formant une chambre à eau destinée à recevoir une circulation d'eau de refroidissement.

Cette eau, admise par une ouverture pratiquée à la partie inférieure de l'enveloppe passe, après avoir refroidi les parois du cylindre, dans une autre chambre à eau ménagée autour de la boîte d'échappement ; elle est évacuée par un orifice disposé à la partie supérieure du moteur.

La distribution du moteur, qui est à quatre temps, est assurée par une soupape d'admission de mélange, une soupape d'air additionnel et une soupape d'échappement.

La soupape d'admission de mélange est disposée à la partie supérieure du cylindre, sur la gauche. Elle est placée en bout d'un conduit horizontal par lequel le mélange est admis dans le cylindre. Un ressort à boudin applique normalement cette soupape sur l'orifice du conduit. Un canal vertical débouchant dans le conduit horizontal, en avant de la soupape, amène le pétrole provenant d'un récipient dans lequel il est maintenu sous pression.

Le conduit d'admission de mélange dans le cylindre traverse une sorte de cheminée dans laquelle est placée une lampe destinée à chauffer les parois de ce conduit.

La soupape d'admission d'air additionnel est disposée à la partie supérieure du cylindre sur son axe.

De même que la soupape d'admission de mélange, elle manœuvre automatiquement lorsque la dépression dans le cylindre est suffisante.

Un ressort la maintient appliquée sur son siège.

La soupape d'échappement est établie dans une boîte placée sur le côté droit du cylindre et en haut. Cette boîte est munie, ainsi que nous l'avons dit, d'une double enveloppe pour former chambre de circulation d'eau.

La soupape d'échappement est disposée verticalement ; sa tige est actionnée par l'intermédiaire de l'excentrique porté par l'arbre moteur.

Comme l'excentrique est calé sur l'arbre moteur, il ne peut actionner directement la soupape d'échappement, car celle-ci ne doit pouvoir s'ouvrir qu'une seule fois pendant que l'arbre fait deux tours. Une disposition spéciale permet d'obtenir ce résultat.

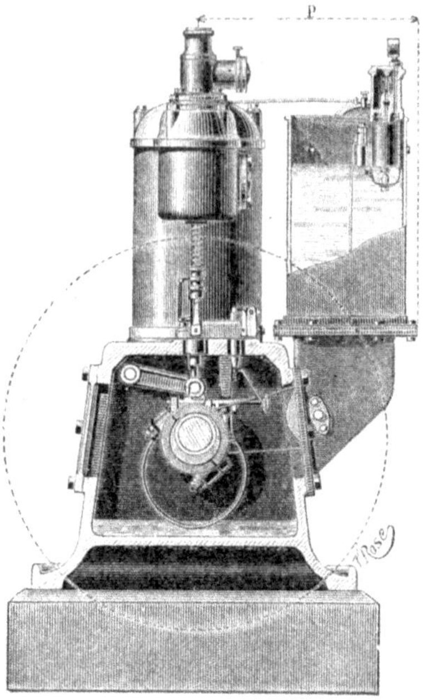

Fig. 487. — Moteur à pétrole Gnôme. Coupe transversale.

Le collier d'excentrique porte à sa partie supérieure un coulisseau muni d'un taquet. Ce taquet rencontre la tige de la soupape d'échappement et la soulève quand il est disposé en face d'elle ; mais le taquet est mobile avec le coulisseau, qui est actionné par une came dont la vitesse de rotation est deux fois plus faible que celle de l'arbre principal. Cette diminution de vitesse est obtenue en faisant engrener une vis à six filets, taillée sur l'axe de l'excentrique, avec un pignon de douze dents solidaire de la came. Grâce à ce dispositif, le coulisseau commandé par la came n'effectue qu'une seule excursion pendant que l'arbre tourne de deux tours. Le taquet ne se présente donc que chaque deux tours devant la tige de la soupape d'échappement, et celle-ci n'est ouverte qu'une seule fois pendant ces deux tours.

Pour mettre le moteur en marche, on allume la lampe placée dans la cheminée traversée par le tube horizontal d'admission de mélange, de façon que ce tube soit échauffé.

Le pétrole contenu dans un réservoir placé à l'arrière du moteur, à droite sur la figure 487, est aspiré par une petite pompe, qui reçoit son mouvement de l'arbre moteur, par l'intermédiaire de poulies de renvoi, et il est refoulé sous pression dans un récipient placé à la partie supérieure du réservoir. Ce récipient alimente la lampe-serpentin qui chauffe le conduit d'admission de mélange.

L'excès de pétrole envoyé dans ce récipient monte dans un second récipient à niveau constant, d'où il arrive, par un petit tuyau, en avant de la soupape d'admission horizontale.

Quand le piston, dans le cylindre, parcourt sa course d'aspiration, allant du haut vers le bas, le vide créé au-dessus du piston dans ce cylindre, provoque l'ouverture de la soupape d'admission de mélange, laquelle découvre l'orifice du conduit d'admission. Le pétrole sous pression arrive dans ce conduit en se mélangeant avec de l'air qui est introduit par une petite crépine.

Le mélange, passant dans le conduit d'admission chauffé par la lampe, se vaporise et pénètre dans la chambre de compression. Ce mélange, trop riche en vapeurs de pétrole ne pourrait pas, ainsi constitué, s'enflammer, mais en arrivant dans le cylindre, il rencontre une arrivée d'air supplémentaire admis par une manœuvre automatique de la soupape à air supérieure. Il forme, avec cet air, le vrai mélange tonnant, qui remplit le cylindre derrière le piston. Ce mélange est comprimé lorsque le piston remonte ; à la fin de la course de la compression, comme le tube horizontal d'admission se trouve porté à l'incandescence par la lampe, il s'enflamme, et l'explosion se produit.

Le conduit d'admission fait donc office à la fois de vaporisateur et de tube-allumeur.

Pendant la phase d'échappement, la soupape d'échappement est maintenue ouverte par l'excentrique, grâce à l'intermédiaire du taquet mobile ; les gaz brûlés sont ainsi évacués.

La régulation du moteur est du système par tout ou rien.

Elle est assurée par le régulateur. Lorsqu'en effet la vitesse du moteur est trop grande, l'écartement des boules du régulateur qui en résulte provoque, par l'intermédiaire d'un renvoi, le mouvement d'un couteau qui vient enclencher la tige de la soupape d'échappement ; cette soupape est donc maintenue soulevée tant que la vitesse du moteur n'est pas celle du régime normal. Le moteur aspire alors par le conduit d'échappement dont l'orifice est ouvert ; les soupapes d'admission de mélange et d'admission d'air ne peuvent s'ouvrir puisqu'il n'y a pas une dépression suffisante dans le cylindre. Il n'y a aucune admission de mélange tonnant.

La vitesse tend alors à diminuer, les boules du régulateur se rapprochent ; le déclenchement de la soupape d'échappement s'effectue, et cet organe reprend son fonctionnement normal.

Une manette, disposée sur la tige de la soupape d'échappement permet, par sa manoeuvre, de faciliter la mise en marche du moteur en maintenant la soupape d'échappement légèrement soulevée pendant la mise en route, pour diminuer la compression dans le cylindre.

Le graissage du piston et de la bielle est assuré par le barbotage, à chaque tour de l'arbre, de la tête de bielle dans l'huile que contient le carter, à sa partie inférieure.

Quand le moteur doit fonctionner en utilisant soit de l'essence soit de l'alcool, le réservoir de pétrole et le tube vaporisateur sont supprimés.

Sur la prise d'air de la soupape à air, en haut du cylindre, est placé un carburateur, de sorte que la soupape à air devient la soupape d'admission de mélange.

Ce mélange est enflammé soit par un tube à incandescence, soit par un dispositif d'allumage électrique par piles, accumulateurs ou magnéto.

Un réservoir contenant le liquide est placé à une certaine hauteur par rapport au moteur pour que ce liquide soit distribué sous pression.

Fig. 488. — Groupe industriel Gnôme à quatre cylindres, 40 chevaux, tournant à 1 200 tours par minute.

A la place qu'occupait, dans le moteur précédent, le réservoir à pétrole, est disposée une boîte formant cheminée à air et servant au refroidissement des organes du moteur.

La figure 488 représente un groupe industriel Gnôme composé d'un moteur à quatre cylindres actionnant un arbre sur lequel est clavetée la poulie de commande.

Ce moteur, d'une puissance de 40 chevaux, tourne à 1 200 tours par minute.

Moteur de Dion-Bouton

Le moteur vertical à essence de Dion-Bouton, dont nous donnerons la description détaillée plus loin, à propos des moteurs d'automobiles, a reçu des applications industrielles diverses, soit sous forme de groupe moteur industriel, soit sous forme de groupe électrogène.

La partie inférieure du moteur est constituée par un carter qui enveloppe les divers organes moteurs. Le cylindre, placé au-dessus, porte les organes de distribution, de carburation et d'allumage. Il est muni d'une chambre permettant une circulation d'eau de refroidissement.

Le graissage s'effectue, pour les moteurs monocylindriques à soupapes automatiques, par barbotage et avec l'intermédiaire de graisseurs compte-gouttes.

Fig. 489. — Régulateur pour moteur industriel de Dion-Bouton.

Les moteurs monocylindriques à soupapes commandées, et les moteurs à deux cylindres, sont munis d'une pompe à huile qui permet le graissage automatique sous pression.

Sur tous les groupes industriels on peut disposer un régulateur (Fig. 489).

Ce régulateur, à force centrifuge, agit sur la soupape d'échappement du moteur, de façon à maintenir la vitesse sensiblement constante.

On peut faire varier le régime de marche du moteur en faisant varier la tension du ressort du régulateur. Pour cela, il suffit de déplacer l'écrou et le contre-écrou qui servent de butée à ce ressort.

L'allumage est assuré soit par des piles avec bobine, soit par une magnéto.

L'allumeur pour moteur monocylindrique est représenté par la figure 490. Une vis A portant en bout un contact, est fixée dans un plot métallique qui est isolé de la masse. Cette vis est réglable et peut être bloquée en place par une autre vis B. Sur le contact de la vis A repose un autre contact fixé en bout d'une lame formant un des bras d'un levier à deux branches qui peut osciller autour d'un axe fixe et dont l'extrémité du second bras porte un galet qui s'appuie sur une came. Le levier et la lame porte-contact communiquent avec la masse

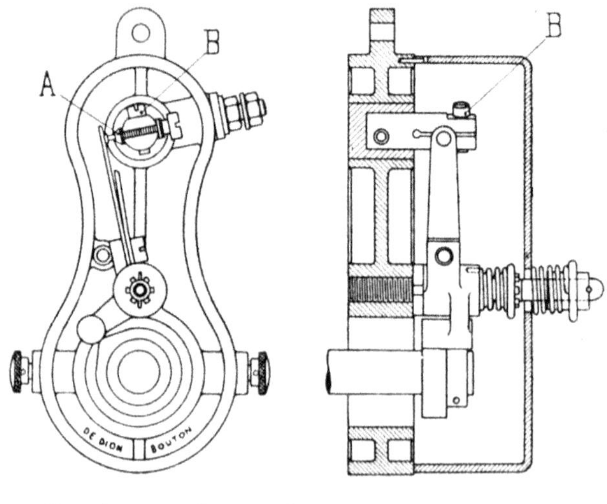

Fig. 490. — Allumeur de moteur de Dion-Bouton.

métallique. Cette came, calée sur l'arbre de distribution, porte une partie excentrée qui vient rencontrer, pendant son mouvement de rotation, le galet du levier.

Lorsque l'allumage doit se produire, la came, en agissant sur le galet, provoque l'appui des deux contacts, mais aussitôt après, la rupture se produit, parce que la came présente au galet une partie moins excentrée.

A ce moment, le courant primaire de la bobine étant interrompu, le courant secondaire induit donne naissance à l'étincelle qui jaillit à l'extrémité de la bougie.

Quand le moteur est à quatre cylindres, on emploie un dispositif de double allumage. L'allumage peut s'effectuer soit par accumulateurs, soit par magnéto. Le schéma de ce dispositif d'allumage est donné par la figure 491.

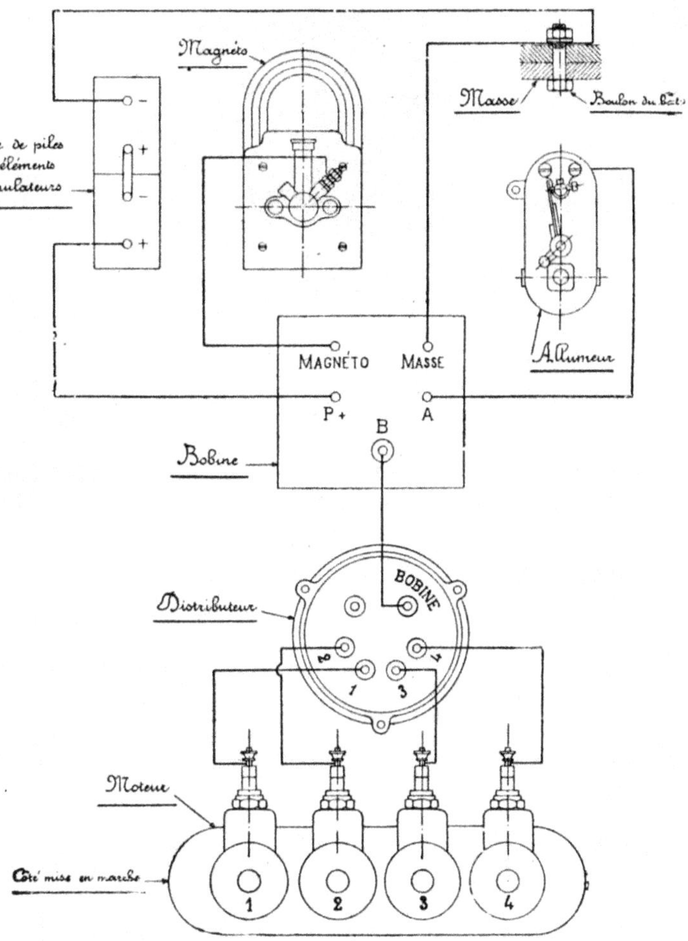

Fig. 491. — Schéma de montage des fils du moteur à quatre cylindres de Dion-Bouton.

Un allumeur est toujours disposé pour rompre le courant primaire : c'est une came de forme carrée à coins arrondis qui provoque les oscillations successives du levier de rupture.

Un distributeur est adjoint aux organes d'allumage pour permettre de distribuer le courant secondaire successivement à chacune des bougies disposées dans les quatre cylindres.

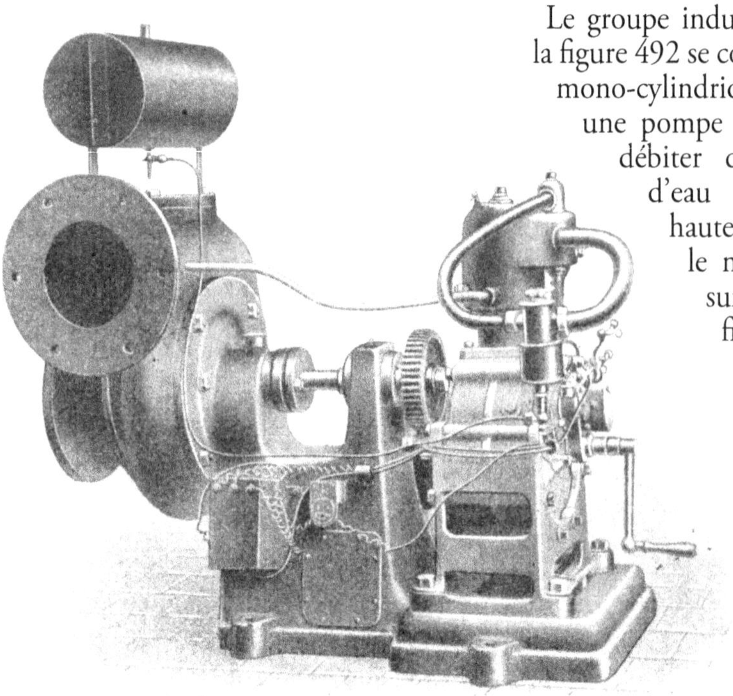

Fig. 492. – Moteur de Dion-Bouton actionnant une pompe centrifuge à refoulement et à gros débit.

Le groupe industriel représenté par la figure 492 se compose d'un moteur mono-cylindrique, actionnant une pompe centrifuge, pouvant débiter de grands volumes d'eau sous de faibles hauteurs. La pompe et le moteur sont montés sur un socle commun, fixé lui-même sur le massif de fondation.

Le moteur commande la pompe par l'intermédiaire de roues d'engrenage de diamètres différents, lesquelles permettent de réduire la vitesse de rotation de la pompe.

Le groupe représenté par la figure 494 comprend un moteur à deux cylindres, et l'arbre du moteur est directement attelé à un arbre de commande supporté par deux paliers et sur lequel sont clavetées les poulies motrices. Les groupes électrogènes, dont les figures 394 et 495 donnent

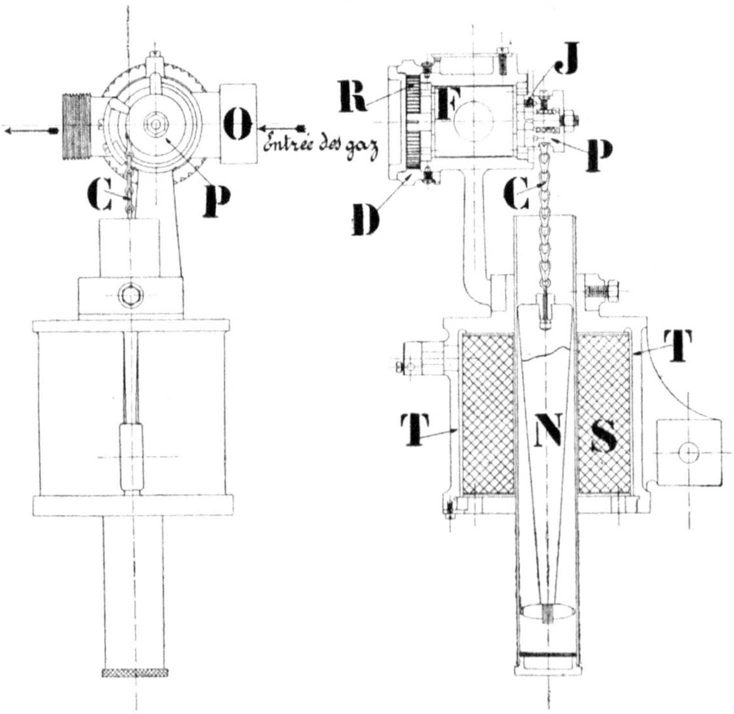

Fig. 493. — Régulateur électrique de groupe électrogène de Dion-Bouton.

Fig. 494 et 495. — Groupes électrogènes de Dion-Bouton avec moteur à deux cylindres.

deux exemples, sont constitués par l'accouplement d'un moteur avec une machine dynamo-électrique.

La dynamo est à quatre pôles et comprend un induit du type tambour-série, l'excitation étant en dérivation. Les bobines de l'inducteur sont reliées directement aux balais et il n'y a pas de rhéostat d'excitation.

La dynamo et le moteur sont montés sur le même socle.

Le groupe électrogène à poste fixe (Fig. 394) comporte un moteur à quatre cylindres.

L'autre groupe (Fig. 495) a été établi à l'usage de la télégraphie sans fil. Ce groupe possède un moteur de deux cylindres.

La dynamo peut fournir d'un côté du courant continu, de l'autre, du courant alternatif monophasé à une fréquence de cinquante périodes.

Le groupe convient bien aux dispositifs actuellement employés pour l'émission des ondes hertziennes.

Dans les groupes électrogènes on peut disposer un régulateur électrique, dont la figure 493 représente deux vues.

Le régulateur électrique se compose d'une bobine S au centre de laquelle est disposé un plongeur N, noyau de fer doux, de forme conique, pouvant se déplacer verticalement dans un tube cylindrique qui lui sert de guide.

Le circuit magnétique du solénoïde constitué par la bobine S est fermé par une carcasse T, afin de mieux utiliser le champ magnétique de ce solénoïde et de réduire la consommation d'énergie électrique due au régulateur. En outre, cette disposition protège l'appareil contre l'influence des champs magnétiques extérieurs.

A l'extrémité supérieure du noyau conique N est fixée une chaînette C rendue solidaire, à son autre bout, d'une poulie P calée sur l'axe d'un robinet à boisseau F disposé sur la tubulure O, par laquelle les gaz venant du carburateur passent pour pénétrer dans le cylindre.

A l'autre extrémité du robinet à boisseau est fixé un ressort en spirale R, relié d'autre part à une pièce D dont on peut faire varier la position. On peut, de cette façon, régler la tension du ressort et modifier la sensibilité de l'appareil. On peut aussi faire varier cette sensibilité en déplaçant le noyau N dans la bobine. Pour cela, la poulie P porte une série de trous dans lesquels on peut engager un goujon d'entraînement J qui sert à l'orienter.

Les extrémités du fil de la bobine sont reliées directement aux bornes de la dynamo.

Quand on met le moteur en marche, la dynamo s'excite et la force électromotrice prend une valeur normale.

Si la charge est peu importante et que le moteur fonctionne presque à vide, la vitesse du groupe devient trop grande, la tension du courant dépasse la tension normale pour laquelle le régulateur est réglé. Le courant qui traverse la bobine S provoque le déplacement du noyau qui est attiré et qui, en agissant sur la poulie P par l'intermédiaire de la chaînette, détermine en partie, la fermeture du robinet à boisseau. La quantité de gaz aspirée dans le moteur se trouve ainsi réduite et la vitesse du moteur diminue jusqu'à redevenir égale à la vitesse normale.

La tension du courant faiblit et le noyau N n'étant plus attiré reprend, dans le centre de la bobine, sa position normale sous l'action du ressort en spirale de rappel R. Le robinet à boisseau découvre une section de passage correspondant à une admission normale de mélange gazeux dans le cylindre. Le régulateur électrique suit toutes les variations de vitesse du moteur et maintient constante la force électromotrice de la dynamo.

Moteur Renault

Les moteurs Renault, construits pour actionner des voitures automobiles, conviennent aussi pour former des groupes industriels. Les figures 496 et 497 donnent les vues d'ensemble de deux groupes électrogènes Renault.

Le premier (Fig. 496) comporte un moteur de 8 chevaux à deux cylindres.

Le diamètre d'alésage des cylindres est 75 millimètres ; la course des pistons est de 200 millimètres.

Ce moteur, qui tourne à 750 tours, a été établi pour fonctionner très régulièrement,

Fig. 496. – Groupe électrogène Renault de 8 chevaux, deux cylindres, 750 tours.

de façon que l'on puisse l'accoupler avec une machine productrice de courant électrique.

Cette régularité de marche est obtenue à l'aide d'un régulateur spécial qui, en agissant sur l'admission des gaz, assure un régime de fonctionnement constant, malgré les variations de la charge que supporte le groupe électrogène.

La vitesse de régime convenable est déterminée par la manœuvre d'un écrou réglable, et facilement abordable.

Un carburateur semblable à celui que nous avons précédemment décrit, fournit au moteur le mélange tonnant dont l'inflammation est assurée par une magnéto à haute tension à induit tournant. Des bougies placées dans la culasse du cylindre déterminent l'allumage.

Le graissage des divers organes s'effectue automatiquement. Une petite pompe puise l'huile contenue dans le carter et la refoule dans une rampe munie de dispositifs à gouttes visibles et à débit réglable, d'où elle est distribuée aux pièces à lubrifier.

Le moteur comprend un carter en fonte constituant son bâti qui est fixé sur un socle supportant aussi la dynamo.

Une plaque de regard ménagée sur le carter permet de procéder à la visite et au nettoyage des divers organes moteurs : bielle, arbre, etc.

Le second groupe électrogène Renault (Fig. 497) comprend un moteur à quatre cylindres formant deux groupes de deux. Le diamètre d'alésage des cylindres est de

Fig. 497. – Groupe électrogène Renault, 26 chevaux, quatre cylindres, 100 tours.

120 millimètres, la course des pistons est de 140 millimètres et la vitesse normale du moteur est de 1 000 tours. La puissance du moteur est de 26 chevaux.

Les soupapes assurant la distribution sont toutes disposées d'un même côté du moteur et sont actionnées par un seul arbre de distribution portant les cames de commande façonnées dans la masse.

Un régulateur à force centrifuge maintient la vitesse constante par son action sur l'admission des gaz dans les cylindres.

Le graissage est automatique. Il s'effectue au moyen d'une pompe à mouvement alternatif qui prend l'huile de graissage dans le carter pour l'envoyer dans un distributeur d'où elle est admise dans les paliers.

Par l'action de la force centrifuge, l'huile arrive jusqu'aux coussinets des têtes de bielle qui sont ainsi lubrifiés.

Moteur Diesel

Le moteur Diesel diffère, comme principe, des divers moteurs à pétrole et à essence que nous venons d'examiner. Ce n'est pas un moteur à explosion. C'est un moteur thermique dans lequel on peut utiliser, comme liquides combustibles, des huiles lourdes dont l'inflammation est assurée sans le secours d'aucun des dispositifs d'allumage employés ordinairement dans les moteurs à pétrole.

Une compression préalable, dans le cylindre, de l'air atmosphérique porté à une pression considérable de 30 à 35 atmosphères, détermine l'échauffement de cet air, de sorte que le liquide combustible injecté par des appareils spéciaux au milieu de cet air, à la fin de la compression, s'enflamme au fur et à mesure qu'il prend contact avec lui. La combustion est progressive ; elle détermine dans le cylindre la production de gaz qui, par leur action sur le piston, donnent lieu à une course motrice sans qu'il y ait explosion.

Ce moteur, conçu par l'ingénieur allemand Diesel fut, pendant quelques années, de 1893 à 1897, expérimenté et subit des modifications successives dans les Ateliers d'Augsbourg. Après des alternatives de succès et d'insuccès, le premier moteur utilisé industriellement fut établi, en 1897, pour fonctionner avec des huiles lourdes de

Fig. 498. — Moteur Diesel à deux cylindres, de 120 chevaux effectifs. (Ateliers d'Augsbourg.)

pétrole. Depuis, on a apporté à ce moteur des perfectionnements qui en font un moteur industriel de premier ordre.

Le moteur Diesel monocylindrique, construit par les Ateliers d'Augsbourg et Nuremberg, est représenté en coupe longitudinale par la figure 499 et en coupe transversale par la figure 500.

C'est un moteur vertical qui se compose d'un bâti à deux montants dont les deux pattes inférieures sont fixées sur un socle posé sur le massif maçonné et qui y est maintenu assujetti par des boulons.

Avec le socle sont venus de fonte les corps des deux paliers entre lesquels tourne le vilebrequin ménagé sur l'arbre moteur pour former manivelle.

L'arbre du moteur est donc disposé horizontalement entre les deux montants du bâti et à la partie inférieure du moteur. Les montants du bâti sont venus de fonte avec l'enveloppe extérieure du cylindre. Le cylindre est constitué par un fourreau rapporté dans cette enveloppe de façon à ménager autour de sa paroi une capacité permettant une circulation d'eau de refroidissement.

Le cylindre est ouvert à la partie inférieure et est fermé à sa partie supérieure par un couvercle sur lequel sont disposées les diverses soupapes nécessaires pour la distribution de combustible dans le cylindre et pour la mise en marche. Ce couvercle est muni également d'une chambre de circulation d'eau.

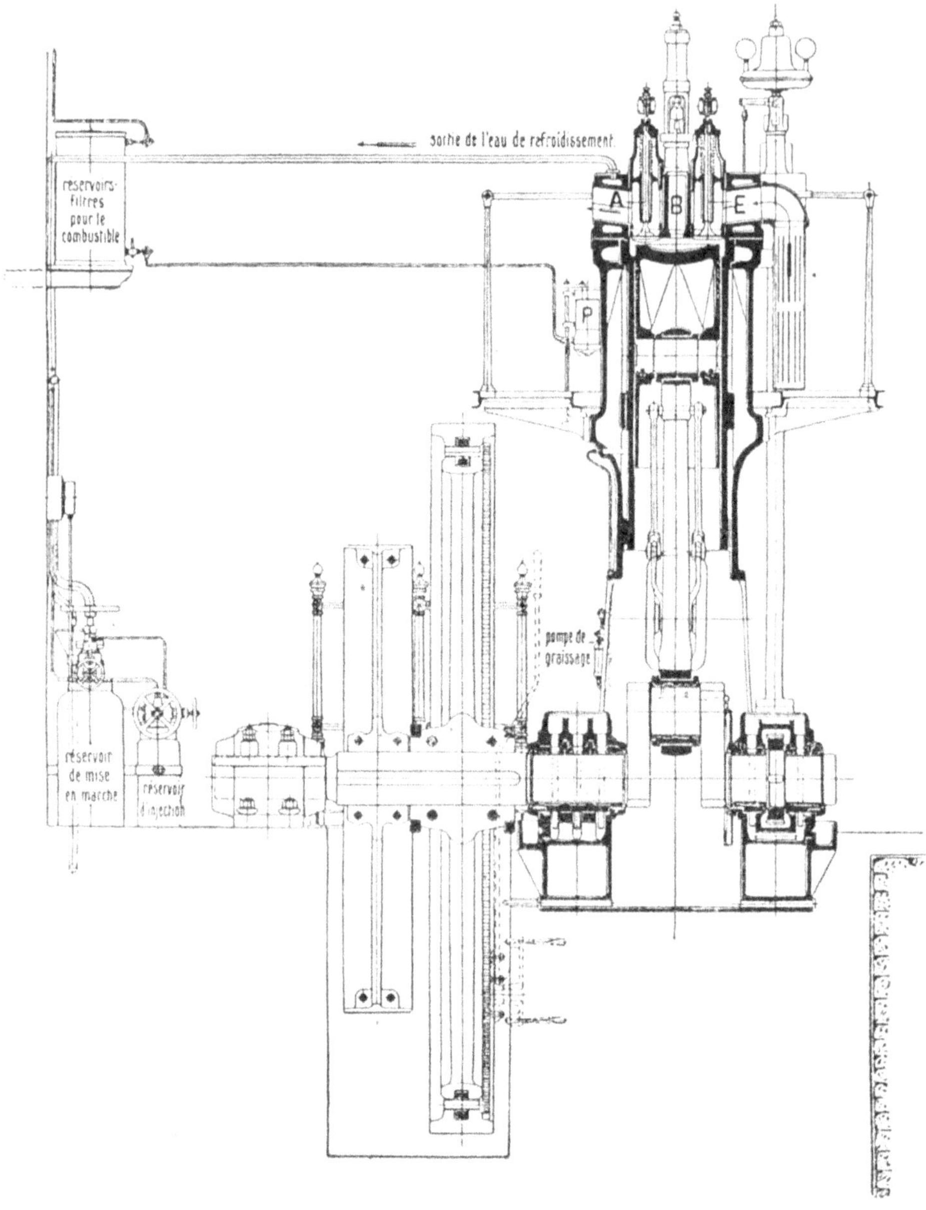

Fig. 499. — Moteur Diesel. Coupe longitudinale. (Ateliers d'Augsbourg.)

Le piston qui se meut verticalement dans le cylindre a une grande longueur pour assurer son guidage et réduire l'usure. Il est garni de segments métalliques d'étanchéité, et il est ouvert à une de ses extrémités pour donner passage à la bielle qui s'articule sur son axe.

L'autre extrémité de la bielle tourillonne sur l'axe de la manivelle de l'arbre moteur.

Cet arbre est supporté par les deux paliers ménagés sur le socle et par un troisième palier fixé sur le massif de maçonnerie et séparé du socle du moteur par une fosse donnant passage au volant.

Le volant et une poulie de commande sont clavetés sur l'arbre entre deux paliers pour éviter leur montage en porte-à-faux.

Le volant est muni d'une couronne intérieure sur le pourtour de laquelle sont pratiqués des crans servant à rendre facile sa manœuvre pour placer les organes du moteur dans la position favorable à la mise en marche.

Cette manœuvre du volant s'effectue au moyen d'un levier que l'on actionne à la main en lui imprimant des mouvements oscillants successifs.

Une sorte de cliquet dont la branche s'engage dans les crans pratiqués sur la couronne du volant pousse le volant à chaque mouvement oscillant du levier et provoque sa rotation.

Les soupapes disposées sur le couvercle du cylindre sont au nombre de quatre. Elles sont toutes placées verticalement.

La soupape d'admission d'air E a comme siège l'orifice d'un conduit qui se prolonge extérieurement par un tuyau vertical par lequel l'air atmosphérique est, à chaque cycle de la distribution, introduit dans le cylindre.

La soupape d'échappement A est établie sur le conduit d'évacuation des gaz brûlés.

La soupape d'admission de liquide combustible B est disposée au centre du couvercle.

Son siège constitue l'orifice de communication entre la boîte de cette soupape, dans laquelle se déverse le liquide combustible, et le cylindre. Le combustible arrive dans la boîte de la soupape par un tuyau branché sur une petite pompe P ; elle le puise dans des réservoirs-filtres.

Dans la même boîte à soupape B débouche un second tuyau, qui amène de l'air comprimé provenant d'un récipient appelé réservoir d'injection.

La quatrième soupape V est la soupape de mise en marche du moteur. Elle permet, par son ouverture, d'admettre dans le cylindre de l'air comprimé provenant d'autres réservoirs, dans lesquels on maintient une pression déterminée.

Les trois premières soupapes sont actionnées par des cames au moyen de leviers oscillants.

La soupape de mise en marche n'est pas actionnée pendant le fonctionnement normal du moteur. Une manette spéciale permet de disposer le mécanisme de commande de cette soupape lors de la mise en route du moteur, de façon qu'elle soit régulièrement actionnée comme une soupape d'admission, pour que l'air comprimé puisse agir au moment convenable sur le piston.

Les cames qui commandent le mouvement des soupapes sont fixées sur un arbre de distribution horizontal placé à la partie supérieure du cylindre, parallèlement à l'arbre principal.

L'arbre de distribution reçoit son mouvement de rotation de l'arbre moteur par l'intermédiaire d'un axe vertical et de deux trains d'engrenages.

A l'extrémité supérieure de l'axe vertical intermédiaire est fixé le régulateur à force centrifuge.

Ce régulateur agit sur le débit de la pompe d'injection de liquide P, et en faisant varier, suivant la charge du moteur, la quantité de combustible à admettre dans la boîte à soupape d'injection R, assure la régulation.

L'air comprimé, servant soit à la mise en marche du moteur, soit à assurer l'injection du liquide combustible dans le cylindre, et contenu dans des réservoirs spéciaux, est fourni par une pompe L, fixée verticalement contre le bâti du moteur.

Ce compresseur d'air se compose d'un corps de pompe dans lequel se meuvent deux pistons solidaires l'un de l'autre, dont les diamètres sont différents

Le mouvement alternatif des pistons leur est donné par la bielle même du moteur, par l'intermédiaire de deux biellettes auxiliaires tourillonnant sur le pied de la bielle et imprimant à un balancier en bout duquel est articulée la bielle de commande de la pompe, un mouvement d'oscillation autour d'un axe fixe. Le mouvement d'oscillation du balancier provoque le mouvement de va-et-vient des pistons dans le corps de pompe, et la compression de l'air dans les réservoirs à une pression pouvant atteindre de 40 à 45 kilogrammes.

Le moteur Diesel est un moteur à simple effet et fonctionne à quatre temps.

Au premier temps, le piston parcourt dans le cylindre une course dirigée du haut vers le bas. Pendant ce déplacement, la soupape d'admission d'air E est ouverte et une cylindrée d'air atmosphérique est introduite, par l'orifice que découvre la soupape, dans le cylindre au-dessus du piston. C'est la phase d'aspiration ; elle diffère de celle

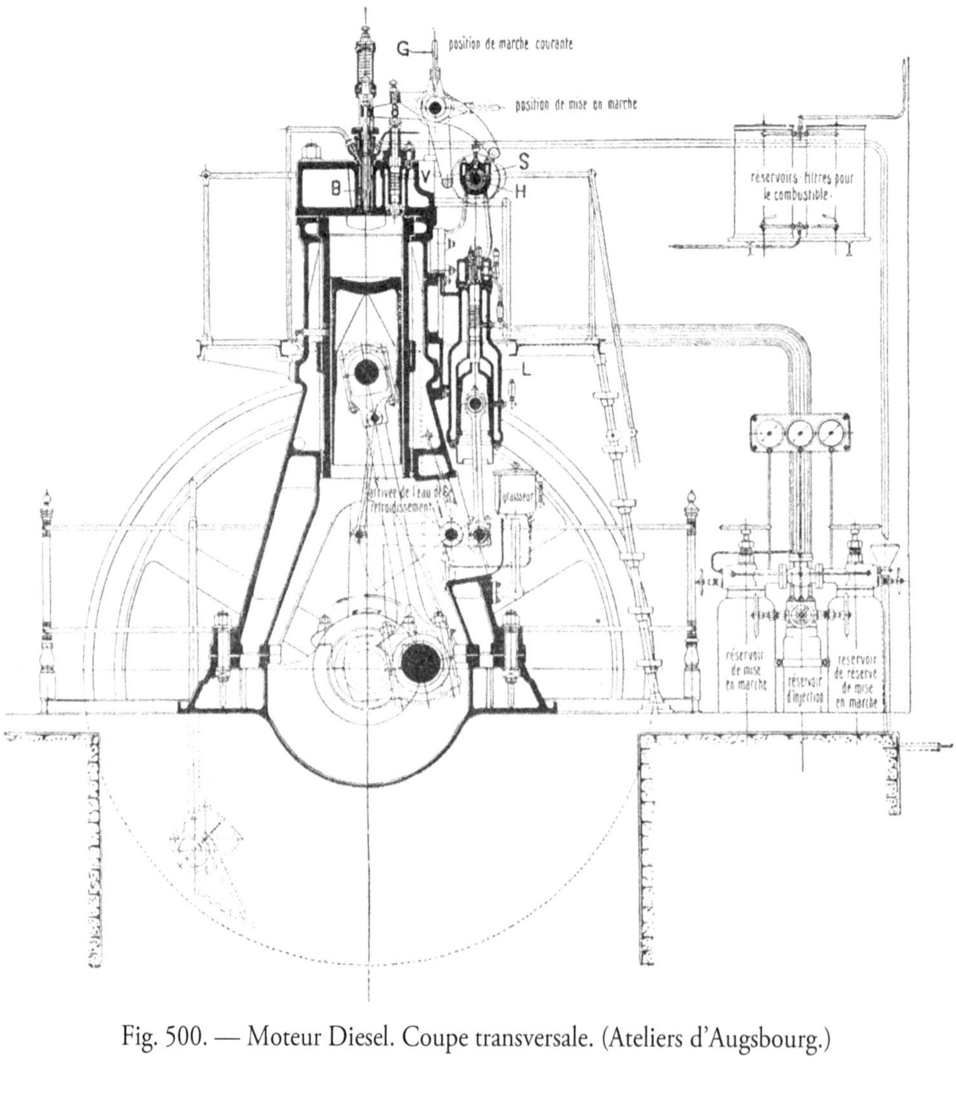

Fig. 500. — Moteur Diesel. Coupe transversale. (Ateliers d'Augsbourg.)

des moteurs à pétrole ou à gaz ordinaires en ce que dans le moteur Diesel c'est l'air seul qui est admis dans le cylindre, au lieu d'un mélange d'air et de combustible comme cela se produit dans les autres moteurs.

Lorsque le piston commence sa course au deuxième temps, course dirigée du bas vers le haut, toutes les soupapes sont maintenues appliquées sur leur siège par leur ressort de rappel, les cames n'actionnant pas à ce moment leur mécanisme de commande. L'air admis dans le cylindre pendant la course précédente est comprimé dans ce cylindre et à la fin du deuxième temps, qui est la phase de compression, il se trouve comprimé à une pression d'environ 30 à 35 atmosphères.

Cet air est ainsi fortement échauffé et peut enflammer le liquide combustible qui va être injecté dans le cylindre à la phase suivante.

Au troisième temps, représenté par la deuxième course du piston vers le bas, la soupape d'admission du combustible B s'ouvre. La quantité de combustible fournie par la petite pompe P et réglée par la manoeuvre du régulateur, est injectée dans le cylindre graduellement à l'aide de l'air comprimé contenu dans le réservoir d'injection et qui arrive, ainsi que nous l'avons dit, par un conduit, dans la boîte à soupape d'admission B.

Au contact de l'air échauffé, le combustible s'enflamme progressivement pendant tout le temps que dure son admission. Pendant que cette combustion s'effectue, les gaz produits agissent sur le piston pour le pousser vers le bas et la chaleur du cylindre ne diminue pas sensiblement, ce qui est une condition favorable à la bonne utilisation du combustible. Après un certain chemin parcouru par le piston dans cette troisième phase, la soupape d'admission B se ferme ; l'injection de combustible cesse et les gaz contenus dans le cylindre continuent à agir sur le piston en se détendant jusqu'à la fin de sa course.

Fig. 501. — Six moteurs Diesel de 2 400 chevaux effectifs.
Station centrale électrique de Kieff.

Lorsque le piston fait, au quatrième temps, sa dernière course vers le haut, la soupape d'échappement A, qui s'est ouverte à la fin du troisième temps, laisse découvert l'orifice d'évacuation des gaz brûlés. Ces gaz, refoulés par le piston qui remonte, sont alors expulsés du cylindre. A la fin de la quatrième course du piston, la soupape d'échappement se ferme, la soupape d'admission d'air s'ouvre, et un nouveau cycle de distribution commence, semblable à celui que nous venons d'examiner.

Le graissage des organes du moteur s'effectue automatiquement et sous pression, par l'intermédiaire d'une pompe à huile. On voit donc que les ingénieuses particularités qui caractérisent le moteur Diesel sont un allumage automatique sans le secours d'un dispositif à flamme ou électrique et la combustion graduelle du liquide combustible dans un milieu à température sensiblement constante.

Il en résulte que le diagramme représentant les diverses phases de la distribution a la forme représentée par la figure 502.

La ligne AB représentant la course d'aspiration d'air atmosphérique se confond avec la ligne atmosphérique XY.

Pendant la seconde course du piston BC, l'air est comprimé et cette compression atteint une valeur de 30 atmosphères.

Dans la troisième course du piston il y a, nous l'avons dit, deux phases : la première, pendant laquelle le liquide injecté détermine une combustion progressive, la seconde, qui est la phase de détente, et qui commence lorsque l'injection de liquide cesse. Ces deux phases sont indiquées sur le diagramme, par la courbe CDE, pendant la troisième course du piston CE.

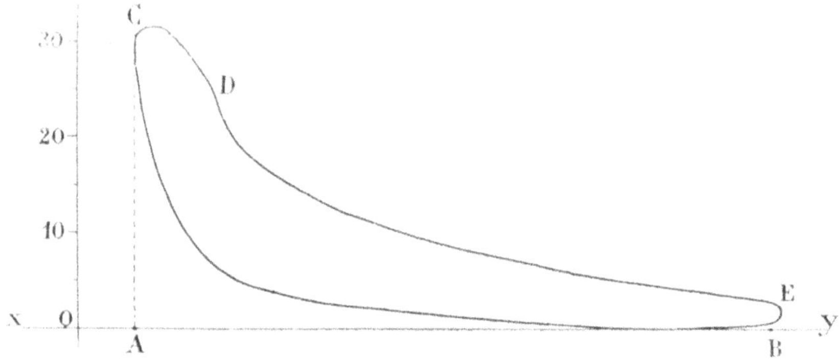

Fig. 502. — Diagramme de moteur Diesel.

Du point C au point D, la courbe, au lieu de retomber brusquement, comme dans les diagrammes de moteurs à explosion, conserve une forme convexe, qui augmente la surface du diagramme, ce qui s'explique par ce fait que la température ne diminue pas dans le cylindre pendant tout le temps que la combustion s'effectue , temps pendant lequel le piston parcourt une partie de sa course correspondant à la courbe CD du diagramme.

La seconde partie DE de la courbe est la courbe de détente normale.

Du point E au point A, les gaz brûlés sont évacués à l'air libre et la courbe correspondante du diagramme est la ligne EA, qui se confond sensiblement avec la ligne atmosphérique.

Le moteur Diesel a, comme on peut l'apprécier d'après ce qui précède, un bon rendement thermique. Ses organes travaillent sans chocs brusques, par suite de la combustion progressive, et son fonctionnement est silencieux.

Il ne nécessite aucun organe gazéificateur, carburateur, ou vaporisateur. En outre, comme la combustion du liquide introduit dans le cylindre est complète, on n'a pas à craindre que les gaz évacués sortent du conduit d'échappement en répandant une odeur désagréable.

La combustion complète offre surtout le grand avantage de ne pas laisser de résidus dans les conduits de passage des gaz et dans le cylindre. Les soupapes et le piston ne s'encrassent pas, de sorte que le moteur peut fournir un service ininterrompu de longue durée, sans être nettoyé.

Les explosions anticipées qui risquent de se produire dans les moteurs à pétrole lorsque la compression est poussée à un degré trop élevé, ne peuvent avoir lieu dans le moteur Diesel, du fait que le combustible n'est introduit dans le cylindre qu'à la fin de la course de compression. Avant la fin de cette course, le cylindre ne contient que de l'air atmosphérique comprimé. Les qualités thermiques du moteur Diesel contribuent à réduire sa consommation en combustible. Cette consommation, en employant un combustible pouvant fournir 10 000 calories au kilogramme, peut varier de 180 kilogrammes, pour les grands moteurs, à 230 kilogrammes, pour les petits moteurs, de liquide combustible par cheval et par heure. Pour une faible charge du moteur la consommation est légèrement plus élevée que lorsque le moteur marche à son régime normal. La consommation d'eau de refroidissement est faible. Elle est d'environ 10 litres par cheval-heure effectif pour les grands moteurs et de 15 litres pour les moteurs de faibles puissances, en supposant que l'eau de refroidissement soit admise dans le moteur avec une température de 10 degrés et qu'elle en sorte portée à une température de 70 degrés environ.

Le moteur Diesel peut être alimenté avec des huiles de pétrole lourdes dont le prix de revient est faible.

L'huile de graissage des machines, l'huile lourde de schiste, l'huile de paraffine, le naphte brut sont des combustibles qui peuvent être utilisés. D'une façon générale, les liquides combustibles donnant au minimum 10 000 calories par kilogramme conviennent à l'alimentation de ce moteur.

On a également essayé d'alimenter le moteur Diesel avec des combustibles solides réduits à l'état pulvérulent, comme la poussière de charbon. Les résultats obtenus n'ont pas été très satisfaisants, la difficulté étant considérable d'injecter le combustible dans le cylindre par des ajutages de section très réduite, sous une forte pression et à une température très élevée. En outre, le combustible solide ne pouvait être réparti régulièrement dans toute la masse d'air échauffée contenue dans le cylindre. On a alors admis la poussière de charbon en même temps que l'air pendant la période d'aspiration, de sorte que pendant la compression, le combustible solide s'échauffe, se distille et à la fin de la compression, en injectant une petite quantité de combustible liquide, on provoque l'allumage du mélange.

Le moteur Diesel dont la figure 498 donne une vue d'ensemble, construit par les Ateliers d'Augsbourg et Nuremberg, est à deux cylindres. Il a une puissance de 120 chevaux effectifs. Le moteur représenté par la figure 503 comporte trois cylindres.

La station centrale électrique de Kieff (Fig. 501) fournissant le courant aux tramways, comporte 6 groupes électrogènes avec moteurs Diesel. La puissance de cette installation atteint 2 400 chevaux effectifs.

Le moteur Diesel à deux cylindres dont la figure 504 représente la vue d'ensemble, est construit par les Ateliers Langen et Wolf de Milan.

Ce moteur ne diffère pas, comme principe, du moteur Diesel que nous venons de décrire ; la distribution s'y effectue de la même façon et donne lieu, également, à la combustion progressive du mélange dans le cylindre.

Quelques organes auxiliaires sont disposés, simplement, de façon différente. Le compresseur d'air, notamment, ou pompe qui comprime l'air dans les réservoirs spéciaux à une pres-

Fig. 503. — Moteur Diesel à trois cylindres.

Fig. 504. — Moteur Diesel à deux cylindres. (Ateliers Langen et Wolf.)

sion de 40 à 45 atmosphères, pour servir à l'injection de liquide combustible ou à la mise en marche est, dans ce moteur, disposé transversalement en bout du socle du moteur, du côté opposé au volant. Ce compresseur à piston différentiel est refroidi par une circulation d'eau et son mouvement lui est donné directement par l'arbre du moteur.

Le moteur Diesel à quatre cylindres (Fig. 505), construit par les mêmes ateliers, a son compresseur d'air établi de la même façon et possède trois réservoirs à air comprimé munis de manomètres. L'un des réservoirs alimente le dispositif d'injection de combustible, un autre contient l'air comprimé nécessaire pour mettre en route le moteur, le troisième constitue une réserve d'air comprimé pour la mise en marche.

Fig. 505. — Moteur Diesel à quatre cylindres. (Ateliers Langen et Wolf.)

Chapitre XIV

MOTEURS DE VOITURES AUTOMOBILES ET DE BATEAUX

MOTEURS : De Dion Bouton, — Clément, — Brasier, — Renault, — Panhard et Levassor, — Peugeot, — Hotchkiss, — Mors, — Charron, — Boudreaux-Verdet, — Gnôme, — Delaunay-Belleville, — Cohendet, — Daimler, — Cazes, — Gardner, — Diesel.

Les moteurs à explosion actionnant des véhicules automobiles et qui ont été aisément appliqués à la commande des bateaux, sont arrivés aujourd'hui à un très haut degré de perfection.

Depuis longtemps, le problème de la traction mécanique des véhicules était posé et successivement les Serpollet, les Bollée, les de Dion-Bouton, cherchèrent à le résoudre par l'emploi du moteur à vapeur.

Ce ne fut cependant que lorsque le moteur à explosion à essence et à pétrole fut mis au point, que l'Automobilisme se développa avec une rapidité prodigieuse pour devenir, au bout de peu d'années, une industrie de premier ordre. Quoique les progrès de l'industrie automobile soient dus à des causes multiples, on peut dire que c'est surtout grâce aux perfectionnements importants et nombreux apportés dans la fabrication, le fonctionnement et le rendement des moteurs à explosion, qu'elle a pris son essor prodigieux.

A ces perfectionnements des moteurs, aux études laborieuses auxquelles leur établissement a donné lieu, aux essais répétés qui, au fur et à mesure, permettaient de diminuer la consommation de combustible et le poids du moteur, s'attachent les noms des précurseurs, des vaillants pionniers qui ont ainsi ouvert une voie nouvelle et féconde à l'activité industrielle : les Lenoir, Delamarre-Debouteville, Daimler, Panhard et Levassor, De Dion-Bouton, Peugeot, Forest, etc.

Ce dernier, par son ingénieuse conception du moteur polycylindrique dont il fut le créateur et l'inlassable propagateur, peut revendiquer une large part dans le progrès du moteur puissant et léger, auquel on doit non seulement le succès de l'Automobilisme mais, encore, celui de l'Aérostation dirigée et de l'Aviation.

Forest, en effet, a construit de nombreux types de moteurs. Dès 1888, il établissait un moteur à explosion comportant cinq cylindres disposés verticalement, dont quatre fonctionnaient à haute pression et le cinquième à basse pression, puis il construisait un moteur vertical à six cylindres.

De 1889 à 1891 ce sont des moteurs verticaux qu'il crée, à 4 et 8 cylindres, à marche réversible, mise en marche automatique, compression variable. En 1895 sont établis des moteurs de 500 chevaux à 18, 20 et 24 cylindres rayonnants. Ce dernier moteur, représenté par la figure 506, était formé de 4 groupes de six cylindres et fut primé en 1896, lors du concours des sous-marins organisé par le ministre de la marine.

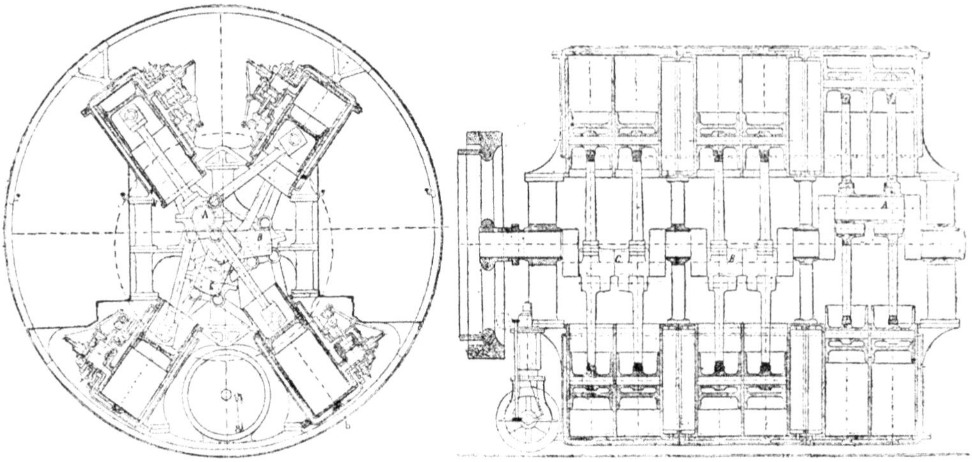

Fig. 506. – Coupe d'un moteur Forest de 500 chevaux, à 24 cylindres (1896).

Forest avait également, en 1888, fait breveter un moteur de 32 cylindres rayonnants, dont nous parlerons plus loin, et qui peut être considéré comme le prototype des moteurs actuels d'aéroplanes.

Nous allons, parmi les nombreux moteurs d'automobiles et de bateaux, décrire quelques types parmi les plus répandus.

Moteur de Dion-Bouton

(Fig. 507 à 510). Le moteur à essence de Dion-Bouton, dont la figure 507 représente une coupe longitudinale, la figure 508 une coupe transversale et les figures 509 et 510 deux vues d'ensemble, a une puissance de 18 chevaux : il a été établi pour actionner une voiture automobile. Il se compose de quatre cylindres disposés verticalement, fondus deux par deux. Le diamètre d'alésage des cylindres est de 90 millimètres ; la course des pistons a une valeur de 120 millimètres et la vitesse de rotation normale de l'arbre moteur est de 1 400 tours par minute.

Les soupapes ou clapets, assurant la distribution sont commandés par des cames.

Le mélange tonnant est fourni par un carburateur à dosage automatique. L'allumage est obtenu par l'emploi d'une magnéto à haute tension et le graissage s'effectue sous pression.

Le moteur comprend un bâti (fig. 507 et 508) portant des semelles qui servent à le fixer solidement sur le châssis de la voiture. Le bâti forme une partie du carter destiné à protéger les organes moteurs contre les poussières. L'autre partie 5 du carter occupe la partie inférieure du moteur et est rendue solidaire du bâti par un assemblage à boulons. Le fond du carter est fait en forme de cuvette et reçoit l'huile destinée au graissage. Un tamis 26, recouvrant cette cuvette, permet d'arrêter les matières étrangères que peut contenir l'huile quand elle est versée par l'orifice 30 (Fig. 508) dans le carter, de sorte que la pompe de graissage n'aspire par le tuyau 17 que de l'huile propre contenue dans la cuvette.

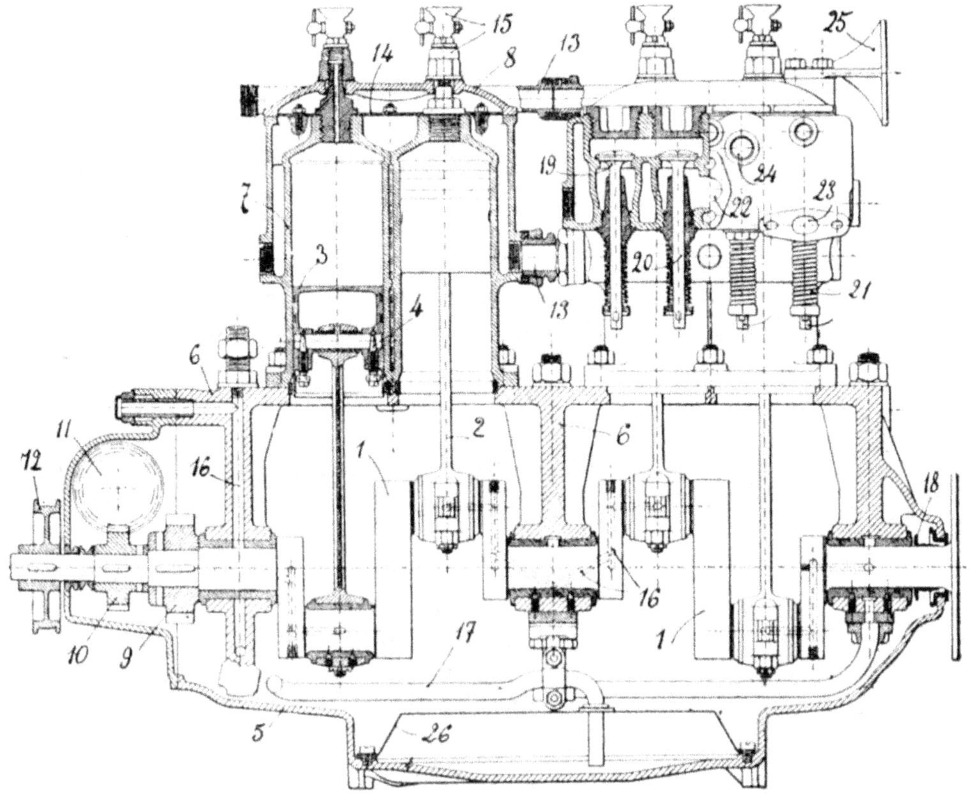

Fig. 507. — Moteur d'automobile à quatre cylindres, de Dion-Bouton. Coupe longitudinale.

Les cylindres 7 sont fixés à la partie supérieure du bâti. Deux cylindres sont fondus d'une même pièce avec leur double enveloppe permettant d'établir une circulation d'eau de refroidissement. Un diaphragme 14 disposé à l'extrémité des cylindres, dans la chambre à eau, assure cette circulation.

Les chambres de circulation d'eau des deux groupes de cylindres sont mises en communication par deux raccords à joints étanches 13.

L'eau est admise dans le cylindre d'avant, qui se trouve à gauche dans la figure 507, par une ouverture placée à la partie inférieure de la chambre à eau ; elle sort, après sa circulation autour des quatre cylindres, par un conduit aboutissant également en avant du moteur, mais placé à la partie supérieure.

La circulation d'eau est assurée par la manœuvre d'une pompe centrifuge que l'arbre du moteur actionne par l'intermédiaire des pignons à denture hélicoïdale 10 et 11. En sortant du conduit d'évacuation des cylindres, l'eau arrive dans un radiateur placé à l'avant de la voiture. Ce radiateur, sorte de serpentin muni d'ailettes, favorise le refroidissement de l'eau qui le traverse, et qui, lorsqu'elle y est admise, possède une température assez élevée.

Chaque groupe de deux cylindres est surmonté d'une calotte 8 formant couvercle ; elle porte, au-dessus de chaque cylindre et dans son axe, un robinet 15 disposé sur un conduit qui débouche dans ce cylindre.

Ce robinet, surmonté d'un entonnoir, est appelé robinet de compression et peut servir, par sa manœuvre, à déceler un fonctionnement défectueux dû à un des cylindres. Il permet aussi d'introduire dans le cylindre une petite quantité de pétrole que l'on verse par l'entonnoir supérieur, lequel pétrole sert à décoller les segments du piston lorsque celui-ci a *du dur*. On peut également verser, au moyen de l'entonnoir, de l'essence dans les cylindres pour faciliter la mise en marche du moteur par un temps très froid.

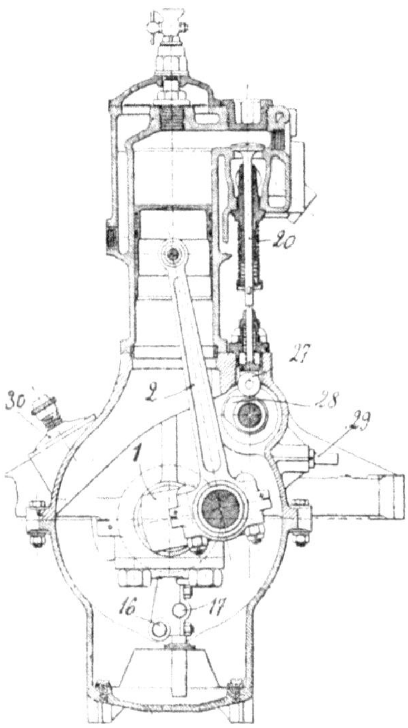

Fig. 508. — Moteur d'automobile à quatre cylindres, de Dion-Bouton. Coupe transversale.

Dans chacun des cylindres se meut un piston 3 ouvert à sa partie inférieure. Sur chaque piston sont disposés deux segments fendus formant joints circulaires. Le piston est muni d'un axe rendu solidaire du piston par deux vis 4.

Cet axe sert de tourillon au pied de la bielle dont la tête est ajustée sur le tourillon de la manivelle formé par un coude de l'arbre moteur.

L'arbre 1 comporte donc quatre coudes et quatre tourillons de manivelles sur lesquels viennent s'ajuster les têtes des quatre bielles, deux reliées respectivement à chacun des pistons.

Dans la coupe longitudinale du moteur de Dion-Bouton (Fig. 507) le cylindre d'avant, son piston et sa bielle, ont été représentés coupés suivant leur axe vertical ; le second cylindre est coupé, mais son piston ne l'est pas. Dans le troisième cylindre, la coupe a été faite en avant de ce cylindre suivant l'axe de la boîte à soupapes, et enfin le quatrième cylindre est représenté vu extérieurement. On peut ainsi se rendre un compte exact de la disposition des divers organes. L'arbre 1 du moteur est supporté par trois paliers, venus de fonte avec le bâti, et disposés un à chacune de ses extrémités, et le troisième, au milieu, en bout d'un bras vertical. Ces paliers sont munis de coussinets dans lesquels tournent les tourillons de l'arbre moteur.

A l'arrière, l'arbre principal porte un plateau sur lequel vient se fixer un volant constitué par une couronne métallique dont le poids permet de rendre le fonctionnement régulier en emmagasinant de la force vive pendant le mouvement de rotation de l'arbre, et en la distribuant suivant les allures de marche du moteur. La partie intérieure de la couronne du volant est disposée pour actionner le mécanisme d'embrayage qui transmet aux roues motrices de la voiture le mouvement de l'arbre principal du moteur.

A l'avant, cet arbre porte une poulie 12 qui commande, par l'intermédiaire d'une courroie, la rotation d'un ventilateur disposé au-dessus et en avant des cylindres.

Le pignon 10, claveté sur l'arbre à la suite de la poulie et placé dans le carter, actionne un arbre auxiliaire transversal, par l'intermédiaire d'un autre pignon 11, les deux pignons ayant des dentures de forme hélicoïdale. Sur cet arbre auxiliaire est montée la pompe centrifuge assurant la circulation d'eau de refroidissement, ainsi que nous l'avons dit ; il actionne également l'induit de la magnéto d'allumage. L'arbre auxiliaire tourne à la même vitesse que l'arbre principal.

Un second pignon 9 à denture droite, claveté sur l'arbre principal après le pignon 10, engrène avec une roue portant un nombre de dents double de celui du pignon. La roue est solidaire de l'arbre de distribution sur lequel sont clavetées les cames 28 actionnant les soupapes.

L'arbre de distribution tourne donc à une vitesse deux fois moindre que l'arbre principal ; il est disposé parallèlement à cet l'arbre et au-dessus, sur un côté du moteur. Il est complètement enfermé dans le bâti.

Chacune des cames qu'il porte actionne la soupape correspondante par l'intermédiaire d'un galet 27, lequel repose sur la came et par une tige verticale qui sort du bâti pour venir attaquer la tige de la soupape.

La distribution est assurée, pour chaque cylindre, par deux soupapes placées côte à côte ; l'une des soupapes 20 est la soupape d'admission, l'autre 19 est la soupape d'échappement. Les deux soupapes s'ouvrent de bas en haut. Elles ont comme siège des orifices qui font communiquer le cylindre respectivement avec le conduit d'admission de mélange tonnant 22 et avec le conduit d'échappement 23 des gaz brûlés.

Le moteur comprend donc huit soupapes placées sur la même ligne et à côté les unes des autres. L'arbre de distribution qui est placé au-dessous, dans la même ligne, peut, par l'intermédiaire de huit cames, les actionner toutes.

Les soupapes sont maintenues appliquées sur leur siège, quand elles ne sont pas commandées par la tension des ressorts à boudin de rappel 21.

L'arbre de distribution peut prendre, par la manœuvre d'un levier monté sur l'axe 29, un mouvement longitudinal, de façon à présenter sous les tiges des soupapes d'admission, des bossages spéciaux pratiqués sur le côté de la came d'admission.

On effectue cette manœuvre lors de la mise en route du moteur pour maintenir les soupapes d'admission ouvertes pendant une partie de la course de compression, ce qui facilite la mise en marche.

Le graissage des organes du moteur doit être réalisé d'une manière efficace pour éviter, pendant la marche du véhicule, l'échauffement des organes et leur grippement.

Un réservoir monté sur la voiture contient de l'huile. Un appareil distributeur d'huile, ou *graisseur à quatre voies*, permet d'envoyer l'huile dans la cuvette formée par le fond du carter du moteur ou dans d'autres organes

Fig. 509. — Vue d'ensemble du moteur d'automobiles à quatre cylindres de Dion-Bouton.

mécaniques de la voiture comme, par exemple, dans le mécanisme de *changement de vitesse* et le *différentiel*.

L'huile tamisée est aspirée par une pompe à huile renfermée dans le chapeau du premier palier, grâce à l'intermédiaire d'un tuyau 17 plongeant dans l'huile de la cuvette. Cette huile est ensuite envoyée sous pression, d'abord dans le palier avant, puis par un tuyau, aux deux autres paliers. Les coussinets de l'arbre principal sont ainsi lubrifiés. Comme les tourillons et les flasques des vilebrequins pratiqués sur l'arbre sont percés de conduits 16, l'huile, par l'action de la pompe, vient graisser les coussinets de la tête de bielle.

Les paliers supportant l'arbre de distribution sont également lubrifiés par l'huile sous pression fournie par la pompe, et qui passe dans des conduits creusés dans la masse du bâti.

Dans les deux vues d'ensemble représentées par les figures 509 et 510, nous retrouvons, en vue extérieure, quelques uns des organes constituant le moteur.

On voit, à l'avant du moteur, la poulie 9 fixée sur l'arbre principal et actionnant par courroie le ventilateur.

Fig. 510. – Vue d'ensemble du moteur d'automobile à quatre cylindres de Dion-Bouton.

La pompe centrifuge 8, qui assure la circulation d'eau de refroidissement, est placée en bout de l'arbre auxiliaire transversal sur lequel est fixé l'induit de la magnéto 10.

Cette magnéto, placée vers l'extrémité de l'arbre opposée à la pompe centrifuge, peut être du type Bosch ou du type Nilmélior que nous avons décrits, et comporte son dispositif de rupture 11 et son distributeur de courant à haute tension 12.

Quatre câbles partant de l'extrémité supérieure du distributeur aboutissent respectivement chacun à une des bougies 3 fixées sur les cylindres, et vissées dans des ouvertures 24 (Fig. 507) débouchant dans les boîtes des soupapes d'aspiration.

Les câbles sont enfermés dans un tube protecteur 7.

Le carburateur 14, comportant un récipient à niveau constant, est du type Zénith que nous avons examiné plus haut. Le tube d'aspiration du mélange débouche dans un conduit collecteur 6 qui communique avec les boîtes à soupapes d'admission par deux tubulures disposées chacune sur un groupe de cylindres.

Les conduits d'échappement 5, partant de chaque cylindre, aboutissent à un tuyau commun d'évacuation des gaz brûlés.

L'orifice 15, par lequel on verse l'huile dans la cuvette du carter, est disposé sur le côté du cylindre. Un clapet de retour d'huile 16 est placé en avant du moteur. Un appareil 13, fixé sur le bâti à côté du carburateur, indique le niveau de l'huile dans la cuvette du moteur et sert, en même temps, de robinet de vidange. A la partie supérieure de chaque cylindre est établi le robinet de compression 2 ; le levier 1, portant une petite manette, est le levier de commande du dispositif de décompression.

Un support métallique 4, disposé à l'arrière du moteur, permet de fixer les manomètres indiquant la pression de l'eau de refroidissement et de l'huile de graissage.

Moteur Clément-Bayard

Le moteur de voiture automobile Clément-Bayard dont la figure 512 représente une vue extérieure d'ensemble, comporte quatre cylindres constitués d'un seul bloc. Le diamètre d'alésage des cylindres est de 100 millimètres et la course des pistons est de 120 millimètres. La puissance du moteur est de 40 chevaux.

Les cylindres sont fixés à la partie supérieure d'un bâti fermé, au-dessous, par une enveloppe formant carter.

L'arbre principal porte un volant et actionne l'arbre de distribution placé à l'intérieur du bâti. Il commande aussi un autre arbre auxiliaire disposé extérieurement et parallèlement aux deux autres arbres. Ce dernier arbre auxiliaire porte la pompe centrifuge qui assure la circulation d'eau de refroidissement, ainsi que l'induit tournant de la magnéto d'allumage.

Cette magnéto est à haute tension et produit des étincelles en bout de bougies placées sur les quatre cylindres.

L'eau de refroidissement circule entre la double enveloppe de chaque cylindre sous l'action de la pompe centrifuge et ressort par un conduit supérieur qui aboutit au radiateur. Dans ce radiateur, l'eau se refroidit avant de se déverser dans un réservoir placé sous la voiture où la pompe vient la puiser.

La distribution s'effectue pour chacun des cylindres par la manœuvre de deux soupapes : soupape d'admission et soupape d'échappement. Ces soupapes sont actionnées par des cames clavetées sur l'arbre de distribution.

Le mélange d'air et d'essence est fourni par un carburateur fixé sur un côté du bâti.

Il y a deux types de carburateurs Clément-Bayard. Le type de carburateur à volets (Fig. 511) se compose d'un récipient à niveau constant A, d'un mélangeur B et d'un dispositif de prise d'air automatique C.

Dans le récipient à niveau constant, un flotteur D règle le niveau de l'essence. Cette essence arrive dans le récipient par un conduit E et est admise par un second conduit F dans un gicleur vertical. Le niveau

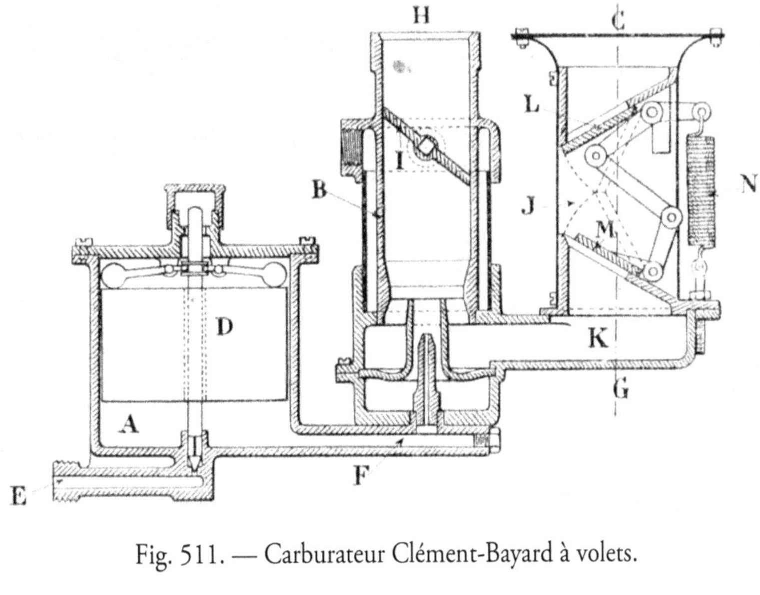

Fig. 511. — Carburateur Clément-Bayard à volets.

de l'essence est déterminé dans le récipient A de façon qu'elle arrive à 1 millimètre au-dessous de l'orifice du gicleur.

Le gicleur est disposé au centre d'un tube à forme tronconique. Une arrivée d'air s'effectue au-dessous de ce tube et, en entraînant l'essence qui sort du gicleur, provoque la formation du mélange tonnant qui est admis dans les cylindres par le conduit H, lequel se divise ensuite suivant deux directions pour aboutir aux quatre boîtes des soupapes d'admission. Un volet I placé dans le conduit H et mobile autour d'un axe, règle par sa manœuvre, la quantité de gaz admis dans les cylindres. Ce volet porte une petite ouverture, de façon que lorsque le moteur marche au ralenti et que le volet est fermé, l'admission de mélange puisse s'effectuer en quantité très réduite.

Le mélangeur B auquel fait suite le conduit H comprend une double enveloppe. Entre les deux enveloppes, on fait circuler de l'eau chaude provenant de la circulation d'eau du moteur. Cette eau, prise dans le radiateur, est amenée dans le mélangeur par un tube muni d'un robinet permettant d'en régler le débit ; elle est évacuée par un second tube.

Fig. 512. — Moteur Clément-Bayard de 40 chevaux à quatre cylindres monobloc.

Par le réglage du débit de l'eau chaude on réchauffe plus ou moins le corps du mélangeur. On peut ainsi compenser, en hiver et par les jours pluvieux, le refroidissement dû à la condensation qui est nuisible à une bonne carburation.

En été, la température est généralement suffisante pour qu'il ne se produise aucune condensation de mélange et on n'effectue pas le réchauffage du mélangeur. On ferme le robinet et l'eau chaude ne circule plus dans ce mélangeur.

Quand la vitesse du moteur est normale, la quantité d'air nécessaire pour constituer un bon mélange est admise par un orifice réglable placé sous le mélangeur ; mais lorsque la vitesse du moteur augmente, cette arrivée d'air n'est plus suffisante et il se produit dans le mélangeur une dépression proportionnée à la vitesse du moteur.

Cette dépression se manifeste également dans le cylindre J, contenant le mécanisme de prise d'air automatique, et qui communique avec le mélangeur par le conduit K.

À la partie supérieure du cylindre J est placée une toile métallique que l'air traverse pour pénétrer dans le carburateur.

Deux volets L et M sont disposés dans le cylindre J et sont normalement appliqués sur leur repos par la tension d'un ressort à boudin extérieur N. Les volets peuvent osciller autour d'axes fixes et sont rendus solidaires par un jeu de leviers de sorte que lorsque la dépression est trop grande dans le mélangeur, la pression atmosphérique, en agissant sur le volet L, détermine son ouverture et, en même temps, provoque l'ouverture du second volet M.

Une certaine quantité d'air supplémentaire se trouve ainsi admise dans le cylindre J et de là, dans le mélangeur, où il se diffuse dans le mélange trop riche en essence : il facilite son allumage et sa combustion.

Comme les deux clapets sont disposés en chicane et qu'ils ont des surfaces différentes, ils sont sollicités par deux forces de valeurs inégales et prennent une position moyenne d'équilibre qui correspond à la quantité d'air supplémentaire à admettre.

Le ressort de rappel des volets N est réglable, ce qui peut rendre variable, dans une certaine proportion, la quantité d'air pur additionné au mélange.

Le second type de carburateur comporte un récipient à niveau constant semblable au précédent, et un mélangeur.

Dans le mélangeur est placé un boisseau auquel on peut donner un mouvement de rotation.

La quantité d'air nécessaire à la formation du mélange en marche normale pénètre dans le mélangeur par un orifice étranglé, ménagé entre deux cônes dont l'un fait corps avec le boisseau. L'air entraîne, l'essence et le mélange est constitué.

Quand on accélère la vitesse du moteur, on donne au boisseau un mouvement de rotation dans le sens convenable. Ce déplacement fait varier d'abord la section de passage du mélange gazeux dans le cylindre et, en outre, comme le boisseau en tournant se déplace aussi verticalement, guidé par une rampe hélicoïdale, les deux cônes du mélangeur s'écartent et la quantité d'air admise est ainsi rendue proportionnelle à la section de l'orifice d'admission de gaz.

Un dispositif de prise d'air supplémentaire est établi dans le fond du mélangeur. La dépression déterminée par une vitesse trop grande du moteur provoque le déplacement d'un piston qui comprime un ressort de rappel et découvre des lumières d'arrivée d'air pur. Cet air s'ajoute au mélange d'air carburé pour former le mélange tonnant admis dans le cylindre.

Quand le moteur reprend sa vitesse normale, la dépression diminue, le piston reprend sa place et les lumières d'admission d'air supplémentaire sont obturées.

Le graissage du moteur s'effectue sous pression par l'intermédiaire d'une pompe à huile qui aspire cette huile dans le fond du carter et la refoule dans un collecteur d'où elle est distribuée aux paliers supportant l'arbre principal.

Fig. 513. — Moteur Clément-Bayard à quatre cylindres séparés.

Des canaux percés dans cet arbre conduisent l'huile dans les tourillons de manivelle et les coussinets des têtes de bielles sont ainsi lubrifiés. L'huile s'échappe ensuite par l'action de la force centrifuge et tombe au fond du carter, après avoir traversé un tamis métallique, d'où elle peut être aspirée par la pompe.

Une autre vue d'ensemble d'un moteur à quatre cylindres est représentée par la figure 513. Les cylindres sont montés sur le bâti indépendamment les uns des autres. Un conduit d'admission de mélange commun pour deux cylindres communique avec chacune des boîtes des soupapes d'admission et un seul conduit part du carburateur pour distribuer le mélange aux quatre cylindres.

La pompe de circulation d'eau et la magnéto sont disposées sur un arbre auxiliaire transversal ; les autres organes sont semblables à ceux du moteur précédent, leur disposition seule est un peu différente.

Moteur Renault Le moteur Renault, dont la figure 514 donne la vue d'ensemble, est à six cylindres. C'est un moteur de voiture automobile d'une puissance de 60 chevaux. Le diamètre intérieur des cylindres est de 120 millimètres et la course des pistons de 140 millimètres.

Les cylindres sont fondus par paires et sont fixés en trois groupes sur le bâti.

L'arbre principal, qui porte six coudes formant les six tourillons de manivelles, est supporté par quatre paliers dont deux sont placés aux extrémités du bâti et les deux autres entre les groupes de cylindres.

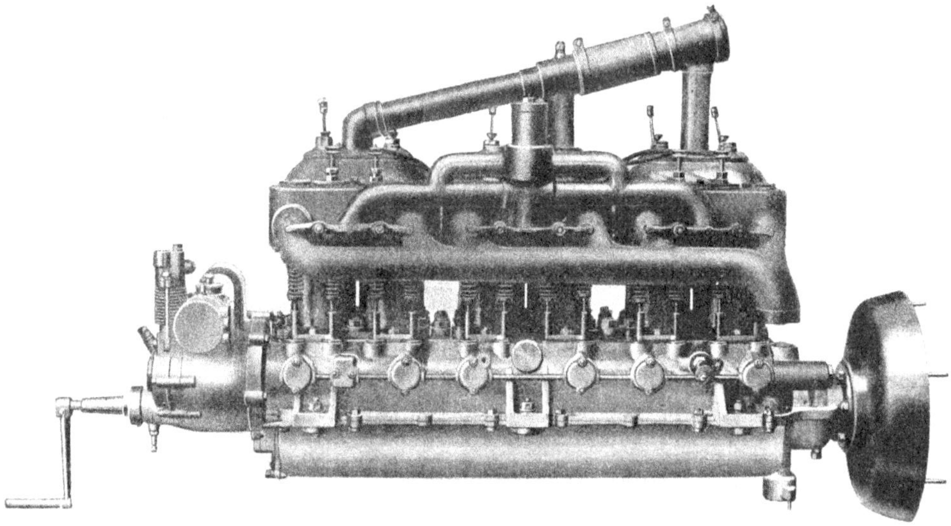

Fig. 514. – Moteur de voiture automobile Renault à six cylindres, 60 chevaux.

La distribution du mélange tonnant est assurée, pour chaque cylindre, par une soupape d'admission et une soupape d'échappement.

Les douze soupapes disposées du même côté du moteur, sont actionnées par des cames clavetées sur un arbre de distribution unique, parallèle à l'arbre principal et recevant de lui son mouvement de rotation de vitesse deux fois moindre.

Un dispositif de décompression établi pour faciliter la mise en marche, agit sur les soupapes d'échappement.

Les tubulures d'évacuation des gaz brûlés de chaque cylindre, débouchent dans un conduit collecteur unique.

Les tubulures d'admission qui débouchent, pour chaque paire de cylindres, dans une boîte commune, aboutissent, par un conduit unique, au carburateur.

Ce carburateur fonctionne automatiquement pour tous les régimes de marche, nous l'avons précédemment décrit (Fig. 413).

Le moteur ne comporte pas de régulateur, la régulation étant obtenue par un mécanisme rendant variable l'admission des gaz dans les cylindres.

Ce dispositif de réglage consiste en un obturateur cylindrique, dont le déplacement vertical démasque progressivement une section de passage de gaz de plus en plus grande. La manœuvre de cet obturateur peut s'effectuer soit au moyen d'une manette soit par une pédale.

La manette ne permet qu'une admission de gaz réduite qui convient au régime de marche ralenti du moteur. La pédale continue l'action de la manette et détermine une admission de mélange maximum.

L'allumage est assuré par une magnéto à haute tension à induit tournant, comportant un distributeur de courant secondaire séparé.

Nous avons examiné plus haut (Fig. 461), la disposition des organes d'allumage pour un moteur à quatre cylindres.

Le refroidissement des cylindres et des boîtes à soupapes d'échappement s'effectue au moyen d'une circulation d'eau réalisée par un dispositif à thermo-siphon. L'eau, après avoir circulé dans les enveloppes des cylindres, est conduite dans un radiateur où elle se refroidit.

Le radiateur est constitué par deux réservoirs superposés, reliés par des rangées de tubes verticaux. Il est placé à l'arrière du moteur, contre le tablier.

Le volant du moteur, disposé également à l'arrière, porte un ventilateur qui aspire l'air, l'oblige à passer à travers les tubes du radiateur et refroidit l'eau qui y circule.

Cette disposition du radiateur et du ventilateur à l'arrière du moteur, permet de dégager et de rendre abordables les organes disposés en avant ; il supprime la commande auxiliaire par courroie de ce ventilateur qu'il est nécessaire d'établir quand il est disposé en avant.

Le graissage des différents organes du moteur s'effectue automatiquement.

L'huile est versée dans le carter. Pendant la rotation de l'arbre principal, elle est projetée, à chaque passage des coudes-manivelles, dans une gouttière disposée longitudinalement dans le carter. Cette gouttière distribue l'huile à de petits réservoirs placés au-dessus des différents paliers supportant l'arbre et communiquant avec ces paliers, par un conduit.

L'huile s'écoule ainsi dans les coussinets de paliers.

Des bagues à gorge circulaire fixées sur les branches des vilebrequins, recueillent l'huile qui sort des coussinets et, par l'action de la force centrifuge, l'envoient dans des canaux percés dans les vilebrequins et dans les tourillons des manivelles. Cette huile peut ainsi lubrifier les coussinets des têtes de bielles. Pour que le graissage soit régulièrement assuré, il convient que l'huile soit toujours uniformément répartie dans le carter.

Pour éviter que dans les côtes et dans les descentes, cette huile s'accumule d'un seul côté, le carter est divisé en plusieurs compartiments par des cloisons transversales.

Un robinet spécial, à quatre voies, permet de faire communiquer entre eux ces compartiments quand on verse l'huile dans le carter, ou de les séparer lorsque le moteur fonctionne.

Il permet, en outre, de les vider complètement tous ensemble ou de les vider seulement partiellement, lorsque l'huile a été admise en trop grande quantité dans le carter.

Ces diverses positions du robinet sont obtenues en manœuvrant un petit volant placé sur le côté du moteur et portant différents traits de repère correspondant aux positions successives du robinet, lorsque ces traits sont placés en face d'un doigt fixé sur le carter. Pendant la marche du moteur, le robinet doit toujours être à la position de fermeture. Pour remplir le carter d'huile, on place la voiture dans une position horizontale.

Comme pendant le fonctionnement du moteur, l'huile s'use ; il faut, pour maintenir son niveau constant, en introduire pendant la marche. L'alimentation d'huile s'effectue automatiquement par un graisseur, qui laisse écouler l'huile, grâce à l'intermédiaire d'un compte-gouttes, dans des conduits qui aboutissent aux paliers du moteur.

Le moteur Renault, dont la figure 515 représente une vue d'ensemble, est un moteur muni d'organes semblables à ceux du moteur précédent, mais ne comporte que quatre cylindres. Il est disposé pour actionner un bateau et porte un mécanisme de changement de marche que l'on peut manœuvrer à la main par l'intermédiaire d'un levier.

Fig. 515. – Moteur de bateaux Renault, quatre cylindres, à changement de marche.

L'arbre principal commande la rotation de l'hélice.

La manivelle de mise en marche est placée à la partie supérieure du moteur pour être rendue abordable et facile à manœuvrer. Elle commande, par l'intermédiaire de roues d'engrenage et d'un arbre vertical, la rotation de l'arbre principal.

Moteur Brasier

Le moteur de voiture automobile Brasier à quatre cylindres (Fig. 516) est constitué par un bâti A formant carter, dans lequel sont placés les organes moteurs. La partie inférieure du carter B est rapportée et forme cuvette pour recevoir l'huile de graissage.

Les cylindres C, fondus par paires, sont fixés sur le bâti. Ils sont munis d'une double enveloppe D pour permettre une circulation d'eau de refroidissement. Cette eau, admise à la partie inférieure de la chambre de circulation, sort après avoir baigné les parois des cylindres par un conduit supérieur E. Les conduits de sortie de l'eau des deux cylindres, réunis par un raccord F, déversent l'eau chaude dans le radiateur placé à l'avant du moteur, dans lequel elle se refroidit.

Dans chaque cylindre se meut un piston H, muni de segments métalliques I. Le piston, ouvert, a une grande longueur et porte un axe J sur lequel tourillonne le pied de la bielle K, reliée, à son autre extrémité, au tourillon L de la manivelle formée par

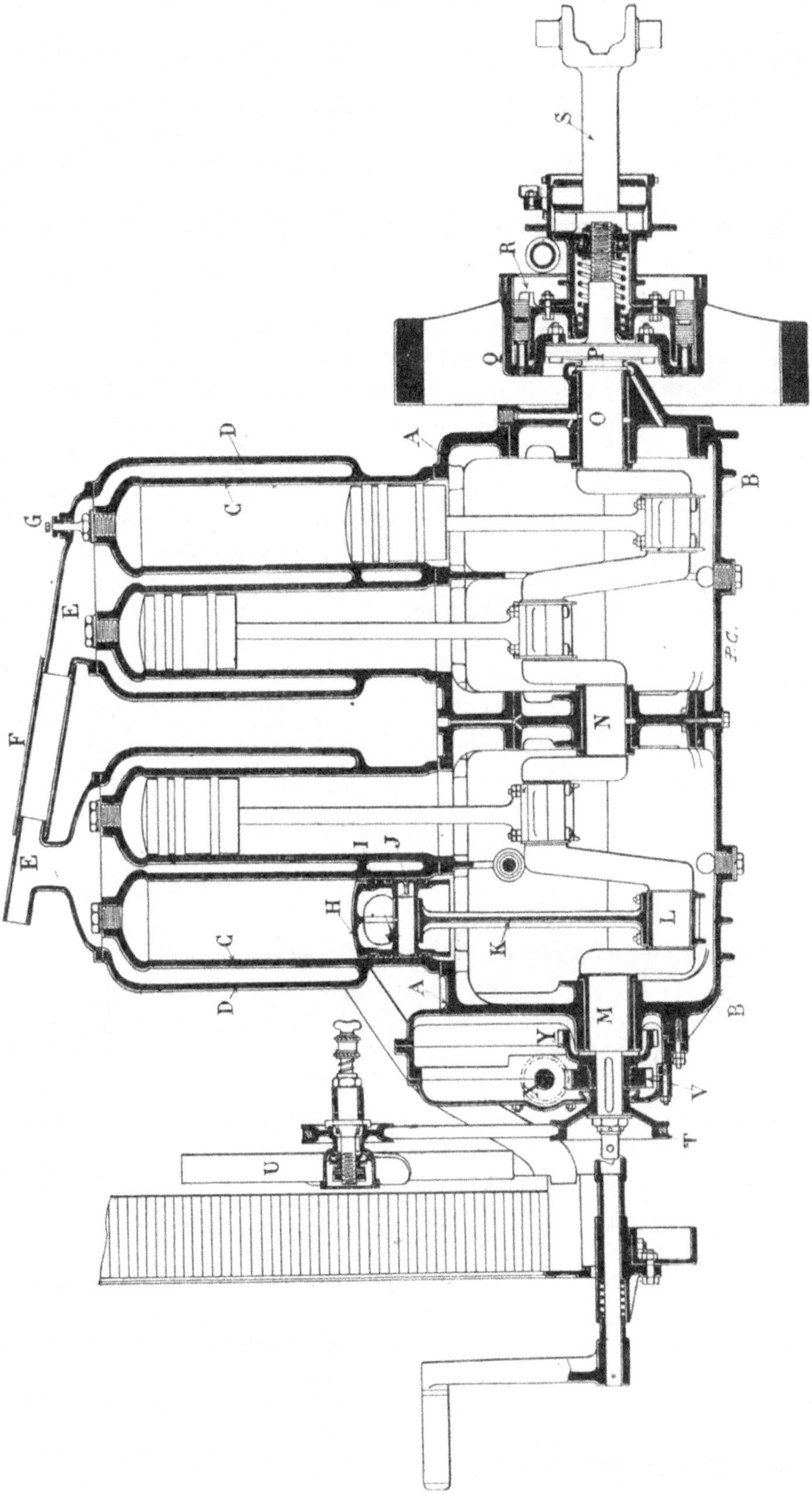

Fig. 516. – Coupe du moteur d'automobile Brasier à quatre cylindres.

un coude de l'arbre principal. L'arbre porte quatre tourillons de manivelles reliés aux quatre têtes de bielles. Il est supporté par trois paliers M, N, et O, dont deux sont placés à l'extrémité du bâti et le troisième au milieu de sa longueur.

A l'arrière, l'arbre porte un plateau P qui est rendu solidaire d'un volant Q, disposé pour actionner le dispositif d'embrayage R. Par l'intermédiaire d'un mécanisme que met en action la manœuvre d'une pédale, on provoque soit l'arrêt, soit la rotation de la tige S qui commande le mouvement des roues motrices de la voiture.

L'arbre principal du moteur porte, en avant, une poulie T qui commande, par l'intermédiaire d'une courroie, la rotation d'un ventilateur U, disposé à l'arrière du radiateur.

En bout de l'arbre est placée une manivelle permettant de mettre le moteur en marche. Un pignon V à denture hélicoïdale claveté sur l'arbre, derrière la poulie actionnant le ventilateur, engrène avec un autre pignon X de même diamètre et provoque ainsi le mouvement de rotation d'un arbre auxiliaire transversal, qui tourne à la même vitesse que l'arbre principal. Cet arbre auxiliaire porte l'induit de la magnéto à haute tension servant à l'allumage.

Un second pignon Y à denture droite, claveté sur l'arbre, derrière le pignon V, donne, en engrenant avec une roue d'un diamètre double, le mouvement de rotation à l'arbre de distribution disposé parallèlement à l'arbre principal. La vitesse de l'arbre de distribution est ainsi la moitié de celle de l'arbre moteur.

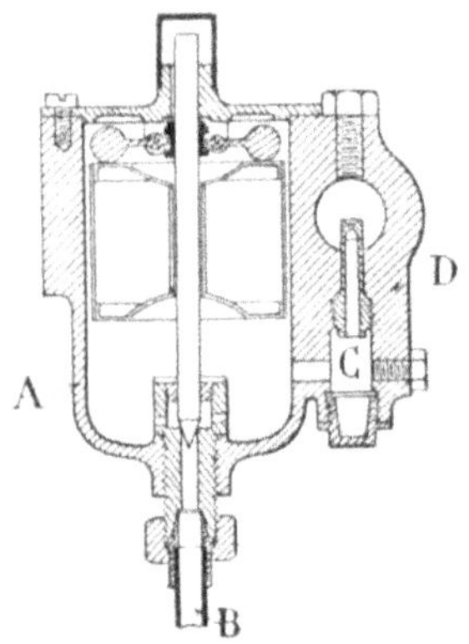

Fig. 517.— Carburateur Brasier. Coupe transversale.

Sur l'arbre de distribution sont calées toutes les cames actionnant le mécanisme de manœuvre des soupapes.

Les soupapes sont au nombre de deux par cylindre : une soupape d'admission et une soupape d'échappement. Les huit soupapes que comporte le moteur sont toutes disposées du même côté des cylindres, pour pouvoir être actionnées par un seul arbre de distribution.

Le mélange tonnant admis dans les cylindres provient d'un carburateur à fonctionnement automatique.

Le carburateur se compose d'un récipient à niveau constant et d'un corps de carburation (Fig. 517-518).

Le récipient à niveau constant A comprend, comme ceux que nous avons déjà examinés, un flotteur qui règle l'arrivée d'essence de façon à la maintenir à un niveau déterminé. L'essence, admise par un conduit inférieur B, passe du récipient dans un conduit C qui aboutit au gicleur D. Ce gicleur est constitué par un ajutage rapporté dans le corps de carburation. Un bouchon inférieur permet d'effectuer la vidange du conduit C et de visiter et nettoyer le gicleur par-dessous. Une vis-bouchon, placée dans le même axe que le gicleur et au-dessus, facilite également sa visite.

L'extrémité supérieure du gicleur est placée dans la partie rétrécie d'un conduit E par lequel l'air à carburer est introduit dans le corps de carburation.

La prise d'air est établie de façon que l'air se réchauffe au contact du tuyau d'échappement avant d'être admis dans le carburateur par le conduit E. Ce conduit va en se rétrécissant, afin que l'air puisse acquérir une vitesse convenable pour entraîner l'essence hors du gicleur, même lorsque le moteur a une allure modérée. Après le gicleur, le conduit s'évase progressivement pour que la vitesse du mélange d'air et d'essence soit plus réduite. Cette vitesse réduite convient à l'admission du mélange dans le cylindre, admission qui s'effectue par l'intermédiaire de la tubulure F. Ainsi, lorsque les pistons parcourent dans les cylindres leur course d'aspiration, l'air arrivant par la tubulure E entraîne l'essence, et le mélange tonnant ainsi formé pénètre dans le cylindre par le conduit d'admission F.

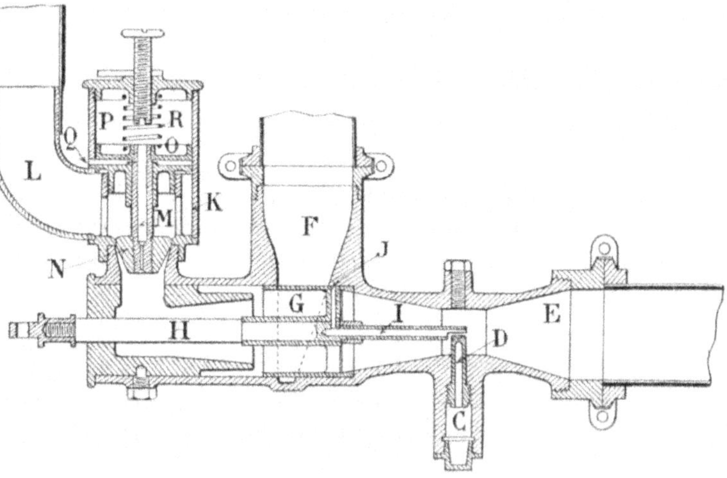

Fig. 518. — Carburateur Brasier. Coupe longitudinale.

Un boisseau G porté par une tige cylindrique H, qui peut se déplacer longitudinalement, permet de régler la quantité de mélange admis dans le cylindre suivant la position qu'il occupe devant l'orifice de ce conduit. La tige H et, par conséquent, le boisseau G sont déplacés soit par l'action du régulateur du moteur, soit par l'accélérateur. La tige H se prolonge au-delà du boisseau par un tube I, dont le bout peut se présenter au-dessus de l'orifice du gicleur et qui communique avec un petit canal J débouchant à la périphérie du boisseau.

Pour la marche au ralenti du moteur, le boisseau occupe devant le conduit d'admission F une position telle que l'aspiration du mélange se fait par le canal J, de sorte que ce mélange est admis en très petite quantité dans le cylindre et que, d'autre part, il est plus riche en essence par suite de la disposition du tube I.

Un dispositif spécial est adjoint au carburateur afin d'assurer automatiquement son fonctionnement rationnel pour tous les régimes de marche du moteur.

Ce dispositif consiste en une prise d'air additionnel dont la manœuvre permet d'admettre la quantité d'air pur nécessaire pour produire, par sa rencontre avec l'air carburé, un mélange tonnant approprié au régime du moteur.

La prise d'air additionnel se compose d'un cylindre K, dans lequel débouche un conduit de prise d'air L et au centre duquel est disposé un tube perforé M. Ce tube est solidaire d'une soupape N placée à sa partie inférieure et d'un piston O disposé à son extrémité supérieure.

Le tube M peut se mouvoir verticalement ainsi que la soupape et le piston dont il est solidaire. La soupape N peut obturer l'orifice d'un conduit qui communique avec le corps de carburation.

Le piston O est disposé dans un cylindre supérieur P complètement clos au-dessus de lui. Une série de trous Q, percés sur le pourtour du cylindre, débouchent à l'intérieur, au-dessous de la face inférieure de ce piston. Un ressort à boudin R maintient normalement, par sa tension, le piston au bas de sa course.

Lorsque la dépression, créée par l'aspiration dans les cylindres, se manifeste dans le carburateur pour provoquer la formation de l'air carburé, elle tend à faire le vide dans le cylindre P au-dessus du piston O, par l'intermédiaire du tube M.

Suivant la vitesse du moteur et, par conséquent, suivant le degré de la dépression, le piston O se soulève, sous l'action de l'air extérieur qui pénètre au-dessous de lui par les trous Q et il comprime son ressort antagoniste H. Le soulèvement du piston provoque le déplacement vertical de sa tige M et de la soupape N. Il rentre alors dans le carburateur une quantité d'air pur supplémentaire qui corrige le mélange déjà formé, lequel est trop riche en essence pour les grandes vitesses du moteur.

L'air carburé arrive donc, d'un côté, par rapport à la tubulure d'admission F, tandis que l'air additionnel arrive en sens inverse. Leur rencontre permet la formation d'un mélange approprié au régime du moteur. Le profil curviligne donné à la soupape N et le réglage de la tension du ressort H permettent d'obtenir, pour tous les régimes, un état d'équilibre pour lequel l'air additionnel admis convient à ces divers régimes de marche.

Les sections des conduits intérieurs du carburateur sont établies pour que l'air carburé et l'air pur supplémentaire possèdent des vitesses sensiblement égales lorsqu'ils se rencontrent afin de former le vrai mélange tonnant.

Moteur Panhard et Levassor

Ce moteur d'automobile dont la figure 520 représente une vue d'ensemble et la figure 519 une coupe longitudinale, est constitué par quatre cylindres indépendants fixés sur un bâti, fermé à sa partie inférieure, pour former un carter protégeant les organes moteurs. L'arbre principal, actionné par les quatre bielles des pistons porte, à une extrémité, un volant, et l'autre bout est disposé pour recevoir la manivelle de mise en marche.

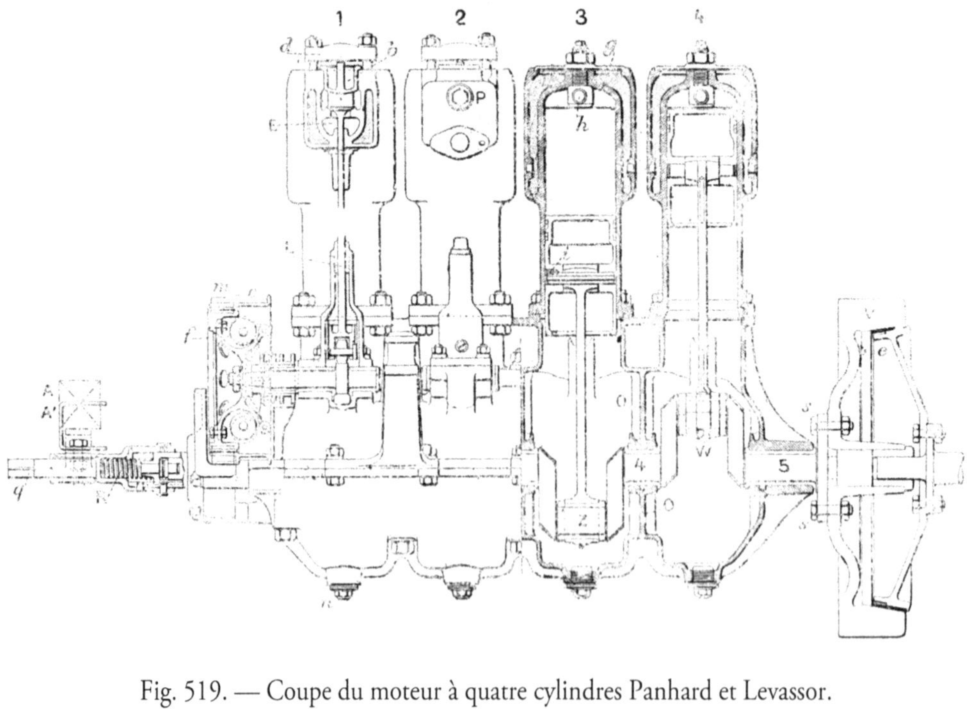

Fig. 519. — Coupe du moteur à quatre cylindres Panhard et Levassor.

Cet arbre est supporté par deux paliers ménagés aux extrémités du bâti et par trois paliers intermédiaires placés entre les vilebrequins de l'arbre. La distribution du mélange gazeux s'effectue dans chaque cylindre au moyen de deux soupapes : une soupape d'admission et une soupape d'échappement.

Fig. 520. — Moteur à quatre cylindres de voiture automobile Panhard et Levassor. Vue d'ensemble, côté de l'échappement.

Ces soupapes sont disposées verticalement, une de chaque côté du cylindre. Elles sont munies d'une tige actionnée par une came clavetée sur l'arbre de distribution. Comme il y a deux rangées de soupapes, il est nécessaire qu'il y ait deux séries de cames pour les commander et deux arbres de distribution.

Fig. 521. — Magnéto d'allumage de moteur Panhard et Levassor.

Ces deux arbres disposés longitudinalement, un de chaque côté de l'axe du cylindre, reçoivent leur mouvement de rotation de l'arbre principal par l'intermédiaire d'un pignon denté qui engrène à la fois avec deux roues d'engrenage clavetées, chacune, sur un des arbres de distribution. Ces roues ont un diamètre double de celui du pignon, ce qui fait tourner l'arbre de distribution à une vitesse deux fois plus petite que l'arbre moteur.

Une des roues engrène, en outre, avec un second pignon de diamètre deux fois plus petit, porté par un axe auxiliaire placé longitudinalement, hors du carter. Cet arbre auxiliaire, qui tourne, par conséquent, à la même vitesse que l'arbre principal, actionne la pompe de circulation d'eau et porte l'induit de la magnéto d'allumage.

La pompe centrifuge assurant la circulation de l'eau de refroidissement dans toutes les enveloppes de cylindres, puise cette eau dans un réservoir placé sous la voiture, la refoule dans les chambres à eau d'où elle sort pour se déverser dans le radiateur où elle se refroidit.

La magnéto d'allumage (Fig. 521) est du système Lavalette-Eisemann dont nous avons examiné le fonctionnement.

Le graissage s'effectue en versant de l'huile dans les graisseurs disposés sur les cylindres. Cette huile lubrifie les pistons et les autres organes enfermés dans le bâti.

Fig. 522.— Carburateur de moteur Panhard et Levassor. Vue extérieure.

Le mélange gazeux est produit par un carburateur à réglage automatique, dont la figure 522 représente une vue extérieure et la figure 523 une coupe verticale.

Nous avons vu que pour que le mélange puisse produire en explosant son effet maximum, il est nécessaire que les parties d'air et d'essence constituant ce mélange conservent la même proportion, non seulement lorsque la vitesse du moteur est normale, mais encore quand cette vitesse s'écarte de celle de régime.

La variation de la vitesse détermine la variation de la dépression et, par conséquent, la variation de la quantité d'essence entraînée pour un même orifice de gicleur. La composition du mélange serait donc également variable

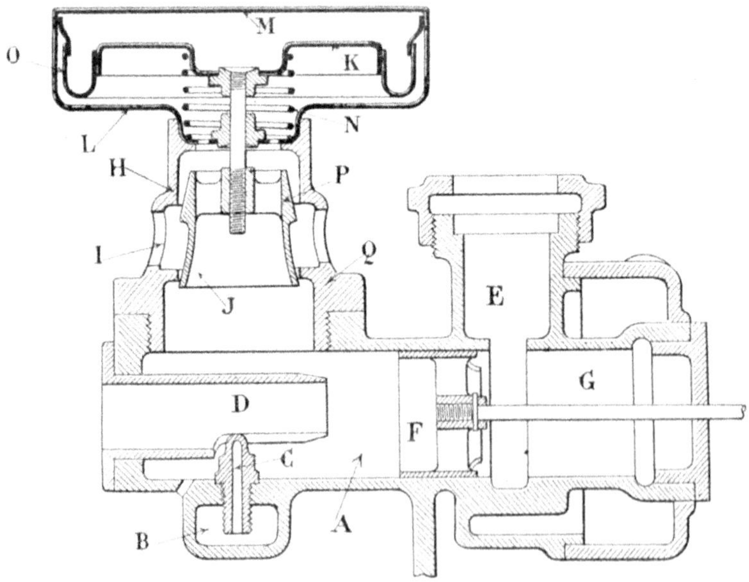

Fig. 523. — Carburateur à réglage automatique Panhard et Levassor.

si un dispositif spécial ne permettait de faire varier la quantité d'air admis dans ce mélange.

C'est ce que l'on obtient avec les carburateurs à réglage automatique. Le carburateur se compose d'un récipient à niveau constant, d'une chambre de carburation et du dispositif de réglage automatique.

Dans le récipient à niveau constant, un flotteur maintient, par une disposition semblable à celles que nous avons déjà examinées, le niveau de l'essence à une hauteur déterminée. L'essence admise par la partie inférieure dans ce récipient, passe dans le corps de carburation A par un canal B et s'élève jusqu'à la partie supérieure d'un gicleur C, au-dessus duquel est disposé un conduit D introduisant l'air à carburer dans la chambre de carburation. Ce conduit D est placé dans l'axe du corps A, le quel communique avec une tubulure E où passe le mélange les cylindres.

Une sorte de piston F cylindrique, qui peut se déplacer dans le corps de carburation, permet, par sa manoeuvre, de laisser pénétrer dans le conduit de sortie E et dans les cylindres, une quantité variable de mélange, suivant la position qu'il occupe par rapport à l'orifice du conduit E.

L'obturateur F est fixé sur une tige G, qui est liée au régulateur du moteur. C'est cet organe qui détermine, suivant le régime de marche, la quantité d'essence appropriée à admettre dans les cylindres.

Le dispositif automatique d'admission d'air additionnel se compose d'un cylindre H rapporté verticalement sur le corps de carburation.

Sur sa périphérie, ce cylindre porte des ouvertures I par lesquelles l'air pénètre dans le cylindre.

Une soupape à double siège J est placée au centre du cylindre H et est reliée par une tige, à un piston K à grande section, disposé dans une capacité supérieure L.

Cette capacité communique, au-dessous du piston, avec la chambre de carburation, et au-dessus, avec l'air extérieur par une ouverture M. Comme le piston est mobile, le joint entre les deux compartiments, constitués dans la capacité supérieure, est assuré par une membrane en caoutchouc O souple et imperméable, sertie sur le piston et sur le cylindre.

Quand le moteur n'aspire pas, la soupape est appliquée sur ses deux sièges par la tension d'un ressort à boudin N qui soulève le piston K. Il ne peut donc pas pénétrer d'air dans la chambre de carburation.

Lorsque le moteur, étant à sa plus petite vitesse, aspire dans le carburateur, la dépression n'est pas suffisante pour faire mouvoir la soupape J qui reste appliquée sur ses sièges par le ressort. Au fur et à mesure que la vitesse augmente, la dépression devient plus considérable ; son action sur la face inférieure du piston provoque le déplacement de celui-ci du haut vers le bas, par suite de la pression atmosphérique qui s'exerce sur sa face supérieure. Le ressort se comprime et la soupape se déplace aussi du haut vers le bas en découvrant les orifices annulaires P et Q par lesquels l'air, entrant par les ouvertures I, se répandra dans la chambre de carburation et formera, avec l'air carburé, le mélange gazeux qui sera admis dans les cylindres.

L'excursion du piston et la variation des orifices de passage de l'air additionnel sont de plus en plus considérables à mesure que la vitesse du moteur croit et que la dépression augmente.

Le moteur Panhard et Levassor dont la figure 524 donne une vue extérieure est un moteur semblable à celui que nous venons de décrire, mais il est disposé pour actionner un bateau. Il est à six cylindres et a une puissance de 125 chevaux.

Fig. 524. — Moteur Panhard et Levassor pour bateaux, six cylindres.

Deux carburateurs fixés sur le bâti alimentent le moteur en mélange gazeux, chacun d'eux le distribuant, par un collecteur unique, à trois des cylindres.

Moteur Peugeot (Fig. 525 et 526). C'est un moteur à deux cylindres établi pour actionner une voiture automobile. Le diamètre intérieur de chacun des cylindres est de 75 millimètres ; la course des pistons est de 150 millimètres. Le moteur a une puissance de 12 chevaux.

Le moteur se compose d'un bâti formant carter, à la partie supérieure duquel sont fixés les cylindres.

Les cylindres sont fondus d'un même bloc, mais leurs axes, au lieu d'être disposés verticalement, comme dans les moteurs précédents, font entre eux un angle de 20 degrés et se rencontrent en un point qui est le centre de l'arbre moteur.

Les cylindres sont donc inclinés et, par suite de cette disposition, les deux bielles reliées aux pistons B qui se meuvent dans les cylindres, viennent actionner un seul tourillon de manivelle G. Pour cela, les têtes de bielles sont établies de façon différente. L'une d'elles est faite en forme de fourche et porte un coussinet *e e* qui emboîte, sur toute sa longueur, le tourillon G de la manivelle.

La seconde tête de bielle a la forme ordinaire, qui lui permet de se loger entre les deux branches de la fourche de l'autre tête. Cette seconde bielle *d* est articulée entre les branches de cette fourche sur la partie médiane du coussinet *e*.

Les pieds de bielle sont reliés aux axes des pistons, ajustés par des parties coniques dans des bossages ménagés sur le corps des pistons. Des goupilles immobilisent ces axes.

Le tourillon de la manivelle C n'est pas façonné dans une même pièce avec l'arbre moteur comme dans la généralité des moteurs. Ce tourillon est maintenu fixé entre deux volants H, H qui laissent entre eux le passage des bielles.

Au centre de chacun des volants est assujetti un bout d'arbre F et V. Ces deux parties de l'arbre principal sont ainsi disposées suivant le même axe et constituent l'arbre moteur.

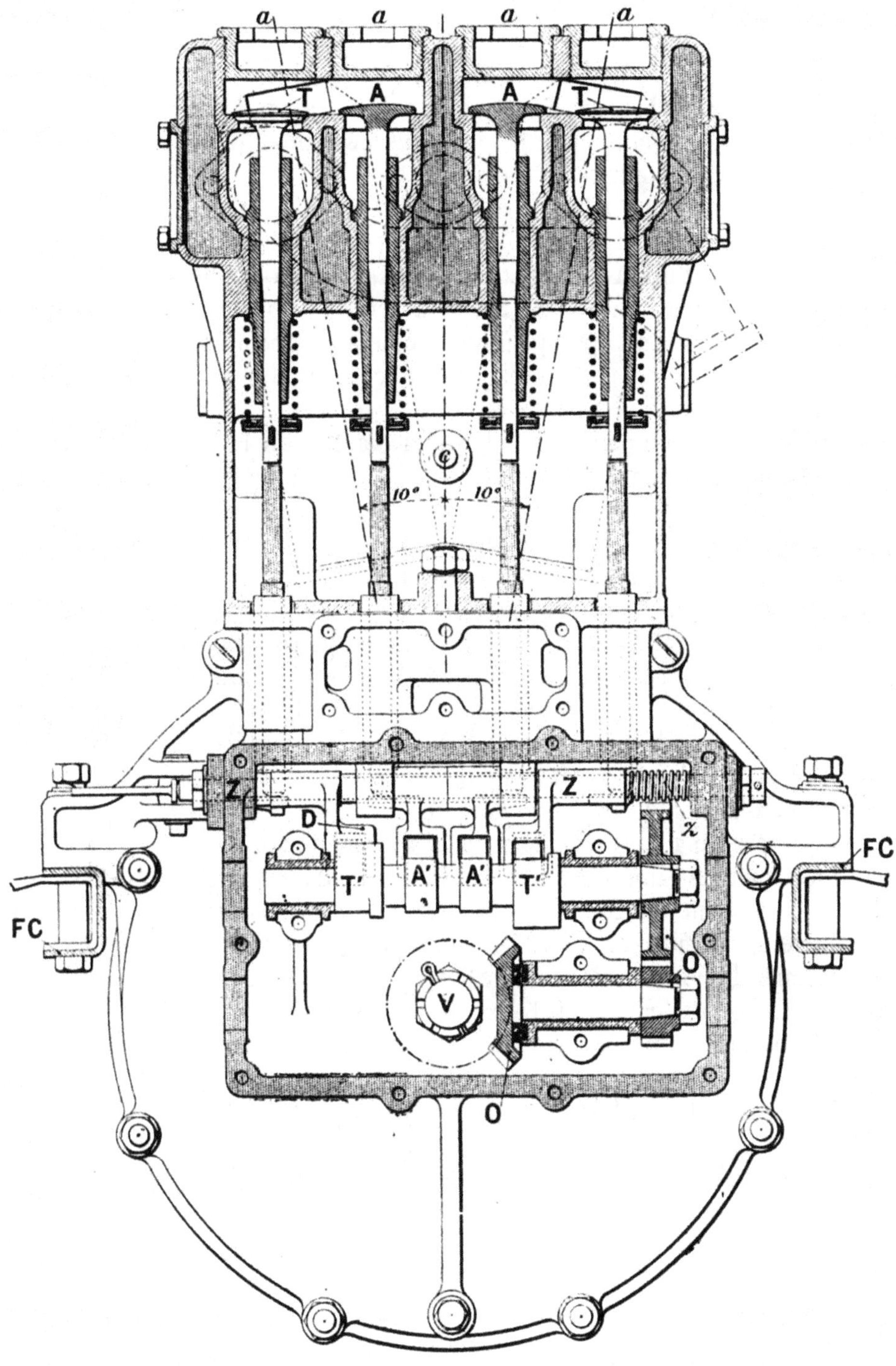

Fig. 525. — Moteur Peugeot. Coupe transversale.

Les deux volants H, H servent donc à rendre solidaire le tourillon de manivelle de l'arbre principal, en même temps qu'à régulariser le fonctionnement du moteur.

Une des parties V de l'arbre porte, à l'extérieur du bâti, une cuvette de friction qui transmet son mouvement de rotation à un cône d'embrayage Q, lequel est solidaire de l'axe actionnant les roues de la voiture.

L'autre partie de l'arbre, placée en avant du moteur, commande le mouvement de l'arbre de distribution E placé dans une direction perpendiculaire à celle de l'arbre principal. Cette commande s'effectue par l'intermédiaire d'un petit arbre auxiliaire et de roues d'engrenages coniques et droites O.

L'arbre de distribution porte, clavetées, les cames A' actionnant le mécanisme des soupapes d'admission et les cames T' actionnant celui des soupapes d'échappement.

L'arbre de distribution transmet, en outre, son mouvement de rotation, par l'intermédiaire de deux roues d'engrenage à denture droite, à un axe qui donne le mouvement d'une part à la pompe à huile, et à la pompe à eau, disposées à une de ses extrémités et, d'autre part, à la magnéto J servant à assurer l'allumage du mélange gazeux dans les cylindres.

La magnéto est commandée par l'intermédiaire d'un lanceur. C'est un disque solidaire de l'induit de la magnéto et qui est relié, par un fort ressort fortement bandé, à la roue d'engrenage mise en mouvement par l'arbre de distribution. Le ressort applique le disque, dans le sens de marche, contre deux butées portées par la roue, de sorte que l'induit de la magnéto est ainsi entraîné.

Pendant sa rotation, un doigt, qui s'engage dans un cran pratiqué sur le disque, arrête son mouvement tandis que la roue d'engrenage continue à tourner. Le ressort se bande de plus en plus jusqu'au moment où une came butant sur le doigt d'arrêt du lanceur libère le disque solidaire de l'induit. Cet induit est alors brusquement sollicité à tourner dans le sens de marche par le ressort jusqu'à ce qu'il ait atteint les butées de la roue d'engrenage. Le mouvement de rotation rapide donne lieu à une étincelle très chaude, malgré une faible vitesse du moteur.

Cette disposition a pour effet de faciliter la mise en marche.

L'arbre-moteur est supporté par trois paliers, dont deux sont disposés aux extrémités du bâti. Une des joues du coussinet arrière est constituée par une butée à billes R.

A l'extrémité avant de l'arbre est fixée une poulie N qui commande, par l'intermédiaire d'une courroie et d'une autre poulie, le mouvement de rotation d'un ventilateur L supporté par le bras K fixé sur le bâti du moteur.

La distribution du mélange est assurée, pour chaque cylindre, par deux soupapes disposées verticalement dans des boîtes communiquant respectivement avec le conduit d'admission et avec le conduit d'échappement.

Les deux soupapes d'admission A A, sont placées à côté l'une de l'autre et sont manœuvrées par les cames A' qui actionnent un galet monté en bout d'un levier D, dont l'autre extrémité appuie sur le bout inférieur de la tige de la soupape.

Les deux soupapes d'échappement T T, sont commandées par les cames T' T' également par l'intermédiaire de leviers semblables au levier D.

Le carburateur qui fournit le mélange aux cylindres, par l'intermédiaire du conduit M, est placé sur le côté du bâti.

Autour des cylindres et des boîtes à soupapes sont ménagées des capacités qui permettent d'assurer une circulation d'eau de refroidissement.

Cette circulation s'établit par la manœuvre de la pompe qui envoie l'eau dans les chambres de circulation, par un conduit S'.

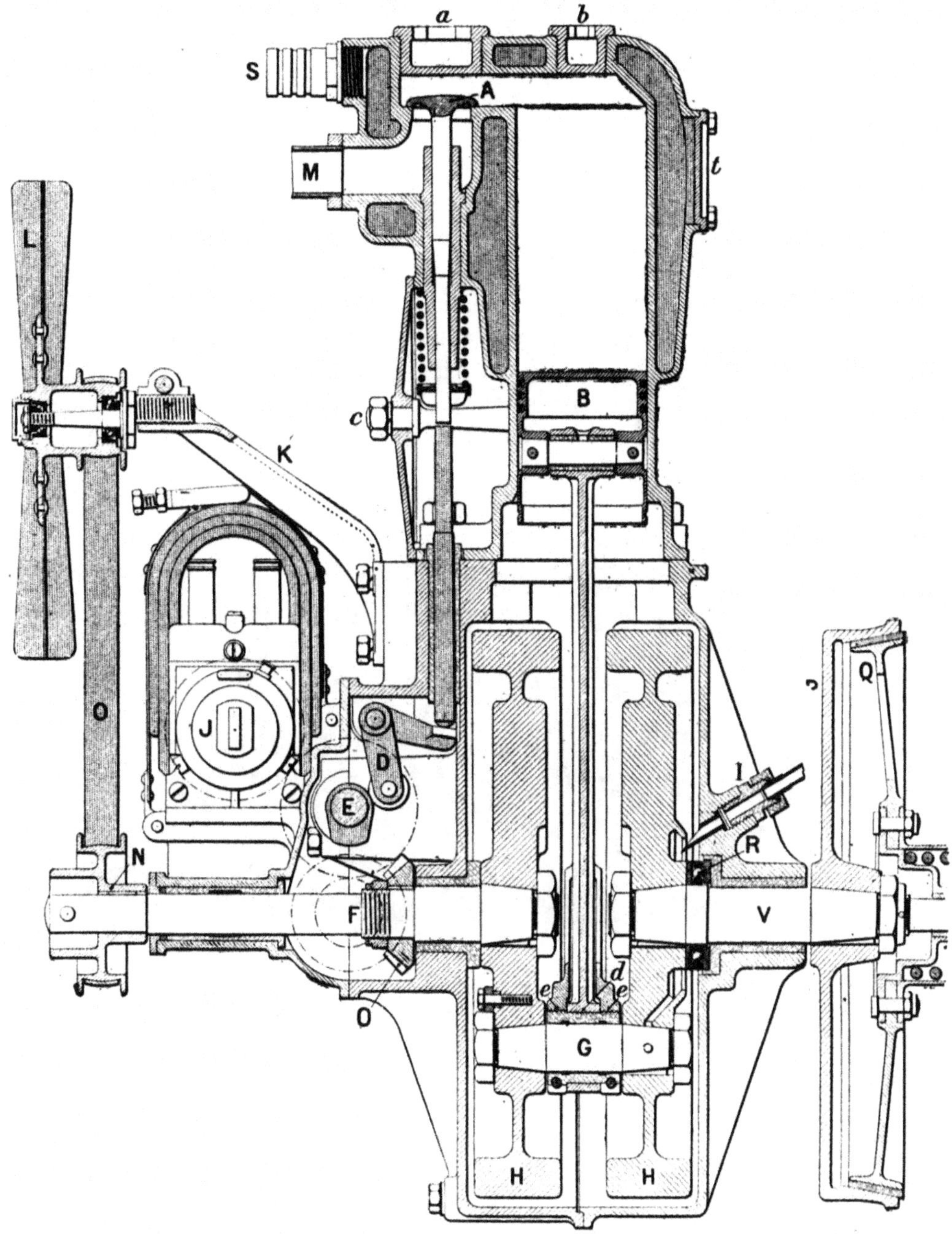

Fig. 526. — Moteur Peugeot. Coupe longitudinale.

La pompe à huile refoule l'huile dans un graisseur compte-gouttes qui la distribue. L'huile arrive dans le bâti par un conduit I, muni d'un ajutage qui la déverse dans une cuvette circulaire pratiquée sur un des volants H, d'où elle se rend, par des canaux appropriés, dans les têtes de bielle.

Des bouchons *a, b, c,* sont disposés sur le cylindre pour vérifier et nettoyer les soupapes, les cylindres et les chambres de circulation d'eau.

Deux cames spéciales permettent, en agissant sur les leviers de commande des soupapes d'échappement, lorsque ces leviers sont déplacés longitudinalement, de diminuer le degré de compression du mélange dans le cylindre et de faciliter ainsi la mise en route du moteur.

Moteur Hotchkiss (Fig. 527). Il se compose d'un bâti en aluminium fondu d'une seule pièce, et sur lequel sont fixés les cylindres fondus par groupes de deux. L'arbre principal du moteur est supporté par des paliers à larges portées, garnies de métal anti-friction. Cet arbre, qui reçoit son mouvement de rotation des pistons, par l'intermédiaire de six bielles, dans le moteur à six cylindres représenté par la figure 527, actionne, par des pignons à denture hélicoïdale, l'arbre de distribution et commande le mouvement de la magnéto et de la pompe.

Fig. 527. —Moteur Hotchkiss à six cylindres. Vue extérieure.

Les engrenages sont recouverts par un carter étanche, dans lequel on maintient constamment une certaine quantité d'huile.

La distribution du mélange est assurée au moyen de deux soupapes par cylindre. Ces soupapes sont disposées d'un même côté du moteur et leur déplacement vertical est déterminé par la rotation de cames forgées d'une seule pièce avec l'arbre de distribution.

Cette commande s'effectue par l'intermédiaire de poussoirs. Les boîtes à soupapes d'échappement sont reliées à une conduite collectrice commune qui évacue les gaz brûlés.

Les boîtes à soupapes d'admission communiquent avec un conduit partant du carburateur, par lequel arrive le mélange.

Le carburateur (Fig. 528), comprend un récipient à niveau constant, une chambre de carburation et un corps cylindrique, contenant une soupape dont le fonctionnement est automatique. La soupape automatique agit sur la totalité de la section de passage de l'air admis dans la chambre de carburation. Le cylindre dans lequel elle se meut contient de l'huile qui amortit son mouvement.

Ce carburateur comporte un gicleur multiple qui permet au moteur de marcher régulièrement au ralenti et d'effectuer des reprises rapides et faciles.

L'allumage du mélange se fait par une magnéto à haute tension, du système Lavalette-Eisemann.

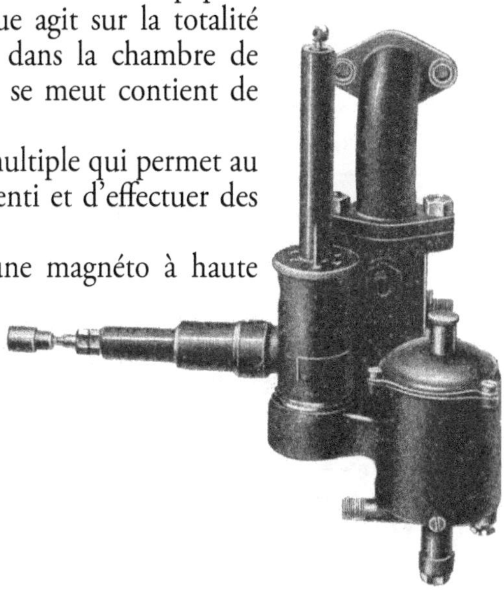

Fig. 528. — Carburateur de moteur Hotchkiss.

Les cylindres sont munis d'une double enveloppe permettant une circulation d'eau de refroidissement. Cette circulation est assurée par la manœuvre d'une pompe centrifuge à grand débit, qui refoule l'eau dans les chambres des cylindres, d'où elle se déverse dans le radiateur.

En circulant dans le radiateur, dont la forme lui a fait donner le nom de *nid d'abeilles*, l'eau se refroidit et un ventilateur, qui reçoit son mouvement de rotation de l'arbre du moteur, par l'intermédiaire de poulies et d'une courroie, active ce refroidissement. Le graissage des organes du moteur s'effectue sous pression. Une pompe à huile, commandée par l'arbre du moteur, refoule l'huile dans une tuyauterie spéciale aboutissant aux organes à lubrifier. Des robinets de trop-plein évacuent l'huile en excès.

Moteur Mors

Le moteur d'automobile Mors dont la figure 529 donne une coupe longitudinale faite par l'axe des cylindres pour les deux premiers, et par l'axe des soupapes pour le troisième, le quatrième cylindre étant vu extérieurement, se compose de deux groupes de cylindres jumelés. Ces cylindres sont fixés sur un bâti formant carter fondu d'un seul bloc.

Le carter est ainsi bien étanche et protège les organes contre la boue et les poussières.

L'arbre principal repose sur trois paliers. L'arbre de distribution est placé sur un côté du moteur et commande les soupapes disposées sur une seule ligne. Au-dessus de la soupape d'admission est placée la bougie d'allumage montée sur un tampon. L'allumage s'effectue par magnéto à haute tension.

Le mélange gazeux est fourni par un carburateur du type Zénith, que nous avons examiné, comportant deux ajutages et qui maintient automatiquement régulier le dosage du mélange pour les différentes vitesses du moteur.

Les cylindres sont refroidis par une circulation d'eau obtenue par la manœuvre d'une pompe à engrenage. L'eau est aspirée dans un radiateur-réservoir à ailettes, refoulée dans les chambres à eau des cylindres et, de là, elle retourne au radiateur quand elle a rempli sa fonction réfrigérante.

Un ventilateur, supporté à l'avant du moteur par un bras fixé sur un groupe de cylindres, assure le refroidissement du radiateur. L'air chaud est aspiré et refoulé à l'extérieur par le volant du moteur qui forme ventilateur.

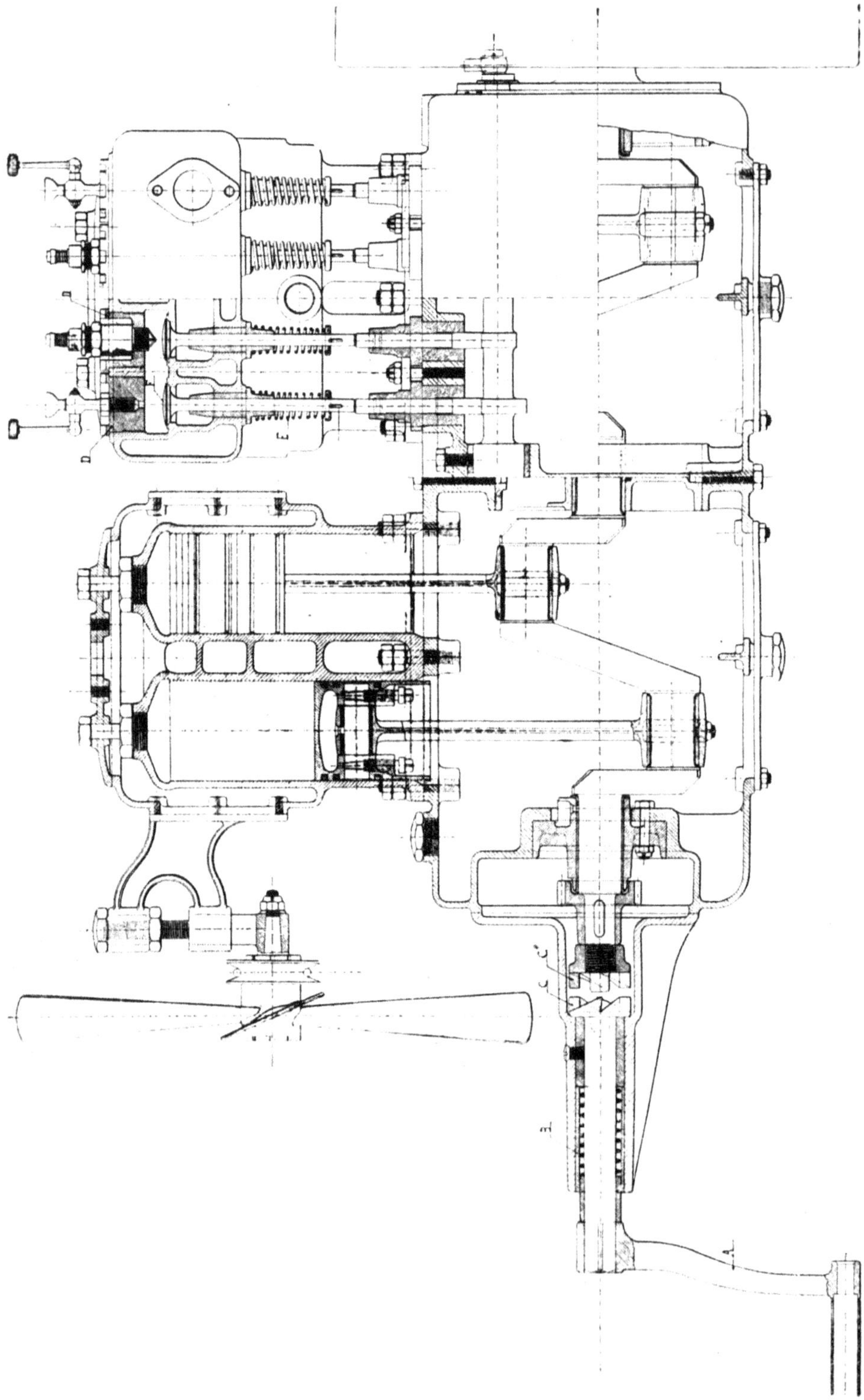

Fig. 529. – Coupe du moteur Mors à quatre cylindres.

Le graissage du moteur est assuré par un graisseur mécanique à débits visibles. Ce graisseur comporte, pour chaque débit, une pompe dont le piston a une course variable et est commandé par une biellette et un excentrique fixé en bout de l'arbre de distribution. Le nombre de coups de piston est ainsi proportionnel à la vitesse du moteur. De plus, le volume d'huile débité à chaque coup de piston est rendu variable par la manœuvre d'un bouton moleté placé à portée du mécanicien, laquelle a pour effet d'augmenter ou de diminuer la course du piston de la pompe.

Lorsque le moteur n'est pas en marche, on appuie à fond sur les boutons moletés et on envoie ainsi une grande quantité d'huile dans les organes du moteur.

Moteur Charron (Fig. 530). C'est un moteur à quatre cylindres, destiné actionner une voiture automobile. Les quatre cylindres sont fondus d'un seul bloc avec les chambres à eau établies autour de leur paroi. La figure 530 est une coupe longitudinale de ce moteur effectuée suivant différents plans, pour permettre de voir la disposition des divers organes.

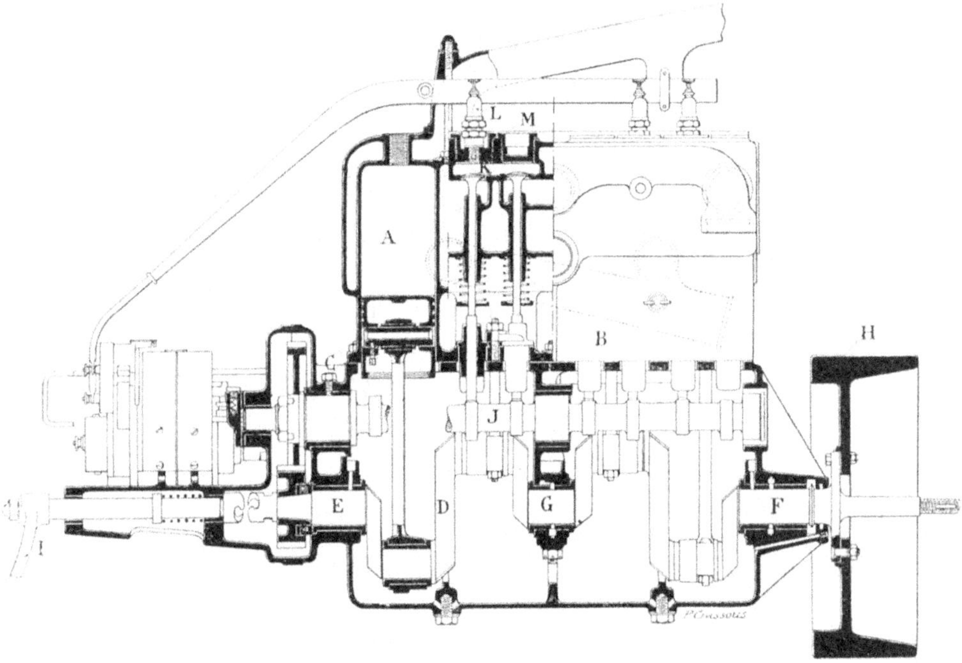

Fig. 530. — Moteur Charron. Coupe longitudinale.

Pour les quatre cylindres notamment, celui d'avant A est supposé coupé suivant son axe vertical ; pour le second, la coupe verticale est faite par les boîtes à soupapes ; les deux autres cylindres sont représentés en vue extérieure. Le bloc B, formé par les quatre cylindres, est fixé sur le bâti C, dans lequel sont disposés les organes moteurs.

L'arbre principal D, comportant quatre coudes qui forment les manivelles, est supporté par trois paliers : deux, E et F, aux extrémités du bâti et un G, au milieu.

A l'arrière, l'arbre porte un plateau sur lequel est fixé un volant H, disposé pour actionner un dispositif d'embrayage.

A l'avant, l'extrémité de l'arbre a reçu une forme permettant à la manivelle de mise en marche I, de provoquer son mouvement de rotation pour lancer le moteur.

L'arbre de distribution J, qui est commandé par l'arbre principal, par l'intermédiaire d'engrenages à denture droite, est représenté, sur la figure 530, dans sa position, parallèle à l'arbre-moteur. Huit cames sont venues de forge avec cet arbre et actionnent les mécanismes des soupapes d'admission ainsi que des soupapes d'échappement.

Au-dessus de la soupape d'admission K de chacun des cylindres est placée la bougie d'allumage L, fixée sur un bouchon M. Un autre bouchon est disposé également au-dessus de la soupape d'échappement et sert à procéder à la visite et au nettoyage des soupapes.

Le carburateur comporte un récipient à niveau constant portant le gicleur. Au-dessus du gicleur est placé le conduit d'admission des gaz qui est légèrement évasé à sa partie inférieure et aboutit à une capacité vissée directement dans le cylindre et dans laquelle sont disposées trois soupapes de différents diamètres assurant, par leur manœuvre, la carburation automatique.

L'allumage s'effectue par une magnéto à haute tension, placée à l'avant du moteur.

Le refroidissement des cylindres est assuré par une circulation d'eau, établie suivant le principe du thermo-siphon. L'eau est refroidie par son passage dans un radiateur fixé à l'arrière de la voiture.

Le graissage se fait automatiquement au moyen d'une pompe qui envoie l'huile sous pression dans une rampe placée sur le tablier de la voiture et comportant des ajutages à débit visible et réglable.

Moteur Boudreaux Verdet

Ce moteur diffère, comme principe et comme disposition des organes, des moteurs à explosion que nous avons examinés jusqu'à présent.

Le moteur Boudreaux-Verdet, dont les figures 531 et 532 représentent deux coupes et la figure 533, une vue d'ensemble extérieure, se trouve constitué par deux cylindres horizontaux, placés bout à bout suivant un même axe, et dans lesquels se meut un seul piston.

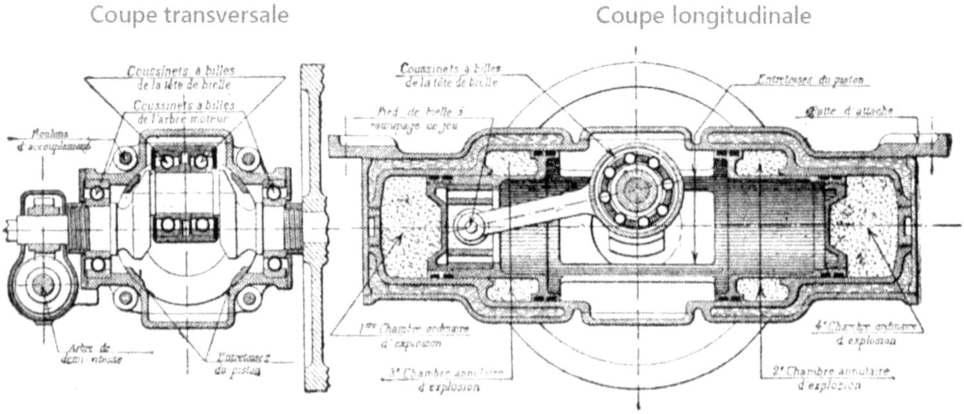

Fig. 531 et 532. — Moteur quadruplex monocylindrique Boudreaux-Verdet. Coupes.

Une seule bielle, solidaire de ce piston, actionne l'arbre manivelle. La tête de bielle est munie de coussinets, portant des roulements à billes.

Le piston, unique, a deux diamètres différents dans chacun des cylindres, de sorte que deux chambres d'explosion peuvent être ménagées dans chaque cylindre, une dans le fond du cylindre et l'autre ayant une forme annulaire. Le moteur comporte donc quatre chambres d'explosion, dans lesquelles le mélange est admis, allumé et produit, sur la surface du piston correspondante, un travail utile. Le cycle de distribution du moteur étant à quatre temps, on peut, par cette disposition, obtenir une phase motrice pour chacun des temps, d'où une régularité plus grande dans le fonctionnement.

Fig. 533. – Moteur quadruplex Boudreaux-Verdet. Vue extérieure.

Ce moteur, auquel les particularités précédentes ont fait donner le nom de *quadruplex*, convient pour actionner des canots automobiles, grâce à sa hauteur réduite qui permet de le disposer au-dessous de la ligne de flottaison, mais on ne pourrait l'utiliser pour actionner des voitures automobiles à cause de son trop grand poids et parce que les chambres d'explosions annulaires ne permettent pas, avec leur disposition, d'obtenir une inflammation rapide du mélange tonnant. Un autre système de moteur Boudreaux-Verdet, basé sur les mêmes principes, a été établi pour permettre une utilisation rationnelle des chambres d'explosion annulaires.

C'est un moteur à deux cylindres disposés verticalement, ou plutôt ce sont deux moteurs à un cylindre accouplés. Comme dans chaque cylindre l'action sur le piston est double, grâce au piston à diamètres différents, chaque groupe constitue un moteur duplex, et le moteur représenté en vue extérieure par la figure 534, est un moteur bi-duplex.

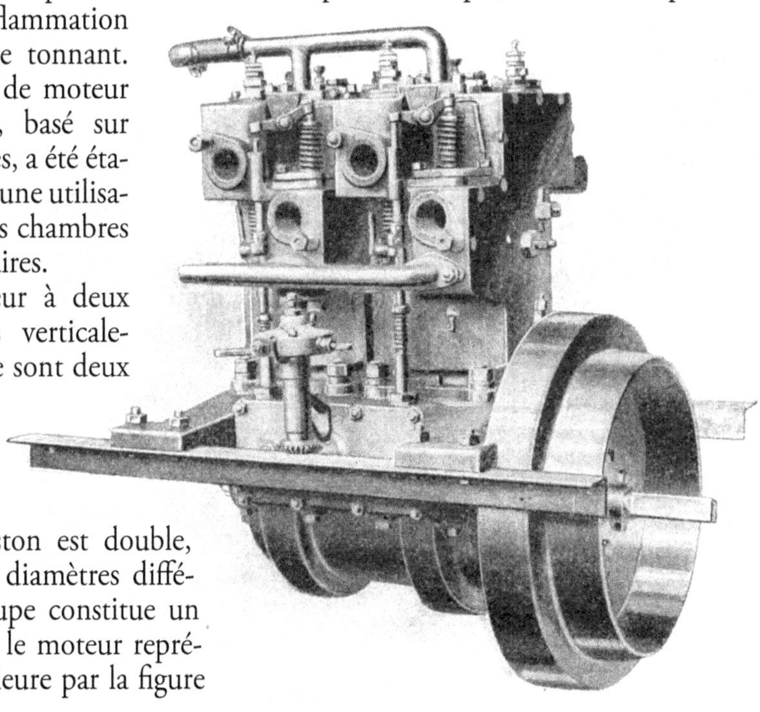

Fig. 534. — Moteur bi-duplex Boudreaux-Verdet.

On peut ainsi accoler un certain nombre de moteurs duplex pour remplacer les moteurs à quatre, six et huit cylindres ordinaires.

Chaque moteur duplex se compose d'un cylindre (Fig. 536), dans lequel se déplace verticalement un piston. Le piston est formé par deux cylindres de diamètres différents, placés à la suite l'un de l'autre et faits d'une seule pièce.

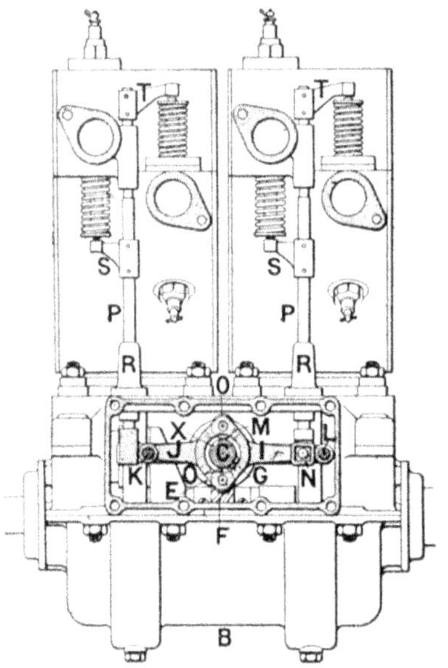

Fig. 535. — Moteur bi-duplex Boudreaux-Verdet. Élévation.

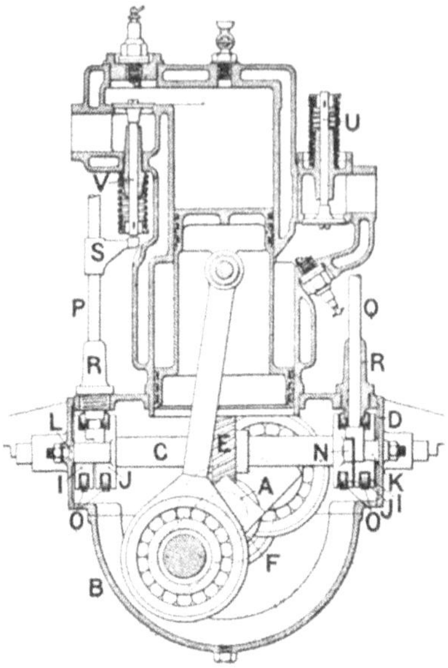

Fig. 536.— Coupe verticale par un cylindre d'un moteur Boudreaux-Verdet

Le piston supérieur, qui est de plus petit diamètre, se meut dans la partie du cylindre comportant une chambre de combustion de forme ordinaire. Le piston inférieur, dont le diamètre est plus grand, se déplace dans une partie élargie du cylindre, et la chambre de combustion correspondant à ce piston a une forme annulaire.

Pour une course complète du piston, les cylindrées développées par suite des deux diamètres de ce piston ont le même volume.

La bielle articulée sur le piston commande la rotation de l'arbre principal, auquel elle est reliée par un coussinet comportant des roulements à billes.

Cet arbre est supporté par deux paliers faisant corps avec le bâti et également munis de roulements à billes

Dans le moteur bi-duplex dont la figure 535 donne la vue en élévation, et la figure 536 une coupe transversale par un des cylindres, l'arbre principal commande la rotation de l'arbre de distribution C, par l'intermédiaire de deux pignons F et E à denture hélicoïdale.

L'axe de distribution C est disposé transversalement entre les deux cylindres ; il porte des cames G qui peuvent actionner le mécanisme des soupapes.

Pour cela, autour des axes K et L sont articulés deux leviers I et J disposés sur chaque face du moteur.

Ces leviers portent, à une de leurs extrémités, un évidement circulaire M, dans lequel pénètre l'arbre de distribution C ; la couronne ainsi formée sert de support à deux galets O qui s'appuient sur les cames de commande.

Pendant la rotation de l'arbre de distribution, les cames provoquent le soulèvement ou l'abaissement des galets et, par conséquent, l'oscillation des leviers I et J.

Ces mouvements déterminent, par l'intermédiaire de la tige verticale P et des doigts de butée S et T, la manœuvre des soupapes, et l'admission du mélange s'effectue successivement dans une chambre cylindrique et dans une chambre annulaire.

Fig. 537 — Moteur bi-duplex Boudreaux-Verdet, actionnant une vedette d'escadre.

Les soupapes d'échappement sont actionnées de la même façon. Le moteur bi-duplex comporte donc quatre soupapes d'admission et quatre soupapes d'échappement.

Une bougie est disposée dans chacune des chambres de combustion.

Les cylindres sont munis d'une double enveloppe permettant une circulation d'eau de refroidissement.

Ce curieux moteur, dont la consommation d'essence se trouve réduite du fait de son ingénieuse conception, a été appliqué à la commande d'une vedette d'escadre. La figure 537 indique sa disposition sur ce bateau.

Moteur Gnôme

Les deux moteurs Gnôme représentés en vues extérieures par les figures 538 et 539 ont été établis pour actionner des automobiles.

Le premier de ces moteurs comporte quatre cylindres disposés en deux groupes de deux cylindres fondus d'un seul bloc.

La distribution s'effectue, pour chacun des cylindres, par un jeu de deux soupapes disposées de chaque côté du cylindre. Les soupapes d'aspiration sont placées sur un des côtés ; les soupapes d'échappement sont disposées sur l'autre.

Le moteur comporte donc deux arbres de distribution actionnés par l'arbre principal et sur chacun de ces deux arbres sont placées les cames qui commandent la manœuvre du mécanisme des soupapes.

L'allumage du mélange s'effectue au moyen d'une magnéto, dont l'induit est solidaire d'un arbre latéral recevant son mouvement de rotation de l'arbre du moteur.

Fig. 538. — Moteur d'automobile Gnôme, à quatre cylindres.

Une pompe centrifuge est également actionnée latéralement et assure la circulation d'eau de refroidissement dans les cylindres.

Un ventilateur est monté sur une colonne indépendante des cylindres placée en avant du moteur, et reçoit un mouvement de rotation par l'intermédiaire de deux poulies et d'une courroie.

Le graissage des organes du moteur est assuré par de l'huile sous pression, fournie par une petite pompe.

Le moteur d'automobile à six cylindres (Fig. 539), est constitué par trois groupes de cylindres fondus deux par deux.

La soupape d'admission et la soupape d'échappement assurant la distribution du mélange dans chaque cylindre, sont placées du même côté de ce cylindre, de sorte que les douze soupapes du moteur sont disposées sur une même ligne.

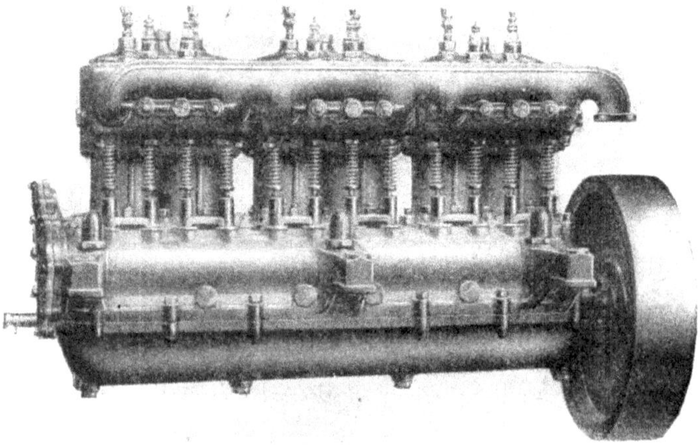

Fig. 539. Moteur Gnôme, à six cylindres.

Ces soupapes sont actionnées par des cames placées sur un seul arbre de distribution.

La magnéto d'allumage est commandée par un arbre latéral.

La circulation d'eau de refroidissement s'effectue par un dispositif à thermo-siphon.

Le moteur dont la figure 540 donne une vue extérieure est un moteur Gnôme, destiné à actionner un bateau. Ce moteur, qui est alimenté au pétrole lourd, est à quatre cylindres, lesquels sont séparément fixés sur le bâti formant socle. Les soupapes sont disposées sur deux rangées et actionnées par deux arbres de distribution placés un de chaque côté des cylindres. Un arbre latéral commande la rotation de la magnéto d'allumage et un autre actionne la pompe de circulation d'eau.

Le régulateur à force centrifuge est disposé verticalement à l'avant du moteur.

Le graissage s'effectue sous pression, par la manœuvre d'une pompe à huile.

Moteur Cohendet

Le moteur Cohendet, dont les figures 541 et 542 représentent des vues extérieures, ont été établis pour actionner les véhicules ordinairement désignés sous le nom de poids lourds.

Les châssis de ces véhicules sont disposés pour qu'on puisse y adapter diverses carrosseries appropriées aux besoins multiples de l'industrie, du commerce et des transports en commun. Ils peuvent transporter des charges utiles atteignant 6 000 kilogrammes à des vitesses de 12 à 16 kilomètres à l'heure et peuvent gravir des pentes de 12% .

Le moteur à trois cylindres (Fig. 541) a une puissance de 30 chevaux. Le diamètre d'alésage des cylindres est de 145 millimètres et la course des pistons de 145 millimètres également.

Fig. 541. — Moteur Cohendet à trois cylindres, de 30 chevaux.

Les cylindres sont indépendants, fondus séparément, ce qui permet d'en disposer un certain nombre à côté les uns des autres, suivant le type du véhicule. C'est ainsi que le moteur de la figure 542 en comporte quatre, disposés d'une manière analogue à ceux du moteur à trois cylindres.

Chaque cylindre est muni d'une soupape d'admission d'un côté, et d'une soupape d'échappement de l'autre.

Le moteur possède deux arbres de distribution, portant les cames de commande de ces soupapes. Ces arbres sont actionnés par l'arbre principal, grâce à l'intermédiaire de roues d'engrenage.

Les boîtes contenant les soupapes sont munies de chambres de circulation d'eau.

Le joint de ces boîtes est assuré au moyen d'un dispositif constitué par une douille filetée extérieurement, qui vient faire serrage sur le bouchon, par l'intermédiaire d'un roulement à billes. Le démontage du joint s'effectue ainsi facilement et le coincement n'est pas à craindre.

Fig. 542. —Moteur Cohendet à quatre cylindres, de 40 chevaux.

L'arbre principal est fait en acier mangano-silicieux et chaque coude de l'arbre est placé entre deux paliers. Les paliers sont munis de coussinets en bronze à large portée. Chaque manivelle est équilibrée par deux contre-poids appropriés.

Les cames actionnant les soupapes sont faites d'une seule pièce avec l'arbre de distribution. Les cames d'admission sont taillées en forme de rampe et l'arbre qui les porte peut se déplacer longitudinalement, ce qui permet, pendant la phase d'aspiration, une admission du mélange plus ou moins grande dans le cylindre et, par suite, une détente variable.

La puissance du moteur peut donc varier pour un nombre de tours déterminé. Cette disposition permet d'employer le moteur comme frein en réduisant, jusqu'à la suppression totale, l'arrivée du mélange fourni par le carburateur.

Le déplacement longitudinal de l'arbre portant les cames d'admission est obtenu par la manœuvre d'une manette disposée à côté du volant de direction et que le conducteur peut déplacer le long d'un secteur muni d'encoches.

L'arbre portant les cames d'échappement peut également se déplacer longitudinalement pour faciliter la mise en marche du moteur, en diminuant la compression.

Un régulateur à force centrifuge règle la vitesse du moteur en agissant sur une valve disposée sur le conduit d'admission. L'allumage est obtenu au moyen d'une magnéto à haute tension.

Le carburateur (Fig. 543), a une prise d'air ordinaire et une prise d'air supplémentaire, qui manœuvre automatiquement pour former un mélange gazeux de composition appropriée au régime du moteur. Le carburateur est muni d'un dispositif de réchauffage.

Ce réchauffage s'effectue par une circulation d'une partie des gaz brûlés, évacués. La température de ces gaz agit sur le mélange au moment où il va pénétrer dans les cylindres. La manœuvre d'une manette permet d'admettre une plus ou moins grande quantité de gaz dans le réchauffeur et de régler ainsi la température, suivant les conditions atmosphériques et extérieures.

Le refroidissement des cylindres et des boîtes à soupapes est assuré par une circulation d'eau réalisée par le procédé du thermo-siphon.

Le moteur à 4 cylindres (Fig. 542), a une puissance de 40 chevaux. Le diamètre d'alésage des cylindres est de 145 millimètres et la course des pistons est aussi de 145 millimètres.

Fig. 543. — Carburateur de moteur Cohendet.

Moteur Knight

Ce moteur, actionnant des automobiles Panhard-Levassor et Daimler, offre la particularité de ne pas posséder de soupapes. La distribution, qui s'effectue à quatre temps, est assurée, pour chaque cylindre par la manœuvre de deux fourreaux concentriques, percés de lumières.

Le moteur (Fig. 544) est constitué par quatre cylindres A, fixés sur un bâti B. Dans chaque cylindre sont interposés, entre ses parois et le piston C qu'il contient, les deux fourreaux D et E distributeurs. Les fourreaux et le piston se meuvent verticalement.

Le piston est relié par la bielle F à l'arbre-manivelle G, et chacun des fourreaux est muni d'un collier portant un petit axe, sur lequel s'articule une biellette tourillonnant sur l'arbre de distribution H. Les deux biellettes I et J qui commandent les deux fourreaux, ont une longueur et une course appropriées.

L'arbre de distribution qui a une direction parallèle à celle de l'arbre principal, reçoit son mouvement de rotation de ce dernier arbre, par l'intermédiaire de deux roues et d'une chaîne. L'arbre principal est creux et repose sur cinq paliers K, munis de coussinets à garniture en anti-friction.

A la partie supérieure de chaque cylindre est fixée une culasse L, portant les bougies M. Cette culasse est fixe et démontable et porte sur sa périphérie, une série de segments métalliques, destinés à former des joints étanches pendant le déplacement vertical du fourreau E le long de cette culasse.

Le cylindre est à double enveloppe, pour assurer une circulation d'eau de refroidissement, et porte un orifice d'admission N du mélange gazeux et un orifice O d'échappement des gaz brûlés.

Pendant la course d'aspiration du piston, dirigée du haut vers le bas, les deux lumières P et Q pratiquées sur les deux fourreaux coïncident et se présentent en face de l'orifice d'admission N du cylindre. Le mélange peut ainsi être introduit. Lors de

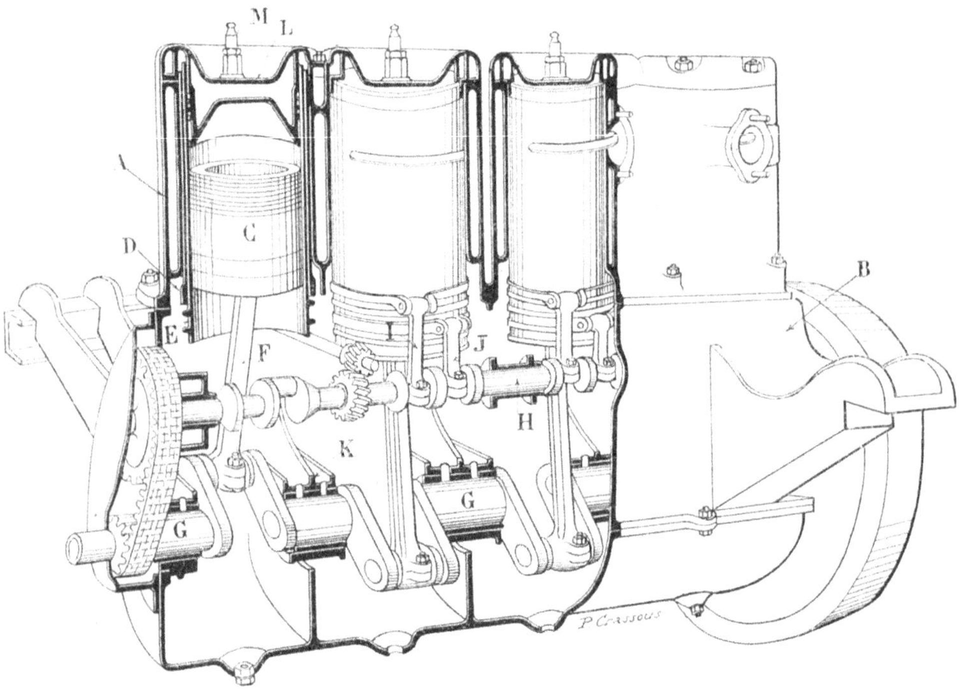

Fig. 544. — Moteur Knight, à quatre cylindres. Coupe longitudinale.

la course suivante du piston, de bas en haut, aucune des lumières des fourreaux ne se trouve placée en face d'orifices pratiqués sur le cylindre et ces orifices se trouvant ainsi fermés, la compression du mélange s'effectue dans le fond de la culasse. L'allumage se produit, suivi de la descente du piston.

Vers la fin de cette troisième course du piston, les lumières R et S des fourreaux, placées du côté du conduit d'échappement, viennent en coïncidence et se placent en face de l'orifice d'échappement O. Pendant la dernière course du piston, les gaz brûlés peuvent être, par ces lumières, évacués hors du cylindre.

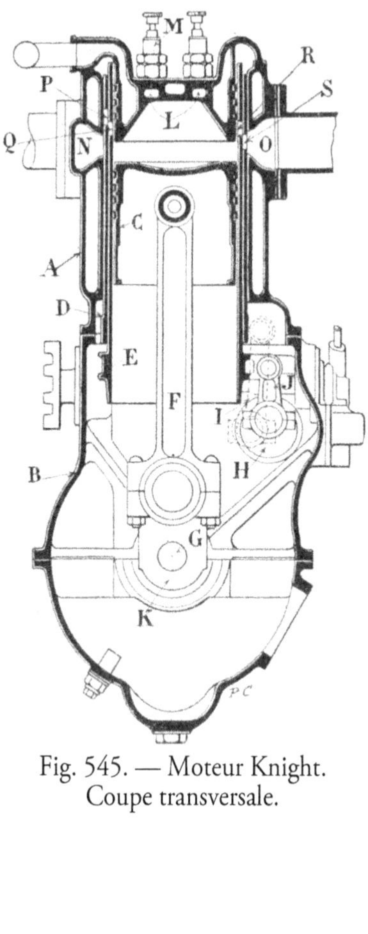

Fig. 545. — Moteur Knight. Coupe transversale.

Le graissage du cylindre et des fourreaux est assuré par une série de rainures hélicoïdales, pratiquées sur le pourtour de ces organes. Une petite pompe distribue l'huile à des augets et à des godets compte-gouttes.

L'allumage s'effectue au moyen d'une magnéto, dont l'induit est solidaire d'un arbre transversal, auquel le mouvement de rotation est donné par l'arbre de distribution, par l'intermédiaire d'engrenages hélicoïdaux.

Un second arbre transversal, actionné de la même façon par l'arbre de distribution, commande la pompe de circulation d'eau de refroidissement.

Fig. 546. — Moteur à essence Gardner pour bateau, de 54 chevaux, tournant à 600 tours par minute.

Fig. 547. — Changement de marche d'un moteur de bateau système Gardner.

Moteur Gardner Nous avons donné (Fig. 386) et (Fig. 390) des vues extérieures de moteurs Gardner. Le moteur représenté par la figure 386, qui est à six cylindres, a une puissance de 200 chevaux, tourne à 500 tours et a été spécialement établi pour actionner des sous-marins. Il est alimenté au pétrole lampant.

La lampe qui, dans les moteurs à pétrole lampant Gardner, réchauffe le vaporisateur, est supprimée dans ces moteurs.

Les vaporisateurs sont réchauffés par une circulation des gaz d'échappement qui passent par des conduits appropriés.

Pour l'allumage, ou injecte dans ces conduits complètement fermés, un mélange d'air et de pétrole finement pulvérisé. Ce mélange est allumé au moyen d'une étincelle électrique, de sorte que la flamme ainsi produite remplit toute la tuyauterie et chauffe les parois des vaporisateurs. Lorsque la température est assez élevée, on met le moteur en marche et, par suite de la circulation des gaz d'échappement dans les conduits disposés autour des vaporisateurs, la température de ceux-ci se maintient suffisante pour assurer une vaporisation convenable du mélange.

Les autres organes du moteur sont semblables à ceux des moteurs Gardner pour groupes électrogènes que nous avons déjà décrits.

Le moteur dont la figure 390 donne une vue d'ensemble, est établi pour actionner des véhicules lourds et des bateaux.

Ce moteur comprend trois cylindres. Les cylindres sont munis d'une enveloppe en fonte épaisse pour éviter toute déformation, lorsque le moteur tourne à pleine charge pendant longtemps.

La soupape d'admission de mélange manoeuvre automatiquement ; la soupape d'échappement est commandée et un régulateur à force centrifuge, placé horizontalement, règle la levée d'une soupape d'étranglement des gaz.

La circulation d'eau de refroidissement est assurée par la manœuvre d'une pompe.

Le graissage s'effectue par barbotage des organes dans le carter et au moyen de graisseurs compte-gouttes.

Le moteur de bateau représenté par la figure 546 est alimenté à l'essence. Il comporte quatre cylindres ; sa puissance est de 54 chevaux et il tourne à 600 tours par minute.

Dans les moteurs de bateaux, on dispose un mécanisme permettant, à volonté, d'obtenir la marche avant et la marche arrière.

Ce mécanisme (Fig. 547), prêt à être fixé sur les carlingues, comporte des embrayages et le palier de butée. On peut provoquer, par sa manœuvre, l'arrêt du moteur et sa marche avant ou arrière. Un seul levier de commande permet d'obtenir ce résultat.

La mise en action des embrayages s'effectue sans choc ; un train de roues d'engrenage est utilisé pour la mise en marche arrière. Tous les organes manœuvrent dans un bain d'huile.

Moteur Diesel Le moteur Diesel a reçu de nombreuses applications pour la production de la force motrice utilisée pour actionner des bateaux.

La figure 548 représente un de ces moteurs, type marin, dont la puissance est de 300 chevaux et qui tourne à 400 tours par minute. Ce moteur est à quatre cylindres, fixés sur un bâti commun.

Chaque cylindre comporte les organes de distribution que nous avons précédemment examinés.

Fig. 548. — Moteur Diesel, type marin de 300 chevaux, à 400 tours.

Le fonctionnement du moteur est semblable à celui du moteur Diesel que nous avons décrit, et dont le principe, nous le savons, consiste à injecter, dans de l'air porté à une pression de 30 à 35 atmosphères, le combustible liquide, qui s'enflamme, sans exploser, au fur et à mesure de son introduction dans le cylindre.

Le moteur est muni de sa pompe de compression et de ses réservoirs contenant l'air comprimé nécessaire à son fonctionnement.

Nous savons que la consommation du moteur Diesel est réduite et qu'il s'alimente avec des combustibles liquides lourds.

Moteurs Cazes

Les établissements Cazes, à Courbevoie, construisent d'excellents moteurs à explosion de types différents alimentés soit au pétrole lampant, soit à l'essence, à l'alcool carburé ou au benzol.

Le moteur dont les figures 549 à 551 donnent les vues extérieures d'ensemble, a une puissance de 40 chevaux et possède quatre cylindres. Il peut tourner entre 600 à 800 tours. Ce moteur est alimenté au pétrole lampant. La distribution s'effectue à quatre temps. Établi pour être utilisé sur des bateaux, il peut également être appliqué à la commande de pompes, de grues, de locomobiles et être accouplé directement avec une machine productrice de courant électrique.

Fig. 549. — Moteur de 40 chevaux Cazes au pétrole lampant. Vue de profil.

La carburation dans le moteur se fait automatiquement : le pétrole arrive toujours

Fig. 550. — Moteur de 40 chevaux Cazes au pétrole lampant. Vue du côté de l'admission.

Fig. 551. — Moteur de 40 chevaux Cazes au pétrole lampant. Vue du côté de l'échappement.

avec la même température dans la chambre de compression du cylindre. L'allumage se fait par l'intermédiaire d'une magnéto.

Un régulateur à force centrifuge agit sur les soupapes d'admission et permet de maintenir le moteur à une vitesse constante, quelle que soit sa charge. Les cylindres sont munis d'une chambre à eau de refroidissement. La circulation s'effectue au moyen d'une pompe actionnée par le moteur. Le graissage se fait sous pression.

Le moteur dont les figures 552 et 553 représentent une coupe longitudinale et une coupe transversale est un moteur à deux cylindres, dont la distribution s'effectue à deux temps. C'est un moteur simple, sans carburateur, sans soupapes, alimenté au pétrole lampant, qui convient pour la petite industrie et qui peut aussi s'appliquer à la marine marchande. Il tourne à la vitesse réduite de 450 tours à la minute.

La particularité de ce moteur est son système de distribution à deux temps.

Le carter du moteur est complètement fermé. Lorsque le piston monte, effectuant sa course d'aspiration, un clapet disposé sur le carter s'ouvre et y laisse pénétrer de l'air. Quand le piston a atteint l'extrémité supérieure de sa course, le mélange gazeux s'enflamme ; le piston redescend sous l'action des gaz produits. Pendant cette seconde course, le piston découvre d'abord la lumière d'échappement formant l'orifice du conduit d'évacuation, placé à droite du cylindre et vers le milieu de sa hauteur dans la figure 553. La pression baisse alors rapidement dans le cylindre au-dessus du piston et lorsque ce piston découvre, un peu plus loin, l'orifice d'admission placé à gauche, l'air contenu dans le carter, passant par un canal vertical ménagé autour du cylindre, pénètre au-dessus du piston, balaye les gaz brûlés et remplit le cylindre. Le fond du piston a reçu une forme spéciale facilitant le balayage des gaz brûlés et l'envoi de l'air frais vers le fond du cylindre, dans la chambre d'explosion.

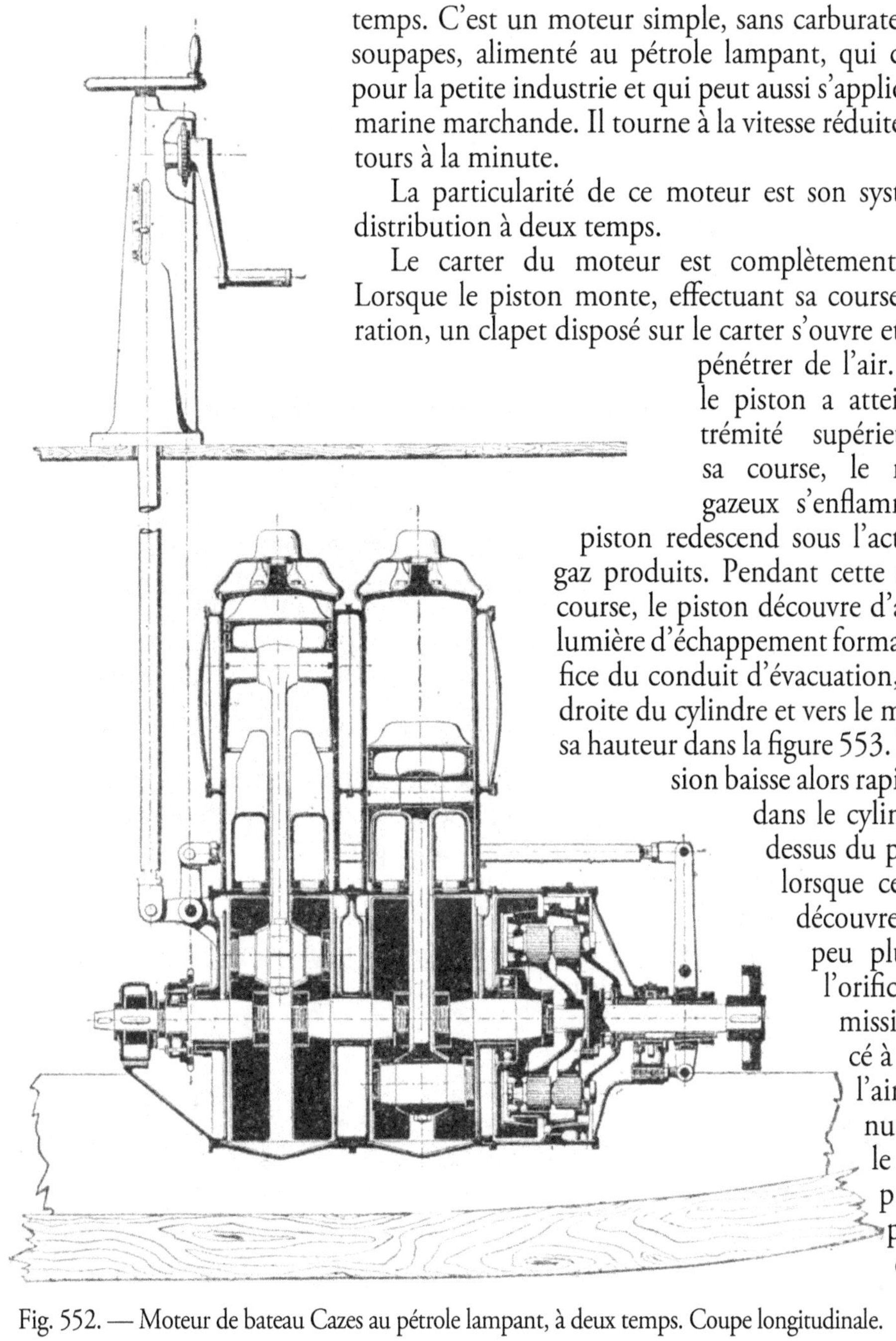

Fig. 552. — Moteur de bateau Cazes au pétrole lampant, à deux temps. Coupe longitudinale.

Le piston recommençant sa course vers le haut, obture l'orifice d'admission d'air, l'orifice d'échappement, puis comprime l'air contenu dans le cylindre au-dessus du piston. Une pompe à pétrole actionnée par l'arbre du moteur injecte le pétrole sous pression, au moment propice, dans la chambre de combustion contenant de l'air comprimé. Le pétrole est vaporisé avant son arrivée dans cette chambre ; le mélange gazeux s'enflamme et sa combustion s'effectue pendant la course descendante du

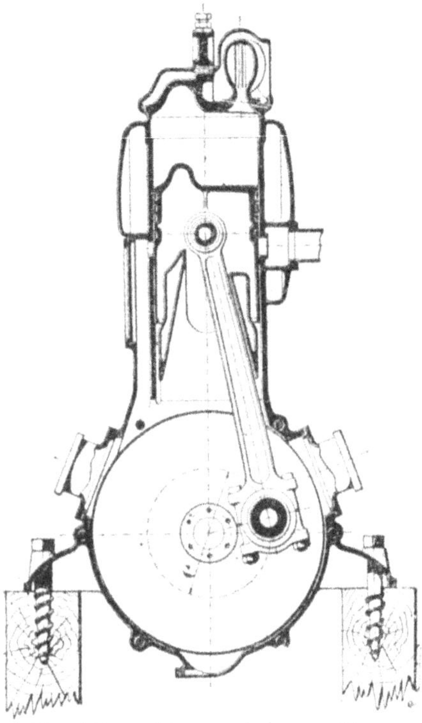

Fig. 553. — Moteur de bateau Cazes à pétrole lampant, deux temps. Coupe transversale.

piston. Le moteur est muni d'un dispositif de changement de marche. La marche avant s'obtient par la prise directe de l'arbre moteur avec l'arbre porte-hélice, par l'action de l'embrayage double spécial.

La marche arrière s'obtient par l'immobilisation de l'embrayage double sur le carter.

L'arrêt est obtenu en plaçant le levier dans une position intermédiaire entre les deux autres. Le moteur peut, néanmoins, continuer à tourner.

Un autre moteur Cazes, dont la figure 554 donne une coupe transversale, a été établi d'une façon toute spéciale pour actionner des locomotives de mines.

En vue de l'emploi de la locomotive ainsi commandée, dans des mines de houille, il est indispensable de donner au moteur des dispositions pour éviter les explosions de grisou. C'est pour cela que le moteur est complètement blindé, c'est-à-dire enfermé dans une carapace métallique qui recouvre tous les organes.

La distribution du moteur se fait à quatre temps par l'intermédiaire d'une soupape d'admission et d'une soupape d'échappement actionnées par des cames fixées sur deux arbres de distribution. La magnéto qui produit l'allumage est enfermée dans un carter bien étanche. Les fils conducteurs de courant sont contenus dans une gaine en cuivre fixée sur le carter supérieur dans lequel sont enfermées les bougies.

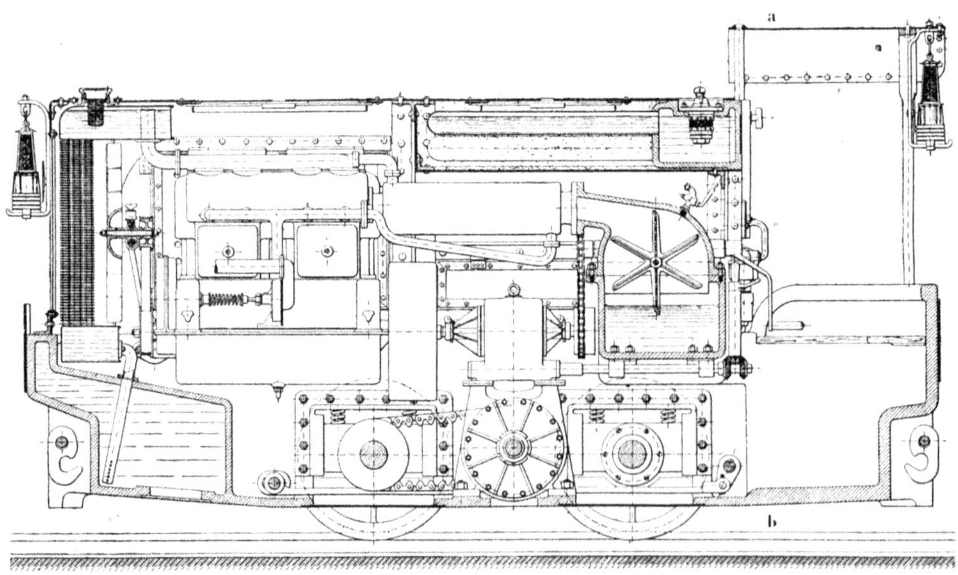

Fig. 555. — Locomotive à benzol Cazes longitudinale pour mines. Coupe.

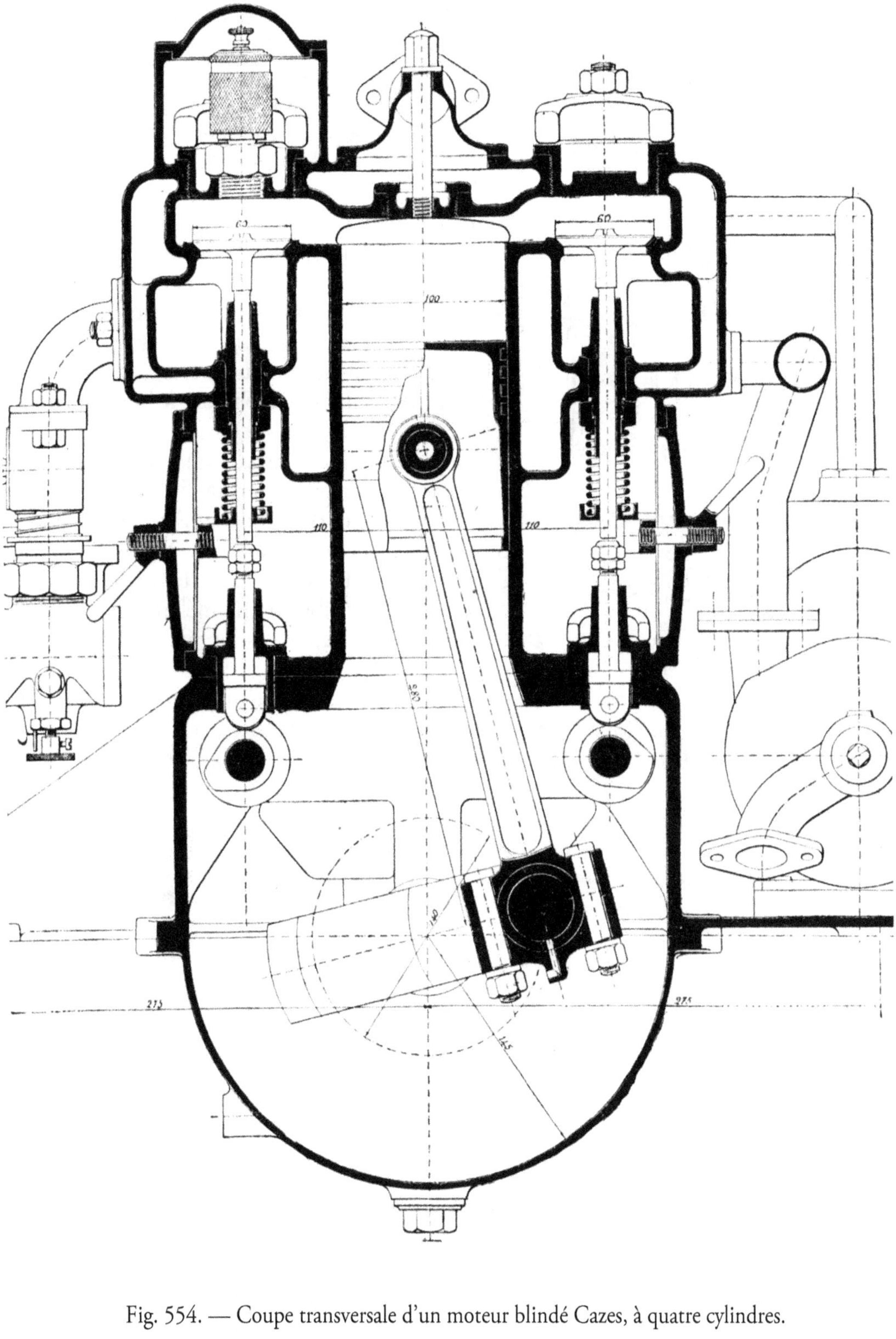

Fig. 554. — Coupe transversale d'un moteur blindé Cazes, à quatre cylindres.

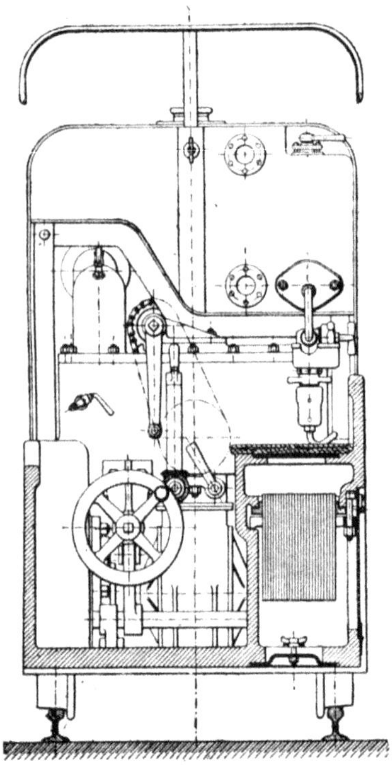

Fig. 556. — Locomotive à benzol Cazes. Coupe tranversale.

Des portes d'accès pouvant se démonter facilement, permettent de visiter les bougies et les mécanismes de commande de soupapes.

La circulation de l'eau de refroidissement qui passe dans des chambres à eau de grande capacité est assurée par une pompe à ailettes et le graissage bielles et des cylindres s'effectue par barbotage et au moyen d'une pompe à huile.

La locomotive de mines dont les figures 555 et 556 représentent deux coupes est mue par un moteur blindé donnant toute garantie contre les explosions possibles. Elle a des dimensions assez réduites pour qu'elle puisse prendre place dans une cage d'entretien de puits de mine.

Cette machine est constituée par un bâti en fonte portant le moteur et ses accessoires et reposant par quatre roulements à billes sur des essieux.

La prise d'air du carburateur s'effectue dans une chambre d'aspiration (Fig. 557) munie d'un faisceau tubulaire de petit diamètre, ayant pour but d'empêcher toute sortie de flamme lors de l'aspiration. Entre le carburateur et le conduit collecteur de distribution de mélange est disposé un clapet automatique qui empêche, par sa manœuvre, en cas de ratés, un retour de flamme au carburateur.

La circulation d'eau est assurée par une pompe. A sa sortie du moteur, l'eau passe dans un radiateur placé à l'avant de la locomotive ; ce radiateur est refroidi par la rotation d'un ventilateur qui provoque un appel d'air à travers ses ailettes.

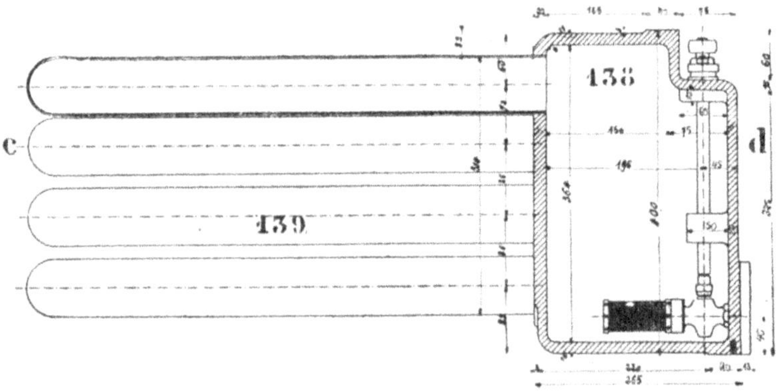

Fig. 557. — Locomotive à benzol pour mines. Chambre d'aspiration.

L'échappement des gaz brûlés s'effectue par un conduit muni d'une enveloppe de circulation d'eau. Les gaz débouchent sur une roue à palettes dont les extrémités plongent dans l'eau que contient un réservoir de lavage.

Avant leur évacuation à l'air libre, ces gaz sont donc refroidis, lavés et ne sortent qu'après avoir traversé un faisceau tubulaire de sûreté, destiné à empêcher toute propagation de flamme vers l'extérieur, dans le cas où l'eau manquerait dans le réservoir de lavage.

Le réservoir contenant le combustible, et placé en charge par rapport au carburateur, se compose d'un récipient fait en acier moulé et d'un faisceau tubulaire plongé dans un bain de sable. Le volume du sable est deux fois plus grand que le volume de combustible, de sorte que dans le cas de rupture du réservoir, l'absorption du liquide par le sable serait immédiate et empêcherait toute inflammation.

Conduite d'un moteur

Quoique les moteurs que nous venons d'examiner ne soient pas tous semblables et ne comportent pas les mêmes dispositifs de carburation et d'allumage on peut, cependant, établir des règles générales, dont l'observation permet d'assurer la marche régulière d'un moteur et de remédier, dans la plupart des cas, aux défauts de fonctionnement en évitant la redoutable panne.

Pour mettre un moteur en marche, il est indispensable de s'assurer que toutes les opérations de graissage ont été effectuées et que les réservoirs contenant le liquide combustible, l'huile de graissage et l'eau de refroidissement sont pleins.

On manœuvre les robinets divers pour les disposer dans la position convenable et on tourne énergiquement la manivelle de mise en marche dans le sens des aiguilles d'une montre. Dès que les premières explosions se produisent, on abandonne la manivelle, qui est ramenée automatiquement à sa position de repos.

Si le moteur éprouve de la difficulté à se mettre en route ou si son fonctionnement laisse à désirer, il faut s'assurer de la bonne marche du dispositif d'allumage, du carburateur et des soupapes.

Les bougies peuvent être mal réglées ou encrassées, les rupteurs mécaniques ou les trembleurs, pour les allumages à accumulateurs, peuvent avoir un réglage défectueux. Il est possible également que les accumulateurs n'aient pas un voltage suffisant, que la prise de courant soit mal établie, que l'interrupteur fonctionne mal, que les fils des bougies alimentées par magnétos soient intervertis ou que le « fil de masse » soit rompu ou dénudé.

Du côté du carburateur, il convient de s'assurer si le robinet d'admission de liquide est bien ouvert, si le gicleur n'est pas bouché, et si un corps étranger ne s'est pas introduit dans les conduits. Il faut également s'assurer qu'il n'y ait aucune fuite dans les conduits d'admission.

En dehors de ces causes de mauvais fonctionnement, on peut encore se trouver en présence d'une compression défectueuse, ce qui peut se produire lorsque les soupapes sont encrassées et ne s'appliquent pas exactement sur leur siège quand elles sont à leur position de fermeture, lorsque les ressorts de ces soupapes ont une trop faible tension, ou quand les segments des pistons sont collés contre ces pistons ou cassés : l'étanchéité n'est alors plus assurée autour des pistons. La compression est également défectueuse lorsque, par suite du fonctionnement, il se produit des fentes sur le cylindre ou sur les pistons.

Parfois, pendant sa marche, le moteur cogne. Le bruit spécial produit, dans ce cas, par le moteur est causé, soit par un défaut de carburation, soit par un allumage comportant un peu trop d'avance, soit par un mauvais fonctionnement des bougies. Il se peut aussi que ce bruit soit provoqué par un jeu exagéré dans les bielles, par l'échauffement du moteur ou par l'encrassement des pistons.

Lorsque le moteur laisse échapper des fumées par le conduit d'évacuation, il convient, si la fumée est noire, de vérifier le fonctionnement du carburateur, car il y a une admission d'essence exagérée. Si la fumée qui s'échappe est blanche, cela indique que l'huile de graissage est admise en excès. Dans ce cas, on purge le carter et on admet l'huile de graissage en quantité moindre. Pour éviter l'échauffement du moteur, il faut fournir un graissage suffisant, et une circulation d'eau de refroidissement appropriée. Il est bon de s'assurer, pour cela, du fonctionnement régulier de la pompe de circulation.

L'échauffement peut provenir aussi d'une trop grande admission d'essence dans le carburateur, d'un retard trop grand dans l'allumage, du mauvais fonctionnement du ventilateur.

Voilà, sommairement indiquées et d'une façon générale, les causes qui peuvent provoquer une mise en marche défectueuse ou un mauvais fonctionnement des moteurs à essence appliqués aux voitures automobiles ou aux bateaux.

Chapitre XV

MOTEURS D'AÉROSTATION ET D'AVIATION

MOTEURS DE BALLONS DIRIGEABLES. MOTEURS D'AVIATION : CLÉMENT-BAYARD, —ASTER, — ANTOINETTE, — GNÔME, ESNAULT-PELTERIE, — BARIQUAND ET MARRE, — DARRACQ, — FARCOR.

Les moteurs à explosion ont permis, ainsi que nous l'avons dit précédemment, de résoudre les deux intéressants problèmes de l'aérostation dirigée et de l'aviation qui, depuis longtemps, étaient l'objet de recherches n'ayant donné encore aucun résultat bien décisif.

Le moteur à explosion est, en effet, d'un poids relativement faible ; tout en étant robuste et puissant. Il ne nécessite pas, comme le moteur à vapeur, un générateur qui en augmente le poids ou, comme le moteur électrique, une source d'électricité, piles ou accumulateurs, organes fort lourds.

C'est donc lorsque le moteur à explosion a pu être amené au degré de perfection qu'il possède depuis déjà quelques années que l'on a vu successivement se réaliser ce double rêve qui a coûté tant d'efforts à d'inlassables chercheurs : la navigation aérienne rendue possible au moyen du plus léger ou du plus lourd que l'air.

Nous allons décrire sommairement quelques types de moteurs appliqués plus spécialement à l'aviation, nous réservant d'examiner d'une manière plus complète et plus approfondie les divers systèmes de moteurs utilisés pour la navigation aérienne, dans le prochain volume des *Merveilles de la Science*, le tome IV, qui traitera de l'Aérostation et de l'Aviation.

Moteurs de ballons dirigeables

Les moteurs de ballons dirigeables offrent, d'une façon générale, quelque analogie avec les moteurs de voitures automobiles que nous avons examinés, et principalement avec les moteurs de bateaux.

Les cylindres sont disposés, le plus souvent, verticalement.

Ce genre de moteurs a été construit pour propulser des ballons dirigeables par MM. Clément-Bayard, Panhard et Levassor, Darracq, de Dion-Bouton, Wolseley, etc.

Le moteur Clément-Bayard, monté sur le dirigeable de ce nom, est un moteur de 200 chevaux, comprenant quatre cylindres, d'un poids de 500 kilogrammes, dont les soupapes disposées à 45 degrés sont commandées par l'intermédiaire de culbuteurs au moyen d'un arbre de distribution placé au-dessus des cylindres, ce qui réduit la longueur des mécanismes de commande des soupapes.

Le moteur Panhard-Levassor de 125 chevaux, à quatre cylindres, pèse 380 kilogrammes. Les soupapes sont placées sur deux rangées, une de chaque côté du moteur.

Le moteur LiddeleyWolseley, de 200 chevaux possède huit cylindres et pèse 800 kilogrammes.

Le moteur Darracq à quatre cylindres, a une puissance de 120 chevaux et un poids de 250 kilogrammes. Les cylindres sont en acier coulés d'une seule pièce avec leur enveloppe de circulation d'eau de refroidissement.

Moteurs d'aviation

Les moteurs d'aviation n'ont pas conservé la forme des moteurs actionnant les voitures automobiles.

La disposition des organes est différente pour répondre à ces deux conditions, augmentation de puissance et diminution relative de poids, tout en conservant une rigidité absolue.

Le moteur d'aviation est, pour ces raisons, nécessairement polycylindrique, et le premier moteur à cylindres multiples établi en vue de produire une grande puissance sous un faible poids, a été créé par Forest, en 1888, pour actionner le ballon de Gaston Tissandier. Ce moteur à arbre vertical avait 4 groupes de 8 cylindres rayonnants, ce qui portait le nombre de cylindres à 32 (Fig. 558).

Forest a écrit dans son ouvrage : *Les bateaux automobiles* : « C'était peut être beaucoup de cylindres pour une époque où l'on ne construisait que des moteurs monocylindriques, mais l'utopie de la veille est souvent

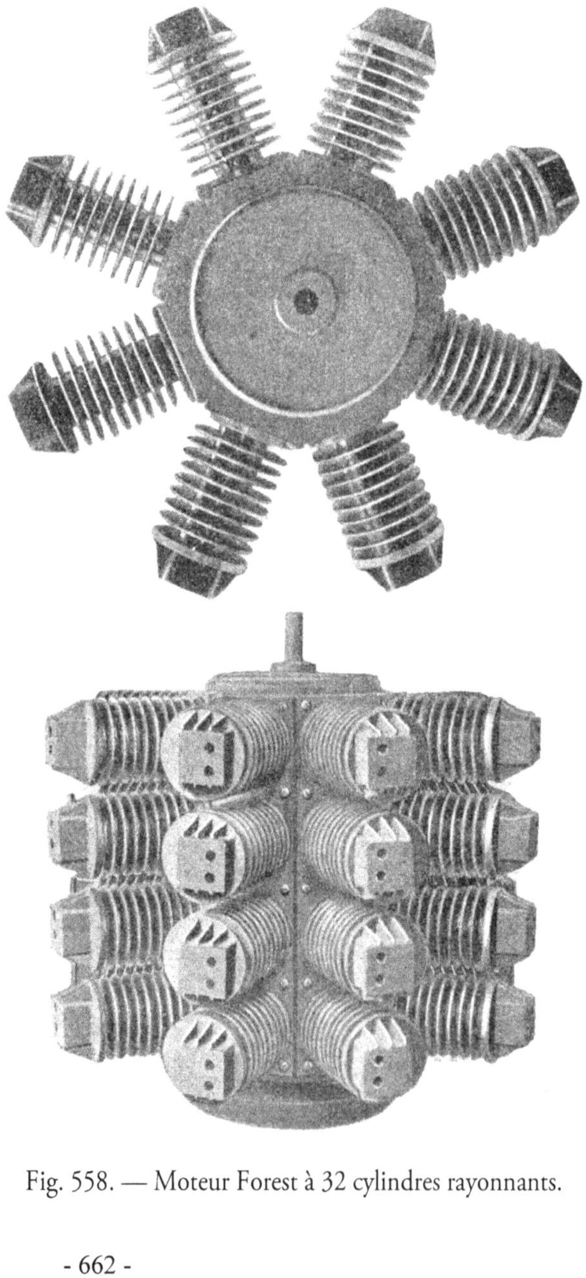

Fig. 558. — Moteur Forest à 32 cylindres rayonnants.

la réalité du lendemain. Trente-deux cylindres, c'est le moteur de demain, permettant la division et l'équilibrage parfait des masses et des efforts, transmettant le travail à l'arbre par huit doubles poussées motrices équilibrées par tour, divisant les masses calorifiques et récupératrices, et faisant suffisamment rayonner la chaleur pour refroidir les cylindres par l'air !

> « A 4 chevaux par cylindre, c'est la possibilité d'établir un moteur de 120 chevaux sans eau. »

Ces quelques lignes résument les principes essentiels sur lesquels sont établis les moteurs d'aéroplanes et il est juste de reconnaître que Forest, le premier, fit l'application de ces principes à ses moteurs.

Les moteurs actuels d'aviation diffèrent, cependant, de celui de Forest. Nous allons en décrire quelques types.

Moteur Clément-Bayard

(Fig. 559.) Ce moteur a été établi pour actionner un aéroplane type *Demoiselle*, de Santos Dumont. Il se compose de deux cylindres en acier, placés dans le prolongement l'un de l'autre.

Le diamètre d'alésage des cylindres est de 130 millimètres et la course des pistons de 120 millimètres. La puissance du moteur est de 32 chevaux et son poids est de 50 kilogrammes.

Le mouvement des pistons s'effectue dans des sens opposés pour assurer l'équilibrage et la régularité d'explosion. La distribution est assurée par deux arbres à cames actionnant l'un le cylindre de droite et la pompe de circulation d'eau, l'autre le cylindre de gauche et le distributeur de courant secondaire de la magnéto d'allumage.

L'induit de la magnéto tourne à la même vitesse que le moteur.

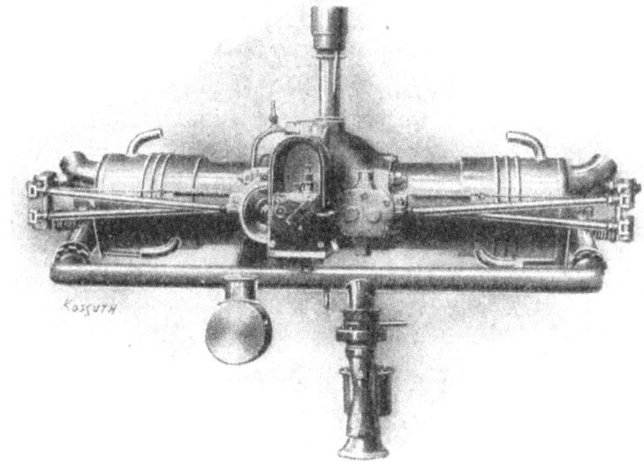

Fig. 559. — Moteur d'aéroplane, Clément-Bayard.

L'eau de refroidissement, dont la pompe assure la circulation, passe dans les chambres à eau des cylindres formées par des chemises en cuivre rapportées.

L'eau remplit un réservoir de 5 litres et 3 litres sont contenus dans les chambres à eau, la tuyauterie et le radiateur. Ce radiateur est formé par des tubes en cuivre rouge disposés sous les ailes de l'aéroplane.

L'eau circule en partant du réservoir, passe dans la pompe qui l'aspire et la refoule dans le radiateur ; elle y arrive par le bas, monte dans les tubes, arrive refroidie en haut du radiateur et pénètre alors dans les cylindres d'où elle se déverse dans le réservoir.

Le graissage s'effectue au moyen d'une pompe à piston, actionnée par une came ; cette pompe envoie l'huile sur les portées de l'arbre, d'où elle s'écoule dans des gouttières pratiquées dans le vilebrequin. La force centrifuge la projette contre les têtes de bielles qui sont ainsi lubrifiées ; l'excédent d'huile graisse les pieds de bielles et les pistons. La capacité du réservoir d'huile est de 1 litre et celle du réservoir d'essence de 10 litres.

L'hélice est fixée sur un manchon en bout de l'arbre du moteur, à l'avant de l'appareil. Son diamètre est de 2,05 m et son pas de 0,80 m.

Moteur Aster (Fig. 560.) Ce moteur, spécialement établi pour l'aviation, a une puissance de 50 chevaux et tourne à 1 000 tours par minute. Son bâti, formant carter, est d'une seule pièce, fait en aluminium. Les quatre cylindres sont fondus d'un seul bloc.

L'arbre principal, en acier spécial, repose sur trois paliers munis de coussinets en bronze dur. Les bielles sont faites en acier au nickel et les pistons sont en acier forgé ; ils portent des segments métalliques. Les soupapes sont actionnées par un seul arbre de distribution portant des cames façonnées dans la masse. L'allumage s'effectue au moyen d'une magnéto à haute tension disposée en bout du moteur.

Fig. 560. — Moteur d'aviation Aster.

Le refroidissement des cylindres est assuré par une circulation d'eau. Cette eau passe dans une enveloppe étanche rapportée et fixée autour du bloc dans lequel sont pris les quatre cylindres. Le graissage est réalisé automatiquement par la manœuvre d'une pompe à huile.

L'hélice est fixée en bout de l'arbre principal du côté opposé à la magnéto. Deux butées à billes disposées dans le palier arrière reçoivent la poussée de l'hélice.

Le moteur est supporté par l'intermédiaire de deux tubes en acier fixés sur le bâti, au-dessus de l'arbre principal et perpendiculairement à sa direction.

La mise en marche du moteur peut se faire à la main du côté de la magnéto ou par la manœuvre de l'hélice elle-même.

Le poids du moteur ne contenant pas d'eau et non muni de son radiateur, est de 110 kilogrammes.

Moteur Antoinette (Fig. 561 et 562.) Le moteur d'aviation *Antoinette* possède huit cylindres disposés en deux rangées de quatre cylindres chacune. Les axes de ces deux groupes de cylindres inclinés de 45 degrés par rapport à la verticale, font entre eux un angle de 90 degrés. Ils sont fixés sur un bâti, ayant la forme d'un prisme triangulaire.

Les cylindres sont en acier forgé ; leur double enveloppe est faite en cuivre rouge et d'une seule pièce, obtenue par un procédé galvanoplastique.

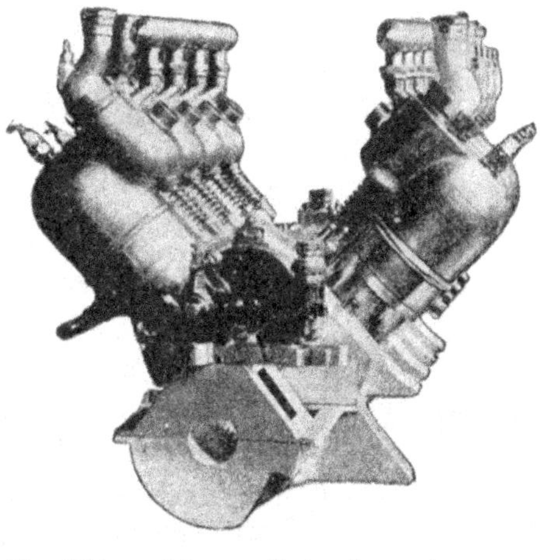

Fig. 561. — Moteur d'aéroplane, *Antoinette*. Vue d'ensemble.

La distribution est assurée par huit soupapes d'admission et huit soupapes d'échappement actionnées par le même arbre de distribution qui porte les cames. L'allumage s'effectue par l'intermédiaire d'une bobine à trembleur et d'un distributeur de courant secondaire avec huit bougies d'allumage ou encore, au moyen d'un petit alternateur auto-excitateur à haute fréquence, actionné par le moteur pendant sa marche et à la main, lors de la mise en route.

L'arbre principal est en acier spécial ; il porte quatre manivelles et il est supporté par cinq paliers.

Les explosions se produisent à chaque demi-tour de l'arbre, de façon que deux bielles ne travaillent jamais consécutivement sur le même palier. Les bielles sont en acier et les pistons sont en fonte munis de trois segments.

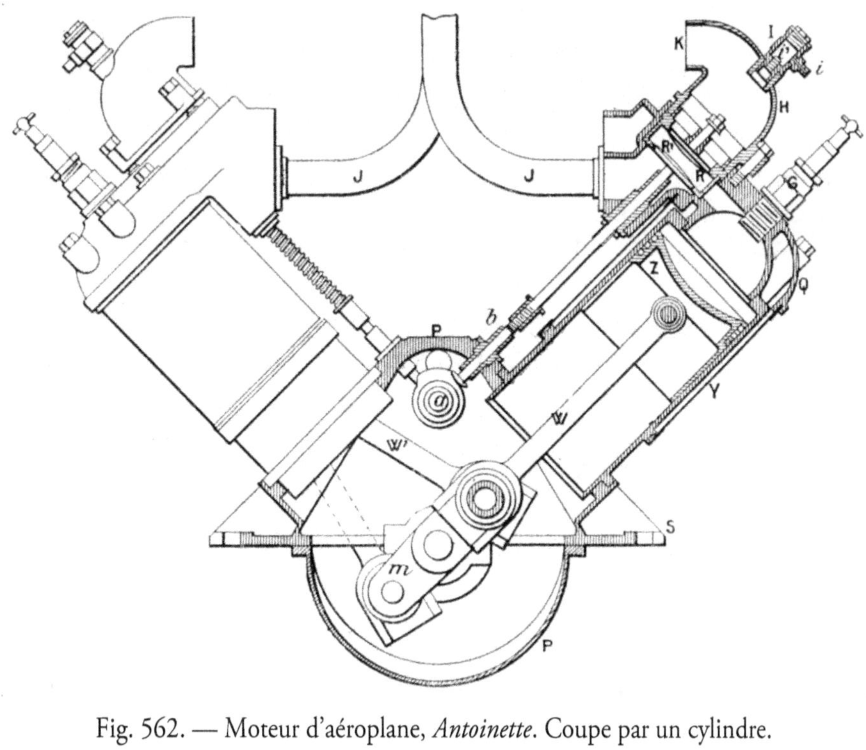

Fig. 562. — Moteur d'aéroplane, *Antoinette*. Coupe par un cylindre.

Le refroidissement est assuré par une circulation d'eau réalisée au moyen d'une pompe.

Le graissage s'effectue sous pression par l'intermédiaire d'une petite pompe qui aspire l'huile dans le carter et la refoule dans une rampe qui la distribue aux divers organes à lubrifier.

La carburation est produite par la manœuvre d'une petite pompe à essence actionnée par le moteur.

Cette pompe aspire l'essence dans le réservoir et la refoule dans huit distributeurs disposés sur les huit boîtes d'admission du moteur.

Ces distributeurs règlent la quantité d'essence nécessaire à chacun des cylindres. Le débit de la pompe à essence peut être rendu variable par la variation de la course de son piston.

Ce système de carburation permet d'alimenter le moteur au pétrole lampant.

Moteur Gnôme

(Fig. 563 à 566.) Ce moteur, dont la figure 6 (page 13 du volume 1) indique le mode de montage sur un aéroplane, a reçu une disposition toute particulière. Il est à sept cylindres placés de telle sorte que leurs axes concourent en un même point qui est le centre de l'arbre. Cet arbre, au contraire de ce qui a lieu pour les autres moteurs, est fixe, et ce sont les cylindres, rendus solidaires entre eux par un carter cylindrique rigide, qui tournent. L'hélice, fixée sur le carter, tourne ainsi avec les cylindres.

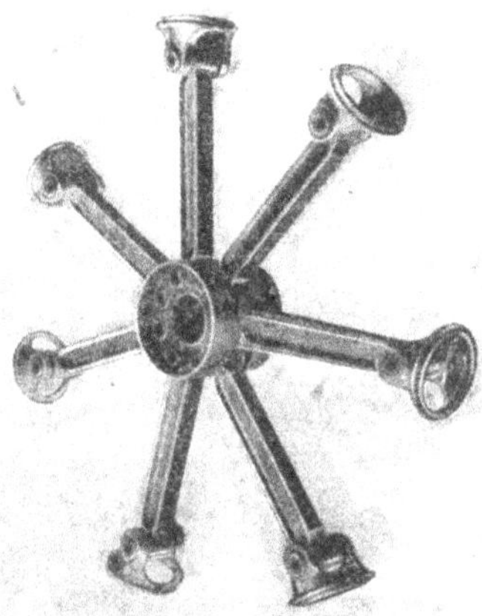

Fig. 563. — Disposition des bielles dans le moteur d'aviation Gnôme.

Les cylindres et le carter constituent un volant qui permet d'obtenir une bonne régularité de marche du moteur. L'arbre, qui est fixe, porte un coude (Fig. 564.) sur lequel s'appuie, par deux roulements à billes, une douille sur laquelle sont articulées les bielles (Fig. 563).

Les autres extrémités des bielles portent des chapes articulées qui se fixent sur les pistons, en bout de chacune desquels est placée une boîte à soupape d'admission.

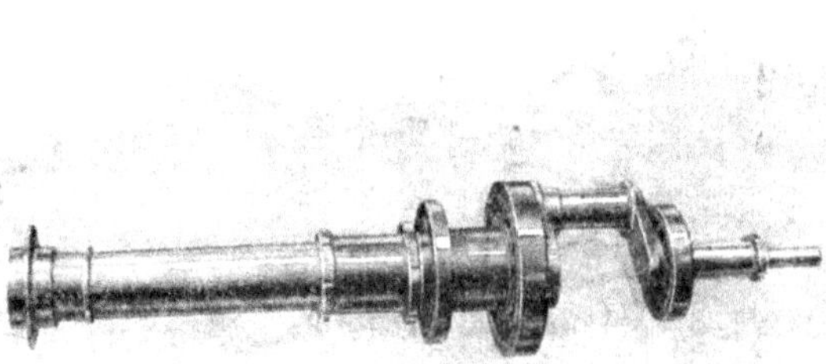

Fig. 564. — Arbre du moteur d'aviation Gnôme.

La figure 566 indique d'une manière schématique la disposition des cylindres et la liaison des pistons à l'arbre.

Les cylindres sont en fer forgé et munis d'ailettes qui sont façonnées dans la masse métallique. A leur partie supérieure et sur le côté sont disposées les bougies ; au centre sont montées les boîtes à soupapes d'échappement.

Les soupapes d'échappement sont actionnées par un double culbuteur muni de contrepoids destinés à compenser l'influence de la force centrifuge sur les soupapes pendant le mouvement de rotation. Un ressort de rappel applique chaque soupape sur son siège.

Les soupapes d'admission sont à fonctionnement automatique ; elles sont équilibrées pour éviter l'action de la force centrifuge.

Fig. 565. — Moteur d'aviation Gnôme.

Le carburateur à prise d'air automatique est placé en bout de l'arbre. L'allumage du mélange s'effectue par une magnéto munie d'un distributeur à sept plots, auxquels sont reliés les fils qui aboutissent respectivement aux bougies des sept cylindres. Le mélange est conduit du carburateur aux cylindres par l'arbre du moteur qui, foré à sa partie centrale, peut faire office de conduit. Le carter est constitué par une boîte cylindrique portant sur son pourtour des ouvertures dans lesquelles sont ajustés les cylindres qui sont ensuite immobilisés par des segments d'acier et des clavettes.

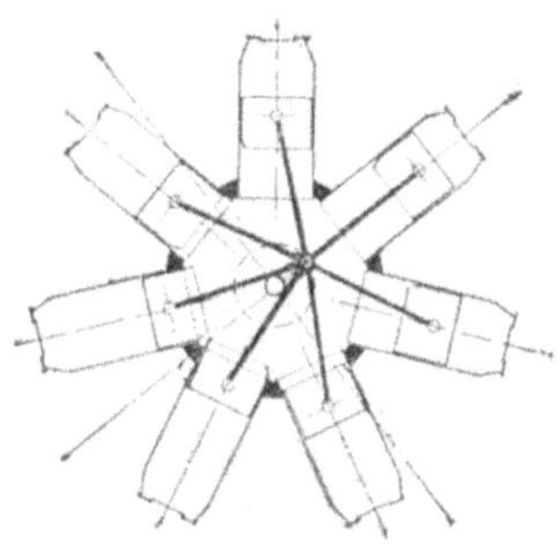

Fig. 566. — Schéma du moteur d'aviation Gnôme.

Sur chaque flanc du carter cylindrique est fixé un plateau. Les deux plateaux ferment ainsi le carter.

L'un des plateaux porte les roulements à billes d'arrière et les butées avant et arrière.

Sur ce plateau se fixe l'hélice. Le second plateau de distribution porte les roulements à billes d'avant, les engrenages de démultiplication et les sept cames qui actionnent, par traction, les soupapes d'échappement. Le graissage est assuré par une pompe à huile. Cette pompe est à deux cylindres avec distributeur et ne comporte pas de clapets.

Moteurs Esnault-Pelterie

(Fig. 567 à 570.) Ce moteur d'une puissance de 30 à 35 chevaux et pesant 68 kilogrammes se compose de sept cylindres disposés en éventail, suivant deux rangées ayant des directions parallèles. Les cylindres sont placés, dans chaque groupe, de façon que chacun d'eux se présente entre deux cylindres du groupe qui lui fait face. C'est ce qui explique le nombre impair de cylindres constituant le moteur. Un des groupes comporte quatre cylindres, l'autre n'en a que trois.

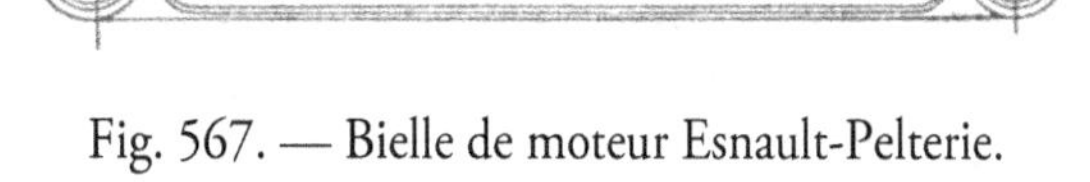

Fig. 567. — Bielle de moteur Esnault-Pelterie.

Les cylindres sont en fonte et sont munis d'ailettes assurant leur refroidissement.

Les pistons sont en acier. L'arbre moteur est fait en acier-nickel et porte deux tourillons de manivelles constitués par deux coudes ayant entre eux un décalage de 180 degrés. Les bielles sont divisées en deux groupes correspondant aux rangées de cylindres. Dans chaque groupe, une des bielles s'articule directement sur le tourillon de manivelle correspondant, les autres bielles du groupe étant reliées à la bielle principale par l'intermédiaire de chapes.

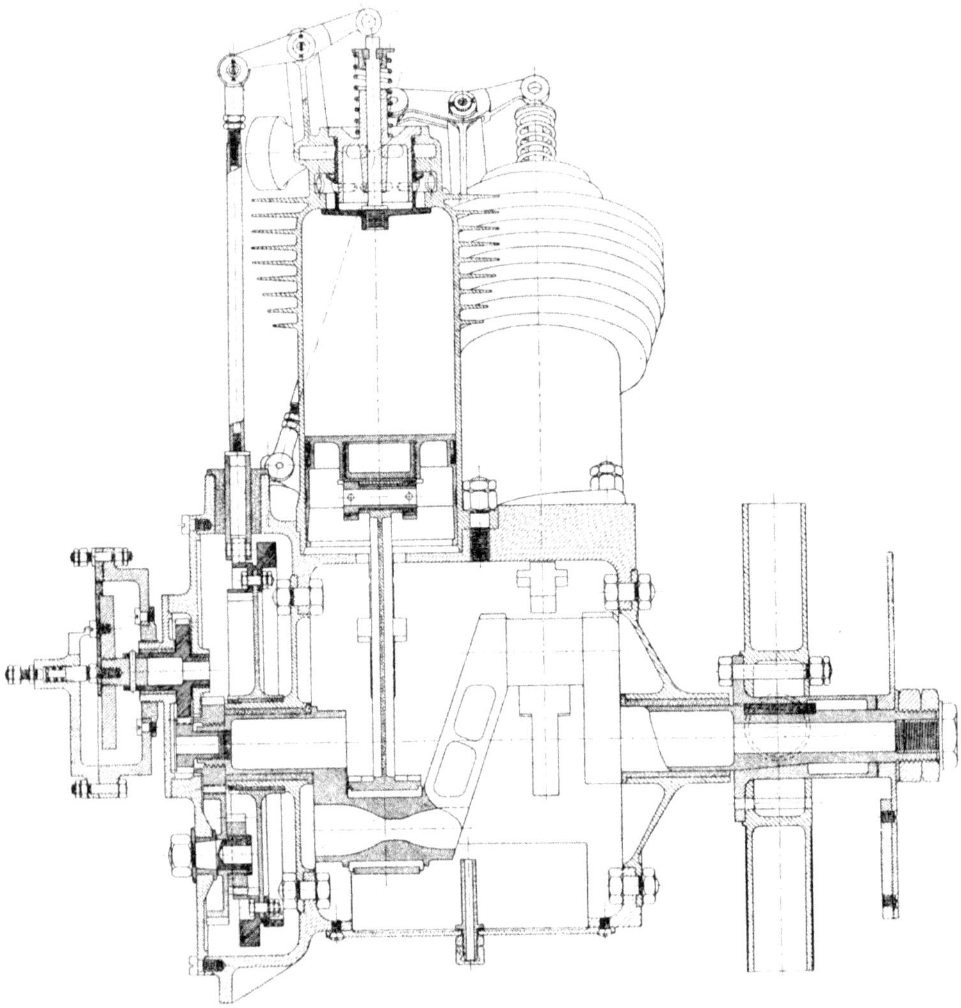

Fig. 568. — Moteur Esnault-Pelterie, à sept cylindres, 35 chevaux. Coupe parallèle à l'arbre.

Les bielles sont allégées, ont une section en forme de double T et sont terminées à chaque extrémité par une partie arrondie (Fig. 567) qui s'appuie, à la façon d'une rotule, dans le fond de la chape qui la reçoit. De la sorte, la tête et le pied de bielle ont un double coussinet : un à l'intérieur, qui est une bague venant en contact avec l'axe d'articulation, l'autre à l'extérieur constitué par la chape. Cette double portée assure une meilleure répartition des efforts sur la bielle.

Le bâti supportant les cylindres et formant carter est en aluminium. Il est fermé à chaque extrémité par des plateaux en acier fixés au moyen de boulons. Ces plateaux portent, à leur centre, les paliers de l'arbre moteur.

La distribution s'effectue, pour chaque cylindre, par une seule soupape à double levée disposée à la partie supérieure du cylindre.

Cette soupape forme tiroir ; elle est actionnée par une came grâce à l'intermédiaire d'un poussoir, d'une tige de renvoi et d'un levier basculeur. Quand la soupape est appliquée sur son siège, position qu'elle occupe dans les cylindres 2 et de la figure 569, comptés de gauche à droite, c'est que dans ces cylindres se produisent les phases de travail et de compression.

Lorsque la soupape effectue sa première levée, comme c'est le cas pour le cylindre 1, à gauche, c'est la période d'échappement pour ce cylindre. Les gaz brûlés, en effet, ont un libre passage du cylindre à la conduite d'évacuation.

Lorsque enfin la soupape est encore plus éloignée de son siège, comme dans le cylindre 3, l'orifice de communication entre le cylindre et le conduit d'échappement est obturé par une collerette portée par la soupape, qui vient s'engager dans cet orifice circulaire, mais la partie supérieure de la soupape démasque les orifices d'admission de mélange. Ce mélange pénètre à l'intérieur du corps cylindrique formant la soupape, d'où il est admis dans le cylindre par des ouvertures pratiquées sur sa périphérie vers la partie inférieure, ouvertures qui sont, pour cette position, démasquées.

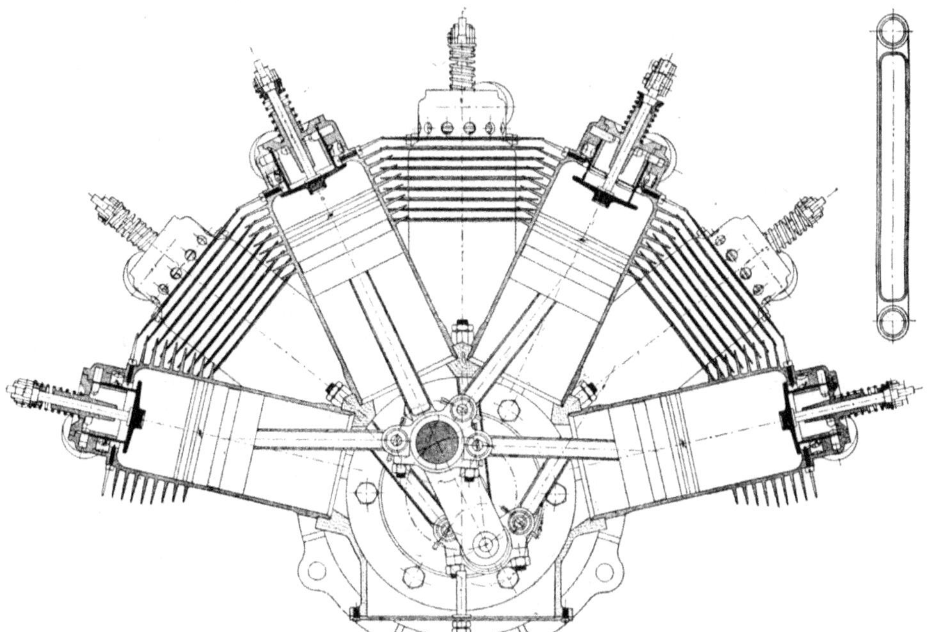

Fig. 569. — Moteur Esnault-Pelterie à sept cylindres. 35 chevaux. Coupe perpendiculaire à l'arbre.

Une seule came actionne les soupapes de chaque groupe de cylindres. Le moteur comporte donc deux cames placées côte à côte et recevant leur mouvement de rotation de l'arbre moteur par l'intermédiaire de trains de roues d'engrenage.

Un carburateur à doseur d'air automatique est disposé pour chaque groupe de cylindres. L'allumage du mélange s'effectue au moyen d'une magnéto à haute tension. Le refroidissement est assuré grâce aux ailettes portées par les cylindres. Lorsque la vitesse de déplacement du moteur est inférieure à 45 kilomètres à l'heure, le refroidissement s'effectue au moyen d'un ventilateur qui provoque un courant d'air à travers les ailettes.

Ce moteur actionne l'aéroplane Esnault-Pelterie, dont la figure 8 donne une vue d'ensemble.

Fig. 570. — Moteur Esnault-Pelterie, dix cylindres, 50 chevaux.

Le moteur représenté par la figure 570 en vue extérieure est un moteur de 50 chevaux composé de quatre groupes de cylindres disposés en éventail et dans des directions parallèles. Ces quatre groupes forment, deux à deux, des groupes à cinq cylindres comportant une rangée de deux cylindres et une de trois. Le moteur est donc constitué par dix cylindres dont les pistons actionnent, par des dispositions semblables à celles que nous venons d'examiner, le même arbre moteur. Un carburateur fournit le mélange tonnant à chaque groupe de cinq cylindres. Le poids de ce moteur est de 98 kilogrammes.

Moteur Bariquand et Marre

(Fig. 571.) Le moteur d'aviation Bariquand et Marre actionne les aéroplanes du système Wright. L'un d'eux, piloté par le comte de Lambert, effectua pour la première fois, en juin 1909, le parcours de Juvisy-Tour Eiffel et retour, à une altitude de 500 mètres.

C'est un moteur à essence constitué par quatre cylindres, comportant une distribution à quatre temps. Les cylindres verticaux sont supportés par un bâti en aluminium fondu d'une seule pièce et formant carter. Sur le carter est fixé latéralement un couvercle, dont le démontage donne un accès facile au mécanisme protégé par ce carter. Les cylindres ont un diamètre intérieur de 112 millimètres et les pistons une course de 100 millimètres.

Les boîtes à soupapes d'admission et d'échappement font corps avec les cylindres. Ces soupapes sont actionnées grâce à des cames par l'intermédiaire de tiges et de leviers basculeurs.

Le carburateur est remplacé par une pompe rotative, commandée par engrenages, qui distribue l'essence aux quatre cylindres.

L'évacuation des gaz brûlés s'effectue, en partie, lorsque le piston est au bas de sa course, par une série de trous pratiqués dans le cylindre, le reste étant évacué par la manœuvre des soupapes d'échappement. Cette disposition permet de diminuer l'échauffement. Le refroidissement des cylindres est, en outre, assuré par le fonctionnement d'une pompe qui provoque une circulation d'eau dans ces cylindres et dans un radiateur disposé verticalement sur l'aéroplane. L'allumage s'effectue par magnéto et le graissage sous pression au moyen d'une pompe à huile.

Fig. 571. — Moteur Bariquand et Marre. (Aéroplane Wright).

Ce moteur, d'une puissance de 32 chevaux, pèse avec les accessoires environ 105 kilogrammes. Il tourne à 1 400 tours par minute.

Moteur Darracq

(Fig. 572.) Ce moteur d'aéroplane, d'une puissance de 25 à 30 chevaux, est constitué par deux cylindres placés horizontalement sur le même axe et, par conséquent, dans le prolongement l'un de l'autre.

L'arbre moteur est ainsi placé au milieu de la longueur du moteur et porte un plateau sur lequel est fixée l'hélice. Les cylindres ont un diamètre intérieur de 130 millimètres ; les pistons ont une course de 120 millimètres. Chacun des cylindres est muni de deux soupapes : une d'admission et une d'échappement. Ces

Fig. 572. — Moteur Darracq. Vue extérieure.

soupapes sont actionnées par des cames agissant par l'intermédiaire de tiges et de leviers culbuteurs.

L'allumage s'effectue au moyen d'une magnéto.

Le refroidissement des cylindres est assuré par une circulation d'eau obtenue par la manoeuvre d'une pompe. Une pompe à huile permet le graissage sous pression.

Le poids de ce moteur avec ses accessoires est de 55 kilogrammes.

Moteur Farcot

(Fig. 573). Ce moteur, d'une puissance de 100 chevaux, est constitué par huit cylindres de 130 millimètres de diamètre d'alésage, dont les pistons ont une course de 140 millimètres, l'arbre tournant à 1 200 tours par minute.

Fig. 573. — Moteur d'aviation Farcot. Vue d'ensemble.

Les huit cylindres sont disposés sur le bâti en deux séries de quatre cylindres chacune, placées en face l'une de l'autre, les axes des cylindres étant inclinés par rapport à la verticale. C'est la disposition des cylindres en V qui offre l'avantage de réduire l'encombrement du moteur. Les bielles articulées aux pistons d'une des rangées de cylindres s'ajustent à leur autre extrémité sur un axe de manivelle de l'arbre moteur, et la tête de ces bielles porte un maneton de manivelle secondaire sur lequel s'articule la bielle du cylindre correspondant de l'autre série (Fig. 574).

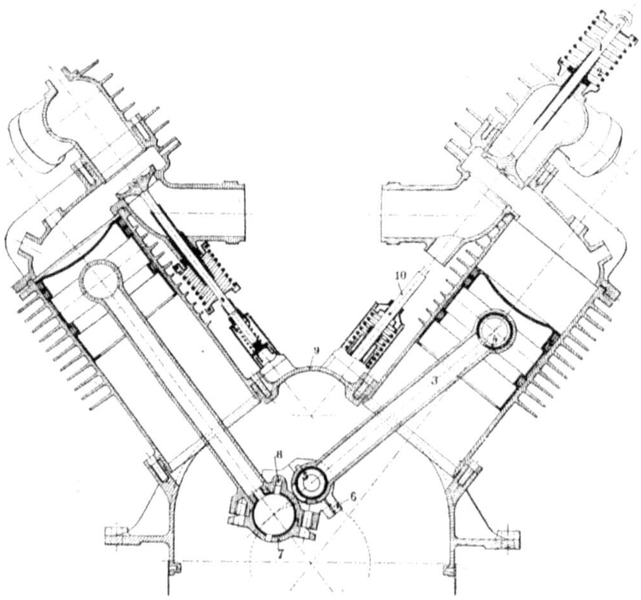

Fige 574. — Moteur d'aviation Farcot. Coupe verticale.

Pour chaque cylindre, la distribution s'effectue par une soupape d'admission et une soupape d'échappement. Ces soupapes sont placées l'une au-dessus de l'autre ; la soupape d'échappement est disposée au-dessus de la soupape d'admission. Ces soupapes sont commandées par des cames portées par l'arbre de distribution. Les cylindres sont munis d'ailettes qui assurent leur refroidissement par l'intermédiaire d'un ventilateur centrifuge, dont l'enveloppe est en forme de colimaçon.

Ce type de moteur n'ayant pas paru suffisamment équilibré par suite des inerties qui ne se contrebalancent pas exactement et par suite aussi de l'inégalité des explosions, il a été établi un autre moteur Farcot (Fig. 575), dont l'axe est disposé verticalement, les cylindres étant placés autour d'un même axe afin que, par suite de l'inertie parfaitement compensée des pièces en mouvement, on obtienne un bon équilibrage du moteur. Ce moteur à axe vertical qui permet de supprimer les vibrations, a été appliqué à la commande d'un ballon dirigeable.

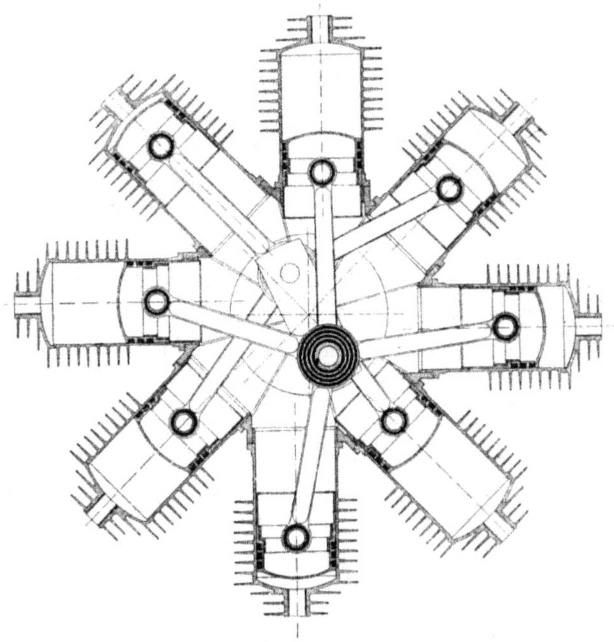

Fig. 575. — Moteur Farcot à axe vertical pour moteur de ballon dirigeable. Coupe horizontale.

Pour actionner les aéroplanes, il a été construit un moteur Farcot à axe horizontal, comportant six cylindres disposés en éventail. Le moteur, d'une puissance de 50 chevaux, tourne à 1 200 tours par minute et pèse 95 kilogrammes. Un autre moteur Farcot, d'aéroplane, est constitué par deux cylindres tournants ne comportant pas de soupapes.

La distribution s'effectue à deux temps.

La compression est obtenue dans le carter réunissant les deux cylindres par la manoeuvre de deux pistons fonctionnant en sens inverse l'un de l'autre. L'air carburé est admis dans le carter et, de là, par un orifice pratiqué à la partie inférieure du piston, arrive à la chambre de compression par un conduit latéral.

L'échappement des gaz brûlés se fait à l'air libre et en sens inverse de la rotation, ce qui fait du moteur une sorte de turbine à réaction, les gaz étant évacués à une certaine pression. Cette particularité a fait désigner ce moteur sous le nom d'Aéroturbine.

Chapitre XVI

MOTERS A BENZOL, A ALCOOL, A ACÉTYLÈNE

Les moteurs à explosion peuvent être alimentés, ainsi que nous l'avons dit au cours de leur description, non seulement avec du pétrole ou des essences, mais encore avec d'autres hydrocarbures, parmi lesquels le benzol, l'alcool, l'acétylène.

Moteurs au benzol

Le benzol provient de la distillation du goudron de houille, entre 35 et 150 degrés centigrades. C'est un composé d'hydrocarbures : *benzine, toluène, xylène*, que l'on cherche à employer pour remplacer l'essence, son prix de revient étant inférieur à celui de ce dernier produit. On reproche au benzol de provoquer l'encrassement des organes des moteurs qu'il alimente. Cependant, une carburation parfaitement réglée permet d'employer le benzol comme combustible, et divers constructeurs ont établi des moteurs fonctionnant au benzol, aussi bien qu'à l'essence ou qu'à l'alcool. Les Établissements Cazes construisent de petites locomotives pour les usages industriels et pour la traction des trains de berlines dans les galeries souterraines, dont les moteurs sont alimentés avec du benzol.

Assez souvent, le benzol est employé comme combustible, mélangé en parties égales avec l'alcool. L'alcool est alors appelé alcool carburé. On extrait aussi le benzol du gaz de fours à coke ; il se forme à une température élevée par la combinaison des carbures simples avec l'acétylène et par la décomposition des hydrocarbures lourds. Le gaz retient une partie du benzol ainsi produit, une autre partie restant dans les vapeurs goudronneuses. On le recueille au moyen d'un lavage effectué avec des huiles de goudron légères.

Moteurs à alcool

L'alcool est également un combustible que l'on a songé à utiliser pour actionner les moteurs à explosion, afin de remédier à une crise due à la production d'alcool en quantité dépassant les besoins de la consommation.

L'alcool, quoique d'un pouvoir calorifique inférieur à celui des essences, pouvoir qui n'est que de 6 500 calories environ, tandis que celui du pétrole est de près de 11 000 et celui des essences encore supérieur peut, néanmoins, constituer avec l'air un mélange tonnant qui n'exige pas une température trop élevée pour s'enflammer ; il a l'avantage de produire une combustion complète, ne donnant lieu à aucun résidu.

C'est en 1893, à Leipzig, que furent faits les premiers essais satisfaisants à la suite desquels, en Allemagne et en France, furent étudiées les dispositions permettant d'alimenter les moteurs à explosion avec de l'alcool.

C'est surtout l'organe de carburation qui fit l'objet de recherches et nous avons vu que, dans ce cas, le carburateur doit être échauffé, soit par une circulation des gaz brûlés évacués dans le tuyau d'échappement, gaz qui possèdent toujours une certaine élévation de température, soit en utilisant la chaleur de l'eau qui circule dans les enveloppes des cylindres pour assurer leur refroidissement.

La consommation d'alcool était, au début, considérable ; elle atteignait environ 1 litre par cheval-heure effectif, pour de l'alcool à 90 degrés. Depuis, les perfectionnements apportés aux moteurs et surtout aux organes de carburation, ont permis d'abaisser ce chiffre à 360 et 3110 grammes d'alcool pur par cheval-heure effectif.

On peut, pour alimenter les moteurs, employer de l'alcool dénaturé pur ; cependant on utilise généralement, ainsi que nous l'avons dit, de l'alcool carburé, mélange constitué par de l'alcool mélangé avec une certaine quantité de benzine ou de benzol. La proportion de chacun des produits dans le mélange peut varier de 18 à 50 %.

Généralement les moteurs à pétrole et à essence sont établis avec des orifices suffisants pour permettre leur alimentation par l'alcool. Le carburateur seul diffère, et assez souvent même il suffit de faire fonctionner le dispositif de réchauffage de cet organe, pour que le moteur fonctionne avec l'alcool.

Moteurs à acétylène

Le gaz acétylène, qui convient bien à l'éclairage devait, semblait-il, pouvoir être avantageusement employé pour produire de la force motrice dans les moteurs à explosion. En effet, depuis que l'on est parvenu, à la suite des beaux travaux de Berthelot, Moissan, Bullier et Wilson, à obtenir le carbure de calcium industriellement, en réduisant l'oxyde de calcium, dans le four électrique, par le charbon, on peut fabriquer facilement le gaz acétylène par la simple mise en contact du carbure avec l'eau.

En outre, le gaz acétylène possède un pouvoir calorifique de 14 340 calories par mètre cube et peut former avec l'air un mélange tonnant.

Il s'enflamme à une température plus basse que les autres gaz combustibles et la vitesse de propagation de la flamme est plus considérable.

Malgré ces avantages, on n'a pas construit industriellement des moteurs à acétylène, parce que l'explosion produite a des effets trop brisants qui disloquent les organes des moteurs et ne sont pas sans dangers. On a remédié aux chocs trop brusques en augmentant la quantité d'air composant le mélange explosif et on a établi quelques types de moteurs qui ont pu fonctionner en consommant de 160 à 200 litres de gaz acétylène par cheval-heure effectif.

Malgré cela, le prix de revient plus élevé du gaz acétylène, comparé à celui de la plupart des hydrocarbures liquides, et la considération des inconvénients dus à son emploi, n'ont pas encore permis aux moteurs alimentés avec ce gaz de prendre l'extension industrielle que l'on avait d'abord espérée.

Chapitre XVII

MOTEURS HYDRAULIQUES. — ROUES HYDRAULIQUES

HISTORIQUE DES MOTEURS HYDRAULIQUES. ROUES HYDRAULIQUES. ROUES EN DESSOUS : À PALETTES DROITES, À AUBES COURBES : PONCELET. – ROUES DE COTÉ : À AUBES, SAGEBIEN. – ROUES EN DESSUS : À AUGETS, À ADMISSION INTÉRIEURE. USINE HYDRAULIQUE DE MARLY.

Les moteurs hydrauliques sont des moteurs dans lesquels la force motrice est produite par l'action de l'eau. Depuis très longtemps, l'homme a cherché à utiliser l'énergie hydraulique. On a retrouvé en Asie et en Égypte des vestiges de travaux qui semblent indiquer que la force hydraulique y était connue et employée.

Les moteurs les plus anciens, dont on peut encore contempler quelques types dans le midi de la France et en Sicile, sont des roues hydrauliques à axe vertical, comportant un certain nombre de palettes à surface courbe, fixées sur un moyeu. L'eau provenant d'un canal d'amenée se déverse sur ces palettes et provoque le mouvement de la roue. Ce sont les roues à cuillers que l'on peut considérer comme les premiers modèles de turbines, quoique les rendements de ces deux sortes de moteurs hydrauliques ne puissent être comparés. Les roues à cuillers primitives sont encore utilisées, mais en bien petit nombre, pour actionner des moulins.

La roue hydraulique à axe horizontal est aussi un moteur hydraulique dont l'emploi remonte déjà fort loin. Louis XIV, dans le but d'apporter aux bassins des châteaux de Marly et de Versailles la quantité d'eau nécessaire aux jeux hydrauliques des cascades et des jets répandus à profusion dans ces résidences royales, avait fait établir à Marly une machine à élever l'eau, machine qui existe encore, mais qui a subi de profondes transformations dont nous parlerons ultérieurement. La machine qui fonctionna en 1682 comportait quatorze roues de 12 mètres de diamètre, mises en mouvement par l'eau de la Seine et actionnant un grand nombre de pompes étagées qui refoulaient l'eau à Versailles.

On retrouve encore une roue hydraulique, utilisée vers 1733 pour élever l'eau au moyen de tubes-siphons disposés en spirale dans la roue, une extrémité de chaque tube étant ouverte près de la circonférence de la roue, l'autre débouchant vers le centre.

La roue portant des palettes étant mue par le courant d'eau, chaque tube, lors du mouvement de rotation de la roue, en plongeant dans l'eau par son extrémité débouchant vers la circonférence, remontait une certaine quantité d'eau qui s'écoulait vers le centre dans un réservoir. Chaque tube déversait ainsi, au fur et à mesure une certaine quantité d'eau qui se trouvait élevée d'une hauteur à peu près égale au rayon de la roue.

Bernouilli avait défini, dès 1730, les principes essentiels se rapportant à l'écoulement de l'eau, à son travail et à ses effets de réaction. On construisit alors des roues à axe horizontal.

Fig. 576. — La première machine hydraulique de Marly. (D'après une ancienne gravure.)

Les roues hydrauliques, en se perfectionnant, permirent de transformer l'énergie hydraulique en énergie mécanique utilisable sur l'arbre même de la roue, et c'est alors qu'on actionna, à peu de frais, un grand nombre de moulins importants ainsi que des usines mécaniques en captant la force motrice des cours d'eau inutilisée auparavant.

En 1825, apparaissent les premières roues hydrauliques à axe vertical, dont l'inventeur Burdin avait établi la théorie raisonnée et auxquelles il donna le nom de *turbines*. C'est sous ce nom que, depuis cette époque, le moteur hydraulique prit le développement considérable qu'il possède aujourd'hui.

Les noms de Fourneyron, Jonval, Fontaine, Girard sont attachés aux progrès réalisés de 1832 vers 1840 dans les turbines, dont les types ainsi créés se répandirent partout et furent reproduits, munis de perfectionnements de détails, bien longtemps après, jusqu'en 1889.

Cependant, en Amérique, et dès 1849, Francis avait établi une turbine centripète qui ne reçut d'applications industrielles qu'en 1873, en Allemagne, et qui attira, en 1876, à l'Exposition de Philadelphie, l'attention des ingénieurs.

On chercha à réaliser des turbines à grande vitesse mieux appropriées à l'industrie électrique, dont les progrès se manifestaient tous les jours. De ces recherches naquirent

Fig. 577. — Installation de dix turbines, de 1 700 chevaux, 400 tours ; hauteur de chute : 600 mètres. Usine de Calypso. (Cie des produits chimiques d'Alais et de la Camargue.) A. et H. Bouvier, constructeurs.

les remarquables turbines modernes que nous examinerons plus loin, auxquelles les progrès de l'industrie électrique, en permettant la transmission de l'énergie à de très grandes distances, ont ouvert un débouché considérable dans l'utilisation des innombrables chutes d'eau répandues dans le Monde entier, et dans l'asservissement de ces forces naturelles, mines inépuisables de *houille blanche*.

Roues hydrauliques

Les roues hydrauliques, qui permettent de transformer en énergie mécanique l'énergie provenant d'un cours d'eau ou d'une chute, sont constituées de diverses manières et on les distingue suivant le mode d'action de l'eau qui les fait mouvoir.

Les principales catégories de roues hydrauliques sont les roues *en-dessous*, les roues *de côté* et les roues *en-dessus*.

Les roues en-dessous reçoivent l'eau à la partie inférieure. Les roues de côté reçoivent l'eau sur le côté de la roue, entre leur partie inférieure et l'axe. Les roues en dessus ou roues de tête, reçoivent l'eau à la partie supérieure.

Roues hydrauliques en dessous

Ce type de roue primitif à palettes planes (Fig. 578) est simple. La roue se compose d'un tambour cylindrique en bois A de grand diamètre, rendu solidaire d'un arbre B par des bras C consolidés par des croisillons en bois assemblés aux bras et au tambour. Sur le pourtour du tambour sont disposées des palettes en bois D constituant les aubes planes de la roue. Ces palettes convergent toutes vers le centre de la roue et sont renforcées du côté opposé à l'arrivée de l'eau.

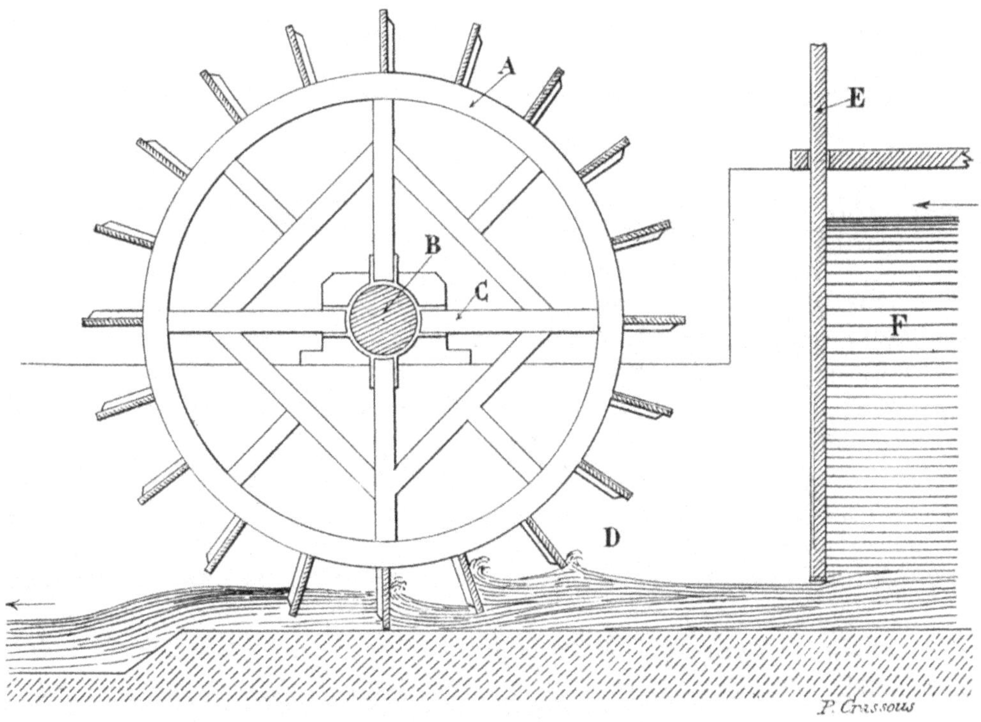

Fig. 578. — Roue en dessous à aubes planes.

Elles sont placées à des distances égales sur le tambour.

L'arbre B de la roue repose sur deux paliers, qui sont disposés chacun sur un mur maçonné. Les deux murs parallèles sont séparés par un intervalle légèrement supérieur à la largeur de la roue, pour laisser à celle-ci son libre jeu pendant son mouvement de rotation. Le canal maçonné servant de logement à la roue se nomme coursier.

L'eau est arrêtée en avant de la roue par une vanne E qui la laisse écouler, à la partie inférieure, par un orifice réduit. L'eau arrive ainsi, avec une vitesse qui dépend de sa hauteur dans le conduit d'amenée F, en contact avec les palettes inférieures de la roue et, frappant sur ces palettes, les pousse et imprime à la roue un mouvement de rotation autour de son arbre.

Les palettes se présentent ainsi successivement devant le courant d'eau, qui agit sur chacune d'elles ; il provoque la rotation de la roue tant que la levée de la vanne permet l'écoulement de l'eau.

On donne généralement au fond du coursier une légère pente depuis la vanne jusqu'à l'axe de la roue, puis une pente plus rapide en aval, de façon à constituer un dégagement suffisant pour permettre le large écoulement de l'eau et éviter des remous.

Dans ce système de roue, l'eau arrivant animée d'une certaine vitesse heurte les palettes, dont la vitesse est moindre. Il se produit un choc qui donne l'impulsion à la roue mais, d'autre part, de ce choc résulte une mauvaise utilisation de la force vive de l'eau. En outre, l'eau enfermée dans les aubes prend la vitesse de la roue, et lorsqu'elle s'écoule dans le canal de fuite, elle possède encore cette vitesse, ce qui est une autre cause de perte de travail. Enfin, le jeu qu'il est indispensable de prévoir entre l'extrémité des aubes et le fond du coursier, laisse écouler une certaine quantité d'eau qui n'est pas utilisée pour produire du travail.

Ces divers inconvénients font de la roue en dessous à aubes planes, un moteur hydraulique dont le rendement ne dépasse pas 25% , mais auquel il convient, cependant, de reconnaître l'avantage d'être simple à établir et de pouvoir tourner à une assez grande vitesse.

Roue Poncelet

(Fig. 579.) Pour obvier aux inconvénients dus à l'emploi des aubes planes dans la roue en dessous, Poncelet a établi une roue de cette même catégorie, mais dont les aubes sont courbes, roue à laquelle on a donné son nom.

Les aubes D, généralement faites en tôle de fer, ont une forme curviligne semblable à celle qui est représentée sur la figure 579. Elles sont maintenues fixées entre deux plaques C, sortes de couronnes circulaires reliées à l'arbre A, par une série de bras B.

Le fond du canal d'amenée d'eau G est incliné et la vanne qui règle le débit d'eau a également une forte inclinaison pour diminuer le frottement de l'eau dans le coursier. La roue représentée par la figure 579 est munie de deux vannes E et F, mues par des pignons et par des crémaillères permettant l'admission de l'eau à des hauteurs différentes dans la roue. L'eau, en prenant contact avec la roue, rencontre la tranche extérieure des aubes. Elle pénètre ainsi sans choc dans ces aubes. Par sa force vive elle donne l'impulsion à la roue et sa vitesse s'amortit dans l'aube en remontant le long de cette aube et grâce à son profil curviligne. La vitesse de l'eau est donc, de cette façon, complètement utilisée pour agir sur l'aube et, au fur et à mesure que la roue tourne et que l'aube se déplace, l'eau redescend après avoir produit son action ; elle prend, en sortant de l'aube, une certaine vitesse dans une direction opposée à celle qu'elle avait lors de son entrée dans cette aube. Comme le déplacement de l'eau, à ce moment, s'effectue en sens inverse du mouvement de la roue, si la vitesse de l'aube est sensiblement égale à la vitesse de l'eau, il s'ensuivra que le mouvement relatif de l'eau par rapport à l'aube sera nul et l'eau quittera donc la roue sans vitesse sensible, ce qui est une condition très favorable à l'obtention d'un bon rendement.

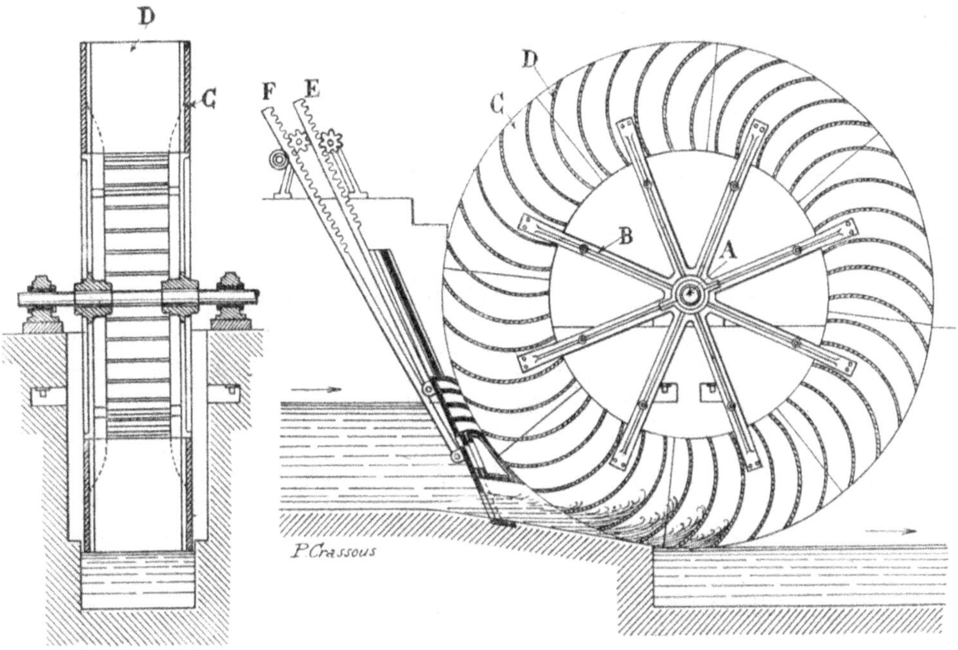

Fig. 579. — Roue Poncelet.

Pour réaliser cette condition primordiale d'entrer sans choc et de sortir sans vitesse, la roue doit tourner à une vitesse environ deux fois moindre que celle que possède l'eau à son arrivée.

Roues de côté

Dans les roues de côté (Fig. 580), l'eau est admise sur les aubes à une hauteur comprise entre la partie inférieure de la roue et son centre. Pour cela, le coursier H a, vers l'amont, une forme circulaire qui emboîte la roue C et ses aubes E.

La roue se compose de deux couronnes C réunies à l'arbre moteur A par une série de bras B. Sur les couronnes sont pratiquées des rainures D qui reçoivent les supports des aubes E. Sur le canal d'amenée de l'eau G est disposée une vanne F inclinée, dont la manœuvre permet de régler le débit de l'eau.

Le rendement de la roue de côté est supérieur à celui de la roue en dessous à palettes planes. L'eau agit, en effet, dans les roues de côté, non seulement par impulsion, mais encore par son poids qui contribue à actionner la roue pendant sa descente du niveau amont au niveau aval.

Dans les roues de côté, cependant, comme dans les roues en dessous, l'eau frappe sur les aubes ; il se produit un choc qui occasionne une perte de travail. L'eau prend la vitesse de la roue et s'écoule à cette vitesse, ce qui provoque une nouvelle perte de travail. Il y a donc intérêt à faire tourner la roue à une faible vitesse. En outre, le jeu ménagé entre la roue et le coursier, et nécessaire pour assurer un fonctionnement régulier, détermine une perte d'eau.

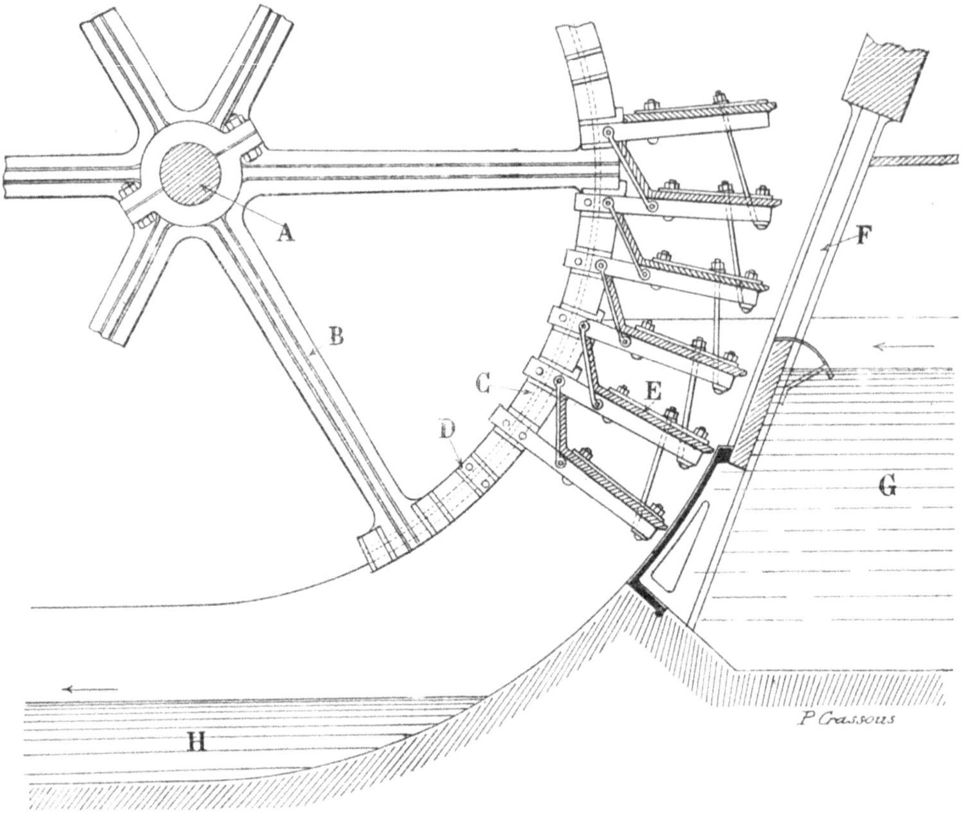

Fig. 580. — Roues de côté à aubes.

Les roues de côté peuvent être munies de palettes, mais l'eau, à son entrée dans la roue, tend à remonter le long de ces palettes et à se déverser vers l'intérieur. Pour obvier à cet inconvénient, on donne aux aubes E des roues de côté la forme représentée sur la figure 580. L'eau reste dans l'aube et ne s'écoule qu'au fur et à mesure que cette aube s'abaisse par suite du mouvement de rotation de la roue. On retient même l'eau dans l'aube en donnant une forme circulaire au coursier dans lequel la roue s'emboîte.

Roue Sagebien (Fig. 581 et 582.) La roue Sagebien est une roue de côté qui a été établie pour remédier aux inconvénients que nous venons de signaler. Les aubes sont constituées par des palettes C solidement maintenues rigides par des couronnes métalliques formant la roue. Des bras B relient rigidement ces couronnes à l'arbre moteur A.

Les aubes sont très larges et sont inclinées par rapport au rayon qui passe par leur extrémité. Elles se présentent ainsi à l'entrée de l'eau provenant du canal d'amenée E, dans une direction se rapprochant davantage que les aubes de la roue précédente de la ligne verticale.

L'action de l'eau est mieux utilisée, car cette eau peut remonter le long de la palette sans se déverser à l'intérieur de la roue. Une vanne G manœuvrée par l'intermédiaire d'une crémaillère F règle le débit de l'eau.

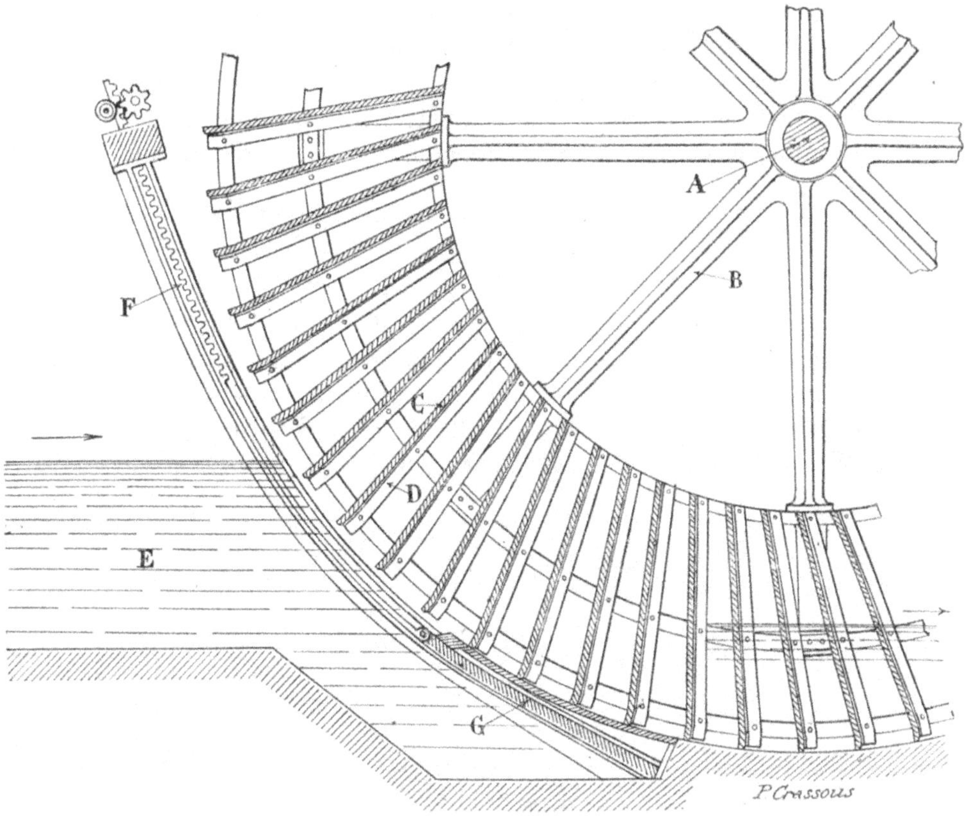

Fig. 581. — Roue Sagebien.

Fig. 582. — Roue de Côté Sagebien. Vue d'ensemble.

La roue Sagebien tourne lentement : c'est une bonne condition, comme nous l'avons dit plus haut, pour diminuer les pertes de charges dues à la vitesse d'écoulement de l'eau à la sortie de la roue. Elle peut être utilisée pour des chutes atteignant 3 mètres de hauteur. Du fait de sa faible vitesse de rotation, l'arbre moteur est souvent muni d'une roue d'engrenage de grand diamètre, qui engrène avec un petit pignon solidaire de l'arbre de la machine à actionner. On peut ainsi donner à cette machine la vitesse qui lui convient.

Roues en dessus

Les roues en dessus reçoivent dessus l'eau à leur partie supérieure. Leur disposition nécessite le remplacement des aubes par des augets dans lesquels l'eau se déverse pour produire son action. C'est pour cela que la roue en dessus est appelée *roue à augets*.

Elle est constituée (Fig. 583), par un tambour circulaire fermé latéralement par des couronnes B, cet ensemble étant relié à l'arbre A, par des bras E entretoisés par des croisillons.

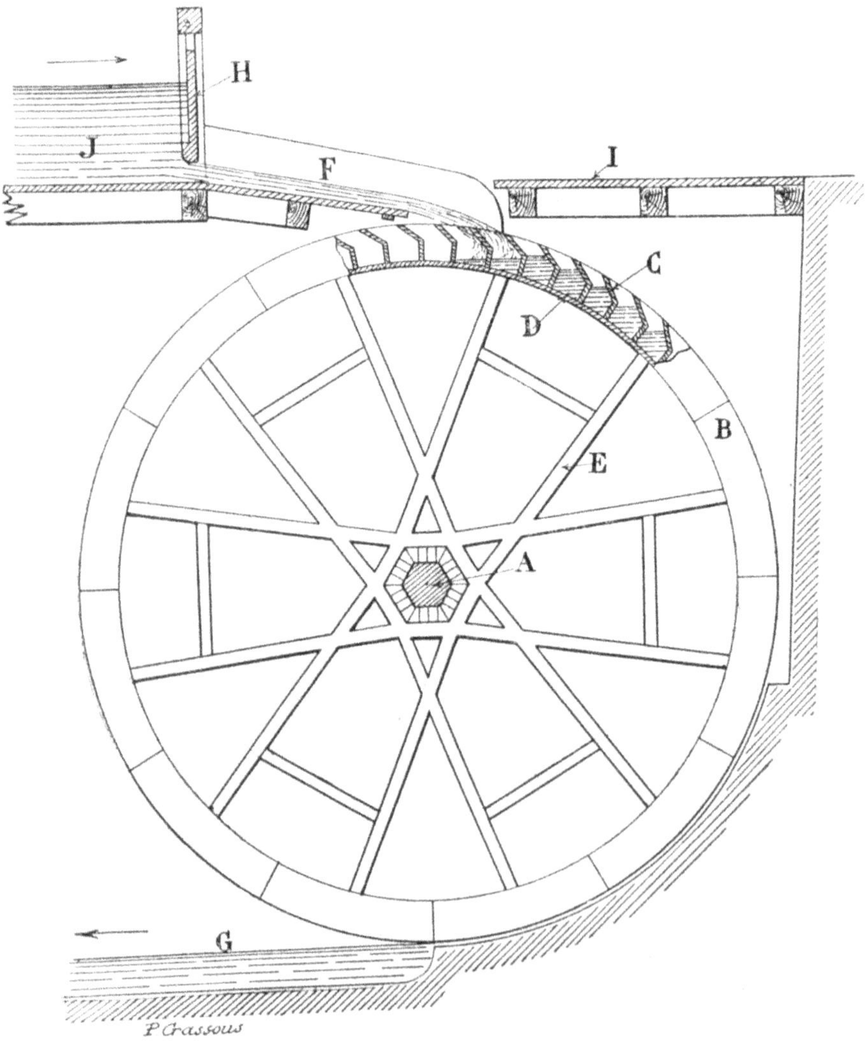

Fig. 583. — Roue en dessus à augets.

Entre les flasques circulaires B sont disposés les augets C constituant autant de petites cuves étanches établies sur la périphérie de la roue.

L'eau arrivant par le canal d'amenée J, muni d'une vanne H et dirigée par un plan incliné F placé au-dessus de la roue, s'écoule dans les augets, qui se présentent au fur et à mesure à son niveau. Les augets se remplissent et l'eau par son poids provoque la rotation de la roue dans le sens de l'écoulement de l'eau. On donne aux augets une forme telle qu'ils restent remplis d'eau pendant au moins un quart de tour de la roue. Au fur et à mesure qu'ils descendent ils se vident et l'eau s'écoule dans le canal de fuite disposé a la partie intérieure.

Fig. 584. — Roues en dessus à augets.
Vue d'ensemble.

Pour éviter l'écoulement anticipé de l'eau, le coursier a une forme circulaire qui emboîte la roue. Un plancher I est disposé à la partie supérieure. Les augets peuvent être en bois ou en tôle et, dans ce dernier cas, on leur donne une forme curviligne qui permet à l'eau de séjourner le plus longtemps possible et d'aider par son poids à la rotation.

On donne à l'eau, à son arrivée, une faible vitesse ; la roue doit tourner lentement, de façon que l'eau en sortant des augets soit pour ainsi dire déversée sans vitesse dans le canal de fuite, ou que cette vitesse soit la moins grande possible. C'est une condition qui améliore, nous le savons, le rendement du moteur hydraulique.

Roue à admission d'eau intérieure

(Fig. 585.) Cette disposition a été établie pour utiliser, d'une manière encore plus complète que dans la roue à augets ordinaire, le poids de l'eau motrice, en permettant de donner aux augets une forme qui retient l'eau presque jusqu'à la partie inférieure de la roue.

La roue est constituée par deux couronnes métalliques C, reliées à l'arbre moteur A par des bras B. Entre les couronnes sont disposés les augets D, qui laissent entre eux, vers l'intérieur de la couronne, un espace suffisant pour que l'eau puisse s'y déverser de ce côté, et dont les bords, vers l'extérieur de la roue, sont très relevés, pour empêcher le déversement anticipé de l'eau pendant le mouvement de rotation de la roue.

L'arrivée de l'eau a lieu dans un canal H, qui communique avec un déversoir E établi à l'intérieur de la roue.

Le débit de l'eau à admettre est réglé par un mécanisme manœuvrant une petite vanne dans le déversoir E, au moyen d'une manivelle à main, par l'intermédiaire de tiges et de pignons coniques G et F.

L'eau tombe du déversoir intérieur dans les augets et agit par son poids pour provoquer la rotation de la roue dans un sens opposé à celui de la roue à augets précédente, quoique, dans les deux cas, le sens de l'arrivée de l'eau soit le même.

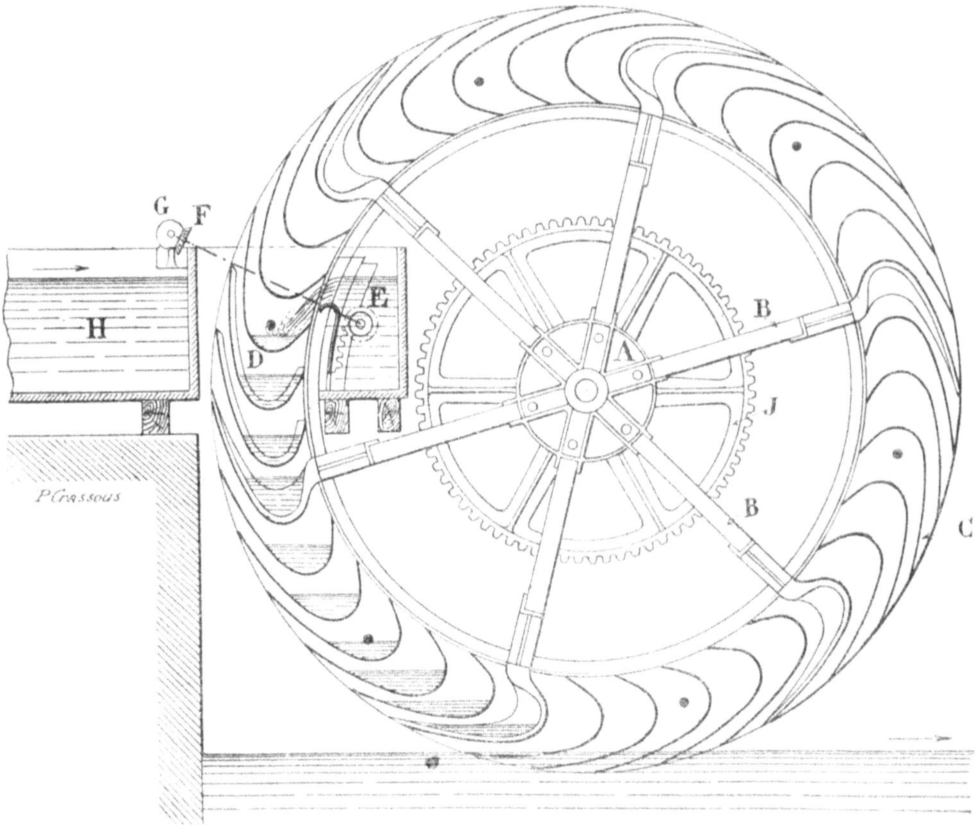

Fig. 585. — Roue à admission d'eau intérieure.

L'eau s'écoule des augets au fur et à mesure que ceux-ci arrivent vers le bas de la roue, et la forme relevée des augets vers l'extérieur facilite la sortie de cette eau sans vitesse dans le canal de fuite.

Usine hydraulique de Marly

Nous avons précédemment cité, au point de vue historique, l'usine hydraulique de Marly comme étant une des premières installations de moteurs hydrauliques effectuant un travail important. On sait que Louis XIV ayant décidé en 1662 de faire bâtir dans la forêt de Marly, sur les hauteurs de Versailles, un château royal dans une situation merveilleuse, l'architecte Mansard traça des jardins magnifiques. Mais l'eau manquait pour alimenter les nombreuses cascades et pour faire jaillir les gerbes d'eau dans les bassins.

Une foule de projets furent proposés pour amener d'abondantes eaux à Versailles, mais aucun ne permit d'atteindre le résultat espéré.

Mansard, l'architecte du roi, fit alors venir un gentilhomme des environs de Liége, le baron de Ville, qui s'était fait une grande réputation en Hollande, en inventant une très belle machine servant a l'élévation de l'eau ; il lui confia l'exécution d'une de ces machines.

Elle devait être capable d'élever l'eau de la Seine jusqu'au sommet du coteau de Louveciennes, où seraient établis un réservoir et un aqueduc. Le baron de Ville et un charpentier de Liége, Rannequin, qu'il amena avec lui, construisirent la machine ;

elle commença à fonctionner en 1682. Elle avait coûté plus de 8 millions, ce qui équivaudrait à une somme triple aujourd'hui.

Un barrage commun réunissant les diverses îles de la Seine comprises entre Bezons et Marly, avait permis de constituer un bras fermé par des vannes distribuant l'eau à 14 roues hydrauliques d'environ 12 mètres de diamètre ; ces roues actionnaient 211 pompes aspirantes et foulantes étagées sur le flanc du coteau ; elles élevaient l'eau à 155 mètres au-dessus du niveau de la Seine.

Fig. 586. La machine de Marly. (Vue de l'ensemble des six roues hydrauliques.)

Les eaux ainsi élevées se rendaient par l'aqueduc, soit au « château d'eau » de Marly, soit à Versailles.

Cependant le « monstre de Marly », comme on l'appelait, ne put jamais fournir à Versailles qu'un volume d'eau assez restreint. C'est que la force motrice de cet énorme assemblage était en grande partie absorbée par les frottements des balanciers et des bielles qui transmettaient le mouvement des roues aux pistons des deux étages de pompes échelonnées sur les flancs du coteau.

On prétend que le volume d'eau élevé par les pompes était à l'origine de 5 000 mètres cubes d'eau en 24 heures ; mais il diminua rapidement, par suite de l'usure des pièces, et ne put suffire à tous les besoins auxquels on avait espéré satisfaire.

En 1739, la machine ne fonctionnait qu'en exigeant des réparations qui coûtaient des sommes considérables. On chercha, mais en vain, à exciter le zèle des ingénieurs par des offres alléchantes, pour apporter à l'installation des perfectionnements devenus indispensables, mais on ne put réussir à remettre le « monstre hydraulique » en bon état.

Pendant près d'un siècle la machine de Marly fut abandonnée. Elle fut un moment vendue, puis rachetée. On allait même la démolir lorsqu'en 1803, Napoléon 1er, s'occupant de relever Versailles de ses ruines, fit examiner par une Commission les moyens propres à améliorer la machine de Marly.

Un entrepreneur de charpente, nommé Brunet, proposa alors d'élever les eaux d'un seul jet, au sommet de la tour de Marly. Ce projet fut réalisé en montant sur l'arbre moteur d'une des roues, deux manivelles mettant en mouvement quatre pompes aspirantes et foulantes. En septembre 1804, la machine fut mise en marche et l'eau s'éleva d'un seul jet jusqu'à l'aqueduc.

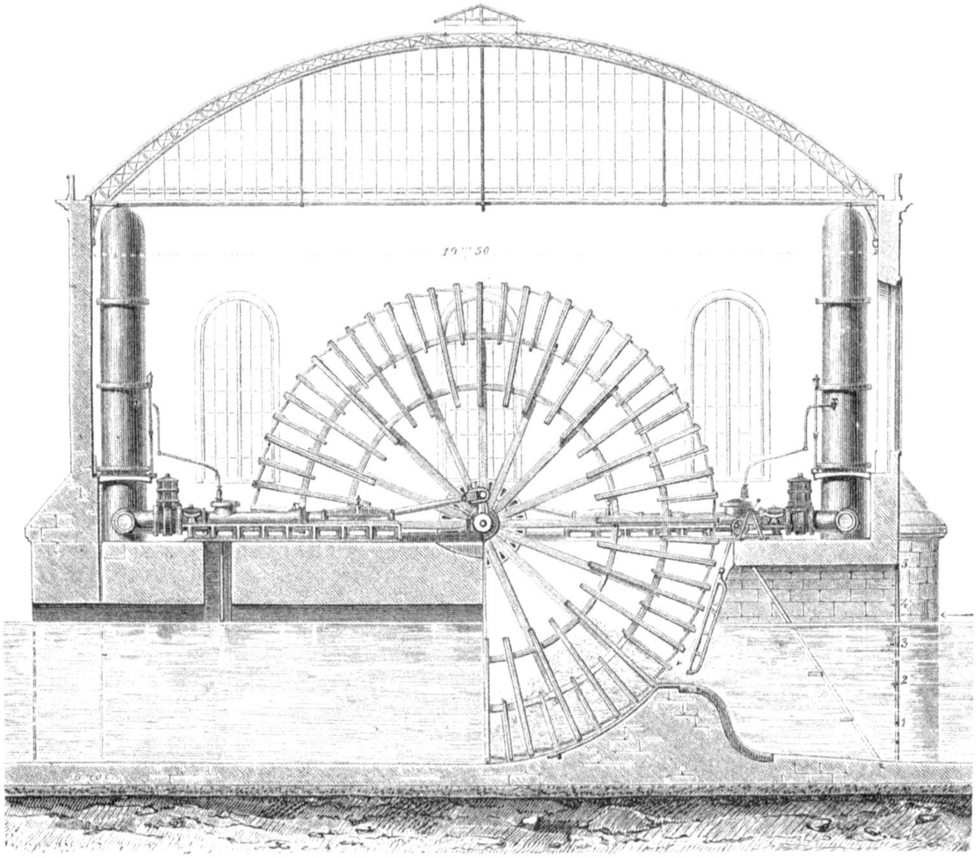

Fig. 587. — Machine de Marly. Coupe transversale.

Cependant le projet de Brunet ne fut pas exécuté dans son entier parce que les constructeurs de la pompe à feu de Chaillot annoncèrent qu'ils élèveraient l'eau au moyen de deux machines à vapeur. Ce fut néanmoins un autre système de machine à vapeur qui fut adopté mais comme la construction de cette machine demandait un temps assez long, on se décida à adapter à deux des anciennes roues, des pompes disposées comme celles de Brunet. Ce système, mis en marche en 1817, fonctionna jusqu'en 1858. Les deux roues et la machine à vapeur assuraient l'alimentation en eau de la ville de Versailles.

Cette installation, qui manquait d'uniformité, ne se justifiait que par le désir que l'on avait d'anéantir l'usine hydraulique de Marly, afin de supprimer le barrage de la Seine, nuisible à la navigation. L'exécution d'un barrage mobile à Bezons, en 1838, la construction de digues à Carrières, Chatou et Croissy et une écluse de communication établie entre les deux bras du fleuve, permirent de laisser intacte la chute créée sur la Seine sous Louis XIV, en rendant la navigation sur ce fleuve indépendante de cette chute.

La machine de Marly fut ainsi sauvée de la destruction qui la menaçait et, en 1854, on décida l'exécution de l'usine entièrement hydraulique qui fonctionne encore aujourd'hui pour élever l'eau de la Seine à Versailles et à Marly.

Cette machine est établie à peu près sur le même emplacement que l'ancienne, mais elle ne compte que 6 roues au lieu des 14 anciennes roues.

Chaque roue se compose de 64 aubes planes constituées par des planches en orme assemblées entre elles et fixées, par des équerres en fer, à deux rangées de couronnes concentriques qui réunissent toutes les aubes (Fig. 587).

L'arbre de transmission repose sur deux larges paliers solidaires d'une plaque de fonte reliée au sol par des boulons de scellement.

Un treuil permet la manœuvre de la vanne disposée devant chaque roue. Un large grillage en fer est placé en amont, en travers du canal d'arrivée de l'eau, pour arrêter les corps entraînés par le courant.

Chaque roue actionne quatre pompes horizontales à piston plongeur à simple effet, par l'intermédiaire de deux manivelles disposées une de chaque côté de la roue et calées à angle droit. Sur chaque manivelle tourillonnent deux bielles en fer forgé, articulées chacune au piston d'une des pompes.

Les réservoirs d'air adjoints aux pompes élévatoires, pour éviter les coups de bélier, sont placés sur toute la longueur du bâtiment renfermant les roues, près des murs, sous une galerie en fonte garnie de balustrades, sur laquelle on peut circuler autour de l'installation.

La prise d'eau des pompes a été disposée avec des précautions toutes particulières. Entre les six galeries de 4,50 m de largeur qui reçoivent les roues et leur vannage, on a ménagé, ainsi que vers les extrémités, huit canaux qui apportent l'eau à élever par les pompes, qui sont placées directement au-dessus. Les tuyaux d'aspiration des pompes plongent dans cette eau par des ouvertures rectangulaires ménagées dans l'épaisseur des voûtes. De la chambre des roues montent deux fortes conduites en fonte qui sont placées à découvert sur le flanc du coteau et aboutissent à l'aqueduc de Marly, d'où l'eau est envoyée à Versailles.

Chapitre XVIII

TURBINES HYDRAULIQUES

CLASSIFICATION. CHUTES D'EAU. INSTALLATION DES TURBINES. — CHAMBRE D'EAU OUVERTE. — CHAMBRE D'EAU FERMÉE. TURBINES PARALLÈLES : FONTAINE, — JONVAL-KOECHLIN. — TURBINES CENTRIFUGES : FOURNEYRON, — PICCARD-PICTET, — BOUVIER. — TURBINES CENTRIPÈTES : FRANCIS, — TEISSET, CHAPRON ET BRAULT, — PICCARD-PICTET, — NEYRET-BRENIER. TURBINES MIXTES : MERICA, — HERCULE-PROGRÈS, TEISSET, CHAPRON ET BRAULT, — GOUVERNER, — NORMALE, — BOUVIER. TURBINES TANGENTIELLES : ROUE PELTON, — AMERICA, HERCULE-PROGRÈS, PICCARD-PICTET, — NEYRET-BREFFIER.

La turbine hydraulique a remplacé dans les installations industrielles de quelque importance, les anciennes roues hydrauliques qui ne peuvent fournir un rendement équivalent, ni être utilisées pour toutes les hauteurs de chute. La turbine, au contraire, s'emploie facilement pour une hauteur de chute variant de 0,50 m à plus de cinq cents mètres. En outre, on peut rendre variable la puissance d'une turbine en conservant sensiblement sa vitesse.

L'eau actionne la turbine en exerçant son action sur une série d'aubes solidaires de l'arbre auquel elle communique un mouvement de rotation. L'arbre participe ainsi à ce mouvement de rotation, qui est utilisé pour mettre en marche les machines à actionner.

En principe, une turbine comporte une série d'aubes fixes par lesquelles l'eau est admise dans l'appareil et distribuée. C'est le *distributeur*.

Du distributeur fixe, l'eau est admise dans une autre série d'aubes disposée dans des couronnes mobiles. C'est le *récepteur*, qui reçoit le mouvement de rotation.

Classification

On a classé les turbines, suivant le mode d'action de l'eau sur les aubes, en plusieurs catégories : les turbines parallèles, dans lesquelles l'eau agit suivant une direction parallèle à l'axe ; les turbines radiales dans lesquelles l'eau agit suivant un rayon. Suivant que l'action s'exerce du centre vers la circonférence ou, inversement, de la circonférence vers le centre, les turbines sont dites *centrifuges* ou *centripètes*. Parmi les *turbines centripètes* on distingue la catégorie des *turbines centripètes mixtes*, dans lesquelles l'eau pénètre dans les aubes suivant une direction radiale et sort, après avoir exercé son action, dans une direction parallèle à l'axe. Une dernière catégorie de turbines est la *turbine tangentielle*, dans laquelle l'eau agit sur les aubes tangentiellement à la circonférence de la couronne réceptrice.

Chutes d'eau

L'énergie hydraulique transformée par les turbines en énergie mécanique est le produit de deux éléments : le volume de l'eau et sa vitesse. Le volume d'eau est le débit fourni par la source. La vitesse dépend de la hauteur de chute, donc de la pente du cours d'eau et augmente avec elle. Le débit d'un cours d'eau se mesure par plusieurs procédés : par l'emploi d'un déversoir, d'une vanne, ou d'un flotteur.

Les deux premiers procédés nécessitent des calculs que l'on trouve généralement tout effectués dans des tables spécialement établies dans les aide-mémoires, en fonction de dimensions que l'on peut aisément mesurer.

Le troisième procédé est plus simple et peut suffire dans un grand nombre de cas, quoique ne donnant pas la même précision que les autres.

Il consiste à placer sur le cours d'eau,dans une partie droite et régulière sur laquelle on peut aisément mesurer la largeur et la profondeur de l'eau, un flotteur. Ce flotteur, qui peut être un morceau de bois ou même une bouteille presque pleine, est entraîné par le courant. On mesure alors sur une certaine longueur, 20 ou 30 mètres, le chemin que parcourt le flotteur pendant une seconde. Pour connaître le débit du cours d'eau on multiplie la section du cours d'eau comptée en décimètres carrés par la vitesse d'écoulement par seconde.

On sait que la section du cours d'eau est le produit de la largeur par la profondeur.

Si, par exemple, une rivière a 3 mètres de large, 0,50 m de profondeur d'eau et que le flotteur se déplace à raison de 1 mètre par seconde, sur ce cours d'eau, le débit sera égal, d'après ce que nous venons de dire, à la section 30 x 5 = 150 décimètres carrés x 10 décimètres = 1

Fig. 588. — Construction d'une conduite en ciment armé.
(Ateliers A. et H. Bouvier.)

Fig. 589. – Turbine A. et H. Bouvier de 125 chevaux avec servo-moteur de régulation actionnant un alternateur.

500 décimètres cubes ou litres. Généralement, pour tenir compte des irrégularités d'écoulement de l'eau sur les bords de la rivière et au fond, on compte, comme débit, les 80/100 du chiffre ainsi obtenu, ce qui donnerait dans l'exemple précédent un débit de (1 50000 x 80)/100 = 1 200 litres.

Voilà donc un des éléments déterminés : le débit.

Pour déterminer le deuxième : la vitesse, il suffit d'appliquer la formule connue donnant la valeur de la vitesse en fonction de la hauteur de chute : $V = \sqrt{2 g h}$ dans laquelle h est la hauteur de chute et g l'accélération due à la pesanteur qui, à Paris a, on le sait, une valeur de 9,808 m par seconde.

Des tables spéciales donnent également ces formules résolues pour des hauteurs de chutes diverses.

Lorsque le cours d'eau a un grand débit et une faible pente, on peut créer des basses chutes, ou mieux des moyennes chutes. Lorsque le débit du cours d'eau est faible, mais que la pente est considérable, on peut établir des moyennes et des hautes chutes.

On appelle chute d'eau la distance mesurée verticalement qui sépare le niveau de l'eau en amont, lors de son entrée dans le tuyau d'amenée, du niveau de l'eau en aval, après sa sortie du moteur hydraulique. Cette hauteur est en réalité la chute brute qui est ainsi mesurée lorsque le moteur ne fonctionne pas. Mais la chute effective, c'est-à-dire la chute utile qui produit du travail et provoque le fonctionnement du moteur, est moindre que la chute brute. Elle peut être évaluée à cette même hauteur, sauf déduction des pertes de charge dues à l'écoulement de l'eau dans le conduit d'arrivée, dans les tuyaux et dans le canal d'évacuation.

Il est donc très important de donner à ces conduits une grande section pour éviter que l'eau, en s'y écoulant, acquière une trop grande vitesse, ce qui équivaudrait à une diminution de chute.

Les sections de passage sont généralement établies pour que la vitesse de l'eau soit, en moyenne, de 0,50 m à 0,60 m par seconde.

D'autre part, pour parer à une diminution de chute dans le bief d'aval, il convient que l'eau atteigne dans le canal de fuite, lorsque le moteur ne fonctionne pas, une hauteur variant, suivant les débits, de 0,50 m à 1,50 m. De la sorte, l'eau évacuée de la turbine ne peut influencer la hauteur de ce niveau, qui reste sensiblement le même, et la hauteur de chute disponible ne varie pas.

Les conduites d'eau peuvent être réalisées de diverses façons. On peut les établir en bois, en ciment armé (Fig. 588), en fonte ou en acier. Généralement, on emploie les tuyaux faits en fonte et en tôle d'acier.

On a divisé les hauteurs de chutes en quatre catégories, auxquelles correspondent des turbines de types différents. Les basses chutes sont comptées de 0,50 m à 3 mètres de hauteur ; les moyennes chutes sont comptées de 3 à 8 mètres ; les hautes chutes de 8 mètres à 30 mètres. Au-delà de ce chiffre, ce sont les très hautes chutes.

Pour créer une chute sur un cours d'eau, on établit un barrage en travers de ce cours d'eau. Ce barrage peut servir soit à retenir l'eau et à créer, en amont, une sorte de canal d'amenée à niveau plus élevé, soit à dévier une partie du volume d'eau fourni par le cours d'eau, dans un canal maçonné dont la pente est appropriée à la vitesse que doit posséder l'eau pour actionner la turbine.

Dans le premier cas, la turbine est installée au-dessous, tandis qu'avec le canal de dérivation, on installe les moteurs hydrauliques au bout aval du canal, la hauteur de chute dépendant évidemment de la longueur du canal auquel on donne une pente uniforme.

La figure 590 donne une vue d'ensemble du montage d'une grande vanne de chasse établie sur le Drac, à Avignonet (Isère). Un barrage de 21 mètres est construit à gauche de la vanne et crée un lac artificiel de 1 500 000 mètres cubes. La vanne a 7,075 m de hauteur de tablier et 10 mètres de largeur. Elle peut résister à une pression de 1 100 000 kilogrammes et pèse 137 000 kilogrammes.

Afin d'avoir une faible retenue d'eau pour une grande largeur, on emploie quelquefois des barrages cylindriques. Le barrage Koechlin (Fig. 591) est un cylindre en tôle pouvant facilement se relever par l'action d'une chaîne qui tire à une de ses extrémités, et qui le fait mouvoir sur des rails inclinés placés sur les culées maçonnées.

On peut ainsi dégager rapidement le lit de la rivière.

Fig. 591. – Barrage mobile cylindrique Koechlin relevé.
(Construit par les ateliers A. et H. bouvier.)

Installation des turbines Suivant les hauteurs de chute, les turbines sont disposées de façons différentes. D'une manière générale, cependant, la turbine est placée dans une chambre d'eau dans laquelle l'eau est conduite par le canal d'amenée. L'eau entoure le moteur hydraulique, le traverse, canalisée par un distributeur approprié, et se déverse dans le canal de fuite. Pour les basses et les moyennes chutes, c'est-à-dire pour des chutes ne dépassant pas 8 mètres de hauteur, les chambres d'eau sont ouvertes ; pour les hauteurs de chutes supérieures, on emploie les chambres d'eau *fermées*, appelées encore *huches* ou *bâches*.

Chambre d'eau ouverte (Fig. 592.) La chambre d'eau ouverte est formée par le prolongement des murs du canal A d'amenée de l'eau. Une cloison transversale B limite cette chambre dans le sens du courant de l'eau et la hauteur de cette cloison doit évidemment dépasser la hauteur du niveau d'amont pour que l'eau ne puisse s'écouler dans le canal

Fig. 590. – Prise d'eau d'Avignonet construite par les ateliers A. et H. Bouvier. Montage de la grande vanne de chasse.

de fuite qu'en traversant la turbine. La turbine est disposée sur le plancher C qui forme le fond de la chambre à eau. L'eau pénètre dans la turbine par le distributeur disposé au-dessus du plancher C : elle s'écoule, après avoir effectué son travail sur les aubes, dans le canal de fuite D. Ce canal a une profondeur plus considérable à l'emplacement de la turbine qu'en aval, de façon à éviter, ainsi que nous l'avons dit précédemment, une perte de chute.

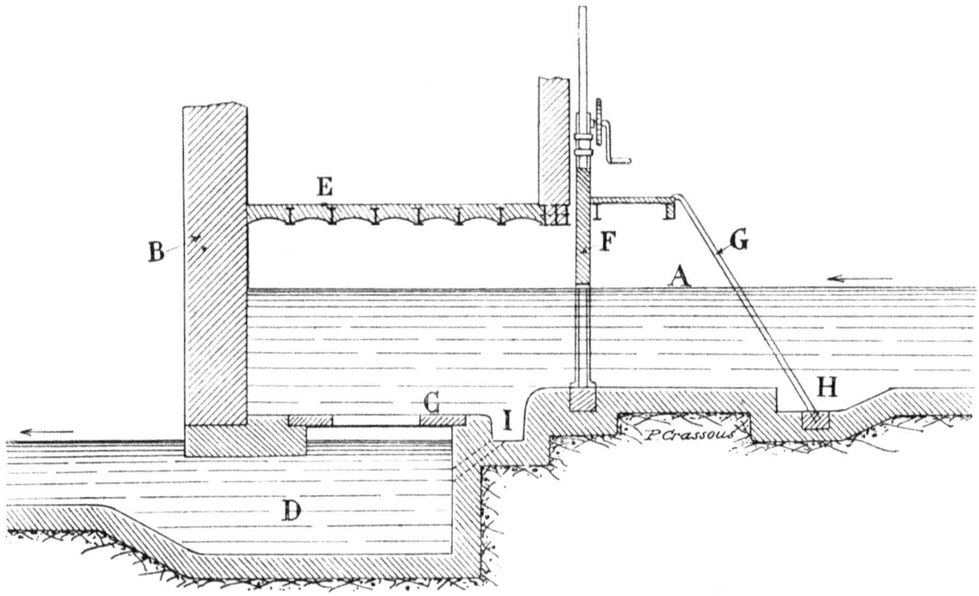

Fig. 592. — Chambre d'eau ouverte.

Un plancher E est établi au-dessus de la chambre d'eau pour recevoir les machines actionnées par la turbine ainsi que les organes de manœuvre et de réglage de cette turbine. Une vanne F, disposée à l'entrée de la chambre, permet de limiter ou d'arrêter l'écoulement de l'eau.

En avant de la vanne est placé un grillage formé de barreaux en fer G. Ce grillage doit être constitué de façon à empêcher les corps entraînés par l'eau de pénétrer dans la chambre de la turbine ; mais, d'autre part, l'espace qui sépare les barreaux doit être suffisant pour éviter des contractions et des remous de l'eau déterminant des pertes de charge.

Au droit du grillage, on ménage dans le fond du canal d'amenée un caniveau transversant, appelé sablier, qui permet d'arrêter au passage les corps lourds que le courant d'eau entraîne.

Un second sablier I est établi, dans le même but, en avant de l'entrée de l'eau dans le distributeur de la turbine.

On fait parfois communiquer ce dernier sablier avec le canal de fuite par un conduit que ferme une vanne, ce qui permet l'évacuation des matières arrêtées dans ce canal ou encore la vidange de la chambre à eau.

Les chambres à eau sont généralement faites en maçonnerie, en béton, ou en béton armé ; on les fait également en briques, en tôle et en chêne.

La figure 593 représente une chambre d'eau ouverte, en maçonnerie, dans laquelle est installée une turbine verticale Hercule-Progrès, construite par les établissements Singrün.

Fig. 593. — Turbine Hercule-Progrès disposée dans une chambre de maçonnerie.

Chambre d'eau fermée

(Fig. 594.) Ces chambres employées pour les hautes chutes, sont également utilisées lorsque les appareils à actionner par la turbine sont placés au-dessous du niveau d'amont.

Le canal d'amenée A muni, comme dans la chambre d'eau ouverte, d'une vanne B, d'un plancher de service C, d'un sablier D, se termine par une partie E dont la profondeur varie de 2 mètres à 4 mètres au-dessous du niveau supérieur, suivant le débit.

Un tuyau F, généralement en fonte ou en tôle d'acier, est solidement encastré dans le massif maçonné à environ 40 centimètres au-dessus du fond du canal. C'est la *conduite forcée*, ainsi qu'on la désigne, qui aboutit, en aval, à la *huche* ou bâche G constituant la *chambre d'eau fermée*.

Cette huche, dont nous rencontrerons quelques types au cours de la description des turbines est, en principe, constituée par un corps cylindrique en tôle d'acier muni d'un fond et d'un couvercle en fonte qui en font une capacité close.

Sur le couvercle sont disposés deux presse-étoupes, dont l'un assure l'étanchéité au passage de l'axe de la turbine disposé verticalement, et l'autre forme joint au passage

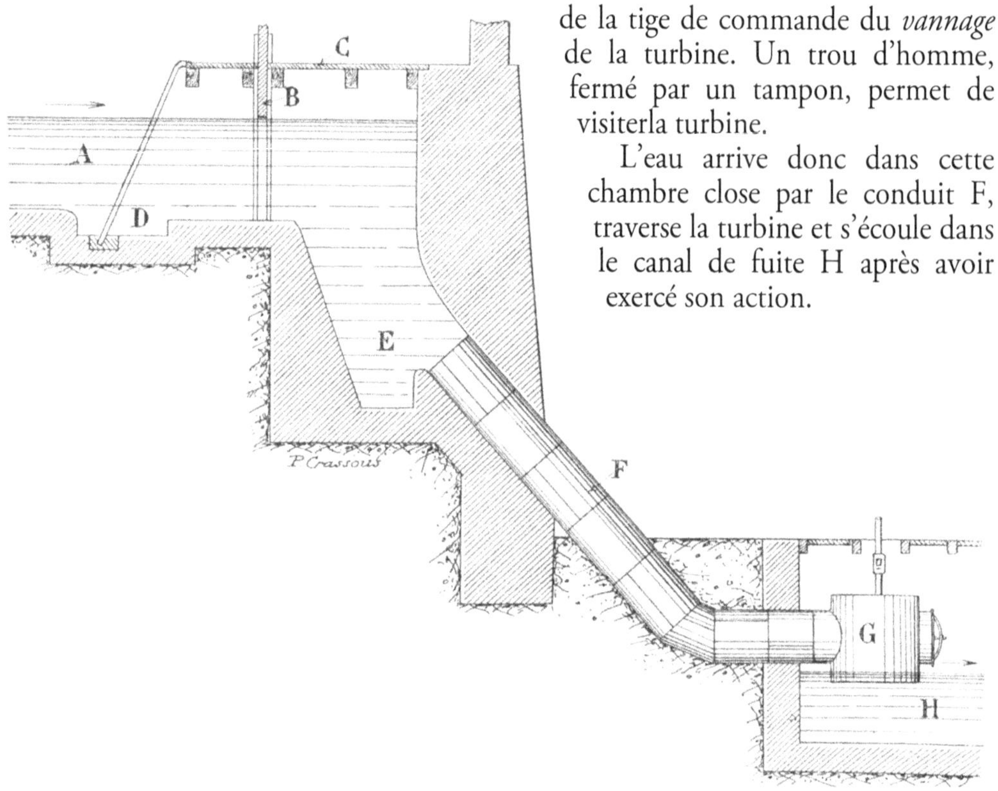

de la tige de commande du *vannage* de la turbine. Un trou d'homme, fermé par un tampon, permet de visiterla turbine.

L'eau arrive donc dans cette chambre close par le conduit F, traverse la turbine et s'écoule dans le canal de fuite H après avoir exercé son action.

Fig. 594. — Chambre d'eau fermée.

Turbines parallèles Nous avons dit que les turbines étaient classées suivant le mode d'action de l'eau sur les aubes. Dans les turbines parallèles l'eau agit suivant une direction qui est parallèle à l'axe de la turbine lequel est vertical. L'eau est donc admise verticalement dans l'aubage directeur qui est fixe et que l'on nomme aussi distributeur.

Turbine Fontaine Le type de la turbine parallèle est la turbine Fontaine, construite dans les ateliers Teisset, Chapron et Brault frères, successeurs de Fontaine. Cette turbine se compose d'un distributeur (Fig. 595) constitué par deux couronnes métalliques concentriques entre lesquelles sont disposées des aubes.

Le distributeur est fixe ; il est muni d'une collerette de grand diamètre qui permet de la reposer sur une charpente en bois ou sur un massif maçonné.

Au centre du distributeur est disposé un moyeu relié aux couronnes par des bras. Le moyeu, garni d'une douille en bronze, sert de palier à l'arbre vertical de la turbine. A son extrémité supérieure est ménagée une capacité formant boîte dans laquelle on place de la graisse destinée à lubrifier l'arbre.

Une collerette en deux pièces ferme, en haut, ce moyeu, en se vissant sur un rebord auquel sont fixés quatre tirants accrochés, d'autre part, au plancher supérieur. Ces tirants servent à supporter le distributeur par son centre.

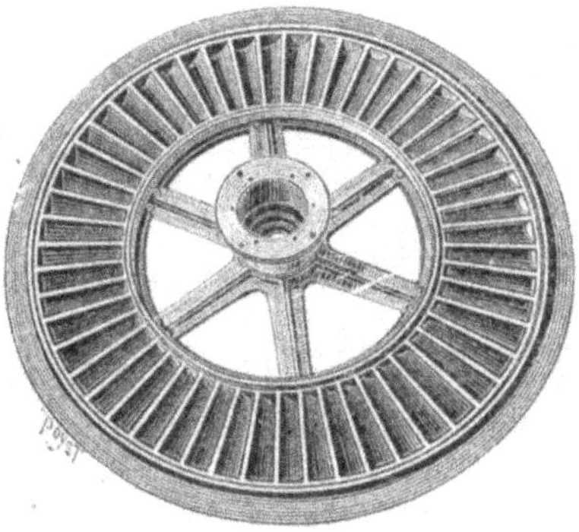

Fig. 595. — Distributeur de turbine Fontaine.

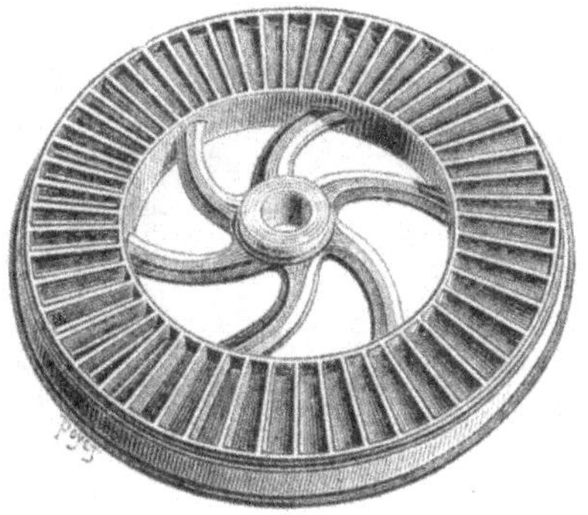

Fig. 596. Récepteur de turbine Fontaine.

Sous le distributeur est disposé le récepteur constitué également par deux couronnes circulaires entre lesquelles sont disposées des aubes et qui sont réunies à un moyeu central par des bras.

Le récepteur est claveté sur l'arbre de la turbine : il peut prendre, sous l'action de l'eau, un mouvement de rotation qui se transmet ainsi à l'arbre vertical de la turbine.

Cet arbre vertical qui traverse le plancher supérieur pour transmettre le mouvement de rotation aux machines, peut être supporté, à sa partie inférieure, par une crapaudine scellée dans le fond du radier ; mais, assez souvent, on établit pour les turbines un pivot extérieur abordable et facile à visiter et à lubrifier. Pour cela, l'arbre mobile de la turbine est creux et se termine, à sa partie supérieure, par une chape au-dessus de laquelle est fixé le pivot de l'arbre.

Ce pivot, solidaire de l'arbre creux, repose sur une butée fixe disposée à la partie supérieure d'une tige cylindrique qui occupe la partie centrale de l'arbre creux et s'appuie, par une large embase, au fond de la chambre de la turbine. Cette tige verticale est donc fixe, elle sert de guide à l'arbre de la turbine et, en même temps d'appui, cet appui étant, en raison de la disposition des organes, reporté à la partie supérieure.

Le pivot solidaire de l'arbre creux peut être réglé, dans le sens vertical, par le serrage ou le desserrage d'un écrou, ce qui permet de régler la position du récepteur mobile à aubes par rapport au distributeur fixe.

Le récepteur doit être placé à une faible distance du distributeur, cette distance constituant le jeu A nécessaire au libre mouvement du récepteur (Fig. 598).

Notre dessin indique schématiquement la forme à donner aux aubes de la turbine parallèle pour une bonne utilisation de l'action de l'eau. Comme l'eau arrive verticalement dans le distributeur B, ses aubes devront être, à l'entrée, perpendiculaires à la face supérieure DE du distributeur.

Les aubes ont ensuite une forme curviligne, de façon que l'eau à sa sortie du distributeur pénètre sans choc sur les aubes du récepteur C.

La composition de la vitesse de l'eau à sa sortie du distributeur, représentée en grandeur et en direction par la ligne FG et de la vitesse de la turbine, représentée en grandeur et direction par la ligne FH donne, comme résultante, la droite FI qui représente en grandeur et en direction la vitesse relative de l'eau à son entrée dans le récepteur. Cette direction limite l'aube précédente et donne la direction que doivent avoir les aubes du récepteur à l'entrée de l'eau. Ces aubes ont aussi une forme curviligne, de façon que l'eau, en sortant du récepteur, ait une vitesse favorable à un bon rendement de la turbine.

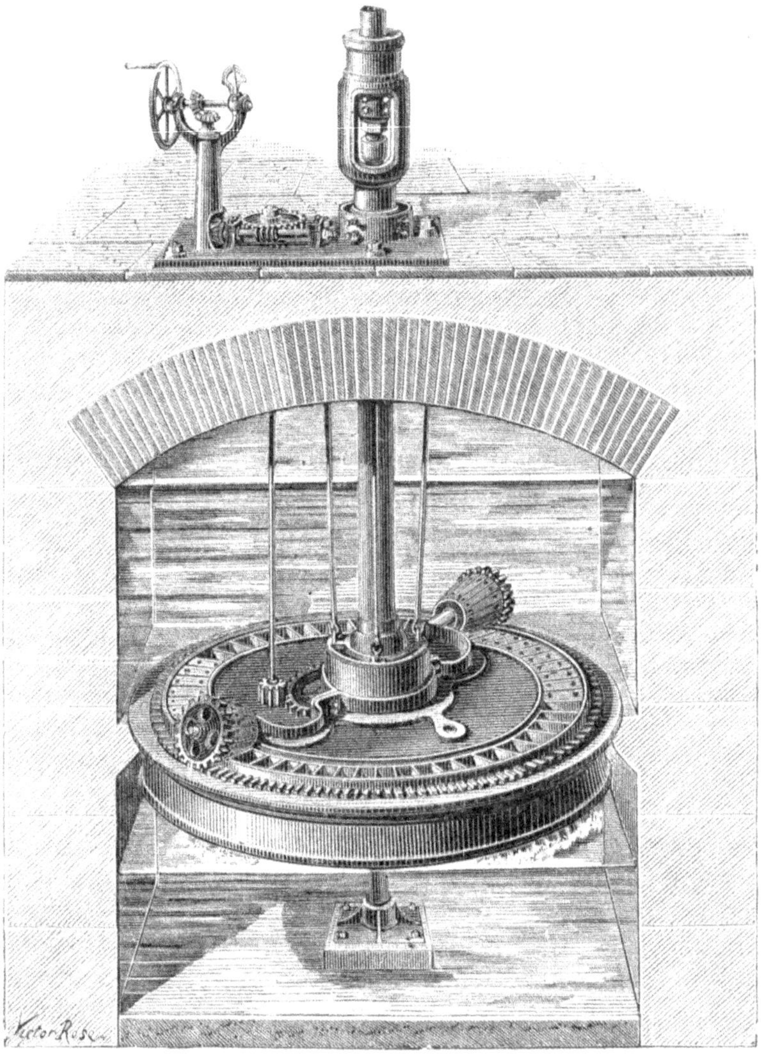

Fig. 597. — Turbine Fontaine. (Teisset, Chapron et Brault.)

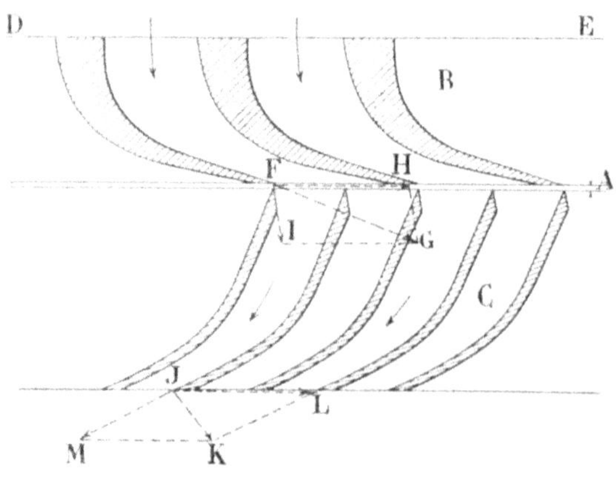

Fig. 598. — Turbine parallèle. Disposition des aubes.

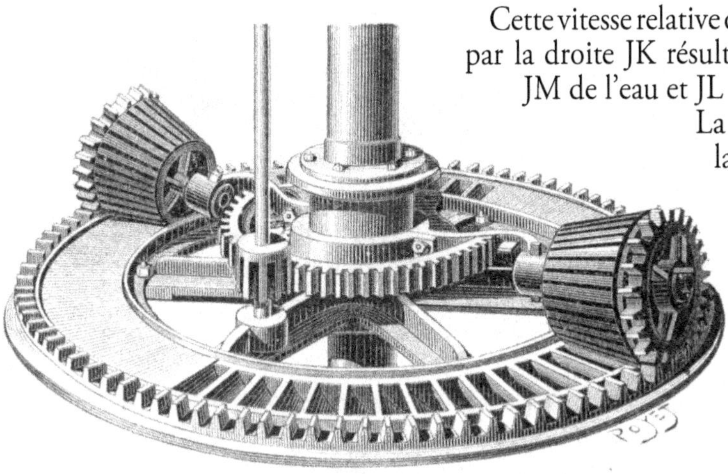

Fig. 599. — Dispositif de vannage pour turbine Fontaine.

Cette vitesse relative de sortie est représentée par la droite JK résultante des deux vitesses JM de l'eau et JL du récepteur.

La turbine Fontaine dont la figure 597 donne une vue d'ensemble, est munie d'un dispositif de vannage permettant de faire varier le débit de l'eau introduite dans la turbine et, par conséquent, sa puissance.

Ce dispositif de vannage consiste à dérouler sur la face supérieure du distributeur fixe un tablier flexible qui recouvre une certaine quantité d'aubes et empêche l'eau de s'y introduire. Ce tablier, qui était constitué primitivement en gutta presque pure, est fait actuellement en cuir hydrofuge. Il est en deux parties, chacune d'elles ayant la forme d'une demi-couronne solidaire, par une extrémité, du distributeur fixe et par l'autre extrémité, d'un galet conique autour duquel le tablier peut s'enrouler.

Pour cela, il faut que les galets se déplacent. Ce déplacement s'effectue autour du centre de l'arbre. Les galets coniques sont, à cet effet, reliés par des bras à un collier concentrique à l'arbre, collier rendu solidaire d'un secteur denté.

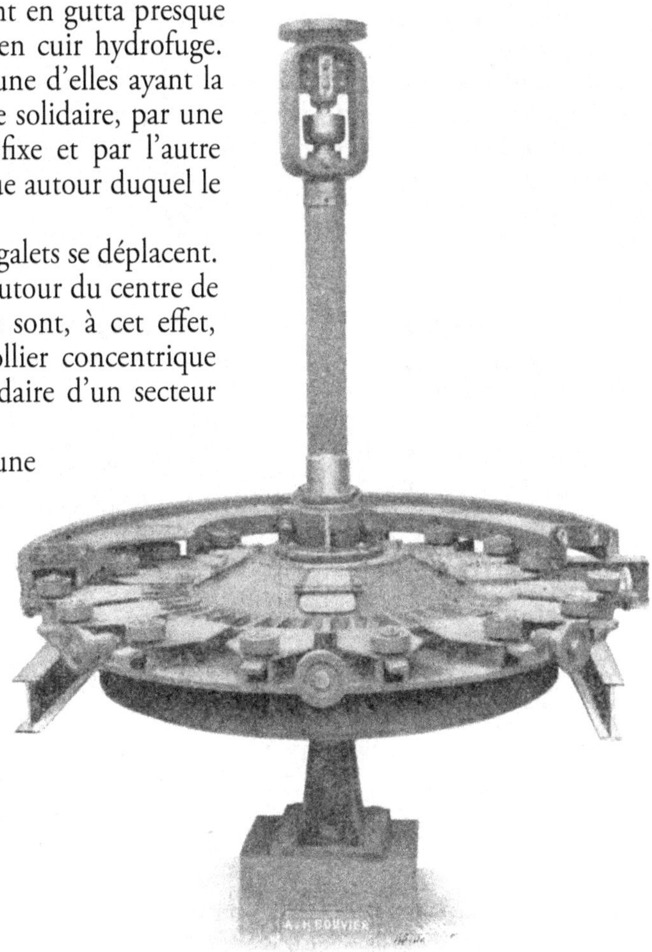

Fig. 600. — Turbine parallèle Bouvier.

Par la manœuvre d'une manivelle disposée sur le plancher supérieur, on provoque la rotation d'un pignon vertical qui commande le mouvement du secteur denté. Les galets coniques sont entraînés dans ce mouvement et comme ils sont munis d'un pignon denté qui engrène avec une crémaillère circulaire disposée autour du distributeur, ils tournent autour de leur axe en enroulant ou déroulant sur eux le tablier, suivant le sens dans lequel s'effectue leur mouvement. Le tablier découvre un nombre plus ou moins considérable d'orifices d'admission d'eau dans le distributeur, ce qui permet de faire varier le débit de la turbine et sa puissance.

Afin de donner au tablier la rigidité nécessaire pour résister à la pression de l'eau et de lui conserver néanmoins la souplesse nécessaire pour qu'il puisse s'enrouler sur les galets coniques, on dispose sur sa face inférieure qui est en contact avec le distributeur, une série de lamelles en fer de forme trapézoïdale rivées sur le cuir.

Les dents des pignons, solidaires des galets coniques, sont façonnées pour permettre aux galets de se soulever au fur et à mesure que le tablier s'enroule sur lui.

Les turbines Fontaine s'emploient lorsque les chutes d'eau ne dépassent pas 2 mètres de hauteur et que le débit est considérable.

On établit des turbines à double distributeur et à double récepteur pour le cas où le débit de l'eau varie du simple au double et où la hauteur de chute diminue quand le débit augmente. Ces turbines comportent un double vannage à rouleaux dont la manœuvre permet de conserver à la turbine une vitesse sensiblement constante malgré la variation du débit de l'eau dans le canal d'amenée.

Pour les hautes chutes, on peut installer ces turbines dans des chambres d'eau fermées ou huches.

La turbine parallèle représentée par la figure 600 est construite par les ateliers Bouvier, à Grenoble. La disposition du distributeur et du récepteur est semblable à celle de la turbine précédente, mais le mode de vannage est différent.

Une série de petites vannes horizontales sont disposées tout autour du distributeur. Elles sont munies d'un galet qui permet, par la manœuvre d'un mécanisme, de les pousser au-dessus des orifices d'admission d'eau qu'elles obturent. On peut ainsi limiter le débit d'eau et la puissance de la turbine.

Turbine Jonval-Koechlin

(Fig. 601.) Dans les turbines Fontaine la face inférieure du récepteur doit être placée le plus près possible du niveau de l'eau en aval pour obtenir le maximum d'effet utile. Lorsque le niveau du canal de fuite est constant, cette disposition n'offre que des avantages ; mais si, par suite de crues, le niveau s'élève et noie le récepteur, il en résulte une perte de chute nuisible.

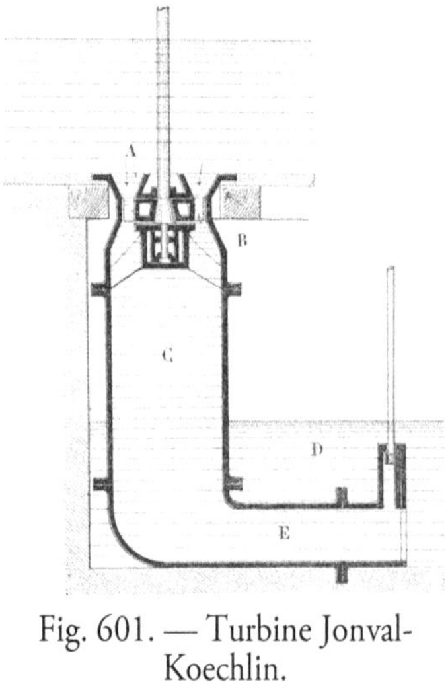

Fig. 601. — Turbine Jonval-Koechlin.

La turbine Jonval-Koechlin, du type parallèle comme la turbine Fontaine, a été établie en vue de remédier à cet inconvénient.

Pour cela, les couronnes d'aubes distributrices A et réceptrices B sont disposées en un point quelconque entre le niveau d'amont et le niveau d'aval, et sont placées dans un grand conduit cylindrique C étanche, plongeant dans le canal de fuite D. Ce cylindre porte une ou plusieurs ouvertures E à sa partie inférieure.

Du fait de cette disposition, il se produit, pendant la marche de la turbine, une aspiration dans la conduite au-dessous du moteur, compensée par la pression atmosphérique qui s'exerce sur l'eau. L'eau qui remplit la conduite a donc, dans cette conduite, une même vitesse en tous les points et il est pour ainsi dire créé, dans la chambre d'eau, un niveau d'aval factice qui permet le bon fonctionnement de la turbine. On comprend que la hauteur du récepteur de la turbine au-dessus du niveau réel d'aval ne doit pas dépasser 10 mètres pour que la pression atmosphérique s'exerce utilement et qu'il ne puisse pas se produire du vide dans la conduite au-dessous de l'appareil, ce qui nuirait à son rendement.

La turbine peut comporter un mode de vannage semblable à celui de la turbine Fontaine pour faire varier sa puissance. Elle possède aussi quelquefois une vanne annulaire ou une vanne plate, suivant la disposition des ouvertures, qui est placée devant le ou les orifices inférieurs de la chambre d'eau et qui les démasque pour la mise en route de la turbine.

Turbines centrifuges Dans cette catégorie de turbines, l'eau arrivant vers l'axe de l'appareil s'écoule vers la circonférence. Cette eau traverse la couronne réceptrice en suivant une direction horizontale, de sorte que la pesanteur n'a aucune influence sur elle, pendant sa traversée de l'appareil, pour modifier, soit sa vitesse, soit le travail qu'elle produit. D'autre part, cette eau est soumise à l'action de la force centrifuge qui s'exerce sur elle pendant la rotation de la couronne réceptrice. C'est de cette particularité que cette catégorie de turbines tire son nom.

Turbine Fourneyron (Fig. 602.) Le type des turbines centrifuges est la turbine Fourneyron.

Elle se compose de deux couronnes, disposées concentriquement, portant des aubes. L'une des couronnes A est fixe, l'autre D est mobile. La couronne fixe, ou distributeur A est disposée à l'intérieur de l'appareil. Elle est munie d'un long moyeu B solidaire d'un tube métallique C qui sert à la supporter et à la fixer au plancher supérieur, sur lequel sont disposés les appareils à actionner.

La couronne mobile D qui constitue le récepteur est extérieure. C'est un anneau muni d'un fond E portant un moyeu dans lequel est ajusté et claveté l'arbre F de la turbine. Cet arbre vertical repose, à sa partie inférieure, par un pivot, sur une crapaudine G fixée dans le fond du canal de fuite. Il passe à l'intérieur du tube fixe C qui lui sert de guide et traverse le plancher supérieur.

Les aubes du distributeur sont disposées de façon à recevoir verticalement l'eau qui arrive et à la diriger horizontalement dans la couronne réceptrice.

Ces aubes sont donc inclinées par rapport à la verticale.

Les aubes de la couronne réceptrice forment des sortes de cloisons réunissant le

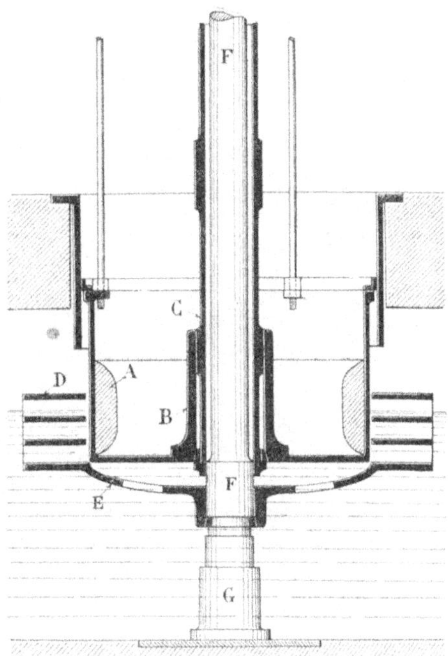

Fig. 602. — Turbine Fourneyron.

fond E à la face supérieure du récepteur. La forme de ces aubes est déterminée pour obtenir une entrée sans choc et une vitesse relative à la sortie, favorable à l'obtention d'un bon rendement. On obtient la direction des premiers éléments d'entrée et de sortie de l'aube en composant, comme nous l'avons indiqué précédemment pour les turbines parallèles, la vitesse de l'eau et la vitesse des aubes. La résultante, qui est la diagonale du parallélogramme formé avec ces deux vitesses pour chacun des points d'entrée et de sortie, donne la direction des éléments extrêmes de l'aube ainsi que la valeur de la vitesse relative de l'eau.

Cette turbine peut être placée dans une chambre d'eau fermée constituée par une huche métallique recevant l'eau par un canal latéral.

On fait varier le débit de l'eau introduite et la puissance de la turbine en manoeuvrant une vanne annulaire, à obturateur cylindrique disposé entre le distributeur et le récepteur. Cette manœuvre s'effectue au moyen d'un mécanisme placé sur le plancher supérieur.

Lorsque la turbine comporte un récepteur formé de plusieurs séries d'aubes superposées, la vanne cylindrique obture une ou plusieurs séries d'aubes, limitant ainsi le débit d'eau.

Les turbines centrifuges conviennent pour les hautes chutes. Pour les moyennes et basses chutes, elles sont généralement remplacées par les turbines centripètes et centripètes mixtes, qui permettent d'obtenir des vitesses plus considérables. Vingt-cinq turbines centrifuges à axe vertical, de 5 000 chevaux, ont été établies à l'usine hydro-électrique du Niagara pour utiliser la force motrice d'une partie des chutes, sur les plans des ateliers Piccard-Pictet et Cie. La hauteur de chute est de 47 mètres.

Une autre installation de turbines centrifuges a été réalisée par les mêmes ateliers dans l'usine hydro-électrique de Tusciano (Italie méridionale). L'installation comprend cinq turbines de 1 400 chevaux chacune.

Fig. 603. — Turbine centrifuge Piccard-Pictet, de 1 400 chevaux, 500 tours par minute ; hauteur de chute : 274 mètres.

La turbine (Fig. 603) est à axe horizontal. Elle tourne à 500 tours par minute.

L'introduction de l'eau dans la turbine s'effectue par deux injecteurs. On dit, dans ce cas, que l'introduction est partielle. Chacun des injecteurs faisant office de distributeur est muni d'un orifice dont la section peut varier suivant la manœuvre d'un vannage actionné par un régulateur automatique.

L'arbre de la turbine repose sur deux paliers à graissage automatique entre lesquels est placée la roue mobile portant les aubes et le tuyau d'amenée d'eau.

Ce tuyau est coudé ; il porte à l'intérieur de la roue deux tubulures terminées chacune par un distributeur. Chaque turbine actionne un alternateur produisant un courant d'une tension de 3 000 volts.

Une autre turbine centrifuge, dont la figure 604 représente la vue d'ensemble, a été établie par les ateliers Bouvier, à Grenoble. La turbine a une puissance de 550 chevaux et tourne à 385 tours par minute, sous une hauteur de chute de 285 mètres. Elle est à admission d'eau par un seul injecteur et le réglage du débit s'effectue par une vanne-tiroir disposée sur le conduit d'amenée d'eau. Cette vanne peut être manoeuvrée du tableau de distribution.

Fig. 604. — Turbine centrifuge de 550 chevaux, à axe horizontal, tournant à 385 tours par minute ; hauteur de chute 285 mètres. (A. et H. Bouvier.)

L'axe de la turbine, disposé horizontalement porte, claveté sur lui, un volant régulateur et un manchon d'accouplement élastique ; il est supporté par trois paliers.

Turbines centripètes

La turbine centripète est, comme la turbine centrifuge, une turbine radiale, dans laquelle l'action de l'eau s'exerce de la circonférence vers le centre de la roue mobile.

La turbine comprend un distributeur A, couronne fixe portant les aubes directrices de l'eau et un récepteur B, mobile, rendu solidaire de l'axe C de la turbine (Fig. 606). Cet axe peut être disposé soit verticalement soit horizontalement.

L'eau arrive sur les aubes de la couronne mobile, à sa circonférence et s'écoule au centre de la turbine après avoir suivi un trajet dirigé dans le sens du rayon.

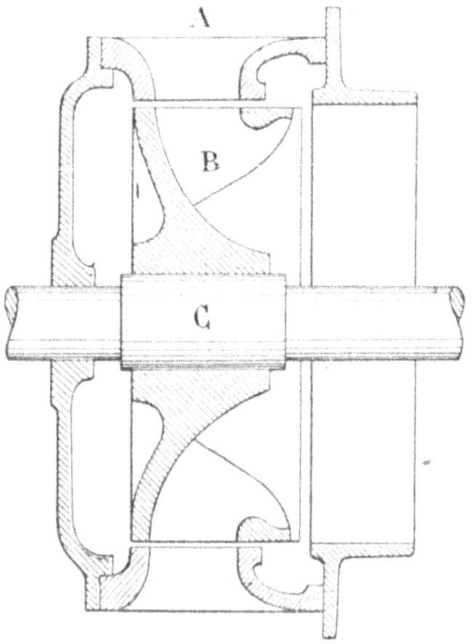

Fig. 605.— Turbine centripète demi-mixte.

Les turbines centripètes sont employées pour les basses et moyennes chutes. Elles peuvent tourner à une grande vitesse, ce qui permet de les employer à la commande directe de machines électriques. En outre, elles ont une marche régulière qui convient bien également pour cet emploi.

La force centrifuge, en effet, qui occasionne une perte de travail dans les turbines centrifuges, intervient, au contraire, pour régulariser le fonctionnement des turbines centripètes, ce qui a fait appeler quelquefois ces derniers appareils *turbines autorégulatrices.*

La force centrifuge s'exerce, dans ces turbines, en sens inverse de la direction d'arrivée de l'eau, de sorte que, lorsque la vitesse de la turbine augmente, la force centrifuge tend à empêcher l'arrivée de l'eau, et inversement, lorsque la vitesse de la turbine diminue.

On munit, néanmoins, ainsi que nous le verrons dans les modèles que nous allons examiner, les turbines centripètes de régulateurs pour répondre à une allure de marche déterminée.

Certaines turbines centripètes ont les aubes de la roue réceptrice mobile disposées pour recevoir, à l'entrée, l'eau dans le sens du rayon et pour la laisser s'écouler à la sortie suivant une inclinaison d'environ 45 degrés par rapport à l'axe. Ces turbines sont appelées demi-mixtes (Fig. 605), pour les distinguer des turbines centripètes mixtes formant une catégorie spéciale que nous examinerons plus loin. Dans la turbine demi-mixte, les hauteurs du distributeur et de la roue réceptrice peuvent être plus grandes que dans la turbine centripète ; le volume d'eau admis dans la turbine est plus considérable, et à diamètre égal, la puissance de la turbine est supérieure.

La turbine demi-mixte s'emploie généralement pour les *moyennes chutes.*

Turbine Francis

C'est le type de la turbine centripète. Elle se compose d'un distributeur fixe A, d'un récepteur ou roue mobile B claveté sur l'arbre C. Cet arbre est disposé horizontalement dans la figure 606, mais il peut être placé verticalement.

Le distributeur fait corps avec une bâche en fonte D faite en forme de spirale et portant deux tubulures : l'une E sur le pourtour, servant à l'admission de l'eau, l'autre F au centre, servant à son évacuation après son action sur la roue mobile.

A son arrivée, l'eau se répand dans la bâche, dont la forme est établie pour lui assurer une vitesse d'entrée uniforme dans les aubes du distributeur.

Pour cela, le rapport entre la section de passage de l'eau et son volume est maintenu constant sur la périphérie de la turbine.

L'arbre de la turbine est supporté à ses extrémités par deux paliers, dont l'un est fixé sur la bâche en fonte D et l'autre sur le tuyau coudé d'évacuation de l'eau, F.

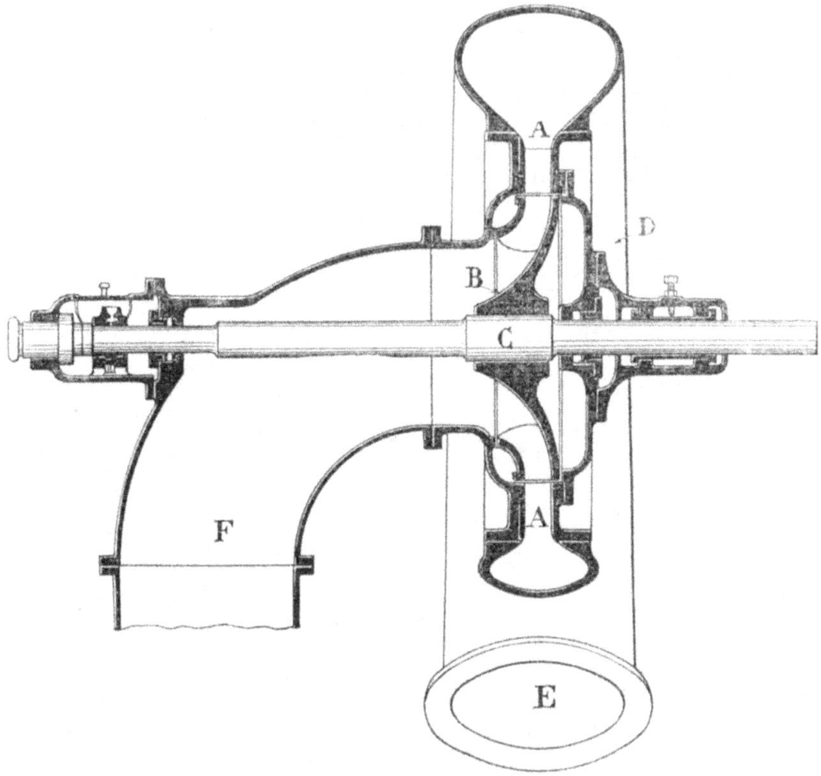

Fig. 606. — Turbine Francis.

Fig. 607. — Turbine centripète double vannage Francis, 3 000 chevaux, 375 tours par minute ; hauteur de chute : 60 mètres. (A. et H. Bouvier.)

Cette turbine Francis, construite par les ateliers Escher-Wyss, a une puissance de 600 chevaux, tourne à 300 tours, et fonctionne sous une hauteur de chute de 43 mètres. La roue mobile a un diamètre de 1,20 m.

On dispose assez souvent les turbines centripètes pour que l'axe porte deux couronnes mobiles. La turbine est alors double et comporte deux tubulures d'évacuation d'eau placées au centre, une sur chaque face.

Fig. 608. — Roues de turbine Francis quadruple, tournant à 120 tours par minute.

La turbine centripète dont la vue d'ensemble est donnée par la figure 607 est une turbine Francis double, construite par les ateliers A. et H. Bouvier.

Cette turbine est munie d'un vannage qui permet de réduire la section de passage de l'eau dans le distributeur et même de l'arrêter. Pour cela les aubes directrices composant le distributeur sont rendues mobiles et peuvent osciller autour d'un petit axe. D'autre

Fig. 609. — Turbine Francis double de 6 200 chevaux, Piccard-Pictet et Cie. Vue transversale.

part, une extrémité de chaque directrice peut recevoir une impulsion d'une tige fixée sur une couronne circulaire. Cette couronne circulaire est mobile autour de son centre et peut être déplacée par un mécanisme actionné par le régulateur.

Lorsque la couronne effectue un léger mouvement de rotation, les tiges cylindriques agissent sur les extrémités des aubes et les poussent vers le centre ou vers l'extérieur, suivant le sens de mouvement de la couronne.

Comme les aubes pivotent autour d'un axe fixe, elles oscillent donc dans l'un ou l'autre sens et leur bec vient se rapprocher ou s'éloigner de la couronne qui les supporte en rétrécissant ou élargissant la section de passage de l'eau.

La turbine Francis double, construite par les ateliers Piccard-Pictet (Fig. 609), a une puissance de 6 200 chevaux. Les deux roues mobiles sont solidaires du même axe horizontal qui traverse les deux tubulures coudées d'évacuation et est supporté, à ses extrémités, par deux forts paliers à graissage automatique. Le vannage s'effectue en rendant les aubes directrices mobiles autour d'un axe fixe. Une grande couronne circulaire permet, par sa manœuvre, de faire osciller ces aubes et de faire varier ainsi la section d'écoulement de l'eau dans les couronnes réceptrices mobiles.

On construit des turbines Francis à quadruple couronne. La figure 608 représente la vue d'ensemble des quatre roues mobiles d'une de ces turbines construite par les ateliers Piccard-Piclet et Cie.

Turbine Teisset, Chapron et Brault

C'est une turbine centripète, du genre Francis, qui peut être élablie avec arbre vertical (Fig. 610) ou avec arbre horizontal (Fig. 613).

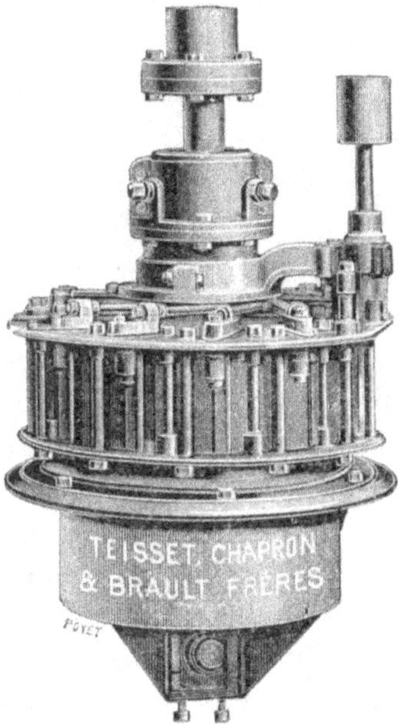

Fig. 610. — Turbine centripète à axe vertical.

Dans la turbine verticale (Fig. 610), le distributeur est constitué par des aubes directrices placées entre deux plateaux horizontaux solidement entretoisés par des tiges cylindriques servant d'axe d'oscillation aux aubes directrices, qui sont mobiles. Ces aubes sont disposées de manière qu'elles se trouvent sensiblement équilibrées par la pression de l'eau et de façon qu'elles puissent ainsi être facilement manœuvrées pour régler l'admission de l'eau. Cette manœuvre s'effectue par l'intermédiaire de biellettes articulées à un anneau central muni d'un secteur denté. Ce mécanisme est actionné par un système de tringles et d'engrenages mû par un régulateur automatique, ou à la main, par un volant. On peut obturer complètement, par cette manœuvre, les orifices d'admission d'eau dans la turbine. La roue

Fig. 611. — Récepteur de turbine centripète.

réceptrice mobile (Fig. 611) est en fonte et coulée d'une seule pièce. On la constitue aussi par des aubes en tôle d'acier, embouties à la forme, et emprisonnées dans les couronnes de fonte lors de la coulée.

Fig. 613. — Turbine centripète à axe horizontal.

La roue, parfaitement équilibrée, est calée sur l'arbre vertical, lequel est supporté par un pivot inférieur noyé, ou par un pivot visible placé hors de l'eau à la partie supérieure. Ces turbines conviennent pour les basses chutes. Un tube de décharge, solidaire du distributeur, prolonge la turbine vers le bas et porte, à sa partie inférieure, un croisillon sur lequel est établi soit le pivot noyé, soit la tige fixe qui traverse l'arbre creux servant de support, extérieurement, au pivot placé hors de l'eau.

La turbine à axe horizontal (Fig. 613) convient de préférence pour les hautes chutes, cette disposition permettant la commande facile, et même directe, des machines électriques.

Turbine Piccard-Pictet (Fig. 612). C'est une turbine centripète double, à axe horizontal et aspiration, d'une puissance de 1 750 chevaux. Il a été prévu sept turbines semblables pour être installées à l'usine hydro-électrique d'Avignonet, sur le Drac. Nous avons donné la vue d'ensemble de la vanne de décharge de cette usine (Fig. 590). La hauteur de chute utilisée est d'environ 23,30 m en basses eaux, et 18,50 m en hautes eaux. La vitesse de rotation des turbines est de 250 tours par minute.

Pour éviter, pendant la période des grandes crues, que l'eau n'arrive dans la salle des machines, on a dû remonter l'axe de la turbine d'environ 7 mètres au-dessus du niveau d'aval. Par suite de cette disposition, on aurait eu une perte de chute si l'on n'avait muni la turbine d'un tuyau d'aspiration. Ce tuyau, semblable à celui qui est établi dans la turbine Jonval-Koechlin (Fig. 601) permet de créer un niveau factice disposé au-dessus du niveau réel d'aval, et d'utiliser ainsi toute la hauteur de chute, tout en mettant cependant les appareils à l'abri des crues.

La turbine est double, c'est-à-dire qu'elle se compose de deux roues réceptrices mobiles, solidaires de l'arbre moteur. On obtient ainsi, pour des chutes et des débits semblables, une vitesse de rotation environ une fois et demie plus grande que pour une turbine simple.

La turbine double est, en somme, formée par la juxtaposition de deux turbines simples. Ces turbines jumelées sont enfermées dans une bâche commune constituée par un corps cylindrique de grand diamètre muni d'une seule ouverture pour l'arrivée de l'eau. Cette ouverture est placée à la partie supérieure.

Sur chaque face plane de la bâche est fixé un gros conduit coudé, mis en communication avec le bief d'aval par un tuyau vertical d'aspiration disposé sous le plancher. Ces deux conduits servent à évacuer l'eau qui a exercé son action sur les

Fig. 612. – Turbine centripète à aspiration, de 1750 chevaux. (Piccard-Pictet).

aubes réceptrices. Le distributeur (Fig. 614) est constitué par des couronnes circulaires entre lesquelles sont placées des aubes fixes. Il comporte cinq séries superposées d'aubes placées en face de celles du récepteur. Chaque étage d'aubes peut être considéré comme une sorte de turbine, de sorte qu'un obturateur interposé entre le distributeur et le récepteur peut obturer ou démasquer un certain nombre de ces étages et rendre variable le volume d'eau admis dans la roue réceptrice.

Fig. 614. — Distributeur à cinq étages d'une turbine centripète à aspiration Piccard-Pictet.

L'obturateur est une vanne cylindrique en acier disposée horizontalement, commune pour les deux turbines jumelles, et qui se déplace entre le distributeur et le récepteur de chacune d'elles.

Cette vanne est équilibrée par rapport à la pression de l'eau ; elle peut donc se mouvoir facilement et être actionnée par un régulateur automatique.

Lorsque la vanne recouvre partiellement une série d'aubes, le rendement de cette série d'aubes est seul diminué, tandis que les séries totalement découvertes conservent leur rendement normal. Cette disposition permet une bonne utilisation de la force motrice.

Les trois étages inférieurs du distributeur sont munis d'aubes normales et les deux autres séries portent des aubes permettant un grand débit.

La turbine donne son maximum de rendement lorsque les trois étages d'aubes normales sont seuls ouverts. Mais en temps de crue, par exemple, la quantité d'eau disponible étant considérable, on admet le plus grand volume d'eau possible dans la turbine par les deux étages d'aubes à grand débit qui , malgré un rendement moins élevé, offrent néanmoins l'avantage d'une bonne utilisation de l'eau en excès.

L'arbre horizontal de la turbine traverse la bâche et les deux conduits d'évacuation. Il est supporté, à chaque extrémité, par un palier à large portée, automatiquement lubrifié. Une poulie calée sur cet arbre actionne, par l'intermédiaire d'une courroie, le régulateur disposé à la partie supérieure, que nous décrirons ultérieurement.

Ce régulateur, par l'intermédiaire d'axes et de trains de roues d'engrenages, provoque le déplacement longitudinal de vis solidaires de la vanne cylindrique, laquelle glisse ainsi parallèlement à l'axe devant les aubes du distributeur.

Turbine Neyret Brenier

(Fig. 615.) C'est une turbine du type Francis à directrices mobiles. Le dispositif de vannage par la manœuvre de ces directrices a reçu une disposition spéciale. Les directrices sont placées à l'intérieur du distributeur, leur commande étant reportée tout entière à l'extérieur. Chaque directrice est constituée en deux parties : l'une, fixe, est placée à l'entrée du distributeur et traversée par deux boulons formant entretoises. La seconde partie, mobile, est faite en acier coulé et est venue de fonte avec son axe. Cette partie mobile est équilibrée pour toutes les ouvertures. L'axe sort du distributeur à travers un presse-étoupe et est relié, par une manivelle qui lui est clavetée, à une couronne de commande, par l'intermédiaire d'un ressort à boudin. Ce ressort sert, tout en assurant

Fig. 615. — Turbine centripète Neyret-Brenier de 500 chevaux.

la commande des directrices par la manœuvre de la couronne, à rendre ces directrices indépendantes les unes des autres, de façon que si un corps étranger s'interpose entre deux directrices, le ressort extérieur puisse se comprimer, les autres directrices conservant leur fonctionnement normal.

La roue mobile est en fonte et se compose d'un moyeu sur lequel est emboîtée et fixée par des goujons une couronne d'aubes. Le moyeu est claveté sur l'arbre de la turbine.

La couronne de commande des directrices est actionnée par le régulateur, qui provoque son mouvement de rotation autour du centre de l'arbre et règle, ainsi, l'inclinaison des directrices et l'admission de l'eau dans le distributeur. Le régulateur est commandé par l'intermédiaire d'une poulie calée sur le bout de l'arbre de la turbine.

Turbines centripètes mixtes

Dans cette catégorie de turbines, l'admission de l'eau dans le récepteur s'effectue suivant la direction du rayon, mais les aubes sont disposées de telle sorte que l'évacuation de l'eau s'opère, à l'intérieur de la roue, parallèlement à l'axe de la turbine. Cette disposition donne au récepteur une hauteur plus grande que dans les turbines centripètes.

Le distributeur peut aussi recevoir une plus grande dimension en hauteur.

Les sections d'entrée et de sortie de l'eau sont ainsi plus considérables, le volume admis est plus grand et la puissance du moteur est augmentée. On peut donner à ces turbines un faible diamètre pour qu'elles tournent rapidement.

Ce sont les turbines à grande vitesse dont l'emploi à la commande directe de machines électriques s'est rapidement généralisé.

Ces turbines sont aussi désignées sous le nom de *Turbines américaines*, parce que c'est aux États-Unis qu'elles furent d'abord étudiées et construites à la suite des beaux travaux de Mac Cormick qui, à la Holyroke machine C°, créa la turbine *Hercule* d'un rendement élevé. Les résultats obtenus avec ces appareils ayant été excellents, des constructeurs français établirent des turbines centripètes mixtes basées sur le même principe que les turbines américaines et n'en différant que par certaines dispositions de détail.

Turbines America

Ces turbines, construites dans les ateliers Morgan-Smith (États-Unis), représentés en France par MM. Sloan et Cie, à Paris, sont de types différents suivant leur adaptation aux basses ou aux moyennes chutes.

La turbine dont la figure 616 donne une vue d'ensemble est établie pour les basses chutes. C'est le type de turbine de Mac Cormick. Sa disposition permet de noyer la boîte cylindrique supérieure placée sur l'axe, qu'on appelle couramment *boîtard*, dans l'eau d'amont, de façon à éviter les rentrées d'air dans la turbine et, par suite, une diminution du rendement.

La roue réceptrice mobile comporte des aubes qui sont venues de fonte d'une seule pièce avec la roue. Le bord extérieur de ces aubes est incliné vers l'axe du moteur, ce qui facilite l'entrée de l'eau dans les aubes.

Le distributeur est muni d'aubes pouvant osciller autour d'un axe vertical de façon à faire varier les orifices d'admission d'eau et même à les obturer complètement.

Un secteur denté qui reçoit son mouvement de rotation d'un pignon solidaire d'un arbre vertical commandé à la main, fait corps avec une couronne munie de talons qui provoquent, suivant le sens de rotation du secteur, l'oscillation des aubes dans l'un ou l'autre sens rendant variable la section des orifices de passage de l'eau.

Un autre type de turbine America verticale sans huche est représenté par la figure 617. Elle est composée, comme la turbine précédente, d'une roue réceptrice mobile, dont les aubes sont venues de fonte avec les couronnes, mais le distributeur ne comporte pas d'aubes oscillantes. Les aubes directrices sont fixes dans les couronnes et le vannage s'effectue au moyen d'un obturateur cylindrique formant vanne, interposé entre le distributeur et la couronne réceptrice. Cette vanne se déplace verticalement ; elle reçoit son mouvement de montée ou de descente par la manœuvre d'un axe vertical qui provoque, par l'intermédiaire d'engrenages, la rotation d'un axe horizontal portant à chaque bout un pignon. Chaque pignon engrène avec une crémaillère fixée sur la vanne, ce qui provoque son mouvement, et l'admission de l'eau dans la turbine est ainsi rendue plus ou moins importante.

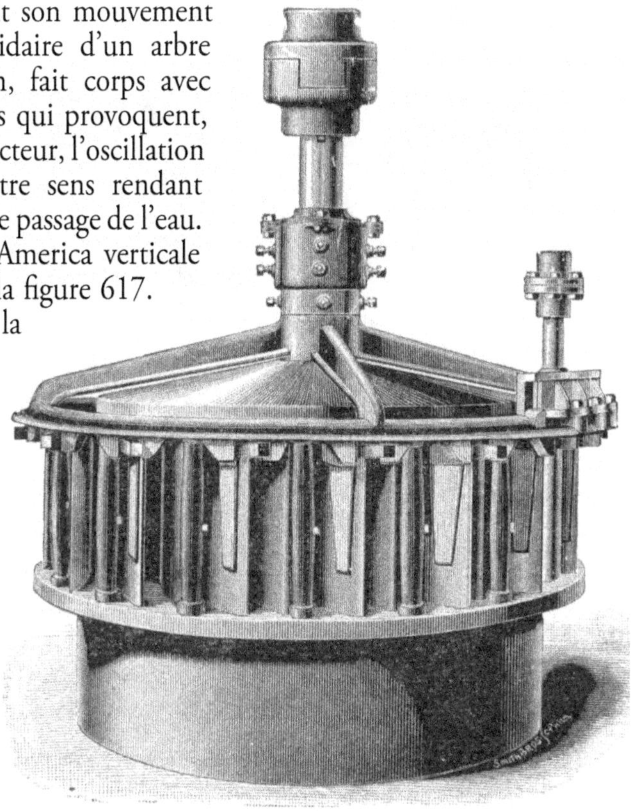

Fig. 616. — Turbine America verticale sans huche.

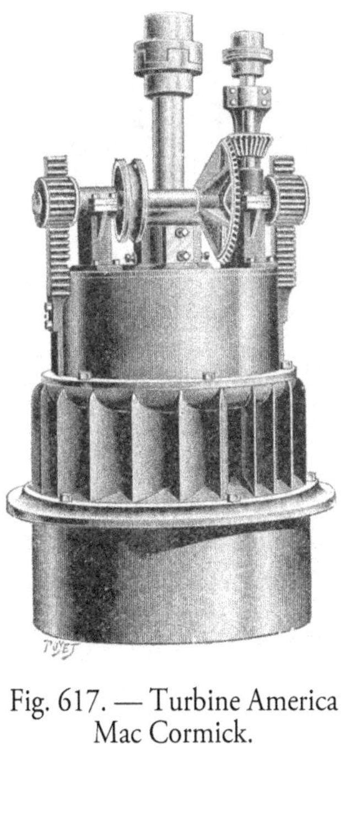

Fig. 617. — Turbine America Mac Cormick.

L'extrémité supérieure de l'arbre, qui traverse le plancher sur lequel sont disposées les machines, est reliée par un dispositif approprié aux machines à actionner.

La figure 618 indique la disposition adoptée pour transmettre le mouvement de rotation de l'arbre des turbines à des machines dynamo-électriques à arbre horizontal.

L'extrémité de l'arbre de la turbine porte une roue d'engrenage de grand diamètre, à denture conique. Cette roue engrène avec un pignon solidaire d'un arbre horizontal qui tourne, par conséquent, à une vitesse plus grande que l'arbre de la turbine. Sur cet arbre est calée une poulie qui donne, au moyen d'une courroie, le mouvement de rotation à l'arbre de la dynamo. La vitesse de cet arbre est encore multipliée par le rapport

Fig. 618. — Turbine America verticale avec renvois horizontaux.

des diamètres des deux poulies. La turbine représentée par la figure 619 est une turbine America à axe horizontal.

Elle est à simple roue réceptrice et se trouve enfermée dans une huche en tôle. L'eau est admise dans la huche par une tubulure disposée sur le côté ; elle est évacuée par un conduit coudé placé au centre de l'une des faces.

Fig. 619. — Turbine America à axe horizontal.

L'arbre traverse la huche et le conduit coudé ; il est supporté par des paliers extrêmes. Il actionne, par l'intermédiaire de poulies et de courroies, le régulateur disposé à la partie supérieure, lequel agit sur le vannage pour faire varier le degré d'admission d'eau.

La huche est munie de pieds en fonte qui permettent de faire reposer la turbine sur le plancher et de la fixer.

Turbine Hercule-Progrés

Cette turbine, établie sur les mêmes principes que la turbine américaine Hercule, est construite par les ateliers Singrün à Épinal qui, les premiers, ont commencé la construction des turbines américaines en France. Elle est du type centripète mixte, combinaison du système à réaction ou à pression intérieure et du système parallèle.

L'eau pénètre sur tout le pourtour de la turbine par un distributeur L comprenant une série d'aubes fixes. Cette eau arrive dans les aubes de la roue réceptrice H qui sont en forme de cuiller. Elle exerce son action sur ces aubes, d'abord, par sa force vive, à son entrée, et ensuite par la pesanteur, en raison de ce fait qu'à sa sortie elle a une direction parallèle à l'axe.

Elle s'écoule ensuite dans le conduit de décharge E et, de là, dans le canal de fuite.

Le conduit de décharge est un tube cylindrique, muni à sa partie supérieure d'une bride circulaire : cette bride sert à supporter et à fixer la turbine en s'appliquant sur le plancher inférieur de la chambre d'eau qui est, dans ce cas, ouverte (Fig. 620). A la partie inférieure du conduit de décharge est disposé un croisillon F supportant au centre une boîte à pivot B, dans laquelle est fixé le pivot C, fait en bois dur spécial. Ce pivot est lubrifié par l'eau et doit toujours être noyé dans l'eau d'aval. Il supporte une crapaudine D fixée à la partie inférieure de l'arbre vertical I de la turbine lequel est rendu solidaire de la roue réceptrice H et est muni, à son extrémité supérieure, d'un manchon Y, permettant d'accoupler l'arbre de la turbine avec l'arbre de commande des appareils à actionner. L'arbre et la roue réceptrice tournent donc sur le pivot C ; la crapaudine d'appui est munie d'un dispositif de circulation d'eau pour éviter l'échauffement.

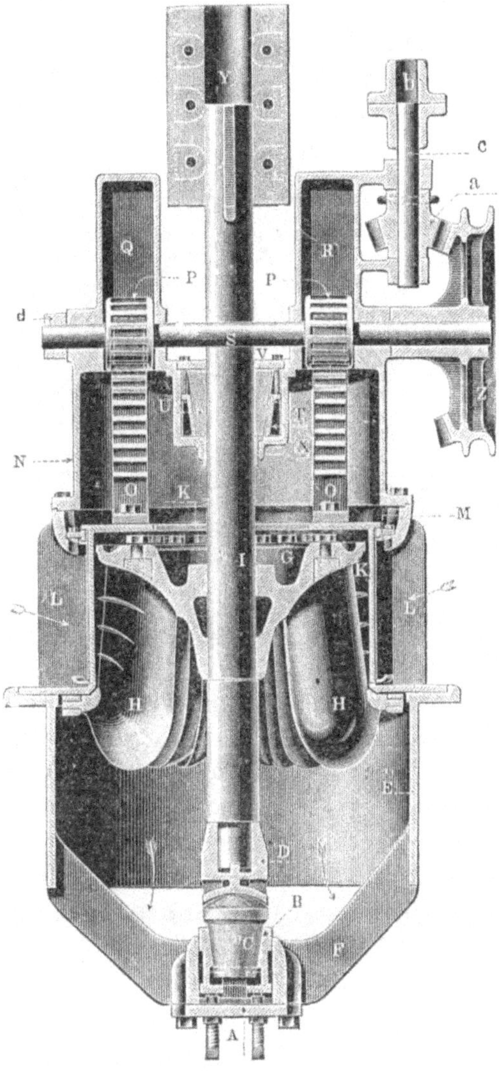

Fig. 620. — Turbine Hercule-Progrès.
Coupe verticale.

La boîte à pivot B est disposée pour permettre le réglage de la turbine en hauteur. Ce réglage s'effectue par l'intermédiaire de deux vis se vissant dans une plaque inférieure A. La plaque A est démontable et rend possible l'enlèvement, par le dessous, du pivot C pour permettre d'en effectuer le remplacement, sans démonter les autres organes de la turbine.

La roue réceptrice de la turbine est rendue solidaire de l'arbre I par l'intermédiaire d'un plateau G qui porte les aubes H.

Ces aubes sont à double courbure. Elles sont travaillées sur toutes leurs faces et portent, dans le sens de la hauteur, un certain nombre de cloisons directrices qui divisent l'aube en plusieurs compartiments.

Ces cloisons ont pour but de maintenir, lorsque la turbine ne fonctionne qu'avec une admission d'eau partielle, la direction normale et parallèle aux filets liquides, afin que le rendement ne diminue pas, lors de cette admission partielle.

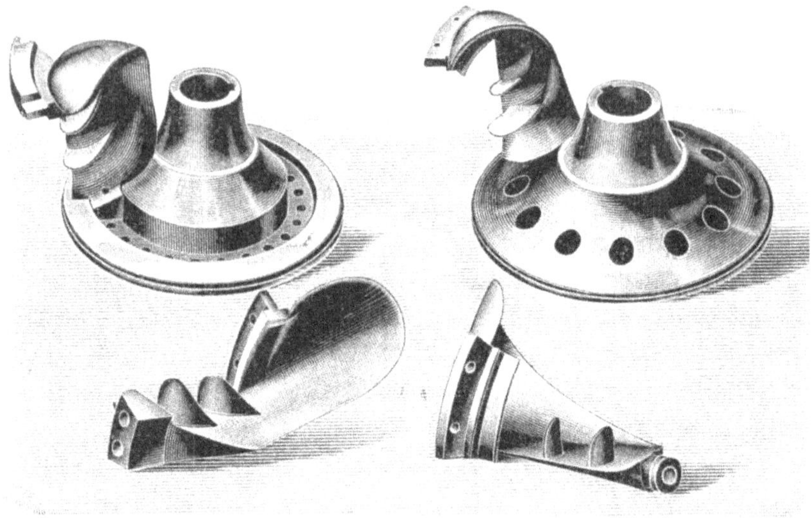

Fig. 621. — Aube à patin. - Aube à bouton.

Dans les premières turbines établies, chaque aube était fixée sur le plateau G par une seule vis centrale au moyen d'un bouton rond (Fig. 621). Cette disposition n'était pas suffisante pour maintenir les aubes solidement fixées, après un certain temps de marche des turbines, qui sont généralement soumises à une succession de chocs répétés. Pour remédier à cet inconvénient, les aubes sont maintenant encastrées dans une rainure pratiquée dans le plateau et sont fixées par plusieurs vis (Fig. 621). Deux couronnes circulaires relient, en outre, les brides inférieures des aubes et assurent la rigidité de l'ensemble de la roue réceptrice mobile (Fig. 622). Le distributeur L comporte deux

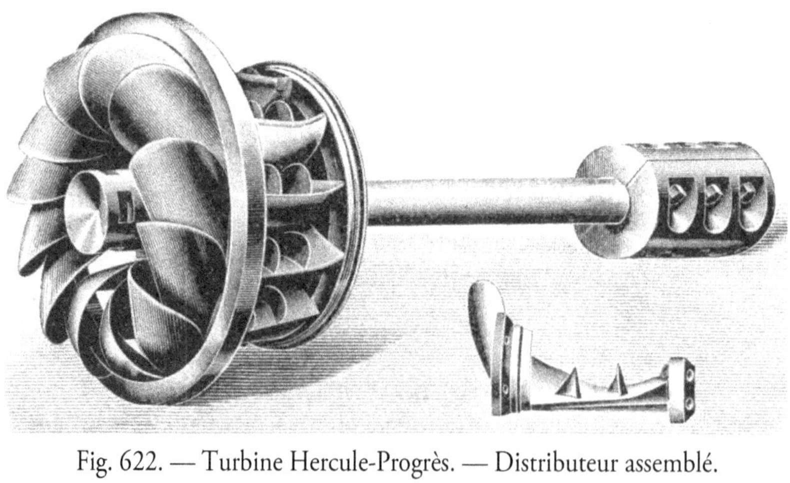

Fig. 622. — Turbine Hercule-Progrès. — Distributeur assemblé.

couronnes dont l'une, inférieure, s'encastre dans la collerette du conduit de décharge, et l'autre, disposée à la partie supérieure, est fortement arrondie sur le champ pour éviter des remous à l'entrée de l'eau. A l'intérieur de cette couronne est disposé un joint circulaire M assurant l'étanchéité autour de la vanne cylindrique K.

Une des aubes directrices du distributeur L est montée à coulisse et peut aisément se retirer pour permettre de visiter et de nettoyer la turbine. La vanne cylindrique K est disposée entre le distributeur et la roue réceptrice. Elle peut se déplacer verticalement par la manœuvre d'un petit arbre C raccordé au mécanisme de commande supérieur, et qui porte un petit pignon à denture conique *a* engrenant avec une roue Z calée sur un arbre horizontal S. Sur cet arbre sont clavetés deux pignons P qui, en engrenant avec deux crémaillères Q fixées à la vanne, provoquent le déplacement vertical de cette vanne.

La vanne est équilibrée par un contrepoids *h* (Fig. 593) fixé à une chaîne *i* qui passe sur un galet de renvoi *g* et s'enroule sur la roue d'engrenage Z ayant la forme d'une poulie. Au fur et à mesure que la vanne se déplace, la roue Z tourne, et la chaîne s'enroule ou se déroule, suivant le sens du mouvement.

Un corps cylindrique N surmonte le distributeur ; il recouvre la vanne et son mécanisme de commande. Deux capots Q et R, disposés à la partie supérieure du corps cylindrique, protègent les pignons dentés P et permettent l'excursion des crémaillères O.

Un *boîtard* V, muni de coussinets en bois U avec coins de serrage T, est solidaire du corps cylindrique N formant couvercle et sert à guider l'axe de la turbine.

Pour les chutes moyennes, on peut disposer la turbine dans une huche (Fig. 623) qui constitue une chambre d'eau fermée.

Fig. 623. — Turbine Hercule-Progrès dans une huche.

L'eau est admise par une tubulure latérale et elle est évacuée par un conduit central traversant la paroi inférieure de la huche. Un trou d'homme, fermé par un tampon et disposé sur la huche du côté opposé à la tubulure d'arrivée d'eau, permet la visite et le nettoyage de la turbine.

Les deux turbines précédentes ont leur pivot placé à la partie inférieure de la turbine. Un autre modèle de turbine (Fig. 624) est établi avec le pivot disposé à la partie supérieure et, par conséquent, hors de l'eau. Cette disposition de pivot nécessite un arbre creux à la partie supérieure duquel est fixée une chape portant le pivot, lequel repose sur

Fig. 624. — Turbine Hercule-Progrès dans une huche, avec pivot hors de l'eau.

une crapaudine formée par l'extrémité d'une tige cylindrique qui est fixée au fond de la huche et traverse l'arbre creux. Nous avons déjà parlé précédemment d'une disposition semblable de pivot hors de l'eau.

Cette turbine est directement accouplée à une dynamo à axe vertical. Sa vitesse est plus considérable que celle des turbines ordinaires. La roue réceptrice mobile de cette turbine est coulée d'une seule pièce et a la forme indiquée par la figure 625. Les autres organes de la turbine sont semblables à ceux des turbines Hercule-Progrès que nous venons d'examiner. La turbine est enfermée dans une huche, cylindre de tôle d'acier fermé à sa partie supérieure et à sa partie inférieure par des fonds donnant passage à l'arbre de la turbine, aux tiges de commande de la vanne, à la partie supérieure, et au conduit d'évacuation à la partie inférieure. Une tubulure d'admission d'eau est rivée sur le côté de la huche qui porte un trou d'homme, de visite et d'entretien.

Fig. 625. — Roue de turbine Hercule-Progrès coulée d'une seule pièce.

La turbine Hercule-Progrès peut être établie avec arbre horizontal pour actionner directement des machines productrices de courant électrique, ou pour commander ces machines par courroie ou engrenages en leur donnant la vitesse de rotation convenable. La turbine à axe horizontal peut être double. Elle est employée pour des chutes variant de 6 à 30 mètres. Elle est assez souvent placée dans une huche, mais on en installe également dans des chambres d'eau ouvertes, en maçonnerie.

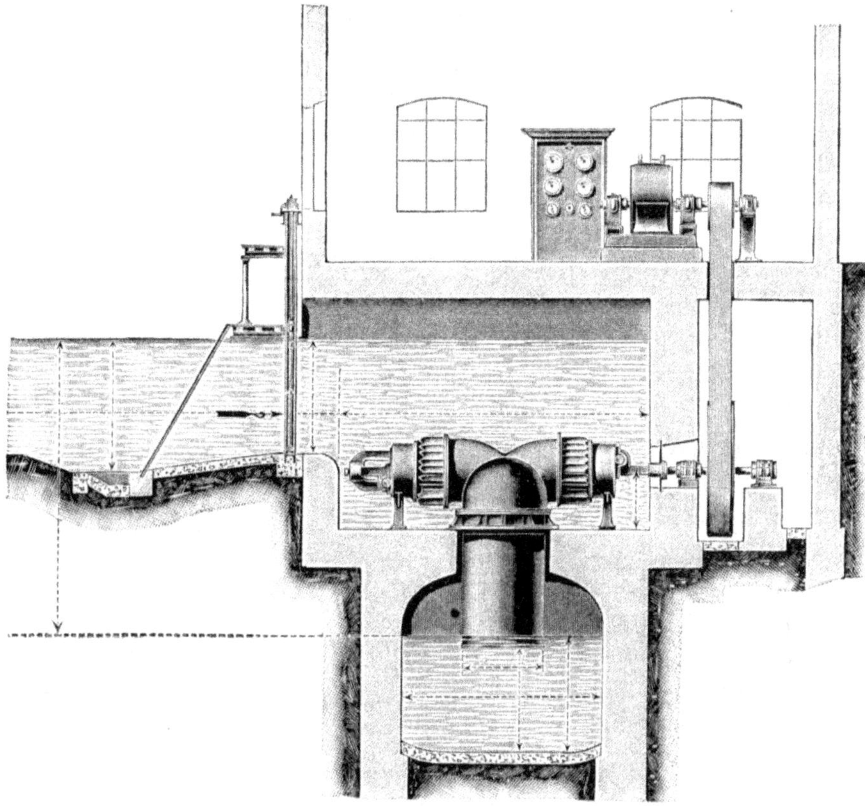

Fig. 626. — Turbine Hercule-Progrès jumelle à axe horizontal.

La figure 626 représente une vue d'ensemble de l'installation d'une de ces turbines dans une chambre d'eau ouverte. La chambre est munie d'une vanne et d'une grille disposées en bout du canal d'amenée. La turbine est double et porte un conduit d'évacuation prolongé par un tuyau d'aspiration qui plonge dans l'eau d'aval. L'axe horizontal de la turbine traverse une paroi maçonnée portant un dispositif de fermeture étanche ; une poulie clavetée sur lui actionne, au moyen d'une courroie, une machine dynamo-électrique placée sur le plancher supérieur de l'usine.

Turbine Teisset, Chapron et Brault

La turbine Teisset, Chapron et Brault est une turbine américaine comportant un pivot placé hors de l'eau, à l'extrémité de son axe disposé verticalement. Le distributeur (Fig. 627) porte les aubes fixes qui servent de directrices à l'eau. Il est fondu d'une seule pièce, repose par sa couronne inférieure sur le conduit cylindrique de décharge et y est fixé par une série

Fig. 627. — Distributeur de turbine américaine.

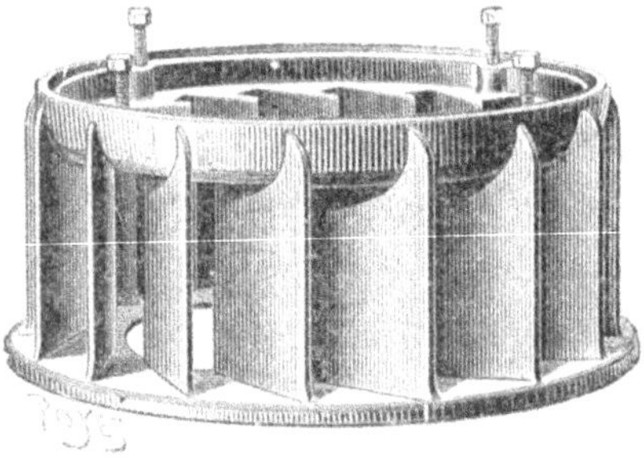

Fig. 628. — Porte-aubes de turbine américaine.

de vis. Ce conduit porte une bride circulaire à sa partie supérieure. Cette bride sert à reposer et à fixer la turbine sur le plancher. Le conduit plonge constamment dans l'eau en aval, et à sa partie inférieure, un croisillon en fonte, qui en est solidaire, supporte la lige cylindrique au bout de laquelle repose le pivot faisant corps avec l'arbre creux de la turbine.

Fig. 629. — Turbine américaine Teisset, Chapron et Brault.

La roue réceptrice de la turbine est fondue d'une seule pièce jusqu'à une certaine dimension. Elle peut être d'ailleurs également constituée par un porte-aubes 628) sur lequel sont montées les aubes, qui y sont rivées, puis frettées. Plusieurs séries de directrices sont disposées dans les aubes pour permettre une admission d'eau partielle sans diminuer le rendement.

Une vanne cylindrique en fonte se déplace verticalement entre le distributeur et le récepteur par la manœuvre d'un mécanisme qui permet de faire varier l'admission de l'eau. La vanne est équilibrée par un contrepoids pour en faciliter le fonctionnement.

Turbine Gouverner

La turbine Gouverner est une turbine centripète mixte à axe vertical, dont la figure 630 représente l'installation dans une chambre d'eau ouverte. La disposition des divers organes de la turbine est semblable à celle des turbines américaines que nous venons d'examiner, mais un dispositif spécial a été établi pour rendre le pivot noyé facilement visitable.

Lorsque la turbine ne comporte pas un pivot extérieur, ce pivot est alors disposé à la partie basse du conduit d'évacuation et doit être constamment tenu dans l'eau d'aval qui assure son graissage.

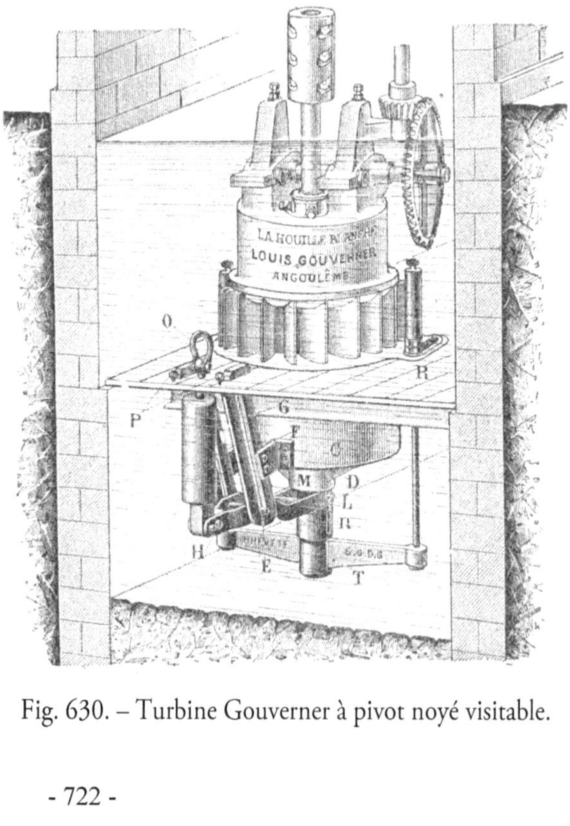

Fig. 630. – Turbine Gouverner à pivot noyé visitable.

Le pivot est quelquefois établi, ainsi que nous l'avons vu, pour pouvoir être démonté sans toucher aux autres organes de la turbine, mais il est nécessaire de barrer le canal de fuite et de vider en aval la chambre d'eau de la turbine pour effectuer ce démontage. Le dispositif dont est muni le pivot de la turbine Gouverner permet de l'enlever sans démonter les autres organes et sans être dans l'obligation de vider l'eau sous la turbine. La boîte B (Fig. 631) contenant le pivot A est supportée par une traverse en fer T qui s'engage dans une échancrure pratiquée dans la boîte et qui est fixée au plancher de la chambre d'eau par l'intermédiaire de deux tiges R. Les ouvertures ménagées dans le plancher pour permettre le passage de ces tiges ont une forme allongée (Fig. 630).

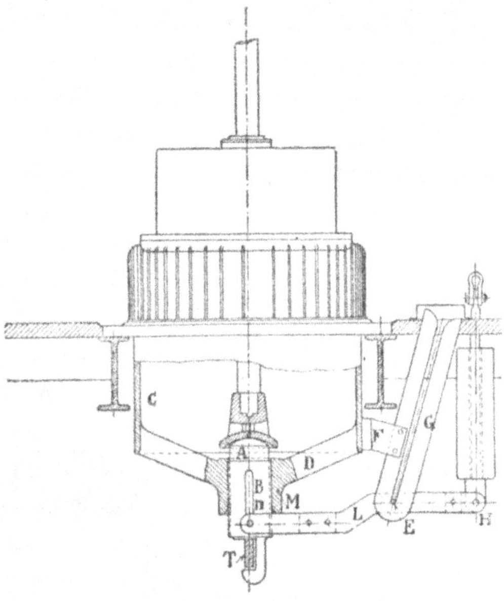

Fig. 631. — Pivot noyé visitable de turbine Gouverner.

La boîte B du pivot porte deux rainures *n* verticales disposées symétriquement par rapport à l'axe, dans lesquelles s'engagent deux ergots solidaires des branches d'un levier à fourche L. L'axe E de ce levier repose dans deux coulisses G qui aboutissent au plancher et sont supportées par deux équerres F fixées contre le conduit d'évacuation C de la turbine.

A l'extrémité H du levier, opposée au pivot, est fixée une tige ou une chaîne par lesquelles on peut, de l'extérieur, tirer sur cette extrémité du levier. Par cette manœuvre, on provoque l'oscillation du levier autour de son axe et, lorsque la traverse T est sortie de l'encoche pratiquée dans la boîte du pivot, on peut enlever la boîte à pivot de son logement. Pour dégager la traverse-support T de l'encoche ménagée dans la boîte à pivot, on déplace les tiges R après avoir desserré les écrous qui les fixent, en les faisant glisser dans les rainures allongées pratiquées dans le plancher. Cette manœuvre libère la boîte à pivot qui, par l'oscillation du levier, est enlevée de son moyeu. L'arbre de la turbine porte une bague d'arrêt qui limite, à ce moment, sa descente. En continuant à tirer sur la chaîne reliée à l'extrémité H, l'axe d'oscillation E glisse entre les branches de la pièce-guide G et on peut amener jusqu'au plancher de la turbine le levier L et le pivot, qui peut être visité ou réparé.

On peut ainsi une ou deux fois par an, sortir le pivot et le nettoyer, surtout lorsque l'eau utilisée contient des sels calcaires qui forment sur le métal des dépôts pouvant troubler le fonctionnement de la turbine.

Turbine Normale

Cette turbine, du type centripète mixte, est construite par les ateliers Laurent frères et Collot à Dijon. Le distributeur et le récepteur sont établis de façon semblable à ceux des turbines centripètes mixtes que nous venons d'examiner, mais le dispositif de vannage se trouve placé à l'extérieur du distributeur. C'est une vanne circulaire portant de longues palettes à sa partie inférieure ; elles ont pour but, en pénétrant dans le distributeur, d'assurer la longue direction des filets liquides à leur entrée dans ce distributeur. Cette disposition permet de ne laisser entre le distributeur et le récepteur que le faible jeu nécessaire pour assurer le libre fonctionnement de l'appareil. La manœuvre de la vanne est commandée du sol de l'usine par l'intermédiaire de trains d'engrenages et d'arbres de renvoi.

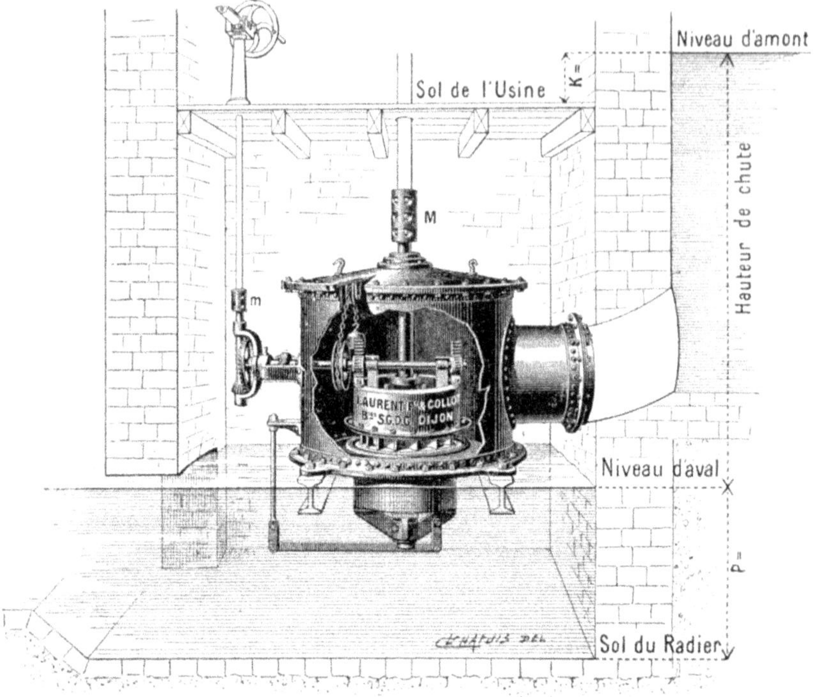

Fig. 632. — Turbine Normale. — Laurent frères et Collot.

Le pivot est noyé. Il est constitué par un bout de bois solidaire de la partie fixe du moteur sur lequel repose l'arbre de la turbine, terminé par une pièce en fonte percée de canaux permettant une circulation d'eau ayant pour but d'empêcher l'échauffement du pivot.

Le pivot en bois est solidaire d'un balancier compensateur qui peut être manœuvré par l'intermédiaire d'une tige verticale abordable du plancher supportant la turbine. On peut ainsi régler la hauteur du pivot pour ne laisser verticalement, aux organes de la turbine, que le jeu nécessaire à leur bon fonctionnement.

La turbine Normale représentée par la figure 632 est placée dans une huche constituant une chambre d'eau fermée.

Turbines Bouvier

La turbine à axe vertical dont la figure 633 représente une vue d'ensemble, est une turbine américaine comportant un double récepteur mobile.

Un des récepteurs est figuré à côté de la turbine. La disposition des organes permet leur équilibrage hydraulique.

Cette turbine est destinée à être placée dans une chambre d'eau ouverte. Les deux séries de distributeurs fixes sont supportées par une série de montants solidaires d'une couronne inférieure portant au centre un moyeu dans lequel passe l'arbre vertical de

Fig. 633. — Turbine américaine à double couronne mobile. — A. et H. Bouvier.

la turbine. Le vannage de cette turbine est du système dit à persiennes ; ce système permet de faire varier l'admission d'eau dans les récepteurs par la manœuvre d'une couronne actionnée à la main ou par l'intermédiaire d'un régulateur, couronne portant des volets qui obturent plus ou moins les orifices d'admission d'eau dans les aubes du distributeur.

Une autre turbine Bouvier dont la figure 634 donne la vue d'ensemble est à axe horizontal. Elle est double, c'est-à-dire qu'elle comporte deux distributeurs et deux récepteurs. Elle ne possède qu'un seul conduit d'évacuation formé par une enveloppe métallique placée au milieu de la turbine.

Cette turbine est employée pour les chutes peu élevées. Elle est munie d'un vannage à persiennes dont la manoeuvre est commandée par l'intermédiaire de leviers et de

Fig. 634. — Turbine américaine double à axe horizontal. — A. et H. Bouvier.

tringles articulées à des couronnes mobiles portant des *persiennes* qui, en se présentant devant les aubes directrices, font plus ou moins varier la section de passage de l'eau.

Turbines tangentielles

Dans les turbines tangentielles, l'eau agit sur le pourtour de la roue mobile tangentiellement à la circonférence.

Cette eau exerce son action, par suite de sa force vive, sur des augets solidaires de la roue mobile et communique à cette roue un mouvement de rotation qu'on utilise pour le transmettre aux machines à actionner.

Le type des turbines tangentielles est la roue Pelton, construite en Amérique, et qui est de plus en plus utilisée pour les hautes et les très hautes chutes.

Dans la roue Pelton un ou plusieurs ajutages faisant office d'injecteurs projettent l'eau sur des augets de forme spéciale, en cuiller, disposés sur la circonférence de la roue, dont l'axe est placé horizontalement, et provoquent sa rotation.

Turbines America

Les modèles de turbines America établies pour les très hautes chutes sont des roues Pelton. La figure 635 montre l'installation d'une de ces roues sur un bâti en bois.

Dans la roue Pelton les augets sont divisés en deux compartiments et le filet liquide provenant de l'ajutage distributeur est dirigé sur la cloison médiane. La veine liquide est séparée ainsi de cette façon en deux parties. Elle se répand dans chaque compartiment de l'auget dont le fond est arrondi. La direction de la veine liquide change au fur et à mesure que l'eau avance dans l'auget. Cette direction devient, dans le fond, perpendiculaire à la direction d'entrée, puis l'eau est évacuée de l'auget le long

Fig. 635. — Roue Pelton Standard montée sur bâti en bois. — Sloan et Cie.

de chacune des parois de côté dans une direction presque opposée à celle d'admission et en ne faisant avec elle qu'un angle d'environ 10 degrés.

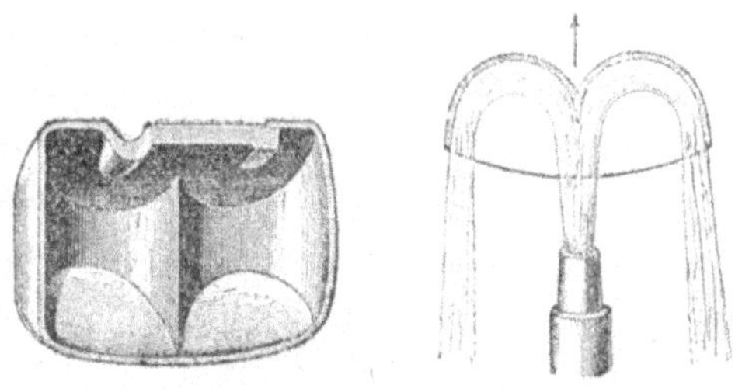

Fig. 636. – Auget de roue Pelton.

La roue sur le pourtour de laquelle sont disposés les augets est en fonte, munie de bras, et solidaire d'un arbre horizontal tourillonnant dans trois paliers fixés sur les montants du châssis en bois.

Une poulie montée sur une extrémité de l'arbre entre deux paliers sert à transmettre, par courroie, le mouvement de rotation de la roue à la machine à commander.

L'ajutage d'injection est placé à l'extrémité d'un conduit horizontal qui communique avec la conduite d'amenée d'eau.

Un robinet-vanne manœuvrable à la main, par l'intermédiaire d'un volant, permet de régler le débit de l'eau injectée.

Une turbine America de même type est accouplée avec une machine à vapeur (Fig. 637) pour actionner un compresseur d'air utilisé dans les mines de l'Alaska.

La roue constituant cette turbine a un diamètre de 6,7 m.

Elle fonctionne sous une chute de 205 mètres, a une puissance de 500 chevaux, et pèse 12 500 kilogrammes.

Son axe est disposé au-dessus du plancher des machines pour actionner le compresseur. Le mécanisme d'injection d'eau tangentielle est placé au-dessous de ce plancher.

Fig. 637. – Roue Pelton de 6,7 m de diamètre, de 500 chevaux, accouplée avec une machine à vapeur et actionnant un compresseur d'air, dans les mines de l'Alaska. – Sloan et Cie.

Turbine Hercule-Progrès

La turbine *Hercule-Progrès du type H.-C.*, est construite par les ateliers Singrün. Cette turbine, dont l'axe est horizontal, se compose d'une roue sur la périphérie de laquelle sont disposées des aubes réceptrices. La roue est solidaire de l'axe, lequel tourne dans des paliers supportés par un bâti qui peut être en bois, en fer, en maçonnerie ou en fonte (Fig. 638). Elle est enfermée dans une enveloppe protectrice que l'arbre traverse ; sur la partie extérieure de cet arbre est clavetée la poulie de commande.

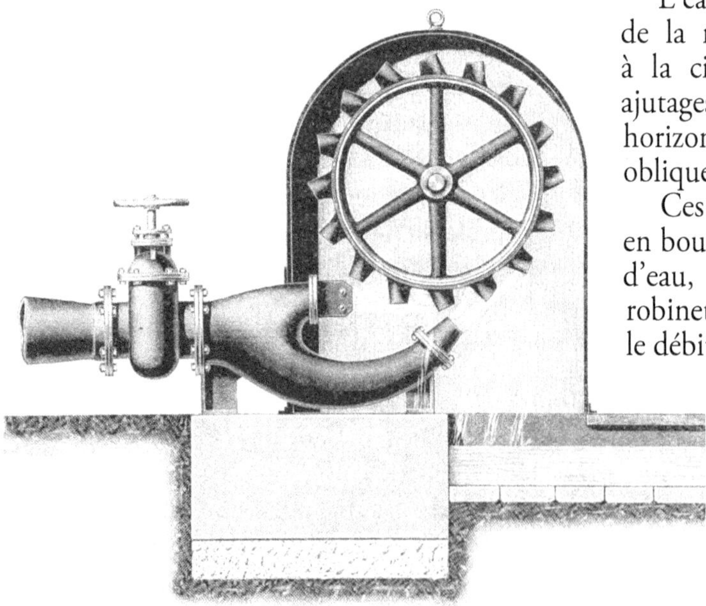

Fig. 638. — Turbine Hercule-Progrès à action tangentielle montée sur un bâti en fonte.

L'eau arrive sur les aubes de la roue, tangentiellement à la circonférence par deux ajutages dont l'un est disposé horizontalement et l'autre obliquement.

Ces ajutages sont placés en bout du conduit d'amenée d'eau, qui est muni d'un robinet-vanne destiné à régler le débit de cette eau.

Les aubes de la roue motrice ont, comme dans la roue Pelton, la forme d'un godet double portant au milieu une cloison qui sépare le filet liquide en deux parties s'écoulant chacune dans un des godets et revenant se déverser dans le canal de fuite suivant un angle très faible, mais suffisant pour assurer l'écoulement.

Cette turbine a une puissance de 40 chevaux pour une chute de 20 mètres, et une vitesse de rotation de 125 tours à la minute.

Pour mettre la turbine en marche, on ouvre le robinet-vanne. Le réglage de vitesse s'effectue automatiquement par l'intermédiaire d'un régulateur qui agit sur un papillon obturateur placé dans le conduit d'arrivée d'eau.

Une autre turbine à action tangentielle, construite par les mêmes ateliers, est désignée sous le nom de *turbine Excelsior*, (Fig. 639). Elle a une puissance de 225 chevaux sous une chute de 200 mètres et tourne à la vitesse de 200 tours par minute.

Fig. 639. — Turbine Excelsior à action tangentielle..

La roue est munie de 22 aubes formant augets doubles, rapportées sur une couronne de fonte, laquelle est reliée à un moyeu central par des bras.

La roue, bien équilibrée, est rendue solidaire de l'arbre moteur horizontal, lequel tourne dans deux paliers à graissage automatique supportés par un bâti en fonte de fer. La roue à un diamètre de 0,90 m.

L'eau est admise par un conduit de 0,25 m sur lequel est disposé un robinet-vanne et qui porte en bout l'ajutage injecteur.

Cet ajutage est réglable, c'est-à-dire qu'il permet de faire varier la section de passage de l'eau en bout de l'injecteur sans que l'on soit obligé de manœuvrer un papillon-valve, ou le robinet-vanne, ce qui a toujours l'inconvénient d'étrangler la veine liquide et de lui faire subir des déviations peu favorables à l'obtention d'un bon rendement.

L'ajutage réglable remédie à ces inconvénients en conservant à la veine liquide sa direction, sans la déformer.

A la mise en marche, on règle à la main l'ouverture de l'ajutage pour une admission d'eau appropriée ; un régulateur automatique commande ensuite la manœuvre de cet ajutage pendant la marche de la turbine.

Turbine Piccard-Pictet

Les ateliers Piccard-Pictet construisent aussi des turbines pour très hautes chutes du type *roue Pelton*.

La figure 640 représente une vue d'ensemble d'une de ces turbines installée à l'usine hydro-électrique de la Viège de Saas, en Suisse.

Elle a une puissance de 5 500 chevaux, fonctionne sous une hauteur de chute de 730 mètres, et tourne à 500 tours par minute.

Fig. 640. — Turbine Pelton de 5 500 chevaux, tournant à 500 tours par minute ; hauteur de chute : 730 mètres. Piccard-Pictet.

La roue réceptrice est un disque de fonte portant, sur sa périphérie, des doubles godets qui y sont rapportés. Elle est supportée par un fort bâti en fonte sur lequel sont fixés les paliers.

Le régulateur, disposé en avant, est actionné par l'arbre de la turbine, grâce à l'intermédiaire de poulies et d'une courroie ; il règle l'admission de l'eau qui passe par un ajutage injecteur pour venir frapper contre les aubes de la roue motrice.

Turbine Neyret-Brenier

La Turbine Neyret-Brenier est une turbine à action tangentielle du type Pelton. Elle se compose d'une roue portant des aubes en forme d'augets doubles dont l'arête médiane est taillée en biseau très effilé. Les augets sont munis d'une échancrure pour laisser passer le jet d'eau lorsqu'il n'a pas la direction convenable par rapport aux aubes.

Ces augets, que l'on fait en bronze, en fonte ou en acier coulé, suivant la puissance de la turbine, sont polis à la meule, intérieurement, pour diminuer le frottement de l'eau.

L'eau est admise sur les aubes par un injecteur circulaire muni à son extrémité d'un ajutage en bronze.

On peut régler le débit de cet ajustage au moyen d'une aiguille de forme particulière que l'on peut déplacer dans son orifice. L'eau sort sous forme d'un jet cylindrique et homogène qui vient frapper sur l'arête effilée séparant les deux augets. Le jet se sépare en deux parties circulant dans les deux parties de l'auget, produit son action sur la roue, et se déverse dans le canal de fuite.

Pour supprimer les coups de bélier dans la conduite d'eau, on munit la turbine d'un déflecteur.

Fig. 641. — Turbine tangentielle Neyret-Brenier.

Le déflecteur est une sorte d'écran que l'on intercale obliquement dans le jet liquide sortant de l'injecteur, entre cet injecteur et la roue. Suivant la position de cet écran, une partie ou la totalité de l'eau est divisée et rejetée directement dans le canal de fuite. On peut ainsi faire varier la puissance de la turbine sans faire varier la quantité d'arrivée d'eau et sans produire de coups de bélier dans la conduite.

On peut faire manœuvrer le *déflecteur* par le régulateur, en commandant le mouvement de l'aiguille à la main ; on peut aussi, lorsqu'on veut dépenser le moins d'eau possible, actionner par le régulateur le déflecteur qui est relié élastiquement par un *dash-pot* à l'aiguille, laquelle se déplace automatiquement.

Chapitre XIX

RÉGULATEUR DE TURBINES

CLASSIFICATION : RÉGULATEURS MÉCANIQUES — Piccard-Pictet, — Singrün, Bouvier, Neyret, Brenier. — RÉGULATEURS HYDRAULIQUES : Singrün, Ribourt, Bouvier, Neyret, Brenier. — RÉGULATEUR HYDRO-MÉCANIQUE : Escher-Wyss. RÉGULATEURS-FREINS. — RÉGULATEURS DE PRESSION : Bouvier.

Les applications de plus en plus nombreuses des turbines hydrauliques à la commande de machines productrices de courant électrique ont nécessité un régime de marche de ces turbines, de plus en plus régulier. Cette régularité a été obtenue en adjoignant à la turbine un régulateur automatique de vitesse.

Le mode d'action du régulateur peut varier suivant le type de cet appareil. C'est suivant ce mode d'action que les régulateurs ont été classés en diverses catégories.

Il y a deux classes principales de régulateurs.

Une des classes comprend les régulateurs qui, par leur mécanisme, agissent sur les vannes réglant l'admission d'eau aux turbines et font varier la section de passage de l'eau, ce qui rend variables la vitesse et la puissance de cette turbine. La seconde classe comprend les régulateurs qui n'exercent aucune action sur le dispositif de vannage, mais qui absorbent l'énergie que possède la turbine en excédent, en intercalant une sorte de frein, constitué par une résistance variable suivant le régime de marche de l'appareil et sa charge.

Ces derniers régulateurs sont appelés *régulateurs-freins* et ne sont appliqués qu'à des turbines alimentées par des chutes où l'eau est en abondance. Cette eau est toujours admise à pleine ouverture dans le moteur.

La première classe de régulateurs se subdivise en trois catégories : les *régulateurs mécaniques*, les *régulateurs hydrauliques* et les *régulateurs hydro-mécaniques*.

Dans les régulateurs mécaniques, la commande s'effectue sur les vannes de la turbine par l'intermédiaire d'organes purement mécaniques : engrenages, leviers, bielles, etc...

Les régulateurs hydrauliques comportent un servo-moteur de commande des vannes, actionné par la pression de l'eau.

Les régulateurs hydro-mécaniques sont constitués par une combinaison d'organes mécaniques et d'organes mus par la pression de l'eau.

Régulateurs mécaniques

Ces régulateurs ont un fonctionnement sûr, mais leur action est plus lente que celle des régulateurs hydrauliques. Ils ont, par contre, l'avantage d'être placés en dehors des conditions de pression d'eau, ce qui leur permet de s'appliquer à tous les types de turbines. Il convient que les régulateurs mécaniques ne soient pas trop sensibles, car ils agissent alors d'une façon constante sur le dispositif de vannage, ce qui peut provoquer une usure rapide des organes qui le constituent.

Régulateur Piccard-Pictet

(Fig. 642.) Le principe de ce régulateur consiste à donner à un arbre cylindrique un mouvement de rotation tantôt dans un sens tantôt en sens inverse, mouvement qui est utilisé pour manœuvrer, dans le sens approprié, le dispositif de vannage de la turbine. Le sens et la durée du mouvement de rotation de l'arbre auxiliaire sont déterminés par la manœuvre d'un régulateur à force centrifuge, appelé aussi *tachymètre*, dont l'axe disposé verticalement reçoit son mouvement de l'arbre de la turbine, par l'intermédiaire de roues d'engrenage. La vitesse du tachymètre est donc proportionnelle à celle de la turbine et cet organe est réglé pour influencer le mécanisme du régulateur lorsque la vitesse de la turbine varie dans des limites déterminées.

Le manchon du tachymètre, en effet, se meut verticalement et provoque le déplacement, par l'intermédiaire de tringles et de leviers, d'un doigt qui oscille dans un sens ou dans l'autre suivant que le manchon monte ou descend.

L'extrémité de ce doigt provoque le déclenchement d'un cliquet porté par une pièce qui reçoit, d'un excentrique, un mouvement d'oscillation permanent. Le cliquet s'engage alors dans un des crans pratiqués sur un secteur et entraîne le secteur dans son mouvement d'oscillation. Le déplacement du secteur est utilisé pour pousser un cône d'embrayage contre une roue d'engrenage conique recevant un mouvement continu de rotation de l'arbre de la turbine. L'embrayage est ainsi effectuée et l'arbre de commande du vannage tourne dans un sens ou dans le sens opposé, suivant que l'oscillation du doigt actionné par

Fig. 642. — Régulateur servo-moteur mécanique Piccard, à déclic et à friction.

le tachymètre s'opère d'un côté ou de l'autre. Il y a donc deux cliquets et deux cônes d'embrayage. On voit que l'effort demandé au tachymètre pour embrayer le mécanisme de commande du vannage n'est pas considérable, condition essentielle pour obtenir une bonne régulation.

Régulateur Singrün (Fig. 644.) C'est aussi un régulateur mécanique comportant des cliquets qui font tourner, dans un sens ou dans l'autre, un arbre actionnant la vanne de la turbine, et provoquent ainsi son ouverture ou sa fermeture.

L'arbre de la turbine actionne par courroie une poulie calée sur un arbre auxiliaire, qui transmet son mouvement de rotation à l'axe vertical d'un pendule à boules. L'action de la force centrifuge sur ces masses sphériques détermine le déplacement du manchon et l'oscillation d'un levier qui provoque l'enclenchement d'un des cliquets sur une roue à rochet. Les cliquets reçoivent un mouvement permanent de va-et-vient

Fig. 644. — Turbine Hercule-Progrès dans une huche munie d'un régulateur automatique de vitesse.

par l'intermédiaire d'un excentrique. Lorsque l'un des cliquets est engagé dans la roue à rochet, cette roue est sollicitée à tourner dans un certain sens pendant tout le temps que le pendule à boules gardera sa position de réglage. L'arbre solidaire de la roue à rochet tournera ainsi pendant ce temps-là et commandera par roues d'engrenages et vis sans fin la manœuvre de la vanne.

Pour une position du pendule conique opposée à la précédente, par rapport à la position normale, c'est un autre jeu de cliquets qui transmettra le mouvement de rotation à l'arbre du régulateur en sens inverse du précédent, et la vanne sera également manœuvrée dans un sens différent.

La figure 644 représente un régulateur à action mécanique installé sur une turbine Hercule-Progrès, placée dans une huche.

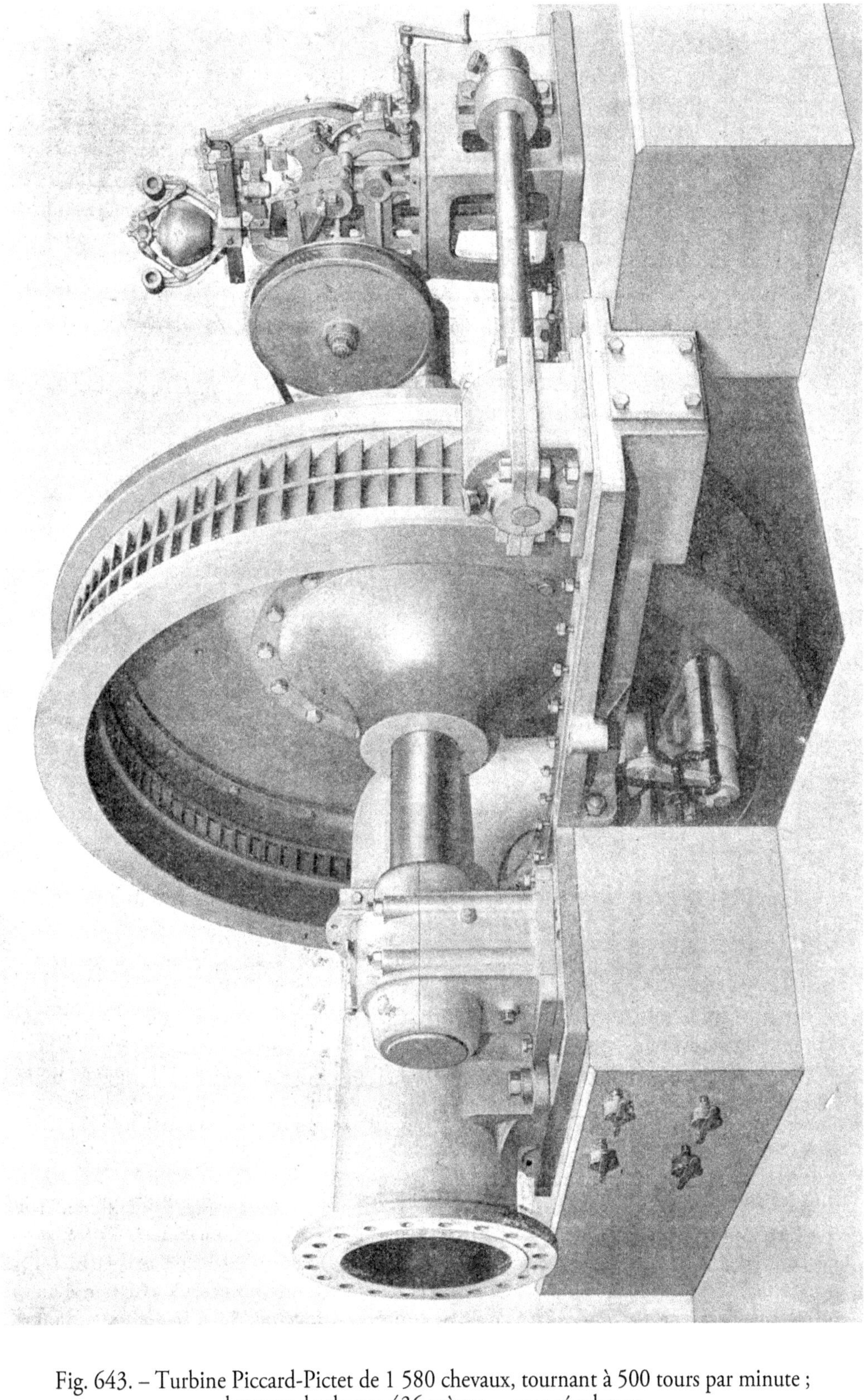

Fig. 643. – Turbine Piccard-Pictet de 1 580 chevaux, tournant à 500 tours par minute ; hauteur de chute : 436 mètres, – avec régulateur

Régulateur Bouvier

(Fig. 645.) Ce régulateur à servo-moteur mécanique est muni d'un tachymètre à axe vertical, recevant son mouvement de rotation de l'arbre de la turbine par un renvoi de mouvement par poulies.

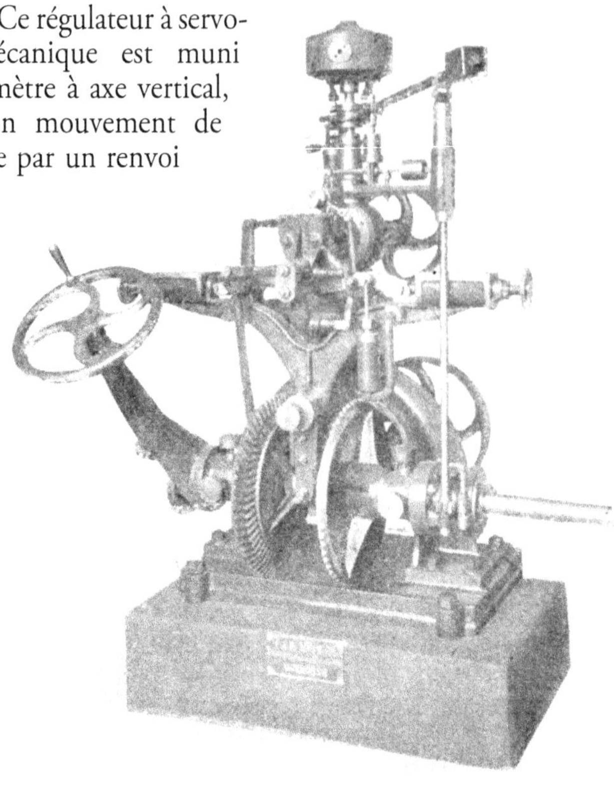

Fig. 645. — Régulateur à servo-moteur mécanique.
A. et H. Bouvier.

L'action de la force centrifuge fait monter ou descendre le manchon du tachymètre, ce qui provoque, par l'intermédiaire de leviers et de butées appropriées, l'oscillation d'un levier inférieur qui rend solidaire, suivant le sens de son oscillation, l'arbre actionnant la vanne de la turbine d'une des deux roues d'engrenages coniques disposées face à face à la partie inférieure du régulateur. Ces deux roues engrènent à la fois avec un pignon conique ayant un mouvement continu de rotation. Elles tournent donc en sens inverse l'une de l'autre, et suivant que l'arbre du régulateur sera rendu solidaire de l'une ou de l'autre, il tournera dans deux sens opposés, et la vanne s'ouvrira ou se fermera suivant que le manchon du tachymètre descendra ou s'élèvera sur sa tige verticale.

Régulateur Neyret-Brenier

Le régulateur Neyret-Brenier est un régulateur à servo-moteur mécanique, dont la figure 646 représente l'installation sur une turbine Francis double, à directrices mobiles, d'une puissance de 1 500 chevaux, tournant à 375 tours par minute sous une hauteur de chute variant de 26 à 44 mètres.

Le régulateur est constitué par un tachymètre, pendule à force centrifuge, dont on utilise le mouvement vertical du manchon pour actionner, dans le sens convenable, l'arbre de commande des vannages de la turbine double. Le manchon du tachymètre est, pour cela, relié par un jeu de leviers à un manchon d'embrayage qui rend un axe tournant d'un mouvement continu, solidaire d'une des deux roues d'engrenages coniques qui se font face en engrenant toutes deux avec une troisième roue calée sur l'arbre actionnant le vannage. Suivant que le manchon monte ou descend, ce qui se produit lorsque la turbine a une trop grande vitesse ou une vitesse trop faible, l'embrayage s'effectue d'un côté ou de l'autre, et c'est l'une des deux roues qui commande l'arbre de réglage. Comme ces roues actionnent, dans des sens contraires, la troisième roue, celle-ci et l'arbre sur lequel elle est clavetée tournent tantôt d'un côté, tantôt de l'autre, suivant la vitesse de la turbine, ce qui a pour objet de refermer ou d'agrandir les sections de passage de l'eau.

Fig. 646. — Régulateur Neyret-Brenier monté sur une turbine Francis double.

Un dispositif d'asservissement constitué par un jeu de leviers, et un écrou placé sur l'arbre de réglage, écrou qui ne peut se déplacer que longitudinalement, permet de proportionner l'ouverture ou la fermeture du vannage à la valeur des oscillations du manchon du tachymètre et de provoquer le débrayage de l'arbre de commande de ce vannage aussitôt que le manchon revient à sa position moyenne.

D'une façon générale, le régulateur est d'autant moins stable que la charge de la turbine est moindre. Pour réaliser une loi d'asservissement qui corresponde à la manoeuvre appropriée du vannage, on adapte au régulateur une came d'asservissement ayant le profil convenable.

On obtient ainsi une stabilité uniforme pour les diverses charges de la turbine. Pour amortir les oscillations à longue durée qui peuvent se produire, on augmente l'écart entre les positions du tachymètre correspondant à la marche à vide et à la marche à pleine charge, et on munit le régulateur d'un compensateur qui maintient la vitesse constante, quelle que soit la charge.

Régulateurs hydrauliques

Les régulateurs à servo-moteurs hydrauliques ont, généralement, une action plus rapide que les régulateurs mécaniques et permettent de maintenir une grande régularité de marche aux turbines. Ils nécessitent, par contre, une plus grande précision de construction et sont surtout utilisables lorsque la pression de l'eau qui alimente la turbine atteint une valeur suffisante pour provoquer leur fonctionnement. Il convient, d'autre part, de les tenir à l'abri des gelées.

Régulateur Sing ün

Ce régulateur à servo-moteur hydraulique appliqué à une turbine à action tangentielle (Fig. 647) est constitué par un pendule à force centrifuge du type Porter, qui agit, par l'intermédiaire de leviers et du servo-moteur hydraulique, sur un secteur denté solidaire d'un papillon disposé sur le conduit d'admission d'eau dans la turbine.

Fig. 647. — Turbine Hercule-Progrès à action tangentielle avec régulateur de vitesse de servo-moteur hydraulique.

Le servo-moteur hydraulique est composé d'un cylindre vertical dans lequel est disposé un *piston différentiel*, à deux diamètres.

Dans le cylindre arrive d'une façon constante de l'eau sous pression provenant de la chute qui actionne la turbine. Cette eau est admise, par un robinet placé sur le côté, dans un espace annulaire ménagé entre le cylindre et le piston.

Au centre du piston coulisse un tiroir cylindrique rendu solidaire, par un système de leviers, du manchon du pendule centrifuge.

Ce tiroir est équilibré par la pression de l'eau, qui s'exerce sur ses deux faces supérieure et inférieure et distribue l'eau par sa manœuvre soit sur une face du piston, soit sur l'autre, suivant que le manchon du pendule monte ou descend, c'est-à-dire suivant que la vitesse de la turbine est trop grande ou trop faible.

Le mouvement du piston provoque l'oscillation d'un levier qui actionne le secteur denté, déplace le papillon dans le conduit et règle l'admission d'eau dans la turbine.

Régulateur Ribourt

Le régulateur Ribourt, dont la figure 648 représente l'installation sur des turbines de 100 chevaux construites par les ateliers Teisset, Chapron et Braun, est basé sur un principe différent de celui des autres régulateurs. Il n'a pas de pendule à force centrifuge. C'est l'écoulement d'un liquide, par une section de passage variable, qui détermine, par l'intermédiaire d'un servo-moteur hydraulique, le déplacement, dans le sens convenable, du dispositif de vannage de la turbine. L'action de ce régulateur est très rapide. Le régulateur se compose d'un compteur d'eau rotatif auquel la turbine transmet son mouvement et qui ainsi, participe à toutes ses variations de vitesse.

Une bâche reçoit l'eau débitée par le compteur et porte un ajutage à section de passage variable. La variation de la section est obtenue par la manœuvre d'un cône mobile qui obture plus ou moins l'orifice; ce cône est solidaire d'un petit piston soumis à la pression de l'eau du compteur : il est sollicité en sens inverse par un ressort de rappel.

Fig. 648. — Turbines de 100 chevaux ; hauteur de chute : 20 mètres, munies de régulateurs Ribourt et actionnant des alternateurs.

Le cône de réglage prend donc une position correspondant à la pression de l'eau qui est d'autant plus grande que le compteur tourne plus vite et que, par conséquent, la vitesse de la turbine est plus considérable. Dans ce cas, le cône limite la section de passage de l'eau. L'eau ainsi distribuée passe dans un cylindre dans lequel elle actionne un piston équilibré et lui donne des déplacements de plus ou moins grande étendue suivant le débit de l'orifice de réglage. On relie ce piston par des cordons flexibles au servo-moteur hydraulique qui commande le vannage de la turbine, et l'on obtient la régulation de la vitesse de ce moteur.

Régulateur Bouvier Il est constitué par une pompe dont le débit est maintenu sensiblement constant et qui envoie, sous pression, un liquide dans une capacité munie d'un orifice d'évacuation, sur lequel est placée une soupape. La section de passage du liquide varie suivant la position de la soupape sur cet orifice : cette position est à chaque instant déterminée par la vitesse de la turbine, laquelle actionne un pendule à force centrifuge relié par un levier à la soupape de réglage. La pression du liquide est transmise à un piston sollicité en sens inverse par un ressort, ce piston étant relié au mécanisme de commande du vannage qui peut être un servo-moteur hydraulique.

Pour chaque valeur de la vitesse de la turbine, il s'établit un équilibre entre la pression exercée sur le piston et la tension de son ressort, ce qui correspond à une position déterminée des vannes : le réglage de débit d'eau s'effectue de façon à ramener la vitesse de la turbine à sa valeur normale.

Le liquide envoyé sous pression par la pompe est généralement de l'huile. Ce régulateur peut s'appliquer à la régulation de plusieurs moteurs hydrauliques. La figure 649 en donne un exemple : un régulateur central effectue la régulation de trois turbines de 3 000 chevaux, fonctionnant sous une hauteur de chute de 60 mètres et tournant à 375 tours.

Régulateur Neyret-Brenier

Le régulateur Neyret-Brenier est un régulateur à servomoteur hydraulique, à huile sous pression, et à pompe indépendante.

Le régulateur est monté sur un bâti qui supporte tous les organes de manœuvre. Une pompe à huile à débit constant, ne comportant aucun réservoir d'air, fournit de l'huile sous pression pour manœuvrer le servomoteur. Une soupape de distribution est actionnée par un tachymètre à ressort. L'asservissement est établi par l'intermédiaire d'une came ayant un profil approprié à la turbine sur laquelle le régulateur est disposé.

Un compensateur permet à la vitesse de rester constante pour des charges variables de la turbine.

Quand plusieurs groupes comprenant des régulateurs doivent marcher en parallèle, on dispose un égaliseur de charges qui a pour fonction de répartir la charge uniformément sur les différents groupes.

Le tachymètre est muni d'un mécanisme permettant de faire varier sa vitesse de réglage pour réaliser, dans les couplages en parallèle, la synchronisation des vitesses.

On peut commander « du tableau » cette variation de vitesse, la commande s'effectuant par l'intermédiaire de deux moteurs asynchrones triphasés (voir Tome II, *Électricité*), l'un des moteurs, faisant fonction de transmetteur d'ordres, dans lequel le rotor est mû par une manette placée sur le tableau ; l'autre moteur, faisant fonction de répétiteur d'ordres, est placé sur le régulateur. On peut ainsi provoquer, du tableau, la fermeture complète du vannage d'une turbine et la retirer du groupe moteur.

Fig. 650. — Régulateur Neyret-Brenier.

La pompe du régulateur peut, également, être actionnée par un moteur indépendant, au lieu d'être commandée par la turbine, ce qui permet d'agir, du tableau, sur le servo-moteur et de provoquer soit la mise en marche soit l'arrêt d'un groupe.

Le régulateur à servo-moteur hydraulique représenté par la figure 650 est installé sur une turbine Francis de 1 000 chevaux.

Fig. 649. — Installation de trois turbines de 3 000 chevaux, 375 tours ; hauteur de chute : 60 mètres réglées par un seul régulateur central. — A. et H. Bouvier.

Régulateur hydro-mécanique Escher Wys

Il s'agit, dans ce cas, d'un régulateur qui agit à la fois par la pression d'un liquide et par la manœuvre d'organes mécaniques. Il est constitué par un tachymètre à ressort, exerçant son action sur un organe dans lequel s'effectue une compression d'huile. Cet organe est un double compresseur qui peut actionner l'arbre de commande du dispositif de vannage dans le sens de l'ouverture ou de la fermeture.

L'huile refoulée est évacuée sans exercer sa pression sur les compresseurs, lorsque la vitesse est normale. Lorsque cette vitesse augmente ou diminue, c'est un des compresseurs qui est actionné, et l'arbre de commande de la vanne tourne dans le sens convenable pour diminuer ou pour augmenter l'admission d'eau.

Régulateurs-freins

Ces régulateurs diffèrent des régulateurs dont nous venons de parler par leur mode d'action spécial. Ils n'agissent pas, en effet, sur le vannage de la turbine pour maintenir sa vitesse constante. Ils ont pour but d'intercaler une résistance passive proportionnée au supplément de travail fourni par la turbine aux appareils qu'elle commande. Ces régulateurs sont aussi appelés *régulateurs absorbeurs* ou *d'absorption*. La vanne reste donc à la position de l'admission complète pendant la marche du moteur et elle peut être manœuvrée à la main pour effectuer l'arrêt de la turbine,

En principe, le régulateur d'absorption comporte un tachymètre à force centrifuge qui actionne, par les déplacements de son manchon, une soupape qui se soulève plus ou moins sur son siège. Ces mouvements de la soupape déterminent des sections de passage plus ou moins importantes par lesquelles on fait circuler de l'eau puisée dans une bâche par une pompe et renvoyée dans cette même bâche, après son passage par l'orifice à section variable. Comme la pompe est actionnée par la turbine, la charge de celle-ci varie suivant la grandeur de l'orifice de passage de l'eau et sa vitesse se trouve régularisée.

Régulateur de pression Bouvier

(Fig. 651.) Le régulateur de pression n'a pas le même rôle que les régulateurs que nous venons d'examiner. Il est établi pour parer aux coups de bélier qui peuvent se produire dans les conduites au moment où l'on ferme le vannage de la turbine, et qui sont d'autant plus à craindre que la hauteur de chute est plus élevée.

Le régulateur de pression Bouvier se compose de deux petits cylindres. Dans l'un, celui de droite (Fig. 651), est disposée une soupape équilibrée pouvant démasquer des orifices donnant la communication entre la conduite d'arrivée d'eau et le canal de fuite.

Cette soupape est reliée par une tige à un levier supérieur horizontal articulé, à une de ses extrémités, par l'intermédiaire d'une bielle, avec une manivelle solidaire de l'arbre de commande du vannage de la turbine.

L'autre bout est articulé à la tige d'un piston pouvant se mouvoir dans le deuxième petit cylindre.

Ce piston porte une soupape ; le cylindre est rempli d'huile ou de glycérine et il communique, par sa partie inférieure, avec une capacité dont l'orifice peut être obturé par un pointeau. Ce pointeau est relié à la tige de la soupape par un bras rigide.

Quand le vannage se ferme brusquement, l'arbre qui le commande tourne d'un certain angle, dans un sens pour lequel le pointeau ferme l'orifice du second cylindre ; le piston qui s'y meut reste immobile ; le levier supérieur oscille autour de l'extrémité de la tige de ce piston. La soupape du premier cylindre s'ouvre, démasque les orifices et laisse couler de l'eau en quantité sensiblement égale à celle qui a été retenue. Lorsque la vanne est à sa position de repos, son arbre de commande ne tourne plus et la soupape descend en refermant les orifices.

Fig. 651. — Régulateur de pression. A. et H. Bouvier.

Si la vanne de la turbine s'ouvre, la soupape s'immobilise sur son siège et l'arbre de commande sollicitant le levier à son extrémité, le fait osciller sur le bout de la tige de cette soupape. Dès lors, le piston du second cylindre se soulève, la soupape qu'il porte s'ouvre, et elle permet au liquide de s'écouler par une grande section. Dans les deux cas, la pression est, de la sorte, régularisée, et on évite ainsi les coups de bélier dans la conduite.

Chapitre XX

MACHINES A COLONNE D'EAU
MACHINES A EAU SOUS PRESSION

MACHINES A COLONNE D'EAU – BÉLIER HYDRAULIQUE : Montgolfier. – Bollée.– MACHINES A EAU SOUS PRESSION – DISTRIBUTION ET TRANSPORT DE L'ÉNERGIE HYDRAULIQUE. – ACCUMULATEUR ARMSTRONG.

Les machines à colonne d'eau sont des moteurs dans lesquels la pression exercée par une colonne d'eau provoque le mouvement d'un piston disposé dans un cylindre. C'est, pour ainsi dire, le mouvement inverse de celui d'une pompe dans laquelle une action mécanique permet d'obtenir une pression d'eau, tandis que dans les machines à colonne d'eau la pression de l'eau peut se transformer en action mécanique.

La machine à colonne d'eau est à simple effet lorsque l'eau n'agit que sur une face du piston, et à double effet lorsque l'action de l'eau s'exerce alternativement sur les deux faces du piston.

C'est en 1736 que la machine à colonne d'eau à simple effet fut inventée par Bélidor mais elle ne fut réellement rendue pratique qu'après les perfectionnements que lui apportèrent, vers l'année 1800, un ingénieur bavarois, de Reichenbach, et plus tard, en 1836, un ingénieur français, Juncker.

Les machines à colonne d'eau sont surtout employées pour l'épuisement de l'eau dans les mines. Cependant, on peut les utiliser comme générateurs d'énergie, mais elles exigent une grande hauteur de chute, de façon que la pression de l'eau soit suffisante pour produire un travail pouvant être pratiquement utilisé.

Les machines à colonne d'eau établies par Juncker pour les mines de Huelgoat (Finistère), sont à simple effet et utilisent une hauteur de chute motrice de 60 mètres pour élever, d'un seul jet, 30 litres d'eau par seconde à 230 mètres de hauteur. Chaque machine se compose d'un cylindre en fonte B, ayant 1 mètre de diamètre, dans lequel peut se mouvoir un piston en bronze A, portant une garniture de cuir. Le piston effectue une course de 5,30 m, et peut donner cinq coups et demi par minute. Le cylindre est ouvert en haut et fermé en bas par un fond que traverse la tige du piston, laquelle est directement attelée à la tige de la pompe.

A la partie inférieure du cylindre B débouche un conduit D de distribution d'eau qui aboutit d'autre part à un corps cylindrique disposé verticalement à côté du grand cylindre B. Dans ce corps cylindrique de petit diamètre débouchent le conduit d'arrivée d'eau sous pression C et le conduit d'évacuation G de cette eau. Un piston cylindrique E faisant office de tiroir de distribution se meut verticalement dans le petit cylindre.

Quand il occupe la position représentée sur la figure 652, il permet la libre communication du canal d'arrivée de l'eau avec la partie inférieure du cylindre B. L'eau arrivant dans ce cylindre avec une forte pression agit sur la face inférieure du piston et le soulève. Celui-ci se meut dans le cylindre B en manœuvrant la tige de la pompe à laquelle il est directement attelé.

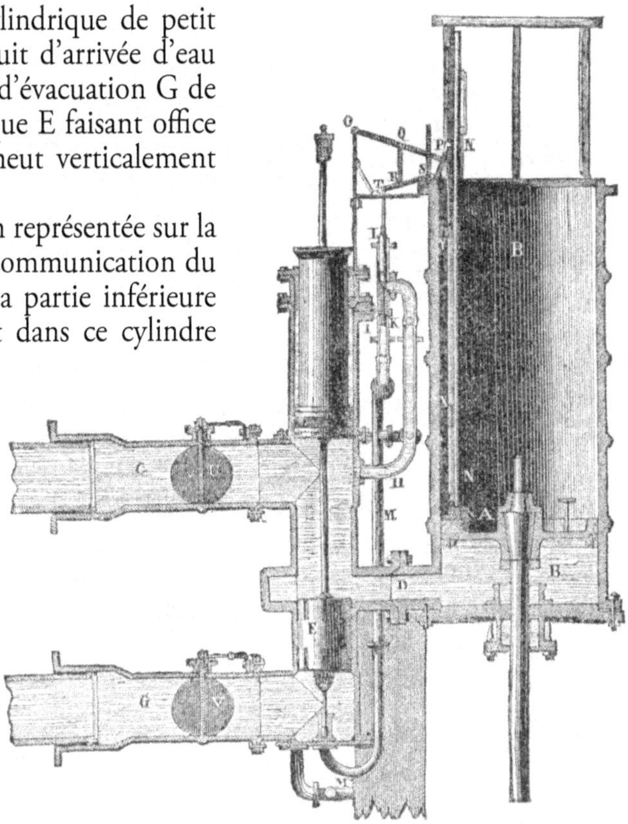

Fig. 652. — Machine à colonne d'eau de Juncker.

Quand, au contraire, le piston E est placé au-dessus de l'orifice du conduit D, la communication entre le cylindre B et le conduit d'arrivée C est interrompue, tandis qu'elle est établie entre ce cylindre et le conduit d'évacuation G (Fig. 653). L'eau précédemment admise dans le cylindre s'écoule dans ce conduit de décharge, et le piston redescend par son poids, entraînant la tige de la pompe. Une succession de mouvements alternatifs semblables provoque l'élévation de l'eau par la pompe d'épuisement.

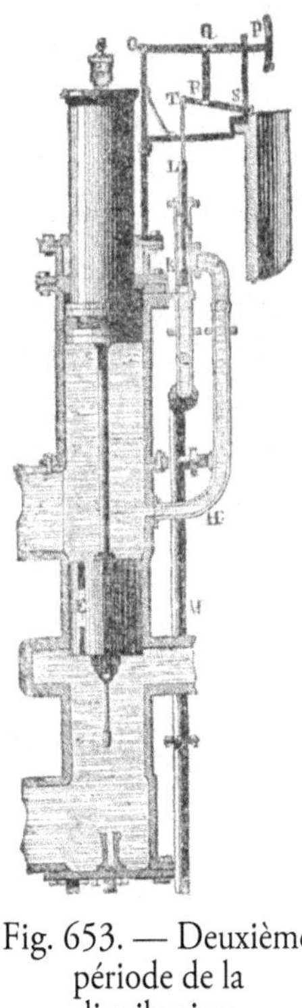

Fig. 653. — Deuxième période de la distribution.

Le tiroir E est mû par un mécanisme que nous allons examiner ; il est rendu solidaire d'un second piston qui est disposé au-dessus de lui et se meut dans un cylindre supérieur dont le diamètre est légèrement plus grand que celui du corps cylindrique contenant le tiroir E. Par suite de cette disposition, la pression que l'eau exerce sur la face inférieure du piston supérieur tend à faire mouvoir tout le système de distribution de bas en haut.

Pour compenser cet excédent de pression, on a ménagé dans le petit cylindre supérieur un espace annulaire, entre ce cylindre et le corps du piston, dans lequel on peut introduire de l'eau sous pression provenant du conduit d'arrivée C, par l'intermédiaire d'un tuyau HK et d'une tubulure I.

On comprend que si l'on admet de l'eau par la tubulure I dans le cylindre supérieur, les deux faces de son piston sont sensiblement équilibrées et la pression s'exerçant sur la face supérieure du tiroir E l'oblige à descendre. C'est la période d'admission d'eau sous le piston moteur A, ce qui provoque la course de ce piston, de bas en haut.

Quand, au contraire, on n'admet pas d'eau dans le petit cylindre supérieur, la prépondérance de la pression sur la face inférieure de son piston fait remonter l'attirail de distribution et le tiroir E se place au-dessus du conduit D : c'est la période d'évacuation par le canal G.

Il suffit de rendre l'admission ou la non admission d'eau, dans le cylindre supérieur, solidaire du mouvement du piston moteur A, pour obtenir une distribution appropriée au fonctionnement de ce piston.

Pour cela, le piston A porte une tige verticale NN munie de deux butées qui viennent rencontrer, à chaque extrémité d'une course, des taquets solidaires d'un petit secteur P placé au bout d'un levier OP articulé au point O.

Une biellette QR relie le levier OP à un second levier TS articulé au point S et dont l'extrémité T est rendue solidaire d'un distributeur L.

Pour la position inférieure du piston moteur, le distributeur L, par suite de la manœuvre des leviers supérieurs, laisse pénétrer l'eau sous pression, qui arrive par le conduit HK et la tubulure I dans le petit cylindre supérieur ; le tiroir E se maintient en bas. Lorsque le piston moteur est en haut de sa course, le distributeur L, au contraire, obture le conduit HK, débouche l'orifice d'un tuyau d'évacuation M, et l'eau sous pression n'agit plus dans le petit corps cylindrique supérieur. Le tiroir E monte et découvre le conduit d'évacuation. C'est la période d'échappement de l'eau (Fig. 653).

Deux robinets disposés, l'un sur le tuyau H, en avant de l'orifice d'admission, l'autre sur le tuyau M, permettent de régler l'admission de l'eau dans le petit cylindre ou son évacuation et, par suite, de faire varier la vitesse du petit distributeur et de régler la course du piston moteur.

En outre, en fermant un des robinets, on arrête la machine, qui se remet en marche lorsqu'on l'ouvre à nouveau.

Pour éviter les chocs aux diverses phases de la distribution, le distributeur E est muni sur son pourtour d'entailles de section décroissante, de la face au milieu de la hauteur du tiroir, de façon que l'eau ne s'arrête que progressivement sans chocs brusques. Le piston moteur ralentit également son mouvement aux extrémités de sa course.

Quand la machine à colonne d'eau est à double effet, elle comporte deux dispositifs de distribution qui intéressent, l'un la face supérieure du piston moteur, l'autre la face inférieure. Les deux distributeurs sont placés sur le même axe et rendus solidaires l'un de l'autre. La distribution de l'eau sous pression s'effectue sur le piston compensateur par l'intermédiaire d'un robinet à trois orifices, dont la manœuvre est commandée par un jeu de leviers.

Bélier hydraulique

Le *bélier hydraulique* est une machine à colonne d'eau spéciale, dans laquelle on transforme en travail utilisable la force vive provenant d'une colonne liquide en mouvement qui se trouve brusquement arrêtée. Le choc produit par cet arrêt brusque de la colonne d'eau ressemble à un coup de bélier, ce qui a fait donner ce nom à la machine. Le premier bélier hydraulique fut construit en 1772 par l'horloger anglais Whitehurst. Cet appareil élevait l'eau, par sa propre force, à une hauteur bien supérieure à celle du réservoir alimentaire, mais il exigeait la présence continuelle d'un manœuvre qui devait constamment ouvrir et fermer le robinet. Aussi lorsque, quelques années plus tard, en 1796, Montgolfier, l'inventeur des ballons à air chaud, construisit un appareil du même genre, mais dont le fonctionnement était automatique, on le considéra comme le véritable inventeur du bélier hydraulique.

Le bélier hydraulique de Montgolfier (Fig. 654) se compose d'une soupape S qui est noyée dans l'eau provenant d'un réservoir d'alimentation et amenée par un conduit horizontal qui débouche dans la boîte de la soupape S.

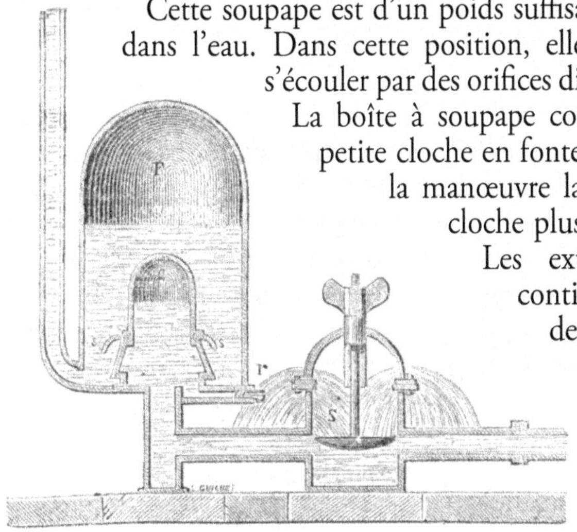

Fig. 654. — Bélier hydraulique de Montgolfier.

Cette soupape est d'un poids suffisant pour être normalement abaissée dans l'eau. Dans cette position, elle permet à l'eau sous pression de s'écouler par des orifices disposés dans la boîte au-dessus d'elle. La boîte à soupape communique, d'autre part, avec une petite cloche en fonte C, portant plusieurs clapets *s* dont la manœuvre la met en communication avec une cloche plus grande F qui lui est concentrique. Les extrémités supérieures des cloches contiennent de l'air au-dessus du niveau de l'eau. La petite cloche C peut être mise en communication avec l'air extérieur par une soupape *r* s'ouvrant de l'extérieur vers l'intérieur. Un tuyau vertical, par lequel l'eau refoulée peut s'élever, débouche à la partie inférieure de la grande cloche.

Lorsque la soupape S est abaissée, l'eau s'écoule par les orifices supérieurs de la boîte avec une vitesse croissante et va se perdre dans le canal de fuite. Dans les cloches, les clapets de retenue sont fermés et il ne se produit aucun mouvement d'eau.

La colonne d'eau provenant du réservoir alimentaire est donc en mouvement en avant de ces cloches et sous la soupape. Quand la vitesse de l'eau a atteint une certaine valeur, la soupape S se trouve soulevée et appliquée sur son siège. La masse liquide en mouvement ne trouvant plus d'issue par les orifices de la boîte à soupape qui sont ainsi obturés, arrive sous la cloche C.

Les clapets *s*, sur lesquels s'exerce sa pression s'ouvrent, et l'eau arrive dans la cloche F. Les chocs et les ébranlements produits par la brusque arrivée de l'eau dans les deux cloches sont amortis par l'air contenu à la partie supérieure de ces cloches. Cet air se comprime, forme matelas, et se détendant, après le choc, aide l'eau à passer de la cloche C dans la cloche F, puis de la cloche F dans le tuyau d'élévation. L'air des deux cloches doit être constamment renouvelé pour remplacer celui qui est dissous et entraîné dans la colonne d'ascension. A chacun des coups de bélier, l'eau, en pénétrant de la cloche C dans la cloche F, entraîne dans cette cloche une partie de l'air de la cloche C. D'autre part, par suite de la réaction de l'air de la cloche C et de sa poussée sur l'eau après le coup de bélier, la pression de cet air, sous cette cloche, devient inférieure à la pression atmosphérique et une petite quantité d'air extérieur pénètre à chaque coup par la soupape *s* dans la cloche C pour remplacer l'air entraîné.

Lorsque, après le coup de bélier, l'eau est revenue au repos, la soupape d'arrêt S tombe par son poids en découvrant les orifices d'écoulement, et la manœuvre recommence comme nous venons de l'indiquer, provoquant l'élévation d'une nouvelle quantité d'eau. On conçoit que le poids de la soupape d'arrêt et la longueur de sa course ont une grande influence sur la fréquence des coups de bélier et, par conséquent, sur le rendement de la machine.

Le bélier hydraulique de Montgolfier que nous venons de décrire a été installé par Montgolfier, au château de la Celle-Saint-Cloud, près de Paris, pour élever l'eau nécessaire aux besoins du château.

Bélier hydraulique Bollée

(Fig. 655.) Le bélier hydraulique a été ingénieusement perfectionné par M. Bollée, afin de diminuer la violence des chocs et d'assurer le fonctionnement bien régulier de cet appareil. La soupape d'arrêt B est constituée par un boisseau portant sur son pourtour des fenêtres longitudinales qui permettent la circulation de l'eau. Cette soupape se meut verticalement dans un cylindre à parois pleines et est munie d'une tige à sa partie inférieure qui pénètre dans un petit cylindre O portant deux ouvertures latérales pour assurer l'écoulement de l'eau. Le fond de ce cylindre est garni de rondelles élastiques destinées à amortir le choc lorsque la soupape descend. Lorsque la soupape monte sous l'action de la pression de l'eau, son rebord supérieur s'engage dans lune rainure circulaire K contenant de l'eau qui forme matelas et atténue le choc de la soupape contre son siège.

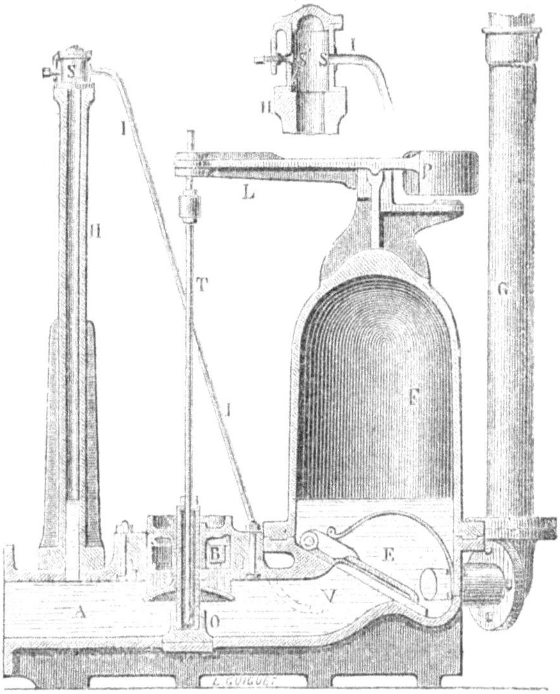

Fig. 655. — Bélier hydraulique Bollée.

La soupape d'arrêt est en partie équilibrée par un contrepoids P placé à l'extrémité d'un balancier L oscillant sur deux couteaux. On peut, avec cette disposition, régler le poids de la soupape en faisant varier le contrepoids, pour obtenir le maximum d'effet utile. La tige de la soupape est reliée au balancier par l'intermédiaire de deux lames de ressort qui amortissent les oscillations de ce balancier.

Le clapet de retenue E est incliné et est maintenu appliqué sur son siège par l'action d'un ressort dont la tension peut être réglée par la manoeuvre d'une vis.

La cloche à air F, à la partie inférieure de laquelle débouche le conduit d'ascension G, est munie d'une soupape de sûreté maintenue fermée par un ressort à boudin et qu'une pression anormale sous la cloche ferait ouvrir, ce qui peut se produire, par exemple, dans le cas où l'eau se congèlerait dans le tuyau d'ascension G.

Le fonctionnement de l'appareil est semblable à celui du bélier de Montgolfier, mais une disposition spéciale a été établie pour remplacer dans la cloche l'air qui est dissous et entraîné par l'eau.

Une colonne creuse verticale H est placée sur le corps du bélier A et porte, à son extrémité supérieure, une boîte contenant deux soupapes S' et S. La première laisse pénétrer l'air dans la colonne lorsque la dépression s'exerce à la partie inférieure, l'autre soupape sert à refouler, lorsque l'eau remonte dans la colonne, l'air ainsi admis dans un tube I qui débouche sous le clapet de retenue E. L'air, à chaque ouverture du clapet est introduit dans la cloche. La colonne a une hauteur suffisante pour n'être jamais submergée. Le bélier peut, de cette façon, fonctionner, même complètement noyé, ce qui permet d'utiliser les plus petites chutes.

Une application intéressante du principe du bélier a été faite, par MM. Courtet frères, de Romans, à un élévateur automatique d'eau, appareil domestique qu'ils ont nommé le *pulso-bélier.*

Distribution et transport de l'énergie hydraulique

Les machines à colonne d'eau, alimentées directement par de l'eau sous pression fournie par une chute, sont utilisées pour de faibles puissances. Les turbines hydrauliques que nous venons d'examiner remplacent, dans le plus grand nombre de cas, ces moteurs hydrauliques primitifs. Cependant, du fait de la distribution et du transport facile de la pression hydraulique, les machines à colonne d'eau, ou plutôt à eau sous pression, ont été employées à un grand nombre d'usages domestiques et industriels : mais, dans ces divers cas, les appareils utilisés doivent être considérés comme des récepteurs transformant l'énergie hydraulique reçue en énergie mécanique et ne faisant pas, à proprement parler, office de moteurs ; car, pour obtenir l'eau sous pression qui alimente ces machines, il est nécessaire d'employer un moteur qui est assez souvent un moteur à vapeur, nécessaire pour élever cette eau ou pour la comprimer. En résumé, ces machines réceptrices jouent, en Hydraulique, le même rôle que jouent en Électricité les machines dynamo-électriques, qui reçoivent, sous forme de courant, l'énergie électrique fournie par un moteur, et qui transforment cette énergie électrique en énergie mécanique.

Les machines à pression d'eau réceptrices n'entrent pas dans le cadre de ce volume consacré aux *Moteurs*. Nous n'en décrirons donc, plus loin, que deux types particuliers mais elles ont reçu des applications fort variées permettant d'actionner les *ascenseurs*, les *presses hydrauliques*, les *cabestans*, *grues*, et *appareils de levage* destinés aux travaux publics, à la manutention des projectiles, à la manœuvre des canons, des tourelles de cuirassés ; elles ont permis, en outre, d'établir des *riveuses hydrauliques*, et des outils divers utilisés pour forger, découper, emboutir des pièces de machines, etc. Sous la forme de petites machines rotatives actionnées par la pression de l'eau, elles peuvent être employées pour les usages domestiques et agricoles.

C'est William Armstrong qui appliqua le premier, vers l'année 1840, le principe du transport de l'eau sous pression à distance pour actionner des grues dans les ports de mer. Les hauteurs de chute de l'eau alimentant les villes n'ayant, en général, que des valeurs réduites, on se servait, pour obtenir une hauteur de colonne d'eau plus considérable, de machines à vapeur qui élevaient cette eau dans des réservoirs disposés à une altitude bien plus élevée. Armstrong remarqua qu'on pouvait réaliser une pression considérable dans les conduites autrement que par l'établissement de colonnes d'eau, et il établit un système consistant à emmagasiner, dans un récipient mobile, de l'eau comprimée, fournie par le travail continu d'un moteur, et à dépenser la provision d'eau, ainsi constituée, au fur et à mesure des besoins, et le cas échéant, à une grande distance du moteur.

Armstrong créa ainsi son accumulateur hydraulique permettant une distribution de l'eau sous une pression de 50 atmosphères, ce qui représente une colonne d'eau d'environ 500 mètres de hauteur. Pour employer l'accumulateur hydraulique il convient que le maximum de travail pouvant être effectué dans un temps déterminé ne puisse dépasser la quantité de travail pouvant être emmagasinée, à laquelle il faut ajouter celle que le moteur peut fournir pendant le même temps. Cette condition établit les bases sur lesquelles doivent être calculées la puissance du moteur et la capacité de l'accumulateur. La conduite générale d'eau et les embranchements principaux sont en tuyaux de fonte, assemblés à emboîtement, avec joint assurant l'étanchéité. Les tuyaux qui aboutissent aux appareils sont en fer. De distance en distance, environ tous les 100 mètres, on dispose un *joint de compensation* avec presse-étoupe pour permettre les variations de température. On place également sur la conduite des soupapes de sûreté, destinées à parer aux chocs provoqués par les coups de bélier qui se produisent lorsqu'on arrête brusquement les appareils.

Les pertes par le frottement et celles dues aux résistances passives, sont importantes dans ce système de distribution : elles augmentent rapidement avec la vitesse de l'eau et sa pression. Le rendement d'ensemble se trouve être, de ce fait, peu élevé. Cet inconvénient est compensé par la facilité de l'installation, par la puissance que l'on peut donner aux appareils sous un petit volume, et par leur aisance de manœuvre appropriée aux travaux intermittents effectués par ces appareils.

Accumulateur Armstrong

(Fig. 656.) L'accumulateur Armstrong est constitué par un cylindre en fonte vertical dans lequel peut se mouvoir un piston plongeur dont l'extrémité supérieure est rendue solidaire d'un récipient en tôle. Dans ce récipient on place une charge appropriée pour exercer sur l'eau contenue dans le cylindre une forte pression, suffisante pour actionner les divers appareils en service, pression que l'on maintient généralement égale à 50 atmosphères. Une machine à vapeur commande des pompes de refoulement qui envoient l'eau dans le cylindre vertical sous une pression correspondant à la charge placée dans le récipient en tôle. On peut ainsi, en établissant la communication entre ce cylindre vertical et les appareils à mettre en mouvement, utiliser la pression de l'eau pour les actionner.

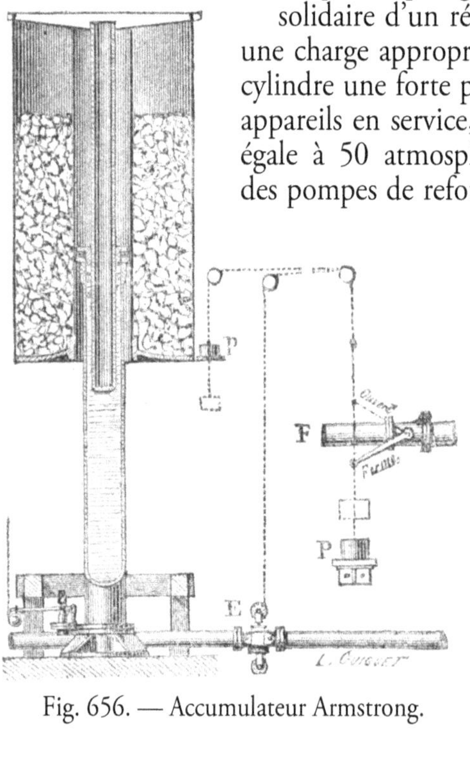

Fig. 656. — Accumulateur Armstrong.

La machine à vapeur est disposée à proximité de l'accumulateur, dont le mouvement vertical provoque, suivant son sens, l'ouverture ou la fermeture d'une valve placée sur le conduit d'admission de vapeur F. La valve est solidaire d'un levier portant à une extrémité un poids P qui la maintient fermée. Pour ouvrir la valve et mettre la machine en marche, il faut qu'un petit piston-plongeur E, placé sur la conduite générale à côté de l'accumulateur, soit repoussé par la pression de l'eau et tire sur une chaîne attachée au levier de la valve. Mais son action doit être complétée par celle d'un poids solidaire du récipient de charge. Quand ce récipient s'abaisse, le poids *p* agit en tirant sur la chaîne et la valve s'ouvre, mettant en action la machine à vapeur.

Lorsque le récipient arrive au bout de sa course supérieure, le poids *p*, soulevé par un taquet fixé sur le récipient, n'agit plus sur la chaîne ; la valve, sous l'action de son contrepoids P, se ferme ; la machine à vapeur s'arrête. Cette machine ne fonctionne donc qu'au fur et à mesure que la dépense d'eau atteint une certaine valeur dans l'accumulateur et dans la conduite.

Le conduit de refoulement est muni d'une soupape d'évacuation S, qui est ouverte par le récipient lorsque celui-ci arrive en haut de sa course.

Machines à eau sous pression

Les machines qui fonctionnent par l'eau sous pression peuvent comporter un arbre animé d'un mouvement de rotation continu, ou bien elles peuvent utiliser directement le mouvement rectiligne alternatif d'un piston sur lequel agit l'eau. Les machines de la première catégorie sont, en principe, établies avec une distribution ressemblant à celle de la machine à vapeur.

La figure 657 représente la coupe d'une de ces machines domestiques dans laquelle un cylindre oscillant repose sur une glace fixe, ayant une forme en arc de cercle dont le centre est l'axe d'oscillation du cylindre et portant deux lumières communiquant respectivement, l'une avec le conduit d'arrivée d'eau, l'autre avec le conduit d'évacuation. Un réservoir d'air A est placé à l'entrée du conduit d'admission pour parer aux coups de bélier.

Fig. 657. — Machine rotative à eau sous pression.

Un piston étanche, disposé dans le cylindre, reçoit alternativement, sur ses deux faces, l'action de l'eau motrice : la distribution de cette eau s'effectue par le mouvement même du cylindre oscillant, qui découvre et recouvre successivement les deux lumières d'admission et d'évacuation de l'eau.

Cette distribution s'effectue toujours à pleine admission et plein échappement pendant toute la course du piston ; elle diffère, en cela, de la distribution des machines à vapeur. Les orifices doivent avoir de grandes dimensions pour que la vitesse de l'eau qui les traverse soit faible et ne dépasse pas quelques décimètres par seconde.

Dans la machine à eau sous pression de la deuxième catégorie, le mouvement rectiligne alternatif du piston est utilisé directement sans être transformé en mouvement de rotation.

C'est le cas pour la *presse hydraulique*, les *ascenseurs*, les *palans hydrauliques* dans lesquels l'eau sous pression agit, par l'intermédiaire d'un piston-plongeur (Fig. 658), sur un système de *moufles*, poulies à gorges sur lesquelles s'enroule une chaîne, dont le dernier brin est rendu solidaire de la charge à enlever.

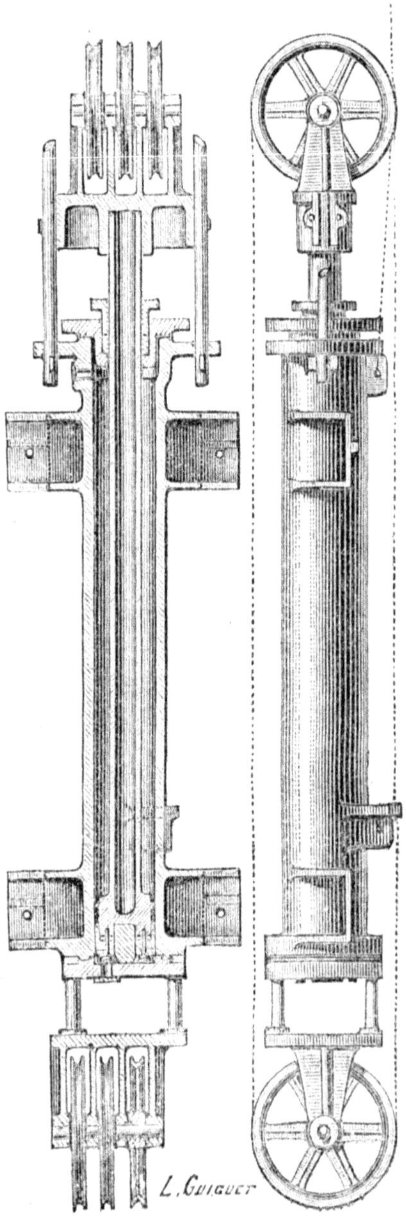

Fig. 658. — Moteur funiculaire à eau comprimée et à double pouvoir.

On sait que, dans ce cas, la charge parcourt une course égale à celle du piston-plongeur, multipliée par le nombre de brins de chaîne enroulés sur les moufles ; l'effort que l'eau exerce sur le piston est, d'autre part, égal à celui qui est nécessaire pour soulever la charge, multiplié par le nombre de brins.

L'élévateur hydraulique représenté par la figure 658 est destiné à une grue de 1 à 3 tonnes. Il est à effet différentiel et peut fonctionner sous deux régimes de marche : le régime maximum et le régime minimum, suivant les variations de la charge. Le piston-plongeur est muni d'une tige cylindrique qui réduit la section de ce piston sur une de ses faces, l'autre face conservant sa section totale sur laquelle s'exerce l'action de l'eau.

Quand la charge à soulever est maximum, on introduit l'eau sous la grande face du piston, l'autre étant mise en relation avec le conduit d'évacuation. L'effort obtenu est donc maximum.

Lorsque la charge est réduite, on introduit l'eau en même temps sur les deux faces du piston et celui-ci ne se déplace que par la différence d'action exercée par l'eau sur les deux faces, dont les sections sont différentes. La distribution de l'eau s'effectue au moyen de soupapes manœuvrées à la main par l'intermédiaire d'un levier.

Chapitre XXI

MOTEURS À AIR

MOTEURS A AIR CHAUD : MOTO-POMPE GLAENZER-PERREAUD ET THOMINE — MOTO-POMPE NOËL. — MOTEURS A AIR COMPRIMÉ : TRANSMISSION ET DISTRIBUTION DE L'AIR COMPRIMÉ. — MOTEUR MÉKARSKY. — POMPE MAMMOUTH. MOTEURS A AIR RARÉFIÉ.

MOTEURS A AIR CHAUD

Dans les moteurs à air chaud, on utilise l'échauffement de l'air atmosphérique pour produire un travail moteur. L'air peut, en effet, prendre une tension assez importante par l'absorption de calorique, la chaleur ainsi absorbée se transformant ensuite en énergie mécanique que l'on peut utiliser. Les premiers essais de machines à air chaud furent défectueux. Ce n'est qu'en 1837 que Bresson conçut une machine connue sous le nom d'engin air-feu qui donna quelques résultats ; mais la première machine à air chaud que l'on songea à utiliser industriellement fut la machine à air chaud d'Éricson qui parut, en Amérique, vers 1849. Nous avons donné la description détaillée de cette machine au cours de l'Historique des machines à vapeur (*Merveilles de la Science*, tome I, page 319). En France, vers la même époque, Franchot, Lemoine, et Laubereau établirent aussi des machines à air chaud ; puis vint la machine Pascal, dans laquelle un mélange de vapeur surchauffée et d'air chaud agissait sur un cylindre à la manière d'une machine à vapeur ordinaire.

Les résultats obtenus avec ces diverses machines ne furent pas complètement satisfaisants et elles ne reçurent pas, pour cette raison, d'applications industrielles. Un peu plus tard, en 1862, une machine à air chaud fut établie par Belou qui lui donna le nom de *gazomoteur*.

Cette machine comporte une pompe à air, un foyer fumivore et un cylindre dans lequel manœuvre le piston moteur. Le foyer est constitué par un cylindre garni intérieurement d'une enveloppe en terre réfractaire et portant à la partie inférieure une grille sur laquelle se dépose automatiquement le combustible, de sorte que la couche de charbon incandescent supportée par cette grille a une épaisseur constante. Le foyer est hermétiquement clos pendant la marche de la machine.

La pompe à air envoie à la fois de l'air sous la grille, pour entretenir la combustion, et à la partie supérieure du foyer, par des orifices spéciaux. Cet air se mélange avec les gaz chauds provenant du combustible incandescent. Comme le foyer est clos et que le volume de gaz produit est considérable, le mélange d'air et de gaz acquiert une tension importante qui est utilisée pour agir sur le piston moteur. Le cylindre qui le contient est, pour cela, mis en communication avec le foyer par des clapets d'admission, dont l'ouverture s'effectue au moment propice par l'intermédiaire d'un mécanisme automatique. Le cylindre est à double effet. Un gazomoteur Belou, d'une puissance de 80 chevaux, a fonctionné à la papeterie de Cusset, près de Vichy. Quelques autres applications ont été faites de cette machine, mais son emploi ne s'est pas, néanmoins, généralisé.

Depuis lors, plusieurs projets de moteurs à air chaud ont été établis en vue d'une utilisation industrielle. A l'Exposition universelle de Paris de 1878, figurait le *moteur Rider*, dans lequel de l'air froid était comprimé et refoulé à travers le foyer, sans que son volume puisse changer, ce qui donnait à cet air une tension qui était utilisée pour produire le travail moteur sur le piston.

A l'Exposition universelle de Paris de 1900 un moteur Brown à air chaud de 3 à 4 chevaux, était exposé ateliers Le Blanc, de Paris. Ce moteur se compose d'un foyer comportant deux portes donnant respectivement accès à la grille et au cendrier. Le chargement de combustible s'effectue au moyen d'une trémie à clapet d'obturation. Le moteur actionne une pompe à air qui refoule cet air dans le foyer, à une pression d'environ 1,5 kg. Le conduit de refoulement est muni d'une soupape de sûreté permettant de régler la valeur de la pression. L'air chaud est introduit du foyer dans un cylindre par la manœuvre d'une soupape à déclic. Sa tension provoque le mouvement d'un piston à fourreau placé dans ce cylindre. Le piston fonctionne à simple effet. Un régulateur à force centrifuge régularise la vitesse du moteur.

Moto-pompe à air chaud Glaenzer-Perreaud et Thomine

Les moteurs à air chaud que l'on n'établit que pour de faibles puissances, peuvent aisément s'appliquer aux besoins de la petite industrie, aux travaux agricoles, et même aux besoins ménagers. Ils constituent des moteurs domestiques d'une conduite relativement facile, fournissant, à peu de frais, l'énergie suffisante pour actionner divers outils. On les utilise surtout pour commander des pompes et on les dispose généralement pour obtenir une commande directe de ces appareils.

Ce sont des groupes nommés moto-pompes, dont les figures 659 et 660 représentent deux types Glaenzer-Perreaud et Thomine.

Le premier groupe est formé d'un moteur et d'une pompe accouplés et il suffit d'allumer un brûleur à gaz, à essence, ou une lampe à alcool, pour le mettre en marche. L'extinction du brûleur provoque l'arrêt. Le moteur a une puissance de 3/4 de cheval et la

Fig. 659. – Moteur à air chaud accouplé à une pompe. — Glaenzer-Perraud et Thomine.

Fig. 660. — Moto-pompe industriel à air chaud. Glaenzer-Perreaud et Thomine.

pompe peut élever, par heure, 1 mètre cube d'eau à une hauteur de 12 à 15 mètres.

Le deuxième groupe est établi pour un service plus dur, devant se prolonger quotidiennement pendant plusieurs heures sans arrêt. La pompe est à piston et le mouvement du moteur est transmis à cette pompe par l'intermédiaire d'une bielle verticale, dont la course peut être rendue variable en changeant son point d'articulation sur le plateau denté, auquel un mouvement de rotation est donné par l'intermédiaire d'un pignon calé sur l'arbre, et d'une chaîne. Le débit de la pompe peut, de la sorte, être rendu variable. Le combustible employé dans ce moteur est le coke. Lorsque le moteur est en route, on charge sur le foyer environ 3 kilogrammes de coke chaque heure et demie pour obtenir la continuité du fonctionnement. On peut, avec ce groupe moto-pompe à air chaud, élever 1 820 litres d'eau à l'heure, à 30 mètres de hauteur.

Moto-pompe à air chaud Noël

(Fig. 661.) Ce groupe comporte un moteur à air chaud et une pompe.

Le moteur se compose d'un cylindre en fonte 1, muni d'une double enveloppe 7.

Entre les deux enveloppes est ménagée une capacité servant de refroidisseur. A la partie inférieure est disposé le chauffeur 4 fait en fonte spéciale et présentant une grande surface de chauffe.

Au-dessous est placé le foyer, à retour de flamme, portant une garniture réfractaire. Deux pistons peuvent se déplacer dans le cylindre. Un d'eux est le piston moteur 2 muni de segments métalliques ; l'autre 3 est destiné à déplacer l'air à l'intérieur du cylindre. On le nomme le *déplaceur* ; il ne frotte pas contre les parois du cylindre. La tige unique du déplaceur et la double tige du piston moteur sont reliées à l'arbre moteur par l'intermédiaire d'un vilebrequin.

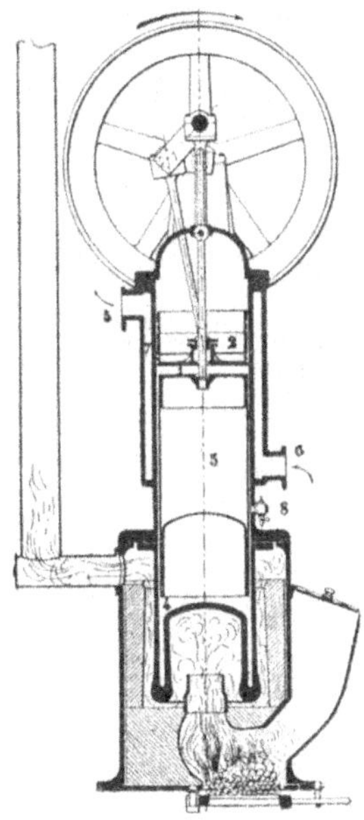

Fig. 661. — Moto-pompe à air chaud Noël. Coupe verticale.

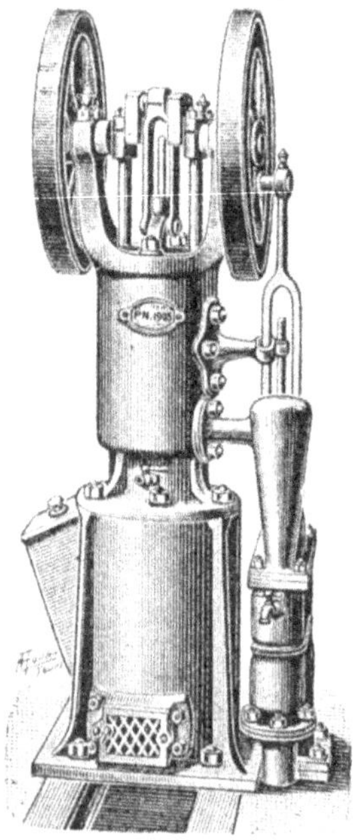

Fig. 662. — Moto-pompe à air chaud Noël. Vue d'ensemble.

A chaque extrémité de l'arbre est claveté un volant. A l'un des volants est articulée la tige de la pompe à actionner. L'eau venant de la pompe entre dans le refroidisseur par l'orifice 6 et en sort par l'orifice 5 pour se rendre au réservoir.

Un robinet de décompression 8 et un reniflard automatique de rentrée d'air sont disposés sur le cylindre.

Quand le piston moteur commence sa course descendante, l'air froid contenu dans le cylindre est comprimé entre les deux pistons, dont la course est réglée dans ce but : il est envoyé dans le chauffeur 4 en circulant autour du piston-déplaceur. Sous l'action de la température du foyer, cet air, qui augmente de volume, se détend et, en exerçant son action sur les pistons, provoque leur mouvement ascendant. Quand les pistons ont atteint le haut de leur course, le déplaceur descend d'un mouvement rapide en renvoyant dans la partie supérieure du cylindre l'air qui s'est refroidi en se détendant. Cet air vient en contact avec les parois du refroidisseur, se contracte, et se trouve de nouveau comprimé par le mouvement descendant du piston moteur. Le cycle de fonctionnement recommence. Le mouvement alternatif imprimé à la tige de la pompe par le volant monté sur l'arbre, permet d'élever l'eau au moyen de cette pompe et de l'envoyer dans un réservoir à travers le refroidisseur.

MOTEURS A AIR COMPRIMÉ

Le moteur à air comprimé a été établi pour remplacer le moteur à vapeur, dans certains cas particuliers où celui-ci ne pouvait, pour des raisons toutes spéciales, être utilisé. Dans les mines, par exemple, les foyers, qui constituent un danger, doivent être supprimés et, en outre, la nécessité d'obtenir une bonne ventilation empêche l'emploi de moteurs à vapeur. De même, dans les longs tunnels, la traction à la vapeur offre quelques inconvénients. On a donc depuis longtemps cherché à remplacer la vapeur par l'air comprimé pour actionner certains moteurs. Depuis, la possibilité de transporter l'énergie électrique et les progrès de la science électrique sont venus fournir une excellente solution pour remédier aux divers inconvénients inhérents à l'emploi de la vapeur dans les cas spéciaux.

Transmission et distribution de l'air comprimé

Le moteur à air comprimé ressemble, d'ailleurs, au moteur à vapeur, par la disposition de ses organes ; mais au lieu de nécessiter une chaudière comme dans le moteur à vapeur, il est muni de réservoirs contenant l'air sous pression qui doit l'alimenter. La distribution de l'air comprimé dans le moteur s'effectue, comme pour la vapeur, d'abord à pression constante, pendant que le cylindre communique avec le conduit d'admission ; puis l'admission cesse, et l'air se détend. Pendant la première phase, la température du fluide ne change pas ;

dans la seconde, le travail est effectué par suite de la transformation de la chaleur emmagasinée dans le fluide. On ne peut, avec l'air comprimé, pousser la détente trop loin car il convient, pour obtenir le plus grand rendement, de ne pas laisser la température s'abaisser au-dessous de 0 degré centigrade, afin que la pression de sortie de l'air reste sensiblement égale à la pression atmosphérique. Pour pousser le plus loin possible la détente en évitant un refroidissement trop considérable, on établit des dispositifs permettant de fournir à l'air une certaine quantité de chaleur puisée à une source auxiliaire.

Les moteurs à air comprimé peuvent être employés à poste fixe, comme dans la métallurgie, pour mouvoir des perceuses, riveuses, marteaux et objets divers ; dans les Travaux publics, pour actionner des machines perforatrices, dans les carrières et dans les percements de tunnels, etc. Ils peuvent aussi être utilisés pour la traction dans les mines et pour actionner des tramways. Le grand avantage du moteur à air comprimé fixe est de pouvoir être mis en mouvement à une grande distance du point de production de l'air sous pression. La transmission et la distribution de l'air comprimé s'effectuent, en effet, facilement. Un moteur actionnant un compresseur d'air emmagasine l'air sous pression dans un ou plusieurs réservoirs, d'où il est amené et distribué, par des conduits, aux moteurs à air comprimé qui, en réalité, sont des machines réceptrices transformant l'énergie reçue en énergie mécanique.

L'air convient bien pour le transport de l'énergie à des distances considérables, grâce à son élasticité et à sa faible densité, ce qui lui permet d'emmagasiner une grande quantité de travail et de circuler avec une grande vitesse dans des conduites fort longues et de diamètre réduit.

Le percement des tunnels du Mont-Cenis et du Saint-Gothard a pu être effectué grâce à l'emploi de l'air comprimé fourni par des moteurs alimentés par les chutes d'eau naturelles que l'on avait captées dans le voisinage.

L'emploi de l'air comprimé à la traction date déjà de loin. Les premiers essais en furent faits en 1840 ; puis, en 1858, on construisit une petite locomotive à air comprimé et en 1894, pour assurer le service des transports au Saint-Gothard, on fit fonctionner une locomotive ordinaire avec de l'air comprimé au lieu de vapeur. L'air sous pression était contenu dans un grand réservoir placé sur la locomotive et dans la chaudière.

Jusque-là, l'emploi de l'air comprimé à la traction était limité par le volume d'air très important qu'il était nécessaire de transporter pour produire un travail relativement peu élevé, parce qu'on ne pouvait utiliser toute l'action de la détente de l'air afin d'éviter un refroidissement excessif. En 1775, un ingénieur français, Mékarsky, établit le moteur à air comprimé pouvant sans inconvénient utiliser une grande détente de l'air. Grâce à ce perfectionnement, l'air comprimé a pu être avantageusement appliqué à la traction des véhicules.

Moteur Mékarsky

Dans ce moteur, l'action sur le piston n'est pas produite par l'air comprimé seul. On admet dans le cylindre un mélange d'air comprimé et de vapeur d'eau. Cette vapeur permet de pousser la détente du mélange très loin, sa chaleur latente se trouvant utilisée, pendant la détente, pour empêcher le refroidissement du mélange.

Le moteur se compose d'un *réchauffeur-saturateur*, ou *bouillotte*, et d'un *régulateur* ou *détendeur d'air*. Le réchauffeur est un récipient cylindrique contenant, jusqu'à un niveau déterminé, de l'eau portée à 160 degrés environ. Ce récipient peut être disposé horizontalement ou verticalement. Il ne comporte pas de foyer. L'eau y est introduite chaude au début de la période de travail, ou bien elle est portée à sa température par une injection de vapeur. En même temps, la charge d'air comprimé est envoyée dans les réservoirs. Le véhicule peut alors fonctionner. Pour cela, on fait arriver l'air comprimé, par une série de petits trous, à la partie inférieure de la bouillotte ; cet air traverse l'eau chaude en minces filets, se réchauffe et sort du récipient saturé de vapeur. Le mélange passe alors dans le régulateur détendeur.

Ce régulateur (Fig. 663) est disposé au-dessus du réchauffeur ; il est constitué par deux capacités superposées, séparées par une membrane en caoutchouc.

La capacité inférieure communique avec le réchauffeur par un conduit central portant les orifices appropriés. Un clapet conique, disposé dans ce conduit permet, par sa manœuvre, de donner ou d'interrompre cette communication. Cette capacité communique, d'autre part, avec les cylindres contenant les pistons moteurs, par une tubulure latérale.

La capacité supérieure contient un piston auquel on peut donner un mouvement de déplacement vertical par la manœuvre d'un volant à main. Ce piston refoule de l'eau dans la capacité et comprime ainsi, à une tension qu'on peut, par conséquent, rendre variable, une petite quantité d'air dans un espace annulaire. Suivant la valeur de cette tension, la membrane de caoutchouc qui sépare les deux capacités presse plus ou moins sur la tige du clapet conique, le forçant à s'abaisser et à laisser s'introduire dans les cylindres le mélange gazeux qui exerce son action motrice. On conçoit donc qu'il s'établira un équilibre, pour chaque position du volant, entre la pression du mélange et la pression de l'air contenu dans la petite chambre annulaire supérieure : pour chacune de ces positions la pression motrice restera constante. On peut, d'ailleurs, la faire varier en manœuvrant le volant et en donnant au matelas d'air supérieur une autre tension pour laquelle un nouvel état d'équilibre s'établira, ce qui permettra d'admettre du mélange à une autre pression. On peut, de la sorte, faire varier l'effort du moteur sans modifier le degré de détente.

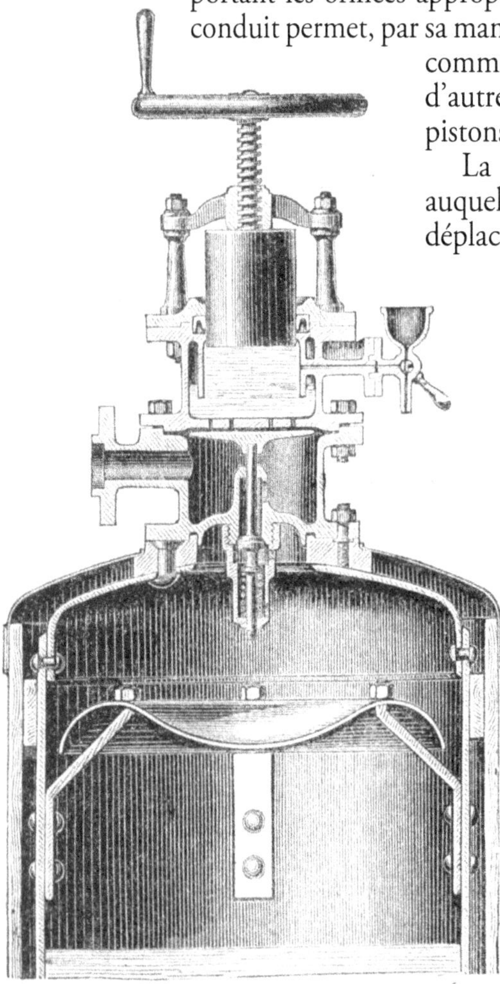

Fig. 663. — Moteur Mékarsky. Régulateur de détente.

Les moteurs fixes à air comprimé sont quelquefois établis sous la forme de moteurs rotatifs, dans lesquels l'organe qui reçoit la pression de l'air n'est plus un piston ayant un mouvement rectiligne alternatif. C'est un organe auquel l'action de l'air imprime directement un mouvement de rotation. Cet organe, solidaire de l'arbre moteur, tourne dans un cylindre de faible longueur, portant les lumières et les tubulures appropriées. La Compagnie parisienne de l'air comprimé et les ateliers Dondey, à Paris, construisent des moteurs rotatifs à air comprimé.

Pompe Mammouth (Fig. 664). La Compagnie parisienne de l'air comprimé construit aussi un ingénieux appareil élévatoire fonctionnant à l'air comprimé, et qu'elle nomme *pompe Mammouth*.

L'appareil se compose d'un tuyau de refoulement plongeant dans le puits et débouchant dans un réservoir d'eau. Ce tuyau porte, à sa partie inférieure, une boîte de raccordement, sur laquelle est fixé un tuyau d'arrivée d'air comprimé fourni par un réservoir.

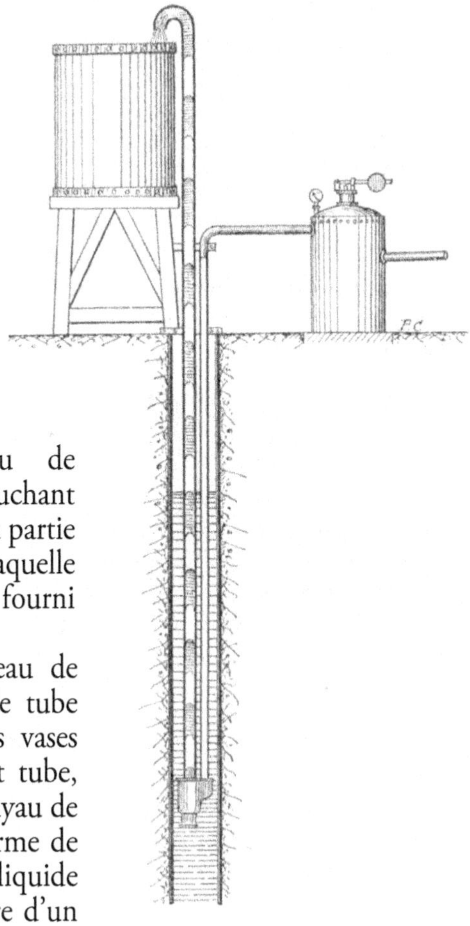

Fig. 664. — Pompe Mammouth.

Quand l'appareil est au repos, le niveau de l'eau est le même dans le puits et dans le tube de refoulement, en vertu du principe des vases communiquants. Si on envoie, par le petit tube, de l'air comprimé à la partie inférieure du tuyau de refoulement, cet air tend à monter sous forme de bulle dans ce tuyau ; il refoule la colonne liquide de toute la hauteur de la bulle, à la manière d'un piston. L'eau peut ainsi se déverser dans le réservoir. Au fur et à mesure que l'eau s'écoule, son poids diminue dans le tube de refoulement ; l'équilibre se trouve rompu et la pression de l'eau du puits fait passer une certaine quantité de cette eau dans le tube de refoulement pour rétablir l'équilibre. Une autre bulle d'air se forme, une nouvelle quantité d'eau se déverse à la partie supérieure, et une autre quantité est introduite du puits dans le tuyau de refoulement. Il y a donc dans ce tuyau des couches d'air et d'eau qui se déplacent sans se pénétrer, sous l'action de la pression de l'eau dans le puits, pression considérée comme constante.

L'écoulement de l'eau s'effectue dans le réservoir régulièrement et sans interruption, car à la partie supérieure du conduit de refoulement, l'air est suffisamment dilaté pour ne pas créer d'obstacle à cet écoulement continu.

MOTEURS A AIR RARÉFIÉ

A l'inverse des moteurs à air comprimé, ces machines fonctionnent par l'application du vide et par l'action de la pression atmosphérique. Malgré quelques tentatives intéressantes, ce genre de moteurs n'est pas entré dans le domaine de la pratique. Une installation permettant l'emploi de moteurs à air raréfié a été, cependant, établie à Paris.

Elle s'applique aux moteurs de la petite industrie n'exigeant qu'une puissance qui ne dépasse pas un cheval-vapeur.

C'est une des solutions du transport de la force motrice à domicile.

Une installation de ce genre comporte une canalisation dans laquelle on entretient, au moyen de pompes aspirantes, un vide d'environ 67 %.

La canalisation est mise en communication avec le cylindre du moteur, dans lequel se déplace un piston. Le vide s'effectue sur la face du piston correspondante, tandis que, sur l'autre face, s'exerce la pression atmosphérique qui produit le travail moteur.

L'admission de l'air est déterminée par la manœuvre d'un tiroir ou de soupapes.

L'établissement de la canalisation destinée aux moteurs à air raréfié présente des difficultés. Elle ne peut pas avoir une trop grande longueur, cela afin d'éviter les pertes de charge qui augmentent avec cette longueur ; l'usine où se trouvent les appareils effectuant le vide, doit être placée au centre du quartier à desservir. La canalisation est formée par des conduites rayonnantes en fonte, placées en tranchée ou dans des égouts, et communiquant avec des colonnes montantes établies dans les maisons où sont placés les moteurs à actionner.

Chapitre XXII

LES MOTEURS A VENT

MOULINS A VENT ET AÉROMOTEURS

Le moulin à vent, le *moteur à vent*, a été une des plus ingénieuses conquêtes de la Mécanique sur les forces naturelles. Nous verrons, par la suite, qu'il l'est demeuré et qu'il joue obstinément un rôle utile, malgré les redoutables concurrences actuelles de l'hydraulique, de la vapeur et de l'électricité.

Historique Disons, tout d'abord, quelques mots d'historique de l'appareil à ailes hélicoïdales qui utilisa les courants d'air avant que la roue et la turbine hydrauliques ne fussent venues utiliser les courants d'eau, et avant que la machine dynamo ne fût arrivée à « industrialiser » les courants électriques. Cet enchaînement de progrès est d'un intérêt philosophique qui ne peut échapper aux esprits curieux de suivre l'évolution du labeur humain.

Mais restons, conformément à la direction générale du présent ouvrage, dans les grandes lignes de la pratique effective.

D'après le célèbre lexicographe et littérateur Antoine Furetière (1620-1688), auteur du *Dictionnaire* renommé qui porte son nom, le *moulin à vent*, inventé en Asie, aurait été introduit en Europe à la suite des Croisades.

Le premier appareil dont on trouve trace parait avoir fait tourner ses ailes en Bohème.

Il parait assez logique que ce système ait trouvé son origine dans les pays orientaux où la sécheresse du sol impose à l'homme de continuels efforts pour l'élévation de l'eau nécessaire aux irrigations.

Un ancien usage normand donnait aux moulins à vent les noms de *turquois*, dans lequel on trouve une indication de *turc, de turquerie*. En 1408, un aveu, ou déclaration judiciaire faite au Roi par la Seigneurie de Thorigny, contient ceci : « En ladite terre souloit avoir ung moulin à vent turquois ».

C'est avec une assez grande lenteur que le moulin à vent se répandit en France. La complaisante machine se fit admettre, en remplaçant l'effort humain pour moudre le grain et fournir la farine. Les charpentiers apprirent à tailler les engrenages en bois dur qui étaient nécessaires pour les transmissions de mouvement. Dès la fin du XIIe siècle et pendant les siècles suivants, on vit ces moulins se multiplier et faire apprécier l'utilité de la force motrice mécanique asservie.

Au XVIIIe siècle apparut une concurrence importante sous la forme des moulins à eau qui devaient eux-mêmes, par la suite, connaître la décadence, lorsque les moulins à vapeur apportèrent plus de puissance et plus de régularité dans le travail.

Par une coïncidence qui est curieuse, le moulin à vent reprend une place sous diverses formes de moteurs à vent perfectionnés, en même temps que la turbine hydraulique permet de nouvelles utilisations de la houille verte, c'est-à-dire des chutes d'eau naturelles, ou créées dans les cours d'eau non navigables ni flottables. Nous avons décrit cette dernière adaptation en détail dans notre Tome II (Électricité), des *Merveilles de la Science.*

Fig. 665. — Type d'ancien moulin.

On n'a pas de chiffres de statistique précis, actuellement, sur les *moulins à vent* et *aéromoteurs* en France. Elle sera peut-être dressée par la suite, en raison du progrès très réel de ces appareils et de la renaissance qui en a été pour eux la conséquence. M. Henri Bresson qui a fait, avec autant de science que de dévouement, le recensement des petites chutes d'eau utilisant la houille verte, s'est préoccupé d'établir cette statistique et de la mettre sous la forme de cartes et de tableaux qui seraient incontestablement utiles à consulter. Il a constaté que vers 1859, époque où la machine à vapeur fit presque oublier temporairement la roue hydraulique et l'aéromoteur, il y avait en France environ 8 000 moulins à vent. Leur puissance individuelle ne dépassait guère 5 à 6 chevaux. La force totale disponible était donc environ de 40 000 chevaux. Ce n'était pas énorme, mais cependant cela était loin d'être négligeable, surtout pour l'époque. Ce serait bien autre chose maintenant, car les aéromoteurs perfectionnés peuvent, dans des conditions convenables de mécanisme et d'installation, fournir 16 chevaux de puissance ; au lieu des 40 000 chevaux-vent de l'année 1859, on pourrait donc songer à capter et à utiliser environ 130 000 chevaux. Il ne parait pas probable, dans la généralité des cas, que ces appareils, reprenant leur vogue, doivent reprendre aussi leur rôle de broyeurs de blé et de fabricants de farine. L'outillage des grands moulins à vapeur est trop considérable : la puissance et la régularité de production qu'on leur demande ne sauraient être assurées par le vent. Cependant il y a déjà des moulins à vent qui ont repris la fabrication de la farine aux États-Unis et en Allemagne. Notre dessin (Fig. 666), montre, d'après *Scientific American*, un moulin de ce genre de 15 chevaux de force, fonctionnant en Allemagne, et il y en a d'autres analogues.

	Vitesse par seconde.	Pression par mètre carré.
	Mètres.	Kilogrammes.
Vent faible	2 »	0,54
Vent frais, ou brise	6 »	4,87
Vent le plus convenable (pour les moulins)	7 »	6,64
Bon frais (pour les navires)	9 »	10,97
Grand frais (on cargue les voiles hautes des navires)	12 »	19,50
Vent très fort	15 »	30,47
Vent impétueux	20 »	54,16
Tempête	24 »	78 »
Tempête violente	30 »	122,28
Ouragan	36,15	176,96
Grand ouragan	46,30	277,87

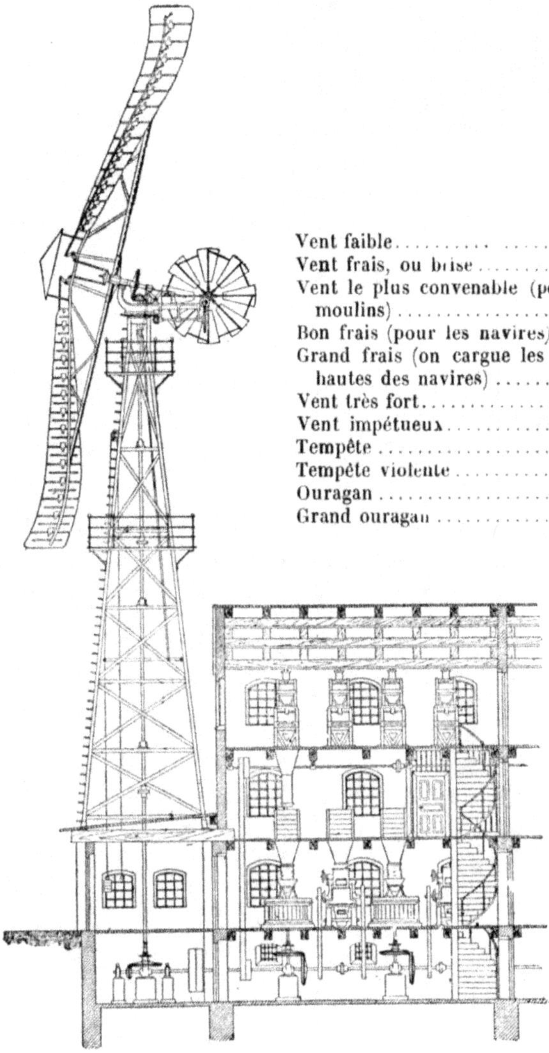

Fig. 666. — Moulin à vent servant à la fabrication de la farine en Allemagne.

Mais c'est surtout dans la production de l'éclairage électrique des fermes et des exploitations agricoles, pour la préparation des rations des animaux, pour le pompage de l'eau, pour l'irrigation et l'assèchement que le moulin à vent se fait apprécier.

Dans les grandes régions agricoles des États-Unis, le laborieux aéromoteur surmontant le bâtiment principal de la ferme est devenu de règle et il rend les plus grands services, surtout depuis que l'on a pu associer, comme nous le verrons, son mécanisme à celui de la machine dynamo-électrique.

La marine à voile et à vapeur s'en sert très utilement aussi pour l'aération et la ventilation des cales des navires.

C'est merveille de voir, dans les bassins à flot de nos ports du Nord, les aéromoteurs tournoyer sur le pont des navires.

Ils servent aussi à pomper l'eau des cales, ils les assainissent et en facilitent le nettoyage. On trouve là de la force motrice très économique, et cela presque sans surveillance.

Les divers systèmes de moulins à vent

Les anciens systèmes de moulins à vent, avec leurs grandes ailes incurvées et disposées obliquement par rapport à la direction du vent, s'orientaient à bras. De plus, les voiles qui garnissaient leurs ailes, se carguaient à la façon dont on prend « des ris » dans des voiles de navires.

Les systèmes de moulins à vent actuels, beaucoup plus dignes du nom de moteurs à vent ou aéromoteurs, s'orientent automatiquement, comme d'énormes girouettes. Au lieu d'ailes, ils ont de grandes roues à ailettes qui tournent, — si l'on veut bien nous permettre cette expression — comme des « soleils de feu d'artifice », se carguent automatiquement au moyen de régulateurs, et ne sont plus, comme les moulins de jadis, à la merci d'un coup de vent et de l'inattention du meunier ayant oublié de carguer son appareil.

Fig. 667. — Roue à ailettes d'aéromoteur, type Vidal-Beaume.

Nous verrons par la suite, combien l'annexion de la machine dynamo-électrique aux aéromoteurs a permis de réaliser de puissance régulière et de régulation dans le fonctionnement.

Borda et Smeaton ont dressé le tableau ci-dessus, qui sert dans les installations et les calculs pour déterminer la vitesse des différents vents et la pression correspondante par mètre carré.

L'expression du travail fourni par les anciens moulins à vent est donnée par la formule empirique :

$$T = K\,S\,V^3$$

dans laquelle K est un coefficient égal à 0,13 ; S la surface de voilure ; V la vitesse du vent. Cette formule est, comme il est facile de l'imaginer, analogue à celle avec laquelle on calcule les hélices des dirigeables et des aéroplanes.

Pour obtenir le maximum d'effet utile du moteur, il faut que la vitesse de l'extrémité de l'aile soit les 2,60 de celle du vent.

Les cônes à palettes des aéromoteurs perfectionnés et actuels se calculent par des formules différentes, plus rapprochées de celles grâce auxquelles, précisément, on calcule les hélices aériennes et leurs divers éléments.

Ainsi que l'a indiqué le savant spécialiste en cette matière, M. E. Lancaster Hume, dans une conférence documentée que la Revue *l'Électricien* a reproduite, les moulins à roue ou à disque présentent une variété considérable de formes, mais ils sont caractérisés en général par une surface utile des deux tiers environ du cercle, et une vitesse à la circonférence peu différente de celle du vent. On peut faire remarquer que le produit de la surface des ailes par le rapport de la vitesse est pratiquement le même pour les divers types, ce qui fait supposer un rapport direct entre la surface et la vitesse et admettre une puissance à peu près égale.

L'angle d'orientation, ou « torsion de l'aile », doit être choisi d'après la vitesse : il en résulte que cet angle doit croître avec la surface relative de l'aile, il doit donc être beaucoup plus grand dans les moulins à disque que dans les moulins à quatre ailes.

Bien que l'angle d'orientation soit, dans les deux cas, déterminé pour l'aile en mouvement, l'angle plus grand et la plus grande surface des moulins à disque agissent plus favorablement pour la mise en mouvement et, en outre, la puissance de ces machines est moins affectée par la réduction du rapport entre la vitesse des ailes et celle du vent.

Il en résulte que ces moulins se mettent en marche et fonctionnent, quoique lentement, avec des vents plus faibles que les autres moulins, ce qui les rend particulièrement convenables pour l'élévation de l'eau et, en général, pour les travaux qui exigent le minimum d'interruption. La faible vitesse relative est également un avantage, surtout dans les dimensions réduites.

Le vent

Examinant la puissance et la vitesse du vent auxquelles il a consacré des études consciencieuses et suivies en Angleterre, M. Burne émet les considérations suivantes.

Quel est le vent utilisable et quelle est la fréquence de ce vent ?

On a surtout besoin d'eau, par exemple pendant l'été, saison où le vent est plutôt faible et, comme les réservoirs représentent une dépense assez forte, on fait des moulins du type « à disque » assez légers pour pouvoir se mettre en marche avec des vents d'une vitesse de 8 kilomètres à l'heure. Ces moulins sont rarement arrêtés pendant un temps prolongé, mais il y a un inconvénient, c'est que l'on sacrifie ainsi l'avantage des vents plus forts, car la charge de la pompe ne croissant pas aussi vite que la puissance du moulin, il y a un excès de force aux grandes vitesses qui amènerait un emportement dangereux. Aussi dispose-t-on souvent ces engins de façon à ne se mettre en marche qu'avec des vents d'au moins 25 kilomètres à l'heure.

Toutefois, pour l'élévation de l'eau, on part généralement d'un vent de 16 kilomètres : dans l'intérieur de l'Angleterre, on peut compter sur des vents de cette nature pendant environ la moitié de l'année, si l'exposition est favorable. Au bord de la mer, on peut compter à peu près sur les trois quarts de l'année.

Pour d'autres usages que l'élévation de l'eau, les vents de 25 kilomètres sont beaucoup plus avantageux que ceux de 15, les puissances correspondantes étant dans le rapport de 3,4 à 1.

Un vent de 25 kilomètres règne généralement pendant un tiers de l'année dans l'intérieur et pendant la moitié sur les côtes. Mais il y a des périodes de calme relatif et on observe des périodes de trois à cinq jours et même huit avec des vents de moins de 15 kilomètres, suivant la position et la saison ; ces périodes, cependant, dépassent rarement une semaine. Pour les vents de 25 kilomètres, les interruptions sont plus grandes.

Ces indications reposent sur les moyennes de vingt-quatre heures ; les valeurs du jour dépassent la moyenne et celles de la nuit sont au-dessous ; les maxima sont vers midi et les minima vers minuit. On doit faire remarquer que les anciens moulins à quatre ailes étaient disposés pour donner leur vitesse normale avec des vents de 20 à 22 kilomètres, et qu'une vitesse de 30 kilomètres était considérée comme la limite pour un travail avantageux et sûr.

La direction dominante du vent dépend, dans une certaine mesure, de la position. Aussi l'emplacement régional d'un aéromoteur doit être étudié avec soin, tout d'abord, en tenant compte de la constitution orographique de la région, de sa climatérie et du régime des vents dominants.

La capacité d'un moulin à vent qui doit garder une vitesse constante croit, d'après M. Burne, à peu près comme le carré de la vitesse du vent, en supposant, bien entendu, cette vitesse supérieure à celle qui correspond à une allure convenable pour le moulin. Au-dessous de ce point, la vitesse décroît, à moins qu'on ne puisse augmenter celle-ci par une réduction de la charge, et la puissance diminue sensiblement comme le cube de la vitesse du vent.

Les moulins à vent électriques

De même que la turbine hydraulique a remis en vigueur les petites chutes d'eau en permettant la transformation de leur énergie en énergie électrique, grâce au concours de la dynamo, de même l'aéromoteur a rendu sa raison d'être et son utilité au moulin à vent en lui permettant de fournir, grâce au courant électrique, de la force motrice régulière.

L'idée de se servir de la force du vent pour actionner des dynamos et pour produire notamment de l'éclairage électrique, était attrayante. Les chercheurs n'ont pas manqué de s'attacher à ce problème depuis pas mal d'années. Capter l'énergie était relativement aisé, mais on ne pouvait vraiment en tirer parti qu'en se rendant maître, dans la limite du possible, des caprices du vent et de son irrégularité.

Pour cela, il ne suffisait pas de posséder la dynamo, il fallait avoir encore cet organe précieux que nous avons décrit dans le Tome II des *Merveilles de la Science* (Électricité) : *l'accumulateur électrique.*

De nombreuses solutions du problème ont été trouvées dès lors que l'on a pu annexer à l'aéromoteur, devenu « moulin à vent électrique », ces accumulateurs recueillant, comme dans une pensée de sage épargne, l'énergie produite dans les heures favorables pour la restituer, à volonté, aux heures de calme plus ou moins plat.

De plus, on a dû combiner avec beaucoup d'ingéniosité des régulateurs automatiques, qui font que, pendant que le moulin tourne au gré du vent, se ralentit ou s'emporte, les machines dynamos, productrices du courant qu'il actionne, tournent avec une parfaite régularité.

Ces dispositions électriques sont désormais adaptées à des moulins à vent qui, bien étudiés ont, grâce à la forme de leurs ailes, un bien autre rendement que les anciens moulins.

L'installation logique et pratique des « moulins à vent électriques » actuels résulte des études d'une Compagnie danoise, la « Compagnie de production atmosphérique de l'énergie électrique », et de celles de « la Compagnie des Ateliers d'Oerlikon », en Suisse. Les promoteurs, dont les opiniâtres efforts se trouvent couronnés de succès, ont été M. Paul La Cour, en Danemark, et M. W.-0. Horsntail, en Angleterre.

Il est incontestable que les exploitations agricoles, les fermes, ont un intérêt réel, étant donné que ce progrès est bien élucidé, à installer un aéromoteur : il leur fournira, à peu de frais, la lumière et la force motrice.

La base du calcul d'une installation de ce genre, c'est le régime des vents de la région : il y a là une étude préalable à faire. D'une façon générale, on peut admettre que le vent travaille deux jours sur trois, et que ses périodes de chômage ne dépassent pas cinq jours consécutifs. On en déduit tout de suite, suivant le cas, quelle devra être la capacité utile de la batterie d'accumulateurs.

Il faut envisager aussi des chômages exceptionnels du vent. Cela ne fera pas renoncer au moulin à vent électrique. Mais on devra toujours avoir, auprès de sa dynamo, un petit moteur à pétrole ou à « gaz pauvre » qui, si le moulin est stoppé ou simplement en réparation, servira à charger « par intérim » les accumulateurs.

Ces organes mécaniques ne présentent aucune difficulté pour les conduire : leurs frais d'achat et de mise en place sont très rapidement amortis.

Rappelons, d'ailleurs, que l'utilisation des forces hydrauliques au moyen des turbines exige ces mêmes dispositions d'accumulateurs et de « moteurs de secours ». Bien que le régime des eaux soit infiniment plus régulier que celui du vent, une installation hydro-électrique doit compter, elle aussi, avec les crues, les sécheresses, et les irrégularités de débit. On ne saurait donc objecter au « moulin à vent électrique » ce que l'on ne peut objecter rationnellement à la turbine hydraulique.

M. Paul La Cour a formulé ainsi qu'il suit les conditions principales que doit réaliser une installation d'aéromoteur.

L'axe du moteur à vent doit être placé à une hauteur aussi grande que possible au-dessus du niveau du sol.

Le moulin ne doit pas appartenir à l'ancien type, mais au type plus moderne à disques et à aubes. L'emploi de quatre ailes est le dispositif le plus avantageux car, si le nombre des ailes était plus grand, on n'utiliserait pas aussi bien l'énergie glu vent.

Les extrémités des ailes doivent tourner à une vitesse deux fois et demie plus grande que celle du vent. Ces ailes doivent être disposées à angle droit l'une par rapport à l'autre. Enfin, les lames doivent être orientées de façon à ne pas provoquer des chocs lorsqu'elles sont frappées par le vent : cela occasionnerait des remous nuisibles à la régularité de fonctionnement et au rendement.

La puissance d'un moulin à vent de ce genre, établi selon ce nouveau type, que l'on nomme « type d'Askov », se calcule par une formule simple, d'après la surface des ailes en mètres carrés et la vitesse du vent par seconde.

Ainsi, un moulin ayant une surface active d'ailes de 48 mètres carrés, développe une puissance de 8 chevaux-vapeur lorsque la vitesse du vent atteint 6 mètres par seconde. Cette vitesse, en météorologie, correspond à la petite brise de vent modéré. Pour une vitesse de vent de 8 mètres par seconde, qui correspond au vent assez fort et à la bonne brise, on obtient dans les mêmes conditions 16 chevaux.

Fig. 668. — Moulin à vent. — Type d'Askov.

Le vent fort, ou grand frais, est de 12 à 14 mètres par seconde : il est encore utilisable. A la vitesse de 16 à 20 mètres par seconde, c'est « le coup de vent » : il convient de stopper l'aéromoteur, s'il ne le fait pas de lui-même automatiquement.

Dans la disposition adoptée par les ateliers d'Oerlikon lorsque, par suite d'une trop grande vitesse du vent, l'énergie produite par le moulin dépasse la valeur de celle qui est nécessaire pour la charge de la batterie d'accumulateurs, la vitesse du moulin augmente simplement jusqu'à la valeur maximum fixée. En utilisant, pour alimenter des appareils de chauffage électrique ou des moteurs, l'excédent d'énergie produite, la vitesse des ailes du moulin ralentit par suite de l'augmentation de charge de la dynamo, et cette vitesse se maintient, comme le recommande M. Paul La Cour, à une valeur correspondant à la puissance exactement nécessaire.

Grâce à l'emploi du « moulin à vent électrique », muni de sa batterie d'accumulateurs, de même que par l'utilisation de la petite chute d'eau au moyen de la turbine hydraulique, le travail d'une exploitation agricole se fait en pleine lumière, avec moins de peine, moins d'accidents, et aussi de meilleure humeur.

De plus, la besogne terminée, lorsque le personnel de l'exploitation, maîtres et ouvriers, rentre dans ses logis des bâtiments annexés, il y retrouve cet éclairage, qui le suit en quelque sorte.

A l'utilité stricte vient donc s'ajouter l'agrément des petits intérieurs « confortables » et propres parce qu'ils sont lumineux. Le fermier et ses collaborateurs s'attacheront plus fermement à une exploitation que son isolement dans la campagne ne condamnera pas aux ténèbres. Ces braves gens ne songeront plus aux éclats fallacieusement tentateurs de la ville voisine et ils ne délaisseront plus leur foyer pour le phare au pétrole du cabaret d'un village voisin : ils trouveront dans la pleine lumière, qui est la caractéristique du progrès, la santé et la moralité.

Installations d'aéromoteurs. Une installation électrique privée aux environs de Hambourg

L'Electrical Review a décrit une installation électrique privée des environs de Hambourg, utilisant comme moteur un moulin à vent. Sur la distribution à 110 volts, batterie d'accumulateurs de 05 ampères-heure, sont branchées 400 lampes à incandescence, 12 moteurs d'une puissance totale de 22 chevaux, ainsi que divers appareils de chauffage et de cuisine. Le moulin à vent remplace deux moteurs à essence; l'un de ces moteurs est conservé comme appareil de secours.

Le pylône, haut de 29 mètres, et la roue du moulin, sont en acier ; les dispositifs ordinaires permettent le réglage automatique exigé par les variations de direction et d'intensité du vent. Un vent de 3 à 4 mètres à la seconde suffit à mettre le système en mouvement; la puissance développée est de 6, 14 et 20 chevaux aux vitesses respectives de 4-5, 6-7 et 8 mètres.

Deux disjoncteurs automatiques du genre de ceux dont on trouve la description dans le Tome II (Électricité) des *Merveilles de la Science* (pages 366 et 367), sont intercalés dans le circuit ; l'un isole la dynamo quand son voltage est inférieur ou supérieur à celui des accumulateurs, l'autre évite la surcharge de la dynamo quand le vent s'élève brusquement.

L'aéromoteur ainsi disposé a pu, paraît-il, se passer du moteur de secours pendant des périodes de 90 jours consécutifs.

Aéromoteurs de la Maison Vidal-Beaume

La Maison Vidal-Beaume, de Boulogne-sur-Seine, est bien connue pour ses études sur l'utilisation de la force du vent et pour les nombreuses applications qu'elle en a faites. Nous pouvons citer entre autres l'installation au Camp de Châlons d'un moulin de 4,80 m de diamètre, placé sur un puits de 35 mètres, dont l'eau est élevée par une pompe à un seul corps et à simple effet de 100 millimètres de diamètre et de 0,80 m de course. Par un vent faible de 5 à 6 mètres, très fréquent dans cette région, cet appareil fait de 18 à 22 tours à la minute, ce qui représente une élévation d'environ 1 500 litres à l'heure.

La régularité du fonctionnement de ces moulins est assez grande pour permettre de les employer à l'alimentation d'eau des gares.

Ainsi, voici la brève description d'une installation de ce genre, faite dans une gare de chemin de fer.

Le moteur à vent se compose : 1° d'une roue motrice ; 2° d'un appareil de transmission ; 3° d'un système d'orientation et de désorientation automatique ; 4° d'un pylône ou charpente en fer supportant tout l'appareil ; 5° d'une pompe à double effet.

Le moteur proprement dit se compose d'une roue de forme circulaire, placée verticalement et formée d'une armature en bois de frêne dont les bras sont boulonnés au centre sur un moyeu en fonte, calé à l'extrémité d'un arbre horizontal. Sur toute la surface de l'armature, et suivant les rayons de la roue, sont fixées des lames en bois allant du centre à la circonférence extérieure ; ces lames sont placées obliquement dans le sens de leur largeur, de façon à obtenir, comme dans les persiennes, un recouvrement complet, tout en laissant subsister un vide entre elles.

L'appareil de transmission se compose d'un arbre horizontal en acier, noyé dans un palier graisseur ; l'une de ses extrémités porte la roue motrice, et l'autre reçoit une manivelle qui actionne une bielle dont la tête, guidée verticalement au moyen d'une glissière, communique, par l'intermédiaire d'une tringle en bois, un mouvement vertical alternatif à la tige du piston de la pompe d'alimentation. Le moteur et son appareil de transmission sont supportés par un bâti en fonte, ajusté, à sa partie inférieure, sur un tube en fer creux formant axe et fixé au centre d'un manchon également en fonte. Des galets en acier, intercalés entre le manchon et la base du bâti, permettent à ce dernier de tourner librement autour de l'axe en fer creux.

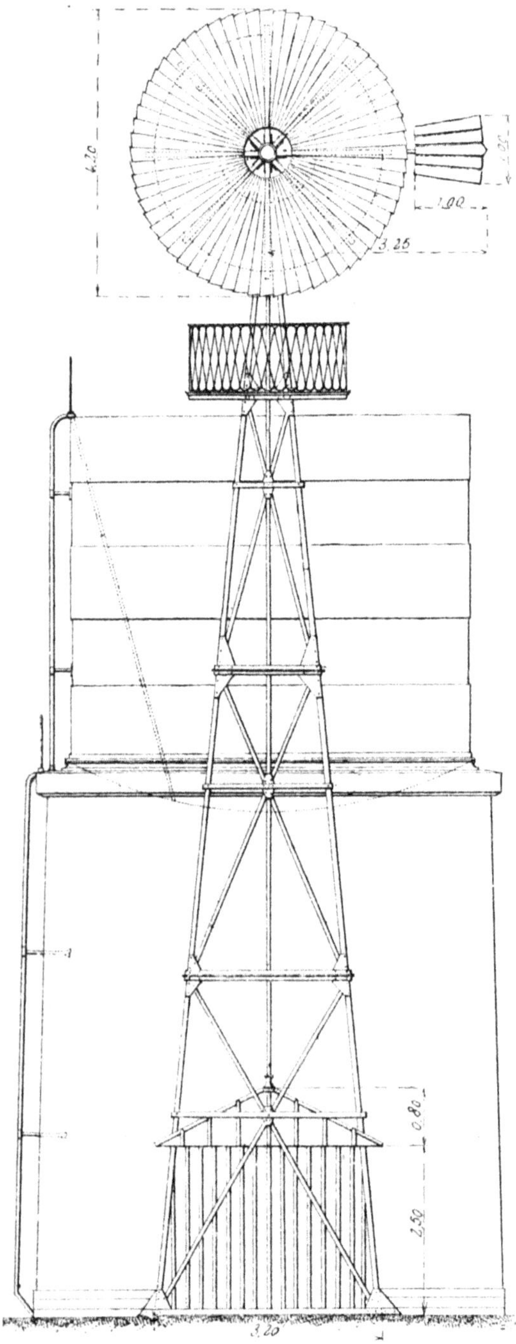

Fig. 669. — Aéromoteur Vidal-Beaume.

L'orientation et la désorientation se font à l'aide d'une girouette, ou gouvernail à grande surface, tournant librement au moyen d'une armature en fonte autour du même axe que le bâti. Deux secteurs dentés, dont l'un est fixé sur le support du gouvernail et l'autre articulé sur le bâti, porte un levier à contrepoids, rendent le moteur solidaire de son gouvernail. Le contrepoids est calé sur la tige du levier de façon que, en temps normal, le gouvernail étant placé suivant la direction du vent, le plan de la roue, perpendiculaire à cette direction, offre au vent son maximum de surface. Dans un plan parallèle à celui de la roue, mais complètement indépendante et tout à fait en dehors de celle-ci, est placée une palette ou vanne régulatrice, formée de lames en bois posées à plat, et reliée au bâti au moyen d'une tige rigide en fer.

Le moteur tourne avec des vents très faibles et, par conséquent, sans action sur la palette ; mais, si la vitesse du vent augmente et devient considérable, la vanne régulatrice, qui reçoit aussi l'impulsion du vent, oblige la roue à s'obliquer et même à prendre une position parallèle à celle du gouvernail ; à ce moment, la roue n'a plus rien à redouter du vent, puisqu'elle ne le reçoit plus que sur sa surface la plus restreinte. En opérant cette rotation, le bâti a entraîné son secteur articulé lequel, trouvant un point d'appui sur le secteur denté fixe du gouvernail, entraîne à son tour le levier à contrepoids. La violence du vent venant à diminuer, le contrepoids ramène, par une opération inverse, la roue à sa position primitive. L'orientation et la désorientation de l'appareil sont donc absolument automatiques.

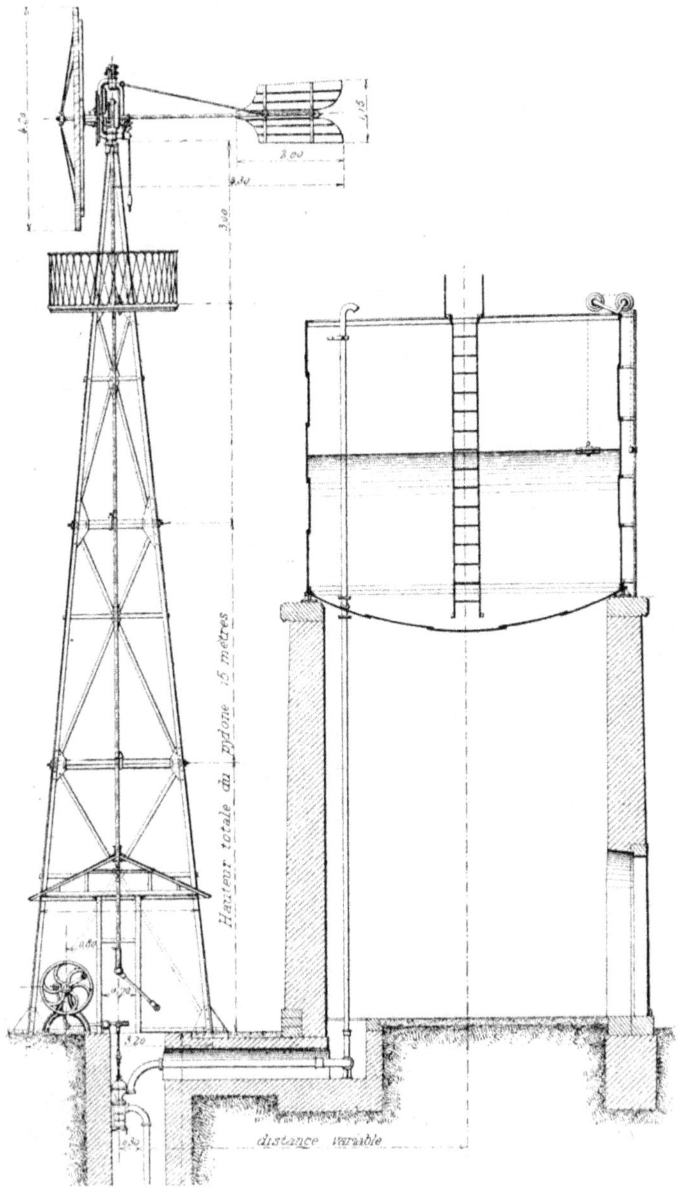

Fig. 670. — Aéromoteur Vidal-Beaume alimentant d'eau une gare.

Lorsqu'on veut arrêter ou immobiliser l'appareil, une chaînette, fixée au levier à contrepoids et descendant jusqu'au sol, en passant sur une poulie de renvoi placée à la partie supérieure du bâti, permet de manœuvrer la roue, de la position de travail à celle de repos et réciproquement.

La hauteur du pylône qui supporte le moulin est variable : elle dépend du lieu où il est construit. En général, il faut que toute la surface de la roue se trouve au-dessus des bâtiments voisins, pour recevoir l'impulsion du vent de quelque direction qu'il vienne.

Une plate-forme, établie à la partie supérieure du pylône, permet l'inspection et le graissage des différentes parties de l'appareil ; on y accède au moyen d'une échelle en fer fixée le long d'un des montants.

La pompe aspirante et foulante du système Beaume est à double enveloppe ; elle conserve au fond de l'enveloppe extérieure une certaine quantité d'eau toujours en contact avec le piston qui se trouve, de ce fait, constamment amorcé.

Fixée au moyen de scellements à la paroi intérieure du puits, la pompe est placée dans l'axe vertical du pylône, de façon à obtenir un mouvement absolument vertical de la tige du piston. La rigidité de la tringle en bois reliant la bielle et la tige du piston, est obtenue au moyen de guides graisseurs automatiques fixés, de distance en distance, sur des consoles en fer cornière. En cas d'accalmie ou d'insuffisance du vent, la pompe peut fonctionner à l'aide d'un système de leviers articulés, actionnés par un homme au moyen d'un treuil à manivelle. Le déboulonnage de la tige et de la tringle suffit à isoler le moteur à vent du moteur à bras.

Le fonctionnement des appareils de ce genre est naturellement fort économique et l'on en est très satisfait dans toutes les régions où l'on peut compter sur un régime de vent sensiblement régulier, ainsi que sur un régime régulier aussi de la nappe d'eau souterraine. Il est facile de constater par quelques observations météorologiques et quelques sondages du sol préalables que l'on se trouve dans ces conditions.

Aéromoteurs F. Chène

M. F. Chêne, ingénieur constructeur, à Saint-Quentin, a fait une étude approfondie du vent, de sa force, de sa fréquence, et établi, comme résultat de cette étude, de fort bons moteurs à vent. Nous ne pouvons que signaler ici cet important et consciencieux travail technique.

Les moteurs que construit M. F. Chêne portent les noms de *moteurs Zéphyr* pour les petites forces, notamment pour les élévations d'eau, et de *moteurs Hercule* pour les travaux plus importants et nécessitant de plus grandes forces.

Les *moteurs Zéphyr* se font depuis 2,50 m de diamètre de roue motrice jusqu'à 3 mètres. Leur construction simple et robuste, la forme rationnelle de leurs ailes, leur régulation de vitesse automatique effectuée par le vent lui-même, en font d'excellents mécanismes.

Ils sont volontiers employés pour l'alimentation en eau des camps et des gares.

Perpendiculairement à la roue et articulé sur le même bâti, se trouve le gouvernail, ou queue, qui a pour but de tenir toujours l'ensemble dans la direction du vent comme une énorme girouette, la roue faisant face au vent.

Les *moteurs Hercule* sont aussi à orientation et à régulation automatique. Mais la construc-

Fig. 671. — Moteur « Zéphyr alimentant d'eau une gare pour le service des locomotives.

tion de la roue, destinée à recueillir plus de puissance, est un peu différente pour les grands diamètres.

Les ailes ne sont plus incurvées dans le sens de leur longueur, chose impossible à obtenir dans ce cas, mais leur forme également hélicoïdale permet d'obtenir la meilleure utilisation possible du vent et une grande régularité.

Au lieu de faire un simple mouvement vertical de va-et-vient, le mouvement de la roue est transmis, par un système d'engrenages coniques conjugués à un arbre vertical qui descend, au centre du pylône, jusqu'à la hauteur voulue pour actionner, par renvoi d'angle, la transmission d'attaque des appareils à faire mouvoir.

Fig. 672. — Moteur *Hercule*, de 5,50 m, pour service d'eau et l'éclairage d'une gare.

Avec un moteur Hercule à roues de 10 mètres, on peut actionner de la façon la plus utile et la plus profitable les instruments d'une ferme ou bien actionner une « vis d'Archimède » pour faire de l'irrigation. Avec un moteur à roue de 12 mètres, on peut assurer l'éclairage électrique d'un château. Une roue de 4,50 m de diamètre suffit pour l'éclairage d'une villa.

En somme, ces appareils résolvent les différents problèmes dont nous avons, en quelque sorte, donné l'énoncé dans nos considérations générales sur les moulins à vent et les aéromoteurs.

Moulins à vent Th. Pilter

La maison Th. Pilter, de Paris, connue et estimée pour ses machines agricoles, établit des moulins à vent, des aéromoteurs à disques, destinés aux usages agricoles (alimentation d'eau, irrigations), dont la caractéristique est l'emploi de très hauts pylônes, ayant jusqu'à 24 et même 30 mètres de hauteur. Cela leur permet d'atteindre des couches aériennes où la brise est aussi constante que le comporte le régime des vents de la région, et lorsque l'emplacement de l'appareil a été choisi avec sagacité, les résultats obtenus sont excellents.

Les pylônes sont formés de légères cornières d'acier donnant très peu de prise à la tempête, et cependant très résistantes. Les ailes, les rayons, le gouvernail du disque, sont également en acier.

Sauf quelques pièces en fonte entrant dans la construction, toutes les parties composant le moulin et le pylône sont galvanisées après fabrication dans un bain de galvanisation composé d'aluminium et de zinc.

On voit, d'après la brève étude que nous venons d'en faire, que l'aéromoteur, cette forme actuelle et perfectionnée du moulin à vent, est bien entré dans les usages : le nombre des constructeurs qui en ont créé des modèles suffirait à le démontrer.

C'est bien certainement à tort que l'on néglige, en maintes circonstances, de recourir à ce moyen économique d'obtenir de la force motrice si précieuse, notamment pour l'élévation de l'eau. Lorsque l'on prononce ces mots de « moulin à vent », on se reporte trop volontiers, comme nous l'avons dit, aux anciens moulins à ailes évidemment démodés. Il convient de se dire que l'aéromoteur actuel est, sous ses divers aspects, un appareil mécanique digne de ce nom, bien étudié, et dont on peut tirer un très profitable parti.

Une curieuse idée américaine

Il s'agit du moulin à vent « portatif », et voici en quoi cela consiste. C'est un agronome américain de l'Ouest, M. Amos Wallace, qui l'a introduit dans son matériel agricole. Il y a, parait-il, de grands courants d'air dans les plaines où M. Wallace fait sa récolte. Pourquoi ne pas les utiliser pour actionner les machines à battre, s'est-il demandé ?

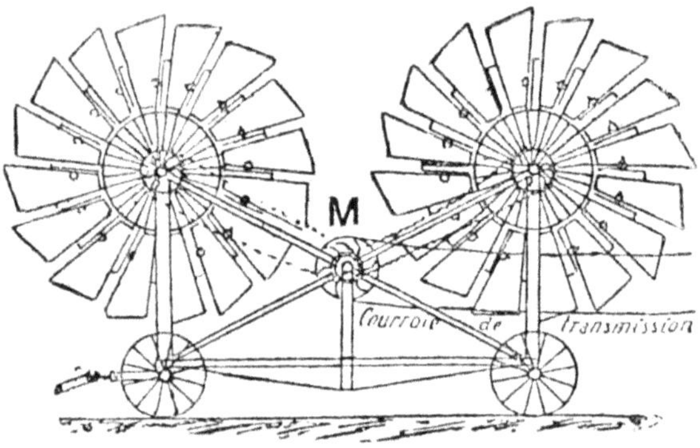

Fig. 673. — Aéromoteur portatif.

L'inventeur a donc mis sur une plate-forme à quatre roues basses un bâti léger, aux deux extrémités duquel il a équipé les deux roues de moulin à hélices multiples que montre notre dessin. Les roues tournent, des chaînes de Galle transmettent le mouvement à l'arbre central M sur lequel est calée une poulie de transmission, laquelle, par une courroie, actionne la machine à battre ou tout autre appareil que l'on voudra. En vérité, la conception n'est pas banale.

Les aéromoteurs et l'assainissement des terres

Irrigation des rizières en Chine. — Le moulin à vent est un auxiliaire de grande utilité pour l'assainissement des terres en leur enlevant l'excès d'humidité qui est un obstacle à la culture : on en a fait emploi notamment, en France, dans la Camargue. Les terrains assainis par les moulins peuvent être convertis en prairies naturelles, après avoir été dessalés au moyen de cultures de céréales. L'assolement adopté est, en général, riz, avoine.

On cite des moulins de ce genre qui, depuis quinze ans, ont résisté à toutes les bourrasques très fréquentes dans cette région : le plus grand d'entre eux, installé au « mas d'Icard », élève 800 litres d'eau par seconde : tous font du dessèchement.

Les maraîchers chinois et les petits fermiers dans la Chine centrale, irriguent aussi par ce moyen leurs cultures et leurs rizières. D'une part, ils se servent des moulins à vent pour emmagasiner l'eau dans des réservoirs pendant les périodes d'inondation, d'autre part, ils les utilisent pour irriguer les terres aux époques de sécheresse.

Leurs moulins sont des charpentes fabriquées en bambou, de forme octogonale, et supportant des ailes faites en nattes très serrées que l'on oriente, à l'aide de cordages, suivant la direction du vent. Cette voilure met en rotation un axe, lequel lui-même, par engrenages, actionne une chaîne sans fin garnie de godets.

CONCLUSION

Avec le chapitre que l'on vient de lire se termine notre Tome III des *Merveilles de la Science.* Nos lecteurs ont pu constater sous quels divers aspects il méritait son titre de *Moteurs* et quels récents progrès de haute importance il décrivait. Tout d'abord, dans notre Tome I (Chaudières et Machines à vapeur) nous avions décrit le moteur par excellence, la machine à vapeur, admirablement étudiée dans tous ses détails, et synthétisant, en quelque sorte, les efforts de ses techniciens spéciaux pendant un siècle.

Elle arrivait, comme nous l'avons dit, à un degré de perfectionnement qui semblait lui assurer pour l'avenir le monopole de la production mécanique de la force motrice, lorsque le moteur à gaz est intervenu. Une nouvelle étape de progrès a été rapidement parcourue.

Les petits moteurs à gaz de Lenoir existaient à peine lors de l'Exposition universelle de 1867. Nous les voyons actuellement fournir des « unités de force motrice » d'au moins mille chevaux de puissance.

En 1872, l'Américain Brayton inventait le moteur à pétrole et à combustion interne. En 1885, François Forest appliquait le moteur à essence au canot automobile. Voilà le début pour ce qui concerne l'application des moteurs à gaz à la Marine. Or, en 1910, une Société américaine, la « Standard Oil Company », qui transporte des huiles minérales, essayait l'emploi d'un moteur à essence sur un de ses navires, le *Contra Costa* de 1 050 tonnes et constatait que ce gros navire brûlait exactement, sans fumée, pour 25 francs d'essence par heure.

La conséquence immédiate a été la mise en essai par l'Amirauté britannique d'un croiseur, le *Hampshire*, muni de moteurs à explosion remplaçant la machinerie à vapeur. Plus de chaudières, plus de charbon, plus de ravitaillement en eau douce ! dit le programme. Sera-ce une modification totale de la force motrice des énormes « Dreadnought »? L'avenir nous le dira.

Nous avons vu aussi ces moteurs à essence résoudre le problème de conquérir la force motrice pour l'automobilisme, pour les ballons dirigeables, et pour l'aviation. Nous donnerons tous les détails de cette belle conquête technique dans nos Tomes suivants des *Merveilles de la Science.*

Parmi les beaux résultats obtenus, il convient de citer la construction des gazogènes dont nous avons décrit les principaux types, ainsi que l'utilisation des gaz, autrefois perdus, des hauts fourneaux.

Le moteur à essence ou à pétrole, directement relié à la machine dynamo, fournit avec une remarquable utilité, et sous des formes très variées, le groupe électrogène, fixe ou mobile permettant de produire la force motrice avec une extrême simplicité et de l'adapter à tous les besoins qui sont signalés dans l'industrie et dans l'agriculture.

En présence de ce nouveau moyen d'action, on aurait pu penser que le *moteur hydraulique*, presque abandonné sous sa forme de *roue hydraulique*, serait, dans l'avenir, inutilisé.

Il n'en a rien été, tout au contraire.

La *turbine hydraulique* s'est présentée, à point nommé, pour être l'indispensable et puissant instrument de captation de l'énergie produite par la *houille blanche*, c'est-à-dire par l'utilisation des chutes d'eau, naturelles ou créées. Les mécaniciens en ont fait un appareil d'une docilité et d'une vigueur extrêmes, et l'on voit se construire les usines hydro-électriques qui, dans les divers pays, opèrent une véritable rénovation industrielle en se prêtant à la fabrication de produits nouveaux dont la production exigeait, non seulement une force motrice économiquement acquise, mais encore l'emploi de hautes températures que seule l'Électricité pouvait fournir. La découverte de la turbine hydraulique par Euler, Fontaine, Girard et Fourneyron, fut une oeuvre de génie : leurs successeurs montrent, chaque jour, le parti que l'on peut tirer de cet organe allié à la dynamo, que créa aussi le génie novateur de Paccinotti, de Gramme et de Siemens.

Ainsi donc, désormais, sur terre et sur mer, on ne peut plus dire : « Le moteur ». Il faut parler « des moteurs ». C'est ce que nous nous sommes efforcé de mettre en évidence, dans une classification logique, et en nous bornant à décrire les plus usuels parmi ceux considérés, à l'heure présente, comme les meilleurs.

Ce sujet était extrêmement vaste : il nous a souvent fallu choisir entre des appareils similaires d'un réel et grand mérite, sans quoi notre oeuvre de vulgarisation eût pris des allures de « Traité technique » qui nous eussent fait sortir de notre cadre.

Dans tous les cas, nous avons donné « le principe » du moteur, analysé minutieusement son organisme général, et décrit ses applications les plus récentes et les plus instructives.

Nous avons bon espoir que nos lecteurs, qui ont accueilli avec tant de bienveillance nos Tomes précédents des *Merveilles de la Science*, trouveront dans celui que nous mettons sous leurs yeux les qualités de méthode et de simplicité qui nous ont valu leurs précieux encouragements.

FIN

Table des Matières

Chapitre I - MOTEURS À GAZ

Historique – MOTEUR PRIMITIF LENOIR. — AVANTAGES DU MOTEUR A GAZ. — TRANSFORMATIONS DU MOTEUR A GAZ. THÉORIE DU MOTEUR A GAZ : Cycle à quatre temps du moteur à simple effet. Cycle à quatre temps du moteur à double effet. — Cycle à deux temps. MOTEUR A GAZ OTTO : horizontal, vertical. CONSIDÉRATIONS GÉNÉRALES SUR LES MOTEURS A GAZ. SOURCES D'ALIMENTATION : Gaz de ville. — Gaz pauvre : de gazogènes, de hauts fourneaux. 19

Chapitre II - ALLUMAGE

ALLUMAGE : par transports de flamme : Koerting, Blancher ; — par tubes à incandescence : Guillou; — à fermeture automatique : Tangye. DISPOSITION DES CONDUITS DE GAZ POUR BRULEURS. ALLUMAGE ÉLECTRIQUE : Bougies d'allumage : Japy, Presta. MAGNÉTOS : Sims Bosch. – ALLUMEUR. COMMANDES D'ALLUMAGES : Bosch, Duplex. AUTO-ALLUMAGE PAR COMPRESSION. 52

Chapitre III – DISTRIBUTION. – RÉGULATION

DISTRIBUTION. DISPOSITION DES SOUPAPES. SOUPAPES D'ADMISSION. — SOUPAPES A GAZ. — SOUPAPES DE MÉLANGE. — DISPOSITIONS DIVERSES DES SOUPAPES A GAZ, DE MÉLANGE ET D'ADMISSION. SOUPAPES D'ÉCHAPPEMENT. — ORGANES DE COMMANDE DES SOUPAPES : Cames, Excentriques, Leviers. RÉGULATION : par tout ou rien, — par variation de la composition du mélange, — par variation du volume de mélange aspiré. RÉGULATEURS : à pendule, à force centrifuge. DISTRIBUTIONS ET RÉGULATIONS DIVERSES : Charon, Duplex, Letombc, Soest, NewAcmé, Winterthur, Nuremberg, Benz. 73

Chapitre IV -V – ORGANES DIVERS DE MOTEURS A GAZ

CYLINDRE : Culasse. — Refroidissement. PISTON : Ouvert. — Axe du piston. — Refroidissement. — Pistons ouverts à circulation d'eau. — Pistons fermés à circulation d'eau. — Graissage du piston. BIELLE : Tête de bielle. — Pied de

BIELLE. ARBRE : MANIVELLE, — GRAISSAGE DES TOURILLONS, CONTREPOIDS. VOLANT : JANTE, — BRAS, — MOYEU. – ASSEMBLAGE. PALIERS : COUSSINET. — GRAISSAGE. BÂTI . AMORTISSEUR DE BRUIT : POTS D'ASPIRATION, — POTS D'ÉCHAPPEMENT. TUYAUTERIES : DE GAZ, — D'EAU. VANNES : À GAZ, — À AIR. APPAREILS DE MISE EN MARCHE : A LA MAIN, — À AIR COMPRIMÉ, — ÉLECTRIQUE. 167

Chapitre VI – DIAGRAMMES

TRAVAIL– PUISSANCE. DIAGRAMMES : DE MOTEUR SANS COMPRESSION ; – DE MOTEUR À COMPRESSION : À QUATRE TEMPS, SIMPLE EFFET, — À QUATRE TEMPS, DOUBLE EFFET, — À DEUX TEMPS. DIAGRAMME DÉVELOPPÉ – TRAVAIL INDIQUE. — TRAVAIL EFFECTIF — RENDEMENT. INDICATEURS ; INDICATEUR OPTIQUE – FREINS. ESSAIS DES MOTEURS........ 259

Chapitre VII – MOTEURS DIVERS

Classification des moteurs. Moteurs sans compression: Lenoir, Benier, Forest — Moteurs atmosphériques : OTTO-LANGEN, BISSCHOP, FRANÇOIS. Moteurs à compression : a quatre temps horizontaux : OTTO, LENOIR, NIEL, DELAMARRE-DEBOUTTEVILLE, COCKERILL, CHARON, CROSSLEY, DUBRIDGE, DUPLEX, GARDNER, LE SOUFACHÉ ET FÉLIX, LETOMBE, SOEST, NEW-ACMÉ, BOLLINCKX, TANGYE, SATRE ET LYONNET, TAYLOR, BENZ, KOERTING, AUGSBOURG ET NUREMBERG, CAMPBELL, WINTERTHUR – A quatre temps verticaux : KABATH, KOERTING-LIECKFELD, BACHTOLD, GARDNER, SATRE ET LYONNET, CAMPBELL, COCKERILL, BENZ, WINTERTHUR – A deux temps : RAVEL, BENZ, BALDWIN, KOERTING, OECHELHAUESER – A six temps : GRIFFIN. Moteurs à combustion : SIMON, SIEMENS........... 281

MOTEURS À EXPLOSION SANS COMPRESSION. 282
MOTEURS ATMOSPHÉRIQUES. 284
MOTEURS A COMPRESSION 288
MOTEURS VERTICAUX 374
MOTEUR AVEC COMPRESSION A DEUX TEMPS 389
MOTEUR A SIX TEMPS 399
MOTEURS A COMBUSTION 400

Chapitre VIII – GAZOGÈNES

HISTORIQUE. — THÉORIE DES GAZOGÈNES. — ÉPURATION DU GAZ. —.. CLASSIFICATION DES GAZOGÈNES. — GAZOGÈNES A INSUFFLATION : DOWSON, LENCAUCHEZ, GARDIE, FICHET ET HEURTEY, LETOMBE. — GAZOGÈNES A ASPIRATION : TAYLOR, PIERSON, RICHÉ, NIEL, BOUTILLIER, WINTERTHUR, DUBRIDGE, OTTO, GLAENZER, PERREAUD ET THOMINE, PIAT, FICHET ET HEURTEY, CAMPBELL, TANGYE. — GAZOGÈNES DIVERS : A DOUBLE COMBUSTION : RICHE, LETOMBE. — FOUR A GAZ RICHÉ. — GAZ DE HAUTS FOURNEAUX ET DE FOURS A COKE. — ÉPURATION........ 403

Chapitre IX – CONDUITE ET ENTRETIEN DES MOTEURS A GAZ

APPLICATIONS 468

Chapitre X – MOTEURS À ESSENCE ET À PÉTROLE

HISTORIQUE. — COMBUSTIBLES : Pétrole lourd. — Gazoline. — Pétrole lampant. CARBURATION. — CARBURATEUR. — VAPORISATEUR. — PULVÉRISATEUR. 477

Chapitre XI – CARBURATEURS. — VAPORISATEURS

CARBURATEURS : Daimler. — Longuemare : à pulvérisation, à essence, pétrole, alcool, à réglage automatique, à réglage progressif. — Mors. — Zénith.— Renault-Gobron. — Gauthier-Werlé. — VAPORISATEURS : Brayton. — Priestmann. — Otto. — Campbell. — Hille. — Crossley. — Charon 491

Chapitre XII – ALLUMAGE

ALLUMAGE : Avance à l'allumage. — Procédés d'allumage. ALLUMAGE ÉLECTRIQUE : par courant de haute tension, par bobine, par magnéto. BOUGIES : Nilmélior, Renault, Lavalette. ALLUMAGE PAR COURANT DE BASSE TENSION : RUPTEURS. DISPOSITIFS DIVERS D'ALLUMAGE : Bosch, Lavalette-Eisemann, Nilmélior, Renault. 531

Chapitre XIII – MOTEURS INDUSTRIELS

CONSIDÉRATIONS GÉNÉRALES. MOTEURS : Tangye — Gardner, – Dubridge, — Otto — Gnôme, — De Dion-Bouton. MOTEUR DIESEL 570

Chapitre XIV – MOTEURS DE VOITURES AUTOMOBILES ET DE BATEAUX

MOTEURS : De Dion Bouton, — Clément, — Brasier, — Renault, — Panhard et Levassor, — Peugeot, — Hotchkiss, — Mors, — Charron, — Boudreaux-Verdet, — Gnôme, — Delaunay-Belleville, — Cohendet, — Daimler, — Cazes, — Gardner, — Diesel 615

Chapitre XV – MOTEURS D'AÉROSTATION ET D'AVIATION

MOTEURS DE BALLONS DIRIGEABLES. MOTEURS D'AVIATION : Clément-Bayard, —Aster, — Antoinette, — Gnôme, Esnault-Pelterie, — Bariquand et Marre, — Darracq, — Farcor 661

Chapitre XVI – MOTEURS A BENZOL, A ALCOOL, A ACÉTYLÈNE

MOTEURS À BENZOL, À ALCOOL, À ACÉTYLÈNE 674

Chapitre XVII – MOTEURS HYDRAULIQUES. — ROUES HYDRAULIQUES

HISTORIQUE DES MOTEURS HYDRAULIQUES. ROUES HYDRAULIQUES. ROUES En DESSOUS : à palettes droites, à aubes courbes : Poncelet. – ROUES

DE COTÉ : À AUBES, SAGEBIEN. – ROUES En DESSUS : À AUGETS, À ADMISSION INTÉRIEURE. USINE HYDRAULIQUE DE MARLY.......... 676

Chapitre XVIII – TURBINES HYDRAULIQUES

CLASSIFICATION. CHUTES D'EAU. INSTALLATION DES TURBINES. — CHAMBRE D'EAU OUVERTE. — CHAMBRE D'EAU FERMÉE. TURBINES PARALLÈLES : FONTAINE, — JONVAL-KOECHLIN. — TURBINES CENTRIFUGES : FOURNEYRON, — PICCARD-PICTET, — BOUVIER. — TURBINES CENTRIPÈTES : FRANCIS, — TEISSET, CHAPRON ET BRAULT, — PICCARD-PICTET, — NEYRET-BRENIER. TURBINES MIXTES : MERICA, — HERCULE-PROGRÈS, TEISSET, CHAPRON ET BRAULT, — GOUVERNER, — NORMALE, — BOUVIER. TURBINES TANGENTIELLES : ROUE PELTON, — AMERICA, HERCULE-PROGRÈS, PICCARD-PICTET, — NEYRET-BREFFIER.......... 690

Chapitre XIX – RÉGULATEUR DE TURBINES

CLASSIFICATION : RÉGULATEURS MÉCANIQUES — Piccard-Pictet, — Singrün, Bouvier, Neyret, Brenier. — RÉGULATEURS HYDRAULIQUES : Singrün, Ribourt, Bouvier, Neyret, Brenier. — RÉGULATEUR HYDRO-MÉCANIQUE : Escher-Wyss. RÉGULATEURS-FREINS. — RÉGULATEURS DE PRESSION : Bouvier.......... 732

Chapitre XX – MACHINES A COLONNE D'EAU

MACHINES A EAU SOUS PRESSION – MACHINES A COLONNE D'EAU – BÉLIER HYDRAULIQUE : MONTGOLFIER. –BOLLÉE.– MACHINES A EAU SOUS PRESSION – DISTRIBUTION ET TRANSPORT DE L'ÉNERGIE HYDRAULIQUE. – ACCUMULATEUR ARMSTRONG.......... 744

Chapitre XXI – MOTEURS À AIR

MOTEURS A AIR CHAUD : Moto-pompe Glaenzer-Perreaud et Thomine — Moto-pompe Noël. — MOTEURS A AIR COMPRIMÉ : Transmission et distribution de l'air comprimé. — Moteur Mékarsky. — Pompe Mammouth. MOTEURS A AIR RARÉFIÉ.. 753

Chapitre XXII – LES MOTEURS A VENT

MOULINS A VENT ET AÉROMOTEURS.......... 761

CONCLUSION 775

SCIENCES & TECHNIQUES

www.decoopman.com

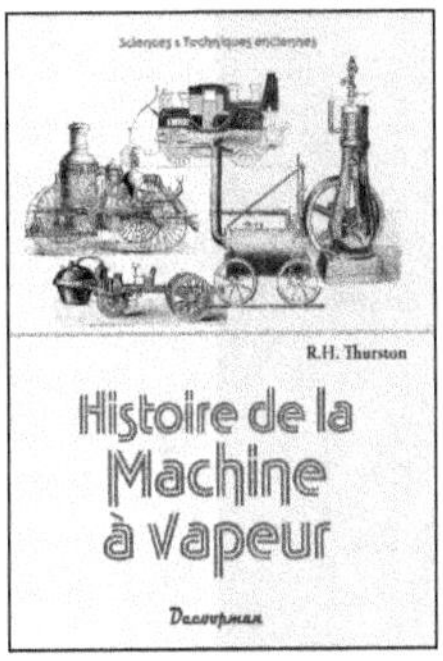

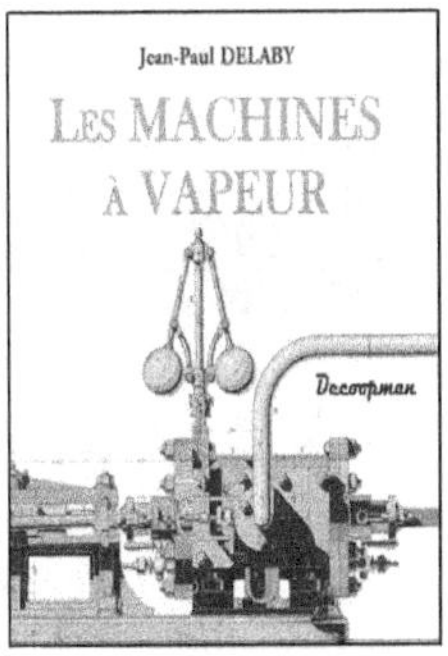

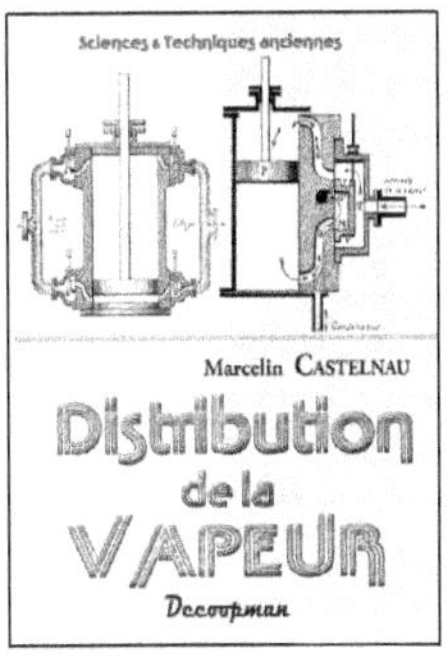

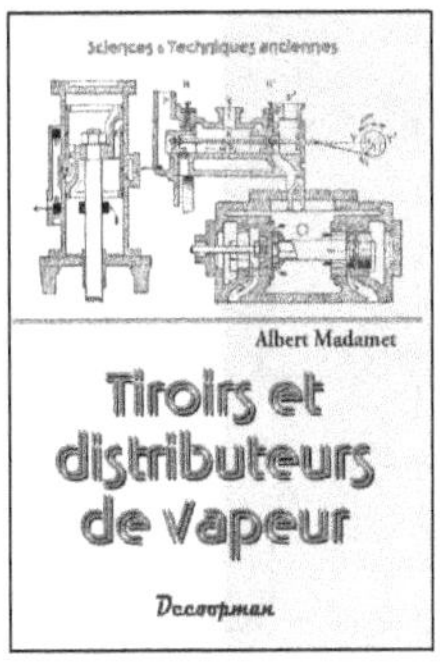

SCIENCES & TECHNIQUES

www.decoopman.com

Éditions Decoopman - Ferrières - 30440 Saint-Laurent-le-Minier
Tel : +33 (0) 4.67.73.90.95 - web : www.decoopman.com - e.mail : editions@decoopman.com
Catalogue gratuit sur simple demande

www.ingramcontent.com/pod-product-compliance
Lightning Source LLC
LaVergne TN
LVHW082023051026
849532LV00011B/3249
* 9 7 8 2 3 6 9 6 5 0 3 8 6 *